教育部学位管理与研究生教育司推荐研究生教学用书

计算电磁学

（第二版）

王秉中　邵　维　编著

科　学　出　版　社
北　京

内 容 简 介

本书对第一版做了全面的更新和修订，力求反映计算电磁学领域的基本理论方法和部分最新进展。本书从广义计算电磁学的视角来构建知识体系，涉及电磁场工程 CAD 中的三个核心问题：电磁场问题的数值仿真、高效建模和优化设计。全书共 21 章，在介绍计算电磁学的产生背景、现状和发展趋势的基础上，主要内容涵盖静态场的有限差分法、频域有限差分法、时域有限差分法、矩量法、人工神经网络、空间映射方法、遗传算法和拓扑优化算法等。

本书可供在计算电磁学、电磁场理论和微波工程等领域从事研究和开发的教师和科技人员参考，也可作为高等院校相关专业高年级本科生和研究生的教学用书。

图书在版编目（CIP）数据

计算电磁学 / 王秉中，邵维编著. —2 版. —北京：科学出版社，2018.11
教育部学位管理与研究生教育司推荐研究生教学用书
ISBN 978-7-03-059145-6

Ⅰ. ①计… Ⅱ. ①王… ②邵… Ⅲ. ①电磁计算 Ⅳ. ①TM15

中国版本图书馆 CIP 数据核字（2018）第 242259 号

责任编辑：潘斯斯　张丽花 / 责任校对：郭瑞芝
责任印制：张　伟 / 封面设计：迷底书装

科学出版社 出版
北京东黄城根北街 16 号
邮政编码：100717
http://www.sciencep.com
北京凌奇印刷有限责任公司 印刷
科学出版社发行　各地新华书店经销
*
2002 年 9 月第 一 版　开本：787×1092　1/16
2018 年 11 月第 二 版　印张：34 1/2
2022 年 10 月第十次印刷　字数：791 000

定价：158.00 元

（如有印装质量问题，我社负责调换）

第二版前言

本书的第一版于2002年由科学出版社出版，彼时正值高性能计算技术飞速发展的初创之期，初版书籍围绕电磁场工程计算机辅助设计(CAD)中的数值仿真、高效建模以及优化设计进行了深度与系统的总结，为计算电磁学的教学与科研工作提供了理论指导和案例蓝本。该书获评教育部学位管理与研究生教育司推荐研究生教学用书。而今过去已有十多年时间，计算技术的发展已然日新月异，全世界同仁所取得的新成果也极其丰硕，高性能计算技术不但是电磁学问题中最基础的研究方向之一，而且成为最急需的工具之一，堪称从事电磁场和微波工程研究的入门之刃。为了能够更加系统地阐述计算电磁学的理论基础与工程应用，围绕电磁场工程CAD中的三个核心问题，本书在广度与深度上均保持与时俱进的特点。作者根据近年来在教学科研工作的心得和读者阅读本书的反馈，在初版书籍的基础之上进行了增删，加强了本书的系统性、时效性以及实用性。

在本书的系统性方面，在数值仿真部分，再版书籍于第一篇中新增了频域有限差分法、无条件稳定的LOD-FDTD方法的原理和算例，以及新增第二篇电磁仿真中的矩量法，使得本书的数值仿真部分囊括了时域方法和频域方法两部分，从而在内容上更为全面；在高效建模部分，再版书籍于第三篇新增了基于误差前传算法的极限学习机，补充了人工神经网络的基础理论框架；在优化设计部分，再版书籍于第四篇新增了空间映射优化方法和拓扑优化算法，得到了理论与方法的全面补充。

在本书的时效性方面，再版书籍在电磁场工程CAD中的三个核心问题上均体现出了其前沿性。第一篇的有限差分法部分删去原来的标量时域有限差分法和时域有限差分法的三角形网格及平面型广义Yee网格章节，充实目前使用最广泛的共形网格新技术；第二篇矩量法部分介绍空域差分-时域矩量法、子全域基函数矩量法和基于压缩感知理论的矩量法等研究前沿内容；在高效建模部分，第三篇新增基于传递函数的神经网络模型应用的章节，其中着重体现传递函数在当前神经网络电磁建模中的作用；在优化设计方面，第四篇新增几种高性能改进型遗传算法，为读者进行算法应用与改进奠定一定的基础。同时，第四篇还介绍近年来较为流行的空间映射优化方法和混合拓扑优化算法。

再版书籍更加强调实用性，铺排中讲究计算原理与工程案例相结合。在数值仿真部分，新增基于特征基函数的区域分解法、LOD-FDTD法、空域差分-时域矩量法、子全域基函数矩量法以及基于压缩感知理论矩量法等的数值算例；在高效建模部分，新增神经网络在微波滤波器和天线建模中的工程应用；在优化设计部分，对于新增的空间映射优化方法、改进遗传算法和拓扑优化算法，都给出在器件、电路或天线优化设计中的应用示例，体现算法的优越性与实用性。

对本书第一版修订之时，作者尤其注重内容的整体分析与逻辑思路，以求使读者既能够了解电磁计算的基本原理并由此理解深层理论框架，又能够于基本原理之上掌握特定应用中的处理过程，最终希望能够激发出读者的创造性思维，在计算电磁学领域取得新的突破。

本书的形成与课题组的多年科研工作密切相关，也离不开读者的大力支持。在此需要感谢国家自然科学基金项目对我们科研工作的资助，感谢电子科技大学计算电磁学实验室的师生所做的卓有成效的研究工作，感谢各位专家同行的反馈与指正。所有这些帮助，全都汇聚于本书的所有字词篇章。最后，对于本书，作者诚挚地希望能够得到读者更多的意见与建议，以促成计算电磁学研究方向的进一步发展。

王秉中　邵　维

2018 年于电子科技大学

第一版前言

在国际高技术竞争日益激烈的今天，高性能计算技术已成为体现一个国家经济、科学和国防综合实力的重要标志。在许多情况下，或者是理论模型复杂甚至理论模型尚未建立，或者是实验费用昂贵甚至不能进行实验，计算就成为研究这些问题的主要或唯一手段，成为解决挑战性课题的一条重要途径。

电磁场与微波技术学科也不例外，以电磁场理论为基础，以高性能计算机技术为工具和手段，运用计算数学提供的各种方法，诞生了一个解决复杂电磁场理论和工程问题的重要领域——计算电磁学。

现代电磁系统大多是在非常复杂的环境中工作。复杂电磁系统的分析与综合，电磁场与复杂目标相互作用的分析与计算，对计算电磁学提出了各种新要求、新课题。计算电磁学应走向何方？我们认为，在对复杂系统的电磁特性进行严格的电磁仿真基础上，对复杂系统建立起面向 CAD 的快速准确模型，实现具有一定人工智能的电磁场工程专家系统，是该领域研究和发展必经的三部曲。

本书是作者多年来从事计算电磁学的教学和科研工作的系统总结，涉及电磁场工程 CAD 中的三个核心问题，即电磁场问题的数值仿真、高效建模和优化设计，并力图反映最新的研究动态。全书共四部分。第一部分概述计算电磁学的产生背景、现状和发展趋势，力图使读者对该领域的全貌从总体上有一个正确的把握。第二部分系统地介绍电磁仿真中的有限差分法，从基本理论、关键技术到应用实例都有深入浅出的讲解，力图使读者在学习了这些基本理论和关键技术并经过一定的上机实践后，能很快地运用这些方法解决一些实际问题。第三部分系统地介绍人工神经网络模型在面向 CAD 的高效电磁建模中的应用，重点介绍多层感知器神经网络模型、基于已有知识的神经网络模型在电磁建模中的应用。第四部分系统地介绍遗传算法的基本原理及其在电磁场工程问题优化设计中的应用。

在此，我要衷心感谢国家自然科学基金、霍英东青年教师基金、教育部跨世纪优秀人才培养计划基金多年来对我们研究工作的大力支持，对本书的写作完成起到了重要的推动作用。

王秉中

2001 年于电子科技大学

目　　录

第二篇　电磁仿真中的矩量法

第三篇 电磁建模中的人工神经网络

第四篇 电磁设计中的优化方法

第1章　绪　　论

1.1　计算电磁学的产生背景

1.1.1　高性能计算技术

现代科学研究的基本模式是“科学实验、理论分析、高性能计算”三位一体。在国际高技术竞争日益激烈的今天，高性能计算技术已经成为体现一个国家经济、科学和国防实力的重要标志，成为解决挑战性课题的一个根本途径。因此，在全球范围展开的高性能计算技术的竞争又呈白热化态势。

硬件和软件是高性能计算技术的两个组成部分。

从硬件方面来看，以计算技术开发领先的美国为例，为了保持其在世界上的领先地位，它早在 1993 年就由国会通过了高性能计算与通信(High Performance Computing and Communications, HPCC)计划。而后，美国国家科学基金会、能源部、国防部、教育部、卫生部、国家航空航天局、国家安全局、国家环境保护局、国家海洋和大气管理局陆续参与了这一计划。更快的运算速度、更大容量的内存是高性能计算机努力追求的目标。随着单处理机的速度越来越趋近物理极限，高性能计算机必须走大规模并行处理之路，大规模并行处理的突破口是并行计算机模型。此外，基于一些新材料、新工艺的新型计算机，如光互连技术、超导体计算机、量子计算机和分子计算机等的研究也在持续升温。

从软件方面来看，算法是软件的核心，是计算机的灵魂。对一个给定的计算机系统而言，其解决问题的能力和工作效率是由算法来决定的。目前计算机所做的信息处理大致分为一般问题和难解问题。对于一般问题，人们可以找到有效算法使计算机可以在能够容忍的时间和空间内解决这些问题。而对于难解问题，人们很难找到快速有效的算法。当被处理问题规模增大时，计算机的计算量有可能成百倍、成千倍呈指数型地增长，最终在时间和空间上超出计算机的实际计算能力。几十年来，计算机理论学者和算法专家一直在致力于寻找对一般问题的实时高性能算法和对大规模难解问题的快速算法。

科学和工程计算的高速进步，是 20 世纪后半叶最重要的科技进步。随着计算机和计算方法的飞速发展，高性能科学和工程计算取得了日新月异的进步，几乎所有学科都走向定量化和精确化，从而产生了一系列的计算性学科分支，如计算物理、计算化学、计算生物学、计算地质学、计算气象学和计算材料科学等，而计算数学则是它们的联系纽带和共性基础。这就使得计算数学这个古老的数学科目成为现代数学中一个生机盎然的分支，并发展成为一门新的学科——科学与工程计算。

利用高性能计算机，可以对新研究的对象进行数值模拟和动态显示，获得由实验很难得到甚至根本得不到的科学结果。在许多情况下，或者是理论模型复杂甚至理论模型尚未建立，或者是实验费用昂贵甚至不能进行实验，计算就成为解决这些问题的唯一或主要手段。高性能计算技术极大地提高了高科技研究的能力，加速了把科学技术转化为生产力的过程，深刻地影响着人类认识世界和改造世界的方法与途径，正推动着当代科学向更纵深的方向发展。

高性能计算是我国在世界科技领域占有一席之地的学科方向之一。在计算机硬件远落后于发达国家的不利条件下，我们充分发挥自己的智力优势，在核武器研制、火箭卫星发射、石油勘探、大地测量、水坝建筑、气象预报、生态环境监测等领域都取得了举世瞩目的成绩。

1.1.2 计算电磁学的重要性

与高性能计算技术发展同步，在电磁场与微波技术学科，以电磁场理论为基础，以高性能计算技术为工具和手段，运用计算数学提供的各种方法，诞生了一门解决复杂电磁场理论和工程问题的应用科学——计算电磁学(computational electromagnetics, CEM)，它是一门新兴的边缘科学。

电磁场理论的早期发展是和无线电通信、雷达的发展分不开的，它主要应用在军事领域。现在，电磁场理论的应用已经遍及地学、生命科学和医学、材料科学和信息科学等几乎所有的技术科学领域。计算电磁学的研究内容涉及面很广，它渗透到电磁学的各个领域，与电磁场理论、电磁场工程互相联系、互相依赖，相辅相成。计算电磁学对电磁场工程而言，是要解决实际电磁场工程中越来越复杂的电磁场问题的建模与仿真、优化与设计等问题；而电磁场工程也为之提供实验结果，以验证其计算结果的正确性。对电磁场理论而言，计算电磁学研究可以为电磁场理论研究提供进行复杂的数值及解析运算的方法、手段和计算结果；而电磁场理论的研究也为计算电磁学研究提供了电磁规律、数学方程，进而验证计算电磁学研究所计算的结果。

计算电磁学对电磁场理论发展的影响绝不仅仅是提供一个计算工具的问题，而是使整个电磁场理论的发展发生了革命性的变革。毫不夸张地说，近二三十年来，电磁场理论本身的发展，无一不是与计算电磁学的发展相联系的。目前，计算电磁学已成为对复杂体系的电磁规律、电磁性质进行研究的重要手段，为电磁场理论研究开辟了新的途径，对电磁场工程的发展起了极大的推动作用。

1.1.3 计算电磁学的研究特点

计算电磁学研究的第一步是对电磁问题进行分析，抓住主要因素，忽略各种次要因素，建立起相应的电磁、数学模型。在这一点上与电磁场理论的做法极为相似。在电磁、数学模型确定之后，就是要选择算法并使之在计算机上实现。

首先来讨论算法。对确定的数学模型，可以采用数值或非数值计算来求解。这项工作是计算数学讨论的主要内容，也是计算电磁学的基础。由于现代程序存储是通用数字电子计算机的内在特点，它实质上只能做比加法略微多一些的运算和操作。而从实际问题建立起的复杂数学模型往往是以微分或积分方程等形式表示出来的。表面上，计算机所提供的处理能力与所要求解的问题的差距是相当大的。沟通这一鸿沟的就是算法。算法可以简单地认为是在解决具体问题时，计算机所能执行的步骤。算法将一个复杂问题化为简单问题，简单问题再化为基本问题，基本问题再化为计算机能够执行的运算。算法选取的好坏是影响到能否计算出结果、精度高低或计算量大小的关键。以快速傅里叶变换(fast Fourier transformation, FFT)

为例，假设离散化后待处理的点数为 N，普通傅里叶变换算法需 $O(N^2)$ 次操作，快速傅里叶变换则只需 $O(N\log_2 N)$ 次操作。当 $N=10^6$ 时，后者的计算速度是前者的 50000 倍。一般来说，算法分析是计算机科学和计算数学的研究范畴，计算电磁学工作者只要应用它们即可。但是，如果计算电磁学工作者自己提出一个新算法，就仍有必要进行算法分析。

其次是算法的误差。一般来说，所有数值计算方法都存在误差，其来源有以下四个方面。

(1) 模型误差。将实际问题归结为数学问题时，总要忽略一些主观上认为是次要的因素，加上这样或那样的限制。这种理想化的“数学模型”，实质上是对客观电磁现象的近似描述，这种近似描述本身就隐含着误差，这就是模型误差。

(2) 观测误差。数学模型中常常包含着一些通过实验测量得到的物理参数，如介电常数、磁导率、电导率、电磁耦合系数等。这些实验测量参数不可避免地带有误差，这种误差称为观测误差。

(3) 方法误差。在求解过程中，往往由于数学模型相当复杂而不能获得它的精确解；或者有些运算只能用极限过程来定义，而计算机只能进行有限次运算，这就必然引入了误差。这种误差是因为采用这样的数值求解算法而使运算结果与模型的准确解产生误差，因而也称方法误差或截断误差。例如，无穷级数就只能截取有限项计算，存在截断误差。

(4) 舍入误差。由于计算机的有限字长而带来的误差称为舍入误差，也称为计算误差，在计算机上进行千千万万次运算以后，其舍入误差的积累也是相当惊人的。

上述四方面所产生的误差是在进行任何一项计算中都必须考虑的，从而根据实际精度要求选择和设计出好的计算方法。

最后，还需考虑计算的收敛性和稳定性问题。

对算法、误差、收敛性及稳定性的研究属于计算数学的基本内容。计算电磁学在吸收计算数学研究成果的基础上，采用具有自身学科特色的研究方法，它在研究上的主要特点表现在以下几方面。

(1) 计算电磁学工作者在选用计算方法时更多的考虑是在算法和计算结果的物理意义上，而计算数学工作者更感兴趣的是算法的逼近阶、计算精度、收敛性及稳定性等问题。这是由于计算电磁学是以要解决的电磁问题为出发点和归宿点，因而对算法的评价和偏爱程度就与计算数学并不总是一致的。计算电磁学有时采用较为简单可靠、物理意义清楚的算法，对复杂物理问题作各种近似。例如，对非线性问题用一系列线性化的问题去逼近；对非均匀介质用一批小的均匀介质的组合去逼近；对不规则几何形体用一批规则几何形体的组合来逼近等。

(2) 计算电磁学的任务是寻求电磁规律、解决电磁问题，因而，它有时利用某些直观的电磁现象，加上逻辑推理、判断和实验，采用自身特有的方法，而可以不拘泥于数学上经严格证明得到的计算方法。

(3) 计算电磁学工作者在使用计算机分析整理大量计算数据的基础上，还需得出物理结论，这些结论最好是以某种解析形式的近似解来表达。这样才有利于直接反映出电磁规律和理论的进一步推广使用。

1.2 电磁场问题求解方法分类

求解电磁场问题的方法，归纳起来可分为三大类(其中每一类又包含若干种方法)：第一类是解析法；第二类是数值法；第三类是半解析数值法。

1.2.1 解析法

电磁学是一门古老而又不断发展的学科。采用经典的数学分析方法是近百年电磁学学科发展中一个极为重要的手段。解析法包括建立和求解偏微分方程或积分方程。严格求解偏微分方程的经典方法是分离变量法，严格求解积分方程的方法主要是变换数学法。解析法的优点如下。

(1) 可将解答表示为已知函数的显式，从而可计算出精确的数值结果。

(2) 可以作为近似解和数值解的检验标准。

(3) 在解析过程中和在解的显式中可以观察到问题的内在联系和各个参数对数值结果所起的作用。

但是解析法存在严重的缺点，主要是它仅能用于解决很少量的问题。事实上，只有在为数不多的坐标系中才能分离变量，而用积分方程法时往往求不出结果，致使分析过程既困难又复杂。例如，对于标量亥姆霍兹方程，只有在十一种坐标系下(直角、圆柱、圆锥、球、椭球、椭圆柱、抛物柱面、抛物面、旋转抛物面、扁旋转椭球和长旋转椭球坐标系)才能用分离变量法求解。如果边界面不是十一种坐标系中一个坐标系的一个坐标面或该坐标系的几个坐标面的组合，或者边界条件不是第一类(该标量在边界上的值为已知)或第二类(该标量在边界上沿法线方向的空间导数为已知)时，分离变量就不能进行。又如，只有当积分方程中的核是某些形式时，才能用变换数学来严格求解它。

正因为有严格解的问题是不多的，所以近似解析法变得十分重要。常见的有微扰法、变分法、多极子展开等近似解析法。高频近似法(如几何光学法[1]、物理光学法[2]、几何绕射理论[3]等)、低频近似法(如准静态场近似等)也是近似解析法。近似解析法也是一种解析法，但不是严格解析法，用这些方法可以求解一些用严格法不能解决的问题。当然，它们也可以用于求解一些用严格解析法可以解决的问题，用起来比较简便。诚然，近似法中的解析部分比严格解析法中的解析部分要少些，但计算工作量却较大，且随着期望的精确度的提高而增大。倘若使其工作量较小，其数值结果就会不太精确。这些方法的共同特点是：根据要求解问题的解的范围(定义域、值域)，做出在该范围内成立的近似假设，从而达到简化模型、简化求解过程的目的。由于现实问题的千姿百态，因而近似假设也就层出不穷，不断有在新的问题中、在新的近似假设条件下派生出的新的近似解析方法出现。

传统上，大部分电磁场问题的求解是基于解析模型的。从麦克斯韦方程或亥姆霍兹方程出发，加上特定的边界条件及本构参数，就可得到一个微分或积分方程体系，如图 1-1 所示。然后，这一模型被尽可能多地用解析方法处理，最后才编程计算。这一过程的特点如下。

(1) 强调电磁分析和数学分析。

(2) 通常给出一个紧凑的、计算效率高的程序。

(3) 程序的最终用户只拥有很少的弹性，仅能改变很少的一些参数。因为，结构的主要特性已被编进了程序之中，任一新的结构都需要重新编程、计算。

(4) 适用于专用程序开发。

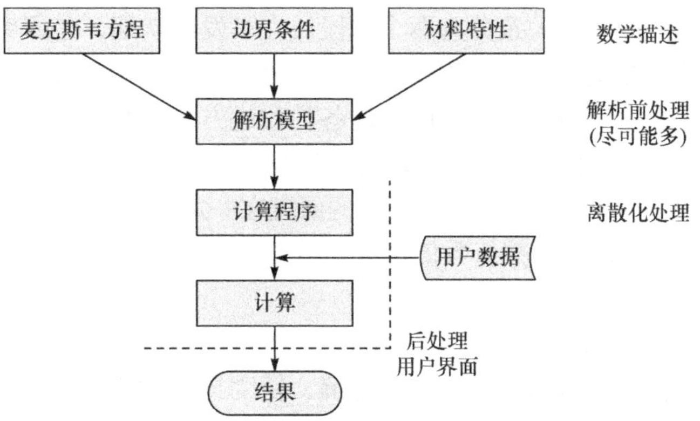

图 1-1　电磁场问题的传统求解过程

1.2.2　数值法

用高性能的计算机可以直接以数值的、程序的形式代替解析形式来描述电磁场问题。在纯数值法中，通常以差分代替微分，用有限求和代替积分，这样，就将问题化为求解差分方程或代数方程问题。这方面的例子有用有限元法(finite element method, FEM)[4]、时域有限差分(finite-difference time-domain, FDTD)法[5]和传输线矩阵(transmission line matrix, TLM)法[6,7]编写电磁场仿真程序。

数值法与解析法比较，在许多方面具有独特的优点。

(1) 普适性强，用户拥有的弹性大。一个特定问题的边界条件、电气结构、激励等特性可以不编入基本程序，而是由用户输入，更好的情况是通过图形界面输入，如图 1-2 所示。

(2) 用户不必具备高度专业化的电磁场理论、数学及数值技术方面的知识就能用提供的程序解决实际问题。

纯数值法的出现，使电磁场问题的分析研究，从解析的经典方法进入离散系统的数值分析方法，从而使许多解析法很难解决的复杂的电磁场问题，有可能通过电磁场的计算机辅助分析获得很高精度的离散解(数值解)，同时可极大地促进各种电磁场数值计算方法的发展。

纯数值法的缺点是数据输入量大、计算量大、受硬件条件限制大。原则上，数值法可以求解具有任何复杂几何形状、复杂材料的电磁场工程问题。但是，在工程应用中，由于受计算机存储容量、执行时间以及解的数值误差等方面的限制，纯数值法又难以完成任务。

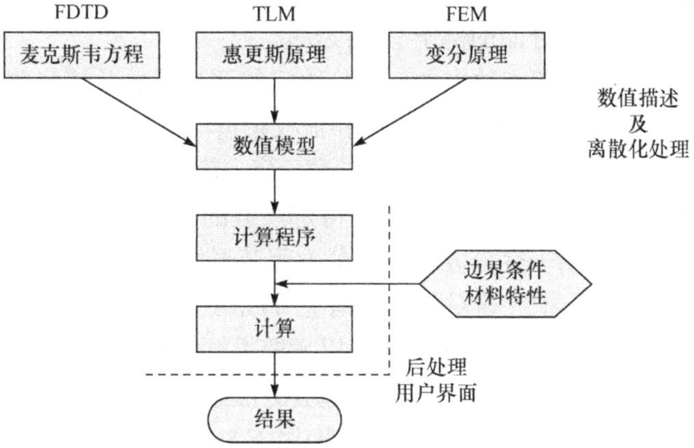

图 1-2　电磁场问题的纯数值法求解过程

可以说，纯数值法的发展大致分为两个阶段。在其发展初期，是研究“解决得了”的问题，也就是说讨论该纯数值法能否应用于各个学科分支领域；而在其发展后期，是研究“解决得好”的阶段，即探讨解决工程实际问题的各种改进方法、手段及相应的计算技术，近期的纯数值法研究中的大量工作都是为了实现这一目标的。如有的研究在小机器上计算大问题；有的研究减少内存占用、加快计算速度；还有的研究在一定程度上减少自由度和计算工作量；而最新的发展动向是研究高效的并行数值算法。

1.2.3 半解析数值法

如上所述，纯解析方法得到的是一种理论解，精度高、计算量小，但解题范围很有限，且不同的问题方法各异，较难掌握；而基于全离散原理的纯数值方法正相反，其优点是解题范围很广，适用于复杂几何形状、边界、激励和材料特性，且方法统一易于掌握，其不足之处是对复杂实际问题输入数据量大、计算量大，对计算机硬件要求高，费用可观。

近百年来已经打下良好基础的应用数学分析方法，由于数值计算技术的蓬勃发展近年来有所偏废，其应有作用没有得以充分发挥。能否充分利用这些已有解析研究成果，来弥补用纯数值方法的不足呢？答案是肯定的。将解析与数值方法相结合，以兼备两者优点、克服两者不足的各种半解析数值方法正日益兴起，成为用计算机求解科学与工程问题的有效手段。

在纯解析方法中只有人在起作用，而在纯数值方法中主要靠计算机来完成分析计算。在半解析数值方法中，将由人来完成诸如一维解函数、基本解、通解等较为规则、简单情况下的理论分析工作，而由计算机来进行降维后的低维离散化方程的求解工作。这种人与计算机间的恰当分工将会取得以前用纯解析方法或纯数值方法所不能达到的效果。在半解析数值方法中，引入了解析解的方法与成果，使数值计算工作量显著降低，适合微机计算，可收到显著经济效益；同时又保留纯数值方法的灵活性与通用性特点，易为工程人员所掌握。

半解析数值方法将研究解析与数值结合方法的数学基础与基本原理；研究如何选取所应用的解析解与解析函数，如何与离散化过程相结合，建立适合上机计算的运算格式；对复杂工程与学术问题的分析计算，达到分析简便、节省资源、计算快速、结果准确的目标。

半解析数值方法的发展相当迅速，类型众多。形成不同类型方法的原因是在数值分析的不同环节，采用不同方式，引入了不同类型解析解或解析函数。半解析数值方法主要有分维、分部、分区半解析数值法三种。

分维半解析数值法：是指多维问题的解函数在某些方向上采用解析函数族，而在另一些方向上仍保留离散和插值。这方面的例子有直线法。

分部半解析数值法：是指解函数中含有部分给定的解析函数及部分数值求解的待定系数。典型例子有矩量法(method of moment, MoM)[8]和加权余量法。加权余量法首先要构造一个由已知解析函数(试函数)及未知待定系数组成的解函数，代入问题给定的微分方程及边界条件，由出现的余量在域内或边界加权积分为零来建立待定系数的离散化方程，从而得到问题的近似解。同样的解函数构成也可用于变分方程、积分方程等形成多种类型分部半解析数值法。

分区半解析数值法：是指把计算对象在几何上分成两个(或多个)区域，分别采用纯数值解法、纯解析解法或上述半解析数值方法之一，以发挥不同方法在不同区域上的各自特长，这样做往往比全部域采用单一的方法来得有效。这类方法通称为耦合法、结合法或混合法。一般来说，偏于解析的方法(如解析法、边界元法等)用于匀质、规则、远区、无限域或线性区；偏于数值的方法(如有限元法、有限差分法等)用于非匀质、非规则、近区、有限域或非线性区。

因为许多问题，特别是耦合问题，在规则的远区可以匀质、线性化，容易给出解析解。这种解析解的离散化可作为复杂情况下近区离散化方程的边界条件，从而避免远区或规则区大量的数值计算工作。这种部分区域解析求解、部分区域数值求解的方法特别适用于相互作用、耦合等问题。其主要关键在于交界面处协调条件的离散化处理。这方面的例子有单矩法。

综上所述，解析与数值是一对矛盾的双方，半解析数值方法本身是矛盾统一的体现，故也不可避免存在着对立。没有一种方法是十全十美的。因此，善于在半解析数值方法中处理好解析与数值两者的关系是研究半解析数值法的关键所在。作为电磁场领域的研究应用人员，则应根据求解问题的性质灵活应用各种方法，这是正确掌握和使用半解析数值方法的一条基本原则。一般说来，问题越复杂或区域越复杂，应选用数值性较强的方法以增强适应性；问题比较正规或区域越正规，则选用解析性较强的方法以利节省计算工作量。

1.3 当前计算电磁学中的几种重要方法

当前计算电磁学中使用较多的方法主要有两大类，一类是以电磁场问题的积分方程为基础的数值方法，如矩量法系列；另一类是以电磁场问题的微分方程为基础的数值方法，如有限差分法系列。基于变分原理的有限元法可以归为微分方程法，也可以用矩量法的语言来描述。

需要指出的是，因为电磁场问题的积分方程描述和微分方程描述是可以互相转换的，对同一电磁问题，上述两类方法是互相等效的。并且，将积分方程法和微分方程法混合用于同一电磁问题的求解，发挥各自的优势，已有许多效果颇佳的实践。

1.3.1 有限元法

有限元法是求解数理边值问题的一种数值技术。在力学领域，有限元的思想早在20世纪40年代已经提出，在50年代开始用于飞机设计。但是公认这个方法的名称和开创性的工作是Clough在1960年发表的著作中奠定的，此后，该方法得到了发展并被广泛地用于结构分析、流体力学、热传递等物理和工程问题之中。60年代末至70年代初，有限元法被移植到电磁场工程领域[9,10]。

有限元法是以变分原理和剖分插值为基础的一种数值计算方法。在早期，应用瑞利-里茨方法的有限元法以变分原理为基础，所以它广泛用于拉普拉斯方程和泊松方程所描述的各类物理场，称为里茨有限元法。此后证明，应用加权余量法中的迦略金法或最小二乘法等同样可得到有限元方程。因此，有限元法可用于任何微分方程所描述的各类物理场，它同样适合于时变场、非线性场以及复杂介质中的电磁场求解。应用迦略金法的过程通常称为迦略金有限元法。

有限元法与经典里茨方法和迦略金方法的不同之处是在试探函数的公式上。在经典里茨方法和迦略金方法中，试探函数由定义在全域上的一组基函数组成。这种组合必须能够(至少近似)表示真实解，也必须满足适当的边界条件。在有限元方法中，试探函数是由定义在组成全域的子域上的一组基函数构成。因为子域很小，定义在子域上的基函数可以非常简单。

有限元法之所以有着非常强大的生命力和广阔的应用前景，主要在于方法本身有如下的优点。

(1) 有限元法采用物理上离散与分片多项式插值，因此具有对材料、边界、激励的广泛适应性。

(2) 有限元法基于变分原理，将数理方程求解变成代数方程组的求解，因此具有明显的简易性。

(3) 有限元法采用矩阵形式和单元组装方法，其各环节易于标准化，程序通用性强，且有较高的计算精度，便于程序编制和维护，适宜于制作商业软件。

(4) 国际学术界对有限元法的理论、计算技术以及各方面的应用做了大量的工作，许多问题均有现成的程序，可用的商业软件资源相对较多。

早期的有限元方法，用插值节点数值而获得的节点基单元来表示矢量电场或磁场，会遇到几个严重的问题。首先，可能会有非物理的赝解出现，这通常是由于未强加散度条件；其次，在材料界面和导体表面强加边界条件不方便；最后，存在处理导体和介质边缘及角的困难性，这是由与这些结构相关的场的奇异性造成的。

幸运的是，一种崭新的方法在 20 世纪 80 年代末 90 年代初出现，这就是矢量有限元方法，它将自由度赋予单元棱边而不是单元节点，因此又称为棱边元(edge element) [11-13]。棱边元没有前面提到的所有缺点。因为这些缺点困惑了计算电磁学研究者多年，可以想象，棱边元的重要性很快就被大家所认识，近年来，已开展了大量的研究，得到一些成功的应用。

事物总有其两面性，在有限元法发展初期，其灵活性和通用性的优点及解题能力广受欢迎，取得了巨大进展，可以说这一方法在电磁场理论与电磁场工程及其他场科学中都得到了一定应用与发展。但随着对有限元法的研究，特别是工程上实际应用的深入，一些问题也随之出现。

(1) 所解问题的复杂性和经费、时间以及计算机能力有限之间的矛盾。由于有限元法的特点是不论什么对象和什么问题，均在各方向离散，并一律采用分片低阶多项式插值来逼近各类问题的解函数，当然这有通用性强的一面；但又不可避免地带来自由度多、工作量大的不足，非借助于中、大型计算机不可，计算时间长、成本高。随着有限元深入到诸如三维、组合、复合、瞬态、耦合、波动、无限域、非线性等领域，其所需单元数、内存与计算工作量十分浩大惊人，造成了原则上有限元法都能解决，而实际上由于经费、计算机硬件条件所限，在工程应用上又难以实现的状态。同样的问题在有限差分法等纯数值法中均存在。

(2) 此法属于区域性解法，因此分割的元素数和节点数较多，导致所需要的初始数据复杂、繁多，使用不便。随着计算机辅助设计(computer aided design, CAD)的发展，可视化图形输入软件的进步，这一问题正在得到解决。

(3) 有限元法产生的代数矩阵方程的条件数 $O(h^{-2})$，随着网格细分，单元尺寸 h 变小，条件数变坏，最终导致计算结果很差。

(4) 对于无限区域中的求解问题，由于其边界条件难于妥善处理，即使求得结果，其误差也较大。在此情况下，人们不断寻求和发展其他数值方法。一种途径是研究效果更好的截断边界条件，它可以保持有限元法的矩阵稀疏性，缺点是计算空间较大；另一种途径是采用有限元法加边界积分方程的混合方法。边界积分有破坏矩阵稀疏性的缺点，但是，在大多数情况下能够减少计算空间。

这里，还要提到边界元法(boundary element method, BEM)[14]。它仿照有限元法，在边界法中引入边界元素的概念，发展成为一种边界元素法，因为它具有许多优点，故一经提出就受到人们普遍的重视并对它进行深入研究，在各个领域加以应用并取得良好的效果。

边界元法是把边界积分方程法与有限元法的离散方式组合起来的产物。这里积分方程的建立不像经典的边界积分法那样采用格林函数，而是通过加权余量法。因此，边界元法将描述场的微分方程通过加权余量法归结为边界上的积分方程，然后把区域的边界分割成许多单元，对这个积分方程进行边界分割和插值，从而求出近似解。在各单元上所考虑的插值函数，如同有限元的插值函数那样，可以具有各种形式。这是很重要的，因为以前的积分方程近似解法是把状态量集中到区域表面的许多点上，而现在没有这个限制。

由于边界元法是在经典边界积分方程法和有限元法的基础上产生的，因而它兼有这两种方法的优点。这就是说，用了边界积分方程式，使得求解问题的维数下降，例如，三维下降为二维等。这导致代数方程组的元数大为减少，输入数据变得简单，计算成本降低，对计算机存储容量要求也不高。又由于用了复杂的边界元素，因此就能较好地体现区域的边界。此法对于无限区域中的问题和场源集中的问题同样有效。此外，电场和电位一样，都是边界元法的直接解，因而能保证具有同样的精度。

边界元法在 20 世纪 70 年代才出现，将此法移植到电磁场领域则是 80 年代的事[15,16]。它方兴未艾，正在蓬勃发展，并深入到各个领域中去。诚然，边界元法尚处在发展时期，也存在许多不足之处。边界元法不如有限元法对问题的适应能力强。对于体源、非线性问题通常还要对全域进行剖分，对非匀质问题则适应性更差，其关键在于难以求取相应的基本解。另外边界元法的离散化方程组的系数矩阵为满阵，且不对称，因此，矩阵的所有元素都要用数值积分计算，计算时间增长。同时，应用边界元素法还要求分析人员具有较深厚的数学基础。

传统的有限元法的计算是在频域中进行，即每一次仿真是在某一特定的频率点上求解电磁场问题。然而，对于瞬态电磁场问题，需要在宽频带上计算一系列频率点的场值，计算效率低下。而且，当涉及非线性媒质的模拟时，媒质参数随电场强度的变化而变化，使用基于频域求解的有限元法进行准确的分析计算是十分困难的。为了有效地克服这些局限，20 个世纪末出现了时域有限元(finite-element time-domain, FETD)法[17,18]。时域有限元方法只需在时域进行一次运行，通过傅里叶变换就可以得到宽频带的解。早期的时域有限元方法受时间稳定性条件的限制，并且需要进行矩阵方程的求解，和其他的时域仿真方法相比不占优势，应用有限。21 世纪初，多种高效的时域有限元方法得到了发展，如基于 Newmark 技术的时域有限元法[19]、交变隐式方向(alternating direction implicit, ADI)技术的时域有限元法[20,21]、Crank-Nicolson 时域有限元法[22]和不连续迦略金(discontinuous Galerkin, DG)时域有限元方法[23-25]等。

值得一提的是不连续迦略金时域有限元方法，与传统的有限元法不同，其单元间采用有限体积法(finite volume method, FVM)中的数值通量(numerical flux)来交换信息、保证格式的稳定和施加边界条件。其中的所有操作都是基于局部单元的，单元间在边界上的解可以不连续，而单元内部是连续的。这样，不连续迦略金时域有限元法容易采用高阶的基函数，并易于实现并行计算。该方法在空间离散和时间积分方面可以有多种的选择，使其在仿真计算电大尺寸、复杂结构的瞬态电磁场问题方面有着极大的吸引力和应用潜力。

1.3.2 时域有限差分法

有限差分(finite-difference, FD)法简称差分法，这种方法早在 19 世纪末已经提出，但把差分法和近似数值分析联系起来，则是 20 世纪 50 年代中叶以后的一段时间。它以简单、直观的特点而得到广泛的应用，无论是常微分方程还是偏微分方程、各种类型的二阶线性方程以至高阶或非线性方程，均可利用差分法转化为代数方程组，而后用计算机求其数值解。

有限差分法是以差分原理为基础的一种数值方法，它把电磁场连续域内的问题变为离散系统的问题，即用各离散点上的数值解来逼近连续场域内的真实解，因而它是一种近似的计算方法，但根据目前计算机的容量和速度，对许多问题可以得到足够高的计算精度。

电磁场的有限差分解法，一般是在频域进行的。近年来，由于非正弦电磁场理论与技术的迅猛发展，时域有限差分法越来越受到重视。1966 年，Yee 提出了时域有限差分法的基本原理[26]。之后的 20 年，它的研究进展缓慢，在电磁散射、电磁兼容领域有些初步应用。20 世纪 80 年代后期以来，它倍受专家学者青睐，被称为重要的电磁场数值计算方法之一。随着吸收边界条件的不断改善，尤其是完全匹配层的提出与应用，以及对各种非标准网格划分技术、计算量压缩技术、抗误差积累技术的深入研究，该方法日趋完善，其应用面也趋于全方位。从电磁散射、电磁兼容、波导与谐振腔系统、天线辐射特性的研究，到电磁波生物效应、微波及毫米波集成电路分析、超高速集成电路互连封装电磁特性分析，以及复杂媒质中的电波传播、逆散射与遥感，几乎都有时域有限差分法应用的例子。

时域有限差分法不同于以往的任何一种方法，它以差分原理为基础，直接从概括电磁场普遍规律的麦克斯韦旋度方程出发，将其转换为差分方程组，在一定体积内和一段时间上对连续电磁场的数据取样。因此，它是对电磁场问题的最原始、最本质、最完备的数值模拟，具有最广泛的适用性。以它为基础制作的计算程序，对广泛的电磁场问题具有通用性。由它所得的结果应该是“完备”的矢量场，由此所算出的三维电磁场也应该是“精确”的。

时域有限差分法使电磁场的理论与计算从处理稳态问题发展到瞬态问题，从处理标量场问题发展到直接处理矢量场问题，这在电磁场理论中是一个极有意义的重大发展。这一发展又是与计算科学的发展紧密联系在一起的。时域有限差分法的发展是与现代高速大容量计算机、矢量计算机、并行计算机以及计算科学中并行算法的发展分不开的。应用一般的计算方法，对于这种有多个变量的偏微分方程组的计算是很困难的，它将需要很长的计算时间，而这类问题采用并行算法可以大量地节省计算时间。国际上，时域有限差分法的普遍应用正是与并行算法的发展联系在一起的，从这里可以进一步看到计算科学对计算电磁学发展的巨大作用。

时域有限差分法得以广泛应用的一个重要原因是它简单、直观、容易掌握。它从麦克斯韦方程出发，不需任何导出方程，避免了使用更多的数学工具，使得它成为所有电磁场计算方法中最简单的一种。其次，它基于概括电磁场普遍规律的麦克斯韦方程，实质上是在计算机所能提供的离散数值时空中仿真再现电磁现象的物理过程，非常直观。由于它既简单又直观，因此，易于掌握，很容易得到推广应用。

传统的时域有限差分法存在以下两个主要的局限：色散误差和时间稳定性条件。这两个局限对时域有限差分法的空间网格尺寸和时间步长的选取有严格的要求，在模拟复杂电磁结构或电大尺寸目标时，时域有限差分法的计算效率低下甚至不可实现。近年来，具有优良色散特性的时域算法得到了快速的发展，如高阶的时域有限差分法[27]、基于小波变换的超分辨率时域方法[28]、伪谱时域算法[29]等；同时，各国学者也提出了多种无条件稳定的时域算法，如基于交变隐式差分方向(ADI)的时域有限差分法[30-32]、局部一维(locally one-dimensional,

LOD)时域有限差分法[33]、基于加权 Laguerre 多项式的时域有限差分法等[34]。

1.3.3　矩量法

矩量法是一种将连续方程离散化为代数方程组的方法，此法对于求解微分方程和积分方程均适用。1963 年，Mei 在其博士论文工作中首次采用这种方法。Harrington 于 1968 年出版的专著中，对用此法求解电磁场问题做了全面而深入的分析，用统一的观点简单扼要地介绍了这种方法[8]。矩量法就是先将需要求解的微分方程或积分方程写成带有微分或积分算符的算子方程，再将待求函数表示为某一组选用的基函数的线性组合并代入算子方程，最后用一组选定的权函数对所得的方程取矩量，就得到一个矩阵方程或代数方程组。剩下来的问题就是利用计算机进行大量的数值计算，包括矩阵的反演(求逆矩阵)和数值积分等。用此法可以达到所需的精确度。矩量法能解决严格解析法和近似解析法所不能解决的边界比较复杂的一些问题，因而得到了比较广泛的应用。

矩量法包含着一个离散化的问题，因为无论在微分方程或积分方程中，微分或积分所作用的函数都是连续函数，而电子计算机所能处理的函数则是离散函数。数值方法所做的工作是将微分方程化为差分方程，或将积分方程中的积分化为有限求和，从而建立代数方程组，因此，它的主要工作量是用电子计算机求解代数方程组。

必须指出，虽然这种方法中的解析部分较简单，但其计算工作量很大。对于以微分方程为基础的离散方程，其系数矩阵多为大型病态稀疏矩阵；对于以积分方程为基础的离散方程，其系数矩阵通常为满矩阵，所有元素通常都需大量的数值计算。有时，即使采用现代甚至未来的超级计算机，计算任务也难以完成，对电大尺寸物体更是如此。这是因为，目前各种算法所需的浮点运算次数(number of FLOPS)随物体电尺寸(或频率)的增加按 3～9 次方的速度增加，远远超过计算机硬件速度和容量的增长速度。因此，关于大型稀疏矩阵的快速算法、非稀疏矩阵及其元素的快速算法以及在建模时就采用的快速算法模型，一直是人们努力的方向。这方面的例子有：共轭梯度(conjugate-gradient，CG-FFT)法[35]、快速多极子算法(fast multipole method, FMM)[36]、区域分解快速算法[37, 38]、样条基函数应用和小波基函数应用[39, 40]，以及多种混合方法[41-43]等。随着新的计算机技术的发展，如云计算、图形处理单元技术、多核技术以及分布式和混合内存技术等，现已具备求解未知数数目过亿的矩阵方程的能力[44]。

首先，以应用小波基函数为例。小波具有局部化特性(“小”)、正负对消特性(“波”)和多分辨率分解特性。矩量法中系数矩阵元素的物理意义是基函数(“源”)在场点产生的场。用小波作为基函数(“源”)，由于正负抵消，“源”的辐射效果极弱，矩量法所得系数矩阵中的非对角元素随离开对角线的距离增加而迅速减小，可忽略不计，系数矩阵化为准对角稀疏阵。这就克服了传统矩量法中，积分方程化为满矩阵方程的缺点。

其次，以矩量法解微分方程中小波理论的应用为例。我们知道，有限元法可以用矩量法语言来描述，看作用矩量法解微分方程的例子。在普通有限元中，系数矩阵是大型病态稀疏阵，系数矩阵条件数 $O(h^{-2})$，局部网格划分很细将导致条件数增大，计算结果误差增大。如果采用多层网格小波有限元，系数矩阵条件数 $\mathrm{Cond}\left[2^{-2j}K_j^{(i)}\right]=O(1)$，$2^{-2j}$ 为预处理因子，$K_j^{(i)}$ 为系数矩阵。可见，经预处理，条件数与网格划分尺度 j 无关，可在机器容许的限度内进行网格细分和稳定的数值求解工作。

图 1-3 简单地表示出小波应用对矩量法的改进。

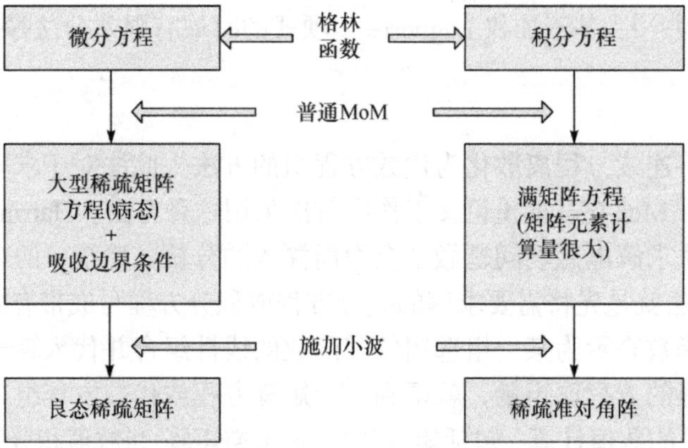

图 1-3　小波应用对矩量法的改进

最后，简单介绍快速多极子方法。快速多极子方法以矩量法为基础，将离散而成的单元划分为若干组。同组各单元间和邻组各单元间，元素的作用仍通过传统的矩量法进行计算，而不相邻组间元素的作用则通过多极子方法进行计算。多极子方法以数学中的矢量加法定理为基础，对积分方程中的格林函数特殊处理，通过在角谱空间中展开，并利用平面波进行算子对角化，把稠密矩阵与矢量的相乘计算简化成几个稀疏矩阵与该矢量的相乘计算。

这样，快速多极子方法在保证对计算精度不产生明显影响的情况下，适当减少源对远区作用的信息量，使由矩量法所生成的稠密矩阵变为稀疏矩阵，从而适用于迭代求解，大大降低计算复杂度。快速多极子方法的改进方法，多层快速多极子算法(multilevel fast multipole algorithm, MLFMA)[45, 46]，基于多个层上的分组，以层间嵌套、逐层递推的方式实现快速多极子运算，并在多层结构中向上聚合、向下配置、逐层转移，以完成远区相互作用的高效计算。多层快速多极子算法将快速多极子方法在电大目标散射问题的计算复杂度大大降低，受到了高度的重视和关注。

总之，现代计算电磁学的发展趋势，主要体现在对各种快速算法的研究上。积分方程法和微分方程法都根据各自的特点发展了各自的快速算法。并且，根据需要，将不同方法的优势组合使用，由此而形成的混合方法也不断出现。

1.4　电磁场工程专家系统

现代电磁系统大多是在非常复杂的环境中工作的。复杂电磁系统的分析与综合，电磁场与复杂目标相互作用的分析和计算，对计算电磁学提出了各种新要求、新课题。面对现代电磁场工程的需求，计算电磁学应当走向何方？作者认为，在对复杂系统的电磁特性进行严格的电磁仿真基础上，对复杂系统建立起面向 CAD 的快速准确模型，实现具有一定人工智能的电磁场工程专家系统，应当是计算电磁学工作者追求的理想目标，也是该领域研究和发展必经的三部曲。

1.4.1　复杂系统的电磁特性仿真

对复杂系统的电磁特性进行研究具有特别重要的意义，也是颇具挑战性的难题。下面我们将举例说明。

作为信息高速公路建设重要基础之一的超高速集成电路，是实现高速大容量通信、高速计算机、高速信息处理及高速测量仪表的关键硬件。在美国，从美国国防高级研究计划局(Defense Advanced Research Projects Agency, DARPA)到IBM、GE、Honeywell、波音等大公司都投入了巨大的力量来推进这方面的研制工作。超高速集成电路研制中的一项关键技术是封装和互连设计。超高速集成电路要求有与其超高速相配的高密度封装和高可靠互连技术。目前，互连系统的时延远大于超高速逻辑门的时延，严重限制了系统整体速度的提高。因此，专家指出，超高速集成电路系统速度的提高强烈地依赖于高密度、短时延、高可靠互连封装结构的实现。

准确地进行互连封装结构的电磁特性分析与设计，是保证超高速集成电路制作成功必不可少的工作，也是目前国际上尚未解决的难题。超宽频(从直流一直到微波)的快变信号，加上纵横交错的超微细互连封装结构，构成一个复杂的电磁场问题，给分析带来了很大的困难。尤其是对一些复杂的互连结构(不均匀、不连续、三维立体互连等)则更缺乏广泛深入的研究。目前，由互连系统的分布耦合、色散效应、不连续性等导致的串音干扰、信号畸变， 由超微细互连结构带来的大传输损耗，以及以多激励、多负载、多I/O数为特色的大型复杂网络的电磁仿真等问题仍未很好地解决。

应用计算电磁学的理论与方法，建立各种复杂互连封装结构电磁特性的理论模型，通过严格的电磁仿真分析，预测超高速窄脉冲信号在复杂互连封装系统中的传输结果，探索新型的高密度且弱互耦干扰、小时延、低损耗、弱色散的互连封装结构，可为超高速集成电路的高密度封装、高可靠互连提供理论依据和设计数据。

在微波、毫米波单片集成电路的研制中，随着集成度的提高，尤其是三维微波集成电路的出现，也存在着类似的新课题。因为这些精密电路的制作成本昂贵，通过严格的电磁场仿真分析与设计，能减少电路投料、制作失败(不达标)的次数，从而大大降低成本。这已成为当今该领域的一个潮流，并且，随着科学与技术的发展，这种以计算电磁学为基础的软件技术在研究、设计、生产中所占的比例将进一步猛增。

又如，近年来，高密度大规模集成电路越来越多地用于高速大容量通信、高速计算机、高速信息处理及高速测量仪表之中，成为现代及未来各种国防、交通、通信、金融等系统的心脏。随着电路密集度的增加，为减小热耗、提高效率，工作电平及单位运算的功耗越来越低。这种低工作电平使得电路对电磁干扰的敏感度增加，要求更好的抗干扰工作环境。而从电磁环境方面来看，随着现代科学与技术的发展，人类对电磁频谱资源的利用猛增，对电子设备的各种自然和人为的电磁干扰也日益增多，干扰甚至毁坏电子设备，电磁环境越来越复杂、恶劣。日益恶化的电磁环境与越来越苛刻的电路抗干扰工作环境要求，使得电子设备抗干扰性能的研究成为现代及未来电子设备研制、设计与生产急需解决的难题。

电磁波干扰电子设备主要通过两条途径：一是通过雷达、通信机的天线直接进入电子设备；二是通过机箱上的孔、缝等进入电子设备。第二种情形比第一种情况更普遍存在，无论电子设备是否具有天线系统，由于通风孔、操作按钮、观测仪表等的存在，其外壳不是完全屏蔽的。研究机箱的抗电磁干扰性能就是要对各种孔、缝的耦合能力做出估计，了解干扰电磁波在箱内的分布，从而在设计中使箱内电路和器件的布局合理，使敏感元件避开场的峰值区域，提高电子设备抗干扰能力。

尽管在机箱抗电磁干扰性能研究方面已有较大进展，许多问题仍未解决。例如，实际应用中会遇到不同的机箱形状、尺寸、开孔大小、开孔方位以及不同的箱内电路和器件布局(对电磁波相当于不同的异物加载)，这些因素的改变，会导致箱内耦合场分布的改变，如何采用一种对结构及材料的变化普适性强的、能计及多耦合元素综合效应的计算方法来仿真模拟电磁脉冲耦合，是该领域的研究前沿。

应用计算电磁学的理论与方法，研究电子设备机箱的抗电磁干扰性能，建立各种复杂机箱孔缝结构电磁性能的理论模型，通过严格的数值仿真分析，再现其在电磁干扰环境下的行为和规律，预测干扰电磁波通过机箱孔缝进入电子设备的可能性及影响程度，探索新的抗电磁干扰加固途径，可为电子设备的电磁兼容设计提供可靠的理论依据和设计数据。

再有，电子战中隐身与反隐身技术的发展，提出了各种复合材料和新型材料表面的散射问题，在电磁波用于地物勘探以及医学应用中都遇到了类似的问题，这些问题统称为复杂介质中的电磁场问题。又如，遥感技术的发展，特别是微波遥感的发展，对电磁场理论、计算电磁学提出了更为复杂的要求。目前的发展状况是遥感器落后于平台，遥感图像数据处理落后于遥感器，微波与目标相互作用的物理基础研究又落后于图像数据处理技术。这样，我们便无法从大量实际测量得到的散射数据中提取出需要的散射体和环境的参数。电磁波从外层空间经过电离层、大气层到地表(地表存在着各种极为复杂的几何形状和各种不同电磁特性的物体)，还能透入地表深入到一定深度的地下并从地下反射回来，最后通过同样的复杂途径返回到空间的接收器。这是一个十分复杂的环境系统。研究这类复杂环境下的电磁场问题，不仅要研究散射问题，更要研究其逆散射问题，这将是电磁场理论、计算电磁学工作者面临的又一个艰巨的任务。

1.4.2　面向 CAD 的复杂系统电磁特性建模

现代电磁场工程设计，尤其是复杂系统的电磁场工程设计，大多通过 CAD 进行。这一设计过程往往是一个优化过程。大多数优化过程是基于迭代技术的，在优化过程中，一个目标函数将大量重复地被在线计算，直到最后收敛获得一个最佳值。

收敛所需的在线计算时间强烈地依赖于每一次目标函数计算所需的时间，即依赖于 CAD 模型的计算效率和运行时间。因此，面向 CAD 优化过程的电磁建模是一项非常重要的工作。

经过电磁场工程领域几代人的努力，许多传统的、简单的电磁问题 CAD 模型已经建立，并很好地投入使用，构成现在一些商业软件建模的依据。

然而，随着电磁场工程应用的深入，一大批复杂的新问题不断出现，对模型的精度要求也大大提高。传统的简单 CAD 模型或者已不能描述这些复杂系统的电磁问题；或者虽能描述，但精度太低，难以适应系统优化设计的新要求。

为了准确地模拟所要解决的电磁问题，必须采用基于全波分析的电磁仿真技术。随着计算机软、硬件技术的迅猛发展，以及计算电磁学理论和技术的进步，已有部分电磁仿真分析商业软件面世。这些软件所依据的就是曾介绍过的 FDTD、FEM 和 MoM 等全波分析技术。这些软件普适性强、计算精度高，但是，它们需占用大量的计算机硬件资源、计算量庞大。如果用它们来计算 CAD 优化过程中需反复调用的目标函数，优化过程将难以完成。这已成为目前人们正努力突破的难关。为此，专家进行了许多尝试。

例如，采用曲线拟合的办法，利用大量电磁仿真计算所得的结果，离线拟合得到一个用简单函数表达的 CAD 模型。将此曲线拟合模型用于 CAD 在线优化过程，可实现简单、快速计算。然而，曲线拟合能处理的变量个数(即模型参变量个数)太少。并且，输入参变量与目标函数之间的非线性也不能太大。这就大大限制了它的使用范围。

另一种尝试过的办法是建立查寻表。尽管使用查寻表技术可以实现简单、快速的目标函数计算，但是，这种技术却有下列内在缺陷。

(1) 表的大小随新变量的添加按指数规律增长。因此，内存需求量极大。

(2) 表中的每一个元素都需要一次电磁仿真来获得。因此，建表成本很高。

(3) 表的维护与刷新比较麻烦。这是因为，表的大小取决于输入参变量空间的大小，加入新变量会增加很多麻烦的工作。有时，为提高精度，必须新增取样点，这将使输入参量的空间增大，并导致表的内存需求增加、新添电磁仿真数据、重新顺序存储等十分麻烦的工作。

其实，从数学上看，一个 CAD 模型就是一种映射关系 F

$$\boldsymbol{Y}=F(\boldsymbol{X}) \tag{1.1}$$

其中，$\boldsymbol{Y}$ 是目标函数矢量，$\boldsymbol{X}$ 是输入矢量。通常，$\boldsymbol{X}$ 和 $\boldsymbol{Y}$ 之间的函数关系是高度非线性的，难以用简单函数直接给出。而神经网络模型却能有效、准确地描述这种映射关系，并且其计算方便、快速，非常适合于面向 CAD 优化过程的复杂系统电磁特性建模。

1.4.3 人工智能专家系统

在电磁仿真和 CAD 建模的基础上，建立面向专家系统的快速准确的知识库，实现电磁场工程专家系统，可为电磁系统设计提供可靠的理论依据、高效的分析和设计工具。

从计算特征来看，电磁场工程专家系统应包含两大类基本计算。

(1) 以数值计算为特征的电磁仿真计算，它由通常所说的电磁仿真软件(electromagnetic modeling software)实现，通过数值分析，给出可供电磁场工程设计人员参考的特性数据。

(2) 以非数值的语言处理或符号运算为特征的推理计算，它由基于知识(knowledge based)的准则检验软件(rule-checking software)实现，在电磁仿真计算数据的基础上，根据电磁场工程规范和标准、用户对系统电磁特性的要求、电磁场工程设计常识等一系列知识库中的知识，自动地检验所做的设计是否违犯电磁场工程设计准则，识别出需重新设计的单元或子系统。

只有电磁仿真软件，不具备人工智能，不能适应复杂系统电磁特性 CAD 的高性能要求；只有准则检验软件，缺乏对所作设计的电磁特性分析数据，无异于做无米之炊。一个设计良好的电磁场工程专家系统，应将这两大类计算模块有机地结合，应用软件工程的方法，选择适当的专家系统方案模型，建造可扩展的、性能优越的知识库，设计灵活巧妙的推理和控制机制，恰当的实时性设计，设计有效的、友好的人/机接口，实现初具人工智能的电磁场工程专家系统。

综上所述，在电磁场工程应用的需求牵引下，电磁场理论、计算电磁学的发展保持着强大的生命力。开展计算电磁学的基础与应用研究，是电磁场工程的迫切需要，是未来电磁学领域的一个重要发展方向，具有重要的科学意义、广阔的工程应用前景和可观的经济效益。

参 考 文 献

[1] Hansen R C. Geometric Theory of Diffraction. New York: IEEE Press, 1981

[2] Klement D, Preissner J , Stein V. Special problems in applying the physical optics method for backscatter computations of complicated objects. IEEE Trans. Antennas Propag., 1998, 36(2): 228-237

[3] Kouyoumjian R G, Pathak P H. A uniform geometrical theory of diffraction for an edge in a perfectly conducting surface. Proc. IEEE, 1974, 62(11): 1448-1461

[4] Jin J M. The Finite Element Method in Electromagnetics. 2nd ed. New York: Wiley, 2002

[5] Taflove A, Hagness S C. Computational Electrodynamics: The Finite-Difference Time-Domain Method. 3rd ed. Boston: Artech House, 2005

[6] Johns P B, Beurle R L. Numerical solution of 2-dimension scattering problems using a transmission-line matrix. Proc. Electr. Eng., 1971, 118(9): 1203-1208
[7] Hoefer W J R. The transmission-line matrix method-theory and application. IEEE Trans. Microw. Theory Tech., 1985, 33(10): 882-893
[8] Harrington R F. Field Computation by Moment Methods. New York: Macmillan, 1968
[9] Silvester P P. Finite element solution of homogeneous waveguide problems. Alta Freq., 1969, 38: 313-317
[10] Mei K K. Unimoment method of solving antenna and scattering problems. IEEE Trans. Antennas Propag., 1974, 22(6): 760-766
[11] Nedelec J C. Mixed finite elements in R^3. Numer. Math., 1980, 35: 315-341
[12] Bossavit A, Verite J C. A mixed FEM-BIEM method to solve 3-D deep current problems. IEEE Trans. Magn., 1982, 18(2): 431-435
[13] Barton M L, Chendes Z J. New vector finite elements for three-dimensional magnetic field computation. J. Appl. Phys., 1987, 61:3919-3921
[14] Axelsson O, Barker V. Finite Element Solution of Boundary Value Problems. Orlando: Academic, 1984
[15] Kagami S, Fukai I. Application of boundary element method to electromagnetic field problems. IEEE Trans. Microw. Theory Tech., 1984, 32(4): 455-461
[16] Koshiba M, Suzuki M. Application of boundary element method to waveguide discontinuities. IEEE Trans. Microw. Theory Tech., 1986, 34(2): 301-307
[17] Cangellaris A, Lin C, Mei K K. Point-matched time domain finite element methods for electromagnetic radiation and scattering. IEEE Trans. Antennas Propag., 1987, 35(10): 1160-1173
[18] Lee J F, Sacks Z. Whitney elements time domain (WETD) methods. IEEE Trans. Magn., 1995, 31(3):1325-1329
[19] Artuzi W A, Dec J. Improving the Newmark time integration scheme in finite element time domain methods. IEEE Microw. Wirel. Compon. Lett., 2005, 15(12): 898-900
[20] Elson J T, Sangani H, Chan C H. An explicit time-domain method using three-dimensional Whitney elements. Microw. Opt. Tech. Lett., 1994, 7: 607-610
[21] Movahhedi M, Abdipour A, Nentchev A. Alternating-direction implicit formulation of the finite-element time-domain method. IEEE Trans. Microw. Theory Tech., 2007, 55(6): 1322-1331
[22] Chen R S, Du L, Ye Z. An efficient algorithm for implementing the Crank-Nicolson scheme in the mixed finite-element time-domain method. IEEE Trans. Antennas Propag., 2009, 57(10): 3216-3222
[23] Cockburn B, Li F, Shu C W. Locally divergence-free discontinuous Galerkin methods for the Maxwell equations. J. Comput. Phys., 2004, 194(2): 588-610
[24] Lu T, Zhang P, Cai W. Discontinuous Galerkin methods for dispersive and lossy Maxwell's equations and PML boundary conditions. J. Comput. Phys., 2004, 200(2): 549-580
[25] Lee J H, Chen J, Liu Q H. A 3-D discontinuous spectral element time-domain method for Maxwell's equations. IEEE Trans. Antennas Propag., 2009, 57(9):2666-2674
[26] Yee K. Numerical solution of initial boundary value problems involving Maxwell's equations in isotropic media. IEEE Trans. Antennas Propag., 1966, 14(3): 302-307
[27] Kantartzis N V, Tsiboukis T D. Higher Order FDTD Schemes for Waveguide and Antenna Structures. London: Morgan & Claypool Publishers, 2006
[28] Krumpholz M, Katehi L P B. MRTD: New time-domain schemes based on multiresolution analysis. IEEE Trans. Microw. Theory Tech., 1996, 44(4): 555-571
[29] Liu Q H. The PSTD algorithm: A time-domain method requiring only two cells per wavelength. Microw. Opt. Tech. Lett., 1997, 14(10): 158-165
[30] Holland R. Implicit three-dimensional finite differencing of Maxwell's equations. IEEE Trans. Nucl. Sci., 1984, 31: 1322-1326

[31] Namiki T. 3-D ADI-FDTD method-unconditionally stable time-domain algorithm for solving full vector maxwells equations. IEEE Trans. Micro. Theory Tech., 2000, 48(10): 1743-1748

[32] Zheng F, Chen Z, Zhang J. Towards the development of a three-dimensional unconditionally stable finite-difference time-domain method. IEEE Trans. Micro. Theory Tech., 2000, 48(9): 1550-1558

[33] Shibayama J, Muraki M, Yamauchi J. Efficient implicit FDTD algorithm based on locally one-dimensional scheme. Electron. Lett., 2005, 41(19): 1046-1047

[34] Chung Y S, Sarkar T K, Jung B H, et al. An unconditionally stable scheme for the finite-difference time-domain method. IEEE Trans. Micro. Theory Tech., 2003, 51(3): 697-704

[35] Hestenes M R, Stiefel E. Methods of conjugate gradients for solving linear systems. J. Res. Nat. Bureau Stand., 1952, 49(6): 409-436

[36] Coifman R, Rokhlin V, Wanzura S. The fast multipole method for the wave equation: A pedestrian prescription. IEEE Antennas Propag. Mag., 1993, 35(3): 7-12

[37] Stupfel B. A fast domain decomposition method for the solution of electromagnetic scattering by large objects. IEEE Trans. Antennas Propag., 1996, 44(10): 1375-1385

[38] Zhao K, Rawat V, Lee J F. A domain decomposition method for electromagnetic radiation and scattering analysis of multi-target problems. IEEE Trans. Antennas Propag., 2008, 56(8): 2211-2221

[39] Kim H, Ling H. On the application of fast wavelet transform to the integral equation solution of electromagnetic scattering problems. Microw. Opt. Tech. Lett., 1993, 6(3): 168-173

[40] Steinberg B Z, Leviatan Y. On the use of wavelet expansions in the method of moments. IEEE Trans. Antennas Propaga., 1995, 41(5): 610-619

[41] Landesa L, Taboada J M, Rodriguez J L, et al. Analysis of 0.5 billion unknowns using a parallel FMMFFT solver. Proceedings of IEEE Antennas and Propagation Society Internation Symposium, Charleston, SC, 2009

[42] Taboada J M, Landesa L, Obelleiro F, et al. High scalability FMM-FFT electromagnetic solver for supercomputer systems. IEEE Antennas Propag. Mag., 2009, 51(6): 20-28

[43] Taboada J M, Araujo M, Bertolo J M, et al. MLFMA-FFT parallel algorithm for the solution of large-scale problems in electromagnetic (invited paper). Progr. Electromagn. Res.,2010, 105: 15-30

[44] Chew W C, Jiang L. Overview of large-scale computing: The past, the present, and the future. IEEE Proc. IEEE, 2013, 101(2): 227-240

[45] Song J M, Chew W C. Multilevel fast multipole algorithm for solving combined field integral equations of electromagnetic scattering. Microw. Opt. Tech. Lett., 1995, 10:14-19

[46] Song J M, Lu C C, Chew W C. Multilevel fast multipole algorithm for electromagnetic scattering by large complex objects. IEEE Trans. Antennas Propag., 1997, 45(10): 1488-1493

第一篇

电磁仿真中的有限差分法

在数值计算方法中，有限差分(finite difference, FD)法是应用最早的一种方法，直至今天，它仍以其简单、直观的特点而得到广泛应用。对于常微分方程或偏微分方程、初值问题或边值问题、椭圆型、双曲型或抛物型二阶线性方程，以及高阶或非线性方程，通常可利用此法将它们转化为代数方程组，再借助计算机求其数值解。

为求解由偏微分方程构成的电磁场定解问题，有限差分法首先利用网格剖分将连续场域离散化为网格离散节点的集合，然后基于差分原理，以在各离散点上待求函数的差商来近似替代该点的偏导数。这样，待求的电磁场偏微分方程便转化为相应的差分方程组。最后，通过计算机求解各离散点上的函数值，就是所求问题的离散解。电磁仿真中的有限差分法主要包括频域有限差分法和时域有限差分法。

第一章

第 2 章　有限差分法

2.1　差分运算的基本概念

设函数 $f(x)$，其独立变量 x 有一很小的增量 $\Delta x = h$，则相应地该函数 $f(x)$ 的增量为

$$\Delta f = f(x+h) - f(x) \tag{2.1}$$

它称为函数 $f(x)$ 的一阶差分，它与微分不同，因是有限量的差故称为有限差分。而一阶差分 Δf 除以增量 h 的商，即一阶差商

$$\frac{\Delta f}{\Delta x} = \frac{f(x+h) - f(x)}{h} \tag{2.2}$$

将接近于一阶导数 $\dfrac{\mathrm{d}f}{\mathrm{d}x}$。

一阶差分仍是独立变量 x 的函数，类似地，按式(2.1)计算一阶差分的差分，就得到二阶差分 $\Delta^2 f(x)$。

显然，只要上述增量 h 很小，差分 Δf 与微分之间的差异将很小。

一阶导数

$$f'(x) = \frac{\mathrm{d}f}{\mathrm{d}x} = \lim_{\Delta x \to 0} \frac{\Delta f(x)}{\Delta x} \tag{2.3}$$

是无限小的微分 $\mathrm{d}f = \lim\limits_{\Delta x \to 0} \Delta f(x)$ 除以无限小微分 $\mathrm{d}x = \lim\limits_{\Delta x \to 0} \Delta x$ 的商，应用差分，它可近似地表示为

$$\frac{\mathrm{d}f}{\mathrm{d}x} \approx \frac{\Delta f(x)}{\Delta x} = \frac{f(x+h) - f(x)}{h} \quad (\text{前向差分}) \tag{2.4}$$

即有限小的差分 Δf 除以有限小的差分 Δx 的商，被称为差商。同理，一阶导数还可近似地表达为

$$\frac{\mathrm{d}f}{\mathrm{d}x} \approx \frac{\Delta f(x)}{\Delta x} = \frac{f(x) - f(x-h)}{h} \quad (\text{后向差分}) \tag{2.5}$$

或者

$$\frac{\mathrm{d}f}{\mathrm{d}x} \approx \frac{\Delta f(x)}{\Delta x} = \frac{f(x+h) - f(x-h)}{2h} \quad (\text{中心差分}) \tag{2.6}$$

它们对于一阶导数的逼近度可通过泰勒公式的展开式得知。

由泰勒公式，其近似表达式可写成

$$f(x+h)=f(x)+h\frac{\mathrm{d}f(x)}{\mathrm{d}x}+\frac{1}{2!}h^2\frac{\mathrm{d}^2 f(x)}{\mathrm{d}x^2}+\cdots \tag{2.7}$$

和

$$f(x-h)=f(x)-h\frac{\mathrm{d}f(x)}{\mathrm{d}x}+\frac{1}{2!}h^2\frac{\mathrm{d}^2 f(x)}{\mathrm{d}x^2}+\cdots \tag{2.8}$$

可见，式(2.4)和式(2.5)都截断于$h\frac{\mathrm{d}f(x)}{\mathrm{d}x}$项，而把$h^2$项以及更高幂次的项全部略去。式(2.6)相当于把相应的泰勒公式

$$f(x+h)-f(x-h)=2h\frac{\mathrm{d}f(x)}{\mathrm{d}x}+\frac{2}{3!}h^3\frac{\mathrm{d}^3 f(x)}{\mathrm{d}x^3}+\cdots \tag{2.9}$$

截断于$2h\frac{\mathrm{d}f(x)}{\mathrm{d}x}$项，略去了$h^3$项以及更高幂次的项。很明显，以上三种差商表达式中以式(2.6)所示的差商的截断误差最小，其误差将大致和h的二次方成正比。

对于二阶导数同样可近似为差商的差商，即

$$\begin{aligned}\frac{\mathrm{d}^2 f}{\mathrm{d}x^2}&\approx\frac{1}{\Delta x}\left(\left.\frac{\mathrm{d}f}{\mathrm{d}x}\right|_{x+}-\left.\frac{\mathrm{d}f}{\mathrm{d}x}\right|_{x-}\right)\\&\approx\frac{1}{h}\left[\frac{f(x+h)-f(x)}{h}-\frac{f(x)-f(x-h)}{h}\right]\\&=\frac{f(x+h)-2f(x)+f(x-h)}{h^2}\end{aligned} \tag{2.10}$$

式(2.10)相当于把泰勒公式

$$f(x+h)+f(x-h)=2f(x)+h^2\frac{\mathrm{d}^2 f(x)}{\mathrm{d}x^2}+\frac{2}{4!}h^4\frac{\mathrm{d}^4 f(x)}{\mathrm{d}x^4}+\cdots \tag{2.11}$$

截断于$h^2\frac{\mathrm{d}^2 f(x)}{\mathrm{d}x^2}$项，略去了$h^4$项以及更高幂次的项。

显然，二阶差商

$$\frac{\Delta^2 f(x)}{\Delta x^2}=\frac{\Delta f(x+h)-\Delta f(x)}{h^2} \tag{2.12}$$

近似于二阶导数$\frac{\mathrm{d}^2 f(x)}{\mathrm{d}x^2}$。

在上述标准差分格式中，对自变量的微分$\mathrm{d}x$，取$\mathrm{d}x\approx\Delta x=h$。而在广义的差分格式中，可取

$$\mathrm{d}x=\phi(h,\lambda)\overset{h\to 0,\ \lambda\text{固定}}{=}h+O(h^2) \tag{2.13}$$

例如，可选取

$$\phi(h,\lambda)=\frac{1-\mathrm{e}^{-\lambda h}}{\lambda} \tag{2.14}$$

于是，以前向差分为例，一阶导数 $\frac{\mathrm{d}f}{\mathrm{d}x}$ 可用下列非标准差分格式来近似

$$\frac{\mathrm{d}f}{\mathrm{d}x}\approx\frac{f(x+h)-f(x)}{\phi(h,\lambda)}=\frac{f(x+h)-f(x)}{\frac{1-\mathrm{e}^{-\lambda h}}{\lambda}} \tag{2.15}$$

进一步，还可假设更一般的差分格式如下

$$\frac{\mathrm{d}f}{\mathrm{d}x}\approx\frac{f[x+\phi_1(h,\lambda_1)]-f(x)}{\phi_2(h,\lambda_2)} \tag{2.16}$$

式中

$$\phi_i(h,\lambda_i)\overset{h\to0,\ \lambda_i\text{固定}}{=\!=\!=\!=}h+O(h^2) \tag{2.17}$$

这种广义的差分格式给离散化工作带来了更多的选择方案、更大的自由度。

偏导数也可以仿照上述方法表示为差商，它用各离散点上函数的差商来近似代替该点的偏导数，将需求解的边值问题转化为一组相应的差分方程，而后根据差分方程组(代数方程组)，解出位于各离散点上的待求函数值，便可得到相应的数值解。

由上可见，有限差分法(简称差分法)是以差分原理为基础的一种数值方法，它实质上是将电磁场连续域的问题变换为离散系统的问题来求解，也就是通过网格状离散化模型上各离散点的数值解来逼近连续场域的真实解。

有限差分法的应用范围很广，不但能求解均匀或不均匀线性媒质中的位场，而且还能解决非线性媒质中的场；它不仅能求解恒定场或似稳场，还能求解时变场。在边值问题的数值方法中，此法是相当简便的，在计算机存储容量允许的情况下，有可能采用较精细的网格，使离散化模型能较精确地逼近真实问题，获得具有足够精度的数值解。

应用有限差分法对电磁场边值问题进行求解，通常所采取的步骤如下所示。

(1) 采用一定的网格划分方式离散化场域。常见规则网格有正方形、矩形、平行四边形、等角六边形和极坐标网格等，如图 2-1 所示。

(2) 基于差分原理的应用，对场域内偏微分方程以及场域的边界条件，也包括场域内不同媒质分界面上的边界条件，进行差分离散化处理，给出相应的差分计算格式。

(3) 结合选定的代数方程组的解法，编制计算程序，求解由上所得对应于待求边值问题的差分方程组，所得解答为该边值问题的数值解。

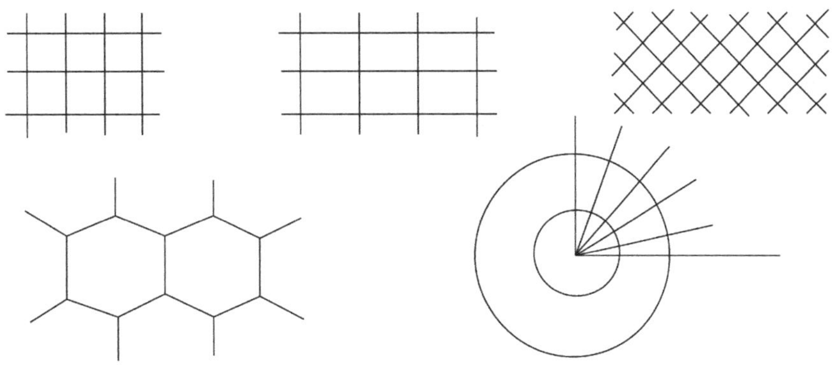

图 2-1　常见规则差分网格

2.2　边值问题(静态场)的差分计算

2.2.1　二维泊松方程差分格式的建立

设 φ 在一个由边界 C 限定的二维场域 D 内满足泊松方程

$$\nabla^2\varphi = \frac{\partial^2\varphi}{\partial x^2}+\frac{\partial^2\varphi}{\partial y^2}=f(x,y) \tag{2.18}$$

首先应将场域 D 离散化，从网格划分着手决定离散点的分布方式。通常采用完全有规律的分布方式，这样在每个离散点上可得出相同形式的差分方程，有效地提高解题速度。现以矩形网格的节点配置，导出泊松方程的差分方程。设场域内部某节点0附近的各节点如图2-2所示。这里取步长 h 不相等的最一般情况。以 φ_0、φ_1、φ_2、φ_3 和 φ_4 分别代表在节点0、1、2、3、4处 φ 的函数值。

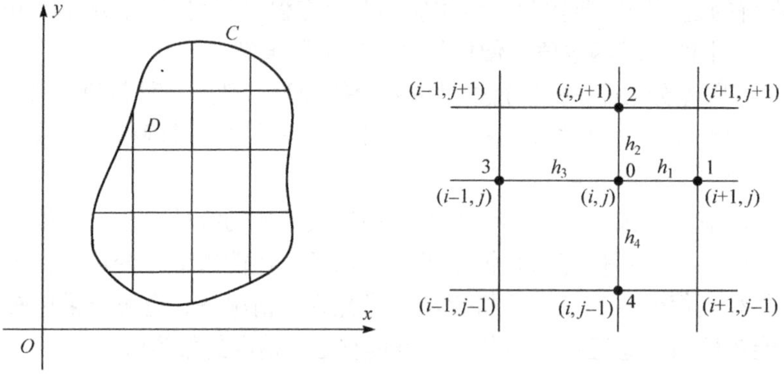

图 2-2　矩形网格的节点配置

点0的一阶偏导数可通过朝前或朝后的差商，由点1和点3的值给出

$$\left(\frac{\partial\varphi}{\partial x}\right)_0 \approx \frac{\varphi_1-\varphi_0}{h_1} \tag{2.19}$$

或

$$\left(\frac{\partial\varphi}{\partial x}\right)_0 \approx \frac{\varphi_0-\varphi_3}{h_3} \tag{2.20}$$

显然这种单侧差商误差较大。

如果寻求较精确的差分格式，可引入待定常数 α、β，由 φ_1 和 φ_3 的泰勒展开，构造出下面的关系式

$$\begin{aligned}&\alpha(\varphi_1-\varphi_0)+\beta(\varphi_3-\varphi_0)\\&=\left(\frac{\partial\varphi}{\partial x}\right)_0(\alpha h_1-\beta h_3)+\frac{1}{2}\left(\frac{\partial^2\varphi}{\partial x^2}\right)_0\left(\alpha h_1^2+\beta h_3^2\right)+\cdots\end{aligned} \tag{2.21}$$

令 $\left(\dfrac{\partial^2\varphi}{\partial x^2}\right)_0$ 项系数为0，得 α 和 β 之间应满足

$$\alpha = -\frac{h_3^2}{h_1^2}\beta \tag{2.22}$$

将式(2.22)代入式(2.21)，并舍去高阶项，得到$\left(\frac{\partial \varphi}{\partial x}\right)_0$的另一差分表达式为

$$\left(\frac{\partial \varphi}{\partial x}\right)_0 \approx \frac{h_3^2(\varphi_1-\varphi_0)-h_1^2(\varphi_3-\varphi_0)}{h_1h_3(h_1+h_3)} \tag{2.23}$$

在等步长时，$h_1=h_3=h_x$，有

$$\left(\frac{\partial \varphi}{\partial x}\right)_0 \approx \frac{\varphi_1-\varphi_3}{2h_x} \tag{2.24}$$

这就是熟悉的中心差商表达式。

继续推导二阶偏导数的差分表达式。在式(2.21)中，若令$\left(\frac{\partial \varphi}{\partial x}\right)_0$项系数为 0，则有$\alpha$和$\beta$之间的关系式

$$\alpha = \frac{h_3}{h_1}\beta \tag{2.25}$$

将式(2.25)代入式(2.21)，并忽略三阶以上的高次项，即得表达式

$$\left(\frac{\partial^2 \varphi}{\partial x^2}\right)_0 \approx 2\frac{h_3(\varphi_1-\varphi_0)+h_1(\varphi_3-\varphi_0)}{h_1h_3(h_1+h_3)} \tag{2.26}$$

在等步长时，$h_1=h_3=h_x$，有

$$\left(\frac{\partial^2 \varphi}{\partial x^2}\right)_0 = \frac{\varphi_1-2\varphi_0+\varphi_3}{h_x^2} \tag{2.27}$$

其误差为$O(h_x^2)$。

用完全相同的办法，可推导出$\left(\frac{\partial^2 \varphi}{\partial y^2}\right)_0$的差分表达式

$$\left(\frac{\partial^2 \varphi}{\partial y^2}\right)_0 = 2\frac{h_4(\varphi_2-\varphi_0)+h_2(\varphi_4-\varphi_0)}{h_2h_4(h_2+h_4)} \tag{2.28}$$

在等步长时，$h_2=h_4=h_y$，有

$$\left(\frac{\partial^2 \varphi}{\partial y^2}\right)_0 = \frac{\varphi_2-2\varphi_0+\varphi_4}{h_y^2} \tag{2.29}$$

将式(2.26)和式(2.28)代入式(2.18)，即得二维泊松方程的差分表达式为

$$\begin{aligned}\nabla^2\varphi &= 2\left[\frac{h_3(\varphi_1-\varphi_0)+h_1(\varphi_3-\varphi_0)}{h_1h_3(h_1+h_3)}+\frac{h_4(\varphi_2-\varphi_0)+h_2(\varphi_4-\varphi_0)}{h_2h_4(h_2+h_4)}\right]\\ &= f_0\end{aligned} \tag{2.30}$$

当$h_1=h_3=h_x$，$h_2=h_4=h_y$时，式(2.30)化为

$$\frac{\varphi_1-2\varphi_0+\varphi_3}{h_x^2}+\frac{\varphi_2-2\varphi_0+\varphi_4}{h_y^2}=f_0 \tag{2.31}$$

一般地，可用节点的角标将式(2.31)写为

$$\frac{1}{h_x^2}\left(\varphi_{i+1,j}-2\varphi_{i,j}+\varphi_{i-1,j}\right)+\frac{1}{h_y^2}\left(\varphi_{i,j+1}-2\varphi_{i,j}+\varphi_{i,j-1}\right)=f_{i,j} \tag{2.32}$$

这就是 $\varphi_{i,j}$ 所满足的差分方程，通常称为“五点格式”或“菱形格式”。特别是当 $h_x=h_y=h$ 时，有

$$\varphi_{i+1,j}+\varphi_{i-1,j}+\varphi_{i,j+1}+\varphi_{i,j-1}-4\varphi_{i,j}=h^2 f_{i,j} \tag{2.33}$$

对 f=0 的拉普拉斯方程，由式(2.33)得到

$$\varphi_{i+1,j}+\varphi_{i-1,j}+\varphi_{i,j+1}+\varphi_{i,j-1}-4\varphi_{i,j}=0 \tag{2.34}$$

在旋转对称场的情况下，拉普拉斯方程为

$$\frac{\partial^2\varphi}{\partial r^2}+\frac{1}{r}\frac{\partial\varphi}{\partial r}+\frac{\partial^2\varphi}{\partial z^2}=0 \tag{2.35}$$

对不等距网格上式的差分表达式为

$$\left(\frac{2}{h_2h_4}+\frac{2r_0+h_3-h_1}{h_1h_3r_0}\right)\varphi_0=\frac{2}{h_2(h_2+h_4)}\varphi_2+\frac{2}{h_4(h_2+h_4)}\varphi_4+\frac{2r_0+h_3}{r_0h_1(h_1+h_3)}\varphi_1+\frac{2r_0-h_1}{r_0h_3(h_1+h_3)}\varphi_3 \tag{2.36}$$

式(2.36)中各量如图 2-3 所示。

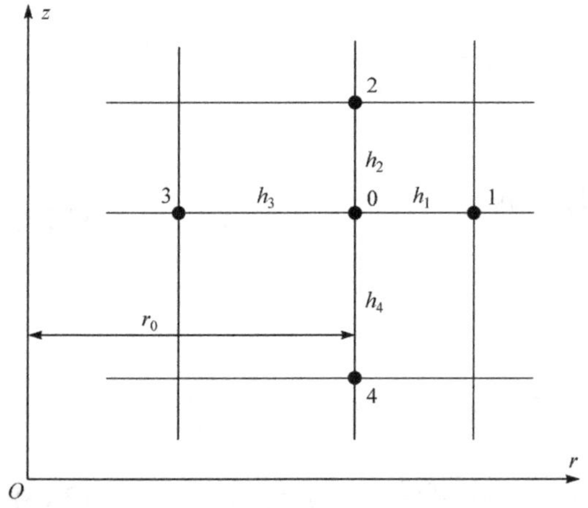

图 2-3　旋转对称场的不等距网格

在等距网格情况下，$h_1=h_2=h_3=h_4=h$。如果令轴线处 j=1，而点 0 落于第 j 列(j>1)，则 $r_0=(j-1)h$。根据式(2.36)可得

$$4\varphi_0=\varphi_2+\varphi_4+\left[1+\frac{1}{2(j-1)}\right]\varphi_1+\left[1-\frac{1}{2(j-1)}\right]\varphi_3 \tag{2.37}$$

若点 0 落在 $j=1$ 的轴上，需另做处理。这时，$\left.\frac{\partial\varphi}{\partial r}\right|_{r=0}=0$，而由洛必达法则知

$$\lim_{r\to0}\left(\frac{1}{r}\frac{\partial\varphi}{\partial r}\right)=\lim_{r\to0}\frac{\left(\frac{\partial\varphi}{\partial r}\right)'}{r'}=\left(\frac{\partial^2\varphi}{\partial r^2}\right)_{r=0} \tag{2.38}$$

所以对称轴上泊松方程为

$$2\frac{\partial^2\varphi}{\partial r^2}+\frac{\partial^2\varphi}{\partial z^2}=0 \tag{2.39}$$

可以求出等距网格情况下的差分格式为

$$6\varphi_0=\varphi_2+\varphi_4+4\varphi_1 \tag{2.40}$$

习题 2-1　证明式(2.36)、式(2.37)和式(2.40)。

2.2.2　介质分界面上边界条件的离散方法

在实际问题中，经常遇到不同介质层的情况，下面就来讨论如图 2-4 所示的相对介电常数

分别为 ε_{r1} 和 ε_{r2} 的两种介质分界面的情况。设空间不存在自由电荷，所以无论在哪种介质内部，电位都满足拉普拉斯方程，其内部节点电位的计算仍用前面给出的差分方程。

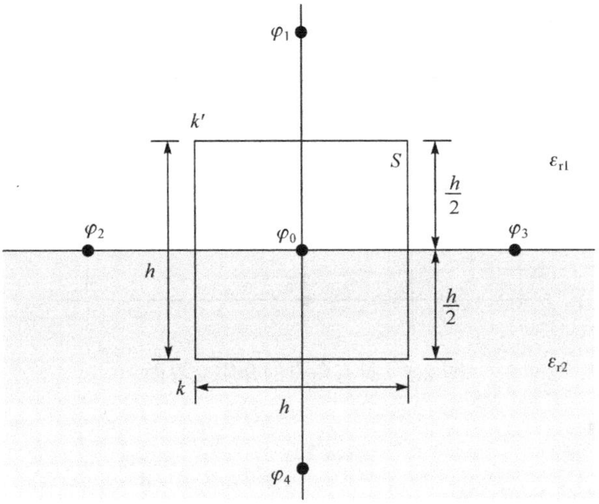

图 2-4　直线形介质分界面处的差分网格

在介质分界面处，由于电通量的连续性，下面公式成立

$$\nabla\cdot(\varepsilon\nabla\varphi)=0 \tag{2.41}$$

以这个公式为基础，就可导出介质分界处的差分格式。为此，在图 2-4 中给出了一个中心落在分界面的网格 S。在此网格区域，对式(2.41)进行面积分，并利用二维高斯定理可得

$$\iint_S \nabla\cdot(\varepsilon\nabla\varphi)\mathrm{d}s=\oint_l(\varepsilon\nabla\varphi)\cdot\boldsymbol{n}\mathrm{d}l=0 \tag{2.42}$$

式中，$\boldsymbol{n}$ 是垂直于区域 S 周边 l 的外法线矢量。将 S 区域各边上的 $\nabla\varphi$ 用该边中心处的两点差分式表示，就能够得到式(2.42)左边的线积分值。例如，对 S 区域的 k-k'边，沿线的积分值化为 $-\left(\varepsilon_{r1}\dfrac{\varphi_0-\varphi_2}{h}\dfrac{h}{2}+\varepsilon_{r2}\dfrac{\varphi_0-\varphi_2}{h}\dfrac{h}{2}\right)\varepsilon_0$。对其余的三个边，可获得类似的结果。将它们加起来就有

$$\begin{aligned}&\varepsilon_{r1}\left(\frac{\varphi_0-\varphi_1}{h}\right)h+\varepsilon_{r1}\left(\frac{\varphi_0-\varphi_2}{h}\right)\frac{h}{2}+\varepsilon_{r2}\left(\frac{\varphi_0-\varphi_2}{h}\right)\frac{h}{2}\\&+\varepsilon_{r2}\left(\frac{\varphi_0-\varphi_4}{h}\right)h+\varepsilon_{r1}\left(\frac{\varphi_0-\varphi_3}{h}\right)\frac{h}{2}+\varepsilon_{r2}\left(\frac{\varphi_0-\varphi_3}{h}\right)\frac{h}{2}=0\end{aligned}$$

整理后就得到

$$\frac{\varepsilon_{r1}+\varepsilon_{r2}}{2}\varphi_0=\frac{1}{4}\left(\varepsilon_{r1}\varphi_1+\varepsilon_{r2}\varphi_4+\frac{\varepsilon_{r1}+\varepsilon_{r2}}{2}\varphi_2+\frac{\varepsilon_{r1}+\varepsilon_{r2}}{2}\varphi_3\right) \tag{2.43}$$

仔细观察式(2.43)，可以发现，它可以理解为在分界面取等效介电常数为 $\dfrac{\varepsilon_{r1}+\varepsilon_{r2}}{2}$，即两种介质的平均值。

利用同样的分析方法，对如图 2-5 所示的具有角点的介质交界面，可以求出角点处电位 φ_0 为

$$\frac{\varepsilon_a+3\varepsilon_b}{4}\varphi_0=\frac{1}{4}\left[\varepsilon_b(\varphi_1+\varphi_2)+\frac{\varepsilon_a+\varepsilon_b}{2}(\varphi_3+\varphi_4)\right] \tag{2.44}$$

习题 2-2 证明式(2.44)。

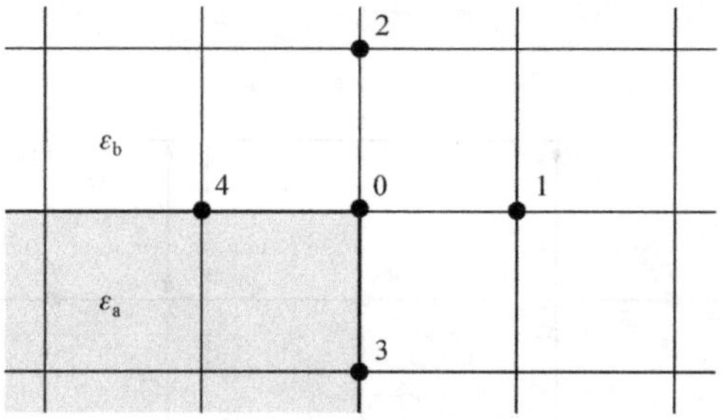

图 2-5 具有角点的介质交界面

2.2.3 边界条件的处理

1. 第一类边界条件的处理

对第一类边界条件

$$\varphi|_C=g(p) \tag{2.45}$$

若场域的网格节点都落在边界 C 上，则无须再做处理。但在一般情况下，C 是不规则的，网格节点不可能全部落在 C 上，如图 2-6 所示。通常有两种处理方法。

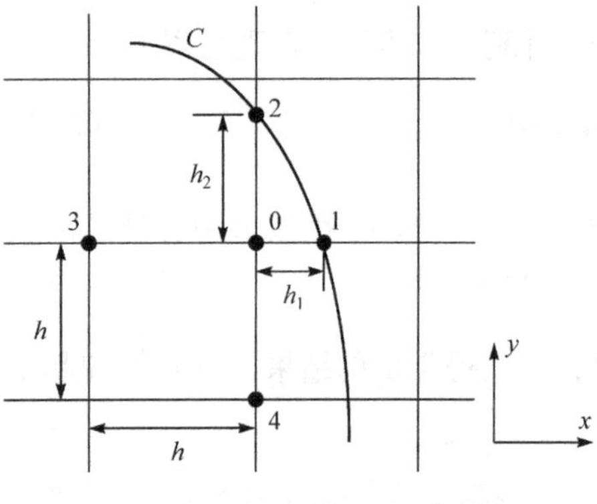

图 2-6 第一类边界条件的差分网格

一种是直接转移法，即取最靠近点 0 的边界节点上的函数值作为点 0 的函数值。如在图 2-6 中可取 $\varphi_0\approx\varphi_1$，显然这是一种比较粗糙的近似。

另一种方法是较为精确的线性插值法。如图 2-6 中，先判断 x 方向上的边界节点 1 和 y 方向的边界节点 2，哪一个更靠近点 0。若点 1 更靠近点 0，则可用 x 方向上的线性插值给出点 0 的值

$$\varphi_0=\frac{h\varphi_1+h_1\varphi_3}{h+h_1} \tag{2.46}$$

若点 2 更靠近点 0，可类似地由 y 方向上 φ_2 和 φ_4 的线性插值给出 φ_0。这种方法的误差为 $O(h^2)$。

更为精确的是采用双向插值。若以 $h_3=h_4=h$ 和 $h_1=\alpha h$ 、$h_2=\beta h$ 代入式(2.26)和式(2.28)，由泊松方程可得这时所对应的点 0 差分计算格式为

$$\left(\frac{1}{\alpha}+\frac{1}{\beta}\right)\varphi_0=\frac{1}{\alpha\,(1+\alpha\,)}\varphi_1+\frac{1}{\beta\,(1+\beta\,)}\varphi_2+\frac{1}{1+\alpha}\varphi_3+\frac{1}{1+\beta}\varphi_4-\frac{1}{2}h^2f_0 \tag{2.47}$$

2. 第二类边界条件的处理

先讨论齐次第二类边界条件 $\frac{\partial\varphi}{\partial n}=0$。若边界线与网格线重合，如图 2-7(a)所示，这时可在边界线外增加一排网格，这排网格节点的 φ 值，要始终令之等于边界内与它们对称的网格节

点的 φ 值。用这种方法可迫使边界点满足 $\dfrac{\partial\varphi}{\partial n}=0$ 的条件。这样，边界点的 φ_0 值就可用式(2.48)计算

$$\varphi_0=\frac{1}{4}(2\varphi_1+\varphi_2+\varphi_3) \tag{2.48}$$

若边界点与网格节点不重合，而是距边界内网格线的距离小于 h，如图 2-7(b)所示，这时可直接令边界点 φ 值和它处于同一行的距离最近的网格节点的 φ 值相等，例如，令图中 $\varphi_0=\varphi_1$。这样就可用前面的不等距差分公式来计算 φ_0。

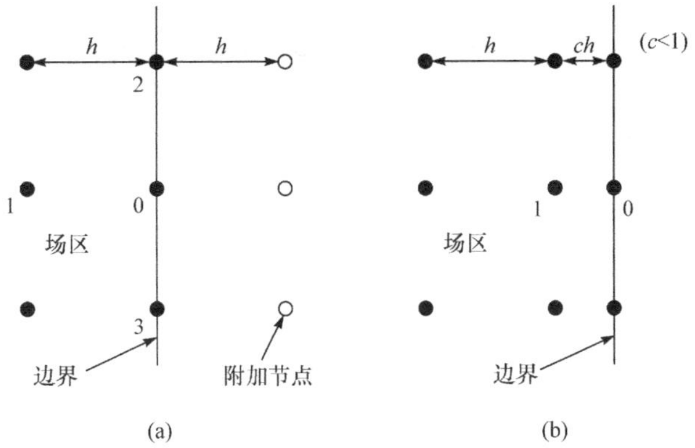

图 2-7　第二类边界条件的差分网格

对于较复杂的边界形状，边界上的法线方向并不平行或垂直于网格线，因而不好采用上述直接转移法，而必须另作推导。

3. 第三类边界条件的处理

第三类边界条件可写为

$$\left.\left(\frac{\partial\varphi}{\partial n}+\alpha\varphi\right)\right|_C=g \tag{2.49}$$

式中，$\alpha\neq 0$。对如图 2-8 所示边界，这里介绍一种比较简单的处理方法。

过点 O 向边界 C 作垂线 PQ 交边界于点 Q，记 OP、PR 和 VP 的长度分别为 ah、bh 和 ch，则对点 O 有

$$\frac{\varphi_O-\varphi_P}{ah}=\left(\frac{\partial\varphi}{\partial n}\right)_O+O(h) \tag{2.50}$$

因 P 点一般不是节点，其值应以 V 点和 R 点的值插值给出。

$$\varphi_P=b\varphi_V+c\varphi_R+O(h^2) \tag{2.51}$$

将其代入式(2.50)，由于

$$\left(\frac{\partial\varphi}{\partial n}\right)_O=\left(\frac{\partial\varphi}{\partial n}\right)_Q+O(h) \tag{2.52}$$

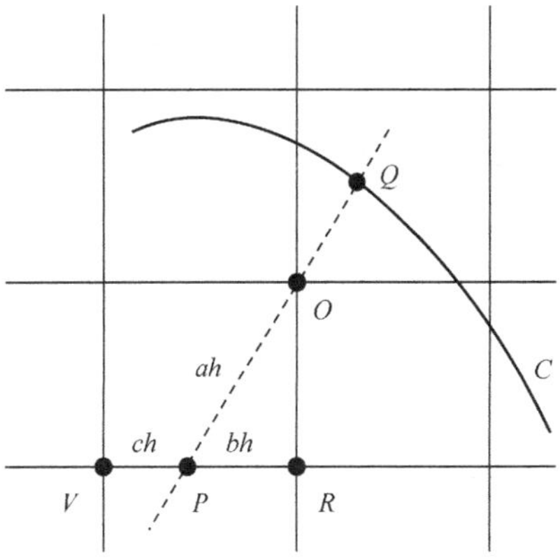

图 2-8　第三类边界条件的差分网格

有

$$\frac{1}{ah}(\varphi_O - b\varphi_V - c\varphi_R) = \left(\frac{\partial\varphi}{\partial n}\right)_Q + O(h) \tag{2.53}$$

而由式(2.49)得

$$\left(\frac{\partial\varphi}{\partial n}\right)_Q = -\alpha(Q)\varphi_Q + g(Q) \tag{2.54}$$

综合式(2.53)和式(2.54)，并将 φ_Q 换为 φ_O，就得到点 O 的差分计算格式

$$\frac{1}{ah}(\varphi_O - b\varphi_V - c\varphi_R) + \alpha(Q)\varphi_O = g(Q) \tag{2.55}$$

2.2.4　差分方程组的特性和求解

前面导出了泊松方程的差分格式，并处理了边界条件，由此将形成以节点电位为未知数的联立方程组，本节将讨论如何求解差分方程组。

1. 差分方程组的特性

先以最简单的平面泊松方程的第一类边界问题为例，研究一下差分方程组的基本特性。设场域 D 为正方形域：$0 \leqslant x \leqslant 1$，$0 \leqslant y \leqslant 1$，以等步长 $h=1/N$ 平行于 x 轴和 y 轴划分场域 D，如图 2-9 所示。这时，差分计算格式可写为

$$\begin{cases} \varphi_{i+1,j} + \varphi_{i,j+1} + \varphi_{i-1,j} + \varphi_{i,j-1} - 4\varphi_{i,j} = h^2 f_{i,j}, & \text{在}D\text{内} \\ \varphi_{i,j} = g_{i,j}, & \text{在边界上} \end{cases} \tag{2.56}$$

引入 y 方向的层向量(也可以取 x 方向分层的层向量)

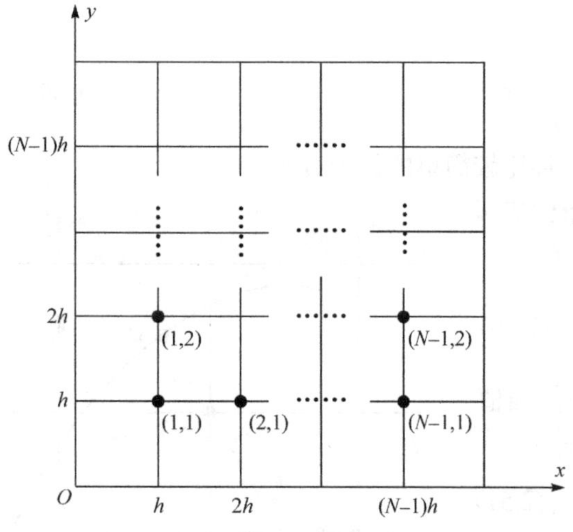

图 2-9　正方形域的差分网格

$$\boldsymbol{\varphi}_j = \begin{bmatrix} \varphi_{1,j} \\ \varphi_{2,j} \\ \vdots \\ \varphi_{N-1,j} \end{bmatrix} \tag{2.57}$$

$$\boldsymbol{f}_j = \begin{bmatrix} h^2 f_{1,j} - g_{0,j} \\ h^2 f_{2,j} \\ \vdots \\ h^2 f_{N-1,j} - g_{N,j} \end{bmatrix} \quad (j \neq 1, j \neq N-1) \tag{2.58}$$

$$\boldsymbol{f}_1 = \begin{bmatrix} h^2 f_{1,1} - g_{1,0} - g_{0,1} \\ h^2 f_{2,1} - g_{2,0} \\ \vdots \\ h^2 f_{N-1,1} - g_{N-1,0} - g_{N,1} \end{bmatrix} \tag{2.59}$$

$$\boldsymbol{f}_{N-1}=\begin{bmatrix} h^2 f_{1,N-1}-g_{1,N}-g_{0,N-1} \\ h^2 f_{2,N-1}-g_{2,N} \\ \vdots \\ h^2 f_{N-1,N-1}-g_{N-1,N}-g_{N,N-1} \end{bmatrix} \tag{2.60}$$

并记

$$\boldsymbol{\Phi}=\begin{bmatrix} \varphi_1 \\ \varphi_2 \\ \vdots \\ \varphi_{N-1} \end{bmatrix},\qquad \boldsymbol{F}=\begin{bmatrix} f_1 \\ f_2 \\ \vdots \\ f_{N-1} \end{bmatrix} \tag{2.61}$$

则式(2.56)可写为

$$\boldsymbol{K\Phi}=\boldsymbol{F} \tag{2.62}$$

式中，$\boldsymbol{K}$ 矩阵形式为

$$\boldsymbol{K}=\begin{bmatrix} \boldsymbol{D} & \boldsymbol{I} & & & \\ \boldsymbol{I} & \boldsymbol{D} & \boldsymbol{I} & & \\ & \ddots & \ddots & \ddots & \\ & & \boldsymbol{I} & \boldsymbol{D} & \boldsymbol{I} \\ & & & \boldsymbol{I} & \boldsymbol{D} \end{bmatrix} \tag{2.63}$$

式中，$\boldsymbol{I}$ 是$(N-1)$阶单位方阵；$\boldsymbol{D}$ 为$(N-1)$阶方阵，其表示为

$$\boldsymbol{D}=\begin{bmatrix} -4 & 1 & & & \\ 1 & -4 & 1 & & \\ & & \ddots & \ddots & \\ & & 1 & -4 & 1 \\ & & & 1 & -4 \end{bmatrix} \tag{2.64}$$

由式(2.62)～式(2.64)，可得到沿 $y=h$ 上各节点的差分方程有如下形式

$$\begin{bmatrix} -4 & 1 & & & \\ 1 & -4 & 1 & & \\ & \ddots & \ddots & \ddots & \\ & & 1 & -4 & 1 \\ & & & 1 & -4 \end{bmatrix}\begin{bmatrix} \varphi_{1,1} \\ \varphi_{2,1} \\ \vdots \\ \varphi_{N-2,1} \\ \varphi_{N-1,1} \end{bmatrix}+\begin{bmatrix} 1 & & & & \\ & 1 & & & \\ & & \ddots & & \\ & & & 1 & \\ & & & & 1 \end{bmatrix}\begin{bmatrix} \varphi_{1,2} \\ \varphi_{2,2} \\ \vdots \\ \varphi_{N-2,2} \\ \varphi_{N-1,2} \end{bmatrix}=\begin{bmatrix} h^2 f_{1,1}-g_{1,0}-g_{0,1} \\ h^2 f_{2,1}-g_{2,0} \\ \vdots \\ h^2 f_{N-2,1}-g_{N-2,0} \\ h^2 f_{N-1,1}-g_{N-1,0}-g_{N,1} \end{bmatrix} \tag{2.65}$$

即

$$\boldsymbol{D\varphi}_1+\boldsymbol{I\varphi}_2=\boldsymbol{f}_1 \tag{2.66}$$

同样，沿 $y=2h$ 上各节点列出差分方程为

$$\boldsymbol{I\varphi}_1+\boldsymbol{D\varphi}_2+\boldsymbol{I\varphi}_3=\boldsymbol{f}_2 \tag{2.67}$$

由上面分析可以看出差分方程(2.62)具有如下特征。

(1) 系数矩阵 $\boldsymbol{K}$ 是大型稀疏矩阵。$\boldsymbol{K}$ 的阶数取决于解的精度要求，即步长 h 的大小。随着步长的减少，$\boldsymbol{K}$ 的阶数迅速增加。$\boldsymbol{K}$ 矩阵每一行的元素中只有少数几个不为零。如上面给出的五点格式中，非零元素的个数不超过 5 个。

(2) 矩阵 $\boldsymbol{K}$ 往往是对称正定的，即不仅 $\boldsymbol{K}_{i,j}=\boldsymbol{K}_{j,i}$，而且其前主子式(即由前 i 列和前 i 行组成的子矩阵的行列式)都大于零。但 $\boldsymbol{K}$ 并不总具有此特性，例如，当边界与网格节点不重合时，$\boldsymbol{K}$ 的对称性将被破坏。

(3) $\boldsymbol{K}$ 通常是不可约的，因此方程组不能由其中的某一部分单独求解。

2. *差分方程组的解法*

基于对系数矩阵 $\boldsymbol{K}$ 的特性分析，可综合各方面的因素，确定适当的代数解法。在线性边值问题情况下，差分方程组可以采用直接法或者迭代法[1]。

采用直接法时，计算机必须存储系数矩阵元素，若待求位函数值的节点个数为 N，则 N 阶系数矩阵有 N^2 个元素。对于高阶矩阵采用此法时，要求计算机有较大的存储容量。当然，由于 $\boldsymbol{K}$ 是一个大型稀疏矩阵，通常采用一维压缩存储方法来存储 $\boldsymbol{K}$ 的元素值，即按行或列的顺序将 $\boldsymbol{K}$ 中的非零元素存储在一个一维数组中，同时给出每个非零元素在此一维数组中地址的信息，以便在计算中及时准确地调出该元素值，这样就可以大大节省计算机的存储空间，但计算程序的复杂性也随之增加。

同迭代法相比，当未知数相同时，一般来说采用直接法的计算时间短，麻烦也较少，因而只要能求解，采用直接法是有利的。对一般采用的普通消去法，未知数的数目应在 500 个以下，超过此数目时则采用迭代法为宜。

迭代法长期以来受到人们的重视，因为一般来说由差分法所得系数矩阵 $\boldsymbol{K}$ 的元素是有规律的，用计算程序实现迭代时，用到哪个元素就算出哪个元素，不用时并不保留。这样，它对计算机存储的需求显著降低，缺点是计算时间可能较长。因此，提高迭代解收敛速度成为应用中首先要关心的问题。

由式(2.56)中第一式，有

$$\varphi_{i,j}=\frac{1}{4}\left(\varphi_{i+1,j}+\varphi_{i,j+1}+\varphi_{i-1,j}+\varphi_{i,j-1}-h^2 f_{i,j}\right) \tag{2.68}$$

最简单的办法是：任意给出各内节点处的初始函数值 $\varphi_{i,j}^{(0)}$，代入式(2.68)右端，求出各内节点的第一次函数近似值 $\varphi_{i,j}^{(1)}$。然后依次循环下去，以第 n 次迭代的近似值来求出第 $n+1$ 次的近似值，即

$$\varphi_{i,j}^{(n+1)}=\frac{1}{4}\left(\varphi_{i+1,j}^{(n)}+\varphi_{i,j+1}^{(n)}+\varphi_{i-1,j}^{(n)}+\varphi_{i,j-1}^{(n)}-h^2 f_{i,j}\right) \tag{2.69}$$

这种直接迭代法的缺点是：它需要两套存储单元，分别存储两次相邻迭代的近似值，因而需占用的内存较大。该方法的收敛速度也较慢。因此它没有什么实用价值。

一种比较好的迭代方法是高斯-赛德尔迭代法。这一方法的基本思想是：在$(n+1)$次迭代中，如果某些相关节点上的第$(n+1)$次迭代近似值已经得到，就将这些新值代入进行运算。这样，

既加快了迭代解的收敛速度，又节省了存储单元。应用此法时，迭代过程中的运算结果与逐点计算的顺序有关，通常采用的顺序是：从左往右、由下而上。具体地说，如果沿 y 方向(或 x 方向)求得了 $y=jh$(或 $x=ih$)层的$(n+1)$次迭代值，则在求 $y=(j+1)h$(或 $x=(i+1)h$)层节点的$(n+1)$次迭代值时代入进行运算。用公式写出高斯-赛德尔迭代式为

$$\varphi_{i,j}^{(n+1)}=\frac{1}{4}\left(\varphi_{i+1,j}^{(n)}+\varphi_{i,j+1}^{(n)}+\varphi_{i-1,j}^{(n+1)}+\varphi_{i,j-1}^{(n+1)}-h^2 f_{i,j}\right) \tag{2.70}$$

理论上可以证明，在迭代法中，任意选取 $\varphi_{i,j}^{(0)}$，只要迭代次数足够多，最后结果总可以以任意的精度收敛于真实解。理论上还可以证明，为得到精度满意的解，高斯-赛德尔迭代法所需的迭代次数近似与 h^2 成反比。虽然这比简单迭代法快一倍，仍然不是很理想。当网格的节点数目很大时，此法的收敛速度仍然很慢。

为了加快收敛速度，通常引入一个松弛因子 ω，把式(2.70)的迭代值作为一个中间结果:

$$\bar{\varphi}_{i,j}=\frac{1}{4}\left(\varphi_{i+1,j}^{(n)}+\varphi_{i,j+1}^{(n)}+\varphi_{i-1,j}^{(n+1)}+\varphi_{i,j-1}^{(n+1)}-h^2 f_{i,j}\right) \tag{2.71}$$

取$(n+1)$次迭代值为该中间值 $\bar{\varphi}_{i,j}$ 和上次近似值 $\varphi_{i,j}^{(n)}$ 的加权平均，即

$$\begin{aligned}\varphi_{i,j}^{(n+1)}&=\varphi_{i,j}^{(n)}+\omega\left(\bar{\varphi}_{i,j}-\varphi_{i,j}^{(n)}\right)\\&=\varphi_{i,j}^{(n)}+\frac{\omega}{4}\left(\varphi_{i+1,j}^{(n)}+\varphi_{i,j+1}^{(n)}+\varphi_{i-1,j}^{(n+1)}+\varphi_{i,j-1}^{(n+1)}-h^2 f_{i,j}-4\varphi_{i,j}^{(n)}\right)\end{aligned} \tag{2.72}$$

这就是超松弛迭代法。ω 的取值范围一般为 $1\leqslant\omega<2$，当 $\omega=1$ 时，式(2.72)还原为式(2.70)，即为高斯-赛德尔迭代法；当 $\omega\geqslant 2$ 时，迭代过程将不收敛而发散。ω 的值决定了超松弛的程度，从而影响迭代解收敛的速度。具体确定 ω 的值只能靠经验来选取最佳值。对正方形场域的第一类边值问题，最佳的 ω 值可选为

$$\omega_0=\frac{2}{1+\sin\dfrac{\pi}{l}} \tag{2.73}$$

$l+1$ 为每边的节点数。若是矩形场域，用正方形网格分割，每边的节点数分别为 $l+1$ 和 $m+1$，则可选取

$$\omega_0=2-\sqrt{2\left(\frac{1}{l^2}+\frac{1}{m^2}\right)}\pi \tag{2.74}$$

一般地讲，只要超松弛因子选得合适，就可大大加快了收敛速度，使迭代次数近似与 h 成反比，因而有阶的改善。

2.2.5 数值算例

例 2-1 一个长直接地金属矩形槽，其侧壁与底面电位均为零，顶盖电位为 100(相对值)，如图 2-10 所示，求槽内电位分布。

对于此槽中间区域的电场分析，可理想化为二维场问题，且属于第一类边值问题。为了有助于全面地掌握有限差分法的应用，显示应用超松弛迭代法求解各离散节点数值解的过程

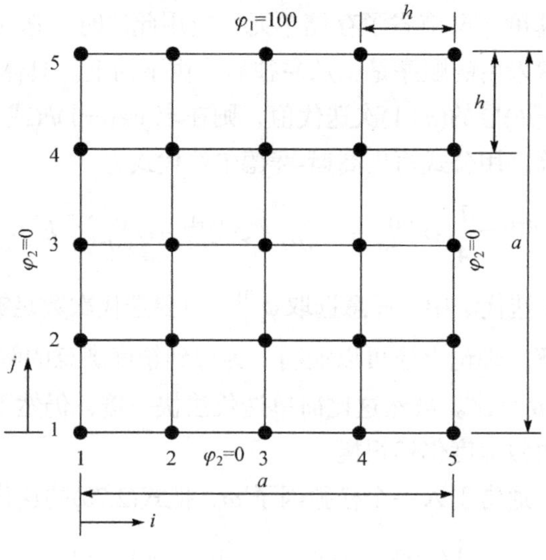

图 2-10　长直接地金属矩形槽的差分网格

与特点，现粗略地将网格划分，以求得槽内电位的近似解。求解步骤如下。

(1) 离散化场域。设该金属槽内场域 D 用正方形网格进行粗略划分，其网格节点分布如图 2-10 所示，可得 $h=a/4$，各边节点数为 $l+1=5$。

(2) 给出采用超松弛迭代法的差分方程形式。此时可采用式(2.72)进行迭代计算，只需令式中 $f=0$ 即可。式中加速收敛因子 ω 按例 2-1 场域划分情况可由式(2.73)计算求得 $\omega_0=1.17$。

(3) 给出边界条件。因例 2-1 给定为第一类边值问题，其边界条件的差分离散化可取直接赋值方式，即 $\varphi_{1,1\sim5}=\varphi_{1\sim5,1}=\varphi_{5,1\sim5}=0$，$\varphi_{2\sim4,5}=100$。

(4) 给定初值。今取零值为初始值。

(5) 给定检查迭代收敛的指标。例 2-1 规定当各网格内点相邻两次迭代近似值的绝对误差绝对值均小于 $W=10^{-4}$ 时，终止迭代。

(6) 程序框图。程序框图如图 2-11 所示。

(7) 编制计算程序。

(8) 求解结果。相应于迭代次数 N=1、2、3 以及收敛时(N=13)的电位数值解示于图 2-12。由计算结果可以看出，各内点电位值将按给定的迭代公式(2.72)遵循规定的迭代次序依次变化，并取得对应于某次迭代的近似值。最终迭代的收敛解表明了真解具有左右对称性。

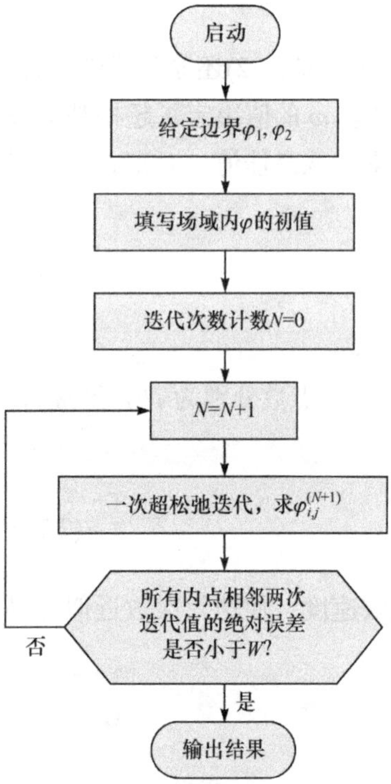

图 2-11　程序框图

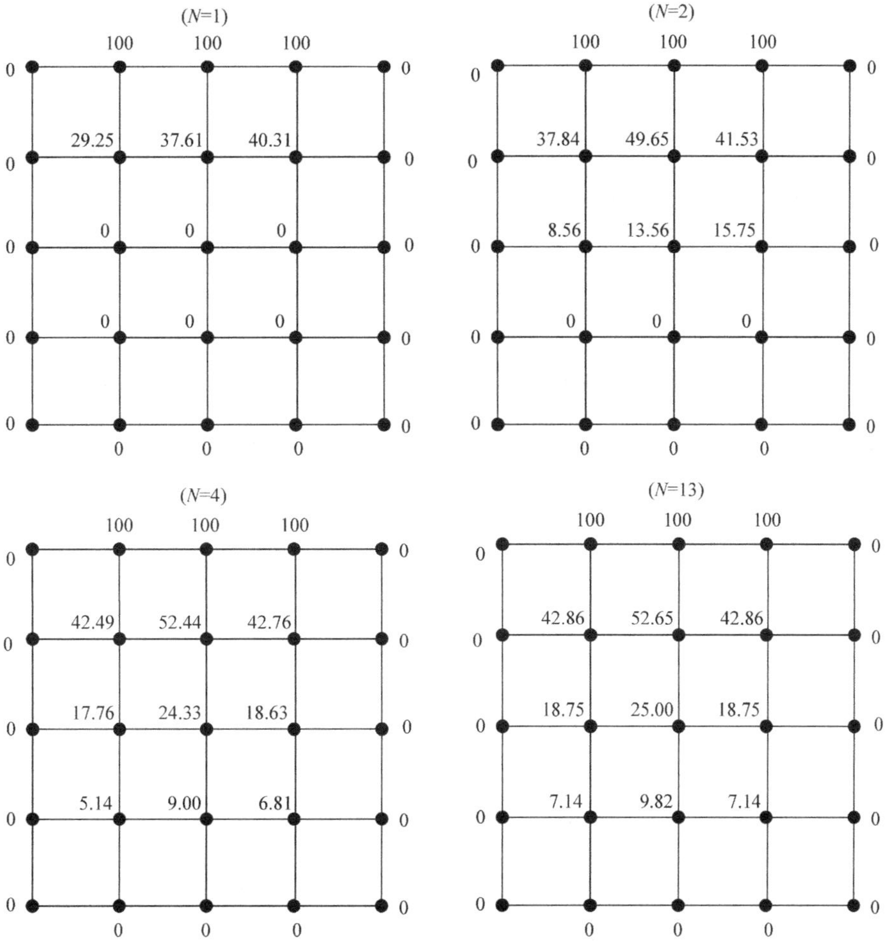

图 2-12　接地金属矩形槽的电位分布计算结果

例 2-2　方同轴线的特性阻抗计算。

图 2-13 是一种方同轴线的横截面图，其主模为 TEM 模，z 为波传输方向。根据电磁场理论，TEM 模的电磁场可由横截面上的电位分布φ求得，如下所示

$$\boldsymbol{E} = -\nabla_{\mathrm{t}}\varphi \tag{2.75}$$

$$\boldsymbol{H} = \frac{1}{\eta}\boldsymbol{a}_z \times \boldsymbol{E} \tag{2.76}$$

式中，∇_{t}表示在横截面上的二维梯度算子；$\boldsymbol{a}_z$为 z 方向的单位矢量，电位φ满足下列二维拉普拉斯方程

$$\nabla_{\mathrm{t}}^2\varphi = 0 \tag{2.77}$$

和内、外导体上的边界条件。

假设给定内外导体电位差为 U，解拉普拉斯方程(2.77)可以得到同轴线内的电位分布，再由式(2.75)和式(2.76)可求得同轴线内的电磁场分布。根据安培环路定律，可求得内导体中的电流强度为

$$I = \oint_C \boldsymbol{H} \cdot \mathrm{d}\boldsymbol{l} \tag{2.78}$$

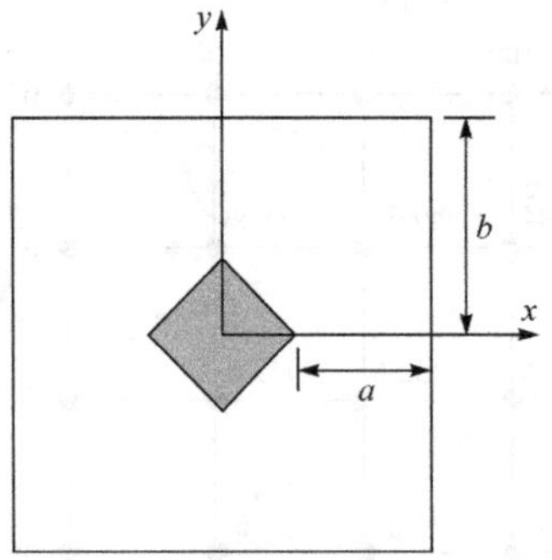

图 2-13　一种方同轴线的横截面图

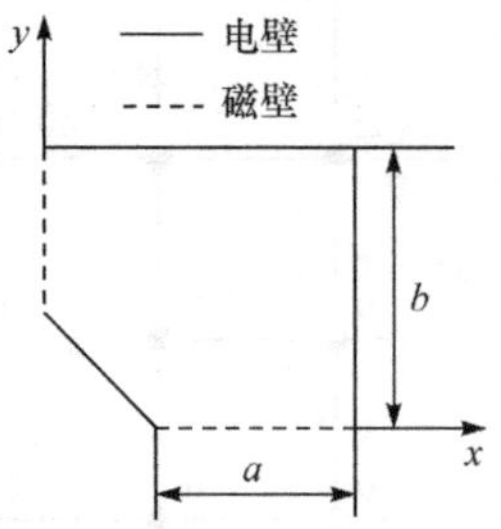

图 2-14　TEM 模的等效传输线结构

式中，C 为同轴线内包围内导体的任一闭合环路。于是，该同轴线的特性阻抗 Z_c 可由式(2.79)计算

$$Z_c = \frac{U}{I} \tag{2.79}$$

因此，首先需求得同轴线内的电位分布。

根据结构和场的对称性，可以将原问题等效为图 2-14 所示的 1/4 结构，减小计算量。设内外导体电位差为 1V，相应的电壁边界条件为：内导体 $\varphi = 1$ V；外导体 $\varphi = 0$ V；磁壁边界条件为：$\dfrac{\partial \varphi}{\partial n} = 0$ 。

差分网格采用正方形网格。对电壁，若边界点与网格点重合则直接赋值；若边界点与网格点不重合，则直接转移赋值。对磁壁，可以令边界点与法向相邻点的电位相等。

差分格式可选用基于超松弛迭代的差分方程

$$\varphi_{i,j}^{(n+1)} = \varphi_{i,j}^{(n)} + \frac{\omega_0}{4}\left(\varphi_{i+1,j}^{(n)} + \varphi_{i,j+1}^{(n)} + \varphi_{i-1,j}^{(n+1)} + \varphi_{i,j-1}^{(n+1)} - 4\varphi_{i,j}^{(n)}\right) \tag{2.80}$$

按式(2.73)取超松弛因子 ω_0 。迭代时，先取初始值为零。当各网格内点相邻两次迭代近似值的绝对误差均小于 $W = 10^{-4}$ 时，终止迭代。

例 2-3　基于特征基函数的区域分解有限差分法求解屏蔽带状线的特性阻抗[2]。

图 2-15 为一非对称屏蔽带状线的横截面示意图，其中，带线的电位为 1V，外导体的电位为 0V。需要求解带线和外导体间整个区域 D 的静态场电位分布，进而求得其特性阻抗。电位 $\varphi(x,y)$ 满足的拉普拉斯方程和边界条件为

$$\begin{cases} \nabla^2\varphi(x,y) = 0, & (x,y)\ \text{在}D\text{内} \\ \varphi(x,y) = 1, & (x,y)\ \text{在带线上} \\ \varphi(x,y) = 0, & (x,y)\ \text{在外导体上} \end{cases} \tag{2.81}$$

将 2.2.4 节所述差分方法用于离散本边值问题，可以得到一个稀疏线性方程组

$$[A][\varphi] = [b] \tag{2.82}$$

式中，未知向量 $[\varphi]$ 为计算区域内各节点的电位，已知向量 $[b]$ 为边界条件。对于大型复杂问题，生成的稀疏矩阵阶数庞大，求解费时，甚至不可实现。下面介绍的区域分解(domain decomposition, DD)有限差分方法为求解这类问题提供了一种高效的方法。

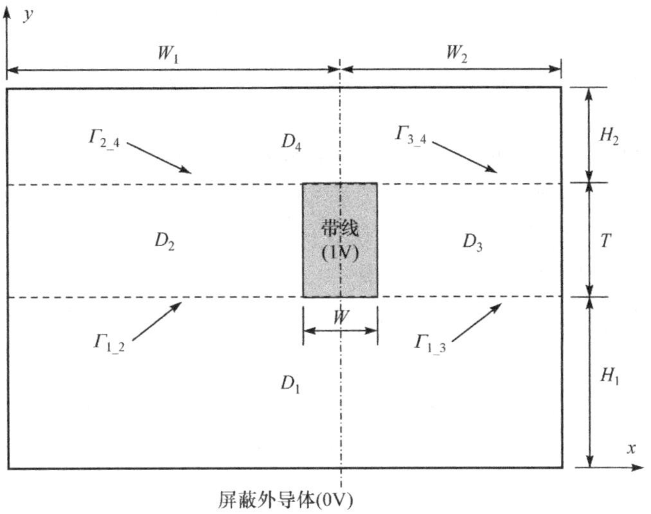

图 2-15　非对称屏蔽带状线的区域分解示意图

整个区域 D 首先被分成几个子区域 D_1、D_2、D_3 和 D_4，相邻子区域间的分界线记为 Γ_{1_2}、Γ_{1_3}、Γ_{2_4} 和 Γ_{3_4}，如图 2-15 所示。本例中，4 个子区域采用统一的均匀网格划分。

接下来，根据各节点的位置，按以下顺序排列待求解的电位：D_1、D_2、D_3、D_4 和 Γ，其中 $\Gamma=\Gamma_{1\_2}\cup\Gamma_{1\_3}\cup\Gamma_{2\_4}\cup\Gamma_{3\_4}$。该稀疏线性方程组可以写成

$$\begin{bmatrix} [A_{11}] & [0] & [0] & [0] & [A_{c1}] \\ [0] & [A_{22}] & [0] & [0] & [A_{c2}] \\ [0] & [0] & [A_{33}] & [0] & [A_{c3}] \\ [0] & [0] & [0] & [A_{44}] & [A_{c4}] \\ [A_{c1}]^{\mathrm{T}} & [A_{c2}]^{\mathrm{T}} & [A_{c3}]^{\mathrm{T}} & [A_{c4}]^{\mathrm{T}} & [A_{\Gamma}] \end{bmatrix} \begin{bmatrix} [\varphi_1] \\ [\varphi_2] \\ [\varphi_3] \\ [\varphi_4] \\ [\varphi_{\Gamma}] \end{bmatrix} = \begin{bmatrix} [b_1] \\ [b_2] \\ [b_3] \\ [b_4] \\ [b_{\Gamma}] \end{bmatrix} \tag{2.83}$$

式中，$[A_{11}]$、$[A_{22}]$、$[A_{33}]$和$[A_{44}]$分别表示各子区域内部的系统；$[A_{c1}]$、$[A_{c2}]$、$[A_{c3}]$和$[A_{c4}]$分别表示整个计算区域中子区域内部和分界的耦合；$[A_{\Gamma}]$表示整个计算区域中各分界之间的耦合。如果整个计算区域采用均匀网格划分的中心差分近似，任意两个子区域内部的未知量之间无直接耦合。

由参考文献[3]和[4]，式(2.83)的 Schur 补系统可写成

$$[Q][\varphi_{\Gamma}]=[s] \tag{2.84}$$

式中

$$[Q]=[A_{\Gamma}]-\sum_{i=1}^{4}[A_{ci}]^{\mathrm{T}}[A_{ii}]^{-1}[A_{ci}] \tag{2.85}$$

$$[s]=[b_{\Gamma}]-\sum_{i=1}^{4}[A_{ci}]^{\mathrm{T}}[A_{ii}]^{-1}[b_i] \tag{2.86}$$

一旦 Schur 补系统(2.84)得到求解，式(2.83)的求解可以分解为以下子区域问题的求解

$$[A_{ii}]\,[\varphi_i]=[g_i],\qquad i=1, 2, 3, 4 \tag{2.87}$$

式中

$$[g_i]=[b_i]-[A_{ci}]\ [\varphi_\Gamma] \tag{2.88}$$

从式(2.83)可以看出，各子系统内未知数的求解是相互独立的，因此可以采用并行的方式进行计算。

对比原稀疏矩阵(2.83)，Schur 补系统(2.84)只涉及分界线未知量的求解，待求解问题的规模大大减小。此外，在某些情形下，只需要获得分界线和部分子系统的场信息，而不需要对式(2.87)全部的子系统进行求解。很多电磁优化问题只针对整个计算区域的一部分进行优化，因此这种区域分解算法对优化设计特别有用。

下面讨论如何将特征基函数(characteristic basis function, CBF)引入该区域分解有限差分法中。

首先对每一个子区域构建 N_e 个初始特征基函数，用来求解每个子区域内的电位分布。分界线上 N_e 种假设的电位分布对应 N_e 个初始特征基函数。举例来说，有 M_1 个未知量 $[\varphi_1]_{M_1\times 1}$ 的子区域 D_1，由分界线上假设的电位分布 $\left[\varphi_{\Gamma_{1\_2}}^{(i)}\right]$ 和 $\left[\varphi_{\Gamma_{1\_3}}^{(i)}\right]$ $(i=1,2,\cdots,N_e)$ 所激励，因此可以写出子区域 D_1 包含全部边界信息的激励向量 $\left[g_1^{(i)}\right]$ $(i=1,2,\cdots,N_e)$。求解下面的稀疏矩阵方程

$$[A_{11}]_{M_1\times M_1}\left(\varphi_1^{(1)}\middle|\varphi_1^{(2)}\cdots\middle|\varphi_1^{(N_e)}\right)_{M_1\times N_e}=\left(g_1^{(1)}\middle|g_1^{(2)}\cdots\middle|g_1^{(N_e)}\right)_{M_1\times N_e} \tag{2.89}$$

可以得到子区域 D_1 的初始特征基函数

$$\left[\Phi_1^{N_e}\right]_{M_1\times N_e}=\left(\varphi_1^{(1)}\middle|\varphi_1^{(2)}\cdots\middle|\varphi_1^{(N_e)}\right)_{M_1\times N_e} \tag{2.90}$$

子区域 D_1 中的未知量 $[\varphi_1]_{M_1\times 1}$ 可以表示为

$$[\varphi_1]_{M_1\times 1}=\sum_{i=1}^{N_e}\alpha_1^{(i)}\varphi_1^{(i)}=\left[\Phi_1^{N_e}\right]_{M_1\times N_e}[\alpha_1]_{N_e\times 1} \tag{2.91}$$

式中，$\alpha_1^{(i)}\,(i=1,2,\cdots,N_e)$ 为待确定的展开系数。

类似地，其他子区域 $D_m(m=2,3,4)$ 内的未知量可表示为

$$[\varphi_m]_{M_m\times 1}=\sum_{i=1}^{N_e}\alpha_m^{(i)}\varphi_m^{(i)}=\left[\Phi_m^{N_e}\right]_{M_m\times N_e}[\alpha_m]_{N_e\times 1} \tag{2.92}$$

式中，M_m 为子区域 D_m 内未知数的个数。分界线上真实的电位分布也可以由 N_e 种假设的电位分布来表示

$$\left[\varphi_{\Gamma_{m\_n}}\right]_{M_{\Gamma_{m\_n}}\times 1}=\sum_{i=1}^{N_e}\alpha_{\Gamma_{m\_n}}^{(i)}\varphi_{\Gamma_{m\_n}}^{(i)}=\left[\Phi_{\Gamma_{m\_n}}^{N_e}\right]_{M_{\Gamma_{m\_n}}\times N_e}\left[\alpha_{\Gamma_{m\_n}}\right]_{N_e\times 1} \tag{2.93}$$

式中，$M_{\Gamma_{m\_n}}$ 是分界线 Γ_{m_n} $(\Gamma_{1\_2},\Gamma_{1\_3},\Gamma_{2\_4}$ 和 $\Gamma_{3\_4})$ 上未知数的个数。令

$$[\varphi_\Gamma]_{M_\Gamma\times 1}=\left[\left[\varphi_{\Gamma_{1\_2}}\right],\left[\varphi_{\Gamma_{1\_3}}\right],\left[\varphi_{\Gamma_{2\_4}}\right],\left[\varphi_{\Gamma_{3\_4}}\right]\right]^{\mathrm{T}} \tag{2.94}$$

$$[\alpha_\Gamma]_{4N_e\times 1}=\left[\left[\alpha_{\Gamma_{1\_2}}\right],\left[\alpha_{\Gamma_{1\_3}}\right],\left[\alpha_{\Gamma_{2\_4}}\right],\left[\alpha_{\Gamma_{3\_4}}\right]\right]^{\mathrm{T}} \tag{2.95}$$

和

$$\left[\Phi_\Gamma^{4N_e}\right]_{M_\Gamma\times 4N_e}=\mathrm{diag}\left[\left[\Phi_{\Gamma_{1\_2}}^{N_e}\right],\left[\Phi_{\Gamma_{1\_3}}^{N_e}\right],\left[\Phi_{\Gamma_{2\_4}}^{N_e}\right],\left[\Phi_{\Gamma_{3\_4}}^{N_e}\right]\right] \tag{2.96}$$

可以导出一个超定方程组

$$\left[A_{\text{CBF}}\right]_{(M_1+M_2+M_3+M_4+M_\Gamma)\times 8N_e}\begin{bmatrix}[\alpha_1]_{N_e\times 1}\\ [\alpha_2]_{N_e\times 1}\\ [\alpha_3]_{N_e\times 1}\\ [\alpha_4]_{N_e\times 1}\\ [\alpha_\Gamma]_{4N_e\times 1}\end{bmatrix}=\begin{bmatrix}[b_1]_{M_1\times 1}\\ [b_2]_{M_2\times 1}\\ [b_3]_{M_3\times 1}\\ [b_4]_{M_4\times 1}\\ [b_\Gamma]_{M_\Gamma\times 1}\end{bmatrix} \tag{2.97}$$

待确定的展开系数个数为 $8N_e$，通常 $N_e << M_i\,(i=1,2,3,4,\Gamma)$。

为消去前面定义的$\left[\Phi_1^{N_e}\right]$、$\left[\Phi_2^{N_e}\right]$、$\left[\Phi_3^{N_e}\right]$、$\left[\Phi_4^{N_e}\right]$和$\left[\Phi_\Gamma^{4N_e}\right]$等初始特征基函数的冗余，这里采用奇异值分解(singular value decomposition, SVD)技术[5]。对子区域 D_1

$$\left[\Phi_1^{N_e}\right]_{M_1\times N_e}=\left[U_1^{N_e}\right]_{M_1\times N_e}\left[\Sigma_1^{N_e}\right]\left[V_1^{N_e}\right]_{N_e\times N_e}^{\text{T}} \tag{2.98}$$

式中，$\left[U_1^{N_e}\right]$为一个 $M_i\times N_e$ 正交矩阵；$\left[V_1^{N_e}\right]$为一个 $N_e\times N_e$ 正交矩阵；$\left[\Sigma_1^{N_e}\right]$为一个 $N_e\times N_e$ 对角矩阵，表示为

$$\left[\Sigma_1^{N_e}\right]=\text{diag}\left(\sigma_1,\sigma_2,\cdots,\sigma_{N_e}\right),\quad \sigma_1\geqslant\sigma_2\geqslant\cdots\geqslant\sigma_{N_e}\geqslant 0 \tag{2.99}$$

该对角矩阵的对角元素就是$\left[\Phi_1^{N_e}\right]$的奇异值。如果只保留那些奇异值大于某一阈值的元素，并且保留的最小奇异值为 $\sigma_{K_1}\left(K_1\leqslant N_e\right)$，可以得到

$$\left[\Phi_1^{N_e}\right]_{M_1\times N_e}=\left[U_1^{K_1}\right]_{M_1\times K_1}\left[\Sigma_1^{K_1}\right]\left[V_1^{K_1}\right]_{K_1\times N_e}^{\text{T}} \tag{2.100}$$

采用

$$\left[U_1^{K_1}\right]_{M_1\times K_1}=\left(u_1^{(1)}\middle|u_1^{(2)}\cdots\middle|u_1^{(K_1)}\right) \tag{2.101}$$

作为奇异值分解处理后的特征基函数，于是，子区域 D_1 中的未知量可写成

$$\left[\varphi_1\right]_{M_1\times 1}=\sum_{i=1}^{K_1}c_1^{(i)}u_1^{(i)} \tag{2.102}$$

这里，待求解量 $c_1^{(i)}\left(i=1,2,\cdots,K_1\right)$ 是奇异值分解处理后的特征基函数的加权系数。

类似地

$$\left[\varphi_m\right]_{M_m\times 1}=\sum_{i=1}^{K_m}c_m^i u_m^{(i)},\qquad m=2,\ 3,\ 4,\ \Gamma \tag{2.103}$$

经过奇异值分解，得到一组新的超定方程

$$\left[A_{\text{CBF+SVD}}\right]_{M\times K}\begin{bmatrix}[c_1]_{K_1\times 1}\\ [c_2]_{K_2\times 1}\\ [c_3]_{K_3\times 1}\\ [c_4]_{K_4\times 1}\\ [c_\Gamma]_{K_\Gamma\times 1}\end{bmatrix}=\begin{bmatrix}[b_1]_{M_1\times 1}\\ [b_2]_{M_2\times 1}\\ [b_3]_{M_3\times 1}\\ [b_4]_{M_4\times 1}\\ [b_\Gamma]_{M_\Gamma\times 1}\end{bmatrix} \tag{2.104}$$

式中，$M=\left(\sum_{m=1}^{4}M_m\right)+M_\Gamma$，$K=\left(\sum_{m=1}^{4}K_m\right)+K_\Gamma$。式(2.104)两边同时左乘式(2.105)

$$\left[U_\Gamma^K\right]^{\mathrm{T}}=\operatorname{diag}\left[\left[U_1^{K_1}\right]^{\mathrm{T}},\left[U_2^{K_2}\right]^{\mathrm{T}},\left[U_3^{K_2}\right]^{\mathrm{T}},\left[U_4^{K_2}\right]^{\mathrm{T}},\left[U_\Gamma^{K_\Gamma}\right]^{\mathrm{T}}\right] \tag{2.105}$$

得到一个降阶的线性方程组系统

$$\begin{bmatrix} [P_{11}] & [0] & [0] & [0] & [P_{c1}] \\ [0] & [P_{22}] & [0] & [0] & [P_{c2}] \\ [0] & [0] & [P_{33}] & [0] & [P_{c3}] \\ [0] & [0] & [0] & [P_{44}] & [P_{c4}] \\ [P_{c1}]^{\mathrm{T}} & [P_{c2}]^{\mathrm{T}} & [P_{c3}]^{\mathrm{T}} & [P_{c4}]^{\mathrm{T}} & [P_\Gamma] \end{bmatrix}\begin{bmatrix} [c_1]_{K_1\times1} \\ [c_2]_{K_2\times1} \\ [c_3]_{K_3\times1} \\ [c_4]_{K_4\times1} \\ [c_\Gamma]_{K_\Gamma\times1} \end{bmatrix}=\begin{bmatrix} [e_1] \\ [e_2] \\ [e_3] \\ [e_4] \\ [e_\Gamma] \end{bmatrix} \tag{2.106}$$

式中

$$[P_{mm}]_{K_m\times K_m}=\left[U_m^{K_m}\right]_{K_m\times M_m}^{\mathrm{T}}[A_{mm}]_{M_m\times M_m}\left[U_m^{K_m}\right]_{M_m\times K_m} \tag{2.107}$$

$$[P_{cm}]_{K_m\times K_\Gamma}=\left[U_m^{K_m}\right]_{K_m\times M_m}^{\mathrm{T}}[A_{cm}]_{M_m\times M_\Gamma}\left[U_\Gamma^{K_\Gamma}\right]_{M_\Gamma\times K_\Gamma} \tag{2.108}$$

$$[P_\Gamma]_{K_\Gamma\times K_\Gamma}=\left[U_\Gamma^{K_\Gamma}\right]_{K_\Gamma\times M_\Gamma}^{\mathrm{T}}[A_\Gamma]_{M_\Gamma\times M_\Gamma}\left[U_\Gamma^{K_\Gamma}\right]_{M_\Gamma\times K_\Gamma} \tag{2.109}$$

$$[e_m]_{K_m\times1}=\left[U_m^{K_m}\right]_{K_m\times M_m}^{\mathrm{T}}[b_m]_{M_m\times1} \tag{2.110}$$

$$[e_\Gamma]_{K_\Gamma\times1}=\left[U_\Gamma^{K_\Gamma}\right]_{K_\Gamma\times M_\Gamma}^{\mathrm{T}}[b_\Gamma]_{M_\Gamma\times1},\qquad m=1,2,3,4 \tag{2.111}$$

对比式(2.83)，该线性方程组的阶数大大降低。式(2.106)同样可转化为 Schur 补系统求解，求解过程只需涉及计算线性方程组的直接法。一旦得到展开系数 $[c]=\left[[c_1],[c_2],[c_3],[c_4],[c_\Gamma]\right]^{\mathrm{T}}$，整个区域的电位分布即可由式(2.102)和式(2.103)计算获得。

得到电位分布后，图 2-15 所示的非对称带状线的特征阻抗可由以下的变分公式计算

$$Z_c=\sqrt{\frac{\mu_0}{\varepsilon_0}}V_0^2\Bigg/\iint_S\left[\left(\frac{\partial\varphi}{\partial x}\right)^2+\left(\frac{\partial\varphi}{\partial y}\right)^2\right]\mathrm{d}x\mathrm{d}y \tag{2.112}$$

式中，V_0 为带线和外导体之间的电位差。式(2.112)给出了真实特性阻抗值 Z_{c0} 的下界[6]。

图 2-15 中，各结构参数为：$W=2\mu\mathrm{m}$，$T=4\mu\mathrm{m}$，$W_1=11\mu\mathrm{m}$，$W_2=10\mu\mathrm{m}$，$H_1=2\mu\mathrm{m}$，$H_2=1.5\mu\mathrm{m}$。各子区域采用统一的均匀网格划分，网格边长 $\mathrm{d}x=\mathrm{d}y=0.1\mu\mathrm{m}$。这样，各子区域和分界线的未知量个数为：$M_1=3971$，$M_2=3861$，$M_3=3471$，$M_4=2926$，$M_\Gamma=376$；整个计算区域的未知量个数为 14605。

分界线上的激励采用一组 5 个全域基函数，即用于初始特征基函数的构造。以分界线 Γ_{1_2} 为例，选择下列的 5 种分界线上的电位分布

$$\varphi_{\Gamma_{1\_2}}^{(1)}(x)=\frac{\ln\left[W_1/(W_1-x)\right]}{\ln\left[W_1/(0.5W)\right]} \tag{2.113}$$

$$\varphi_{\Gamma_{1\_2}}^{(i)}(x)=\left[x/(W_1-0.5W)\right]^{i-1},\quad i=2,\ 3,\ 4,\ 5 \tag{2.114}$$

因该屏蔽带状线的横截面结构类似同轴线，故选用同轴线横截面的电位分布[式(2.102)[7]]作为分界线的第一个激励源分布。其余 4 个激励源分布[式(2.114)]对应分界线上从 0V 外导体到 1V 带线单调递增的电位分布。

采用前面介绍的特征基函数法进行求解，流程图如图 2-16 所示。

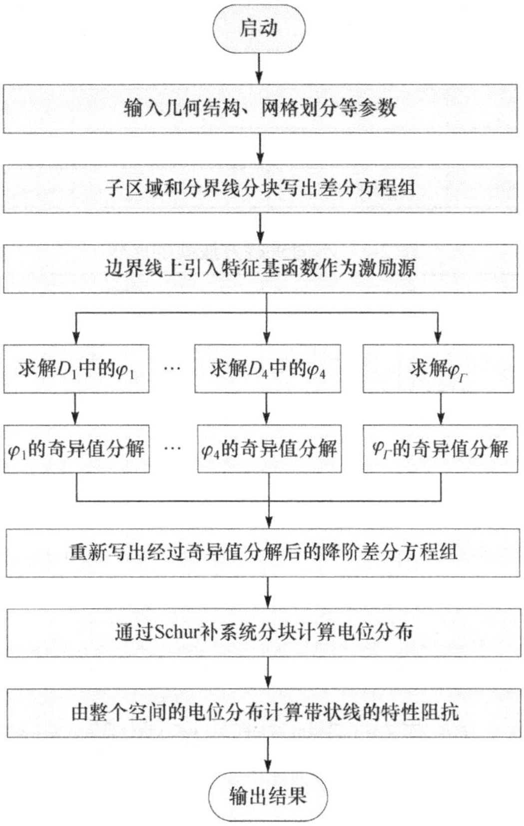

图 2-16　特征基函数法求解非对称屏蔽带状线的流程图

表 2-1 给出了在以上分界线激励条件下，初始特征基函数的相对奇异值。对该问题的求解，不同奇异值阈值的选取生成不同规模的矩阵，表 2-2 给出了计算结果。为了比较，表 2-2 也给出直接法求解式(2.83)、Schur 补系统方法求解式(2.84)～式(2.88)和高斯-赛德尔迭代法求解的计算结果。其中，高斯-赛德尔法终止迭代的条件是：任意节点相邻两次迭代的绝对误差小于 10^{-6}。

表 2-2 中的计算时间不包括填充矩阵方程(2.83)所耗时间，表 2-2 中各方法生成该矩阵平均耗时 4.250s。基于区域分解特征基函数结合 Schur 补系统的计算结果和直接法计算结果十分吻合，而计算所需时间仅为后者的 1%左右(本算例使用主频 1.66GHz 的 IBM ThinkPad X60 进行仿真)。

表 2-1　初始特征基函数的相对奇异值

子区域	相对奇异值				
	1st	2nd	3rd	4th	5th
D_1	1	0.1663	0.0664	0.0151	0.0013
D_2	1	0.1582	0.0472	0.0120	0.0009
D_3	1	0.1568	0.0460	0.0113	0.0009

续表

子区域	相对奇异值				
	1st	2nd	3rd	4th	5th
D_4	1	0.1723	0.0725	0.0160	0.0014
分界线 Γ	1st～20th				
	1	1	0.9472	0.9472	0.1357
	0.1357	0.1285	0.1285	0.0269	0.0269
	0.0254	0.0254	0.0072	0.0072	0.0068
	0.0068	0.0010	0.0010	0.0009	0.0009

表 2-2　不同求解方法间的比较

方法	精度		效率		矩阵	
	Z_c/Ω	相对误差/%	计算时间/s	相对值/%	规模	SVD 阈值
直接法	55.76	—	50.859	100	14605^2	—
Schur 补系统法	55.76	0.0	4.292	8.4	14605^2	—
高斯-赛德尔法	56.08	+0.6	12.328	24.2	209 × 74	—
特征基函数+Schur 补系统法	55.57	−0.3	0.532	1.0	40 × 40	0.0005
	55.43	−0.6	0.531	1.0	28 × 28	0.01
	54.94	−1.5	0.521	1.0	24 × 24	0.02

2.3　特征值问题(时谐场)的差分计算

2.3.1　纵向场分量的亥姆霍兹方程

对规则导波系统，设空间无源，媒质无耗、均匀、线性、各向同性。且导波电、磁场为时谐场，场的时间变化因子为 $\exp(\mathrm{j}\omega t)$，它们满足如下的频域麦克斯韦方程组

$$\nabla\times\boldsymbol{H}=\mathrm{j}\omega\varepsilon\boldsymbol{E} \tag{2.115}$$

$$\nabla\times\boldsymbol{E}=-\mathrm{j}\omega\mu\boldsymbol{H} \tag{2.116}$$

$$\nabla\cdot\boldsymbol{H}=0 \tag{2.117}$$

$$\nabla\cdot\boldsymbol{E}=0 \tag{2.118}$$

式中，ε、μ 分别是媒质的介电常数和磁导率；ω 是角频率。

直角坐标系下，设导波沿 z 向传播，微分算符 ∇ 和电场 $\boldsymbol{E}$、磁场 $\boldsymbol{H}$ 可以表示为

$$\nabla\equiv\nabla_{\mathrm{t}}+\hat{z}\frac{\partial}{\partial z} \tag{2.119}$$

$$\boldsymbol{E}(x,y,z)\equiv\boldsymbol{E}_{\mathrm{t}}(x,y,z)+\hat{z}E_z(x,y,z) \tag{2.120}$$

$$\boldsymbol{H}(x,y,z)\equiv\boldsymbol{H}_{\mathrm{t}}(x,y,z)+\hat{z}H_z(x,y,z) \tag{2.121}$$

式中，下标 t 代表横向分量。将式(2.119)～式(2.121)代入方程(2.115)和方程(2.116)，并且令方程两边的横向分量和纵向分量分别相等，得

$$\nabla_{\mathrm{t}} \times \boldsymbol{H}_{\mathrm{t}} = \mathrm{j}\omega\varepsilon\hat{z}E_z \tag{2.122}$$

$$\nabla_{\mathrm{t}} \times \hat{z}H_z + \hat{z} \times \frac{\partial \boldsymbol{H}_{\mathrm{t}}}{\partial z} = \mathrm{j}\omega\varepsilon\boldsymbol{E}_{\mathrm{t}} \tag{2.123}$$

$$\nabla_{\mathrm{t}} \times \boldsymbol{E}_{\mathrm{t}} = -\mathrm{j}\omega\mu\hat{z}H_z \tag{2.124}$$

$$\nabla_{\mathrm{t}} \times \hat{z}E_z + \hat{z} \times \frac{\partial \boldsymbol{E}_{\mathrm{t}}}{\partial z} = -\mathrm{j}\omega\mu\boldsymbol{H}_{\mathrm{t}} \tag{2.125}$$

将式(2.123)两边乘以 $\mathrm{j}\omega\mu$，式(2.125)两边做 $\hat{z}\times\partial/\partial z$，联立两式可以消去 $\boldsymbol{H}_{\mathrm{t}}$，得到

$$\left(k^2 + \frac{\partial^2}{\partial z^2}\right)\boldsymbol{E}_{\mathrm{t}} = \frac{\partial}{\partial z}\nabla_{\mathrm{t}}E_z + \mathrm{j}\omega\mu\hat{z}\times\nabla_{\mathrm{t}}H_z \tag{2.126}$$

同理可得

$$\left(k^2 + \frac{\partial^2}{\partial z^2}\right)\boldsymbol{H}_{\mathrm{t}} = \frac{\partial}{\partial z}\nabla_{\mathrm{t}}H_z - \mathrm{j}\omega\varepsilon\hat{z}\times\nabla_{\mathrm{t}}E_z \tag{2.127}$$

式中，波数 $k=\omega\sqrt{\varepsilon\mu}$。式(2.126)和式(2.127)表明：规则导波系统中，导波场的横向分量可由纵向分量完全确定。

对式(2.127)做 $\nabla_{\mathrm{t}}\times$ 运算，可得

$$\left(k^2 + \frac{\partial^2}{\partial z^2}\right)\nabla_{\mathrm{t}}\times\boldsymbol{H}_{\mathrm{t}} = \frac{\partial}{\partial z}\nabla_{\mathrm{t}}\times\nabla_{\mathrm{t}}H_z - \mathrm{j}\omega\varepsilon\nabla_{\mathrm{t}}\times\hat{z}\times\nabla_{\mathrm{t}}E_z = -\mathrm{j}\omega\varepsilon\nabla_{\mathrm{t}}^2\hat{z}E_z \tag{2.128}$$

应用式(2.123)，消去 $\boldsymbol{H}_{\mathrm{t}}$，得到

$$\nabla_{\mathrm{t}}^2\hat{z}E_z + \left(k^2 + \frac{\partial^2}{\partial z^2}\right)\hat{z}E_z = 0 \tag{2.129}$$

式中，$\hat{z}$ 是常矢量，因此可以移至微分符号外并加以消除，得到方程

$$\nabla^2 E_z + k^2 E_z = 0 \tag{2.130}$$

同理可得

$$\nabla^2 H_z + k^2 H_z = 0 \tag{2.131}$$

式(2.130)和式(2.131)说明，规则波导系统中导波场的纵向分量满足标量亥姆霍兹方程。

设导波场的纵向传播因子为 $\exp(\mathrm{j}\omega t - \mathrm{j}\beta z)$，在直角坐标系下横向场分量可由纵向场分量如下表示

$$H_x = \frac{1}{k_{\mathrm{c}}^2}\left(\mathrm{j}\omega\varepsilon\frac{\partial E_z}{\partial y} - \mathrm{j}\beta\frac{\partial H_z}{\partial x}\right) \tag{2.132}$$

$$H_y = -\frac{1}{k_{\mathrm{c}}^2}\left(\mathrm{j}\omega\varepsilon\frac{\partial E_z}{\partial x} + \mathrm{j}\beta\frac{\partial H_z}{\partial y}\right) \tag{2.133}$$

$$E_x = -\frac{1}{k_{\mathrm{c}}^2}\left(\mathrm{j}\beta\frac{\partial E_z}{\partial x} + \mathrm{j}\omega\mu\frac{\partial H_z}{\partial y}\right) \tag{2.134}$$

$$E_y = \frac{1}{k_{\mathrm{c}}^2}\left(-\mathrm{j}\beta\frac{\partial E_z}{\partial y} + \mathrm{j}\omega\mu\frac{\partial H_z}{\partial x}\right) \tag{2.135}$$

式中，k_{c} 为截止波数，$k_{\mathrm{c}}^2 = k^2 - \beta^2 = \omega^2\mu\varepsilon - \beta^2$。纵向场分量满足亥姆霍兹方程

$$\nabla_{\mathrm{t}}^2 E_z + k_{\mathrm{c}}^2 E_z = 0 \tag{2.136}$$

$$\nabla_{\mathrm{t}}^2 H_z + k_{\mathrm{c}}^2 H_z = 0 \tag{2.137}$$

对 TE 波，$E_z = 0$

$$\nabla_{\mathrm{t}}^2 H_z + k_{\mathrm{c}}^2 H_z = 0 \tag{2.138}$$

$$H_x = \frac{1}{k_{\mathrm{c}}^2}\left(-\mathrm{j}\beta \frac{\partial H_z}{\partial x}\right) \tag{2.139}$$

$$H_y = -\frac{1}{k_{\mathrm{c}}^2}\left(\mathrm{j}\beta \frac{\partial H_z}{\partial y}\right) \tag{2.140}$$

$$E_x = -\frac{1}{k_{\mathrm{c}}^2}\left(\mathrm{j}\omega\mu \frac{\partial H_z}{\partial y}\right) \tag{2.141}$$

$$E_y = \frac{1}{k_{\mathrm{c}}^2}\left(\mathrm{j}\omega\mu \frac{\partial H_z}{\partial x}\right) \tag{2.142}$$

对 TM 波，$H_z = 0$

$$\nabla_{\mathrm{t}}^2 E_z + k_{\mathrm{c}}^2 E_z = 0 \tag{2.143}$$

$$H_x = \frac{1}{k_{\mathrm{c}}^2}\left(\mathrm{j}\omega\varepsilon \frac{\partial E_z}{\partial y}\right) \tag{2.144}$$

$$H_y = -\frac{1}{k_{\mathrm{c}}^2}\left(\mathrm{j}\omega\varepsilon \frac{\partial E_z}{\partial x}\right) \tag{2.145}$$

$$E_x = -\frac{1}{k_{\mathrm{c}}^2}\left(\mathrm{j}\beta \frac{\partial E_z}{\partial x}\right) \tag{2.146}$$

$$E_y = \frac{1}{k_{\mathrm{c}}^2}\left(-\mathrm{j}\beta \frac{\partial E_z}{\partial y}\right) \tag{2.147}$$

在金属边界条件，对 TE 波，有边界条件

$$\left.\frac{\partial H_z}{\partial n}\right|_{\text{边界}} = 0 \tag{2.148}$$

对 TM 波，有边界条件

$$\left.E_z\right|_{\text{边界}} = 0 \tag{2.149}$$

式(2.136)和式(2.137)中，拉普拉斯算子作用下 E_z 或 H_z 在场域内部的差分格式与 2.2.1 节介绍的相同。

2.3.2 数值算例

本节将针对具体的导波结构，并结合不同传播模式的边界条件，介绍所构造的差分方程组的特性和求解。

例 2-4 用有限差分法求解矩形金属波导中的截止波长和场分布。

关于该矩形波导中场的分析，为简单起见，假设：波导壁由完纯导体($\sigma \to \infty$)构成，波导内的介质均匀、线性、无耗且各向同性，波导中无激励源存在($\rho = 0$，$\boldsymbol{J} = 0$)，波导工作在匹配状态(只考虑入射波，无反射波)。

基于上述假设，波导中传播的电磁波可分为横电波(TE 波)或横磁波(TM 波)两种类型。无论对于哪种情况，由 2.3.1 节知，问题的求解可归结为求解相应的纵向场分量 H_z 或 E_z 所描述的定解问题。若以 φ 标记相应的纵向分量，则波导场的分析将是定义在波导横截面(x, y)平面内的二维标量亥姆霍兹方程的定解问题，即

$$\frac{\partial^2\varphi}{\partial x^2}+\frac{\partial^2\varphi}{\partial y^2}+k_c^2\varphi=0 \qquad (\text{在波导内，即场域 } D) \tag{2.150}$$

对 TE 波

$$\left.\frac{\partial\varphi}{\partial n}\right|_C=0 \qquad (\text{在波导壁处}) \tag{2.151}$$

对 TM 波

$$\varphi|_C=0 \qquad (\text{在波导壁处}) \tag{2.152}$$

设波导横截面(场域 D)用边长为 h 的正方形网格予以划分，则对图 2-17 内任一网格内点 0 而言，上述亥姆霍兹方程的差分格式为

$$\varphi_1+\varphi_2+\varphi_3+\varphi_4-4\varphi_0+(k_c h)^2\varphi_0=0 \tag{2.153}$$

在波导壁(边界 C 处)，若网格线恰与边界相重合，则对任一边界节点 b 而言，当分析 TE 波$(\varphi=H_z)$时，其差分离散化处理可在边界外侧设置一排虚设的网格节点，从而依据 $\left.\frac{\partial\varphi}{\partial n}\right|_C=0$ 的条件则有 $\varphi_1=\varphi_3$，故得到相应离散化的差分格式为

$$\varphi_2+2\varphi_3+\varphi_4-4\varphi_b+(k_c h)^2\varphi_b=0 \tag{2.154}$$

而当分析 TM 波$(\varphi=E_z)$时，相应的离散化差分格式为

$$\varphi_b=0 \tag{2.155}$$

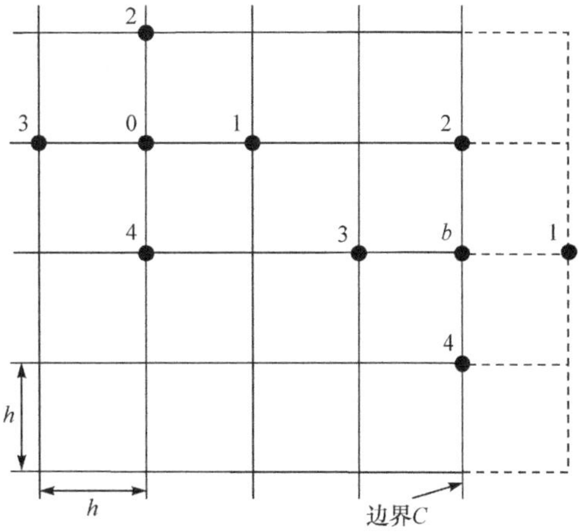

图 2-17　矩形金属波导的差分网格

将上述各差分格式分别应用于相应的网格节点，便可得到以节点上待求场量 $\varphi_i(i=1, 2, \cdots, n)$ 为未知数的 n 个差分方程，由此构成的差分方程组可用矩阵形式表示为

$$[K][\varphi]=(k_c h)^2[\varphi] \tag{2.156}$$

这样，将上述问题归结为一矩阵的特征值问题。式中，$[K]$为系数矩阵，$[\varphi]$是以网格节点上的待求场量 φ_i 为分量的列向量，而数值

$$(k_c h)^2=\left(\frac{2\pi h}{\lambda_c}\right)^2 \tag{2.157}$$

称为特征值，$\lambda_c=2\pi/k_c$ 称为截止波长。以上分析表明，连续场中的偏微分方程的特征值问题，通过有限差分法的应用，近似地变换成相应的离散系统中的代数特征值问题。

求解矩阵的特征值的方法大体可分为两类[1, 5]。

第一类是迭代法，包括计算矩阵按模最大特征值的幂法和按模最小特征值的反幂法。迭代法在计算特征值过程中原始矩阵始终保持不变，因此，迭代法适用于求解高阶稀疏矩阵的

按模最大(或最小)特征值问题。当仅仅需要求解方程(2.156)所描述的矩形波导 TE 波或 TM 波主模的截至波数时，可以采用反幂法进行求解。

第二类是正交相似变换法，其代表是可计算中、小型矩阵全部特征值的 QR 方法。QR 算法收敛快、算法稳定，实矩阵通过豪斯霍尔德(Householder)正交相似变换化为海森伯格(Hessenberg)矩阵，再用 QR 方法求解全部特征值。实际矩形波导应用中，除了 TE 波或 TM 波主模，还往往需要知道它们对应的各高次模截止波数，可以采用 QR 方法对方程(2.156)的全部特征值进行求解。

需要指出的是，在求解亥姆霍兹方程对应的全部特征值时，可能会出现伪解，这是由于数值差分离散或计算过程中的截断误差等导致的。亥姆霍兹方程仅由麦克斯韦旋度方程推导得到，未涉及麦克斯韦散度方程。因此，判断一个特征值是否为伪解，可以求得其对应的特征向量(电磁场分量)，然后考察它们是否满足麦克斯韦散度方程。

解出截止波数 k_c 及对应于 k_c 的特征向量$[\varphi]$(纵向场)后，由公式 $\beta^2=\omega^2\mu\varepsilon-k_c^2$ 可计算出相应的色散特性曲线，由横向场与纵向场的关系可求出对应模式的场分布情况。

例 2-5　方同轴线中高次模的截止波长。

图 2-18 是一种方同轴线的横截面图，其主模为 TEM 模。为确定其单模工作带宽，需要知道高次模(TE 模或 TM 模)的截止频率。高次模的纵向场分量 H_z(对 TE 模)或 E_z(对 TM 模)满足亥姆霍兹方程

$$\left\{\frac{\partial^2}{\partial x^2}+\frac{\partial^2}{\partial y^2}+k_c^2\right\}\left\{\begin{matrix}H_z\\E_z\end{matrix}\right\}=0 \tag{2.158}$$

参考圆同轴线中高次模的场分布情况[7]，可以判定，方同轴线中的第一个高阶模为 TE_{11} 模，其横截面场分布具有 1/4 对称性，沿 x 轴可用一电壁来等效，沿 y 轴可用一磁壁来等效，因此，可以用图 2-19 所示的等效波导来研究 TE_{11} 模。在 TE_{11} 模等效波导中，存在一条与 x 轴、y 轴均不平行的斜边，最简单的办法就是用阶梯来近似这段边界，如图 2-19 所示。然后，可按照例 2-4 中所讲的求解方法求得截止波数$\left(k_cb\right)_{TE_{11}}$。

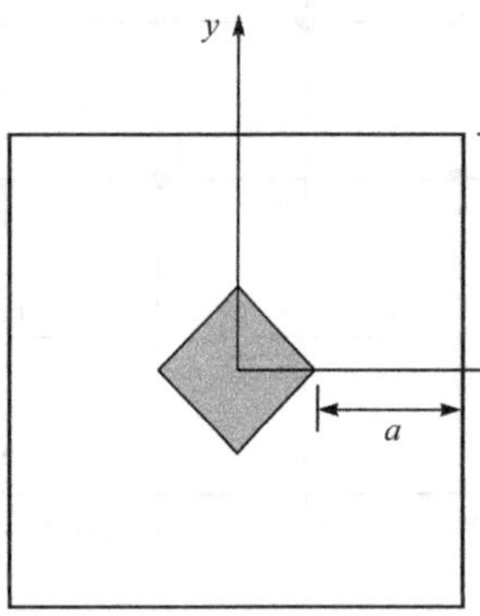

图 2-18　一种方同轴线的横截面图

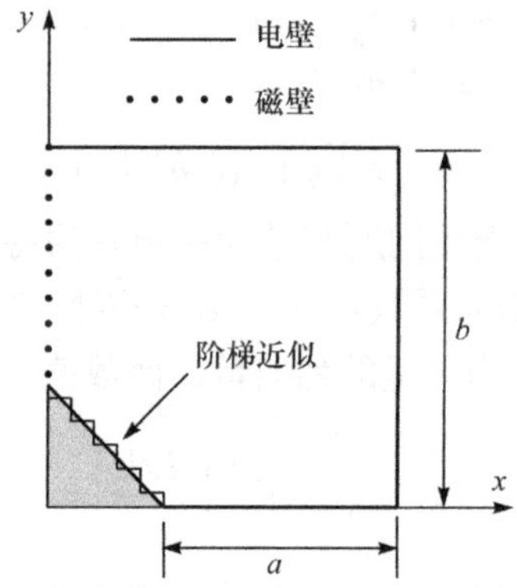

图 2-19　TE_{11} 模的等效波导

方同轴线中也存在与圆同轴线相对应的高次模 TE_{01}、TM_{01}。这里仅以 TM_{01} 模为例，介绍一种将保角变换与有限差分法相结合求解截止波数$\left(k_cb\right)_{TM_{01}}$的方法。

参考圆同轴线中 TM_{01} 模的场分布，可以判定，方同轴线中 TM_{01} 模的横截面场分布具有

1/8 对称性。图 2-20 中，$\overline{OC}$和$\overline{AB}$段可用磁壁来等效，因此，可用图 2-20 中所示的 1/8 等效波导来研究 TM_{01} 模。用φ表示纵向场分量E_z，它满足下列方程和边界条件

$$\left\{\frac{\partial^2}{\partial x^2}+\frac{\partial^2}{\partial y^2}+k_c^2\right\}\varphi=0,\qquad \text{在波导内} \tag{2.159}$$

$$\begin{cases}\varphi=0, & (x,y)\text{位于}\overline{OA}\text{或}\overline{BC}\\ \dfrac{\partial\varphi}{\partial n}=0, & (x,y)\text{位于}\overline{AB}\text{或}\overline{OC}\end{cases} \tag{2.160}$$

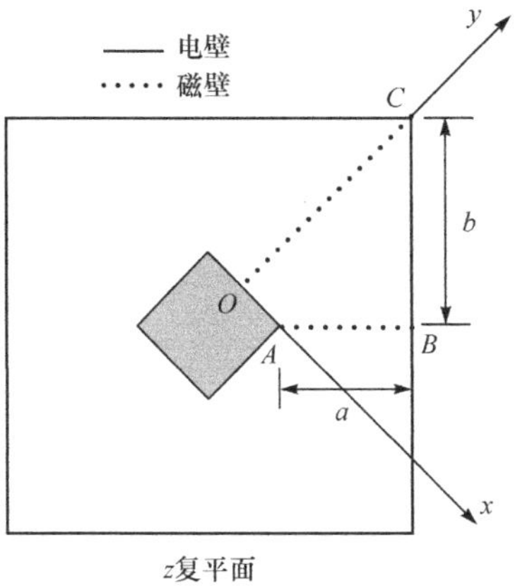

图 2-20　TM_{01}模的 1/8 等效波导

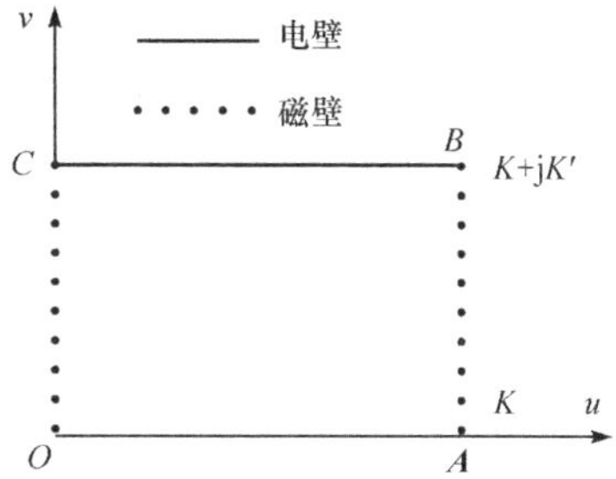

图 2-21　w复平面的 TM_{01}模的 1/8 等效波导

TM_{01} 模等效波导的外边界互相不平行，若直接以直角网格划分差分网格，其中两边都只能以阶梯来逼近，有一定的误差。为此，先用保角变换将波导内的场域变换为规则的矩形域，再用有限差分法求解。

按图 2-20 建立的坐标系 xOy，经过保角变换，可将 z 复平面(xOy 平面)上的 $OABC$ 四边形，变换为 w 复平面上的矩形 $OABC$，如图 2-21 所示。变换由下列关系给出

$$\frac{\mathrm{d}z}{\mathrm{d}w}=2C_1(cnw)^{1/2} \tag{2.161}$$

$$C_1=\frac{b\left(1-\dfrac{a}{b}\right)\Big/\sqrt{2}}{\displaystyle\int_0^1\frac{\mathrm{d}t}{t^{1/2}(1-t)^{1/4}(1-k^2t)^{1/2}}} \tag{2.162}$$

式中，cnw 为雅氏椭圆余弦函数；k 为第一类完全椭圆积分 $K(k)$ 的模数。

当比值 $\rho=a/b<0.4$ 时，给定 ρ 值可由下列公式近似算出 k、K 和 cnw 的值，步骤如下。

(1) 由比值 $\rho=a/b$ 确定 k。

设给定比值 $\rho=a/b$，$0<\rho<\sqrt{2}-1$。先计算复数比值

$$\frac{L}{L'}=\frac{\left(1+2\rho-\rho^2\right)+\mathrm{j}\left[2\rho(1+\rho)\right]}{1+\rho^2} \tag{2.163}$$

进一步，算出

$$q' = \exp\left(-\pi \frac{L}{L'}\right) \tag{2.164}$$

$$\left(\frac{\lambda}{\lambda'}\right) = \left[\frac{2q'^{1/4}(1+q')^2}{1-2q'}\right]^2 \tag{2.165}$$

由此，可算出下面的复数比值

$$M = \left(\frac{\mathrm{j}k'}{k}\right) = \left[\frac{1-(\lambda/\lambda')}{1+(\lambda/\lambda')}\right]^2 \tag{2.166}$$

于是，得

$$k = 1/\sqrt{1-M^2} \tag{2.167}$$

$$k' = \sqrt{1-k^2} \tag{2.168}$$

注意，k 和 k' 均应为实数。当计算得的近似值为复数，若虚部相对于实部很小，可以忽略虚部；若虚部相对于实部不可以忽略，上述近似公式不再适用。

(2) 由 k、k' 确定 $K(k)$ 、$K'(k)$ 。

$$K(k) = \frac{\pi}{2}\left\{1+\sum_{n=1}^{\infty}\left[\frac{(2n-1)!!}{2n!!}\right]^2 k^{2n}\right\} \tag{2.169}$$

$$K'(k) = K(k') = K\left(\sqrt{1-k^2}\right) \tag{2.170}$$

(3) 由 $K(k)$ 、$K'(k)$ 确定出 q 。

$$q = \exp\left(-\pi \frac{K'}{K}\right) \tag{2.171}$$

(4) 最后，对 w 平面上矩形 $OABC$ 内的任一点，可按下式求出 cnw 。

$$cnw = \exp\left\{\frac{1}{2}\ln\frac{16qk'^2}{k^2} + \ln\left[\cos\frac{\pi(u+\mathrm{j}v)}{2K}\right] + \sum_{m=1}^{\infty}\frac{2q^m\cos\left(2m\pi\frac{u+\mathrm{j}v}{2K}\right)}{m\left[1+(-q)^m\right]}\right\} \tag{2.172}$$

在 w 平面上，φ 满足方程

$$\left\{\frac{\partial^2}{\partial u^2} + \frac{\partial^2}{\partial v^2} + k_c^2\left|\frac{\mathrm{d}z}{\mathrm{d}w}\right|^2\right\}\varphi = 0,\ \text{在矩形 } OABC \text{ 内} \tag{2.173}$$

$$\begin{cases} \varphi = 0, & (u,v)\text{位于}\overline{OA}\text{或}\overline{BC} \\ \dfrac{\partial\varphi}{\partial n} = 0, & (u,v)\text{位于}\overline{AB}\text{或}\overline{OC} \end{cases} \tag{2.174}$$

式中

$$\left|\frac{\mathrm{d}z}{\mathrm{d}w}\right|^2 = b^2 C_0 |cnw| \tag{2.175}$$

$$C_0 = \frac{2\left(1-\dfrac{a}{b}\right)^2}{\left|\displaystyle\int_0^1 \frac{\mathrm{d}t}{t^{1/2}(1-t)^{1/4}(1-k^2t)^{1/2}}\right|^2} \tag{2.176}$$

式中，C_0 可通过数值积分求得。于是，边值问题转换为

$$\left\{\frac{\partial^2}{\partial u^2}+\frac{\partial^2}{\partial v^2}+(k_c b)^2 C_0 |cnw|\right\}\varphi=0,\ \text{在矩形 } OABC \text{ 内} \tag{2.177}$$

$$\begin{cases}\varphi=0, & (u,v)\text{位于}\overline{OA}\text{或}\overline{BC}\\ \dfrac{\partial\varphi}{\partial n}=0, & (u,v)\text{位于}\overline{AB}\text{或}\overline{OC}\end{cases} \tag{2.178}$$

方程(2.177)与方程(2.159)的重要区别在于，在矩形 $ABCD$ 内，最后一项的系数 $(k_c b)^2 C_0 |cnw|$ 是位置 w 的函数，而不是常数。该边值问题对应于一非均匀介质填充的矩形域平行板波导，介电常数随位置变化。

利用差分法，可将该边值问题化为下列代数方程

$$\{[A]+(k_c b)^2[B]\}[\varphi]=0 \tag{2.179}$$

式中，$[A]$为大型稀疏块带状对角型阵；$[B]$为对角形矩阵；$[\varphi]$为各网格节点上的 $\varphi_{p,q}$ 组成的待求列向量。

对均匀媒质问题，$[B]$的对角线元素均相等，可化为一常数乘以单位矩阵。对本问题中的非均匀媒质问题，$[B]$的对角线元素不相等，作如下处理。令

$$[B]=[L][L],\ \text{其中},\ L_{i,i}=\sqrt{B_{i,i}} \tag{2.180}$$

于是

$$\{[A]+(k_c b)^2[L][L]\}[\varphi]=0 \tag{2.181}$$

也可整理成

$$\{[A']+(k_c b)^2\}[\varphi']=0 \tag{2.182}$$

式中

$$[A']=[L]^{-1}[A]\,[L]^{-1} \tag{2.183}$$

$$[\varphi']=[L]\,[\varphi] \tag{2.184}$$

求解特征值问题[式(2.182)]，即可得到截止波数 $(k_c b)_{\mathrm{TM}_{01}}$。

习题 2-3 采用有限差分法求解图 2-22 所示两种传输线的特性阻抗。要求：

(1) 给出特性阻抗 Z_c 随几何参数 $\rho=a/b$ 的变化，设 ρ 的取值为 0.3～0.7；

(2) 给出横截面的电位分布图、电磁场分布图；

(3) 用多项式拟合给出 Z_c 随 ρ 的变化关系式；

(4) 分析网格粗细对结果的影响。

习题 2-4 单脊金属矩形波导的色散特性分析。单脊金属矩形波导如图 2-23 所示，图中 $a=10.16$mm, $b=5.888$mm，采用有限差分法求解亥姆霍兹方程的特征值问题。要求：

(1) 分析 c、d 变化对主模 TE_{10} 模截止波数的影响；

(2) 固定 $c=3.048$ mm，$d=5.08$ mm，画出色散特性曲线、模式的电磁场分布图；

(3) 分析网格粗细对结果的影响。

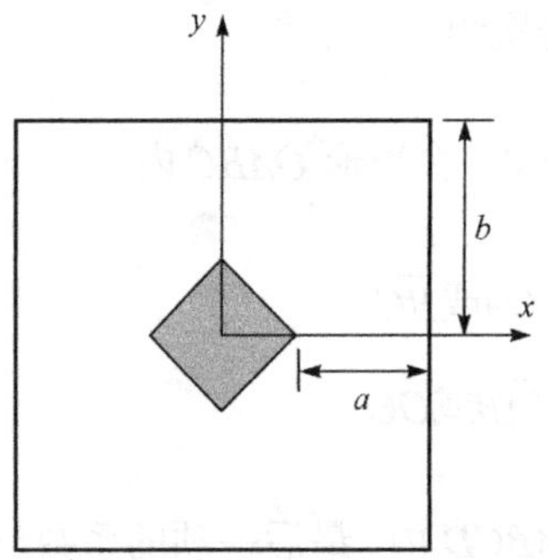

(a) 方向轴线

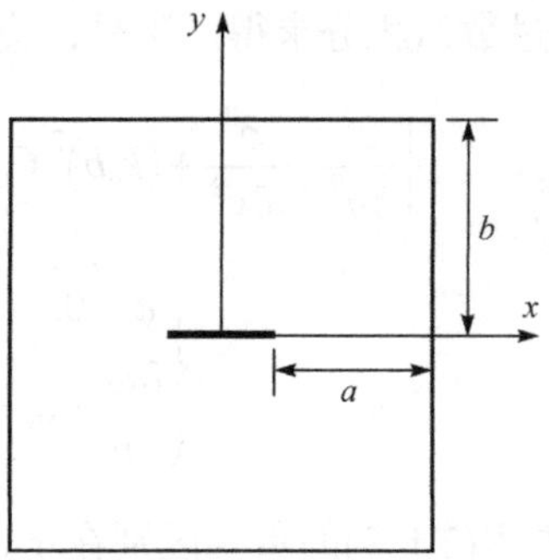

(b) 对称屏蔽带状线

图 2-22　两种传输线的特性阻抗

习题 2-5　方同轴线中前两个高次模的色散特性分析。方同轴线如图 2-24 所示，设 $b = 5$ mm，$\rho = a/b$，ρ 的取值为 0.3～0.7。采用有限差分法求解亥姆霍兹方程的特征值问题。要求：

(1) 研究截止波数随同轴线几何参数 $\rho = a/b$ 的变化；

(2) 选取 $\rho = 0.5$，画出色散特性曲线、模式的电磁场分布图；

(3) 分析网格粗细对结果的影响。

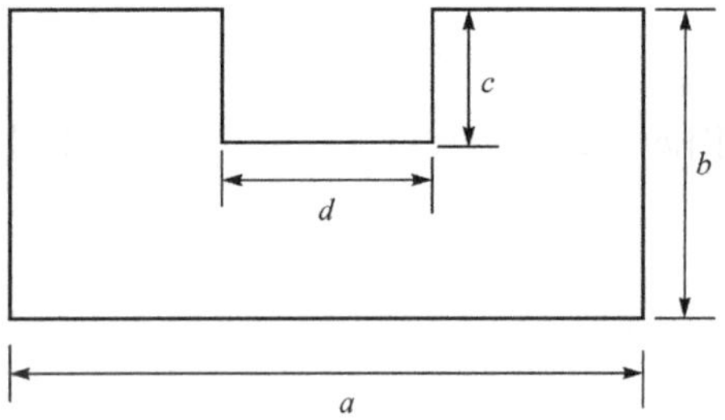

图 2-23　单脊金属矩形波导

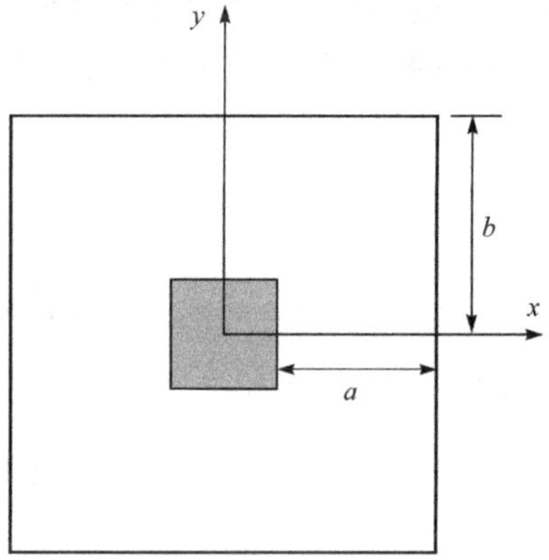

图 2-24　方同轴线

参 考 文 献

[1] 李庆扬, 王能超, 易大义. 数值分析. 4 版. 北京:清华大学出版社, 2001

[2] Wang B Z, Mittra R, Shao W. A domain decomposition finite-difference method utilizing characteristic basis functions for solving electrostatic problems. IEEE Trans. Electromagn. Compat., 2008, 50(4): 946-952

[3] Phillips T N. Preconditioned iterative methods for elliptic problems on decomposed domains. Int. J. Comp. Mathem., 1992, 44: 5-18

[4] Lu Y, Shen C Y. A domain decomposition finite-difference method for parallel numerical implementation of time-dependent Maxwell's equations. IEEE Trans. Antennas. Propagat., 1997, 45(3): 556-562

[5] 戈卢布 G H, 范洛恩 C F. 矩阵计算. 袁亚湘译. 北京: 科学出版社, 2002

[6] Collin R E. Field Theory of Guided Waves. New York: McGraw-Hill, Inc, 1960

[7] Pozar D M. 微波工程. 3 版. 张肇仪译. 北京: 电子工业出版社, 2006

第 3 章　频域有限差分法

3.1　FDFD 基本原理

频域有限差分(finite-difference frequency-domain, FDFD)法直接求解频域麦克斯韦方程组，利用二阶精度的中心差分把旋度方程中的微分算子直接转化为差分形式，从而得到一组差分方程组，联立求解后就可得到各节点上相应的场值。

3.1.1　Yee 的差分算法和 FDFD 差分格式

考虑空间一个无源区域，媒质线性且各向同性，频域麦克斯韦旋度方程可写成

$$\nabla\times\boldsymbol{E}=-\mathrm{j}\omega\mu\boldsymbol{H}-\rho\boldsymbol{H} \tag{3.1}$$

$$\nabla\times\boldsymbol{H}=\mathrm{j}\omega\varepsilon\boldsymbol{E}+\sigma\boldsymbol{E} \tag{3.2}$$

式中，$\boldsymbol{E}$ 是电场强度；$\boldsymbol{H}$ 是磁场强度；ε 是介电常数；μ 是磁导率；σ 是电导率；ρ 是磁阻率；j 为虚部单位。直角坐标系中，式(3.1)和式(3.2)写成的分量式为

$$-\mathrm{j}\omega\mu H_x=\frac{\partial E_z}{\partial y}-\frac{\partial E_y}{\partial z}+\rho H_x \tag{3.3}$$

$$-\mathrm{j}\omega\mu H_y=\frac{\partial E_x}{\partial z}-\frac{\partial E_z}{\partial x}+\rho H_y \tag{3.4}$$

$$-\mathrm{j}\omega\mu H_z=\frac{\partial E_y}{\partial x}-\frac{\partial E_x}{\partial y}+\rho H_z \tag{3.5}$$

$$\mathrm{j}\omega\varepsilon E_x=\frac{\partial H_z}{\partial y}-\frac{\partial H_y}{\partial z}-\sigma E_x \tag{3.6}$$

$$\mathrm{j}\omega\varepsilon E_y=\frac{\partial H_x}{\partial z}-\frac{\partial H_z}{\partial x}-\sigma E_y \tag{3.7}$$

$$\mathrm{j}\omega\varepsilon E_z=\frac{\partial H_y}{\partial x}-\frac{\partial H_x}{\partial y}-\sigma E_z \tag{3.8}$$

这里引入 Yee 的差分算法[1]，在空间建立矩形差分网格，网格节点与一组相应的整数标号一一对应

$$(i,j,k)=(i\Delta x, j\Delta y, k\Delta z)$$

而该点的任一函数 $F(x,y,z)$的值可以表示为

$$F(i,j,k)=F(i\Delta x, j\Delta y, k\Delta z)$$

式中，Δx，Δy，Δz 为矩形网格分别沿 x，y，z 方向的空间步长。Yee 网格采用了中心差分来代替对空间坐标的微分，具有二阶精度

$$\frac{\partial F(i,j,k)}{\partial x}=\frac{F\left(i+\frac{1}{2},j,k\right)-F\left(i-\frac{1}{2},j,k\right)}{\Delta x}+O\left((\Delta x)^2\right) \tag{3.9}$$

为了获得式(3.9)的精度，并满足式(3.3)～式(3.8)，可以将空间任一矩形网格上的 $\boldsymbol{E}$ 和 $\boldsymbol{H}$ 的六个场分量如图 3-1 所示放置，每个磁场分量由四个电场分量环绕着；反过来，每个电场分量也由四个磁场分量所环绕。按照这些原则，可将式(3.3)～式(3.8)化为差分方程如下

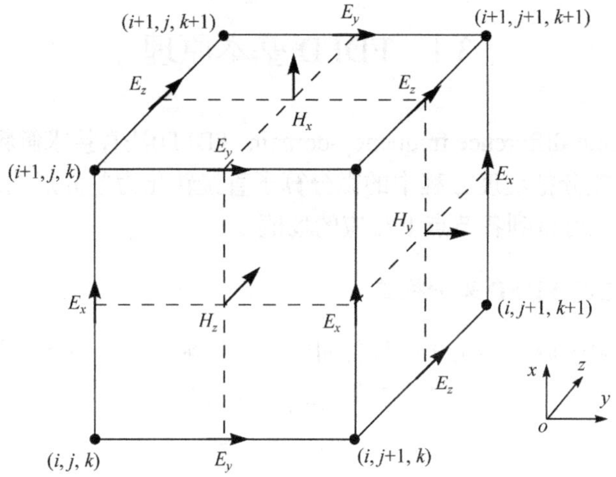

图 3-1　Yee 的差分网格

$$\begin{aligned}&\left[-\mathrm{j}\omega\mu\left(i,j+\frac{1}{2},k+\frac{1}{2}\right)-\rho\left(i,j+\frac{1}{2},k+\frac{1}{2}\right)\right]H_x\left(i,j+\frac{1}{2},k+\frac{1}{2}\right)\\&=\frac{E_z\left(i,j+1,k+\frac{1}{2}\right)-E_z\left(i,j,k+\frac{1}{2}\right)}{\Delta y}-\frac{E_y\left(i,j+\frac{1}{2},k+1\right)-E_y\left(i,j+\frac{1}{2},k\right)}{\Delta z}\end{aligned} \tag{3.10}$$

$$\begin{aligned}&\left[-\mathrm{j}\omega\mu\left(i+\frac{1}{2},j,k+\frac{1}{2}\right)-\rho\left(i+\frac{1}{2},j,k+\frac{1}{2}\right)\right]H_y\left(i+\frac{1}{2},j,k+\frac{1}{2}\right)\\&=\frac{E_x\left(i+\frac{1}{2},j,k+1\right)-E_x\left(i+\frac{1}{2},j,k\right)}{\Delta z}-\frac{E_z\left(i+1,j,k+\frac{1}{2}\right)-E_z\left(i,j,k+\frac{1}{2}\right)}{\Delta x}\end{aligned} \tag{3.11}$$

$$\begin{aligned}&\left[-\mathrm{j}\omega\mu\left(i+\frac{1}{2},j+\frac{1}{2},k\right)-\rho\left(i+\frac{1}{2},j+\frac{1}{2},k\right)\right]H_z\left(i+\frac{1}{2},j+\frac{1}{2},k\right)\\&=\frac{E_y\left(i+1,j+\frac{1}{2},k\right)-E_y\left(i,j+\frac{1}{2},k\right)}{\Delta x}-\frac{E_x\left(i+\frac{1}{2},j+1,k\right)-E_x\left(i+\frac{1}{2},j,k\right)}{\Delta y}\end{aligned} \tag{3.12}$$

$$\begin{aligned}&\left[\mathrm{j}\omega\varepsilon\left(i+\frac{1}{2},j,k\right)+\sigma\left(i+\frac{1}{2},j,k\right)\right]E_x\left(i+\frac{1}{2},j,k\right)\\&=\frac{H_z\left(i+\frac{1}{2},j+\frac{1}{2},k\right)-H_z\left(i+\frac{1}{2},j-\frac{1}{2},k\right)}{\Delta y}-\frac{H_y\left(i+\frac{1}{2},j,k+\frac{1}{2}\right)-H_y\left(i+\frac{1}{2},j,k-\frac{1}{2}\right)}{\Delta z}\end{aligned} \tag{3.13}$$

$$\left[\mathrm{j}\omega\varepsilon\left(i,j+\frac{1}{2},k\right)+\sigma\left(i,j+\frac{1}{2},k\right)\right]E_y\left(i,j+\frac{1}{2},k\right)$$
$$=\frac{H_x\left(i,j+\frac{1}{2},k+\frac{1}{2}\right)-H_x\left(i,j+\frac{1}{2},k-\frac{1}{2}\right)}{\Delta z}-\frac{H_z\left(i+\frac{1}{2},j+\frac{1}{2},k\right)-H_z\left(i-\frac{1}{2},j+\frac{1}{2},k\right)}{\Delta x}\tag{3.14}$$

$$\left[\mathrm{j}\omega\varepsilon\left(i,j,k+\frac{1}{2}\right)+\sigma\left(i,j,k+\frac{1}{2}\right)\right]E_z\left(i,j,k+\frac{1}{2}\right)$$
$$=\frac{H_y\left(i+\frac{1}{2},j,k+\frac{1}{2}\right)-H_y\left(i-\frac{1}{2},j,k+\frac{1}{2}\right)}{\Delta x}-\frac{H_x\left(i,j+\frac{1}{2},k+\frac{1}{2}\right)-H_x\left(i,j-\frac{1}{2},k+\frac{1}{2}\right)}{\Delta y}\tag{3.15}$$

可以看出，式(3.10)～式(3.15)组成的差分方程的系数矩阵是一个大型的稀疏矩阵，可以通过数值方法进行求解。

3.1.2　介质交界面上的差分方程

对于待求解的电磁结构经常会涉及不同介质的交界面，严格地讲，麦克斯韦方程组的微分形式不适用于介质交界面，下面从其积分形式导出相应的差分格式，并利用介质交界面上切向电场和法向磁场的连续性条件。

如图 3-2 所示，考虑落在交界面的电场分量 E_z，假设介质无耗，对式(3.2)两边在跨分界面的面元 A 上作面积分，得

$$\int_A \nabla\times\boldsymbol{H}\cdot\mathrm{d}\boldsymbol{S}=\mathrm{j}\omega\int_A \varepsilon\boldsymbol{E}\cdot\mathrm{d}\boldsymbol{S}\tag{3.16}$$

利用斯托克斯(Stokes)定理，可得

$$\oint_C \boldsymbol{H}\cdot\mathrm{d}\boldsymbol{l}=\mathrm{j}\omega\int_A \varepsilon\boldsymbol{E}\cdot\mathrm{d}\boldsymbol{S}\tag{3.17}$$

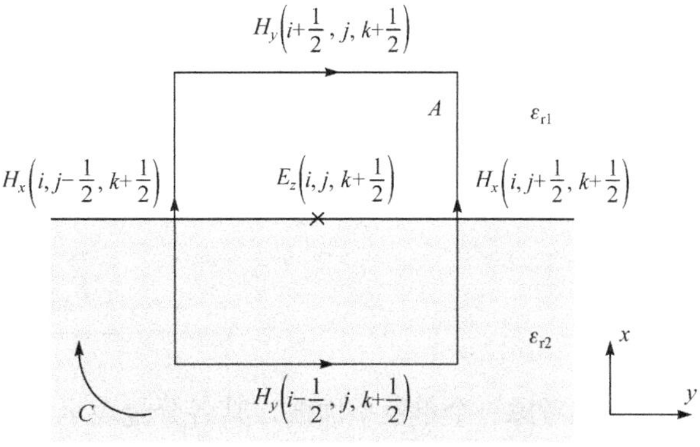

图 3-2　介质分界面的差分网格

由于此时两种媒质的介电常数不同，所以面积分

$$\int_A \varepsilon\boldsymbol{E}\cdot\mathrm{d}\boldsymbol{S}\approx\varepsilon_0\varepsilon_{r1}E_z\left(i,j,k+\frac{1}{2}\right)\frac{\Delta x}{2}\Delta y+\varepsilon_0\varepsilon_{r2}E_z\left(i,j,k+\frac{1}{2}\right)\frac{\Delta x}{2}\Delta y\tag{3.18}$$

而环路积分

$$\oint_C \boldsymbol{H}\cdot\mathrm{d}\boldsymbol{l}\approx H_x\left(i,j-\frac{1}{2},k+\frac{1}{2}\right)\Delta x+H_y\left(i+\frac{1}{2},j,k+\frac{1}{2}\right)\Delta y$$
$$-H_x\left(i,j+\frac{1}{2},k+\frac{1}{2}\right)\Delta x-H_y\left(i-\frac{1}{2},j,k+\frac{1}{2}\right)\Delta y\tag{3.19}$$

由式(3.18)和式(3.19)可得介质分界面上的差分方程

$$
\begin{aligned}
&\mathrm{j}\omega\varepsilon_0\left(\frac{\varepsilon_{\mathrm{r}1}+\varepsilon_{\mathrm{r}2}}{2}\right)E_z\left(i,j,k+\frac{1}{2}\right)\Delta x\Delta y=H_x\left(i,j-\frac{1}{2},k+\frac{1}{2}\right)\Delta x\\
&\quad+H_y\left(i+\frac{1}{2},j,k+\frac{1}{2}\right)\Delta y-H_x\left(i,j+\frac{1}{2},k+\frac{1}{2}\right)\Delta x-H_y\left(i-\frac{1}{2},j,k+\frac{1}{2}\right)\Delta y
\end{aligned}
\tag{3.20}
$$

相似地，可以得到介质交界面上其他切向分量的差分格式。

3.1.3 数值色散

用差分方法对麦克斯韦方程进行数值计算时，将会在计算网格中引起所模拟波模的色散，即在频域有限差分网格中，数值波模的传播速度将随频率改变，这种改变由非物理因素引起，随数值波模在网格中的传播方向以及离散化情况不同而改变。这种色散将导致人为的各向异性、数值低通滤波效应及虚假的折射现象。因此，数值色散是频域有限差分法中必须考虑的一个因素，下面将导出数值色散方程。

为简单起见，仅考虑无耗、均匀媒质空间，E_z 和 H_z 的 FDFD 方程简化为

$$
\begin{aligned}
\mathrm{j}\omega\varepsilon E_z\left(i,j,k+\frac{1}{2}\right)=&\frac{H_y\left(i+\frac{1}{2},j,k+\frac{1}{2}\right)-H_y\left(i-\frac{1}{2},j,k+\frac{1}{2}\right)}{\Delta x}\\
&-\frac{H_x\left(i,j+\frac{1}{2},k+\frac{1}{2}\right)-H_x\left(i,j-\frac{1}{2},k+\frac{1}{2}\right)}{\Delta y}
\end{aligned}
\tag{3.21}
$$

$$
\begin{aligned}
\mathrm{j}\omega\mu H_z\left(i+\frac{1}{2},j+\frac{1}{2},k\right)=&\frac{E_x\left(i+\frac{1}{2},j+1,k\right)-E_x\left(i+\frac{1}{2},j,k\right)}{\Delta y}\\
&-\frac{E_y\left(i+1,j+\frac{1}{2},k\right)-E_y\left(i,j+\frac{1}{2},k\right)}{\Delta x}
\end{aligned}
\tag{3.22}
$$

现在考虑一个单色平面波，其各分量表示为

$$
V(i,j,k)=V\,\mathrm{e}^{\mathrm{j}\left(ik_x\Delta x+jk_y\Delta y+kk_z\Delta z\right)}
\tag{3.23}
$$

式中，k_x、k_y 和 k_z 分别为波矢量沿 x、y 和 z 方向的分量，将它代入式(3.21)和式(3.22)，得

$$
\omega\varepsilon E_z=H_y\frac{\sin\frac{k_x\Delta x}{2}}{\frac{\Delta x}{2}}-H_x\frac{\sin\frac{k_y\Delta y}{2}}{\frac{\Delta y}{2}}
\tag{3.24}
$$

$$
\omega\mu H_z=E_x\frac{\sin\frac{k_y\Delta y}{2}}{\frac{\Delta y}{2}}-E_y\frac{\sin\frac{k_x\Delta x}{2}}{\frac{\Delta x}{2}}
\tag{3.25}
$$

对其余四个场分量可得到类似关系。这些关系式构成一个齐次线性方程组

$$[B]\begin{bmatrix} E_x \\ E_y \\ E_z \\ H_x \\ H_y \\ H_z \end{bmatrix}=0 \tag{3.26}$$

由该齐次方程组有非零解的条件

$$\det\left[\boldsymbol{B}\left(k_x,k_y,k_z,\Delta x,\Delta y,\Delta z,\omega,\varepsilon,\mu\right)\right]=0 \tag{3.27}$$

可解得

$$\omega^2\varepsilon\mu=\left(\frac{\sin\dfrac{k_x\Delta x}{2}}{\dfrac{\Delta x}{2}}\right)^2+\left(\frac{\sin\dfrac{k_y\Delta y}{2}}{\dfrac{\Delta y}{2}}\right)^2+\left(\frac{\sin\dfrac{k_z\Delta z}{2}}{\dfrac{\Delta z}{2}}\right)^2 \tag{3.28}$$

式(3.28)是三维 FDFD 的数值色散关系式。与数值色散关系相对应，在无耗介质中的平面波，其解析色散关系式为

$$\omega^2\varepsilon\mu=k_x^2+k_y^2+k_z^2 \tag{3.29}$$

由式(3.28)可知，当Δx、Δy、Δz 均趋于零时，它变成了式(3.29)，这说明数值色散可以减小到任意程度，只要此时空间步长足够小，但这将大大增加所需的计算机存储空间。因此，应采用适当的空间步长。有限步长对数值色散的影响是不可避免的。

习题 3-1　推导得出式(3.28)。

为定量说明数值色散对 FDFD 网格的依赖关系，我们以二维传播问题为例进行数值计算，假定电磁波沿 z 方向无变化，$\Delta x=\Delta y=\delta$，波的传播方向与 x 轴的夹角为 α，于是有 $k_x=k\cos\alpha$，$k_y=k\sin\alpha$，其中 k 为波矢量的模。在此情况下，数值色散关系为

$$\pi^2\left(\frac{\delta}{\lambda_0}\right)^2=\left(\sin\frac{k\lambda_0\dfrac{\delta}{\lambda_0}\cos\alpha}{2}\right)^2+\left(\sin\frac{k\lambda_0\dfrac{\delta}{\lambda_0}\sin\alpha}{2}\right)^2 \tag{3.30}$$

利用牛顿法迭代程序，给定 α 和 δ，可由式(3.30)求得 $k\lambda_0$，进而求得相应的相速度 $v_{\mathrm{p}}=\omega/k$ 。例如，取 $\alpha=45°$和 $\delta=\lambda_0/5$ ，由式(3.30)可得 $\left(\dfrac{\pi}{5}\right)^2=\left(\sin\dfrac{k\lambda_0}{10\sqrt{2}}\right)^2+\left(\sin\dfrac{k\lambda_0}{10\sqrt{2}}\right)^2$ 。用牛顿法迭代程序由此方程可解得$(k\lambda_0)$，并由下述关系求得 v_{p}/c 为

$$\frac{v_{\mathrm{p}}}{c}=\frac{v_{\mathrm{p}}}{\lambda_0 f}=\frac{2\pi v_{\mathrm{p}}}{\lambda_0\omega}=\frac{2\pi}{\lambda_0 k}=0.9650 \tag{3.31}$$

图3-3给出了三种网格分辨率情况下归一化相速度与FDFD网格中波的传播方向的关系曲线。由图 3-3 可见，对不同的分辨率，最大相速度均在 $\alpha=45°$时出现，而 $\alpha=0°$和 90°时相速

最小，这表明此算法存在明显的各向异性，但这种现象随着分辨率的提高而迅速改善。例如，当 $\delta = \lambda_0/10$ 时，相速度的最大误差为 1.64%；而当 $\delta = \lambda_0/20$ 时仅为 0.41%，即网格步长减小到原来的一半时，误差均为原来的 $\frac{1}{4}$ 。

图 3-4 给出了入射角为 45°和 0°(90°)时相速随网格分辨率的变化情况。可以看出，记 $\delta=\zeta\lambda_0$，则对于每一入射角度 α 系数 ζ 有一上限取值 ζ_{max}。因此，由 $\zeta=\delta/\lambda_0$ 可知，若 λ_0 固定，δ 不能任意大，随着分辨率 δ 变粗数值相速变小，最后，在达到某一临界值后，相速急剧下降趋于零，即不能再在 FDFD 网格中传播了。反过来，若 δ 固定，λ_0 不能任意小(即 f 不能任意大)，这一结果说明 Yee 的差分格式隐含有一种数值低通滤波特性，能传输的数值波模的波长根据传播方向的不同具有一个 2～3 倍空间步长的下限。因此，FDFD 网格会导致高频单色波传播速度比低频单色波慢，而频率高于上限频率(对应于下限波长)的单色波更是无法传播。从图 3-3 和图 3-4 可见，只要适当选取网格步长，使对应单色波的波长至少为 10 倍网格步长，可将色散误差控制在一个可接受的范围内。

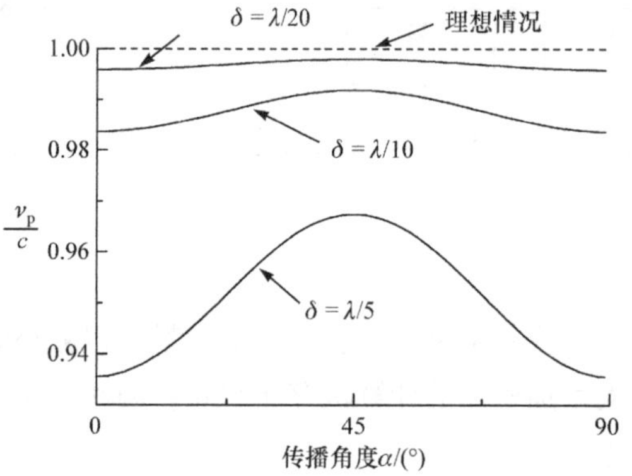

图 3-3　FDFD 数值色散随传播方向的变化情况

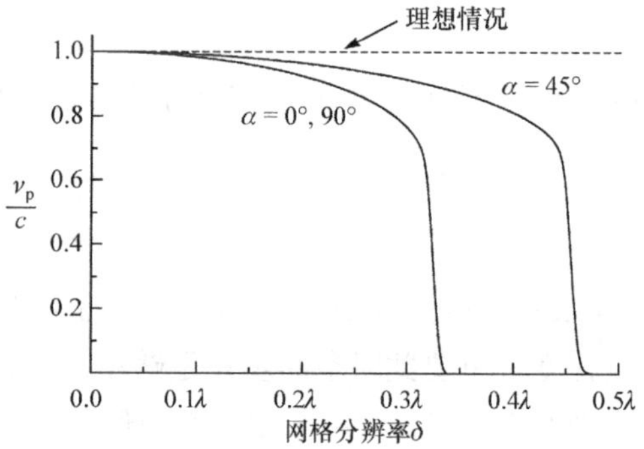

图 3-4　数值色散随网格分辨率的变化情况

除了数值相速各向异性和低通滤波特性，如果网格尺寸是空间位置的函数，数值色散还会导致传播模式的伪折射。这种变步长网格将使数值传播模式的网格分辨率发生变化，因而影响模式相速分布，这将导致非物理因素所致的数值波模在不同网格尺寸分界面处的反射和折射(尽管有时这些分界面位于同一种媒质之中)，就像真实的波在具有不同媒质参数的分界面被反射和折射一样，这种非物理折射的程度取决于模式相速分布变化的幅度和突变强度，也可以用媒质分界面波折射的常规理论进行定量分析。

3.2　吸收边界条件

当采用 FDFD 方法分析电磁场的辐射、散射等开放空间中的问题时，由于计算机资源的有限性，只能模拟有限空间。也就是说，FDFD 网格将在某处被截断。这就要求在网格截断处不引起波的明显反射，因而对向外传播的波而言就像在无限大空间传播一样。一种行之有效的方法是在截断处设置一种吸收边界条件(absorbing boundary condition, ABC)，使传输到截断处的波被边界吸收而不产生反射，这就起到了模拟无限空间的目的。当然，要达到完全无反射是不可能的，但已提出的一些吸收边界条件可达到相当满意的结果。

3.2.1　频域单向波方程和 Mur 吸收边界条件

如果一个偏微分方程允许波沿一定的方向传播，则称它为单向波方程。当我们将单向波方程用于 FDFD 网格的外边界时，它可以数值地吸收外向散射或辐射波。单向波方程可以通过波动方程的偏微分算子分解因式得到，以二维直角坐标系的情形为例

$$\frac{\partial^2 U}{\partial x^2}+\frac{\partial^2 U}{\partial y^2}+k_0^2 U=0 \tag{3.32}$$

式中，U 是一标量场分量，$k_0=\omega/c$ 为自由空间的波数。定义偏微分算子 $L\equiv D_x^2+D_y^2+k_0^2$，于是波动方程(3.32)可写成

$$LU=0 \tag{3.33}$$

可通过因式分解写成如下形式

$$LU=L^+L^-U=0 \tag{3.34}$$

式中

$$L^-\equiv D_x-\mathrm{j}s \tag{3.35}$$

$$L^+\equiv D_x+\mathrm{j}s \tag{3.36}$$

$$s\equiv\sqrt{D_y^2+k_0^2} \tag{3.37}$$

需要指出的是，方程 $L^-U\equiv(D_x-\mathrm{j}s)U=0$ 和 $L^+U\equiv(D_x+\mathrm{j}s)U=0$ 的解分别为 $U=\exp(\mathrm{j}sx)$ 和 $U=\exp(-\mathrm{j}sx)$，前者对应沿$-x$ 方向传播的波，而后者对应沿$+x$ 方向传播的波。

Engquist 和 Majda 曾经证明[2]，在网格边界，例如，$x=0$ 处，将 L^- 算子作用于波函数将完全吸收以任意角度 θ 入射向边界的平面波，即将 $L^-U=0$ 用于图 3-5 中的边界 $x=0$，可构成一个准确的解析吸收边界条件，它将吸收来自 Ω 内的波动。相似地，算子 L^+ 作用于波函数，将构成 $x=h$ 处的准确解析吸收边界条件。

考虑泰勒级数展开式(3.35)中的根式

$$\sqrt{D_y^2+k_0^2}=k_0\left(1+\frac{D_y^2}{2k_0^2}-\frac{D_y^4}{8k_0^4}+\cdots\right) \tag{3.38}$$

取一阶近似，即

$$\sqrt{D_y^2+k_0^2}\cong k_0 \tag{3.39}$$

意味着外向波的 y 向偏导数此处忽略不计。换句话说，外向波以非常接近于$-x$ 的方向朝 x=0 网格边界传播(近轴近似)。将式(3.39)代入式(3.35)，得

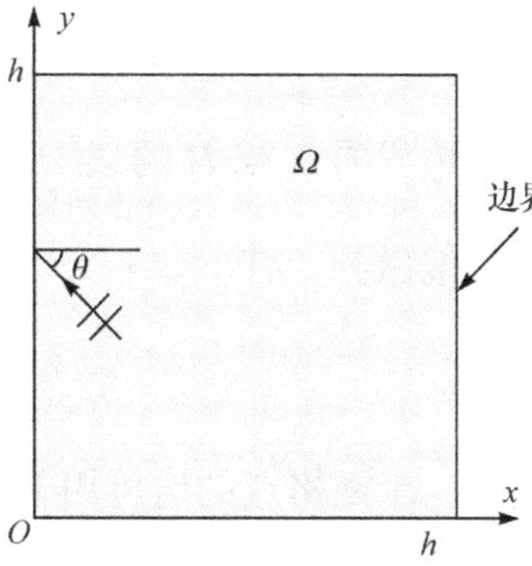

图 3-5　二维吸收边界条件

$$L^-\cong D_x-\mathrm{j}k_0 \tag{3.40}$$

将式(3.40)代入 $L^-U=0$，得网格边界 $x=0$ 处一阶近似解析吸收边界条件

$$\frac{\partial U}{\partial x} - \mathrm{j}k_0 U = 0 \tag{3.41}$$

式中，U 代表位于网格边界的 $\boldsymbol{E}$ 或 $\boldsymbol{H}$ 的各个切向分量。

取二阶近似，即

$$\sqrt{D_y^2 + k_0^2} \cong k_0 + \frac{D_y^2}{2k_0} \tag{3.42}$$

显然，在相同精度要求下，这一近似与一阶近似相比，部分考虑了外向波的 y 向偏导数。或者说，它允许向网格边界 $x=0$ 传播的波同$-x$ 的夹角稍大一些。将式(3.42)代入式(3.35)，得

$$L^- \cong D_x - \mathrm{j}\left(k_0 + \frac{D_y^2}{2k_0}\right) \tag{3.43}$$

将式(3.43)代入 $L^- U = 0$，得网格边界 x=0 处二阶近似解析吸收边界条件

$$\frac{\partial U}{\partial x} - \mathrm{j}\left(k_0 + \frac{1}{2k_0}\frac{\partial^2}{\partial y^2}\right)U = 0 \tag{3.44}$$

对于以较小的入射角 θ 传向网格边界 $x=0$ 的数值平面波模，式(3.44)代表一种近于无反射的网格截断。相似地，对图 3-5 中的其他网格边界，可导出相应的二阶近似解析吸收边界条件如下

$$\frac{\partial U}{\partial x} + \mathrm{j}\left(k_0 + \frac{1}{2k_0}\frac{\partial^2}{\partial y^2}\right)U = 0, \quad x=h\ 边界 \tag{3.45}$$

$$\frac{\partial U}{\partial y} - \mathrm{j}\left(k_0 + \frac{1}{2k_0}\frac{\partial^2}{\partial x^2}\right)U = 0, \quad y=0\ 边界 \tag{3.46}$$

$$\frac{\partial U}{\partial y} + \mathrm{j}\left(k_0 + \frac{1}{2k_0}\frac{\partial^2}{\partial x^2}\right)U = 0, \quad y=h\ 边界 \tag{3.47}$$

同理，对于三维情况的吸收边界条件，可按照与上述过程相似的过程推导，这里就不再给出。

对于上述一阶、二阶近似解析吸收边界条件，Mur 引入了一种简单有效的差分数值算法[3]。我们先以一阶情形、$x=0$ 边界为例来说明 Mur 的算法，如图 3-6 所示。令 $U(0,j)$代表位于 $x=0$ 网格边界的 $\boldsymbol{E}$ 或 $\boldsymbol{H}$ 的某一切向直角坐标分量。在辅助网格点$\left(\frac{1}{2}, j\right)$用中点差分来代替式(3.41)中的偏微分，有

$$\frac{U(1,j) - U(0,j)}{\Delta x} - \mathrm{j}k_0 U\left(\frac{1}{2}, j\right) = 0 \tag{3.48}$$

这里，半网格点的值可用下列二阶精度的平均公式计算

$$U\left(\frac{1}{2}, j\right) = \frac{U(0,j) + U(1,j)}{2} \tag{3.49}$$

将式(3.49)代入式(3.48)，得 Mur 一阶吸收边界条件

$$\left(1 + \frac{\mathrm{j}k_0\Delta x}{2}\right)U(0,j) - \left(1 - \frac{\mathrm{j}k_0\Delta x}{2}\right)U(1,j) = 0 \tag{3.50}$$

以二维网格 $x=0$ 边界为例来说明 Mur 的二阶吸收边界条件的推导。如图 3-7 所示，令 $U(0,j)$代表位于 $x=0$ 网格边界的 $\boldsymbol{E}$ 或 $\boldsymbol{H}$ 的某一切向直角坐标分量。式(3.44)在距离网格边界半个步长的辅助网格点$\left(\dfrac{1}{2},j\right)$离散为

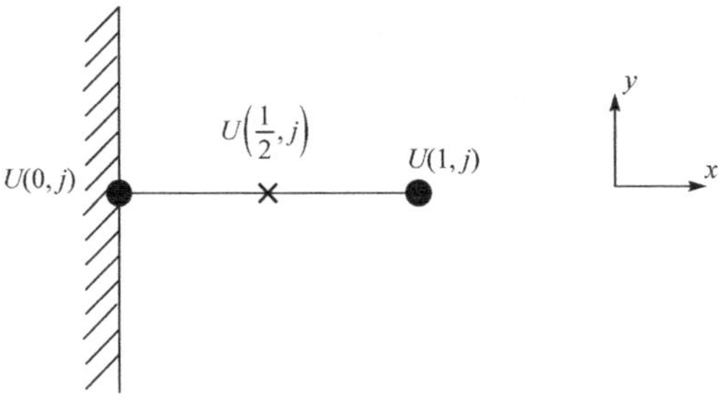

图 3-6　$x=0$ 边界的一阶 Mur 吸收边界

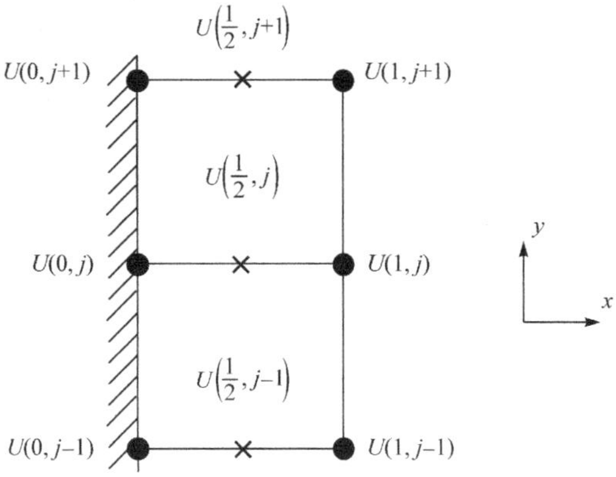

图 3-7　$x=0$ 边界的二阶 Mur 吸收边界

$$\mathrm{j}k_0\frac{U(1,j)-U(0,j)}{\Delta x}+k_0^2U\left(\frac{1}{2},j\right)+\frac{1}{2(\Delta y)^2}\left[U\left(\frac{1}{2},j-1\right)-2U\left(\frac{1}{2},j\right)+U\left(\frac{1}{2},j+1\right)\right]=0 \tag{3.51}$$

半网格点的值再用二阶精度的平均公式计算，得到

$$\begin{aligned}&\mathrm{j}k_0\frac{U(1,j)-U(0,j)}{\Delta x}+k_0^2\frac{U(1,j)+U(0,j)}{2}+\frac{1}{4(\Delta y)^2}\\&\times\left[U(1,j+1)+U(0,j+1)-2U(1,j)-2U(0,j)+U(1,j-1)+U(0,j-1)\right]=0\end{aligned} \tag{3.52}$$

整理得到 Mur 二阶吸收边界条件

$$\begin{aligned}&U(0,j-1)+\left[4(\Delta y)^2\left(-\frac{\mathrm{j}k_0}{\Delta x}+\frac{k_0^2}{2}\right)-2\right]U(0,j)+U(0,j+1)\\&+U(1,j-1)+\left[4(\Delta y)^2\left(\frac{\mathrm{j}k_0}{\Delta x}+\frac{k_0^2}{2}\right)-2\right]U(1,j)+U(1,j+1)=0\end{aligned} \tag{3.53}$$

同理，对于三维情况的二阶吸收边界条件，可按照与上述过程相似的过程推导，这里就不再给出。

3.2.2　边界积分方程截断边界

边界积分方程(boundary integral equation，BIE)可以作为一种全局的吸收边界条件，应用在 FDFD 方法中[4,5]。它有如下优点：首先，它允许吸收边界条件可以紧贴着散射表面，因此减小了计算区域，相应减少了 Yee 网格的数目；其次，对于具有多个散射体的问题，散射体可以分别被包含在相应的由边界积分方程所截断的子区域中，这些子区域可以独立地分别划分 Yee 网格，并且还可避免各个子区域之间大量的 Yee 网格；另外，入射场可以通过边界积分方程直接被耦合进来，从而无须采用总场/散射场边界。

对一个如图 3-8 所示的二维问题，存在两个区域Ω_1和Ω_2，两个边界Γ和Γ_0。设Ω_1和Ω_2

均为均匀媒质区域，描述其特性的参数分别为 ε_1，μ_1 和 ε_2，μ_2，φ_1 和 φ_2 分别表示 Ω_1 和 Ω_2 中的总场(TE 模的 H_z^{t} 或 TM 模的 E_z^{t})。

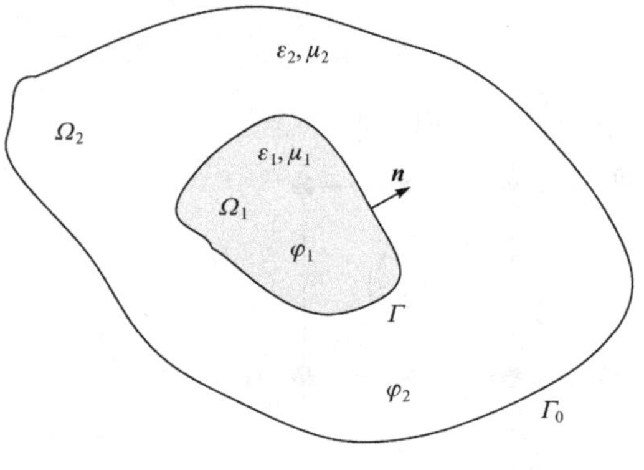

图 3-8 二维标量场问题

Ω_2 中的场 φ_2 满足二维标量 Helmholtz 方程

$$\left(\nabla^2 + k_2^2\right)\varphi_2(\boldsymbol{\rho}) = 0, \quad \boldsymbol{\rho} \in \Omega_2 \tag{3.54}$$

为了由微分方程导出相应的积分方程，这里定义区域 Ω_2 中的格林函数 G 满足下列方程

$$\left(\nabla^2 + k_2^2\right)G\left(\boldsymbol{\rho}, \boldsymbol{\rho}'\right) = -\delta\left(\boldsymbol{\rho} - \boldsymbol{\rho}'\right) \tag{3.55}$$

二维空间的格林函数为[6]

$$G\left(\boldsymbol{\rho}, \boldsymbol{\rho}'\right) = \frac{-\mathrm{j}}{4} H_0^{(2)}\left(k_2 \left|\boldsymbol{\rho} - \boldsymbol{\rho}'\right|\right) \tag{3.56}$$

式中，$H_0^{(2)}$ 是第二类零阶汉克尔函数。

由式(3.54)和式(3.55)得到

$$\int_{\Omega_2}\left[G(\boldsymbol{\rho}, \boldsymbol{\rho}')\nabla^2\varphi_2(\boldsymbol{\rho}) - \varphi_2(\boldsymbol{\rho})\nabla^2 G(\boldsymbol{\rho}, \boldsymbol{\rho}')\right]\mathrm{d}S = \int_{\Omega_2}\varphi_2(\boldsymbol{\rho})\delta(\boldsymbol{\rho} - \boldsymbol{\rho}')\mathrm{d}S \tag{3.57}$$

利用标量第二格林定理

$$\int_{\Omega}\left[\phi\nabla^2\psi - \psi\nabla^2\phi\right]\mathrm{d}S = \oint_{\Gamma}\left(\phi\frac{\partial\psi}{\partial n} - \psi\frac{\partial\phi}{\partial n}\right)\mathrm{d}\Gamma$$

可由式(3.57)得到

$$-\int_{\Gamma+\Gamma_0}\left[\varphi_2(\boldsymbol{\rho})\frac{\partial G(\boldsymbol{\rho}, \boldsymbol{\rho}')}{\partial n_2} - G(\boldsymbol{\rho}, \boldsymbol{\rho}')\frac{\partial\varphi_2(\boldsymbol{\rho})}{\partial n_2}\right]\mathrm{d}\Gamma = \int_{\Omega_2}\varphi_2(\boldsymbol{\rho})\delta(\boldsymbol{\rho} - \boldsymbol{\rho}')\mathrm{d}S \tag{3.58}$$

式中，$\boldsymbol{n}_2$ 为 Ω_2 区域边界的外法向单位矢量。利用 δ 函数的性质和 G 的对称性，将 $\boldsymbol{\rho}$ 和 $\boldsymbol{\rho}'$ 对调后，得到

$$-\oint_{\Gamma_0+\Gamma}\left[\varphi_2(\boldsymbol{\rho}')\frac{\partial G(\boldsymbol{\rho}, \boldsymbol{\rho}')}{\partial n_2'} - G(\boldsymbol{\rho}, \boldsymbol{\rho}')\frac{\partial\varphi_2(\boldsymbol{\rho}')}{\partial n_2'}\right]\mathrm{d}\Gamma' = \varphi_2(\boldsymbol{\rho}) \tag{3.59}$$

当激励源在 Γ_0 外时，有

$$-\oint_{\Gamma_0}\left[\varphi_2(\boldsymbol{\rho}')\frac{\partial G(\boldsymbol{\rho}, \boldsymbol{\rho}')}{\partial n_2'} - G(\boldsymbol{\rho}, \boldsymbol{\rho}')\frac{\partial\varphi_2(\boldsymbol{\rho}')}{\partial n_2'}\right]\mathrm{d}\Gamma' = \varphi_{\mathrm{inc}}(\boldsymbol{\rho}) \tag{3.60}$$

从而得到等式如下

$$\varphi_2(\boldsymbol{\rho}) + \oint_{\Gamma}\left[G(\boldsymbol{\rho}, \boldsymbol{\rho}')\frac{\partial\varphi_2(\boldsymbol{\rho}')}{\partial n'} - \varphi_2(\boldsymbol{\rho}')\frac{\partial G(\boldsymbol{\rho}, \boldsymbol{\rho}')}{\partial n'}\right]\mathrm{d}\Gamma' = \varphi_{\mathrm{inc}}(\boldsymbol{\rho}) \tag{3.61}$$

式中，$\boldsymbol{n}'$ 为 Ω_1 区域的外法向单位矢量，如图 3-8 中所示，$\boldsymbol{n}' = -\boldsymbol{n}_2$。

现在以 TE 波为例，TM 波的情况也是一样的处理。此时有

$$H_z^{\mathrm{t}}(\boldsymbol{\rho}) + \oint_{\Gamma}\left[G(\boldsymbol{\rho}, \boldsymbol{\rho}')\frac{\partial H_z^{\mathrm{t}}(\boldsymbol{\rho}')}{\partial n'} - H_z^{\mathrm{t}}(\boldsymbol{\rho}')\frac{\partial G(\boldsymbol{\rho}, \boldsymbol{\rho}')}{\partial n'}\right]\mathrm{d}\Gamma' = H_z^{\mathrm{inc}}(\boldsymbol{\rho}) \tag{3.62}$$

令 $\boldsymbol{\rho}$ 从区域 Ω_2 趋向于边界 Γ，得到积分方程

$$H_z^{\mathrm{t}}(\boldsymbol{\rho})+\oint_{\Gamma}G(\boldsymbol{\rho},\boldsymbol{\rho}')\frac{\partial H_z^{\mathrm{t}}(\boldsymbol{\rho}')}{\partial n'}\mathrm{d}\Gamma'-\oint_{\Gamma}H_z^{\mathrm{t}}(\boldsymbol{\rho}')\frac{\partial G(\boldsymbol{\rho},\boldsymbol{\rho}')}{\partial n'}\mathrm{d}\Gamma'=H_z^{\mathrm{inc}}(\boldsymbol{\rho}),\quad \boldsymbol{\rho}\text{ 在 }\Gamma\text{ 上} \tag{3.63}$$

如图 3-9 所示，用 Yee 网格对边界 Γ 区域进行离散，并令边界 Γ 位于 Yee 网格的最外层磁场计算边界 Γ^+ 与次外层磁场计算边界 Γ^- 之间的中间。在边界 Γ 上的总磁场 H_z^{t} 及其法向导数 $\frac{\partial H_z^{\mathrm{t}}}{\partial n}$ 用矩形脉冲基函数 $U_p(\boldsymbol{\rho})$ 来展开

$$H_z^{\mathrm{t}}(\boldsymbol{\rho})=\sum_{p=1}^{P}a_pU_p(\boldsymbol{\rho}) \tag{3.64}$$

$$\frac{\partial H_z^{\mathrm{t}}(\boldsymbol{\rho})}{\partial n}=\sum_{p=1}^{P}b_pU_p(\boldsymbol{\rho}) \tag{3.65}$$

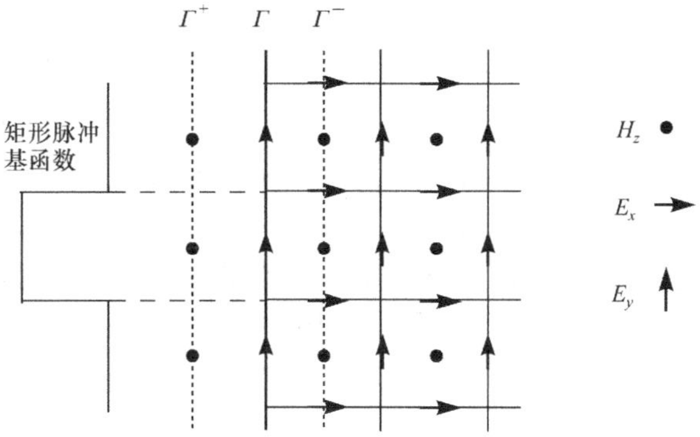

图 3-9　局部边界上的 Yee 网格离散

将式(3.64)和式(3.65)代入式(3.63)中，并对式(3.63)两边采用伽略金过程加权求内积，可以得到如下的矩阵方程

$$\begin{bmatrix}\langle U_1,L_1(U_1)\rangle & \langle U_1,L_1(U_2)\rangle & \cdots & \langle U_1,L_1(U_P)\rangle\\ \langle U_2,L_1(U_1)\rangle & \langle U_2,L_1(U_2)\rangle & \cdots & \langle U_2,L_1(U_P)\rangle\\ \vdots & \vdots & & \vdots\\ \langle U_P,L_1(U_1)\rangle & \langle U_P,L_1(U_2)\rangle & \cdots & \langle U_P,L_1(U_P)\rangle\end{bmatrix}\begin{bmatrix}a_1\\a_2\\\vdots\\a_P\end{bmatrix}$$
$$+\begin{bmatrix}\langle U_1,L_2(U_1)\rangle & \langle U_1,L_2(U_2)\rangle & \cdots & \langle U_1,L_2(U_P)\rangle\\ \langle U_2,L_2(U_1)\rangle & \langle U_2,L_2(U_2)\rangle & \cdots & \langle U_2,L_2(U_P)\rangle\\ \vdots & \vdots & & \vdots\\ \langle U_P,L_2(U_1)\rangle & \langle U_P,L_2(U_2)\rangle & \cdots & \langle U_P,L_2(U_P)\rangle\end{bmatrix}\begin{bmatrix}b_1\\b_2\\\vdots\\b_P\end{bmatrix}=\begin{bmatrix}\langle U_1,H_z^{\mathrm{inc}}\rangle\\\langle U_2,H_z^{\mathrm{inc}}\rangle\\\vdots\\\langle U_P,H_z^{\mathrm{inc}}\rangle\end{bmatrix} \tag{3.66}$$

式中，$L_1(U)=U-\oint_{\Gamma}U\frac{\partial G}{\partial n'}\mathrm{d}\Gamma'$，$L_2(U)=\oint_{\Gamma}UG\mathrm{d}\Gamma'$。

如图 3-9 所示，采用具有二阶精度的平均公式计算

$$a_i\approx\frac{H_{z,i}^{\mathrm{t}}(\Gamma^+)+H_{z,i}^{\mathrm{t}}(\Gamma^-)}{2} \tag{3.67}$$

和采用具有二阶精度的中心差分计算

$$b_i\approx\frac{H_{z,i}^{\mathrm{t}}(\Gamma^+)-H_{z,i}^{\mathrm{t}}(\Gamma^-)}{\Delta n} \tag{3.68}$$

式中，$H_{z,i}^{\mathrm{t}}(\Gamma^+)$ 和 $H_{z,i}^{\mathrm{t}}(\Gamma^-)$ 分别表示 Γ^+ 和 Γ^- 上相应网格的磁场；Δn 是法向网格步长。根据 Maxwell 磁场旋度方程 $\nabla\times\boldsymbol{H}=\mathrm{j}\omega\varepsilon\boldsymbol{E}$，式(3.68)可以进一步写为

$$b_i\approx\mathrm{j}\gamma\omega\varepsilon E_{l,i}^{\mathrm{t}}(\Gamma) \tag{3.69}$$

式中，$E_{l,i}^{\mathrm{t}}(\Gamma)$ 是边界 Γ 上的切向电场，γ 为 1 或−1，l 为"x"或"y"，取决于法向矢量 $\boldsymbol{n}$ 的方向。从式(3.67)和式(3.69)可以得到如下两个关系：$H_{z,i}^{\mathrm{t}}(\Gamma^+)$ 可以用 $H_{z,i}^{\mathrm{t}}(\Gamma^-)$ 和 a_i 来表示，

b_i 可以用 $E^{\mathrm{t}}_{l,i}(\Gamma)$ 来表示。

利用式(3.66)、式(3.67)和式(3.69)，并结合计算区域的 Yee 网格节点上的差分方程，可以得到如下矩阵方程

$$\begin{bmatrix} \boldsymbol{F} & 0 & \boldsymbol{E} \\ \boldsymbol{D} & \boldsymbol{C} & 0 \\ 0 & \boldsymbol{B} & \boldsymbol{A} \end{bmatrix} \begin{bmatrix} \boldsymbol{\varphi} \\ \boldsymbol{b} \\ \boldsymbol{a} \end{bmatrix} = \begin{bmatrix} 0 \\ 0 \\ \boldsymbol{g} \end{bmatrix} \tag{3.70}$$

式中，$\boldsymbol{\varphi}$ 是向量，其元素为 Yee 网格节点上的未知总场值；矩阵块 $\boldsymbol{F}$ 来源于式(3.67)和 Yee 网格的差分方程；矩阵块 $\boldsymbol{E}$ 来源于式(3.67)；矩阵块 $\boldsymbol{D}$ 和 $\boldsymbol{C}$ 来源于式(3.69)，其中 $\boldsymbol{C}$ 是对角矩阵；矩阵块 $\boldsymbol{B}$ 和 $\boldsymbol{A}$ 是方程(3.66)左端的两个矩阵，而向量 $\boldsymbol{g}$ 代表方程(3.66)右端的激励。方程(3.70)是采用边界积分方程作为吸收边界条件的 FDFD 法的矩阵方程。

接下来讨论方程(3.66)中的内积的数值计算。方程(3.66)中有如下三种内积需要计算

$$\left\langle U_q, L_1\left(U_p\right)\right\rangle = \oint_\Gamma U_q(\boldsymbol{\rho})\left[U_p(\boldsymbol{\rho}) - \oint_\Gamma \frac{\partial G(\boldsymbol{\rho},\boldsymbol{\rho}')}{\partial n'} U_p(\boldsymbol{\rho}')\mathrm{d}\Gamma'\right]\mathrm{d}\Gamma \tag{3.71}$$

$$\left\langle U_q, L_2\left(U_p\right)\right\rangle = \oint_\Gamma U_q(\boldsymbol{\rho})\oint_\Gamma G(\boldsymbol{\rho},\boldsymbol{\rho}')U_p(\boldsymbol{\rho}')\mathrm{d}\Gamma'\mathrm{d}\Gamma \tag{3.72}$$

$$\left\langle U_q, H_z^{\mathrm{inc}}\right\rangle = \oint_\Gamma U_q(\boldsymbol{\rho})H_z^{\mathrm{inc}}(\boldsymbol{\rho})\mathrm{d}\Gamma \tag{3.73}$$

采用中心近似的方法，对式(3.71)～式(3.73)的右边作如下近似

$$\left\langle U_q, L_1\left(U_p\right)\right\rangle \approx \Delta\Gamma_q \cdot \delta_{qp} - \Delta\Gamma_q \int_{\Gamma_p} \frac{\partial G(\boldsymbol{\rho}_q^{\mathrm{c}},\boldsymbol{\rho}')}{\partial n'}\mathrm{d}\Gamma' \tag{3.74}$$

$$\left\langle U_q, L_2\left(U_p\right)\right\rangle \approx \Delta\Gamma_q \int_{\Delta\Gamma_p} G(\boldsymbol{\rho}_q^{\mathrm{c}},\boldsymbol{\rho}')\mathrm{d}\Gamma' \tag{3.75}$$

$$\left\langle U_q, H_z^{\mathrm{inc}}\right\rangle \approx \Delta\Gamma_q H_z^{\mathrm{inc}}(\boldsymbol{\rho}_q^{\mathrm{c}}) \tag{3.76}$$

式中，$\boldsymbol{\rho}_q^{\mathrm{c}}$ 表示第 q 个矩形脉冲函数的支撑区 Γ_q 的中心；$\Delta\Gamma_q$ 是 Γ_q 的长度；δ_{qp} 是狄拉克 Delta 函数。式(3.76)可直接用于数值计算，而式(3.74)和式(3.75)还需要进一步的化简。

对于式(3.74)的积分项进行化简

$$\int_{\Gamma_p} \frac{\partial G(\boldsymbol{\rho}_q^{\mathrm{c}},\boldsymbol{\rho}')}{\partial n'}\mathrm{d}\Gamma' = -\frac{\mathrm{j}}{4}\int_{\Gamma_p} \frac{\partial H_0^{(2)}(k\left|\boldsymbol{\rho}_q^{\mathrm{c}} - \boldsymbol{\rho}'\right|)}{\partial n'}\mathrm{d}\Gamma' = -\frac{\mathrm{j}}{4}\int_{\Gamma_p} \boldsymbol{n}'\cdot\nabla' H_0^{(2)}(k\left|\boldsymbol{\rho}' - \boldsymbol{\rho}_q^{\mathrm{c}}\right|)\mathrm{d}\Gamma' \tag{3.77}$$

式中，矢量 $\boldsymbol{n}'$ 为垂直于边界 Γ 的外向单位矢量。根据圆柱坐标系下的梯度公式 $\nabla\Phi = \boldsymbol{e}_\rho \dfrac{\partial \Phi}{\partial \rho} + \boldsymbol{e}_\phi \dfrac{1}{\rho}\dfrac{\partial \Phi}{\partial \phi}$，对式(3.77)进一步进行化简

$$\begin{aligned}\int_{\Gamma_p} \frac{\partial G(\boldsymbol{\rho}_q^{\mathrm{c}},\boldsymbol{\rho}')}{\partial n'}\mathrm{d}\Gamma' &= -\frac{\mathrm{j}}{4}\int_{\Gamma_p} \boldsymbol{n}'\cdot\left[\boldsymbol{e}_{\rho'-\rho_q^{\mathrm{c}}} \frac{\partial H_0^{(2)}(k\left|\boldsymbol{\rho}' - \boldsymbol{\rho}_q^{\mathrm{c}}\right|)}{\partial\left|\boldsymbol{\rho}' - \boldsymbol{\rho}_q^{\mathrm{c}}\right|}\right]\mathrm{d}\Gamma' \\ &= -\frac{\mathrm{j}k}{4}\int_{\Gamma_p} (\boldsymbol{n}'\cdot\boldsymbol{e}_{\rho'-\rho_q^{\mathrm{c}}})H_0'^{(2)}(k\left|\boldsymbol{\rho}' - \boldsymbol{\rho}_q^{\mathrm{c}}\right|)\mathrm{d}\Gamma'\end{aligned} \tag{3.78}$$

式中，$\boldsymbol{e}_{\rho'-\rho_q^{\mathrm{c}}}$ 表示由 $\boldsymbol{\rho}_q^c$ 指向 $\boldsymbol{\rho}'$ 的单位矢量，根据汉克尔函数的递推公式[7]

$$H_{m-1}^{(i)}(x)-H_{m+1}^{(i)}(x)=2\frac{\mathrm{d}}{\mathrm{d}x}H_m^{(i)}(x),\qquad i=1,2 \tag{3.79}$$

式(3.78)可写成

$$\int_{\Gamma_p}\frac{\partial G(\boldsymbol{\rho}_q^{\mathrm{c}},\boldsymbol{\rho}')}{\partial n'}\mathrm{d}\Gamma'=-\frac{\mathrm{j}k}{8}\int_{\Gamma_p}(\boldsymbol{n}'\cdot\boldsymbol{e}_{\rho'-\rho_q^{\mathrm{c}}})\left[H_{-1}^{(2)}(k\left|\boldsymbol{\rho}'-\boldsymbol{\rho}_q^{\mathrm{c}}\right|)-H_1^{(2)}(k\left|\boldsymbol{\rho}'-\boldsymbol{\rho}_q^{\mathrm{c}}\right|)\right]\mathrm{d}\Gamma' \tag{3.80}$$

当 $q\neq p$ 时，积分式(3.78)不是奇异的，所以此时式(3.73)可以直接近似为

$$\left\langle U_q,L_1\left(U_p\right)\right\rangle\approx-\frac{\mathrm{j}k\Delta\Gamma_q\Delta\Gamma_p}{8}(\boldsymbol{n}_p'\cdot\boldsymbol{e}_{\rho_p^{\mathrm{c}}-\rho_q^{\mathrm{c}}})\left[H_{-1}^{(2)}(k\left|\boldsymbol{\rho}_p^{\mathrm{c}}-\boldsymbol{\rho}_q^{\mathrm{c}}\right|)-H_1^{(2)}(k\left|\boldsymbol{\rho}_p^{\mathrm{c}}-\boldsymbol{\rho}_q^{\mathrm{c}}\right|)\right] \tag{3.81}$$

当 $q=p$ 时，积分式(3.80)有奇异性，需要进一步处理如下

$$\begin{aligned}
&\int_{\Gamma_p}\frac{\partial G(\boldsymbol{\rho}_q^{\mathrm{c}},\boldsymbol{\rho}')}{\partial n'}\mathrm{d}\Gamma'\\
&=-\frac{\mathrm{j}k}{8}\int_{\frac{-\Delta\Gamma_q}{2}}^{\frac{\Delta\Gamma_q}{2}}(\boldsymbol{n}_p'\cdot\boldsymbol{e}_{\rho'-\rho_q^{\mathrm{c}}})\left[H_{-1}^{(2)}(k\left|\boldsymbol{\rho}'-\boldsymbol{\rho}_q^{\mathrm{c}}\right|)-H_1^{(2)}(k\left|\boldsymbol{\rho}'-\boldsymbol{\rho}_q^{\mathrm{c}}\right|)\right]\mathrm{d}\Gamma'\\
&=-\frac{\mathrm{j}k}{8}\lim_{r\to0}\left[\begin{aligned}&\int_{\frac{-\Delta\Gamma_q}{2}}^{-r}(\boldsymbol{n}_p'\cdot\boldsymbol{e}_{\rho'-\rho_q^{\mathrm{c}}})\left[H_{-1}^{(2)}(k\left|\boldsymbol{\rho}'-\boldsymbol{\rho}_q^{\mathrm{c}}\right|)-H_1^{(2)}(k\left|\boldsymbol{\rho}'-\boldsymbol{\rho}_q^{\mathrm{c}}\right|)\right]\mathrm{d}\Gamma'\\&+\int_r^{\frac{\Delta\Gamma_q}{2}}(\boldsymbol{n}_p'\cdot\boldsymbol{e}_{\rho'-\rho_q^{\mathrm{c}}})\left[H_{-1}^{(2)}(k\left|\boldsymbol{\rho}'-\boldsymbol{\rho}_q^{\mathrm{c}}\right|)-H_1^{(2)}(k\left|\boldsymbol{\rho}'-\boldsymbol{\rho}_q^{\mathrm{c}}\right|)\right]\mathrm{d}\Gamma'\end{aligned}\right]\\
&\quad-\frac{\mathrm{j}k}{8}\lim_{r\to0}\int_{-r}^{r}(\boldsymbol{n}_p'\cdot\boldsymbol{e}_{\rho'-\rho_q^{\mathrm{c}}})\left[H_{-1}^{(2)}(k\left|\boldsymbol{\rho}'-\boldsymbol{\rho}_q^{\mathrm{c}}\right|)-H_1^{(2)}(k\left|\boldsymbol{\rho}'-\boldsymbol{\rho}_q^{\mathrm{c}}\right|)\right]\mathrm{d}\Gamma'
\end{aligned} \tag{3.82}$$

此时 $\boldsymbol{n}_p'\cdot\boldsymbol{e}_{\rho'-\rho_q^{\mathrm{c}}}=0$，而式(3.82)右端的第一个求极限项中不存在奇异性，因此，该极限项的值为零，所以

$$\int_{\Gamma_p}\frac{\partial G(\boldsymbol{\rho}_q^{\mathrm{c}},\boldsymbol{\rho}')}{\partial n'}\mathrm{d}\Gamma'=-\frac{\mathrm{j}k}{8}\lim_{r\to0}\int_{-r}^{r}(\boldsymbol{n}_p'\cdot\boldsymbol{e}_{\rho'-\rho_q^{\mathrm{c}}})\left[H_{-1}^{(2)}(k\left|\boldsymbol{\rho}'-\boldsymbol{\rho}_q^{\mathrm{c}}\right|)-H_1^{(2)}(k\left|\boldsymbol{\rho}'-\boldsymbol{\rho}_q^{\mathrm{c}}\right|)\right]\mathrm{d}\Gamma' \tag{3.83}$$

采用以 r 为半径，以第 p 个矩形脉冲函数的支撑域中心为圆心的半圆形积分路径来逼近上面积分中的积分路径，从而避开了奇异点。

$$\begin{aligned}
\int_{\Gamma_p}\frac{\partial G(\boldsymbol{\rho}_q^{\mathrm{c}},\boldsymbol{\rho}')}{\partial n'}\mathrm{d}\Gamma'&=\frac{\mathrm{j}k}{4}\lim_{r\to0}\int_0^{\pi}H_0'^{(2)}(kr)r\mathrm{d}\varphi\\
&=\left.\frac{\mathrm{j}kr\pi H_0'^{(2)}(kr)}{4}\right|_{r\to0}
\end{aligned} \tag{3.84}$$

$H_0^{(2)}(x)$ 的小宗量近似表达式为 $H_0^{(2)}(x)\approx1-\mathrm{j}\frac{2}{\pi}\ln\left(\frac{\gamma x}{2}\right)$[6]，其中，欧拉常数 $\gamma=1.781\cdots$。对该表达式直接求导，可得 $H_0'^{(2)}(x)\approx-\frac{2\mathrm{j}}{\pi x}$，所以

$$\int_{\Gamma_p}\frac{\partial G(\boldsymbol{\rho}_q^{\mathrm{c}},\boldsymbol{\rho}')}{\partial n'}\mathrm{d}\Gamma'=\frac{1}{2} \tag{3.85}$$

由以上结果，可得 $q=p$ 时式(3.74)右边积分的近似表达式如下

$$\left\langle U_q, L_1\left(U_q\right)\right\rangle \approx \frac{\Delta\Gamma_q}{2} \tag{3.86}$$

对于式(3.75)的处理可参考文献[6]，这里不再给出推导过程，而直接将结果与式(3.76)、式(3.81)和式(3.86)写在一起，表达如下

$$\left\langle U_q, L_1\left(U_p\right)\right\rangle \approx \begin{cases} \dfrac{\Delta\Gamma_q}{2}, & q=p \\ -\dfrac{\mathrm{j}k\Delta\Gamma_q\Delta\Gamma_p}{8}(\boldsymbol{n}'_p\cdot\boldsymbol{e}_{\boldsymbol{\rho}_p^{\mathrm{c}}-\boldsymbol{\rho}_q^{\mathrm{c}}})\left[H_{-1}^{(2)}(k\left|\boldsymbol{\rho}_p^{\mathrm{c}}-\boldsymbol{\rho}_q^{\mathrm{c}}\right|)-H_1^{(2)}(k\left|\boldsymbol{\rho}_p^{\mathrm{c}}-\boldsymbol{\rho}_q^{\mathrm{c}}\right|)\right], & q\neq p \end{cases} \tag{3.87}$$

$$\left\langle U_q, L_2\left(U_p\right)\right\rangle \approx \begin{cases} -\dfrac{\mathrm{j}\left(\Delta\Gamma_p\right)^2}{4}\left[1-\mathrm{j}\dfrac{2}{\pi}\ln\left(\dfrac{\gamma k\Delta\Gamma_p}{4e}\right)\right], & q=p \\ -\dfrac{\mathrm{j}\Delta\Gamma_q\Delta\Gamma_p H_0^{(2)}\left(k\left|\boldsymbol{\rho}_p^{\mathrm{c}}-\boldsymbol{\rho}_q^{\mathrm{c}}\right|\right)}{4}, & q\neq p \end{cases} \tag{3.88}$$

$$\left\langle U_q, H_z^{\mathrm{inc}}\right\rangle \approx \Delta\Gamma_q H_z^{\mathrm{inc}}(\boldsymbol{\rho}_q^{\mathrm{c}}) \tag{3.89}$$

3.2.3 基于解析模式匹配法的截断边界条件

模式匹配(mode matching，MM)方法是分析导波系统的主要方法，通常用来分析波导及腔体等结构比较规则的问题[8]。在不规则的波导问题中，需要将其划分为若干个矩形区域进行匹配计算。当不规则区域的不规则程度较大时，可以将 MM 方法和 FDFD 方法结合起来，在波导的连续区域和不连续区域分别采用 MM 方法和 FDFD 方法[9-11]。这样，与经典全域 FDFD 方法相比，可以减小了矩阵方程规模、提高计算效率。这里，我们在 FDFD 法所计算的导波系统的两端应用 MM 方法，作为 FDFD 仿真区域的截断边界条件。

如图 3-10 所示，对导波结构采用 FDFD 的 Yee 网格进行剖分，并在网格的节点上建立相应的 FDFD 基本差分方程，对于两端的截断边界区域，可用模式展开表示这两个区域的场分布。

图 3-10 MM 截断边界-FDFD 仿真的计算模型

对于左侧截断边界区域中的外向传播场，可以展开如下

$$\begin{cases} \boldsymbol{E}_{\mathrm{t}}^{(1)}(x,y,z) \approx \displaystyle\sum_{n=1}^{N^{(1)}} a_n^{(1)} \mathrm{e}^{\mathrm{j}k_n^{(1)}z} \boldsymbol{e}_n^{(1)}(x,y) \\ \boldsymbol{H}_{\mathrm{t}}^{(1)}(x,y,z) \approx \displaystyle\sum_{n=1}^{N^{(1)}} -a_n^{(1)} \mathrm{e}^{\mathrm{j}k_n^{(1)}z} \boldsymbol{h}_n^{(1)}(x,y) \end{cases} \tag{3.90}$$

对于右侧截断边界区域中的外向传播场，可以展开如下

$$\begin{cases}\boldsymbol{E}_{\rm t}^{(2)}(x,y,z)\approx\sum\limits_{n=1}^{N^{(2)}}a_n^{(2)}{\rm e}^{-{\rm j}k_n^{(2)}z}\boldsymbol{e}_n^{(2)}(x,y)\\ \boldsymbol{H}_{\rm t}^{(2)}(x,y,z)\approx\sum\limits_{n=1}^{N^{(2)}}a_n^{(2)}{\rm e}^{-{\rm j}k_n^{(2)}z}\boldsymbol{h}_n^{(2)}(x,y)\end{cases}\tag{3.91}$$

式中，下标 t 表示横向分量；$\boldsymbol{E}_{\rm t}$和 $\boldsymbol{H}_{\rm t}$分别表示在左侧或右侧截断边界区域中的横向电场和横向磁场；n 表示第 n 个模式；虚部单位 j 前的 ± 表示波传播的方向；$\boldsymbol{e}_n(x,y)$ 和 $\boldsymbol{h}_n(x,y)$ 分别表示左侧或右侧截断边界区域中的第 n 个模式横向电场分布和横向磁场分布；a_n 表示左侧或右侧截断边界区域中的第 n 个模式的幅度。

为简便起见，以下假定 FDFD 区域的边界处于 Yee 网格的横向磁场的计算面上，并且 FDFD 区域采用均匀网格划分，沿 z 方向共划分 K 个网格。

图 3-11 给出了左侧和右侧两个截断边界区域和 FDFD 仿真区域的交界面的示意图，其中，交界面 S_F 上的场可以由模式展开表示，而模式展开系数可以由交界面 S_M 上的横向场来提取。

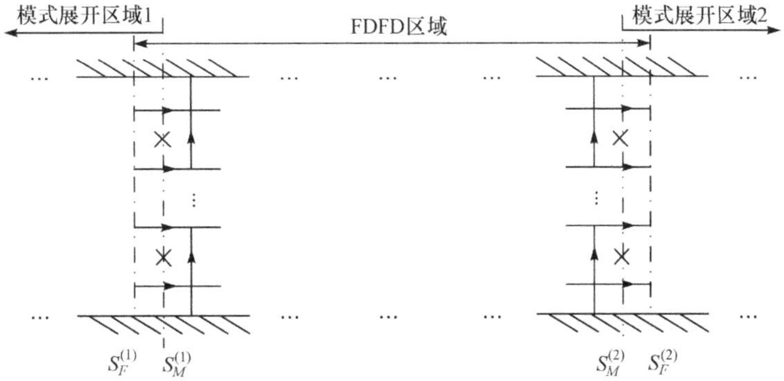

图 3-11 左侧和右侧截断边界区域和 FDFD 仿真区域的交界面

从图 3-11 可以知道，分别在面 $S_M^{(1)}$ 和面 $S_M^{(2)}$ 的节点 FDFD 差分方程中直接代入式(3.90)和式(3.91)作为所需 $S_F^{(1)}$ 面和 $S_F^{(2)}$ 面上取样点的值，就可得到两个交界面上的如下方程。

左侧交界面 $S_M^{(1)}$

$$\begin{aligned}{\rm j}\omega\varepsilon E_x\left(i+\frac{1}{2},j,1\right)=&\frac{H_z\left(i+\frac{1}{2},j+\frac{1}{2},1\right)-H_z\left(i+\frac{1}{2},j-\frac{1}{2},1\right)}{\Delta y}\\&-\frac{H_y\left(i+\frac{1}{2},j,1+\frac{1}{2}\right)}{\Delta z}-\frac{\sum\limits_{n=1}^{N^{(1)}}a_n^{(1)}{\rm e}^{{\rm j}k_n^{(1)}z_{S_F^{(1)}}}h_{n,y}^{(1)}\left(i+\frac{1}{2},j\right)}{\Delta z}\end{aligned}\tag{3.92}$$

$$\begin{aligned}{\rm j}\omega\varepsilon E_y\left(i,j+\frac{1}{2},1\right)=&\frac{H_x\left(i,j+\frac{1}{2},1+\frac{1}{2}\right)}{\Delta z}+\frac{\sum\limits_{n=1}^{N^{(1)}}a_n^{(1)}{\rm e}^{{\rm j}k_n^{(1)}z_{S_F^{(1)}}}h_{n,x}^{(1)}\left(i,j+\frac{1}{2}\right)}{\Delta z}\\&-\frac{H_z\left(i+\frac{1}{2},j+\frac{1}{2},1\right)-H_z\left(i-\frac{1}{2},j+\frac{1}{2},1\right)}{\Delta x}\end{aligned}\tag{3.93}$$

式中，$h_{n,x}^{(1)}\left(i,j+\dfrac{1}{2}\right)$和$h_{n,y}^{(1)}\left(i+\dfrac{1}{2},j\right)$分别表示模式展开区域 1 的第 n 个模式在 FDFD 区域的边界$S_F^{(1)}$上的H_x和H_y的节点$\left(i,j+\dfrac{1}{2},1-\dfrac{1}{2}\right)$和$\left(i+\dfrac{1}{2},j,1-\dfrac{1}{2}\right)$上的$x$磁场分量和$y$磁场分量的值。另外，需要指出的是 FDFD 区域边界$S_F^{(1)}$上的H_x和H_y节点不需要建立 FDFD 差分方程。

右侧交界面$S_M^{(2)}$

$$\begin{aligned}\mathrm{j}\omega\varepsilon E_x\left(i+\frac{1}{2},j,K\right)=&\frac{H_z\left(i+\frac{1}{2},j+\frac{1}{2},K\right)-H_z\left(i+\frac{1}{2},j-\frac{1}{2},K\right)}{\Delta y}\\&-\frac{\sum\limits_{n=1}^{N^{(2)}}a_n^{(2)}\mathrm{e}^{-\mathrm{j}k_n^{(2)}z_{S_F^{(2)}}}h_{n,y}^{(2)}\left(i+\frac{1}{2},j\right)-H_y\left(i+\frac{1}{2},j,K-\frac{1}{2}\right)}{\Delta z}\end{aligned}\tag{3.94}$$

$$\begin{aligned}\mathrm{j}\omega\varepsilon E_y\left(i,j+\frac{1}{2},K\right)=&\frac{\sum\limits_{n=1}^{N^{(2)}}a_n^{(2)}\mathrm{e}^{-\mathrm{j}k_n^{(2)}z_{S_F^{(2)}}}h_{n,x}^{(2)}\left(i,j+\frac{1}{2}\right)-H_x\left(i,j+\frac{1}{2},K-\frac{1}{2}\right)}{\Delta z}\\&-\frac{H_z\left(i+\frac{1}{2},j+\frac{1}{2},K\right)-H_z\left(i-\frac{1}{2},j+\frac{1}{2},K\right)}{\Delta x}\end{aligned}\tag{3.95}$$

接下来，在两个模式展开区域相应的面 S_M 上利用模式的正交性来提取模式展开区域中的模式幅度。

对于模式展开区 1，在交界面$S_M^{(1)}$上提取该模式展开区中的模式的幅度，可以得到如下方程

$$a_n^{(1)}=\left\langle \boldsymbol{e}_n^{(1)}(x,y),\boldsymbol{E}_t^{(1)}(x,y,S_M^{(1)})\right\rangle,\qquad n=1,2,\cdots,N^{(1)}\tag{3.96}$$

对于模式展开区 2，在交界面$S_M^{(2)}$上提取该模式展开区中的模式的幅度，可以得到如下方程

$$a_n^{(2)}=\left\langle \boldsymbol{e}_n^{(2)}(x,y),\boldsymbol{E}_t^{(2)}(x,y,S_M^{(2)})\right\rangle,\qquad n=1,2,\cdots,N^{(2)}\tag{3.97}$$

若将 MM 截断边界-FDFD 仿真方法中的未知数以$[\boldsymbol{x}_F,\boldsymbol{x}_M]$方式排列，其中$\boldsymbol{x}_F$是代表 FDFD 区中所有 Yee 网格节点上的未知场值，而$\boldsymbol{x}_M$表示两个模式区域中正向波和反向波的未知模式系数，由以上的分析，可得

$$\begin{bmatrix}\boldsymbol{A}_{11}&\boldsymbol{A}_{12}\\\boldsymbol{A}_{21}&\boldsymbol{A}_{22}\end{bmatrix}\begin{bmatrix}\boldsymbol{x}_F\\\boldsymbol{x}_M\end{bmatrix}=\begin{bmatrix}\boldsymbol{b}\\0\end{bmatrix}\tag{3.98}$$

式中，$\boldsymbol{A}_{11}$主要来自于 FDFD 区域中的 Yee 网格节点上的 FDFD 基本差分方程所产生的稀疏矩阵；$\boldsymbol{A}_{12}$来自于左右两侧交界面 S_M 上的 Yee 网格节点的 FDFD 方程，反映$\boldsymbol{x}_M$和$\boldsymbol{x}_F$的耦合关系；$\boldsymbol{A}_{21}$来自于 S_M 面上提取模式幅度的模式正交性关系，反映$\boldsymbol{x}_F$和$\boldsymbol{x}_M$的耦合关系；$\boldsymbol{A}_{22}$为单位对角矩阵；$\boldsymbol{b}$为激励项，这里假设激励源分布在 FDFD 仿真区。从广义上说，上述矩阵是一个 Schur 补系统。

3.3　总场/散射场体系和近远场变换

3.3.1　总场/散射场中的激励源引入

在 FDFD 法计算散射问题的应用中，通常采用的激励源引入方式是建立在总场/散射场体系上的，如图 3-12 所示，计算区域被划分成的两个区域。区域 1 为总场区，散射体被包含在该区域内，FDFD 方程直接作用于总场(入射场和散射场之和)。区域 2 为散射场区，在该区域，FDFD 方程直接作用于散射场，根据麦克斯韦方程(以及由此导出的 FDFD 方程)的线性可叠加性，因入射场已是满足麦克斯韦方程的解，故散射场单独可满足 FDFD 方程。区域 2 的外边界为截断边界，在此用吸收边界吸收外向的散射波。

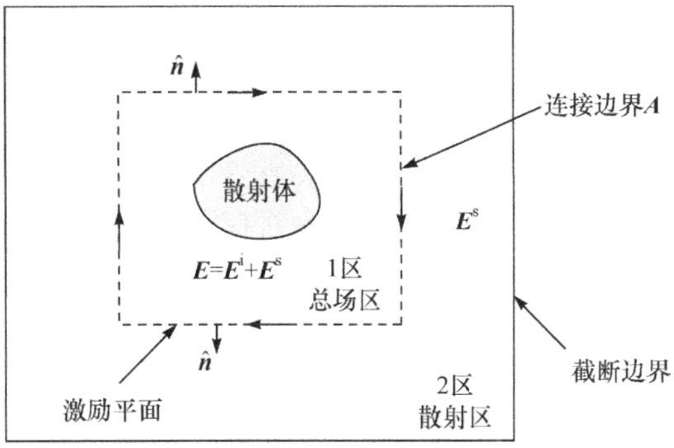

图 3-12　FDFD 区域的总场区和散射场区

设入射电磁场为 $\boldsymbol{E}^{\mathrm{i}}$、$\boldsymbol{H}^{\mathrm{i}}$，散射场为 $\boldsymbol{E}^{\mathrm{s}}$、$\boldsymbol{H}^{\mathrm{s}}$，则总场区的电磁场可以写为入射场和反射场的和，即

$$\begin{cases}\boldsymbol{E}=\boldsymbol{E}^{\mathrm{i}}+\boldsymbol{E}^{\mathrm{s}}\\ \boldsymbol{H}=\boldsymbol{H}^{\mathrm{i}}+\boldsymbol{H}^{\mathrm{s}}\end{cases}\tag{3.99}$$

以自由空间中二维 TM_z 波的情况为例，说明 FDFD 方法中如何在连接边界上设置入射波电磁场的切向分量。这里设连接边界上的场为总场。连接边界 $y=j_0\Delta y$ 上，如图 3-13 所示，节点 (i,j_0) 处的入射电场可写成

$$E_z^{\mathrm{i}}(i,j_0)=E_0\mathrm{e}^{-\mathrm{j}k_0(i\Delta x\cos\alpha+j_0\Delta y\sin\alpha)}\tag{3.100}$$

式中，E_0 为入射波的幅值；入射角 α 为入射波和 x 轴的夹角。

由于场量 $H_x(i,j_0-1/2)$ 在散射场区，所以式(3.10)的 TM_z 波二维差分格式在 $(i,j_0-1/2)$ 处可写为

$$-\mathrm{j}\omega\mu_0H_x^{\mathrm{s}}\left(i,j_0-\frac{1}{2}\right)=\frac{\left[E_z(i,j_0)-E_z^{\mathrm{i}}(i,j_0)\right]-E_z(i,j_0-1)}{\Delta y}\tag{3.101}$$

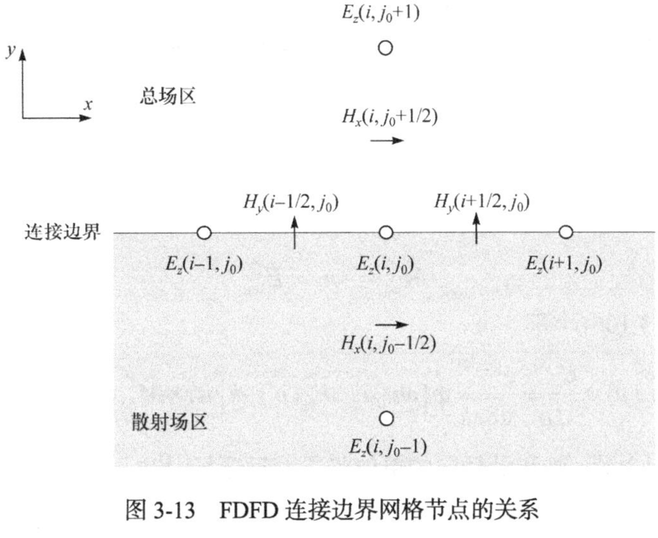

图 3-13　FDFD 连接边界网格节点的关系

式(3.101)中所涉及的节点 $E_z(i, j_0)$在连接边界上，属于总场区，所以应减去该点的入射电场值，以保证方程式左右两边各节点的场均为散射场。

场量 $H_y(i+1/2, j_0)$ 在连接边界上，属于总场区，所以式(3.11)的 TM_z 波二维差分格式在$(i+1/2, j_0)$处可写为

$$\mathrm{j}\omega\mu_0 H_y\left(i+\frac{1}{2}, j_0\right)=\frac{E_z\left(i+1, j_0\right)-E_z\left(i, j_0\right)}{\Delta x} \tag{3.102}$$

式(3.102)中涉及的三个节点都在连接边界上,都属于总场区。

同理，由于场量 $E_z(i, j_0)$在连接边界上，属于总场区，而 $H_x(i, j_0-1/2)$ 属于散射场区，所以式(3.15)在(i, j_0)处可写为

$$\mathrm{j}\omega\varepsilon_0 E_z\left(i, j_0\right)=\frac{H_y\left(i+\frac{1}{2}, j_0\right)-H_y\left(i-\frac{1}{2}, j_0\right)}{\Delta x}-\frac{H_x\left(i, j_0+\frac{1}{2}\right)-\left[H_x\left(i, j_0-\frac{1}{2}\right)+H_x^{\mathrm{i}}\left(i, j_0-\frac{1}{2}\right)\right]}{\Delta y} \tag{3.103}$$

式中，$H_x^{\mathrm{i}}=E_z^{\mathrm{i}}/\eta_0$，$\eta_0$ 为真空中的波阻抗。

由上述公式可见，在总场/散射场体系的 FDFD 求解中，只需知道 $y=j_0\Delta y$ 平面的切向入射电场值和 $y=(j_0-1/2)\Delta y$ 平面的切向入射磁场值。整个激励源的引入过程不含任何近似，并且形式十分紧凑，内存占用少。

3.3.2 近区场到远区场的变换

FDFD 法只适合计算有限空间的电磁场，要获得计算区域以外的远区散射场就要利用近区场到远区场的变换。根据 Huygens 原理，在计算区域内作一个封闭面，其上的场经过外推就能够得到远区的散射场。采用总场/散射场体系，散射场区的外边界可以不随散射或辐射体改变而变换，因此，可以用统一不变的计算过程由外边界上的近区场计算出远区散射或辐射场。

Huygens 原理有多种等价的数学表达形式[12]，包括根据外推边界面上的电磁场切向分量、等效电磁流、Stratton-Chu 公式、Franz 公式和 Kirchoff 标量公式等。下面讨论利用外推封闭面上的等效电磁流实现近-远场外推的方法[13]。

以自由空间中二维 TM_z 波的情况为例，场分量有 3 个，即 E_z、H_x 和 H_y。在计算区域内用 FDFD 法求得各个节点的 E_z、H_x 和 H_y 后，在总场/散射场连接边界与截断边界间设置一封闭的外推边界 C，$\boldsymbol{n}_C$ 为 C 的单位外法向矢量，如图 3-14 所示。记 C 上的切向电场和切向磁场分别为 $\tilde{\boldsymbol{E}}_{\tan}^C$ 和 $\tilde{\boldsymbol{H}}_{\tan}^C$，“～” 表示频域量。根据电磁场的等效原理，$C$ 上的切向等效电流和等效磁流为

$$\tilde{\boldsymbol{J}}_{\mathrm{eq}}^C=\boldsymbol{n}_C\times\tilde{\boldsymbol{H}}_{\tan}^C \tag{3.104}$$

$$\tilde{\boldsymbol{M}}_{\mathrm{eq}}^C=-\boldsymbol{n}_C\times\tilde{\boldsymbol{E}}_{\tan}^C \tag{3.105}$$

频域远区场可由式(3.106)计算

$$\lim_{k|\boldsymbol{\rho}-\boldsymbol{\rho}'|\to\infty}\tilde{E}_z(\boldsymbol{\rho})=\frac{\mathrm{e}^{-\mathrm{j}k\rho}}{\sqrt{\rho}}\frac{\mathrm{e}^{\mathrm{j}(\pi/4)}}{\sqrt{8\pi k}}\oint_C\left\{\omega\mu_0\boldsymbol{a}_z'\cdot\tilde{\boldsymbol{J}}_{\mathrm{eq}}^C(\boldsymbol{\rho}')-k\left[\boldsymbol{a}_z'\times\tilde{\boldsymbol{M}}_{\mathrm{eq}}^C(\boldsymbol{\rho}')\right]\cdot\boldsymbol{a}_\rho\right\}\mathrm{e}^{\mathrm{j}k\boldsymbol{\rho}\cdot\boldsymbol{\rho}'}\mathrm{d}C' \tag{3.106}$$

式中，$\boldsymbol{a}_z$ 和 $\boldsymbol{a}_\rho$ 分别为沿 z 轴和沿径向的单位矢量。远区场[14]也可表示成

$$\tilde{E}_z = \frac{1}{2}\sqrt{\frac{\mathrm{j}k}{2\pi\rho}}\mathrm{e}^{-\mathrm{j}k\rho}\left(-\eta_0 f_z - f_{mx}\sin\varphi + f_{my}\cos\varphi\right) \tag{3.107}$$

式中，$\eta_0 = \sqrt{\mu_0 / \varepsilon_0}$ 为自由空间波阻抗；f_ζ 和 $f_{m\zeta}$ $(\zeta = x, y, z)$ 分别表示电流矩和磁流矩的直角分量

$$\begin{cases} f_\zeta = \int_l J_\zeta(\boldsymbol{r}')\mathrm{e}^{\mathrm{j}k(x'\cos\varphi + y'\sin\varphi)}\mathrm{d}l' \\ f_{m\zeta} = \int_l J_{m\zeta}(\boldsymbol{r}')\mathrm{e}^{\mathrm{j}k(x'\cos\varphi + y'\sin\varphi)}\mathrm{d}l' \end{cases} \tag{3.108}$$

如果定义复数方向图函数为

$$F(\varphi) = \frac{\mathrm{e}^{\mathrm{j}(\pi/4)}}{\sqrt{8\pi k}}\oint_C \left\{\omega\mu_0 \boldsymbol{a}_z' \cdot \tilde{\boldsymbol{J}}_{\mathrm{eq}}^C(\boldsymbol{\rho}') - k\left[\boldsymbol{a}_z' \times \tilde{\boldsymbol{M}}_{\mathrm{eq}}^C(\boldsymbol{\rho}')\right]\cdot \boldsymbol{a}_\rho\right\}\mathrm{e}^{\mathrm{j}k\boldsymbol{\rho}\cdot\boldsymbol{\rho}'}\mathrm{d}C' \tag{3.109}$$

于是，双站雷达散射截面(radar cross section, RCS)可由式(3.110)计算

$$\mathrm{RCS}(\varphi) = 2\pi\frac{\left|F(\varphi)\right|^2}{\left|\tilde{E}_{z,\mathrm{inc}}\right|^2} \tag{3.110}$$

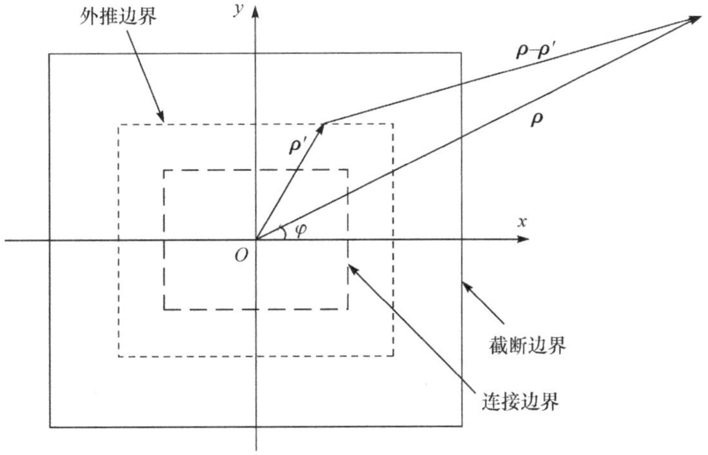

图 3-14　FDFD 区域的总场/散射场区中的外推边界

由于 Yee 元胞中电场 $\boldsymbol{E}$ 和磁场 $\boldsymbol{H}$ 分量节点在空间相差半个网格，TM_z 波情况下，若设置外推边界为电场 $\boldsymbol{E}$ 的切向分量节点所在的封闭边界，则磁场 $\boldsymbol{H}$ 的切向分量与外推边界相距半个网格。因此，对磁场 $\boldsymbol{H}$ 分量沿封闭的外推边界积分时需取平均值，平均后的磁场 $\boldsymbol{H}$ 分量就位于封闭边界上。

对式(3.108)由求和代替积分，并采用插值处理计算得到外推边界上电流矩和磁流矩的各个直角分量，然后将其代入式(3.107)可得到二维 TM_z 波的频域远区散射场。

对于三维情形，设 FDFD 仿真域的外推边界是 S，其单位外法向矢量为 $\boldsymbol{n}_S$，S 上的切向电场和切向磁场分别为 $\tilde{\boldsymbol{E}}_{\tan}^S$ 和 $\tilde{\boldsymbol{H}}_{\tan}^S$。根据电磁场的等效原理，$S$ 上的切向等效电流和等效磁流为

$$\tilde{\boldsymbol{J}}_{\mathrm{eq}}^S = \boldsymbol{n}_S \times \tilde{\boldsymbol{H}}_{\tan}^S = \boldsymbol{a}_x\tilde{J}_x + \boldsymbol{a}_y\tilde{J}_y + \boldsymbol{a}_z\tilde{J}_z \tag{3.111}$$

$$\tilde{\boldsymbol{M}}_{\mathrm{eq}}^S = -\boldsymbol{n}_S \times \tilde{\boldsymbol{E}}_{\tan}^S = \boldsymbol{a}_x\tilde{M}_x + \boldsymbol{a}_y\tilde{M}_y + \boldsymbol{a}_z\tilde{M}_z \tag{3.112}$$

频域远区场可由式(3.113)～式(3.118)计算

$$\tilde{E}_r(r,\theta,\varphi)\approx 0 \tag{3.113}$$

$$\tilde{E}_\theta(r,\theta,\varphi)\approx -\frac{\mathrm{j}k\mathrm{e}^{-\mathrm{j}kr}}{4\pi r}\left(\tilde{L}_\varphi+\eta_0\tilde{N}_\theta\right) \tag{3.114}$$

$$\tilde{E}_\varphi(r,\theta,\varphi)\approx \frac{\mathrm{j}k\mathrm{e}^{-\mathrm{j}kr}}{4\pi r}\left(\tilde{L}_\theta-\eta_0\tilde{N}_\varphi\right) \tag{3.115}$$

$$\tilde{H}_r(r,\theta,\varphi)\approx 0 \tag{3.116}$$

$$\tilde{H}_\theta(r,\theta,\varphi)\approx \frac{\mathrm{j}k\mathrm{e}^{-\mathrm{j}kr}}{4\pi r}\left(\tilde{N}_\varphi-\frac{\tilde{L}_\theta}{\eta_0}\right) \tag{3.117}$$

$$\tilde{H}_\varphi(r,\theta,\varphi)\approx -\frac{\mathrm{j}k\mathrm{e}^{-\mathrm{j}kr}}{4\pi r}\left(\tilde{N}_\theta+\frac{\tilde{L}_\varphi}{\eta_0}\right) \tag{3.118}$$

式中，$\tilde{N}_\theta$、$\tilde{N}_\varphi$、$\tilde{L}_\theta$和$\tilde{L}_\varphi$按式(3.119)～式(3.122)计算

$$\tilde{N}_\theta=\oiint_S\left[\tilde{J}_x(x',y',z')\cos\theta\cos\varphi+\tilde{J}_y(x',y',z')\cos\theta\sin\varphi-\tilde{J}_z(x',y',z')\sin\theta\right]\mathrm{e}^{\mathrm{j}kr'\cos\psi}\mathrm{d}S' \tag{3.119}$$

$$\tilde{N}_\varphi=\oiint_S\left[-\tilde{J}_x(x',y',z')\sin\varphi+\tilde{J}_y(x',y',z')\cos\varphi\right]\mathrm{e}^{\mathrm{j}kr'\cos\psi}\mathrm{d}S' \tag{3.120}$$

$$\tilde{L}_\theta=\oiint_S\left[\tilde{M}_x(x',y',z')\cos\theta\cos\varphi+\tilde{M}_y(x',y',z')\cos\theta\sin\varphi-\tilde{M}_z(x',y',z')\sin\theta\right]\mathrm{e}^{\mathrm{j}kr'\cos\psi}\mathrm{d}S' \tag{3.121}$$

$$\tilde{L}_\varphi=\oiint_S\left[-\tilde{M}_x(x',y',z')\sin\varphi+\tilde{M}_y(x',y',z')\cos\varphi\right]\mathrm{e}^{\mathrm{j}kr'\cos\psi}\mathrm{d}S' \tag{3.122}$$

式中，ψ是远区场点位置矢量$\boldsymbol{r}$和等效源面S上源点位置矢量$\boldsymbol{r}'$之间的夹角。假设S是一个边长分别为$2x_0$、$2y_0$和$2z_0$的矩形盒子，中心在原点。于是，上述S闭合面上的积分可以分成下面三组表面积分。

(1) 位于$x'=\pm x_0$的两个表面上的$\tilde{\boldsymbol{J}}_{\mathrm{eq}}^S$和$\tilde{\boldsymbol{M}}_{\mathrm{eq}}^S$的非零分量：$\tilde{J}_y$、$\tilde{J}_z$、$\tilde{M}_y$和$\tilde{M}_z$。指数相位项

$$\begin{aligned}r'\cos\psi&=\boldsymbol{r}'\cdot\boldsymbol{a}_r\\&=\left(\pm x_0\boldsymbol{a}_x+y'\boldsymbol{a}_y+z'\boldsymbol{a}_z\right)\left(\boldsymbol{a}_x\sin\theta\cos\varphi+\boldsymbol{a}_y\sin\theta\sin\varphi+\boldsymbol{a}_z\cos\theta\right)\\&=\pm x_0\sin\theta\cos\varphi+y'\sin\theta\sin\varphi+z'\cos\theta\end{aligned} \tag{3.123}$$

积分区间为$-y_0\leqslant y'\leqslant y_0$，$-z_0\leqslant z'\leqslant z_0$；$\mathrm{d}S'=\mathrm{d}y'\mathrm{d}z'$。

(2) 位于$y'=\pm y_0$的两个表面上的$\tilde{\boldsymbol{J}}_{\mathrm{eq}}^S$和$\tilde{\boldsymbol{M}}_{\mathrm{eq}}^S$的非零分量：$\tilde{J}_x$、$\tilde{J}_z$、$\tilde{M}_x$和$\tilde{M}_z$。指数相位项

$$\begin{aligned}r'\cos\psi&=\boldsymbol{r}'\cdot\boldsymbol{a}_r\\&=\left(x'\boldsymbol{a}_x\pm y_0\boldsymbol{a}_y+z'\boldsymbol{a}_z\right)\left(\boldsymbol{a}_x\sin\theta\cos\varphi+\boldsymbol{a}_y\sin\theta\sin\varphi+\boldsymbol{a}_z\cos\theta\right)\\&=x'\sin\theta\cos\varphi\pm y_0\sin\theta\sin\varphi+z'\cos\theta\end{aligned} \tag{3.124}$$

积分区间为 $-x_0 \leqslant x' \leqslant x_0$，$-z_0 \leqslant z' \leqslant z_0$；$\mathrm{d}S' = \mathrm{d}x'\mathrm{d}z'$。

(3) 位于 $z' = \pm z_0$ 的两个表面上的 $\tilde{\boldsymbol{J}}_{\mathrm{eq}}^S$ 和 $\tilde{\boldsymbol{M}}_{\mathrm{eq}}^S$ 的非零分量：$\tilde{J}_y$、$\tilde{J}_x$、$\tilde{M}_y$ 和 $\tilde{M}_x$。指数相位项

$$\begin{aligned} r'\cos\psi &= \boldsymbol{r}'\cdot\boldsymbol{a}_r \\ &= \left(x'\boldsymbol{a}_x + y'\boldsymbol{a}_y \pm z_0\boldsymbol{a}_z\right)\left(\boldsymbol{a}_x\sin\theta\cos\varphi + \boldsymbol{a}_y\sin\theta\sin\varphi + \boldsymbol{a}_z\cos\theta\right) \\ &= x'\sin\theta\cos\varphi + y'\sin\theta\sin\varphi \pm z_0\cos\theta \end{aligned} \tag{3.125}$$

积分区间为 $-y_0 \leqslant y' \leqslant y_0, -x_0 \leqslant x' \leqslant x_0$；$\mathrm{d}S' = \mathrm{d}x'\mathrm{d}y'$。

散射场的时间平均坡印廷矢量可按式(3.126)计算

$$\begin{aligned} P_{\mathrm{scat}} &= \frac{1}{2}\mathrm{Re}\left(\tilde{E}_\theta\tilde{H}_\varphi^*\right) + \frac{1}{2}\mathrm{Re}\left(-\tilde{E}_\varphi\tilde{H}_\theta^*\right) \\ &= \frac{k^2}{32\pi^2\eta_0 r^2}\left(\left|\tilde{L}_\varphi + \eta_0\tilde{N}_\theta\right|^2 + \left|\tilde{L}_\theta - \eta_0\tilde{N}_\varphi\right|^2\right) \end{aligned} \tag{3.126}$$

于是，双站 RCS 为

$$\begin{aligned} \mathrm{RCS}(\theta,\varphi) &= \lim_{r\to\infty}\left(4\pi r^2\frac{P_{\mathrm{scat}}}{P_{\mathrm{inc}}}\right) \\ &= \frac{k^2}{8\pi\eta_0 P_{\mathrm{inc}}}\left(\left|\tilde{L}_\varphi + \eta_0\tilde{N}_\theta\right|^2 + \left|\tilde{L}_\theta - \eta_0\tilde{N}_\varphi\right|^2\right) \end{aligned} \tag{3.127}$$

式中，P_{inc} 是入射波功率密度。对于辐射问题，式(3.127)仍然可以用来计算远区场方向图。这时候，没有入射波，P_{inc} 可取天线的总输入功率。

近区场到远区场的变换不只局限于频域，对前面给出的公式做傅里叶逆变换，可得相应的时域近区场/远区场变换公式。

3.4 数 值 算 例

3.4.1 特征值问题的求解

例 3-1 二维 FDFD 法计算无耗矩形波导的截止波数[15]。

设无耗矩形波导内的介质各向异性，其相对介电常数张量为 $\overline{\overline{\varepsilon}}_{\mathrm{r}}$

$$\overline{\overline{\varepsilon}}_{\mathrm{r}} = \begin{pmatrix} \varepsilon_{xx} & 0 & 0 \\ 0 & \varepsilon_{yy} & 0 \\ 0 & 0 & \varepsilon_{zz} \end{pmatrix} \tag{3.128}$$

用自由空间波阻抗的平方根对 Maxwell 旋度方程中的电场和磁场进行归一化

$$\begin{cases} \boldsymbol{H}' = \boldsymbol{H}\cdot\sqrt{\eta_0} \\ \boldsymbol{E}' = \boldsymbol{E}/\sqrt{\eta_0} \end{cases} \tag{3.129}$$

Maxwell 方程可写为

$$-\mathrm{j}k_0\boldsymbol{H}=\nabla\times\boldsymbol{E} \tag{3.130}$$

$$\mathrm{j}k_0\overline{\overline{\varepsilon}}_{\mathrm{r}}\cdot\boldsymbol{E}=\nabla\times\boldsymbol{H} \tag{3.131}$$

式中，k_0 为自由空间的波数；为简便起见省略了场量的上标。

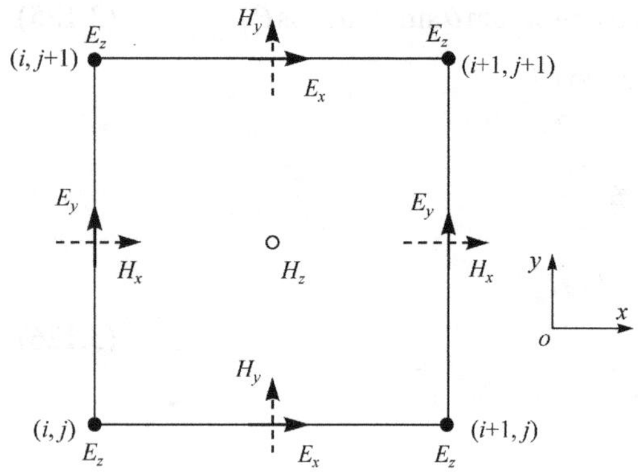

图 3-15　二维 Yee 网格的压缩形式

假设波导结构在 z 方向上是均匀的，波沿着正 z 方向传输，该结构中的场分量可以表示为

$$\{E_x, E_y, E_z, H_x, H_y, H_z\,(x, y, z)\} = \{E_x, E_y, E_z, H_x, H_y, H_z\,(x, y)\}\mathrm{e}^{-\mathrm{j}\beta z} \tag{3.132}$$

式中，β 为相位常数。因此，场量对 z 的偏导 $\partial/\partial z$ 可以用 $-\mathrm{j}\beta$ 代替，式(3.130)和式(3.131)化为包含 6 个场分量($E_x, E_y, E_z, H_x, H_y, H_z$)、两个自变量($x$, y)的二维偏微分方程。图 3-1 的三维 Yee 网格化为压缩的二维形式，如图 3-15 所示。二维偏微分方程的差分格式分量式如下

$$k_0H_x\left(i,j+\frac{1}{2}\right)=\frac{\mathrm{j}}{\Delta y}\left[E_z(i,j+1)-E_z(i,j)\right]-\beta E_y\left(i,j+\frac{1}{2}\right) \tag{3.133}$$

$$k_0H_y\left(i+\frac{1}{2},j\right)=\beta E_x\left(i+\frac{1}{2},j\right)-\frac{\mathrm{j}}{\Delta x}\left[E_z(i+1,j)-E_z(i,j)\right] \tag{3.134}$$

$$\begin{aligned}k_0H_z\left(i+\frac{1}{2},j+\frac{1}{2}\right)=&\frac{\mathrm{j}}{\Delta x}\left[E_y\left(i+1,j+\frac{1}{2}\right)-E_y\left(i,j+\frac{1}{2}\right)\right]\\&-\frac{\mathrm{j}}{\Delta y}\left[E_x\left(i+\frac{1}{2},j+1\right)-E_x\left(i+\frac{1}{2},j\right)\right]\end{aligned} \tag{3.135}$$

$$k_0E_x\left(i+\frac{1}{2},j\right)=\frac{-\mathrm{j}}{\varepsilon_{xx}\Delta y}\left[H_z\left(i+\frac{1}{2},j+\frac{1}{2}\right)-H_z\left(i+\frac{1}{2},j-\frac{1}{2}\right)\right]+\frac{\beta}{\varepsilon_{xx}}H_y\left(i+\frac{1}{2},j\right) \tag{3.136}$$

$$k_0E_y\left(i,j+\frac{1}{2}\right)=\frac{\mathrm{j}}{\varepsilon_{yy}\Delta x}\left[H_z\left(i+\frac{1}{2},j+\frac{1}{2}\right)-H_z\left(i-\frac{1}{2},j+\frac{1}{2}\right)\right]-\frac{\beta}{\varepsilon_{yy}}H_x\left(i,j+\frac{1}{2}\right) \tag{3.137}$$

$$\begin{aligned}k_0E_z(i,j)=&\frac{-\mathrm{j}}{\varepsilon_{zz}\Delta x}\left[H_y\left(i+\frac{1}{2},j\right)-H_y\left(i-\frac{1}{2},j\right)\right]\\&+\frac{\mathrm{j}}{\varepsilon_{zz}\Delta y}\left[H_x\left(i,j+\frac{1}{2}\right)-H_x\left(i,j-\frac{1}{2}\right)\right]\end{aligned} \tag{3.138}$$

导波结构金属壁的边界条件为切向电场分量为零。上述方程结合边界条件的差分格式，可以写成如下矩阵特征值问题

$$\boldsymbol{Ax}=\lambda\boldsymbol{x} \tag{3.139}$$

式中，$\boldsymbol{A}$ 是由式(3.133)～式(3.138)中场量的系数组成的大型稀疏矩阵，是相位常数 β 的函数；特征值 $\lambda=k_0$；特征向量 $\boldsymbol{x}=\{E_x, E_y, E_z, H_x, H_y, H_z\}^{\mathrm{T}}$。

给定相位常数 β、网格步长 $(\Delta x, \Delta y)$ 和介电常数 $\bar{\bar{\varepsilon}}_{\mathrm{r}}$，解上述特征值问题，可得该波导的一组特征模及与各特征模对应的特征值 k_0。逐点扫描 β 值，可得到各模式的色散曲线(β-k_0 曲线)。

为减小生成系数矩阵的规模，在式(3.133)～式(3.138)中消去 E_z 和 H_z，可以得到

$$\begin{aligned}
&\frac{\beta}{k_0}E_x\left(i+\frac{1}{2},j\right)\\
&=-\frac{1}{k_0^2\varepsilon_{zz}\Delta x\Delta y}\left[H_x\left(i,j-\frac{1}{2}\right)-H_x\left(i+1,j-\frac{1}{2}\right)-H_x\left(i,j+\frac{1}{2}\right)+H_x\left(i+1,j+\frac{1}{2}\right)\right]\\
&\quad+\frac{1}{k_0^2\varepsilon_{zz}\Delta x^2}H_y\left(i-\frac{1}{2},j\right)+\left(1-\frac{2}{k_0^2\varepsilon_{zz}\Delta x^2}\right)H_y\left(i+\frac{1}{2},j\right)+\frac{1}{k_0^2\varepsilon_{zz}\Delta x^2}H_y\left(i+\frac{3}{2},j\right)
\end{aligned}\tag{3.140}$$

$$\begin{aligned}
&\frac{\beta}{k_0}E_y\left(i,j+\frac{1}{2}\right)\\
&=-\frac{1}{k_0^2\varepsilon_{zz}\Delta y^2}H_x\left(i,j-\frac{1}{2}\right)-\left(1-\frac{2}{k_0^2\varepsilon_{zz}\Delta y^2}\right)H_x\left(i,j+\frac{1}{2}\right)-\frac{1}{k_0^2\varepsilon_{zz}\Delta y^2}H_x\left(i,j+\frac{3}{2}\right)\\
&\quad+\frac{1}{k_0^2\varepsilon_{zz}\Delta x\Delta y}\left[H_y\left(i-\frac{1}{2},j\right)-H_y\left(i-\frac{1}{2},j+1\right)-H_y\left(i+\frac{1}{2},j\right)+H_y\left(i+\frac{1}{2},j+1\right)\right]
\end{aligned}\tag{3.141}$$

$$\begin{aligned}
&\frac{\beta}{k_0}H_x\left(i,j+\frac{1}{2}\right)\\
&=\frac{1}{k_0^2\Delta x\Delta y}\left[E_x\left(i-\frac{1}{2},j\right)-E_x\left(i-\frac{1}{2},j+1\right)-E_x\left(i+\frac{1}{2},j\right)+E_x\left(i+\frac{1}{2},j+1\right)\right]\\
&\quad-\frac{1}{k_0^2\Delta x^2}E_y\left(i-1,j+\frac{1}{2}\right)-\left(\varepsilon_{yy}-\frac{2}{k_0^2\Delta x^2}\right)E_y\left(i,j+\frac{1}{2}\right)-\frac{1}{k_0^2\Delta x^2}E_y\left(i+1,j+\frac{1}{2}\right)
\end{aligned}\tag{3.142}$$

$$\begin{aligned}
&\frac{\beta}{k_0}H_y\left(i+\frac{1}{2},j\right)\\
&=\frac{1}{k_0^2\Delta y^2}E_x\left(i+\frac{1}{2},j-1\right)+\frac{1}{k_0^2\Delta y^2}E_x\left(i+\frac{1}{2},j+1\right)+\left(\varepsilon_{xx}-\frac{2}{k_0^2\Delta y^2}\right)E_x\left(i+\frac{1}{2},j\right)\\
&\quad-\frac{1}{k_0^2\Delta x\Delta y}\left[E_y\left(i,j-\frac{1}{2}\right)-E_y\left(i+1,j-\frac{1}{2}\right)-E_y\left(i,j+\frac{1}{2}\right)+E_y\left(i+1,j+\frac{1}{2}\right)\right]
\end{aligned}\tag{3.143}$$

因为在最终的式(3.140)～式(3.143)中消去了纵向场分量，导波结构金属壁的边界条件(切向电场为零)只能由横向场分量进行表达，然后差分化得到边界条件的差分格式。

计算区域内部所有点和涉及边界条件的差分方程确定后，式(3.140)～式(3.143)可转化为如下的特征值问题

$$\boldsymbol{A}\boldsymbol{x}=\lambda\boldsymbol{x}\tag{3.144}$$

式中，$\boldsymbol{A}$ 是由式(3.140)～式(3.143)中场量的系数组成的稀疏矩阵；特征值 $\lambda=\beta/k_0$；特征向量 $\boldsymbol{x}=\{E_x, E_y, H_x, H_y\}^{\mathrm{T}}$。该特征值问题方程的规模比式(3.139)小，但是，边界条件的加入不如前者直接、方便，因为纵向场分量的边界条件只能间接实现。

采用上述方法计算一个长 a = 19.05mm 和宽 b = 9.525mm 的理想空心矩形波导的传播常数，整个 FDFD 计算区域用均匀网格划分，网格数为 24×12，图 3-16 和图 3-17 分别给出了其

相位常数和衰减常数的数值解，它们与解析解相当吻合。

考虑一个介质加载的无耗矩形波导，结构尺寸为 a = 10.16mm，b = 5.588mm，c = 3.048mm，d = 5.08mm，介质块的相对介电常数 $\varepsilon_r = 8$。从 3.1.2 节可知，介质和空气分界面的相对介电常数为$(\varepsilon_r+1)/2$、介质和空气分界角点处的相对介电常数为$(\varepsilon_r+3)/4$。图 3-18 是采用二维 FDFD 法和商业软件(high frequency structure simulator, HFSS)计算的相位常数曲线，它们吻合得较好。

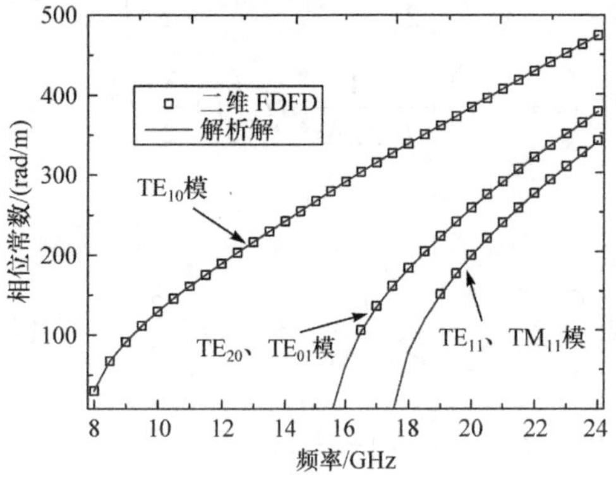

图 3-16　矩形波导的相位常数

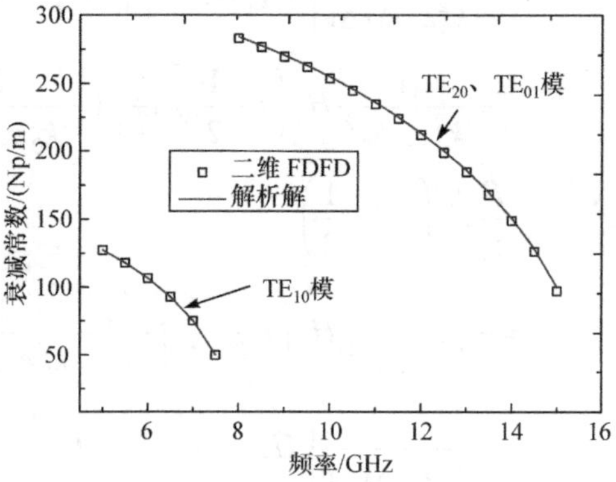

图 3-17　矩形波导的衰减常数

例 3-2　二维 FDFD 法计算有耗共面波导的衰减常数[16]。

由电磁场理论可知，在良导体表面的切向电磁场分量满足下列表面阻抗边界条件

$$\boldsymbol{E}_{\tan} = Z_s \boldsymbol{n} \times \boldsymbol{H}_{\tan} \tag{3.145}$$

式中，表面阻抗 $Z_s = (1+\mathrm{j})/(\sigma\delta)$，$\delta$ 为趋肤深度，σ 为导电率，下标 tan 表示切向分量，$\boldsymbol{n}$ 表示法向单位矢量。对于电大尺寸的良导体，可以在导体表面采用表面阻抗边界条件，不必对导体内部进行网格差分；而对于电小尺寸的良导体，表面阻抗边界条件不再成立，必须考虑导体内部的电磁场分布。

假设有耗金属导波结构在 z 方向上是均匀的，且波沿着正 z 方向传输，该结构中的场分量可以表示为

$$\{E_x, E_y, E_z, H_x, H_y, H_z\,(x, y, z)\} = \{E_x, E_y, E_z, H_x, H_y, H_z\,(x, y)\}\mathrm{e}^{-\gamma z} \tag{3.146}$$

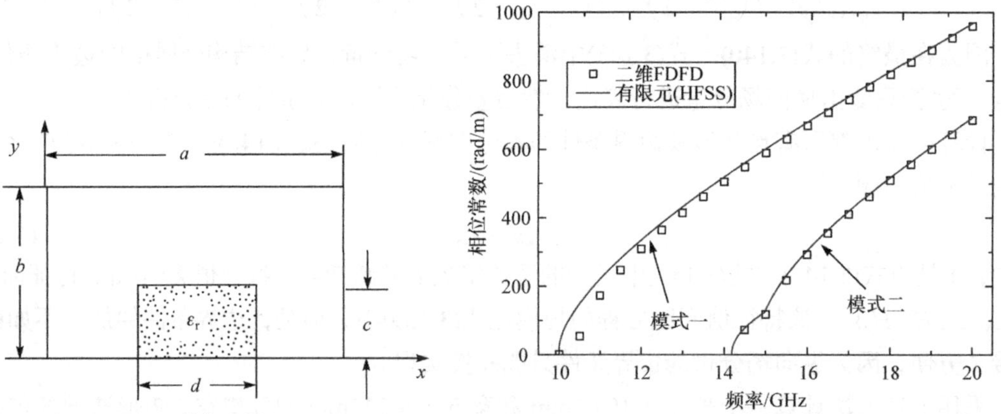

(a) 结构示意图　　　　(b) 相位常数

图 3-18　部分介质加载矩形波导

式中，传播常数 $\gamma=\alpha+\mathrm{j}\beta$，$\alpha$ 为衰减常数，β 为相位常数。与例 3-1 的过程相似，从麦克斯韦方程可以得到离散差分方程如下

$$-\frac{\mathrm{j}\gamma}{k_0}E_x\left(i+\frac{1}{2},j\right)=\frac{\mathrm{j}}{k_0\Delta x}\left[E_z(i+1,j)-E_z(i,j)\right]+H_y\left(i+\frac{1}{2},j\right) \tag{3.147}$$

$$-\frac{\mathrm{j}\gamma}{k_0}E_y\left(i,j+\frac{1}{2}\right)=\frac{\mathrm{j}}{k_0\Delta y}\left[E_z(i,j+1)-E_z(i,j)\right]-H_x\left(i,j+\frac{1}{2}\right) \tag{3.148}$$

$$\begin{aligned}-\frac{\mathrm{j}\gamma}{k_0}E_z(i,j)=&-\frac{\mathrm{j}\varepsilon_{xx}}{\varepsilon_{zz}k_0\Delta x}\left[E_x\left(i+\frac{1}{2},j\right)-E_x\left(i-\frac{1}{2},j\right)\right]\\&-\frac{\mathrm{j}\varepsilon_{yy}}{\varepsilon_{zz}k_0\Delta y}\left[E_y\left(i,j+\frac{1}{2}\right)-E_y\left(i,j-\frac{1}{2}\right)\right]\end{aligned} \tag{3.149}$$

$$-\frac{\mathrm{j}\gamma}{k_0}H_x\left(i,j+\frac{1}{2}\right)=\frac{\mathrm{j}}{k_0\Delta x}\left[H_z\left(i+\frac{1}{2},j+\frac{1}{2}\right)-H_z\left(i-\frac{1}{2},j+\frac{1}{2}\right)\right]-\varepsilon_{yy}E_y\left(i,j+\frac{1}{2}\right) \tag{3.150}$$

$$-\frac{\mathrm{j}\gamma}{k_0}H_y\left(i+\frac{1}{2},j\right)=\frac{\mathrm{j}}{k_0\Delta y}\left[H_z\left(i+\frac{1}{2},j+\frac{1}{2}\right)-H_z\left(i+\frac{1}{2},j-\frac{1}{2}\right)\right]+\varepsilon_{xx}E_x\left(i+\frac{1}{2},j\right) \tag{3.151}$$

$$\begin{aligned}-\frac{\mathrm{j}\gamma}{k_0}H_z\left(i+\frac{1}{2},j+\frac{1}{2}\right)=&-\frac{\mathrm{j}}{k_0\Delta x}\left[H_x\left(i+1,j+\frac{1}{2}\right)-H_x\left(i,j+\frac{1}{2}\right)\right]\\&-\frac{\mathrm{j}}{k_0\Delta y}\left[H_y\left(i+\frac{1}{2},j+1\right)-H_y\left(i+\frac{1}{2},j\right)\right]\end{aligned} \tag{3.152}$$

式中，式(3.149)和式(3.152)来自麦克斯韦散度方程。麦克斯韦旋度方程、散度方程共含 8 个标量方程，其中独立方程只有 6 个。这里，4 个取自旋度方程，2 个取自散度方程，由此可以构成以 $\lambda=-\mathrm{j}\gamma/k_0=(\beta-\mathrm{j}\alpha)/k_0$ 为特征值的本征值问题。

在有耗金属边界处，可应用式(3.145)表示的表面阻抗边界条件。以下是几种情况下的边界和临近边界处电磁场分量的处理方法。对图 3-19(a)所示边界上的 E_z 分量，采用如下近似

$$-\frac{\mathrm{j}\gamma}{k_0}E_z\approx Z_s\left[-\frac{\mathrm{j}\gamma}{k_0}H_y\right]=Z_s\left\{\frac{\mathrm{j}}{k_0\Delta y}\left[H_z(2)-H_z(1)\right]+\varepsilon_{xx}E_x(1)\right\} \tag{3.153}$$

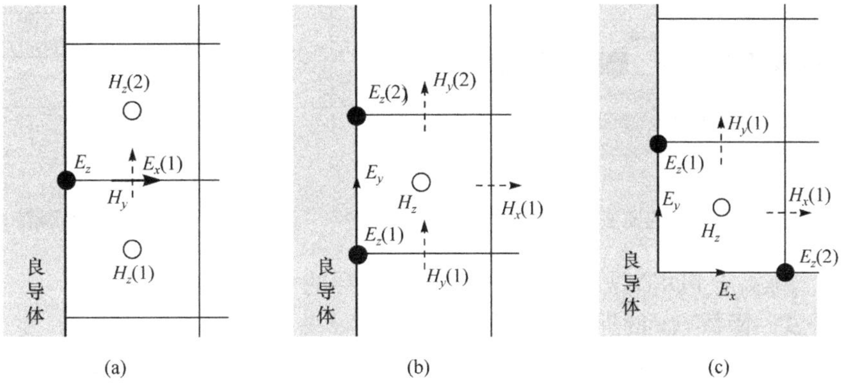

图 3-19　边界和临近边界的电磁场分量

对图 3-19(b)所示的边界网格，式(3.148)中的 $E_y(i, j+1/2)$可依据表面阻抗边界条件由 $H_z(i,j+1/2)\approx H_z(i+1/2,j+1/2)$代替，再代入式(3.152)消去 $H_x(i,j+1/2)$，得

$$-\frac{\mathrm{j}\gamma}{k_0}H_z=\frac{1}{\frac{\mathrm{j}}{k_0\Delta x}Z_s-1}\left[\frac{\mathrm{j}}{k_0\Delta x}H_x(1)-\frac{\mathrm{j}}{k_0\Delta y}H_y(1)+\frac{\mathrm{j}}{k_0\Delta y}H_y(2)-\frac{1}{k_0^2\Delta x\Delta y}E_z(1)+\frac{1}{k_0^2\Delta x\Delta y}E_z(2)\right] \tag{3.154}$$

对图 3-19(c)所示的角点网格，式(3.147)和式(3.148)中的 $E_x(i+1/2,j)$和 $E_y(i,j+1/2)$依据表面阻抗边界条件可由 $H_z(i+1/2,j+1/2)$近似，再代入式(3.152)消去 $H_x(i,j+1/2)$和 $H_y(i+1/2,j)$，得

$$-\frac{\mathrm{j}\gamma}{k_0}H_z=\frac{1}{1-\frac{\mathrm{j}}{k_0\Delta x}Z_s-\frac{\mathrm{j}}{k_0\Delta y}Z_s}\left[-\frac{\mathrm{j}}{k_0\Delta x}H_x(1)-\frac{\mathrm{j}}{k_0\Delta y}H_y(1)-\frac{1}{k_0^2\Delta x\Delta y}E_z(1)+\frac{1}{k_0^2\Delta x\Delta y}E_z(2)\right] \tag{3.155}$$

同理，可以得到边界处的其他分量的表达式。于是，由边界及内部各分量的方程可合成为以下的本征值问题

$$\boldsymbol{A}\boldsymbol{x}=\lambda\boldsymbol{x} \tag{3.156}$$

式中，$\boldsymbol{A}$ 是由式(3.147)～式(3.152)中场量的系数组成的稀疏矩阵；特征值 $\lambda=-\mathrm{j}\gamma/k_0$；特征向量 $\boldsymbol{x}=\{E_x, E_y, E_z, H_x, H_y, H_z\}^{\mathrm{T}}$。

对于一个有耗的均匀毫米波共面波导(coplanar waveguide, CPW)，横截面结构如图 3-20 所示，$W=10.4\mu\mathrm{m}$，$G=9.6\mu\mathrm{m}$，$t=4.4\mu\mathrm{m}$，$d=400\mu\mathrm{m}$，$\sigma=4.1\times10^7$ S/m。介质基板材料 $LiNbO_3$ 为各向异性材料，其相对介电常数 $\varepsilon_{xx}=\varepsilon_{yy}=43$，$\varepsilon_{zz}=28$。数值仿真结果如图 3-21 所示，此结果与文献[17]给出的实际测量结果相比较，两者吻合很好。

图 3-20 有耗共面波导的横截面结构图

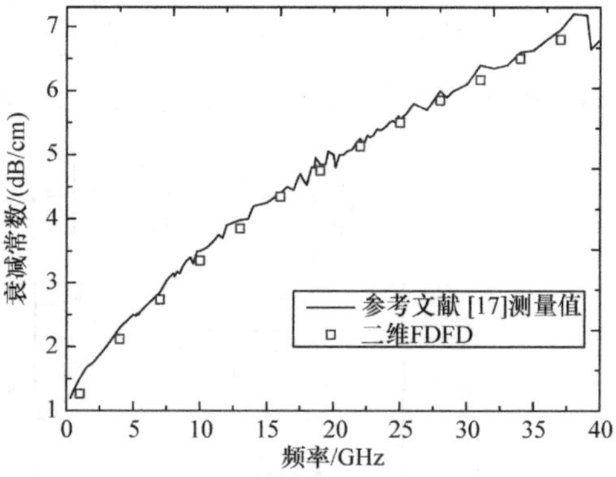

图 3-21 共面波导的衰减特性

例 3-3 二维高阶 FDFD 法计算无耗介质加载波导的截止波数[18]。

由泰勒公式，函数 $f(x)$的近似表达式可写成

$$f(x+h)=f(x)+h\frac{\mathrm{d}f(x)}{\mathrm{d}x}+\frac{h^2}{2!}\frac{\mathrm{d}^2f(x)}{\mathrm{d}x^2}+\frac{h^3}{3!}\frac{\mathrm{d}^3f(x)}{\mathrm{d}x^3}+\frac{h^4}{4!}\frac{\mathrm{d}^4f(x)}{\mathrm{d}x^4}+\frac{h^5}{5!}\frac{\mathrm{d}^5f(x)}{\mathrm{d}x^5}+\cdots \tag{3.157}$$

则

$$\begin{aligned}&c_1\left[f(x+0.5h)-f(x-0.5h)\right]+c_2\left[f(x+1.5h)-f(x-1.5h)\right]\\&=\left[2c_1(0.5h)+2c_2(1.5h)\right]\frac{\mathrm{d}f(x)}{\mathrm{d}x}+\left[2c_1\frac{(0.5h)^3}{3!}+2c_2\frac{(1.5h)^3}{3!}\right]\frac{\mathrm{d}^3f(x)}{\mathrm{d}x^3}\\&\quad+\left[2c_1\frac{(0.5h)^5}{5!}+2c_2\frac{(1.5h)^5}{5!}\right]\frac{\mathrm{d}^5f(x)}{\mathrm{d}x^5}+\cdots\end{aligned} \tag{3.158}$$

式中，c_1 和 c_2 为待定系数。

如果略去 h^5 项以及含更高幂次的项，上式具有四阶精度。再令 $\left[2c_1\frac{(0.5h)^3}{3!}+2c_2\frac{(1.5h)^3}{3!}\right]\frac{\mathrm{d}^3f(x)}{\mathrm{d}x^3}$ 项系数为零，则

$$2c_1\frac{(0.5h)^3}{3!}+2c_2\frac{(1.5h)^3}{3!}=0 \tag{3.159}$$

有 $c_1+27c_2=0$。将其代入到式(3.158)，可得

$$\frac{\Delta f}{\Delta x}\approx\frac{9}{8}\frac{f(x+0.5h)-f(x-0.5h)}{h}-\frac{1}{24}\frac{f(x+1.5h)-f(x-1.5h)}{h} \tag{3.160}$$

该一阶中心差商格式具有四阶的精度。

采用上述具有四阶精度的中心差商近似，设介质各向同性，式(3.130)和式(3.131)可化为如下的二维的离散分量式

$$\begin{aligned}\frac{\beta}{k_0}E_x\left(i+\frac{1}{2},j\right)=&\frac{-\mathrm{j}}{24k_0\Delta x}\left[E_z(i+2,j)-E_z(i-1,j)\right]+\mathrm{j}\frac{9}{8k_0\Delta x}\left[E_z(i+1,j)-E_z(i,j)\right]\\&+H_y\left(i+\frac{1}{2},j\right)\end{aligned} \tag{3.161}$$

$$\begin{aligned}\frac{\beta}{k_0}E_y\left(i,j+\frac{1}{2}\right)=&\frac{-\mathrm{j}}{24k_0\Delta y}\left[E_z(i,j+2)-E_z(i,j-1)\right]+\mathrm{j}\frac{9}{8k_0\Delta y}\left[E_z(i,j+1)-E_z(i,j)\right]\\&-H_x\left(i,j+\frac{1}{2}\right)\end{aligned} \tag{3.162}$$

$$\begin{aligned}0=&-\frac{1}{24\Delta y}\left[H_x\left(i,j+\frac{3}{2}\right)-H_x\left(i,j-\frac{3}{2}\right)\right]+\frac{9}{8\Delta y}\left[H_x\left(i,j+\frac{3}{2}\right)-H_x\left(i,j-\frac{1}{2}\right)\right]\\&+\frac{1}{24\Delta x}\left[H_y\left(i+\frac{3}{2},j\right)-H_y\left(i-\frac{3}{2},j\right)\right]-\frac{9}{8\Delta x}\left[H_y\left(i+\frac{1}{2},j\right)-H_y\left(i-\frac{1}{2},j\right)\right]\\&+\mathrm{j}k_0\varepsilon_{\mathrm{r}}E_z(i,j)\end{aligned} \tag{3.163}$$

$$\begin{aligned}\frac{\beta}{k_0}H_x\left(i,j+\frac{1}{2}\right)=&\frac{-\mathrm{j}}{24k_0\Delta x}\left[H_z\left(i+\frac{3}{2},j+\frac{1}{2}\right)-H_z\left(i-\frac{3}{2},j+\frac{1}{2}\right)\right]\\&+\mathrm{j}\frac{9}{8k_0\Delta x}\left[H_z\left(i+\frac{1}{2},j+\frac{1}{2}\right)-H_z\left(i-\frac{1}{2},j+\frac{1}{2}\right)\right]-\varepsilon_{\mathrm{r}}E_y\left(i,j+\frac{1}{2}\right)\end{aligned} \tag{3.164}$$

$$\frac{\beta}{k_0}H_y\left(i+\frac{1}{2},j\right)=\frac{-\mathrm{j}}{24k_0\Delta y}\left[H_z\left(i+\frac{1}{2},j+\frac{3}{2}\right)-H_z\left(i+\frac{1}{2},j-\frac{3}{2}\right)\right]$$
$$+\mathrm{j}\frac{9}{8k_0\Delta y}\left[H_z\left(i+\frac{1}{2},j+\frac{1}{2}\right)-H_z\left(i+\frac{1}{2},j-\frac{1}{2}\right)\right]+\varepsilon_{\mathrm{r}}E_x\left(i+\frac{1}{2},j\right) \tag{3.165}$$

$$0=-\frac{1}{24\Delta x}\left[E_y\left(i+2,j+\frac{1}{2}\right)-E_y\left(i-1,j+\frac{1}{2}\right)\right]+\frac{9}{8\Delta x}\left[E_y\left(i+1,j+\frac{1}{2}\right)-E_y\left(i,j+\frac{1}{2}\right)\right]$$
$$+\frac{1}{24\Delta y}\left[E_x\left(i+\frac{1}{2},j+2\right)-E_x\left(i+\frac{1}{2},j-1\right)\right]-\frac{9}{8\Delta y}\left[E_x\left(i+\frac{1}{2},j+1\right)-E_x\left(i+\frac{1}{2},j\right)\right]$$
$$+\mathrm{j}k_0H_z\left(i+\frac{1}{2},j+\frac{1}{2}\right) \tag{3.166}$$

以上 FDFD 差分方程可以写成如下的特征值方程

$$\begin{bmatrix} 0 & \boldsymbol{A}_{12} & \boldsymbol{A}_{13} & 0 \\ \boldsymbol{A}_{21} & 0 & 0 & \boldsymbol{A}_{24} \\ 0 & \boldsymbol{A}_{32} & \boldsymbol{A}_{33} & 0 \\ \boldsymbol{A}_{41} & 0 & 0 & \boldsymbol{A}_{44} \end{bmatrix}\begin{bmatrix} \boldsymbol{x}_1 \\ \boldsymbol{x}_2 \\ \boldsymbol{x}_3 \\ \boldsymbol{x}_4 \end{bmatrix}=\lambda\begin{bmatrix} \boldsymbol{x}_1 \\ \boldsymbol{x}_2 \\ 0 \\ 0 \end{bmatrix} \tag{3.167}$$

式中，特征值 $\lambda=\beta/k_0$；$\boldsymbol{x}_1$，$\boldsymbol{x}_2$，$\boldsymbol{x}_3$ 和 $\boldsymbol{x}_4$ 都是列矢量；$\boldsymbol{x}_1$ 和 $\boldsymbol{x}_2$ 分别表示 FDFD 区域中的横向电场和横向磁场；$\boldsymbol{x}_3$ 和 $\boldsymbol{x}_4$ 分别表示 FDFD 区域中 z 方向的电场和磁场。

在式(3.167)中消去 $\boldsymbol{x}_3$ 和 $\boldsymbol{x}_4$ 后，可以得到如下的特征值方程

$$\begin{bmatrix} 0 & \boldsymbol{B}_{12} \\ \boldsymbol{B}_{21} & 0 \end{bmatrix}\begin{bmatrix} \boldsymbol{x}_1 \\ \boldsymbol{x}_2 \end{bmatrix}=\lambda\begin{bmatrix} \boldsymbol{x}_1 \\ \boldsymbol{x}_2 \end{bmatrix} \tag{3.168}$$

式中，$\boldsymbol{B}_{12}=\boldsymbol{A}_{12}-\boldsymbol{A}_{13}\boldsymbol{A}_{33}^{-1}\boldsymbol{A}_{32}$ 和 $\boldsymbol{B}_{21}=\boldsymbol{A}_{21}-\boldsymbol{A}_{24}\boldsymbol{A}_{44}^{-1}\boldsymbol{A}_{41}$。因为 $\boldsymbol{A}_{33}$ 和 $\boldsymbol{A}_{44}$ 都只有在对角线上有非零元素，所以它们的逆很容易得到，并且方程(3.168)中的特征矩阵仍然是一个非常稀疏的矩阵。

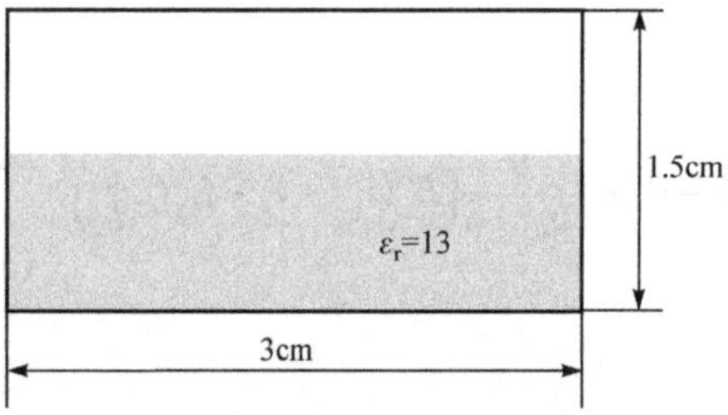

图 3-22　一半填充相对介电常数为 13 的介质的矩形波导

如图 3-22 所示的部分填充介质的无耗矩形波导，其宽度为 3cm、高度为 1.5cm，下半部分填充相对介电常数为 13 的介质。以采用均匀网格 $\Delta x=\Delta y=0.15\mathrm{mm}$ 的低阶二维 FDFD 法作为标准，用来衡量较粗网格划分的低阶 FDFD 和高阶 FDFD 法的相对误差。表 3-1 分别给出了低阶 FDFD 和高阶 FDFD 在 20GHz 时的对比数据，可以看出，高阶的二维 FDFD 在保持高精度的同时能够大大地提高计算效率。

表 3-1　部分填充介质的矩形波导的计算结果

计算参数 \ 方法	低阶二维 FDFD	高阶二维 FDFD
网格尺寸/mm	0.375	0.75
计算时间/s	21.226	4.375
非零元素数目	86500	60028
相对误差值/%	8.55×10^{-2}	6.70×10^{-2}

3.4.2　散射问题的求解

例 3-4　基于多区域免迭代技术的多体散射问题 FDFD 求解[19]。

如图 3-23 所示，当入射场照射到两个散射体时，将产生第 1 阶散射场，其中一部分由散射体 A 所产生，而另一部分由散射体 B 所产生。散射体 A 所产生的第 1 阶散射场照射到散射体 B 上，将产生散射体 B 的第 2 阶散射场；同样地，散射体 B 所产生的第 1 阶散射场照射到散射体 A 上，将产生散射体 A 的第 2 阶散射场。依次下去，得到一个多重散射过程。

实际问题中，每阶散射过程中都会有部分散射场传播出去，所以散射体的高阶散射场随着阶数的增加而减弱，最终趋于零。分别将散射体 A 和散射体 B 的各阶散射场相加，就得到散射体 A 所产生的总散射场和散射体 B 所产生的总散射场。多区域迭代(iterative multi-region，IMR)技术的迭代过程正是基于多重散射的原理，当整个迭代达到精度要求时，就终止多重散射的整个迭代过程[20]。

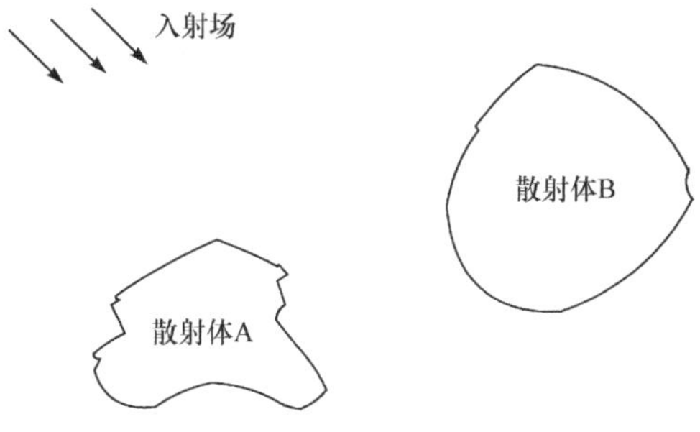

图 3-23　被入射场照射的两个散射体

下面以图 3-24 为例，对更为一般的、包含 N 个散射体的开域问题进行讨论，介绍多区域非迭代(iterative-free multi-region，IFMR)技术。

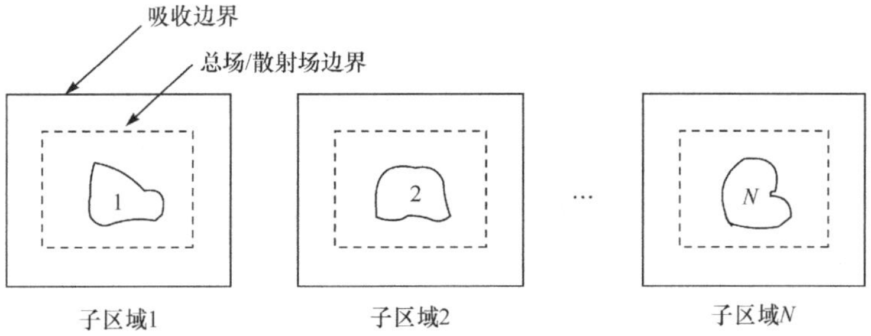

图 3-24　有 N 个散射体的开域问题

不失一般性，以第 n_0 个子区域为例进行说明。考虑到多重散射的迭代过程，第 n_0 个子区域中的总场可以表示为

$$\begin{Bmatrix} E_{n_0}^{\mathrm{t}} \\ H_{n_0}^{\mathrm{t}} \end{Bmatrix} = \begin{Bmatrix} E_{n_0}^{\mathrm{inc},0} \\ H_{n_0}^{\mathrm{inc},0} \end{Bmatrix} + \left(\begin{Bmatrix} E_{n_0,n_0}^{\mathrm{s},1} \\ H_{n_0,n_0}^{\mathrm{s},1} \end{Bmatrix} + \sum_{\substack{n=1,\\ n\neq n_0}}^{N} \begin{Bmatrix} E_{n,n_0}^{\mathrm{s},1} \\ H_{n,n_0}^{\mathrm{s},1} \end{Bmatrix} \right) + \left(\begin{Bmatrix} E_{n_0,n_0}^{\mathrm{s},2} \\ H_{n_0,n_0}^{\mathrm{s},2} \end{Bmatrix} + \sum_{\substack{n=1,\\ n\neq n_0}}^{N} \begin{Bmatrix} E_{n,n_0}^{\mathrm{s},2} \\ H_{n,n_0}^{\mathrm{s},2} \end{Bmatrix} \right) + \cdots \tag{3.169}$$

式中，$\begin{Bmatrix} E_{n_0}^{\mathrm{t}} \\ H_{n_0}^{\mathrm{t}} \end{Bmatrix}$ 和 $\begin{Bmatrix} E_{n_0}^{\mathrm{inc},0} \\ H_{n_0}^{\mathrm{inc},0} \end{Bmatrix}$ 分别表示第 n_0 个子区域中的总场和来自外部的入射场，$\begin{Bmatrix} E_{n,n_0}^{\mathrm{s},m} \\ H_{n,n_0}^{\mathrm{s},m} \end{Bmatrix}$ 表示第 n_0 个子区域中来自第 n 个子区域的第 m 阶散射场。事实上，式(3.169)是多重散射迭代过程的叠加，而 IMR 技术所得到的结果正是对这一级数进行截断后的部分和。重新排列式(3.169)中各项级数的位置，可以将式(3.169)改写为

$$\begin{Bmatrix} E_{n_0}^{\mathrm{t}} \\ H_{n_0}^{\mathrm{t}} \end{Bmatrix} = \begin{Bmatrix} E_{n_0}^{\mathrm{inc},0} \\ H_{n_0}^{\mathrm{inc},0} \end{Bmatrix} + \begin{Bmatrix} E_{n_0}^{\mathrm{inc,s}} \\ H_{n_0}^{\mathrm{inc,s}} \end{Bmatrix} + \begin{Bmatrix} E_{n_0}^{\mathrm{s}} \\ H_{n_0}^{\mathrm{s}} \end{Bmatrix} \tag{3.170}$$

式中，$\begin{Bmatrix} E_{n_0}^{\text{inc,s}} \\ H_{n_0}^{\text{inc,s}} \end{Bmatrix} = \sum_{\substack{n=1,\\ n\neq n_0}}^{N} \sum_{m=1}^{\infty} \begin{Bmatrix} E_{n,n_0}^{\text{s},m} \\ H_{n,n_0}^{\text{s},m} \end{Bmatrix}$，它表示第 n_0 个子区域中来自所有其他子区域的总散射场，即其他子区域对第 n_0 个子区域的作用；$\begin{Bmatrix} E_{n_0}^{\text{s}} \\ H_{n_0}^{\text{s}} \end{Bmatrix} = \sum_{m=1}^{\infty} \begin{Bmatrix} E_{n_0,n_0}^{\text{s},m} \\ H_{n_0,n_0}^{\text{s},m} \end{Bmatrix}$，它表示来自第 n_0 个子区域自身的所有阶散射场的总和。基于上面的分析，可以看到如图 3-24 所示的经典的 FDFD 计算模型仍然可以分别建立在每个子区域上，只是总场/散射场边界上的入射场需要修正为

$$\begin{Bmatrix} E_{n_0}^{\text{inc}} \\ H_{n_0}^{\text{inc}} \end{Bmatrix} = \begin{Bmatrix} E_{n_0}^{\text{inc,0}} \\ H_{n_0}^{\text{inc,0}} \end{Bmatrix} + \begin{Bmatrix} E_{n_0}^{\text{inc,s}} \\ H_{n_0}^{\text{inc,s}} \end{Bmatrix} \tag{3.171}$$

这就是非迭代型的技术——IFMR 技术。具体计算过程为：过程一，将各个散射体分别包含在各个子区域中，采用 Yee 网格分别对各个子区域进行空间离散，并在各个子区域中建立 FDFD 模型，采用总场/散射场边界将各个子区域分为总场计算区和散射场计算区；过程二，在各个子区域中的散射场计算区中分别提取出各个子区域的总散射场，并通过近场-远场变换得到各个 FDFD 子区域中的入射场。结合这两个过程，可以得到最终的矩阵方程。其中第二过程是各个散射体之间的耦合过程，并且从以上分析可以看出，IFMR 技术是 IMR 技术的迭代过程的极限。

下面讨论多区域的 IFMR 技术中所采用的近远场变换。

为简便起见，假设每个子区域中，用于近远场变换的采样点数目都为 L_{out}，总场/散射场边界上的节点数目都为 L_{in}。在每一个子区域中，总场/散射场边界节点上的入射场值都能够通过近远场变换用其他的子区域的 $(N-1)L_{\text{out}}$ 个采样点上的散射场值来表示。散射场可以展开为模式的级数，这一级数可以用来计算远区的散射场，实现近远场变换。

假设每个子区域中都保留其散射场的模式展开级数的前面 L_{mod} 项，基于模式展开级数的近远场变换意味着 N 次 L_{out} 个点到 L_{mod} 个点的变换和 N 次 $(N-1)L_{\text{mod}}$ 个点到 L_{in} 个点的变换，所以，它在最终矩阵方程中所产生的非零元素的数目为 $NL_{\text{mod}}(L_{\text{out}}+(N-1)L_{\text{in}})$。另外，每个子区域中的采样点数目 L_{out} 仅需要等于或大于模式展开项的数目 L_{mod}，而通常 L_{mod} 都是比较小的。需要指出的是，在将基于模式展开级数的近远场变换应用到 IFMR 技术时，模式展开项需要被截断而仅保留前面的几项，这意味着在那些被截断了的模式上的互耦作用被忽略了。

对于二维的情况，子区域 n 产生的散射场可以近似地表示为

$$\Phi = \sum_{m=-M}^{M} a_m^n H_m^{(2)}(k_0 r)\mathrm{e}^{\mathrm{j}m\theta} \tag{3.172}$$

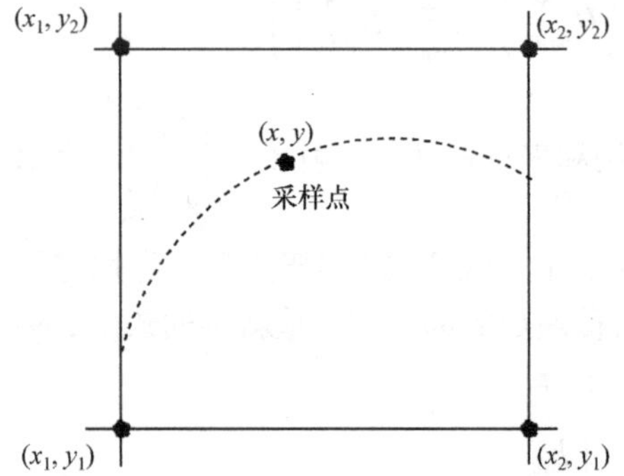

图 3-25　采样点邻近的四个 Yee 网格节点

式中，Φ 分别对应于 TE 波和 TM 波的 H_z 和 E_z。可以让采样点位于一个圆上，使得在采样点上的散射场的值到模式的系数的变换仅是一个离散傅里叶变换。对于矩形网格的 FDFD 方法，如图 3-25 所示，采样点不一定刚好落在 Yee 网格的节点上，然而采样点上的场值能够通过它附近节点上的场值来近似表示。这里采用如下近似

$$\begin{Bmatrix} E_{\text{sample}} \\ H_{\text{sample}} \end{Bmatrix} = (1-u)(1-v)\cdot\begin{Bmatrix} E_1 \\ H_1 \end{Bmatrix} + u(1-v)\cdot\begin{Bmatrix} E_2 \\ H_2 \end{Bmatrix} + uv\cdot\begin{Bmatrix} E_3 \\ H_3 \end{Bmatrix} + (1-u)v\cdot\begin{Bmatrix} E_4 \\ H_4 \end{Bmatrix} \tag{3.173}$$

式中，$\begin{Bmatrix} E_{\text{sample}} \\ H_{\text{sample}} \end{Bmatrix}$为采样点上的场值，$u=\dfrac{x-x_1}{x_2-x_1}$，$v=\dfrac{y-y_1}{y_2-y_1}$，$\begin{Bmatrix} E_i \\ H_i \end{Bmatrix}_{i=1,2,3,4}$为采样点附近的四个节点上的场值。

将未知数排列成$[\boldsymbol{\zeta}_1,\cdots,\boldsymbol{\zeta}_N,\boldsymbol{\alpha}]^{\mathrm{T}}$，其中$\boldsymbol{\zeta}_n$是一个列矢量，它表示第$n$个子区域中的所有 Yee 网格节点上相应的未知场值，而$\boldsymbol{\alpha}$表示所有子区域的散射场的模式的系数：$\boldsymbol{\alpha}=\left[\boldsymbol{\alpha}_{-M}^1,\cdots,\boldsymbol{\alpha}_M^1,\cdots,\boldsymbol{\alpha}_{-M}^n,\cdots,\boldsymbol{\alpha}_M^n,\cdots,\boldsymbol{\alpha}_{-M}^N,\cdots,\ \boldsymbol{\alpha}_M^N\right]^{\mathrm{T}}$。于是得到如下最终的矩阵方程，它是一个 Schur 补系统。

$$\begin{bmatrix} \boldsymbol{A}_{11} & \cdots & 0 & \boldsymbol{A}_{1,N+1} \\ \vdots & \ddots & \vdots & \vdots \\ 0 & \cdots & \boldsymbol{A}_{N,N} & \boldsymbol{A}_{N,N+1} \\ \boldsymbol{A}_{N+1,1} & \cdots & \boldsymbol{A}_{N+1,N} & \boldsymbol{A}_{N+1,N+1} \end{bmatrix} \begin{bmatrix} \boldsymbol{\zeta}_1 \\ \vdots \\ \boldsymbol{\zeta}_N \\ \boldsymbol{\alpha} \end{bmatrix} = \begin{bmatrix} \boldsymbol{b}_1 \\ \vdots \\ \boldsymbol{b}_N \\ 0 \end{bmatrix} \tag{3.174}$$

式中，矩阵块$\boldsymbol{A}_{n,n}$来源于子区域n中的 FDFD 基本差分方程；$\boldsymbol{A}_{n,N+1}$为各个子区域的散射场的模式系数到各个子区域的总场/散射场边界节点上的入射场的转换矩阵；$\boldsymbol{A}_{N+1,n}$为各个子区域的采样点的邻近节点上的场值到该子区域的散射场的模式系数的转换矩阵；$\boldsymbol{A}_{N+1,N+1}$为负的单位矩阵；$\boldsymbol{b}_n$为在子区域n中由总场/散射场边界所引入的表征外部入射场的激励矢量。求解方程(3.174)，就得到了该多体散射问题的解，而远区的场可由各个子区域的散射场的模式展开级数得到，从而得到多体散射问题的雷达散射截面。

图 3-26 为二维开域中的两个方形柱体，其中入射波为 TE 波，Yee 网格的边长为0.0125λ(其中λ是波长)，Mur 二阶吸收边界条件被用来截断计算区域。

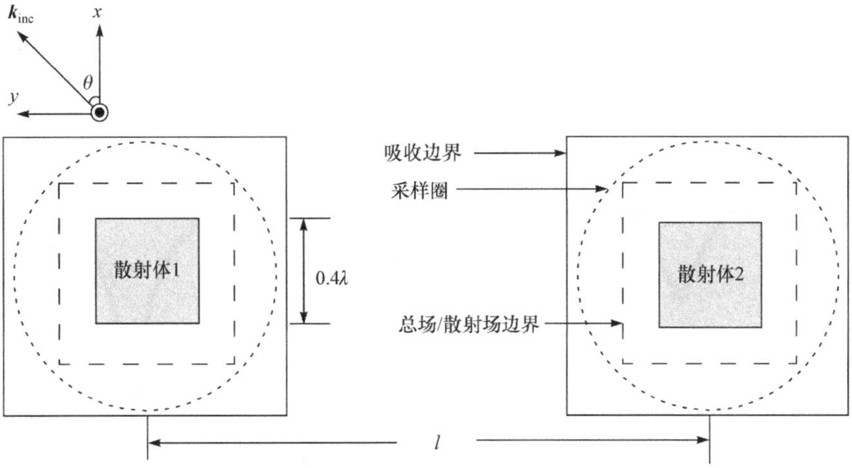

图 3-26　计算区域为两个小的子区域

对于 IFMR-FDTD 法和 IMR-FDFD 法，整个区域被划分成两个较小的子区域，在每个子区域中采样点的数目和模式级数中保留项的数目都被设成 11。当计算 RCS 时，基于模式展开级数的近远场变换被用于 IFMR-FDTD 和 IMR-FDFD 中，而基于频域格林函数的近远场变换被用于全域 FDFD 方法中。首先计算两个柱子的材料是理想导体的情况，并且两者之间的间距l为0.75λ；其次计算两个柱子的材料是相对介电常数为 8 的介质的情况，l 为 λ。对于 IMR 技术，在两种情况中它的最大迭代步数被设置为 2。表 3-2 给出了两个例子中三种方法的计算时间和未知数数量。

从表 3-2 中可以看到，在散射体为金属和介质的情况中，IFMR-FDFD 方法的计算时间和未知数的数量都是最小的。与全域 FDFD 方法相比较，随着子区域之间的间距变长，IFMR 技术的优势将变得更加明显。图 3-27 给出了三种方法所得到的 RCS 计算结果，可以看到三种方法的计算结果是吻合的。另外，从图 3-27 中还可以看到随着迭代步数的增加，IMR-FDFD 方法的计算结果趋于 IFMR-FDFD 方法的结果，验证了 IFMR 技术是 IMR 技术的迭代极限。

表 3-2　三种方法的归一化计算时间和未知数的数量

	散射体材质	归一化 计算时间	未知数数量
IFMR-FDFD 法	金属 介质	78.8% 65.0%	15200 21900
IMR-FDFD 法	金属 介质	94.8% 77.6%	15200 21900
全域 FDFD 法	金属 介质	100% 100%	20900 31200

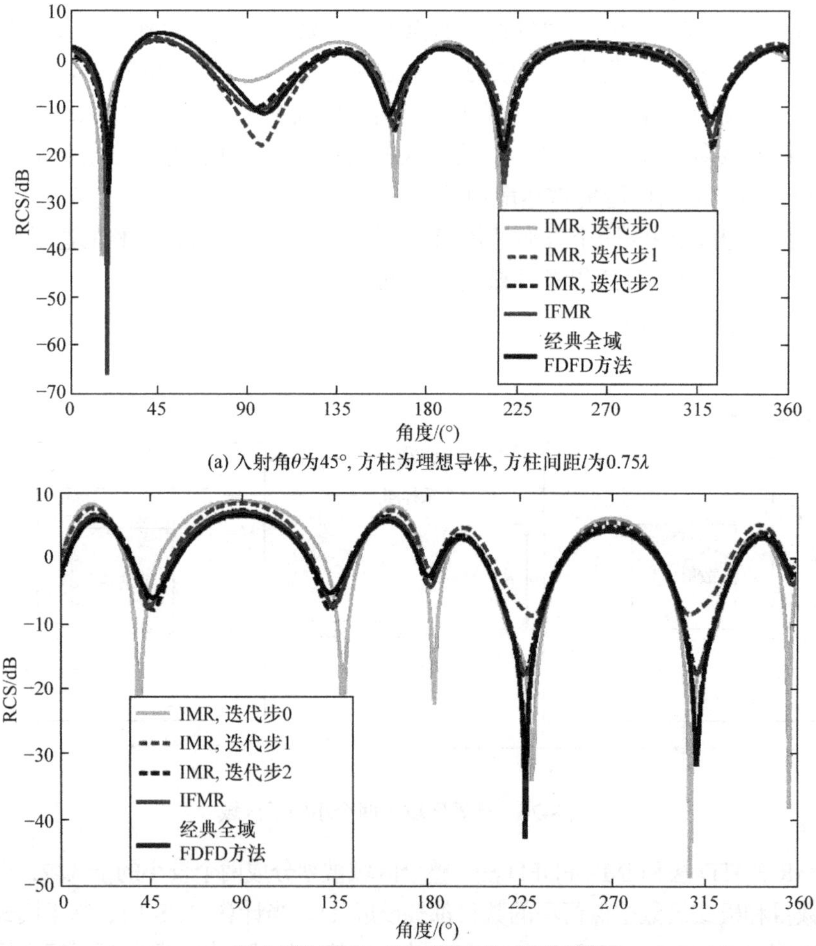

图 3-27　IFMR-FDTD 法、IMR-FDFD 法和全域 FDFD 方法的计算结果比较

参考文献

[1] Yee K S. Numerical solution of initial boundary value problems involving Maxwell's equations in isotropic media. IEEE Trans. Antennas Propagat., 1966, 14: 302-307

[2] Engquist B, Majda A. Absorbing boundary conditions for the numerical simulation of waves. Math Comput., 1977, 31(139): 629-651

[3] Mur G. Absorbing boundary conditions for the finite-difference approximation of the time-domain electromagnetic field equations. IEEE Trans. Electromagn. Compat., 1981, 23(4): 377-382

[4] Norgren M. A hybrid FDFD-BIE approach to two-dimensional scattering from an inhomogeneous biisotropic cylinder. Progr. Electrom. Res., 2002, 38:1-27

[5] Zheng G, Wang B Z. A scheme for a sparse global absorbing boundary condition for the finite-difference frequency-domain method. IEEE Antennas Wirel. Propag. Lett., 2010, 9: 459-462

[6] Harrington R F. Field Computation by Moment Methods. New York: McMillan. 1968

[7] 王竹溪, 郭敦仁. 特殊函数概论. 北京: 北京大学出版社, 2012

[8] 林为干. 微波理论与技术. 北京: 科学出版社, 1979

[9] Mongiardo M, Sorrentino R. Efficient and versatile analysis of microwave structures by combined mode matching and finite difference methods. IEEE Microw. Guided Wave Lett., 1993, 3(8):241-243

[10] Wiktor M, Mrozowski M. Efficient analysis of waveguide components using a hybrid PEE-FDFD algorithm. IEEE Microw. Wireless Compon. Lett., 2003, 13(9):396-398

[11] Zheng G, Wang B Z. A hybrid MM-FDFD method for the analysis of waveguides with multiple discontinuities. IEEE Antennas Wirel. Propag. Lett., 2012, 11:645-647

[12] Kong J A. Electromagnetic Wave Theory (影印版). 孔金瓯译. 北京: 高等教育出版社, 2002

[13] Moerloose J D, Zutter D D. Surface integral representation radiation boundary condition for the FDTD method. IEEE Trans. Antennas Propagat., 1993, 41(7): 890-896

[14] Taflove A, Hagness S C. Computational Electromagnetics: The Finite-Difference Time-Domain Method. 3rd ed. Boston: Artech House., 2005

[15] Zhao Y J, Wu K L, Cheng K K. A compact 2-D full-wave finite-difference frequency-domain method for general guided wave structures. IEEE Trans. Microw. Theory Tech., 2002, 50 (7): 1844-1848

[16] Wang B Z, Wang X, Shao W. 2D full-wave finite-difference frequency-domain method for lossy metal waveguide. Microw. Opt. Tech. Lett., 2004, 42(2): 158-161

[17] Ghione G, Goano M, Madonna G, et al. Microwave modeling and characterization of thick coplanar waveguides on oxide-coated Lithium Niobate substrates for electro-optical applications. IEEE Trans. Microw. Theory Tech., 1999, 47(8): 2287-2293

[18] 郑罡, 王秉中. 应用高阶二维频域有限差分方法分析导波结构. 2009 年全国天线年会, 成都: 2009, 1709-1711

[19] Zheng G, Wang B Z. Analysis of scattering from multiple objects by the finite-difference frequency-domain method with an iteration-free multiregion technique. IEEE Antennas Wirel. Propag. Lett., 2009, 8: 794-797

[20] Sharkawy M H A, Demir V, Elsherbeni A Z. The FDFD with iterative multi-region technique for the scattering from multiple three dimensional objects. IEEE/ACES International Conference on Wireless Communications and Applied Computational Electromagnetics, New York, 2005: 732-735

第 4 章　时域有限差分法 I——差分格式及解的稳定性

电磁场的有限差分解法，最初是在频域上进行的，随着计算机技术的发展和广泛应用，近年来，时域计算方法越来越受到重视。目前，时域有限差分(finite-difference time-domain，FDTD)法已日趋完善、应用广泛，显示出其独特的优越性。

4.1　FDTD 基本原理

FDTD 法直接求解依赖时间的麦克斯韦旋度方程，利用二阶精度的中心差分近似把旋度方程中的微分算符直接转换为差分形式，这样达到在一定体积内和一段时间上对连续电磁场的数据取样压缩。

4.1.1　Yee 的差分算法

考虑空间一个无源区域，其媒质的参数不随时间变化且各向同性，则时域麦克斯韦旋度方程可写成

$$\frac{\partial \boldsymbol{H}}{\partial t}=-\frac{1}{\mu}\nabla\times\boldsymbol{E}-\frac{\rho}{\mu}\boldsymbol{H} \tag{4.1}$$

$$\frac{\partial \boldsymbol{E}}{\partial t}=\frac{1}{\varepsilon}\nabla\times\boldsymbol{H}-\frac{\sigma}{\varepsilon}\boldsymbol{E} \tag{4.2}$$

在直角坐标系中，写成分量式，式(4.1)和(4.2)变为

$$\frac{\partial H_x}{\partial t}=\frac{1}{\mu}\left(\frac{\partial E_y}{\partial z}-\frac{\partial E_z}{\partial y}-\rho H_x\right) \tag{4.3}$$

$$\frac{\partial H_y}{\partial t}=\frac{1}{\mu}\left(\frac{\partial E_z}{\partial x}-\frac{\partial E_x}{\partial z}-\rho H_y\right) \tag{4.4}$$

$$\frac{\partial H_z}{\partial t}=\frac{1}{\mu}\left(\frac{\partial E_x}{\partial y}-\frac{\partial E_y}{\partial x}-\rho H_z\right) \tag{4.5}$$

$$\frac{\partial E_x}{\partial t}=\frac{1}{\varepsilon}\left(\frac{\partial H_z}{\partial y}-\frac{\partial H_y}{\partial z}-\sigma E_x\right) \tag{4.6}$$

$$\frac{\partial E_y}{\partial t}=\frac{1}{\varepsilon}\left(\frac{\partial H_x}{\partial z}-\frac{\partial H_z}{\partial x}-\sigma E_y\right) \tag{4.7}$$

$$\frac{\partial E_z}{\partial t}=\frac{1}{\varepsilon}\left(\frac{\partial H_y}{\partial x}-\frac{\partial H_x}{\partial y}-\sigma E_z\right) \tag{4.8}$$

这六个耦合偏微分方程是 FDTD 算法的基础。

1966 年，Yee 对上述 6 个耦合偏微分方程引入了一种差分格式[1]。Yee 采用中心差分来代替对时间、空间坐标的偏微分，具有二阶精确度。其中，对空间坐标偏微分的处理和第 3 章的 FDFD 算法相同，对时间偏微分的中心差分格式如下

$$\frac{\partial F^n(i,j,k)}{\partial t}=\frac{F^{n+\frac{1}{2}}(i,j,k)-F^{n-\frac{1}{2}}(i,j,k)}{\Delta t}+O\left((\Delta t)^2\right) \tag{4.9}$$

式中，Δt 为时间步长。

为获得式(4.9)的精度，Yee 将 $\boldsymbol{E}$ 和 $\boldsymbol{H}$ 在时间上相差半个步长交替计算。按照这些原则，可将式(4.3)～式(4.8)化为如下差分方程

$$\begin{aligned}H_x^{n+\frac{1}{2}}\left(i,j+\frac{1}{2},k+\frac{1}{2}\right)=&\frac{1-\dfrac{\rho\left(i,j+\frac{1}{2},k+\frac{1}{2}\right)\Delta t}{2\mu\left(i,j+\frac{1}{2},k+\frac{1}{2}\right)}}{1+\dfrac{\rho\left(i,j+\frac{1}{2},k+\frac{1}{2}\right)\Delta t}{2\mu\left(i,j+\frac{1}{2},k+\frac{1}{2}\right)}}H_x^{n-\frac{1}{2}}\left(i,j+\frac{1}{2},k+\frac{1}{2}\right)\\&+\frac{\Delta t}{\mu\left(i,j+\frac{1}{2},k+\frac{1}{2}\right)}\cdot\frac{1}{1+\rho\left(i,j+\frac{1}{2},k+\frac{1}{2}\right)\Delta t\Big/\left[2\mu\left(i,j+\frac{1}{2},k+\frac{1}{2}\right)\right]}\\&\times\left[\frac{E_y^n\left(i,j+\frac{1}{2},k+1\right)-E_y^n\left(i,j+\frac{1}{2},k\right)}{\Delta z}+\frac{E_z^n\left(i,j,k+\frac{1}{2}\right)-E_z^n\left(i,j+1,k+\frac{1}{2}\right)}{\Delta y}\right]\end{aligned} \tag{4.10}$$

$$\begin{aligned}H_y^{n+\frac{1}{2}}\left(i+\frac{1}{2},j,k+\frac{1}{2}\right)=&\frac{1-\dfrac{\rho\left(i+\frac{1}{2},j,k+\frac{1}{2}\right)\Delta t}{2\mu\left(i+\frac{1}{2},j,k+\frac{1}{2}\right)}}{1+\dfrac{\rho\left(i+\frac{1}{2},j,k+\frac{1}{2}\right)\Delta t}{2\mu\left(i+\frac{1}{2},j,k+\frac{1}{2}\right)}}H_y^{n-\frac{1}{2}}\left(i+\frac{1}{2},j,k+\frac{1}{2}\right)\\&+\frac{\Delta t}{\mu\left(i+\frac{1}{2},j,k+\frac{1}{2}\right)}\cdot\frac{1}{1+\rho\left(i+\frac{1}{2},j,k+\frac{1}{2}\right)\Delta t\Big/\left[2\mu\left(i+\frac{1}{2},j,k+\frac{1}{2}\right)\right]}\\&\times\left[\frac{E_z^n\left(i+1,j,k+\frac{1}{2}\right)-E_z^n\left(i,j,k+\frac{1}{2}\right)}{\Delta x}+\frac{E_x^n\left(i+\frac{1}{2},j,k\right)-E_x^n\left(i+\frac{1}{2},j,k+1\right)}{\Delta z}\right]\end{aligned} \tag{4.11}$$

$$H_z^{n+\frac{1}{2}}\left(i+\frac{1}{2},j+\frac{1}{2},k\right)=\frac{1-\dfrac{\rho\left(i+\frac{1}{2},j+\frac{1}{2},k\right)\Delta t}{2\mu\left(i+\frac{1}{2},j+\frac{1}{2},k\right)}}{1+\dfrac{\rho\left(i+\frac{1}{2},j+\frac{1}{2},k\right)\Delta t}{2\mu\left(i+\frac{1}{2},j+\frac{1}{2},k\right)}}H_z^{n-\frac{1}{2}}\left(i+\frac{1}{2},j+\frac{1}{2},k\right)$$

$$+\frac{\Delta t}{\mu\left(i+\frac{1}{2},j+\frac{1}{2},k\right)}\cdot\frac{1}{1+\rho\left(i+\frac{1}{2},j+\frac{1}{2},k\right)\Delta t\Big/\left[2\mu\left(i+\frac{1}{2},j+\frac{1}{2},k\right)\right]}$$

$$\times\left[\frac{E_x^n\left(i+\frac{1}{2},j+1,k\right)-E_x^n\left(i+\frac{1}{2},j,k\right)}{\Delta y}+\frac{E_y^n\left(i,j+\frac{1}{2},k\right)-E_y^n\left(i+1,j+\frac{1}{2},k\right)}{\Delta x}\right] \tag{4.12}$$

$$E_x^{n+1}\left(i+\frac{1}{2},j,k\right)=\frac{1-\dfrac{\sigma\left(i+\frac{1}{2},j,k\right)\Delta t}{2\varepsilon\left(i+\frac{1}{2},j,k\right)}}{1+\dfrac{\sigma\left(i+\frac{1}{2},j,k\right)\Delta t}{2\varepsilon\left(i+\frac{1}{2},j,k\right)}}E_x^n\left(i+\frac{1}{2},j,k\right)$$

$$+\frac{\Delta t}{\varepsilon\left(i+\frac{1}{2},j,k\right)}\cdot\frac{1}{1+\sigma\left(i+\frac{1}{2},j,k\right)\Delta t\Big/\left[2\varepsilon\left(i+\frac{1}{2},j,k\right)\right]}$$

$$\times\left[\frac{H_z^{n+\frac{1}{2}}\left(i+\frac{1}{2},j+\frac{1}{2},k\right)-H_z^{n+\frac{1}{2}}\left(i+\frac{1}{2},j-\frac{1}{2},k\right)}{\Delta y}+\frac{H_y^{n+\frac{1}{2}}\left(i+\frac{1}{2},j,k-\frac{1}{2}\right)-H_y^{n+\frac{1}{2}}\left(i+\frac{1}{2},j,k+\frac{1}{2}\right)}{\Delta z}\right] \tag{4.13}$$

$$E_y^{n+1}\left(i,j+\frac{1}{2},k\right)=\frac{1-\dfrac{\sigma\left(i,j+\frac{1}{2},k\right)\Delta t}{2\varepsilon\left(i,j+\frac{1}{2},k\right)}}{1+\dfrac{\sigma\left(i,j+\frac{1}{2},k\right)\Delta t}{2\varepsilon\left(i,j+\frac{1}{2},k\right)}}E_y^n\left(i,j+\frac{1}{2},k\right)$$

$$
+\frac{\Delta t}{\varepsilon\left(i,j+\frac{1}{2},k\right)}\cdot\frac{1}{1+\sigma\left(i,j+\frac{1}{2},k\right)\Delta t\Big/\left[2\varepsilon\left(i,j+\frac{1}{2},k\right)\right]}
$$

$$
\times\left[\frac{H_x^{n+\frac{1}{2}}\left(i,j+\frac{1}{2},k+\frac{1}{2}\right)-H_x^{n+\frac{1}{2}}\left(i,j+\frac{1}{2},k-\frac{1}{2}\right)}{\Delta z}+\frac{H_z^{n+\frac{1}{2}}\left(i-\frac{1}{2},j+\frac{1}{2},k\right)-H_z^{n+\frac{1}{2}}\left(i+\frac{1}{2},j+\frac{1}{2},k\right)}{\Delta x}\right]
\tag{4.14}
$$

$$
E_z^{n+1}\left(i,j,k+\frac{1}{2}\right)=\frac{1-\dfrac{\sigma\left(i,j,k+\frac{1}{2}\right)\Delta t}{2\varepsilon\left(i,j,k+\frac{1}{2}\right)}}{1+\dfrac{\sigma\left(i,j,k+\frac{1}{2}\right)\Delta t}{2\varepsilon\left(i,j,k+\frac{1}{2}\right)}}E_z^{n}\left(i,j,k+\frac{1}{2}\right)
$$

$$
+\frac{\Delta t}{\varepsilon\left(i,j,k+\frac{1}{2}\right)}\cdot\frac{1}{1+\sigma\left(i,j,k+\frac{1}{2}\right)\Delta t\Big/\left[2\varepsilon\left(i,j,k+\frac{1}{2}\right)\right]}
$$

$$
\times\left[\frac{H_y^{n+\frac{1}{2}}\left(i+\frac{1}{2},j,k+\frac{1}{2}\right)-H_y^{n+\frac{1}{2}}\left(i-\frac{1}{2},j,k+\frac{1}{2}\right)}{\Delta x}+\frac{H_x^{n+\frac{1}{2}}\left(i,j-\frac{1}{2},k+\frac{1}{2}\right)-H_x^{n+\frac{1}{2}}\left(i,j+\frac{1}{2},k+\frac{1}{2}\right)}{\Delta y}\right]
\tag{4.15}
$$

由式(4.10)～式(4.15)可见，在每一个网格点上各场分量的新值依赖于该点在前一时间步长时刻的值及该点周围邻近点上另一场量的场分量早半个时间步长时刻的值。因此，在任一给定时刻，场分量的计算可一次算出一个点，或者采用 P 个并行处理器一次算 P 个点(并行算法)。通过这些基本算式，逐个时间步长对模拟区域各网格点的电、磁场交替进行计算，在执行到适当的时间步数后，即可获得需要的时域数值结果。这种差分格式通常称为蛙跳格式。

在式(4.10)～式(4.15)形式的差分格式中，从第 n 层推进到第 $n+1$ 层时，格式提供了逐点计算 u_j^{n+1} 的直接表达式，具有这种特征的格式称为显式格式。与显式格式相对的是隐式格式，如 FDFD 法产生的差分格式，它通常必须求解一个代数方程组，问题才能得解。在 FDTD 法的显式蛙跳格式中，每一步计算都无须作矩阵求逆运算，避免了矩阵求逆运算带来的许多问题，这是该方法的一个突出优点。

习题 4-1　详细地由式(4.3)～式(4.8)导出式(4.10)～式(4.15)。

习题 4-2　对于无磁损耗($\rho=0$)的媒质，Yee 算法使磁通量守恒，即 $\oiint_S \boldsymbol{B}\cdot\boldsymbol{n}\mathrm{d}S=0$。

(1) 证明：差分近似式(4.10)～式(4.12)能保证磁通量守恒，即 Yee 算法能保证 $\nabla\cdot\boldsymbol{B}=0$ 成立。

(2) 据此，可知差分近似式(4.10)～式(4.12)中只有两式是独立的。例如，B_z 可以由 B_x 和 B_y 导出，而不必采用式(4.12)给出的时间步进公式。导出 Yee 算法中 B_z、B_x 与 B_y 的关系式。

习题 4-3 证明差分关系式(4.13)～式(4.15)能保证$\frac{\partial}{\partial t}\nabla\cdot\boldsymbol{D}=-\nabla\cdot\boldsymbol{J}$成立。同样，如果$\boldsymbol{J}$已知，式(4.13)～式(4.15)中只有两式是独立的。即在$\boldsymbol{J}$已知、$\nabla\cdot\boldsymbol{B}=0$条件下，6个场分量中的两个可以消去，从而减小内存占用。

4.1.2 环路积分解释

上面从麦克斯韦旋度方程出发，利用中点差分公式，导出了 Yee 的差分方程。其实，从积分形式的时域麦克斯韦方程、安培定律和法拉第定律，同样可以导出 Yee 的差分方程。为简化起见，这里考虑自由空间这种最简单的媒质情况。

如图 4-1 所示，将安培定律用于环路C_1，有

$$\frac{\partial}{\partial t}\iint_{S_1}\boldsymbol{D}\cdot \mathrm{d}\boldsymbol{S}_1=\oint_{C_1}\boldsymbol{H}\cdot \mathrm{d}\boldsymbol{l}_1 \tag{4.16}$$

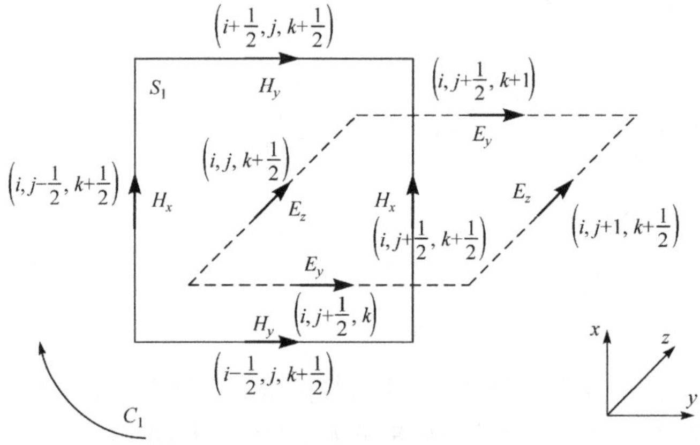

图 4-1 环路 C_1

假设场量在环路每一边中点的值等于场量在该边的平均值，于是

$$\begin{aligned}\text{右边}\approx &H_x\left(i,j-\frac{1}{2},k+\frac{1}{2}\right)\Delta x+H_y\left(i+\frac{1}{2},j,k+\frac{1}{2}\right)\Delta y\\&-H_x\left(i,j+\frac{1}{2},k+\frac{1}{2}\right)\Delta x-H_y\left(i-\frac{1}{2},j,k+\frac{1}{2}\right)\Delta y\end{aligned} \tag{4.17}$$

再假设$E_z\left(i,j,k+\frac{1}{2}\right)$等于$E_z$在小面元$S_1$的平均值，于是，用中点差分代替对时间的偏导，中点取在$t=\left(n+\frac{1}{2}\right)\Delta t$，得

$$\text{左边}\approx\frac{\varepsilon_0\Delta x\Delta y}{\Delta t}\left[E_z^{n+1}\left(i,j,k+\frac{1}{2}\right)-E_z^{n}\left(i,j,k+\frac{1}{2}\right)\right] \tag{4.18}$$

所以，由式(4.17)和式(4.18)得

$$E_z^{n+1}\left(i,j,k+\frac{1}{2}\right)=E_z^n\left(i,j,k+\frac{1}{2}\right)+\frac{\Delta t}{\varepsilon_0}\left[\frac{H_y^{n+\frac{1}{2}}\left(i+\frac{1}{2},j,k+\frac{1}{2}\right)-H_y^{n+\frac{1}{2}}\left(i-\frac{1}{2},j,k+\frac{1}{2}\right)}{\Delta x}\right.$$
$$\left.+\frac{H_x^{n+\frac{1}{2}}\left(i,j-\frac{1}{2},k+\frac{1}{2}\right)-H_x^{n+\frac{1}{2}}\left(i,j+\frac{1}{2},k+\frac{1}{2}\right)}{\Delta y}\right] \tag{4.19}$$

式(4.19)正是 Yee 的差分方程(4.15)在自由空间的简化形式。相似地，可以对 E_x、E_y 利用安培环路积分定律导出相应的差分方程。

同样，可以将法拉第定律用于图 4-2 所示的环路 C_2

$$\frac{\partial}{\partial t}\iint_{S_2}\boldsymbol{B}\cdot \mathrm{d}\boldsymbol{S}_2=-\oint_{C_2}\boldsymbol{E}\cdot \mathrm{d}\boldsymbol{l}_2 \tag{4.20}$$

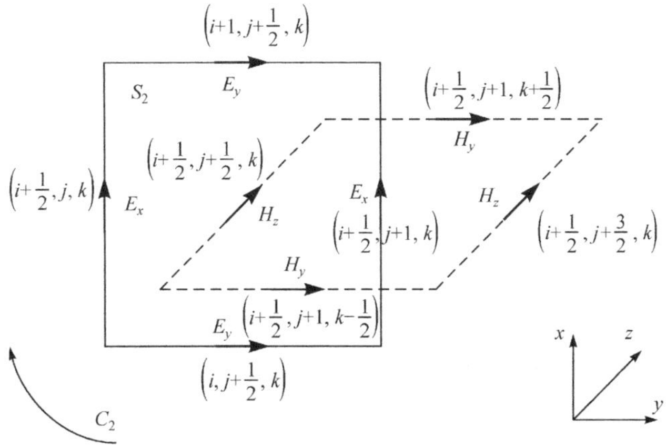

图 4-2　环路 C_2

假设场量在环路每一边中点的值等于场量在该边的平均值，于是

$$\text{右边}\approx -E_x\left(i+\frac{1}{2},j,k\right)\Delta x-E_y\left(i+1,j+\frac{1}{2},k\right)\Delta y+E_x\left(i+\frac{1}{2},j+1,k\right)\Delta x+E_y\left(i,j+\frac{1}{2},k\right)\Delta y \tag{4.21}$$

再假设 $H_z\left(i+\frac{1}{2},j+\frac{1}{2},k\right)$ 等于 H_z 在小面元 S_2 的平均值，于是，用中点差分代替对时间的偏导，中点取在 $t=n\Delta t$ 处，得

$$\text{左边}\approx \frac{\mu_0\Delta x\Delta y}{\Delta t}\left[H_z^{n+\frac{1}{2}}\left(i+\frac{1}{2},j+\frac{1}{2},k\right)-H_z^{n-\frac{1}{2}}\left(i+\frac{1}{2},j+\frac{1}{2},k\right)\right] \tag{4.22}$$

由式(4.21)和式(4.22)得

$$H_z^{n+\frac{1}{2}}\left(i+\frac{1}{2},j+\frac{1}{2},k\right)=H_z^{n-\frac{1}{2}}\left(i+\frac{1}{2},j+\frac{1}{2},k\right)$$
$$+\frac{\Delta t}{\mu_0}\left[\frac{E_x^n\left(i+\frac{1}{2},j+1,k\right)-E_x^n\left(i+\frac{1}{2},j,k\right)}{\Delta y}+\frac{E_y^n\left(i,j+\frac{1}{2},k\right)-E_y^n\left(i+1,j+\frac{1}{2},k\right)}{\Delta x}\right] \tag{4.23}$$

式(4.23)正是 Yee 的差分方程式(4.12)在自由空间的简化形式。相似地，可以对 H_x、H_y 利用法拉第定律导出相应的差分方程。

上述过程不仅获得了 Yee 的差分格式，更重要的是，它指出了另一条差分离散化的途径，即从麦克斯韦方程组的积分形式(安培定律、法拉第定律)出发进行离散化，这对于处理细线、槽缝、弯曲表面等结构特别方便，可将环路路径选取来与弯曲表面、槽缝等结构共形相配。

4.2 解的稳定性条件

在 FDTD 中，时间增量Δt 和空间增量Δx、Δy 和Δz 不是相互独立的，它们的取值必须满足一定的关系，以避免数值结果的不稳定，这种不稳定性表现为在解显式差分方程时，随着时间步数的继续增加，计算结果也将无限制地增加。

为了确定数值解稳定的条件，必须考虑在 FDTD 算法中出现的数值波模，其基本方法是把有限差分算式分解为时间的和空间的本征值问题。我们知道，任何波都能展开为平面波谱的叠加。因此，如果一种算法对一平面波是不稳定的，它对任何波都是不稳定的。所以，这里只需考虑平面波本征模在数值空间中传播，这些模的本征值谱由数值空间微分方程来确定，并与由数值时间微分方程确定的稳定本征值谱比较。按要求，空间本征值谱域必须全包含在稳定区间，以确保这种算法中所有可能的数值波模是稳定的。

为简单起见，仅考虑无耗媒质空间，E_z、H_z 的 FDTD 方程简化为

$$\frac{E_z^{n+1}\left(i,j,k+\frac{1}{2}\right)-E_z^{n}\left(i,j,k+\frac{1}{2}\right)}{\Delta t}=\frac{1}{\varepsilon}\left[\frac{H_y^{n+\frac{1}{2}}\left(i+\frac{1}{2},j,k+\frac{1}{2}\right)-H_y^{n+\frac{1}{2}}\left(i-\frac{1}{2},j,k+\frac{1}{2}\right)}{\Delta x}-\frac{H_x^{n+\frac{1}{2}}\left(i,j+\frac{1}{2},k+\frac{1}{2}\right)-H_x^{n+\frac{1}{2}}\left(i,j-\frac{1}{2},k+\frac{1}{2}\right)}{\Delta y}\right] \tag{4.24}$$

$$\frac{H_z^{n+\frac{1}{2}}\left(i+\frac{1}{2},j+\frac{1}{2},k\right)-H_z^{n-\frac{1}{2}}\left(i+\frac{1}{2},j+\frac{1}{2},k\right)}{\Delta t}=-\frac{1}{\mu}\left[\frac{E_y^{n}\left(i+1,j+\frac{1}{2},k\right)-E_y^{n}\left(i,j+\frac{1}{2},k\right)}{\Delta x}-\frac{E_x^{n}\left(i+\frac{1}{2},j+1,k\right)-E_x^{n}\left(i+\frac{1}{2},j,k\right)}{\Delta y}\right] \tag{4.25}$$

对其余四个分量也可求得完全类似的方程。

由这些方程的左边可构成各相应场分量的时间本征值方程。若用 V 代表各分量，则这些方程可写成统一的形式

$$\frac{V^{n+\frac{1}{2}}-V^{n-\frac{1}{2}}}{\Delta t}=\lambda V^n \tag{4.26}$$

定义一个增长因子 $q=V^{n+\frac{1}{2}}/V^n$，根据冯·诺依曼的稳定性条件，要求 $|q|\leqslant 1$。将之代入式(4.26)，两边同除以 $V^{n-\frac{1}{2}}$，可得到 q 必须满足的二次方程

$$q^2-\lambda\Delta t q-1=0 \tag{4.27}$$

其解为

$$q=\frac{\lambda\Delta t}{2}\pm\sqrt{1+\left(\frac{\lambda\Delta t}{2}\right)^2} \tag{4.28}$$

不难证明，为满足 $|q|\leqslant 1$ 的条件，只要

$$\mathrm{Re}(\lambda)=0,\ -\frac{2}{\Delta t}\leqslant \mathrm{Im}(\lambda)\leqslant\frac{2}{\Delta t} \tag{4.29}$$

也就是说，为保证算法的稳定性，时间本征值必须落在虚轴上的这个稳定区间。

另外，将式(4.30)表示的平面波本征模

$$V(i,j,k)=V\,\mathrm{e}^{\mathrm{j}(ik_x\Delta x+jk_y\Delta y+kk_z\Delta z)} \tag{4.30}$$

代入式(4.24)和式(4.25)，可以得到各分量之间的关系，其中 E_z 和 H_z 的表示式为

$$\mathrm{j}\frac{2}{\varepsilon}\left[\frac{H_y}{\Delta x}\sin\left(\frac{k_x\Delta x}{2}\right)-\frac{H_x}{\Delta y}\sin\left(\frac{k_y\Delta y}{2}\right)\right]=\lambda E_z \tag{4.31}$$

$$-\mathrm{j}\frac{2}{\mu}\left[\frac{E_y}{\Delta x}\sin\left(\frac{k_x\Delta x}{2}\right)-\frac{E_x}{\Delta y}\sin\left(\frac{k_y\Delta y}{2}\right)\right]=\lambda H_z \tag{4.32}$$

另外四个分量的表示式为

$$\mathrm{j}\frac{2}{\varepsilon}\left[\frac{H_z}{\Delta y}\sin\left(\frac{k_y\Delta y}{2}\right)-\frac{H_y}{\Delta z}\sin\left(\frac{k_z\Delta z}{2}\right)\right]=\lambda E_x \tag{4.33}$$

$$\mathrm{j}\frac{2}{\varepsilon}\left[\frac{H_x}{\Delta z}\sin\left(\frac{k_z\Delta z}{2}\right)-\frac{H_z}{\Delta x}\sin\left(\frac{k_x\Delta x}{2}\right)\right]=\lambda E_y \tag{4.34}$$

$$-\mathrm{j}\frac{2}{\mu}\left[\frac{E_z}{\Delta y}\sin\left(\frac{k_y\Delta y}{2}\right)-\frac{E_y}{\Delta z}\sin\left(\frac{k_z\Delta z}{2}\right)\right]=\lambda H_x \tag{4.35}$$

$$-\mathrm{j}\frac{2}{\mu}\left[\frac{E_x}{\Delta z}\sin\left(\frac{k_z\Delta z}{2}\right)-\frac{E_z}{\Delta x}\sin\left(\frac{k_x\Delta x}{2}\right)\right]=\lambda H_y \tag{4.36}$$

用矩阵形式可将方程(4.31)～方程(4.36)表示为

$$[A]\begin{bmatrix} E_x \\ E_y \\ E_z \\ H_x \\ H_y \\ H_z \end{bmatrix} = 0 \tag{4.37}$$

由该齐次方程组有非零解的条件

$$\det\left[\boldsymbol{A}\left(\lambda, k_x, k_y, k_z, \Delta x, \Delta y, \Delta z, \varepsilon, \mu\right)\right] = 0 \tag{4.38}$$

可解得

$$\lambda^2 = -\frac{4}{\varepsilon\mu}\left[\frac{\sin^2\left(\dfrac{k_x \Delta x}{2}\right)}{(\Delta x)^2} + \frac{\sin^2\left(\dfrac{k_y \Delta y}{2}\right)}{(\Delta y)^2} + \frac{\sin^2\left(\dfrac{k_z \Delta z}{2}\right)}{(\Delta z)^2}\right] \tag{4.39}$$

很显然，对所有可能的 k_x、k_y 和 k_z，λ 满足下列条件

$$\mathrm{Re}(\lambda) = 0,\ \left|\mathrm{Im}(\lambda)\right| \leqslant 2v\sqrt{\frac{1}{(\Delta x)^2} + \frac{1}{(\Delta y)^2} + \frac{1}{(\Delta z)^2}} \tag{4.40}$$

式中，$v = 1/\sqrt{\varepsilon\mu}$。为保证数值稳定性，式(4.40)所示的 λ 区域必须落入时间本征值的稳定区之内，于是，由式(4.29)和式(4.40)可得

$$\Delta t \leqslant \frac{1}{v\sqrt{\dfrac{1}{(\Delta x)^2} + \dfrac{1}{(\Delta y)^2} + \dfrac{1}{(\Delta z)^2}}} \tag{4.41}$$

这便是 FDTD 算法的数值稳定条件。对非均匀区域，应选最大的 v 值设立标准。对二维问题(例如，场不随 z 变化)，可令式(4.41)中 $\Delta z \to \infty$，得到相应的稳定条件。

此外，数值色散也是 FDTD 法中必须考虑的一个因素，其分析过程和结果与 FDFD 法的类似，这里就不再赘述。

习题 4-4　由式(4.31)～式(4.36)，导出式(4.39)。

4.3　非均匀网格

在实际应用中，材料/结构的特征尺寸的变化范围可能很大，精确建模需要对局部细微结构附近的场做细致的模拟。如果采用较粗的均匀网格，有些细微结构的边界难以准确地落在网格线上。若采用全局均匀网格细化，必然导致网格数剧增，计算量庞大，并且对远离细微结构的场区，场的变化较平缓，也没有必要采用过细的网格。为此，可采用非均匀网格技术，在细微结构附近采用细网格，在其他地方采用粗网格，达到既细致地描述了局部细微结构、又保持了计算量适当的目的。

非均匀网格技术可分为两大类。第一类是渐变非均匀网格，该方法在空间上采用渐变步长，配合被模拟对象的结构或材料的空间变化，按需调整空间步长。由于采用统一的时间步长，编程执行较为容易。第二类是在局部区域采用均匀细网格，在全域采用粗网格。在细网

格区域，若空间步长为粗格的 $1/n$，则时间步长也通常取为全域时间步长的 $1/n$。在各自网格中都采用均匀网格公式计算，技术的关键在于主网格/局部网格分界面处场信息的交换。下面将分别介绍这两类技术。此外，还要在本节最后介绍共形网格技术。

4.3.1 渐变非均匀网格

下面讨论直角坐标系中的渐变非均匀网格。设主网格中各网格点的坐标分别为 $\{x_i;i=1,\cdots,N_x\},\{y_j;j=1,\cdots,N_y\},\{z_k;k=1,\cdots,N_z\}$。网格点之间的边长为

$$\begin{gathered}\{\Delta x_i = x_{i+1}-x_i;i=1,\cdots,N_x-1\}\\ \{\Delta y_j = y_{j+1}-y_j;j=1,\cdots,N_y-1\}\\ \{\Delta z_k = z_{k+1}-z_k;k=1,\cdots,N_z-1\}\end{gathered} \tag{4.42}$$

各单元的中心坐标为

$$x_{i+\frac{1}{2}} = x_i + \frac{\Delta x_i}{2},\ y_{j+\frac{1}{2}} = y_j + \frac{\Delta y_j}{2},\ z_{k+\frac{1}{2}} = z_k + \frac{\Delta z_k}{2} \tag{4.43}$$

于是，辅助网格中各网格点之间的边长为

$$\begin{gathered}\left\{h_i^x = \frac{\Delta x_i + \Delta x_{i-1}}{2};i=2,\cdots,N_x\right\},\left\{h_j^y = \frac{\Delta y_j + \Delta y_{j-1}}{2};j=2,\cdots,N_y\right\},\\ \left\{h_k^z = \frac{\Delta z_k + \Delta z_{k-1}}{2};k=2,\cdots,N_z\right\}\end{gathered} \tag{4.44}$$

电磁场各分量的取样点如下

$$E_x^n\left(i+\frac{1}{2},j,k\right) \equiv E_x\left(x_{i+\frac{1}{2}},y_j,z_k,n\Delta t\right) \tag{4.45}$$

$$E_y^n\left(i,j+\frac{1}{2},k\right) \equiv E_y\left(x_i,y_{j+\frac{1}{2}},z_k,n\Delta t\right) \tag{4.46}$$

$$E_z^n\left(i,j,k+\frac{1}{2}\right) \equiv E_z\left(x_i,y_j,z_{k+\frac{1}{2}},n\Delta t\right) \tag{4.47}$$

$$H_x^{n+\frac{1}{2}}\left(i,j+\frac{1}{2},k+\frac{1}{2}\right) \equiv H_x\left[x_i,y_{j+\frac{1}{2}},z_{k+\frac{1}{2}},\left(n+\frac{1}{2}\right)\Delta t\right] \tag{4.48}$$

$$H_y^{n+\frac{1}{2}}\left(i+\frac{1}{2},j,k+\frac{1}{2}\right) \equiv H_y\left[x_{i+\frac{1}{2}},y_j,z_{k+\frac{1}{2}},\left(n+\frac{1}{2}\right)\Delta t\right] \tag{4.49}$$

$$H_z^{n+\frac{1}{2}}\left(i+\frac{1}{2},j+\frac{1}{2},k\right) \equiv H_z\left[x_{i+\frac{1}{2}},y_{j+\frac{1}{2}},z_k,\left(n+\frac{1}{2}\right)\Delta t\right] \tag{4.50}$$

渐变非均匀网格的 FDTD 差分格式可以从下列麦克斯韦方程的积分形式导出

$$\oint_C \boldsymbol{E}\cdot \mathrm{d}\boldsymbol{l} = -\frac{\partial}{\partial t}\iint_S \boldsymbol{B}\cdot \mathrm{d}\boldsymbol{S} - \iint_S \boldsymbol{M}\cdot \mathrm{d}\boldsymbol{S} \tag{4.51}$$

$$\oint_{C'} \boldsymbol{H}\cdot \mathrm{d}\boldsymbol{l} = \frac{\partial}{\partial t}\iint_{S'} \boldsymbol{D}\cdot \mathrm{d}\boldsymbol{S} + \iint_{S'} \sigma\boldsymbol{E}\cdot \mathrm{d}\boldsymbol{S} + \iint_{S'} \boldsymbol{J}\cdot \mathrm{d}\boldsymbol{S} \tag{4.52}$$

方程(4.51)中的面积分在主网格的一个单元面上进行，线积分在环绕该面元的边界上进行。图 4-3 给出了以 H_z 为中心的一个环路积分的例子，以 H_x、H_y 为中心的环路积分可相似地进行。方程(4.52)中的面积分在辅助网格的一个单元面上进行，线积分在环绕该面元的边界上进行。图 4-4 给出了以 E_z 为“中心”的一个环路积分的例子，以 E_x、E_y 为中心的环路积分可相似地进行。

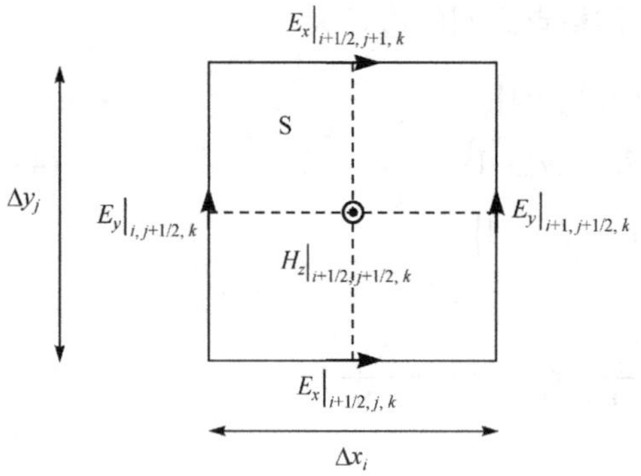

图 4-3　以 H_z 为中心的环路积分

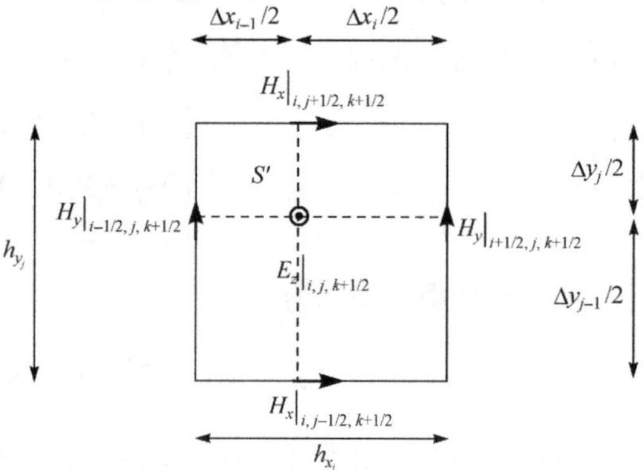

图 4-4　以 E_z 为“中心”的环路积分

于是，按照 4.1.2 节中的处理方法，可得下列非均匀网格的 FDTD 差分格式

$$
\begin{aligned}
H_z^{n+\frac{1}{2}}\left(i+\frac{1}{2},j+\frac{1}{2},k\right) &= H_z^{n-\frac{1}{2}}\left(i+\frac{1}{2},j+\frac{1}{2},k\right) \\
&-\frac{\Delta t}{\mu\left(i+\frac{1}{2},j+\frac{1}{2},k\right)}\left[\frac{E_x^n\left(i+\frac{1}{2},j,k\right)-E_x^n\left(i+\frac{1}{2},j+1,k\right)}{\Delta y_j}\right. \\
&\left.+\frac{E_y^n\left(i+1,j+\frac{1}{2},k\right)-E_y^n\left(i,j+\frac{1}{2},k\right)}{\Delta x_i}+M_z^n\left(i+\frac{1}{2},j+\frac{1}{2},k\right)\right]
\end{aligned} \tag{4.53}
$$

$$
\begin{aligned}
E_z^{n+1}\left(i,j,k+\frac{1}{2}\right) &= \frac{2\varepsilon\left(i,j,k+\frac{1}{2}\right)-\Delta t\sigma\left(i,j,k+\frac{1}{2}\right)}{2\varepsilon\left(i,j,k+\frac{1}{2}\right)+\Delta t\sigma\left(i,j,k+\frac{1}{2}\right)}E_z^n\left(i,j,k+\frac{1}{2}\right) \\
&+\frac{2\Delta t}{2\varepsilon\left(i,j,k+\frac{1}{2}\right)+\Delta t\sigma\left(i,j,k+\frac{1}{2}\right)}\left\{\frac{H_x^{n+\frac{1}{2}}\left(i,j-\frac{1}{2},k+\frac{1}{2}\right)-H_x^{n+\frac{1}{2}}\left(i,j+\frac{1}{2},k+\frac{1}{2}\right)}{h_{y_j}}\right. \\
&\left.+\frac{H_y^{n+\frac{1}{2}}\left(i+\frac{1}{2},j,k+\frac{1}{2}\right)-H_y^{n+\frac{1}{2}}\left(i-\frac{1}{2},j,k+\frac{1}{2}\right)}{h_{x_i}}-J_z^{n+\frac{1}{2}}\left(i,j,k+\frac{1}{2}\right)\right\}
\end{aligned} \tag{4.54}
$$

对其他几个分量，也可导出相应的 FDTD 差分格式。非均匀网格 FDTD 差分格式的稳定条件是

$$\Delta t \leqslant \frac{1}{v\sqrt{\dfrac{1}{\left(\Delta x_{i,\min}\right)^2}+\dfrac{1}{\left(\Delta y_{j,\min}\right)^2}+\dfrac{1}{\left(\Delta z_{k,\min}\right)^2}}} \tag{4.55}$$

显然，由于Δt按与最小空间步长对应的稳定条件选取，计算效率不高。

方程(4.53)是二阶精度的，这是因为H_x、H_y和H_z所在点位于主网格各面单元的中心，时间、空间差分都是严格的中心差分格式。与此不同，方程(4.54)是局部一阶精度的，因为E_x、E_y和E_z所在点一般来说并不位于辅助网格各面单元的中心，由环路积分导出的差分格式只有一阶精度。当然，也可以采用非等步长的二阶精度差分格式，不过，这将使公式趋于复杂。幸运的是，有人曾证明，尽管存在局部的一阶误差，上述渐变非均匀网格 FDTD 差分格式在全局上却是二阶精度的。

渐变非均匀网格 FDTD 差分格式在分析微波平面电路时非常有用。在这类电路中，通常有非常细微的不连续性结构需要细致的模拟。同时，微波平面电路通常放在一个开放的媒质中，在远离电路处，场的变化较缓慢。采用非均匀网格，既可以用细网格准确地模拟电路中锐边、拐角处场的奇异性，又可用粗网格很好地模拟远区场，在保证精度的条件下，压缩了计算单元数和存储量，减少了计算量。

值得注意的是，网格的尺寸不能变化太快，否则，如前面 3.1.3 节中所分析的那样，可能由于数值色散引起较大的伪折射误差。一般来说，可按下列准则来选取步长

$$0.5\Delta x_{i+1} \leqslant \Delta x_i \leqslant 2\Delta x_{i+1} \tag{4.56}$$

习题 4-5　由式(4.51)和式(4.52)导出E_x、E_y、H_x、H_y的非均匀网格差分格式。

4.3.2　局部细网格

早期的局部细网格技术采用两轮执行方式。首先，在全域粗网格中按大时间步长执行 FDTD 过程，同时记录全域/局部网格交界面场的时间变化信息。然后，在局部细网格中按小时间步长执行 FDTD 过程，执行过程中调入记录的边界场信息，通过恰当的插值处理作为局部细网格区域的边界条件。上述两轮计算在执行时相互分离，各自执行的是均匀网格中的 FDTD 仿真。

近期的局部细网格技术采用同时执行方式，全域粗网格(main-grid)和局部细网格(local-grid)的时间步进过程交替嵌套进行。设粗细网格的比例是 3∶1，分界面位于切向磁场取样面上，如图 4-5 所示。

图 4-5 中，大写字母(E, H)代表全域粗网格点上的场，小写字母(e, h)代表局部细网格点上的场。相应地，每一全域大时间步长包含三个局部小时间步长，如图 4-6 所示。

步骤 1　在包含细网格区的全域粗网格上利用 Yee 方程求得E^{n+1}和$H^{n+\frac{3}{2}}$。

步骤 2　在局部细网格上利用 Yee 方程步进两次(两个局部小时间步长)求得e^{n+1}和$h^{n+1+\frac{1}{6}}$。分界面上的h值通过下列插值公式获得。

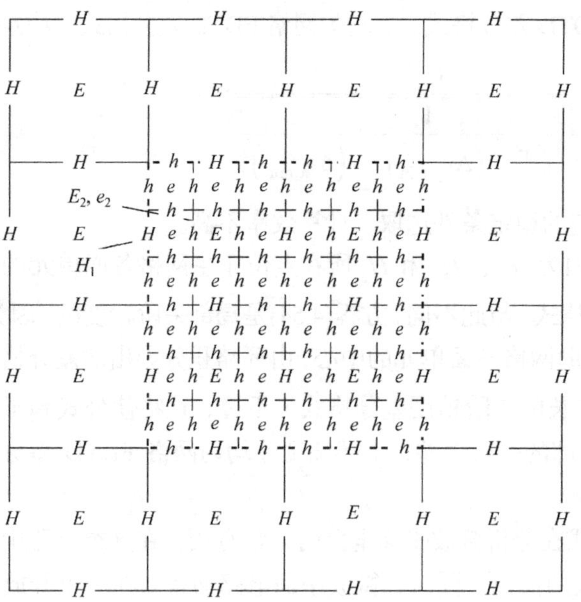

图 4-5　全域粗网格和局部细网格的二维切片图

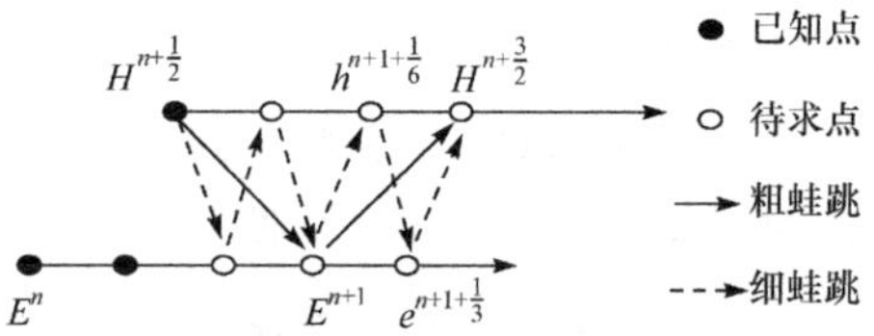

图 4-6　局部细网格 FDTD 算法的蛙跳格式

局部细网格 FDTD 算法蛙跳格式的具体执行过程如下。

(1) 时间插值。

$$H^{n+\frac{1}{2}+v} = H^{n+\frac{1}{2}} + Av + \frac{Bv^2}{2} \tag{4.57}$$

$$A = \frac{H^{n+\frac{3}{2}} - H^{n-\frac{1}{2}}}{2} \tag{4.58}$$

$$B = H^{n+\frac{3}{2}} - 2H^{n+\frac{1}{2}} + H^{n-\frac{1}{2}} \tag{4.59}$$

(2) 空间插值(图 4-7)。

$$h_1 = \frac{2}{3}H_5 + \frac{1}{3}H_2 \tag{4.60}$$

$$h_2 = \frac{1}{3}H_5 + \frac{2}{3}\frac{H_2 + H_3 + H_5 + H_6}{4} \tag{4.61}$$

$$h_3 = \frac{2}{3}H_5 + \frac{1}{3}H_6 \tag{4.62}$$

由插值引起的误差将对稳定性有所影响，因此，在取粗细网格的时间步长时，通常要比全均匀网格时的步长小 1.2 倍以上。

影响稳定性的第二个原因来自于计算分界面处场所采用的方法与计算细网格内部场的方法存在差异，这是无法通过减小时间步长消除的。参考图 4-8，H_1 位于分界面且为粗网格取样点，h_2 和 h_3 为邻近的细网格内部取样点。H_1 采用粗网格 Yee 方程计算，h_2 采用细网格 Yee 方程计算。因此，在该相邻两点存在求解方程的不连续性，可能引起时间步进过程的不稳定。在两次局部时间步进中，为改善稳定性，通过加权和平均的方法，利用式(4.63)对分界面后退一细格处的 h_2 进行修正

$$h_2 = 0.95 h_{2\text{LOCAL}} + 0.05 \frac{H_1 + h_3}{2} \tag{4.63}$$

式中，$h_{2\text{LOCAL}}$ 是由细网格 Yee 方程计算的值，H_1 是由粗网格 Yee 方程加时间插值公式[式(4.57)]计算得的值。这里，0.95 和 0.05 是经验值，可根据具体情况进行调整。

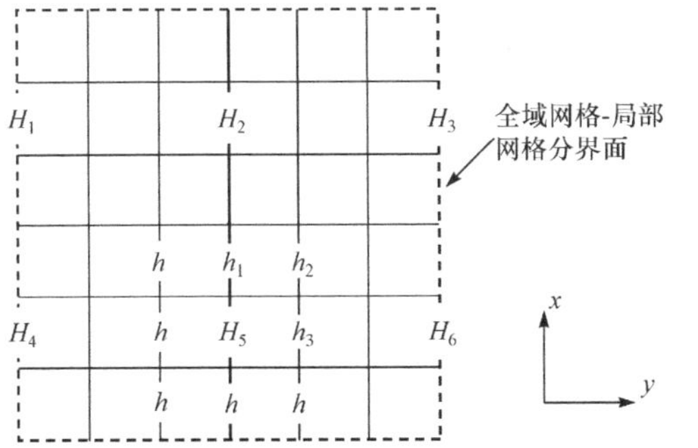

图 4-7　分界面上粗细网格取样点的位置

H：分界面上与全域网格重合的 *x* 方向的局部网格磁场，*h*：分界面上 H_5 周围与全域网格不重合的 *x* 方向的局部网格磁场

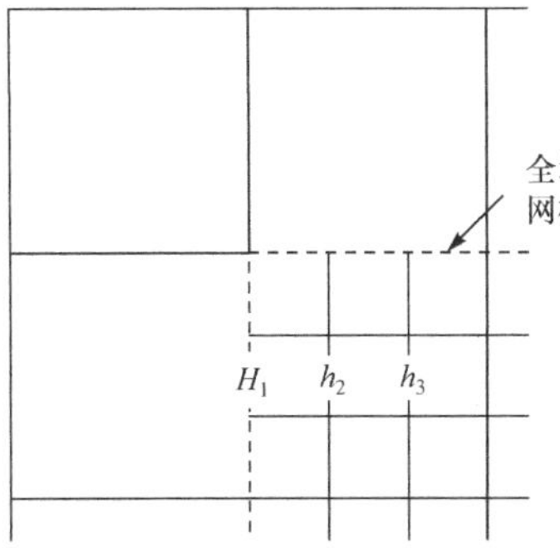

图 4-8　通过加权修正邻近分界面的磁场 h_2 以改善稳定性

步骤 3　对于细网格区内最接近于分界面的粗网格取样点，例如，图 4-5 中的 (E_2/e_2) 点，采用下列加权公式

$$E_2 = 0.8 E_{2\text{MAIN}} + 0.2 e_{2\text{LOCAL}} \tag{4.64}$$

$$e_2 = 0.2 E_{2\text{MAIN}} + 0.8 e_{2\text{LOCAL}} \tag{4.65}$$

作为该点的 E^{n+1}/e^{n+1} 取值，可以改善由粗细网格分界面引入的反射。

步骤 4　在局部细网格上利用 Yee 方程步进一个局部时间步长获得 $e^{n+1+\frac{1}{3}}$ 和 $h^{n+\frac{3}{2}}$。相似地，分界面上的 h 值用式(4.57)～式(4.62)获得，从分界面后退一细格处的 h 值用式(4.63)修正。

步骤 5　将所有粗细网格取样点重合处的 h 值传递给相应 H。至此，完成一个周期的时间步进，步进过程又从头开始。

对于局部细网格算法来说，其关键技术是粗细网格间的信息交换，好的交换方法将大大增加时间步进过程的稳定性，同时减小网格分界面引起的反射。

4.4 共 形 网 格

4.4.1 细槽缝问题

前面已经提到，从麦克斯韦方程的积分形式出发，进行离散化处理，可将环路路径选取来同槽缝、小孔等结构共形相配，可以实现对特殊边界的良好模拟。

如图 4-9 所示是一个二维的槽缝被 TE 平面波照射的问题，场不随 z 坐标变化，槽缝很窄，若以小于槽缝宽度的步长计算，则划分网格过多，计算量过大。现选取步长略大于槽宽 g，考虑路径 C_1、C_2 和 C_3，利用法拉第定律导出 H_z 场分量的 FDTD 方程，其余远离槽缝及导电屏障的单元按标准 FDTD 方程处理[2,3]。

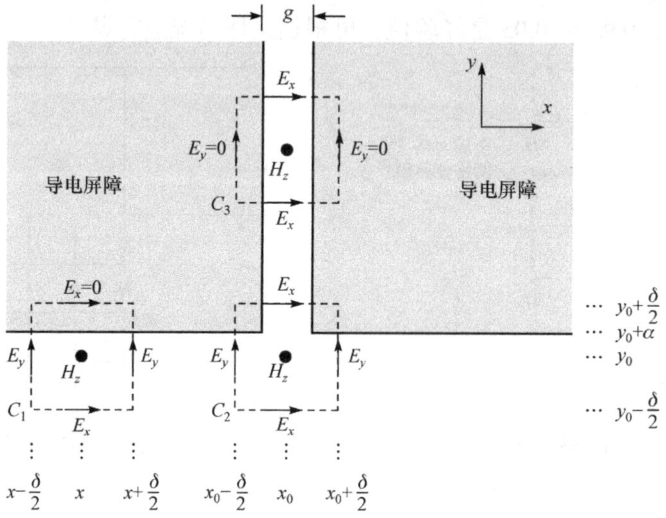

图 4-9 细槽缝附近的差分网格

路径 C_1：设 H_z、E_y 沿 y 方向无变化，在中点的 H_z、E_x 为整段区域上场量的平均值，在导体屏障内电磁场为零。于是，由法拉第定律，得

$$\frac{H_z^{n+\frac{1}{2}}(x,y_0)-H_z^{n-\frac{1}{2}}(x,y_0)}{\Delta t} = \frac{\left[E_y^n\left(x-\frac{\delta}{2},y_0\right)-E_y^n\left(x+\frac{\delta}{2},y_0\right)\right]\cdot\left(\frac{\delta}{2}+\alpha\right)-E_x^n\left(x,y_0-\frac{\delta}{2}\right)\cdot\delta}{\mu_0\delta\left(\frac{\delta}{2}+\alpha\right)} \tag{4.66}$$

路径 C_3

$$\frac{H_z^{n+\frac{1}{2}}(x_0,y)-H_z^{n-\frac{1}{2}}(x_0,y)}{\Delta t} = \frac{E_x^n\left(x_0,y+\frac{\delta}{2}\right)\cdot g-E_x^n\left(x_0,y-\frac{\delta}{2}\right)\cdot g}{\mu_0 g\delta} \tag{4.67}$$

路径 C_2

$$\frac{H_z^{n+\frac{1}{2}}(x_0,y_0)-H_z^{n-\frac{1}{2}}(x_0,y_0)}{\Delta t}=\frac{1}{\mu_0\left[\delta\left(\frac{\delta}{2}+\alpha\right)+g\left(\frac{\delta}{2}-\alpha\right)\right]}$$
$$\times\left\{E_x^n\left(x_0,y_0+\frac{\delta}{2}\right)\cdot g-E_x^n\left(x_0,y_0-\frac{\delta}{2}\right)\cdot\delta+\left[E_y^n\left(x_0-\frac{\delta}{2},y_0\right)-E_y^n\left(x_0+\frac{\delta}{2},y_0\right)\right]\cdot\left(\frac{\delta}{2}+\alpha\right)\right\} \tag{4.68}$$

式中，在方程(4.67)中，右边的 g 可约掉，槽中 H_z 的时间步进关系退化为自由空间沿 $\pm y$ 方向的一维波动的时间步进关系。

上述槽缝问题，在工程设计中经常遇见，例如，在仪器外壳电磁兼容设计时，需考虑电磁脉冲、雷电、高功率微波等通过槽缝耦合进入仪器内部、影响仪器正常工作的问题，为此必须在设计时通过计算槽缝的耦合能力做出准确的定量分析。

4.4.2　弯曲理想导体表面的 Dey-Mittra 共形技术

FDTD 法采用的矩形网格使其具有简单直观和实施容易的优点，但在模拟弯曲或倾斜边界面时，只能利用阶梯近似的方法。从理论上讲，FDTD 的阶梯近似误差随着空间网格尺寸的减小而减小，但小的网格尺寸会减小时间步长和增加计算机内存需求。这里介绍的模拟弯曲分界(金属或介质)表面的共形技术仍然使用相对较大尺寸的矩形网格，并从麦克斯韦方程的积分形式出发，通过对 FDTD 递推方程的修改来减小阶梯近似带来的误差。

考虑二维 TE 波的情况，图 4-10 是一个理想导体的部分截面示意图。区域 1 为理想导体，区域 2 为导体外自由空间，需要对导体表面附近的网格进行共形处理。这种共形网格技术中，计算电场的递推方程不变，仍然采用标准 FDTD 方程，而只修改计算磁场的递推方程。不论共形网格的形状如何，磁场总是位于矩形网格的中心。计算磁场时，电场的积分路径如图 4-10 所示[4]。

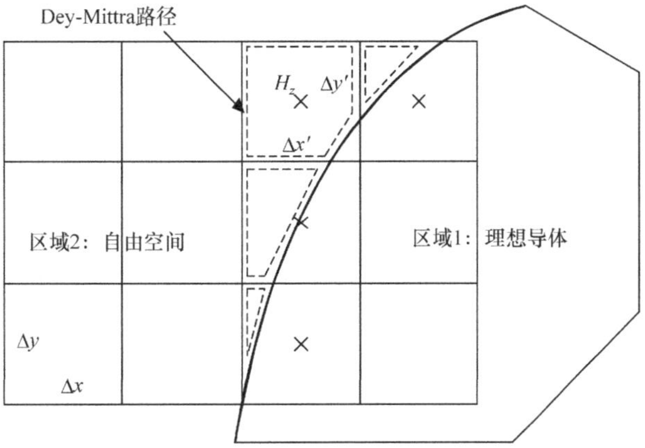

图 4-10　计算磁场时电场的 Dey-Mittra 积分路径

由麦克斯韦方程的积分形式(4.20)，可以得到 TE 波的二维共形 FDTD 的差分格式

$$
\begin{aligned}
&H_z^{n+\frac{1}{2}}\left(i+\frac{1}{2},j+\frac{1}{2}\right)=H_z^{n-\frac{1}{2}}\left(i+\frac{1}{2},j+\frac{1}{2}\right)\\
&\quad+\frac{\Delta t}{\mu S\left(i+\frac{1}{2},j+\frac{1}{2}\right)}\times\left[E_x^n\left(i+\frac{1}{2},j+1\right)\Delta x'\left(i+\frac{1}{2},j+1\right)-E_x^n\left(i+\frac{1}{2},j\right)\Delta x'\left(i+\frac{1}{2},j\right)\right.\\
&\quad\left.-E_y^n\left(i+1,j+\frac{1}{2}\right)\Delta y'\left(i+1,j+\frac{1}{2}\right)+E_y^n\left(i,j+\frac{1}{2}\right)\Delta y'\left(i,j+\frac{1}{2}\right)\right]
\end{aligned}\tag{4.69}
$$

式中，$\Delta x'\leqslant\Delta x$ 和 $\Delta y'\leqslant\Delta y$ 分别是 E_x 和 E_y 分量对应网格在导体外部的长度，S 是相应共形网格在导体外部的面积。明显地，如果 $\Delta x'=\Delta x$，$\Delta y'=\Delta y$，则 $S(i+1/2,j+1/2)=\Delta x\Delta y$，式(4.69)为标准的 FDTD 矩形网格计算公式。

基于 Dey-Mittra 积分路径的共形网格技术精度高，并且解决了精细网格划分阶梯近似带来的耗费计算资源大的问题，但是其计算稳定性受到共形网格大小和形状的限制。当共形网格的面积过小或共形网格的最大边长和其面积的相对比例过大时，计算程序的稳定性变差，需要做特殊的处理[5]。

4.4.3　弯曲理想导体表面的 Yu-Mittra 共形技术

基于 Dey-Mittra 积分路径的共形网格可能会带来计算稳定性的问题，解决方案之一是对 FDTD 时间步长进行缩减，而减小时间步长会在很大程度上降低 FDTD 的仿真效率。在 Dey-Mittra 方法的基础上稍作修正，可以得到一种计算稳定并且不用减小时间步长的共形技术[6]。

当计算磁场时，设置电场的积分路径沿着标准的 FDTD 路径，如图 4-11 所示。其中，跨过金属边界的电场被分割为两段：一段位于金属内部，另一段位于金属外部。因为位于金属内部的电场为零，所以在计算磁场的 FDTD 递推方程中强迫其为零。

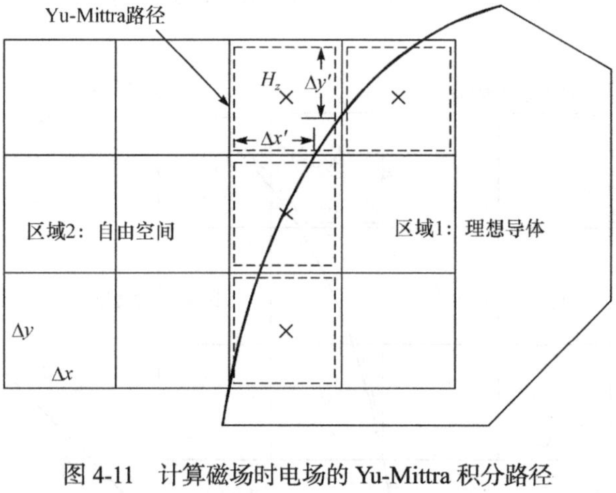

图 4-11　计算磁场时电场的 Yu-Mittra 积分路径

如果网格的尺寸较小，如取其为一个波长的 1/20 到 1/15，可以忽略金属边界在一个网格内部的变化而把曲线看作直线处理。这样，只需关注金属边界和 FDTD 网格的交叉点。共形网格中计算磁场的差分方程可以表示为

$$
\begin{aligned}
H_z^{n+\frac{1}{2}}\left(i+\frac{1}{2}, j+\frac{1}{2}\right) = & H_z^{n-\frac{1}{2}}\left(i+\frac{1}{2}, j+\frac{1}{2}\right) \\
& + \frac{\Delta t}{\mu}\left[\frac{E_x^n\left(i+\frac{1}{2}, j+1\right)\Delta x'\left(i+\frac{1}{2}, j+1\right) - E_x^n\left(i+\frac{1}{2}, j\right)\Delta x'\left(i+\frac{1}{2}, j\right)}{\Delta x \Delta y}\right. \\
& \left. - \frac{E_y^n\left(i+1, j+\frac{1}{2}\right)\Delta y'\left(i+1, j+\frac{1}{2}\right) - E_y^n\left(i, j+\frac{1}{2}\right)\Delta y'\left(i, j+\frac{1}{2}\right)}{\Delta x \Delta y}\right]
\end{aligned} \tag{4.70}
$$

Yu-Mittra 路径所包围的面积和标准的 FDTD 相同，因此仿真中的时间步长和标准的 FDTD 相同。与 Dey-Mittra 方法相比，这种方法的精度稍微低些，但它拥有计算效率高和计算稳定等特点，更具有实际的工程意义。

4.4.4 弯曲介质表面的共形技术

当电磁波入射到介质体的时候既有入射也有透射，介质分界面两边的电磁场均不为零，因此弯曲介质表面的共形技术与理想金属有很大的不同。

差分形式的麦克斯韦方程建立在空间点上，本身不隐含任何的边界条件。从包含边界条件信息的麦克斯韦积分方程出发，首先讨论介质分界面与 FDTD 网格重合的情况，如图 4-12 所示。

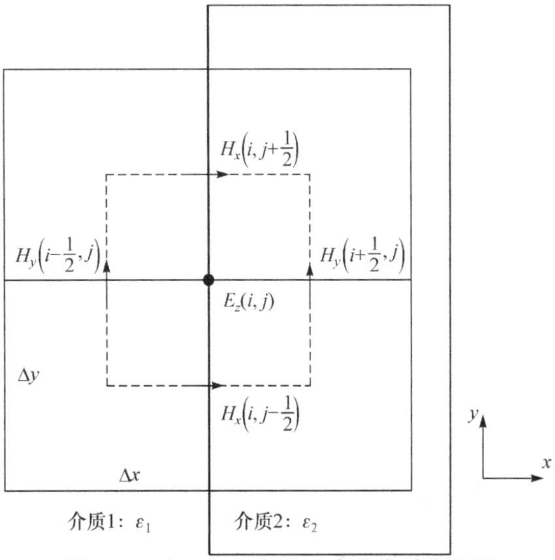

图 4-12 与 FDTD 网格重合的介质分界面

考虑麦克斯韦方程积分形式[式(4.16)]，有

$$
\begin{aligned}
\varepsilon(i,j)\frac{E_z^{n+1}(i,j) - E_z^n(i,j)}{\Delta t}\Delta x \Delta y = & \left[H_x^{n+\frac{1}{2}}\left(i, j-\frac{1}{2}\right) - H_x^{n+\frac{1}{2}}\left(i, j+\frac{1}{2}\right)\right]\Delta x \\
& + \left[H_y^{n+\frac{1}{2}}\left(i+\frac{1}{2}, j\right) - H_y^{n+\frac{1}{2}}\left(i-\frac{1}{2}, j\right)\right]\Delta y
\end{aligned} \tag{4.71}
$$

注意到图 4-12 中积分回路的四个角点就是环绕 $E_z(i, j)$四个网格的中心点，式(4.71)中的介电常数可以用这四个网格中心点介电常数的平均值来表示

$$
\varepsilon(i,j) = \frac{1}{4}\left[\varepsilon\left(i-\frac{1}{2}, j+\frac{1}{2}\right) + \varepsilon\left(i-\frac{1}{2}, j-\frac{1}{2}\right) + \varepsilon\left(i+\frac{1}{2}, j-\frac{1}{2}\right) + \varepsilon\left(i+\frac{1}{2}, j+\frac{1}{2}\right)\right] \tag{4.72}
$$

即电场 $E_z(i, j)$处的等效介电常数为

$$
\varepsilon_{\text{eff}} = \frac{\varepsilon_1 + \varepsilon_2}{2} \tag{4.73}
$$

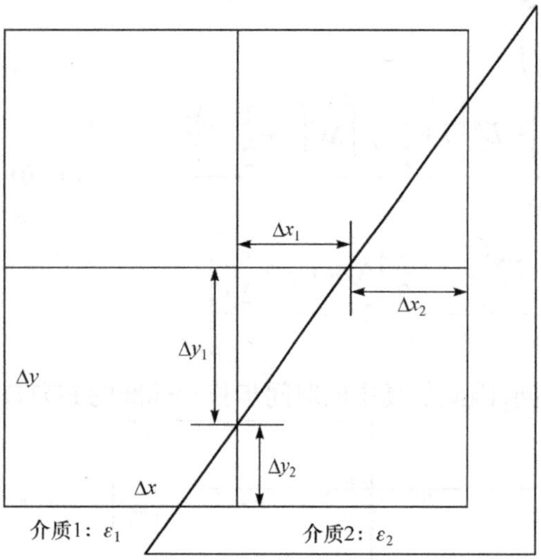

图 4-13　基于边界插值的介质分界面共形技术

相当于实施这样一个简单的操作：直接取介质分界面两侧介质的加权平均得到等效的电参数，然后把等效电参数赋予电场所对应的位置。

对于弯曲介质表面的共形技术，也可以像理想导体共形技术那样不做任何积分，而只需求解 FDTD 网格和介质分界面的交叉点即可，如图 4-13 所示[7]。

利用插值，对应于被分割网格边界的等效介电常数可以表示为

$$\varepsilon_x^{\text{eff}} = \frac{\varepsilon_1 \Delta x_1 + \varepsilon_2 \Delta x_2}{\Delta x} \tag{4.74}$$

$$\varepsilon_y^{\text{eff}} = \frac{\varepsilon_1 \Delta y_1 + \varepsilon_2 \Delta y_2}{\Delta y} \tag{4.75}$$

可以看到，对应于被分割网格边界的等效介电常数是唯一的，和理想导体共形技术不同，一旦得到相应的等效介电常数以后，不用再修正电场或磁场的 FDTD 递推方程。

4.5　半解析数值模型

半解析数值法是计算电磁学的一个重要发展方向。利用已有的解析结果，有针对性地部分替代离散与插值，会明显地改善纯数值方法的不足。本节将结合几个具体例子，介绍在 FDTD 法中通过适当地引进半解析数值模型，达到在保证精度的条件下降低计算量的目的。

4.5.1　细导线问题

如图 4-14 所示，二维 TM 平面波(E_z ,H_x)入射到一细导线上，细导线半径为$r_0 << \lambda_0 /10$。

通常，步长取$\lambda_0/10$已足够，但是，由于场在细导线附近变化剧烈，具有$1/\rho$奇异性，按常规 FDTD 法，必须将网格细化以便较准确地模拟场变化，但这样一来将大大增加网格数和计算量。利用积分形式的差分格式，可以在不细化网格的情况下，将导线附近场的奇异特性纳入计算公式之中，从而在不增加计算量的情况下，较准确地模拟场变化。

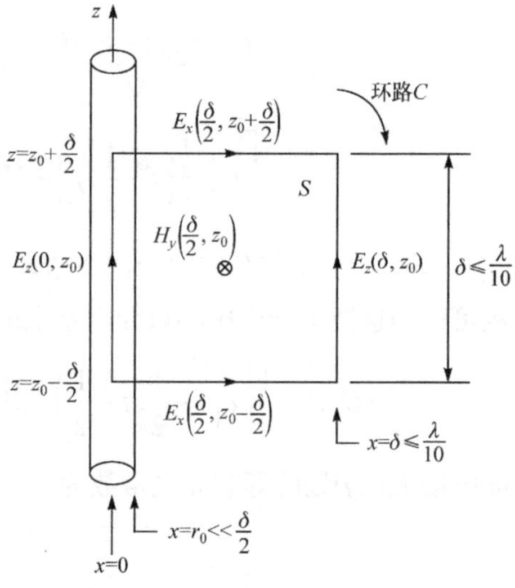

图 4-14　细导线附近的差分网格

以H_y的差分方程为例进行推导，其余场分量的差分方程可仿此得到。如图 4-14 所示，取路径 C，其中H_y和E_x在导线附近具有$1/\rho$的奇异性，因此，可设

$$H_y(x,z) \approx H_y\left(\frac{\delta}{2}, z_0\right) \cdot \frac{\frac{\delta}{2}}{x} \tag{4.76}$$

$$E_x\left(x,z_0\pm\frac{\delta}{2}\right)\approx E_x\left(\frac{\delta}{2},z_0\pm\frac{\delta}{2}\right)\cdot\frac{\frac{\delta}{2}}{x} \tag{4.77}$$

$$E_z(0,z)=0 \tag{4.78}$$

$$E_z(\delta,z)\approx E_z(\delta,z_0) \tag{4.79}$$

将法拉第定律用于环路 C 及其所围面元 S，并用中点差分代替对时间的偏导，中点取在 $t=n\Delta t$ 处，则有

$$\frac{H_y^{n+\frac{1}{2}}\left(\frac{\delta}{2},z_0\right)-H_y^{n-\frac{1}{2}}\left(\frac{\delta}{2},z_0\right)}{\Delta t}\approx\frac{\left[E_x^n\left(\frac{\delta}{2},z_0-\frac{\delta}{2}\right)-E_x^n\left(\frac{\delta}{2},z_0+\frac{\delta}{2}\right)\right]\frac{1}{2}\ln\frac{\delta}{r_0}+E_z^n(\delta,z_0)}{\mu_0\frac{\delta}{2}\ln\frac{\delta}{r_0}} \tag{4.80}$$

式(4.80)即是在导线附近 H_y 分量的 FDTD 差分方程格式，其余场分量可仿此进行。对于离开导线处的网格单元，仍采用常规的 FDTD 差分格式。

上述细导线问题在工程设计中也经常遇到，如通过鞭状细天线、电缆、电源线，电磁脉冲、高功率微波等不希望存在的电磁波将耦合进入仪器设备，破坏仪器正常工作，必须在设计时对这些线状体的耦合能力做出准确的定量分析。

4.5.2　增强细槽缝公式

4.4.1 小节曾用普通的细缝公式(thin-slot formalism, TSF)处理过细槽缝问题，假设各个网格单元内的场近似为常数。其实，在细槽缝(细导线的对偶物)附近，场具有奇异性。这里，将在 FDTD 公式中引进细槽缝附近场的奇异特性解，给出增强细槽缝公式(enhanced thin-slot formalism, ETSF)，它将给出比 TSF 好得多的结果[8]。

不失一般性，考虑图 4-15 所示的直线形细槽缝。设入射波为一 TEM 模高斯脉冲

$$E_x^{\text{in}}=\mathrm{e}^{-\frac{(n\Delta t-t_0)^2}{T^2}} \tag{4.81}$$

式中，$t_0=3T$，$T=0.5\text{ns}$，该脉冲的有效频谱范围从直流到 1GHz。在开槽平面后面、距开槽平面 0.03m 远的参考面的中点监测透射电场 E_x^{p}。

对于细槽缝，$w<<\lambda$，槽中的主要电场分量是 E_x。根据 Yee 的差分网格，模拟槽附近电磁场的典型 FDTD 差分网格如图 4-16 所示。

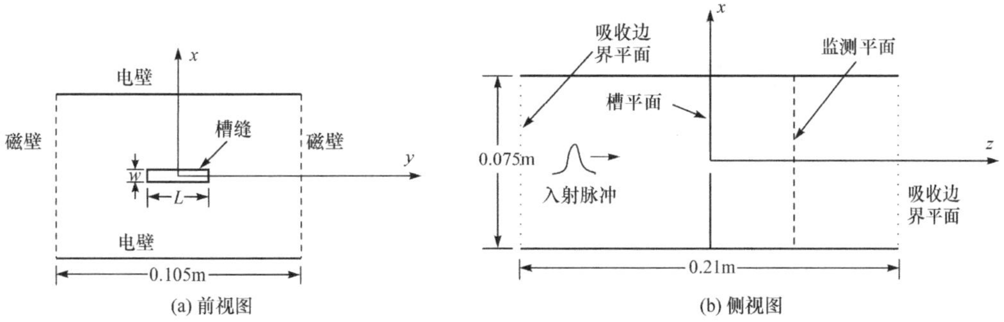

图 4-15　完纯导体平面上的直线形细槽缝(w=0.005m, L=0.06m)

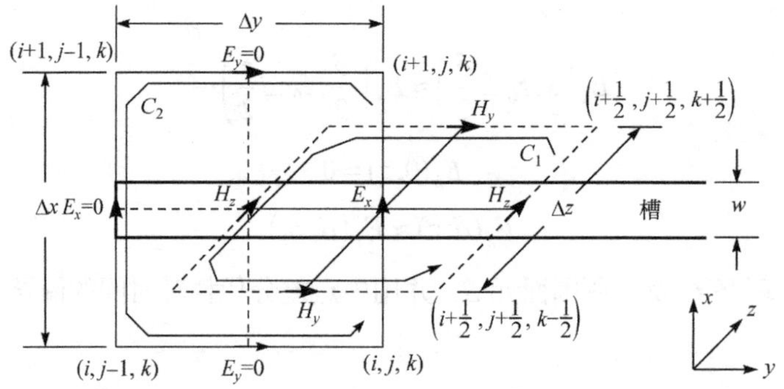

图 4-16　槽缝附近的 FDTD 差分网格

先看环路 C_1，它穿越细槽，通过槽中 H_z 和 H_y 所在节点，包围槽中电场 E_x 所在节点。设 H_y 沿 C_1 中所在边为常数，E_x 和 H_z 在槽附近有如下所示 $1/z$ 奇异性

$$E_x(y,z) \approx \begin{cases} E_x\left(i+\dfrac{1}{2},j,k\right), & |z-k\Delta z| \leqslant a,\ |y-j\Delta y| \leqslant \dfrac{\Delta y}{2} \\ E_x\left(i+\dfrac{1}{2},j,k\right)\cdot\dfrac{a}{|z-k\Delta z|}, & a<|z-k\Delta z| \leqslant \dfrac{\Delta z}{2},\ |y-j\Delta y| \leqslant \dfrac{\Delta y}{2} \end{cases} \tag{4.82}$$

$$H_z(z) \approx \begin{cases} H_z\left(i+\dfrac{1}{2},j\pm\dfrac{1}{2},k\right), & |z-k\Delta z| \leqslant a \\ H_z\left(i+\dfrac{1}{2},j\pm\dfrac{1}{2},k\right)\cdot\dfrac{a}{|z-k\Delta z|}, & a<|z-k\Delta z| \leqslant \dfrac{\Delta z}{2} \end{cases} \tag{4.83}$$

式中，$a=w/4$ 为细槽的等效线天线半径。在环路 C_1 上应用安培定律，$\dfrac{\partial}{\partial t}\iint\limits_{S_1}\boldsymbol{D}\cdot\mathrm{d}\boldsymbol{S}=\oint\limits_{C_1}\boldsymbol{H}\cdot\mathrm{d}\boldsymbol{l}$，利用式(4.82)和式(4.83)，可得下列 E_x 分量的增强细槽缝公式

$$\begin{aligned} E_x^{n+1}\left(i+\frac{1}{2},j,k\right) = E_x^{n}\left(i+\frac{1}{2},j,k\right) + \frac{\Delta t}{\varepsilon}\Bigg[&\frac{H_y^{n+\frac{1}{2}}\left(i+\frac{1}{2},j,k-\frac{1}{2}\right)-H_y^{n+\frac{1}{2}}\left(i+\frac{1}{2},j,k+\frac{1}{2}\right)}{\Delta z} \\ &\times\frac{2\dfrac{\Delta z}{w}}{1+\ln\left(\dfrac{2\Delta z}{w}\right)}+\frac{H_z^{n+\frac{1}{2}}\left(i+\frac{1}{2},j+\frac{1}{2},k\right)-H_z^{n+\frac{1}{2}}\left(i+\frac{1}{2},j-\frac{1}{2},k\right)}{\Delta y}\Bigg] \end{aligned} \tag{4.84}$$

再看环路 C_2，它位于槽所在平面，且通过槽的左端边界。设 E_x 在槽内不随 x 变化，H_z 在端边缘附近具有 $1/\sqrt{y}$ 的奇异性

$$H_z(x,y) \approx H_z\left(i+\frac{1}{2},j-\frac{1}{2},k\right)\sqrt{\frac{\Delta y/2}{y-(j-1)\Delta y}},\quad (j-1)\Delta y<y<j\Delta y, x\in\text{槽缝} \tag{4.85}$$

在环路 C_2 上应用法拉第定律，$\dfrac{\partial}{\partial t}\iint\limits_{S_2}\boldsymbol{B}\cdot\mathrm{d}\boldsymbol{S}=\oint\limits_{C_2}\boldsymbol{E}\cdot\mathrm{d}\boldsymbol{l}$，利用式(4.85)，可得下列 H_z 分量的增强细槽缝公式

$$H_z^{n+\frac{1}{2}}\left(i+\frac{1}{2},j-\frac{1}{2},k\right)=H_z^{n-\frac{1}{2}}\left(i+\frac{1}{2},j-\frac{1}{2},k\right)+\frac{1}{\sqrt{2}}\frac{\Delta t}{\mu_0\Delta y}E_x^n\left(i+\frac{1}{2},j,k\right) \tag{4.86}$$

它同普通 FDTD 相差一个因子$1/\sqrt{2}$。对槽右端边缘附近的H_z可写出相似的增强细槽缝公式。

对其他槽缝附近的场分量，可按 4.4.1 节中普通细缝公式(TSF)处理。

为检测上述增强细槽缝公式，计算了图 4-15 中的完纯导体平面上的直线细槽缝。分别用 ETSF 和普通 TSF 计算了透设电场E_x^p。空间步长为$h=\Delta x=\Delta y=\Delta z=0.015\text{m}$，时间步长为$\Delta t=h/(2c)$，$c$为自由空间的光速。此外，还用标准 FDTD(既无 TSF 也无 ETSF)计算了结果，网格非常细密，空间步长仅为$h/9(=w/3)$。结果显示，ETSF 结果与超细标准 FDTD 的结果非常吻合，在占用计算机资源及计算量方面却大大改善。同时，在相同空间步长h情况下，ETSF 的结果远好于 TSF 的结果。

4.5.3　小孔耦合问题

在电磁场工程中，经常遇到小孔耦合问题。如果用 FDTD 法模拟小孔耦合，而孔的尺寸小于空间步长，必须采取改进工作措施。一个办法是进一步减小空间步长，达到能较好地描述小孔的分辨率量级，由此带来存储量、计算量猛增，甚至因超过计算机的容量而无法执行。因此，必须另外寻找途径解决这一问题。这里，介绍一种用于 FDTD 分析的小孔耦合公式，它基于一种半解析数值模型，在压缩存储量及计算量方面有较大的改进[9]。

不失一般性，考虑如图 4-17 所示导电平板上的小孔问题，图中给出了小孔附近的标准 FDTD 网格。

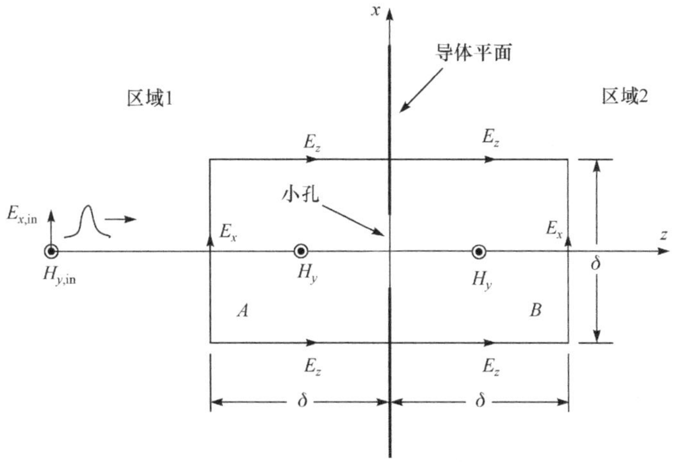

图 4-17　小孔耦合及孔附近的标准 FDTD 网格

Bethe 曾经证明，小孔附近的场可近似为两项之和，一项是导电平面未开孔时孔所在位置处的原始场$(\boldsymbol{E}_0,\boldsymbol{H}_0)$，另一项是位于孔中心的等效电偶极子和磁偶极子产生的场[10]。偶极子的电偶极矩$\boldsymbol{p}$和磁偶极矩$\boldsymbol{m}$分别与相应的原始场分量相关

$$\boldsymbol{p}=\varepsilon_0 PE_{0n}\boldsymbol{n} \tag{4.87}$$

$$\boldsymbol{m}=-M_u H_{0u}\boldsymbol{u}-M_v H_{0v}\boldsymbol{v} \tag{4.88}$$

式中，E_{0n}是原始电场在孔中心位置的法向分量；$\boldsymbol{n}$是孔平面的单位法向矢量；H_{0u}和H_{0v}分

别是原始磁场在孔中心处沿小孔的两个主轴方向 u 和 v 的切向分量；$\boldsymbol{u}$ 和 $\boldsymbol{v}$ 是单位矢量。电极化率 P、磁极化率 M_u 和 M_v 只是小孔形状及尺寸的函数，可以通过解析法或者电解槽模拟测量来获得。

根据 Bethe 的小孔耦合理论，在区域 1，同时存在原始场和等效偶极子场 $\left(\boldsymbol{E}_1^{\mathrm{d}},\boldsymbol{H}_1^{\mathrm{d}}\right)$，总场为

$$\boldsymbol{E}_1=\boldsymbol{E}_0+\boldsymbol{E}_1^{\mathrm{d}}\left(-\frac{\boldsymbol{p}}{2},-\frac{\boldsymbol{m}}{2}\right) \tag{4.89}$$

$$\boldsymbol{H}_1=\boldsymbol{H}_0+\boldsymbol{H}_1^{\mathrm{d}}\left(-\frac{\boldsymbol{p}}{2},-\frac{\boldsymbol{m}}{2}\right) \tag{4.90}$$

在区域 2，只存在由小孔引起的等效偶极子场 $\left(\boldsymbol{E}_2^{\mathrm{d}},\boldsymbol{H}_2^{\mathrm{d}}\right)$，总场为

$$\boldsymbol{E}_2=\boldsymbol{E}_2^{\mathrm{d}}\left(\frac{\boldsymbol{p}}{2},\frac{\boldsymbol{m}}{2}\right) \tag{4.91}$$

$$\boldsymbol{H}_2=\boldsymbol{H}_2^{\mathrm{d}}\left(\frac{\boldsymbol{p}}{2},\frac{\boldsymbol{m}}{2}\right) \tag{4.92}$$

在本例中，因为 $E_{0n}=0$，只存在等效磁偶极子 $\dfrac{\boldsymbol{m}}{2}=-\boldsymbol{a}_y\dfrac{M}{2}H_{0y,\text{hole}}$。对于无孔时的原始场，小孔处的磁场分量可用 A 点的磁场分量近似，即 $H_{0y,\text{hole}}\approx H_{oy,A}$。在距离小孔最近的网格点 A 和 B，根据式(4.89)～式(4.92)以及磁偶极子的电磁场公式，可得下列与标准 FDTD 算法兼容的小孔公式

$$H_{y,A}=H_{0y,A}-\frac{M}{8\pi(\delta/2)^3}H_{0y,\text{hole}}\approx H_{0y,A}-\frac{M}{8\pi(\delta/2)^3}H_{0y,A} \tag{4.93}$$

$$H_{y,B}=\frac{M}{8\pi(\delta/2)^3}H_{0y,\text{hole}}\approx\frac{M}{8\pi(\delta/2)^3}H_{0y,A} \tag{4.94}$$

式中，$H_{0y,A}$ 可以通过标准 FDTD 方程算出。在其余网格点，直接采用标准 FDTD 方程计算 1 区的总场 $\left(\boldsymbol{E}_1,\boldsymbol{H}_1\right)$ 和 2 区的总场 $\left(\boldsymbol{E}_2,\boldsymbol{H}_2\right)$。分别包含在式(4.93)和式(4.94)中的 A、B 两点的偶极子扰动场将通过标准的 FDTD 仿真过程传递到其他网格点。

为检测上述小孔公式的正确性，用它来计算图 4-18 所示的小圆孔耦合例子。图 4-18 中，FDTD 仿真场区被三对平行平面所限定，相距 0.045m 的一对平行电壁，相距 0.063m 的一对平行磁壁，相距 0.171m 的一对平行吸收边界条件。

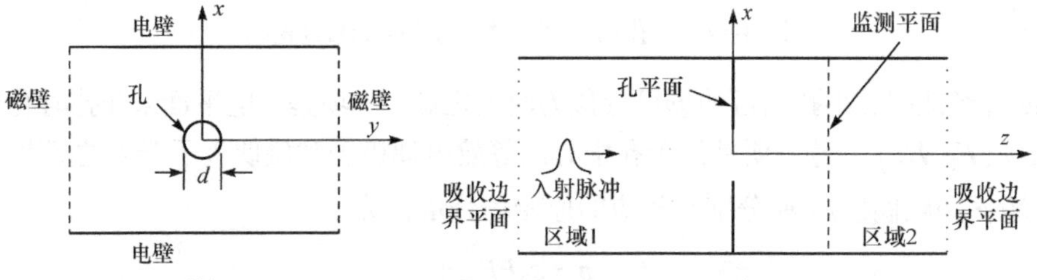

图 4-18 小圆孔耦合($d=0.003$m)

在区域 1，设朝+z 方向传播的入射场为 TEM 模高斯脉冲

$$E_x^{\text{in}} = \mathrm{e}^{-\frac{(n\Delta t - t_0)^2}{T^2}} \tag{4.95}$$

$$H_y^{\text{in}} = E_x^{\text{in}} / Z_0 \tag{4.96}$$

式中，Z_0是自由空间波阻抗，$t_0 = 3T$ ，$T = 0.5\text{ns}$ ，脉冲的有效频谱范围从直流到1GHz 。透射电场在距小孔平面 0.054m 的参考面的中点被监测。FDTD 网格单元边长为 0.009m 的正方体，即 $\Delta x = \Delta y = \Delta z = \delta = 0.009\text{m}$ 。时间步长 $\Delta t = \delta / (2c)$ ，c 为自由空间光速。

对于直径为d 的小圆孔，磁偶极矩为

$$\frac{\boldsymbol{m}}{2} = -\boldsymbol{a}_y \frac{d^3}{12} H_{0y,\text{hole}} \tag{4.97}$$

根据式(4.88)、式(4.93)、式(4.94)和式(4.97)，有下列小圆孔的小孔公式

$$\begin{aligned} H_{y,A} &= H_{0y,A}\Big|_{\text{标准FDTD}} - \frac{1}{48\pi}\left(\frac{d}{\delta/2}\right)^3 H_{0y,\text{hole}} \\ &\approx H_{0y,A}\Big|_{\text{标准FDTD}} - \frac{1}{6\pi}\left(\frac{d}{\delta}\right)^3 H_{0y,A}\Big|_{\text{标准FDTD}} \end{aligned} \tag{4.98}$$

$$H_{y,B} = \frac{1}{48\pi}\left(\frac{d}{\delta/2}\right)^3 H_{0y,\text{hole}} \approx \frac{1}{6\pi}\left(\frac{d}{\delta}\right)^3 H_{0y,A}\Big|_{\text{标准FDTD}} \tag{4.99}$$

式中，$H_{0y,A}$是无孔情况下 A 点的原始场，可以通过标准 FDTD 方程算出。在其余网格点，直接采用标准 FDTD 方程计算 1 区的总场$(\boldsymbol{E}_1,\boldsymbol{H}_1)$和 2 区的总场$(\boldsymbol{E}_2,\boldsymbol{H}_2)$。分别包含在式(4.98)和式(4.99)中 A、B 两点的偶极子扰动场将通过标准 FDTD 仿真过程传递到其他网格点。

用上述小孔公式算出了透射电场波形。此外，还采用步长仅为$\delta/9$的超细网格标准 FDTD 算法计算了结果。两者吻合很好，而小孔公式算法在占用计算机资源、计算时间方面具有明显的优势。

对于其他非圆小孔，唯一的差别是它们具有不同的极化率 P、M_u和 M_y，这些参数只是小孔形状及尺寸的函数，可以通过解析法或者电解槽模拟测量来获得。

4.5.4　薄层介质问题

上述细线、细缝、小孔问题的处理有个共同点就是，利用细微结构附近场的解析特性，建立半解析数值模型，从而可用粗网格模拟具有细微结构的场，在不降低求解精度的前提下减小了计算机资源占用和计算时间。下面再介绍一个薄层介质的例子，它也可以用粗网格模拟具有细微结构(薄层)的场。

如图 4-19 所示是一层厚度小于半个空间步长的介质材料的截面图(在j = 常数的平面)，$d < \Delta/2$ 。介质层垂直于x轴，位于 $x = i\Delta$ 和 $x = (i+1/2)\Delta$ 网格平面之间，其材料参数为ε_s、σ_s和$\mu_\text{s} = \mu_0$。空间其余地方为自由空间。除介质所在的网格，其余网格均采用标准的 FDTD 网格。在包含介质的网格中，垂直于介质板的电场分量E_x分裂为两部分，$E_{x,\text{in}}$和$E_{x,\text{out}}$，下标“in”和“out”表示位于介质内部和外部。这种分裂使能计及由空气-介质分界面处ε和σ的突变引起的E_x的不连续跳变。假设材料的磁导率同自由空间磁导率相同，因此不存在H_x的不连续跳变，H_x无须分裂。同样，所有的切向场分量也无须分裂，因为它们在跨越边界时无突变。

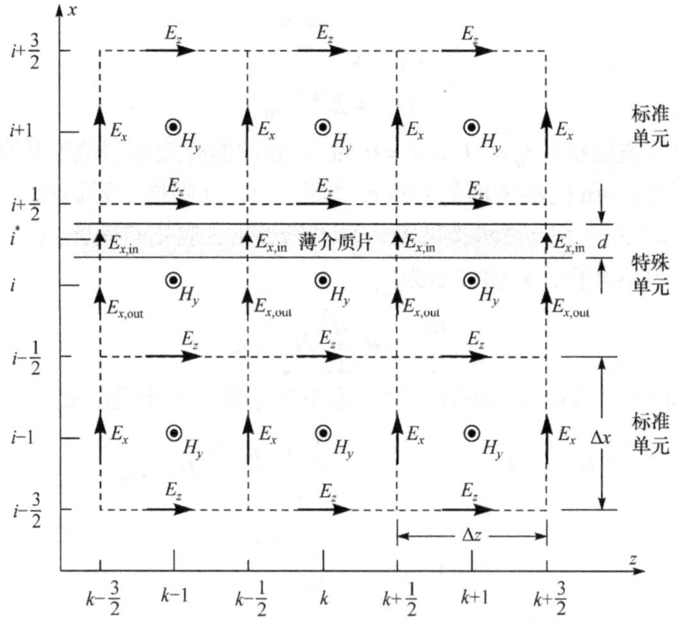

图 4-19　薄介质片附近的 FDTD 网格($j-1/2$ 平面截面图)

首先，考虑分别位于介质层外$\left(i,j-\dfrac{1}{2},k\right)$格点和介质层内$\left(i^*,j-\dfrac{1}{2},k\right)$格点的$E_{x,\text{out}}$和$E_{x,\text{in}}$的时间步进关系。在平行于介质板的 y - z 平面环绕$E_{x,\text{out}}$的环路上应用安培定律，环路完全位于自由空间，可得

$$E_{x,\text{out}}^{n+1}\left(i,j-\frac{1}{2},k+\frac{1}{2}\right)=E_{x,\text{out}}^{n}\left(i,j-\frac{1}{2},k+\frac{1}{2}\right)+\frac{\Delta t}{\varepsilon_0}\left[\frac{H_y^{n+\frac{1}{2}}\left(i,j-\frac{1}{2},k\right)-H_y^{n+\frac{1}{2}}\left(i,j-\frac{1}{2},k+1\right)}{\Delta z}+\frac{H_z^{n+\frac{1}{2}}\left(i,j,k+\frac{1}{2}\right)-H_z^{n+\frac{1}{2}}\left(i,j-1,k+\frac{1}{2}\right)}{\Delta y}\right]\tag{4.100}$$

式(4.100)同标准网格 FDTD 公式完全相同。在平行于介质板的 y - z 平面环绕$E_{x,\text{in}}$的环路上应用安培定律，环路完全位于介质内部，可得

$$E_{x,\text{in}}^{n+1}\left(i^*,j-\frac{1}{2},k+\frac{1}{2}\right)=\frac{1-\dfrac{\sigma_s\Delta t}{2\varepsilon_s}}{1+\dfrac{\sigma_s\Delta t}{2\varepsilon_s}}E_{x,\text{in}}^{n}\left(i^*,j-\frac{1}{2},k+\frac{1}{2}\right)+\frac{\dfrac{\Delta t}{\varepsilon_s}}{1+\dfrac{\sigma_s\Delta t}{2\varepsilon_s}}\left[\frac{H_y^{n+\frac{1}{2}}\left(i,j-\frac{1}{2},k\right)-H_y^{n+\frac{1}{2}}\left(i,j-\frac{1}{2},k+1\right)}{\Delta z}+\frac{H_z^{n+\frac{1}{2}}\left(i,j,k+\frac{1}{2}\right)-H_z^{n+\frac{1}{2}}\left(i,j-1,k+\frac{1}{2}\right)}{\Delta y}\right]\tag{4.101}$$

其次，考虑位于 $x=(i+1/2)\Delta$ 平面的 E_y 及 E_z 的时间步进关系。这些分量平行于介质板，与介质板表面相距小于 $\Delta x/2$。分别在环绕 E_y、E_z 的环路上应用安培定律，环路将垂直穿过介质板，可得下列时间步进关系

$$E_y^{n+1}\left(i+\frac{1}{2},j,k+\frac{1}{2}\right)=\frac{1-\dfrac{\sigma_{\text{avg}}\Delta t}{2\varepsilon_{\text{avg}}}}{1+\dfrac{\sigma_{\text{avg}}\Delta t}{2\varepsilon_{\text{avg}}}}E_y^n\left(i+\frac{1}{2},j,k+\frac{1}{2}\right)+\frac{\dfrac{\Delta t}{\varepsilon_{\text{avg}}}}{1+\dfrac{\sigma_{\text{avg}}\Delta t}{2\varepsilon_{\text{avg}}}}\left[\frac{H_x^{n+\frac{1}{2}}\left(i+\frac{1}{2},j,k+1\right)-H_x^{n+\frac{1}{2}}\left(i+\frac{1}{2},j,k\right)}{\Delta z}+\frac{H_z^{n+\frac{1}{2}}\left(i,j,k+\frac{1}{2}\right)-H_z^{n+\frac{1}{2}}\left(i+1,j,k+\frac{1}{2}\right)}{\Delta x}\right]\tag{4.102}$$

$$E_z^{n+1}\left(i+\frac{1}{2},j-\frac{1}{2},k\right)=\frac{1-\dfrac{\sigma_{\text{avg}}\Delta t}{2\varepsilon_{\text{avg}}}}{1+\dfrac{\sigma_{\text{avg}}\Delta t}{2\varepsilon_{\text{avg}}}}E_z^n\left(i+\frac{1}{2},j-\frac{1}{2},k\right)+\frac{\dfrac{\Delta t}{\varepsilon_{\text{avg}}}}{1+\dfrac{\sigma_{\text{avg}}\Delta t}{2\varepsilon_{\text{avg}}}}\left[\frac{H_y^{n+\frac{1}{2}}\left(i+1,j-\frac{1}{2},k\right)-H_y^{n+\frac{1}{2}}\left(i,j-\frac{1}{2},k\right)}{\Delta x}+\frac{H_x^{n+\frac{1}{2}}\left(i+\frac{1}{2},j-1,k\right)-H_x^{n+\frac{1}{2}}\left(i+\frac{1}{2},j,k\right)}{\Delta y}\right]\tag{4.103}$$

式中，ε_{avg} 和 σ_{avg} 分别是安培环路内的平均介电常数和平均导电率，由下列公式给出

$$\varepsilon_{\text{avg}}=\left(1-\frac{d}{\Delta x}\right)\varepsilon_0+\frac{d}{\Delta x}\varepsilon_{\text{s}}\tag{4.104}$$

$$\sigma_{\text{avg}}=\frac{d}{\Delta x}\sigma_{\text{s}}\tag{4.105}$$

位于 $x=(i+1/2)\Delta$ 平面的 H_x 的时间步进公式同自由空间的标准公式相同，不再列出。

最后，考虑位于 $x=i\Delta$ 平面的 H_y 及 H_z 的时间步进公式。分别在环绕 H_y、H_z 的环路上应用法拉第定律，环路垂直穿过介质板，可得

$$H_y^{n+\frac{1}{2}}\left(i,j-\frac{1}{2},k\right)=H_y^{n-\frac{1}{2}}\left(i,j-\frac{1}{2},k\right)+\frac{\Delta t}{\mu_0\Delta x\Delta z}\left\{\begin{aligned}&(\Delta x-d)\left[E_{x,\text{out}}^n\left(i,j-\frac{1}{2},k+\frac{1}{2}\right)-E_{x,\text{out}}^n\left(i,j-\frac{1}{2},k-\frac{1}{2}\right)\right]\\&+d\left[E_{x,\text{in}}^n\left(i^*,j-\frac{1}{2},k+\frac{1}{2}\right)-E_{x,\text{in}}^n\left(i^*,j-\frac{1}{2},k-\frac{1}{2}\right)\right]\\&+\Delta z\left[E_z^n\left(i-\frac{1}{2},j-\frac{1}{2},k\right)-E_z^n\left(i+\frac{1}{2},j-\frac{1}{2},k\right)\right]\end{aligned}\right\}\tag{4.106}$$

$$H_z^{n+\frac{1}{2}}\left(i,j,k+\frac{1}{2}\right)=H_z^{n-\frac{1}{2}}\left(i,j,k+\frac{1}{2}\right)$$
$$+\frac{\Delta t}{\mu_0\Delta x\Delta y}\left\{\begin{aligned}&(\Delta x-d)\left[E_{x,\text{out}}^n\left(i,j+\frac{1}{2},k+\frac{1}{2}\right)-E_{x,\text{out}}^n\left(i,j-\frac{1}{2},k+\frac{1}{2}\right)\right]\\&+d\left[E_{x,\text{in}}^n\left(i^*,j+\frac{1}{2},k+\frac{1}{2}\right)-E_{x,\text{in}}^n\left(i^*,j-\frac{1}{2},k+\frac{1}{2}\right)\right]\\&+\Delta y\left[E_y^n\left(i-\frac{1}{2},j,k+\frac{1}{2}\right)-E_y^n\left(i+\frac{1}{2},j,k+\frac{1}{2}\right)\right]\end{aligned}\right\}\tag{4.107}$$

按上述时间步进关系处理薄片问题，可取空间步长大于薄板厚度，而不降低求解精度。

习题 4-6 详细地导出式(4.106)和式(4.107)。

4.6 良导体中的差分格式

在电磁场工程中经常遇到电磁波与良导体相互作用的例子。对于电大尺寸的良导体，可以在导体表面采用阻抗边界条件，不必用 FDTD 模拟导体内部的细节。然而，对于电小尺寸的良导体，阻抗边界条件不再成立，同时，导体内部的电磁场分布也将成为非常关心的问题。例如，在深亚微米超高速集成电路系统芯片的片内互连(on-chip interconnects)结构中，全局互连线的厚度与导体的趋肤深度在同一量级，纵横交错的互连线之间存在电磁耦合。趋肤效应、邻近效应将对互连线中的电流分布产生影响，从而影响电感、电阻等传输线参数和最终的互连线电气特性。为了准确地分析和预测互连线电气特性，必须对包括导体内部的整个互连线结构进行电磁分析。FDTD 法就是其中的一种分析方法。

在 Yee 的差分格式[式(4.13)～式(4.15)]中，已经给出电导率为 σ 的导体中的 FDTD 差分格式。其中，对电流项 $-\sigma\boldsymbol{E}$ 采用的是中心平均格式。这是一种临界稳定的格式，其稳定很容易由于无法免除的数值误差而被破坏。对于良导体，通常 $\sigma\Delta t>>2\varepsilon$，因此，方程右边第一项系数为负数，接近于 -1，这将导致时间步进解趋于不稳定。

一般来说，为使解稳定，电流项 $-\sigma\boldsymbol{E}$ 的差分格式应介于中心平均近似和前向近似之间。对下列导体媒质中的麦克斯韦方程

$$\frac{\partial E_y}{\partial t}+\frac{\sigma}{\varepsilon_0}E_y=-\frac{1}{\varepsilon_0}\frac{\partial H_z}{\partial x}\tag{4.108}$$

Luebbers 不以中心平均近似

$$\sigma E_y^{n+\frac{1}{2}}(i)=\frac{\sigma}{2}\left[E_y^{n+1}(i)+E_y^n(i)\right]\tag{4.109}$$

替换式(4.108)中的电流项[11]，而以介于中心平均近似和前向近似之间的半步长前向近似格式

$$\sigma E_y^{n+\frac{1}{2}}(i)=\sigma E_y^{n+1}(i)\tag{4.110}$$

代入式(4.108)，于是得下列差分方程

$$E_y^{n+1}(i)=\frac{\varepsilon_0}{\varepsilon_0+\sigma\Delta t}E_y^n-\frac{\Delta t}{\varepsilon_0+\sigma\Delta t}\frac{H_z^{n+\frac{1}{2}}\left(i+\frac{1}{2}\right)-H_z^{n+\frac{1}{2}}\left(i-\frac{1}{2}\right)}{\Delta x} \tag{4.111}$$

该方程对良导体是稳定的。

此外，还可以采用下述指数差分格式，它对良导体也是稳定的。在第 2 章曾介绍了广义差分格式，例如

$$\frac{\mathrm{d}f(x)}{\mathrm{d}x}\approx\frac{f(x+h)-f(x)}{\dfrac{1-\mathrm{e}^{-\lambda h}}{\lambda}},\ \left(\mathrm{d}x=h+O(h^2),\ \lambda\text{固定}\right) \tag{4.112}$$

因此，常微分方程

$$\frac{\mathrm{d}y}{\mathrm{d}t}=-\lambda y+c \tag{4.113}$$

的差分格式可写成

$$\frac{y_{k+1}-y_k}{\dfrac{1-\mathrm{e}^{-\lambda\Delta t}}{\lambda}}=-\lambda y_k+c \tag{4.114}$$

整理得

$$y_{k+1}=\mathrm{e}^{-\lambda\Delta t}y_k+\frac{c}{\lambda}\left(1-\mathrm{e}^{-\lambda\Delta t}\right) \tag{4.115}$$

对于下列导体媒质中的麦克斯韦方程

$$\frac{\partial E_y}{\partial t}+\frac{\sigma}{\varepsilon_0}E_y=-\frac{1}{\varepsilon_0}\frac{\partial H_z}{\partial x} \tag{4.116}$$

它与常微分方程(4.113)相比，对应关系如下

$$y\to E_y\ ,\ \lambda\to\frac{\sigma}{\varepsilon_0},\ \ c\to-\frac{1}{\varepsilon_0}\frac{\partial H_z}{\partial x} \tag{4.117}$$

所以，对应于式(4.115)，方程(4.116)的差分格式可写成

$$E_y\Big|_{i,j+\frac{1}{2}}^{n+1}=\mathrm{e}^{-\frac{\sigma}{\varepsilon_0}\Delta t}E_y\Big|_{i,j+\frac{1}{2}}^{n}-\frac{1}{\sigma\Delta x}\left(1-\mathrm{e}^{-\frac{\sigma}{\varepsilon_0}\Delta t}\right)\left(H_z\Big|_{i+\frac{1}{2},j+\frac{1}{2}}^{n+\frac{1}{2}}-H_z\Big|_{i-\frac{1}{2},j+\frac{1}{2}}^{n+\frac{1}{2}}\right) \tag{4.118}$$

式中，最后一项取了半步长前向差分近似 $H^n\approx H^{n+\frac{1}{2}}$。将指数差分格式应用到麦克斯韦的 6 个场分量公式中，可以得到相应的指数差分格式。

在良导体内部，电磁波传播的衰减常数和相位常数相等，电磁波的波长为 $\lambda=2\pi/\beta=2\pi\delta$，$\delta$ 为导体的趋肤深度。为了准确模拟良导体内部的电磁场，FDTD 的空间步长 h 应该小于对应于最高信号频率的趋肤深度 $\delta_{\min}$，例如，取 $h=\delta_{\min}/5$。而为了保证解的稳定，时间步长 Δt 应该满足 Courant 稳定条件，例如，对 x、y、z 三方向等步长的均匀网格，应保证 $\Delta t<\sqrt{\mu\varepsilon}h/\sqrt{3}$。由于趋肤深度极小，这将导致时间步长非常小，FDTD 执行的时间步数庞大，无法实现。必须就此问题进行研究，加以解决。例如，Holland 提出了一种比例变换技术，用以解决屏蔽导体中电磁场的 FDTD 模拟问题，有兴趣的读者可参考相关文献[12]。

习题 4-7　设铜的电导率为 $\sigma = 5.6\times10^7(\Omega\cdot\text{m})^{-1}$，信号带宽为 DC～10GHz。

(1) 确定出适当的 FDTD 空间步长和时间步长。如果采用有效频宽为 DC～10GHz 的高斯脉冲激励，需要多少时间步数激励才能完成?

(2) 以方程(4.108)为例，对 Yee、Luebbers、指数差分三种格式，计算比较差分格式右端的两项系数。

习题 4-8　写出与 Yee 的差分格式[式(4.13)～式(4.15)]对应的指数差分格式。

参 考 文 献

[1] Yee K S. Numerical solution of initial boundary value problems involving Maxwell's equations in isotropic media. IEEE Trans. Antennas Propagat., 1966, 14: 302-307

[2] Gilbert J, Holland R. Implementation of the thin-slot formalism in the finite-difference EMP code THRED II. IEEE Trans. Nucl. Sci., 1981, 28(12): 4269-4274

[3] Taflove A, Umashankar K R, Beker B, et al. Detailed FD-TD analysis of electromagnetic fields penetrating narrow slots and lapped joints in thick conducting screens. IEEE Trans. Antenna Propagat., 1988, 36(2): 247-257

[4] Dey S, Mittra R. A locally conformal finite-difference time-domain (FDTD) algorithm for modeling three-dimensional perfectly conducting objects. IEEE Microw. Guided Wave Lett., 1997, 7(9): 273-275

[5] Dey S, Mittra R. A modified locally conformal finite-difference time-domain algorithm for modeling three-dimensional perfectly conducting objects. Microw. Opt. Tech. Lett., 1998, 17(6): 349-352

[6] Yu W, Mittra R. A conformal FDTD software package for modeling of antennas and microstrip circuit components. IEEE Antennas Propag. Mag., 2000, 42(5): 28-39

[7] Yu W, Mittra R. A conformal finite-difference time-domain technique for modeling curved dielectric surface. IEEE Microw. Wirel. Compon. Lett., 2001, 11(1): 25-27

[8] Wang B Z. Enhanced thin-slot formalism for the FDTD analysis of thin-slot penetration. IEEE Microw. Guide Wave Lett., 1995, 5(5): 142-143

[9] Wang B Z, Lin W. Small-hole formulism for the finite-difference time-domain analysis of small hole coupling. Electron. Lett., 1994, 30(19): 1586-1587

[10] Bethe H A. Theory of diffraction by small holes. Phys. Rev., 1944, 66: 163-182

[11] Luebbers R, Kumagai K, Adachi S, et al. FDTD calculation of transient pulse propagation through a nonlinear magnetic sheet. IEEE Trans. Electromagn. Compat., 1993, 35(1): 90-94

[12] Holland R. Finite-difference time-domain (FDTD) analysis of magnetic diffusion. IEEE Trans. Electromagn. Compat., 1994, 36(1): 32-39

第 5 章　时域有限差分法Ⅱ——吸收边界条件

差分格式、解的稳定性、吸收边界条件是 FDTD 法的三大要素。第 4 章介绍了 FDTD 差分格式、解的稳定性，这一章将介绍吸收边界条件。

前面已经讲过，FDTD 法是在计算机的数据存储空间中对连续的实际电磁波的传播过程在时间进程上进行数值模拟，在电磁场的辐射、散射等问题中，边界总是开放的，电磁场将占据无限大空间，由于计算机的内存总是有限的，故只能模拟有限空间。这就是说，时域有限差分网格将在某处被截断。如何处理截断边界，使之与需要考虑的无限空间有尽量小的差异是 FDTD 法中必须解决好的一个重要问题。实际上，这是要求在网格截断处不引起波的明显反射，因而对向外传播的波而言就像在无限大空间传播一样。一种行之有效的方法是在截断处设置一种吸收边界条件，使传输到截断处的波被边界吸收而不产生反射，这就起到了模拟无限空间的目的。当然，要达到完全无反射是不可能的，但已提出的一些吸收边界条件可达到相当满意的结果。

从吸收边界条件的研究历史来看，大致可分为两个阶段。第一阶段是 20 世纪七八十年代，共提出了四大类吸收边界条件，它们是：基于 Sommerfield 辐射条件的 Bayliss-Turkel 吸收边界条件[1]；基于单向波动方程的 Engquist-Majda 吸收边界条件[2]；利用插值技术的廖氏吸收边界条件[3]；以及梅-方超吸收边界条件[4]。这些吸收边界条件通常在 FDTD 仿真区域的外边界具有 0.5%～5%的反射系数，在许多场合可视为无反射吸收。第二阶段是 20 世纪 90 年代，由 Berenger[5,6]和 Gedney[7,8]提出了完全匹配层(perfectly matched layer, PML)的理论模型及在 FDTD 中的实现技术，它可以在 FDTD 仿真区域的外边界提供比上述各种吸收边界条件低 40dB 的反射系数，使吸收边界条件的研究向前迈进了一大步。下面分别介绍这些吸收边界条件。

5.1　Bayliss-Turkel 吸收边界条件

Bayliss-Turkel 提出了一种微分算子，它能在 FDTD 仿真区域的外边界处湮灭任一外向散射波，只具有很小的误差余项。在外边界通过一定的差分格式将这一算子作用于局部场，可以用完全位于网格内部的场量数据来表示外向波传播方向的偏导数，从而实现计算区域的封闭。

5.1.1　球坐标系

考虑下列三维波动方程的解 $U(R,\theta,\varphi,t)$

$$\frac{\partial^2 U}{\partial t^2} = c^2\nabla^2 U \tag{5.1}$$

向外传播的辐射或散射场可展开为下列收敛级数

$$\begin{aligned} U(R,\theta,\varphi,t) &= \sum_{i=1}^{\infty}\frac{u_i(ct-R,\theta,\varphi)}{R^i} \\ &= \frac{u_1(ct-R,\theta,\varphi)}{R} + \frac{u_2(ct-R,\theta,\varphi)}{R^2} + \cdots \end{aligned} \tag{5.2}$$

式中，u_i是以速度c向外传播的波函数。在远区，R很大，式(5.2)中的前几项起主导作用。根据 Sommerfield 辐射条件，构造下列偏微分算子

$$L \equiv \frac{1}{c}\frac{\partial}{\partial t}+\frac{\partial}{\partial R} \tag{5.3}$$

将其作用于式(5.2)的前两项，可得

$$\begin{aligned}\lim_{R\to\infty} LU &= \left[\frac{1}{c}\frac{cu_1'}{R}+\frac{(-1)u_1'}{R}+\frac{(-1)u_1}{R^2}\right]+\left[\frac{1}{c}\frac{cu_2'}{R^2}+\frac{(-1)u_2'}{R^2}+\frac{(-2)u_2}{R^3}\right]\\ &= \frac{(-1)u_1}{R^2}+\frac{(-2)u_2}{R^3}=O\left(R^{-2}\right)\end{aligned} \tag{5.4}$$

于是

$$\frac{\partial U}{\partial R}=-\frac{1}{c}\frac{\partial U}{\partial t}+O\left(R^{-2}\right) \tag{5.5}$$

从原理上讲，只要余项可以忽略，式(5.5)可用作 FDTD 仿真区域外边界的边界条件，实现计算区域封闭。但是，通常，式(5.5)的余项不可忽略，除非外边界远离原点，这又会导致计算上的巨大浪费。为此，Bayliss-Turkel 尝试寻找与L算子相似、余项比$O\left(R^{-2}\right)$衰减得更快的偏微分算子。

首先，看下列算子

$$B_1 = L+\frac{1}{R} \tag{5.6}$$

将其作用于展开式(5.2)，得

$$\begin{aligned}B_1U &= \left[\frac{1}{c}\frac{cu_1'}{R}+\frac{(-1)u_1'}{R}+\frac{(-1)u_1}{R^2}+\frac{1}{R}\frac{u_1}{R}\right]+\left[\frac{1}{c}\frac{cu_2'}{R^2}+\frac{(-1)u_2'}{R^2}+\frac{(-2)u_2}{R^3}+\frac{1}{R}\frac{u_2}{R^2}\right]\\ &\quad +\left[\frac{1}{c}\frac{cu_3'}{R^3}+\frac{(-1)u_3'}{R^3}+\frac{(-3)u_3}{R^4}+\frac{1}{R}\frac{u_3}{R^3}\right]+\cdots\\ &= -\frac{u_2}{R^3}-\frac{2u_3}{R^4}-\frac{3u_4}{R^5}-\cdots=O\left(R^{-3}\right)\end{aligned} \tag{5.7}$$

可见，Bayliss-Turkel 一阶湮灭算子B_1优于 Sommerfield 算子L，因为它的余项能更快地随R增加而衰减为零。

其次，为获得更好的效果，用过渡算子$B_{12}=(L+3/R)$作用于式(5.7)的余项，由此构成下列复合算子

$$B_2 = B_{12}B_1=\left(L+\frac{3}{R}\right)\left(L+\frac{1}{R}\right) \tag{5.8}$$

于是

$$\begin{aligned}B_2U &= -\left[\frac{1}{c}\frac{cu_2'}{R^3}+\frac{(-1)u_2'}{R^3}+\frac{(-3)u_1}{R^4}+\frac{3}{R}\frac{u_2}{R^3}\right]-2\left[\frac{1}{c}\frac{cu_3'}{R^4}+\frac{(-1)u_3'}{R^4}+\frac{(-4)u_3}{R^5}+\frac{3}{R}\frac{u_3}{R^4}\right]\\ &\quad -3\left[\frac{1}{c}\frac{cu_4'}{R^5}+\frac{(-1)u_4'}{R^5}+\frac{(-5)u_4}{R^6}+\frac{3}{R}\frac{u_4}{R^5}\right]-\cdots\\ &= \frac{2u_3}{R^5}+\frac{6u_4}{R^6}+\frac{12u_5}{R^7}+\cdots=O\left(R^{-5}\right)\end{aligned} \tag{5.9}$$

显然，Bayliss-Turkel 二阶湮灭算子 B_2 优于 Bayliss-Turkel 一阶湮灭算子 B_1 两个量级。

可以证明，上述过程可以继续下去，构造出下列 n 阶 Bayliss-Turkel 湮灭算子 B_n

$$\begin{aligned} B_n &= \prod_{k=1}^{n}\left(L+\frac{2k-1}{R}\right)=\left(L+\frac{2n-1}{R}\right)B_{n-1} \\ &=\left(L+\frac{2n-1}{R}\right)\cdots\left(L+\frac{5}{R}\right)\left(L+\frac{3}{R}\right)\left(L+\frac{1}{R}\right) \end{aligned} \tag{5.10}$$

B_n 湮灭辐射场展开式(5.2)中的前 $2n$ 项，余项为

$$B_n U = O\left(R^{-2n-1}\right) \tag{5.11}$$

需要指出的是，在构造 Bayliss-Turkel 湮灭算子时，并不需要知道场展开式中波函数 u_i 随方位的具体变化情况。此外，用户可根据需要选取适当阶数的湮灭算子。当然，阶数越高，湮灭效果越好，但算子的复杂性及数值化实现难度也越大。作为有效性和复杂性的一种折中考虑，在实用中常取 B_2，其具体形式为

$$\begin{aligned} &\left(\frac{\partial}{\partial R}+\frac{1}{c}\frac{\partial}{\partial t}+\frac{3}{R}\right)\left(\frac{\partial}{\partial R}+\frac{1}{c}\frac{\partial}{\partial t}+\frac{1}{R}\right)U(R,\theta,\varphi,t) \\ &=\left(\frac{\partial^2}{\partial R^2}+\frac{2}{c}\frac{\partial^2}{\partial R\partial t}+\frac{4}{R}\frac{\partial}{\partial R}+\frac{1}{c^2}\frac{\partial^2}{\partial t^2}+\frac{4}{Rc}\frac{\partial}{\partial t}+\frac{3}{R^2}\right)U(R,\theta,\varphi,t) \\ &=0 \end{aligned} \tag{5.12}$$

式中，$\dfrac{\partial^2}{\partial R^2}$ 一项可以利用波动方程用 $\dfrac{\partial^2}{\partial \theta^2}$ 和 $\dfrac{\partial^2}{\partial \varphi^2}$ 来代替，这样做可使边界条件在数值上较容易实现，因为它只包含对 R 的一阶导数。适当选取外边界的距离，它通常能获得1% 量级的反射系数。

习题 5-1　①用波动方程消去二阶 Bayliss-Turkel 吸收边界条件(5.12)中的 $\dfrac{\partial^2}{\partial R^2}$ 项，导出只包含 $\dfrac{\partial}{\partial R}$ 的边界条件。②如何在球坐标系中数值化实现这一吸收边界条件?

5.1.2　圆柱坐标系

对二维空间中的波函数 $U(r,\varphi,t)$，可相似地构造出湮灭算子 B_n。标量波动方程的辐射或散射场解可以展开为下列收敛级数

$$\begin{aligned} U(r,\varphi,t) &= \sum_{i=1}^{\infty}\frac{u_i(ct-r,\varphi)}{r^{i+1/2}} \\ &=\frac{u_1(ct-r,\varphi)}{r^{1/2}}+\frac{u_2(ct-r,\varphi)}{r^{3/2}}+\cdots \end{aligned} \tag{5.13}$$

式中，u_i 是以速度 c 向外传播的波函数。在远区，r 很大，式(5.13)中的前几项起主导作用。将 Sommerfield 算子作用于展开式(5.13)，得

$$\begin{aligned} \lim_{R\to\infty} LU &= \left[\frac{1}{c}\frac{cu_1'}{r^{1/2}}+\frac{(-1)u_1'}{r^{1/2}}+\frac{(-1/2)u_1}{r^{3/2}}\right]+\left[\frac{1}{c}\frac{cu_2'}{r^{3/2}}+\frac{(-1)u_2'}{r^{3/2}}+\frac{(-3/2)u_2}{r^{5/2}}\right] \\ &=\frac{(-1/2)u_1}{r^{3/2}}+\frac{(-3/2)u_2}{r^{5/2}}=O\left(r^{-3/2}\right) \end{aligned} \tag{5.14}$$

首先构造下列一阶 Bayliss-Turkel 算子

$$B_1 = L + \frac{1}{2r} \tag{5.15}$$

将 B_1 作用于展开式(5.13)，得

$$\begin{aligned} B_1U &= \left[\frac{1}{c}\frac{cu_1'}{r^{1/2}} + \frac{(-1)u_1'}{r^{1/2}} + \frac{(-1/2)u_1}{r^{3/2}} + \frac{1}{2r}\frac{u_1}{r^{1/2}}\right] + \left[\frac{1}{c}\frac{cu_2'}{r^{3/2}} + \frac{(-1)u_2'}{r^{3/2}} + \frac{(-3/2)u_2}{r^{5/2}} + \frac{1}{2r}\frac{u_2}{r^{3/2}}\right] \\ &\quad + \left[\frac{1}{c}\frac{cu_3'}{r^{5/2}} + \frac{(-1)u_3'}{r^{5/2}} + \frac{(-5/2)u_3}{r^{7/2}} + \frac{1}{2r}\frac{u_3}{r^{5/2}}\right] + \cdots \\ &= -\frac{u_2}{r^{5/2}} - \frac{2u_3}{r^{7/2}} - \cdots = O\left(r^{-5/2}\right) \end{aligned} \tag{5.16}$$

为获得更好的效果，将过渡算子 $B_{12} = (L + 5/2r)$ 作用于式(5.16)中的余项，由此构造出下列复合算子

$$B_2 = B_{12}B_1 = \left(L + \frac{5}{2r}\right)\left(L + \frac{1}{2r}\right) \tag{5.17}$$

于是，有

$$\begin{aligned} B_2U &= -\left[\frac{1}{c}\frac{cu_2'}{r^{5/2}} + \frac{(-1)u_2'}{r^{5/2}} + \frac{(-5/2)u_2}{r^{7/2}} + \frac{5}{2r}\frac{u_2}{r^{5/2}}\right] - 2\left[\frac{1}{c}\frac{cu_3'}{r^{7/2}} + \frac{(-1)u_3'}{r^{7/2}} + \frac{(-7/2)u_3}{r^{9/2}} + \frac{5}{2r}\frac{u_3}{r^{7/2}}\right] \\ &\quad - 3\left[\frac{1}{c}\frac{cu_4'}{r^{9/2}} + \frac{(-1)u_4'}{r^{9/2}} + \frac{(-9/2)u_4}{r^{11/2}} + \frac{5}{2r}\frac{u_4}{r^{9/2}}\right] - \cdots \\ &= \frac{2u_3}{r^{9/2}} + \frac{6u_4}{r^{11/2}} + \cdots = O\left(r^{-9/2}\right) \end{aligned} \tag{5.18}$$

同三维情形一样，二阶湮灭算子 B_2 优于一阶湮灭算子 B_1 两个量级。

可以证明，继续这一过程，构造出下列 n 阶 Bayliss-Turkel 算子

$$\begin{aligned} B_n &= \prod_{k=1}^{n}\left(L + \frac{4k-3}{2r}\right) = \left(L + \frac{4n-3}{2r}\right)B_{n-1} \\ &= \left(L + \frac{4n-3}{2r}\right)\cdots\left(L + \frac{9}{2r}\right)\left(L + \frac{5}{2r}\right)\left(L + \frac{1}{2r}\right) \end{aligned} \tag{5.19}$$

B_n 湮灭辐射场展开式(5.13)中的前 $2n$ 项，余项为

$$B_nU = O\left(r^{-2n-1/2}\right) \tag{5.20}$$

Bayliss-Turkel 吸收边界条件主要用于球形或圆柱形外边界。对于普遍采用的直角坐标 FDTD 差分网格，Bayliss-Turkel 吸收边界条件不太适合，因为这种网格的外边界不在等 R 面上，用差分来实现角向偏导时会出现所需数据位于计算区域外的情况。

5.2　Engquist-Majda 吸收边界条件

5.2.1　单向波方程和 Mur 差分格式

Engquist 和 Majda 导出了适合作直角坐标 FDTD 网格吸收边界条件的单向波方程。他们

的单向波方程可以用偏微分算子分解因式得到。以直角坐标系中的二维时域波动方程为例

$$\frac{\partial^2 U}{\partial x^2}+\frac{\partial^2 U}{\partial y^2}-\frac{1}{c^2}\frac{\partial^2 U}{\partial t^2}=0 \tag{5.21}$$

式中，U 是一标量场分量；c 是波的相速度。以下再经过偏微分算子的因式分解和分解式的泰勒级数展开，推导过程和 3.2.1 小节完全类似，可以得到网格边界 $x = 0$ 处的一阶近似解析吸收边界条件

$$\frac{\partial U}{\partial x}-\frac{1}{c}\frac{\partial U}{\partial t}=0 \tag{5.22}$$

和二阶近似解析吸收边界条件

$$\frac{\partial^2 U}{\partial x\partial t}-\frac{1}{c}\frac{\partial^2 U}{\partial t^2}+\frac{c}{2}\frac{\partial^2 U}{\partial y^2}=0 \tag{5.23}$$

式(5.22)和式(5.23)中的 U 代表位于网格边界的 $\boldsymbol{E}$ 或 $\boldsymbol{H}$ 的各个切向分量。

对于三维情况的吸收边界条件，波动方程为

$$\frac{\partial^2 U}{\partial x^2}+\frac{\partial^2 U}{\partial y^2}+\frac{\partial^2 U}{\partial z^2}-\frac{1}{c^2}\frac{\partial^2 U}{\partial t^2}=0 \tag{5.24}$$

相应的偏微分算子为

$$L\equiv\frac{\partial^2}{\partial x^2}+\frac{\partial^2}{\partial y^2}+\frac{\partial^2}{\partial z^2}-\frac{1}{c^2}\frac{\partial^2}{\partial t^2}=D_x^2+D_y^2+D_z^2-\frac{1}{c^2}D_t^2 \tag{5.25}$$

将 L 分解因式为 L^+L^-，得到

$$L^-\equiv D_x-\frac{D_t}{c}\sqrt{1-s^2} \tag{5.26}$$

$$L^+\equiv D_x+\frac{D_t}{c}\sqrt{1-s^2} \tag{5.27}$$

$$s\equiv\sqrt{\left(\frac{D_y}{D_t/c}\right)^2+\left(\frac{D_z}{D_t/c}\right)^2} \tag{5.28}$$

L^- 作用于波函数 U，将在网格边界 x=0 处准确地吸收以任意角度传向该边界的平面波。

利用泰勒级数近似展开式(5.26)中的根式。当 s 很小时，保留一项的泰勒级数为

$$\sqrt{1-s^2}\cong 1 \tag{5.29}$$

得到 $x=0$ 处的一阶近似吸收边界条件，其形式与二维结果[式(5.22)]相同。

利用泰勒级数中保留两项的情形

$$\sqrt{1-s^2}\cong 1-\frac{1}{2}s^2 \tag{5.30}$$

可得 $x=0$ 处的二阶近似吸收边界条件如下

$$\left(D_x-\frac{D_t}{c}+\frac{cD_y^2}{2D_t}+\frac{cD_z^2}{2D_t}\right)U=0 \tag{5.31}$$

两端同乘以 D_t，得

$$\frac{\partial^2 U}{\partial x \partial t}-\frac{1}{c}\frac{\partial^2 U}{\partial t^2}+\frac{c}{2}\frac{\partial^2 U}{\partial y^2}+\frac{c}{2}\frac{\partial^2 U}{\partial z^2}=0 \tag{5.32}$$

对于小 s 值，式(5.32)是准确吸收边界条件 $L^- U=0$ 的一种很好近似。即对于以近于正侧向入射到网格边界 $x=0$ 的任意数值平面波模，式(5.32)代表一种几乎无反射的网格截断。对于他它网格边界，可导出相应的二阶近似解析吸收边界条件如下

$$\frac{\partial^2 U}{\partial x \partial t}+\frac{1}{c}\frac{\partial^2 U}{\partial t^2}-\frac{c}{2}\frac{\partial^2 U}{\partial y^2}-\frac{c}{2}\frac{\partial^2 U}{\partial z^2}=0\text{，}x=h\text{ 边界} \tag{5.33}$$

$$\frac{\partial^2 U}{\partial y \partial t}-\frac{1}{c}\frac{\partial^2 U}{\partial t^2}+\frac{c}{2}\frac{\partial^2 U}{\partial x^2}+\frac{c}{2}\frac{\partial^2 U}{\partial z^2}=0\text{，}y=0\text{ 边界} \tag{5.34}$$

$$\frac{\partial^2 U}{\partial y \partial t}+\frac{1}{c}\frac{\partial^2 U}{\partial t^2}-\frac{c}{2}\frac{\partial^2 U}{\partial x^2}-\frac{c}{2}\frac{\partial^2 U}{\partial z^2}=0\text{，}y=h\text{ 边界} \tag{5.35}$$

$$\frac{\partial^2 U}{\partial z \partial t}-\frac{1}{c}\frac{\partial^2 U}{\partial t^2}+\frac{c}{2}\frac{\partial^2 U}{\partial x^2}+\frac{c}{2}\frac{\partial^2 U}{\partial y^2}=0\text{，}z=0\text{ 边界} \tag{5.36}$$

$$\frac{\partial^2 U}{\partial z \partial t}+\frac{1}{c}\frac{\partial^2 U}{\partial t^2}-\frac{c}{2}\frac{\partial^2 U}{\partial x^2}-\frac{c}{2}\frac{\partial^2 U}{\partial y^2}=0\text{，}z=h\text{ 边界} \tag{5.37}$$

对于矢量 Maxwell 方程的 FDTD 模拟，吸收边界条件[式(5.32)～式(5.37)]中的 U 代表位于网格边界的 $\boldsymbol{E}$ 或 $\boldsymbol{H}$ 的各个切向分量。

习题 5-2　仿照 3.2.1 小节中的处理过程，由式(5.21)推导出式(5.22)和式(5.23)。

对于上述一阶、二阶近似解析吸收边界条件(二维及三维)，Mur 引入了一种简单有效的差分数值算法[9]。利用这些吸收边界条件来截断 FDTD 仿真区域，其总体虚假反射为 $1\% \sim 5\%$，能满足许多工程设计的要求。

为简单明了，先以一阶情形、x=0 边界为例来说明 Mur 的算法。在 $x=\frac{1}{2}\Delta x$ 处、$t=\left(n+\frac{1}{2}\right)\Delta t$ 时刻用中点差分来代替式(5.22)中的偏微分，有

$$\frac{\partial U\left[\frac{1}{2}\Delta x,\left(n+\frac{1}{2}\right)\Delta t\right]}{\partial x}\approx\frac{1}{\Delta x}\left[U^{n+\frac{1}{2}}(1)-U^{n+\frac{1}{2}}(0)\right] \tag{5.38}$$

$$\frac{1}{c}\frac{\partial U\left[\frac{1}{2}\Delta x,\left(n+\frac{1}{2}\right)\Delta t\right]}{\partial t}\approx\frac{1}{c\Delta t}\left[U^{n+1}\left(\frac{1}{2}\right)-U^{n}\left(\frac{1}{2}\right)\right] \tag{5.39}$$

式中，半网格点或半时间步长时刻的值可用下列二阶精度的平均公式计算

$$U^{n+\frac{1}{2}}(m)\approx\frac{1}{2}\left[U^{n+1}(m)+U^{n}(m)\right] \tag{5.40}$$

$$U^{n}\left(m+\frac{1}{2}\right)\approx\frac{1}{2}\left[U^{n}(m+1)+U^{n}(m)\right] \tag{5.41}$$

将式(5.40)、式(5.41)代入式(5.38)、式(5.39)及式(5.22)，整理可得 Mur 的一阶吸收边界条件如下

$$U^{n+1}(0)=U^{n}(1)+\frac{c\Delta t-\Delta x}{c\Delta t+\Delta x}\left[U^{n+1}(1)-U^{n}(0)\right] \tag{5.42}$$

再以二维网格 $x=0$ 边界为例来说明 Mur 的二阶吸收边界条件的推导。如图 5-1 所示，令 $W^n(0,j)$ 代表位于 x=0 网格边界的 $\boldsymbol{E}$ 或 $\boldsymbol{H}$ 的某一切向直角坐标分量。Mur 的算法是这样的，在距离网格边界半个步长的辅助网格点 $\left(\dfrac{1}{2},j\right)$，对 $W^n\left(\dfrac{1}{2},j\right)$ 分量，将式(5.23)中的偏微分用中点差分来代替。

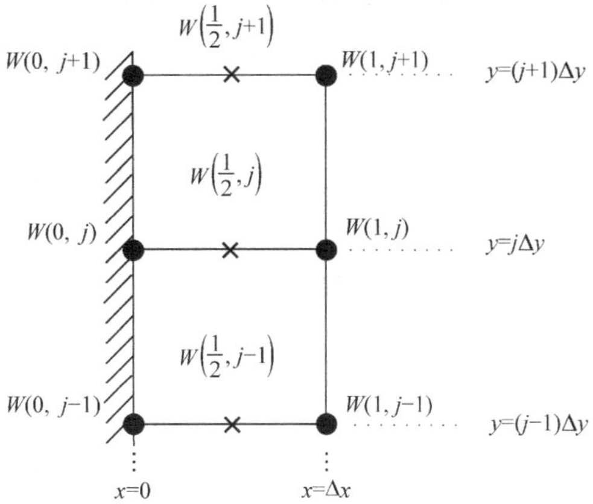

图 5-1　Mur 的吸收边界条件

首先，式(5.23)中关于 x、t 的混合偏导用中点差分式写成

$$\left.\frac{\partial^2 W}{\partial x\partial t}\right|^n_{\left(\frac{1}{2},j\right)} \approx \frac{1}{2\Delta t}\left(\left.\frac{\partial W}{\partial x}\right|^{n+1}_{\left(\frac{1}{2},j\right)} - \left.\frac{\partial W}{\partial x}\right|^{n-1}_{\left(\frac{1}{2},j\right)}\right)$$
$$\approx \frac{1}{2\Delta t}\left(\frac{W|^{n+1}_{1,j}-W|^{n+1}_{0,j}}{\Delta x} - \frac{W|^{n-1}_{1,j}-W|^{n-1}_{0,j}}{\Delta x}\right) \tag{5.43}$$

其次，式(5.23)中对 t 的偏导可写成相邻两点 $(0,j)$和$(1,j)$处时间偏导的平均值

$$\left.\frac{\partial^2 W}{\partial t^2}\right|^n_{\left(\frac{1}{2},j\right)} \approx \frac{1}{2}\left(\left.\frac{\partial^2 W}{\partial t^2}\right|^n_{(0,j)} + \left.\frac{\partial^2 W}{\partial t^2}\right|^n_{(1,j)}\right)$$
$$\approx \frac{1}{2}\left[\frac{W|^{n+1}_{0,j}-2W|^{n}_{0,j}+W|^{n-1}_{0,j}}{(\Delta t)^2} + \frac{W|^{n+1}_{1,j}-2W|^{n}_{1,j}+W|^{n-1}_{1,j}}{(\Delta t)^2}\right] \tag{5.44}$$

式(5.23)中对 y 的偏导可写成相邻两点$(0,j)$和$(1,j)$处对 y 偏导的平均值

$$\left.\frac{\partial^2 W}{\partial y^2}\right|^n_{\left(\frac{1}{2},j\right)} \approx \frac{1}{2}\left(\left.\frac{\partial^2 W}{\partial y^2}\right|^n_{(0,j)} + \left.\frac{\partial^2 W}{\partial y^2}\right|^n_{(1,j)}\right)$$
$$\approx \frac{1}{2}\left[\frac{W|^{n}_{0,j+1}-2W|^{n}_{0,j}+W|^{n}_{0,j-1}}{(\Delta y)^2} + \frac{W|^{n}_{1,j+1}-2W|^{n}_{1,j}+W|^{n}_{1,j-1}}{(\Delta y)^2}\right] \tag{5.45}$$

将有限差分表达式[式(5.43)～式(5.45)]代入式(5.23)，解出 $W|^{n+1}_{0,j}$，就得到 W 分量在 x=0 网格边界处的二阶吸收边界条件

$$W|^{n+1}_{0,j} = -W|^{n-1}_{1,j} + \frac{c\Delta t-\Delta x}{c\Delta t+\Delta x}\left(W|^{n+1}_{1,j}+W|^{n-1}_{0,j}\right) + \frac{2\Delta x}{c\Delta t+\Delta x}\left(W|^{n}_{0,j}+W|^{n}_{1,j}\right)$$
$$+\frac{(c\Delta t)^2\Delta x}{2(\Delta y)^2(c\Delta t+\Delta x)}\left(W|^{n}_{0,j+1}-2W|^{n}_{0,j}+W|^{n}_{0,j-1}+W|^{n}_{1,j+1}-2W|^{n}_{1,j}+W|^{n}_{1,j-1}\right) \tag{5.46}$$

对于方形网格，$\Delta x=\Delta y=\delta$，Mur 的二阶吸收边界条件在 $x=0$ 处可写为

$$W\Big|_{0,j}^{n+1} = -W\Big|_{1,j}^{n-1} + \frac{c\Delta t - \delta}{c\Delta t + \delta}\left(W\Big|_{1,j}^{n+1} + W\Big|_{0,j}^{n-1}\right) + \frac{2\delta}{c\Delta t + \delta}\left(W\Big|_{0,j}^{n} + W\Big|_{1,j}^{n}\right)$$
$$+ \frac{(c\Delta t)^2}{2\delta(c\Delta t + \delta)}\left(W\Big|_{0,j+1}^{n} - 2W\Big|_{0,j}^{n} + W\Big|_{0,j-1}^{n} + W\Big|_{1,j+1}^{n} - 2W\Big|_{1,j}^{n} + W\Big|_{1,j-1}^{n}\right) \tag{5.47}$$

习题 5-3　推导出和式(5.23)相似的、另外三个网格边界 $x = h$、$y = 0$ 和 $y = h$ 处的二阶近似解析吸收边界条件，并按 Mur 的差分格式，导出它们的 FDTD 吸收边界条件。

对于三维情形，考察 $x = 0$ 边界。从式(5.32)出发，这时，前面的网格图 5-1 位于 $z = k\Delta z$ 网格平面，在距离边界半个步长的辅助网格点 $\left(\frac{1}{2}, j, k\right)$ 处，对分量 $W^n\left(\frac{1}{2}, j, k\right)$，用中点差分代替式(5.32)中的偏导运算。偏导 $\frac{\partial^2 W}{\partial x \partial t}$、$\frac{\partial^2 W}{\partial t^2}$ 和 $\frac{\partial^2 W}{\partial y^2}$ 的表达式与式(5.43)～式(5.45)相同，只是在 $z = k\Delta z$ 平面计算。偏导 $\frac{\partial^2 W}{\partial z^2}$ 可表达为在$(0, j, k)$和$(1, j, k)$处对 z 的偏导的平均值

$$\frac{\partial^2 W}{\partial z^2}\Bigg|_{\left(\frac{1}{2}, j, k\right)}^{n} \approx \frac{1}{2}\left(\frac{\partial^2 W}{\partial z^2}\Bigg|_{(0,j,k)}^{n} + \frac{\partial^2 W}{\partial z^2}\Bigg|_{(1,j,k)}^{n}\right)$$
$$\approx \frac{1}{2}\left[\frac{W\Big|_{0,j,k+1}^{n} - 2W\Big|_{0,j,k}^{n} + W\Big|_{0,j,k-1}^{n}}{(\Delta z)^2} + \frac{W\Big|_{1,j,k+1}^{n} - 2W\Big|_{1,j,k}^{n} + W\Big|_{1,j,k-1}^{n}}{(\Delta z)^2}\right] \tag{5.48}$$

将这些差分表达式代入式(5.32)，解出 $W\Big|_{0,j,k}^{n+1}$，就得到三维情形下 W 分量在 x=0 网格边界处的二阶吸收边界条件如下

$$W\Big|_{0,j,k}^{n+1} = -W\Big|_{1,j,k}^{n-1} + \frac{c\Delta t - \Delta x}{c\Delta t + \Delta x}\left(W\Big|_{1,j,k}^{n+1} + W\Big|_{0,j,k}^{n-1}\right) + \frac{2\Delta x}{c\Delta t + \Delta x}\left(W\Big|_{0,j,k}^{n} + W\Big|_{1,j,k}^{n}\right) + \frac{(c\Delta t)^2 \Delta x}{2(\Delta y)^2 (c\Delta t + \Delta x)}$$
$$\times\left(W\Big|_{0,j+1,k}^{n} - 2W\Big|_{0,j,k}^{n} + W\Big|_{0,j-1,k}^{n} + W\Big|_{1,j+1,k}^{n} - 2W\Big|_{1,j,k}^{n} + W\Big|_{1,j-1,k}^{n}\right) + \frac{(c\Delta t)^2 \Delta x}{2(\Delta z)^2 (c\Delta t + \Delta x)}$$
$$\times\left(W\Big|_{0,j,k+1}^{n} - 2W\Big|_{0,j,k}^{n} + W\Big|_{0,j,k-1}^{n} + W\Big|_{1,j,k+1}^{n} - 2W\Big|_{1,j,k}^{n} + W\Big|_{1,j,k-1}^{n}\right) \tag{5.49}$$

对于正方体网格，$\Delta x = \Delta y = \Delta z = \delta$，在 $x = 0$ 边界处 Mur 的二阶吸收边界条件可写成

$$W\Big|_{0,j,k}^{n+1} = -W\Big|_{1,j,k}^{n-1} + \frac{c\Delta t - \delta}{c\Delta t + \delta}\left(W\Big|_{1,j,k}^{n+1} + W\Big|_{0,j,k}^{n-1}\right) + \frac{2\delta}{c\Delta t + \delta}\left(W\Big|_{0,j,k}^{n} + W\Big|_{1,j,k}^{n}\right) + \frac{(c\Delta t)^2}{2\delta(c\Delta t + \delta)}$$
$$\times\left(W\Big|_{0,j+1,k}^{n} - 2W\Big|_{0,j,k}^{n} + W\Big|_{0,j-1,k}^{n} + W\Big|_{1,j+1,k}^{n} - 2W\Big|_{1,j,k}^{n} + W\Big|_{1,j-1,k}^{n}\right) + \frac{(c\Delta t)^2}{2\delta(c\Delta t + \delta)} \tag{5.50}$$
$$\times\left(W\Big|_{0,j,k+1}^{n} - 2W\Big|_{0,j,k}^{n} + W\Big|_{0,j,k-1}^{n} + W\Big|_{1,j,k+1}^{n} - 2W\Big|_{1,j,k}^{n} + W\Big|_{1,j,k-1}^{n}\right)$$

仔细考察上述 Mur 的吸收边界条件，会发现它们在角点处并不适用，因为其中要用到的某些网格点的数据无法知道，这些网格点位于网格区域之外。

习题 5-4　对于具有色散特性的传输线，如微带线，设其传播速度可用两频率点采样速度来代表，分别为 v_1 和 v_2。仿照 Mur 的一阶吸收边界条件，在 $x = 0$ 起始边界处，可以构造如

下色散边界条件

$$\left(\frac{\partial}{\partial x}-\frac{1}{v_1}\frac{\partial}{\partial t}\right)\left(\frac{\partial}{\partial x}-\frac{1}{v_2}\frac{\partial}{\partial t}\right)U=0 \tag{5.51}$$

证明式(5.51)的差分格式如下

$$\begin{aligned}U^{n+1}(0)=&2U^n(1)-U^{n-1}(2)+(\gamma_1+\gamma_2)\left[U^n(0)-U^{n+1}(1)-U^{n-1}(1)+U^n(2)\right]\\&-\gamma_1\gamma_2\left[U^{n-1}(0)-2U^n(1)+U^{n+1}(2)\right]\end{aligned} \tag{5.52}$$

式中，$\gamma_i=\dfrac{1-v_i\Delta t/\Delta x}{1+v_i\Delta t/\Delta x}$，$i=1,2$。

5.2.2　Trefethen-Halpern 近似展开

用泰勒级数展开 $\sqrt{1-s^2}$ 只是许多种近似方案中的一种，还有其他近似展开法来逼近准确的解析吸收边界条件 $L^-U=0$，由此可构成各种不同的近似吸收边界条件。例如，Trefethen-Halpern 提出的有理函数近似[10]

$$\sqrt{1-s^2}\cong r(s)=\frac{p_m(s)}{q_n(s)} \tag{5.53}$$

式中，$p_m(s)$ 和 $q_n(s)$ 分别是区间[−1, 1]上 s 的 m 阶和 n 阶多项式，$r(s)$ 称为 (m,n) 型有理逼近。

设 $r(s)$ 为(2, 0)型有理逼近，则有

$$\sqrt{1-s^2}\cong p_0+p_2s^2 \tag{5.54}$$

由此可得下列一般形式的二阶近似解析吸收边界条件

$$\frac{\partial^2 U}{\partial x\partial t}-\frac{p_0}{c}\frac{\partial^2 U}{\partial t^2}-p_2c\frac{\partial^2 U}{\partial y^2}=0 \tag{5.55}$$

p_0 和 p_2 的值由所选的插值方法确定。插值的目标是在[−1, 1]上最佳地逼近 $\sqrt{1-s^2}$，由此得到近似的吸收边界条件。常用的有 Pade 逼近、最小二乘逼近、Chebyshev 逼近等逼近技术。前面的二阶泰勒级数近似相当于系数 $p_0=+1$，$p_2=-1/2$ 的(2, 0)型有理逼近，它在 $x=0$ 边界的正入射方向准确地吸收外向波。改变系数 p_0 和 p_2，将改变准确吸收外向波的角度。

若设 $r(s)$ 为(2, 2)型有理逼近，则有

$$\sqrt{1-s^2}\cong\frac{p_0+p_2s^2}{q_0+q_2s^2} \tag{5.56}$$

由此可得下列一般形式的三阶近似解析吸收边界条件

$$q_0\frac{\partial^3 U}{\partial x\partial t^2}+q_2c^2\frac{\partial^3 U}{\partial x\partial y^2}-\frac{p_0}{c}\frac{\partial^3 U}{\partial t^3}-p_2c\frac{\partial^3 U}{\partial t\partial y^2}=0 \tag{5.57}$$

式中，p_0、p_2、q_0 和 q_2 的值由所选的插值方法确定，改变系数 p_0、p_2、q_0 和 q_2，将改变准确吸收外向波的角度。

值得一提的是，数值实验表明，边界反射系数并不能随吸收边界条件阶数的提高达到其理论上预测的小值，最终将停滞在 0.1%～1%的量级。原因是，上述所有吸收边界条件都假设波在 FDTD 网格中以速度 c 传播，而不管其频率成分、传播方向及波前弯曲等情况。这样一

来，相当于设波在网格外也以速度 c 传播。然而，除非网格非常细，Yee 网格总是不可避免地存在随频率和传播方向而变的相速度变化，为 0.1%～1%的量级。于是，由于网格内部数值相速与假设的边界外的自由空间波速不匹配，必将带来 0.1%～1%量级的反射。因此，没有必要采用理论预测值小于这一数值噪声的高阶吸收边界条件，增加执行难度，又达不到预期效果。

5.2.3 Higdon 算子

在二维直角坐标 FDTD 网格中，考虑一组以速度 c 向 $x=0$ 边界传播的平面波的线性组合。假设这些波相对于 $-x$ 轴以角度 $\pm\alpha_1,\cdots,\pm\alpha_p$ 对称地入射，总的波函数为

$$\begin{aligned} U(x,y,t) &= \sum_{j=1}^{p} f_j\left(ct+\hat{\boldsymbol{k}}_j\cdot\hat{\boldsymbol{r}}\right)+\sum_{j=1}^{p} g_j\left(ct+\hat{\boldsymbol{k}}_j^*\cdot\hat{\boldsymbol{r}}\right) \\ &= f_1\left(ct+x\cos\alpha_1+y\sin\alpha_1\right)+\cdots+f_p\left(ct+x\cos\alpha_p+y\sin\alpha_p\right) \\ &\quad +g_1\left(ct+x\cos\alpha_1-y\sin\alpha_1\right)+\cdots+g_p\left(ct+x\cos\alpha_p-y\sin\alpha_p\right) \end{aligned} \tag{5.58}$$

其中，$-\pi/2\leqslant\alpha_j\leqslant\pi/2$。对这种波函数，Higdon 提出了一种湮灭算子[11, 12]

$$\left[\prod_{j=1}^{p}\left(\cos\alpha_j\frac{\partial}{\partial t}-c\frac{\partial}{\partial x}\right)\right]U=0 \tag{5.59}$$

用于实现 $x=0$ 处计算区域的闭合。

Higdon 算子的简单性可以通过写出式(5.59)的前两项来说明。令 $p=1$，有

$$\cos\alpha_1\frac{\partial U}{\partial t}-c\frac{\partial U}{\partial x}=0 \tag{5.60}$$

在边界 $x=0$ 处，这一算子将完全吸收以速度 c、相对于 $-x$ 轴角度为 $\pm\alpha_1$ 传播的平面波。如果取 $\alpha_1=0$，式(5.60)退化为一阶泰勒级数展开近似吸收边界条件式(5.22)。可见，一阶 Higdon 算子与一阶泰勒级数展开近似吸收边界条件等效。

其次，令 $p=2$，有

$$\left(\cos\alpha_2\frac{\partial U}{\partial t}-c\frac{\partial U}{\partial x}\right)\left(\cos\alpha_1\frac{\partial U}{\partial t}-c\frac{\partial U}{\partial x}\right)=0 \tag{5.61}$$

整理得

$$\cos\alpha_1\cos\alpha_2\frac{\partial^2 U}{\partial t^2}-c\left(\cos\alpha_1+\cos\alpha_2\right)\frac{\partial^2 U}{\partial x\partial t}+c^2\frac{\partial^2 U}{\partial x^2}=0 \tag{5.62}$$

在边界 $x=0$ 处，这一算子将完全吸收以速度 c、相对于 $-x$ 轴角度为 $\pm\alpha_1$ 和 $\pm\alpha_2$ 传播的平面波。式(5.62)可以在垂直于边界的一维网格点上差分化执行。不过，也可以利用波动方程 $\dfrac{\partial^2 U}{\partial t^2}=c^2\dfrac{\partial^2 U}{\partial x^2}+c^2\dfrac{\partial^2 U}{\partial y^2}$ 来消去对 x 的二阶偏导，从而在网格边界简化对 x 的差分。这样做也可比较二阶 Higdon 吸收边界条件与二阶 Trefethen-Halpern 吸收边界条件[式(5.55)]。经过整理，式(5.62)可写成

$$\frac{\partial^2 U}{\partial x\partial t}-\frac{1+\cos\alpha_1\cos\alpha_2}{c\left(\cos\alpha_1+\cos\alpha_2\right)}\frac{\partial^2 U}{\partial t^2}+\frac{c}{\cos\alpha_1+\cos\alpha_2}\frac{\partial^2 U}{\partial y^2}=0 \tag{5.63}$$

比较式(5.55)和式(5.63)可知，如果令

$$p_0 = \frac{1+\cos\alpha_1\cos\alpha_2}{\cos\alpha_1+\cos\alpha_2}, \quad p_2 = -\frac{1}{\cos\alpha_1+\cos\alpha_2} \tag{5.64}$$

则两种吸收边界条件是等效的。一般来说，使用 Higdon 吸收边界条件，可以更简单明了地设置准确吸收角。而使用 Trefethen-Halpern 吸收边界条件，则需要处理插值多项式等稍复杂的中间过程。

Higdon 证明了 Higdon 算子具有下列特性。

(1) 式(5.58)中 $2p$ 个平面波的任意一个都满足式(5.59)，并且由式(5.58)给出的这些平面波的任一线性组合都满足式(5.59)。即以角度 α_j 传播的平面波的任意组合将在 $x=0$ 处被无反射地完全吸收。

(2) 对于以不同于 α_j 的入射角 θ 传播的正弦平面波，在 $x=0$ 处的反射系数理论值为

$$R = -\prod\left(\frac{\cos\alpha_j-\cos\theta}{\cos\alpha_j+\cos\theta}\right) \tag{5.65}$$

(3) 对于任一给定的湮灭阶数 p 和给定问题，可以选择准确吸收角度 α_j 来优化网格外边界处的总体传输特性。

(4) 式(5.59)的差分实现无须平行于网格外边界的空间导数。这样一来，执行 Higdon 算子数据取样所需的网格点将位于垂直于边界的一维方向上，数值实现得到简化，尤其体现在矩形计算域的角点处。

(5) 前面讨论的 Engquist-Majda 和 Trefethen-Halpern 吸收边界条件都可以看作 Higdon 算子的特例。换句话说，任何用对称有理分式近似给出的稳定吸收边界条件都可以用其完全吸收角来表征。

同样，由于在推导中假设了均匀波速 c，Higdon 吸收边界条件也存在由伪反射引起的边界数值反射下界，通常在 0.1%～1%量级，即使采用高阶 Higdon 吸收边界条件也是如此。

5.3 廖氏吸收边界条件

廖氏吸收边界条件可以看作利用牛顿后向差分多项式在时空中对波函数进行外推的结果[3]。这样得到的吸收边界条件比 Mur 二阶吸收边界条件在网格外边界引起的反射要小一个数量级(20dB)，对外向波的传播角度或数值色散均不敏感，并且，在矩形计算区域的角点处也易于实现。

考虑一个位于 $x=x_{\max}$ 的网格外边界、以及在计算区域内垂直于该边界的一条直线上取样的波函数 U_i，期望建立一个用这些取样值 U_i 刷新边界场切向分量 $U(x_{\max},t+\Delta t)$ 的近似吸收边界条件。首先，沿上述直线在时间及空间上对波函数进行等间距取样

$$\begin{aligned}
&j=1, \quad U_1 = U\left[x_{\max}-\alpha c\Delta t, t\right] \\
&j=2, \quad U_2 = U\left[x_{\max}-2\alpha c\Delta t, t-\Delta t\right] \\
&j=3, \quad U_3 = U\left[x_{\max}-3\alpha c\Delta t, t-2\Delta t\right] \\
&\quad\vdots \\
&j=N, \quad U_N = U\left[x_{\max}-N\alpha c\Delta t, t-(N-1)\Delta t\right]
\end{aligned} \tag{5.66}$$

式中，α 是比例因子，其取值满足 $0.5 \leqslant \alpha \leqslant 2$ 。$U_1 = U(x_{\max}-\alpha c\Delta t, t)$处的各阶后向差分定义如下

$$\Delta^1 U\left(x_{\max}-\alpha c\Delta t,t\right)\equiv\Delta^1 U_1=U_1-U_2 \tag{5.67}$$

$$\Delta^2 U\left(x_{\max}-\alpha c\Delta t,t\right)\equiv\Delta^2 U_1=\Delta^1 U_1-\Delta^1 U_2 \tag{5.68}$$

$$\Delta^3 U\left(x_{\max}-\alpha c\Delta t,t\right)\equiv\Delta^3 U_1=\Delta^2 U_1-\Delta^2 U_2 \tag{5.69}$$

$$\vdots$$

一般来说，第 m 阶后向差分可以用各取样点上的波函数值表示

$$\Delta^m U\left(x_{\max}-\alpha c\Delta t,t\right)=\sum_{j=1}^{m+1}(-1)^{j+1}C_m^{j-1}U\left[x_{\max}-j\alpha c\Delta t,t-(j-1)\Delta t\right] \tag{5.70}$$

式中，二项式系数

$$C_m^j=\frac{m!}{(m-j)!\,j!} \tag{5.71}$$

现在，利用牛顿后向差分多项式，可以给出 $U_{\bar{j}}\equiv U\left[x_{\max}-\bar{j}\alpha c\Delta t,t-(\bar{j}-1)\Delta t\right]$ 的内插值表达式如下

$$\begin{aligned}U_{\bar{j}}\cong{}&U_1+\beta\Delta^1U_1+\frac{\beta(\beta+1)}{2!}\Delta^2U_1+\frac{\beta(\beta+1)(\beta+2)}{3!}\Delta^3U_1\\&+\cdots+\frac{\beta(\beta+1)(\beta+2)\cdots(\beta+N-2)}{(N-1)!}\Delta^{N-1}U_1\end{aligned} \tag{5.72}$$

式中，$\bar{j}$ 为实数，$1\leqslant\bar{j}\leqslant N$ ，$\beta=1-\bar{j}$ 。

廖的方法可以简单地解释如下：利用多项式(5.72)，不作 $1\leqslant\bar{j}\leqslant N$ 范围的内插，而是外推到 $\bar{j}=0$ 处。$\bar{j}=0$ 点刚好对应要刷新的外边界点场分量 $U\left(x_{\max},t+\Delta t\right)$。于是，有 $\beta=1$ ，进而由式(5.72)得

$$U_0\equiv U\left(x_{\max},t+\Delta t\right)\cong U_1+\Delta^1U_1+\Delta^2U_1+\Delta^3U_1+\cdots+\Delta^{N-1}U_1 \tag{5.73}$$

式(5.73)还可以写成下列形式

$$U\left(x_{\max},t+\Delta t\right)=\sum_{j=1}^{N}(-1)^{j+1}C_N^jU\left[x_{\max}-j\alpha c\Delta t,t-(j-1)\Delta t\right] \tag{5.74}$$

式(5.74)就是所要推导的吸收边界条件，它将边界点 $x_{\max}$ 上的值 $U\left(x_{\max},t+\Delta t\right)$ 用 x 轴上内部的点和以前时刻的 U 值来表示，如图 5-2 所示。

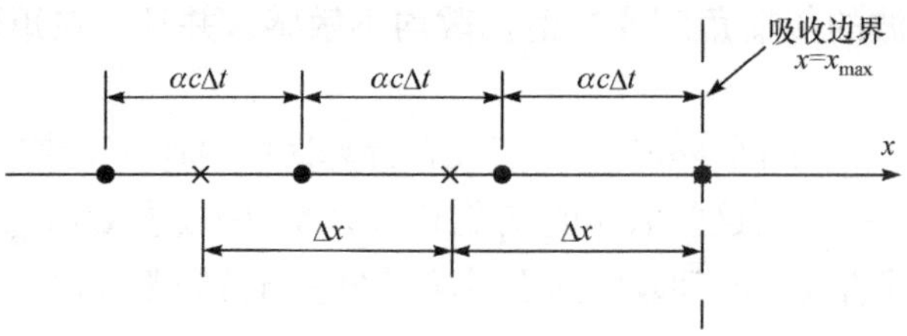

图 5-2　廖氏吸收边界条件的实现

注：•为实现边界条件所需的取样点；×为 FDTD 网格点

用内插公式(5.72)作外推通常会带来高阶误差，但是，只要牛顿差分多项式中的项数足够多，误差可控制在允许的范围内。对于一个以角度 θ 入射向边界点 $x_{\max}$ 的单位振幅平面波，设其波长为 λ，用廖氏吸收边界条件带来的最大幅度误差由式(5.75)给出

$$\left|\Delta^N U\right|_{\max} = 2^N \sin^N\left(\pi c\Delta t/\lambda\right) \tag{5.75}$$

设 $c\Delta t = \Delta/2$ 、$\Delta/\lambda = 1/20$ 和 $N=3$，由式(5.75)算出最大误差约为 0.4%，比 Mur 二阶吸收边界条件小 5～10 倍。并且，下面将要说明，廖氏吸收边界条件通常都能实现其理论预测值。

习题 5-5 证明式(5.73)与式(5.74)等效。

在式(5.74)中，不必知道速度 c 的准确值，只需要知道 αc 的值就可利用这一吸收边界条件。可以证明，即使波具有不同的本征速度，该吸收边界条件仍然成立。这是因为，廖氏吸收边界条件是基于牛顿外推法的，对外向波的入射角度、相速没有特别的规定，因此，它对外向波的传播角度或数值色散均不敏感，不存在前面几种吸收边界条件中由数值色散引起的数值反射系数下限。所以，廖氏吸收边界条件通常都能实现其理论预测值，并且，在矩形计算区域的角点处也易于实现。

为实现式(5.74)，首先选取 α 值，它将确定外推过程中场分量的空间取样点位置，通常选取 $0.5 \leqslant \alpha \leqslant 2$ 。从图 5-2 可见，实现廖氏吸收边界条件所需的取样点一般来说并不与 FDTD 网格点重合，所以需要通过内插法将所需的取样值用 FDTD 网格点上的值来表示。例如，可采用二次内插或样条函数插值。例如，取 $c\Delta t = \Delta/2$ 、$\alpha = 1$ 和 $N=3$，得

$$U\left(x_{\max}, t+\Delta t\right) = 3U\left(x_{\max} - \frac{\Delta}{2}, t\right) - 3U\left(x_{\max} - \Delta, t-\Delta t\right) + U\left(x_{\max} - \frac{3\Delta}{2}, t-2\Delta t\right) \tag{5.76}$$

采用插值公式

$$U\left(x_{\max} - \frac{\Delta}{2}\right) = \frac{3}{8}U\left(x_{\max}\right) + \frac{3}{4}U\left(x_{\max} - \Delta\right) - \frac{1}{8}U\left(x_{\max} - 2\Delta\right) \tag{5.77}$$

$$U\left(x_{\max} - \frac{3\Delta}{2}\right) = \frac{3}{8}U\left(x_{\max} - 2\Delta\right) + \frac{3}{4}U\left(x_{\max} - \Delta\right) - \frac{1}{8}U\left(x_{\max}\right) \tag{5.78}$$

三阶廖氏吸收边界条件(5.76)可写成

$$\begin{aligned} U\left(x_{\max}, t+\Delta t\right) = {} & \frac{9}{8}U\left(x_{\max}, t\right) + \frac{9}{4}U\left(x_{\max} - \Delta, t\right) - \frac{3}{8}U\left(x_{\max} - 2\Delta, t\right) - 3U\left(x_{\max} - \Delta, t-\Delta t\right) \\ & - \frac{1}{8}U\left(x_{\max}, t-2\Delta t\right) + \frac{3}{4}U\left(x_{\max} - \Delta, t-2\Delta t\right) + \frac{3}{8}U\left(x_{\max} - 2\Delta, t-2\Delta t\right) \end{aligned} \tag{5.79}$$

也可以选取 $\alpha c\Delta t = \Delta$ ，使取样点恰好与 FDTD 网格点重合，从而避免在 Yee 网格中作任何内插处理。例如，可取 $c\Delta t = \Delta/2$ 、$\alpha = 2$ 和 $N=3$，所需取样数据为

$$\begin{aligned} j &= 1, \quad U_1 = U\left[x_{\max} - \Delta, t\right] \\ j &= 2, \quad U_2 = U\left[x_{\max} - 2\Delta, t-\Delta t\right] \\ j &= 3, \quad U_3 = U\left[x_{\max} - 3\Delta, t-2\Delta t\right] \end{aligned} \tag{5.80}$$

这些数据都可以在 Yee 网格中直接得到，从而使廖氏吸收边界条件变得非常简洁。

值得一提的是，Moghaddam、Chew 和 Wagner 曾报道，如果采用单精度计算，可能导致使用廖氏吸收边界条件的 FDTD 算法不稳定，而采用双精度计算则可改善稳定性[13,14]。通过 z 变换分析可以发现，廖氏外推过程在 z 平面只有一个根位于单位圆上，其余所有根都在单位圆内。由于使用单精度计算带来的数值误差，可能会将单位圆上的极点引向圆外，从而导致计算过程不稳定。一种保险的做法是，对每一个外推系数施加一个微小的损耗，在保证最终结

果精度的同时使计算过程保持稳定。例如，取0.5%量级的损耗，$\Delta=\lambda/20$，可使计算稳定，总体误差虽然增加到1%或稍小的量级，但仍然优于Mur二阶吸收边界条件所能达到的精度。

5.4　Berenger 完全匹配层

前面几节介绍了20世纪七八十年代的几种主要吸收边界条件，它们在FDTD计算区域外边界存在0.5%～5%的数值反射。现代微波暗室的动态范围已能做到>70dB。如果数值模拟的动态范围也能做到>70dB，则理论预测与实验测试的能力更为匹配，能更好地促进科学研究。要实现>70dB 的理论预测动态范围，相当于必须将所有的计算噪声抑制到小于入射波振幅的10^{-4}，这就要求将现有吸收边界条件的有效反射系数再降低40dB(100：1)。

1994年，Berenger提出了用完全匹配层(PML)来吸收外向电磁波[5]。它将电、磁场分量在吸收边界区分裂，并能分别对各个分裂的场分量赋以不同的损耗。这样一来，就能在FDTD网格外边界得到一种非物理的吸收媒质，它具有不依赖于外向波入射角及频率的波阻抗。据Berenger报道，PML的反射系数是前述标准二阶或三阶吸收边界条件的1/3000，总的网格噪声能量是使用普通吸收边界条件时的$1/10^7$。使用PML，可以使FDTD模拟的最大动态范围达到80dB。

5.4.1　PML 媒质的定义

首先，以二维TE(无E_z分量)情形为例建立PML媒质的方程。如图5-3所示，在直角坐标系中，电磁场不随z坐标变化，电场位于(x,y)平面。电磁场只有三个分量，E_x、E_y和H_z，麦克斯韦方程组退化为三个方程。设媒质的介电常数为ε_0、磁导率为μ_0、电导率为σ、磁阻率为ρ，麦克斯韦方程可写成

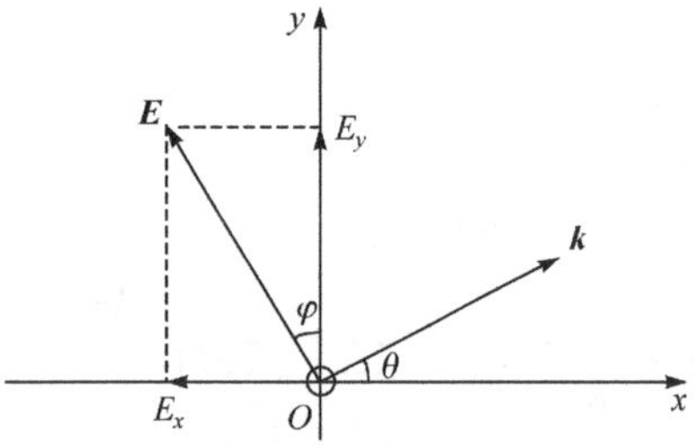

图5-3　TE问题

$$\varepsilon_0\frac{\partial E_x}{\partial t}+\sigma E_x=\frac{\partial H_z}{\partial y} \tag{5.81}$$

$$\varepsilon_0\frac{\partial E_y}{\partial t}+\sigma E_y=-\frac{\partial H_z}{\partial x} \tag{5.82}$$

$$\mu_0\frac{\partial H_z}{\partial t}+\rho H_z=\frac{\partial E_x}{\partial y}-\frac{\partial E_y}{\partial x} \tag{5.83}$$

进一步，如果下列条件成立

$$\frac{\sigma}{\varepsilon_0}=\frac{\rho}{\mu_0} \tag{5.84}$$

则该媒质的波阻抗与自由空间波阻抗相等，当波垂直地入射到媒质-自由空间分界面时，无反射存在。

现在定义TE情形下的PML媒质。定义的关键是将磁场分量H_z分裂为两个子分量，记为H_{zx}和H_{zy}。在TE情形下的PML媒质中共有四个场分量E_x、E_y、H_{zx}和H_{zy}，满足下列方程

$$\varepsilon_0\frac{\partial E_x}{\partial t}+\sigma_y E_x=\frac{\partial\left(H_{zx}+H_{zy}\right)}{\partial y} \tag{5.85}$$

$$\varepsilon_0 \frac{\partial E_y}{\partial t} + \sigma_x E_y = -\frac{\partial\left(H_{zx} + H_{zy}\right)}{\partial x} \tag{5.86}$$

$$\mu_0 \frac{\partial H_{zx}}{\partial t} + \rho_x H_{zx} = -\frac{\partial E_y}{\partial x} \tag{5.87}$$

$$\mu_0 \frac{\partial H_{zy}}{\partial t} + \rho_y H_{zy} = \frac{\partial E_x}{\partial y} \tag{5.88}$$

式中，σ_x 和 σ_y 为电导率、ρ_x 和 ρ_y 为磁阻率。

考察上述方程，将发现 PML 媒质可以看作普通物理媒质的数学推广形式。如果 $\sigma_x = \sigma_y = \rho_x = \rho_y = 0$，则式(5.85)～式(5.88)退化为自由空间的麦克斯韦方程；如果 $\sigma_x = \sigma_y$ 和 $\rho_x = \rho_y = 0$，它们退化为导电媒质中的麦克斯韦方程；如果 $\sigma_x = \sigma_y$ 和 $\rho_x = \rho_y$，则它们退化为吸波材料中的麦克斯韦方程(5.81)～方程(5.83)。

5.4.2　PML 媒质中平面波的传播

现在考察一个正弦平面波在 PML 媒质中的传播情况。令平面波电场分量的振幅为 E_0，方向与 y 轴成角度 φ，如图 5-3 所示。分裂磁场分量 H_{zx} 和 H_{zy} 的振幅分别为 H_{zx0} 和 H_{zy0}。4 个场分量可以分别表示为

$$E_x = -E_0 \sin\varphi \mathrm{e}^{\mathrm{j}\omega(t-\alpha x-\beta y)} \tag{5.89}$$

$$E_y = E_0 \cos\varphi \mathrm{e}^{\mathrm{j}\omega(t-\alpha x-\beta y)} \tag{5.90}$$

$$H_{zx} = H_{zx0} \mathrm{e}^{\mathrm{j}\omega(t-\alpha x-\beta y)} \tag{5.91}$$

$$H_{zy} = H_{zy0} \mathrm{e}^{\mathrm{j}\omega(t-\alpha x-\beta y)} \tag{5.92}$$

式中，ω 是角频率；t 是时间；α 和 β 是复常数。设 E_0 为已知，方程(5.89)～方程(5.92)中共有 4 个待定量，α、β、H_{zx0} 和 H_{zy0}。将式(5.89)～式(5.92)代入式(5.85)～式(5.88)，可得到这些待定量的关系式如下

$$\varepsilon_0 E_0 \sin\varphi - \mathrm{j}\frac{\sigma_y}{\omega} E_0 \sin\varphi = \beta\left(H_{zx0} + H_{zy0}\right) \tag{5.93}$$

$$\varepsilon_0 E_0 \cos\varphi - \mathrm{j}\frac{\sigma_x}{\omega} E_0 \cos\varphi = \alpha\left(H_{zx0} + H_{zy0}\right) \tag{5.94}$$

$$\mu_0 H_{zx0} - \mathrm{j}\frac{\rho_x}{\omega} H_{zx0} = \alpha E_0 \cos\varphi \tag{5.95}$$

$$\mu_0 H_{zy0} - \mathrm{j}\frac{\rho_y}{\omega} H_{zy0} = \beta E_0 \sin\varphi \tag{5.96}$$

消去 H_{zx0} 和 H_{zy0}，可得

$$\varepsilon_0 \mu_0 \left(1 - \mathrm{j}\frac{\sigma_y}{\omega\varepsilon_0}\right) \sin\varphi = \beta\left(\frac{\alpha\cos\varphi}{1-\mathrm{j}\dfrac{\rho_x}{\omega\mu_0}} + \frac{\beta\sin\varphi}{1-\mathrm{j}\dfrac{\rho_y}{\omega\mu_0}}\right) \tag{5.97}$$

$$\varepsilon_0\mu_0\left(1-\mathrm{j}\frac{\sigma_x}{\omega\varepsilon_0}\right)\cos\varphi=\alpha\left(\frac{\alpha\cos\varphi}{1-\mathrm{j}\dfrac{\rho_x}{\omega\mu_0}}+\frac{\beta\sin\varphi}{1-\mathrm{j}\dfrac{\rho_y}{\omega\mu_0}}\right) \tag{5.98}$$

由式(5.97)和式(5.98)可解出α和β。首先，求出下列比值

$$\frac{\beta}{\alpha}=\frac{\sin\varphi}{\cos\varphi}\cdot\frac{1-\mathrm{j}\dfrac{\sigma_y}{\omega\varepsilon_0}}{1-\mathrm{j}\dfrac{\sigma_x}{\omega\varepsilon_0}} \tag{5.99}$$

其次，由式(5.98)和式(5.99)可求得α^2，由式(5.97)和式(5.99)可求得β^2。由此，存在两组符号相反的(α,β)，代表两个相反的传播方向。选择正的一组解，有

$$\alpha=\frac{\sqrt{\varepsilon_0\mu_0}}{G}\left(1-\mathrm{j}\frac{\sigma_x}{\omega\varepsilon_0}\right)\cos\varphi \tag{5.100}$$

$$\beta=\frac{\sqrt{\varepsilon_0\mu_0}}{G}\left(1-\mathrm{j}\frac{\sigma_y}{\omega\varepsilon_0}\right)\sin\varphi \tag{5.101}$$

式中

$$G=\sqrt{w_x\cos^2\varphi+w_y\sin^2\varphi} \tag{5.102}$$

$$w_x=\frac{1-\mathrm{j}\dfrac{\sigma_x}{\omega\varepsilon_0}}{1-\mathrm{j}\dfrac{\rho_x}{\omega\mu_0}} \tag{5.103}$$

$$w_y=\frac{1-\mathrm{j}\dfrac{\sigma_y}{\omega\varepsilon_0}}{1-\mathrm{j}\dfrac{\rho_y}{\omega\mu_0}} \tag{5.104}$$

这样就求得了PML媒质内平面波的传播常数。现在，用ψ代表该平面波的任一场分量，其振幅为ψ_0，由式(5.89)～式(5.92)及式(5.100)～式(5.101)，有

$$\psi=\psi_0\mathrm{e}^{\mathrm{j}\omega\left(t-\frac{x\cos\varphi+y\sin\varphi}{cG}\right)}\mathrm{e}^{-\frac{\sigma_x\cos\varphi}{\varepsilon_0 cG}x}\mathrm{e}^{-\frac{\sigma_y\sin\varphi}{\varepsilon_0 cG}y} \tag{5.105}$$

最后，将式(5.100)和式(5.101)的(α,β)值代入式(5.95)和式(5.96)，可解得

$$H_{zx0}=E_0\sqrt{\frac{\varepsilon_0}{\mu_0}}\cdot\frac{1}{G}\cdot w_x\cos^2\varphi \tag{5.106}$$

$$H_{zy0}=E_0\sqrt{\frac{\varepsilon_0}{\mu_0}}\cdot\frac{1}{G}\cdot w_y\sin^2\varphi \tag{5.107}$$

利用式(5.102)～式(5.104)，可求得H_{zx0}和H_{zy0}之和为

$$H_{zx0}+H_{zy0}=H_0=E_0\sqrt{\frac{\varepsilon_0}{\mu_0}}\cdot G \tag{5.108}$$

电场振幅与磁场振幅之比为

$$Z = \sqrt{\frac{\mu_0}{\varepsilon_0}} \cdot \frac{1}{G} \tag{5.109}$$

现在，假设两组参数(σ_x,ρ_x)和(σ_y,ρ_y)均满足条件(5.84)。这时，对任何频率，w_x、w_y和G均等于1，场分量及波阻抗的结果如下

$$\psi = \psi_0 \mathrm{e}^{\mathrm{j}\omega\left(t - \frac{x\cos\varphi + y\sin\varphi}{c}\right)} \mathrm{e}^{-\frac{\sigma_x \cos\varphi}{\varepsilon_0 c}x} \mathrm{e}^{-\frac{\sigma_y \sin\varphi}{\varepsilon_0 c}y} \tag{5.110}$$

$$Z = \sqrt{\frac{\mu_0}{\varepsilon_0}} \tag{5.111}$$

式(5.110)中的第一个指数项表明，PML 媒质中的波在垂直于电场的方向以自由空间中的波速传播，即在图 5-3 中$\theta=\varphi$。式(5.110)中的后两个指数项表明，PML 媒质中波的振幅沿x和y方向按指数规律减小。式(5.111)表明，在这种情况下，无论传播方向如何，PML 媒质的波阻抗与自由空间波阻抗相同。可见，当波垂直入射到媒质-自由空间分界面时，PML 媒质的无反射匹配条件仍然可用式(5.84)表示，只是要求两组参数(σ_x,ρ_x)和(σ_y,ρ_y)均满足条件(5.84)。非垂直入射情况下的无反射条件将在后面给出。

考察一般情况下的波函数表达式(5.105)，如果波沿y方向传播(即$\cos\varphi=0$)，并且，$\sigma_y=\rho_y=0$，则波沿y方向无衰减地传播，PML 不能吸收波。反过来，如果波沿x方向传播，并且，$\sigma_x=\rho_x=0$，则波沿x方向无衰减地传播，PML 不能吸收波。

再看满足匹配条件的波函数表达式(5.110)，如果$\sigma_y=\rho_y=0$，则沿y方向的指数项等于1，波只在x传播方向被吸收。反过来，如果$\sigma_x=\rho_x=0$，则沿x方向的指数项等于1，波只在y传播方向被吸收。

5.4.3 PML-PML 媒质分界面处波的传播

进一步考察电磁波从一种 PML 媒质到另一种 PML 媒质的传播问题。首先，考虑 PML-PML 媒质分界面垂直于x轴的情况，如图 5-4 所示。设θ_1、θ_2和$\pi-\theta_r$分别代表入射电场E_i、透射电场E_t和反射电场E_r相对分界面所成的角度。媒质参数分别为$(\sigma_{x1},\rho_{x1},\sigma_{y1},\rho_{y1})$和$(\sigma_{x2},\rho_{x2},\sigma_{y2},\rho_{y2})$。

如果 PML 媒质满足匹配条件式(5.84)，根据式(5.110)，θ_1、θ_2和θ_r也分别等于相对于分界面法向定义的入射角、透射角和反射角。图 5-4 中正是按这种情况画的。假设分界面为无限大，入射、透射和反射波均为平面波。记E_i、E_t和E_r幅度为E_{i0}、E_{t0}和E_{r0}，由式(5.105)可写出入射、反射和透射电场在$x=0$分界面的表达式如下

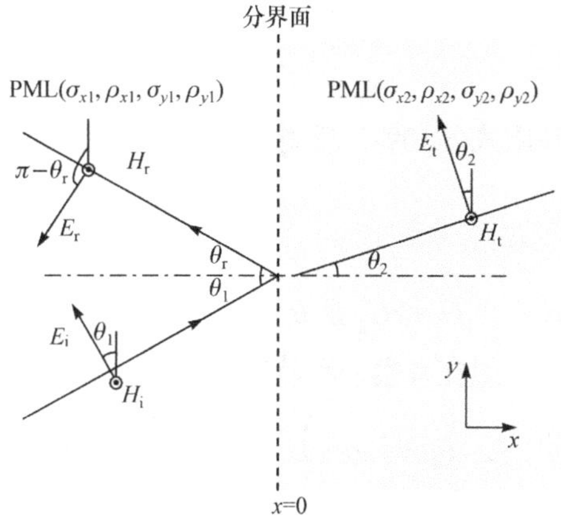

图 5-4　垂直于x轴的 PML-PML 媒质分界面

$$E_i = E_{i0}\mathrm{e}^{\mathrm{j}\omega t}\mathrm{e}^{-\mathrm{j}\omega\frac{y\sin\theta_1}{cG_1}\left(1-\mathrm{j}\frac{\sigma_{y1}}{\varepsilon_0\omega}\right)} \tag{5.112}$$

$$E_r = E_{r0}\mathrm{e}^{\mathrm{j}\omega t}\mathrm{e}^{-\mathrm{j}\omega\frac{y\sin\theta_r}{cG_1}\left(1-\mathrm{j}\frac{\sigma_{y1}}{\varepsilon_0\omega}\right)} \tag{5.113}$$

$$E_t = E_{t0} e^{j\omega t} e^{-j\omega \frac{y\sin\theta_2}{cG_2}\left(1-j\frac{\sigma_{y2}}{\varepsilon_0\omega}\right)} \tag{5.114}$$

式中

$$G_k = \sqrt{w_{xk}\cos^2\theta_k + w_{yk}\sin^2\theta_k}, \qquad k=1,2 \tag{5.115}$$

w_{xk} 和 w_{yk} 由式(5.103)和式(5.104)可以算出。由式(5.108)和式(5.109)可知入射、反射和透射磁场在 $x=0$ 分界面分别为

$$H_i = E_i / Z_1 \tag{5.116}$$

$$H_r = E_r / Z_1 \tag{5.117}$$

$$H_t = E_t / Z_2 \tag{5.118}$$

在分界面处，切向电磁场分量 E_y 和 $H_{zx}+H_{zy}$ 必须连续，因此有

$$E_i\cos\theta_1 - E_r\cos\theta_r = E_t\cos\theta_2 \tag{5.119}$$

$$H_i + H_r = H_t \tag{5.120}$$

将式(5.112)～式(5.114)代入式(5.119)，该式要对所有的 y 都成立，必须使式(5.112)～式(5.114)中的指数因子相等，由此可得

$$\theta_r = \theta_1 \tag{5.121}$$

$$\left(1-j\frac{\sigma_{y1}}{\varepsilon_0\omega}\right)\frac{\sin\theta_1}{G_1} = \left(1-j\frac{\sigma_{y2}}{\varepsilon_0\omega}\right)\frac{\sin\theta_2}{G_2} \tag{5.122}$$

式(5.121)和式(5.122)就是 PML-PML 媒质分界面处的 Snell 定律。最后，式(5.119)和式(5.120)变为

$$E_{i0}\cos\theta_1 - E_{r0}\cos\theta_1 = E_{t0}\cos\theta_2 \tag{5.123}$$

$$\frac{E_{i0}}{Z_1} + \frac{E_{r0}}{Z_1} = \frac{E_{t0}}{Z_2} \tag{5.124}$$

定义反射系数为分界面处反射与入射切向电场之比，即 $-E_{r0}\cos\theta_1 / E_{i0}\cos\theta_1$，从式(5.123)和式(5.124)可解得 TE 情形的反射系数为

$$R_p = \frac{Z_2\cos\theta_2 - Z_1\cos\theta_1}{Z_2\cos\theta_2 + Z_1\cos\theta_1} \tag{5.125}$$

利用式(5.109)，反射系数公式还可写成

$$R_p = \frac{G_1\cos\theta_2 - G_2\cos\theta_1}{G_1\cos\theta_2 + G_2\cos\theta_1} \tag{5.126}$$

式中，G_1 和 G_2 是 θ_1 和 θ_2 的函数，由式(5.115)计算。

现在考察一种特殊情况，令两种媒质的 (σ_y, ρ_y) 相同，即媒质参数分别为 $(\sigma_{x1}, \rho_{x1}, \sigma_y, \rho_y)$ 和 $(\sigma_{x2}, \rho_{x2}, \sigma_y, \rho_y)$。这时，Snell 定律[式(5.122)]变为

$$\frac{\sin\theta_1}{G_1} = \frac{\sin\theta_2}{G_2} \tag{5.127}$$

将式(5.127)代入式(5.126)，得

$$R_{\mathrm{p}}=\frac{\sin\theta_1\cos\theta_2-\sin\theta_2\cos\theta_1}{\sin\theta_1\cos\theta_2+\sin\theta_2\cos\theta_1} \tag{5.128}$$

然后，对式(5.127)取平方，将 G_1 和 G_2 用式(5.115)代入，注意到此时 $w_{y1}=w_{y2}$，得

$$\sqrt{w_{x2}}\sin\theta_1\cos\theta_2=\sqrt{w_{x1}}\sin\theta_2\cos\theta_1 \tag{5.129}$$

于是，从式(5.128)和式(5.129)，可得

$$R_{\mathrm{p}}=\frac{\sqrt{w_{x1}}-\sqrt{w_{x2}}}{\sqrt{w_{x1}}+\sqrt{w_{x2}}} \tag{5.130}$$

式(5.130)表明，即使媒质不满足匹配条件(5.84)，只要两种媒质具有相同的(σ_y,ρ_y)，反射系数将不随入射角 θ_1 变化，它只通过式(5.103)和式(5.104)随频率改变而变。

进一步，如果设媒质是匹配的，即参数(σ_{x1},ρ_{x1})、(σ_{x2},ρ_{x2})和(σ_y,ρ_y)分别都满足式(5.84)，有 $G_1=G_2=1$，式(5.127)和式(5.128)分别简化为

$$\theta_1=\theta_2 \tag{5.131}$$

$$R_{\mathrm{p}}=0 \tag{5.132}$$

式(5.127)和式(5.128)表明，如果媒质满足匹配条件式(5.84)，只要两种媒质具有相同的(σ_y,ρ_y)，任意入射角及任意频率的平面波都将无反射地传播通过 PML-PML 媒质分界面。当然，如果第一种媒质是自由空间，第二种媒质是参数为$(\sigma_x,\rho_x,0,0)$的匹配媒质，这一结论也成立，因为自由空间可以看作参数为$(0,0,0,0)$的 PML 媒质。

其次，考虑 PML-PML 媒质分界面垂直于 y 轴的情况。经过相似的分析过程，可得到相似的结论：如果两种匹配媒质具有相同的(σ_x,ρ_x)，则任意入射角及任意频率的平面波都将无反射地传播通过 PML-PML 媒质分界面。同样，如果第一种媒质是自由空间，第二种媒质是参数为$(0,0,\sigma_y,\rho_y)$的匹配媒质，这一结论也成立。

总结上述分析，对于满足匹配条件[式(5.84)]的 PML 媒质，有下列结论。

(1) 在垂直于 x 轴的 PML-PML 媒质分界面，如果两种媒质的(σ_y,ρ_y)相同，则反射系数始终为零。例如，在自由空间与参数为$(\sigma_x,\rho_x,0,0)$的匹配媒质之间，或参数分别为$(0,0,\sigma_y,\rho_y)$和$(\sigma_x,\rho_x,\sigma_y,\rho_y)$的匹配媒质之间形成的垂直于 x 轴的 PML-PML 媒质分界面。

(2) 在垂直于 y 轴的 PML-PML 媒质分界面，如果两种媒质的(σ_x,ρ_x)相同，则反射系数始终为零。例如，在自由空间与参数为$(0,0,\sigma_y,\rho_y)$的匹配媒质之间，或参数分别为$(\sigma_x,\rho_x,0,0)$和$(\sigma_x,\rho_x,\sigma_y,\rho_y)$的匹配媒质之间形成的垂直于 y 轴的 PML-PML 媒质分界面。

5.4.4 用于 FDTD 的 PML

根据上述结论，对二维情形，Berenger 建议了如图 5-5 所示将 PML 与 FDTD 网格相结合的方案。FDTD 仿真区域假设为自由空间，它被 PML 媒质包围，PML 又被理想导电壁包围。在仿真区域的左、右边界，吸收材料是匹配的 PML$(\sigma_x,\rho_x,0,0)$媒质，它能让外向波无反射地通过自由空间-PML 媒质分界面 $\overline{AB}$ 和 $\overline{CD}$。相似地，在仿真区域的上、下边界，吸收材料是匹配的 PML$(0,0,\sigma_y,\rho_y)$媒质，它能让外向波无反射地通过自由空间-PML 媒质分界面 $\overline{CB}$ 和

$\overline{DA}$。在四个角，采用 PML$(\sigma_x,\rho_x,\sigma_y,\rho_y)$媒质，其中的各个参数分别与相邻的$(\sigma_x,\rho_x,0,0)$和$(0,0,\sigma_y,\rho_y)$媒质的参数相等，如图 5-5 所示。于是，根据前面的结论，在侧边 PML 媒质与角 PML 媒质的分界面处，例如，$\overline{BB_1}$和$\overline{BB_2}$，也不存在反射。

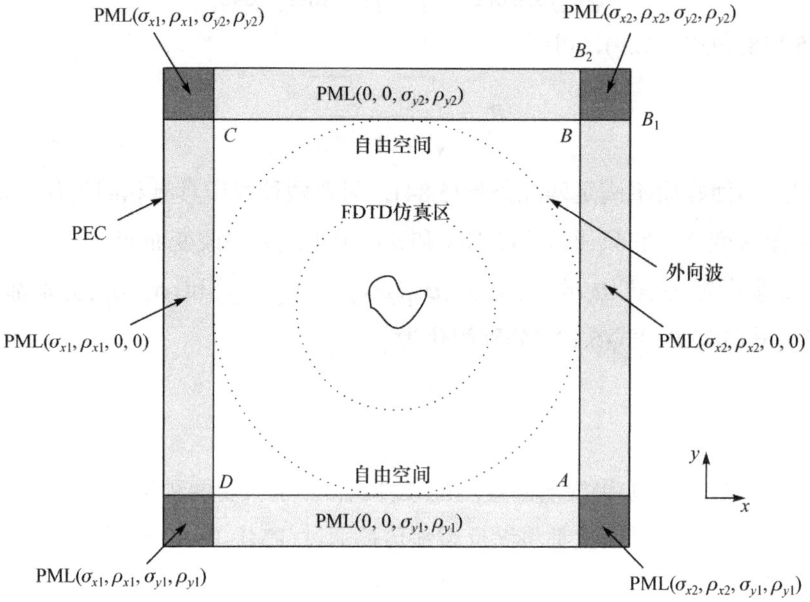

图 5-5　FDTD 网格与 PML 的结合

在 PML 吸收媒质中，波的振幅由式(5.110)中的最后两个指数项控制。在侧边的吸收层，媒质参数为$(\sigma_x,\rho_x,0,0)$或$(0,0,\sigma_y,\rho_y)$，一个指数项退化为 1。在 PML 媒质中距离分界面为r的地方，外向平面波的幅度可写成

$$\psi(r)=\psi(0)\mathrm{e}^{-\frac{\sigma\cos\theta}{\varepsilon_0 c}r} \tag{5.133}$$

式中，θ 是相对于媒质分界面定义的入射角，σ 是σ_x或σ_y。穿过 PML 媒质后，波将被理想导电壁反射，然后再次穿过媒质分界面进入自由空间。因此，如果 PML 媒质的厚度为δ，则 PML 媒质表面的反射系数为

$$R(\theta)=\mathrm{e}^{-2\delta\frac{\sigma\cos\theta}{\varepsilon_0 c}} \tag{5.134}$$

从式(5.134)可见，当入射方向很接近分界面(即$\theta\sim\pi/2$)时，无论σ为多少，R 都接近于 1。但是，数值实验表明，在实际计算中这并不会带来任何麻烦。这并不奇怪，例如，入射方向很接近右侧分界面的波将最终几乎垂直地传到上或下侧分界面，在那里被吸收掉。

从式(5.134)可见，PML 媒质表面处的反射系数是乘积$\sigma\delta$的函数。因此，若给定 PML 层衰减值大小，理论上可以将其厚度取得尽可能小，例如，厚度等于一个空间步长。但是，电导率跃变太大，在计算时会带来数值反射。因此，实际计算中 PML 媒质厚度必须取若干个空间步长，而且，导电率从自由空间-PML 分界面的 0 渐变到 PML 最外面的$\sigma_{\max}$。设离开自由空间-PML 分界面距离为r处的导电率为$\sigma(r)$，则分界面反射系数为

$$R(\theta)=\mathrm{e}^{-2\frac{\cos\theta}{\varepsilon_0 c}\int_0^{\delta}\sigma(r)\mathrm{d}r} \tag{5.135}$$

如果取

$$\sigma(r)=\sigma_{\max}\left(\frac{r}{\delta}\right)^n \tag{5.136}$$

代入式(5.135)，可得

$$R(\theta)=\mathrm{e}^{-\frac{2\delta\sigma_{\max}\cos\theta}{(n+1)\varepsilon_0 c}} \tag{5.137}$$

当 $\theta=0$ (垂直入射)时

$$R(0)=\mathrm{e}^{-\frac{2\delta\sigma_{\max}}{(n+1)\varepsilon_0 c}} \tag{5.138}$$

现在讨论 PML 媒质中的差分格式。Berenger 建议采用第 4 章介绍的指数差分格式。对于 PML 媒质中的偏微分方程(5.85)～方程(5.88)，仍旧采用 Yee 的差分网格，E_x 和 E_y 的取样位置不变，两个磁场子分量 H_{zx} 和 H_{zy} 都在标准 Yee 差分网格中 H_z 的取样位置取样，如图 5-6 所示。于是，在 PML 媒质内部，式(5.85)～式(5.88)的指数差分格式分别为

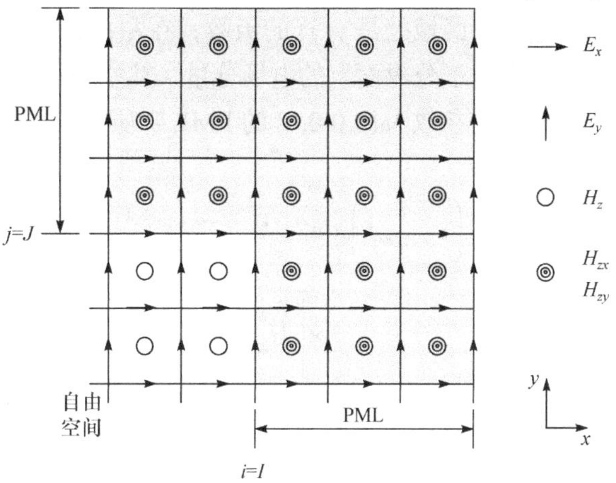

图 5-6　右上角区域的 FDTD 网格

$$\begin{aligned}E_x^{n+1}\left(i+\frac{1}{2},j\right)=&\mathrm{e}^{-\frac{\sigma_y(j)\Delta t}{\varepsilon_0}}E_x^{n}\left(i+\frac{1}{2},j\right)+\frac{1-\mathrm{e}^{-\frac{\sigma_y(j)\Delta t}{\varepsilon_0}}}{\sigma_y(j)\Delta y}\left[H_{zx}^{n+\frac{1}{2}}\left(i+\frac{1}{2},j+\frac{1}{2}\right)\right.\\&\left.+H_{zy}^{n+\frac{1}{2}}\left(i+\frac{1}{2},j+\frac{1}{2}\right)-H_{zx}^{n+\frac{1}{2}}\left(i+\frac{1}{2},j-\frac{1}{2}\right)-H_{zy}^{n+\frac{1}{2}}\left(i+\frac{1}{2},j-\frac{1}{2}\right)\right]\end{aligned} \tag{5.139}$$

$$\begin{aligned}E_y^{n+1}\left(i,j+\frac{1}{2}\right)=&\mathrm{e}^{-\frac{\sigma_x(i)\Delta t}{\varepsilon_0}}E_y^{n}\left(i,j+\frac{1}{2}\right)-\frac{1-\mathrm{e}^{-\frac{\sigma_x(i)\Delta t}{\varepsilon_0}}}{\sigma_x(i)\Delta x}\left[H_{zx}^{n+\frac{1}{2}}\left(i+\frac{1}{2},j+\frac{1}{2}\right)\right.\\&\left.+H_{zy}^{n+\frac{1}{2}}\left(i+\frac{1}{2},j+\frac{1}{2}\right)-H_{zx}^{n+\frac{1}{2}}\left(i-\frac{1}{2},j+\frac{1}{2}\right)-H_{zy}^{n+\frac{1}{2}}\left(i-\frac{1}{2},j+\frac{1}{2}\right)\right]\end{aligned} \tag{5.140}$$

$$\begin{aligned}H_{zx}^{n+\frac{1}{2}}\left(i+\frac{1}{2},j+\frac{1}{2}\right)=&\mathrm{e}^{-\frac{\rho_x\left(i+\frac{1}{2}\right)\Delta t}{\mu_0}}H_{zx}^{n-\frac{1}{2}}\left(i+\frac{1}{2},j+\frac{1}{2}\right)\\&-\frac{1-\mathrm{e}^{-\frac{\rho_x\left(i+\frac{1}{2}\right)\Delta t}{\mu_0}}}{\rho_x\left(i+\frac{1}{2}\right)\Delta x}\left[E_y^{n}\left(i+1,j+\frac{1}{2}\right)-E_y^{n}\left(i,j+\frac{1}{2}\right)\right]\end{aligned} \tag{5.141}$$

$$H_{zy}^{n+\frac{1}{2}}\left(i+\frac{1}{2},j+\frac{1}{2}\right)=\mathrm{e}^{-\frac{\rho_y\left(j+\frac{1}{2}\right)\Delta t}{\mu_0}}H_{zy}^{n-\frac{1}{2}}\left(i+\frac{1}{2},j+\frac{1}{2}\right)+\frac{1-\mathrm{e}^{-\frac{\rho_y\left(j+\frac{1}{2}\right)\Delta t}{\mu_0}}}{\rho_y\left(j+\frac{1}{2}\right)\Delta y}\left[E_x^n\left(i+\frac{1}{2},j+1\right)-E_x^n\left(i+\frac{1}{2},j\right)\right] \tag{5.142}$$

式中，σ_x和ρ_x在左、右侧边及角区域处是$x(i)$的函数，在上、下侧边为零；σ_y和ρ_y在上、下侧边及角区域处是$y(j)$的函数，在左、右侧边为零。

对于位于分界面上的电场分量，其差分格式中要用到自由空间的磁场分量H_z。如果将自由空间看作参数为(0,0,0,0)的PML媒质，则$H_{zx}+H_{zy}=H_z$。于是，在$j=J$的上分界面

$$E_x^{n+1}\left(i+\frac{1}{2},J\right)=\mathrm{e}^{-\frac{\sigma_y(J)\Delta t}{\varepsilon_0}}E_x^n\left(i+\frac{1}{2},J\right)+\frac{1-\mathrm{e}^{-\frac{\sigma_y(J)\Delta t}{\varepsilon_0}}}{\sigma_y(J)\Delta y}\times\left[H_{zx}^{n+\frac{1}{2}}\left(i+\frac{1}{2},J+\frac{1}{2}\right)+H_{zy}^{n+\frac{1}{2}}\left(i+\frac{1}{2},J+\frac{1}{2}\right)-H_z^{n+\frac{1}{2}}\left(i+\frac{1}{2},J-\frac{1}{2}\right)\right] \tag{5.143}$$

相似地，在$i=I$的右分界面

$$E_y^{n+1}\left(I,j+\frac{1}{2}\right)=\mathrm{e}^{-\frac{\sigma_x(I)\Delta t}{\varepsilon_0}}E_y^n\left(I,j+\frac{1}{2}\right)-\frac{1-\mathrm{e}^{-\frac{\sigma_x(I)\Delta t}{\varepsilon_0}}}{\sigma_x(I)\Delta x}\times\left[H_{zx}^{n+\frac{1}{2}}\left(I+\frac{1}{2},j+\frac{1}{2}\right)+H_{zy}^{n+\frac{1}{2}}\left(I+\frac{1}{2},j+\frac{1}{2}\right)-H_z^{n+\frac{1}{2}}\left(I-\frac{1}{2},j+\frac{1}{2}\right)\right] \tag{5.144}$$

在上述计算中，$\sigma_x(i)$、$\rho_x(i)$、$\sigma_y(j)$和$\rho_y(j)$均取以取样点为中心的单元上的平均值。例如

$$\sigma_x(i)=\frac{1}{\Delta x}\int_{x(i)-\frac{\Delta x}{2}}^{x(i)+\frac{\Delta x}{2}}\sigma_x(x')\mathrm{d}x' \tag{5.145}$$

式(5.136)给出了一种$\sigma_x(x)$的分布形式。

也可不采用上述指数差分格式，而采用普通的中心差分格式。数值实验表明，两者的计算复杂性相当，准确程度也差不多。

上面详细讨论了二维TE情形下的PML媒质特性。对于二维TM情形，电磁场分量简化为三个，E_z、H_x和H_y。在PML媒质中，E_z分裂为两个子分量，E_{zx}和E_{zy}。场分量满足下列方程

$$\varepsilon_0\frac{\partial E_{zx}}{\partial t}+\sigma_x E_{zx}=\frac{\partial H_y}{\partial x} \tag{5.146}$$

$$\varepsilon_0\frac{\partial E_{zy}}{\partial t}+\sigma_y E_{zy}=-\frac{\partial H_x}{\partial y} \tag{5.147}$$

$$\mu_0\frac{\partial H_x}{\partial t}+\rho_y H_x=-\frac{\partial(E_{zx}+E_{zy})}{\partial y} \tag{5.147}$$

$$\mu_0\frac{\partial H_y}{\partial t}+\rho_x H_y=\frac{\partial(E_{zx}+E_{zy})}{\partial x} \tag{5.149}$$

按照与 TE 情形相似的分析，可以得到与 TE 情形相同的结论，即①在垂直于 x 轴的 PML-PML 媒质分界面，如果两种媒质的 (σ_y,ρ_y) 相同，则反射系数始终为零。②在垂直于 y 轴的 PML-PML 媒质分界面，如果两种媒质的 (σ_x,ρ_x) 相同，则反射系数始终为零。因此，可以像 TE 情形那样构造无反射 PML 吸收层。

习题 5-6　对 TM 情形，导出与式(5.100)～式(5.105)、式(5.109)、式(5.122)和式(5.125)相对应的关系式。

5.4.5　三维情况下的 PML

在三维情况下，直角坐标系中的 6 个场分量均被分裂，$E_x=E_{xy}+E_{xz}$，$E_y=E_{yx}+E_{yz}$，$E_z=E_{zx}+E_{zy}$，$H_x=H_{xy}+H_{xz}$，$H_y=H_{yx}+H_{yz}$，$H_z=H_{zx}+H_{zy}$。PML 媒质中的场分量满足下列 12 个方程

$$\mu_0\frac{\partial H_{xy}}{\partial t}+\rho_y H_{xy}=-\frac{\partial(E_{zx}+E_{zy})}{\partial y} \tag{5.150}$$

$$\mu_0\frac{\partial H_{xz}}{\partial t}+\rho_z H_{xz}=\frac{\partial(E_{yx}+E_{yz})}{\partial z} \tag{5.151}$$

$$\mu_0\frac{\partial H_{yz}}{\partial t}+\rho_z H_{yz}=-\frac{\partial(E_{xy}+E_{xz})}{\partial z} \tag{5.152}$$

$$\mu_0\frac{\partial H_{yx}}{\partial t}+\rho_x H_{yx}=\frac{\partial(E_{zx}+E_{zy})}{\partial x} \tag{5.153}$$

$$\mu_0\frac{\partial H_{zx}}{\partial t}+\rho_x H_{zx}=-\frac{\partial(E_{yx}+E_{yz})}{\partial x} \tag{5.154}$$

$$\mu_0\frac{\partial H_{zy}}{\partial t}+\rho_y H_{zy}=\frac{\partial(E_{xy}+E_{xz})}{\partial y} \tag{5.155}$$

$$\varepsilon_0\frac{\partial E_{xy}}{\partial t}+\sigma_y E_{xy}=\frac{\partial\left(H_{zx}+H_{zy}\right)}{\partial y} \tag{5.156}$$

$$\varepsilon_0\frac{\partial E_{xz}}{\partial t}+\sigma_z E_{xz}=-\frac{\partial\left(H_{yx}+H_{yz}\right)}{\partial z} \tag{5.157}$$

$$\varepsilon_0\frac{\partial E_{yz}}{\partial t}+\sigma_z E_{yz}=\frac{\partial\left(H_{xy}+H_{xz}\right)}{\partial z} \tag{5.158}$$

$$\varepsilon_0\frac{\partial E_{yx}}{\partial t}+\sigma_x E_{yx}=-\frac{\partial\left(H_{zx}+H_{zy}\right)}{\partial x} \tag{5.159}$$

$$\varepsilon_0\frac{\partial E_{zx}}{\partial t}+\sigma_x E_{zx}=\frac{\partial\left(H_{yx}+H_{yz}\right)}{\partial x} \tag{5.160}$$

$$\varepsilon_0\frac{\partial E_{zy}}{\partial t}+\sigma_y E_{zy}=-\frac{\partial\left(H_{xy}+H_{xz}\right)}{\partial y} \tag{5.161}$$

同二维情况相似，匹配条件为

$$\frac{\sigma_i}{\varepsilon_0}=\frac{\rho_i}{\mu_0},\ i=x,y,z \tag{5.162}$$

当匹配条件满足时，波在i-方向衰减很快。对于长方形 FDTD 计算域，将 PML 用于仿真域的边界外侧，设分界面内媒质为(ε,μ)。在$x=x_{\min}$或$x=x_{\max}$边界外侧，采用参数为$(\sigma_x,\rho_x,0,0,0,0)$的 PML 媒质；在$y=y_{\min}$或$y=y_{\max}$边界外侧，采用参数为$(0,0,\sigma_y,\rho_y,0,0)$的 PML 媒质；在$z=z_{\min}$或$z=z_{\max}$边界外侧，采用参数为$(0,0,0,0,\sigma_z,\rho_z)$的 PML 媒质；在$x$-$y$交迭的条形区域，采用参数为$(\sigma_x,\rho_x,\sigma_y,\rho_y,0,0)$的 PML 媒质；在$x$-$y$-$z$交迭的立方形区域，采用参数为$(\sigma_x,\rho_x,\sigma_y,\rho_y,\sigma_z,\rho_z)$的 PML 媒质。设 PML 媒质厚度为$\delta$，其外侧是理想导体，PML 媒质内沿$i$方向的导电率分布为

$$\sigma_i(r)=\sigma_{i\max}\left(\frac{r}{\delta}\right)^2 \tag{5.163}$$

则 PML 内侧表面的反射系数为

$$R(\theta)=\mathrm{e}^{-\frac{2\delta\sigma_{i\max}\cos\theta}{3}\sqrt{\frac{\mu}{\varepsilon}}} \tag{5.164}$$

对上述 12 个方程进行差分化处理，得到下列 PML 媒质中的差分格式

$$\begin{aligned}H_{xy}^{n+\frac{1}{2}}\left(i,j+\frac{1}{2},k+\frac{1}{2}\right)=&A_y^h\left(j+\frac{1}{2}\right)H_{xy}^{n-\frac{1}{2}}\left(i,j+\frac{1}{2},k+\frac{1}{2}\right)\\&-B_y^h\left(j+\frac{1}{2}\right)\frac{E_z^n\left(i,j+1,k+\frac{1}{2}\right)-E_z^n\left(i,j,k+\frac{1}{2}\right)}{\Delta y}\end{aligned} \tag{5.165}$$

$$\begin{aligned}H_{xz}^{n+\frac{1}{2}}\left(i,j+\frac{1}{2},k+\frac{1}{2}\right)=&A_z^h\left(k+\frac{1}{2}\right)H_{xz}^{n-\frac{1}{2}}\left(i,j+\frac{1}{2},k+\frac{1}{2}\right)\\&-B_z^h\left(k+\frac{1}{2}\right)\frac{-E_y^n\left(i,j+\frac{1}{2},k+1\right)+E_y^n\left(i,j+\frac{1}{2},k\right)}{\Delta z}\end{aligned} \tag{5.166}$$

$$\begin{aligned}H_{yz}^{n+\frac{1}{2}}\left(i+\frac{1}{2},j,k+\frac{1}{2}\right)=&A_z^h\left(k+\frac{1}{2}\right)H_{yz}^{n-\frac{1}{2}}\left(i+\frac{1}{2},j,k+\frac{1}{2}\right)\\&-B_z^h\left(k+\frac{1}{2}\right)\frac{E_x^n\left(i+\frac{1}{2},j,k+1\right)-E_x^n\left(i+\frac{1}{2},j,k\right)}{\Delta z}\end{aligned} \tag{5.167}$$

$$\begin{aligned}H_{yx}^{n+\frac{1}{2}}\left(i+\frac{1}{2},j,k+\frac{1}{2}\right)=&A_x^h\left(i+\frac{1}{2}\right)H_{yx}^{n-\frac{1}{2}}\left(i+\frac{1}{2},j,k+\frac{1}{2}\right)\\&-B_x^h\left(i+\frac{1}{2}\right)\frac{-E_z^n\left(i+1,j,k+\frac{1}{2}\right)+E_z^n\left(i,j,k+\frac{1}{2}\right)}{\Delta x}\end{aligned} \tag{5.168}$$

$$H_{zx}^{n+\frac{1}{2}}\left(i+\frac{1}{2},j+\frac{1}{2},k\right)=A_x^h\left(i+\frac{1}{2}\right)H_{zx}^{n-\frac{1}{2}}\left(i+\frac{1}{2},j+\frac{1}{2},k\right)-B_x^h\left(i+\frac{1}{2}\right)\frac{E_y^n\left(i+1,j+\frac{1}{2},k\right)-E_y^n\left(i,j+\frac{1}{2},k\right)}{\Delta x}\tag{5.169}$$

$$H_{zy}^{n+\frac{1}{2}}\left(i+\frac{1}{2},j+\frac{1}{2},k\right)=A_y^h\left(j+\frac{1}{2}\right)H_{zy}^{n-\frac{1}{2}}\left(i+\frac{1}{2},j+\frac{1}{2},k\right)-B_y^h\left(j+\frac{1}{2}\right)\frac{-E_x^n\left(i+\frac{1}{2},j+1,k\right)+E_x^n\left(i+\frac{1}{2},j,k\right)}{\Delta y}\tag{5.170}$$

$$E_{xy}^{n+1}\left(i+\frac{1}{2},j,k\right)=A_y^e(j)E_{xy}^n\left(i+\frac{1}{2},j,k\right)+B_y^e(j)\frac{H_z^{n+\frac{1}{2}}\left(i+\frac{1}{2},j+\frac{1}{2},k\right)-H_z^{n+\frac{1}{2}}\left(i+\frac{1}{2},j-\frac{1}{2},k\right)}{\Delta y}\tag{5.171}$$

$$E_{xz}^{n+1}\left(i+\frac{1}{2},j,k\right)=A_z^e(k)E_{xz}^n\left(i+\frac{1}{2},j,k\right)+B_z^e(k)\frac{-H_y^{n+\frac{1}{2}}\left(i+\frac{1}{2},j,k+\frac{1}{2}\right)+H_y^{n+\frac{1}{2}}\left(i+\frac{1}{2},j,k-\frac{1}{2}\right)}{\Delta z}\tag{5.172}$$

$$E_{yz}^{n+1}\left(i,j+\frac{1}{2},k\right)=A_z^e(k)E_{yz}^n\left(i,j+\frac{1}{2},k\right)+B_z^e(k)\frac{H_x^{n+\frac{1}{2}}\left(i,j+\frac{1}{2},k+\frac{1}{2}\right)-H_x^{n+\frac{1}{2}}\left(i,j+\frac{1}{2},k-\frac{1}{2}\right)}{\Delta z}\tag{5.173}$$

$$E_{yx}^{n+1}\left(i,j+\frac{1}{2},k\right)=A_x^e(i)E_{yx}^n\left(i,j+\frac{1}{2},k\right)+B_x^e(i)\frac{-H_z^{n+\frac{1}{2}}\left(i+\frac{1}{2},j+\frac{1}{2},k\right)+H_z^{n+\frac{1}{2}}\left(i-\frac{1}{2},j+\frac{1}{2},k\right)}{\Delta x}\tag{5.174}$$

$$E_{zx}^{n+1}\left(i,j,k+\frac{1}{2}\right)=A_x^e(i)E_{zx}^n\left(i,j,k+\frac{1}{2}\right)+B_x^e(i)\frac{H_y^{n+\frac{1}{2}}\left(i+\frac{1}{2},j,k+\frac{1}{2}\right)-H_y^{n+\frac{1}{2}}\left(i-\frac{1}{2},j,k+\frac{1}{2}\right)}{\Delta x}\tag{5.175}$$

$$E_{zy}^{n+1}\left(i,j,k+\frac{1}{2}\right)=A_y^e(j)E_{zy}^n\left(i,j,k+\frac{1}{2}\right)+B_y^e(j)\frac{-H_x^{n+\frac{1}{2}}\left(i,j+\frac{1}{2},k+\frac{1}{2}\right)+H_x^{n+\frac{1}{2}}\left(i,j-\frac{1}{2},k+\frac{1}{2}\right)}{\Delta y}\tag{5.176}$$

式中，系数 A 和 B 按两种情况分别给出。如果采用指数差分格式，结果为

$$A_i^h\left(l+\frac{1}{2}\right)=\mathrm{e}^{-\frac{\rho_i\left(l+\frac{1}{2}\right)\Delta t}{\mu}},\qquad i=x,y,z \tag{5.177}$$

$$B_i^h\left(l+\frac{1}{2}\right)=\frac{1-\mathrm{e}^{-\frac{\rho_i\left(l+\frac{1}{2}\right)\Delta t}{\mu}}}{\rho_i\left(l+\frac{1}{2}\right)},\qquad i=x,y,z \tag{5.178}$$

$$A_i^e(l)=\mathrm{e}^{-\frac{\sigma_i(l)\Delta t}{\varepsilon}},\qquad i=x,y,z \tag{5.179}$$

$$B_i^e(l)=\frac{1-\mathrm{e}^{-\frac{\sigma_i(l)\Delta t}{\varepsilon}}}{\sigma_i(l)},\qquad i=x,y,z \tag{5.180}$$

如果采用标准的中心差分格式，结果为

$$A_i^h\left(l+\frac{1}{2}\right)=\frac{1-\dfrac{\rho_i\left(l+\frac{1}{2}\right)\Delta t}{2\mu}}{1+\dfrac{\rho_i\left(l+\frac{1}{2}\right)\Delta t}{2\mu}},\qquad i=x,y,z \tag{5.181}$$

$$B_i^h\left(l+\frac{1}{2}\right)=\frac{\Delta t}{\mu\left[1+\dfrac{\rho_i\left(l+\frac{1}{2}\right)\Delta t}{2\mu}\right]},\qquad i=x,y,z \tag{5.182}$$

$$A_i^e(l)=\frac{1-\dfrac{\sigma_i(l)\Delta t}{2\varepsilon}}{1+\dfrac{\sigma_i(l)\Delta t}{2\varepsilon}},\qquad i=x,y,z \tag{5.183}$$

$$B_i^e(l)=\frac{\Delta t}{\varepsilon\left[1+\dfrac{\sigma_i(l)\Delta t}{2\varepsilon}\right]},\qquad i=x,y,z \tag{5.184}$$

5.4.6 PML 的参数选择

使用 PML 时，首先要选定三个参数：PML 层数 N、电导率分布阶数 n 和 PML 表面反射系数 $R(0)$ 。大量的数值实验表明如下结论。

(1) 当 PML 厚度(层数 N)固定时，减小 $R(0)$ ，即增加 PML 的衰减，可以使局部及总体误差都单调地减小。然而，当 $R(0)$ 小于 10^{-5} 时，这种现象不再出现，原因是存在由数值网格引起的固有误差。通常选取 $R(0)=1\%$ 。

(2) 增加 PML 厚度，可以使局部及总体误差都单调地减小，但是，PML 层数过多又会使计算量剧增。折中考虑吸收边界效果与计算量，通常选取 N 为 4～8 层。

(3) 电导率分布阶数的改变不会影响计算量，却会影响吸收边界效果。选择常数导电率分布会带来较强的数值反射；选取线性分布可以改善结果；通常，选取 $n=2$ ，可进一步改进吸收效果。Berenger 还曾建议过一种几何递增分布

$$\sigma(r)=\sigma_0 g^{\frac{r}{\Delta x}} \tag{5.185}$$

将其代入式(5.135)，可得

$$R(0)=\mathrm{e}^{-\frac{2\sigma_0\Delta x\left(g^N-1\right)}{\varepsilon_0 c\ln g}} \tag{5.186}$$

给定 $N,g,R(0)$ ，可定出 σ_0

$$\sigma_0=-\frac{\varepsilon_0 c\ln g}{2\Delta x\left(g^N-1\right)}\ln R(0) \tag{5.187}$$

式中，g 的选取随所处理的问题不同而不同，可由数值实验寻找最佳值。

5.4.7　减小反射误差的措施

PML 吸收边界条件的反射误差主要来自两个方面：一是由 PML 外侧理想导体引起的理论反射系数；二是由数值网格引起的误差。当导电率分布阶数 n 较低时，前者为主；当导电率分布阶数 n 较高时，数值色散增加，后者为主。

为简明起见，以二维 TE 场 E_x 、 E_y 和 H_z 为例，设 PML 媒质参数为 $\left(\varepsilon,\mu,\sigma_x,\rho_x,\sigma_y=0,\rho_y=0\right)$，时空步长分别为 Δt 和 Δh 。按 3.1.3 节分析数值色散的标准作法，采用标准的中心差分格式，将平面波解代入差分方程，令所得齐次方程的系数行列式为零，可得 PML 媒质中的色散关系为

$$\left[\frac{\dfrac{\sin\left(k_x\Delta h/2\right)}{\Delta h}}{1-\mathrm{j}\dfrac{\sigma_x\Delta t}{2\varepsilon\tan\left(\omega\Delta t/2\right)}}\right]^2+\left[\frac{\sin\left(k_y\Delta h/2\right)}{\Delta h}\right]^2=\mu\varepsilon\left[\frac{\sin\left(\omega\Delta t/2\right)}{\Delta t}\right]^2 \tag{5.188}$$

习题 5-7　详细导出色散关系[式(5.188)]。

下面介绍一些减小反射误差的措施。

1. 分界面处参数的取值

为简明起见，以二维 TE 场 E_x 、 E_y 和 H_z 为例。设参数为 $\left(\varepsilon,\mu,\sigma_{1x},\rho_{1x},\sigma_y=0,\rho_y=0\right)$ 的均匀 PML 媒质位于 $x<0$ 区域，参数为 $\left(\varepsilon,\mu,\sigma_{2x},\rho_{2x},\sigma_y=0,\rho_y=0\right)$ 的均匀 PML 媒质位于 $x>0$ 区域。电场 E_y 的取样点位于分界面 $x=0$ 上。现在，设一平面波从媒质 1 入射到分界面。两种媒质中的场可以表示为

$$E_{1y}^n(i,j)=\mathrm{e}^{\mathrm{j}\left(\omega n\Delta t-k_{1x}i\Delta h-k_{1y}j\Delta h\right)}+R_\mathrm{e}\mathrm{e}^{\mathrm{j}\left(\omega n\Delta t+k_{1x}i\Delta h-k_{1y}j\Delta h\right)} \tag{5.189}$$

$$H_{1z}^n(i,j)=\frac{1}{Z_1}\left[\mathrm{e}^{\mathrm{j}\left(\omega n\Delta t-k_{1x}i\Delta h-k_{1y}j\Delta h\right)}-R_\mathrm{e}\mathrm{e}^{\mathrm{j}\left(\omega n\Delta t+k_{1x}i\Delta h-k_{1y}j\Delta h\right)}\right] \tag{5.190}$$

$$H_{2z}^n(i,j)=\frac{1+R_{\mathrm{e}}}{Z_2}\mathrm{e}^{\mathrm{j}(\omega n\Delta t-k_{2x}i\Delta h-k_{2y}j\Delta h)} \tag{5.191}$$

式中，R_{e}是分界面处待定反射系数。E_y在分界面处连续。Fang 曾证明反射系数[15]为

$$R_{\mathrm{e}}=-\frac{\dfrac{2\mathrm{j}(\hat{\varepsilon}-\varepsilon)}{\Delta t}\sin\dfrac{\omega\Delta t}{2}+\left(\hat{\sigma}_x-\dfrac{\sigma_{1x}+\sigma_{2x}}{2}\right)\cos\dfrac{\omega\Delta t}{2}+\dfrac{1}{Z\Delta h}\left(\cos\dfrac{k_{2x}\Delta h}{2}-\cos\dfrac{k_{1x}\Delta h}{2}\right)}{\dfrac{2\mathrm{j}(\hat{\varepsilon}-\varepsilon)}{\Delta t}\sin\dfrac{\omega\Delta t}{2}+\left(\hat{\sigma}_x-\dfrac{\sigma_{1x}+\sigma_{2x}}{2}\right)\cos\dfrac{\omega\Delta t}{2}+\dfrac{1}{Z\Delta h}\left(\cos\dfrac{k_{2x}\Delta h}{2}+\cos\dfrac{k_{1x}\Delta h}{2}\right)} \tag{5.192}$$

式中，$\hat{\varepsilon}$ 和 $\hat{\sigma}$ 在分界面取值，Z由式(5.193)给出

$$Z=\frac{\dfrac{\sin\dfrac{k_{1x}\Delta h}{2}}{\Delta h}}{\dfrac{\varepsilon}{\Delta t}\sin\dfrac{\omega\Delta t}{2}-\mathrm{j}\dfrac{\sigma_{1x}}{2}\cos\dfrac{\omega\Delta t}{2}}=\frac{\dfrac{\sin\dfrac{k_{2x}\Delta h}{2}}{\Delta h}}{\dfrac{\varepsilon}{\Delta t}\sin\dfrac{\omega\Delta t}{2}-\mathrm{j}\dfrac{\sigma_{2x}}{2}\cos\dfrac{\omega\Delta t}{2}} \tag{5.193}$$

通常，取$\hat{\varepsilon}=\varepsilon$，$\hat{\sigma}=\left(\sigma_{x1}+\sigma_{x2}\right)/2$。但是，这并不是使式(5.192)中$R_{\mathrm{e}}$最小的取法。Fang 证明，使$R_{\mathrm{e}}$最小的取法是

$$\hat{\sigma}=\frac{\sigma_{1x}+\sigma_{2x}}{2}-\sqrt{\left(\frac{1}{Z\Delta h}\right)^2+\left(\frac{\sigma_{2x}}{2}\right)^2}+\sqrt{\left(\frac{1}{Z\Delta h}\right)^2+\left(\frac{\sigma_{1x}}{2}\right)^2} \tag{5.194}$$

$$\hat{\varepsilon}=\varepsilon-\frac{\varepsilon\sigma_{2x}}{4\sqrt{\left(\dfrac{1}{Z\Delta h}\right)^2+\left(\dfrac{\sigma_{2x}}{2}\right)^2}}+\frac{\varepsilon\sigma_{1x}}{4\sqrt{\left(\dfrac{1}{Z\Delta h}\right)^2+\left(\dfrac{\sigma_{1x}}{2}\right)^2}} \tag{5.195}$$

相似地，如果磁场分量H_z的取样点位于分界面，可取

$$\hat{\rho}=\frac{\rho_{1x}+\rho_{2x}}{2}-\sqrt{\left(\frac{Z}{\Delta h}\right)^2+\left(\frac{\rho_{2x}}{2}\right)^2}+\sqrt{\left(\frac{Z}{\Delta h}\right)^2+\left(\frac{\rho_{1x}}{2}\right)^2} \tag{5.196}$$

$$\hat{\mu}=\mu-\frac{\mu\rho_{2x}}{4\sqrt{\left(\dfrac{Z}{\Delta h}\right)^2+\left(\dfrac{\rho_{2x}}{2}\right)^2}}+\frac{\mu\rho_{1x}}{4\sqrt{\left(\dfrac{Z}{\Delta h}\right)^2+\left(\dfrac{\rho_{1x}}{2}\right)^2}} \tag{5.197}$$

使分界面反射系数最小。

在计算中，Z可近似取为$\eta\cos\theta$，η为自由空间波阻抗，θ 为入射角。可选取θ 使得在某一特殊方向吸收最好。数值实验表明，采用上述算法可使 PML 的数值反射大为减小。

2. 用吸收算子取代 PML 外侧的理想导体

为了减小由 PML 外侧理想导体引起的反射，自然会想到在外边界用传统的吸收边界条件取代理想导体。例如，可以在外边界采用 Mur 的一阶或二阶吸收边界条件，或采用廖氏吸收边界条件，使反射误差减小。

3. 衰落模的吸收

为了更有效地吸收衰落模，Chen 等提出了一种改进的 PML 方案——MPML[16]。他在 PML

的基础上，对 ε_r 和 μ_r 引进额外的自由度。以二维 TE 情形为例，与式(5.85)～式(5.88)相应的场方程变为

$$\varepsilon_0\varepsilon_y\frac{\partial E_x}{\partial t}+\sigma_y E_x=\frac{\partial\left(H_{zx}+H_{zy}\right)}{\partial y}\tag{5.198}$$

$$\varepsilon_0\varepsilon_x\frac{\partial E_y}{\partial t}+\sigma_x E_y=-\frac{\partial\left(H_{zx}+H_{zy}\right)}{\partial x}\tag{5.199}$$

$$\mu_0\mu_x\frac{\partial H_{zx}}{\partial t}+\rho_x H_{zx}=-\frac{\partial E_y}{\partial x}\tag{5.200}$$

$$\mu_0\mu_y\frac{\partial H_{zy}}{\partial t}+\rho_y H_{zy}=\frac{\partial E_x}{\partial y}\tag{5.201}$$

当 $\varepsilon_x=\varepsilon_y=\mu_x=\mu_y=1$ 时，还原为普通 PML 方程。在 MPML 中

$$\psi=\psi_0\mathrm{e}^{\mathrm{j}\omega\left(t-\frac{\varepsilon_x x\cos\varphi+\varepsilon_y y\sin\varphi}{cG}\right)}\mathrm{e}^{-\frac{\sigma_x\cos\varphi}{\varepsilon_0 cG}x}\mathrm{e}^{-\frac{\sigma_y\sin\varphi}{\varepsilon_0 cG}y}\tag{5.202}$$

$$Z=\sqrt{\frac{\mu_0}{\varepsilon_0}}\cdot\frac{1}{G}\tag{5.203}$$

$$G=\sqrt{w_x\cos^2\varphi+w_y\sin^2\varphi}\tag{5.204}$$

$$w_x=\frac{\varepsilon_x-\mathrm{j}\dfrac{\sigma_x}{\omega\varepsilon_0}}{\mu_x-\mathrm{j}\dfrac{\rho_x}{\omega\mu_0}}\tag{5.205}$$

$$w_y=\frac{\varepsilon_y-\mathrm{j}\dfrac{\sigma_y}{\omega\varepsilon_0}}{\mu_y-\mathrm{j}\dfrac{\rho_y}{\omega\mu_0}}\tag{5.206}$$

如果令参数满足下列条件

$$\frac{\sigma_x}{\varepsilon_0}=\frac{\rho_x}{\mu_0},\ \frac{\sigma_y}{\varepsilon_0}=\frac{\rho_y}{\mu_0}\tag{5.207}$$

$$\mu_x=\varepsilon_x,\ \mu_y=\varepsilon_y\tag{5.208}$$

则对任何频率，w_x、w_y 和 G 均等于 1，场分量及波阻抗的结果如下

$$\psi=\psi_0\mathrm{e}^{\mathrm{j}\omega\left(t-\frac{\varepsilon_x x\cos\varphi+\varepsilon_y y\sin\varphi}{c}\right)}\mathrm{e}^{-\frac{\sigma_x\cos\varphi}{\varepsilon_0 c}x}\mathrm{e}^{-\frac{\sigma_y\sin\varphi}{\varepsilon_0 c}y}\tag{5.209}$$

$$Z=\sqrt{\frac{\mu_0}{\varepsilon_0}}\tag{5.210}$$

在 FDTD 仿真区域外，用 MPML 作吸收材料，在其外侧为理想导体。在网格的左右侧，MPML 参数为 $\left(\varepsilon_x,\mu_x,\varepsilon_y=1,\mu_y=1,\sigma_x,\rho_x,\sigma_y=0,\rho_y=0\right)$，可以让波无反射地穿过 MPML-自由空间分界面。在网格的上下侧，MPML 参数为 $\left(\varepsilon_x=1,\mu_x=1,\varepsilon_y,\mu_y,\sigma_x=0,\rho_x=0,\sigma_y,\rho_y\right)$，可以

让波无反射地穿过 MPML-自由空间分界面。同 PML 情况相似，在交叠的角形区域，MPML 参数取为$\left(\varepsilon_x,\mu_x,\varepsilon_y,\mu_y,\sigma_x,\rho_x,\sigma_y,\rho_y\right)$。

如果取$\sigma=\sigma_{\max}(r/\delta)^n$，$\delta$ 是 MPML 层的厚度。对传播模，MPML 表面的反射系数仍旧由式(5.137)和式(5.138)给出，与 PML 无区别。对于 y 方向的衰落模，记

$$\varphi=-\mathrm{j}\alpha \tag{5.211}$$

波函数(5.209)可写成

$$\psi=\psi_0\mathrm{e}^{\mathrm{j}\omega\left(t-\frac{\varepsilon_x x\mathrm{ch}\alpha}{c}\right)}\mathrm{e}^{\mathrm{j}\frac{\sigma_y\mathrm{sh}\alpha}{\varepsilon_0 c}y}\mathrm{e}^{-\varepsilon_y k y\mathrm{sh}\alpha} \tag{5.212}$$

式中，$k=\omega/c$。衰落模的反射系数为

$$R_{\mathrm{em}}=\mathrm{e}^{-2\delta\varepsilon_y k\mathrm{sh}\alpha} \tag{5.213}$$

为避免分界面两侧媒质参数突变引起较大的数值色散误差，可以取ε_y为如下所示的连续分布

$$\varepsilon_y(r)=1+\varepsilon_{\max}\left(\frac{r}{\delta}\right)^n \tag{5.214}$$

于是，分界面反射系数为

$$R_{\mathrm{em}}=\mathrm{e}^{-2k\mathrm{sh}\alpha\int_0^\delta\varepsilon_y(r)\mathrm{d}r} \tag{5.215}$$

可见，增加ε_y或$\varepsilon_{\max}$可以减小R_{em}。如果采用普通 PML，$\varepsilon_y=1$固定不变，只有增加 PML 厚度δ 来减小R_{em}，致使计算量过大。在使用 MPML 时，$\varepsilon_{\max}$也不能太大，否则会由于分布变化太大产生较强的数值色散。数值实验表明，最好取$\varepsilon_{\max}<10$。

减小 PML 的数值反射是该领域许多研究工作者关心的课题，也试验了许多的改进措施，并正在探索一些新的改善方案。

5.5 Gedney 完全匹配层

Berenger 的完全匹配层的理论体系是非麦克斯韦方程的，物理机制模糊。同时，其电、磁场分量分裂技术增加了数值实现的难度、计算机内存的占用。

1996 年，Gedney 从理论上提出用单轴各向异性材料实现完全匹配层以吸收外向电磁波，并且证明它与 Berenger 的完全匹配层在数学上是等效的[7]。但是，与 Berenger 的电、磁场分量分裂技术不同的是，Gedney 的理论体系是基于麦克斯韦方程的，更便于理解和高效数值实现。此外，Gedney 的完全匹配层不仅能够吸收传播模，也能同时吸收凋落模，这是原始 Berenger 完全匹配层难以完成的。下面详细介绍其基本原理。

5.5.1 完全匹配单轴媒质

设一任意极化的时谐平面波

$$\boldsymbol{H}^{\mathrm{inc}}=\boldsymbol{H}_0\mathrm{e}^{-\mathrm{j}\beta_x^i x-\mathrm{j}\beta_z^i z} \tag{5.216}$$

在各向同性媒质中传播，并射向占据半无限大空间的单轴各向异性媒质。设两种媒质的分界

面为 $z=0$ 平面。在单轴各向异性媒质中激励起的场是平面波，满足麦克斯韦方程，传播常数为 $\boldsymbol{\beta}^a=\hat{\boldsymbol{x}}\beta_x^i+\hat{\boldsymbol{z}}\beta_z^a$，以保证分界面处相位匹配。将平面波解代入麦克斯韦旋度方程，得

$$\boldsymbol{\beta}^a\times\boldsymbol{E}=\omega\mu_0\mu_{\mathrm{r}}\overline{\overline{\mu}}\boldsymbol{H} \tag{5.217}$$

$$\boldsymbol{\beta}^a\times\boldsymbol{H}=-\omega\varepsilon_0\varepsilon_{\mathrm{r}}\overline{\overline{\varepsilon}}\boldsymbol{E} \tag{5.218}$$

式中，ε_{r} 和 μ_{r} 分别是各向同性媒质中的相对介电常数和相对导磁率

$$\overline{\overline{\varepsilon}}=\begin{bmatrix}a&0&0\\0&a&0\\0&0&b\end{bmatrix} \tag{5.219}$$

$$\overline{\overline{\mu}}=\begin{bmatrix}c&0&0\\0&c&0\\0&0&d\end{bmatrix} \tag{5.220}$$

假设该各向异性媒质是关于 z 轴旋转对称的，因此在式(5.219)和式(5.220)中 $\varepsilon_{xx}=\varepsilon_{yy}$，$\mu_{xx}=\mu_{yy}$。由上述耦合旋度方程可以导出波动方程

$$\boldsymbol{\beta}^a\times\overline{\overline{\varepsilon}}^{-1}\boldsymbol{\beta}^a\times\boldsymbol{H}+k^2\overline{\overline{\mu}}\boldsymbol{H}=0 \tag{5.221}$$

式中，$k^2=\omega^2\mu_0\mu_{\mathrm{r}}\varepsilon_0\varepsilon_{\mathrm{r}}$。该波动方程可以表示为如下的矩阵形式

$$\begin{bmatrix}k^2c-a^{-1}\beta_z^{a2}&0&\beta_x^i\beta_z^a a^{-1}\\0&k^2c-a^{-1}\beta_z^{a2}-b^{-1}\beta_x^{i2}&0\\\beta_x^i\beta_z^a a^{-1}&0&k^2d-a^{-1}\beta_x^{i2}\end{bmatrix}\begin{bmatrix}H_x\\H_y\\H_z\end{bmatrix}=0 \tag{5.222}$$

由上述方程的系数行列式为零可以得到该单轴媒质的色散关系。解出 β_z^a，共有 4 个本征模解。它们可去耦分解为前传和后传的 TE_y 模和 TM_y 模，分别满足下列色散关系

$$\begin{cases}k^2c-a^{-1}\beta_z^{a2}-b^{-1}\beta_x^{i2}=0,&\mathrm{TE}_y\\k^2a-c^{-1}\beta_z^{a2}-d^{-1}\beta_x^{i2}=0,&\mathrm{TM}_y\end{cases} \tag{5.223}$$

下面计算分界面的反射系数，先考查 TE_y 模入射。上半部各向同性媒质中的场可以表示成入射波和反射波的叠加

$$\boldsymbol{H}_1=\hat{\boldsymbol{y}}H_0\left(1+\Gamma\mathrm{e}^{\mathrm{j}2\beta_z^iz}\right)\mathrm{e}^{-\mathrm{j}\beta_x^ix-\mathrm{j}\beta_z^iz} \tag{5.224}$$

$$\boldsymbol{E}_1=\left[\hat{\boldsymbol{x}}\frac{\beta_z^i}{\omega\varepsilon}\left(1-\Gamma\mathrm{e}^{\mathrm{j}2\beta_z^iz}\right)-\hat{\boldsymbol{z}}\frac{\beta_x^i}{\omega\varepsilon}\left(1+\Gamma\mathrm{e}^{\mathrm{j}2\beta_z^iz}\right)\right]H_0\mathrm{e}^{-\mathrm{j}\beta_x^ix-\mathrm{j}\beta_z^iz} \tag{5.225}$$

透射进入各向异性媒质半空间的波也是 TE_y 模，满足色散关系[式(5.223)]，可表示为

$$\boldsymbol{H}_2=\hat{\boldsymbol{y}}H_0\tau\mathrm{e}^{-\mathrm{j}\beta_x^ix-\mathrm{j}\beta_z^az} \tag{5.226}$$

$$\boldsymbol{E}_2=\left\{\hat{\boldsymbol{x}}\frac{\beta_z^aa^{-1}}{\omega\varepsilon}-\hat{\boldsymbol{z}}\frac{\beta_x^ib^{-1}}{\omega\varepsilon}\right\}H_0\tau\mathrm{e}^{-\mathrm{j}\beta_x^ix-\mathrm{j}\beta_z^az} \tag{5.227}$$

式中，Γ 和 τ 分别是反射系数和透射系数。利用边界切向场分量连续条件，可以求得

$$\Gamma=\frac{\beta_z^i-\beta_z^a a^{-1}}{\beta_z^i+\beta_z^a a^{-1}} \tag{5.228}$$

$$\tau=1+\Gamma=\frac{2\beta_z^i}{\beta_z^i+\beta_z^a a^{-1}} \tag{5.229}$$

为了寻找适当的媒质参数使得对所有的入射角都有 $\Gamma=0$，也就是找到在什么媒质参数条件下 $\beta_z^i=\beta_z^a a^{-1}$。由色散关系[式(5.223)]，可将此关系进一步表示为

$$\beta_z^{i2}=k^2 ca^{-1}-\beta_x^{i2}b^{-1}a^{-1} \tag{5.230}$$

式中，$\beta_z^{i2}=k^2-\beta_x^{i2}$。显然，当 $c=a$ 且 $b=a^{-1}$ 时，$\beta_z^i=\beta_z^a a^{-1}$ 成立。

对 TM_y 模，可相似地推导出无反射条件为 $c=a$ 且 $d=a^{-1}$。

由此得出结论：当一平面波入射向由式(5.219)和式(5.220)描述的单轴各向异性媒质时，如果 $a=c=b^{-1}=d^{-1}$，则平面波将无反射地透射进入该单轴各向异性媒质。这一条件不随入射波的入射角、极化、频率变化而改变。并且，由色散关系[式(5.223)]可知，此时，TE_y 模和 TM_y 模的传播特性变得相同。

如果这一单轴媒质是高损耗的，它在 FDTD 应用中就非常有用。电磁波无反射地进入该媒质并且迅速地衰竭，由于损耗巨大，即使在该媒质后方用理想导体截断，所产生的反射场也微乎其微。

为了使单轴媒质有耗，可取 $a=1+\sigma_z/(\mathrm{j}\omega\varepsilon_0)$。注意，这里 σ_z 已对 ε_{r} 归一化。于是，相对介电常数和相对磁导率张量为

$$\bar{\bar{\varepsilon}}=\bar{\bar{\mu}}=\begin{bmatrix}1+\dfrac{\sigma_z}{\mathrm{j}\omega\varepsilon_0} & 0 & 0\\ 0 & 1+\dfrac{\sigma_z}{\mathrm{j}\omega\varepsilon_0} & 0\\ 0 & 0 & \dfrac{1}{1+\dfrac{\sigma_z}{\mathrm{j}\omega\varepsilon_0}}\end{bmatrix} \tag{5.231}$$

当 σ_z 趋于零时，该单轴媒质退化为与上半空间相同的各向同性媒质。

色散关系现在可表示为

$$k^2=\frac{\beta_z^{a2}}{\left(1+\dfrac{\sigma_z}{\mathrm{j}\omega\varepsilon_0}\right)^2}+\beta_x^{i2} \tag{5.232}$$

由此可解出

$$\beta_z^a=\pm\left(1-\mathrm{j}\frac{\sigma_z}{\omega\varepsilon_0}\right)\beta_z^i \tag{5.233}$$

单轴媒质中的 TE_y 模场表达式如下

$$\boldsymbol{H}_2=\hat{\boldsymbol{y}}H_0\mathrm{e}^{-\mathrm{j}\beta_x^i x-\mathrm{j}\beta_z^i z}\mathrm{e}^{-\alpha_z z} \tag{5.234}$$

$$\boldsymbol{E}_2 = \left[\hat{\boldsymbol{x}} \frac{\beta_z^i}{\omega\varepsilon_0\varepsilon_r} - \hat{\boldsymbol{z}} \frac{\beta_x^i \left(1 + \dfrac{\sigma_z}{j\omega\varepsilon_0}\right)}{\omega\varepsilon_0\varepsilon_r} \right] H_0 e^{-j\beta_x^i x - j\beta_z^i z} e^{-\alpha_z z} \tag{5.235}$$

式中

$$\alpha_z = \frac{\sigma_z}{\omega\varepsilon_0}\beta_z^i = \sigma_z \eta_0 \sqrt{\varepsilon_r}\cos\theta^i \tag{5.236}$$

其中，θ^i 是相对于 z 轴的入射角。可见，透射波的相速与入射波相同，沿 z 轴是衰竭的，衰减常数不随频率变化，但与入射角及单轴媒质的导电率有关。透射波的横向特征波阻抗与入射波相同，因此媒质是完全匹配的。

如果上半部各向同性媒质是有耗的，相应的入射波是有衰减的平面波

$$\boldsymbol{H}^{\text{inc}} = \boldsymbol{H}_0 e^{-\gamma_x^i x - \gamma_z^i z} \tag{5.237}$$

麦克斯韦旋度方程为

$$-\boldsymbol{\gamma}^a \times \boldsymbol{E} = -j\omega\mu_0\mu_r \overline{\overline{\mu}} \boldsymbol{H} \tag{5.238}$$

$$-\boldsymbol{\gamma}^a \times \boldsymbol{H} = j\omega\varepsilon_0\hat{\varepsilon}_r \overline{\overline{\varepsilon}}\, \boldsymbol{E} \tag{5.239}$$

式中，$\boldsymbol{\gamma}^a = \hat{\boldsymbol{x}}\gamma_x^i + \hat{\boldsymbol{z}}\gamma_z^a$。$\hat{\varepsilon}_r(\omega) = \varepsilon_r + \dfrac{\sigma}{j\omega\varepsilon_0}$ 是复相对介电常数，σ 是各向同性媒质中的电导率。这时，复波数 $k^2 = \omega^2\mu_0\mu_r\varepsilon_0\hat{\varepsilon}_r$。仍然假设单轴各向异性媒质是关于 z 轴旋转对称的，$\overline{\overline{\varepsilon}}$ 和 $\overline{\overline{\mu}}$ 满足关系式(5.219)和式(5.220)。可以导出单轴各向异性媒质中的 TE_y 模和 TM_y 模分别满足下列色散关系

$$\begin{cases} k^2 c + a^{-1}\gamma_z^{a2} + b^{-1}\gamma_x^{i2} = 0, & \text{TE}_y \\ k^2 a + c^{-1}\gamma_z^{a2} + d^{-1}\gamma_x^{i2} = 0, & \text{TM}_y \end{cases} \tag{5.240}$$

与前面相似的过程可以导出 TE_y 模的反射系数为

$$\Gamma = H_y^{\text{re}} / H_y^{\text{in}} = \left(\gamma_z^i - \gamma_z^a a^{-1}\right) / \left(\gamma_z^i + \gamma_z^a a^{-1}\right) \tag{5.241}$$

由匹配条件 $\Gamma = 0$ 要求

$$\gamma_z^i = \gamma_z^a a^{-1} \tag{5.242}$$

由色散关系有

$$\left(a^{-1}\gamma_z^a\right)^2 = -k^2 c a^{-1} - \gamma_x^{i2} b^{-1} a^{-1} \tag{5.243}$$

可见，当 $c = a$ 且 $b = a^{-1}$ 时，式(5.242)成立。

对 TM_y 模，可相似地推导出无反射条件为 $c = a$ 且 $d = a^{-1}$。

由此得出结论：当一有耗平面波入射向由式(5.219)和式(5.220)描述的单轴各向异性媒质时，如果 $a = c = b^{-1} = d^{-1}$，则平面波将无反射地透射进入该单轴各向异性媒质。这一条件不随入射波的入射角、极化、频率变化而改变。

如果仍旧取 $a = 1 + \sigma_z / j\omega\varepsilon_0$，由 $\gamma_z^i = \alpha_z^i + j\beta_z^i$ 和色散关系可以导出

$$\gamma_z^a = \left(\alpha_z^i + \beta_z^i \frac{\sigma_z}{\omega\varepsilon_0}\right) + \mathrm{j}\left(\beta_z^i - \alpha_z^i \frac{\sigma_z}{\omega\varepsilon_0}\right) \tag{5.244}$$

当入射波主要特征是凋落模时，$\beta_z^i \sigma_z / \omega\varepsilon_0 << \alpha_z^i$，由式(5.244)可见，单轴媒质几乎不提供附加衰减，电磁波在其中以与入射波相同的速率衰减。为加速衰减，可以选取

$$a = \zeta_z + \frac{\sigma_z}{\mathrm{j}\omega\varepsilon_0} \tag{5.245}$$

式中，$\zeta_z \geqslant 1$，由此可得

$$\gamma_z^a = \left(\zeta_z \alpha_z^i + \beta_z^i \frac{\sigma_z}{\omega\varepsilon_0}\right) + \mathrm{j}\left(\zeta_z \beta_z^i - \alpha_z^i \frac{\sigma_z}{\omega\varepsilon_0}\right) \tag{5.246}$$

习题 5-8 ①由麦克斯韦旋度方程(5.238)和方程(5.239)，导出色散关系[式(5.240)]。②导出 TE_y 模的反射系数[式(5.241)]

习题 5-9 ①取 $a = 1 + \sigma_z / (\mathrm{j}\omega\varepsilon_0)$ 时，两种媒质中的横向波阻抗分别是多少，是否匹配？②取 $a = \zeta_z + \sigma_z / (\mathrm{j}\omega\varepsilon_0)$ 时，两种媒质中的横向波阻抗分别是多少，是否匹配？

5.5.2 FDTD 差分格式

如果电磁波入射区是无耗的各向同性媒质，以相对于 z 轴旋转对称的完全匹配单轴各向异性媒质为例，麦克斯韦旋度方程可写成如下矩阵形式

$$\begin{bmatrix} \dfrac{\partial H_z}{\partial y} - \dfrac{\partial H_y}{\partial z} \\ \dfrac{\partial H_x}{\partial z} - \dfrac{\partial H_z}{\partial x} \\ \dfrac{\partial H_y}{\partial x} - \dfrac{\partial H_x}{\partial y} \end{bmatrix} = \mathrm{j}\omega\varepsilon_0\varepsilon_\mathrm{r} \begin{bmatrix} 1 + \dfrac{\sigma_z}{\mathrm{j}\omega\varepsilon_0} & 0 & 0 \\ 0 & 1 + \dfrac{\sigma_z}{\mathrm{j}\omega\varepsilon_0} & 0 \\ 0 & 0 & \dfrac{1}{1 + \dfrac{\sigma_z}{\mathrm{j}\omega\varepsilon_0}} \end{bmatrix} \begin{bmatrix} E_x \\ E_y \\ E_z \end{bmatrix} \tag{5.247}$$

$$\begin{bmatrix} \dfrac{\partial E_z}{\partial y} - \dfrac{\partial E_y}{\partial z} \\ \dfrac{\partial E_x}{\partial z} - \dfrac{\partial E_z}{\partial x} \\ \dfrac{\partial E_y}{\partial x} - \dfrac{\partial E_x}{\partial y} \end{bmatrix} = -\mathrm{j}\omega\mu_0\mu_\mathrm{r} \begin{bmatrix} 1 + \dfrac{\sigma_z}{\mathrm{j}\omega\varepsilon_0} & 0 & 0 \\ 0 & 1 + \dfrac{\sigma_z}{\mathrm{j}\omega\varepsilon_0} & 0 \\ 0 & 0 & \dfrac{1}{1 + \dfrac{\sigma_z}{\mathrm{j}\omega\varepsilon_0}} \end{bmatrix} \begin{bmatrix} H_x \\ H_y \\ H_z \end{bmatrix} \tag{5.248}$$

式(5.247)中第一、二两式与横向场分量 E_x 和 E_y 相关，表达式同各向同性有耗媒质中的公式完全一样，因此可使用标准的 FDTD 差分格式。

式(5.247)中第三式不是标准形式，必须单独处理。采用两步方式进行 FDTD 模拟。定义

$$\bar{E}_z = \frac{1}{1 + \dfrac{\sigma_z}{\mathrm{j}\omega\varepsilon_0}} E_z \tag{5.249}$$

于是，式(5.247)中第三式可以写成

$$\frac{\partial H_y}{\partial x}-\frac{\partial H_x}{\partial y}=\varepsilon\frac{\partial \bar{E}_z}{\partial t} \tag{5.250}$$

采用标准 FDTD 方式刷新 $\bar{E}_z$

$$\begin{aligned}\bar{E}_z^{n+1}\left(i,j,k+\frac{1}{2}\right)&=\bar{E}_z^{n}\left(i,j,k+\frac{1}{2}\right)\\&+\frac{\Delta t}{\varepsilon}\left[\frac{H_y^{n+\frac{1}{2}}\left(i+\frac{1}{2},j,k+\frac{1}{2}\right)-H_y^{n+\frac{1}{2}}\left(i-\frac{1}{2},j,k+\frac{1}{2}\right)}{\Delta x}-\frac{H_x^{n+\frac{1}{2}}\left(i,j+\frac{1}{2},k+\frac{1}{2}\right)-H_x^{n+\frac{1}{2}}\left(i,j-\frac{1}{2},k+\frac{1}{2}\right)}{\Delta y}\right]\end{aligned} \tag{5.251}$$

由式(5.249)有

$$\mathrm{j}\omega\bar{E}_z+\frac{\sigma_z}{\varepsilon_0}\bar{E}_z=\mathrm{j}\omega E_z \tag{5.252}$$

通过替换 $\mathrm{j}\omega\to\partial/\partial t$，得到其时域表达式为

$$\frac{\partial\bar{E}_z}{\partial t}+\frac{\sigma_z}{\varepsilon_0}\bar{E}_z=\frac{\partial E_z}{\partial t} \tag{5.253}$$

用中心差分可得到其差分格式如下

$$E_z^{n+1}=E_z^{n}+\left(1+\frac{\sigma_z\Delta t}{2\varepsilon_0}\right)\bar{E}_z^{n+1}-\left(1-\frac{\sigma_z\Delta t}{2\varepsilon_0}\right)\bar{E}_z^{n} \tag{5.254}$$

于是，利用式(5.251)和式(5.254)可以通过两步方式刷新法向电场分量 E_z。

对于式(5.248)，记等效磁阻率为 ρ_z，满足下列关系

$$\frac{\rho_z}{\mu_0}=\frac{\sigma_z}{\varepsilon_0} \tag{5.255}$$

于是，式(5.248)可重写成

$$\begin{bmatrix}\dfrac{\partial E_z}{\partial y}-\dfrac{\partial E_y}{\partial z}\\\dfrac{\partial E_x}{\partial z}-\dfrac{\partial E_z}{\partial x}\\\dfrac{\partial E_y}{\partial x}-\dfrac{\partial E_x}{\partial y}\end{bmatrix}=-\mathrm{j}\omega\mu_0\mu_r\begin{bmatrix}1+\dfrac{\rho_z}{\mathrm{j}\omega\mu_0}&0&0\\0&1+\dfrac{\rho_z}{\mathrm{j}\omega\mu_0}&0\\0&0&\dfrac{1}{1+\dfrac{\rho_z}{\mathrm{j}\omega\mu_0}}\end{bmatrix}\begin{bmatrix}H_x\\H_y\\H_z\end{bmatrix} \tag{5.256}$$

式(5.256)中第一、二两式与横向场分量 H_x 和 H_y 相关，表达式同各向同性有耗媒质中的公式完全一样，因此可使用标准的 FDTD 差分格式。

式(5.256)中第三式不是标准形式，必须单独处理。采用两步方式进行 FDTD 模拟。定义

$$\bar{H}_z = \frac{1}{1+\dfrac{\rho_z}{\mathrm{j}\omega\mu_0}} H_z \tag{5.257}$$

于是，式(5.256)中第三式可以写成

$$\frac{\partial E_y}{\partial x} - \frac{\partial E_x}{\partial y} = -\mu \frac{\partial \bar{H}_z}{\partial t} \tag{5.258}$$

采用标准 FDTD 方式刷新 $\bar{H}_z$

$$\begin{aligned}\bar{H}_z^{n+\frac{1}{2}}\left(i+\frac{1}{2}, j+\frac{1}{2}, k\right) &= \bar{H}_z^{n-\frac{1}{2}}\left(i+\frac{1}{2}, j+\frac{1}{2}, k\right) \\ &\quad -\frac{\Delta t}{\mu}\left[\begin{array}{l}\dfrac{E_y^n\left(i+1, j+\frac{1}{2}, k\right)-E_y^n\left(i, j+\frac{1}{2}, k\right)}{\Delta x} \\ -\dfrac{E_x^n\left(i+\frac{1}{2}, j+1, k\right)-E_x^n\left(i+\frac{1}{2}, j, k\right)}{\Delta y}\end{array}\right]\end{aligned} \tag{5.259}$$

由式(5.256)有

$$\mathrm{j}\omega\bar{H}_z + \frac{\rho_z}{\mu_0}\bar{H}_z = \mathrm{j}\omega H_z \tag{5.260}$$

通过替换 $\mathrm{j}\omega \to \partial/\partial t$，得到其时域表达式为

$$\frac{\partial \overline{H_z}}{\partial t} + \frac{\rho_z}{\mu_0}\overline{H_z} = \frac{\partial H_z}{\partial t} \tag{5.261}$$

用中心差分可得到其差分格式如下

$$H_z^{n+\frac{1}{2}} = H_z^{n-\frac{1}{2}} + \left(1+\frac{\rho_z \Delta t}{2\mu_0}\right)\bar{H}_z^{n+\frac{1}{2}} - \left(1-\frac{\rho_z \Delta t}{2\mu_0}\right)\bar{H}_z^{n-\frac{1}{2}} \tag{5.262}$$

于是，利用式(5.259)和式(5.262)可以通过两步方式刷新法向电场分量 H_z。

如果电磁波入射区是有耗导电的各向同性媒质，相对介电常数为复数 $\hat{\varepsilon}_\mathrm{r}(\omega)$，完全匹配 PML 媒质中的麦克斯韦旋度方程可写成如下矩阵形式

$$\begin{bmatrix}\dfrac{\partial H_z}{\partial y}-\dfrac{\partial H_y}{\partial z} \\ \dfrac{\partial H_x}{\partial z}-\dfrac{\partial H_z}{\partial x} \\ \dfrac{\partial H_y}{\partial x}-\dfrac{\partial H_x}{\partial y}\end{bmatrix} = \mathrm{j}\omega\varepsilon_0\hat{\varepsilon}_\mathrm{r}(\omega)\begin{bmatrix}\zeta_z+\dfrac{\sigma_z}{\mathrm{j}\omega\varepsilon_0} & 0 & 0 \\ 0 & \zeta_z+\dfrac{\sigma_z}{\mathrm{j}\omega\varepsilon_0} & 0 \\ 0 & 0 & \dfrac{1}{\zeta_z+\dfrac{\sigma_z}{\mathrm{j}\omega\varepsilon_0}}\end{bmatrix}\begin{bmatrix}E_x \\ E_y \\ E_z\end{bmatrix} \tag{5.263}$$

$$\begin{bmatrix} \dfrac{\partial E_z}{\partial y}-\dfrac{\partial E_y}{\partial z} \\ \dfrac{\partial E_x}{\partial z}-\dfrac{\partial E_z}{\partial x} \\ \dfrac{\partial E_y}{\partial x}-\dfrac{\partial E_x}{\partial y} \end{bmatrix}=-\mathrm{j}\omega\mu_0\mu_{\mathrm{r}}\begin{bmatrix} \zeta_z+\dfrac{\sigma_z}{\mathrm{j}\omega\varepsilon_0} & 0 & 0 \\ 0 & \zeta_z+\dfrac{\sigma_z}{\mathrm{j}\omega\varepsilon_0} & 0 \\ 0 & 0 & \dfrac{1}{\zeta_z+\dfrac{\sigma_z}{\mathrm{j}\omega\varepsilon_0}} \end{bmatrix}\begin{bmatrix} H_x \\ H_y \\ H_z \end{bmatrix} \tag{5.264}$$

对于式(5.263)中的第一、二两式，定义

$$\bar{E}_x=\hat{\varepsilon}_{\mathrm{r}}(\omega)E_x \tag{5.265}$$

$$\bar{E}_y=\hat{\varepsilon}_{\mathrm{r}}(\omega)E_y \tag{5.266}$$

于是，第一、第二式可以写成

$$\frac{\partial H_z}{\partial y}-\frac{\partial H_y}{\partial z}=\mathrm{j}\omega\varepsilon_0\left(\zeta_z+\frac{\sigma_z}{\mathrm{j}\omega\varepsilon_0}\right)\bar{E}_x \tag{5.267}$$

$$\frac{\partial H_x}{\partial z}-\frac{\partial H_z}{\partial x}=\mathrm{j}\omega\varepsilon_0\left(\zeta_z+\frac{\sigma_z}{\mathrm{j}\omega\varepsilon_0}\right)\bar{E}_y \tag{5.268}$$

转化到时域，有

$$\frac{\partial H_z}{\partial y}-\frac{\partial H_y}{\partial z}=\zeta_z\varepsilon_0\frac{\partial \bar{E}_x}{\partial t}+\sigma_z\bar{E}_x \tag{5.269}$$

$$\frac{\partial H_x}{\partial z}-\frac{\partial H_z}{\partial x}=\zeta_z\varepsilon_0\frac{\partial \bar{E}_y}{\partial t}+\sigma_z\bar{E}_y \tag{5.270}$$

式(5.269)和式(5.270)同各向同性有耗媒质中的公式完全一样，因此可使用标准的 FDTD 差分格式刷新得到 $\bar{E}_x$ 和 $\bar{E}_y$。

然后转入第二步，由辅助关系[式(5.265)和式(5.266)]刷新 E_x 和 E_y。对于各向同性的有耗媒质，有

$$\hat{\varepsilon}_{\mathrm{r}}(\omega)=\varepsilon_{\mathrm{r}}+\frac{\sigma}{\mathrm{j}\omega\varepsilon_0} \tag{5.271}$$

辅助关系[式(5.265)和式(5.266)]的时域表达式可写成

$$\frac{\partial \bar{E}_x}{\partial t}=\varepsilon_{\mathrm{r}}\frac{\partial E_x}{\partial t}+\frac{\sigma}{\varepsilon_0}E_x \tag{5.272}$$

$$\frac{\partial \bar{E}_y}{\partial t}=\varepsilon_{\mathrm{r}}\frac{\partial E_y}{\partial t}+\frac{\sigma}{\varepsilon_0}E_y \tag{5.273}$$

由中心差分可得刷新 E_x 的公式为

$$E_x^{n+1}=\frac{1-\dfrac{\sigma\Delta t}{2\varepsilon_{\mathrm{r}}\varepsilon_0}}{1+\dfrac{\sigma\Delta t}{2\varepsilon_{\mathrm{r}}\varepsilon_0}}E_x^n+\frac{1}{1+\dfrac{\sigma\Delta t}{2\varepsilon_{\mathrm{r}}\varepsilon_0}}\frac{1}{\varepsilon_{\mathrm{r}}}\left(\bar{E}_x^{n+1}-\bar{E}_x^n\right) \tag{5.274}$$

刷新 E_y 的公式同式(5.274)相似。

对于式(5.263)中的第三式，定义

$$\bar{E}_z = \frac{1}{\zeta_z + \frac{\sigma_z}{\mathrm{j}\omega\varepsilon_0}} E_z \tag{5.275}$$

于是，式(5.263)中第三式可以写成

$$\frac{\partial H_y}{\partial x} - \frac{\partial H_x}{\partial y} = \mathrm{j}\omega\varepsilon_0\hat{\varepsilon}_\mathrm{r}(\omega)\bar{E}_z \tag{5.276}$$

对于各向同性的有耗媒质，$\hat{\varepsilon}_\mathrm{r}(\omega) = \varepsilon_\mathrm{r} + \frac{\sigma}{\mathrm{j}\omega\varepsilon_0}$，式(5.276)可按标准的 FDTD 公式刷新 $\bar{E}_z$，

$$\begin{aligned}\bar{E}_z^{n+1}\left(i,j,k+\frac{1}{2}\right) &= \frac{1-\frac{\sigma\Delta t}{2\varepsilon_0\varepsilon_\mathrm{r}}}{1+\frac{\sigma\Delta t}{2\varepsilon_0\varepsilon_\mathrm{r}}}\bar{E}_z^n\left(i,j,k+\frac{1}{2}\right) \\ &+ \frac{\Delta t}{\varepsilon_0\varepsilon_\mathrm{r}\left(1+\frac{\sigma\Delta t}{2\varepsilon_0\varepsilon_\mathrm{r}}\right)}\left[\frac{H_y^{n+\frac{1}{2}}\left(i+\frac{1}{2},j,k+\frac{1}{2}\right) - H_y^{n+\frac{1}{2}}\left(i-\frac{1}{2},j,k+\frac{1}{2}\right)}{\Delta x} - \frac{H_x^{n+\frac{1}{2}}\left(i,j+\frac{1}{2},k+\frac{1}{2}\right) - H_x^{n+\frac{1}{2}}\left(i,j-\frac{1}{2},k+\frac{1}{2}\right)}{\Delta y}\right]\end{aligned} \tag{5.277}$$

从解的稳定性考虑，对良导体，也可采用指数差分格式或 Luebbers 的差分格式。然后转入第二步，由辅助关系[式(5.275)]可以得到时域方程

$$\zeta_z \frac{\partial \bar{E}_z}{\partial t} + \frac{\sigma_z}{\varepsilon_0}\bar{E}_z = \frac{\partial E_z}{\partial t} \tag{5.278}$$

用中心差分可得到其差分格式如下

$$E_z^{n+1} = E_z^n + \left(\zeta_z + \frac{\sigma_z\Delta t}{2\varepsilon_0}\right)\bar{E}_z^{n+1} - \left(\zeta_z - \frac{\sigma_z\Delta t}{2\varepsilon_0}\right)\bar{E}_z^n \tag{5.279}$$

于是，利用式(5.277)和式(5.279)可以通过两步方式刷新法向电场分量 E_z。

对于式(5.264)，采用等效磁阻率 ρ_z 的定义[式(5.255)]，可将式(5.264)重写成

$$\begin{bmatrix}\frac{\partial E_z}{\partial y} - \frac{\partial E_y}{\partial z} \\ \frac{\partial E_x}{\partial z} - \frac{\partial E_z}{\partial x} \\ \frac{\partial E_y}{\partial x} - \frac{\partial E_x}{\partial y}\end{bmatrix} = -\mathrm{j}\omega\mu_0\mu_\mathrm{r}\begin{bmatrix}\zeta_z + \frac{\rho_z}{\mathrm{j}\omega\mu_0} & 0 & 0 \\ 0 & \zeta_z + \frac{\rho_z}{\mathrm{j}\omega\mu_0} & 0 \\ 0 & 0 & \frac{1}{\zeta_z + \frac{\rho_z}{\mathrm{j}\omega\mu_0}}\end{bmatrix}\begin{bmatrix}H_x \\ H_y \\ H_z\end{bmatrix} \tag{5.280}$$

进一步，记

$$\bar{\mu}_\mathrm{r} = \mu_\mathrm{r}\zeta_z \tag{5.281}$$

$$\bar{\rho}_z = \rho_z / \zeta_z \tag{5.282}$$

则式(5.280)可进一步写成

$$\begin{bmatrix} \dfrac{\partial E_z}{\partial y}-\dfrac{\partial E_y}{\partial z} \\ \dfrac{\partial E_x}{\partial z}-\dfrac{\partial E_z}{\partial x} \\ \dfrac{\partial E_y}{\partial x}-\dfrac{\partial E_x}{\partial y} \end{bmatrix} = -\mathrm{j}\omega\mu_0\bar{\mu}_{\mathrm{r}} \begin{bmatrix} 1+\dfrac{\bar{\rho}_z}{\mathrm{j}\omega\mu_0} & 0 & 0 \\ 0 & 1+\dfrac{\bar{\rho}_z}{\mathrm{j}\omega\mu_0} & 0 \\ 0 & 0 & \dfrac{1}{\zeta_z^2+\dfrac{\zeta_z\rho_z}{\mathrm{j}\omega\mu_0}} \end{bmatrix} \begin{bmatrix} H_x \\ H_y \\ H_z \end{bmatrix} \tag{5.283}$$

式(5.283)与式(5.256)形式相同,差分格式也应相同,只需替换一下相应的参数,这里不再列出。

对于以 $x=\text{const.}$ 或 $y=\text{const.}$ 平面为分界面的单轴各向异性完全匹配层，其公式相似，这里也不再列出。

5.5.3　交角区域的差分格式

上面只讨论了单一平面边界的情形。对于一个实际的问题，其 FDTD 仿真区域必须在 6 个边界面上截断。在非交叠区域，可以沿用上述 FDTD 差分格式。在交角区域，则需构造推广的媒质本构关系。

设在交角区域，电磁场满足麦克斯韦旋度方程

$$\nabla\times\boldsymbol{E}=-\mathrm{j}\omega\mu_0\mu_{\mathrm{r}}\overline{\overline{\mu}}\boldsymbol{H} \tag{5.284}$$

$$\nabla\times\boldsymbol{H}=\mathrm{j}\omega\varepsilon_0\varepsilon_{\mathrm{r}}\overline{\overline{\varepsilon}}\boldsymbol{E} \tag{5.285}$$

式中

$$\overline{\overline{\varepsilon}}=\overline{\overline{\mu}}=\begin{bmatrix} \dfrac{s_y s_z}{s_x} & 0 & 0 \\ 0 & \dfrac{s_x s_z}{s_y} & 0 \\ 0 & 0 & \dfrac{s_x s_y}{s_z} \end{bmatrix} \tag{5.286}$$

s_x 、 s_y 和 s_z 分别只与 x 、 y 和 z 方向的分界面相关，并且分别只沿 x 、 y 和 z 方向有变化

$$s_x=1+\frac{\sigma_x}{\mathrm{j}\omega\varepsilon_0} \tag{5.287}$$

$$s_y=1+\frac{\sigma_y}{\mathrm{j}\omega\varepsilon_0} \tag{5.288}$$

$$s_z=1+\frac{\sigma_z}{\mathrm{j}\omega\varepsilon_0} \tag{5.289}$$

在交角区域之外，相应的 σ_i 为零，式(5.286)退化为单一平面边界的结果。

交角区域的差分格式可按相似的过程推导出。以式(5.285)中的第三个方程为例，定义

$$\bar{E}_z=\frac{s_x}{s_z}E_z \tag{5.290}$$

于是，式(5.285)中的第三个方程可写成

$$\frac{\partial H_y}{\partial x}-\frac{\partial H_x}{\partial y}=\mathrm{j}\omega\varepsilon\bar{E}_z+\frac{\sigma_y}{\varepsilon_0}\varepsilon\bar{E}_z \tag{5.291}$$

将其转换到时域，可用标准的 FDTD 差分格式刷新 $\bar{E}_z$。然后，由式(5.290)，可得

$$\mathrm{j}\omega\bar{E}_z+\frac{\sigma_z}{\varepsilon_0}\bar{E}_z=\mathrm{j}\omega E_z+\frac{\sigma_x}{\varepsilon_0}E_z \tag{5.292}$$

将其转换到时域，采用中心差分格式，可以得到下列二阶精度的差分方程

$$E_z^{n+1}=\frac{1-\dfrac{\sigma_x\Delta t}{2\varepsilon_0}}{1+\dfrac{\sigma_x\Delta t}{2\varepsilon_0}}E_z^n+\frac{\left(1+\dfrac{\sigma_z\Delta t}{2\varepsilon_0}\right)\bar{E}_z^{n+1}-\left(1-\dfrac{\sigma_z\Delta t}{2\varepsilon_0}\right)\bar{E}_z^n}{1+\dfrac{\sigma_x\Delta t}{2\varepsilon_0}} \tag{5.293}$$

基于式(5.291)的差分格式和式(5.293)，按两步方式可以刷新交角区域的 E_z。其余分量的 FDTD 刷新公式可相似地得到，这里不再叙述。

如果仿真区是有耗导电媒质，这时，设在交角区域电磁场满足麦克斯韦旋度方程

$$\nabla\times\boldsymbol{E}=-\mathrm{j}\omega\mu_0\mu_\mathrm{r}\bar{\bar{\mu}}\boldsymbol{H} \tag{5.294}$$

$$\nabla\times\boldsymbol{H}=\mathrm{j}\omega\varepsilon_0\hat{\varepsilon}_\mathrm{r}(\omega)\bar{\bar{\varepsilon}}\boldsymbol{E} \tag{5.295}$$

式中，$\hat{\varepsilon}_\mathrm{r}(\omega)=\varepsilon_\mathrm{r}+\dfrac{\sigma}{\mathrm{j}\omega\varepsilon_0}$，$\bar{\bar{\varepsilon}}$ 和 $\bar{\bar{\mu}}$ 仍然按式(5.286)定义

$$s_x=\zeta_x+\frac{\sigma_x}{\mathrm{j}\omega\varepsilon_0} \tag{5.296}$$

$$s_y=\zeta_y+\frac{\sigma_y}{\mathrm{j}\omega\varepsilon_0} \tag{5.297}$$

$$s_z=\zeta_z+\frac{\sigma_z}{\mathrm{j}\omega\varepsilon_0} \tag{5.298}$$

差分格式的推导与前述相似，不再叙述。

5.5.4 PML 的参数选取

为了避免在 PML 表面引入反射，以 $z=z_0$ 的 PML 表面为例，$\zeta_z(z)$ 和 $\sigma_z(z)$ 应从表面起渐变增加，通常取下面的形式

$$\zeta_z(z)=1+\left(\zeta_{z,\max}-1\right)\frac{\left|z-z_0\right|^m}{d_z^m} \tag{5.299}$$

$$\sigma_z(z)=\sigma_{\max}\frac{\left|z-z_0\right|^m}{d_z^m} \tag{5.300}$$

式中，d_z 为 PML 媒质厚度。根据 Gedney 的经验，一般取 $m=4$，$d_z=8\sim10\Delta_z$

$$\sigma_{\max}=\frac{m+1}{150\pi\Delta\sqrt{\varepsilon_\mathrm{r}}} \tag{5.301}$$

PML 媒质中的时间步长选取仍需满足 Courant 稳定条件。

参 考 文 献

[1] Bayliss A, Turkel E. Radiation boundary condition for wave-like equations. Comm. Pure Appl. Math., 1980, 23: 707-725

[2] Engquist B, Majda A. Absorbing boundary conditions for the numerical simulation of waves. Math. Comput., 1977, 31(139):629-651

[3] Liao Z P, Wong H L, Yang B P, et al. A transmitting boundary for transient wave analysis. Sci. Sin., 1984, 27(4): 1063-1076

[4] Mei K K, Fang J Y. Superabsorption: A method to improve absorbing boundary conditions. IEEE Trans. Antenna Propagat., 1992, 40(9): 1001-1010

[5] Berenger J P. A perfectly matched layer for the absorption of electromagnetic wave. J. Comput. Phy., 1994, 114: 185-200

[6] Berenger J P. Perfectly matched layer for the FDTD solution of wave-structure interaction problems. IEEE Trans. Antenna Propagat., 1996, 44(1): 110-117

[7] Gedney S D. An anisotropic perfectly matched layer-absorbing medium for the truncation of FDTD lattices. IEEE Trans. Antenna Propagat., 1996, 44(12): 1630-1639

[8] Gedney S D. An anisotropic PML absorbing media for the FDTD simulation of fields in lossy and dispersive media. Electromagnet., 1996, 6(3): 399-415

[9] Mur G. Absorbing boundary conditions for the finite-difference approximation of the time-domain electromagnetic field equations. IEEE Trans. Electromagn. Compatib., 1981, 23(4): 377-382

[10] Trefethen L N, Halpern L. Well-posedness of one-way wave equations and absorbing boundary conditions. Math. Comput., 1986, 47: 421-435

[11] Higdon R L. Absorbing boundary conditions for difference approximations to the multi-dimensional wave equation. Math. Comput., 1986, 47: 437-459

[12] Higdon R L. Numerical absorbing boundary conditions for the wave equation. Math. Comput., 1987, 49: 65-90

[13] Moghaddam M, Chew W C. Stabilizing Liao's absorbing boundary conditions using single-precision arithmetic. Proc. 1991 IEEE AP-S, 1991, 1: 430-433

[14] Wagner R L, Chew W C. An analysis of Liao's absorbing boundary condition. J. Electromagn. Wave Applicat., 1995, 9(7/8): 993-1009

[15] Fang J, Wu Z. Closed-form expression of numerical reflection coefficient at PML interfaces and optimization of PML performance. IEEE Microw. Guided Wave Lett., 1996, 6(9): 332-334

[16] Chen B, Fang D G, Zhou B H. Modified Berenger PML absorbing boundary condition for FD-TD meshes. IEEE Microw. Guided Wave Lett., 1995, 5(11): 399-401

第 6 章　时域有限差分法Ⅲ——应用

6.1　激励源技术

实际的电磁场问题总是包含有激励源，因此，恰当地将激励源引入到 FDTD 网格之中对于正确地模拟电磁场问题是至关重要的。在激励源的引入过程中，为了尽量减少由此而来的计算机内存占用和计算时间、提高整个程序的效率，通常要求激励源的实现尽可能地紧凑，即在 FDTD 网格中只用很少的几个电(磁)场分量就可实现对源的恰当模拟。

本节将介绍强迫激励源和总场/散射场体系两种激励源引入技术，集总参数电源的引入则放在 6.2 节介绍。

6.1.1　强迫激励源

在 FDTD 网格中，通过直接对特定的电场或磁场分量强行赋予所需的时间变化形式，可以简便地建立起强迫激励源。

例如，对于一维 TM 网格，x 为波传播方向，电场只有 E_z 分量，为了模拟频率为 f_0、在 $n=0$ 时开通的连续正弦波源，可以在源网格点 $i_{\rm s}$ 处令 E_z 按下列形式变化

$$E_z^n\left(i_{\rm s}\right)=E_0\sin\left(2\pi f_0 n\Delta t\right) \tag{6.1}$$

另一种常用的源是高斯脉冲

$$E_z^n\left(i_{\rm s}\right)=E_0{\rm e}^{-\left(\frac{t-t_0}{T}\right)^2}=E_0{\rm e}^{-\left(\frac{n-n_0}{n_{\rm decay}}\right)^2} \tag{6.2}$$

该脉冲的中心在 $n_0\Delta t$，在 $t-t_0=T=n_{\rm decay}\Delta t$ 时衰减为 $E_0/{\rm e}$。如果要求高斯脉冲在 $t=0$ 时近似为零，则应选取 $t_0\geqslant 3T$。T 的选择决定于所需的脉冲频谱带宽。高斯脉冲的傅里叶变换为

$$G(f)\sim{\rm e}^{-\pi^2T^2f^2} \tag{6.3}$$

也是高斯形的，一般把频谱强度低到一定程度的频率定义为高斯脉冲的最高频率 $f_{\max}$，即高斯脉冲的有效频谱范围从直流直到 $f_{\max}$。例如，可选

$$f_{\max}=\frac{1}{2T} \tag{6.4}$$

$f_{\max}$ 频率分量的振幅下降为直流分量振幅的 ${\rm e}^{-\pi^2/4}\approx 8\%$。如果想使直流分量为零，有效频谱中心位于 f_0，则可采用下列调制高斯波作激励源

$$E_z^n\left(i_{\rm s}\right)=E_0{\rm e}^{-\left(\frac{n-n_0}{n_{\rm decay}}\right)^2}\sin\left[2\pi f_0\left(n-n_0\right)\Delta t\right] \tag{6.5}$$

上述强迫激励源都会产生相应时间变化的数值波，该数值波将从源点 $i_{\rm s}$ 向两个方向对称地传播。这样一来，就得到了形式紧凑的激励源。

另一种有用的激励源时间变化是抽样函数

$$g(t)=\frac{\sin(\Omega t/2)}{\Omega t/2} \tag{6.6}$$

其傅里叶变换为

$$G(f)=\frac{2\pi}{\Omega}\left[U\left(f+\frac{\Omega}{4\pi}\right)-U\left(f-\frac{\Omega}{4\pi}\right)\right] \tag{6.7}$$

它提供在 $-\frac{\Omega}{4\pi}<f<\frac{\Omega}{4\pi}$ 通带内的均匀分布频谱信号。理论上，为了获得理想的方波频谱，时域波形应从 $t=-\infty$ 到 $t=\infty$。实际上，由于远离主峰的部分波形对频谱贡献极弱，可忽略不计，只取主峰前后 $2T$ 范围内的波形，例如，可取 $2T=40\frac{2\pi}{\Omega}$。其次，考虑到 FDTD 执行时间从 0 开始，可将时域波形平移为

$$g(t)=\frac{\sin[\Omega(t-T)/2]}{\Omega(t-T)/2} \tag{6.8}$$

当研究具有一定工作频带的电磁结构(如单模工作波导)时，这种频谱限带信号最合适。例如，设波导单模工作带宽为 $\frac{\Omega}{2\pi}$，中心频率为 f_c，则可取

$$E_z^n(i_s)=E_0\frac{\sin[\Omega(t-T)/2]}{\Omega(t-T)/2}\cos(2\pi f_c t) \tag{6.9}$$

如果被研究的结构在离源点一定距离的某处，由激励源产生的数值波将最终传播到达该结构，经过波与结构的相互作用，发生传输与反射，直到瞬态过程消失。对高斯、调制高斯、抽样、调制抽样这类有限脉冲激励，这意味着传输波和反射波的时间过程均已完成，波已离开仿真区域。对该时间过程作傅里叶变换，可一次性得到传输波和反射波的宽频带振幅与相位信息。对第一种激励源[式(6.1)]，瞬态过程消失意味着传输波和反射波均达到正弦稳态。在稳态激励源作用下电磁场达到稳定的时间步数和很多因素有关，其中，结构的复杂程度及其性质起着非常重要的作用。对大多数物体，电磁波至少要在其内部传播两个来回，才能达到稳定。对于高 Q 谐振结构，场达到稳定所需的时间则更长。表 6-1 给出了 Umashankar 和 Taflove 通过数值实验获得的使场达到稳定所需的时间，可供参考[1]。

表 6-1　稳态源激励下场达到稳定所需的时间

散射体结构类型	稳定所需波源周期数
凸型二维金属散射体，跨度小于 1λ，TM 波 有耗三维结构，特别是由生物体组成的三维结构	≥5
凸型二维金属散射体，跨度为 1～5λ 凸型三维散射体，跨度为 1～5λ	5～20
三维金属线或棒，跨度为 1λ，接近谐振激励 三维金属散射体，跨度为 10 λ，有角反射和开放腔	20～40
深度重入式三维金属散射体，跨度为≥10 λ	>40
三维任意尺寸金属散射体，具有中等到高 Q 的 带孔谐振腔，接近谐振激励	>100

从式(6.2)和式(6.5)可见，由于采用总场模拟方式，当$n-n_0 \gg n_{\mathrm{decay}}$时$E_z^n(i_{\mathrm{s}}) \approx 0$，这相当于在$i_{\mathrm{s}}$网格点加了一个理想导电反射屏，它会将来自被仿真结构的反射波再反射回结构体，造成虚假反射。对于式(6.1)所示的正弦激励源，同样会存在虚假的再反射。

克服强迫激励源引起虚假反射的一个简单办法是，在激励脉冲几乎衰减为零、来自结构的反射波到达i_{s}网格点之前，将激励源去掉，i_{s}网格点场值的刷新换用标准 FDTD 公式。特别是，如果i_{s}网格点为边界点，场值的刷新换用吸收边界条件。显然，这一方案不适合式(6.1)所示的正弦激励源，因为该激励在来自结构的反射波到达i_{s}网格点之后仍然一直存在，不能被去掉。另外，对于脉冲宽度较宽的高斯脉冲(调制的或非调制的)激励源，为了使来自结构的反射波到达i_{s}网格点之前激励脉冲几乎衰减为零，i_{s}网格点到结构的距离必需保持充分得大，这将增加计算机内存占用和计算时间，尤其是对三维问题，这种增加往往是巨大的或不可实现的。

尽管如此，由于形式简单、使用方便，强迫激励源还是被用来处理了许多工程问题，只要其使用条件能得到满足。例如，导波系统中同轴馈线探针的模拟，就采用位于金属探针处的强迫激励源。这时候，由于探针在该三维系统中所占体积甚微，对反射波的遮挡比例很小，即使存在虚假再反射，对整个场结构的影响也不像前述一维问题中那样大。

克服强迫激励源引起虚假反射的另一个办法是，将激励源看作有源麦克斯韦方程中的一项 $\boldsymbol{J}$，做下述处理。

根据麦克斯韦方程

$$\frac{\partial \boldsymbol{E}}{\partial t}=\frac{1}{\varepsilon}\nabla\times\boldsymbol{H}-\frac{1}{\varepsilon}\boldsymbol{J}_{源} \tag{6.10}$$

其E_z分量的 FDTD 差分格式为

$$E_z^{n+1}(i_{\mathrm{s}})=E_z^n(i_{\mathrm{s}})+\frac{\Delta t}{\varepsilon}(\nabla\times\boldsymbol{H})_z\Big|_{i_{\mathrm{s}}}^{n+1/2}-\frac{\Delta t}{\varepsilon}J_{z,源}^{n+\frac{1}{2}}(i_{\mathrm{s}}) \tag{6.11}$$

记等效电场激励源为

$$E_{z,源}^{n+1}(i_{\mathrm{s}})=-\frac{\Delta t}{\varepsilon}J_{z,源}^{n+\frac{1}{2}}(i_{\mathrm{s}}) \tag{6.12}$$

于是，总场 FDTD 公式为

$$E_z^{n+1}(i_{\mathrm{s}})=E_z^n(i_{\mathrm{s}})+\frac{\Delta t}{\varepsilon}(\nabla\times\boldsymbol{H})_z\Big|_{i_{\mathrm{s}}}^{n+1/2}+E_{z,源}^{n+1}(i_{\mathrm{s}}) \tag{6.13}$$

这种激励源加入方式不会产生虚假反射，因为$E_{z,源}^{n+1}(i_{\mathrm{s}})=0$时，总场$E_z^{n+1}(i_{\mathrm{s}})$自动退化为标准无源 FDTD 公式，不引入理想导电反射屏。同时，由于 FDTD 仿真按总场公式进行，源只是其中单独的一项，当反射波到达时，源是否已消失，不会影响总场$E_z^{n+1}(i_{\mathrm{s}})$的正常数值仿真。这对于在 FDTD 仿真过程中一直存在的正弦波激励源或宽脉冲的高斯脉冲源或持续时间特长的抽样函数激励源的引入，非常有用。不必在源和反射(散射)结构之间设置一长段隔离段来分离激励波形与反射波形，大大地节省了计算空间和计算时间。需要指出的是，等效激励源$E_{z,源}^{n+1}(i_{\mathrm{s}})$并不等于$z=i_{\mathrm{s}}$处的电场值$E_z^{n+1}(i_{\mathrm{s}})$，它只是激励起$E_z^{n+1}(i_{\mathrm{s}})$的源。最后，由于这种激励以 FDTD 公式为载体，它不能放置在仿真区的边界，在那里 FDTD 公式所需的域外信息无法得到。

如上所述的附加激励源是在电场 FDTD 公式中引入的，相当于电压源激励。相同的道理，附加激励源也可以在磁场 FDTD 公式中引入，相当于电流环激励。

强迫激励源常被用来模拟波导系统中的入射波。根据所需模拟的传播模式的时空分布，取某一波导横截面为激励源平面，对位于该面上的电场切向分量赋予相应的时空变化。这时候，式(6.1)、式(6.2)和式(6.5)中的 E_0 应换成相应模式的横截面场分布函数。

例如，若采用高斯脉冲激励，导波系统的传输方向沿 z 轴，模式的横截面场分布为 $\boldsymbol{E}_{0,\tan}(x,y)$，强迫激励源加在 $z=k_{\rm s}\Delta z$ 处。于是，强迫激励源可写成

$$\begin{aligned}\boldsymbol{E}_{\tan}^{n}(i,j,k_{\rm s})&=\boldsymbol{E}_{0,\tan}(i,j)\mathrm{e}^{-\left(\frac{t-t_0}{T}\right)^2}\\&=\boldsymbol{E}_{0,\tan}(i,j)\mathrm{e}^{-\left(\frac{n-n_0}{n_{\rm decay}}\right)^2}\end{aligned}\tag{6.14}$$

在模式的横截面场分布 $\boldsymbol{E}_{0,\tan}(x,y)$ 解析已知的情况下，可以方便地立刻数值模拟出所需的入射波，而不会激发起不希望存在的模式。在模式的横截面场分布未知的情况下，有以下两种选择。

(1) 采用近似的模式分布。在这种情况下，可能会激励起不希望存在的数值模式。这时候，需要增加一长段辅助波导让高次模充分衰落，余下较纯的所需模式分布。例如，在微带线的激励中，经常设激励只存在于微带和接地板之间，并设在该区域场分布是均匀的。这种分布显然是对微带主模分布的一种粗略的近似，由它激励起的数值波模需要传播一定距离以后才能趋于真实模式分布。

(2) 通过预处理，数值仿真获得所需模式分布。为此，我们事先用 FDTD 法仿真一个与要研究的波导截面相同、足够长的均匀波导，使高次模充分衰落，然后在波导远端记录横截面切向电场分量的分布，并存入一个数据文件中。该数据文件可作为一个紧凑的强迫激励源供后来的正式计算调用。

导波系统的激励中还有一个需要注意的问题是，激励源的频谱尽量不包含低于截止频率以下的分量。若包含低于截止频率以下的分量，它们会在源区附近产生不传播的电抗性场。当关闭强迫激励源、换成标准 FDTD 刷新公式时，这些寄生场发生瞬变。这种瞬变的频谱中有高于截止频率的成分，它们会在波导中传播，“污染”波导中的场数据。

6.1.2　总场/散射场体系

在 FDTD 法的电磁散射问题的计算中，采用最多的激励源引入方式是建立在总场/散射场体系上的[2, 3]。FDTD 总场/散射场体系的基本框架和 3.3.1 节的 FDFD 总场/散射场体系相同。在总场区，FDTD 方程直接作用于总场(散射场+入射场)，对总场进行取样计算，散射体被包含在该区。在散射场区，FDTD 方程直接作用于散射场，根据麦克斯韦方程(以及由此导出的 FDTD 方程)的线性可叠加性，因入射场已是满足麦克斯韦方程的解，故散射场单独可满足 FDTD 方程。散射场区的外边界为截断边界，将在此用吸收边界条件吸收外向的散射波。

在两区的连接边界上，为保证场的正确性，可根据总场=散射场+入射场引入连接条件。设连接边界上的场为总场。当用总场 FDTD 公式计算连接表面上的场分量时，需要连接边界

外(散射场区)相邻网格点处的总场信息，该信息可由这些网格点处的散射场信息加上入射场信息得到。相似地，当用散射场 FDTD 公式计算连接边界外、紧邻连接边界的网格点上的场分量时，需要连接边界上网格点处的散射场信息，该信息可由这些网格点处的总场信息减去入射场信息得到。只要入射场的时空变化可以准确给出，上述激励源引入过程不含任何近似，也不引入任何虚假模式，并且，形式紧凑，占用内存少。

例 6-1　考虑一金属机箱，一面开孔，位于一 TEM 平板传输线中，一 TEM 平面电磁波入射向该机箱，一部分电磁波通过孔透射进机箱，其余被机箱反射，如图 6-1 所示。

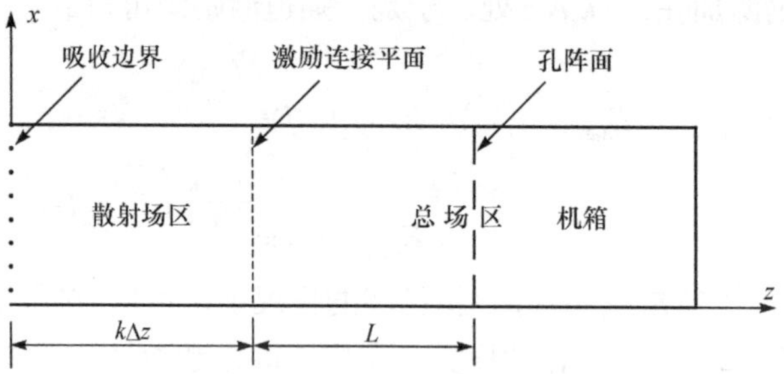

图 6-1　机箱屏蔽问题

设入射波只有 $E_{\text{in},x}$ 和 $H_{\text{in},y}=E_{\text{in},x}/\eta_0$ 分量。将激励连接平面选在距机箱端面为 L 的位置，并以此平面将场区分为散射场区(不含机箱)和总场区(含机箱)两部分。为保证电磁场的连续性，在此平面需引用激励连接条件。设激励连接平面位于 $z=k\Delta z$ 处，E_x 和 E_y 位于激励连接平面上且取为总场，则激励连接条件如下。在连接平面上

$$\begin{aligned}E_{\text{t},x}^{n+1}\left(i+\frac{1}{2},j,k\right)=&E_{\text{t},x}^{n}\left(i+\frac{1}{2},j,k\right)+\frac{\Delta t}{\varepsilon\Delta z}H_{\text{in},y}^{n+\frac{1}{2}}\left(i+\frac{1}{2},j,k-\frac{1}{2}\right)\\&+\frac{\Delta t}{\varepsilon}\left[\frac{H_{\text{t},z}^{n+\frac{1}{2}}\left(i+\frac{1}{2},j+\frac{1}{2},k\right)-H_{\text{t},z}^{n+\frac{1}{2}}\left(i+\frac{1}{2},j-\frac{1}{2},k\right)}{\Delta y}\right.\\&\left.+\frac{H_{\text{s},y}^{n+\frac{1}{2}}\left(i+\frac{1}{2},j,k-\frac{1}{2}\right)-H_{\text{t},y}^{n+\frac{1}{2}}\left(i+\frac{1}{2},j,k+\frac{1}{2}\right)}{\Delta z}\right]\end{aligned}\tag{6.15}$$

$$\begin{aligned}E_{\text{t},y}^{n+1}\left(i,j+\frac{1}{2},k\right)=&E_{\text{t},y}^{n}\left(i,j+\frac{1}{2},k\right)-\frac{\Delta t}{\varepsilon\Delta z}H_{\text{in},x}^{n+\frac{1}{2}}\left(i,j+\frac{1}{2},k-\frac{1}{2}\right)\\&+\frac{\Delta t}{\varepsilon}\left[\frac{H_{\text{t},x}^{n+\frac{1}{2}}\left(i,j+\frac{1}{2},k+\frac{1}{2}\right)-H_{\text{s},x}^{n+\frac{1}{2}}\left(i,j+\frac{1}{2},k-\frac{1}{2}\right)}{\Delta z}\right.\\&\left.+\frac{H_{\text{t},z}^{n+\frac{1}{2}}\left(i-\frac{1}{2},j+\frac{1}{2},k\right)-H_{\text{t},z}^{n+\frac{1}{2}}\left(i+\frac{1}{2},j+\frac{1}{2},k\right)}{\Delta x}\right]\end{aligned}\tag{6.16}$$

在连接面左邻半个步长的网格点上

$$H_{\mathrm{s},x}^{n+\frac{1}{2}}\left(i,j+\frac{1}{2},k-\frac{1}{2}\right)=H_{\mathrm{s},x}^{n-\frac{1}{2}}\left(i,j+\frac{1}{2},k-\frac{1}{2}\right)-\frac{\Delta t}{\mu\Delta z}E_{\mathrm{in},y}^{n}\left(i,j+\frac{1}{2},k\right)+\frac{\Delta t}{\mu}\left[\frac{E_{\mathrm{t},y}^{n}\left(i,j+\frac{1}{2},k\right)-E_{\mathrm{s},y}^{n}\left(i,j+\frac{1}{2},k-1\right)}{\Delta z}+\frac{E_{\mathrm{s},z}^{n}\left(i,j,k-\frac{1}{2}\right)-E_{\mathrm{s},z}^{n}\left(i,j+1,k-\frac{1}{2}\right)}{\Delta y}\right] \tag{6.17}$$

$$H_{\mathrm{s},y}^{n+\frac{1}{2}}\left(i+\frac{1}{2},j,k-\frac{1}{2}\right)=H_{\mathrm{s},y}^{n-\frac{1}{2}}\left(i+\frac{1}{2},j,k-\frac{1}{2}\right)+\frac{\Delta t}{\mu\Delta z}E_{\mathrm{in},x}^{n}\left(i+\frac{1}{2},j,k\right)+\frac{\Delta t}{\mu}\left[\frac{E_{\mathrm{s},z}^{n}\left(i+1,j,k-\frac{1}{2}\right)-E_{\mathrm{s},z}^{n}\left(i,j,k-\frac{1}{2}\right)}{\Delta x}+\frac{E_{\mathrm{s},x}^{n}\left(i+\frac{1}{2},j,k-1\right)-E_{\mathrm{t},x}^{n}\left(i+\frac{1}{2},j,k\right)}{\Delta z}\right] \tag{6.18}$$

式中，下标“t”、“s”和“in”分别表示“总场”、“散射场”和“入射场”。在本例中，$H_{\mathrm{in},x}=0$，$E_{\mathrm{in},y}=0$。

由上述公式可见，在总场/散射场体系中，激励源的引入非常紧凑，只需知道 $z=k_0\Delta z$ 平面上的切向入射电场值和 $z=\left(k_0-\frac{1}{2}\right)\Delta z$ 平面的切向入射磁场值。对一般的导波系统，设入射波为高斯脉冲，模式横截面的电场分布为 $\boldsymbol{E}_{0,\tan}(x,y)$、磁场分布为 $\boldsymbol{H}_{0,\tan}(x,y)$，其入射(激励)源可如下表示

$$\begin{aligned}\boldsymbol{E}_{\mathrm{in},\tan}^{n}(i,j,k_0)&=\boldsymbol{E}_{0,\tan}(i,j)\mathrm{e}^{-\left[\left(t-t_0-\frac{z-z_0}{v}\right)/T\right]^2\Big|_{z=z_0}}\\&=\boldsymbol{E}_{0,\tan}(i,j)\mathrm{e}^{-\left(\frac{n-n_0}{n_{\mathrm{decay}}}\right)^2}\end{aligned} \tag{6.19}$$

$$\begin{aligned}\boldsymbol{H}_{\mathrm{in},\tan}^{n+\frac{1}{2}}\left(i,j,k_0-\frac{1}{2}\right)&=\boldsymbol{H}_{0,\tan}(i,j)\mathrm{e}^{-\left\{\left[\left(t+\frac{\Delta t}{2}\right)-t_0-\frac{z-z_0}{v}\right]/T\right\}^2\Big|_{z=\left(k_0-\frac{1}{2}\right)\Delta z}}\\&=\boldsymbol{H}_{0,\tan}(i,j)\mathrm{e}^{-\left\{\left[\left(n+\frac{1}{2}\right)-n_0+\frac{\Delta z}{2v\Delta t}\right]/n_{\mathrm{decay}}\right\}^2}\end{aligned} \tag{6.20}$$

式中，v 是波模沿 z 轴的传播速度。对于无色散的波模，如自由空间的平面波，v 的确定比较方便，$v=1/\sqrt{\mu\varepsilon}$。对无色散(或弱色散)的 TEM(或准 TEM)传输线中的主模，若其等效介电常数 $\varepsilon_{\mathrm{eff}}$ 已知，v 的确定也比较方便，$v=1/\sqrt{\mu\varepsilon_{\mathrm{eff}}}$。对一般波模，$v$ 可以事先通过一个 FDTD 数值模拟过程计算获得。

综上所述，总场/散射场体系具有如下特点。

(1) 可实现任意入射波激励。在两区的连接表面上，为保证场的正确性，可根据“总场=散射场+入射场”引入连接条件。在引入这一条件时，对任意时间波形、入射角度和极化角的入射波，可根据实际入射场情况，将入射波离散化赋值在此连接表面上，实现紧凑的任意入射波激励。

(2) 可直接使用吸收边界条件。因为截断边界位于散射场区，可直接使用对散射场导出的吸收边界条件。

(3) 更宽的计算动态范围。在深阴影区，可以直接在总场区按时间步进方式计算出低电平的总场。如果采用纯散射场计算法，这种低电平的总场由两个高电平的场(散射场+入射场)叠加而得，即纯散射场计算法通过两个高电平场近乎抵消来得到一个低电平的总场值。这种算法的误差较大，高电平散射场计算中的一个很小的相对误差可以导致低电平总场有一个较大的相对误差，这称为相减噪声，它的存在使计算的动态范围减小。而采用总场/散射场体系，可以在总场区避免这种相减噪声，信噪比提高，因而计算的动态范围增加，通常可比纯散射场算法大 30dB。

(4) 易于计算远场响应。由于散射场区只含散射场，很容易实现从近区场到远区场的变换。因为，一旦截断表面上的切向电场 $\boldsymbol{E}_{\tan}$ 和切向磁场 $\boldsymbol{H}_{\tan}$ 知道后，总可以通过场的积分公式算出远区任意点的电磁场，并且，由于截断表面形状简单固定，计算编程方便。

(5) 对于色散严重的导波系统，采用宽频带脉冲激励时，$v(\omega)$ 是频率的函数，式(6.20)中的 v 取值不确定。无论取工作频带内哪一点(如 ω_0 点)的 $v(\omega_0)$ 作式(6.20)中的 v，都将产生误差。因此，这种激励方式不适宜于分析宽带色散导波系统。

6.2 集总参数电路元件的模拟

6.2.1 扩展 FDTD 方程

现在介绍如何将 FDTD 扩展，使其能模拟集总参数电路元件，从而扩大 FDTD 法的应用范围[4]。通过在麦克斯韦方程中的位移电流 $\dfrac{\partial \boldsymbol{D}}{\partial t}$ 之后再引入一项集总电流密度 $\boldsymbol{J}_{\mathrm{L}}$，可以计及集总电路元件的影响。方程扩展如下

$$\nabla \times \boldsymbol{H} = \frac{\partial \boldsymbol{D}}{\partial t} + \boldsymbol{J}_{\mathrm{L}} \tag{6.21}$$

假设集总参数元件位于自由空间，沿 z 轴取向，与电场 $E_z\big|_{i,j,k}$ 处于同一位置。元件的局部电流密度 J_{L} 和元件的总电流 I_{L} 满足下列关系

$$J_{\mathrm{L}} = \frac{I_{\mathrm{L}}}{\Delta x \Delta y} \tag{6.22}$$

式中，Δx 和 Δy 分别是 x 和 y 方向的步长。式(6.22)中，I_{L} 是元件两端电位差 $V = E_z\big|_{i,j,k}\Delta z$ 的函数，Δz 是 z 方向的步长。这个函数关系可能是一个时间导数或时间积分或标量乘积或非线性函数。规定 I_{L} 的正向为 $+z$ 方向。于是得到下列扩展 FDTD 方程

$$E_z\Big|_{i,j,k}^{n+1}=E_z\Big|_{i,j,k}^{n}+\frac{\Delta t}{\varepsilon_0}(\nabla\times\boldsymbol{H})_z\Big|_{i,j,k}^{n+\frac{1}{2}}-\frac{\Delta t}{\varepsilon_0\Delta x\Delta y}I_{\mathrm{L}}^{n+\frac{1}{2}}\tag{6.23}$$

它足以表述电磁场网格中的集总参数元件特性。在式(6.23)中，规定集总电流 I_{L} 在 $n+\dfrac{1}{2}$ 时刻取样。因为 I_{L} 是 E_z 的函数，可以用 $E_z\big|_{i,j,k}^{n+1}$ 和 $E_z\big|_{i,j,k}^{n}$ 的平均值作为 $E_z\big|_{i,j,k}^{n+\frac{1}{2}}$，进而算出 $I_{\mathrm{L}}^{n+\frac{1}{2}}$。

对于沿 x 轴和 y 轴取向的集总参数元件可相似地处理。

6.2.2　集总参数电路元件举例

例 6-2　电阻。

用 FDTD 法研究微带线时，如果能处理终端接一阻性负载的情况将很有实用价值，这一负载电阻通常与微带线的特性阻抗匹配。一种处理办法是，利用关系 $R=l/(\sigma A)$ 恰当地选择材料参数，在电阻所处的位置插入一个电阻性材料实体，其中，R 是体电阻的电阻值，σ 是体电阻的电导率(电阻率的倒数)，l 是体电阻的长度，A 是体电阻的横截面积。另一种处理办法是采用上述的集总参数元件模型。对于电阻，其电流-电压特性为

$$I_z\Big|_{i,j,k}^{n+\frac{1}{2}}=\frac{\left(E_z\Big|_{i,j,k}^{n+1}+E_z\Big|_{i,j,k}^{n}\right)\Delta z}{2R}\tag{6.24}$$

$$J_{\mathrm{L}}=\frac{I_z\Big|_{i,j,k}^{n+\frac{1}{2}}}{\Delta x\Delta y}\tag{6.25}$$

将其代入式(6.23)，整理可得 $E_z\big|_{i,j,k}^{n+1}$ 的时间步进关系如下

$$E_z\Big|_{i,j,k}^{n+1}=\frac{1-\dfrac{\Delta t\Delta z}{2R\varepsilon_0\Delta x\Delta y}}{1+\dfrac{\Delta t\Delta z}{2R\varepsilon_0\Delta x\Delta y}}E_z\Big|_{i,j,k}^{n}+\frac{\dfrac{\Delta t}{\varepsilon_0}}{1+\dfrac{\Delta t\Delta z}{2R\varepsilon_0\Delta x\Delta y}}(\nabla\times\boldsymbol{H})_z\Big|_{i,j,k}^{n+\frac{1}{2}}\tag{6.26}$$

为了比较实体电阻以及数值化集总参数电阻在 FDTD 计算中的性能，有人曾模拟了 50Ω 微带线端接匹配电阻的例子，激励源是一有效频宽为 20GHz 的高斯脉冲。数值实验表明，在直到 1GHz 的频率范围内，两种电阻模型产生的反射系数均小于1%。

值得一提的是，如果对微带信号线与接地板之间的两个相邻平行的电场分量执行式(6.23)，将模拟出端接两个并联电阻的情况，总的有效电阻将减半。

例 6-3　阻性电压源。

利用扩展 FDTD 方程模拟集总参数元件的能力，可以很简便地模拟一个无反射(匹配)的阻性电压源。阻性电压源的电流-电压特性为

$$I_z\Big|_{i,j,k}^{n+\frac{1}{2}}=\frac{\left(E_z\Big|_{i,j,k}^{n+1}+E_z\Big|_{i,j,k}^{n}\right)\Delta z}{2R_{\mathrm{s}}}+\frac{V_{\mathrm{s}}^{n+\frac{1}{2}}}{R_{\mathrm{s}}}\tag{6.27}$$

$$J_{\mathrm{L}}=\frac{I_z\Big|_{i,j,k}^{n+\frac{1}{2}}}{\Delta x\Delta y}\tag{6.28}$$

式中，$V_{\mathrm{s}}^{n+\frac{1}{2}}$是源电压，$R_{\mathrm{s}}$是源内阻。将其代入式(6.23)，整理可得$E_z\big|_{i,j,k}^{n+1}$的时间步进关系如下

$$E_z\Big|_{i,j,k}^{n+1}=\frac{1-\dfrac{\Delta t\Delta z}{2R_{\mathrm{s}}\varepsilon_0\Delta x\Delta y}}{1+\dfrac{\Delta t\Delta z}{2R_{\mathrm{s}}\varepsilon_0\Delta x\Delta y}}E_z\Big|_{i,j,k}^{n}+\frac{\dfrac{\Delta t}{\varepsilon_0}}{1+\dfrac{\Delta t\Delta z}{2R_{\mathrm{s}}\varepsilon_0\Delta x\Delta y}}(\nabla\times\boldsymbol{H})_z\Big|_{i,j,k}^{n+\frac{1}{2}}-\frac{\dfrac{\Delta t}{R_{\mathrm{s}}\varepsilon_0\Delta x\Delta y}}{1+\dfrac{\Delta t\Delta z}{2R_{\mathrm{s}}\varepsilon_0\Delta x\Delta y}}V_{\mathrm{s}}^{n+\frac{1}{2}} \tag{6.29}$$

例 6-4　电容。

接下来考察集总参数电容的模拟。电容的电流-电压特性为

$$I_z\Big|_{i,j,k}^{n+\frac{1}{2}}=C\frac{\left(E_z\big|_{i,j,k}^{n+1}-E_z\big|_{i,j,k}^{n}\right)\Delta z}{\Delta t} \tag{6.30}$$

$$J_{\mathrm{L}}=\frac{I_z\big|_{i,j,k}^{n+\frac{1}{2}}}{\Delta x\Delta y} \tag{6.31}$$

式中，C是电容值。将其代入式(6.23)，整理可得$E_z\big|_{i,j,k}^{n+1}$的时间步进关系如下

$$E_z\Big|_{i,j,k}^{n+1}=E_z\Big|_{i,j,k}^{n}+\frac{\dfrac{\Delta t}{\varepsilon_0}}{1+\dfrac{C\Delta z}{\varepsilon_0\Delta x\Delta y}}(\nabla\times\boldsymbol{H})_z\Big|_{i,j,k}^{n+\frac{1}{2}} \tag{6.32}$$

对于并联在$E_z\big|_{i,j,k}$处的电容C和电阻R，综合上述式(6.24)～式(6.26)和式(6.30)～式(6.32)，可得$E_z\big|_{i,j,k}^{n+1}$的时间步进关系如下

$$E_z\Big|_{i,j,k}^{n+1}=\frac{1-\dfrac{\Delta t\Delta z}{2R\varepsilon_0\Delta x\Delta y}+\dfrac{C\Delta z}{\varepsilon_0\Delta x\Delta y}}{1+\dfrac{\Delta t\Delta z}{2R\varepsilon_0\Delta x\Delta y}+\dfrac{C\Delta z}{\varepsilon_0\Delta x\Delta y}}E_z\Big|_{i,j,k}^{n}+\frac{\dfrac{\Delta t}{\varepsilon_0}}{1+\dfrac{\Delta t\Delta z}{2R\varepsilon_0\Delta x\Delta y}+\dfrac{C\Delta z}{\varepsilon_0\Delta x\Delta y}}(\nabla\times\boldsymbol{H})_z\Big|_{i,j,k}^{n+\frac{1}{2}} \tag{6.33}$$

数值实验表明，在 FDTD 计算中采用上述集总参数电容数值模型所得的结果与严格理论解吻合很好。

例 6-5　电感。

集总参数电感的电流-电压特性如下

$$I_z\Big|_{i,j,k}^{n+\frac{1}{2}}=\frac{\Delta z\Delta t}{L}\sum_{m=1}^{n}E_z\Big|_{i,j,k}^{m} \tag{6.34}$$

$$J_{\mathrm{L}}=\frac{I_z\big|_{i,j,k}^{n+\frac{1}{2}}}{\Delta x\Delta y} \tag{6.35}$$

式中，L是电感的值。将其代入式(6.23)，整理可得$E_z\big|_{i,j,k}^{n+1}$的时间步进关系如下

$$E_z\Big|_{i,j,k}^{n+1}=E_z\Big|_{i,j,k}^{n}+\frac{\Delta t}{\varepsilon_0}(\nabla\times\boldsymbol{H})_z\Big|_{i,j,k}^{n+\frac{1}{2}}-\frac{\Delta z(\Delta t)^2}{L\varepsilon_0\Delta x\Delta y}\sum_{m=1}^{n}E_z\Big|_{i,j,k}^{m} \tag{6.36}$$

例 6-6　二极管。

集总参数二极管的电流-电压特性如下

$$I_d = I_0[\mathrm{e}^{\frac{qV_\mathrm{d}}{kT}} - 1] \tag{6.37}$$

式中，q是电子所带的电量，V_d是二极管两端的电压，k是 Boltzmann 常数，T是绝对温度。将其代入式(6.23)，整理可得$E_z\big|_{i,j,k}^{n+1}$的时间步进关系如下

$$E_z\Big|_{i,j,k}^{n+1} = E_z\Big|_{i,j,k}^{n} + \frac{\Delta t}{\varepsilon_0}(\nabla\times\boldsymbol{H})_z\Big|_{i,j,k}^{n+\frac{1}{2}} - \frac{\Delta t}{\varepsilon_0\Delta x\Delta y}I_0[\mathrm{e}^{-\frac{q\Delta z}{2kT}\left(E_z|_{i,j,k}^{n+1}+E_z|_{i,j,k}^{n}\right)} - 1] \tag{6.38}$$

利用牛顿法求解方程(6.38)可得电场刷新值。数值实验表明，该模型在直到 15V 的二极管电压范围内都是数值稳定的。

例 6-7　双极型晶体管。

对于集总参数 NPN 双极型晶体管，下面的 FDTD 算法可以实现大信号分析，包括对数字开关过程的分析。考虑如图 6-2 所示的例子，一双极型晶体管端接在微带线上，发射极接地，基极接在微带上。按照 Ebers-Moll 的晶体管模型，晶体管的电流-电压满足下列方程

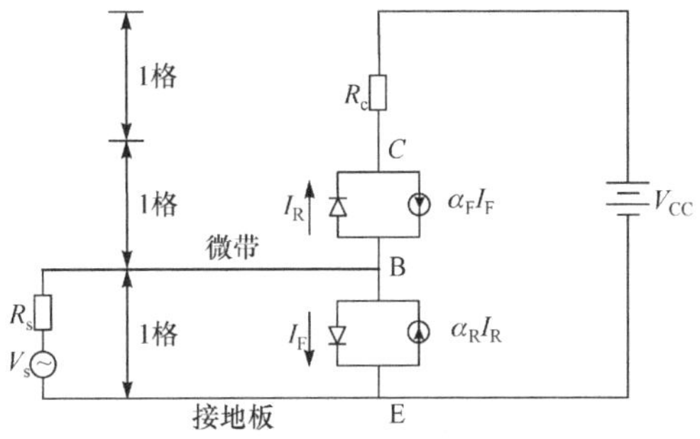

图 6-2　端接在微带线上的共发 NPN 双极型晶体管的三维 FDTD 模型

$$I_\mathrm{F} = I_0(\mathrm{e}^{\frac{qV_\mathrm{BE}}{kT}} - 1) \tag{6.39}$$

$$I_\mathrm{R} = I_0(\mathrm{e}^{\frac{qV_\mathrm{BC}}{kT}} - 1) \tag{6.40}$$

$$I_\mathrm{E} = \alpha_\mathrm{R} I_\mathrm{R} - I_\mathrm{F} \tag{6.41}$$

$$I_\mathrm{C} = I_\mathrm{R} - \alpha_\mathrm{F} I_\mathrm{F} \tag{6.42}$$

如图 6-2 所示，假设晶体管位于自由空间，沿z轴取向，微带与接地板的间距是一个空间步长。于是，基极-发射极电压V_BE可用 FDTD 法算得的电场$E_z\big|_\mathrm{EB}$来表示

$$V_\mathrm{BE}^{n+\frac{1}{2}} = -\frac{\Delta z}{2}\left(E_z\Big|_\mathrm{EB}^{n+1} + E_z\Big|_\mathrm{EB}^{n}\right) \tag{6.43}$$

相似地，基极-集电极电压V_BC也可用 FDTD 法算得的电场$E_z\big|_\mathrm{BC}$来表示

$$V_\mathrm{BC}^{n+\frac{1}{2}} = \frac{\Delta z}{2}\left(E_z\Big|_\mathrm{BC}^{n+1} + E_z\Big|_\mathrm{BC}^{n}\right) \tag{6.44}$$

将式(6.43)和式(6.44)代入式(6.39)～式(6.42)，可得

$$I_\mathrm{E}^{n+\frac{1}{2}} = \alpha_R I_0\left[\mathrm{e}^{\frac{q\Delta z}{2kT}\left(E_z|_\mathrm{BC}^{n+1}+E_z|_\mathrm{BC}^{n}\right)} - 1\right] - I_0\left[\mathrm{e}^{-\frac{q\Delta z}{2kT}\left(E_z|_\mathrm{EB}^{n+1}+E_z|_\mathrm{EB}^{n}\right)} - 1\right] \tag{6.45}$$

$$I_\mathrm{C}^{n+\frac{1}{2}} = I_0\left[\mathrm{e}^{\frac{q\Delta z}{2kT}\left(E_z|_\mathrm{BC}^{n+1}+E_z|_\mathrm{BC}^{n}\right)} - 1\right] - \alpha_\mathrm{F} I_0\left[\mathrm{e}^{-\frac{q\Delta z}{2kT}\left(E_z|_\mathrm{EB}^{n+1}+E_z|_\mathrm{EB}^{n}\right)} - 1\right] \tag{6.46}$$

于是，将其代入式(6.23)，可得到晶体管处电场分量的 FDTD 刷新公式

$$E_z\Big|_{\mathrm{EB}}^{n+1}=E_z\Big|_{\mathrm{EB}}^{n}+\frac{\Delta t}{\varepsilon_0}\left(\nabla\times\boldsymbol{H}\right)_z\Big|_{\mathrm{EB}}^{n+\frac{1}{2}}-\frac{\Delta t}{\varepsilon_0\Delta x\Delta y}I_{\mathrm{E}}^{n+\frac{1}{2}} \tag{6.47}$$

$$E_z\Big|_{\mathrm{BC}}^{n+1}=E_z\Big|_{\mathrm{BC}}^{n}+\frac{\Delta t}{\varepsilon_0}\left(\nabla\times\boldsymbol{H}\right)_z\Big|_{\mathrm{BC}}^{n+\frac{1}{2}}-\frac{\Delta t}{\varepsilon_0\Delta x\Delta y}I_{\mathrm{C}}^{n+\frac{1}{2}} \tag{6.48}$$

用 Newton-Raphson 方法可以求解上述耦合超越方程组。数值实验表明，采用上述晶体管模型由 FDTD 法求得的 V_{EB} 与用 SPICE 模型求得的解吻合很好。

6.3　数字信号处理技术

在应用 FDTD 法分析谐振结构、微波集成电路中的不连续性结构等问题时，为了获得完整的时域波形，所需的时间步进数可能会超过几万次。而要通过傅里叶变换获得准确的频域散射参数，又必须知道完整的时域波形数据。过早地中断时域波形，会使频域散射参数结果偏离真实值。用 FDTD 法完整地获得时域波形，计算量又过于庞大。为解决这一问题，可以利用现代信号处理技术，对用 FDTD 法获得的电磁波的时域波形进行外推。只需用 FDTD 法计算部分时域波形(1/10 或更少)，通过外推，获得很准确的完整时域波形，使计算量压缩 90% 甚至更多。下面分别介绍一些信号处理技术在 FDTD 法中的应用。

6.3.1　极点展开模型与 Prony 算法

将所研究的结构看作一个系统，在激励波源的作用下，通过波与结构的相互作用，系统有相应的电磁波输出信号。设 $g_n(n=1,2,\cdots)$是在某位置记录的电磁波时域波形 $g(t)$ 的取样值。通常，$g(t)$ 可分为早时响应和晚时响应两部分，$g(t)$ 的晚时部分和结构自身的固有谐振特性密切相关。$g(t)$ 的晚时部分可以用下面一组衰减振荡复指数(极点)的叠加来近似

$$g_n=\sum_{k=1}^{K}c_k\left(z_k\right)^n\ ,\qquad n=M+1,M+2,\ \cdots,N \tag{6.49}$$

式中，$t=M\Delta t$ 位于晚时区，c_k 和 z_k 分别为下列形式的复数

$$c_k=A_k\mathrm{e}^{\mathrm{j}\phi_k} \tag{6.50}$$

$$z_k=\mathrm{e}^{\left(-\alpha_k+\mathrm{j}2\pi f_k\right)\Delta t} \tag{6.51}$$

式中，A_k 为振幅；ϕ_k 为相位；α_k 为衰减因子；f_k 为第 k 个谐振模式的频率。

可以证明，g_n 满足下列差分方程组

$$g_n=-\sum_{k=1}^{K}b_kg_{n-k}\ ,\quad n=M+K+1,M+K+2,\ \cdots,N \tag{6.52}$$

式中，$b_k(k=1,2,\ \cdots,K)$是下列多项式的系数

$$P(z)=z^K+b_1z^{K-1}+\cdots+b_K \tag{6.53}$$

该多项式的复数根 $z_1,z_2,\ \cdots,z_K$ 就是表达式(6.49)中所需要的 z_k。

确定式(6.49)中的c_k和z_k，以获得时域波形的外推表达式。用 Prony 方法可以完成这一任务。Prony 方法的求解过程如下。

(1) 在方程组(6.52)中，g_n, g_{n-1}, $\cdots$, g_{n-K} 是从 FDTD 时域波形取样的已知量。设$N-(M+K)>K$，方程组(6.52)是超定的。利用最小二乘法可以解出系数b_k。

(2) 得到系数b_k后，可以由式(6.53)解出多项式$P(z)$的根 $z_1, z_2, \cdots, z_K$。

(3) 将 $z_1, z_2, \cdots, z_K$代入超定方程组(6.49)，利用最小二乘法可以解出系数c_k。

得到式(6.49)中的c_k和z_k后，就可以用它作为时域波形的外推表达式，快速地计算出$n>N$时的时域波形，省去了耗费时间的 FDTD 计算过程。

数值实验表明，上述方法效果良好。实际压缩计算量的大小取决于所分析的结构。该方法的主要困难在确定模型的阶数，即式(6.49)中的K。如果K小于结构中被激励起的实际模式数，则谱分辨率较差；如果K选得太大，又会出现虚假模式。此外，Prony 方法对噪声很敏感，这是一个问题。因此，进入 20 世纪 80 年代以来，在信号处理领域人们趋于发展一套不同于 Prony 法的新算法，兴趣集中在提高自身的抗噪声能力和估算精度方面，这已超出本书的讨论范围。

6.3.2 线性及非线性信号预测器模型

除了极点展开模型，线性及非线性信号预测器模型也被采用，以实现对 FDTD 时域波形的外推，减少 FDTD 计算量。例如，采用自回归模型的线性信号预测器模型，采用有限脉冲响应(finite impulse response, FIR)人工神经网络模型的非线性信号预测器模型。

自回归(auto-regressive)模型，简称 AR 模型，是一个全极点模型。“自回归”的含意是：该模型当前的输出是现在的输入和过去p个输出的加权和

$$y(n)=x(n)-\sum_{k=1}^{p}a_k y(n-k) \tag{6.54}$$

若$y(n)$是确定性的，那么$x(n)$是一个冲击序列；若$y(n)$是平稳的随机序列，那么$x(n)$是一个方差为σ^2的高斯白噪声序列。

AR 模型可用作线性预测器。设$y(n)$在n时刻之前的p个数据$\{y(n-p), y(n-p+1),\cdots,y(n-1)\}$已知，可利用这$p$个数据来外推预测$n$时刻的值$y(n)$。预测的方法很多，可用线性预测的方法来实现。记$\hat{y}(n)$是对真实值$y(n)$的预测，那么

$$\hat{y}(n)=-\sum_{k=1}^{p}a_k y(n-k) \tag{6.55}$$

记预测值$\hat{y}(n)$和真实值$y(n)$之间的误差为$e(n)$，则

$$e(n)=y(n)-\hat{y}(n) \tag{6.56}$$

因此，总的预测误差功率为

$$\rho=E\left\{e^2(n)\right\}=E\left\{\left[y(n)+\sum_{k=1}^{p}a_k y(n-k)\right]^2\right\} \tag{6.57}$$

根据正交原理，使ρ最小的$a_k(k=1,2,\cdots,p)$应使$y(n-p)$，$\cdots$，$y(n-1)$和预测误差序列$e(n)$正交，由此可得

$$r_y(m) = -\sum_{k=1}^{p} a_k r_y(m-k),\ \ m=1,2,\cdots,p \tag{6.58}$$

$$\rho_{\min} = r_y(0) + \sum_{k=1}^{p} a_k r_y(k) \tag{6.59}$$

式中，$r_y(m)$是信号$y(n)$的自相关函数。上述公式写成矩阵形式为

$$\begin{bmatrix} r_y(0) & r_y(1) & r_y(2) & \cdots & r_y(p) \\ r_y(1) & r_y(0) & r_y(1) & \cdots & r_y(p-1) \\ r_y(2) & r_y(1) & r_y(0) & \cdots & r_y(p-2) \\ \vdots & \vdots & \vdots & \vdots & \vdots \\ r_y(p) & r_y(p-1) & r_y(p-2) & \cdots & r_y(0) \end{bmatrix} \begin{bmatrix} 1 \\ a_1 \\ a_2 \\ \vdots \\ a_p \end{bmatrix} = \begin{bmatrix} \rho_{\min} \\ 0 \\ 0 \\ \vdots \\ 0 \end{bmatrix} \tag{6.60}$$

式(6.60)是 AR 模型的正则方程，又称 Yule-Walker 方程。其系数矩阵不仅是对称的，而且沿着和主对角线平行的任一条对角线上的元素都相等，这样的矩阵称为 Toeplitz 矩阵。

一个p阶 AR 模型共有p+1 个参数，即$a_1,a_2,\cdots,a_p,\rho_{\min}$，只要知道$y(n)$的前$p$+1 个自相关函数值，就可由上述线性方程组求出这$p$+1 个参数，从而由式(6.55)外推预测输出信号的晚时响应。然而，由 FDTD 仿真提供的前期响应，往往不能精确地知道$y(n)$的自相关函数，而只知道N点数据，即$y_N(n)$，n=1,2,⋯,N–1。为此，可以首先由$y_N(n)$估计$y(n)$的自相关函数，得$\hat{r}_y(m),\ m=1,2,\cdots,p$；然后用$\hat{r}_y(m)$代替式(6.60)中的$r_y(m)$，求解 Yule-Walker 方程，得出 AR 模型参数的估计值，$\hat{a}_1,\hat{a}_2,\cdots,\hat{a}_p,\hat{\rho}_{\min}$；将此参数代入式(6.55)可外推预测输出信号的晚时响应。由式(6.56)可知，此模型的预测误差为方差$\sigma^2=\hat{\rho}_{\min}$的高斯白噪声序列。

Yule-Walker 方程的求解可采用 Levinson-Durbin 快速递推算法。定义$a_m(k)$为p阶 AR 模型在阶次为m时的第k个系数，k=1, 2, ⋯, m，m=1, 2, ⋯, p，ρ_m为m阶时的前向预测最小功率误差(此处省略了下标“min”)。由式(6.60)，当m=1 时，有

$$\begin{bmatrix} r_y(0) & r_y(1) \\ r_y(1) & r_y(0) \end{bmatrix} \begin{bmatrix} 1 \\ -a_1(1) \end{bmatrix} = \begin{bmatrix} \rho_1 \\ 0 \end{bmatrix} \tag{6.61}$$

解出

$$a_1(1) = -r_y(1)/r_y(0) \tag{6.62}$$

$$\rho_1 = r_y(0) - r_y^2(1)/r_y(0) = r_y(0)\left[1-a_1^2(1)\right] \tag{6.63}$$

定义初始条件

$$\rho_0 = r_y(0) \tag{6.64}$$

那么

$$\rho_1 = \rho_0\left[1-a_1^2(1)\right] \tag{6.65}$$

再定义第m阶时的第m个系数$a_m(m)$为k_m，k_m称为反射系数，那么，由 Toeplitz 矩阵的性质，可得到如下 Levinson-Durbin 快速递推算法

$$k_m = -\left[\sum_{k=1}^{m-1} a_{m-1}(k) r_y(m-k) + r_y(m)\right] \Big/ \rho_{m-1} \tag{6.66}$$

$$a_m(k) = a_{m-1}(k) + k_m a_{m-1}(m-k) \tag{6.67}$$

$$\rho_m = \rho_{m-1}\left[1 - k_m^2\right] \tag{6.68}$$

Levinson-Durbin 算法从低阶开始递推，直到阶次 p，给出了在每一个阶次时的所有参数，即 $a_m(1), a_m(2), \cdots, a_m(m)$, $m = 1,2,\cdots,p$ 。这一特点有利于选择合适的 AR 模型阶次。

由于线性预测的最小均方误差总是大于零的，由式(6.68)可知

$$|k_m| < 1 \tag{6.69}$$

如果$|k_m| = 1$，递推应该停止。由反射系数的这一特点,可以得出预测误差功率的一个重要性质

$$\rho_p < \rho_{p-1} < \cdots < \rho_1 < \rho_0 \tag{6.70}$$

在人工神经网络模型中，利用有限脉冲响应神经网络(finite-duration impulse response neural network)模型作为一个非线性预测器。通过暂态回传学习算法(temporal back-propagation learning algorithm)，利用 FDTD 法算出的时域波形取样数据作为训练样本，可以获得所需的 FIR 神经网络模型，它可以很准确地预测后期的时域波形。数值实验表明，FIR 神经网络模型比自回归模型的准确性好。有关 FIR 神经网络模型及暂态回传学习算法这里不再详细介绍，读者可参考相关书籍。

6.3.3　系统识别方法及数字滤波器模型

利用系统识别(system identification, SI)方法，可以从一段较短的 FDTD 输入/输出时域波形建立模拟该输入/输出系统的简单数字滤波器模型，由此模型外推预测系统的晚时响应。

FDTD 网格可以看作具有输入/输出信号($x_0(t), y_0(t)$)的高阶数字滤波器，这里 t 是对取样时间间隔 Δt 归一化的离散化时刻。

假设 FDTD 仿真中采用的激励脉冲 $x_0(t)$ 是一高斯脉冲，其有效频谱的上限是 $f_{\max}$ 。由 FDTD 算法稳定性条件限定的时间步长 Δt_{FDTD} 远小于 Nyquist 取样定理所要求的时间步长，即 $\Delta t_{\text{FDTD}} << 1/(2f_{\max})$ 。在 SI 方法中，取样时间间隔可以比 Δt_{FDTD} 增加 $k_{\Delta t}$ 倍

$$\Delta t_{\text{SI}} = k_{\Delta t} \cdot \Delta t_{\text{FDTD}} \tag{6.71}$$

$$k_{\Delta t} = 1/\left(2 f_{\max} \Delta t_{\text{FDTD}}\right) \tag{6.72}$$

式中，$k_{\Delta t}$ 取截尾整数。由 FDTD 仿真获得的时间序列($x_0(t), y_0(t)$)每隔 $k_{\Delta t}$ 次被二次取样，由此获得系统识别方法所需的样本时间序列($x(t), y(t)$)。

原系统的时延 t_0 可用一个$(t_0 - 1)$阶的延迟线模型表示。系统的其余部分用一个 N 阶数字滤波器模拟，N 由系统识别方法确定。系统识别的输入/输出样本信号为($x_{\text{d}}(t) = x(t - t_0 + 1), y(t)$)。在系统识别问题求解时，通常假设系统的预测输出可以由原系统先前时刻的输入/输出样本数据获得，如图 6-3 所示。

$$\hat{y}(t) = \sum_{i=0}^{N} -c_i(t) \cdot x_{\text{d}}(t-i) + \sum_{i=1}^{N} -b_i(t) \cdot y(t-i) \tag{6.73}$$

式中，$\hat{y}(t)$ 是原始信号 $y(t)$ 的预测值。预测误差为

$$e(t) = y(t) - \hat{y}(t) \tag{6.74}$$

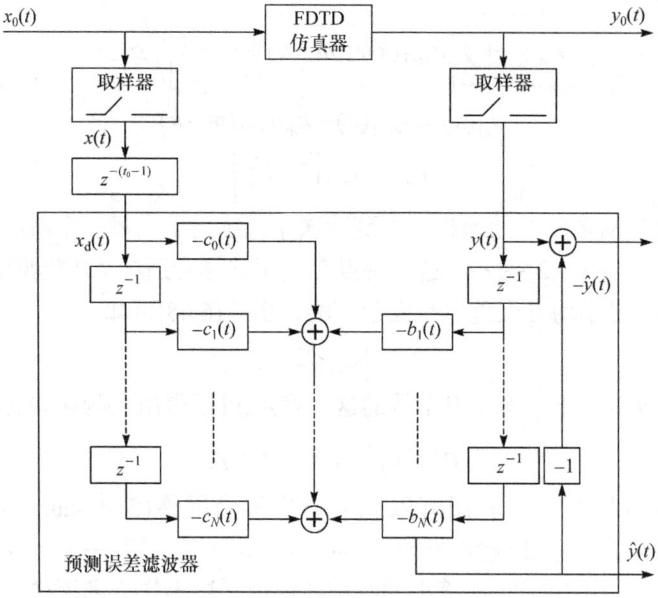

图 6-3　用预测误差滤波器和延迟线进行系统识别

为了使这一模型满足输入/输出样本，在最小二乘意义下使预测误差平方和最小，并由此条件解得预测器系数($c_i(t),b_i(t)$)

$$\sum_{n=0}^{L-1} e(t-n)\cdot e(t-n)=\boldsymbol{e}(t)\cdot\boldsymbol{e}(t)\to\min \tag{6.75}$$

式中，$\boldsymbol{e}(t)$是被长度为L的矩形窗加权的$e(t)$先前时刻取样值序列

$$\boldsymbol{e}(t)=\left(e(t),e(t-1),\cdots,e(t-L+1)\right)^{\mathrm{T}} \tag{6.76}$$

系统识别算法这里不予详述，读者可参考相关书籍。

在 FDTD 仿真中使用系统识别方法的主要步骤如下。

(1) 启动 FDTD 仿真过程，计算作为激励$x_0(t)$响应的输出信号$y_0(t)$。

(2) ($x_0(t)$, $y_0(t)$)每隔$k_{\Delta t}$次取样得到($x(t),y(t)$)。

(3) 自动确定系统延迟时间t_0。

(4) 然后，启动系统识别过程，计算出预测器系数($c_i(t),b_i(t)$)，该过程与 FDTD 过程同步进行。数字滤波器阶数N可用最终预测误差 (final prediction-error, FPE)准则确定。

(5) 当系数($c_i(t),b_i(t)$)的变化可以忽略且误差$e(t)$足够小时，在此时刻$(t=t_1)$终止 FDTD 仿真及系统识别过程。

(6) 利用具有系数($c_i(t_1),b_i(t_1)$)的预测误差滤波器,可得如图 6-4 所示的数字滤波器模型。这时，用$x(t)$激励该模型可以算出$\hat{y}_m(t)$，原始输出信号$y(t)$的信息不再需要。

(7) 在低于$f_{\max}$的任一频率处，系统的频响$\hat{H}(\omega)$用式(6.77)计算

$$\hat{H}(\omega)=\frac{-\sum_{i=0}^{N} c_i(t_1)\mathrm{e}^{-\mathrm{j}\omega(i+t_0-1)\Delta t_{\mathrm{SI}}}}{1+\sum_{i=0}^{N} b_i(t_1)\mathrm{e}^{-\mathrm{j}\omega i\Delta t_{\mathrm{SI}}}} \tag{6.77}$$

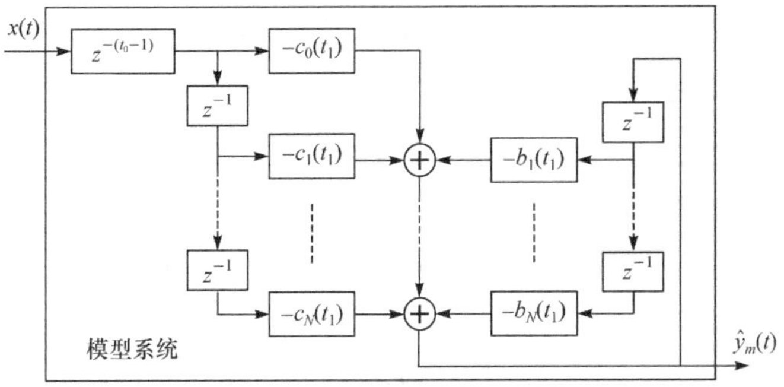

图 6-4　电磁问题的数字滤波器模型

6.4　应 用 举 例

6.4.1　均匀三线互连系统

互连系统设计是目前超高速集成电路研制中的一项关键技术。图 6-5 所示为一均匀三线互连系统。该互连系统可看作多导体平面传输线，由于超宽频使用，信号的有效频谱从直流一直到微波；加上超微细结构，它的特性与低频电力传输线、高频微波传输线既有相似之处又有重大区别。在低频段，电流完全渗透进导线；在高频段，趋肤深度与导线截面尺寸处于同一量级。传输线特性参数随频率的变化较为复杂。采用 FDTD 法分析多导体互连线的传输特性，将导体条带及接地板(厚度为 t)作为导电率为 σ 的媒质处理，能计及趋肤效应、邻应效应以及色散等因素的综合作用。

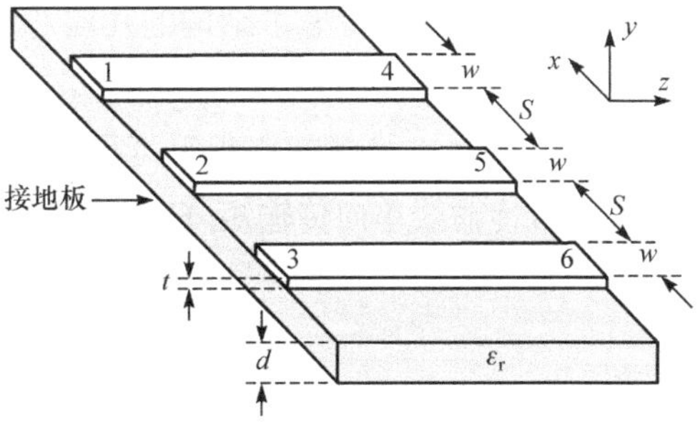

图 6-5　均匀三线互连系统

用 FDTD 法解电磁场问题的一般原理前面已讲，不再详述。本问题的 FDTD 求解过程简述如下。

(1) 在初始($t = n\Delta t = 0$)时令所有的场量为零。

(2) 将一高斯脉冲激励 $E_y = \mathrm{e}^{-(t-t_0)^2/T^2}$ 加在端口 1。

① 先从 FDTD 方程算出 $t = (n+1/2)\Delta t$ 时刻的磁场强度 $\boldsymbol{H}^{n+1/2}$。

② 再从 FDTD 方程算出 $t = (n+1)\Delta t$ 时刻的电场强度 $\boldsymbol{E}^{n+1}$。

③ 令接地板下表面切向电场为零，并在截断边界上使用吸收边界条件。

④ 记录端口 $i(i=1, 2, 3, 4, 5, 6)$参考面处的电压值 $V_i^{(1)}(n\Delta t)$，它是通过对端口 i 下的电场 E_y 沿中心线从条带 i 到接地板做线积分而得。

⑤ 记录端口 $i(i=1, 2, 3)$参考面处的电流值 $I_i^{(1)}(n\Delta t)$，它是通过对参考平面上环绕条带 i 的磁场做围线积分而得的。

⑥ $n \to n+1$，重复步骤①～⑤，直到脉冲完全通过端口(4, 5, 6)的参考平面。

(3) 将一高斯脉冲激励 $E_y = \mathrm{e}^{-(t-t_0)^2/T^2}$ 加在端口 2，重复上述步骤(1)和步骤(2)，记录所有的端口电压 $V_i^{(2)}(n\Delta t)$ (i=1, 2, 3, 4, 5, 6)和端口电流 $I_i^{(2)}(n\Delta t)$ (i=1, 2, 3)。其中，上标(1)和(2)分别表示端口 1 激励和端口 2 激励。

(4) 由时域结果，通过傅里叶变换，可得频域端口电压 $V_i^{(1)}(f)$、$V_i^{(2)}(f)$ (i=1, 2, 3, 4, 5, 6)和端口电流 $I_i^{(1)}(f)$、$I_i^{(2)}(f)$ (i=1, 2, 3)。

按耦合传输线特性阻抗 $[Z_\mathrm{c}]$ 的定义，应有

$$\begin{bmatrix} V_1^{(1)} \\ V_2^{(1)} \\ V_3^{(1)} \end{bmatrix} = \begin{bmatrix} Z_{\mathrm{c},11} & Z_{\mathrm{c},12} & Z_{\mathrm{c},13} \\ Z_{\mathrm{c},21} & Z_{\mathrm{c},22} & Z_{\mathrm{c},21} \\ Z_{\mathrm{c},13} & Z_{\mathrm{c},12} & Z_{\mathrm{c},11} \end{bmatrix} \begin{bmatrix} I_1^{(1)} \\ I_2^{(1)} \\ I_3^{(1)} \end{bmatrix} \tag{6.78}$$

$$\begin{bmatrix} V_1^{(2)} \\ V_2^{(2)} \\ V_1^{(2)} \end{bmatrix} = \begin{bmatrix} Z_{\mathrm{c},11} & Z_{\mathrm{c},12} & Z_{\mathrm{c},13} \\ Z_{\mathrm{c},21} & Z_{\mathrm{c},22} & Z_{\mathrm{c},21} \\ Z_{\mathrm{c},13} & Z_{\mathrm{c},12} & Z_{\mathrm{c},11} \end{bmatrix} \begin{bmatrix} I_1^{(2)} \\ I_2^{(2)} \\ I_1^{(2)} \end{bmatrix} \tag{6.79}$$

式中，$[Z_\mathrm{c}]$ 的元素已考虑了结构的几何对称性，方程(6.79)还考虑了激励的对称性。$[Z_\mathrm{c}]$ 与结构有关，与激励无关。方程(6.78)和方程(6.79)中共有 5 个独立方程和 5 个未知量，$Z_{\mathrm{c},11}$、$Z_{\mathrm{c},12}$、$Z_{\mathrm{c},13}$、$Z_{\mathrm{c},21}$ 和 $Z_{\mathrm{c},22}$，解此方程组可得 $[Z_\mathrm{c}]$。

按耦合传输线单向传输矩阵[T]的定义，应有

$$\begin{bmatrix} V_4^{(1)} \\ V_5^{(1)} \\ V_6^{(1)} \end{bmatrix} = \begin{bmatrix} T_{41} & T_{42} & T_{43} \\ T_{51} & T_{52} & T_{51} \\ T_{43} & T_{42} & T_{41} \end{bmatrix} \begin{bmatrix} V_1^{(1)} \\ V_2^{(1)} \\ V_3^{(1)} \end{bmatrix} \tag{6.80}$$

$$\begin{bmatrix} V_4^{(2)} \\ V_5^{(2)} \\ V_4^{(2)} \end{bmatrix} = \begin{bmatrix} T_{41} & T_{42} & T_{43} \\ T_{51} & T_{52} & T_{51} \\ T_{43} & T_{42} & T_{41} \end{bmatrix} \begin{bmatrix} V_1^{(2)} \\ V_2^{(2)} \\ V_1^{(2)} \end{bmatrix} \tag{6.81}$$

同样，$[T]$ 的元素已考虑了结构的几何对称性，方程(6.81)还考虑了激励的对称性。$[T]$ 与结构有关，与激励无关。方程(6.80)和方程(6.81)中共有 5 个独立方程，5 个未知量，T_{41}、T_{42}、T_{43}、T_{51} 和 T_{52}，解此方程组可得 $[T]$。对于总长 $L = NL_1$ 的互连线，其单向传输矩阵(3×3 矩阵)由式(6.82)给出

$$\left[T^N\right]_\mathrm{s} = \prod_{i=1}^{N}[T] \tag{6.82}$$

而双向传输矩阵 $\left[T^N\right]$ (6×6 矩阵)按定义

$$\begin{bmatrix} V_\mathrm{I}^- \\ V_\mathrm{I}^+ \end{bmatrix} = \left[T^N\right] \begin{bmatrix} V_\mathrm{II}^+ \\ V_\mathrm{II}^- \end{bmatrix} \tag{6.83}$$

应为

$$\left[T^N\right]=\begin{bmatrix}[T^N]_{\mathrm{s}} & 0\\ 0 & [T^N]_{\mathrm{s}}^{-1}\end{bmatrix} \tag{6.84}$$

式中，下标“I”表示左边的三端口(端口 1, 2, 3)，下标“Ⅱ”表示右边的三端口(端口 4, 5, 6)；上标“+”和“−”分别代表端口的入射和反射电压波。

为测量传输特性，将使用一对三线探头，其特性阻抗为$\left[Z_{\mathrm{p}}\right]$。由$\left[Z_{\mathrm{p}}\right]$与互连线的$\left[Z_{\mathrm{c}}\right]$不完全一致而导致的小小失配可由一对传输矩阵$\left[T\right]_{\mathrm{line\to probe}}$和$\left[T\right]_{\mathrm{probe\to line}}$来表述，而探头→三线→探头结构的总传输矩阵为$\left[T\right]_{\mathrm{probe\to line}}\cdot\left[T^N\right]\cdot\left[T\right]_{\mathrm{line\to probe}}$。最后，通过传输矩阵与散射参数矩阵的转换，可算得该结构的散射参数[S]并与测量数据进行比较。

设 $w=78\mu\mathrm{m}$，$s=60\mu\mathrm{m}$，$t=4.2\mu\mathrm{m}$，导体的电阻率$\dfrac{1}{\sigma}=3\times10^{-8}\Omega\mathrm{m}$，$d=21\mu\mathrm{m}$，$\varepsilon_{\mathrm{r}}=3.2$，介质无耗，线长 39.6mm。数值计算表明，计算结果与测量值吻合很好。

由于 FDTD 对结构的适应性很强，可广泛用来处理各种不均匀、不连续性互连结构。应用 FDTD 法还可以分析各种平面传输线的不连续性结构、MMIC 中的槽线、共面波导及各种无源网络，过程同前面相似：先由 FDTD 法求出感兴趣的区域内的所有电磁场分量的时空变化情况；然后由这些完整的场信息可导出各种各样所需的电路参数信息；在需要频域信息时，可利用 FFT 一次计算得到全频段信息。

6.4.2　同轴线馈电天线

由同轴线馈电的天线是一类常见的天线，本节重点介绍同轴线馈电结构的 FDTD 仿真模拟。

首先考虑位于导体平面上的单极细天线，它由同轴线内导体延伸构成，同轴线的外导体展开为镜像平面。这类天线中最简单的情形是结构具有旋转对称性，因而可以在通过其轴线的任一平面上来讨论其电磁场解，把三维电磁场问题简化在二维平面上进行，如图 6-6 所示。在二维空间中的天线系统的导体边界均为直线，故可采用方形网格对系统进行模拟。仿真计算区域的边界用 S_{e} 表示，它的一部分与导电面重合，一部分为开放边界。开放边界处应设置吸收边界条件。

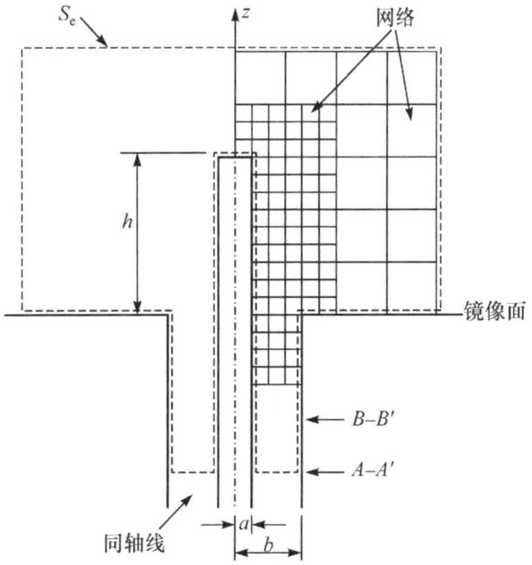

图 6-6　同轴线馈电的单极天线

由于同轴线中的主模 TEM 波只有 E_ρ 和 H_φ 分量，在开放区结构具有旋转对称性，磁场仍然只有 H_φ 分量，而电场除 E_ρ 外还将激发出 E_z。设 S_{e} 内为空气，电磁场满足下列方程

$$\frac{\partial E_\rho}{\partial z}-\frac{\partial E_z}{\partial \rho}=-\mu_0\frac{\partial H_\varphi}{\partial t} \tag{6.85}$$

$$\frac{\partial H_\varphi}{\partial z}=-\varepsilon_0\frac{\partial E_\rho}{\partial t} \tag{6.86}$$

$$\frac{1}{\rho}\frac{\partial\left(\rho H_\varphi\right)}{\partial \rho}=\varepsilon_0\frac{\partial E_z}{\partial t} \tag{6.87}$$

它们的差分格式为

$$H_\varphi^{n+\frac{1}{2}}(i,k)=H_\varphi^{n-\frac{1}{2}}(i,k)+\frac{\Delta t}{\mu_0\Delta\rho}\left[E_z^n\left(i+\frac{1}{2},k\right)-E_z^n\left(i-\frac{1}{2},k\right)\right]-\frac{\Delta t}{\mu_0\Delta z}\left[E_\rho^n\left(i,k+\frac{1}{2}\right)-E_\rho^n\left(i,k-\frac{1}{2}\right)\right] \tag{6.88}$$

$$E_\rho^{n+1}\left(i,k-\frac{1}{2}\right)=E_\rho^n\left(i,k-\frac{1}{2}\right)-\frac{\Delta t}{\varepsilon_0\Delta z}\left[H_\varphi^{n+\frac{1}{2}}(i,k)-H_\varphi^{n+\frac{1}{2}}(i,k-1)\right] \tag{6.89}$$

$$E_z^{n+1}\left(i+\frac{1}{2},k\right)=E_z^n\left(i+\frac{1}{2},k\right)+\frac{\Delta t}{\varepsilon_0\Delta\rho}\ \frac{1}{\rho_{i+\frac{1}{2}}}\left[\rho_{i+1}H_\varphi^{n+\frac{1}{2}}(i+1,k)-\rho_i H_\varphi^{n+\frac{1}{2}}(i,k)\right] \tag{6.90}$$

为了较细致地模拟同轴线天线的几何结构及其辐射电磁场，而又不至于使整个计算网格空间的网格总数过大，可采用分区设置大小不同网格的方法，如图 6-6 所示。

当研究天线的瞬态或宽频带特性时，激励源应采用高斯脉冲。为此，可在图 6-6 中的 $A-A'$ 面上设置 E_ρ 分量，保证在同轴线中激发起 TEM 波，其随时间的变化为高斯脉冲。在高斯脉冲激励完毕后，可将 $A-A'$ 面切换为吸收边界条件，以便吸收返回同轴线的反射波。反射系数的监测在 $B-B'$ 参考面取值，它距同轴线孔应足够远，以便参考面处只有 TEM 波存在。

Maloney 等所研究的天线参数为：$b/a=2.3$，即同轴线的特性阻抗为 50Ω，单极天线的高度为 h，$h/a=32.8$[5]。两个区域的网格分别取作 $\Delta\rho_1=(b-a)/4$，$\Delta z_1=h/203$ 和 $\Delta\rho_2=3\Delta\rho_1$，$\Delta z_2=3\Delta z_1$。在激励平面 $A-A'$ 面内外导体之间加电压

$$V^{\text{in}}(t)=V_0\mathrm{e}^{-t^2/(2\tau_\mathrm{p}^2)} \tag{6.91}$$

记 $\tau_\mathrm{a}=h/c$，表示波通过天线全程所需的时间。高斯脉冲宽度指标 τ_p 选作 $\tau_\mathrm{p}/\tau_\mathrm{a}=0.161$。计算结果与测量结果吻合很好。

在很多情况下，同轴线馈电天线系统并不具有旋转对称性，必须按三维问题处理。网格也不必划分得如上所述那样细。考虑一个如图 6-7 所示的手机单极天线，工作频率在 1.5GHz。在感兴趣的最高频率 6GHz 处，金属盒子的表面分别为 3、8 和 12 平方波长。单极天线安装在盒子顶部，在连接处馈电。天线安装位置在 y 方向是对称的，在 x 方向则可以是偏心的。

在这一三维问题中，为节省计算量，可取 FDTD 空间步长远远大于天线的半径 r_0，在细线周围采用考虑场的 $1/\rho$ 解析特性的半解析数值模型，如 4.5.1 节中所述。

馈电模拟方式有两种。第一种方式如图 6-8 所示，金属盒子表面的切向电场分量全置为零；在天线轴线上，除最下面一个 E_z 分量用作馈电，其余 E_z 分量全置为零。如果取电压源

$V^{\text{in}}(t)$馈电，则最下面一个E_z分量应为

$$E_z^n(I,J,K) = -\frac{V^{\text{in}}(n\Delta t)}{\Delta z} \tag{6.92}$$

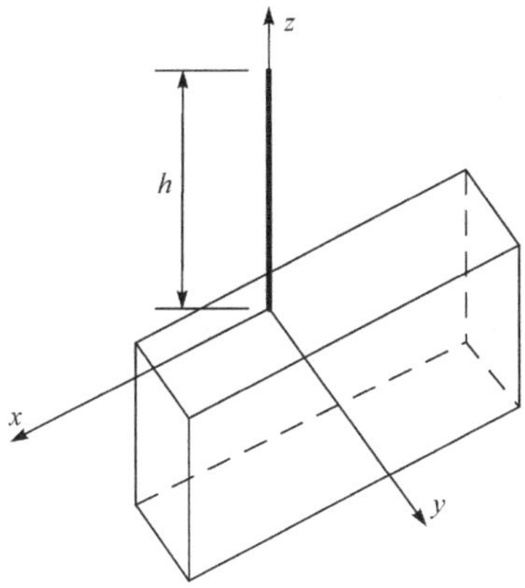

图 6-7　金属盒子上的单极天线

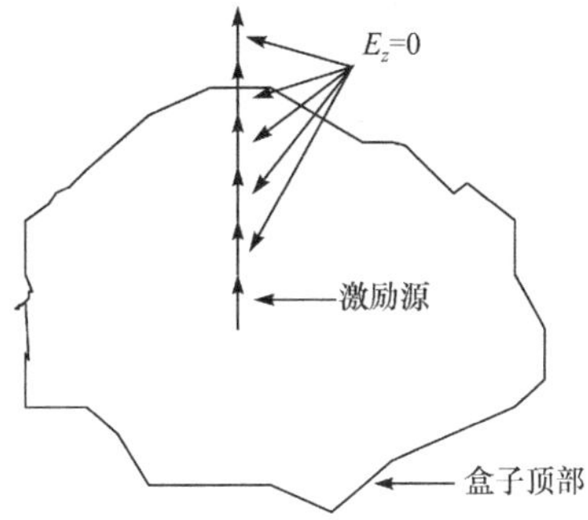

图 6-8　单极天线的第一种馈电模拟方式

第二种馈电模拟方式如图 6-9 所示。在这种方式中，天线上的全部E_z分量都置为零。馈电源取为盒子表面从天线径向发出的四个电场分量。盒子表面其余部分仍然处理为金属表面。在按半解析细线模型处理天线周围的电磁场时，设E_x和E_y按$1/\rho$规律变化，而选作激励源的同轴线中的径向电场也按$1/\rho$ 变化。因此，在馈电点

$$E_x^n(I,J,K) = -E_x^n(I-1,J,K) = -\frac{V^{\text{in}}(n\Delta t)}{\ln(\Delta x/r_0)} \cdot \frac{1}{\Delta x/2} \tag{6.93}$$

$$E_y^n(I,J,K) = -E_y^n(I,J-1,K) = -\frac{V^{\text{in}}(n\Delta t)}{\ln(\Delta y/r_0)} \cdot \frac{1}{\Delta y/2} \tag{6.94}$$

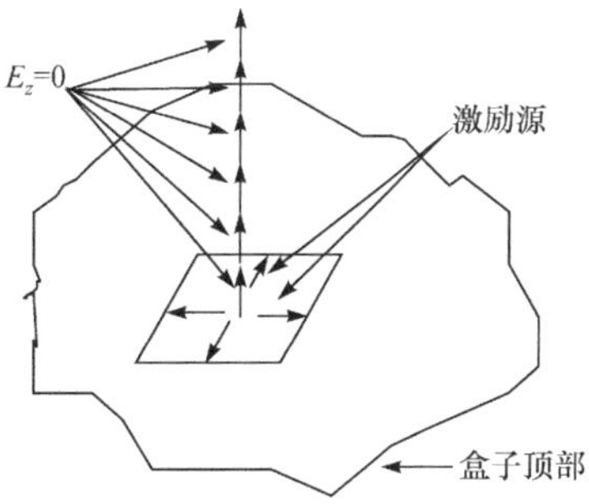

图 6-9　单极天线的第二种馈电模拟方式

数值实验表明，两种馈电模拟方案的计算结果相差很小。与输入阻抗测量值比较，$E_{x,y}$馈电模拟方案在低频时更准确，而在高频时稍差一些。

同轴线馈电天线的另一种形式是同轴线馈电的微带天线。在这种天线中，对同轴线馈电结构进行细致的模拟是正确地分析微带天线特性所必需的。这是一个三维问题，精细模拟所需的网格数目很大。为了减少存储量，节约计算时间，通常将计算区域分成微带线和同轴线两个部分。两个区域中的场在每一时间步都分别计算，分别存储。在交界面妥善处理两区域的连接条件，保证场的连续性。

6.4.3　多体问题

在处理多散射体问题时，如果各散射体之间的距离很大，直接采用标准的 FDTD 将会使计算网格数非常庞大，计算时间过长。同时，大量的网格数和过长的计算时间，还会导致数值色散误差的累积增加，影响最终计算结果。

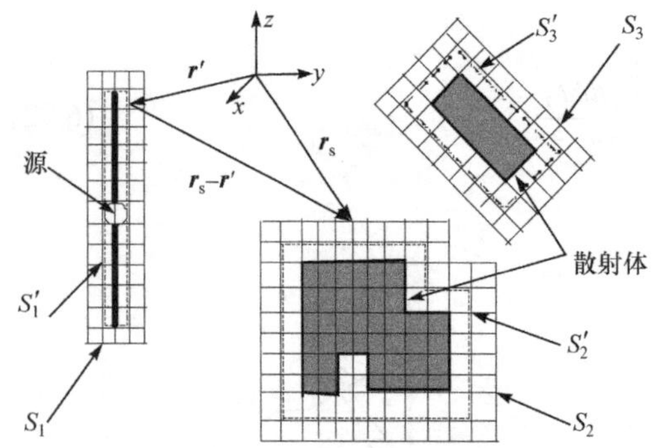

图 6-10　MR-FDTD 网格

为了克服这一问题，可以采用多区域(multi region, MR)FDTD 方法。在 MR-FDTD 方法中，计算区域被分裂为若干个相对独立的 FDTD 子区域，如图 6-10 所示。每一个子区域包围一个(或若干个相对集中的)散射体，其中的场通过局部的 FDTD 过程计算获得。各子区域的外边界 S_1、S_2 和 S_3 用一个表面积分辐射边界条件(integral radiation boundary condition, IRBC)来截断，即这些表面上的场通过对所有子区域次表面 S_1'、S_2' 和 S_3' 上的等效源积分得到，在这个积分过程中，各个子区域的相互作用已被考虑。次表面 S_1'、S_2' 和 S_3' 通常选为外边界 S_1、S_2 和 S_3 向内后退一个网格点的闭合表面。

表面积分辐射边界条件是严格的截断边界条件，它的使用省去了人工吸收边界条件的应用。一种较好的表面积分辐射边界条件是如下所示的 Kirchhoff 积分公式

$$\begin{aligned}\boldsymbol{E}(\boldsymbol{r}_{\mathrm{s}},t)=\frac{1}{4\pi}\oint\!\!\!\oint_{S_1'+S_2'+S_3'}&\left\{(\boldsymbol{n}'\cdot\boldsymbol{a}_R)\left[\frac{\boldsymbol{E}(\boldsymbol{r}',\tau)}{R^2}+\frac{1}{cR}\frac{\partial\boldsymbol{E}(\boldsymbol{r}',\tau)}{\partial\tau}\right]\right.\\&\left.-\frac{1}{R}\frac{\partial\boldsymbol{E}(\boldsymbol{r}',\tau)}{\partial n'}\right\}\mathrm{d}S'\end{aligned}\tag{6.95}$$

式中，$\boldsymbol{r}_{\mathrm{s}}$ 是子区域表面上网格点位置矢量；$\boldsymbol{n}'$ 是子区域次表面(积分表面)的单位外法向矢量，$\boldsymbol{r}'$ 是次表面上网格点位置矢量

$$R=|\boldsymbol{r}_{\mathrm{s}}-\boldsymbol{r}'|\tag{6.96}$$

$$\boldsymbol{a}_R=\frac{\boldsymbol{r}_{\mathrm{s}}-\boldsymbol{r}'}{|\boldsymbol{r}_{\mathrm{s}}-\boldsymbol{r}'|}\tag{6.97}$$

$$\tau=t-R/c\tag{6.98}$$

Kirchhoff 积分公式只需要延迟电场 $\boldsymbol{E}(\boldsymbol{r}',\tau)$ 的信息，但它同时还需要 $\boldsymbol{E}(\boldsymbol{r}',\tau)$ 的空间及时间导数信息。当采用基于直角坐标系的 FDTD 网格时，Kirchhoff 积分公式的另一个好处是它能分解成三个标量积分公式，从而大大简化计算过程。此外，由于 Kirchhoff 积分公式是准确的截断边界条件，可以选择 S_1、S_2 和 S_3 非常靠近子散射体表面，减少 FDTD 仿真计算量。各子区域的网格粗细及坐标系方位都可以根据需要分别进行最佳选取。

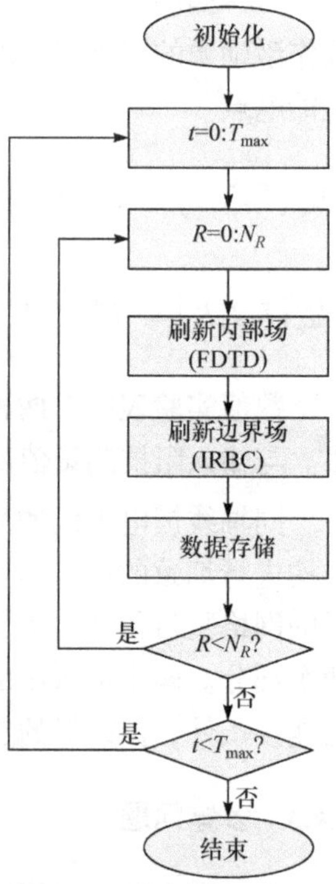

图 6-11　MR-FDTD 法的流程图

MR-FDTD 方法的执行过程如图 6-11 所示，与标准 FDTD 仿真过程非常相似。在每一时间步，所有网格点上的场用过去的场值进行刷新。如果网格点位于子区域外边界 S_1、S_2 和 S_3 之内，用标准 FDTD 公式刷新网格点场值。如果网格点位于子区域外边界 S_1、S_2 和 S_3 之上，用 Kirchhoff 积分公式刷新网格点场值。

在 Kirchhoff 积分公式中，由于延迟效应，$\boldsymbol{E}(\boldsymbol{r}',\tau)$ 及其导数的过去值必须保存，以便能调用 τ 时刻的值。所需的过去时刻的取样数由该问题中的最大 R

确定，$\tau_{max} = t - R_{max}/c$。而且，因为 FDTD 公式只采用整数时间步长时刻的值，当 $\tau_{max}/\Delta t \neq$ 整数，必须通过插值获得所需数据。对 $\boldsymbol{E}(\boldsymbol{r}',\tau)$ 采用线性插值，对 $\boldsymbol{E}(\boldsymbol{r}',\tau)$ 的时间导数采用二阶三点插值，以保证二阶精度。

6.4.4　同轴-波导转换器

宽带同轴-波导转换器是毫米波测量系统的一个重要部件，其结构如图 6-12 所示。同轴线从

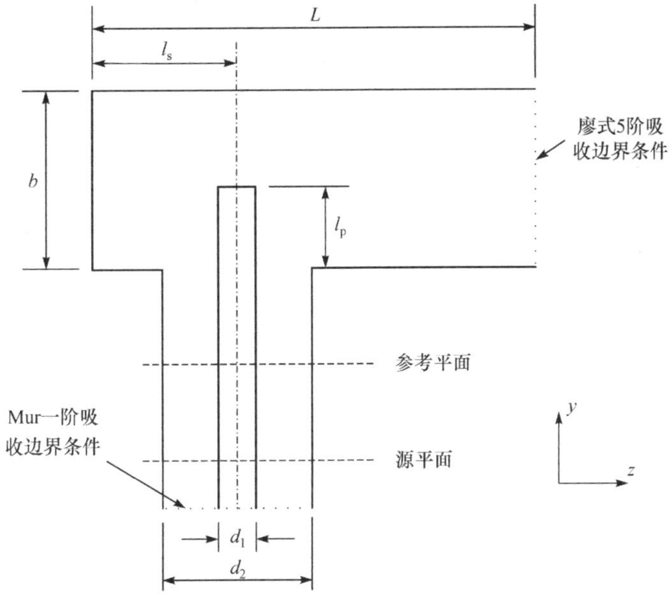

图 6-12　同轴-波导转换器

矩形波导的宽边中心插入，其内、外导体的直径分别为 d_1 和 d_2，$d_2/d_1 \approx 2.3$ 以保证空气同轴线的特性阻抗为 50Ω。由同轴线内导体构成的探针长度为 l_p，其中轴线到波导短路端的距离为 l_s。不失一般性，考虑一 Ka 波段宽带同轴-波导转换器，矩形波导的截面尺寸为 a=7.112mm，b= 3.556mm。通过调节 d_1、l_s 和 l_p，可以改变同轴线端口的反射系数 $|\Gamma|$，实现最佳的转换器设计。

下面用 FDTD 法来仿真同轴线端口反射系数 $|\Gamma|$ 随结构参数 d_1、l_s 和 l_p 的变化情况。为了减小电磁仿真所需的计算机内存占用，将仿真区分为两个计算区域，一个是同轴线区，另一个是矩形波导区。

在同轴线区，圆形的内外导体边界采用阶梯及对角剖分单元进行近似，令电场的切向分量在导体表面为零。为了使近似边界最佳地逼近真实边界，可选择空间步长 $h = d_2/14$。对此数字同轴线进行 FDTD 仿真，其特性阻抗在很宽的频带内都为 49.6Ω。

在 FDTD 仿真中，在源平面加入可以克服虚假反射的强迫激励源，即在源平面 FDTD 公式中加入按同轴线 TEM 模分布的横向电场作为激励项，它将在同轴线中激励起 TEM 波并传向矩形波导。

为了获得数字同轴线中 TEM 模横向电场的真实分布，先用 FDTD 仿真一段终端接吸收边界条件的数字同轴线，在始端加按圆同轴线解析解分解获得的横向电场分布作为激励。波

在数字同轴线中传播一段距离后，非 TEM 模很快衰竭，记下纯 TEM 模段的横向电场分布 $\boldsymbol{E}^{\text{TEM}}(x,z)$，用作后续 FDTD 仿真中激励源的空间场分布。激励源的时空变化可以表示为 $f(t)\boldsymbol{E}^{\text{TEM}}(x,z)$。其中，时间变化取为

$$f(t)=\frac{\sin\left[(t-t_0)\Omega/2\right]}{(t-t_0)\Omega/2}\cos(2\pi f_c t) \tag{6.99}$$

式中，$f_c=33\text{GHz}$ 是 Ka 频段的中心频率；$\Omega/(2\pi)=14\text{GHz}$ 是 Ka 频段的带宽；$t_0 \geqslant 40\pi/\Omega$。$f(t)$ 的傅里叶变换幅值在频域为一矩形脉冲，有效频带从 26～40GHz，正好与 Ka 频段矩形波导的单模工作带宽相同。

同轴线与矩形波导结合部的不连续性将在同轴线中引起反射。反射场包含 TEM 模及部分高阶模。这些非 TEM 高阶模在传播几个网格后将衰竭，只剩下 TEM 模在同轴线中传播。因为 TEM 模是非色散的，可在同轴线端头用 Mur 的一阶吸收边界条件，它能够很好地吸收反射波。

在源平面和同轴-波导结合面之间设立一参考平面，记录该参考面的横向反射电场 $\boldsymbol{E}^{\text{re}}(x,y_{\text{ref}},z;t)$ 和入射电场 $\boldsymbol{E}^{\text{in}}(x,y_{\text{ref}},z;t)$。后者由一个单独的 FDTD 仿真获得，在此单独仿真中结合部的不连续性被一个吸收边界所替换。而 $\boldsymbol{E}^{\text{re}}(x,y_{\text{ref}},z;t)$ 由总场减去相应的入射场得到。于是，入射及反射 TEM 模的时间变化可以由下列公式获得

$$V^{\text{in}}(t)=\frac{\iint\limits_S \boldsymbol{E}^{\text{in}}(x,y_{\text{ref}},z;t)\cdot\boldsymbol{E}^{\text{TEM}}(x,z)\mathrm{d}x\mathrm{d}z}{\iint\limits_S \boldsymbol{E}^{\text{TEM}}(x,z)\cdot\boldsymbol{E}^{\text{TEM}}(x,z)\mathrm{d}x\mathrm{d}z} \tag{6.100}$$

$$V^{\text{re}}(t)=\frac{\iint\limits_S \boldsymbol{E}^{\text{re}}(x,y_{\text{ref}},z;t)\cdot\boldsymbol{E}^{\text{TEM}}(x,z)\mathrm{d}x\mathrm{d}z}{\iint\limits_S \boldsymbol{E}^{\text{TEM}}(x,z)\cdot\boldsymbol{E}^{\text{TEM}}(x,z)\mathrm{d}x\mathrm{d}z} \tag{6.101}$$

式中，S 是参考面处同轴线的横截面。记 $V^{\text{re}}(t)$、$V^{\text{in}}(t)$ 的傅里叶变换为 $V^{\text{re}}(f)$、$V^{\text{in}}(f)$，转换器同轴线端口随频率变化的反射系数为

$$\Gamma(f)=V^{\text{re}}(f)/V^{\text{in}}(f) \tag{6.102}$$

深入矩形波导的探针将在波导中激励起所需的 TE_{10} 模和其他一些高阶模。高阶模是截止的，很快衰竭，不能传播。因为 TE_{10} 模是色散的，可在波导终端接以廖氏 5 阶吸收边界条件。FDTD 仿真表明，在距离短路面为 $L=a$ 处放置吸收边界条件已能获得很好的效果，继续加长 L 不会改善结果，只会增加计算量。

每一次时间步进，波导区和同轴线区的场都被刷新一次，并立刻在两区的交界面仔细处理以保证场分量的连续性。

在实际仿真中，取 $h=\Delta x=\Delta y=\Delta z=a/N_x$。$N_x$ 是可调的，典型值为 32。时间步长为 $\Delta t=h/2c$，c 为自由空间光速。参考平面取在距交界面 $30\Delta y$ 处，源平面取在距交界面 $80\Delta y$ 处。

图 6-13 给出了反射系数幅值$|\Gamma(f)|$随探针直径d_1的变化情况，其中探针长度$l_p=a/4$、探针位置$l_s=a/4$取为固定值。从图 6-13 中可见，当$d_1=3a/16$时，结果在整个 Ka 频段内最佳。在此最佳情况下，$|\Gamma(f)|$的全频段平均值为 0.088。

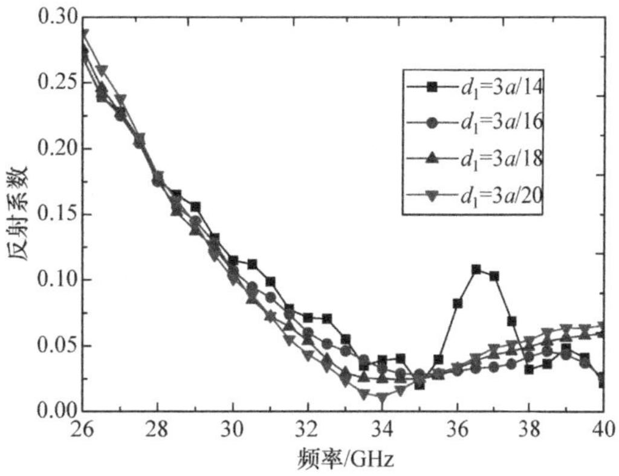

图 6-13　反射系数幅值$|\Gamma(f)|$随探针直径d_1的变化($l_p=a/4$，$l_s=a/4$)

图 6-14 给出了反射系数幅值$|\Gamma(f)|$随探针位置l_s的变化情况，其中探针长度$l_p=a/4$、探针直径$d_1=3a/16$取为固定值。从图 6-14 中可见，当$l_s=9a/32$时，结果在整个 Ka 频段内最佳。在此最佳情况下，$|\Gamma(f)|$的全频段平均值为 0.077。

图 6-15 给出了反射系数幅值$|\Gamma(f)|$随探针长度l_p的变化情况，其中探针位置$l_s=9a/32$、探针直径$d_1=3a/16$取为固定值。从图 6-15 中可见，当$l_p=a/4$时，结果在整个 Ka 频段内最佳。在此最佳情况下，$|\Gamma(f)|$的全频段平均值为 0.077。上述结果表明，探针的尺寸和位置将极大地影响波导同轴转换器的特性。

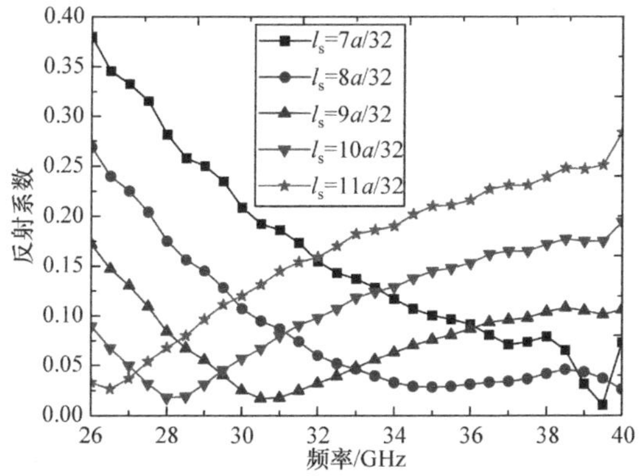

图 6-14　反射系数幅值$|\Gamma(f)|$随探针位置l_s的变化($l_p=a/4$，$d_1=3a/16$)

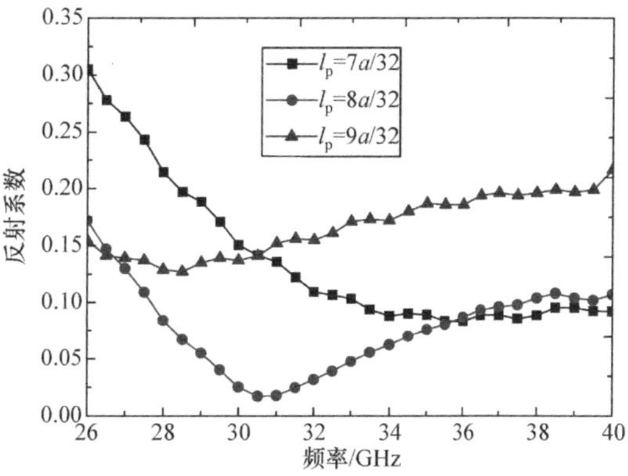

图 6-15　反射系数幅值$|\Gamma(f)|$随探针长度l_p的变化($l_s=9a/32$，$d_1=3a/16$)

6.4.5　波导元件的高效分析

波导元件通常由一些不连续性构成，相邻不连续性之间由均匀波导连接。这些均匀波导通常具有简单的横截面(例如，矩形)和解析已知的模谱。在不连续性区域，可以使用三维 FDTD 差分格式。而在均匀波导段，利用波导中电磁场的时域模式展开，可以得到一个一维的差分格式。这种高效的混合 FDTD 分析方案，可以大大减少内存占用，缩短计算时间。

如图 6-16 所示，两个任意的不连续性结构(区域 1 和区域 3)由一段均匀波导(区域 2)相连。

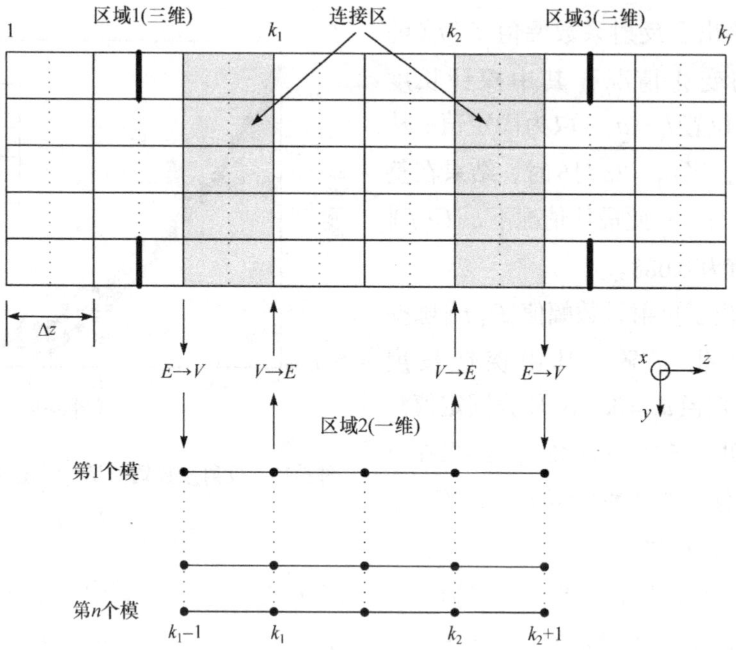

图 6-16　三维/一维混合 FDTD 网格

对参考平面 $z=k_1-1$ 和 $z=k_2+1$ 之间的均匀波导，其横向电磁场分量可表示为

$$\boldsymbol{E}_{\mathrm{t}}(x,y,z,t)=\sum_n V_n(z,t)\boldsymbol{e}_n(x,y) \tag{6.103}$$

$$\boldsymbol{H}_{\mathrm{t}}(x,y,z,t)=\sum_n I_n(z,t)\boldsymbol{h}_n(x,y) \tag{6.104}$$

式中，$\boldsymbol{e}_n$ 和 $\boldsymbol{h}_n$ 是正交归一化的模式本征矢量。电磁场的振幅(等效电压 V_n 和电流 I_n)与场分布的关系为

$$V_n(z,t)=\iint_S \boldsymbol{E}_{\mathrm{t}}(x,y,z,t)\cdot\boldsymbol{e}_n(x,y)\mathrm{d}x\mathrm{d}y \tag{6.105}$$

$$I_n(z,t)=\iint_S \boldsymbol{H}_{\mathrm{t}}(x,y,z,t)\cdot\boldsymbol{h}_n(x,y)\mathrm{d}x\mathrm{d}y \tag{6.106}$$

式中，S 是波导的横截面。V_n 和 I_n 均满足下列微分方程

$$\frac{\partial^2 f_n}{\partial z^2}-\frac{1}{c_0^2}\frac{\partial^2 f_n}{\partial t^2}-k_{\mathrm{c}n}^2 f_n=0 \tag{6.107}$$

式中，$k_{\mathrm{c}n}$ 是第 n 个模式的本征值；c_0 是真空中的波速。f_n 代表第 n 个模式在 z 坐标处的时变振幅。在 $t=l\Delta t$ 、$z=k\Delta z$ 处展开，式(6.107)的中心差分格式为

$$f_{n,k}^{l+1}=\frac{c_0^2\Delta t^2}{\Delta z^2}\left(f_{n,k+1}^{l}-2f_{n,k}^{l}+f_{n,k-1}^{l}\right)-c_0^2\Delta t^2k_{\mathrm{c}n}^2f_{n,k}^{l}+2f_{n,k}^{l}-f_{n,k}^{l-1} \tag{6.108}$$

波导中第 n 个模式电磁场的时间步进演变由方程(6.108)控制。可见，利用已知的模式本征矢量 $\boldsymbol{e}_n$ 和 $\boldsymbol{h}_n$，可将分析化简为对每个模式进行的简单而快速的一维 FDTD 分析。

在求解时，波导区需包含一定数量的模式，这取决于：①源的频带范围；②参考平

面距不连续性结构的距离。将参考平面靠近不连续性，可以减小三维 FDTD 分析的范围，但同时却增加了波导段一维分析所必须包含的模式数。需要折中地选取，以实现最小的计算量。

如图 6-16 所示，含不连续性的区域包括 k 从 1 到 k_1 的区域 1，和 k 从 k_2 到 k_f 的区域 3，波导区为 k 从 k_1-1 到 k_2+1 的区域 2。在含不连续性的区域应用普通的三维 FDTD 分析。方程(6.103)～方程(6.106)用作三维分析与一维分析的连接条件。具体地说，利用式(6.103)和式(6.104)，可以由波导内的电压和电流振幅算出不连续性区域端面上的场分布。反过来，利用式(6.105)和式(6.106)，可以将不连续性区域内的场分布转换为波导端面的电压和电流振幅。

这种三维/一维混合 FDTD 分析的时间步进过程如下。

对 t 循环的每一步：

步骤 1　$k=\frac{1}{2}\sim k_1-\frac{1}{2}$ 和 $k=k_2+\frac{1}{2}\sim k_f-\frac{1}{2}$，刷新 $\boldsymbol{H}$ 场分量。　(三维)

步骤 2　应用 $\boldsymbol{H}$ 的边界条件。

步骤 3　$k=2\sim k_1-1$ 和 $k=k_2+1\sim k_f-1$，刷新 $\boldsymbol{E}$ 场分量。　(三维)

步骤 4　$k=k_1\sim k_2$，刷新电压 V(对 n 个模式均要进行)。　(一维)

步骤 5　$V(k_1)\to E(k_1),\ V(k_2)\to E(k_2)$。

步骤 6　$E(k_1-1)\to V(k_1-1), E(k_2+1)\to V(k_2+1)$。

步骤 7　应用 $\boldsymbol{E}$ 的边界条件。

与普通 FDTD 分析过程的区别在步骤 4～步骤 6，这几步对应于将波导段的一维时间步进分析嵌入整体三维 FDTD 分析之中。值得注意的是，三维分析和一维分析的区域有部分交叠，交叠区为 $k=(k_1-1)\to k_1$ 和 $k=k_2\to(k_2+1)$。这种交叠是为了用式(6.103)在 k_1 和 k_2 处计算 E 以及用式(6.105)在 k_1-1 和 k_2+1 处计算 V 所必需的。

可以看到，在波导区的计算中只用到了电压振幅，也可以只用电流振幅进行计算。

6.4.6　传输线问题的降维处理

对于传输线问题，其主模为 TEM 模或准 TEM 模，电磁波沿传播方向呈指数变化。设传播方向为 z，衰减常数为 α，相位常数为 β，有耗传输线中的电磁场分量可以表示成[6]

$$\left\{E_x,E_y,E_z(x,y,z,t)\right\}=\left\{e_x,e_y,e_z(x,y,t)\right\}\cdot \mathrm{e}^{-(\alpha+\mathrm{j}\beta)z} \tag{6.109}$$

$$\left\{H_x,H_y,H_z(x,y,z,t)\right\}=\left\{h_x,h_y,h_z(x,y,t)\right\}\cdot \mathrm{e}^{-(\alpha+\mathrm{j}\beta)z} \tag{6.110}$$

将其代入三维麦克斯韦方程，用 $-(\alpha+\mathrm{j}\beta)$ 代替 $\partial/\partial z$，可得下列横向二维麦克斯韦方程

$$\frac{\partial e_x}{\partial t}=\frac{1}{\varepsilon}\left[\frac{\partial h_z}{\partial y}+(\alpha+\mathrm{j}\beta)h_y-\sigma e_x\right] \tag{6.111}$$

$$\frac{\partial e_y}{\partial t}=\frac{1}{\varepsilon}\left[-(\alpha+\mathrm{j}\beta)h_x-\frac{\partial h_z}{\partial x}-\sigma e_y\right] \tag{6.112}$$

$$\frac{\partial e_z}{\partial t}=\frac{1}{\varepsilon}\left[\frac{\partial h_y}{\partial x}-\frac{\partial h_x}{\partial y}-\sigma e_z\right] \tag{6.113}$$

$$\frac{\partial h_x}{\partial t}=\frac{1}{\mu}\left[-(\alpha+\mathrm{j}\beta)e_y-\frac{\partial e_z}{\partial y}\right] \tag{6.114}$$

$$\frac{\partial h_y}{\partial t}=\frac{1}{\mu}\left[\frac{\partial e_z}{\partial x}+(\alpha+\mathrm{j}\beta)e_x\right] \tag{6.115}$$

$$\frac{\partial h_z}{\partial t}=\frac{1}{\mu}\left[\frac{\partial e_x}{\partial y}-\frac{\partial e_y}{\partial x}\right] \tag{6.116}$$

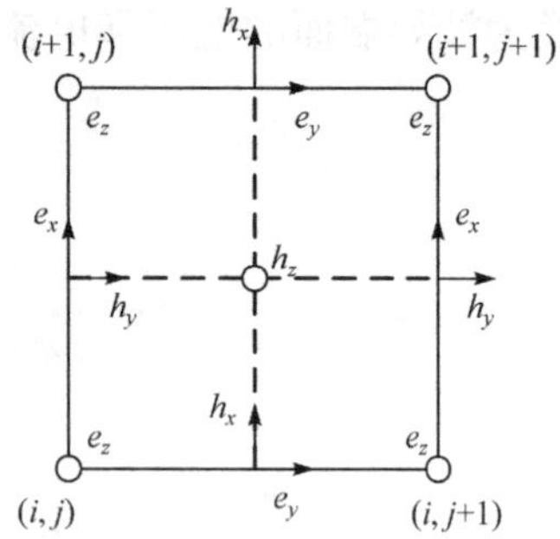

图 6-17　横向二维 FDTD 差分网格

式中，σ 是传输线导体的电导率。

由式(6.109)和式(6.110)可见，对主模传输，退化的二维复数场分量$\{e_x,e_y,e_z,h_x,h_y,h_z\}$随时间的变化为稳态振荡，即随时间步进这些场分量的振幅保持为常数。

现在用中心差分离散化上述横向二维麦克斯韦方程，各场分量在横向二维网格上的位置可由其在三维问题网格中的位置向 x-y 平面垂直投影得到，如图 6-17 所示。

与方程(6.111)和方程(6.114)相对应的差分格式分别为

$$\begin{aligned} e_x^{n+1}\left(i+\frac{1}{2},j\right)=&\frac{1-\dfrac{\sigma\left(i+\frac{1}{2},j\right)\Delta t}{2\varepsilon\left(i+\frac{1}{2},j\right)}}{1+\dfrac{\sigma\left(i+\frac{1}{2},j\right)\Delta t}{2\varepsilon\left(i+\frac{1}{2},j\right)}}e_x^n\left(i+\frac{1}{2},j\right)\\ &+\frac{\dfrac{\Delta t}{\varepsilon\left(i+\frac{1}{2},j\right)}}{1+\dfrac{\sigma\left(i+\frac{1}{2},j\right)\Delta t}{2\varepsilon\left(i+\frac{1}{2},j\right)}}\left[\begin{array}{l}\dfrac{h_z^{n+\frac{1}{2}}\left(i+\frac{1}{2},j+\frac{1}{2}\right)-h_z^{n+\frac{1}{2}}\left(i+\frac{1}{2},j-\frac{1}{2}\right)}{\Delta y}\\ +(\alpha+\mathrm{j}\beta)h_y^{n+\frac{1}{2}}\left(i+\frac{1}{2},j\right)\end{array}\right] \end{aligned} \tag{6.117}$$

$$\begin{aligned} h_x^{n+\frac{1}{2}}\left(i,j+\frac{1}{2}\right)=&h_x^{n-\frac{1}{2}}\left(i,j+\frac{1}{2}\right)\\ &-\frac{\Delta t}{\mu\left(i,j+\frac{1}{2}\right)}\left[(\alpha+\mathrm{j}\beta)e_y^n\left(i,j+\frac{1}{2}\right)+\frac{e_z^n(i,j+1)-e_z^n(i,j)}{\Delta y}\right] \end{aligned} \tag{6.118}$$

其他四个差分方程可类似地得到。

不失一般性，以图 6-18 所示的有耗平行板传输线为例来说明横向二维 FDTD 算法。设导体导电率为σ，导体间距为d，导体之间的介质为(ε_0,μ_0)。由于场沿 y 方向无变化，上述横向二维 FDTD 算法进一步退化为横向一维 FDTD 算法。

对主模，电磁场只有 E_x、E_z 和 H_y 三个分量，横向二维麦克斯韦方程只有如下三个分量式

$$\frac{\partial e_x}{\partial t}=\frac{1}{\varepsilon}\left[(\alpha+\mathrm{j}\beta)h_y-\sigma e_x\right] \tag{6.119}$$

$$\frac{\partial e_z}{\partial t}=\frac{1}{\varepsilon}\left[\frac{\partial h_y}{\partial x}-\sigma e_z\right] \tag{6.120}$$

$$\frac{\partial h_y}{\partial t}=\frac{1}{\mu}\left[\frac{\partial e_z}{\partial x}+(\alpha+\mathrm{j}\beta)e_x\right] \tag{6.121}$$

相应的横向一维 FDTD 差分网格如图 6-19 所示，差分方程如下

$$e_x^{n+1}\left(i+\frac{1}{2}\right)=\frac{1-\dfrac{\sigma\left(i+\frac{1}{2}\right)\Delta t}{2\varepsilon\left(i+\frac{1}{2}\right)}}{1+\dfrac{\sigma\left(i+\frac{1}{2}\right)\Delta t}{2\varepsilon\left(i+\frac{1}{2}\right)}}e_x^n\left(i+\frac{1}{2}\right)+\frac{\dfrac{(\alpha+\mathrm{j}\beta)\Delta t}{\varepsilon\left(i+\frac{1}{2}\right)}}{1+\dfrac{\sigma\left(i+\frac{1}{2}\right)\Delta t}{2\varepsilon\left(i+\frac{1}{2}\right)}}h_y^{n+\frac{1}{2}}\left(i+\frac{1}{2}\right) \tag{6.122}$$

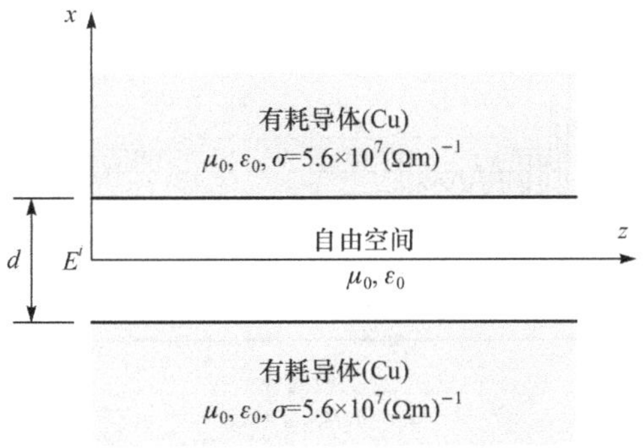

图 6-18　由两个半无限大平行导体构成的有耗传输线

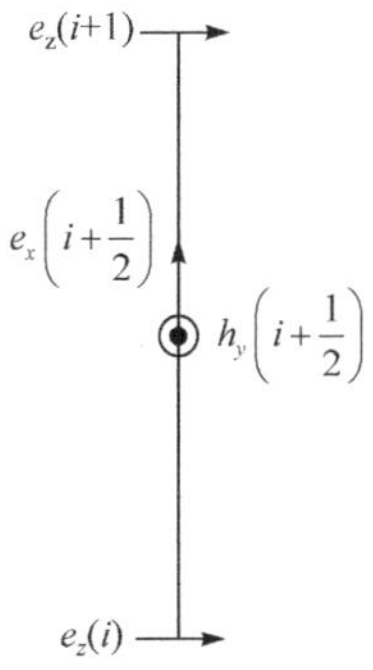

图 6-19　横向一维 FDTD 差分网格

$$e_z^{n+1}(i+1)=\frac{1-\dfrac{\sigma(i+1)\Delta t}{2\varepsilon(i+1)}}{1+\dfrac{\sigma(i+1)\Delta t}{2\varepsilon(i+1)}}e_z^n(i+1)+\frac{\dfrac{\Delta t}{\varepsilon(i+1)\Delta x}}{1+\dfrac{\sigma(i+1)\Delta t}{2\varepsilon(i+1)}}\left[h_y^{n+\frac{1}{2}}\left(i+\frac{3}{2}\right)-h_y^{n+\frac{1}{2}}\left(i+\frac{1}{2}\right)\right] \tag{6.123}$$

$$h_y^{n+\frac{1}{2}}\left(i+\frac{1}{2}\right)=h_y^{n-\frac{1}{2}}\left(i+\frac{1}{2}\right)+\frac{(\alpha+\mathrm{j}\beta)\Delta t}{\mu\left(i+\frac{1}{2}\right)}e_x^n\left(i+\frac{1}{2}\right)+\frac{\Delta t}{\mu\left(i+\frac{1}{2}\right)\Delta x}\left[e_z^n(i+1)-e_z^n(i)\right] \tag{6.124}$$

为了准确地模拟电磁特性，导体中沿 x 方向的空间步长应小于趋肤深度。例如，假设导体为铜，其导电率 $\sigma=5.6\times10^7(\Omega\mathrm{m})^{-1}$。如果感兴趣的上限频率为 $f_{\max}=10\mathrm{GHz}$，其对应的趋肤深度 $\delta_{\min}=0.67\mu\mathrm{m}$。取 $\Delta x=\delta_{\min}/9$，$d=60\Delta x$。由于上下对称性，可以在 $x=0$ 平面置一电壁，只模拟上半空间。由于场在良导体内沿 x 方向呈指数衰减，数值实验表明可用下列边界

条件将导体截断为厚度只有 $90\Delta x$

$$e_z\left(n_{\max}+1\right)=e_z\left(n_{\max}\right) \tag{6.125}$$

式中，$n_{\max}=120$。

首先给定一个 β 值，猜测一个与它相应的 α_{guess} 值，用下列近似场分布来激励横向一维 FDTD 差分方程

$$e_x(x,t)=\begin{cases}\delta(t), & x<d/2\\ 0, & x>d/2\end{cases} \tag{6.126}$$

式中，$\delta(t)$ 是 Dirac 脉冲。如果 α_{guess} 等于与给定 β 值相应的 α 的准确解，则场的晚时响应应该为稳态振荡，即振幅保持为常数，如图 6-20(a)所示。图中，早时响应段的衰减振荡对应于传播模式充分建立的过程。因为不用早时响应提取参数，所以期望它越短越好。激励源的空间分布越接近传播模式的真实分布，传播模式充分建立的过程(早时响应段)就越短。

数值实验表明，如果 $\alpha_{\text{guess}}<\alpha_{\text{exact}}$，晚时响应的幅度将随时间步进呈指数衰减，如图 6-20(b)所示。如果 $\alpha_{\text{guess}}>\alpha_{\text{exact}}$，晚时响应的幅度将随时间步进呈指数增加，如图 6-20(c)所示。这是容易理解的，受麦克斯韦方程的约束，晚时响应幅度的这种指数变化体现出对 α_{guess} 过大或过小的一种近似补偿。

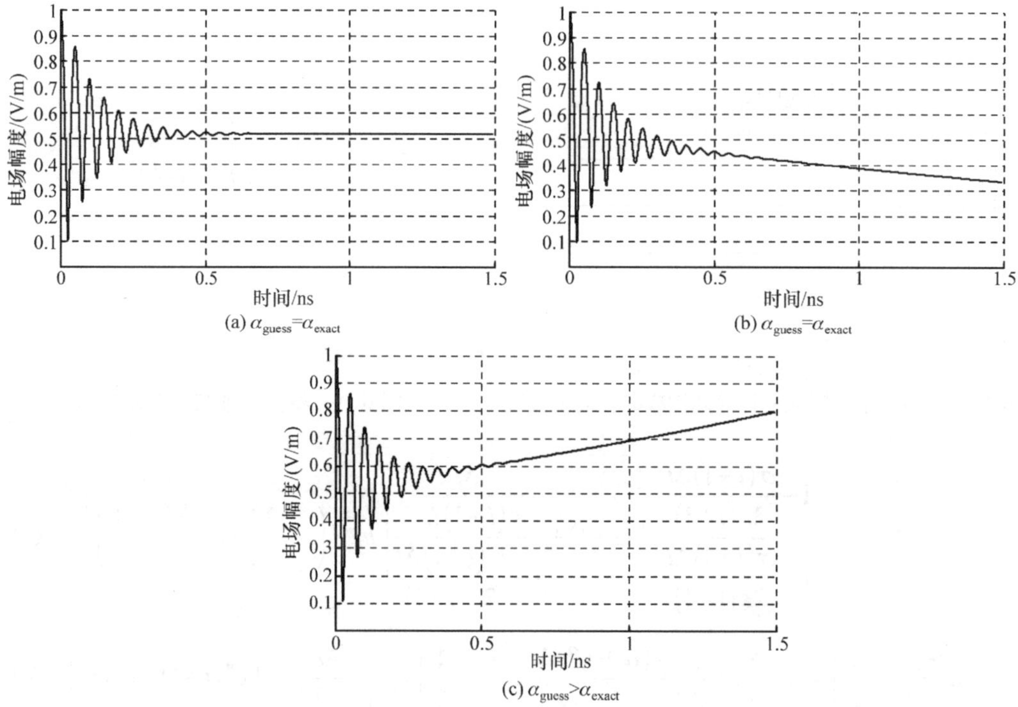

(a) $\alpha_{\text{guess}}=\alpha_{\text{exact}}$

(b) $\alpha_{\text{guess}}=\alpha_{\text{exact}}$

(c) $\alpha_{\text{guess}}>\alpha_{\text{exact}}$

图 6-20 给定 β 值，$e_x(i+1/2,t)(i=1)$ 的波形

基于横向 FDTD 差分方程的这些特性，可以按下述三大步骤进行参数 $\alpha(f)$ 和 $\beta(f)$ 的提取[7]。

步骤 1

给定一个 β 值，令 $\alpha_{\text{guess}}=0$，加近似激励源(6.126)，记录 $e_x\left(i+1/2,t\right)(i=1)$ 波形。$e_x(t)$ 将趋于频率为 f 的指数衰减振荡，时间衰减常数为 ξ

$$e_x(t)=A\mathrm{e}^{-\xi t}\sin\left(2\pi ft+B\right) \tag{6.127}$$

式中，常数 A 和 B 对应于衰减振荡波的初始振幅和相位。用式(6.127)去拟合 $e_x(t)$ 的部分波形数据，通过最优化方法在最小平方误差的意义下求得参数 f 和 ξ。这种方法通常仅用不到一个周期的 $e_x(t)$ 数据即可获得满意的结果。其数学表达方式如下

$$\min_{A,\,\xi,f,B}\ \underset{n}{\text{sum}}\left\{A\mathrm{e}^{-\xi t_n}\sin(2\pi ft_n+B)-e_x(t_n)\right\} \tag{6.128}$$

这一过程可以通过 MATLAB 中的 CURVFIT 函数来完成。

该传输线中主模的空间传播衰减常数为 α 可通过下列关系式导出。对应于具有指数衰减振荡[式(6.127)]的系统，其品质因素为

$$Q=2\pi f/(2\xi) \tag{6.129}$$

对于有耗传输线，其品质因素为

$$Q=\beta/(2\alpha) \tag{6.130}$$

由于两式描述的是同一事物，两式给出的品质因素值应相等。于是，空间传播衰减常数为

$$\alpha=\beta\xi/(2\pi f) \tag{6.131}$$

记求得的衰减常数为 $\alpha_{\text{approximate}}$。同时，在晚时段的任一时刻记录传播模式的实际场分布，该全波场分布将用作后续步骤中激励源的空间分布，以尽量缩短早时响应段时间。

步骤 2

对同一 β 值，令 $\alpha_{\text{guess}}=\alpha_{\text{approximate}}$，加全波激励源，记录 $e_x\left(t\right)$ 波形。如果 $e_x(t)$ 的晚时响应呈指数增加，取 $\alpha_{\min}=0$，$\alpha_{\max}=\alpha_{\text{approximate}}$。如果 $e_x(t)$ 的晚时响应呈指数减小，取 $\alpha_{\min}=\alpha_{\text{approximate}}$，$\alpha_{\max}=K\alpha_{\text{approximate}}$，$K$ 通常取为 2～5 的常数。

步骤 3

对同一 β 值，将简单的线性搜索算法与横向 FDTD 算法结合，在 $\left(\alpha_{\min},\alpha_{\max}\right)$ 内搜索 α 的准确解。经过若干次搜索(对本例不超过 20 次)，晚时响应的振幅保持为常数，这时的 α 值是我们需要的解。这里判定振幅保持为常数的依据是，在晚时段 5×10^5 步的振幅数据的变异系数小于 0.01。最后，相应于给定 β 值的传播模式工作频率 f 可以很容易地从晚时稳态振荡响应中提取。

对一系列 β 值按上述三大步骤进行计算，可得有耗传输线传播常数随频率的变化情况，即 $\alpha(f)$ 和 $\beta(f)$。图 6-21 给出了有耗平行板传输线的计算结果。图中同时给出了准确解和传统横向 FDTD 法(仅含步骤 1)计算的结果。由图可见，由于步骤 2 和步骤 3 的引入，新的横向 FDTD 法能给出更接近准确解的结果。

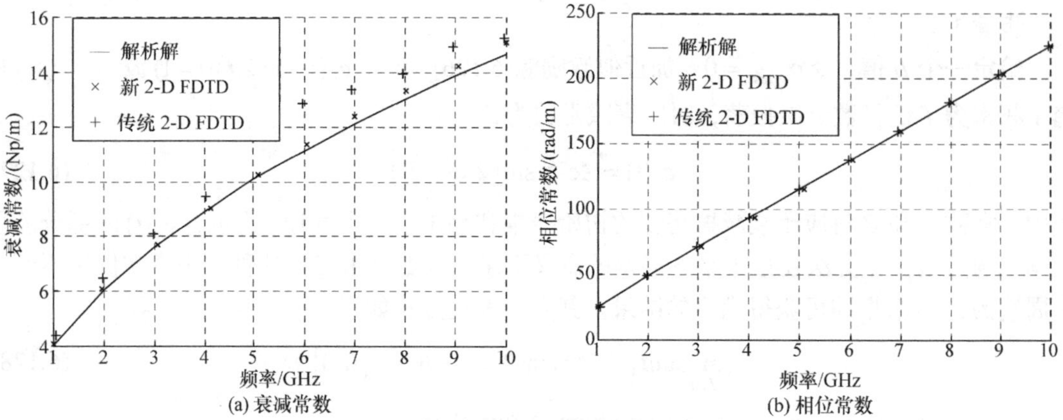

图 6-21　有耗平行板传输线的传播常数

下面讨论有限地共面波导的地线宽度对衰减常数的影响，并用本节的方法对其进行定量分析[8]。

有限地共面波导的横截面结构如图 6-22 所示，为了达到分析的目的，先保持中心导带宽度 $W = 10.4\mu m$、槽缝宽度 $G = 9.6\mu m$ 和金属厚度 $t = 4.4\mu m$ 的尺寸不变，地线宽度 M 的变化范围为 10.4～80μm。基板材料是各向异性的 $LiNbO_3$($\varepsilon_{r//} = 43$ 和 $\varepsilon_{r\perp} = 28$)，金属是 Au($\sigma = 4.1 \times 10^7$ S/m)。采用理想电壁作为仿真区域的截断边界条件，在中心导带的中心设置一理想磁壁用于减小一半的仿真空间。

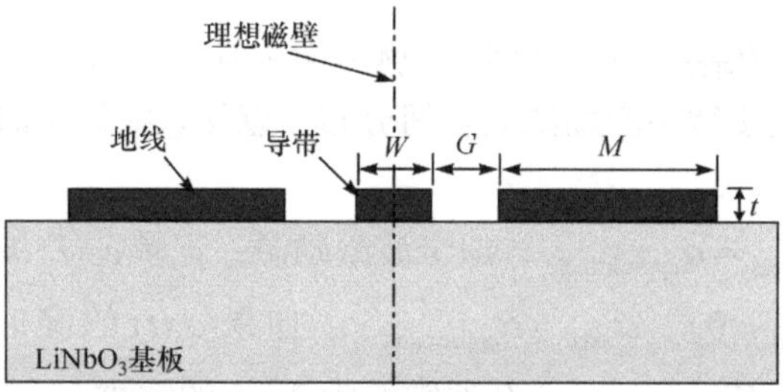

图 6-22　有限地共面波导的横截面图

图 6-23 给出了地线宽度 M 为参数，有限地共面波导的衰减常数 α 随频率 f 变化的曲线图。很明显，α 是 M 的函数，一般的规律是：共面波导的损耗随着地线宽度的增加而减小。

下面考察有限地共面波导的衰减常数 α 随着地线宽度和中心导带宽度比值 M/W 的变化，结构参数为：$W = 7.2\ \mu m$、$G = 6.4\ \mu m$ 和 $t = 2.4\ \mu m$，金属导体是 Au($\sigma = 4.1 \times 10^7$ S/m)，基板材料是 GaAs ($\varepsilon_r = 12.9$)。

图 6-24 给出了不同频率 f 下共面波导的衰减常数 α 随着地线宽度和中心导带宽度的比值 M/W 变化的曲线图。从图中可以看出，当 M/W 的比值大于 5 时，衰减常数可被近似地认为与地线的宽度无关。如果就有限地共面波导的几何尺寸和其损耗的关系而言，由压缩二维 FDTD 法的计算结果可为高速集成电路传输线的设计提供有价值的参考。

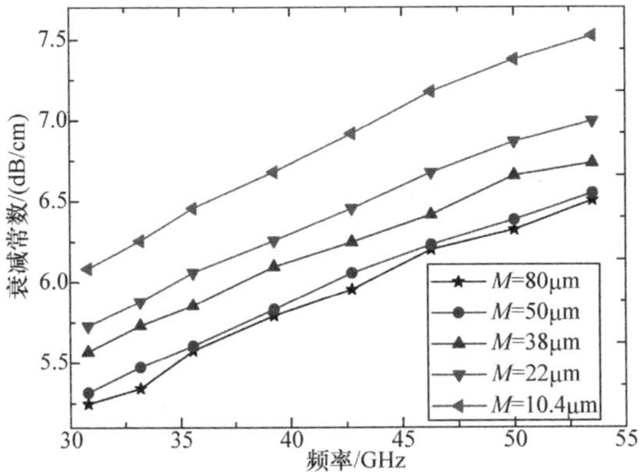

图 6-23　不同地线宽度的有限地共面波导随频率变化的衰减常数

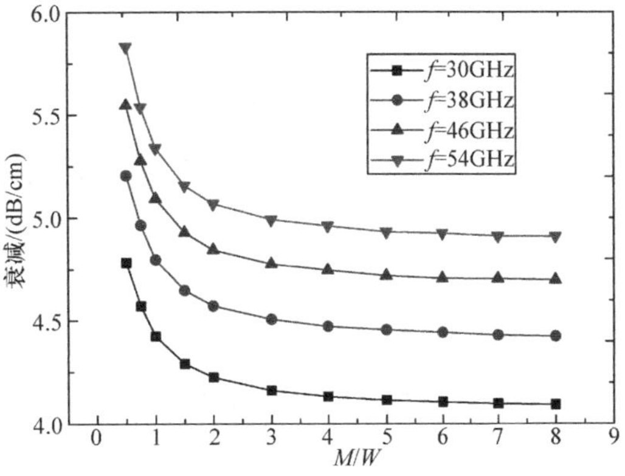

图 6-24　衰减常数随 M/W 变化的曲线图

参 考 文 献

[1] Umashankar K R, Taflove A. A novel method to analyze electromagnetic scattering of complex objects. IEEE Trans. Electromagn. Compat., 1982, 24(4): 397-405

[2] Merewether D E, Fisher R, Smith F W. On implementing a numerical Huygen's source scheme in a finite difference program to illuminate scattering bodies. IEEE Trans. Nuclear Sci., 1980, 27(6): 1829-1833

[3] Umashankar K R, Taflove A. A novel method to analyze electromagnetic scattering of complex objects. IEEE Trans. Electromagn. Compat., 1892, 24(4):397-405

[4] Wagner C L, Schneider J B. Divergent fields, charge, and capacitance in FDTD simulations. IEEE Trans. Microw. Theory Tech., 1998, 46(12): 2131-2136

[5] Maloney J G, Shlager K L, Smith G S. A simple FDTD model for transient excitation of antennas by transmission lines. IEEE Trans. Antenna Propagat., 1994, 42(2): 289-292

[6] Xiao S, Vahldieck R, Jin H. Full-wave analysis of guided wave structures using a novel 2-D FDTD. IEEE Microw. Guided Wave Lett., 1992, 2(5): 165-167

[7] Wang B Z, Shao W, Wang Y. 2D FDTD method for exact attenuation constant extraction of lossy transmission lines. IEEE Microw. Wirel. Compon. Lett., 2004, 14(6): 289-291

[8] Shao W, Wang B Z. 2D FDTD algorithm for the analysis of lossy and dispersive millimeter-wave coplanar waveguide. Int. J. Infrared Milli. Waves, 2003, 24(9): 1553-1560

第 7 章　无条件稳定的 FDTD 方法

传统的 FDTD 法属于显式差分方法，因而具有显式差分方法的共同特性，解的过程必须满足稳定性条件。对 FDTD 法来说，就是必须满足 Courant 条件。这就使得 FDTD 的应用范围受到限制。例如，当要模拟的问题具有微细结构，为了准确地模拟其电磁特性，空间步长必须足够小。为了保证解的稳定性，这时，时间步长也需相应地取得很小，通常将使计算的总时间猛增，有时甚至不可实现。例如，在一些超高速集成电路中，互连线的最小几何特征尺寸为 1μm，数字脉冲信号的上升时间小于 100ps。该信号的频谱高端已接近 10GHz，即最小波长为 3cm(自由空间)或 1.5cm(SiO_2, $\varepsilon_r = 4$)。从信号波长方面考虑，为保证一定的计算精度，空间网格步长需取为 1mm 量级(每波长 10～20 个点)。然而，从模拟微结构的几何特征方面考虑，空间网格步长需取为 1μm 量级或更小，远远小于最小波长的 1/10 或 1/20。因此，为满足稳定性条件，时间步长的上限约为 2fs。以此步长模拟上升时间为 100ps 的数字信号需要 50000 步时间。

如果采用不受时间稳定性条件限制的无条件稳定算法，对于上述例子，可以保持空间网格步长为 1μm 量级或更小，以精确地模拟微结构的几何特征。同时，可取$\Delta t = 1\text{ps}$，以该步长足以精确地取样 10GHz 的信号。这样一来，模拟上升时间为 100ps 的数字信号只需要 100 步时间，大大降低了时间的步进数目。

本章介绍三种无条件稳定时域算法的基本原理、关键技术和电磁应用，包括：交变隐式差分方向(alternating-direction implicit，ADI)-FDTD 法、局部一维(locally one-dimensional，LOD)-FDTD 法和 Newmark-Beta-FDTD 法。

7.1　ADI-FDTD 法

与传统 FDTD 法的显式差分方法相反，隐式差分格式总是稳定的，其时间步长仅受数值误差的限制。但是，隐式差分格式缺点是需要通过矩阵求逆或迭代求解大型线性方程组，计算复杂且量大。

期望的算法是既具有隐式差分格式的无条件稳定性又具备显式差分格式计算相对简单的优点。1955 年，Peaceman 和 Rachford 提出了著名的交变隐式差分方向(ADI)方法[1]。其基本思想是，对于空间变量为多维的偏微分方程，例如，两个空间变量(x, y)，首先，选取任一变量方向按隐式差分格式处理，而余下的变量方向按显式差分格式处理。然后，交换隐式和显式差分格式处理的变量方向。对于每一步来说，解仍然是条件稳定的。但是，两步复合的结果使得解是无条件稳定的，具备了期望的特性。

ADI 方法最早是应用于抛物型偏微分方程(如热传导问题)求解，后来其应用范围逐渐扩展。1999 年，Namiki 首先将其原理应用于 FDTD 法，提出了 ADI-FDTD 方法，并将其应用于二维 TE 波问题的模拟[2]，后来又将其推广至三维问题[3]。Zheng 等针对三维问题报道了一些数值结果，并研究了解的稳定性和数值色散[4]；Zhao 等分别对提高 ADI-FDTD 的色散特性提出了改进方案[5, 6]。Liu 和 Gedney 研究了 Berenger 的 PML 媒质中的 ADI-FDTD 差分格式[7]。在 ADI-FDTD 空间网格划分方面，共形网格技术[8, 9]和非正交坐标技术[10-12]用于减小计算曲面边界时阶梯近似带来的计算误差。高阶方法也引入 ADI-FDTD 方法，用以减少空间划分网格的数量[13]。我们也在三维 ADI-FDTD 法的稳定性证明[14]、普通 FDTD 全局粗网格嵌套 ADI-FDTD 局部细网格的混合网格技术[15]、Gedney 的 PML 媒质中的 ADI-FDTD 差分格式等方面开展了研究工作。这些研究结果显示了 ADI-FDTD 法相对于传统 FDTD 法的优势。下面详细介绍其基本原理与应用。

7.1.1 ADI-FDTD 差分格式

考虑空间一个无源区域，其媒质参数不随时间变化且各向同性，麦克斯韦旋度方程在直角坐标系中写成分量式为

$$\frac{\partial H_x}{\partial t}+\frac{\rho}{\mu}H_x=\frac{1}{\mu}\left(\frac{\partial E_y}{\partial z}-\frac{\partial E_z}{\partial y}\right) \tag{7.1}$$

$$\frac{\partial H_y}{\partial t}+\frac{\rho}{\mu}H_y=\frac{1}{\mu}\left(\frac{\partial E_z}{\partial x}-\frac{\partial E_x}{\partial z}\right) \tag{7.2}$$

$$\frac{\partial H_z}{\partial t}+\frac{\rho}{\mu}H_z=\frac{1}{\mu}\left(\frac{\partial E_x}{\partial y}-\frac{\partial E_y}{\partial x}\right) \tag{7.3}$$

$$\frac{\partial E_x}{\partial t}+\frac{\sigma}{\varepsilon}E_x=\frac{1}{\varepsilon}\left(\frac{\partial H_z}{\partial y}-\frac{\partial H_y}{\partial z}\right) \tag{7.4}$$

$$\frac{\partial E_y}{\partial t}+\frac{\sigma}{\varepsilon}E_y=\frac{1}{\varepsilon}\left(\frac{\partial H_x}{\partial z}-\frac{\partial H_z}{\partial x}\right) \tag{7.5}$$

$$\frac{\partial E_z}{\partial t}+\frac{\sigma}{\varepsilon}E_z=\frac{1}{\varepsilon}\left(\frac{\partial H_y}{\partial x}-\frac{\partial H_x}{\partial y}\right) \tag{7.6}$$

这 6 个耦合偏微分方程是 ADI-FDTD 算法的基础。

在 ADI-FDTD 算法中，仍旧采用 Yee 的矩形差分网格，每个磁场分量由 4 个电场分量环绕着；反过来，每个电场分量也由 4 个磁场分量所环绕。空间偏微分仍旧采用中心差分格式。方程左边的时间偏微分项仍旧采用中心差分格式，左边的第二项采用半步长前向近似格式。ADI-FDTD 法与普通 FDTD 法的主要区别在于对麦克斯韦旋度方程右边的时间离散化处理不同，它包含如下两个交替过程。

过程一 麦克斯韦旋度方程右边第一项采用隐式差分格式，第二项采用显式差分格式。

$$\begin{aligned}&\left(1+\frac{\sigma\Delta t}{\varepsilon}\right)E_x^{n+1}\left(i+\frac{1}{2},j,k\right)-E_x^{n}\left(i+\frac{1}{2},j,k\right)\\&=\frac{\Delta t}{\varepsilon}\left[\frac{H_z^{n+1}\left(i+\frac{1}{2},j+\frac{1}{2},k\right)-H_z^{n+1}\left(i+\frac{1}{2},j-\frac{1}{2},k\right)}{\Delta y}+\frac{H_y^{n}\left(i+\frac{1}{2},j,k-\frac{1}{2}\right)-H_y^{n}\left(i+\frac{1}{2},j,k+\frac{1}{2}\right)}{\Delta z}\right]\end{aligned} \tag{7.7}$$

$$\left(1+\frac{\sigma\Delta t}{\varepsilon}\right)E_y^{n+1}\left(i,j+\frac{1}{2},k\right)-E_y^{n}\left(i,j+\frac{1}{2},k\right)$$
$$=\frac{\Delta t}{\varepsilon}\left[\frac{H_x^{n+1}\left(i,j+\frac{1}{2},k+\frac{1}{2}\right)-H_x^{n+1}\left(i,j+\frac{1}{2},k-\frac{1}{2}\right)}{\Delta z}+\frac{H_z^{n}\left(i-\frac{1}{2},j+\frac{1}{2},k\right)-H_z^{n}\left(i+\frac{1}{2},j+\frac{1}{2},k\right)}{\Delta x}\right] \tag{7.8}$$

$$\left(1+\frac{\sigma\Delta t}{\varepsilon}\right)E_z^{n+1}\left(i,j,k+\frac{1}{2}\right)-E_z^{n}\left(i,j,k+\frac{1}{2}\right)$$
$$=\frac{\Delta t}{\varepsilon}\left[\frac{H_y^{n+1}\left(i+\frac{1}{2},j,k+\frac{1}{2}\right)-H_y^{n+1}\left(i-\frac{1}{2},j,k+\frac{1}{2}\right)}{\Delta x}+\frac{H_x^{n}\left(i,j-\frac{1}{2},k+\frac{1}{2}\right)-H_x^{n}\left(i,j+\frac{1}{2},k+\frac{1}{2}\right)}{\Delta y}\right] \tag{7.9}$$

$$\begin{aligned}&\left(1+\frac{\rho\Delta t}{\mu}\right)H_x^{n+1}\left(i,j+\frac{1}{2},k+\frac{1}{2}\right)-H_x^{n}\left(i,j+\frac{1}{2},k+\frac{1}{2}\right)\\&=\frac{\Delta t}{\mu}\left[\frac{E_y^{n+1}\left(i,j+\frac{1}{2},k+1\right)-E_y^{n+1}\left(i,j+\frac{1}{2},k\right)}{\Delta z}+\frac{E_z^{n}\left(i,j,k+\frac{1}{2}\right)-E_z^{n}\left(i,j+1,k+\frac{1}{2}\right)}{\Delta y}\right]\end{aligned} \tag{7.10}$$

$$\begin{aligned}&\left(1+\frac{\rho\Delta t}{\mu}\right)H_y^{n+1}\left(i+\frac{1}{2},j,k+\frac{1}{2}\right)-H_y^{n}\left(i+\frac{1}{2},j,k+\frac{1}{2}\right)\\&=\frac{\Delta t}{\mu}\left[\frac{E_z^{n+1}\left(i+1,j,k+\frac{1}{2}\right)-E_z^{n+1}\left(i,j,k+\frac{1}{2}\right)}{\Delta x}+\frac{E_x^{n}\left(i+\frac{1}{2},j,k\right)-E_x^{n}\left(i+\frac{1}{2},j,k+1\right)}{\Delta z}\right]\end{aligned} \tag{7.11}$$

$$\begin{aligned}&\left(1+\frac{\rho\Delta t}{\mu}\right)H_z^{n+1}\left(i+\frac{1}{2},j+\frac{1}{2},k\right)-H_z^{n}\left(i+\frac{1}{2},j+\frac{1}{2},k\right)\\&=\frac{\Delta t}{\mu}\left[\frac{E_x^{n+1}\left(i+\frac{1}{2},j+1,k\right)-E_x^{n+1}\left(i+\frac{1}{2},j,k\right)}{\Delta y}+\frac{E_y^{n}\left(i,j+\frac{1}{2},k\right)-E_y^{n}\left(i+1,j+\frac{1}{2},k\right)}{\Delta x}\right]\end{aligned} \tag{7.12}$$

过程二 麦克斯韦旋度方程右边第一项采用显式差分格式，第二项采用隐式差分格式。

$$\left(1+\frac{\sigma\Delta t}{\varepsilon}\right)E_x^{n+2}\left(i+\frac{1}{2},j,k\right)-E_x^{n+1}\left(i+\frac{1}{2},j,k\right)$$
$$=\frac{\Delta t}{\varepsilon}\left[\frac{H_z^{n+1}\left(i+\frac{1}{2},j+\frac{1}{2},k\right)-H_z^{n+1}\left(i+\frac{1}{2},j-\frac{1}{2},k\right)}{\Delta y}+\frac{H_y^{n+2}\left(i+\frac{1}{2},j,k-\frac{1}{2}\right)-H_y^{n+2}\left(i+\frac{1}{2},j,k+\frac{1}{2}\right)}{\Delta z}\right] \tag{7.13}$$

$$\left(1+\frac{\sigma\Delta t}{\varepsilon}\right)E_y^{n+2}\left(i,j+\frac{1}{2},k\right)-E_y^{n+1}\left(i,j+\frac{1}{2},k\right)$$
$$=\frac{\Delta t}{\varepsilon}\left[\frac{H_x^{n+1}\left(i,j+\frac{1}{2},k+\frac{1}{2}\right)-H_x^{n+1}\left(i,j+\frac{1}{2},k-\frac{1}{2}\right)}{\Delta z}+\frac{H_z^{n+2}\left(i-\frac{1}{2},j+\frac{1}{2},k\right)-H_z^{n+2}\left(i+\frac{1}{2},j+\frac{1}{2},k\right)}{\Delta x}\right] \tag{7.14}$$

$$\left(1+\frac{\sigma\Delta t}{\varepsilon}\right)E_z^{n+2}\left(i,j,k+\frac{1}{2}\right)-E_z^{n+1}\left(i,j,k+\frac{1}{2}\right)$$
$$=\frac{\Delta t}{\varepsilon}\left[\frac{H_y^{n+1}\left(i+\frac{1}{2},j,k+\frac{1}{2}\right)-H_y^{n+1}\left(i-\frac{1}{2},j,k+\frac{1}{2}\right)}{\Delta x}+\frac{H_x^{n+2}\left(i,j-\frac{1}{2},k+\frac{1}{2}\right)-H_x^{n+2}\left(i,j+\frac{1}{2},k+\frac{1}{2}\right)}{\Delta y}\right] \tag{7.15}$$

$$\left(1+\frac{\rho\Delta t}{\mu}\right)H_x^{n+2}\left(i,j+\frac{1}{2},k+\frac{1}{2}\right)-H_x^{n+1}\left(i,j+\frac{1}{2},k+\frac{1}{2}\right)$$
$$=\frac{\Delta t}{\mu}\left[\frac{E_y^{n+1}\left(i,j+\frac{1}{2},k+1\right)-E_y^{n+1}\left(i,j+\frac{1}{2},k\right)}{\Delta z}+\frac{E_z^{n+2}\left(i,j,k+\frac{1}{2}\right)-E_z^{n+2}\left(i,j+1,k+\frac{1}{2}\right)}{\Delta y}\right] \tag{7.16}$$

$$\left(1+\frac{\rho\Delta t}{\mu}\right)H_y^{n+2}\left(i+\frac{1}{2},j,k+\frac{1}{2}\right)-H_y^{n+1}\left(i+\frac{1}{2},j,k+\frac{1}{2}\right)$$
$$=\frac{\Delta t}{\mu}\left[\frac{E_z^{n+1}\left(i+1,j,k+\frac{1}{2}\right)-E_z^{n+1}\left(i,j,k+\frac{1}{2}\right)}{\Delta x}+\frac{E_x^{n+2}\left(i+\frac{1}{2},j,k\right)-E_x^{n+2}\left(i+\frac{1}{2},j,k+1\right)}{\Delta z}\right] \tag{7.17}$$

$$\left(1+\frac{\rho\Delta t}{\mu}\right)H_z^{n+2}\left(i+\frac{1}{2},j+\frac{1}{2},k\right)-H_z^{n+1}\left(i+\frac{1}{2},j+\frac{1}{2},k\right)$$
$$=\frac{\Delta t}{\mu}\left[\frac{E_x^{n+1}\left(i+\frac{1}{2},j+1,k\right)-E_x^{n+1}\left(i+\frac{1}{2},j,k\right)}{\Delta y}+\frac{E_y^{n+2}\left(i,j+\frac{1}{2},k\right)-E_y^{n+2}\left(i+1,j+\frac{1}{2},k\right)}{\Delta x}\right] \tag{7.18}$$

在第一过程中，将式(7.12)的 H_z^{n+1} 代入式(7.7)，将式(7.10)的 H_x^{n+1} 代入式(7.8)，将式(7.11)的 H_y^{n+1} 代入式(7.9)，可得

$$-\frac{\dfrac{\Delta t^2}{\mu\varepsilon\Delta y^2}}{1+\dfrac{\rho\Delta t}{\mu}}E_x^{n+1}\left(i+\frac{1}{2},j+1,k\right)+\left(1+\frac{\sigma\Delta t}{\varepsilon}+\frac{\dfrac{2\Delta t^2}{\mu\varepsilon\Delta y^2}}{1+\dfrac{\rho\Delta t}{\mu}}\right)E_x^{n+1}\left(i+\frac{1}{2},j,k\right)-\frac{\dfrac{\Delta t^2}{\mu\varepsilon\Delta y^2}}{1+\dfrac{\rho\Delta t}{\mu}}E_x^{n+1}\left(i+\frac{1}{2},j-1,k\right)$$
$$=E_x^n\left(i+\frac{1}{2},j,k\right)+\frac{\Delta t}{\varepsilon\Delta z}\left[H_y^n\left(i+\frac{1}{2},j,k-\frac{1}{2}\right)-H_y^n\left(i+\frac{1}{2},j,k+\frac{1}{2}\right)\right]$$
$$+\frac{\dfrac{\Delta t}{\varepsilon\Delta y}}{1+\dfrac{\rho\Delta t}{\mu}}\left[H_z^n\left(i+\frac{1}{2},j+\frac{1}{2},k\right)-H_z^n\left(i+\frac{1}{2},j-\frac{1}{2},k\right)\right]$$
$$-\frac{\dfrac{\Delta t^2}{\mu\varepsilon\Delta y\Delta x}}{1+\dfrac{\rho\Delta t}{\mu}}\left[E_y^n\left(i+1,j+\frac{1}{2},k\right)-E_y^n\left(i,j+\frac{1}{2},k\right)-E_y^n\left(i+1,j-\frac{1}{2},k\right)+E_y^n\left(i,j-\frac{1}{2},k\right)\right] \tag{7.19}$$

$$-\frac{\frac{\Delta t^2}{\mu\varepsilon\Delta z^2}}{1+\frac{\rho\Delta t}{\mu}}E_y^{n+1}\left(i,j+\frac{1}{2},k+1\right)+\left(1+\frac{\sigma\Delta t}{\varepsilon}+\frac{\frac{2\Delta t^2}{\mu\varepsilon\Delta z^2}}{1+\frac{\rho\Delta t}{\mu}}\right)E_y^{n+1}\left(i,j+\frac{1}{2},k\right)-\frac{\frac{\Delta t^2}{\mu\varepsilon\Delta z^2}}{1+\frac{\rho\Delta t}{\mu}}E_y^{n+1}\left(i,j+\frac{1}{2},k-1\right)$$
$$=E_y^n\left(i,j+\frac{1}{2},k\right)+\frac{\Delta t}{\varepsilon\Delta x}\left[H_z^n\left(i-\frac{1}{2},j+\frac{1}{2},k\right)-H_z^n\left(i+\frac{1}{2},j+\frac{1}{2},k\right)\right]$$
$$+\frac{\frac{\Delta t}{\varepsilon\Delta z}}{1+\frac{\rho\Delta t}{\mu}}\left[H_x^n\left(i,j+\frac{1}{2},k+\frac{1}{2}\right)-H_x^n\left(i,j+\frac{1}{2},k-\frac{1}{2}\right)\right]$$
$$-\frac{\frac{\Delta t^2}{\mu\varepsilon\Delta y\Delta z}}{1+\frac{\rho\Delta t}{\mu}}\left[E_z^n\left(i,j+1,k+\frac{1}{2}\right)-E_z^n\left(i,j,k+\frac{1}{2}\right)-E_z^n\left(i,j+1,k-\frac{1}{2}\right)+E_z^n\left(i,j,k-\frac{1}{2}\right)\right]$$
$$(7.20)$$

$$-\frac{\frac{\Delta t^2}{\mu\varepsilon\Delta x^2}}{1+\frac{\rho\Delta t}{\mu}}E_z^{n+1}\left(i+1,j,k+\frac{1}{2}\right)+\left(1+\frac{\sigma\Delta t}{\varepsilon}+\frac{\frac{2\Delta t^2}{\mu\varepsilon\Delta x^2}}{1+\frac{\rho\Delta t}{\mu}}\right)E_z^{n+1}\left(i,j,k+\frac{1}{2}\right)-\frac{\frac{\Delta t^2}{\mu\varepsilon\Delta x^2}}{1+\frac{\rho\Delta t}{\mu}}E_z^{n+1}\left(i-1,j,k+\frac{1}{2}\right)$$
$$=E_z^n\left(i,j,k+\frac{1}{2}\right)+\frac{\Delta t}{\varepsilon\Delta y}\left[H_x^n\left(i,j-\frac{1}{2},k+\frac{1}{2}\right)-H_x^n\left(i,j+\frac{1}{2},k+\frac{1}{2}\right)\right]$$
$$+\frac{\frac{\Delta t}{\varepsilon\Delta x}}{1+\frac{\rho\Delta t}{\mu}}\left[H_y^n\left(i+\frac{1}{2},j,k+\frac{1}{2}\right)-H_y^n\left(i-\frac{1}{2},j,k+\frac{1}{2}\right)\right]$$
$$-\frac{\frac{\Delta t^2}{\mu\varepsilon\Delta x\Delta z}}{1+\frac{\rho\Delta t}{\mu}}\left[E_x^n\left(i+\frac{1}{2},j,k+1\right)-E_x^n\left(i+\frac{1}{2},j,k\right)-E_x^n\left(i-\frac{1}{2},j,k+1\right)+E_x^n\left(i-\frac{1}{2},j,k\right)\right]$$
$$(7.21)$$

实际执行第一过程时，首先由式(7.19)～式(7.21)解出 E_x^{n+1}、E_y^{n+1} 和 E_z^{n+1}，将其代入式(7.10)～式(7.12)，求得 H_x^{n+1}、H_y^{n+1} 和 H_z^{n+1}。线性方程组[式(7.19)～式(7.21)]是三对角型系统，通过追赶法可以求得其解，其计算量正比于未知量的个数 N，而不是正比于 N^3。

相似地，在过程二中，将式(7.18)的 H_z^{n+2} 代入式(7.14)、式(7.16)的 H_x^{n+2} 代入式(7.15)、式(7.17)的 H_y^{n+2} 代入式(7.13)，可得

$$-\frac{\frac{\Delta t^2}{\mu\varepsilon\Delta z^2}}{1+\frac{\rho\Delta t}{\mu}}E_x^{n+2}\left(i+\frac{1}{2},j,k+1\right)+\left(1+\frac{\sigma\Delta t}{\varepsilon}+\frac{\frac{2\Delta t^2}{\mu\varepsilon\Delta z^2}}{1+\frac{\rho\Delta t}{\mu}}\right)E_x^{n+2}\left(i+\frac{1}{2},j,k\right)-\frac{\frac{\Delta t^2}{\mu\varepsilon\Delta z^2}}{1+\frac{\rho\Delta t}{\mu}}E_x^{n+2}\left(i+\frac{1}{2},j,k-1\right)$$

$$
\begin{aligned}
&= E_x^{n+1}\left(i+\frac{1}{2},j,k\right)+\frac{\Delta t}{\varepsilon\Delta y}\left[H_z^{n+1}\left(i+\frac{1}{2},j+\frac{1}{2},k\right)-H_z^{n+1}\left(i+\frac{1}{2},j-\frac{1}{2},k\right)\right] \\
&+\frac{\dfrac{\Delta t}{\varepsilon\Delta z}}{1+\dfrac{\rho\Delta t}{\mu}}\left[H_y^{n+1}\left(i+\frac{1}{2},j,k-\frac{1}{2}\right)-H_y^{n+1}\left(i+\frac{1}{2},j,k+\frac{1}{2}\right)\right] \\
&-\frac{\dfrac{\Delta t^2}{\mu\varepsilon\Delta z\Delta x}}{1+\dfrac{\rho\Delta t}{\mu}}\left[E_z^{n+1}\left(i+1,j,k+\frac{1}{2}\right)-E_z^{n+1}\left(i,j,k+\frac{1}{2}\right)-E_z^{n+1}\left(i+1,j,k-\frac{1}{2}\right)+E_z^{n+1}\left(i,j,k-\frac{1}{2}\right)\right]
\end{aligned}
\tag{7.22}
$$

$$
\begin{aligned}
&-\frac{\dfrac{\Delta t^2}{\mu\varepsilon\Delta x^2}}{1+\dfrac{\rho\Delta t}{\mu}}E_y^{n+2}\left(i+1,j+\frac{1}{2},k\right)+\left(1+\frac{\sigma\Delta t}{\varepsilon}+\frac{\dfrac{2\Delta t^2}{\mu\varepsilon\Delta x^2}}{1+\dfrac{\rho\Delta t}{\mu}}\right)E_y^{n+2}\left(i,j+\frac{1}{2},k\right)-\frac{\dfrac{\Delta t^2}{\mu\varepsilon\Delta x^2}}{1+\dfrac{\rho\Delta t}{\mu}}E_y^{n+2}\left(i-1,j+\frac{1}{2},k\right) \\
&= E_y^{n+1}\left(i,j+\frac{1}{2},k\right)+\frac{\Delta t}{\varepsilon\Delta z}\left[H_x^{n+1}\left(i,j+\frac{1}{2},k+\frac{1}{2}\right)-H_x^{n+1}\left(i,j+\frac{1}{2},k-\frac{1}{2}\right)\right] \\
&+\frac{\dfrac{\Delta t}{\varepsilon\Delta x}}{1+\dfrac{\rho\Delta t}{\mu}}\left[H_z^{n+1}\left(i-\frac{1}{2},j+\frac{1}{2},k\right)-H_z^{n+1}\left(i+\frac{1}{2},j+\frac{1}{2},k\right)\right] \\
&-\frac{\dfrac{\Delta t^2}{\mu\varepsilon\Delta x\Delta y}}{1+\dfrac{\rho\Delta t}{\mu}}\left[E_x^{n+1}\left(i+\frac{1}{2},j+1,k\right)-E_x^{n+1}\left(i+\frac{1}{2},j,k\right)-E_x^{n+1}\left(i-\frac{1}{2},j+1,k\right)+E_x^{n+1}\left(i-\frac{1}{2},j,k\right)\right]
\end{aligned}
\tag{7.23}
$$

$$
\begin{aligned}
&-\frac{\dfrac{\Delta t^2}{\mu\varepsilon\Delta y^2}}{1+\dfrac{\rho\Delta t}{\mu}}E_z^{n+2}\left(i,j+1,k+\frac{1}{2}\right)+\left(1+\frac{\sigma\Delta t}{\varepsilon}+\frac{\dfrac{\Delta t^2}{\mu\varepsilon\Delta y^2}}{1+\dfrac{\rho\Delta t}{\mu}}\right)E_z^{n+2}\left(i,j,k+\frac{1}{2}\right)-\frac{\dfrac{\Delta t^2}{\mu\varepsilon\Delta y^2}}{1+\dfrac{\rho\Delta t}{\mu}}E_z^{n+2}\left(i,j-1,k+\frac{1}{2}\right) \\
&= E_z^{n+1}\left(i,j,k+\frac{1}{2}\right)+\frac{\Delta t}{\varepsilon\Delta x}\left[H_y^{n+1}\left(i+\frac{1}{2},j,k+\frac{1}{2}\right)-H_y^{n+1}\left(i-\frac{1}{2},j,k+\frac{1}{2}\right)\right] \\
&+\frac{\dfrac{\Delta t}{\varepsilon\Delta y}}{1+\dfrac{\rho\Delta t}{\mu}}\left[H_x^{n+1}\left(i,j-\frac{1}{2},k+\frac{1}{2}\right)-H_x^{n+1}\left(i,j+\frac{1}{2},k+\frac{1}{2}\right)\right] \\
&-\frac{\dfrac{\Delta t^2}{\mu\varepsilon\Delta y\Delta z}}{1+\dfrac{\rho\Delta t}{\mu}}\left[E_y^{n+1}\left(i,j+\frac{1}{2},k+1\right)-E_y^{n+1}\left(i,j+\frac{1}{2},k\right)-E_y^{n+1}\left(i,j-\frac{1}{2},k+1\right)+E_y^{n+1}\left(i,j-\frac{1}{2},k\right)\right]
\end{aligned}
\tag{7.24}
$$

实际执行第二过程时，首先由式(7.22)～式(7.24)解出 E_x^{n+2}、E_y^{n+2} 和 E_z^{n+2}，将其代入式(7.16)～式(7.18)，求得 H_x^{n+2}、H_y^{n+2} 和 H_z^{n+2}。线性方程组[式(7.22)～式(7.24)]是三对角型系统，通过追赶法可以求得其解，其计算量正比于未知量的个数 N，而不是正比于 N^3。

过程一和过程二交替进行，可以实现对电磁场问题的时间步进仿真。由上述过程可见，ADI-FDTD 需要对电场分量进行两层存储，对磁场分量只需一层存储，因而内存占用比传统 FDTD 增加 50%。同时，ADI-FDTD 的计算公式要比传统 FDTD 复杂一些。不过，由于 ADI-FDTD 具有下面将要论述的无条件稳定性，它具有比传统 FDTD 更广泛的适应能力。

7.1.2 ADI-FDTD 解的稳定性

1. 二维问题

先以无耗媒质中的二维 TE 波为例来讨论 ADI-FDTD 差分格式的稳定性问题。在这种情况下，设场不随 y 坐标变化，场分量只有 E_x、E_z 和 H_y，相对于 y 为 TE 波。过程一和过程二的方程各自简化为如下所示。

过程一

$$E_x^{n+1}\left(i+\frac{1}{2},k\right)-E_x^{n}\left(i+\frac{1}{2},k\right)=\frac{\Delta t}{\varepsilon\Delta z}\left[H_y^{n}\left(i+\frac{1}{2},k-\frac{1}{2}\right)-H_y^{n}\left(i+\frac{1}{2},k+\frac{1}{2}\right)\right] \tag{7.25}$$

$$E_z^{n+1}\left(i,k+\frac{1}{2}\right)-E_z^{n}\left(i,k+\frac{1}{2}\right)=\frac{\Delta t}{\varepsilon\Delta x}\left[H_y^{n+1}\left(i+\frac{1}{2},k+\frac{1}{2}\right)-H_y^{n+1}\left(i-\frac{1}{2},k+\frac{1}{2}\right)\right] \tag{7.26}$$

$$\begin{aligned}&H_y^{n+1}\left(i+\frac{1}{2},k+\frac{1}{2}\right)-H_y^{n}\left(i+\frac{1}{2},k+\frac{1}{2}\right)\\&=\frac{\Delta t}{\mu}\left[\frac{E_z^{n+1}\left(i+1,k+\frac{1}{2}\right)-E_z^{n+1}\left(i,k+\frac{1}{2}\right)}{\Delta x}+\frac{E_x^{n}\left(i+\frac{1}{2},k\right)-E_x^{n}\left(i+\frac{1}{2},k+1\right)}{\Delta z}\right]\end{aligned} \tag{7.27}$$

过程二

$$E_x^{n+2}\left(i+\frac{1}{2},k\right)-E_x^{n+1}\left(i+\frac{1}{2},k\right)=\frac{\Delta t}{\varepsilon\Delta z}\left[H_y^{n+2}\left(i+\frac{1}{2},k-\frac{1}{2}\right)-H_y^{n+2}\left(i+\frac{1}{2},k+\frac{1}{2}\right)\right] \tag{7.28}$$

$$E_z^{n+2}\left(i,k+\frac{1}{2}\right)-E_z^{n+1}\left(i,k+\frac{1}{2}\right)=\frac{\Delta t}{\varepsilon\Delta x}\left[H_y^{n+1}\left(i+\frac{1}{2},k+\frac{1}{2}\right)-H_y^{n+1}\left(i-\frac{1}{2},k+\frac{1}{2}\right)\right] \tag{7.29}$$

$$\begin{aligned}&H_y^{n+2}\left(i+\frac{1}{2},k+\frac{1}{2}\right)-H_y^{n+1}\left(i+\frac{1}{2},k+\frac{1}{2}\right)\\&=\frac{\Delta t}{\mu}\left[\frac{E_z^{n+1}\left(i+1,k+\frac{1}{2}\right)-E_z^{n+1}\left(i,k+\frac{1}{2}\right)}{\Delta x}+\frac{E_x^{n+2}\left(i+\frac{1}{2},k\right)-E_x^{n+2}\left(i+\frac{1}{2},k+1\right)}{\Delta z}\right]\end{aligned} \tag{7.30}$$

应用冯·诺依曼方法来分析上述一、二复合过程的稳定性。将下列平面波本征模代入过程一的式(7.25)～式(7.27)

$$E_x^n(i,k)=E_{0x}\xi_1^n\,\mathrm{e}^{\mathrm{j}(ik_x\Delta x+kk_z\Delta z)} \tag{7.31}$$

$$E_z^n(i,k) = E_{0z}\xi_1^n \mathrm{e}^{\mathrm{j}(ik_x\Delta x + kk_z\Delta z)} \tag{7.32}$$

$$H_y^n(i,k) = H_{0y}\xi_1^n \mathrm{e}^{\mathrm{j}(ik_x\Delta x + kk_z\Delta z)} \tag{7.33}$$

式中，$\mathrm{j} = \sqrt{-1}$，ξ_1是过程一的增长因子，可以得到下列关系

$$\begin{bmatrix} \xi_1 - 1 & 0 & \mathrm{j}\dfrac{2\Delta t}{\varepsilon\Delta z}\sin\left(\dfrac{k_z\Delta z}{2}\right) \\ 0 & \xi_1 - 1 & -\mathrm{j}\xi_1\dfrac{2\Delta t}{\varepsilon\Delta x}\sin\left(\dfrac{k_x\Delta x}{2}\right) \\ \mathrm{j}\dfrac{2\Delta t}{\mu\Delta z}\sin\left(\dfrac{k_z\Delta z}{2}\right) & -\mathrm{j}\xi_1\dfrac{2\Delta t}{\mu\Delta x}\sin\left(\dfrac{k_x\Delta x}{2}\right) & \xi_1 - 1 \end{bmatrix} \begin{bmatrix} E_{0x} \\ E_{0z} \\ H_{0y} \end{bmatrix} = 0 \tag{7.34}$$

由该齐次方程组有非零解的条件，系数行列式为零，可得

$$p\xi_1^2 - 2\xi_1 + q = 0 \tag{7.35}$$

式中

$$p = 1 + \left(\frac{2\Delta t}{\sqrt{\mu\varepsilon}\Delta x}\right)^2 \sin^2\left(\frac{k_x\Delta x}{2}\right) \tag{7.36}$$

$$q = 1 + \left(\frac{2\Delta t}{\sqrt{\mu\varepsilon}\Delta z}\right)^2 \sin^2\left(\frac{k_z\Delta z}{2}\right) \tag{7.37}$$

因此，过程一的增长因子可由式(7.35)解出

$$\xi_1 = \frac{1 \pm \mathrm{j}\sqrt{pq-1}}{p} \tag{7.38}$$

相似地，将下列平面波本征模代入过程二的式(7.28)～式(7.30)

$$E_x^n(i,k) = E_{0x}\xi_2^n \mathrm{e}^{\mathrm{j}(ik_x\Delta x + kk_z\Delta z)} \tag{7.39}$$

$$E_z^n(i,k) = E_{0z}\xi_2^n \mathrm{e}^{\mathrm{j}(ik_x\Delta x + kk_z\Delta z)} \tag{7.40}$$

$$H_y^n(i,k) = H_{0y}\xi_2^n \mathrm{e}^{\mathrm{j}(ik_x\Delta x + kk_z\Delta z)} \tag{7.41}$$

式中，ξ_2是过程二的增长因子，可以得到下列关系

$$\begin{bmatrix} \xi_2 - 1 & 0 & \mathrm{j}\xi_2\dfrac{2\Delta t}{\varepsilon\Delta z}\sin\left(\dfrac{k_z\Delta z}{2}\right) \\ 0 & \xi_2 - 1 & -\mathrm{j}\dfrac{2\Delta t}{\varepsilon\Delta x}\sin\left(\dfrac{k_x\Delta x}{2}\right) \\ \mathrm{j}\xi_2\dfrac{2\Delta t}{\mu\Delta z}\sin\left(\dfrac{k_z\Delta z}{2}\right) & -\mathrm{j}\dfrac{2\Delta t}{\mu\Delta x}\sin\left(\dfrac{k_x\Delta x}{2}\right) & \xi_2 - 1 \end{bmatrix} \begin{bmatrix} E_{0x} \\ E_{0z} \\ H_{0y} \end{bmatrix} = 0 \tag{7.42}$$

由该齐次方程组有非零解的条件，系数行列式为零

$$q\xi_2^2 - 2\xi_2 + p = 0 \tag{7.43}$$

可以解出过程二的增长因子为

$$\xi_2 = \frac{1 \pm \mathrm{j}\sqrt{pq-1}}{q} \tag{7.44}$$

因此，过程一和过程二的复合增长因子为

$$\xi = \xi_1 \xi_2 \tag{7.45}$$

其模值

$$|\xi| = |\xi_1||\xi_2| = \sqrt{\frac{q}{p}}\sqrt{\frac{p}{q}} \equiv 1 \tag{7.46}$$

所以，二维 TE 波的 ADI-FDTD 差分格式是无条件稳定的。

习题 7-1　证明二维 TM 波的 ADI-FDTD 差分格式是无条件稳定的。设场不随 y 坐标变化，场分量只有 H_x、H_z 和 E_y，相对于 y 为 TM 波。

2. 三维问题

现在讨论三维无耗媒质中 ADI-FDTD 差分格式的稳定性问题。应用冯 · 诺依曼方法来分析 7.1.1 节中一、二复合过程的稳定性，注意对无耗媒质 $\sigma = \rho = 0$。将下列平面波本征模代入过程一的式(7.7)～式(7.12)

$$E_x^n(i,j,k) = E_{0x}\xi_1^n \mathrm{e}^{\mathrm{j}(ik_x\Delta x + jk_y\Delta y + kk_z\Delta z)} \tag{7.47}$$

$$E_y^n(i,j,k) = E_{0y}\xi_1^n \mathrm{e}^{\mathrm{j}(ik_x\Delta x + jk_y\Delta y + kk_z\Delta z)} \tag{7.48}$$

$$E_z^n(i,j,k) = E_{0z}\xi_1^n \mathrm{e}^{\mathrm{j}(ik_x\Delta x + jk_y\Delta y + kk_z\Delta z)} \tag{7.49}$$

$$H_x^n(i,j,k) = H_{0x}\xi_1^n \mathrm{e}^{\mathrm{j}(ik_x\Delta x + jk_y\Delta y + kk_z\Delta z)} \tag{7.50}$$

$$H_y^n(i,j,k) = H_{0y}\xi_1^n \mathrm{e}^{\mathrm{j}(ik_x\Delta x + jk_y\Delta y + kk_z\Delta z)} \tag{7.51}$$

$$H_z^n(i,j,k) = H_{0z}\xi_1^n \mathrm{e}^{\mathrm{j}(ik_x\Delta x + jk_y\Delta y + kk_z\Delta z)} \tag{7.52}$$

式中，ξ_1 是过程一的增长因子，可以得到下列关系

$$\begin{bmatrix} \xi_1 - 1 & 0 & 0 & 0 & \mathrm{j}q_z & -\mathrm{j}\xi_1 q_y \\ 0 & \xi_1 - 1 & 0 & -\mathrm{j}\xi_1 q_z & 0 & \mathrm{j}q_x \\ 0 & 0 & \xi_1 - 1 & \mathrm{j}q_y & -\mathrm{j}\xi_1 q_x & 0 \\ 0 & -\mathrm{j}\xi_1 r_z & \mathrm{j}r_y & \xi_1 - 1 & 0 & 0 \\ \mathrm{j}r_z & 0 & -\mathrm{j}\xi_1 r_x & 0 & \xi_1 - 1 & 0 \\ -\mathrm{j}\xi_1 r_y & \mathrm{j}r_x & 0 & 0 & 0 & \xi_1 - 1 \end{bmatrix} \begin{bmatrix} E_{0x} \\ E_{0y} \\ E_{0z} \\ H_{0x} \\ H_{0y} \\ H_{0z} \end{bmatrix} = \begin{bmatrix} 0 \\ 0 \\ 0 \\ 0 \\ 0 \\ 0 \end{bmatrix} \tag{7.53}$$

式中

$$q_x = \frac{2\Delta t}{\varepsilon \Delta x}\sin\left(\frac{k_x \Delta x}{2}\right) \tag{7.54}$$

$$q_y = \frac{2\Delta t}{\varepsilon \Delta y}\sin\left(\frac{k_y \Delta y}{2}\right) \tag{7.55}$$

$$q_z = \frac{2\Delta t}{\varepsilon \Delta z}\sin\left(\frac{k_z \Delta z}{2}\right) \tag{7.56}$$

$$r_x = \frac{2\Delta t}{\mu \Delta x}\sin\left(\frac{k_x \Delta x}{2}\right) \tag{7.57}$$

$$r_y = \frac{2\Delta t}{\mu \Delta y}\sin\left(\frac{k_y \Delta y}{2}\right) \tag{7.58}$$

$$r_z = \frac{2\Delta t}{\mu \Delta z}\sin\left(\frac{k_z \Delta z}{2}\right) \tag{7.59}$$

由齐次线性方程组有非零解的条件，系数行列式为零，通过高斯消元法，我们可以得到下列方程

$$\left(\xi_1^2 P_x P_z - M_1 L_1\right)\left(\xi_1^2 P_x P_y - M_1 N_1\right) = \left(\xi_1^2 P_x P_z + M_1 P_z \xi_1\right)\left(\xi_1^2 P_x P_y + M_1 P_y \xi_1\right) \tag{7.60}$$

式中

$$P_x = q_x r_x,\quad P_y = q_y r_y,\quad P_z = q_z r_z \tag{7.61}$$

$$M_1 = \left(\xi_1 - 1\right)^2 + \xi_1^2 P_z + P_y \tag{7.62}$$

$$N_1 = \left(\xi_1 - 1\right)^2 + \xi_1^2 P_x + P_z \tag{7.63}$$

$$L_1 = \left(\xi_1 - 1\right)^2 + \xi_1^2 P_y + P_x \tag{7.64}$$

相似地，对无耗媒质 $\sigma = \rho = 0$，如果将下列平面波本征模代入过程二的式(7.13)～式(7.18)，可得

$$E_x^n(i,j,k) = E_{0x}\xi_2^n \,\mathrm{e}^{\mathrm{j}\left(ik_x\Delta x + jk_y\Delta y + kk_z\Delta z\right)} \tag{7.65}$$

$$E_y^n(i,j,k) = E_{0y}\xi_2^n \,\mathrm{e}^{\mathrm{j}\left(ik_x\Delta x + jk_y\Delta y + kk_z\Delta z\right)} \tag{7.66}$$

$$E_z^n(i,j,k) = E_{0z}\xi_2^n \,\mathrm{e}^{\mathrm{j}\left(ik_x\Delta x + jk_y\Delta y + kk_z\Delta z\right)} \tag{7.67}$$

$$H_x^n(i,j,k) = H_{0x}\xi_2^n \,\mathrm{e}^{\mathrm{j}\left(ik_x\Delta x + jk_y\Delta y + kk_z\Delta z\right)} \tag{7.68}$$

$$H_y^n(i,j,k) = H_{0y}\xi_2^n \,\mathrm{e}^{\mathrm{j}\left(ik_x\Delta x + jk_y\Delta y + kk_z\Delta z\right)} \tag{7.69}$$

$$H_z^n(i,j,k) = H_{0z}\xi_2^n \,\mathrm{e}^{\mathrm{j}\left(ik_x\Delta x + jk_y\Delta y + kk_z\Delta z\right)} \tag{7.70}$$

式中，ξ_2是过程二的增长因子，可以得到下列关系

$$\begin{bmatrix} \xi_2 - 1 & 0 & 0 & 0 & \mathrm{j}\xi_2 q_z & -\mathrm{j}q_y \\ 0 & \xi_2 - 1 & 0 & -\mathrm{j}q_z & 0 & \mathrm{j}\xi_2 q_x \\ 0 & 0 & \xi_2 - 1 & \mathrm{j}\xi_2 q_y & -\mathrm{j}q_x & 0 \\ 0 & -\mathrm{j}r_z & \mathrm{j}\xi_2 r_y & \xi_2 - 1 & 0 & 0 \\ \mathrm{j}\xi_2 r_z & 0 & -\mathrm{j}r_x & 0 & \xi_2 - 1 & 0 \\ -\mathrm{j}r_y & \mathrm{j}\xi_2 r_x & 0 & 0 & 0 & \xi_2 - 1 \end{bmatrix} \begin{bmatrix} E_{0x} \\ E_{0y} \\ E_{0z} \\ H_{0x} \\ H_{0y} \\ H_{0z} \end{bmatrix} = \begin{bmatrix} 0 \\ 0 \\ 0 \\ 0 \\ 0 \\ 0 \end{bmatrix} \tag{7.71}$$

由齐次线性方程组有非零解的条件，系数行列式为零，通过高斯消元法，可以得到下列方程

$$\left(\xi_2^2 P_x P_z - M_2 L_2\right)\left(\xi_2^2 P_x P_y - M_2 N_2\right) = \left(\xi_2^2 P_x P_z + M_2 P_z \xi_2\right)\left(\xi_2^2 P_x P_y + M_2 P_y \xi_2\right) \tag{7.72}$$

式中

$$M_2 = \left(\xi_2 - 1\right)^2 + P_z + \xi_2^2 P_y \tag{7.73}$$

$$N_2 = \left(\xi_2 - 1\right)^2 + P_x + \xi_2^2 P_z \tag{7.74}$$

$$L_2 = \left(\xi_2 - 1\right)^2 + P_y + \xi_2^2 P_x \tag{7.75}$$

习题 7-2 由式(7.60)和式(7.72)证明复合过程(过程一加过程二)是绝对稳定的(提示：在式(7.60)中令 $\xi_1 = 1/\beta$)。

3. 增长矩阵

稳定性的另一种证明方法是从增长矩阵进行分析。将下列平面波本征模分别代入过程一、过程二的差分格式

$$E_x^n(i,j,k) = E_x^n \,\mathrm{e}^{\mathrm{j}\left(ik_x\Delta x + jk_y\Delta y + kk_z\Delta z\right)} \tag{7.76}$$

$$E_y^n(i,j,k) = E_y^n \,\mathrm{e}^{\mathrm{j}\left(ik_x\Delta x + jk_y\Delta y + kk_z\Delta z\right)} \tag{7.77}$$

$$E_z^n(i,j,k) = E_z^n \,\mathrm{e}^{\mathrm{j}\left(ik_x\Delta x + jk_y\Delta y + kk_z\Delta z\right)} \tag{7.78}$$

$$H_x^n(i,j,k) = H_x^n \,\mathrm{e}^{\mathrm{j}\left(ik_x\Delta x + jk_y\Delta y + kk_z\Delta z\right)} \tag{7.79}$$

$$H_y^n(i,j,k) = H_y^n \,\mathrm{e}^{\mathrm{j}\left(ik_x\Delta x + jk_y\Delta y + kk_z\Delta z\right)} \tag{7.80}$$

$$H_z^n(i,j,k) = H_z^n \,\mathrm{e}^{\mathrm{j}\left(ik_x\Delta x + jk_y\Delta y + kk_z\Delta z\right)} \tag{7.81}$$

并且，记

$$\boldsymbol{X}^n = \begin{bmatrix} E_x^n \\ E_y^n \\ E_z^n \\ H_x^n \\ H_y^n \\ H_z^n \end{bmatrix} \tag{7.82}$$

可得

$$\boldsymbol{X}^{n+1} = \boldsymbol{\Lambda}_1 \boldsymbol{X}^n \quad (\text{过程一}) \tag{7.83}$$

$$\boldsymbol{X}^{n+2} = \boldsymbol{\Lambda}_2 \boldsymbol{X}^{n+1} \quad (\text{过程二}) \tag{7.84}$$

复合过程为

$$\boldsymbol{X}^{n+2} = \boldsymbol{\Lambda}_2 \boldsymbol{\Lambda}_1 \boldsymbol{X}^n = \boldsymbol{\Lambda} \boldsymbol{X}^n \tag{7.85}$$

式中，$\boldsymbol{\Lambda}$ 称为复合过程的增长矩阵。如果增长矩阵的所有本征值的幅值小于或等于 1，则该复合过程是稳定的。通过复杂的分析过程，可以求得增长矩阵的所有本征值，它们的幅值都

等于 1，因此，ADI-FDTD 差分格式是无条件稳定的。

利用增长矩阵还可以分析 ADI-FDTD 法的数值色散。考虑单色平面波，设式(7.82)中的 $\boldsymbol{X}^n=\boldsymbol{X}_0\mathrm{e}^{\mathrm{j}\omega n\Delta t}$，代入式(7.85)，得

$$\left(\mathrm{e}^{\mathrm{j}\omega 2\Delta t}\boldsymbol{I}-\boldsymbol{\varLambda}\right)\boldsymbol{X}_0=0 \tag{7.86}$$

由式(7.86)有非零解的条件可得

$$\det\left(\mathrm{e}^{\mathrm{j}\omega 2\Delta t}\boldsymbol{I}-\boldsymbol{\varLambda}\right)=0 \tag{7.87}$$

解方程(7.87)可得 ADI-FDTD 的数值色散关系。

7.1.3　ADI-FDTD 的吸收边界条件

选择与 ADI-FDTD 差分格式相配合的吸收边界条件的原则是：吸收边界条件的引入不破坏时间步进过程的无条件稳定性。目前采用的方案有：①采用 Mur 的吸收边界条件。②在普通 FDTD 全局粗网格中嵌套 ADI-FDTD 局部细网格，仿真截断边界位于普通 FDTD 区，吸收边界条件的处理与普通 FDTD 法相同。③采用 ADI-FDTD 差分格式的 PML 媒质。下面详细介绍 PML 媒质中的 ADI-FDTD 差分格式。

1. Gedney 的 PML 媒质

下面讨论 Gedney 的 PML 媒质中的 ADI-FDTD 格式。不失一般性，设 PML 媒质与 FDTD 仿真区域的分界面为 $z=\text{const}$ 平面，仿真区媒质无耗。于是，PML 媒质中的电磁场满足式(4.247)和式(4.248)，写成时域分量表达式为

$$\frac{\partial E_y}{\partial t}+\left(\frac{\sigma_z}{\varepsilon_0}\right)E_x=\frac{1}{\varepsilon}\left(\frac{\partial H_x}{\partial z}-\frac{\partial H_z}{\partial x}\right)\ \frac{\partial E_x}{\partial t}+\left(\frac{\sigma_z}{\varepsilon_0}\right)E_x=\frac{1}{\varepsilon}\left(\frac{\partial H_z}{\partial y}-\frac{\partial H_y}{\partial z}\right) \tag{7.88}$$

(7.89)

$$\varepsilon\frac{\partial \overline{E}_z}{\partial t}=\frac{\partial H_y}{\partial x}-\frac{\partial H_x}{\partial y} \tag{7.90}$$

$$\frac{\partial H_x}{\partial t}+\left(\frac{\rho_z}{\mu_0}\right)H_x=\frac{1}{\mu}\left(\frac{\partial E_y}{\partial z}-\frac{\partial E_z}{\partial y}\right) \tag{7.91}$$

$$\frac{\partial H_y}{\partial t}+\left(\frac{\rho_z}{\mu_0}\right)H_y=\frac{1}{\mu}\left(\frac{\partial E_z}{\partial x}-\frac{\partial E_x}{\partial z}\right) \tag{7.92}$$

$$\mu\frac{\partial \overline{H}_z}{\partial t}=\frac{\partial E_x}{\partial y}-\frac{\partial E_y}{\partial x} \tag{7.93}$$

式中，σ_z 和 ρ_z 满足匹配条件

$$\frac{\sigma_z}{\varepsilon_0}=\frac{\rho_z}{\mu_0} \tag{7.94}$$

$\overline{E}_z$、$\overline{H}_z$ 满足下列方程

$$\frac{\partial \overline{E}_z}{\partial t}+\frac{\sigma_z}{\varepsilon_0}\overline{E}_z=\frac{\partial E_z}{\partial t} \tag{7.95}$$

$$\frac{\partial \overline{H}_z}{\partial t}+\frac{\rho_z}{\mu_0}\overline{H}_z=\frac{\partial H_z}{\partial t} \tag{7.96}$$

写成差分式为

$$E_z^{n+1}=E_z^n+\left(1+\frac{\sigma_z\Delta t}{2\varepsilon_0}\right)\overline{E}_z^{n+1}-\left(1-\frac{\sigma_z\Delta t}{2\varepsilon_0}\right)\overline{E}_z^n \tag{7.97}$$

$$H_z^{n+1}=H_z^n+\left(1+\frac{\rho_z\Delta t}{2\mu_0}\right)\overline{H}_z^{n+1}-\left(1-\frac{\rho_z\Delta t}{2\mu_0}\right)\overline{H}_z^n \tag{7.98}$$

方程(7.116)～方程(7.121)的 ADI-FDTD 算法由两个过程组成。

过程一：方程(7.88)～方程(7.93)右边第一项采用隐式差分格式，第二项采用显式差分格式。

$$\begin{aligned}&\left(1+\frac{\sigma_z\Delta t}{\varepsilon_0}\right)E_x^{n+1}\left(i+\frac{1}{2},j,k\right)-E_x^n\left(i+\frac{1}{2},j,k\right)\\&=\frac{\Delta t}{\varepsilon}\left[\frac{H_z^{n+1}\left(i+\frac{1}{2},j+\frac{1}{2},k\right)-H_z^{n+1}\left(i+\frac{1}{2},j-\frac{1}{2},k\right)}{\Delta y}+\frac{H_y^n\left(i+\frac{1}{2},j,k-\frac{1}{2}\right)-H_y^n\left(i+\frac{1}{2},j,k+\frac{1}{2}\right)}{\Delta z}\right]\end{aligned} \tag{7.99}$$

$$\begin{aligned}&\left(1+\frac{\sigma_z\Delta t}{\varepsilon_0}\right)E_y^{n+1}\left(i,j+\frac{1}{2},k\right)-E_y^n\left(i,j+\frac{1}{2},k\right)\\&=\frac{\Delta t}{\varepsilon}\left[\frac{H_x^{n+1}\left(i,j+\frac{1}{2},k+\frac{1}{2}\right)-H_x^{n+1}\left(i,j+\frac{1}{2},k-\frac{1}{2}\right)}{\Delta z}+\frac{H_z^n\left(i-\frac{1}{2},j+\frac{1}{2},k\right)-H_z^n\left(i+\frac{1}{2},j+\frac{1}{2},k\right)}{\Delta x}\right]\end{aligned} \tag{7.100}$$

$$\begin{aligned}&\overline{E}_z^{n+1}\left(i,j,k+\frac{1}{2}\right)-\overline{E}_z^n\left(i,j,k+\frac{1}{2}\right)\\&=\frac{\Delta t}{\varepsilon}\left[\frac{H_y^{n+1}\left(i+\frac{1}{2},j,k+\frac{1}{2}\right)-H_y^{n+1}\left(i-\frac{1}{2},j,k+\frac{1}{2}\right)}{\Delta x}+\frac{H_x^n\left(i,j-\frac{1}{2},k+\frac{1}{2}\right)-H_x^n\left(i,j+\frac{1}{2},k+\frac{1}{2}\right)}{\Delta y}\right]\end{aligned} \tag{7.101}$$

$$\begin{aligned}&\left(1+\frac{\rho_z\Delta t}{\mu_0}\right)H_x^{n+1}\left(i,j+\frac{1}{2},k+\frac{1}{2}\right)-H_x^n\left(i,j+\frac{1}{2},k+\frac{1}{2}\right)\\&=\frac{\Delta t}{\mu}\left[\frac{E_y^{n+1}\left(i,j+\frac{1}{2},k+1\right)-E_y^{n+1}\left(i,j+\frac{1}{2},k\right)}{\Delta z}+\frac{E_z^n\left(i,j,k+\frac{1}{2}\right)-E_z^n\left(i,j+1,k+\frac{1}{2}\right)}{\Delta y}\right]\end{aligned} \tag{7.102}$$

$$\begin{aligned}&\left(1+\frac{\rho_z\Delta t}{\mu_0}\right)H_y^{n+1}\left(i+\frac{1}{2},j,k+\frac{1}{2}\right)-H_y^n\left(i+\frac{1}{2},j,k+\frac{1}{2}\right)\\&=\frac{\Delta t}{\mu}\left[\frac{E_z^{n+1}\left(i+1,j,k+\frac{1}{2}\right)-E_z^{n+1}\left(i,j,k+\frac{1}{2}\right)}{\Delta x}+\frac{E_x^n\left(i+\frac{1}{2},j,k\right)-E_x^n\left(i+\frac{1}{2},j,k+1\right)}{\Delta z}\right]\end{aligned} \tag{7.103}$$

$$
\begin{aligned}
&\overline{H}_z^{n+1}\left(i+\frac{1}{2},j+\frac{1}{2},k\right)-\overline{H}_z^{n}\left(i+\frac{1}{2},j+\frac{1}{2},k\right)\\
&=\frac{\Delta t}{\mu}\left[\frac{E_x^{n+1}\left(i+\frac{1}{2},j+1,k\right)-E_x^{n+1}\left(i+\frac{1}{2},j,k\right)}{\Delta y}+\frac{E_y^{n}\left(i,j+\frac{1}{2},k\right)-E_y^{n}\left(i+1,j+\frac{1}{2},k\right)}{\Delta x}\right]
\end{aligned}
\tag{7.104}
$$

过程二　方程(7.88)～方程(7.93)右边第一项采用显式差分格式，第二项采用隐式差分格式。

$$
\begin{aligned}
&\left(1+\frac{\sigma_z\Delta t}{\varepsilon_0}\right)E_x^{n+2}\left(i+\frac{1}{2},j,k\right)-E_x^{n+1}\left(i+\frac{1}{2},j,k\right)\\
&=\frac{\Delta t}{\varepsilon}\left[\frac{H_z^{n+1}\left(i+\frac{1}{2},j+\frac{1}{2},k\right)-H_z^{n+1}\left(i+\frac{1}{2},j-\frac{1}{2},k\right)}{\Delta y}+\frac{H_y^{n+2}\left(i+\frac{1}{2},j,k-\frac{1}{2}\right)-H_y^{n+2}\left(i+\frac{1}{2},j,k+\frac{1}{2}\right)}{\Delta z}\right]
\end{aligned}
\tag{7.105}
$$

$$
\begin{aligned}
&\left(1+\frac{\sigma_z\Delta t}{\varepsilon_0}\right)E_y^{n+2}\left(i,j+\frac{1}{2},k\right)-E_y^{n+1}\left(i,j+\frac{1}{2},k\right)\\
&=\frac{\Delta t}{\varepsilon}\left[\frac{H_x^{n+1}\left(i,j+\frac{1}{2},k+\frac{1}{2}\right)-H_x^{n+1}\left(i,j+\frac{1}{2},k-\frac{1}{2}\right)}{\Delta z}+\frac{H_z^{n+2}\left(i-\frac{1}{2},j+\frac{1}{2},k\right)-H_z^{n+2}\left(i+\frac{1}{2},j+\frac{1}{2},k\right)}{\Delta x}\right]
\end{aligned}
\tag{7.106}
$$

$$
\begin{aligned}
&\overline{E}_z^{n+2}\left(i,j,k+\frac{1}{2}\right)-\overline{E}_z^{n+1}\left(i,j,k+\frac{1}{2}\right)\\
&=\frac{\Delta t}{\varepsilon}\left[\frac{H_y^{n+1}\left(i+\frac{1}{2},j,k+\frac{1}{2}\right)-H_y^{n+1}\left(i-\frac{1}{2},j,k+\frac{1}{2}\right)}{\Delta x}+\frac{H_x^{n+2}\left(i,j-\frac{1}{2},k+\frac{1}{2}\right)-H_x^{n+2}\left(i,j+\frac{1}{2},k+\frac{1}{2}\right)}{\Delta y}\right]
\end{aligned}
\tag{7.107}
$$

$$
\begin{aligned}
&\left(1+\frac{\rho_z\Delta t}{\mu_0}\right)H_x^{n+2}\left(i,j+\frac{1}{2},k+\frac{1}{2}\right)-H_x^{n+1}\left(i,j+\frac{1}{2},k+\frac{1}{2}\right)\\
&=\frac{\Delta t}{\mu}\left[\frac{E_y^{n+1}\left(i,j+\frac{1}{2},k+1\right)-E_y^{n+1}\left(i,j+\frac{1}{2},k\right)}{\Delta z}+\frac{E_z^{n+2}\left(i,j,k+\frac{1}{2}\right)-E_z^{n+2}\left(i,j+1,k+\frac{1}{2}\right)}{\Delta y}\right]
\end{aligned}
\tag{7.108}
$$

$$
\begin{aligned}
&\left(1+\frac{\rho_z\Delta t}{\mu_0}\right)H_y^{n+2}\left(i+\frac{1}{2},j,k+\frac{1}{2}\right)-H_y^{n+1}\left(i+\frac{1}{2},j,k+\frac{1}{2}\right)\\
&=\frac{\Delta t}{\mu}\left[\frac{E_z^{n+1}\left(i+1,j,k+\frac{1}{2}\right)-E_z^{n+1}\left(i,j,k+\frac{1}{2}\right)}{\Delta x}+\frac{E_x^{n+2}\left(i+\frac{1}{2},j,k\right)-E_x^{n+2}\left(i+\frac{1}{2},j,k+1\right)}{\Delta z}\right]
\end{aligned}
\tag{7.109}
$$

$$
\begin{aligned}
&\overline{H}_z^{n+2}\left(i+\frac{1}{2},j+\frac{1}{2},k\right)-\overline{H}_z^{n+1}\left(i+\frac{1}{2},j+\frac{1}{2},k\right)\\
&=\frac{\Delta t}{\mu}\left[\frac{E_x^{n+1}\left(i+\frac{1}{2},j+1,k\right)-E_x^{n+1}\left(i+\frac{1}{2},j,k\right)}{\Delta y}+\frac{E_y^{n+2}\left(i,j+\frac{1}{2},k\right)-E_y^{n+2}\left(i+1,j+\frac{1}{2},k\right)}{\Delta x}\right]
\end{aligned}
\tag{7.110}
$$

在第一过程中，将式(7.98)和式(7.104)的 H_z^{n+1} 、$\overline{H}_z^{n+1}$ 代入式(7.99)，可整理得到

$$
\begin{aligned}
&-\frac{\Delta t^2}{\mu\varepsilon\Delta y^2}E_x^{n+1}\left(i+\frac{1}{2},j+1,k\right)+\left(\frac{1+\dfrac{\sigma_z\Delta t}{\varepsilon_0}}{1+\dfrac{\sigma_z\Delta t}{2\varepsilon_0}}+\frac{2\Delta t^2}{\mu\varepsilon\Delta y^2}\right)E_x^{n+1}\left(i+\frac{1}{2},j,k\right)-\frac{\Delta t^2}{\mu\varepsilon\Delta y^2}E_x^{n+1}\left(i+\frac{1}{2},j-1,k\right)\\
&=\frac{1}{1+\dfrac{\sigma_z\Delta t}{2\varepsilon_0}}E_x^n\left(i+\frac{1}{2},j,k\right)\\
&+\frac{\dfrac{\Delta t}{\varepsilon}}{1+\dfrac{\sigma_z\Delta t}{2\varepsilon_0}}\left[\frac{H_z^n\left(i+\frac{1}{2},j+\frac{1}{2},k\right)-H_z^n\left(i+\frac{1}{2},j-\frac{1}{2},k\right)}{\Delta y}+\frac{H_y^n\left(i+\frac{1}{2},j,k-\frac{1}{2}\right)-H_y^n\left(i+\frac{1}{2},j,k+\frac{1}{2}\right)}{\Delta z}\right]\\
&-\frac{\Delta t^2}{\mu\varepsilon\Delta y\Delta x}\left[E_y^n\left(i+1,j+\frac{1}{2},k\right)-E_y^n\left(i,j+\frac{1}{2},k\right)-E_y^n\left(i+1,j-\frac{1}{2},k\right)+E_y^n\left(i,j-\frac{1}{2},k\right)\right]\\
&+\frac{\dfrac{\sigma_z\Delta t^2}{\varepsilon\varepsilon_0\Delta y}}{1+\dfrac{\sigma_z\Delta t}{2\varepsilon_0}}\left[\overline{H}_z^n\left(i+\frac{1}{2},j+\frac{1}{2},k\right)-\overline{H}_z^n\left(i+\frac{1}{2},j-\frac{1}{2},k\right)\right]
\end{aligned}
\tag{7.111}
$$

将式(7.102)的 H_x^{n+1} 代入式(7.100)，可整理得到

$$
\begin{aligned}
&-\frac{\dfrac{\Delta t^2}{\mu\varepsilon\Delta z^2}}{1+\dfrac{\sigma_z\Delta t}{\varepsilon_0}}E_y^{n+1}\left(i,j+\frac{1}{2},k+1\right)+\left(1+\frac{\sigma_z\Delta t}{\varepsilon_0}+\frac{\dfrac{2\Delta t^2}{\mu\varepsilon\Delta z^2}}{1+\dfrac{\sigma_z\Delta t}{\varepsilon_0}}\right)E_y^{n+1}\left(i,j+\frac{1}{2},k\right)\\
&-\frac{\dfrac{\Delta t^2}{\mu\varepsilon\Delta z^2}}{1+\dfrac{\sigma_z\Delta t}{\varepsilon_0}}E_y^{n+1}\left(i,j+\frac{1}{2},k-1\right)\\
&=E_y^n\left(i,j+\frac{1}{2},k\right)+\frac{\Delta t}{\varepsilon\Delta x}\left[H_z^n\left(i-\frac{1}{2},j+\frac{1}{2},k\right)-H_z^n\left(i+\frac{1}{2},j+\frac{1}{2},k\right)\right]\\
&+\frac{\dfrac{\Delta t}{\varepsilon\Delta z}}{1+\dfrac{\sigma_z\Delta t}{\varepsilon_0}}\left[H_x^n\left(i,j+\frac{1}{2},k+\frac{1}{2}\right)-H_x^n\left(i,j+\frac{1}{2},k-\frac{1}{2}\right)\right]\\
&-\frac{\dfrac{\Delta t^2}{\mu\varepsilon\Delta y\Delta z}}{1+\dfrac{\sigma_z\Delta t}{\varepsilon_0}}\left[E_z^n\left(i,j+1,k+\frac{1}{2}\right)-E_z^n\left(i,j,k+\frac{1}{2}\right)-E_z^n\left(i,j+1,k-\frac{1}{2}\right)+E_z^n\left(i,j,k-\frac{1}{2}\right)\right]
\end{aligned}
\tag{7.112}
$$

将式(7.103)和式(7.107)的 H_y^{n+1} 和 E_z^{n+1} 代入式(7.101)，可整理得到

$$
\begin{aligned}
&-\frac{1+\dfrac{\sigma_z\Delta t}{2\varepsilon_0}}{1+\dfrac{\sigma_z\Delta t}{\varepsilon_0}}\frac{\Delta t^2}{\mu\varepsilon\Delta x^2}\overline{E}_z^{n+1}\left(i+1,j,k+\frac{1}{2}\right)+\left(1+\frac{1+\dfrac{\sigma_z\Delta t}{2\varepsilon_0}}{1+\dfrac{\sigma_z\Delta t}{\varepsilon_0}}\frac{2\Delta t^2}{\mu\varepsilon\Delta x^2}\right)\overline{E}_z^{n+1}\left(i,j,k+\frac{1}{2}\right)\\
&-\frac{1+\dfrac{\sigma_z\Delta t}{2\varepsilon_0}}{1+\dfrac{\sigma_z\Delta t}{\varepsilon_0}}\frac{\Delta t^2}{\mu\varepsilon\Delta x^2}\overline{E}_z^{n+1}\left(i-1,j,k+\frac{1}{2}\right)\\
&=\overline{E}_z^{n}\left(i,j,k+\frac{1}{2}\right)+\frac{\Delta t}{\varepsilon\Delta y}\left[H_x^n\left(i,j-\frac{1}{2},k+\frac{1}{2}\right)-H_x^n\left(i,j+\frac{1}{2},k+\frac{1}{2}\right)\right]\\
&+\frac{\dfrac{\Delta t}{\varepsilon\Delta x}}{1+\dfrac{\sigma_z\Delta t}{\varepsilon_0}}\left[H_y^n\left(i+\frac{1}{2},j,k+\frac{1}{2}\right)-H_y^n\left(i-\frac{1}{2},j,k+\frac{1}{2}\right)\right]\\
&-\frac{\dfrac{\Delta t^2}{\mu\varepsilon\Delta x\Delta z}}{1+\dfrac{\sigma_z\Delta t}{\varepsilon_0}}\left[E_x^n\left(i+\frac{1}{2},j,k+1\right)-E_x^n\left(i+\frac{1}{2},j,k\right)-E_x^n\left(i-\frac{1}{2},j,k+1\right)+E_x^n\left(i-\frac{1}{2},j,k\right)\right]\\
&+\frac{\dfrac{\Delta t^2}{\mu\varepsilon\Delta x^2}}{1+\dfrac{\sigma_z\Delta t}{\varepsilon_0}}\left\{E_z^n\left(i+1,j,k+\frac{1}{2}\right)-2E_z^n\left(i,j,k+\frac{1}{2}\right)+E_z^n\left(i-1,j,k+\frac{1}{2}\right)\right.\\
&\left.-\left(1-\frac{\sigma_z\Delta t}{2\varepsilon_0}\right)\left[\overline{E}_z^n\left(i+1,j,k+\frac{1}{2}\right)-2\overline{E}_z^n\left(i,j,k+\frac{1}{2}\right)+\overline{E}_z^n\left(i-1,j,k+\frac{1}{2}\right)\right]\right\}
\end{aligned}
\tag{7.113}
$$

实际执行第一过程时，首先由式(7.111)～式(7.113)和式(7.97)解出 E_x^{n+1} 、E_y^{n+1} 和 E_z^{n+1} ，将其代入式(7.102)～式(7.104)和(7.98)，求得 H_x^{n+1} 、H_y^{n+1} 和 H_z^{n+1} 。线性方程组[式(7.111)～式(7.113)]是三对角型系统，通过追赶法可以求得其解，其计算量正比于未知量的个数 N，而不是正比于 N^3。

相似地，在第二过程中，将式(7.109)的 H_y^{n+2} 代入式(7.105)，可整理得到

$$
\begin{aligned}
&-\frac{\dfrac{\Delta t^2}{\mu\varepsilon\Delta z^2}}{1+\dfrac{\sigma_z\Delta t}{\varepsilon_0}}E_x^{n+2}\left(i+\frac{1}{2},j,k+1\right)+\left(1+\frac{\sigma_z\Delta t}{\varepsilon_0}+\frac{\dfrac{2\Delta t^2}{\mu\varepsilon\Delta z^2}}{1+\dfrac{\sigma_z\Delta t}{\varepsilon_0}}\right)E_x^{n+2}\left(i+\frac{1}{2},j,k\right)\\
&-\frac{\dfrac{\Delta t^2}{\mu\varepsilon\Delta z^2}}{1+\dfrac{\sigma_z\Delta t}{\varepsilon_0}}E_x^{n+2}\left(i+\frac{1}{2},j,k-1\right)
\end{aligned}
$$

$$
\begin{aligned}
&= E_x^{n+1}\left(i+\frac{1}{2},j,k\right)+\frac{\Delta t}{\varepsilon\Delta y}\left[H_z^{n+1}\left(i+\frac{1}{2},j+\frac{1}{2},k\right)-H_z^{n+1}\left(i+\frac{1}{2},j-\frac{1}{2},k\right)\right]\\
&+\frac{\dfrac{\Delta t}{\varepsilon\Delta z}}{1+\dfrac{\sigma_z\Delta t}{\varepsilon_0}}\left[H_y^{n+1}\left(i+\frac{1}{2},j,k-\frac{1}{2}\right)-H_y^{n+1}\left(i+\frac{1}{2},j,k+\frac{1}{2}\right)\right]\\
&-\frac{\dfrac{\Delta t^2}{\mu\varepsilon\Delta z\Delta x}}{1+\dfrac{\sigma_z\Delta t}{\varepsilon_0}}\left[E_z^{n+1}\left(i+1,j,k+\frac{1}{2}\right)-E_z^{n+1}\left(i,j,k+\frac{1}{2}\right)-E_z^{n+1}\left(i+1,j,k-\frac{1}{2}\right)+E_z^{n+1}\left(i,j,k-\frac{1}{2}\right)\right]
\end{aligned}
\tag{7.114}
$$

将式(7.98)和式(7.110)的 H_z^{n+2} 和 $\overline{H}_z^{n+2}$ 代入式(7.106)，可整理得到

$$
\begin{aligned}
&-\frac{\Delta t^2}{\mu\varepsilon\Delta x^2}E_y^{n+2}\left(i+1,j+\frac{1}{2},k\right)+\left(\frac{1+\dfrac{\sigma_z\Delta t}{\varepsilon_0}}{1+\dfrac{\sigma_z\Delta t}{2\varepsilon_0}}+\frac{2\Delta t^2}{\mu\varepsilon\Delta x^2}\right)E_y^{n+2}\left(i,j+\frac{1}{2},k\right)-\frac{\Delta t^2}{\mu\varepsilon\Delta x^2}E_y^{n+2}\left(i-1,j+\frac{1}{2},k\right)\\
&=\frac{1}{1+\dfrac{\sigma_z\Delta t}{2\varepsilon_0}}E_y^{n+1}\left(i,j+\frac{1}{2},k\right)+\frac{\dfrac{\Delta t}{\varepsilon}}{1+\dfrac{\sigma_z\Delta t}{2\varepsilon_0}}\\
&\times\left[\frac{H_x^{n+1}\left(i,j+\frac{1}{2},k+\frac{1}{2}\right)-H_x^{n+1}\left(i,j+\frac{1}{2},k-\frac{1}{2}\right)}{\Delta z}+\frac{H_z^{n+1}\left(i-\frac{1}{2},j+\frac{1}{2},k\right)-H_z^{n+1}\left(i+\frac{1}{2},j+\frac{1}{2},k\right)}{\Delta x}\right]\\
&-\frac{\Delta t^2}{\mu\varepsilon\Delta x\Delta y}\left[E_x^{n+1}\left(i+\frac{1}{2},j+1,k\right)-E_x^{n+1}\left(i+\frac{1}{2},j,k\right)-E_x^{n+1}\left(i-\frac{1}{2},j+1,k\right)+E_x^{n+1}\left(i-\frac{1}{2},j,k\right)\right]\\
&-\frac{\dfrac{\sigma_z\Delta t^2}{\varepsilon\varepsilon_0\Delta x}}{1+\dfrac{\sigma_z\Delta t}{2\varepsilon_0}}\left[\overline{H}_z^{n+1}\left(i+\frac{1}{2},j+\frac{1}{2},k\right)-\overline{H}_z^{n+1}\left(i-\frac{1}{2},j+\frac{1}{2},k\right)\right]
\end{aligned}
\tag{7.115}
$$

将式(7.108)和式(7.97)的 H_x^{n+2} 和 E_z^{n+2} 代入式(7.107)，可整理得到

$$
\begin{aligned}
&-\frac{1+\dfrac{\sigma_z\Delta t}{2\varepsilon_0}}{1+\dfrac{\sigma_z\Delta t}{\varepsilon_0}}\frac{\Delta t^2}{\mu\varepsilon\Delta y^2}\overline{E}_z^{n+2}\left(i,j+1,k+\frac{1}{2}\right)+\left(1+\frac{1+\dfrac{\sigma_z\Delta t}{2\varepsilon_0}}{1+\dfrac{\sigma_z\Delta t}{\varepsilon_0}}\frac{2\Delta t^2}{\mu\varepsilon\Delta y^2}\right)\overline{E}_z^{n+2}\left(i,j,k+\frac{1}{2}\right)\\
&-\frac{1+\dfrac{\sigma_z\Delta t}{2\varepsilon_0}}{1+\dfrac{\sigma_z\Delta t}{\varepsilon_0}}\frac{\Delta t^2}{\mu\varepsilon\Delta y^2}\overline{E}_z^{n+2}\left(i,j-1,k+\frac{1}{2}\right)
\end{aligned}
$$

$$
\begin{aligned}
&= \overline{E}_z^{n+1}\left(i,j,k+\frac{1}{2}\right)+\frac{\Delta t}{\varepsilon\Delta x}\left[H_y^{n+1}\left(i+\frac{1}{2},j,k+\frac{1}{2}\right)-H_y^{n+1}\left(i-\frac{1}{2},j,k+\frac{1}{2}\right)\right]\\
&+\frac{\dfrac{\Delta t}{\varepsilon\Delta y}}{1+\dfrac{\sigma_z\Delta t}{\varepsilon_0}}\left[H_x^{n+1}\left(i,j-\frac{1}{2},k+\frac{1}{2}\right)-H_x^{n+1}\left(i,j+\frac{1}{2},k+\frac{1}{2}\right)\right]\\
&-\frac{\dfrac{\Delta t^2}{\mu\varepsilon\Delta y\Delta z}}{1+\dfrac{\sigma_z\Delta t}{\varepsilon_0}}\left[E_y^{n+1}\left(i,j+\frac{1}{2},k+1\right)-E_y^{n+1}\left(i,j+\frac{1}{2},k\right)-E_y^{n+1}\left(i,j-\frac{1}{2},k+1\right)+E_y^{n+1}\left(i,j-\frac{1}{2},k\right)\right]\\
&+\frac{\dfrac{\Delta t^2}{\mu\varepsilon\Delta y^2}}{1+\dfrac{\sigma_z\Delta t}{\varepsilon_0}}\left\{E_z^{n+1}\left(i,j+1,k+\frac{1}{2}\right)-2E_z^{n+1}\left(i,j,k+\frac{1}{2}\right)+E_z^{n+1}\left(i,j-1,k+\frac{1}{2}\right)\right.\\
&\left.-\left(1-\frac{\sigma_z\Delta t}{\varepsilon_0}\right)\left[\overline{E}_z^{n+1}\left(i,j+1,k+\frac{1}{2}\right)-2\overline{E}_z^{n+1}\left(i,j,k+\frac{1}{2}\right)+\overline{E}_z^{n+1}\left(i,j-1,k+\frac{1}{2}\right)\right]\right\}
\end{aligned}
\tag{7.116}
$$

实际执行第二过程时，首先由式(7.114)～式(7.116)和式(7.97)解出 E_x^{n+2} 、E_y^{n+2} 和 E_z^{n+2} ，将其代入式(7.108)～式(7.110)和式(7.98)，求得 H_x^{n+2} 、H_y^{n+2} 和 H_z^{n+2} 。线性方程组[式(7.114)～式(7.116)]是三对角型系统，通过追赶法可以求得其解，其计算量正比于未知量的个数 N，而不是正比于 N^3。

由上述公式已经看到，如果在 PML 媒质中采用 ADI-FDTD 算法，计算公式异常复杂，计算成本将增加。如果仿真区域是有耗媒质，其对应的 Gedney-PML 媒质的计算公式的复杂性将进一步增加。因此，对于 ADI-FDTD 算法，需要研究和采用别的高效、实用的吸收边界条件。

2. Berenger 的 PML 媒质

下面讨论 Berenger 的 PML 媒质中的 ADI-FDTD 格式。PML 媒质中的分裂电磁场满足式(5.150)～式(5.161)。

过程一　对 E_x 和 H_z 的分裂电磁场方程进行 ADI-FDTD 差分化，可以得到如下 E_{xz} 分量的显式差分格式

$$
E_{xz}\Big|_{i+\frac{1}{2},j,k}^{n+1}=C_{aa,i+\frac{1}{2},j,k}E_{xz}\Big|_{i+\frac{1}{2},j,k}^{n}-C_{bb,i+\frac{1}{2},j,k}\left(\begin{array}{c}\dfrac{H_{yz}\Big|_{i+\frac{1}{2},j,k+\frac{1}{2}}^{n}-H_{yz}\Big|_{i+\frac{1}{2},j,k-\frac{1}{2}}^{n}}{\Delta z}\\ -\dfrac{H_{yx}\Big|_{i+\frac{1}{2},j,k+\frac{1}{2}}^{n}-H_{yx}\Big|_{i+\frac{1}{2},j,k-\frac{1}{2}}^{n}}{\Delta z}\end{array}\right)
\tag{7.117}
$$

式中

$$C_{aa,i+\frac{1}{2},j,k} = \frac{2\varepsilon_{i+\frac{1}{2},j,k} - \sigma_{z,i+\frac{1}{2},j,k}\Delta t}{2\varepsilon_{i+\frac{1}{2},j,k} + \sigma_{z,i+\frac{1}{2},j,k}\Delta t} \tag{7.118}$$

$$C_{bb,i+\frac{1}{2},j,k} = \frac{2\Delta t}{2\varepsilon_{i+\frac{1}{2},j,k} + \sigma_{z,i+\frac{1}{2},j,k}\Delta t} \tag{7.119}$$

E_{xy} 分量沿 y 走向的隐式差分格式为

$$\begin{aligned}
&C_{a,i+\frac{1}{2},j,k} E_{xy}\Big|_{i+\frac{1}{2},j,k}^{n+1} - C_{b,i+\frac{1}{2},j,k} E_{xy}\Big|_{i+\frac{1}{2},j+1,k}^{n+1} - C_{c,i+\frac{1}{2},j,k} E_{xy}\Big|_{i+\frac{1}{2},j-1,k}^{n+1} \\
&= C_{d,i+\frac{1}{2},j,k} E_{xy}\Big|_{i+\frac{1}{2},j,k}^{n} + C_{ey,i+\frac{1}{2},j,k} H_{zy}\Big|_{i+\frac{1}{2},j+\frac{1}{2},k}^{n} - C_{fy,i+\frac{1}{2},j,k} H_{zy}\Big|_{i+\frac{1}{2},j-\frac{1}{2},k}^{n} + C_{ex,i+\frac{1}{2},j,k} H_{zx}\Big|_{i+\frac{1}{2},j+\frac{1}{2},k}^{n} \\
&\quad - C_{fx,i+\frac{1}{2},j,k} H_{zx}\Big|_{i+\frac{1}{2},j-\frac{1}{2},k}^{n} - C_{g,i+\frac{1}{2},j,k}\left(E_{yx}\Big|_{i+1,j+\frac{1}{2},k}^{n} + E_{yz}\Big|_{i+1,j+\frac{1}{2},k}^{n} - E_{yx}\Big|_{i,j+\frac{1}{2},k}^{n} - E_{yz}\Big|_{i,j+\frac{1}{2},k}^{n} \right) \\
&\quad + C_{h,i+\frac{1}{2},j,k}\left(E_{yx}\Big|_{i+1,j-\frac{1}{2},k}^{n} + E_{yz}\Big|_{i+1,j-\frac{1}{2},k}^{n} - E_{yx}\Big|_{i,j-\frac{1}{2},k}^{n} - E_{yz}\Big|_{i,j-\frac{1}{2},k}^{n} \right) \\
&\quad + C_{i,i+\frac{1}{2},j,k}\left(E_{xz}\Big|_{i+\frac{1}{2},j+1,k}^{n+1} - E_{xz}\Big|_{i+\frac{1}{2},j,k}^{n+1} \right) - C_{j,i+\frac{1}{2},j,k}\left(E_{xz}\Big|_{i+\frac{1}{2},j,k}^{n+1} - E_{xz}\Big|_{i+\frac{1}{2},j-1,k}^{n+1} \right)
\end{aligned} \tag{7.120}$$

式中

$$C_{a,i+\frac{1}{2},j,k} = 1 + \frac{\alpha_{i+\frac{1}{2},j,k}(2\Delta t)^2}{(\Delta y)^2}\left(\frac{1}{2\mu_{i+\frac{1}{2},j+\frac{1}{2},k} + \rho_{y,i+\frac{1}{2},j+\frac{1}{2},k}\Delta t} + \frac{1}{2\mu_{i+\frac{1}{2},j-\frac{1}{2},k} + \rho_{y,i+\frac{1}{2},j-\frac{1}{2},k}\Delta t} \right) \tag{7.121}$$

$$C_{b,i+\frac{1}{2},j,k} = \frac{\alpha_{i+\frac{1}{2},j,k}(2\Delta t)^2}{(\Delta y)^2 \, 2\mu_{i+\frac{1}{2},j+\frac{1}{2},k} + \rho_{y,i+\frac{1}{2},j+\frac{1}{2},k}\Delta t} \tag{7.122}$$

$$C_{c,i+\frac{1}{2},j,k} = \frac{\alpha_{i+\frac{1}{2},j,k}(2\Delta t)^2}{(\Delta y)^2 \, 2\mu_{i+\frac{1}{2},j-\frac{1}{2},k} + \rho_{y,i+\frac{1}{2},j-\frac{1}{2},k}\Delta t} \tag{7.123}$$

$$C_{d,i+\frac{1}{2},j,k} = \alpha_{i+\frac{1}{2},j,k}\left(2\varepsilon_{i+\frac{1}{2},j,k} - \sigma_{y,i+\frac{1}{2},j,k}\Delta t \right) \tag{7.124}$$

$$C_{eu,i+\frac{1}{2},j,k} = \frac{2\alpha_{i+\frac{1}{2},j,k}\Delta t\left(2\mu_{i+\frac{1}{2},j+\frac{1}{2},k} - \rho_{u,i+\frac{1}{2},j+\frac{1}{2},k}\Delta t \right)}{\Delta y\left(2\mu_{i+\frac{1}{2},j+\frac{1}{2},k} + \rho_{u,i+\frac{1}{2},j+\frac{1}{2},k}\Delta t \right)} \tag{7.125}$$

$$C_{fu,i+\frac{1}{2},j,k}=\frac{2\alpha_{i+\frac{1}{2},j,k}\Delta t\left(2\mu_{i+\frac{1}{2},j-\frac{1}{2},k}-\rho_{u,i+\frac{1}{2},j-\frac{1}{2},k}\Delta t\right)}{\Delta y\left(2\mu_{i+\frac{1}{2},j-\frac{1}{2},k}+\rho_{u,i+\frac{1}{2},j-\frac{1}{2},k}\Delta t\right)} \tag{7.126}$$

$$C_{g,i+\frac{1}{2},j,k}=\frac{\alpha_{i+\frac{1}{2},j,k}(2\Delta t)^2}{\Delta x\Delta y\left(2\varepsilon_{i+\frac{1}{2},j,k}+\rho_{x,i+\frac{1}{2},j,k}\Delta t\right)} \tag{7.127}$$

$$C_{h,i+\frac{1}{2},j,k}=\frac{\alpha_{i+\frac{1}{2},j,k}(2\Delta t)^2}{\Delta x\Delta y\left(2\mu_{i+\frac{1}{2},j-\frac{1}{2},k}+\rho_{x,i+\frac{1}{2},j-\frac{1}{2},k}\Delta t\right)} \tag{7.128}$$

$$C_{i,i+\frac{1}{2},j,k}=\frac{\alpha_{i+\frac{1}{2},j,k}(2\Delta t)^2}{(\Delta y)^2\left(2\mu_{i+\frac{1}{2},j+\frac{1}{2},k}+\rho_{y,i+\frac{1}{2},j+\frac{1}{2},k}\Delta t\right)} \tag{7.129}$$

$$C_{j,i+\frac{1}{2},j,k}=\frac{\alpha_{i+\frac{1}{2},j,k}(2\Delta t)^2}{(\Delta y)^2\left(2\mu_{i+\frac{1}{2},j-\frac{1}{2},k}+\rho_{y,i+\frac{1}{2},j-\frac{1}{2},k}\Delta t\right)} \tag{7.130}$$

$$\alpha_{i+\frac{1}{2},j,k}=\frac{1}{2\varepsilon_{i+\frac{1}{2},j,k}+\sigma_{y,i+\frac{1}{2},j,k}\Delta t} \tag{7.131}$$

可见，E_{xy} 的隐式求解与前述非 PML 媒质中 E_x 的隐式求解相似。相似地，可以导出 E_{yx} 分量的显式差分格式和 E_{yz} 分量沿 z 走向的隐式差分格式、E_{zy} 分量的显式差分格式和 E_{zx} 分量沿 x 走向的隐式差分格式。解出 E_{xy}^{n+1} 、E_{xz}^{n+1} 、E_{yx}^{n+1} 、E_{yz}^{n+1} 、E_{zx}^{n+1} 和 E_{zy}^{n+1} 后，代入 H_{xy}^{n+1} 、H_{xz}^{n+1} 、H_{yx}^{n+1} 、H_{yz}^{n+1} 、H_{zx}^{n+1} 和 H_{zy}^{n+1} 的显式差分格式可刷新磁场。其中，H_{zx}^{n+1} 和 H_{zy}^{n+1} 的显式差分格式如下

$$\begin{aligned}H_{zx}\Big|_{i+\frac{1}{2},j+\frac{1}{2},k}^{n+1}&=D_{ax,i+\frac{1}{2},j+\frac{1}{2},k}H_{zx}\Big|_{i+\frac{1}{2},j+\frac{1}{2},k}^{n}\\&\quad+D_{bx,i+\frac{1}{2},j+\frac{1}{2},k}\frac{E_{yx}\Big|_{i+1,j+\frac{1}{2},k}^{n}+E_{yz}\Big|_{i+1,j+\frac{1}{2},k}^{n}-E_{yx}\Big|_{i,j+\frac{1}{2},k}^{n}-E_{yz}\Big|_{i,j+\frac{1}{2},k}^{n}}{\Delta x}\end{aligned} \tag{7.132}$$

$$\begin{aligned}H_{zy}\Big|_{i+\frac{1}{2},j+\frac{1}{2},k}^{n+1}&=D_{ay,i+\frac{1}{2},j+\frac{1}{2},k}H_{zy}\Big|_{i+\frac{1}{2},j+\frac{1}{2},k}^{n}\\&\quad+D_{by,i+\frac{1}{2},j+\frac{1}{2},k}\frac{E_{xy}\Big|_{i+\frac{1}{2},j+1,k}^{n+1}+E_{xz}\Big|_{i+\frac{1}{2},j+1,k}^{n+1}-E_{xy}\Big|_{i+\frac{1}{2},j,k}^{n+1}-E_{xz}\Big|_{i+\frac{1}{2},j,k}^{n+1}}{\Delta y}\end{aligned} \tag{7.133}$$

式中

$$D_{au,i+\frac{1}{2},j+\frac{1}{2},k}=\frac{2\mu_{i+\frac{1}{2},j+\frac{1}{2},k}-\rho_{u,i+\frac{1}{2},j+\frac{1}{2},k}\Delta t}{2\mu_{i+\frac{1}{2},j+\frac{1}{2},k}+\rho_{u,i+\frac{1}{2},j+\frac{1}{2},k}\Delta t} \tag{7.134}$$

$$D_{bu,i+\frac{1}{2},j+\frac{1}{2},k}=\frac{2\Delta t}{2\mu_{i+\frac{1}{2},j+\frac{1}{2},k}+\rho_{u,i+\frac{1}{2},j+\frac{1}{2},k}\Delta t} \tag{7.135}$$

习题 7-3　推导 E_{yx}^{n+1}、E_{yz}^{n+1}、E_{zx}^{n+1}、E_{zy}^{n+1}、H_{xy}^{n+1}、H_{xz}^{n+1}、H_{yx}^{n+1} 和 H_{yz}^{n+1} 的差分格式。

过程二　交换隐式差分方向，相似地，可以导出 E_{xy} 分量的显式差分格式和 E_{xz} 分量沿 z 走向的隐式差分格式、E_{yz} 分量的显式差分格式和 E_{yx} 分量沿 x 走向的隐式差分格式、E_{zx} 分量的显式差分格式和 E_{zy} 分量沿 y 走向的隐式差分格式。解出 E_{xy}^{n+2}、E_{xz}^{n+2}、E_{yx}^{n+2}、E_{yz}^{n+2}、E_{zx}^{n+2} 和 E_{zy}^{n+2} 后，代入 H_{xy}^{n+2}、H_{xz}^{n+2}、H_{yx}^{n+2}、H_{yz}^{n+2}、H_{zx}^{n+2} 和 H_{zy}^{n+2} 的显式差分格式可刷新磁场。

7.1.4　应用举例

例 7-1　有耗平行板传输线

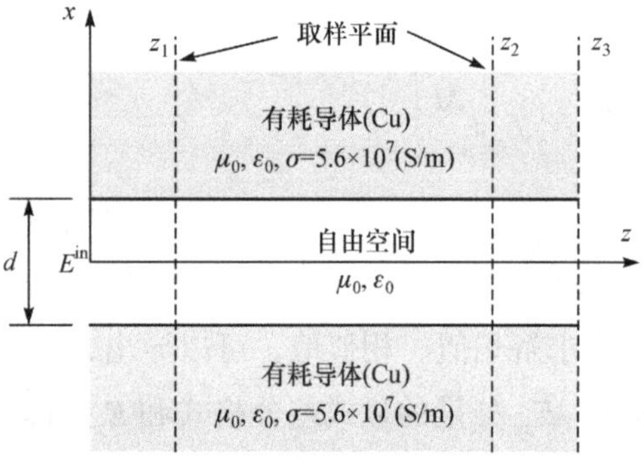

图 7-1　由两个半无限大平行导体构成的有耗传输线

图 7-1 所示是由两个半无限大平行导体构成的传输线，设导体的导电率为 σ，导体平面之间的距离为 d，导体之间的介质为 (ε_0,μ_0)。由于场沿 y 方向无变化，可以化为二维问题。对主模，电磁场只有 E_x、E_z 和 H_y 三个分量。

$$\varepsilon\frac{\partial E_x}{\partial t}+\sigma E_x=-\frac{\partial H_y}{\partial z} \tag{7.136}$$

$$\varepsilon\frac{\partial E_z}{\partial t}+\sigma E_z=\frac{\partial H_y}{\partial x} \tag{7.137}$$

$$\frac{\partial H_y}{\partial t}=\frac{1}{\mu}\left(\frac{\partial E_z}{\partial x}-\frac{\partial E_x}{\partial z}\right) \tag{7.138}$$

根据 Ramo 给出的该有耗传输线中 TEM 波的解析解[16]，可以导出传播常数为

$$\gamma=\alpha+\mathrm{j}\beta \tag{7.139}$$

$$\frac{\alpha}{k_0}\approx\frac{1}{2}\frac{\delta}{d}\sqrt{\frac{2}{1+\frac{\delta}{d}+\sqrt{1+2\frac{\delta}{d}+2\left(\frac{\delta}{d}\right)^2}}} \tag{7.140}$$

$$\frac{\beta}{k_0}\approx\sqrt{\frac{1+\frac{\delta}{d}+\sqrt{1+2\frac{\delta}{d}+2\left(\frac{\delta}{d}\right)^2}}{2}} \tag{7.141}$$

式中，$k_0=\omega\sqrt{\varepsilon_0\mu_0}$；$\delta$ 为导体的趋肤深度。

用 FDTD 法求解时，为了准确模拟电磁特性，导体中沿 x 方向的空间步长应小于趋肤深度。例如，假设导体为铜，其导电率 $\sigma=5.6\times10^7(\Omega\mathrm{m})^{-1}$。如果感兴趣的上限频率为 $f_{\max}=10\mathrm{GHz}$，其对应的趋肤深度 $\delta_{\min}=0.67\mu\mathrm{m}$。取 $\Delta x=\delta_{\min}/3=h$，$\Delta z=90h$。如果采用普通 FDTD 算法，根据稳定条件，应保证 $\Delta t<\dfrac{h}{c\sqrt{1+1/8100}}\approx\dfrac{h}{c}$，可取 $\Delta t_{\mathrm{FDTD}}=0.95\dfrac{h}{c}=0.7\times10^{-15}\mathrm{s}$。因此 $\Delta z\approx95c\Delta t_{\mathrm{FDTD}}$，即信号沿 z 方向传一格需要 95 步时间。

激励源的空间分布为 TEM 波均匀场，时间变化为高斯脉冲，加在入射端口，入射面导体部分设为理想导体面(PEC)。激励源用数学公式表示为

$$E_x^{\mathrm{in}}(x,t)=\begin{cases}\mathrm{e}^{-\frac{(t-3T)^2}{T^2}}, & z=0\text{且}x<\dfrac{d}{2}\\ 0, \quad z=0\text{且}x>\dfrac{d}{2}\end{cases}\tag{7.142}$$

如果取 $T=6000\Delta t_{\mathrm{FDTD}}$，则频谱幅度下降到 8%的频率为 $f_{8\%}=\dfrac{1}{2T}\approx119\mathrm{GHz}$，这时高斯脉冲的宽度为 $6T=36000\Delta t_{\mathrm{FDTD}}$。

由于对称性，可以在 $x=0$ 对称面置一理想导体面(PEC)，只模拟上半空间。设两导体板间距 $d=20h$。由于趋肤效应，场在导体内沿 x 方向迅速衰减，数值实验表明，可以取导体厚度为 $30h$，而在截断边界采用近似边界条件

$$U(N_x)\approx U(N_x-1)\tag{7.143}$$

在传输线的远端 $z=z_3$ 处，采用 Gedney 的 PML 媒质截断，取 PML 层数 $N_{\mathrm{PML}}=8$，阶数 $m=4$，$\sigma_{\max}=0.75(m+1)/(150\pi\Delta z)$。

通过记录沿传播方向距离为 L 的两个信号取样参考面的时域电压波形，再利用傅里叶变换分析两个信号取样参考面的时域电压波形，可以算出传播常数。为了准确提取传播常数，尤其是低频段的数据，两个信号取样参考面沿传播方向的距离 L 应充分大，这里，取 $L=2000\Delta z$。第一个参考面取在 $z_1=100\Delta z$ 处，第二个参考面取在 $z_2=2100\Delta z$ 处，$z_3=2200\Delta z$。

由于该有耗传输线具有色散，波形在传播过程中拖尾逐渐增长，实际需要 $N_t=700000$ 步波形才能完全通过第二个参考面。FDTD 仿真在 Pentiun III Xeon 500MHz 微机上所花费的时间是 320 分钟。FDTD 计算所得的传播常数与解析解吻合很好，如图 7-2 所示。

如果采用 ADI-FDTD 算法求解这一问题，由于它是无条件稳定的，不受 Courant 条件限制，故可以取很大的时间步长。例如，取 $\Delta t_{\mathrm{ADI\text{-}FDTD}}=45\dfrac{h}{c}\approx47.4\Delta t_{\mathrm{FDTD}}$。于是，$\Delta z=2c\Delta t_{\mathrm{ADI\text{-}FDTD}}$，即信号沿 z 方向传一格需要 2 步时间。

如果取 $T=126.67\Delta t_{\mathrm{ADI\text{-}FDTD}}=6000\Delta t_{\mathrm{FDTD}}$，则频谱幅度下降到 8%的频率为 $f_{8\%}=\dfrac{1}{2T}\approx$ 119GHz，这时高斯脉冲的宽度为 $6T=760\Delta t_{\mathrm{ADI\text{-}FDTD}}$。

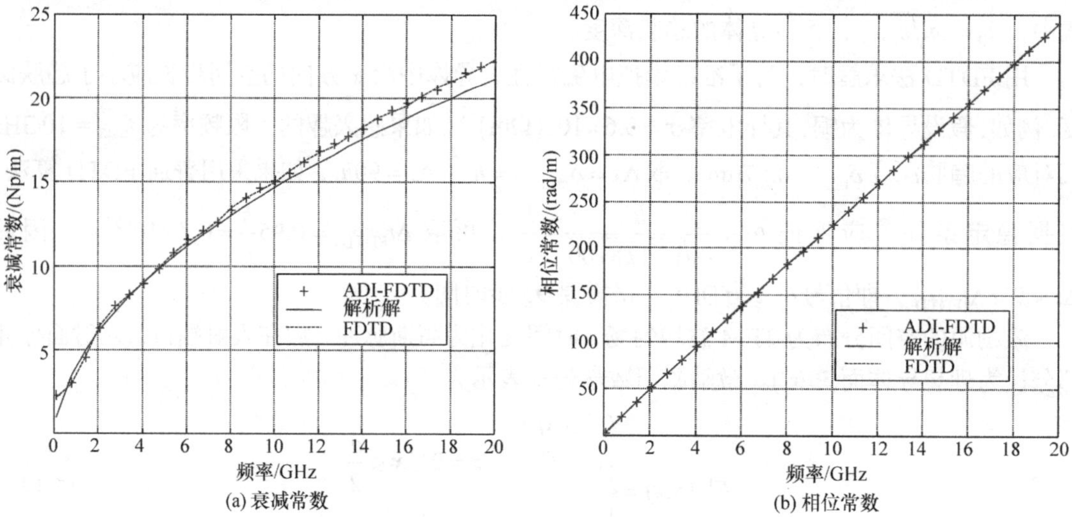

(a) 衰减常数 (b) 相位常数

图 7-2 无限大平行板有耗传输线的传播常数($d = 4.47\mu\text{m}$)

采用 ADI-FDTD 算法的难点在于缺乏高效、准确的吸收边界条件。Gedney 的 PML 媒质过于复杂，难以纳入 ADI-FDTD 算法。由于良导体的高导电率，数值实验表明 Mur 的二阶 ABC 会出现解不稳定趋于无限大的情况。Mur 的一阶吸收边界条件可以保持解的稳定性，但要引入一定的反射。因此，为了获得较准确的解，可增加 z 方向的模拟长度到 $z_3 = 6000\Delta z$ ，端接 Mur 的一阶吸收边界条件，使得由吸收边界条件引入的反射传到第二取样面之前信号波形已完全通过第二取样面，在此时刻终止 ADI-FDTD 仿真。实际需要 $N_t = 14000$ 步波形就能完全通过第二个参考面。ADI-FDTD 仿真在 Pentiun III Xeon 500MHz 微机上所花费的时间是 60 分钟。ADI-FDTD 计算所得的传播常数与解析解吻合很好，如图 7-2 所示。而所需的计算时间还不到普通 FDTD 的 1/5。如果能够进一步找到适合 ADI-FDTD 的高效、准确的吸收边界条件，去掉 z 方向的延长段，ADI-FDTD 的计算时间将进一步减少一半以上。

在上面的所有 ADI-FDTD 公式中，对于 Maxwell 方程中的 σE 项，采用的是前向半步长近似， $E^{n+1/2} \approx E^{n+1}$ 。如果对此项采用中心平均近似， $E^{n+1/2} \approx \left(E^{n+1} + E^n\right)/2$ ，相应于本例的 ADI-FDTD 公式如下。

过程一

$$\begin{aligned}&\left(1+\frac{\sigma\Delta t}{2\varepsilon}\right)E_x^{n+1}\left(i+\frac{1}{2},k\right)-\left(1-\frac{\sigma\Delta t}{2\varepsilon}\right)E_x^{n}\left(i+\frac{1}{2},k\right)\\&=\frac{\Delta t}{\varepsilon\Delta z}\left[H_y^n\left(i+\frac{1}{2},k-\frac{1}{2}\right)-H_y^n\left(i+\frac{1}{2},k+\frac{1}{2}\right)\right]\end{aligned} \tag{7.144}$$

$$\begin{aligned}&-\frac{\Delta t^2}{\mu\varepsilon\Delta x^2}E_z^{n+1}\left(i+1,k+\frac{1}{2}\right)+\left(1+\frac{\sigma\Delta t}{2\varepsilon}+\frac{2\Delta t^2}{\mu\varepsilon\Delta x^2}\right)E_z^{n+1}\left(i,k+\frac{1}{2}\right)-\frac{\Delta t^2}{\mu\varepsilon\Delta x^2}E_z^{n+1}\left(i-1,k+\frac{1}{2}\right)\\&=\left(1-\frac{\sigma\Delta t}{2\varepsilon}\right)E_z^n\left(i,k+\frac{1}{2}\right)+\frac{\Delta t}{\varepsilon\Delta x}\left[H_y^n\left(i+\frac{1}{2},k+\frac{1}{2}\right)-H_y^n\left(i-\frac{1}{2},k+\frac{1}{2}\right)\right]\\&\quad-\frac{\Delta t^2}{\mu\varepsilon\Delta x\Delta z}\left[E_x^n\left(i+\frac{1}{2},k+1\right)-E_x^n\left(i+\frac{1}{2},k\right)-E_x^n\left(i-\frac{1}{2},k+1\right)+E_x^n\left(i-\frac{1}{2},k\right)\right]\end{aligned} \tag{7.145}$$

$$
\begin{aligned}
&H_y^{n+1}\left(i+\frac{1}{2},k+\frac{1}{2}\right)-H_y^{n}\left(i+\frac{1}{2},k+\frac{1}{2}\right)\\
&=\frac{\Delta t}{\mu}\left[\frac{E_z^{n+1}\left(i+1,k+\frac{1}{2}\right)-E_z^{n+1}\left(i,k+\frac{1}{2}\right)}{\Delta x}+\frac{E_x^{n}\left(i+\frac{1}{2},k\right)-E_x^{n}\left(i+\frac{1}{2},k+1\right)}{\Delta z}\right]
\end{aligned}
\tag{7.146}
$$

过程二

$$
\begin{aligned}
&-\frac{\Delta t^2}{\mu\varepsilon\Delta z^2}E_x^{n+2}\left(i+\frac{1}{2},k+1\right)+\left(1+\frac{\sigma\Delta t}{2\varepsilon}+\frac{2\Delta t^2}{\mu\varepsilon\Delta z^2}\right)E_x^{n+2}\left(i+\frac{1}{2},k\right)-\frac{\Delta t^2}{\mu\varepsilon\Delta z^2}E_x^{n+2}\left(i+\frac{1}{2},k-1\right)\\
&=\left(1-\frac{\sigma\Delta t}{2\varepsilon}\right)E_x^{n+1}\left(i+\frac{1}{2},k\right)+\frac{\Delta t}{\varepsilon\Delta z}\left[H_y^{n+1}\left(i+\frac{1}{2},k-\frac{1}{2}\right)-H_y^{n+1}\left(i+\frac{1}{2},k+\frac{1}{2}\right)\right]\\
&\quad-\frac{\Delta t^2}{\mu\varepsilon\Delta z\Delta x}\left[E_z^{n+1}\left(i+1,k+\frac{1}{2}\right)-E_z^{n+1}\left(i,k+\frac{1}{2}\right)-E_z^{n+1}\left(i+1,k-\frac{1}{2}\right)+E_z^{n+1}\left(i,k-\frac{1}{2}\right)\right]
\end{aligned}
\tag{7.147}
$$

$$
\begin{aligned}
&\left(1+\frac{\sigma\Delta t}{\varepsilon}\right)E_z^{n+2}\left(i,k+\frac{1}{2}\right)-\left(1-\frac{\sigma\Delta t}{\varepsilon}\right)E_z^{n+1}\left(i,k+\frac{1}{2}\right)\\
&=\frac{\Delta t}{\varepsilon\Delta x}\left[H_y^{n+1}\left(i+\frac{1}{2},k+\frac{1}{2}\right)-H_y^{n+1}\left(i-\frac{1}{2},k+\frac{1}{2}\right)\right]
\end{aligned}
\tag{7.148}
$$

$$
\begin{aligned}
&H_y^{n+2}\left(i+\frac{1}{2},k+\frac{1}{2}\right)-H_y^{n+1}\left(i+\frac{1}{2},k+\frac{1}{2}\right)\\
&=\frac{\Delta t}{\mu}\left[\frac{E_z^{n+1}\left(i+1,k+\frac{1}{2}\right)-E_z^{n+1}\left(i,k+\frac{1}{2}\right)}{\Delta x}+\frac{E_x^{n+2}\left(i+\frac{1}{2},k\right)-E_x^{n+2}\left(i+\frac{1}{2},k+1\right)}{\Delta z}\right]
\end{aligned}
\tag{7.149}
$$

例 7-2　有耗平行板传输线的降维处理

对于上述均匀传输线，可以进一步进行降维处理。为叙述简洁起见，这里采用传统的 2D-FDTD 方法进行近似降维处理，对应于 6.4.6 节中的步骤 1。

对于有耗平行板传输线中沿 z 方向以相位常数 β 传播的波，其 3 个电磁场分量可以近似表示为

$$E_x(x,z,t)=e_x(x,t)\mathrm{j}\mathrm{e}^{-\mathrm{j}\beta z}\tag{7.150}$$

$$E_z(x,z,t)=e_z(x,t)\mathrm{e}^{-\mathrm{j}\beta z}\tag{7.151}$$

$$H_y(x,z,t)=h_y(x,t)\mathrm{e}^{-\mathrm{j}\beta z}\tag{7.152}$$

将式(7.150)～式(7.152)代入方程(7.136)～方程(7.138)，可得如下横向二维麦克斯韦方程

$$\varepsilon\frac{\partial e_x(x,t)}{\partial t}+\sigma e_x(x,t)=\beta h_y(x,t)\tag{7.153}$$

$$\varepsilon\frac{\partial e_z(x,t)}{\partial t}+\sigma e_z(x,t)=\frac{\partial h_y(x,t)}{\partial x}\tag{7.154}$$

$$\frac{\partial h_y(x,t)}{\partial t}=\frac{1}{\mu}\left(\frac{\partial e_z(x,t)}{\partial x}-\beta e_x(x,t)\right)\tag{7.155}$$

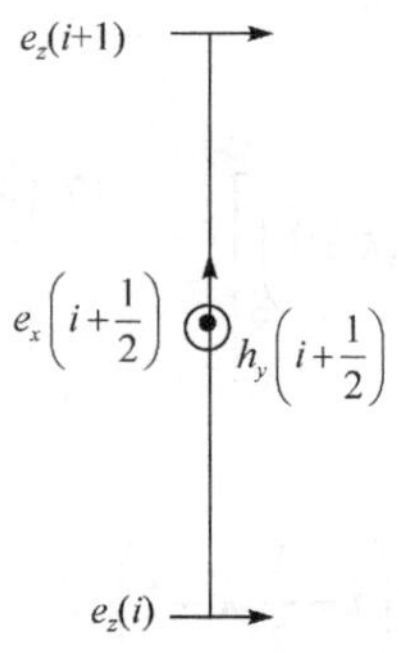

图 7-3 横向一维 FDTD 差分网格

问题化为一维 (x) 空间问题。各场分量在横向一维网格上的位置可由其在二维问题网格中的位置向 x 垂直投影得到，如图 7-3 所示。

相应的横向一维 ADI-FDTD 公式如下。

过程一

$$\left(1+\frac{\sigma\Delta t}{\varepsilon}\right)e_x^{n+1}\left(i+\frac{1}{2}\right)-e_x^n\left(i+\frac{1}{2}\right)=\frac{\Delta t\beta}{\varepsilon}h_y^n\left(i+\frac{1}{2}\right) \tag{7.156}$$

$$-\frac{\Delta t^2}{\mu\varepsilon\Delta x^2}e_z^{n+1}(i+1)+\left(1+\frac{\sigma\Delta t}{\varepsilon}+\frac{2\Delta t^2}{\mu\varepsilon\Delta x^2}\right)e_z^{n+1}(i)-\frac{\Delta t^2}{\mu\varepsilon\Delta x^2}e_z^{n+1}(i-1)$$
$$=e_z^n(i)+\frac{\Delta t}{\varepsilon\Delta x}\left[h_y^n\left(i+\frac{1}{2}\right)-h_y^n\left(i-\frac{1}{2}\right)\right]-\frac{\Delta t^2\beta}{\mu\varepsilon\Delta x}\left[e_x^n\left(i+\frac{1}{2}\right)-e_x^n\left(i-\frac{1}{2}\right)\right] \tag{7.157}$$

$$h_y^{n+1}\left(i+\frac{1}{2}\right)-h_y^n\left(i+\frac{1}{2}\right)=\frac{\Delta t}{\mu}\frac{e_z^{n+1}(i+1)-e_z^{n+1}(i)}{\Delta x}-\frac{\Delta t\beta}{\mu}e_x^n\left(i+\frac{1}{2}\right) \tag{7.158}$$

过程二

$$\left(1+\frac{\sigma\Delta t}{\varepsilon}+\frac{\Delta t^2\beta^2}{\mu\varepsilon}\right)e_x^{n+2}\left(i+\frac{1}{2}\right)-e_x^{n+1}\left(i+\frac{1}{2}\right)=\frac{\Delta t\beta}{\varepsilon}h_y^{n+1}\left(i+\frac{1}{2}\right)+\frac{\Delta t^2\beta}{\mu\varepsilon\Delta x}\left[e_z^{n+1}(i+1)-e_z^{n+1}(i)\right] \tag{7.159}$$

$$\left(1+\frac{\sigma\Delta t}{\varepsilon}\right)e_z^{n+2}(i)-e_z^{n+1}(i)=\frac{\Delta t}{\varepsilon\Delta x}\left[h_y^{n+1}\left(i+\frac{1}{2}\right)-h_y^{n+1}\left(i-\frac{1}{2}\right)\right] \tag{7.160}$$

$$h_y^{n+2}\left(i+\frac{1}{2}\right)-h_y^{n+1}\left(i+\frac{1}{2}\right)=\frac{\Delta t}{\mu\Delta x}\left[e_z^{n+1}(i+1)-e_z^{n+1}(i)\right]-\frac{\Delta t\beta}{\mu}e_x^{n+2}\left(i+\frac{1}{2}\right) \tag{7.161}$$

这里仍然取 $\Delta x=\delta_{\min}/3=h$，时间步长取为传统 FDTD 的若干倍。首先，选定一个 β 值，将其代入 ADI-FDTD 公式。在上边界，e_z 满足截断边界条件(7.143)，在下边界，$e_z(1)=0$。其次，在横向区域施加一个激励脉冲，其空间变化为 TEM 波的横截面场分布，即在自由空间段 e_x 为常数，在导体段 $e_x=0$；其时间变化为 Dirac 脉冲。然后，按照 ADI- FDTD 的时间步进方式交替进行过程一和过程二的计算。在每一时间步记录传输线两板之间电压 $v(t)$。对无耗传输线，$v(t)$将趋于一个单频稳幅振荡，对应于该振荡频率的波在传输线中将以给定的相位常数 β 传播。对本例中的有耗传输线，$v(t)$将趋于频率为 f 的指数衰减振荡，时间衰减常数为 ξ

$$v(t)=A\mathrm{e}^{-\xi t}\sin(2\pi ft+B) \tag{7.162}$$

式中，常数 A 和 B 对应于衰减振荡波的初始振幅和相位。图 7-4 给出了 β = 226 rad/m 和 $\Delta t_{\text{ADI-FDTD}}=70(h/c)$ 时记录的电压波形。

对 $v(t)$进行傅里叶变换，可提取出 f 的值，其频谱显示谐振频率为 f = 10GHz，即该传输线中主模的相位传播常数 β 在 10GHz 频率等于 226rad/m，如图 7-5 所示。

时间衰减常数 ξ 的值可以从 $v(t)$的峰-峰值提取。由于峰-峰间隔为一个周期 $T=1/f$

$$\xi_n=-f\ln\left(\frac{v_{\text{peak},\,n+1}}{v_{\text{peak},\,n}}\right) \tag{7.163}$$

计算时可以在一系列峰值点 $(n=1,2,\cdots)$ 计算 ξ_n，取平均值作为 ξ 的结果。实际计算表明，本例中 ξ 的波动非常小。

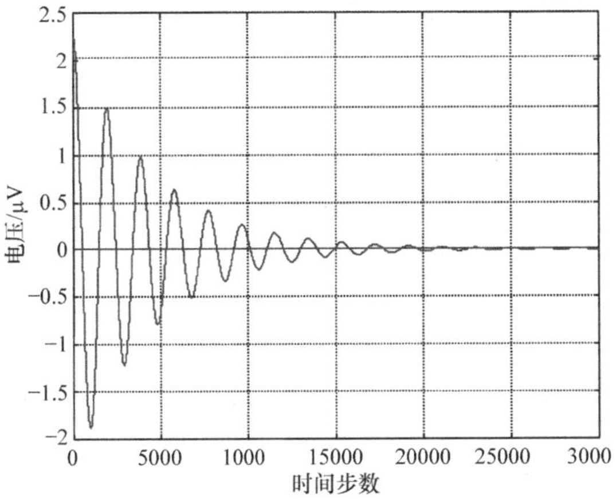

图 7-4　$\beta=226$ rad/m 时记录的时域电压波形

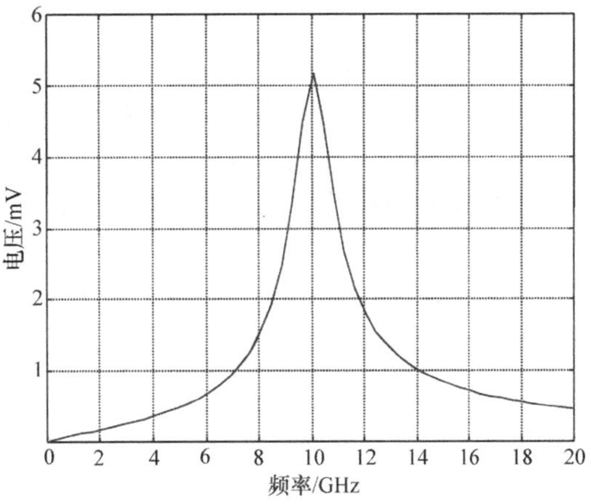

图 7-5　$v(t)$的频谱分布

该传输线中主模的空间传播衰减常数为 α 可通过下列关系式导出。对应于具有指数衰减振荡的系统[式(7.162)]，其品质因素为[17]

$$Q=2\pi f/(2\xi) \tag{7.164}$$

对于有耗传输线，其品质因素为[18]

$$Q=\beta/(2\alpha) \tag{7.165}$$

由于两式描述的是同一事物，两式给出的品质因素值应相等。于是，空间传播衰减常数为

$$\alpha=\beta\xi/(2\pi f) \tag{7.166}$$

按照上述方法，在 5～440 范围内等间隔选取 30 个 β 值，采用一维横向 ADI-FDTD 算法进行计算。对每一个 β 值，时域计算过程都进行 30000 步。为保证低频情况下 30000 步内有足够多个周期的波形出现，使得参数提取可以进行，与各个 β 值相应的时间步长应作比例变换，取为 $\Delta t_{\text{ADI-FDTD}}=(15750/\beta)(h/c)$。然后，对时域波形进行傅里叶变换、提取参数，在 0.1～20GHz 内计算得到 30 个对应频率点及衰减常数。计算 30 个频率点在 Pentiun III Xeon 500MHz 微机上只需 32 秒，仅为 7.1.3 节中二维问题计算时间的 1/120。计算结果与解析解吻合较好，如图 7-6 所示。如需进一步改善结果，可参照 6.4.6 节中的步骤 1～步骤 3 完整求解，而不是仅仅包含步骤一。

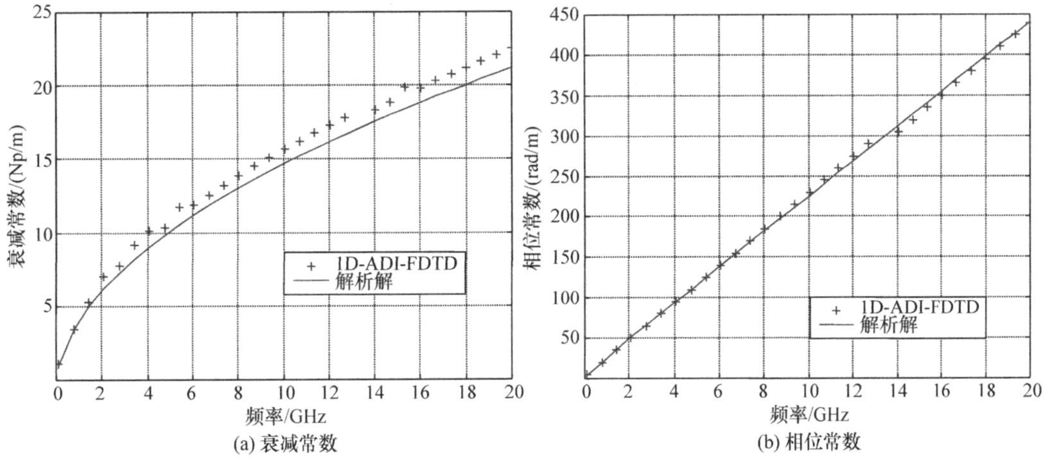

(a) 衰减常数　　(b) 相位常数

图 7-6　无限大平行板有耗传输线的传播常数($d=4.47\mu$m)

习题 7-4　参照 6.5.6 节中的步骤 1～步骤 3，用 ADI-FDTD 法求解本节中的例子，给出传播常数的计算结果。

例 7-3　混合网格二维 FDTD 算法分析传输线

在 4.3.2 节中介绍过普通 FDTD 法的局部细网格技术，它在全域粗网格中嵌套局部细网格，达到既细致地模拟了局部细微结构又保持了计算量适当的目的。若细网格区的空间步长为粗网格的 $1/K$，受稳定性条件限制，细网格区的时间步长也为粗网格的 $1/K$，即一个粗网格时间步进将嵌套 K 次细网格时间步进。如果在细网格区采用 ADI-FDTD 差分格式，由于没有稳定条件限制，可以取细网格区的时间步长与粗网格区的时间步长相等，从而减少 $K-1$ 次细网格时间步进，计算效率更高。同时，由于全域仿真区为普通 FDTD 区，可采用普通 FDTD 吸收边界条件，避免了复杂的 ADI-FDTD 吸收边界条件。

本节将用全域 FDTD 粗网格嵌套局部 ADI-FDTD 细网格的混合网格技术求解一个有耗带状传输线的传播常数。对传输线问题，仍旧通过前述的降维技术将其化为横向二维问题，精确的求解应包含 6.4.6 节中的步骤 1 到步骤 3。为叙述简洁起见，这里我们采用传统的 2D-FDTD 方法进行近似降维处理，对应于 6.4.6 节中的步骤 1。混合网格如图 7-7 所示。ADI-FDTD 细网格区位于中心段，以模拟中心条带附近场的细微变化。粗网格外侧接单轴 PML(UPML) 媒质。

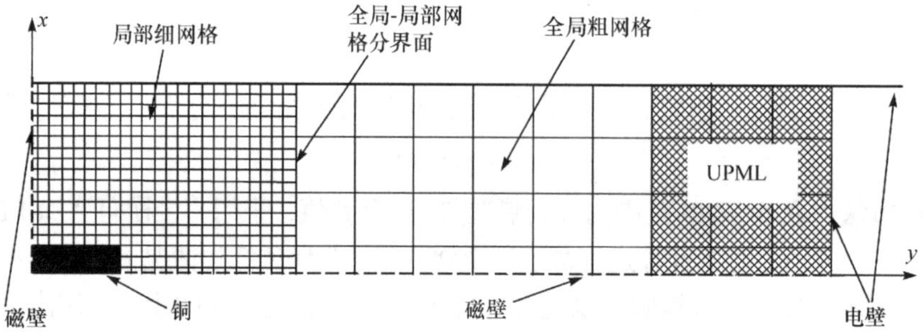

图 7-7　有耗带状线横截面的混合网格(1/4)

下面，首先给出横向二维 ADI-FDTD 的差分公式。设六个电磁场分量可以近似表示为

$$\left\{E_x,E_y,H_z(x,y,z,t)\right\}=\left\{e_x,e_y,h_z(x,y,t)\right\}\mathrm{j}\mathrm{e}^{-\mathrm{j}\beta z} \tag{7.167}$$

$$\left\{H_x,H_y,E_z(x,y,z,t)\right\}=\left\{h_x,h_y,e_z(x,y,t)\right\}\mathrm{e}^{-\mathrm{j}\beta z} \tag{7.168}$$

将式(7.167)和式(7.168)代入麦克斯韦旋度方程(4.3)～方程(4.8)，设没有磁损耗，即 $\rho=0$，可得如下横向二维麦克斯韦方程

$$\frac{\partial h_x(x,y,t)}{\partial t}=\frac{1}{\mu}\left[\beta e_y(x,y,t)-\frac{\partial e_z(x,y,t)}{\partial y}\right] \tag{7.169}$$

$$\frac{\partial h_y(x,y,t)}{\partial t}=\frac{1}{\mu}\left[\frac{\partial e_z(x,y,t)}{\partial x}-\beta e_x(x,y,t)\right] \tag{7.170}$$

$$\frac{\partial h_z(x,y,t)}{\partial t}=\frac{1}{\mu}\left[\frac{\partial e_x(x,y,t)}{\partial y}-\frac{\partial e_y(x,y,t)}{\partial x}\right] \tag{7.171}$$

$$\frac{\partial e_x(x,y,t)}{\partial t}+\frac{\sigma}{\varepsilon}e_x(x,y,t)=\frac{1}{\varepsilon}\left[\frac{\partial h_z(x,y,t)}{\partial y}+\beta h_y(x,y,t)\right] \tag{7.172}$$

$$\frac{\partial e_y(x,y,t)}{\partial t}+\frac{\sigma}{\varepsilon}e_y(x,y,t)=-\frac{1}{\varepsilon}\left[\beta h_x(x,y,t)+\frac{\partial h_z(x,y,t)}{\partial x}\right] \tag{7.173}$$

$$\frac{\partial e_z(x,y,t)}{\partial t}+\frac{\sigma}{\varepsilon}e_z(x,y,t)=\frac{1}{\varepsilon}\left[\frac{\partial h_y(x,y,t)}{\partial x}-\frac{\partial h_x(x,y,t)}{\partial y}\right] \tag{7.174}$$

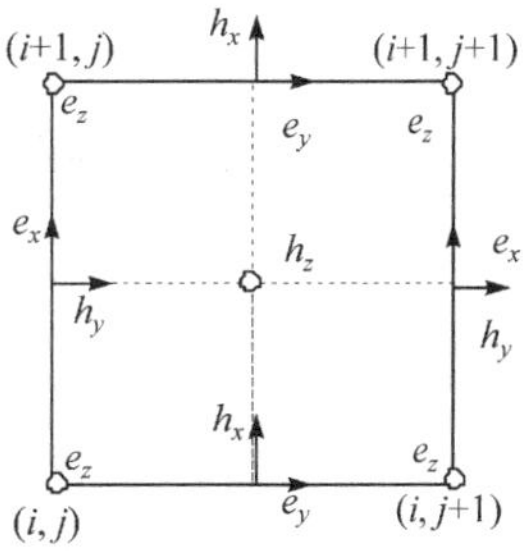

图 7-8　横向二维 FDTD 差分网格

横向二维 ADI-FDTD 方法中各场分量在二维网格上的位置如图 7-8 所示。相应的 ADI-FDTD 差分公式如下所示。

过程一

$$\begin{aligned}&-\frac{\Delta t^2}{\mu\varepsilon\Delta y^2}e_x^{n+1}\left(i+\frac{1}{2},j+1\right)+\left(1+\frac{\sigma\Delta t}{\varepsilon}+\frac{2\Delta t^2}{\mu\varepsilon\Delta y^2}\right)e_x^{n+1}\left(i+\frac{1}{2},j\right)-\frac{\Delta t^2}{\mu\varepsilon\Delta y^2}e_x^{n+1}\left(i+\frac{1}{2},j-1\right)\\&=e_x^n\left(i+\frac{1}{2},j\right)+\frac{\Delta t}{\varepsilon\Delta y}\left[h_z^n\left(i+\frac{1}{2},j+\frac{1}{2}\right)-h_z^n\left(i+\frac{1}{2},j-\frac{1}{2}\right)\right]+\frac{\Delta t\beta}{\varepsilon}h_y^n\left(i+\frac{1}{2},j\right)\\&-\frac{\Delta t^2}{\mu\varepsilon\Delta y\Delta x}\left[e_y^n\left(i+1,j+\frac{1}{2}\right)-e_y^n\left(i,j+\frac{1}{2}\right)-e_y^n\left(i+1,j-\frac{1}{2}\right)+e_y^n\left(i,j-\frac{1}{2}\right)\right]\end{aligned} \tag{7.175}$$

$$\begin{aligned}&\left(1+\frac{\sigma\Delta t}{\varepsilon}+\frac{\Delta t^2\beta^2}{\mu\varepsilon}\right)e_y^{n+1}\left(i,j+\frac{1}{2}\right)=e_y^n\left(i,j+\frac{1}{2}\right)+\frac{\Delta t}{\varepsilon\Delta x}\left[h_z^n\left(i-\frac{1}{2},j+\frac{1}{2}\right)-h_z^n\left(i+\frac{1}{2},j+\frac{1}{2}\right)\right]\\&\qquad-\frac{\Delta t\beta}{\varepsilon}h_x^n\left(i,j+\frac{1}{2}\right)+\frac{\Delta t^2\beta}{\mu\varepsilon\Delta y}\left[e_z^n(i,j+1)-e_z^n(i,j)\right]\end{aligned} \tag{7.176}$$

$$\begin{aligned}&-\frac{\Delta t^2}{\mu\varepsilon\Delta x^2}e_z^{n+1}(i+1,j)+\left(1+\frac{\sigma\Delta t}{\varepsilon}+\frac{2\Delta t^2}{\mu\varepsilon\Delta x^2}\right)e_z^{n+1}(i,j)-\frac{\Delta t^2}{\mu\varepsilon\Delta x^2}e_z^{n+1}(i-1,j)\\&=e_z^n(i,j)+\frac{\Delta t}{\varepsilon\Delta y}\left[h_x^n\left(i,j-\frac{1}{2}\right)-h_x^n\left(i,j+\frac{1}{2}\right)\right]+\frac{\Delta t}{\varepsilon\Delta x}\left[h_y^n\left(i+\frac{1}{2},j\right)\right.\\&\left.-h_y^n\left(i-\frac{1}{2},j\right)\right]-\frac{\Delta t^2\beta}{\mu\varepsilon\Delta x}\left[e_x^n\left(i+\frac{1}{2},j\right)-e_x^n\left(i-\frac{1}{2},j\right)\right]\end{aligned} \tag{7.177}$$

$$h_x^{n+1}\left(i,j+\frac{1}{2}\right)-h_x^n\left(i,j+\frac{1}{2}\right)=\frac{\Delta t\beta}{\mu}e_y^{n+1}\left(i,j+\frac{1}{2}\right)+\frac{\Delta t}{\mu\Delta y}\left[e_z^n(i,j)-e_z^n(i,j+1)\right] \tag{7.178}$$

$$h_y^{n+1}\left(i+\frac{1}{2},j\right)-h_y^n\left(i+\frac{1}{2},j\right)=\frac{\Delta t}{\mu\Delta x}\left[e_z^{n+1}(i+1,j)-e_z^{n+1}(i,j)\right]-\frac{\Delta t\beta}{\mu}e_x^n\left(i+\frac{1}{2},j\right) \tag{7.179}$$

$$\begin{aligned}&h_z^{n+1}\left(i+\frac{1}{2},j+\frac{1}{2}\right)-h_z^n\left(i+\frac{1}{2},j+\frac{1}{2}\right)\\&=\frac{\Delta t}{\mu}\left[\frac{e_x^{n+1}\left(i+\frac{1}{2},j+1\right)-e_x^{n+1}\left(i+\frac{1}{2},j\right)}{\Delta y}+\frac{e_y^n\left(i,j+\frac{1}{2}\right)-e_y^n\left(i+1,j+\frac{1}{2}\right)}{\Delta x}\right]\end{aligned} \tag{7.180}$$

过程二

$$\left(1+\frac{\sigma\Delta t}{\varepsilon}+\frac{\Delta t^2\beta^2}{\mu\varepsilon}\right)e_x^{n+2}\left(i+\frac{1}{2},j\right)$$
$$=e_x^{n+1}\left(i+\frac{1}{2},j\right)+\frac{\Delta t}{\varepsilon\Delta y}\left[h_z^{n+1}\left(i+\frac{1}{2},j+\frac{1}{2}\right)-h_z^{n+1}\left(i+\frac{1}{2},j-\frac{1}{2}\right)\right] \tag{7.181}$$
$$+\frac{\Delta t\beta}{\varepsilon}h_y^{n+1}\left(i+\frac{1}{2},j\right)+\frac{\Delta t^2\beta}{\mu\varepsilon\Delta x}\left[e_z^{n+1}(i+1,j)-e_z^{n+1}(i,j)\right]$$

$$-\frac{\Delta t^2}{\mu\varepsilon\Delta x^2}e_y^{n+2}\left(i+1,j+\frac{1}{2}\right)+\left(1+\frac{\sigma\,\Delta t}{\varepsilon}+\frac{2\Delta t^2}{\mu\varepsilon\,\Delta x^2}\right)e_y^{n+2}\left(i,j+\frac{1}{2}\right)-\frac{\Delta t^2}{\mu\varepsilon\Delta x^2}e_y^{n+2}\left(i-1,j+\frac{1}{2}\right)$$
$$=e_y^{n+1}\left(i,j+\frac{1}{2}\right)-\frac{\Delta t\beta}{\varepsilon}h_x^{n+1}\left(i,j+\frac{1}{2}\right)+\frac{\Delta t}{\varepsilon\Delta x}\left[h_z^{n+1}\left(i-\frac{1}{2},j+\frac{1}{2}\right)-h_z^{n+1}\left(i+\frac{1}{2},j+\frac{1}{2}\right)\right] \tag{7.182}$$
$$-\frac{\Delta t^2}{\mu\varepsilon\,\Delta x\Delta y}\left[e_x^{n+1}\left(i+\frac{1}{2},j+1\right)-e_x^{n+1}\left(i+\frac{1}{2},j\right)-e_x^{n+1}\left(i-\frac{1}{2},j+1\right)+e_x^{n+1}\left(i-\frac{1}{2},j\right)\right]$$

$$-\frac{\Delta t^2}{\mu\varepsilon\Delta y^2}e_z^{n+2}(i,j+1)+\left(1+\frac{\sigma\,\Delta t}{\varepsilon}+\frac{2\Delta t^2}{\mu\varepsilon\,\Delta y^2}\right)e_z^{n+2}(i,j)-\frac{\Delta t^2}{\mu\varepsilon\Delta y^2}e_z^{n+2}(i,j-1)$$
$$=e_z^{n+1}(i,j)+\frac{\Delta t}{\varepsilon\Delta x}\left[h_y^{n+1}\left(i+\frac{1}{2},j\right)-h_y^{n+1}\left(i-\frac{1}{2},j\right)\right]+\frac{\Delta t}{\varepsilon\Delta y} \tag{7.183}$$
$$\times\left[h_x^{n+1}\left(i,j-\frac{1}{2}\right)-h_x^{n+1}\left(i,j+\frac{1}{2}\right)\right]-\frac{\Delta t^2\beta}{\mu\varepsilon\Delta y}\left[e_y^{n+1}\left(i,j+\frac{1}{2}\right)-e_y^{n+1}\left(i,j-\frac{1}{2}\right)\right]$$

$$h_x^{n+2}\left(i,j+\frac{1}{2}\right)-h_x^{n+1}\left(i,j+\frac{1}{2}\right)=\frac{\Delta t\beta}{\mu}e_y^{n+1}\left(i,j+\frac{1}{2}\right)+\frac{\Delta t}{\mu\Delta y}\left[e_z^{n+2}(i,j)-e_z^{n+2}(i,j+1)\right] \tag{7.184}$$

$$h_y^{n+2}\left(i+\frac{1}{2},j\right)-h_y^{n+1}\left(i+\frac{1}{2},j\right)=\frac{\Delta t}{\mu\Delta x}\left[e_z^{n+1}(i+1,j)-e_z^{n+1}(i,j)\right]-\frac{\Delta t\beta}{\mu}e_x^{n+2}\left(i+\frac{1}{2},j\right) \tag{7.185}$$

$$h_z^{n+2}\left(i+\frac{1}{2},j+\frac{1}{2}\right)-h_z^{n+1}\left(i+\frac{1}{2},j+\frac{1}{2}\right)$$
$$=\frac{\Delta t}{\mu}\left[\frac{e_x^{n+1}\left(i+\frac{1}{2},j+1\right)-e_x^{n+1}\left(i+\frac{1}{2},j\right)}{\Delta y}+\frac{e_y^{n+2}\left(i,j+\frac{1}{2}\right)-e_y^{n+2}\left(i+1,j+\frac{1}{2}\right)}{\Delta x}\right] \tag{7.186}$$

应用混合网格 FDTD 算法求解传输线问题的流程图如图 7-9 所示。设带状线上下平行板为理想导体(PEC)，间距为 $2d$ = 14μm。中心条带为铜，其导电率 $\sigma=5.6\times10^7\,(\text{S/m})$，条带厚度为 $2t$ = 2μm，宽度为 $2w$ = 6μm。粗细网格分界面与中心条带边缘的距离为 10μm，PML 媒质表面与粗细网格分界面相距 20μm。利用对称性，可以沿 x 轴和 y 轴放置磁壁，只需在 1/4 区域进行计算。假设最高频率为 10GHz，对应的铜的最小趋肤深度 $\delta_{\min}$ = 0.67μm。取细网格空间步长为 $h_{\text{fine}}=\Delta x=\Delta y=0.4\mu\text{m}$，粗网格空间步长 $h_{\text{coarse}}=5h_{\text{fine}}$。时间步长在全域统一取为 $\Delta t=h_{\text{coarse}}/(2c)$。

为使 FDTD 过程尽快建立真实的模式场分布，首先设中心条带为 PEC，用差分方法求解拉普拉斯方程得到 TEM 波的横截面场分布。以此场分布作为激励源的空间分布，以 Dirac 脉冲作为激励源的时间分布。

选定一个 β 值，加入上述激励源，按照图 7-9 中的流程进行 FDTD 仿真。在每一时间步记录传输线中心条带到接地板间电压 $v(t)$。对本例中的有耗传输线，$v(t)$将趋于频率为 f 的指数衰减振荡，时间衰减常数为 ξ

$$v(t)=A\mathrm{e}^{-\xi t}\sin\left(2\pi ft+B\right) \tag{7.187}$$

式中，常数 A 和 B 对应于衰减振荡波的初始振幅和相位。

用式(7.187)去拟合 $v(t)$的部分波形数据，通过最优化方法在最小平方误差的意义下求得参数 f 和 ξ 。这种方法通常仅用不到一个周期的 $v(t)$数据即可获得满意的结果。其数学表达方式如下

$$\min_{A,\xi,f,B}\ \operatorname*{sum}_{n}\left\{A\mathrm{e}^{-\xi t_n}\sin(2\pi ft_n+B)-v(t_n)\right\} \tag{7.188}$$

这一过程可以通过 MATLAB 中的 CURVFIT 函数来完成。传输线的空间衰减常数按式(7.189)计算得到

$$\alpha=\beta\xi/(2\pi f) \tag{7.189}$$

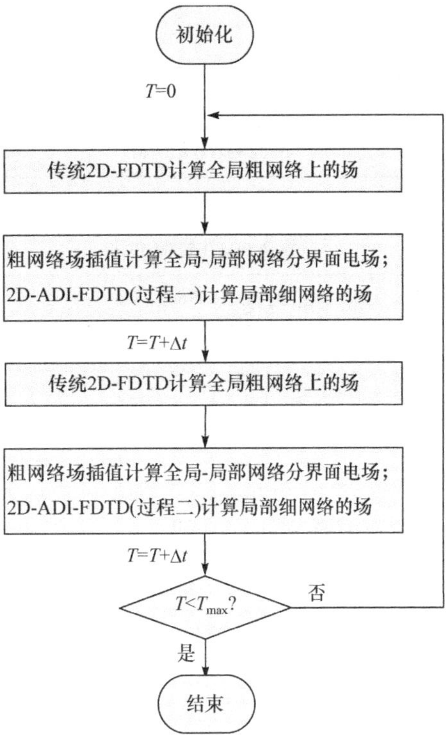

图 7-9　混合网格二维 FDTD 算法的流程图

依次选定一系列 β 值，重复上述过程，可以得到有耗传输线的传播常数随频率的变化情况，即 $\alpha(f)$和 $\beta(f)$。图 7-10 给出了用此混合 FDTD 局部细网格计算的结果。同时，还给出了用纯 FDTD 粗网格、纯 FDTD 细网格、纯 FDTD 局部细网格计算的结果，作为比较。表 7-1 给出了这四种计算过程所需的计算时间及内存占用。比较显示出混合 FDTD 局部细网格的优越性。

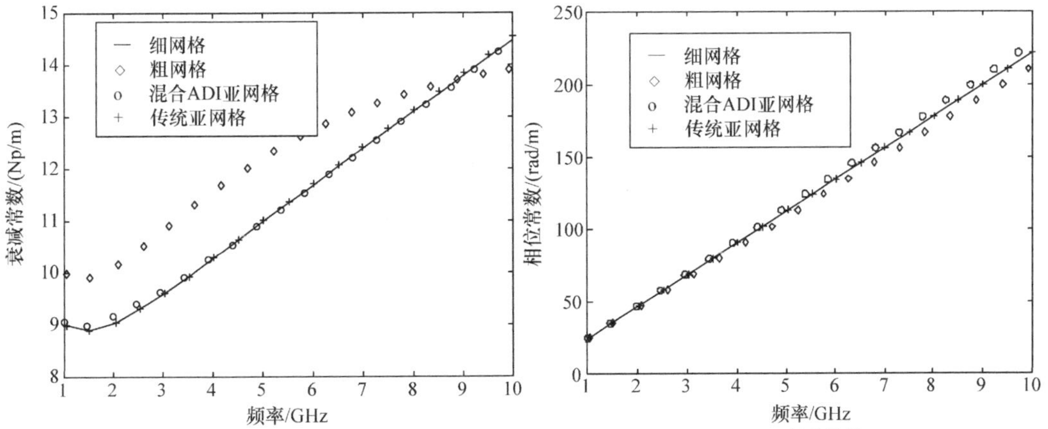

(a) 衰减常数　　(b) 相位常数

图 7-10　有耗带状线的传播常数

表 7-1　不同 FDTD 计算过程所需的计算时间及内存占用

(相对于纯 FDTD 细网格结果归一化)

FDTD 过程	计算时间	内存占用
纯 FDTD 细网格	1	1
纯 FDTD 粗网格	0.02	0.13
混合 FDTD 局部细网格	0.24	0.63
纯 FDTD 局部细网格	0.39	0.52

7.2　LOD-FDTD 方法

2005 年 Shibayama 等提出了无条件稳定 LOD-FDTD 方法[19]，该算法将二维直角坐标系下的麦克斯韦方程分解成沿 x 和 y 方向的两个部分，每一部分分别进行迭代，即相当于每一次迭代时只处理一个空间维度(局部一维)。该算法与 ADI-FDTD 方法非常类似，每次迭代时均需要求解三对角线性方程组，不过，LOD-FDTD 方法中需要的算术运算更少，计算效率比 ADI-FDTD 的要高出 20%以上[20]。接下来，几类用于 LOD-FDTD 的 PML 吸收边界条件相继提出[21-23]。2008 年，Ahmed 等从数学的角度出发，严格证明了 LOD-FDTD 方法的无条件稳定性[24]。当 LOD-FDTD 的时间步长增大时，算法的数值色散误差也跟着增大。文献[25]～[28]对降低 LOD-FDTD 法的数值色散误差开展了相应的研究。

7.2.1　二维 LOD-FDTD 差分格式

考虑无耗的二维 TE 波情况，电磁场只有 E_x、E_y 和 H_z 三个分量，二维麦克斯韦方程写成直角坐标系下的场分量形式为

$$\frac{\partial E_x}{\partial t}=\frac{1}{\varepsilon}\frac{\partial H_z}{\partial y} \tag{7.190}$$

$$\frac{\partial E_y}{\partial t}=-\frac{1}{\varepsilon}\frac{\partial H_z}{\partial x} \tag{7.191}$$

$$\frac{\partial H_z}{\partial t}=\frac{1}{\mu}\left(\frac{\partial E_x}{\partial y}-\frac{\partial E_y}{\partial x}\right) \tag{7.192}$$

容易验证，方程(7.190)～方程(7.192)可以写成下列的矩阵的形式

$$\frac{\partial \boldsymbol{U}}{\partial t}=\boldsymbol{AU}+\boldsymbol{BU} \tag{7.193}$$

式中，$\boldsymbol{U}=[E_x,E_y,H_z]^{\mathrm{T}}$，$\boldsymbol{A}$ 只含有对 x 的偏微分，$\boldsymbol{B}$ 中只含有对 y 的偏微分，分别表示为

$$\boldsymbol{A}=\begin{bmatrix} 0 & 0 & 0 \\ 0 & 0 & -\dfrac{\partial}{\varepsilon\partial x} \\ 0 & -\dfrac{\partial}{\mu\partial x} & 0 \end{bmatrix} \tag{7.194}$$

和

$$\boldsymbol{B}=\begin{bmatrix} 0 & 0 & \dfrac{\partial}{\varepsilon\partial y} \\ 0 & 0 & 0 \\ \dfrac{\partial}{\mu\partial y} & 0 & 0 \end{bmatrix} \tag{7.195}$$

利用中心差分原理 $\dfrac{\partial \boldsymbol{U}}{\partial t}\approx\dfrac{\boldsymbol{U}^{n+1}-\boldsymbol{U}^{n}}{\Delta t}$，以及中心平均值定义 $\boldsymbol{U}^{n+\frac{1}{2}}\approx\dfrac{\boldsymbol{U}^{n+1}+\boldsymbol{U}^{n}}{2}$，可以将式(7.193)写成下面的形式

$$\frac{\boldsymbol{U}^{n+1}-\boldsymbol{U}^{n}}{\Delta t}=\boldsymbol{A}\frac{\boldsymbol{U}^{n+1}+\boldsymbol{U}^{n}}{2}+\boldsymbol{B}\frac{\boldsymbol{U}^{n+1}+\boldsymbol{U}^{n}}{2} \tag{7.196}$$

整理式(7.196)，得到

$$\left(\boldsymbol{I}-\frac{\Delta t}{2}\boldsymbol{A}-\frac{\Delta t}{2}\boldsymbol{B}\right)\boldsymbol{U}^{n+1}=\left(\boldsymbol{I}+\frac{\Delta t}{2}\boldsymbol{A}+\frac{\Delta t}{2}\boldsymbol{B}\right)\boldsymbol{U}^{n} \tag{7.197}$$

在方程(7.197)的左右两边分别加上作用在场量上的算子项 $\dfrac{\Delta t^2}{4}\boldsymbol{AB}$，得到

$$\left(\boldsymbol{I}-\frac{\Delta t}{2}\boldsymbol{A}-\frac{\Delta t}{2}\boldsymbol{B}+\frac{\Delta t^2}{4}\boldsymbol{AB}\right)\boldsymbol{U}^{n+1}\approx\left(\boldsymbol{I}+\frac{\Delta t}{2}\boldsymbol{A}+\frac{\Delta t}{2}\boldsymbol{B}+\frac{\Delta t^2}{4}\boldsymbol{AB}\right)\boldsymbol{U}^{n} \tag{7.198}$$

方程(7.198)近似成立的原因是新加入的 $\left(\dfrac{\Delta t^2}{4}\boldsymbol{AB}\right)\boldsymbol{U}^{n+1}$ 项和 $\left(\dfrac{\Delta t^2}{4}\boldsymbol{AB}\right)\boldsymbol{U}^{n}$ 项是关于时间步长的二阶小量。方程(7.198)写成下面的对称形式

$$\left(\boldsymbol{I}-\frac{\Delta t}{2}\boldsymbol{A}\right)\left(\boldsymbol{I}-\frac{\Delta t}{2}\boldsymbol{B}\right)\boldsymbol{U}^{n+1}=\left(\boldsymbol{I}+\frac{\Delta t}{2}\boldsymbol{A}\right)\left(\boldsymbol{I}+\frac{\Delta t}{2}\boldsymbol{B}\right)\boldsymbol{U}^{n} \tag{7.199}$$

基于局部一维(LOD)技术，引入过渡场量 $\boldsymbol{U}^{n+\frac{1}{2}}$，方程(7.199)的求解可以分解成两个局部一维的处理过程。过程一只包含对 x 的偏导，时间步进从 n 时刻到 $n+\dfrac{1}{2}$ 时刻

$$\left(\boldsymbol{I}-\frac{\Delta t}{2}\boldsymbol{A}\right)\boldsymbol{U}^{n+\frac{1}{2}}=\left(\boldsymbol{I}+\frac{\Delta t}{2}\boldsymbol{A}\right)\boldsymbol{U}^{n} \tag{7.200}$$

过程二只包含对 y 的偏导，时间步进从 $n+\dfrac{1}{2}$ 时刻到 $n+1$ 时刻

$$\left(\boldsymbol{I}-\frac{\Delta t}{2}\boldsymbol{B}\right)\boldsymbol{U}^{n+1}=\left(\boldsymbol{I}+\frac{\Delta t}{2}\boldsymbol{B}\right)\boldsymbol{U}^{n+\frac{1}{2}} \tag{7.201}$$

式(7.199)分解成式(7.200)和(7.201)的过程的稳定性分析将在 7.2.2 节给出。

过程一

需要更新的是 $n+\dfrac{1}{2}$ 时刻的场分量，整理式(7.200)，有

$$\boldsymbol{U}^{n+\frac{1}{2}}=\boldsymbol{U}^{n}+\frac{\Delta t}{2}\boldsymbol{A}\left[\boldsymbol{U}^{n+\frac{1}{2}}+\boldsymbol{U}^{n}\right] \tag{7.202}$$

将系数矩阵 $\boldsymbol{A}$ 以及场分量的向量 $\boldsymbol{U}$ 都代入式(7.200)中，得到分量式的形式为

$$E_x^{n+\frac{1}{2}}=E_x^n \tag{7.203}$$

$$E_y^{n+\frac{1}{2}}=E_y^n-\frac{\Delta t}{2\varepsilon}\left(\frac{\partial H_z^{n+\frac{1}{2}}}{\partial x}+\frac{\partial H_z^n}{\partial x}\right) \tag{7.204}$$

$$H_z^{n+\frac{1}{2}}=H_z^n-\frac{\Delta t}{2\mu}\left(\frac{\partial E_y^{n+\frac{1}{2}}}{\partial x}+\frac{\partial E_y^n}{\partial x}\right) \tag{7.205}$$

用中心差分格式将偏微分算子展开，分别得到

$$E_x^{n+\frac{1}{2}}\left(i,j+\frac{1}{2}\right)=E_x^n\left(i,j+\frac{1}{2}\right) \tag{7.206}$$

$$\begin{aligned}E_y^{n+\frac{1}{2}}\left(i,j+\frac{1}{2}\right)&=E_y^n\left(i,j+\frac{1}{2}\right)\\&\quad-\frac{\Delta t}{2\varepsilon\Delta x}\left[\begin{aligned}&H_z^{n+\frac{1}{2}}\left(i+\frac{1}{2},j+\frac{1}{2}\right)-H_z^{n+\frac{1}{2}}\left(i-\frac{1}{2},j+\frac{1}{2}\right)\\&+H_z^n\left(i+\frac{1}{2},j+\frac{1}{2}\right)-H_z^n\left(i-\frac{1}{2},j+\frac{1}{2}\right)\end{aligned}\right]\end{aligned} \tag{7.207}$$

$$\begin{aligned}H_z^{n+\frac{1}{2}}\left(i+\frac{1}{2},j+\frac{1}{2}\right)&=H_z^n\left(i+\frac{1}{2},j+\frac{1}{2}\right)\\&\quad-\frac{\Delta t}{2\mu\Delta x}\left[\begin{aligned}&E_y^{n+\frac{1}{2}}\left(i+1,j+\frac{1}{2}\right)-E_y^{n+\frac{1}{2}}\left(i,j+\frac{1}{2}\right)\\&+E_y^n\left(i+1,j+\frac{1}{2}\right)-E_y^n\left(i,j+\frac{1}{2}\right)\end{aligned}\right]\end{aligned} \tag{7.208}$$

过程二

用同样的方法，可以得到

$$\begin{aligned}E_x^{n+1}\left(i+\frac{1}{2},j\right)&=E_x^{n+\frac{1}{2}}\left(i+\frac{1}{2},j\right)+\frac{\Delta t}{2\varepsilon\Delta y}\left[H_z^{n+1}\left(i+\frac{1}{2},j+\frac{1}{2}\right)\right.\\&\left.-H_z^{n+1}\left(i+\frac{1}{2},j-\frac{1}{2}\right)+H_z^{n+\frac{1}{2}}\left(i+\frac{1}{2},j+\frac{1}{2}\right)-H_z^{n+\frac{1}{2}}\left(i+\frac{1}{2},j-\frac{1}{2}\right)\right]\end{aligned} \tag{7.209}$$

$$E_y^{n+1}\left(i+\frac{1}{2},j\right)=E_y^{n+\frac{1}{2}}\left(i+\frac{1}{2},j\right) \tag{7.210}$$

$$H_z^{n+1}\left(i+\frac{1}{2},j+\frac{1}{2}\right)=H_z^{n+\frac{1}{2}}\left(i+\frac{1}{2},j+\frac{1}{2}\right)+\frac{\Delta t}{2\mu\Delta y}\left(\begin{array}{l}E_x^{n+1}\left(i+\frac{1}{2},j+1\right)-E_x^{n+1}\left(i+\frac{1}{2},j\right)\\+E_x^{n+\frac{1}{2}}\left(i+\frac{1}{2},j+1\right)-E_x^{n+\frac{1}{2}}\left(i+\frac{1}{2},j\right)\end{array}\right) \tag{7.211}$$

由前面的推导可以得到下列 LOD-FDTD 方法的差分格式。在过程一中，$E_y^{n+\frac{1}{2}}$ 更新需要 $H_z^{n+\frac{1}{2}}$ 的信息，故将式(7.208)代入式(7.207)，可得到 $E_y^{n+\frac{1}{2}}$ 的更新方程

$$\begin{aligned}&-\frac{\Delta t^2}{4\mu\varepsilon\Delta x^2}E_y^{n+\frac{1}{2}}\left(i+1,j+\frac{1}{2}\right)+\left(1+\frac{\Delta t^2}{2\mu\varepsilon\Delta x^2}\right)E_y^{n+\frac{1}{2}}\left(i,j+\frac{1}{2}\right)-\frac{\Delta t^2}{4\mu\varepsilon\Delta x^2}E_y^{n+\frac{1}{2}}\left(i-1,j+\frac{1}{2}\right)\\&=E_y^n\left(i,j+\frac{1}{2}\right)-\frac{\Delta t}{\varepsilon\Delta x}\left[H_z^n\left(i+\frac{1}{2},j+\frac{1}{2}\right)-H_z^n\left(i-\frac{1}{2},j+\frac{1}{2}\right)\right]\\&+\frac{\Delta t^2}{4\mu\varepsilon\Delta x^2}\left[E_y^n\left(i+1,j+\frac{1}{2}\right)-2E_y^n\left(i,j+\frac{1}{2}\right)+E_y^n\left(i-1,j+\frac{1}{2}\right)\right]\end{aligned} \tag{7.212}$$

电场 $E_x^{n+\frac{1}{2}}$ 和磁场 $H_z^{n+\frac{1}{2}}$ 的更新方程分别为式(7.206)和式(7.208)。过程二中，同样可以得到 E_x^{n+1} 的更新方程

$$\begin{aligned}&-\frac{\Delta t^2}{4\mu\varepsilon\Delta y^2}E_x^{n+1}\left(i+\frac{1}{2},j+1\right)+\left(1+\frac{\Delta t^2}{2\mu\varepsilon\Delta y^2}\right)E_x^{n+1}\left(i+\frac{1}{2},j\right)-\frac{\Delta t^2}{4\mu\varepsilon\Delta y^2}E_x^{n+1}\left(i+\frac{1}{2},j-1\right)\\&=E_x^{n+\frac{1}{2}}\left(i+\frac{1}{2},j\right)+\frac{\Delta t}{\varepsilon\Delta y}\left(H_z^{n+\frac{1}{2}}\left(i+\frac{1}{2},j+\frac{1}{2}\right)-H_z^{n+\frac{1}{2}}\left(i+\frac{1}{2},j-\frac{1}{2}\right)\right)\\&+\frac{\Delta t^2}{4\mu\varepsilon\Delta y^2}\left[E_x^{n+\frac{1}{2}}\left(i+\frac{1}{2},j+1\right)-2E_x^{n+\frac{1}{2}}\left(i+\frac{1}{2},j\right)+E_x^{n+\frac{1}{2}}\left(i+\frac{1}{2},j-1\right)\right]\end{aligned} \tag{7.213}$$

电场 E_y^{n+1} 和磁场 H_z^{n+1} 分别用式(7.210)和式(7.211)更新。

线性方程组[式(7.212)和式(7.213)]是三对角系统，通过追赶法可以求得其解，其计算量正比于未知量的个数 N，而不是正比于 N^3。过程一和过程二的交替进行，可以实现对电磁场问题的时间步进仿真。

7.2.2　二维 LOD-FDTD 解的稳定性

对 7.2.1 节的二维 LOD-FDTD 的差分格式，下面应用冯 · 诺依曼方法讨论其的稳定性问题。

将下列平面波本征模代入过程一的式(7.203)～式(7.205)，

$$\left\{E_x^n,E_y^n,H_z^n(i,j)\right\}=\left\{E_{0x},E_{0y},H_{0z}\right\}\varsigma_1^n\,\mathrm{e}^{\mathrm{j}\left(ik_x\Delta x+jk_y\Delta y\right)} \tag{7.214}$$

式中，ς_1 是过程一的增长因子，可以得到下列关系

$$\begin{bmatrix} \varsigma_1^{\frac{1}{2}}-1 & 0 & 0 \\ 0 & \varsigma_1^{\frac{1}{2}}-1 & \mathrm{j}\left(\varsigma_1^{\frac{1}{2}}+1\right)\dfrac{\Delta t}{\varepsilon\Delta x}\sin\dfrac{k_x\Delta x}{2} \\ 0 & \mathrm{j}\left(\varsigma_1^{\frac{1}{2}}+1\right)\dfrac{\Delta t}{\mu\Delta x}\sin\dfrac{k_x\Delta x}{2} & \varsigma_1^{\frac{1}{2}}-1 \end{bmatrix}\begin{bmatrix} E_{0x} \\ E_{0y} \\ H_{0z} \end{bmatrix}=0 \tag{7.215}$$

由该齐次方程组有非零解的条件，系数矩阵的行列式为零，可得

$$\varsigma_1^{\frac{1}{2}}-1=0 \tag{7.216}$$

或者

$$p\left(\varsigma_1^{\frac{1}{2}}\right)^2-2\varsigma_1^{\frac{1}{2}}+p=0 \tag{7.217}$$

式中

$$p=\frac{1+\dfrac{\Delta t^2}{\mu\varepsilon\Delta x^2}\sin\dfrac{k_x\Delta x}{2}}{1-\dfrac{\Delta t^2}{\mu\varepsilon\Delta x^2}\sin\dfrac{k_x\Delta x}{2}} \tag{7.218}$$

式(7.216)的解为

$$\varsigma_1=1 \tag{7.219}$$

式(7.217)的解为

$$\varsigma_1=\left(\frac{1\pm\mathrm{j}\sqrt{p^2-1}}{p}\right)^2 \tag{7.220}$$

类似地，将下列平面波本征模代入过程二的式(7.207)～式(7.209)

$$\left\{E_x^n,E_y^n,H_z^n(i,j)\right\}=\left\{E_{0x},E_{0y},H_{0z}\right\}\varsigma_2^n\mathrm{e}^{\mathrm{j}\left(ik_x\Delta x+jk_y\Delta y\right)} \tag{7.221}$$

式中，ς_2是过程二的增长因子，可以得到下列关系

$$\begin{bmatrix} \varsigma_2^{\frac{1}{2}}-1 & 0 & -\mathrm{j}\left(\varsigma_2^{\frac{1}{2}}+1\right)\dfrac{\Delta t}{\varepsilon\Delta y}\sin\dfrac{k_y\Delta y}{2} \\ 0 & \varsigma_2^{\frac{1}{2}}-1 & 0 \\ -\mathrm{j}\dfrac{\Delta t}{\mu\Delta y}\left(\varsigma_2^{\frac{1}{2}}+1\right)\sin\dfrac{k_y\Delta y}{2} & 0 & \varsigma_2^{\frac{1}{2}}-1 \end{bmatrix}\begin{bmatrix} E_{0x} \\ E_{0y} \\ H_{0z} \end{bmatrix}=0 \tag{7.222}$$

由该齐次方程组有非零解的条件，系数矩阵的行列式为零，可得

$$\varsigma_2^{\frac{1}{2}} - 1 = 0 \tag{7.223}$$

或者

$$q\left(\varsigma_2^{\frac{1}{2}}\right)^2 - 2\varsigma_2^{\frac{1}{2}} + q = 0 \tag{7.224}$$

式中

$$q = \frac{1 + \dfrac{\Delta t^2}{\mu\varepsilon\Delta y^2}\sin\dfrac{k_y\Delta y}{2}}{1 - \dfrac{\Delta t^2}{\mu\varepsilon\Delta y^2}\sin\dfrac{k_y\Delta y}{2}} \tag{7.225}$$

式(7.223)的解为

$$\varsigma_2 = 1 \tag{7.226}$$

式(7.224)的解为

$$\varsigma_2 = \left(\frac{1 \pm \mathrm{j}\sqrt{q^2 - 1}}{q}\right)^2 \tag{7.227}$$

因此，过程一和过程二的复合增长因子为 $\varsigma = \varsigma_1\varsigma_2$，容易验证

$$|\varsigma_1| = \left|\left(\frac{1 \pm \mathrm{j}\sqrt{p^2 - 1}}{p}\right)^2\right| = 1 \text{ 和 } |\varsigma_2| = \left|\left(\frac{1 \pm \mathrm{j}\sqrt{q^2 - 1}}{q}\right)^2\right| = 1 \tag{7.228}$$

复合增长因子的模为

$$|\varsigma| = |\varsigma_1||\varsigma_2| = 1 \tag{7.229}$$

所以，二维 TE 波的 LOD-FDTD 差分格式是无条件稳定的。

7.2.3　Berenger 的 PML 媒质中的 LOD-FDTD 格式

在 PML 媒质中，磁场分量 H_z 分裂为 H_{zx} 和 H_{zy}，计及电导率 σ 和磁阻率 ρ，则场分量满足的二维 TE 波的麦克斯韦方程[式(7.190)～式(7.192)]变成

$$\varepsilon\frac{\partial E_x}{\partial t} + \sigma_y E_x = \frac{\partial\left(H_{zx} + H_{zy}\right)}{\partial y} \tag{7.230}$$

$$\varepsilon\frac{\partial E_y}{\partial t} + \sigma_x E_y = \frac{\partial\left(H_{zx} + H_{zy}\right)}{\partial x} \tag{7.231}$$

$$\mu\frac{\partial H_{zx}}{\partial t} + \frac{\mu}{\varepsilon}\sigma_x H_{zx} = -\frac{\partial E_y}{\partial x} \tag{7.232}$$

$$\mu\frac{\partial H_{zy}}{\partial t} + \frac{\mu}{\varepsilon}\sigma_y H_{zy} = \frac{\partial E_x}{\partial y} \tag{7.233}$$

过程一中，对 H_z 的分裂磁场进行差分化，式(7.207)和式(7.208)可以写成

$$E_y^{n+\frac{1}{2}}\left(i,j+\frac{1}{2}\right)=C_1\left(i,j+\frac{1}{2}\right)E_y^n\left(i,j+\frac{1}{2}\right)+2C_2\left(i+\frac{1}{2},j+\frac{1}{2}\right)\left[H_{zy}^n\left(i+\frac{1}{2},j+\frac{1}{2}\right)-H_{zy}^n\left(i-\frac{1}{2},j+\frac{1}{2}\right)\right]+C_2\left(i+\frac{1}{2},j+\frac{1}{2}\right)\left[\begin{array}{l}H_{zx}^{n+\frac{1}{2}}\left(i+\frac{1}{2},j+\frac{1}{2}\right)-H_{zx}^{n+\frac{1}{2}}\left(i-\frac{1}{2},j+\frac{1}{2}\right)\\+H_{zx}^n\left(i+\frac{1}{2},j+\frac{1}{2}\right)-H_{zx}^n\left(i-\frac{1}{2},j+\frac{1}{2}\right)\end{array}\right] \tag{7.234}$$

式中

$$C_1(i,j)=\frac{2\varepsilon-\sigma_x(i,j)\Delta t}{2\varepsilon+\sigma_x(i,j)\Delta t} \tag{7.235}$$

$$C_2(i,j)=-\frac{\Delta t}{\left[2\varepsilon+\sigma_x(i,j)\Delta t\right]\Delta x} \tag{7.236}$$

$$H_{zx}^{n+\frac{1}{2}}\left(i+\frac{1}{2},j+\frac{1}{2}\right)=C_3\left(i+\frac{1}{2},j+\frac{1}{2}\right)H_{zx}^n\left(i+\frac{1}{2},j+\frac{1}{2}\right)+C_4\left(i+1,j+\frac{1}{2}\right)\left[\begin{array}{l}E_y^{n+\frac{1}{2}}\left(i+1,j+\frac{1}{2}\right)-E_y^{n+\frac{1}{2}}\left(i,j+\frac{1}{2}\right)\\+E_y^n\left(i+1,j+\frac{1}{2}\right)-E_y^n\left(i,j+\frac{1}{2}\right)\end{array}\right] \tag{7.237}$$

式中

$$C_3(i,j)=\frac{2\mu-\Delta t\rho_x(i,j)}{2\mu+\Delta t\rho_x(i,j)} \tag{7.238}$$

$$C_4(i,j)=-\frac{\Delta t}{\left[2\mu+\Delta t\rho_x(i,j)\right]\Delta x} \tag{7.239}$$

与过程一相似，式(7.209)和式(7.211)也可写成磁场的分裂场形式，这里不再具体给出。

与 7.2.1 节中的推导方法一样，在过程一中更新 $E_y^{n+\frac{1}{2}}$ 的时候，需要 $H_{zx}^{n+\frac{1}{2}}$ 的信息，所以需要将式(7.237)代入式(7.234)，整理得到 $E_y^{n+\frac{1}{2}}$ 的更新方程如下

$$\begin{aligned}&-C_2\left(i+\frac{1}{2},j+\frac{1}{2}\right)C_4\left(i,j+\frac{1}{2}\right)E_y^{n+\frac{1}{2}}\left(i-1,j+\frac{1}{2}\right)\\&+\left[1+C_2\left(i+\frac{1}{2},j+\frac{1}{2}\right)C_4\left(i+1,j+\frac{1}{2}\right)+C_2\left(i+\frac{1}{2},j+\frac{1}{2}\right)C_4\left(i,j+\frac{1}{2}\right)\right]E_y^{n+\frac{1}{2}}\left(i,j+\frac{1}{2}\right)\\&-C_2\left(i+\frac{1}{2},j+\frac{1}{2}\right)C_4\left(i+1,j+\frac{1}{2}\right)E_y^{n+\frac{1}{2}}\left(i+1,j+\frac{1}{2}\right)\\&=2C_2\left(i+\frac{1}{2},j+\frac{1}{2}\right)\left[H_{zy}^n\left(i+\frac{1}{2},j+\frac{1}{2}\right)-H_{zy}^n\left(i-\frac{1}{2},j+\frac{1}{2}\right)\right]\end{aligned}$$

$$
\begin{aligned}
&+C_2\left(i+\frac{1}{2},j+\frac{1}{2}\right)\left[1+C_3\left(i+\frac{1}{2},j+\frac{1}{2}\right)\right]H_{zx}^{n}\left(i+\frac{1}{2},j+\frac{1}{2}\right)\\
&-C_2\left(i+\frac{1}{2},j+\frac{1}{2}\right)\left[1+C_3\left(i-\frac{1}{2},j+\frac{1}{2}\right)\right]H_{zx}^{n}\left(i-\frac{1}{2},j+\frac{1}{2}\right)\\
&+C_2\left(i+\frac{1}{2},j+\frac{1}{2}\right)C_4\left(i,j+\frac{1}{2}\right)E_y^n\left(i-1,j+\frac{1}{2}\right)\\
&+\begin{bmatrix} C_1\left(i+\frac{1}{2},j+\frac{1}{2}\right)-C_2\left(i+\frac{1}{2},j+\frac{1}{2}\right)C_4\left(i+1,j+\frac{1}{2}\right)\\ -C_2\left(i+\frac{1}{2},j+\frac{1}{2}\right)C_4\left(i,j+\frac{1}{2}\right)\end{bmatrix}E_y^n\left(i,j+\frac{1}{2}\right)\\
&+C_2\left(i+\frac{1}{2},j+\frac{1}{2}\right)C_4\left(i+1,j+\frac{1}{2}\right)E_y^n\left(i+1,j+\frac{1}{2}\right)
\end{aligned}
\tag{7.240}
$$

磁场 $H_{zx}^{n+\frac{1}{2}}$ 的更新方程为式(7.237)。过程二中，类似处理可以得到电场 E_x^{n+1} 的更新方程，这里不再赘述。

7.2.4 LOD-FDTD 中的共形网格技术

考虑二维 TE 波的情形，图 7-11 是一个理想导体的部分截面示意图。区域 1 为理想导体，区域 2 为导体外的自由空间区域，需要对区域 1 和 2 的交界面所经过的网格进行共形处理。对于常规矩形网格的电场和磁场，用标准的 LOD-FDTD 公式进行计算，对于理想导体表面的共形网格，其电场的 LOD-FDTD 计算公式不变，磁场需要特殊处理。

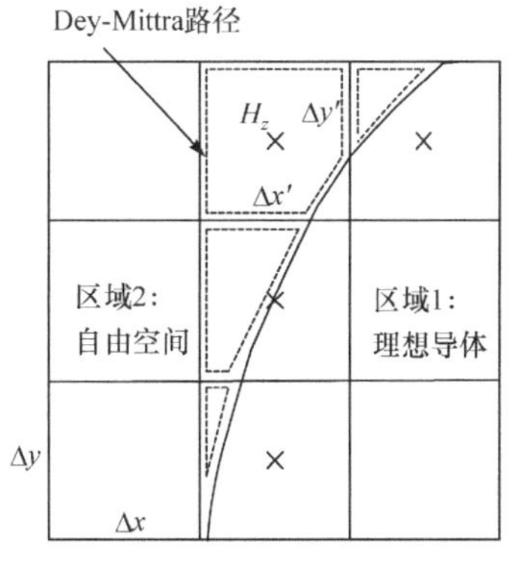

图 7-11　二维 LOD-FDTD 的共形网格

类似 4.4 节，由麦克斯韦方程的积分形式，可以得到 TE 波情况二维共形 LOD-FDTD 递推公式，对电磁场的更新过程仍然分为两步完成。过程一中，对于理想导体表面的共形网格，电场节点的差分格式(7.207)不变，而磁场差分格式(7.208)基于 Dey-Mittra 路径[29]，变为

$$
\begin{aligned}
H_z^{n+\frac{1}{2}}\left(i+\frac{1}{2},j+\frac{1}{2}\right)=H_z^{n}\left(i+\frac{1}{2},j+\frac{1}{2}\right)-\frac{\Delta t}{2\mu S\left(i+\frac{1}{2},j+\frac{1}{2}\right)}\\
\times\left[E_y^{n+\frac{1}{2}}\left(i+1,j+\frac{1}{2}\right)\Delta y'\left(i+1,j+\frac{1}{2}\right)-E_y^{n+\frac{1}{2}}\left(i,j+\frac{1}{2}\right)\Delta y'\left(i,j+\frac{1}{2}\right)\right.\\
\left.+E_y^{n}\left(i+1,j+\frac{1}{2}\right)\Delta y'\left(i+1,j+\frac{1}{2}\right)-E_y^{n}\left(i,j+\frac{1}{2}\right)\Delta y'\left(i,j+\frac{1}{2}\right)\right]
\end{aligned}
\tag{7.241}
$$

式中，$\Delta y'\leqslant\Delta y$ 为 E_y 节点对应棱边在导体外部的长度；S 为相应元胞在导体外部的面积。在以上磁场差分格式中，以共形网格在导体外部的有效回路长度和有效回路面积代替了整个回路长度和面积。更新 $E_y^{n+\frac{1}{2}}$ 时，需要 $H_z^{n+\frac{1}{2}}$ 的信息，将式(7.241)代入式(7.207)，得到 $E_y^{n+\frac{1}{2}}$ 的更

新方程

$$
\begin{aligned}
&-\frac{\Delta t^2\Delta y'\left(i+1,j+\frac{1}{2}\right)}{4\mu\varepsilon\Delta xS\left(i+\frac{1}{2},j+\frac{1}{2}\right)}E_y^{n+\frac{1}{2}}\left(i+1,j+\frac{1}{2}\right)\\
&+\left[1+\frac{\Delta t^2\Delta y'\left(i,j+\frac{1}{2}\right)}{4\mu\varepsilon\Delta xS\left(i+\frac{1}{2},j+\frac{1}{2}\right)}+\frac{\Delta t^2\Delta y'\left(i,j+\frac{1}{2}\right)}{4\mu\varepsilon\Delta xS\left(i-\frac{1}{2},j+\frac{1}{2}\right)}\right]E_y^{n+\frac{1}{2}}\left(i,j+\frac{1}{2}\right)\\
&-\frac{\Delta t^2\Delta y'\left(i-1,j+\frac{1}{2}\right)}{4\mu\varepsilon\Delta xS\left(i-\frac{1}{2},j+\frac{1}{2}\right)}E_y^{n+\frac{1}{2}}\left(i-1,j+\frac{1}{2}\right)\\
=&-\frac{\Delta t}{\varepsilon\Delta x}\left[H_z^n\left(i+\frac{1}{2},j+\frac{1}{2}\right)-H_z^n\left(i-\frac{1}{2},j+\frac{1}{2}\right)\right]+\frac{\Delta t^2\Delta y'\left(i+1,j+\frac{1}{2}\right)}{4\mu\varepsilon\Delta xS\left(i+\frac{1}{2},j+\frac{1}{2}\right)}E_y^n\left(i+1,j+\frac{1}{2}\right)\\
&+\left[1-\frac{\Delta t^2\Delta y'\left(i,j+\frac{1}{2}\right)}{4\mu\varepsilon\Delta xS\left(i+\frac{1}{2},j+\frac{1}{2}\right)}-\frac{\Delta t^2\Delta y'\left(i,j+\frac{1}{2}\right)}{4\mu\varepsilon\Delta xS\left(i-\frac{1}{2},j+\frac{1}{2}\right)}\right]E_y^n\left(i,j+\frac{1}{2}\right)\\
&+\frac{\Delta t^2\Delta y'\left(i-1,j+\frac{1}{2}\right)}{4\mu\varepsilon\Delta xS\left(i-\frac{1}{2},j+\frac{1}{2}\right)}E_y^n\left(i-1,j+\frac{1}{2}\right)
\end{aligned}
\tag{7.242}
$$

磁场 $H_z^{n+\frac{1}{2}}$ 的更新方程为式(7.241)。

过程二中，电场的差分格式仍然是式(7.209)，而磁场的差分格式[式(7.211)]需要特殊处理，类似也可以得到电场 E_x^{n+1} 的更新方程，这里不再赘述。

在传统的共形 FDTD 中，共形网格的处理受到变形网格特性的制约：当共形网格的面积过小或共形网格的最大边长和其面积的相对比例过大时，计算程序的稳定性变差[30]。值得指出的是，共形 LOD-FDTD 方法将磁场的差分格式代入到电场的差分格式中，因此在处理变形网格时，电场和磁场始终处于同一数量级，不需要像传统的共形 FDTD 方法那样做特殊的稳定性处理。

7.2.5　高阶 LOD-FDTD 方法

标准的 LOD-FDTD 方法采用和 FDTD 方法一样的空间二阶有限差分，这里将在 LOD-FDTD 方法中采用空间四阶有限差分以减小数值色散误差，提高数值精度[31]。

考虑二维 TE 波，式(7.206)～式(7.211)中场分量的空间微分可由紧凑的四阶有限差分计算，例如，在 x 方向的空间微分可按如下公式计算[32]

$$\frac{1}{22}\frac{\partial g_{i-1,j}}{\partial x}+\frac{\partial g_{i,j}}{\partial x}+\frac{1}{22}\frac{\partial g_{i+1,j}}{\partial x}=\frac{12\left(g_{i+1/2,j}-g_{i-1/2,j}\right)}{11\Delta x} \tag{7.243}$$

式中，g 代表任一场分量。

在过程一中，场分量 E_y 和 H_z 的更新公式需要从式(7.207)和式(7.208)得到，为了方便起见，定义如下算符

$$Q_x\left(f_{i,j}\right)=\frac{1}{22}f_{i+1,j}+f_{i,j}+\frac{1}{22}f_{i-1,j} \tag{7.244}$$

$$R_x\left(f_{i,j}\right)=\frac{12\left(f_{i+1/2,j}-f_{i-1/2,j}\right)}{11\Delta x} \tag{7.245}$$

式中，f 代表任一场分量或者其沿 x 方向的空间一阶偏导数。综合式(7.243)～式(7.245)可知

$$Q_x\left(\frac{\partial g_{i,j}}{\partial x}\right)=R_x\left(g_{i,j}\right) \tag{7.246}$$

将式(7.244)～式(7.246)应用于式(7.207)和式(7.208)，得到

$$\left(Q_x^2-\frac{\Delta t^2}{4\varepsilon\mu}R_x^2\right)H_z\Big|_{i,j}^{n+\frac{1}{2}}=\left(Q_x^2+\frac{\Delta t^2}{4\varepsilon\mu}R_x^2\right)H_z\Big|_{i,j}^{n}-\frac{\Delta t}{\mu}Q_xR_x\,E_y\Big|_{i,j}^{n} \tag{7.247}$$

式(7.247)的展开形式为

$$\begin{aligned}
&\alpha^2H_z\Big|_{i-2,j}^{n+\frac{1}{2}}+\left(2\alpha-\beta^2\frac{\Delta t^2}{4\varepsilon\mu\Delta x^2}\right)H_z\Big|_{i-1,j}^{n+\frac{1}{2}}+\left(2\alpha^2+1+\beta^2\frac{\Delta t^2}{2\varepsilon\mu\Delta x^2}\right)H_z\Big|_{i,j}^{n+\frac{1}{2}}\\
&+\left(2\alpha-\beta^2\frac{\Delta t^2}{4\varepsilon\mu\Delta x^2}\right)H_z\Big|_{i+1,j}^{n+\frac{1}{2}}+\alpha^2H_z\Big|_{i+2,j}^{n+\frac{1}{2}}\\
&=\alpha^2H_z\Big|_{i-2,j}^{n}+\left(2\alpha+\beta^2\frac{\Delta t^2}{4\varepsilon\mu\Delta x^2}\right)H_z\Big|_{i-1,j}^{n}+\left(2\alpha^2+1-\beta^2\frac{\Delta t^2}{2\varepsilon\mu\Delta x^2}\right)H_z\Big|_{i,j}^{n}\\
&+\left(2\alpha+\beta^2\frac{\Delta t^2}{4\varepsilon\mu\Delta x^2}\right)H_z\Big|_{i+1,j}^{n}+\alpha^2H_z\Big|_{i+2,j}^{n}-\alpha\beta\frac{\Delta t}{\mu\Delta x}\left(E_y\Big|_{i+3/2,j}^{n}-E_y\Big|_{i-3/2,j}^{n}\right)\\
&+(1-\alpha)\beta\frac{\Delta t}{\mu\Delta x}\left(E_y\Big|_{i+1/2,j}^{n}-E_y\Big|_{i-1/2,j}^{n}\right)
\end{aligned} \tag{7.248}$$

式中，$\alpha=\dfrac{1}{22}$，$\beta=\dfrac{12}{11}$。至此，H_z 可由式(7.248)隐式迭代求解，其中涉及五对角线性方程组的求解。而 E_y 由式(7.207)显式迭代更新。

过程二中的场分量的迭代更新过程与过程二步类似，在此不再赘述。

将下列平面波本征模代入过程一的式(7.206)、式(7.207)和式(7.248)

$$E_x\Big|_{i,j+1/2}^{n}=E_x^n\,\mathrm{e}^{-\mathrm{j}\left[k_xi\Delta x+k_y(j+1/2)\Delta y\right]} \tag{7.249}$$

$$E_y\Big|_{i+1/2,j}^{n}=E_y^n\,\mathrm{e}^{-\mathrm{j}\left[k_x(i+1/2)\Delta x+k_yj\Delta y\right]} \tag{7.250}$$

$$H_z\Big|_{i,j}^{n}=H_z^n\,\mathrm{e}^{-\mathrm{j}\left(k_xi\Delta x+k_yj\Delta y\right)} \tag{7.251}$$

并定义

$$\boldsymbol{X}^n = \left[E_x^n, E_y^n, H_z^n\right]^{\mathrm{T}} \tag{7.252}$$

可以得到

$$\boldsymbol{X}^{n+\frac{1}{2}} = \boldsymbol{\Lambda}_1 \boldsymbol{X}^n \tag{7.253}$$

同理，在过程二中有

$$\boldsymbol{X}^{n+1} = \boldsymbol{\Lambda}_2 \boldsymbol{X}^{n+\frac{1}{2}} \tag{7.254}$$

式中

$$\boldsymbol{\Lambda}_1 = \begin{bmatrix} \dfrac{q_x{}^2 - \dfrac{\Delta t^2}{4\varepsilon\mu} r_x{}^2}{A_x} & 0 & -\mathrm{j}\dfrac{\dfrac{\Delta t}{\mu} q_x r_x}{A_x} \\ 0 & 1 & 0 \\ -\mathrm{j}\dfrac{\dfrac{\Delta t}{\varepsilon} q_x r_x}{A_x} & 0 & \dfrac{q_x{}^2 - \dfrac{\Delta t^2}{4\varepsilon\mu} r_x{}^2}{A_x} \end{bmatrix} \tag{7.255}$$

$$\boldsymbol{\Lambda}_2 = \begin{bmatrix} \dfrac{q_y{}^2 - \dfrac{\Delta t^2}{4\varepsilon\mu} r_y{}^2}{A_y} & \mathrm{j}\dfrac{\dfrac{\Delta t}{\mu} q_y r_y}{A_y} & 0 \\ \mathrm{j}\dfrac{\dfrac{\Delta t}{\varepsilon} q_y r_y}{A_y} & \dfrac{q_y{}^2 - \dfrac{\Delta t^2}{4\varepsilon\mu} r_y{}^2}{A_y} & 0 \\ 0 & 0 & 1 \end{bmatrix} \tag{7.256}$$

$$\begin{cases} q_\xi = 2\alpha\cos\left(k_\xi \Delta\xi\right) + 1 \\ r_\xi = -2\beta \dfrac{\sin\left(k_\xi \Delta\xi / 2\right)}{\Delta\xi}, \qquad \xi = x \text{ 或 } y \\ A_\xi = q_\xi{}^2 + \dfrac{\Delta t^2}{4\varepsilon\mu} r_\xi{}^2 \end{cases} \tag{7.257}$$

综合式(7.253)和式(7.254)得

$$\boldsymbol{X}^{n+1} = \boldsymbol{\Lambda}\boldsymbol{X}^n \tag{7.258}$$

式中，$\boldsymbol{\Lambda} = \boldsymbol{\Lambda}_2\boldsymbol{\Lambda}_1$ 称为增幅矩阵。计算出的增幅矩阵 $\boldsymbol{\Lambda}$ 的特征值如下

$$\lambda_1 = 1, \quad \lambda_2 = \frac{X + \mathrm{j}Y}{Z}, \quad \lambda_3 = \frac{X - \mathrm{j}Y}{Z} \tag{7.259}$$

式中

$$X = q_x{}^2 q_y{}^2 - \frac{\Delta t^2}{4\varepsilon\mu} q_x{}^2 r_y{}^2 - \frac{\Delta t^2}{4\varepsilon\mu} q_y{}^2 r_x{}^2 - \left(\frac{\Delta t^2}{4\varepsilon\mu}\right)^2 r_x{}^2 r_y{}^2 \tag{7.260}$$

$$Y = 2\sqrt{\frac{\Delta t^2}{4\varepsilon\mu} q_x{}^2 q_y{}^2 \left(q_x{}^2 r_y{}^2 + q_y{}^2 r_x{}^2 + \frac{\Delta t^2}{4\varepsilon\mu} r_x{}^2 r_y{}^2\right)} \tag{7.261}$$

$$Z = {q_x}^2{q_y}^2 + \frac{\Delta t^2}{4\varepsilon\mu}{q_x}^2{r_y}^2 + \frac{\Delta t^2}{4\varepsilon\mu}{q_y}^2{r_x}^2 + \left(\frac{\Delta t^2}{4\varepsilon\mu}\right)^2 {r_x}^2{r_y}^2 \tag{7.262}$$

易知 $X^2 + Y^2 = Z^2$，因此特征值 λ_1 、λ_2 和 λ_3 的模都为 1，这表明四阶 LOD-FDTD 方法是无条件稳定的。

为了分析该算法的数值色散特性，考虑一列单色平面波，设其角频率为 ω，式(7.252)中的场分量可以表示为

$$\boldsymbol{X}^n = \boldsymbol{X}_0 \mathrm{e}^{\mathrm{j}\omega n\Delta t} \tag{7.263}$$

式中，$\boldsymbol{X}_0$ 是初始场值。将式(7.263)代入式(7.258)得到

$$\left(\mathrm{e}^{\mathrm{j}\omega\Delta t}\boldsymbol{I} - \boldsymbol{\varLambda}\right)\boldsymbol{X}_0 = 0 \tag{7.264}$$

式中，$\boldsymbol{I}$ 是一个 3×3 单位矩阵。根据方程(7.264)知 $\boldsymbol{X}_0$ 有非零解的充要条件是

$$\left|\mathrm{e}^{\mathrm{j}\omega\Delta t}\boldsymbol{I} - \boldsymbol{\varLambda}\right| = 0 \tag{7.265}$$

求解即可得到数值色散关系式，结果为

$$\sin^2(\omega\Delta t) = \frac{4\dfrac{\Delta t^2}{4\varepsilon\mu}q_x^2 q_y^2\left(\dfrac{\Delta t^2}{4\varepsilon\mu}r_x^2 r_y^2 + q_x^2 r_y^2 + q_y^2 r_x^2\right)}{\left(q_x^2 + \dfrac{\Delta t^2}{4\varepsilon\mu}r_x^2\right)^2\left(q_y^2 + \dfrac{\Delta t^2}{4\varepsilon\mu}r_y^2\right)^2} \tag{7.266}$$

式(7.266)可简化为

$$\tan^2\left(\frac{\omega\Delta t}{2}\right) = {S_x}^2 + {S_y}^2 + {S_x}^2{S_y}^2 \tag{7.267}$$

式中

$${S_x}^2 = \frac{\Delta t^2 {r_x}^2}{4\varepsilon\mu {q_x}^2} \tag{7.268}$$

$${S_y}^2 = \frac{\Delta t^2 {r_y}^2}{4\varepsilon\mu {q_y}^2} \tag{7.269}$$

根据数值色散关系式(7.267)，并利用 Newton 迭代法可求解数值相速度 v_p。

设真空中的理论相速度为 c，定义相对相速度误差

$$e_\mathrm{r} = \left|1 - \frac{v_\mathrm{p}}{c}\right| \times 100\% \tag{7.270}$$

全局相速度误差为

$$e_\mathrm{g} = \frac{1}{2\pi}\int_0^{2\pi}\left|1 - \frac{v_\mathrm{p}}{c}\right|\mathrm{d}\phi \tag{7.271}$$

式中，ϕ 是方位角，并且有 $k_x = k\cos\phi$，$k_y = k\sin\phi$。

图 7-12 所示的是四阶 LOD-FDTD 与标准二阶 LOD-FDTD、标准 FDTD 三种不同方法的相对相速度误差的比较，其中 CFLN 是 LOD-FDTD 法中使用的时间步长与标准 FDTD 法的比值。从图中可以看出，当 CFLN 不超过 8 时，四阶 LOD-FDTD 方法的相速度误差明显小于标

准二阶 LOD-FDTD 方法的相速度误差。

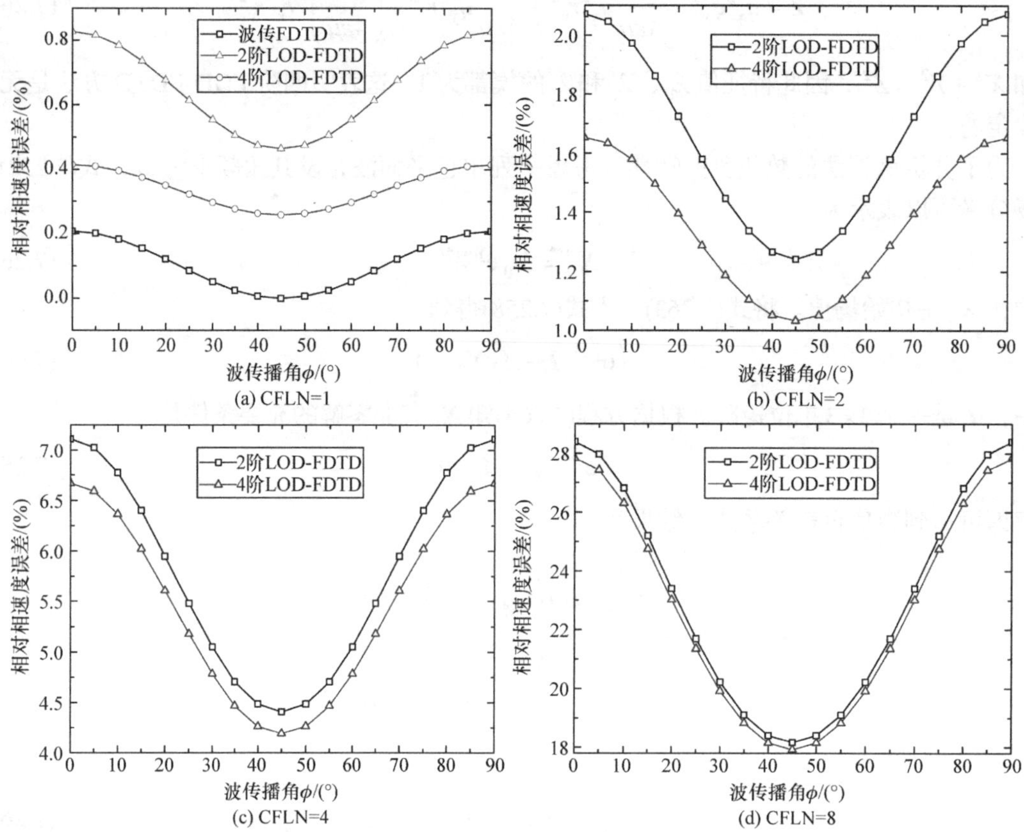

图 7-12 四阶 LOD-FDTD、二阶 LOD-FDTD 和 FDTD 的相对相速度误差

图 7-13 是四阶 LOD-FDTD 与标准二阶 LOD-FDTD、标准 FDTD 三种不同方法的全局相速度误差随空间分辨率(即每波长的网格数)变化的曲线。可以看出，四阶 LOD-FDTD 方法的全局相速度误差介于标准二阶 LOD-FDTD 方法和标准 FDTD 方法的全局相速度误差之间；另外，相比二阶 LOD-FDTD 方法，如果要保持同样的精度(即同样的全局相速度误差)，四阶 LOD-FDTD 方法可以使用更低的空间分辨率，即单位波长划分的网格数可以更少，从而可以节省计算资源。

7.2.6 应用举例

例 7-4 波导主模的截止频率。

对一个无耗的金属矩形波导，其内腔尺寸为 90mm × 60mm，分别采用二维 TE 模的 FDTD 法和 LOD-FDTD 法计算其主模 TE_{10} 模的截止频率。在这两种算法中，空间网格步长都取为 $\Delta x = \Delta y = 1\text{mm}$，波导的中心位置加高斯脉冲

$$F(t) = e^{-\frac{(t-t_0)^2}{T^2}} \tag{7.272}$$

式中，$T = 180 \times 10^{-12}\text{s}$，$t_0 = 3T$。在波导中的某一观测点记录时域电场，通过离散傅里叶变换(discrete Fourier transform，DFT)得到矩形波导的谐振频率，如图 7-14 所示。可以看出，FDTD 法和 LOD-FDTD 法计算结果能够较好地吻合。

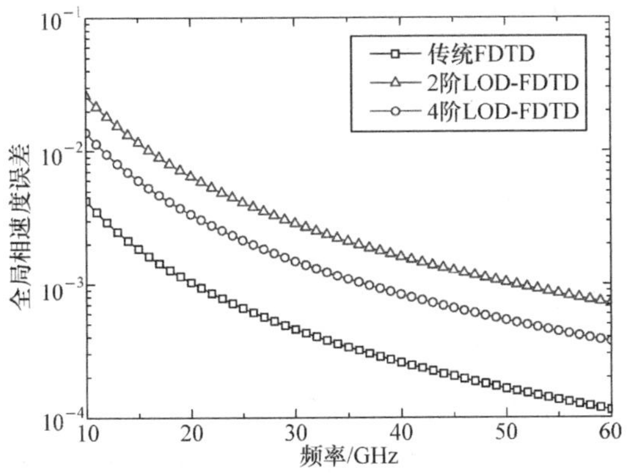

图 7-13　四阶 LOD-FDTD、二阶 LOD-FDTD 和 FDTD 的相对相速度误差

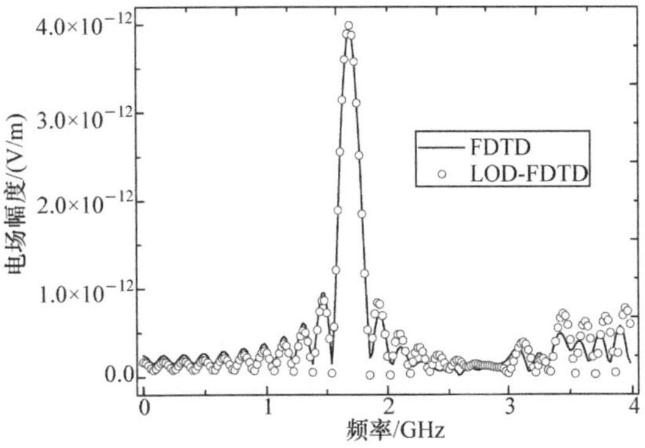

图 7-14　矩形波导的截止频率

已知矩形波导 TE_{10} 模的截止频率的解析解为 1.6667GHz，表 7-2 给出了 FDTD 法和 LOD-FDTD 法的计算结果和比较。

表 7-2　FDTD 法和 LOD-FDTD 法的计算结果和比较

	Δt/s	f_c/GHz	相对误差/%	归一化 CPU 时间/s
FDTD	1.667×10^{-12}	1.7000	1.80	1
LOD-FDTD	1.667×10^{-11}	1.6996	1.77	0.2376

可以看出，两种方法计算的结果与解析解的相对误差都能保持在 2%以内，LOD-FDTD 方法的仿真所耗费的时间只有 FDTD 的 1/4 左右。

接下来用二维共形 LOD-FDTD 方法计算无耗金属圆波导主模 TE_{11} 模的截止频率。圆波导内腔半径 $r=4.5$mm，LOD-FDTD 法和 FDTD 法中的网格步长都取为 $\Delta x=\Delta y=0.6$mm，激励源仍为式(7.256)的高斯脉冲，其中，$T=2.0\times10^{-11}$s，$t_0=3T$。

图 7-15 给出了 LOD-FDTD 方法分别用阶梯近似和共形网格技术的计算结果。已知圆波导主模 TE_{11} 模的截止频率的解析解为 19.5333GHz。可以从图 7-15 中看出，相同的网格数目下，采用共形网格技术的 LOD-FDTD 方法的精度比阶梯近似高得多。图 7-16 给出了共形 FDTD 和共形 LOD-FDTD 方法的 TE_{11} 模截止频率，表 7-3 给出了两者的计算结果和比较。

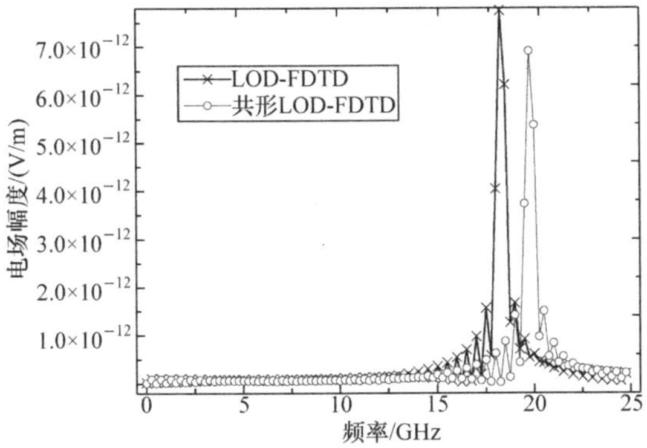

图 7-15　圆波导的截止频率

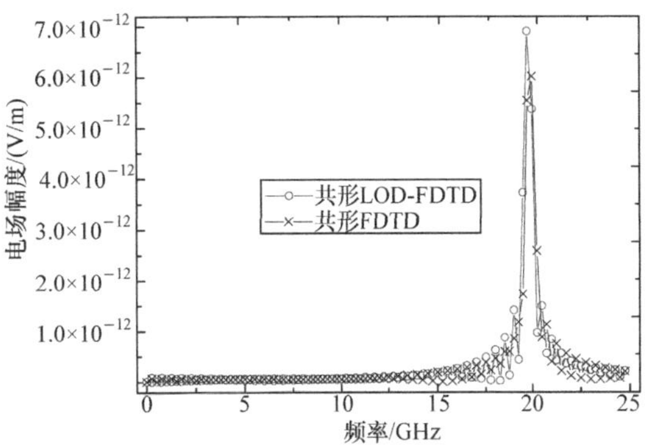

图 7-16　共形技术计算圆波导的截止频率

表 7-3　共形 FDTD 法和共形 LOD-FDTD 法的计算结果和比较

	Δt/s	f_c/GHz	相对误差	归一化 CPU 时间/s
共形 FDTD	1×10^{-12}	19.9025	1.89%	1
共形 LOD-FDTD	3×10^{-12}	19.8000	1.37%	0.4232

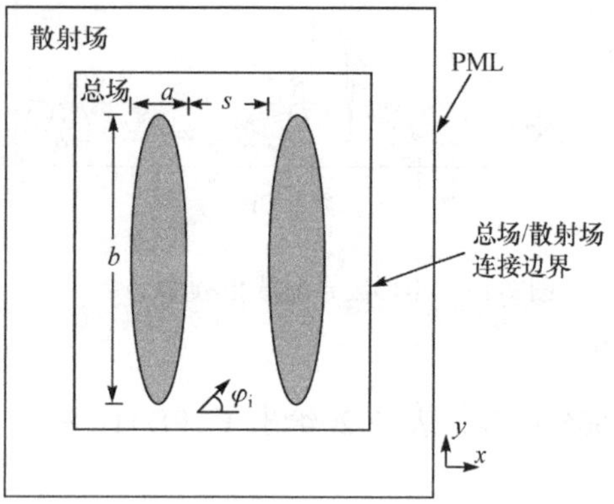

图 7-17　一对无限长椭圆柱以及计算区域的横截面示意图

可以看出，采用共形网格技术的 FDTD 和 LOD-FDTD 方法的计算结果与解析解的相对误差都能保持在 2%以内，而共形 LOD-FDTD 方法的仿真耗时不到共形 FDTD 的 1/2。

例 7-5　共形 LOD-FDTD 计算无限长金属椭圆柱的散射。

下面求解一对无限长金属(PEC)椭圆柱的散射问题，散射体结构如图 7-17 所示，其中 $a=\lambda/10$，$b=2\lambda$，$s=3\lambda/10$。对比在计算区域采用阶梯近似划分网格，在保证高精度的要求下，共形网格技术的计算机内存和 CPU 时间需求都将显著降低。整个计算区域的大小为 $1.6\lambda\times4\lambda$，划分的网格数为 160×160。激励波采用调制高斯脉冲波形

$$H_z^{\mathrm{i}}(x,t)=\mathrm{e}^{-\frac{(t-t_0)^2}{\tau^2}}\sin\left[2\pi f_c(t-t_0)\right] \tag{7.273}$$

式中，$\tau=1/(2f_c)$，$t_0=3$，$f_c=1\mathrm{GHz}$。

这里，共形 LOD-FDTD 方法采用的总场/散射场边界条件和 6.1.4 节中 FDTD 的类似，只是按相同的原理更新总场/散射场连接边界的 LOD-FDTD 差分公式即可，这里不再给出具体表达式。这里，入射角 $\varphi_i=0°$。

共形 LOD-FDTD、共形 FDTD 和共形 ADI-FDTD 三种方法计算的双站 RCS 结果如图 7-18 所示。可以看出，共形 LOD-FDTD 和 ADI-FDTD 的时间步长是共形 FDTD 的 3 倍时，计算结果吻合很好。表 7-4 给出了三者的计算时间比较，共形 LOD-FDTD 法的耗时比 ADI-FDTD 法的略低。

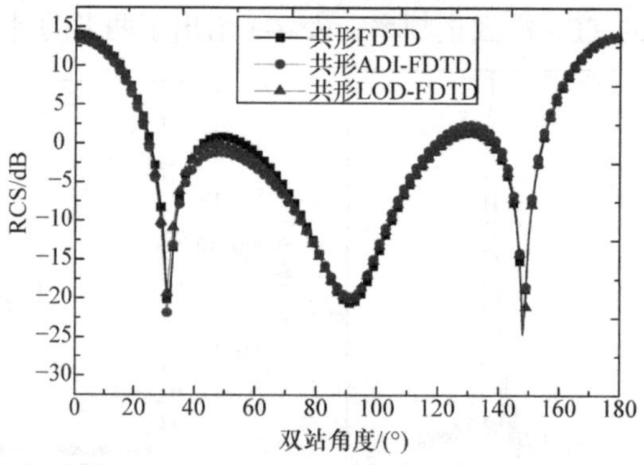

图 7-18　一对无限长椭圆柱的双站 RCS

表 7-4　共形 FDTD、LOD-FDTD 和 ADI-FDTD 的计算资源比较

	Δt/ps	步进数目	归一化 CPU 时间/s	内存/MB
共形 FDTD	5.00	12000	1.00	6.78
共形 ADI-FDTD	15.00	4000	0.85	12.11
共形 LOD-FDTD	15.00	4000	0.70	11.33

7.3　Newmark-Beta-FDTD 方法

Newmark-Beta 方法最早应用在结构动力学中离散控制方程的时间偏微分[33]，后来被应用到时域有限元方法中，因其无条件稳定性，成为离散时域有限元方程的主流方法[34]。Newmark-Beta-FDTD 方法以时域麦克斯韦方程为基础，在空间偏微分上仍然采用中心差分离散，而在时间偏微分上采用 Newmark-Beta 差分，得到的隐式步进方程的时间步长不受 CFL 稳定性条件的限制。相关的研究工作包括：Newmark-Beta-FDTD 方法的基本原理、稳定性证明和色散关系[35]，应用于涉及等离子体激元的金属光栅[36, 37]、时间反演电磁学[38]的仿真分析中。

7.3.1　Newmark-Beta-FDTD 差分格式

Newmark 方法可以表示成一组被截断的泰勒公式[34]，函数 $u(t+\Delta t)$和它在 $t+\Delta t$ 时刻的偏导数可以表示成

$$u(t+\Delta t)=u(t)+\Delta t\frac{\mathrm{d}u(t)}{\mathrm{d}t}+\left(\frac{1}{2}-\beta\right)(\Delta t)^2\frac{\mathrm{d}^2u(t)}{\mathrm{d}t^2}+\beta(\Delta t)^2\frac{\mathrm{d}^2u(t+\Delta t)}{\mathrm{d}t^2} \tag{7.274}$$

$$\frac{\mathrm{d}u(t+\Delta t)}{\mathrm{d}t}=\frac{\mathrm{d}u(t)}{\mathrm{d}t}+(1-\gamma)\Delta t\frac{\mathrm{d}^2u(t)}{\mathrm{d}t^2}+\gamma\Delta t\frac{\mathrm{d}^2u(t+\Delta t)}{\mathrm{d}t^2} \tag{7.275}$$

式中，$\beta\in[0,1]$和$\gamma\in[0,1]$是控制其稳定性和精度的两个重要参数。

对于单自由度体系的运动方程为

$$M\frac{\partial^2 x}{\partial t^2}+C\frac{\partial x}{\partial t}+Kx+f=0 \tag{7.276}$$

式中，M、C 和 K 分别为体系的质量、阻尼和刚度特性，x、$\partial x/\partial t$ 和$\partial^2 x/\partial t^2$ 分别为体系的位移、速度和加速度反应，f 为外荷载。利用 Newmark 方法对时间偏微分进行离散，最后可将运动方程(7.276)离散为

$$\begin{aligned}&\left[M+\gamma\Delta tC+\beta\Delta t^2K\right]x^{n+1}+\left[-2M+(1-2\gamma)\Delta tC+\left(\frac{1}{2}+\gamma-2\beta\right)\Delta t^2K\right]x^n\\&+\left[M+(-1+\gamma)\Delta tC+\left(\frac{1}{2}-\gamma+\beta\right)\Delta t^2K\right]x^{n-1}+(\beta\Delta t^2)f^{n+1}\\&+\left(\frac{1}{2}+\gamma-2\beta\right)f^n\Delta t^2+\left(\frac{1}{2}-\gamma+\beta\right)f^{n-1}\Delta t^2=0\end{aligned} \tag{7.277}$$

可以看出，对一已知的运动体系可以确定其质量、阻尼和刚度特性，只要已知初始前两时刻位移，即可通过式(7.277)求解后面任意时刻的位移，通过对时间偏导还可以求解任意时刻的速度和加速度等参量。当γ=0.5 时，Newmark 方法又称为 Newmark-Beta 方法。

后来，在研究有限元方法时，学者用 Newmark 方法离散时域有限元控制方程。时域有限元方法控制方程可以写为

$$[T]\frac{\mathrm{d}^2\{E\}}{\mathrm{d}t^2}+[R]\frac{\mathrm{d}\{E\}}{\mathrm{d}t}+[S]\{E\}=\{b\} \tag{7.278}$$

式中，$\{E\}=\left[E_1,E_1,\cdots,E_N\right]^{\mathrm{T}}$，[$T$]、[$R$]和[$S$]都是稀疏对称方阵，由基函数和权函数的积分组成，{b}是激励向量[39]。应用 Newmark 方法对式(7.278)进行离散，可以得到

$$\begin{aligned}\left\{\frac{1}{(\Delta t)^2}[T]+\frac{\gamma}{\Delta t}[R]+\beta[S]\right\}\{E\}^{n+1}=&\left\{\frac{2}{(\Delta t)^2}[T]-\frac{1-2\gamma}{\Delta t}[R]-\left(\frac{1}{2}+\gamma-2\beta\right)[S]\right\}\{E\}^{n}\\&-\left\{\frac{1}{(\Delta t)^2}[T]-\frac{1-\gamma}{\Delta t}[R]+\left(\frac{1}{2}-\gamma+\beta\right)[S]\right\}\{E\}^{n-1}+\beta\{b\}^{n+1}\\&+\left(\frac{1}{2}+\gamma-2\beta\right)\{b\}^{n}+\left(\frac{1}{2}-\gamma+\beta\right)\end{aligned} \tag{7.279}$$

根据文献[39]和[40]，当$\beta\geqslant0.25(0.5+\gamma)^2$时，式(7.279)的时间步进过程是无条件稳定的。而且，当γ=0.5 和β=0.25 时，Newmark 算法的精度最高，同时满足无条件稳定特性。因此，本书在 Newmark 算法的参数中，选择γ=0.5 和β=0.25 。

对麦克斯韦旋度方程在三维直角坐标系的分量式(7.1)～式(7.6)，利用 Newmark-Beta 方法对时间偏微分进行离散，可以得到(此处不考虑媒质的损耗)

$$\frac{1}{2\Delta t}H_x^{n+1}=\frac{1}{2\Delta t}H_x^{n-1}+\frac{1}{4\mu}\left(\frac{\partial E_y^{n+1}}{\partial z}-\frac{\partial E_z^{n+1}}{\partial y}\right)+\frac{1}{2\mu}\left(\frac{\partial E_y^{n}}{\partial z}-\frac{\partial E_z^{n}}{\partial y}\right)+\frac{1}{4\mu}\left(\frac{\partial E_y^{n-1}}{\partial z}-\frac{\partial E_z^{n-1}}{\partial y}\right) \tag{7.280}$$

$$\frac{1}{2\Delta t}H_y^{n+1}=\frac{1}{2\Delta t}H_y^{n-1}+\frac{1}{4\mu}\left(\frac{\partial E_z^{n+1}}{\partial x}-\frac{\partial E_x^{n+1}}{\partial z}\right)+\frac{1}{2\mu}\left(\frac{\partial E_z^{n}}{\partial x}-\frac{\partial E_x^{n}}{\partial z}\right)+\frac{1}{4\mu}\left(\frac{\partial E_z^{n-1}}{\partial x}-\frac{\partial E_x^{n-1}}{\partial z}\right) \tag{7.281}$$

$$\frac{1}{2\Delta t}H_z^{n+1}=\frac{1}{2\Delta t}H_z^{n-1}+\frac{1}{4\mu}\left(\frac{\partial E_x^{n+1}}{\partial y}-\frac{\partial E_y^{n+1}}{\partial x}\right)+\frac{1}{2\mu}\left(\frac{\partial E_x^{n}}{\partial y}-\frac{\partial E_y^{n}}{\partial x}\right)+\frac{1}{4\mu}\left(\frac{\partial E_x^{n-1}}{\partial y}-\frac{\partial E_y^{n-1}}{\partial x}\right) \tag{7.282}$$

$$\frac{1}{2\Delta t}E_x^{n+1}=\frac{1}{2\Delta t}E_x^{n-1}+\frac{1}{4\varepsilon}\left(\frac{\partial H_z^{n+1}}{\partial y}-\frac{\partial H_y^{n+1}}{\partial z}\right)+\frac{1}{2\varepsilon}\left(\frac{\partial H_z^{n}}{\partial y}-\frac{\partial H_y^{n}}{\partial z}\right)+\frac{1}{4\varepsilon}\left(\frac{\partial H_z^{n-1}}{\partial y}-\frac{\partial H_y^{n-1}}{\partial z}\right) \tag{7.283}$$

$$\frac{1}{2\Delta t}E_y^{n+1}=\frac{1}{2\Delta t}E_y^{n-1}+\frac{1}{4\varepsilon}\left(\frac{\partial H_x^{n+1}}{\partial z}-\frac{\partial H_z^{n+1}}{\partial x}\right)+\frac{1}{2\varepsilon}\left(\frac{\partial H_x^{n}}{\partial z}-\frac{\partial H_z^{n}}{\partial x}\right)+\frac{1}{4\varepsilon}\left(\frac{\partial H_x^{n-1}}{\partial z}-\frac{\partial H_z^{n-1}}{\partial x}\right) \tag{7.284}$$

$$\frac{1}{2\Delta t}E_z^{n+1}=\frac{1}{2\Delta t}E_z^{n-1}+\frac{1}{4\varepsilon}\left(\frac{\partial H_y^{n+1}}{\partial x}-\frac{\partial H_x^{n+1}}{\partial y}\right)+\frac{1}{2\varepsilon}\left(\frac{\partial H_y^{n}}{\partial x}-\frac{\partial H_x^{n}}{\partial y}\right)+\frac{1}{4\varepsilon}\left(\frac{\partial H_y^{n-1}}{\partial x}-\frac{\partial H_x^{n-1}}{\partial y}\right) \tag{7.285}$$

然后，对式(7.280)～式(7.285)中的空间偏微分采用中心差分离散，可以得到这六个场分量方程的离散格式。

$$
\begin{aligned}
H_x\Big|_{i,j+\frac{1}{2},k+\frac{1}{2}}^{n+1} = H_x\Big|_{i,j+\frac{1}{2},k+\frac{1}{2}}^{n-1} &+ \frac{\Delta t}{2\mu}\left(\frac{E_y\Big|_{i,j+\frac{1}{2},k+1}^{n+1} - E_y\Big|_{i,j+\frac{1}{2},k}^{n+1}}{\Delta z} - \frac{E_z\Big|_{i,j+1,k+\frac{1}{2}}^{n+1} - E_z\Big|_{i,j,k+\frac{1}{2}}^{n+1}}{\Delta y}\right) \\
&+ \frac{\Delta t}{\mu}\left(\frac{E_y\Big|_{i,j+\frac{1}{2},k+1}^{n} - E_y\Big|_{i,j+\frac{1}{2},k}^{n}}{\Delta z} - \frac{E_z\Big|_{i,j+1,k+\frac{1}{2}}^{n} - E_z\Big|_{i,j,k+\frac{1}{2}}^{n}}{\Delta y}\right) \\
&+ \frac{\Delta t}{2\mu}\left(\frac{E_y\Big|_{i,j+\frac{1}{2},k+1}^{n-1} - E_y\Big|_{i,j+\frac{1}{2},k}^{n-1}}{\Delta z} - \frac{E_z\Big|_{i,j+1,k+\frac{1}{2}}^{n-1} - E_z\Big|_{i,j,k+\frac{1}{2}}^{n-1}}{\Delta y}\right)
\end{aligned} \tag{7.286}
$$

$$
\begin{aligned}
H_y\Big|_{i+\frac{1}{2},j,k+\frac{1}{2}}^{n+1} = H_y\Big|_{i+\frac{1}{2},j,k+\frac{1}{2}}^{n-1} &+ \frac{\Delta t}{2\mu}\left(\frac{E_z\Big|_{i+1,j,k+\frac{1}{2}}^{n+1} - E_z\Big|_{i,j,k+\frac{1}{2}}^{n+1}}{\Delta x} - \frac{E_x\Big|_{i+\frac{1}{2},j,k+1}^{n+1} - E_x\Big|_{i+\frac{1}{2},j,k}^{n+1}}{\Delta z}\right) \\
&+ \frac{\Delta t}{\mu}\left(\frac{E_z\Big|_{i+1,j,k+\frac{1}{2}}^{n} - E_z\Big|_{i,j,k+\frac{1}{2}}^{n}}{\Delta x} - \frac{E_x\Big|_{i+\frac{1}{2},j,k+1}^{n} - E_x\Big|_{i+\frac{1}{2},j,k}^{n}}{\Delta z}\right) \\
&+ \frac{\Delta t}{2\mu}\left(\frac{E_z\Big|_{i+1,j,k+\frac{1}{2}}^{n-1} - E_z\Big|_{i,j,k+\frac{1}{2}}^{n-1}}{\Delta x} - \frac{E_x\Big|_{i+\frac{1}{2},j,k+1}^{n-1} - E_x\Big|_{i+\frac{1}{2},j,k}^{n-1}}{\Delta z}\right)
\end{aligned} \tag{7.287}
$$

$$
\begin{aligned}
H_z\Big|_{i+\frac{1}{2},j+\frac{1}{2},k}^{n+1} = H_z\Big|_{i+\frac{1}{2},j+\frac{1}{2},k}^{n-1} &+ \frac{\Delta t}{2\mu}\left(\frac{E_x\Big|_{i+\frac{1}{2},j+1,k}^{n+1} - E_x\Big|_{i+\frac{1}{2},j,k}^{n+1}}{\Delta y} - \frac{E_y\Big|_{i+1,j+\frac{1}{2},k}^{n+1} - E_y\Big|_{i,j+\frac{1}{2},k}^{n+1}}{\Delta x}\right) \\
&+ \frac{\Delta t}{\mu}\left(\frac{E_x\Big|_{i+\frac{1}{2},j+1,k}^{n} - E_x\Big|_{i+\frac{1}{2},j,k}^{n}}{\Delta y} - \frac{E_y\Big|_{i+1,j+\frac{1}{2},k}^{n} - E_y\Big|_{i,j+\frac{1}{2},k}^{n}}{\Delta x}\right) \\
&+ \frac{\Delta t}{2\mu}\left(\frac{E_x\Big|_{i+\frac{1}{2},j+1,k}^{n-1} - E_x\Big|_{i+\frac{1}{2},j,k}^{n-1}}{\Delta y} - \frac{E_y\Big|_{i+1,j+\frac{1}{2},k}^{n-1} - E_y\Big|_{i,j+\frac{1}{2},k}^{n-1}}{\Delta x}\right)
\end{aligned} \tag{7.288}
$$

$$
\begin{aligned}
E_x\Big|_{i+\frac{1}{2},j,k}^{n+1} = E_x\Big|_{i+\frac{1}{2},j,k}^{n-1} &+ \frac{\Delta t}{2\varepsilon}\left(\frac{H_z\Big|_{i+\frac{1}{2},j+\frac{1}{2},k}^{n+1} - H_z\Big|_{i+\frac{1}{2},j-\frac{1}{2},k}^{n+1}}{\Delta y} - \frac{H_y\Big|_{i+\frac{1}{2},j,k+\frac{1}{2}}^{n+1} - H_y\Big|_{i+\frac{1}{2},j,k-\frac{1}{2}}^{n+1}}{\Delta z}\right) \\
&+ \frac{\Delta t}{\varepsilon}\left(\frac{H_z\Big|_{i+\frac{1}{2},j+\frac{1}{2},k}^{n} - H_z\Big|_{i+\frac{1}{2},j-\frac{1}{2},k}^{n}}{\Delta y} - \frac{H_y\Big|_{i+\frac{1}{2},j,k+\frac{1}{2}}^{n} - H_y\Big|_{i+\frac{1}{2},j,k-\frac{1}{2}}^{n}}{\Delta z}\right) \\
&+ \frac{\Delta t}{2\varepsilon}\left(\frac{H_z\Big|_{i+\frac{1}{2},j+\frac{1}{2},k}^{n-1} - H_z\Big|_{i+\frac{1}{2},j-\frac{1}{2},k}^{n-1}}{\Delta y} - \frac{H_y\Big|_{i+\frac{1}{2},j,k+\frac{1}{2}}^{n-1} - H_y\Big|_{i+\frac{1}{2},j,k-\frac{1}{2}}^{n-1}}{\Delta z}\right)
\end{aligned} \tag{7.289}
$$

$$\begin{aligned}E_y\Big|_{i,j+\frac{1}{2},k}^{n+1} &= E_y\Big|_{i,j+\frac{1}{2},k}^{n-1} + \frac{\Delta t}{2\varepsilon}\left(\frac{H_x\Big|_{i,j+\frac{1}{2},k+\frac{1}{2}}^{n+1} - H_x\Big|_{i,j+\frac{1}{2},k-\frac{1}{2}}^{n+1}}{\Delta z} - \frac{H_z\Big|_{i+\frac{1}{2},j+\frac{1}{2},k}^{n+1} - H_z\Big|_{i-\frac{1}{2},j+\frac{1}{2},k}^{n+1}}{\Delta x}\right)\\ &+ \frac{\Delta t}{\varepsilon}\left(\frac{H_x\Big|_{i,j+\frac{1}{2},k+\frac{1}{2}}^{n} - H_x\Big|_{i,j+\frac{1}{2},k-\frac{1}{2}}^{n}}{\Delta z} - \frac{H_z\Big|_{i+\frac{1}{2},j+\frac{1}{2},k}^{n} - H_z\Big|_{i-\frac{1}{2},j+\frac{1}{2},k}^{n}}{\Delta x}\right)\\ &+ \frac{\Delta t}{2\varepsilon}\left(\frac{H_x\Big|_{i,j+\frac{1}{2},k+\frac{1}{2}}^{n-1} - H_x\Big|_{i,j+\frac{1}{2},k-\frac{1}{2}}^{n-1}}{\Delta z} - \frac{H_z\Big|_{i+\frac{1}{2},j+\frac{1}{2},k}^{n-1} - H_z\Big|_{i-\frac{1}{2},j+\frac{1}{2},k}^{n-1}}{\Delta x}\right)\end{aligned} \tag{7.290}$$

$$\begin{aligned}E_z\Big|_{i,j,k+\frac{1}{2}}^{n+1} &= E_z\Big|_{i,j,k+\frac{1}{2}}^{n-1} + \frac{\Delta t}{2\varepsilon}\left(\frac{H_y\Big|_{i+\frac{1}{2},j,k+\frac{1}{2}}^{n+1} - H_y\Big|_{i-\frac{1}{2},j,k+\frac{1}{2}}^{n+1}}{\Delta x} - \frac{H_x\Big|_{i,j+\frac{1}{2},k+\frac{1}{2}}^{n+1} - H_x\Big|_{i,j-\frac{1}{2},k+\frac{1}{2}}^{n+1}}{\Delta y}\right)\\ &+ \frac{\Delta t}{\varepsilon}\left(\frac{H_y\Big|_{i+\frac{1}{2},j,k+\frac{1}{2}}^{n} - H_y\Big|_{i-\frac{1}{2},j,k+\frac{1}{2}}^{n}}{\Delta x} - \frac{H_x\Big|_{i,j+\frac{1}{2},k+\frac{1}{2}}^{n} - H_x\Big|_{i,j-\frac{1}{2},k+\frac{1}{2}}^{n}}{\Delta y}\right)\\ &+ \frac{\Delta t}{2\varepsilon}\left(\frac{H_y\Big|_{i+\frac{1}{2},j,k+\frac{1}{2}}^{n-1} - H_y\Big|_{i-\frac{1}{2},j,k+\frac{1}{2}}^{n-1}}{\Delta x} - \frac{H_x\Big|_{i,j+\frac{1}{2},k+\frac{1}{2}}^{n-1} - H_x\Big|_{i,j-\frac{1}{2},k+\frac{1}{2}}^{n-1}}{\Delta y}\right)\end{aligned} \tag{7.291}$$

将得到的 H_y^{n+1} 和 H_z^{n+1} 的表达式(7.287)和式(7.288)代入到 E_x^{n+1} 方程(7.289)中，整理可以得到 E_x^{n+1} 的隐式表达式

$$\begin{aligned}&\left[\frac{1}{2\Delta t} + \frac{\Delta t}{8\varepsilon\mu}\left(\frac{2}{\Delta y^2} + \frac{2}{\Delta z^2}\right)\right]E_x\Big|_{i+\frac{1}{2},j,k}^{n+1} - \frac{\Delta t}{8\varepsilon\mu}\left(\begin{array}{c}\dfrac{E_x\Big|_{i+\frac{1}{2},j+1,k}^{n+1} + E_x\Big|_{i+\frac{1}{2},j-1,k}^{n+1}}{\Delta y^2} + \dfrac{E_x\Big|_{i+\frac{1}{2},j,k+1}^{n+1} + E_x\Big|_{i+\frac{1}{2},j,k-1}^{n+1}}{\Delta z^2}\\ -\dfrac{E_y\Big|_{i+1,j+\frac{1}{2},k}^{n+1} - E_y\Big|_{i+1,j-\frac{1}{2},k}^{n+1} - E_y\Big|_{i,j+\frac{1}{2},k}^{n+1} + E_y\Big|_{i,j-\frac{1}{2},k}^{n+1}}{\Delta x\Delta y}\end{array}\right)\\ &+ \frac{\Delta t}{8\varepsilon\mu}\left(\frac{E_z\Big|_{i+1,j,k+\frac{1}{2}}^{n+1} - E_z\Big|_{i+1,j,k-\frac{1}{2}}^{n+1} - E_z\Big|_{i,j,k+\frac{1}{2}}^{n+1} + E_z\Big|_{i,j,k-\frac{1}{2}}^{n+1}}{\Delta x\Delta z}\right)\\ &= \widehat{E}_x\Big|_{i+\frac{1}{2},j,k}^{n+1} + \frac{\Delta t}{2\varepsilon}\left(\frac{\widehat{H}_z\Big|_{i+\frac{1}{2},j+\frac{1}{2},k}^{n+1} - \widehat{H}_z\Big|_{i+\frac{1}{2},j-\frac{1}{2},k}^{n+1}}{\Delta y} - \frac{\widehat{H}_y\Big|_{i+\frac{1}{2},j,k+\frac{1}{2}}^{n+1} - \widehat{H}_y\Big|_{i+\frac{1}{2},j,k-\frac{1}{2}}^{n+1}}{\Delta z}\right)\end{aligned} \tag{7.292}$$

式中

$$\widehat{E}_x\Big|_{i+\frac{1}{2},j,k}^{n+1} = \frac{1}{2\Delta t}E_x\Big|_{i+\frac{1}{2},j,k}^{n-1} + \frac{1}{2\varepsilon}\left(\frac{H_z\Big|_{i+\frac{1}{2},j+\frac{1}{2},k}^{n} - H_z\Big|_{i+\frac{1}{2},j-\frac{1}{2},k}^{n}}{\Delta y} - \frac{H_y\Big|_{i+\frac{1}{2},j,k+\frac{1}{2}}^{n} - H_y\Big|_{i+\frac{1}{2},j,k-\frac{1}{2}}^{n}}{\Delta z}\right)$$

$$+\frac{1}{4\varepsilon}\left(\frac{H_z\Big|_{i+\frac{1}{2},j+\frac{1}{2},k}^{n-1}-H_z\Big|_{i+\frac{1}{2},j-\frac{1}{2},k}^{n-1}}{\Delta y}-\frac{H_y\Big|_{i+\frac{1}{2},j,k+\frac{1}{2}}^{n-1}-H_y\Big|_{i+\frac{1}{2},j,k-\frac{1}{2}}^{n-1}}{\Delta z}\right) \tag{7.293}$$

$$\begin{aligned}\widehat{H}_y\Big|_{i+\frac{1}{2},j,k+\frac{1}{2}}^{n+1}=&\frac{1}{2\Delta t}H_y\Big|_{i+\frac{1}{2},j,k+\frac{1}{2}}^{n-1}+\frac{1}{2\mu}\left(\frac{E_z\Big|_{i+1,j,k+\frac{1}{2}}^{n}-E_z\Big|_{i,j,k+\frac{1}{2}}^{n}}{\Delta x}-\frac{E_x\Big|_{i+\frac{1}{2},j,k+1}^{n}-E_x\Big|_{i+\frac{1}{2},j,k}^{n}}{\Delta z}\right)\\&+\frac{1}{4\mu}\left(\frac{E_z\Big|_{i+1,j,k+\frac{1}{2}}^{n-1}-E_z\Big|_{i,j,k+\frac{1}{2}}^{n-1}}{\Delta x}-\frac{E_x\Big|_{i+\frac{1}{2},j,k+1}^{n-1}-E_x\Big|_{i+\frac{1}{2},j,k}^{n-1}}{\Delta z}\right)\end{aligned} \tag{7.294}$$

$$\begin{aligned}\widehat{H}_z\Big|_{i+\frac{1}{2},j+\frac{1}{2},k}^{n+1}=&\frac{1}{2\Delta t}H_z\Big|_{i+\frac{1}{2},j+\frac{1}{2},k}^{n-1}+\frac{1}{2\mu}\left(\frac{E_x\Big|_{i+\frac{1}{2},j+1,k}^{n}-E_x\Big|_{i+\frac{1}{2},j,k}^{n}}{\Delta y}-\frac{E_y\Big|_{i+1,j+\frac{1}{2},k}^{n}-E_y\Big|_{i,j+\frac{1}{2},k}^{n}}{\Delta x}\right)\\&+\frac{1}{4\mu}\left(\frac{E_x\Big|_{i+\frac{1}{2},j+1,k}^{n-1}-E_x\Big|_{i+\frac{1}{2},j,k}^{n-1}}{\Delta y}-\frac{E_y\Big|_{i+1,j+\frac{1}{2},k}^{n-1}-E_y\Big|_{i,j+\frac{1}{2},k}^{n-1}}{\Delta x}\right)\end{aligned} \tag{7.295}$$

类似地，可以得到 E_y^{n+1} 和 E_z^{n+1} 的隐式表达式。得到所有电场的表达式之后，将 E_x^{n+1} 、E_y^{n+1} 和 E_z^{n+1} 的隐式方程组合在一起，可以得到一个带状稀疏矩阵方程

$$[A]\left\{E_x^{n+1}\ E_y^{n+1}\ E_z^{n+1}\right\}^{\mathrm{T}}=\{b\} \tag{7.296}$$

式中，$[A]$是由方程系数组成的稀疏矩阵，$\{b\}$是由激励源、第 n 时刻和第 $n-1$ 时刻等已知场量组成的列向量。可以发现，当前两个时刻的场值已知，给定激励源以后，就可以求解后面所有时刻的电场值。根据方程(7.296)求得电场值 E_x^{n+1} 、E_y^{n+1} 和 E_z^{n+1} 之后，就可以根据离散后的式(7.286)～式(7.288)显式求解得到磁场 H_x^{n+1} 、H_y^{n+1} 和 H_z^{n+1} 值。值得一提的是，方程(7.296)中的系数矩阵$[A]$在整个时间步进过程中保持不变，因此只需在步进前对其进行一次求解。

7.3.2　Newmark-Beta-FDTD 解的稳定性

Newmark-Beta-FDTD 法的隐式方程涉及$(n+1)$、n 和$(n-1)$三个时刻的电磁场分量，因此，这里采用 Von Neumann 方法来证明其稳定性。

任意波模都可以展开为平面波谱，因此只需要证明平面波本征模的稳定性即可。假设三维平面波本征模方程可以写为

$$V(i,j,k)=V_0\varsigma^n\mathrm{e}^{\mathrm{j}\left(ik_x\Delta x+jk_y\Delta y+kk_z\Delta z\right)} \tag{7.297}$$

式中，$\mathrm{j}=\sqrt{-1}$ ，k_x、k_y 和 k_z 分别是波矢量在 x、y 和 z 方向的分量，ς 代表增长因子，Δx、Δy 和Δz 分别是空间沿 x、y 和 z 方向的步长。因此，电磁场分量可以表示为

$$E_x\Big|_{i+\frac{1}{2},j,k}^{n}=E_{0x}\varsigma^n\mathrm{e}^{\mathrm{j}\left[\left(i+\frac{1}{2}\right)k_x\Delta x+jk_y\Delta y+kk_z\Delta z\right]} \tag{7.298}$$

$$E_y\Big|_{i,j+\frac{1}{2},k}^{n} = E_{0y}\varsigma^n \mathrm{e}^{\mathrm{j}\left[ik_x\Delta x+\left(j+\frac{1}{2}\right)k_y\Delta y+kk_z\Delta z\right]} \tag{7.299}$$

$$E_z\Big|_{i,j,k+\frac{1}{2}}^{n} = E_{0z}\varsigma^n \mathrm{e}^{\mathrm{j}\left[ik_x\Delta x+jk_y\Delta y+\left(k+\frac{1}{2}\right)k_z\Delta z\right]} \tag{7.300}$$

$$H_x\Big|_{i,j+\frac{1}{2},k+\frac{1}{2}}^{n} = H_{0x}\varsigma^n \mathrm{e}^{\mathrm{j}\left[ik_x\Delta x+\left(j+\frac{1}{2}\right)k_y\Delta y+\left(k+\frac{1}{2}\right)k_z\Delta z\right]} \tag{7.301}$$

$$H_y\Big|_{i+\frac{1}{2},j,k+\frac{1}{2}}^{n} = H_{0y}\varsigma^n \mathrm{e}^{\mathrm{j}\left[\left(i+\frac{1}{2}\right)k_x\Delta x+jk_y\Delta y+\left(k+\frac{1}{2}\right)k_z\Delta z\right]} \tag{7.302}$$

$$H_z\Big|_{i+\frac{1}{2},j+\frac{1}{2},k}^{n} = H_{0z}\varsigma^n \mathrm{e}^{\mathrm{j}\left[\left(i+\frac{1}{2}\right)k_x\Delta x+\left(j+\frac{1}{2}\right)k_y\Delta y+kk_z\Delta z\right]} \tag{7.303}$$

将式(7.298)～式(7.303)代入式(7.286)～式(7.291)，整理后可以得到如下对矩阵方程

$$[A]\left\{E_{0x},E_{0y},E_{0z},H_{0x},H_{0y},H_{0z}\right\}^{\mathrm{T}}=\{0\} \tag{7.304}$$

式中，系数矩阵[A]为

$$[A]=\begin{bmatrix} (\varsigma-1) & 0 & 0 & 0 & (\varsigma+1)q_z & -(\varsigma+1)q_y \\ 0 & (\varsigma-1) & 0 & -(\varsigma+1)q_z & 0 & (\varsigma+1)q_x \\ 0 & 0 & (\varsigma-1) & (\varsigma+1)q_y & -(\varsigma+1)q_x & 0 \\ 0 & -(\varsigma+1)r_z & (\varsigma+1)r_y & (\varsigma-1) & 0 & 0 \\ (\varsigma+1)r_z & 0 & -(\varsigma+1)r_x & 0 & (\varsigma-1) & 0 \\ -(\varsigma+1)r_y & (\varsigma+1)r_x & 0 & 0 & 0 & (\varsigma-1) \end{bmatrix} \tag{7.305}$$

式中，$r_\alpha=\dfrac{\mathrm{j}\Delta t\sin\dfrac{k_\alpha\Delta\alpha}{2}}{\mu\Delta\alpha},q_\alpha=\dfrac{\mathrm{j}\Delta t\sin\dfrac{k_\alpha\Delta\alpha}{2}}{\varepsilon\Delta\alpha}$，$\alpha=x,y,z$。

根据矩阵理论，要使齐次方程(7.304)有唯一解，则要求其系数矩阵的行列式等于 0，即

$$\det\left\{A\left(\varsigma,k_x,k_y,k_z,\Delta x,\Delta y,\Delta z,\varepsilon,\mu\right)\right\}=0 \tag{7.306}$$

求解上述方程得到增长因子 ς 的解为 $\varsigma_1=\varsigma_2=1$、$\varsigma_3=\varsigma_4=\dfrac{(1+M)+\mathrm{j}\sqrt{-2M}}{(1-M)}$ 和 $\varsigma_5=\varsigma_6=\dfrac{(1+M)-\mathrm{j}\sqrt{-2M}}{(1-M)}$，其中，$M=r_xq_x+r_yq_y+r_zq_z$。

因此，可以得到

$$|\varsigma_1|=|\varsigma_2|=|\varsigma_3|=|\varsigma_4|=|\varsigma_5|=|\varsigma_6|=1 \tag{7.307}$$

即在任何条件下，Newmark-Beta-FDTD 方法步进方程的增长因子和其他任何参数都无关，且都不大于 1，即该方法是收敛的，证明了 Newmark-Beta-FDTD 方法的无条件稳定性。

7.3.3　Newmark-Beta-FDTD 的数值色散分析

分析数值色散的基本方法是把单色平面波的一般形式代入到离散方程中，从而推导出频率、时间步长和空间步长的相互关系，由此讨论各个变量对电磁波相速度的影响和作用。

同样，考虑三维情况下六个电磁场分量，其单色平面波方程可以表示为

$$E_x\Big|_{i+\frac{1}{2},j,k}^{n}=E_{0x}\mathrm{e}^{\mathrm{j}\left[\left(i+\frac{1}{2}\right)k_x\Delta x+jk_y\Delta y+kk_z\Delta z-n\omega\Delta t\right]} \tag{7.308}$$

$$E_y\Big|_{i,j+\frac{1}{2},k}^{n}=E_{0y}\mathrm{e}^{\mathrm{j}\left[ik_x\Delta x+\left(j+\frac{1}{2}\right)k_y\Delta y+kk_z\Delta z-n\omega\Delta t\right]} \tag{7.309}$$

$$E_z\Big|_{i,j,k+\frac{1}{2}}^{n}=E_{0z}\mathrm{e}^{\mathrm{j}\left[ik_x\Delta x+jk_y\Delta y+\left(k+\frac{1}{2}\right)k_z\Delta z-n\omega\Delta t\right]} \tag{7.310}$$

$$H_x\Big|_{i,j+\frac{1}{2},k+\frac{1}{2}}^{n}=H_{0x}\mathrm{e}^{\mathrm{j}\left[ik_x\Delta x+\left(j+\frac{1}{2}\right)k_y\Delta y+\left(k+\frac{1}{2}\right)k_z\Delta z-n\omega\Delta t\right]} \tag{7.311}$$

$$H_y\Big|_{i+\frac{1}{2},j,k+\frac{1}{2}}^{n}=H_{0y}\mathrm{e}^{\mathrm{j}\left[\left(i+\frac{1}{2}\right)k_x\Delta x+jk_y\Delta y+\left(k+\frac{1}{2}\right)k_z\Delta z-n\omega\Delta t\right]} \tag{7.312}$$

$$H_z\Big|_{i+\frac{1}{2},j+\frac{1}{2},k}^{n}=H_{0z}\mathrm{e}^{\mathrm{j}\left[\left(i+\frac{1}{2}\right)k_x\Delta x+\left(j+\frac{1}{2}\right)k_y\Delta y+kk_z\Delta z-n\omega\Delta t\right]} \tag{7.313}$$

式中，Δt 和 ω 分别是时间步长和角频率。和分析稳定性一样，将式(7.308)～式(7.313)代入到 Newmark-Beta-FDTD 离散方程中，可以得到如下矩阵方程

$$[B]\left\{E_{0x},E_{0y},E_{0z},H_{0x},H_{0y},H_{0z}\right\}^{\mathrm{T}}=\{0\} \tag{7.314}$$

式中

$$[B]=\begin{bmatrix}(\xi-1) & 0 & 0 & 0 & (\xi+1)q_z & -(\xi+1)q_y\\ 0 & (\xi-1) & 0 & -(\xi+1)q_z & 0 & (\xi+1)q_x\\ 0 & 0 & (\xi-1) & (\xi+1)q_y & -(\xi+1)q_x & 0\\ 0 & -(\xi+1)r_z & (\xi+1)r_y & (\xi-1) & 0 & 0\\ (\xi+1)r_z & 0 & -(\xi+1)r_x & 0 & (\xi-1) & 0\\ -(\xi+1)r_y & (\xi+1)r_x & 0 & 0 & 0 & (\xi-1)\end{bmatrix} \tag{7.315}$$

式中，$r_\alpha=\dfrac{\mathrm{j}\Delta t\sin\dfrac{k_\alpha\Delta\alpha}{2}}{\mu\Delta\alpha},q_\alpha=\dfrac{\mathrm{j}\Delta t\sin\dfrac{k_\alpha\Delta\alpha}{2}}{\varepsilon\Delta\alpha}$，$\alpha=x,y,z$。

要使方程(7.314)有唯一的非零解，要求其系数矩阵的行列式等于 0，即

$$\det\left\{\boldsymbol{B}\left(\omega,k_x,k_y,k_z,\Delta x,\Delta y,\Delta z,\varepsilon,\mu\right)\right\}=0 \tag{7.316}$$

求解方程(7.316)得到 Newmark-Beta-FDTD 方法的数值色散关系

$$\frac{1}{(\upsilon\Delta t)^2}\tan^2\left(\frac{\omega\Delta t}{2}\right)=\frac{\sin^2\left(\frac{k_x\Delta x}{2}\right)}{\Delta x^2}+\frac{\sin^2\left(\frac{k_y\Delta y}{2}\right)}{\Delta y^2}+\frac{\sin^2\left(\frac{k_z\Delta z}{2}\right)}{\Delta z^2} \tag{7.317}$$

式中，$\upsilon=1/\sqrt{\mu\varepsilon}$ 是电磁波在计算空间中的最大传播速度。

而在无耗空间中的理想数值色散关系为

$$k_x^2+k_y^2+k_z^2=\left(\frac{\omega}{\upsilon}\right)^2 \tag{7.318}$$

可以发现，当式(7.317)中的 Δx、Δy、Δz 和 Δt 都趋于 0 时，式(7.318)和式(7.317)等价。即当时间步长和空间步长都趋于 0 的情况下，Newmark-Beta-FDTD 方法的数值色散误差也趋于任意小。

为了揭示 Newmark-Beta-FDTD 方法的数值色散误差与空间网格步长的关系，假定在三个空间维度上，空间步长取值相等 $\Delta x=\Delta y=\Delta z=\delta$，并且 $k_x=k\sin\theta\sin\phi$, $k_y=k\sin\theta\cos\phi$, $k_z=k\cos\theta$，其中 k 为波矢量的模，θ 是波矢 $\boldsymbol{k}$ 与 z 坐标方向的夹角，ϕ 是波矢 $\boldsymbol{k}$ 在 xOy 坐标平面与 x 坐标方向的夹角。在这种情况下，式(7.317)可以写为

$$\frac{\delta^2}{(\upsilon\Delta t)^2}\tan^2\left(\frac{\omega\Delta t}{2}\right)=\sin^2\left(\frac{k\delta\sin\theta\sin\phi}{2}\right)+\sin^2\left(\frac{k\delta\sin\theta\cos\phi}{2}\right)+\sin^2\left(\frac{k\delta\cos\theta}{2}\right) \tag{7.319}$$

如果 θ、ϕ、δ 和 Δt 都已知，则可以通过式(7.320)求得相速度 $v_{\mathrm{p}}=\omega/k$。

图 7-19(a)给出了当空间步长 $\delta=\lambda/20$ 和时间步长$\Delta t=\delta/2/c$ 时，θ 取不同值情况下，相速度与平面波入射角的关系。可以发现，当入射角 $\phi=45°$时，数值色散最小，而在入射角 $\phi=0°$和 90°时，数值色散误差最大。图 7-19(b)给出了当传播角 $\theta=45°$，时间步长$\Delta t=\delta/2/c$ 时相速度 v_{p} 与传播角 ϕ 之间的函数关系。可以发现，Newmark-Beta-FDTD 方法的数值色散波形和传统 FDTD 方法的非常相似；同时，随着空间步长 δ 取值的增大，其数值色散误差也逐渐变大。

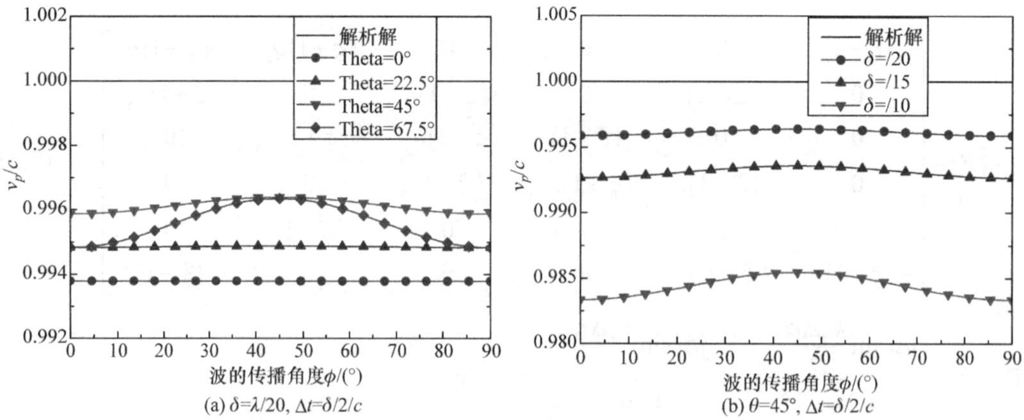

(a) $\delta=\lambda/20$, $\Delta t=\delta/2/c$　　(b) $\theta=45°$, $\Delta t=\delta/2/c$

图 7-19　Newmark-Beta-FDTD 的数值色散关系

7.3.4　应用举例

图 7-20 为一个三维微带低通滤波器，其结构尺寸如图所示，其中，金属贴片的厚度为 20μm。

为了更加精确地模拟金属贴片的厚度，在 z 方向选用渐变网格，最小网格处在金属贴片处，尺寸为 10μm，z 方向最大的网格尺寸为 0.8616mm；而在 x 和 y 方向采用均匀网格，网格大小分别为 $dx = 0.8128$ mm, $dy = 0.8467$ mm，整个计算空间的网格数目为 $39 \times 29 \times 19$。由于该模型处于开放空间，因此，计算空间除了用理想导体截断微带介质基板地板，另外五个面均采用一阶 Mur 吸收边界条件截断。

采用 FDTD、ADI-FDTD、CN-FDTD 和 Newmark-Beta-FDTD 四种算法对其进行仿真。这里，FDTD、ADI-FDTD 和 CN-FDTD 算法的时间步长分别取为 $\Delta t_{CFL} = 19.258$ fs, $\Delta t_{ADI} = 962.9$ fs(CFLN = $\Delta t/\Delta t_{CFL}$ = 50), $\Delta t_{CN} = 5777.5$ fs(CFLN = 300)；Newmark-Beta-FDTD 算法选取两种时间步长，分别为 $\Delta t_{Newmark} = 5777.5$ fs(CFLN = 300)和 9629 fs(CFLN = 500)来进行比较。采用最大频率 f_{max} = 20 GHz 的高斯脉冲作为仿真激励源。为了提高本书算法的计算效率，矩阵带宽压缩技术(reverse Cuthill-Mckee, RCM)被用来预处理矩阵方程的系数矩阵[41]。

图 7-21 给出了四种算法计算微带低通滤波器的 S_{11} 和 S_{21} 参数。从图中可以看出，这四种方法的计算结果吻合得很好，证明了 Newmark-Beta-FDTD 方法的高计算精度。表 7-5 给出了四种方法在五种不同参数选取情况下消耗的计算机资源比较。值得注意的是，如果 ADI- FDTD 和 CN-FDTD 的计算时间步长选取分别超过 962.9fs 和 5777.5fs，即分别超过 50 倍和 300 倍的 FDTD 算法时间步长，它们的数值色散误差会急剧增大。从表 7-5 中可以看出，由于 Newmark-Beta-FDTD 方法的时间步长可以比其他算法选取得更大，它的计算效率在这几种方法中是最高的。在 CFLN = 500 时，Newmark-Beta-FDTD 方法仍然保持着很好的计算精度，但其计算时间只有 FDTD 方法的 6.49%，ADI-FDTD 方法的 55.23%以及 CN-FDTD 方法的 70.07%。

表 7-5　仿真微带低通滤波器消耗的计算机资源比较

	CFLN	时间步进数	CPU 时间/s	内存/MB
FDTD	1	200000	9886	51.37
ADI-FDTD	50	4000	1081	42.56
CN-FDTD	300	667	852	3060
Newmark-Beta-FDTD	300	667	876	3061
Newmark-Beta-FDTD	500	400	597	3061

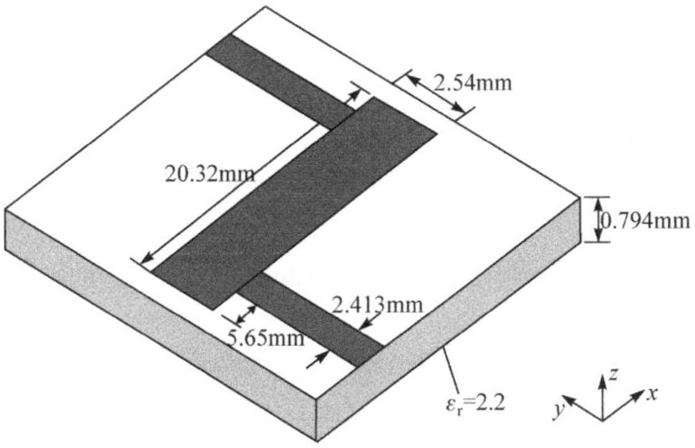

图 7-20　微带低通滤波器

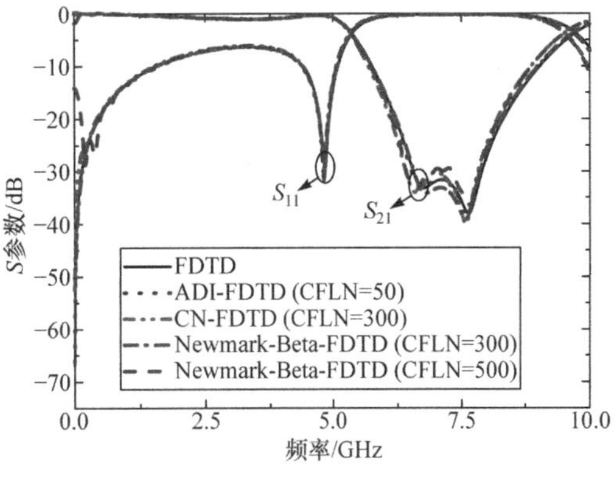

图 7-21　微带低通滤波器的 S 参数

参 考 文 献

[1] Peaceman D W, Rachford H H. The numerical solution of parabolic and elliptic differential equations. J. Soc. Ind. Appl. Math. 1955, 3: 28-41

[2] Namiki T. A new FDTD algorithm based on alternating-direction implicit method. IEEE Trans. Microw. Theory Tech., 1999, 47(10): 2003-2007

[3] Namiki T. 3-D ADI-FDTD method- unconditionally stable time-domain algorithm for solving full vector Maxwell's equations. IEEE Trans. Microw. Theory Tech., 2000, 48(10): 1743-1748

[4] Zheng F, Chen Z, Zhang J. Towards the development of a three-dimensional unconditionally stable finite-difference time-domain method. IEEE Trans. Microw. Theory Tech., 2000, 48(9): 1550-1558

[5] Zhao A P. Improvement on the numerical dispersion of 2-D ADI-FDTD with artificial anisotropy. IEEE Microw. Wirel. Compon. Lett., 2004, 14(6): 292-294

[6] Zheng H X, Leung K W. An efficient method to reduce the numerical dispersion in the ADI-FDTD. IEEE Trans. Microw. Theory Tech., 2005, 53(7): 2295-2301

[7] Liu G, Gedney S D. Perfectly matched layer media for an unconditionally stable three-dimensional ADI-FDTD method. IEEE Microw. Guided Wave Lett., 2000, 10(7): 261-263

[8] Chai M, Xiao T, Liu Q H. Conformal method to eliminate the ADI-FDTD staircasing errors. IEEE Trans. Electromagn. Compat., 2006, 48(2): 273-281

[9] Dai J, Chen Z, Su D, et al. Stability analysis and improvement of the conformal ADI-FDTD methods. IEEE Trans. Antennas Propagat., 2011, 59(6): 2248-2258

[10] Song W, Hao Y, Parini C G. ADI-FDTD algorithm in curvilinear co-ordinates. Electron. Lett., 2005, 41(23): 1259-1261.

[11] Zheng H X, Leung K W. A nonorthogonal ADI-FDTD algorithm for solving two dimensional scattering problems. IEEE Trans. Antennas Propag., 2009, 57(12): 3891-3902

[12] Zheng H X, Feng L Y, Wu Q. Three-dimensionally nonorthogonal alternating-direction implicit finite-difference time-domain algorithm for the full-wave analysis of microwave monolithic circuit devices IEEE Trans. Microw. Theory Tech., 2010, 58(1): 128-135

[13] Tan E L, Ding Y H. ADI-FDTD method with fourth order accuracy in time. IEEE Microw. Wirel. Compon. Lett., 2008, 18(5): 296-298

[14] Wang Y, Wang B Z, Shao W. Theoretical proof of unconditional stability of the 3-D ADI-FDTD method. J. Electron. Sci. Tech. China, 2003, 1(1): 1-5

[15] Wang B Z, Wang Y, Yu W, et al. A hybrid 2D ADI-FDTD subgridding scheme for modeling on-chip interconnects. IEEE Trans. Adv. Packag., 2001, 24(4): 528-533

[16] Ramo S. 微波引论. 黄席椿译. 上海: 龙门联合书局, 1951

[17] 管致中. 电路、信号与系统. 北京: 人民教育出版社, 1979

[18] 清华大学《微带电路》编写组. 微带电路. 北京: 人民邮电出版社, 1975

[19] Shibayama J, Muraki M, Yamauchi J, et al. Efficient implicit FDTD algorithm based on locally one-dimensional scheme. Electron. Lett., 2005, 41(19): 1046-1047

[20] Shibayama J, Muraki M, Takahashi R, et al. Performance evaluation of several implicit FDTD methods for optical waveguide analyses. J. Lightwave Tech., 2006, 24(6): 2465-2472

[21] do Nascimento V E, Borges B H V, Teixeira F L. Split-field PML implementations for the unconditionally stable LOD-FDTD method. IEEE Microw. Wirel. Compon. Lett., 2006, 16(7): 398-400

[22] Ramadan O. Unsplit field implicit PML algorithm for complex envelope dispersive LOD-FDTD simulations. Electron. Lett., 2007, 43(5): 17-18

[23] Ahmed I, Li E, Krohne K. Convolutional perfectly matched layer for an unconditionally stable LOD-FDTD method. IEEE Microw. Wirel. Compon. Lett., 2007, 17(12): 816-818

[24] Ahmed I, Chua E K, Li E. The stability analysis of the three-dimensional LOD-FDTD method. Electromagnetic Compatibility and 19th International Zurich Symposium on Electromagnetic Compatibility, Singapore, 2008: 60-63

[25] Li E, Ahmed I, Vahldieck R. Numerical dispersion analysis with an improved LOD-FDTD method. IEEE Microw. Wirel. Compon. Lett., 2007, 17(5): 319-321

[26] Jung K Y, Teixeira F L. An iterative unconditionally stable LOD-FDTD method. Microw. Wirel. Compon. Lett., 2008, 18(2): 76-78

[27] Liang F, Wang G, Ding W. Low numerical dispersion locally one-dimensional FDTD method based on compact higher-order scheme. Microw. Opt. Tech. Lett., 2008, 50(11): 2783-2787

[28] Liu Q F, Chen Z Z, Yin W Y. An arbitrary-order LOD-FDTD method and its stability and numerical dispersion. IEEE Trans. Antennas Propag., 2009, 57(8): 2409-2417

[29] Dey S, Mittra R. A locally conformal finite-difference time-domain (FDTD) algorithm for modeling three-dimensional perfectly conducting objects. IEEE Microw. Guided Wave Lett., 1997, 7(9): 273-275

[30] Dey S, Mittra R. A modified locally conformal finite-difference time-domain algorithm for modeling three-dimensional perfectly conducting objects. Microw. Opt. Technol. Lett., 1998, 17(6): 349-352

[31] Liang F, Wang G. Fourth-order locally one-dimensional FDTD method. J. Electromagn. Wave Appl., 2008, 22: 2035-2043

[32] 张文生. 科学计算中的偏微分方程有限差分法. 北京: 高等教育出版社, 2006

[33] Newmark N M. A method of computation for structural dynamics. J. Eng. Mech. Div., 1959, 85(3): 67-94

[34] Zienkiewicz O C, Taylor R L, Zhu J Z. The Finite Element Method: Its Basis and Fundamentals. 5th ed. Oxford: Butterworth-Heinemann, 2002

[35] Shi S B, Shao W, Wei X K, et al. A new unconditionally stable FDTD method based on the Newmark-Beta algorithm. IEEE Trans. Microw. Theory Tech., 2016, 64(12): 4082-4090

[36] Shi S B, Shao W, Liang T L, et al. Efficient frequency- dependent Newmark-Beta-FDTD method for periodic grating calculation. IEEE Photon. J., 2016, 8(6): 7805409

[37] Shi S B, Shao W, Wang K. Domain decomposition scheme in Newmark-Beta-FDTD for dispersive grating calculation. Appl. Computat. Electrom. Society J. 2018, 33(7): 718-723

[38] Shi S B, Shao W, Ma J, et al. Newmark-Beta-FDTD method for super- resolution analysis of time-reversal waves. J. Comput. Phys., 2017, 345: 475-483

[39] Jin J M. The Finite Element Method in Electromagnetics. 3rd ed. Hoboken: Wiley, 2014

[40] Lee J F, Sacks Z. Whitney elements time domain (WETD) methods. IEEE Trans. Magn., 1995, 31(5): 1325-1329

[41] Cuthill E, McKee J. Reducing the bandwidth of sparse symmetricmatrices. Proceedings of 24th National Conference ACM, San Francisco, 1981: 157-172

第二篇

电磁仿真中的矩量法

矩量法(method of moment, MoM)是近几十年在电磁场和微波领域应用广泛的一种频域数值方法。和 FDTD 法不同，矩量法是将待求的积分方程问题转化为一个线性方程组问题，利用计算机求其数值解。由于积分方程自动满足辐射边界条件，因而矩量法尤其适合求解开域问题，如天线辐射和目标散射问题。利用矩量法计算辐射或散射(可看作二次辐射)问题时，无须施加吸收边界条件，其主要任务是计算获得天线(或目标)上的激励源分布，在此基础上即可容易地算出辐射场的分布以及相关特性参量。

数学上，$\int x^n f(x)\mathrm{d}x$ 称为函数 $f(x)$ 的 n 阶矩，矩量法因在处理过程中用权函数替代 x^n 而得名。Harrington 于 1968 年出版的经典著作 *Field Computation by Moment Methods* 对矩量法求解电磁场问题做了全面的阐述和深入的分析[1]。如今，矩量法经过了五十多年的发展，已得到了长足的进步和广泛的应用。

第 8 章　矩量法基本原理

8.1　矩量法原理

8.1.1　矩量法基本概念

一般地，对电磁辐射或散射问题，数学上可以用一个非齐次方程描述

$$L(f)=g \tag{8.1}$$

式中，L 是线性算子；g 是已知函数；f 是未知函数。在电磁场问题中，L 通常是积分算子或微分算子，g 是激励源或入射场，f 是待求的电荷或电流分布。

令 f 展开为无穷个基函数的组合

$$f=\sum_{n=1}^{\infty}a_n f_n \tag{8.2}$$

式中，a_n 是待定系数，f_n 是基函数。因为计算机没法处理数据无穷的情况，故式(8.2)可近似表达为

$$f\approx\sum_{n=1}^{N}a_n f_n \tag{8.3}$$

式(8.3)代入到式(8.1)，并利用算子 L 的线性，有

$$\sum_{n=1}^{N}a_n L(f_n)\approx g \tag{8.4}$$

这里，定义余量

$$R=g-\sum_{n=1}^{N}a_n L(f_n) \tag{8.5}$$

为保证 R 最小，应令余量 R 加权求内积后取零值，即取一权函数(又称检验函数、试探函数)的集合$\{\omega\}$，有

$$\left\langle \omega_m, g-\sum_{n=1}^{N}a_n L(f_n)\right\rangle=0,\quad m=1,2,\cdots,N \tag{8.6}$$

式中，内积$\langle\ ,\ \rangle$的定义为

$$\langle f_m, f_n\rangle=\int_V f_m f_n \mathrm{d}V \tag{8.7}$$

式(8.6)表示因不能精确满足场方程而导致的误差在平均的含义下为零；并且，式(8.6)意味着余量 R 为权函数 ω_m 取矩的一组平衡式。数学上，$\int x^n f(x)\mathrm{d}x$ 为函数 $f(x)$ 的 n 阶矩，这里用 ω_m 替代 x^n，矩量法因此得名。

由式(8.6)，有

$$\sum_{n=1}^{N} a_n \langle \omega_m, L(f_n) \rangle = \langle \omega_m, g \rangle \tag{8.8}$$

该方程组包含 N 个方程，写成矩阵形式为

$$\boldsymbol{Za} = \boldsymbol{b} \tag{8.9}$$

式中，$z_{mn} = \langle \omega_m, L(f_n) \rangle$ 和 $b_m = \langle \omega_m, g \rangle$。

矩量法求解积分方程过程中，每一个基函数通过格林函数和其他所有基函数发生作用，产生的矩阵为满阵。

8.1.2 矩量法中的权函数

基函数和权函数的选择应满足：解的精度高、矩阵元素 z_{mn} 易于计算、矩阵 $\boldsymbol{Z}$ 规模小和矩阵 $\boldsymbol{Z}$ 性态良好，但以上要求不能全部满足，通常折中处理。

1. 点匹配

如果边界条件是通过物体上一系列离散点而施加上的，等效于

$$\omega_m(\boldsymbol{r}) = \delta(\boldsymbol{r}) \tag{8.10}$$

这相当于 Dirac 函数 $\delta(\boldsymbol{r})$ 作为权函数。权函数这样的选择方法称为点匹配。

点匹配无须计算作用在权函数上的内积(积分)，故其实施简单、计算效率高；但点匹配的边界条件只在离散点处满足方程，解域内其他点存在误差，故其计算精度稍差。

2. Galerkin 法

Galerkin 法指的是选取的权函数和基函数相同，即

$$\omega_m(\boldsymbol{r}) = f_n(\boldsymbol{r}) \tag{8.11}$$

应用 Galerkin 法时，边界条件在整个解域内都满足方程，故计算精度高；但 Galerkin 法需计算作用在权函数上的内积(积分)，实施较烦琐、计算效率较低。

8.1.3 矩量法中的基函数

1. 全域基函数

全域基函数指的是在整个求解域上都有定义的基函数。通常应用的有：傅里叶级数 $\cos(nx)$ 或 $\sin(nx)$、马克劳林级数 x^n、勒让德多项式和切比雪夫多项式等。

如果解的形式已知，可以在整个解域上选取全域基函数。例如，求解细圆柱构成的双臂振子天线的辐射问题时，已知天线上的电流分布大致满足正弦率变化，因此可选取的基函数为

$$I(z') = \sum_{n=1}^{N} C_n \sin\left[nk\left(h - |z'|\right)\right] \tag{8.12}$$

式中，h 为天线的单臂长；C_n 为待定常数。

矩量法选取全域基函数的计算量小，但适用范围很窄。

2. 分域基函数

分域基函数指的是定义在求解域的子域上的基函数，常用的有脉冲基函数、分段三角形

基函数和基于三角片元的 RWG 基函数等。

脉冲基函数的定义为

$$f_n(x)=\begin{cases}1, x_{n-\frac{1}{2}}\leqslant x\leqslant x_{n+\frac{1}{2}}\\ 0,\text{其他}\end{cases} \tag{8.13}$$

基函数 f_n 的线性组合给出了待求函数 f 的阶梯近似，该近似是一维阶梯状插值。值得一提的是，当算子 L 包含关于 x 的偏微分时，不能选择脉冲基函数。

一个性质更好的分域基函数是分段三角形基函数，可以用于算子 L 包含关于 x 的偏微分的情况，其定义为

$$f_n(x)=\begin{cases}\dfrac{x-x_{n-1}}{x_n-x_{n-1}}, & x_{n-1}\leqslant x\leqslant x_n\\ \dfrac{x_{n+1}-x}{x_{n+1}-x_n}, & x_n\leqslant x\leqslant x_{n+1}\\ 0, & \text{其他}\end{cases} \tag{8.14}$$

式(8.14)表示一维分段线性插值。端点的值是否为零，要分两种情况处理。

另一种常用于二维和三维结构的是基于三角面对的 RWG 基函数，它是由 Rao、Wilton 和 Glisson 于 1982 年提出的[2]。RWG 基函数定义的三角形面对由两个三角形构成，其拥有公共边，如图 8-1 所示，这两个三角形就构成了 RWG 基函数的边元。两个三角形分别用正号“+”和负号“−”表示，在边元上定义如下矢量函数

$$\boldsymbol{f}_n(\boldsymbol{r})=\begin{cases}\dfrac{l_n}{2A_n^+}\boldsymbol{\rho}_n^+(\boldsymbol{r}), \boldsymbol{r}\text{在}T_n^+\text{内}\\ \dfrac{l_n}{2A_n^-}\boldsymbol{\rho}_n^-(\boldsymbol{r}), \boldsymbol{r}\text{在}T_n^-\text{内}\\ 0,\text{其他}\end{cases} \tag{8.15}$$

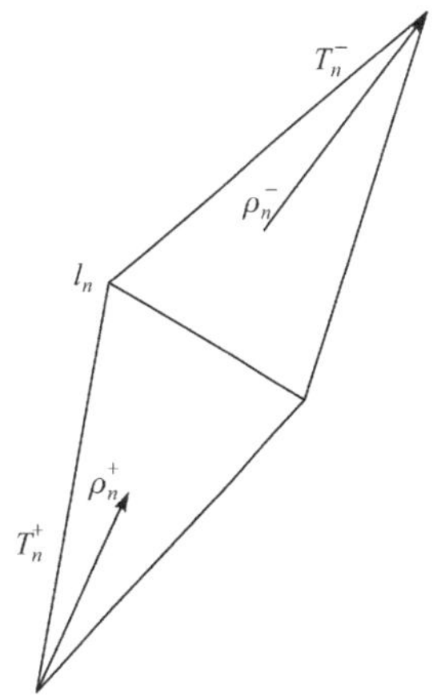

图 8-1　RWG 基函数

式中，l_n 是边元的长度；$A_n^{\pm}$ 是三角形 $T_n^{\pm}$ 的面积；矢量 $\boldsymbol{\rho}_n^+$ 从正三角形的顶点指向观测点 $\boldsymbol{r}$；矢量 $\boldsymbol{\rho}_n^-$ 从观测点 $\boldsymbol{r}$ 指向负三角形的顶点。该基函数具有两个重要的特性：一是公共边上的法向分量具有连续性，保证了电流的连续性；二是正负三角形上的基函数散度大小相同、符号相反，保证了没有电荷的积累，即

$$\nabla_s\cdot\boldsymbol{f}_n(\boldsymbol{r})=\begin{cases}\dfrac{l_n}{A_n^+}, & \boldsymbol{r}\text{在}T_n^+\text{内}\\ -\dfrac{l_n}{A_n^-}, & \boldsymbol{r}\text{在}T_n^-\text{内}\end{cases} \tag{8.16}$$

关于基函数数目(未知数数目)的确定，有如下需要注意的地方：①分域基函数一般要求每个波长至少划分 10 段；②对幅度变化剧烈的区域，应适当增加网格数；③高阶基函数能减小未知数目，但增加了计算复杂度；④矩量法的求解效率主要取决于线性方程组的求解。

8.2　静电场中的矩量法

8.2.1　一维平行板电容器

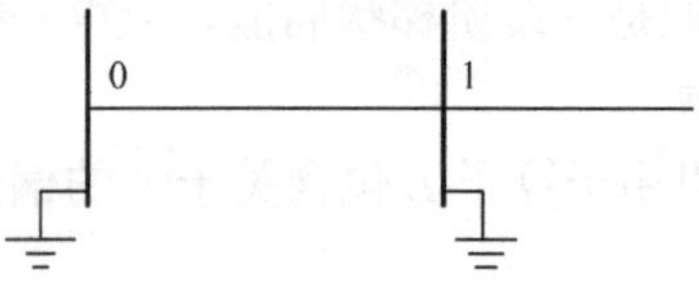

图 8-2　平行板电容器

一维平行板电容器如图 8-2 所示，两极板接地，两板间的电荷密度为 $\rho=\varepsilon_0\left(1+4x^2\right)$，两板间距为一个单位长度，若忽略电容器的边缘效应，求解两板间的电位分布。

解　(1) 解析解。

在区间 $x\in[0,\ 1]$上，电容器中的电位分布 φ 满足泊松方程

$$\frac{\mathrm{d}^2\varphi}{\mathrm{d}x^2}=-\frac{\rho}{\varepsilon_0}=-\left(1+4x^2\right) \tag{8.17}$$

式中，边界条件为 $\varphi(0)=\varphi(1)=0$。

可对泊松方程进行两次积分，并代入边界条件，可得平行板电容器内电位分布的解析解

$$\varphi(x)=\frac{5}{6}x-\frac{1}{2}x^2-\frac{1}{3}x^4 \tag{8.18}$$

(2) 矩量法解。

为了求得幂级数形式的解，将 φ 用已知的全域基函数展开

$$\varphi=\sum_{n=1}^{N}a_n\varphi_n=\sum_{n=1}^{N}a_n\left(x-x^{n+1}\right) \tag{8.19}$$

显然，这里选取的基函数满足给定的边界条件。将式(8.19)代入到泊松方程(8.17)中，可得

$$\sum_{n=1}^{N}a_n\frac{\mathrm{d}^2}{\mathrm{d}x^2}\left(x-x^{n+1}\right)=-\left(1+4x^2\right) \tag{8.20}$$

方程(8.20)中，有 N 个未知数 $a_n(n=1,2,\ \cdots,N)$待求解。权函数采用点匹配法，在区间 $x\in[0,\ 1]$上选择 N 个离散点满足方程(8.20)，即将该区间等分为 $N+1$ 个小区域，匹配点的位置为 $x_m=m/\left(N+1\right)$，$m=1,2,\ \cdots,N$，则

$$\frac{\mathrm{d}^2}{\mathrm{d}x^2}\left(x-x^{n+1}\right)=n\left(n+1\right)x^{n-1}\Big|_{x=x_m}=n\left(n+1\right)\left(\frac{m}{N+1}\right)^{n-1} \tag{8.21}$$

$$1+4x^2\Big|_{x=x_m}=1+4\left(\frac{m}{N+1}\right)^2 \tag{8.22}$$

当 $N=1$ 时，解得 $a_1=1$。代入式(8.19)，得

$$\varphi\approx a_1\varphi_1=x-x^2 \tag{8.23}$$

当 $N=2$ 时，有

$$\begin{bmatrix}2 & 2\\ 2 & 4\end{bmatrix}\begin{bmatrix}a_1\\ a_2\end{bmatrix}=\begin{bmatrix}13/9\\ 25/9\end{bmatrix} \tag{8.24}$$

解得 $a_1=1/18,\ a_2=2/3$。代入式(8.19)，得

$$\varphi \approx a_1\varphi_1 + a_2\varphi_2 = \frac{13}{18}x - \frac{1}{18}x^2 - \frac{2}{3}x^3 \tag{8.25}$$

当 $N=3$ 时，有

$$\begin{bmatrix} 2 & 2/3 & 3/4 \\ 2 & 3 & 3 \\ 2 & 9/2 & 27/4 \end{bmatrix}\begin{bmatrix} a_1 \\ a_2 \\ a_3 \end{bmatrix} = \begin{bmatrix} 5/4 \\ 2 \\ 13/4 \end{bmatrix} \tag{8.26}$$

解得 $a_1 = 1/2, a_2 = 0, a_2 = 1/3$。代入式(8.19)，得

$$\varphi \approx a_1\varphi_1 + a_2\varphi_2 + a_3\varphi_3 = \frac{5}{6}x - \frac{1}{2}x^2 - \frac{1}{3}x^4 \tag{8.27}$$

可以看到，N 取值为 3 时，矩量法的数值解和解析解一致。N 取不同值时，函数 φ 的解如图 8-3 所示。

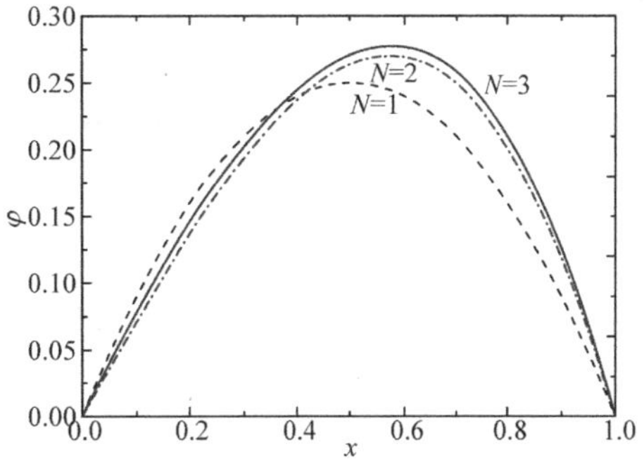

图 8-3　N 取不同值时的解

8.2.2　一维带电细导线

图 8-4 为一带电导线，其长度为 L，横截面半径为 a。当 $a \ll L$ 时，求解导线上的电荷密度分布。

解　导线上的电位可以用下列一维积分表示

$$\varphi_e(\boldsymbol{r}) = \int_0^L \frac{q_e(x')}{4\pi\varepsilon|\boldsymbol{r}-\boldsymbol{r}'|}dx' \tag{8.28}$$

式中，$|\boldsymbol{r}-\boldsymbol{r}'| = \sqrt{(x-x')^2+(y-y')^2}$ 。

将导线平均分为 N 段，每段长 Δx，并假设每段上的电荷密度 q_e 是一个不变量。将 $q_e(x')$ 用基函数 f_n 展开

$$q_e(x') = \sum_{n=1}^{N} a_n f_n(x') \tag{8.29}$$

式中，f_n 为脉冲函数，其只在一段内为常数。

令细导线的电位 $\varphi_e(\boldsymbol{r}) = 1\text{V}$，式(8.29)代入式(8.28)，并利用脉冲函数定义[式(8.13)]，得

$$\frac{1}{4\pi\varepsilon}\sum_{n=1}^{N} a_n \int_{n\Delta x}^{(n+1)\Delta x} \frac{1}{|\boldsymbol{r}-\boldsymbol{r}'|}dx' = 1 \tag{8.30}$$

式(8.30)左边表示对作用在单个脉冲函数区域的积分进行求和。为避免积分的奇异性，选取源点位于圆柱导体轴线上、场点(观察点)于表面，有 $|\boldsymbol{r}-\boldsymbol{r}'| = \sqrt{(x-x')^2+a^2}$ ，如图 8-5 所示。

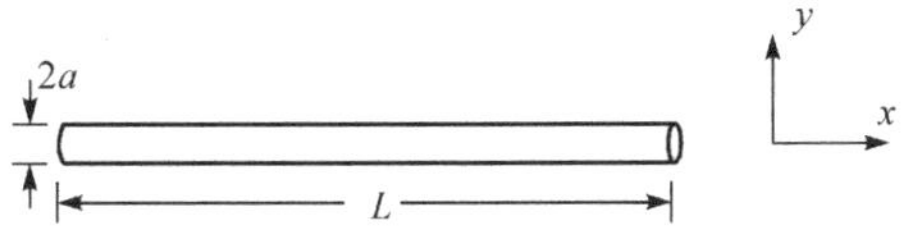

图 8-4　细导线示意图

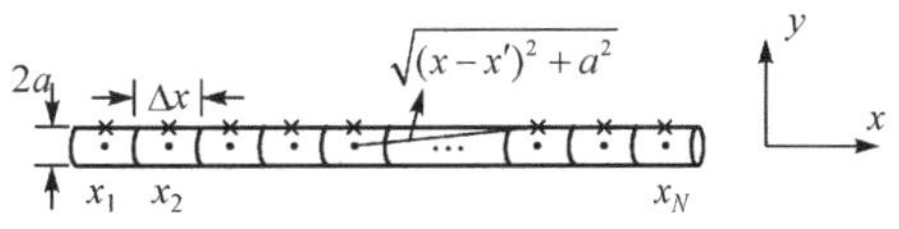

图 8-5　细导线分段示意图

权函数采用点匹配法，选择 N 个位于导体表面的独立场点 x_m，$m = 1, 2, \cdots, N$，并位于各分段的中点，可得方程组

$$\begin{cases} a_1\int_0^{\Delta x}\dfrac{1}{\sqrt{(x_1-x')^2+a^2}}\mathrm{d}x'+\cdots+a_N\int_{(N-1)\Delta x}^{N\Delta x}\dfrac{1}{\sqrt{(x_1-x')^2+a^2}}\mathrm{d}x'=4\pi\varepsilon \\ a_1\int_0^{\Delta x}\dfrac{1}{\sqrt{(x_2-x')^2+a^2}}\mathrm{d}x'+\cdots+a_N\int_{(N-1)\Delta x}^{N\Delta x}\dfrac{1}{\sqrt{(x_2-x')^2+a^2}}\mathrm{d}x'=4\pi\varepsilon \\ \vdots \\ a_1\int_0^{\Delta x}\dfrac{1}{\sqrt{(x_N-x')^2+a^2}}\mathrm{d}x'+\cdots+a_N\int_{(N-1)\Delta x}^{N\Delta x}\dfrac{1}{\sqrt{(x_N-x')^2+a^2}}\mathrm{d}x'=4\pi\varepsilon \end{cases} \tag{8.31}$$

写成矩阵形式为

$$\boldsymbol{Za}=\boldsymbol{b} \tag{8.32}$$

式中，矩阵 $\boldsymbol{Z}$ 的元素 $z_{mn}=\int_{(n-1)\Delta x}^{n\Delta x}\dfrac{1}{\sqrt{(x_m-x')^2+a^2}}\mathrm{d}x'$，常数向量 $\boldsymbol{b}$ 的元素 $b_m=4\pi\varepsilon$。

当线长 $L=1\text{m}$、横截面半径 $a=0.002\text{m}$、分别取区间数 $N=20$ 和 100 时，图 8-6 给出了计算机求解电荷密度在细导线上的分布。可以看出，分段数 N 越多，计算精度越高；细导线两端的电荷密度分布变化较为剧烈；为达到计算精度和效率的折中，可以采用非均匀网格划分，在导线两端用较细网格划分，在中部用较粗网格划分。

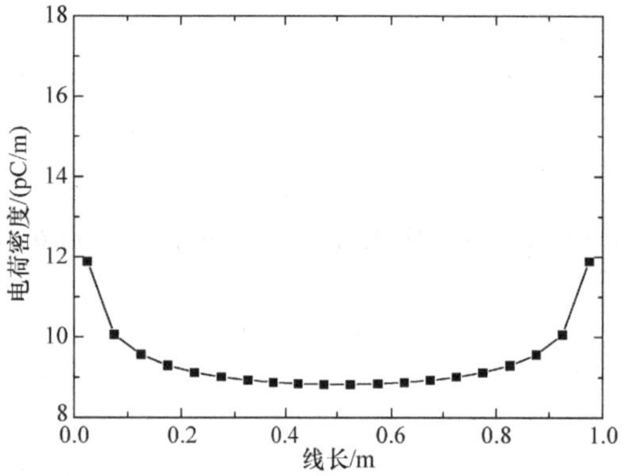

(a) N=20

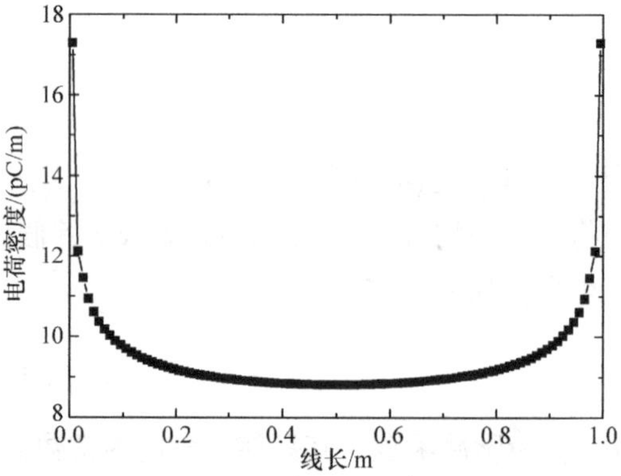

(b) N=100

图 8-6 细导线上的电荷密度分布

8.2.3 二维带电导体平板

求解边长为 L 的带电导体薄方板上的电荷密度分布。

解 导体薄方板上的电位可以表示为

$$\varphi_e(\boldsymbol{r})=\int_{-\frac{L}{2}}^{\frac{L}{2}}\int_{-\frac{L}{2}}^{\frac{L}{2}}\frac{q_e(x',y')}{4\pi\varepsilon|\boldsymbol{r}-\boldsymbol{r}'|}\mathrm{d}x'\mathrm{d}y' \tag{8.33}$$

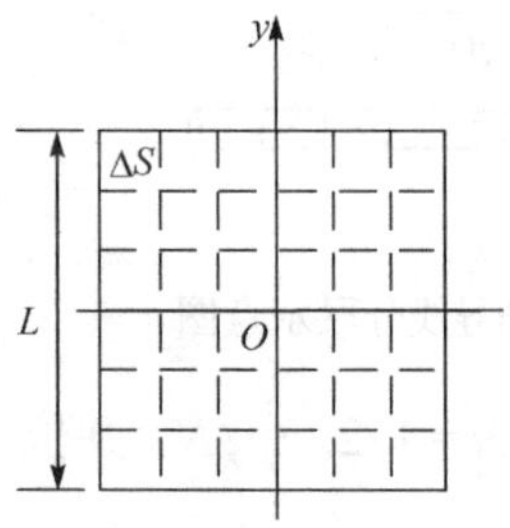

图 8-7 带电方板示意图

令导体板的电位 $\varphi_e(\boldsymbol{r})=1\text{V}$，则

$$\int_{-\frac{L}{2}}^{\frac{L}{2}}\int_{-\frac{L}{2}}^{\frac{L}{2}}\frac{q_e(x',y')}{\sqrt{(x-x')^2+(y-y')^2}}\mathrm{d}x'\mathrm{d}y'=4\pi\varepsilon \tag{8.34}$$

将导体板分成边长 $2a$ 的 N 个小区间，如图 8-7 所示，每个小区域的电荷密度不变。选择基函数为脉冲函数、权函数为点匹配，

其中匹配点位于每个小区域的中心，则 z_{mn} 可以表示为

$$z_{mn}=\int_{S_N}\frac{1}{\sqrt{(x-x')^2+(y-y')^2}}\mathrm{d}x'\mathrm{d}y' \tag{8.35}$$

当场点和源点重合($m=n$)时，z_{mm} 称为自阻抗元素，在各元素相互作用中起主要作用。这时，积分会产生奇异性，必须用解析方法求解。考虑任意一小区域 ΔS，其上的单位电荷密度在其中心产生的电位为

$$\begin{aligned}z_{mm}&=\int_{-a}^{a}\int_{-a}^{a}\frac{1}{\sqrt{(x')^2+(y')^2}}\mathrm{d}x'\mathrm{d}y'\\&=\int_{-a}^{a}\ln\frac{\sqrt{a^2+(y')^2}+a}{\sqrt{a^2-(y')^2}-a}\mathrm{d}y'\\&=2a\ln\left(y+\sqrt{a^2+y^2}\right)+y\ln\frac{y^2+2a\left(a+\sqrt{a^2+y^2}\right)}{y^2}\Bigg|_{-a}^{a}\\&=8a\ln\left(1+\sqrt{2}\right)\end{aligned} \tag{8.36}$$

对场点和源点不重合($m\neq n$)的情形，z_{mn} 的近似解为

$$z_{mm}=\frac{\Delta S}{\sqrt{(x_m-x_n)^2+(y_m-y_n)^2}} \tag{8.37}$$

式中，(x_n, y_n)是作为源的小区域的中心坐标。对大多数的情况，式(8.37)的精度已经足够。这种近似，对相邻小区域的误差约为 3.8%；对非相邻小区域，误差更小[1]。

考虑导体薄方板的边长为 $L=1\text{m}$，图 8-8 给出了不同分块数量的方板对角线上的电荷密度分布。可以看出，分段数 N 越多，计算精度越高；方板对角线两端的电荷密度分布变化较为剧烈，可以采用非均匀网格划分，在保证精度的基础上提高计算效率。

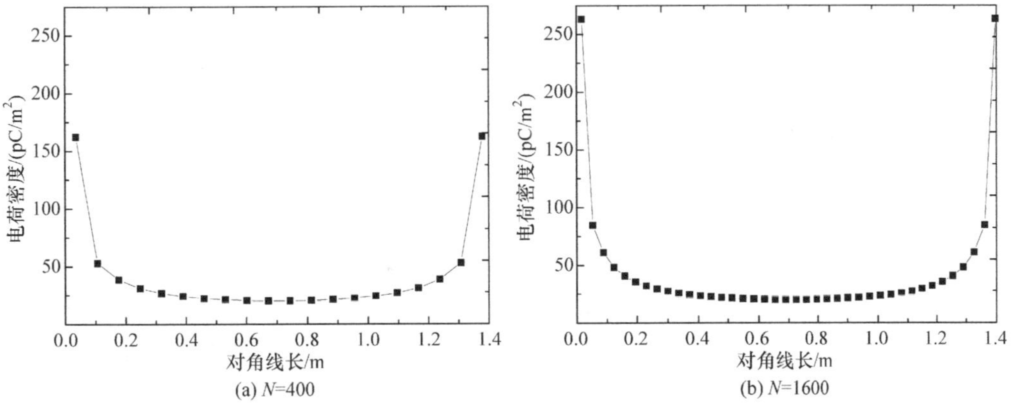

图 8-8　导体薄方板对角线上的电荷密度分布

参 考 文 献

[1] Harrington R F. Field Computation by Moment Methods. New York: Macmillan Company, 1968

[2] Rao S M, Wiltion D R, Glisson A W. Electromagnetic scattering by surfaces of arbitrary shape. IEEE Trans. Antennas Propagat., 1982, 30(3): 409-418

第 9 章 空域差分-时域矩量法

传统的 FDTD 法是一种按时间步进的显式差分方法，解的过程必须满足 Courant-Friedrich-Lecy(CFL)稳定性条件。在存在微细网格划分的情况下，时间步长需相应地取得很小，这将导致计算时间猛增，有时甚至不可实现。ADI-FDTD 法和 LOD-FDTD 法具有无条件稳定性，能够令 FDTD 法在一定程度上摆脱稳定性条件的限制。但是，随着时间步长的增加，ADI-FDTD 法和 LOD-FDTD 法的色散误差也显著增大。

2003 年，韩国学者 Chung 等提出一种按阶步进的时域技术来离散 Maxwell 差分方程[1]，其核心是：空间域依然采用与 FDTD 法一致的 Yee 氏网格，而时间域采用以加权 Laguerre 多项式为基函数、Galerkin 法为检验过程的处理方法。这样，时间变量被解析化地处理，且不受稳定性条件的限制，在存在精细网格划分的情况下，其计算效率比之传统的 FDTD 法有很大的提高。

在对时域 Maxwell 差分方程进行数值求解时，我们提出一种新的处理方法，采用差分方法处理空间域，按矩量法过程处理时间域，称为空域差分-时域矩量(space-domain finite-difference and time-domain moment, SDFD-TDM)法[2]。采取不同的基函数和检验过程处理时间变量，可以得到不同的计算格式。其中，有的计算格式不受时间稳定性条件的限制，在解决多尺度、宽频带的电磁问题中有着独特的优势。并且，通过证明，传统的 FDTD 格式可以看作 SDFD-TDM 法的一个特例。

本章将介绍 SDFD-TDM 法的基本原理，重点介绍 SDFD-TDM 法框架下无条件稳定的 Laguerre-FDTD 法及关键技术。

9.1 SDFD-TDM 法

本节介绍空域差分-时域矩量(space-domain finite-difference and time-domain moment, SDFD-TDM)法的基本原理、公式体系及关键技术。

9.1.1 SDFD-TDM 法的基本原理

SDFD-TDM 法是时域数值计算方法，它的某些计算格式可以摆脱时间稳定性条件的限制，并且具有良好的色散特性，在解决宽频带、多尺度的电磁问题中具有精度高、效率高的特点[2]。

考虑空间一个有源区域，媒质参数不随时间变化且各向同性，时域麦克斯韦差分方程在直角坐标系中写成分量式为

$$\frac{\partial E_x(\boldsymbol{r},t)}{\partial t}=\frac{1}{\varepsilon(\boldsymbol{r})}\left[\frac{\partial H_z(\boldsymbol{r},t)}{\partial y}-\frac{\partial H_y(\boldsymbol{r},t)}{\partial z}-\sigma(\boldsymbol{r})E_x(\boldsymbol{r},t)-J_x(\boldsymbol{r},t)\right] \tag{9.1}$$

$$\frac{\partial E_y(\boldsymbol{r},t)}{\partial t}=\frac{1}{\varepsilon(\boldsymbol{r})}\left[\frac{\partial H_x(\boldsymbol{r},t)}{\partial z}-\frac{\partial H_z(\boldsymbol{r},t)}{\partial x}-\sigma(\boldsymbol{r})E_y(\boldsymbol{r},t)-J_y(\boldsymbol{r},t)\right] \tag{9.2}$$

$$\frac{\partial E_z(\boldsymbol{r},t)}{\partial t}=\frac{1}{\varepsilon(\boldsymbol{r})}\left[\frac{\partial H_y(\boldsymbol{r},t)}{\partial x}-\frac{\partial H_x(\boldsymbol{r},t)}{\partial y}-\sigma(\boldsymbol{r})E_z(\boldsymbol{r},t)-J_z(\boldsymbol{r},t)\right] \tag{9.3}$$

$$\frac{\partial H_x(\boldsymbol{r},t)}{\partial t}=\frac{1}{\mu(\boldsymbol{r})}\left[\frac{\partial E_y(\boldsymbol{r},t)}{\partial z}-\frac{\partial E_z(\boldsymbol{r},t)}{\partial y}\right] \tag{9.4}$$

$$\frac{\partial H_y(\boldsymbol{r},t)}{\partial t}=\frac{1}{\mu(\boldsymbol{r})}\left[\frac{\partial E_z(\boldsymbol{r},t)}{\partial x}-\frac{\partial E_x(\boldsymbol{r},t)}{\partial z}\right] \tag{9.5}$$

$$\frac{\partial H_z(\boldsymbol{r},t)}{\partial t}=\frac{1}{\mu(\boldsymbol{r})}\left[\frac{\partial E_x(\boldsymbol{r},t)}{\partial y}-\frac{\partial E_y(\boldsymbol{r},t)}{\partial x}\right] \tag{9.6}$$

式中，ε 是介电常数；σ 是电导率；μ 是磁导率。用已知的基函数 $g_n(t)$和 $h_n(t)$分别对式(9.1)～式(9.6)中的电、磁场进行展开

$$E_{x,y,z}(\boldsymbol{r},t)=\sum_{n=0}^{\infty}E_{x,y,z}^{n}(\boldsymbol{r})g_n(t) \tag{9.7}$$

$$H_{x,y,z}(\boldsymbol{r},t)=\sum_{n=0}^{\infty}H_{x,y,z}^{n}(\boldsymbol{r})h_n(t) \tag{9.8}$$

将式(9.7)和式(9.8)分别代入式(9.1)～式(9.6)，得

$$\sum_{n=0}^{\infty}E_x^n(\boldsymbol{r})\frac{\partial g_n(t)}{\partial t}=\frac{1}{\varepsilon(\boldsymbol{r})}\sum_{n=0}^{\infty}\left[\frac{\partial H_z^n(\boldsymbol{r})}{\partial y}-\frac{\partial H_y^n(\boldsymbol{r})}{\partial z}\right]h_n(t)-\frac{\sigma(\boldsymbol{r})}{\varepsilon(\boldsymbol{r})}\sum_{n=0}^{\infty}E_x^n(\boldsymbol{r})g_n(t)-\frac{1}{\varepsilon(\boldsymbol{r})}J_x(\boldsymbol{r},t) \tag{9.9}$$

$$\sum_{n=0}^{\infty}E_y^n(\boldsymbol{r})\frac{\partial g_n(t)}{\partial t}=\frac{1}{\varepsilon(\boldsymbol{r})}\sum_{n=0}^{\infty}\left[\frac{\partial H_x^n(\boldsymbol{r})}{\partial z}-\frac{\partial H_z^n(\boldsymbol{r})}{\partial x}\right]h_n(t)-\frac{\sigma(\boldsymbol{r})}{\varepsilon(\boldsymbol{r})}\sum_{n=0}^{\infty}E_y^n(\boldsymbol{r})g_n(t)-\frac{1}{\varepsilon(\boldsymbol{r})}J_y(\boldsymbol{r},t) \tag{9.10}$$

$$\sum_{n=0}^{\infty}E_z^n(\boldsymbol{r})\frac{\partial g_n(t)}{\partial t}=\frac{1}{\varepsilon(\boldsymbol{r})}\sum_{n=0}^{\infty}\left[\frac{\partial H_y^n(\boldsymbol{r})}{\partial x}-\frac{\partial H_x^n(\boldsymbol{r})}{\partial y}\right]h_n(t)-\frac{\sigma(\boldsymbol{r})}{\varepsilon(\boldsymbol{r})}\sum_{n=0}^{\infty}E_z^n(\boldsymbol{r})g_n(t)-\frac{1}{\varepsilon(\boldsymbol{r})}J_z(\boldsymbol{r},t) \tag{9.11}$$

$$\sum_{n=0}^{\infty}H_x^n(\boldsymbol{r})\frac{\partial h_n(t)}{\partial t}=\frac{1}{\mu(\boldsymbol{r})}\sum_{n=0}^{\infty}\left[\frac{\partial E_y^n(\boldsymbol{r})}{\partial z}-\frac{\partial E_z^n(\boldsymbol{r})}{\partial y}\right]g_n(t) \tag{9.12}$$

$$\sum_{n=0}^{\infty}H_y^n(\boldsymbol{r})\frac{\partial h_n(t)}{\partial t}=\frac{1}{\mu(\boldsymbol{r})}\sum_{n=0}^{\infty}\left[\frac{\partial E_z^n(\boldsymbol{r})}{\partial x}-\frac{\partial E_x^n(\boldsymbol{r})}{\partial z}\right]g_n(t) \tag{9.13}$$

$$\sum_{n=0}^{\infty}H_z^n(\boldsymbol{r})\frac{\partial h_n(t)}{\partial t}=\frac{1}{\mu(\boldsymbol{r})}\sum_{n=0}^{\infty}\left[\frac{\partial E_x^n(\boldsymbol{r})}{\partial y}-\frac{\partial E_y^n(\boldsymbol{r})}{\partial x}\right]g_n(t) \tag{9.14}$$

为了消去含时间变量的 $g_n(t)$和 $h_n(t)$，选择检验函数 $w_n(t)$，在方程式(9.9)～方程(9.14)的两边同时乘以 $w_m(t)$，并在区间 $t\in(-\infty,\infty)$上对 t 积分，可以得到

$$\begin{aligned}\sum_{n=0}^{\infty}E_x^n(\boldsymbol{r})\int_{-\infty}^{+\infty}\frac{\partial g_n(t)}{\partial t}w_m(t)\mathrm{d}t=&\frac{1}{\varepsilon(\boldsymbol{r})}\sum_{n=0}^{\infty}\left[\frac{\partial H_z^n(\boldsymbol{r})}{\partial y}-\frac{\partial H_y^n(\boldsymbol{r})}{\partial z}\right]\int_{-\infty}^{+\infty}h_n(t)w_m(t)\mathrm{d}t\\&-\frac{\sigma(\boldsymbol{r})}{\varepsilon(\boldsymbol{r})}\sum_{n=0}^{\infty}E_x^n(\boldsymbol{r})\int_{-\infty}^{+\infty}g_n(t)w_m(t)\mathrm{d}t-\frac{1}{\varepsilon(\boldsymbol{r})}\int_{-\infty}^{+\infty}J_x(\boldsymbol{r},t)w_m(t)\mathrm{d}t\end{aligned} \tag{9.15}$$

$$\sum_{n=0}^{\infty}E_y^n(\boldsymbol{r})\int_{-\infty}^{+\infty}\frac{\partial g_n(t)}{\partial t}w_m(t)\mathrm{d}t=\frac{1}{\varepsilon(\boldsymbol{r})}\sum_{n=0}^{\infty}\left[\frac{\partial H_x^n(\boldsymbol{r})}{\partial z}-\frac{\partial H_z^n(\boldsymbol{r})}{\partial x}\right]\int_{-\infty}^{+\infty}h_n(t)w_m(t)\mathrm{d}t$$
$$-\frac{\sigma(\boldsymbol{r})}{\varepsilon(\boldsymbol{r})}\sum_{n=0}^{\infty}E_y^n(\boldsymbol{r})\int_{-\infty}^{+\infty}g_n(t)w_m(t)\mathrm{d}t-\frac{1}{\varepsilon(\boldsymbol{r})}\int_{-\infty}^{+\infty}J_y(\boldsymbol{r},t)w_m(t)\mathrm{d}t \tag{9.16}$$

$$\sum_{n=0}^{\infty}E_z^n(\boldsymbol{r})\int_{-\infty}^{+\infty}\frac{\partial g_n(t)}{\partial t}w_m(t)\mathrm{d}t=\frac{1}{\varepsilon(\boldsymbol{r})}\sum_{n=0}^{\infty}\left[\frac{\partial H_y^n(\boldsymbol{r})}{\partial x}-\frac{\partial H_x^n(\boldsymbol{r})}{\partial y}\right]\int_{-\infty}^{+\infty}h_n(t)w_m(t)\mathrm{d}t$$
$$-\frac{\sigma(\boldsymbol{r})}{\varepsilon(\boldsymbol{r})}\sum_{n=0}^{\infty}E_z^n(\boldsymbol{r})\int_{-\infty}^{+\infty}g_n(t)w_m(t)\mathrm{d}t-\frac{1}{\varepsilon(\boldsymbol{r})}\int_{-\infty}^{+\infty}J_z(\boldsymbol{r},t)w_m(t)\mathrm{d}t \tag{9.17}$$

$$\sum_{n=0}^{\infty}H_x^n(\boldsymbol{r})\int_{-\infty}^{+\infty}\frac{\partial h_n(t)}{\partial t}w_m(t)\mathrm{d}t=\sum_{n=0}^{\infty}\frac{1}{\mu(\boldsymbol{r})}\left[\frac{\partial E_y^n(\boldsymbol{r})}{\partial z}-\frac{\partial E_z^n(\boldsymbol{r})}{\partial y}\right]\int_{-\infty}^{+\infty}g_n(t)w_m(t)\mathrm{d}t \tag{9.18}$$

$$\sum_{n=0}^{\infty}H_y^n(\boldsymbol{r})\int_{-\infty}^{+\infty}\frac{\partial h_n(t)}{\partial t}w_m(t)\mathrm{d}t=\sum_{n=0}^{\infty}\frac{1}{\mu(\boldsymbol{r})}\left[\frac{\partial E_z^n(\boldsymbol{r})}{\partial x}-\frac{\partial E_x^n(\boldsymbol{r})}{\partial z}\right]\int_{-\infty}^{+\infty}g_n(t)w_m(t)\mathrm{d}t \tag{9.19}$$

$$\sum_{n=0}^{\infty}H_z^n(\boldsymbol{r})\int_{-\infty}^{+\infty}\frac{\partial h_n(t)}{\partial t}w_m(t)\mathrm{d}t=\sum_{n=0}^{\infty}\frac{1}{\mu(\boldsymbol{r})}\left[\frac{\partial E_x^n(\boldsymbol{r})}{\partial y}-\frac{\partial E_y^n(\boldsymbol{r})}{\partial x}\right]\int_{-\infty}^{+\infty}g_n(t)w_m(t)\mathrm{d}t \tag{9.20}$$

解析化地处理时间变量后，如果在空间域采用 Yee 氏网格，对空间变量的微分用中心差分来代替，就可以通过求解矩阵方程来得到展开系数 $E_{x,y,z}^n(\boldsymbol{r})$ 和 $H_{x,y,z}^n(\boldsymbol{r})$ 的值，进而由式(9.7)和式(9.8)获得时域电磁场的解。

下面证明通过选取适当的基函数和检验函数，从方程(9.15)～方程(9.20)可以推导出传统 FDTD 法的公式体系。选取分域三角基函数 $T_n(t)$展开时域电磁场分量如下

$$E_{x,y,z}(\boldsymbol{r},t)=\sum_n E_{x,y,z}^n(\boldsymbol{r})T_n(t) \tag{9.21}$$

$$H_{x,y,z}(\boldsymbol{r},t)=\sum_n H_{x,y,z}^n(\boldsymbol{r})T_n(t) \tag{9.22}$$

式中

$$T_n(t)=\begin{cases}(t-t_{n-1})/(t_n-t_{n-1}), & t\in[t_{n-1},t_n)\\(t_{n+1}-t)/(t_{n+1}-t_n), & t\in[t_n,t_{n+1}]\\0, & \text{其他}\end{cases} \tag{9.23}$$

将式(9.21)和式(9.22)分别代入方程(9.15)～方程(9.20)，并且采用点匹配法作为检验过程。对于方程(9.15)～方程(9.17)选取

$$w_m(t)=\delta\left[t-\left(m+\frac{1}{2}\right)\Delta t\right] \tag{9.24}$$

对于方程(9.18)～方程(9.20)选取

$$w_m(t)=\delta(t-m\Delta t) \tag{9.25}$$

式中，$\delta(t)$是 Dirac 函数，Δt 是时间间隔。于是，可以得到

$$\frac{E_x^{m+1}(\boldsymbol{r})-E_x^m(\boldsymbol{r})}{\Delta t}=\frac{1}{\varepsilon(\boldsymbol{r})}\left[\frac{\partial H_z^{m+\frac{1}{2}}(\boldsymbol{r})}{\partial y}-\frac{\partial H_y^{m+\frac{1}{2}}(\boldsymbol{r})}{\partial z}\right]-\frac{\sigma(\boldsymbol{r})}{\varepsilon(\boldsymbol{r})}E_x^{m+\frac{1}{2}}(\boldsymbol{r})-\frac{1}{\varepsilon(\boldsymbol{r})}J_x^{m+\frac{1}{2}}(\boldsymbol{r}) \tag{9.26}$$

$$\frac{E_y^{m+1}(\boldsymbol{r})-E_y^m(\boldsymbol{r})}{\Delta t}=\frac{1}{\varepsilon(\boldsymbol{r})}\left[\frac{\partial H_x^{m+\frac{1}{2}}(\boldsymbol{r})}{\partial z}-\frac{\partial H_z^{m+\frac{1}{2}}(\boldsymbol{r})}{\partial x}\right]-\frac{\sigma(\boldsymbol{r})}{\varepsilon(\boldsymbol{r})}E_y^{m+\frac{1}{2}}(\boldsymbol{r})-\frac{1}{\varepsilon(\boldsymbol{r})}J_y^{m+\frac{1}{2}}(\boldsymbol{r}) \tag{9.27}$$

$$\frac{E_z^{m+1}(\boldsymbol{r})-E_z^m(\boldsymbol{r})}{\Delta t}=\frac{1}{\varepsilon(\boldsymbol{r})}\left[\frac{\partial H_y^{m+\frac{1}{2}}(\boldsymbol{r})}{\partial x}-\frac{\partial H_x^{m+\frac{1}{2}}(\boldsymbol{r})}{\partial y}\right]-\frac{\sigma(\boldsymbol{r})}{\varepsilon(\boldsymbol{r})}E_z^{m+\frac{1}{2}}(\boldsymbol{r})-\frac{1}{\varepsilon(\boldsymbol{r})}J_z^{m+\frac{1}{2}}(\boldsymbol{r}) \tag{9.28}$$

$$\frac{H_x^{m+\frac{1}{2}}(\boldsymbol{r})-H_x^{m-\frac{1}{2}}(\boldsymbol{r})}{\Delta t}=\frac{1}{\mu(\boldsymbol{r})}\left[\frac{\partial E_y^m(\boldsymbol{r})}{\partial z}-\frac{\partial E_z^m(\boldsymbol{r})}{\partial y}\right] \tag{9.29}$$

$$\frac{H_y^{m+\frac{1}{2}}(\boldsymbol{r})-H_y^{m-\frac{1}{2}}(\boldsymbol{r})}{\Delta t}=\frac{1}{\mu(\boldsymbol{r})}\left[\frac{\partial E_z^m(\boldsymbol{r})}{\partial x}-\frac{\partial E_x^m(\boldsymbol{r})}{\partial z}\right] \tag{9.30}$$

$$\frac{H_z^{m+\frac{1}{2}}(\boldsymbol{r})-H_z^{m-\frac{1}{2}}(\boldsymbol{r})}{\Delta t}=\frac{1}{\mu(\boldsymbol{r})}\left[\frac{\partial E_x^m(\boldsymbol{r})}{\partial y}-\frac{\partial E_y^m(\boldsymbol{r})}{\partial x}\right] \tag{9.31}$$

通过方程(9.26)～方程(9.31)，逐个时间点对模拟区域的电、磁场交替进行计算，是一种按时间步进的蛙跳格式。如果在空间域采用 Yee 氏网格划分和中心差分技术，可从以上 6 式直接得出标准的 FDTD 法的计算公式。这说明，FDTD 法是 SDFD-TDM 法的一种特殊情况，可以从时域选取分域三角基函数和点匹配法得到。

9.1.2　基于分域三角基函数和 Galerkin 法的 SDFD-TDM 法

考虑简单、无耗媒质中 TE_z 波的情况，仅有 E_x、E_y 和 H_z 三个场分量存在。电磁场分量的时间变化用分域三角基函数 $T_n(t)$展开

$$\left\{E_x,E_y,H_z(\boldsymbol{r},t)\right\}=\sum_{n=1}^{\infty}\left\{E_x^n,E_y^n,H_z^n(\boldsymbol{r})\right\}T_n(t) \tag{9.32}$$

式中，$T_n(t)$的表示形式同式(9.23)。

将式(9.32)代入二维 TE_z 波的麦克斯韦微分方程中，得

$$\sum_{n=1}^{\infty}E_x^n(\boldsymbol{r})\frac{\partial T_n(t)}{\partial t}=\frac{1}{\varepsilon(\boldsymbol{r})}\sum_{n=1}^{\infty}\frac{\partial H_z^n(\boldsymbol{r})}{\partial y}T_n(t)-\frac{J_x(\boldsymbol{r},t)}{\varepsilon(\boldsymbol{r})} \tag{9.33}$$

$$\sum_{n=1}^{\infty}E_y^n(\boldsymbol{r})\frac{\partial T_n(t)}{\partial t}=\frac{-1}{\varepsilon}\sum_{n=1}^{\infty}\frac{\partial H_z^n(\boldsymbol{r})}{\partial x}T_n(t)-\frac{J_y(\boldsymbol{r},t)}{\varepsilon(\boldsymbol{r})} \tag{9.34}$$

$$\sum_{n=1}^{\infty}H_z^n(\boldsymbol{r})\frac{\partial T_n(t)}{\partial t}=\frac{1}{\mu(\boldsymbol{r})}\sum_{n=1}^{\infty}\left(\frac{\partial E_x^n(\boldsymbol{r})}{\partial y}-\frac{\partial E_y^n(\boldsymbol{r})}{\partial x}\right)T_n(t) \tag{9.35}$$

为消去含时间变量的 $T_n(t)$，根据 Galerkin 方法，选取检验函数为 $T_m(t)$。在方程(9.33)～方程(9.35)的两边同时乘以 $T_m(t)$，并在区间 $t\in[0,\infty)$上对 t 进行积分，可以得到

$$\sum_{n=1}^{\infty}E_x^n(\boldsymbol{r})\int_0^{\infty}\frac{\partial T_n(t)}{\partial t}T_m(t)\mathrm{d}t=\frac{1}{\varepsilon(\boldsymbol{r})}\sum_{n=1}^{\infty}\frac{\partial H_z^n(\boldsymbol{r})}{\partial y}\int_0^{\infty}T_n(t)T_m(t)\mathrm{d}t-\frac{1}{\varepsilon(\boldsymbol{r})}\int_0^{\infty}J_x(\boldsymbol{r},t)T_m(t)\mathrm{d}t \tag{9.36}$$

$$\sum_{n=1}^{\infty} E_y^n(\boldsymbol{r})\int_0^{\infty}\frac{\partial T_n(t)}{\partial t}T_m(t)\mathrm{d}t=\frac{-1}{\varepsilon(\boldsymbol{r})}\sum_{n=1}^{\infty}\frac{\partial H_z^n(\boldsymbol{r})}{\partial x}\int_0^{\infty}T_n(t)T_m(t)\mathrm{d}t-\frac{1}{\varepsilon(\boldsymbol{r})}\int_0^{\infty}J_y(\boldsymbol{r},t)T_m(t)\mathrm{d}t \tag{9.37}$$

$$\sum_{n=1}^{\infty} H_z^n(\boldsymbol{r})\int_0^{\infty}\frac{\partial T_n(t)}{\partial t}T_m(t)\mathrm{d}t=\frac{1}{\mu(\boldsymbol{r})}\sum_{n=1}^{\infty}\left(\frac{\partial E_x^n(\boldsymbol{r})}{\partial y}-\frac{\partial E_y^n(\boldsymbol{r})}{\partial x}\right)\int_0^{\infty}T_n(t)T_m(t)\mathrm{d}t \tag{9.38}$$

对数值解法，可以用一整数“N”代替求和符号上的“∞”。于是，式(9.36)～式(9.38)的积分 $\int_0^{\infty}\frac{\partial T_n(t)}{\partial t}T_m(t)\mathrm{d}t$ (其中 $n=1, 2, \cdots, N$ 和 $m=1, 2, \cdots, N$)，可以表示为以下的矩阵形式

$$\boldsymbol{l}_{N\times N}=\begin{bmatrix} 0 & \frac{1}{2} & & & \\ -\frac{1}{2} & 0 & \frac{1}{2} & & \\ & \ddots & \ddots & \ddots & \\ & & -\frac{1}{2} & 0 & \frac{1}{2} \\ & & & -\frac{1}{2} & 0 \end{bmatrix} \tag{9.39}$$

同样，对于 $\int_0^{\infty}T_n(t)T_m(t)\mathrm{d}t$，有

$$\boldsymbol{ll}_{N\times N}=\begin{bmatrix} \frac{2\Delta t}{3} & \frac{\Delta t}{6} & & & \\ \frac{\Delta t}{6} & \frac{2\Delta t}{3} & \frac{\Delta t}{6} & & \\ & \ddots & \ddots & \ddots & \\ & & \frac{\Delta t}{6} & \frac{2\Delta t}{3} & \frac{\Delta t}{6} \\ & & & \frac{\Delta t}{6} & \frac{2\Delta t}{3} \end{bmatrix} \tag{9.40}$$

式中，时间间隔都相等，即$\Delta t=t_n-t_{n-1}$，其中 $n=2, 3, \cdots, N$。可以看出，$\boldsymbol{l}_{N\times N}$ 和 $\boldsymbol{ll}_{N\times N}$ 都是三对角矩阵。空间域采用 Yee 氏二维网格和中心差分技术，电磁场分量的分布如图 9-1 所示。

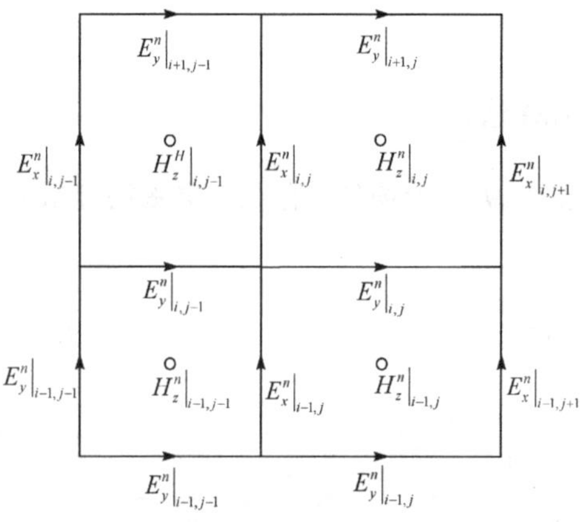

图 9-1　二维 TE_z 波的场分量分布示意图

将方程(9.36)～方程(9.38)进行差分离散，得

$$\boldsymbol{l}_{N\times N}\left[E_x^n\big|_{i,j}\right]_{N\times1}-\frac{\boldsymbol{ll}_{N\times N}}{\varepsilon_{i,j}\Delta\overline{y}_j}\left[H_z^n\big|_{i,j}-H_z^n\big|_{i,j-1}\right]_{N\times1}=\left[\frac{-1}{\varepsilon_{i,j}}\int_0^{\infty}J_x(\boldsymbol{r},t)T_m(t)\mathrm{d}t\right]_{N\times1} \tag{9.41}$$

$$\boldsymbol{l}_{N\times N}\left[E_y^n\big|_{i,j}\right]_{N\times1}+\frac{\boldsymbol{ll}_{N\times N}}{\varepsilon_{i,j}\Delta\overline{x}_i}\left[H_z^n\big|_{i,j}-H_z^n\big|_{i-1,j}\right]_{N\times1}=\left[\frac{-1}{\varepsilon_{i,j}}\int_0^{\infty}J_y(\boldsymbol{r},t)T_m(t)\mathrm{d}t\right]_{N\times1} \tag{9.42}$$

$$\boldsymbol{l}_{N\times N}\left[H_z^n\big|_{i,j}\right]_{N\times1}=\frac{\boldsymbol{ll}_{N\times N}}{\mu_{i,j}\Delta y_j}\left[E_x^n\big|_{i,j+1}-E_x^n\big|_{i,j}\right]_{N\times1}-\frac{\boldsymbol{ll}_{N\times N}}{\mu_{i,j}\Delta x_i}\left[E_y^n\big|_{i+1,j}-E_y^n\big|_{i,j}\right]_{N\times1} \tag{9.43}$$

将式(9.43)代入式(9.41)和式(9.42)，消去磁场分量得

$$\begin{aligned}
&-\frac{\boldsymbol{L}_{N\times N}}{\varepsilon_{i,j}\mu_{i,j-1}\Delta y_{j-1}\Delta\overline{y}_j}\left[E_x^n\big|_{i,j-1}\right]_{N\times1}+\boldsymbol{I}_{N\times N}+\left[\frac{\boldsymbol{L}_{N\times N}}{\varepsilon_{i,j}\mu_{i,j}\Delta y_j\Delta\overline{y}_j}+\frac{\boldsymbol{L}_{N\times N}}{\varepsilon_{i,j}\mu_{i,j-1}\Delta y_{j-1}\Delta\overline{y}_j}\right]\\
&\times\left[E_x^n\big|_{i,j}\right]_{N\times1}-\frac{\boldsymbol{L}_{N\times N}}{\varepsilon_{i,j}\mu_{i,j}\Delta y_j\Delta\overline{y}_j}\left[E_x^n\big|_{i,j+1}\right]_{N\times1}+\frac{\boldsymbol{L}_{N\times N}}{\varepsilon_{i,j}\mu_{i,j-1}\Delta x_i\Delta\overline{y}_j}\left[E_y^n\big|_{i,j-1}\right]_{N\times1}\\
&-\frac{\boldsymbol{L}_{N\times N}}{\varepsilon_{i,j}\mu_{i,j-1}\Delta x_i\Delta\overline{y}_j}\left[E_y^n\big|_{i+1,j-1}\right]_{N\times1}-\frac{\boldsymbol{L}_{N\times N}}{\varepsilon_{i,j}\mu_{i,j}\Delta x_i\Delta\overline{y}_j}\left[E_y^n\big|_{i,j}\right]_{N\times1}+\frac{\boldsymbol{L}_{N\times N}}{\varepsilon_{i,j}\mu_{i,j}\Delta x_i\Delta\overline{y}_j}\left[E_y^n\big|_{i+1,j}\right]_{N\times1}\\
&=-\frac{1}{\varepsilon_{i,j}}\left[J_x^n(\boldsymbol{r})\right]_{N\times1}
\end{aligned}\tag{9.44}$$

$$\begin{aligned}
&-\frac{\boldsymbol{L}_{N\times N}}{\varepsilon_{i,j}\mu_{i-1,j}\Delta x_{i-1}\Delta\overline{x}_i}\left[E_y^n\big|_{i-1,j}\right]_{N\times1}+\left[\boldsymbol{I}_{N\times N}+\frac{\boldsymbol{L}_{N\times N}}{\varepsilon_{i,j}\mu_{i,j}\Delta x_i\Delta\overline{x}_i}+\frac{\boldsymbol{L}_{N\times N}}{\varepsilon_{i,j}\mu_{i-1,j}\Delta x_{i-1}\Delta\overline{x}_i}\right]\\
&\times\left[E_y^n\big|_{i,j}\right]_{N\times1}-\frac{\boldsymbol{L}_{N\times N}}{\varepsilon_{i,j}\mu_{i,j}\Delta x_i\Delta\overline{x}_i}\left[E_y^n\big|_{i+1,j}\right]_{N\times1}+\frac{\boldsymbol{L}_{N\times N}}{\varepsilon_{i,j}\mu_{i,j}\Delta\overline{x}_i\Delta y_j}\left[E_x^n\big|_{i,j+1}\right]_{N\times1}\\
&-\frac{\boldsymbol{L}_{N\times N}}{\varepsilon_{i,j}\mu_{i-1,j}\Delta\overline{x}_i\Delta y_j}\left[E_x^n\big|_{i-1,j+1}\right]_{N\times1}-\frac{\boldsymbol{L}_{N\times N}}{\varepsilon_{i,j}\mu_{i,j}\Delta\overline{x}_i\Delta y_j}\left[E_x^n\big|_{i,j}\right]_{N\times1}+\frac{\boldsymbol{L}_{N\times N}}{\varepsilon_{i,j}\mu_{i-1,j}\Delta\overline{x}_i\Delta y_j}\left[E_x^n\big|_{i-1,j}\right]_{N\times1}\\
&=-\frac{1}{\varepsilon_{i,j}}\left[J_y^n(\boldsymbol{r})\right]_{N\times1}
\end{aligned}\tag{9.45}$$

式中，Δx 和Δy 分别是电场分量沿 x 和 y 方向取样间距；$\Delta\overline{x}$ 和 $\Delta\overline{y}$ 分别是磁场分量沿 x 和 y 方向取样间距；$\boldsymbol{L}_{N\times N}=\boldsymbol{ll}_{N\times N}\boldsymbol{l}_{N\times N}^{-1}\boldsymbol{ll}_{N\times N}$；$J_x^m(\boldsymbol{r})=\int_0^\infty J_x(\boldsymbol{r},t)T_m(t)\mathrm{d}t$；$J_y^m(\boldsymbol{r})=\int_0^\infty J_y(\boldsymbol{r},t)T_m(t)\mathrm{d}t$。

将式(9.44)和式(9.45)写成矩阵形式

$$\boldsymbol{AE}=\boldsymbol{J}\tag{9.46}$$

式中，$\boldsymbol{A}$ 是稀疏矩阵，$\boldsymbol{E}=\{\boldsymbol{E}_x,\boldsymbol{E}_y\}^{\mathrm{T}}$ 是未知向量，$\boldsymbol{J}=\left\{\boldsymbol{J}_x,\boldsymbol{J}_y\right\}^{\mathrm{T}}$ 是已知向量。电场分量之间为隐式关系，不存在任何形式的步进过程，求解方程(9.46)可以得到电场的时域解，再由式(9.43)可以得到磁场解。

一阶 Mur 吸收边界条件可类似 5.2 节导出，$x=0$ 处的一阶近似解析吸收边界条件为

$$\left(\frac{\partial}{\partial x}-\frac{1}{v}\frac{\partial}{\partial t}\right)E_y(\boldsymbol{r},t)\bigg|_{x=0}=0\tag{9.47}$$

将 $E_y(\boldsymbol{r},t)=\sum\limits_{n=0}^{\infty}E_y^n(\boldsymbol{r})T_n(t)$ 代入式(9.47)，得

$$\sum_{n=0}^{\infty}\left(\frac{\partial}{\partial x}-\frac{1}{v}\frac{\partial}{\partial t}\right)E_y^n(\boldsymbol{r})T(t)_n\bigg|_{x=0}=0\tag{9.48}$$

采用 Galerkin 法消去 t，在式(9.48)两边同时乘以 $T_m(t)$，在区间 $t\in[0,\infty)$上对 t 积分，得到

$$\boldsymbol{ll}_{N\times N}\left[\frac{\partial E_y^n(\boldsymbol{r})}{\partial x}\right]_{N\times1}-\frac{\boldsymbol{l}_{N\times N}}{v}\left[E_y^n(\boldsymbol{r})\right]_{N\times1}=0\tag{9.49}$$

在辅助网格点(1+1/2, j)上运用平均技术，有

$$E_y^n|_{1+1/2,j} = \frac{1}{2}\left(E_y^n|_{1,j} + E_y^n|_{2,j}\right) \tag{9.50}$$

和中心差分技术，有

$$\frac{\partial E_y^n|_{1+1/2,j}}{\partial x} = \frac{1}{\Delta x}\left(E_y^n|_{2,j} - E_y^n|_{1,j}\right) \tag{9.51}$$

可以得到 $x=0$ 边界上一阶吸收边界条件

$$\left(\frac{\boldsymbol{u}_{N\times N}}{\Delta x} + \frac{\boldsymbol{l}_{N\times N}}{2v}\right)\left[E_y^n\big|_{1,j}\right]_{N\times 1} + \left(\frac{-\boldsymbol{u}_{N\times N}}{\Delta x} + \frac{\boldsymbol{l}_{N\times N}}{2v}\right)\left[E_y^n\big|_{2,j}\right]_{N\times 1} = 0 \tag{9.52}$$

其他边界的吸收边界条件可以类似导出。

下面讨论基于分域三角基函数和 Galerkin 法的 SDFD-TDM 法的色散特性。真空中不考虑源的情况下，将下列 TE_z 波本征模代入式(9.41)～式(9.43)

$$E_x^n(i,j) = E_x\,\mathrm{e}^{\mathrm{j}(ik_x\Delta x + jk_y\Delta y - n\omega\Delta t)} \tag{9.53}$$

$$E_y^n(i,j) = E_y\,\mathrm{e}^{\mathrm{j}(ik_x\Delta x + jk_y\Delta y - n\omega\Delta t)} \tag{9.54}$$

$$H_z^n(i,j) = H_z\,\mathrm{e}^{\mathrm{j}(ik_x\Delta x + jk_y\Delta y - n\omega\Delta t)} \tag{9.55}$$

可以得到

$$E_x\sin(\omega\Delta t) = \frac{-\Delta t}{\varepsilon_0\Delta y}H_z\left[\frac{2}{3}\sin\frac{k_y\Delta y}{2}\cos(\omega\Delta t) + \frac{4}{3}\sin\frac{k_y\Delta y}{2}\right] \tag{9.56}$$

$$E_y\sin(\omega\Delta t) = \frac{\Delta t}{\varepsilon_0\Delta x}H_z\left[\frac{2}{3}\sin\frac{k_x\Delta x}{2}\cos(\omega\Delta t) + \frac{4}{3}\sin\frac{k_x\Delta x}{2}\right] \tag{9.57}$$

$$\begin{aligned} H_z\sin(\omega\Delta t) = {} & \frac{-2\Delta t E_x}{3\mu_0\Delta y}\left[\sin\frac{k_y\Delta y}{2}\cos\frac{k_x\Delta x}{2}\cos(\omega\Delta t) + 2\sin\frac{k_y\Delta y}{2}\cos\frac{k_x\Delta x}{2}\right] \\ & + \frac{2\Delta t E_y}{3\mu_0\Delta x}\left[\sin\frac{k_x\Delta x}{2}\cos\frac{k_y\Delta y}{2}\cos(\omega\Delta t) + 2\sin\frac{k_x\Delta x}{2}\cos\frac{k_y\Delta y}{2}\right] \end{aligned} \tag{9.58}$$

为考察空间步长和时间间隔对数值色散的影响，从式(9.56)～式(9.57)中消去 E_x、E_y 和 H_z，得到

$$\left(\frac{\delta}{c\Delta t}\right)^2\sin^2(\omega\Delta t) = \frac{4}{9}\left(\sin^2\frac{k_x\delta}{2}\cos\frac{k_y\delta}{2} + \sin^2\frac{k_y\delta}{2}\cos\frac{k_x\delta}{2}\right)\left[\cos(\omega\Delta t) + 2\right]^2 \tag{9.59}$$

这就是基于分域三角基函数和 Galerkin 法的二维 SDFD-TDM 法的数值色散关系式，其中，c 是真空中的光速，$c = 1\big/\sqrt{\varepsilon_0\mu_0}$，$\delta$ 是空间网格步长，均匀网格中 $\Delta x = \Delta y = \delta$，$\Delta t$ 是时间间隔。

如果 δ 和 Δt 同时趋近于零，式(9.59)所表示的色散关系就变成了理想色散关系

$$\left(\frac{\omega}{c}\right)^2 = (k_x)^2 + (k_y)^2 \tag{9.60}$$

这说明，如果空间步长和时间间隔选取得足够小，无条件稳定的 SDFD-TDM 法的数值色散可以减小到任意程度。

假设波的传播方向与 x 轴的夹角为 α，于是有 $k_x = k\cos\alpha$ 和 $k_y = k\sin\alpha$。于是，数值色散关系为

$$\left(\frac{\delta}{c\Delta t}\right)^2 \sin^2(\omega\Delta t) = \frac{4}{9}\left(\sin^2\frac{k\delta\cos\alpha}{2}\cos\frac{k\delta\sin\alpha}{2} + \sin^2\frac{k\delta\sin\alpha}{2}\cos\frac{k\delta\cos\alpha}{2}\right)\left[\cos(\omega\Delta t)+2\right]^2 \tag{9.61}$$

而相速度的表达式为

$$v_{\mathrm{p}} = \frac{\omega}{k} \tag{9.62}$$

因此，如果给定 α、δ 和 Δt 的值，可由式(9.61)计算求得 $\lambda_0 k$，进而求得相应的 v_{p} 的值。这里定义两个归一化相对误差：物理相速度误差 $\Delta v_{\mathrm{physi}}$ 和各向异性相速度误差 $\Delta v_{\mathrm{aniso}}$

$$\Delta v_{\mathrm{physi}} = \begin{cases} \dfrac{\min[v_{\mathrm{p}}(\alpha)]-c}{c}\times 100\%, & v_{\mathrm{p}}(\alpha) < c \\ \dfrac{\max[v_{\mathrm{p}}(\alpha)]-c}{c}\times 100\%, & v_{\mathrm{p}}(\alpha) > c \end{cases} \tag{9.63}$$

$$\Delta v_{\mathrm{aniso}} = \frac{\max[v_{\mathrm{p}}(\alpha)]-\min[v_{\mathrm{p}}(\alpha)]}{\min[v_{\mathrm{p}}(\alpha)]}\times 100\% \tag{9.64}$$

将式(9.61)改写成

$$\frac{v_{\mathrm{p}}}{c} = f(\omega\Delta t)\cdot g(k\delta,\alpha) \tag{9.65}$$

对于 $\alpha = 45°$，有

$$\frac{v_{\mathrm{p}}}{c} = \frac{[2+\cos(\omega\Delta t)](\omega\Delta t)}{3\sin(\omega\Delta t)}\cdot\frac{\sqrt{2}\sqrt{\cos\dfrac{k\delta}{2\sqrt{2}} - \cos\dfrac{3k\delta}{2\sqrt{2}}}}{k\delta} \tag{9.66}$$

图 9-2 是 $f(\omega\Delta t)$ 和 $g(k\delta, 45°)$ 在区间 $[0, \pi)$ 上的曲线图(该区间的范围由 Nyquist 采样定理决定)。其中，$f(\omega\Delta t)$ 是单调增函数，$g(k\delta, 45°)$ 是单调减函数。可以看出，δ 和 Δt 同时增大也可能使函数 f 和 g 的乘积接近于 1。

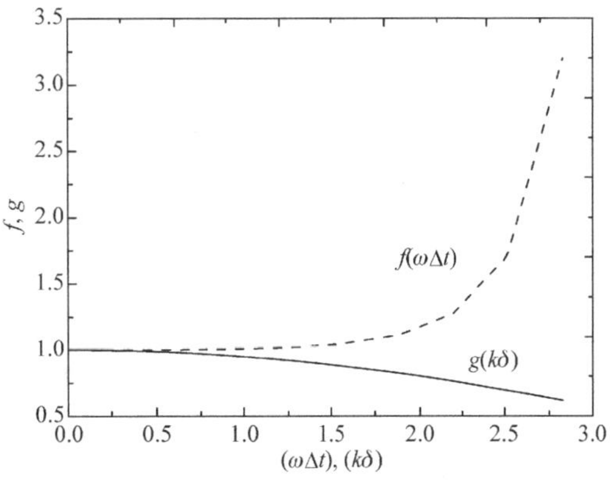

图 9-2　$f(\omega\Delta t)$ 和 $g(k\delta, 45°)$ 在区间 $[0, \pi)$ 上的曲线图

图 9-3 显示了 $\Delta v_{\mathrm{physi}}$ 和 $\Delta v_{\mathrm{aniso}}$ 随 δ 和 Δt 变化而变化的关系，结合图 9-2 可以知道，如果适当地选取 δ 和 Δt 的大小，v_{p}/c 的值可以趋近于 1，也就是说，色散误差 $\Delta v_{\mathrm{physi}}$ 可以得到极大的改善。图 9-3 中，如果点 $(\delta, \Delta t)$ 越靠近点划线 $(\Delta v_{\mathrm{physi}} = 0)$，其物理相速度误差 $\Delta v_{\mathrm{physi}}$ 就越小；如果它越靠近 y 轴，其各向异性相速度误差 $\Delta v_{\mathrm{aniso}}$ 就越小。举例来说，为了满足物理相速度误差 $\Delta v_{\mathrm{physi}}$ 和各向异性相速度误差 $\Delta v_{\mathrm{aniso}}$ 都同时小于 0.005，点 $(\delta, \Delta t)$ 的位置就必须在图 9-3 的阴影中。这样，根据精度需要可以方便地选取适当的 δ 和 Δt 大小。

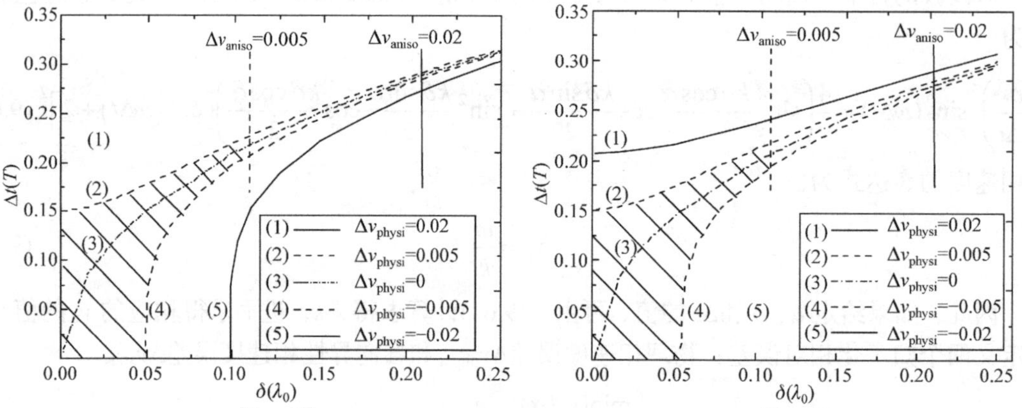

(a) α=45°　　　　(b) α=0°

图 9-3　根据特定误差确定δ和Δt的取值区间

算例为一个二维带挡板平行板传输线，其结构如图 9-4 所示，整个计算空间的尺寸为 0.12m×0.6m，其中填充的介质是空气，金属板是理想导体。挡板厚度为 4μm，整个计算空间区域采用非均匀渐变网格划分，最小网格尺寸为$\Delta x_{\min}$ = 0.01m 和$\Delta y_{\min}$ = 2μm，总的网格数为 6×42。在传输线两端以一阶吸收边界条件作为截断边界条件。电流激励源 $J_x(t)$为式(7.256)的高斯脉冲，其中 T = 0.5ns，t_0 =3T。激励源 $J_x(t)$与观察点 P_1 和 P_2 的位置如图 9-4 所示。选择$\Delta t_{\min}$ = 3.333ps，N = 24。

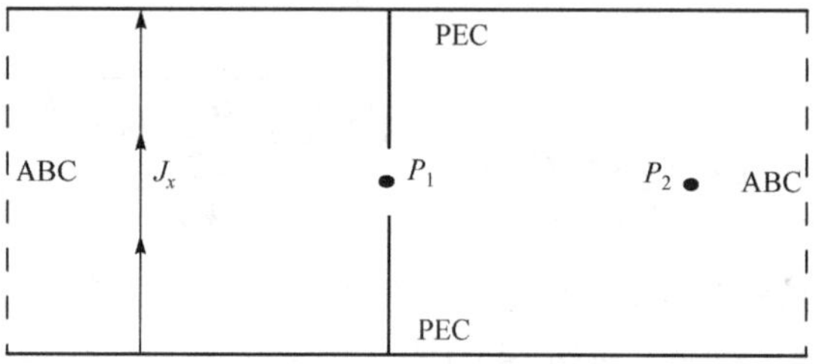

图 9-4　二维带挡板平行板传输线的示意图

图 9-5(a)和(b)分别是观察点 P_1 和 P_2 处记录的 E_x 电场时域波形图，SDFD-TDM 法和传统 FDTD 法的计算结果吻合得很好。表 9-1 是两种方法的归一化计算时间比较，可以看出在存在细微网格划分的情况下，不受时间稳定性条件限制的 SDFD-TDM 法的计算效率远高于传统 FDTD 法。

表 9-1　两种方法的归一化计算时间比较

方法	Δt	步进数目	归一化 CPU 时间/s
FDTD 法	6.667 fs	1200000(时间)	1
SDFD-TDM 法	3.333 ps	—	0.032

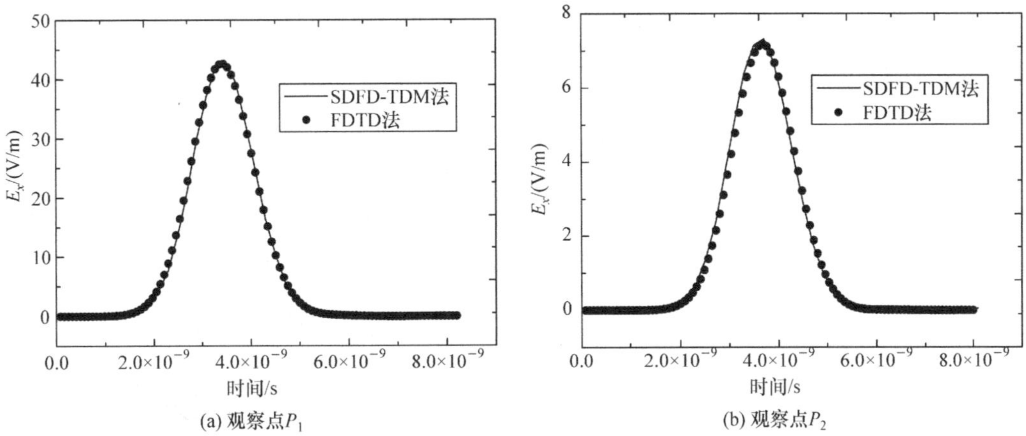

图 9-5　电场 E_x 的时域波形图

9.2　Laguerre-FDTD 法

2003 年，Chung 等提出了一种无条件稳定的高精度 FDTD 方法，该方法采用加权 Laguerre 正交多项式作为基函数、Galerkin 法作为加权过程以消除时间变量[1]。Laguerre-FDTD 法可纳入 SDFD-TDM 算法体系，其不再以时间步进，而是以阶数(Laguerre 多项式)步进实现对电磁波的模拟。接下来的几年，人们研究了 Laguerre-FDTD 法的 PML 吸收边界条件[3]、总场/散射场边界[4]、高效求解技术[5]。Chen 和 Luo 证明了这种按阶步进算法的稳定性[6]。加权 Laguerre 正交多项式也被融入了时域有限元(finite-element time-domain, FETD)法[7]、时域积分方程(integral equation time-domain, IETD)法[8]和多分辨率时域(multi-resolution time-domain, MRTD)法[9]。

我们在 Laguerre-FDTD 法的二阶 Mur 吸收边界条件[10]、全波压缩网格技术[11, 12]、共形网格技术[13]、本征值问题求解[14]、压缩存储技术[15]、区域分解技术[16, 17]、色散介质中的辅助差分方程(auxiliary differential equation, ADE)[18]和 PML[19]、非正交坐标技术[20]、关键参数选取[21]和时间反演电磁波应用[22-24]等开展了相关的研究工作。

9.2.1　Laguerre-FDTD 法公式体系

下面详细推导基于加权 Laguerre 正交多项式的 Laguerre-FDTD 法的三维公式。Laguerre 多项式的定义式为[25]

$$L_n(t)=\frac{\mathrm{e}^t}{n!}\frac{\mathrm{d}^n}{\mathrm{d}t^n}\left(t^n\mathrm{e}^{-t}\right) \tag{9.67}$$

式中，$t\geqslant 0$，$n\geqslant 0$。根据定义式，Laguerre 多项式的头三项表达式为

$$L_0(t)=1 \tag{9.68}$$

$$L_1(t)=1-t \tag{9.69}$$

$$L_2(t)=\frac{1}{2}\left(t^2-4t+2\right) \tag{9.70}$$

因此，Laguerre 多项式满足的递推关系式为

$$nL_n(t)=(2n-1-t)L_{n-1}(t)-(n-1)L_{n-2}(t) \tag{9.71}$$

式中，$n\geqslant 2$。Laguerre 多项式关于加权因子 e^{-t} 正交，即

$$\int_0^{\infty} e^{-t}L_n(t)L_m(t)d(t)=\begin{cases}1, & m=n\\ 0, & m\neq n\end{cases} \tag{9.72}$$

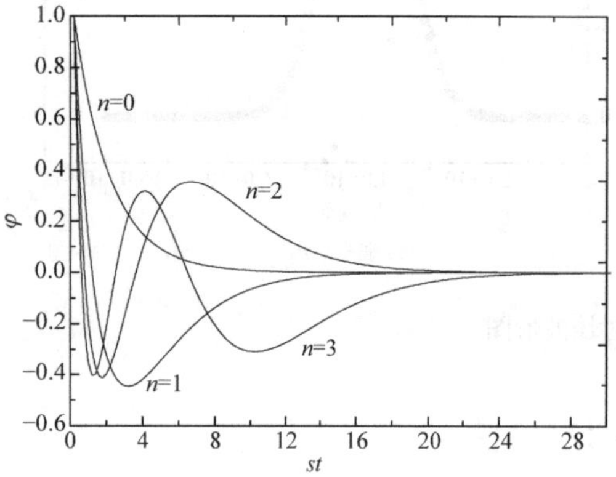

图 9-6　0 阶到 3 阶的加权 Laguerre 正交多项式

可以定义一个正交系$\{\varphi_0, \varphi_1, \varphi_2, \cdots\}$为全域基函数，其中，$\varphi_n$的表达形式为

$$\varphi_n(st)=e^{-s\cdot t/2}L_n(st) \tag{9.73}$$

式中，$s>0$是时间比例因子。由于电磁场问题中的时间 t 很小，引入 s 是为了能适当地使用该基函数。当 $t\to\infty$时，基函数绝对收敛于零，于是，由该基函数展开的变量在 $t\to\infty$时也收敛于零。

图 9-6 是加权 Laguerre 正交多项式 0～3 阶的曲线图。可以看出，式(9.73)定义的基函数当 $t\to\infty$时是绝对收敛于零的。

任一电磁场分量$f(\boldsymbol{r}, t)$对时间的一阶偏微分的表达形式为[26]

$$\frac{\partial f(\boldsymbol{r},t)}{\partial t}=s\sum_{n=0}^{\infty}\left[0.5f_n(\boldsymbol{r})+\sum_{l=0,n>0}^{n-1}f_l(\boldsymbol{r})\right]\varphi_n(st) \tag{9.74}$$

考虑简单、无耗媒质的情况，将基函数 $\varphi_n(st)$展开的电磁场分量 $f(\boldsymbol{r},t)=\sum\limits_{n=0}^{\infty}f^n(\boldsymbol{r})\varphi_n(st)$代入到方程(9.9)～方程(9.14)中，得

$$s\sum_{n=0}^{\infty}\left[0.5E_x^n(\boldsymbol{r})+\sum_{l=0,n>0}^{n-1}E_x^l(\boldsymbol{r})\right]\varphi_n(st)=\frac{1}{\varepsilon(\boldsymbol{r})}\sum_{n=0}^{\infty}\left[\frac{\partial H_z^n(\boldsymbol{r})}{\partial y}-\frac{\partial H_y^n(\boldsymbol{r})}{\partial z}\right]\varphi_n(st)-\frac{J_x(\boldsymbol{r},t)}{\varepsilon(\boldsymbol{r})} \tag{9.75}$$

$$s\sum_{n=0}^{\infty}\left[0.5E_y^n(\boldsymbol{r})+\sum_{l=0,n>0}^{n-1}E_y^l(\boldsymbol{r})\right]\varphi_n(st)=\frac{1}{\varepsilon(\boldsymbol{r})}\sum_{n=0}^{\infty}\left[\frac{\partial H_x^n(\boldsymbol{r})}{\partial z}-\frac{\partial H_z^n(\boldsymbol{r})}{\partial x}\right]\varphi_n(st)-\frac{J_y(\boldsymbol{r},t)}{\varepsilon(\boldsymbol{r})} \tag{9.76}$$

$$s\sum_{n=0}^{\infty}\left[0.5E_z^n(\boldsymbol{r})+\sum_{l=0,n>0}^{n-1}E_z^l(\boldsymbol{r})\right]\varphi_n(st)=\frac{1}{\varepsilon(\boldsymbol{r})}\sum_{n=0}^{\infty}\left[\frac{\partial H_y^n(\boldsymbol{r})}{\partial x}-\frac{\partial H_x^n(\boldsymbol{r})}{\partial y}\right]\varphi_n(st)-\frac{J_z(\boldsymbol{r},t)}{\varepsilon(\boldsymbol{r})} \tag{9.77}$$

$$s\sum_{n=0}^{\infty}\left[0.5H_x^n(\boldsymbol{r})+\sum_{l=0,n>0}^{n-1}H_x^l(\boldsymbol{r})\right]\varphi_n(st)=\frac{1}{\mu(\boldsymbol{r})}\sum_{n=0}^{\infty}\left[\frac{\partial E_y^n(\boldsymbol{r})}{\partial z}-\frac{\partial E_z^n(\boldsymbol{r})}{\partial y}\right]\varphi_n(st) \tag{9.78}$$

$$s\sum_{n=0}^{\infty}\left[0.5H_y^n(\boldsymbol{r})+\sum_{l=0,n>0}^{n-1}H_y^l(\boldsymbol{r})\right]\varphi_n(st)=\frac{1}{\mu(\boldsymbol{r})}\sum_{n=0}^{\infty}\left[\frac{\partial E_z^n(\boldsymbol{r})}{\partial x}-\frac{\partial E_x^n(\boldsymbol{r})}{\partial z}\right]\varphi_n(st) \tag{9.79}$$

$$s\sum_{n=0}^{\infty}\left[0.5H_z^n(\boldsymbol{r})+\sum_{l=0,n>0}^{n-1}H_z^l(\boldsymbol{r})\right]\varphi_n(st)=\frac{1}{\mu(\boldsymbol{r})}\sum_{n=0}^{\infty}\left[\frac{\partial E_x^n(\boldsymbol{r})}{\partial y}-\frac{\partial E_y^n(\boldsymbol{r})}{\partial x}\right]\varphi_n(st) \tag{9.80}$$

为了消去含时间变量的 $\varphi_n(st)$，引入 Galerkin 方法，在方程(9.75)～方程(9.80)的两边同时

乘以 $\varphi_m(st)$，并在区间 $t\in[0,\infty)$上对时间 t 积分，可以得到

$$s\left[0.5E_x^m(\boldsymbol{r})+\sum_{l=0,m>0}^{m-1}E_x^l(\boldsymbol{r})\right]=\frac{1}{\varepsilon(\boldsymbol{r})}\left[\frac{\partial H_z^m(\boldsymbol{r})}{\partial y}-\frac{\partial H_y^m(\boldsymbol{r})}{\partial z}\right]-\frac{J_x^m(\boldsymbol{r})}{\varepsilon(\boldsymbol{r})} \tag{9.81}$$

$$s\left[0.5E_y^m(\boldsymbol{r})+\sum_{l=0,m>0}^{m-1}E_y^l(\boldsymbol{r})\right]=\frac{1}{\varepsilon(\boldsymbol{r})}\left[\frac{\partial H_x^m(\boldsymbol{r})}{\partial z}-\frac{\partial H_z^m(\boldsymbol{r})}{\partial x}\right]-\frac{J_y^m(\boldsymbol{r})}{\varepsilon(\boldsymbol{r})} \tag{9.82}$$

$$s\left[0.5E_z^m(\boldsymbol{r})+\sum_{l=0,m>0}^{m-1}E_z^l(\boldsymbol{r})\right]=\frac{1}{\varepsilon(\boldsymbol{r})}\left[\frac{\partial H_y^m(\boldsymbol{r})}{\partial x}-\frac{\partial H_x^m(\boldsymbol{r})}{\partial y}\right]-\frac{J_z^m(\boldsymbol{r})}{\varepsilon(\boldsymbol{r})} \tag{9.83}$$

$$s\left[0.5H_x^m(\boldsymbol{r})+\sum_{l=0,m>0}^{m-1}H_x^l(\boldsymbol{r})\right]=\frac{1}{\mu(\boldsymbol{r})}\left[\frac{\partial E_y^m(\boldsymbol{r})}{\partial z}-\frac{\partial E_z^m(\boldsymbol{r})}{\partial y}\right] \tag{9.84}$$

$$s\left[0.5H_y^m(\boldsymbol{r})+\sum_{l=0,m>0}^{m-1}H_y^l(\boldsymbol{r})\right]=\frac{1}{\mu(\boldsymbol{r})}\left[\frac{\partial E_z^m(\boldsymbol{r})}{\partial x}-\frac{\partial E_x^m(\boldsymbol{r})}{\partial z}\right] \tag{9.85}$$

$$s\left[0.5H_z^m(\boldsymbol{r})+\sum_{l=0,m>0}^{m-1}H_z^l(\boldsymbol{r})\right]=\frac{1}{\mu(\boldsymbol{r})}\left[\frac{\partial E_x^m(\boldsymbol{r})}{\partial y}-\frac{\partial E_y^m(\boldsymbol{r})}{\partial x}\right] \tag{9.86}$$

式中

$$J_{x,y,z}^m(\boldsymbol{r})=s\int_0^{T_\mathrm{f}}J_{x,y,z}(\boldsymbol{r},t)\varphi_n(st)\mathrm{d}t \tag{9.87}$$

积分上限 T_f 可以选取为波形近似衰减为零的时间。

与传统的 FDTD 法相同，空间域采用 Yee 氏三维网格和中心差分技术，方程(9.81)～方程(9.86)可以写成

$$E_x^m\Big|_{i,j,k}=C_y^e\Big|_{i,j,k}\left(H_z^m\Big|_{i,j,k}-H_z^m\Big|_{i,j-1,k}\right)-C_z^e\Big|_{i,j,k}\left(H_y^m\Big|_{i,j,k}-H_y^m\Big|_{i,j,k-1}\right)-\frac{2}{s\varepsilon_{i,j,k}}J_x^m\Big|_{i,j,k}-2\sum_{l=0}^{m-1}E_x^l\Big|_{i,j,k} \tag{9.88}$$

$$E_y^m\Big|_{i,j,k}=C_z^e\Big|_{i,j,k}\left(H_x^m\Big|_{i,j,k}-H_x^m\Big|_{i,j,k-1}\right)-C_x^e\Big|_{i,j,k}\left(H_z^m\Big|_{i,j,k}-H_z^m\Big|_{i-1,j,k}\right)-\frac{2}{s\varepsilon_{i,j,k}}J_y^m\Big|_{i,j,k}-2\sum_{l=0}^{m-1}E_y^l\Big|_{i,j,k} \tag{9.89}$$

$$E_z^m\Big|_{i,j,k}=C_x^e\Big|_{i,j,k}\left(H_y^m\Big|_{i,j,k}-H_y^m\Big|_{i-1,j,k}\right)-C_y^e\Big|_{i,j,k}\left(H_x^m\Big|_{i,j,k}-H_x^m\Big|_{i,j-1,k}\right)-\frac{2}{s\varepsilon_{i,j,k}}J_z^m\Big|_{i,j,k}-2\sum_{l=0}^{m-1}E_z^l\Big|_{i,j,k} \tag{9.90}$$

$$H_x^m\Big|_{i,j,k}=C_z^h\Big|_{i,j,k}\left(E_y^m\Big|_{i,j,k+1}-E_y^m\Big|_{i,j,k}\right)-C_y^h\Big|_{i,j,k}\left(E_z^m\Big|_{i,j+1,k}-E_z^m\Big|_{i,j,k}\right)-2\sum_{l=0}^{m-1}H_x^l\Big|_{i,j,k} \tag{9.91}$$

$$H_y^m\Big|_{i,j,k}=C_x^h\Big|_{i,j,k}\left(E_z^m\Big|_{i+1,j,k}-E_z^m\Big|_{i,j,k}\right)-C_z^h\Big|_{i,j,k}\left(E_x^m\Big|_{i,j,k+1}-E_x^m\Big|_{i,j,k}\right)-2\sum_{l=0}^{m-1}H_y^l\Big|_{i,j,k} \tag{9.92}$$

$$H_z^m\Big|_{i,j,k}=C_y^H\Big|_{i,j,k}\left(E_x^m\Big|_{i,j+1,k}-E_x^m\Big|_{i,j,k}\right)-C_x^h\Big|_{i,j,k}\left(E_y^m\Big|_{i+1,j,k}-E_y^m\Big|_{i,j,k}\right)-2\sum_{l=0}^{m-1}H_z^l\Big|_{i,j,k} \tag{9.93}$$

式中，$C_x^e\big|_{i,j,k}=\dfrac{2}{s\varepsilon_{i,j,k}\Delta\overline{x}}$，$C_y^e\big|_{i,j,k}=\dfrac{2}{s\varepsilon_{i,j,k}\Delta\overline{y}}$，$C_z^e\big|_{i,j,k}=\dfrac{2}{s\varepsilon_{i,j,k}\Delta\overline{z}_k}$，$C_x^h\big|_{i,j,k}=\dfrac{2}{s\mu_{i,j,k}\Delta x_i}$，$C_y^h\big|_{i,j,k}=\dfrac{2}{s\mu_{i,j,k}\Delta y_j}$和$C_z^h\big|_{i,j,k}=\dfrac{2}{s\mu_{i,j,k}\Delta z_k}$。$\Delta x$、$\Delta y$和$\Delta z$分别是电场分量取样间距，$\Delta\overline{x}$、$\Delta\overline{y}$和$\Delta\overline{z}$分别是磁场分量取样间距。

将式(9.91)～式(9.93)代入到式(9.88)～式(9.90)中，可以消去磁场分量，得到

$$
\begin{aligned}
&-C_y^h\Big|_{i,j-1,k}E_x^m\Big|_{i,j-1,k}-\frac{C_z^e\big|_{i,j,k}}{C_y^e\big|_{i,j,k}}C_z^h\Big|_{i,j,k-1}E_x^m\Big|_{i,j,k-1}\\
&+\left[\frac{1}{C_y^e\big|_{i,j,k}}+C_y^h\Big|_{i,j,k}+C_y^h\Big|_{i,j-1,k}+\frac{C_z^e\big|_{i,j,k}}{C_y^e\big|_{i,j,k}}\left(C_z^h\Big|_{i,j,k}+C_z^h\Big|_{i,j,k-1}\right)\right]E_x^m\Big|_{i,j,k}\\
&-C_y^h\Big|_{i,j,k}E_x^m\Big|_{i,j+1,k}-\frac{C_z^e\big|_{i,j,k}}{C_y^e\big|_{i,j,k}}C_z^h\Big|_{i,j,k}E_x^m\Big|_{i,j,k+1}\\
&+C_x^h\Big|_{i,j-1,k}E_y^m\Big|_{i,j-1,k}-C_x^h\Big|_{i,j-1,k}E_y^m\Big|_{i+1,j-1,k}-C_x^h\Big|_{i,j,k}E_y^m\Big|_{i,j,k}\\
&+C_x^h\Big|_{i,j,k}E_y^m\Big|_{i+1,j,k}+\frac{C_z^e\big|_{i,j,k}}{C_y^e\big|_{i,j,k}}C_x^h\Big|_{i,j,k-1}\left(E_z^m\Big|_{i,j,k-1}-E_z^m\Big|_{i+1,j,k-1}\right)\\
&-\frac{C_z^e\big|_{i,j,k}}{C_y^e\big|_{i,j,k}}C_x^h\Big|_{i,j,k}\left(E_z^m\Big|_{i,j,k}-E_z^m\Big|_{i+1,j,k}\right)\\
=&-\Delta\overline{y}_j\,J_x^m\Big|_{i,j,k}-\frac{2}{C_y^e\big|_{i,j,k}}\sum_{l=0}^{m-1}E_x^l\Big|_{i,j,k}-2\sum_{l=0}^{m-1}\left(H_z^l\Big|_{i,j,k}-H_z^l\Big|_{i,j-1,k}\right)\\
&+2\frac{C_z^e\big|_{i,j,k}}{C_y^e\big|_{i,j,k}}\sum_{l=0}^{m-1}\left(H_y^l\Big|_{i,j,k}-H_y^l\Big|_{i,j,k-1}\right)
\end{aligned}
\tag{9.94}
$$

$$
\begin{aligned}
&-C_z^h\Big|_{i,j,k-1}E_y^m\Big|_{i,j,k-1}-\frac{C_x^e\big|_{i,j,k}}{C_z^e\big|_{i,j,k}}C_x^h\Big|_{i-1,j,k}E_y^m\Big|_{i-1,j,k}\\
&+\left[\frac{1}{C_z^e\big|_{i,j,k}}+C_z^h\Big|_{i,j,k}+C_z^h\Big|_{i,j,k-1}+\frac{C_x^e\big|_{i,j,k}}{C_z^e\big|_{i,j,k}}\left(C_x^h\Big|_{i,j,k}+C_x^h\Big|_{i-1,j,k}\right)\right]E_y^m\Big|_{i,j,k}\\
&-C_z^h\Big|_{i,j,k}E_y^m\Big|_{i,j,k+1}-\frac{C_x^e\big|_{i,j,k}}{C_z^e\big|_{i,j,k}}C_x^h\Big|_{i,j,k}E_y^m\Big|_{i+1,j,k}\\
&+C_y^h\Big|_{i,j,k}E_z^m\Big|_{i,j+1,k}-C_y^h\Big|_{i,j,k}E_z^m\Big|_{i,j,k}-C_y^h\Big|_{i,j,k-1}E_z^m\Big|_{i,j,k-1}
\end{aligned}
$$

$$
\begin{aligned}
&+C_y^h\Big|_{i,j,k-1} E_z^m\Big|_{i,j,k-1} + \frac{C_x^e\Big|_{i,j,k}}{C_z^e\Big|_{i,j,k}} C_y^h\Big|_{i,j,k}\left(E_x^m\Big|_{i,j+1,k} - E_x^m\Big|_{i,j,k}\right)\\
&-\frac{C_x^e\Big|_{i,j,k}}{C_z^e\Big|_{i,j,k}} C_y^h\Big|_{i-1,j,k}\left(E_x^m\Big|_{i-1,j+1,k} - E_x^m\Big|_{i-1,j,k}\right)\\
&=-\Delta\bar{z}_i J_y^m\Big|_{i,j,k} - \frac{2}{C_z^e\Big|_{i,j,k}}\sum_{l=0}^{m-1} E_y^l\Big|_{i,j,k} - 2\sum_{l=0}^{m-1}\left(H_x^l\Big|_{i,j,k} - H_x^l\Big|_{i,j,k-1}\right)\\
&+2\frac{C_x^e\Big|_{i,j,k}}{C_z^e\Big|_{i,j,k}}\sum_{l=0}^{m-1}\left(H_z^l\Big|_{i,j,k} - H_z^l\Big|_{i-1,j,k}\right)
\end{aligned}
\tag{9.95}
$$

$$
\begin{aligned}
&-C_x^h\Big|_{i-1,j,k} E_z^m\Big|_{i-1,j,k} - \frac{C_y^e\Big|_{i,j,k}}{C_x^e\Big|_{i,j,k}} C_y^h\Big|_{i,j-1,k} E_z^m\Big|_{i,j-1,k}\\
&+\left[\frac{1}{C_x^e\Big|_{i,j,k}} + C_x^h\Big|_{i,j,k} + C_x^h\Big|_{i-1,j,k} + \frac{C_y^e\Big|_{i,j,k}}{C_x^e\Big|_{i,j,k}}\left(C_y^h\Big|_{i,j,k} + C_y^h\Big|_{i,j-1,k}\right)\right] E_z^m\Big|_{i,j,k}\\
&-C_x^h\Big|_{i,j,k} E_z^m\Big|_{i+1,j,k} - \frac{C_y^e\Big|_{i,j,k}}{C_x^e\Big|_{i,j,k}} C_y^h\Big|_{i,j,k} E_z^m\Big|_{i,j+1,k}\\
&+C_z^h\Big|_{i,j,k} E_x^m\Big|_{i,j,k+1} - C_z^h\Big|_{i,j,k} E_x^m\Big|_{i,j,k} - C_z^h\Big|_{i-1,j,k} E_x^m\Big|_{i-1,j,k+1}\\
&+C_z^h\Big|_{i-1,j,k-1} E_x^m\Big|_{i-1,j,k} + \frac{C_y^e\Big|_{i,j,k}}{C_x^e\Big|_{i,j,k}} C_z^h\Big|_{i,j,k}\left(E_y^m\Big|_{i,j,k+1} - E_y^m\Big|_{i,j,k}\right)\\
&-\frac{C_y^e\Big|_{i,j,k}}{C_x^e\Big|_{i,j,k}} C_z^e\Big|_{i,j-1,k}\left(E_y^m\Big|_{i,j-1,k+1} - E_y^m\Big|_{i,j-1,k}\right)\\
&=-\Delta\bar{x}_i J_z^m\Big|_{i,j,k} - \frac{2}{C_x^e\Big|_{i,j,k}}\sum_{l=0}^{m-1} E_z^l\Big|_{i,j,k} - 2\sum_{l=0}^{m-1}\left(H_y^l\Big|_{i,j,k} - H_y^l\Big|_{i-1,j,k}\right)\\
&+2\frac{C_y^e\Big|_{i,j,k}}{C_x^e\Big|_{i,j,k}}\sum_{l=0}^{m-1}\left(H_x^l\Big|_{i,j,k} - H_x^l\Big|_{i,j-1,k}\right)
\end{aligned}
\tag{9.96}
$$

从式(9.94)～式(9.96)可以看出，与传统的 FDTD 法不同，电场各分量间呈隐式关系。每一个电场分量和它周围相邻的 12 个电场分量有关，并且，磁场分量的阶数低于电场分量。如果写成矩阵形式，每一行至多有 13 个非零元素。将式(9.94)～式(9.96)写成矩阵形式

$$
\boldsymbol{A}\boldsymbol{E}^m = \boldsymbol{J}^m + \boldsymbol{\theta}^{m-1} \tag{9.97}
$$

式中，$\boldsymbol{E}^m = \left\{\boldsymbol{E}_x^m, \boldsymbol{E}_y^m, \boldsymbol{E}_z^m\right\}^{\mathrm{T}}$，$\boldsymbol{J}^m = \left\{\boldsymbol{J}_x^m, \boldsymbol{J}_y^m, \boldsymbol{J}_z^m\right\}^{\mathrm{T}}$，$\boldsymbol{\theta}^{m-1}$是 0 至 $m-1$ 低阶项的累加。要对式(9.97)

进行计算，就必须知道 $\boldsymbol{E}^0$ 的值。通过已知的 $\boldsymbol{J}^0$，求解式(9.98)获得 $\boldsymbol{E}^0$

$$[\boldsymbol{A}]\{\boldsymbol{E}^0\}=\{\boldsymbol{J}^0\} \tag{9.98}$$

这样按阶步进，可以计算出高阶项的值。

值得一提的是，由于系数矩阵 $\boldsymbol{A}$ 与阶数无关，因此在整个按阶步进的计算过程中对 $\boldsymbol{A}$ 作求逆运算只需进行一次。得到展开基函数所需各阶系数后，就可以直接利用基函数展开式获得时域电、磁场的值。

文献[1]还给出了一阶吸收边界条件的表达式和按阶步进阶数数目选择的一般准则，这里就不再赘述。

9.2.2 Laguerre-FDTD 法二阶 Mur 吸收边界条件

以边界 $z=0$ 的横向电场 E_x 为例，Mur 二阶吸收边界条件的表达式为[27]

$$\left[\frac{1}{v}\frac{\partial^2}{\partial z\partial t}-\frac{1}{v^2}\frac{\partial^2}{\partial t^2}+\frac{1}{2}\left(\frac{\partial^2}{\partial x^2}+\frac{\partial^2}{\partial y^2}\right)\right]E_x\bigg|_{z=0}=0 \tag{9.99}$$

根据式(9.74)，可以推导出 $E_x(\boldsymbol{r},t)$对时间 t 的二阶偏微分形式[8]

$$\frac{\partial^2 E_x(\boldsymbol{r},t)}{\partial t^2}=s^2\sum_{n=0}^{\infty}\left[\frac{1}{4}E_x^n(\boldsymbol{r})+\sum_{l=0,n>0}^{n-1}(n-l)E_x^l(\boldsymbol{r})\right]\varphi_n(st) \tag{9.100}$$

将 $E_x(\boldsymbol{r},t)=\sum\limits_{n=0}^{\infty}E_x^n(\boldsymbol{r})\varphi_n(st)$ 和式(9.100)代入式(9.99)，再两边同乘以 $\varphi_m(st)$，在区间[0, ∞)上对时间 t 积分，可以得到

$$\frac{s}{v}\frac{\partial}{\partial z}\left[\frac{1}{2}E_x^m(\boldsymbol{r})+\sum_{l=0,m>0}^{m-1}E_x^l(\boldsymbol{r})\right]-\frac{s^2}{v^2}\left[\frac{1}{4}E_x^m(\boldsymbol{r})+\sum_{l=0,m>0}^{m-1}(m-l)E_x^l(\boldsymbol{r})\right]+\frac{1}{2}\left(\frac{\partial^2}{\partial x^2}+\frac{\partial^2}{\partial y^2}\right)E_x^m(\boldsymbol{r})=0 \tag{9.101}$$

在辅助网格$(i, j, 1+1/2)$上运用平均技术和中心差分技术，有

$$E_x^m\Big|_{i,j,1+1/2}=\frac{1}{2}\left(E_x^m\Big|_{i,j,1}+E_x^m\Big|_{i,j,2}\right) \tag{9.102}$$

$$\frac{\partial}{\partial z}E_x^m\Big|_{i,j,1+1/2}=\frac{1}{\Delta z_1}\left(E_x^m\Big|_{i,j,2}-E_x^m\Big|_{i,j,1}\right) \tag{9.103}$$

$$\frac{\partial^2}{\partial x^2}E_x^m\Big|_{i,j,1+1/2}=2\frac{E_x^m\Big|_{i+1,j,1+1/2}-E_x^m\Big|_{i,j,1+1/2}}{\Delta x_i(\Delta x_{i-1}+\Delta x_i)}+2\frac{E_x^m\Big|_{i-1,j,1+1/2}-E_x^m\Big|_{i,j,1+1/2}}{\Delta x_{i-1}(\Delta x_{i-1}+\Delta x_i)} \tag{9.104}$$

可以得到

$$\left(\frac{-s}{2v\Delta z_1}-\frac{s^2}{4v^2}-\frac{1}{2\Delta x_{i-1}\Delta x_i}-\frac{1}{2\Delta y_{j-1}\Delta y_j}\right)E_x^m\Big|_{i,j,1}+\left(\frac{s}{2v\Delta z_1}-\frac{s^2}{4v^2}-\frac{1}{2\Delta x_{i-1}\Delta x_i}-\frac{1}{2\Delta y_{j-1}\Delta y_j}\right)E_x^m\Big|_{i,j,2}$$

$$+\frac{E_x^m\Big|_{i-1,j,1}+E_x^m\Big|_{i-1,j,2}}{2\Delta x_{i-1}(\Delta x_{i-1}+\Delta x_i)}+\frac{E_x^m\Big|_{i+1,j,1}+E_x^m\Big|_{i+1,j,2}}{2\Delta x_i(\Delta x_{i-1}+\Delta x_i)}+\frac{E_x^m\Big|_{i,j-1,1}+E_x^m\Big|_{i,j-1,2}}{2\Delta y_{j-1}(\Delta y_{j-1}+\Delta y_j)}+\frac{E_x^m\Big|_{i,j+1,1}+E_x^m\Big|_{i,j+1,2}}{2\Delta y_j(\Delta y_{j-1}+\Delta y_j)}$$

$$= \frac{-s}{v\Delta z_1}\sum_{l=0,m>0}^{m-1}\left(E_x^l\Big|_{i,j,2} - E_x^l\Big|_{i,j,1}\right) + \frac{s^2}{2v^2}\sum_{l=0,m>0}^{m-1}(m-l)\left(E_x^l\Big|_{i,j,1} + E_x^l\Big|_{i,j,2}\right) \tag{9.105}$$

在其他 5 个边界面上的二阶吸收边界条件可以类似地推导出来。$z = 0$ 截断边界面上有四条棱边，如图 9-7 所示，此边界面与棱边相邻的 E_x^m 的计算必然涉及计算区域外的场分量，因此，对这些场分量仍采用一阶吸收边界条件计算。

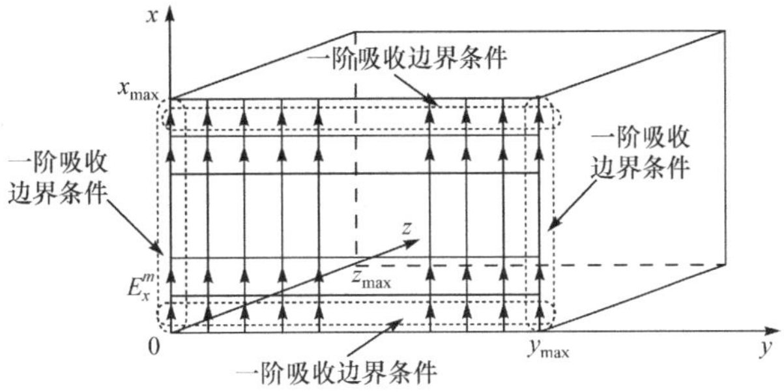

图 9-7　场分量 E_x^m 在 $z = 0$ 截断边界面

以一个屏蔽微带传输线为例，比较一阶和二阶吸收边界条件的吸收外向波的能力。微带线整个计算区域的尺寸为 1.5×2.5×15m^3，导带宽度为 0.5mm、厚度为 0.01mm，介质基板厚 0.5mm、相对介电常数 $\varepsilon_r = 9.9$。x 方向的网格划分采用渐变非均匀网格划分，整个网格数为 17×20×30，其中$\Delta x_{min} = 0.005$mm，$\Delta y = 0.125$mm 和$\Delta z = 0.5$mm。

在距离 $z = 0$ 边界 5 个网格处，以式(7.256)所示的高斯脉冲作为激励电流源，其中，$T = 0.03$ns，$t_0 = 3T$。并且，选择 $T_f = 58$ns，$N = 121$ 和 $s = 5.65\times10^{10}$。图 9-8 是在点(3,11,10)处观测到的电场 E_x 的时域波形图，可以看出二阶吸收边界条件(数值反射为−30dB)优于一阶吸收边界条件(数值反射为−27dB)，这是由于二阶吸收边界条件对不同角度的外向波有较好的吸收能力。

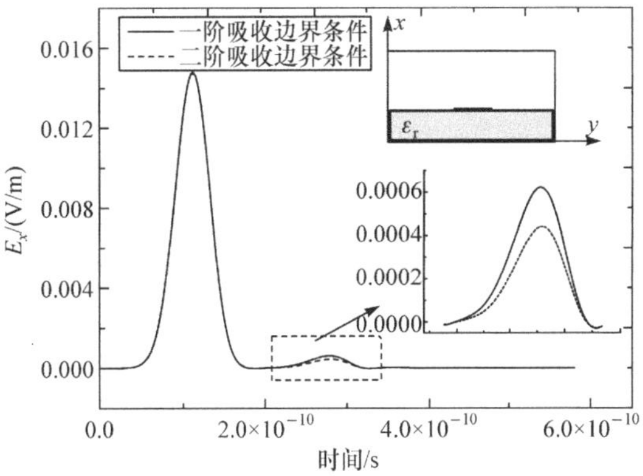

图 9-8　计算屏蔽微带线的一阶和二阶吸收边界条件

9.2.3　实数域的 Laguerre-FDTD 法二维全波压缩格式

6.4.6 节和 7.1.4 节分别介绍了压缩格式的 FDTD 法和 ADI-FDTD 法处理均匀、无限长传输线问题，其基本思想是：对麦克斯韦方程中场分量关于传输方向的偏导数作解析处理，数值差分只在与传输方向垂直的平面内进行。本节介绍二维全波压缩格式的 Laguerre-FDTD 法。

对以 β 为相位常数、沿 z 方向传播的电磁波，整个计算过程仅在实数域中进行，电磁场分量可以表示为式(7.167)和式(7.168)所示。在式(7.172)和式(7.173)中引入激励源

$$-\frac{J(\boldsymbol{r},t)}{\varepsilon(\boldsymbol{r})}=g(\boldsymbol{r})\delta(t) \tag{9.106}$$

式中，$\boldsymbol{r}=x\boldsymbol{a}_x+y\boldsymbol{a}_y$是与波传播方向相垂直横截面的位置矢量，激励源的时间分布采用 Dirac 函数 $\delta(t)$，它的空间分布采用均匀传输线横向电场的准静态数值差分解 $g(\boldsymbol{r})$。

用加权 Laguerre 正交多项式作为全域基函数，代入到式(7.169)～式(7.174)，并采用 Galerkin 方法消去时间变量，可以得到

$$s\left[0.5e_x^m(\boldsymbol{r})+\sum_{l=0,m>0}^{m-1}e_x^l(\boldsymbol{r})\right]=\frac{1}{\varepsilon(\boldsymbol{r})}\left[\frac{\partial h_z^m(\boldsymbol{r})}{\partial y}+\beta h_y^m(\boldsymbol{r})-\sigma(\boldsymbol{r})e_x^m(\boldsymbol{r})\right]+g_x^m(\boldsymbol{r}) \tag{9.107}$$

$$s\left[0.5e_y^m(\boldsymbol{r})+\sum_{l=0,m>0}^{m-1}e_y^l(\boldsymbol{r})\right]=\frac{-1}{\varepsilon(\boldsymbol{r})}\left[\frac{\partial h_z^m(\boldsymbol{r})}{\partial x}+\beta h_x^m(\boldsymbol{r})+\sigma(\boldsymbol{r})e_y^m(\boldsymbol{r})\right]+g_y^m(\boldsymbol{r}) \tag{9.108}$$

$$s\left[0.5e_z^m(\boldsymbol{r})+\sum_{l=0,m>0}^{m-1}e_z^l(\boldsymbol{r})\right]=\frac{1}{\varepsilon(\boldsymbol{r})}\left[\frac{\partial h_y^m(\boldsymbol{r})}{\partial x}-\frac{\partial h_x^m(\boldsymbol{r})}{\partial y}-\sigma(\boldsymbol{r})e_z^m(\boldsymbol{r})\right] \tag{9.109}$$

$$s\left[0.5h_x^m(\boldsymbol{r})+\sum_{l=0,m>0}^{m-1}h_x^l(\boldsymbol{r})\right]=\frac{1}{\mu(\boldsymbol{r})}\left[\beta e_y^m(\boldsymbol{r})-\frac{\partial e_z^m(\boldsymbol{r})}{\partial y}\right] \tag{9.110}$$

$$s\left[0.5h_y^m(\boldsymbol{r})+\sum_{l=0,m>0}^{m-1}h_y^l(\boldsymbol{r})\right]=\frac{1}{\mu(\boldsymbol{r})}\left[\frac{\partial e_z^m(\boldsymbol{r})}{\partial x}-\beta e_x^m(\boldsymbol{r})\right] \tag{9.111}$$

$$s\left[0.5h_z^m(\boldsymbol{r})+\sum_{l=0,n>0}^{m-1}h_z^l(\boldsymbol{r})\right]=\frac{1}{\mu(\boldsymbol{r})}\left[\frac{\partial e_x^m(\boldsymbol{r})}{\partial y}-\frac{\partial e_y^m(\boldsymbol{r})}{\partial x}\right] \tag{9.112}$$

式中

$$g_x^m(\boldsymbol{r})=\int_0^\infty g_x(\boldsymbol{r})\delta(t)\varphi_m(st)\mathrm{d}(st)=sg_x(\boldsymbol{r}) \tag{9.113}$$

$$g_y^m(\boldsymbol{r})=\int_0^\infty g_y(\boldsymbol{r})\delta(t)\varphi_m(st)\mathrm{d}(st)=sg_y(\boldsymbol{r}) \tag{9.114}$$

由于 Dirac 函数 $\delta(t)$的筛选性，式(9.113)和式(9.114)中的 $g_x^m(\boldsymbol{r})$ 和 $g_y^m(\boldsymbol{r})$ 与加权 Laguerre 正交多项式的阶数无关，只取决于激励源的空间分布。

将式(9.107)～式(9.112)进行差分离散，并消去磁场分量，可得

$$\begin{aligned}
&-C_y^h|_{i,j-1}e_x^m|_{i,j-1}+\left[\frac{1+2\sigma_{i,j}/(s\varepsilon_{i,j})}{C_y^e|_{i,j}}+C_y^h|_{i,j-1}+C_y^h|_{i,j}+\frac{2\beta^2\Delta\bar{y}_j}{s\mu_{i,j}}\right]e_x^m|_{i,j}\\
&-C_y^h|_{i,j}e_x^m|_{i,j+1}+C_x^h|_{i,j-1}e_y^m|_{i,j-1}-C_x^h|_{i,j-1}e_y^m|_{i+1,j-1}-C_x^h|_{i,j}e_y^m|_{i,j}\\
&+C_x^h|_{i,j}e_y^m|_{i+1,j}+\beta\Delta\bar{y}_jC_x^h|_{i,j}e_z^m|_{i,j}-\beta\Delta\bar{y}_jC_x^h|_{i,j}e_z^m|_{i+1,j}\\
=&\frac{2}{C_y^e|_{i,j}}g_x|_{i,j}-2\beta\Delta\bar{y}_j\sum_{l=0}^{m-1}h_y^l|_{i,j}-\frac{2}{C_y^e|_{i,j}}\sum_{l=0}^{m-1}e_x^l|_{i,j}-2\sum_{l=0}^{m-1}\left(h_z^l|_{i,j}-h_z^l|_{i,j-1}\right)
\end{aligned} \tag{9.115}$$

$$-C_x^h|_{i-1,j}e_y^m|_{i-1,j}+\left[\frac{1+2\sigma_{i,j}/(s\varepsilon_{i,j})}{C_x^e|_{i,j}}+C_x^h|_{i-1,j}+C_x^h|_{i,j}+\frac{2\beta^2\Delta\bar{x}_i}{s\mu_{i,j}}\right]e_y^m|_{i,j}$$

$$
\begin{aligned}
&-C_x^h|_{i,j}\, e_y^m|_{i+1,j} + C_y^h|_{i-1,j}\, e_x^m|_{i-1,j} - C_y^h|_{i-1,j}\, e_y^m|_{i-1,j+1} - C_y^h|_{i,j}\, e_x^m|_{i,j} \\
&+ C_y^h|_{i,j}\, e_x^m|_{i,j+1} + \beta\Delta\bar{x}_i C_y^h|_{i,j}\, e_z^m|_{i,j} - \beta\Delta\bar{x}_i C_y^h|_{i,j}\, e_z^m|_{i,j+1} \\
&= \frac{2}{C_x^e|_{i,j}} g_y|_{i,j} + 2\beta\Delta\bar{x}_i \sum_{l=0}^{m-1} h_x^l|_{i,j} - \frac{2}{C_x^e|_{i,j}} \sum_{l=0}^{m-1} e_y^l|_{i,j} - 2\sum_{l=0}^{m-1}\left(h_z^l|_{i,j} - h_z^l|_{i-1,j}\right)
\end{aligned}
\tag{9.116}
$$

$$
\begin{aligned}
&-C_x^e|_{i,j}\, C_x^h|_{i-1,j}\, e_z^m|_{i-1,j} - C_y^e|_{i,j}\, C_y^h|_{i,j-1}\, e_z^m|_{i,j-1} + \left[1 + \frac{2\sigma_{i,j}}{s\varepsilon_{i,j}} + C_x^e|_{i,j}\, C_x^h|_{i,j} + C_x^e|_{i,j}\, C_x^h|_{i-1,j}\right. \\
&\left. + C_y^e|_{i,j}\, C_y^h|_{i,j} + C_y^e|_{i,j}\, C_y^h|_{i,j-1}\right] e_z^m|_{i,j} - C_x^e|_{i,j}\, C_x^h|_{i,j}\, e_z^m|_{i+1,j} - C_y^e|_{i,j}\, C_y^h|_{i,j}\, e_z^m|_{i,j+1} \\
&- \frac{2\beta}{s\mu_{i-1,j}} C_x^e|_{i,j}\, e_x^m|_{i-1,j} + \frac{2\beta}{s\mu_{i,j}} C_x^e|_{i,j}\, e_x^m|_{i,j} - \frac{2\beta}{s\mu_{i,j-1}} C_y^e|_{i,j}\, e_y^m|_{i,j-1} + \frac{2\beta}{s\mu_{i,j}} C_y^e|_{i,j}\, e_y^m|_{i,j} \\
&= -2C_x^e|_{i,j} \sum_{k=0}^{m-1}\left(h_y^k|_{i,j} - h_y^k|_{i-1,j}\right) + 2C_y^e|_{i,j} \sum_{k=0}^{m-1}\left(h_x^k|_{i,j} - h_x^k|_{i,j-1}\right) - 2\sum_{k=0}^{m-1} e_z^k|_{i,j}
\end{aligned}
\tag{9.117}
$$

式中，$C_x^e|_{i,j} = \dfrac{2}{s\varepsilon_{i,j}\Delta\bar{x}_i}$，$C_y^e|_{i,j} = \dfrac{2}{s\varepsilon_{i,j}\Delta\bar{y}_j}$，$C_x^h|_{i,j} = \dfrac{2}{s\mu_{i,j}\Delta x_i}$ 和 $C_y^h|_{i,j} = \dfrac{2}{s\mu_{i,j}\Delta y_j}$。

从方程(9.115)～方程(9.117)可以看出，每一个电场分量与周围相邻的八个电场分量有关，磁场分量的阶数都低于电场分量。通过求解 0 阶电场，再按阶步进，可以计算出高阶项的值。

一个有耗微带线的横截面结构如图 9-9 所示。介质基片无耗且各向同性，厚度 $d = 10\mu\text{m}$，相对介电常数 $\varepsilon_r = 3.3$；导带材料为金，宽度 $W = 22\mu\text{m}$，厚度 $t_1 = 3\mu\text{m}$，电导率 $\sigma = 3.9\times10^7\text{S/m}$；底板材料也为金，宽度 $M = 30W$，厚度 $t_2 = 3\mu\text{m}$；$h = 80d$，计算区域四周用 PEC 截断。

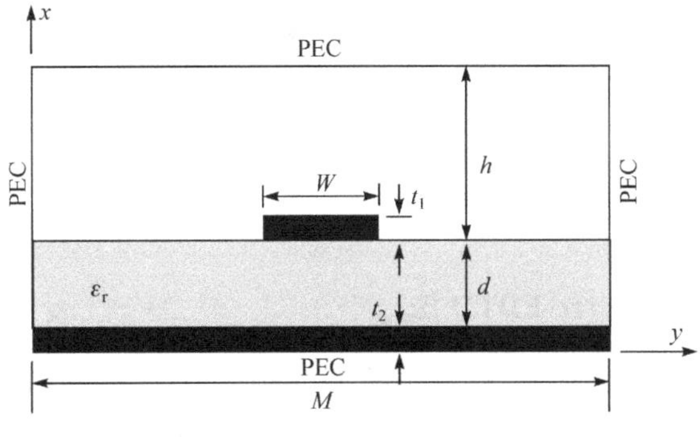

图 9-9　有耗微带线的横截面图

为了准确地模拟有耗导体的电磁特性，导体沿 x 方向的空间步长应小于导体的趋肤深度。选取最小的网格步长为最高频率所对应的趋肤深度的 1/3，并用渐变非均匀网格划分空间区域。图 9-10 是在 $\beta = 0.1482\text{rad/mm}$，$s = 5.05\times10^{10}$，$N = 121$，$\Delta x_{\min} = 0.4\mu\text{m}$ 和 $\Delta y_{\min} = 0.4\mu\text{m}$ 情况下，导带和底板之间的电压时域波形。从图 9-10 中可以看出，二维压缩格式的 Laguerre-FDTD 法和二维压缩格式的 FDTD 法的计算结果吻合得非常好。

表 9-2 是二维压缩格式的 Laguerre-FDTD 法和 FDTD 法、ADI-FDTD 法计算时间比较，可以看出，前者所需计算时间少于后两者所需时间。FDTD 法由于稳定性条件的限制，微小的时间步长导致完成一次时域仿真的时间很长；虽然 ADI-FDTD 法是无条件稳定的，但是由

于色散误差的因素，时间步长相比 FDTD 法不能取得太大；而按阶步进的 Laguerre-FDTD 法由于解析地处理了时间变量，并且在整个计算过程中时间变量和空间变量分开运算，具有较高的计算效率。

表 9-2 三种二维压缩格式方法的归一化计算时间比较

	Δt	步进数目	归一化 CPU 时间/s
FDTD	0.943fs	1059928(时间)	1
ADI-FDTD	4.7137fs	211986(时间)	0.58
Laguerre-FDTD	—	121(阶数)	0.055

根据 7.1.4 节介绍的提取传播常数的方法，由图 9-10 所示的时域电压波形结果，可以计算得到图 9-11 所示的有耗微带线各频率点的相位常数和衰减常数值，其中二维压缩格式的 FDTD 和 Laguerre-FDTD 法的结果和文献[28]的计算结果吻合。

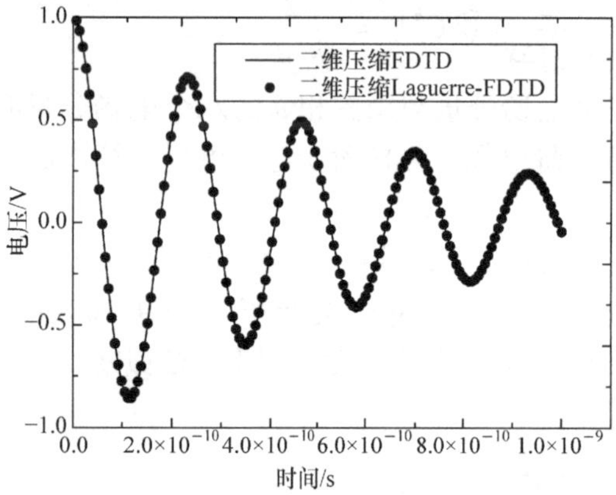

图 9-10 二维压缩格式的 FDTD 和 Laguerre-FDTD 法的时域电压波形

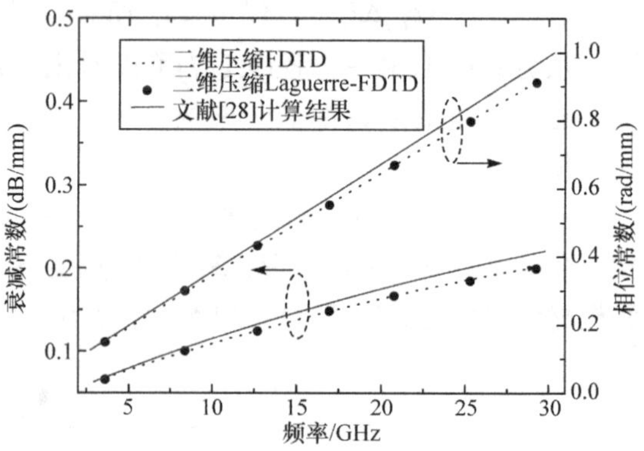

图 9-11 有耗微带线相位常数和衰减常数的计算结果

9.2.4 非正交坐标系的 Laguerre-FDTD 法

标准的 Laguerre-FDTD 的空间差分基于矩形网格划分，对于任意弯曲边界的模拟只能采用阶梯近似的方法。当要求计算精度较高时，只能采用较小的网格划分，这样生成的矩阵规模大，计算效率低。本节讨论非正交坐标系的 Laguerre-FDTD 法及其在特征值问题中的应用。

一个非正交坐标系统(u_1, u_2, u_3)可以由幺矢量 $\boldsymbol{a}_1$，$\boldsymbol{a}_2$ 和 $\boldsymbol{a}_3$ 来表征[29]，如图 9-12 所示。即非正交坐标系统中的一段矢量 d$\boldsymbol{r}$ 可表示为

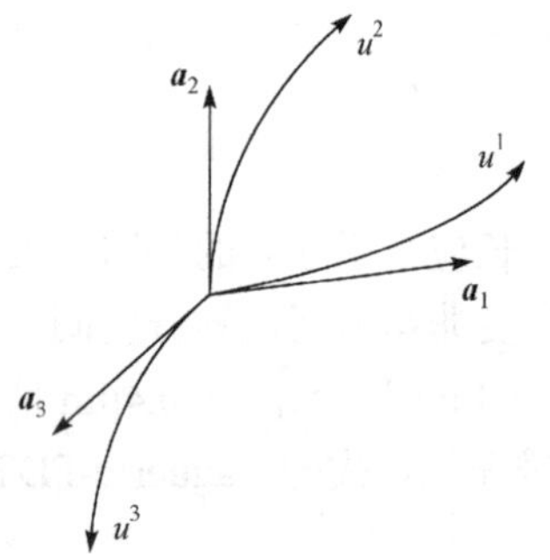

图 9-12 非正交坐标系中的幺矢量

$$\mathrm{d}\boldsymbol{r}=\sum_{i=1}^{3}\frac{\partial \boldsymbol{r}}{\partial u^i}\mathrm{d}u^i=\sum_{i=1}^{3}\boldsymbol{a}_i\mathrm{d}u^i \tag{9.118}$$

同样地，非正交坐标系统也可以用 $\boldsymbol{a}_1$，$\boldsymbol{a}_2$ 和 $\boldsymbol{a}_3$ 对应的互易幺矢量 $\boldsymbol{a}^1$，$\boldsymbol{a}^2$ 和 $\boldsymbol{a}^3$ 来表征，如图 9-13 所示，其中

$$\boldsymbol{a}^1=\frac{\boldsymbol{a}_2\times\boldsymbol{a}_3}{\sqrt{g}} \tag{9.119}$$

$$\boldsymbol{a}^2=\frac{\boldsymbol{a}_3\times\boldsymbol{a}_1}{\sqrt{g}} \tag{9.120}$$

$$\boldsymbol{a}^3=\frac{\boldsymbol{a}_1\times\boldsymbol{a}_2}{\sqrt{g}} \tag{9.121}$$

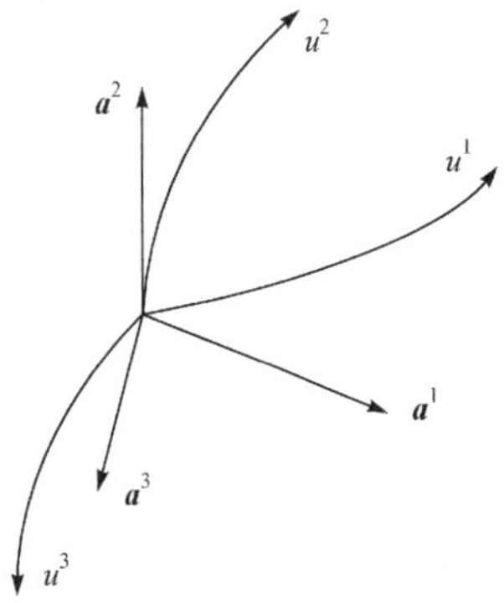

图 9-13　非正交坐标系中的互易幺矢量

式中，$g=\begin{vmatrix} g_{11} & g_{12} & g_{13} \\ g_{21} & g_{22} & g_{23} \\ g_{31} & g_{32} & g_{33} \end{vmatrix}$，$g_{ij}=\boldsymbol{a}_i\cdot\boldsymbol{a}_j$。

相似地，可以定义 $g^{ij}=\boldsymbol{a}^i\cdot\boldsymbol{a}^j$。

一般地，一个矢量 $\boldsymbol{F}$ 可由其协变分量 f_i 表示

$$\boldsymbol{F}=\sum_{i=1}^{3}f_i\boldsymbol{a}^i \tag{9.122}$$

或者，也可以由其逆变分量 f^i 表示

$$\boldsymbol{F}=\sum_{i=1}^{3}f^i\boldsymbol{a}_i \tag{9.123}$$

f_i 和 f^i 的关系为

$$f_j=\sum_{i=1}^{3}g_{ji}f^i \tag{9.124}$$

$$f^i=\sum_{j=1}^{3}g^{ij}f_j \tag{9.125}$$

分别定义两组和幺矢量、互易幺矢量相关的单位矢量

$$\boldsymbol{e}_i=\frac{\boldsymbol{a}_i}{\sqrt{g_{ii}}},\quad i=1,2,3 \tag{9.126}$$

和

$$\boldsymbol{e}^i=\frac{\boldsymbol{a}^i}{\sqrt{g^{ii}}},\quad i=1,2,3 \tag{9.127}$$

令 F^1，F^2 和 F^3 是 $\boldsymbol{F}$ 在基底系统 $\boldsymbol{e}_1$，$\boldsymbol{e}_2$，$\boldsymbol{e}_3$ 中的分量，则有

$$\boldsymbol{F}=F^1\boldsymbol{e}_1+F^2\boldsymbol{e}_2+F^3\boldsymbol{e}_3 \tag{9.128}$$

$\boldsymbol{F}$ 也可表示为

$$\boldsymbol{F}=F_1\boldsymbol{e}^1+F_2\boldsymbol{e}^2+F_3\boldsymbol{e}^3 \tag{9.129}$$

式中，F_1，F_2 和 F_3 在基底系统 $\boldsymbol{e}^1$，$\boldsymbol{e}^2$，$\boldsymbol{e}^3$ 中的分量。显然，$\boldsymbol{F}$ 的两组分量与 $\boldsymbol{F}$ 的协变分量和逆变分量、$\boldsymbol{F}$ 的两组分量之间分别满足

$$F^i=\sqrt{g_{ii}}f^i,\quad i=1,2,3 \tag{9.130}$$

$$F_i = \sqrt{g^{ii}} f_i, \quad i = 1, 2, 3 \tag{9.131}$$

$$F^i = \sum_{j=1}^{3} G^{ij} F_j, \quad i = 1, 2, 3 \tag{9.132}$$

$$F_i = \sum_{j=1}^{3} G_{ij} F^j, \quad i = 1, 2, 3 \tag{9.133}$$

式中，$G^{ij} = \sqrt{\dfrac{g_{ii}}{g^{jj}}} g^{ij}$ 和 $G_{ij} = \sqrt{\dfrac{g^{ii}}{g_{jj}}} g_{ij}$。

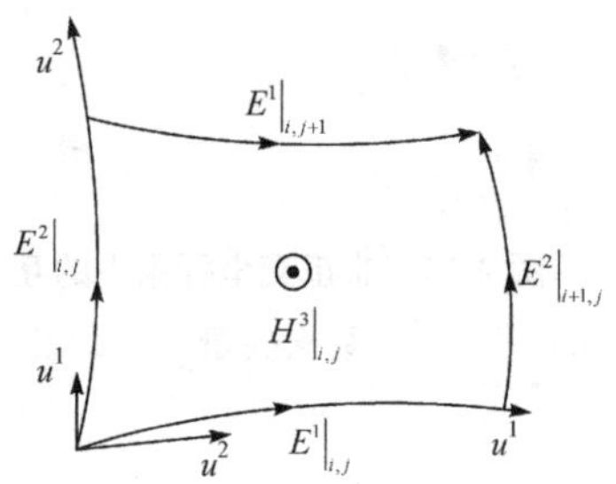

图 9-14 二维 TE^3 模的场分量分布示意图

在非正交坐标系中，二维 TE^3 模的场分量如图 9-14 所示。对二维麦克斯韦旋度方程 $\varepsilon \dfrac{\partial \boldsymbol{E}(\boldsymbol{r},t)}{\partial t} + \boldsymbol{J}(\boldsymbol{r},t) = \nabla \times \boldsymbol{H}(\boldsymbol{r},t)$，令 $\boldsymbol{E}(\boldsymbol{r}, t) = E^1(\boldsymbol{r}, t)\boldsymbol{e}_1 + E^2(\boldsymbol{r}, t)\boldsymbol{e}_2$，$\boldsymbol{H}(\boldsymbol{r}, t) = H_3(\boldsymbol{r}, t)\boldsymbol{e}^3$，有

$$\varepsilon \frac{\partial E^1(\boldsymbol{r},t)}{\partial t} + J^1(\boldsymbol{r},t) = \sqrt{\frac{g_{11}}{g}} \frac{\partial H_3(\boldsymbol{r},t)}{\partial u^2} \tag{9.134}$$

$$\varepsilon \frac{\partial E^2(\boldsymbol{r},t)}{\partial t} + J^2(\boldsymbol{r},t) = -\sqrt{\frac{g_{22}}{g}} \frac{\partial H_3(\boldsymbol{r},t)}{\partial u^1} \tag{9.135}$$

因为二维 TE^3 模中的 $H_3(=H^3)$ 垂直于 u_1、u_2 所在的平面，可得 $g^{33}=1$，故式(9.134)和式(9.135)的右边偏微分项中忽略了 $\sqrt{\dfrac{1}{g^{33}}}$ 项。

对旋度方程 $-\mu \dfrac{\partial \boldsymbol{H}(\boldsymbol{r},t)}{\partial t} = \nabla \times \boldsymbol{E}(\boldsymbol{r},t)$，令 $\boldsymbol{H}(\boldsymbol{r}, t) = H^3(\boldsymbol{r}, t)\boldsymbol{e}_3$，$\boldsymbol{E}(\boldsymbol{r}, t) = E_1(\boldsymbol{r}, t)\boldsymbol{e}^1 + E_2(\boldsymbol{r}, t)\boldsymbol{e}^2$，有

$$-\mu \frac{\partial H^3(\boldsymbol{r},t)}{\partial t} = \frac{1}{\sqrt{g}} \left[\frac{1}{\sqrt{g^{22}}} \frac{\partial E_2(\boldsymbol{r},t)}{\partial u^1} - \frac{1}{\sqrt{g^{11}}} \frac{\partial E_1(\boldsymbol{r},t)}{\partial u^2} \right] \tag{9.136}$$

如 9.2.1 节所介绍的过程，用加权 Laguerre 正交多项式作为全域基函数，代入到式(9.134)～式(9.136)，并采用 Galerkin 方法消去时间变量，可以得到

$$E_q^1\Big|_{i,j} = \frac{2\sqrt{g_{11}\big|_{i,j}}}{s\varepsilon_{i,j}\sqrt{g\big|_{i,j}}} \left(H_3^q\Big|_{i,j} - H_3^q\Big|_{i,j-1} \right) - 2 \sum_{k=0,q>0}^{q-1} E_k^1\Big|_{i,j} - \frac{2}{s\varepsilon_{i,j}} J_q^1\Big|_{i,j} \tag{9.137}$$

$$E_q^2\Big|_{i,j} = -\frac{2\sqrt{g_{22}\big|_{i,j}}}{s\varepsilon_{i,j}\sqrt{g\big|_{i,j}}} \left(H_3^q\Big|_{i,j} - H_3^q\Big|_{i-1,j} \right) - 2 \sum_{k=0,q>0}^{q-1} E_k^2\Big|_{i,j} - \frac{2}{s\varepsilon_{i,j}} J_q^2\Big|_{i,j} \tag{9.138}$$

$$H_3^q\Big|_{i,j} = -\frac{2}{s\mu_{i,j}\sqrt{g\big|_{i,j}}} \left[\left(\frac{E_2^q\big|_{i+1,j}}{\sqrt{g^{22}\big|_{i+1,j}}} - \frac{E_2^q\big|_{i,j}}{\sqrt{g^{22}\big|_{i,j}}} \right) - \left(\frac{E_1^q\big|_{i,j+1}}{\sqrt{g^{11}\big|_{i,j+1}}} - \frac{E_1^q\big|_{i,j}}{\sqrt{g^{11}\big|_{i,j}}} \right) \right] - 2 \sum_{k=0,q>0}^{q-1} H_3^k\Big|_{i,j} \tag{9.139}$$

式中

$$J_q^m\Big|_{i,j} = \int_0^{T_f} J^m(i,j,t)\varphi_q(st)\mathrm{d}(st), \quad m=1, 2 \tag{9.140}$$

利用式(9.132)，电场的一个逆变分量可由相应的电场协变分量表示[30]

$$E_q^1\Big|_{i,j}=G^{11}\Big|_{i,j}E_1^q\Big|_{i,j}+\frac{G^{12}\Big|_{i,j}}{4}\left(E_2^q\Big|_{i,j}+E_2^q\Big|_{i+1,j}+E_2^q\Big|_{i,j-1}+E_2^q\Big|_{i+1,j-1}\right) \tag{9.141}$$

$$E_q^2\Big|_{i,j}=G^{22}\Big|_{i,j}E_2^q\Big|_{i,j}+\frac{G^{12}\Big|_{i,j}}{4}\left(E_1^q\Big|_{i,j}+E_1^q\Big|_{i,j+1}+E_1^q\Big|_{i-1,j}+E_1^q\Big|_{i-1,j+1}\right) \tag{9.142}$$

将式(9.139)和式(9.141)代入到式(9.137)，可以消去磁场分量，得到下列的隐式关系

$$\begin{aligned}&C_1\Big|_{i,j}E_1^q\Big|_{i,j}+C_2\Big|_{i,j}E_2^q\Big|_{i,j}+C_3\Big|_{i,j}E_2^q\Big|_{i+1,j}+C_4\Big|_{i,j}E_2^q\Big|_{i,j-1}\\&+C_5\Big|_{i,j}E_2^q\Big|_{i+1,j-1}+C_6\Big|_{i,j}E_1^q\Big|_{i,j+1}+C_7\Big|_{i,j}E_1^q\Big|_{i,j-1}\\&=\frac{4\sqrt{g_{11}\Big|_{i,j}}}{s\varepsilon_{i,j}\sqrt{g\Big|_{i,j}}}\sum_{\substack{k=0,\\q>0}}^{q-1}\left(H_3^k\Big|_{i,j-1}-H_3^k\Big|_{i,j}\right)-2\sum_{\substack{k=0,\\q>0}}^{q-1}E_k^1\Big|_{i,j}-\frac{2}{s\varepsilon_{i,j}}J_q^1\Big|_{i,j}\end{aligned} \tag{9.143}$$

式中

$$C_1\Big|_{i,j}=G^{11}\Big|_{i,j}+\frac{4\sqrt{g_{11}\Big|_{i,j}}}{s^2\varepsilon_{i,j}\sqrt{g\Big|_{i,j}g^{11}\Big|_{i,j}}}\frac{\mu_{i,j}+\mu_{i,j-1}}{\mu_{i,j}\mu_{i,j-1}\sqrt{g\Big|_{i,j}}} \tag{9.144}$$

$$C_2\Big|_{i,j}=\frac{G^{12}\Big|_{i,j}}{4}-\frac{4\sqrt{g_{11}\Big|_{i,j}}}{s^2\mu_{i,j}^2g\Big|_{i,j}\sqrt{g^{22}\Big|_{i,j}}} \tag{9.145}$$

$$C_3\Big|_{i,j}=\frac{G^{12}\Big|_{i,j}}{4}-\frac{4\sqrt{g_{11}\Big|_{i,j}}}{s^2\mu_{i,j}\varepsilon_{i,j}g\Big|_{i,j}\sqrt{g^{22}\Big|_{i+1,j}}} \tag{9.146}$$

$$C_4\Big|_{i,j}=\frac{G^{12}\Big|_{i,j}}{4}+\frac{4\sqrt{g_{11}\Big|_{i,j}}}{s^2\mu_{i,j-1}\varepsilon_{i,j}\sqrt{g\Big|_{i,j}g\Big|_{i,j-1}}\sqrt{g^{22}\Big|_{i+1,j-1}}} \tag{9.147}$$

$$C_5\Big|_{i,j}=\frac{G^{12}\Big|_{i,j}}{4}-\frac{4\sqrt{g_{11}\Big|_{i,j}}}{s^2\mu_{i,j-1}\varepsilon_{i,j}\sqrt{g\Big|_{i,j}g\Big|_{i,j-1}}\sqrt{g^{22}\Big|_{i+1,j-1}}} \tag{9.148}$$

$$C_6\Big|_{i,j}=\frac{4\sqrt{g_{11}\Big|_{i,j}}}{s^2\mu_{i,j}\varepsilon_{i,j}g\Big|_{i,j}\sqrt{g^{11}\Big|_{i,j+1}}} \tag{9.149}$$

$$C_7\Big|_{i,j}=-\frac{4\sqrt{g_{11}\Big|_{i,j}}}{s^2\mu_{i,j-1}\varepsilon_{i,j}\sqrt{g\Big|_{i,j}g\Big|_{i,j-1}}\sqrt{g^{11}\Big|_{i,j-1}}} \tag{9.150}$$

再将式(9.139)和式(9.142)代入到式(9.138)，可以消去磁场分量，得到另一关于电场分量的隐式关系，这里就不再给出。这样，可以得到形如式(9.97)的矩阵方程，通过求解 0 阶电场，按阶步进计算出高阶项的值。

用二维非正交坐标系下的 Laguerre-FDTD 方法，首先计算一半径为 150mm 的无耗金属圆波导的截止频率。调制高斯脉冲作为电流激励源

$$J^2(t)=e^{-\left(\frac{t-T_c}{T_d}\right)^2}\sin\left[2\pi f_c(t-T_c)\right] \tag{9.151}$$

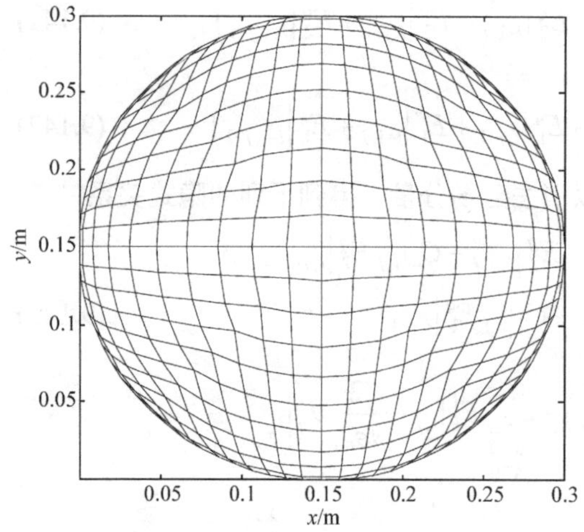

图 9-15　圆波导横截面的二维非正交网格

式中，$T_d=1/(2f_c)$，$T_c=3T_d$，$f_c=1$ GHz。并且选择 $T_f=20$ ns, $s=1.1165\times10^{10}$，按阶步进数 $N_L=173$。图 9-15 描述了圆波导二维横截面的非正交网格划分情况，整个计算空间的网格数为 20×20。

表 9-3 给出了圆波导头两个 TE 模的截止频率和计算时间的比较。可以看出，相同的网格数情况下，相对于阶梯近似 Laguerre-FDTD 法，非正交坐标的 Laguerre-FDTD 法的计算结果和解析解更为接近。本例的程序在 AMD Phenom 6 核 2.8GHz、8GB 内存的计算机上运行。

表 9-3　圆波导的计算结果比较

方法	TE_{11}		TE_{12}		CPU 时间/s
	频率/GHz	误差/%	频率/GHz	误差/%	
解析解	0.5863	—	0.9721	—	—
非正交坐标 Laguerre-FDTD	0.5838	−0.43	0.9593	−1.31	0.45
阶梯近似 Laguerre-FDTD	0.5779	−1.4	0.9287	−4.46	0.42

第二个例子计算圆柱介质柱加载的方波导的主模 TE_{10} 模的截止频率。波导的横截面结构如图 9-16 所示，其中加载介质柱的相对介电常数为 20，在圆柱区域附近采用非正交网格划分，而其他区域采用矩形网格划分。x 方向的电流激励源如式(9.151)所示，其中 f_c=10.5GHz。并且选择 $T_f=2$ ns，$s=8.2208\times10^{10}$，$N_L=399$。

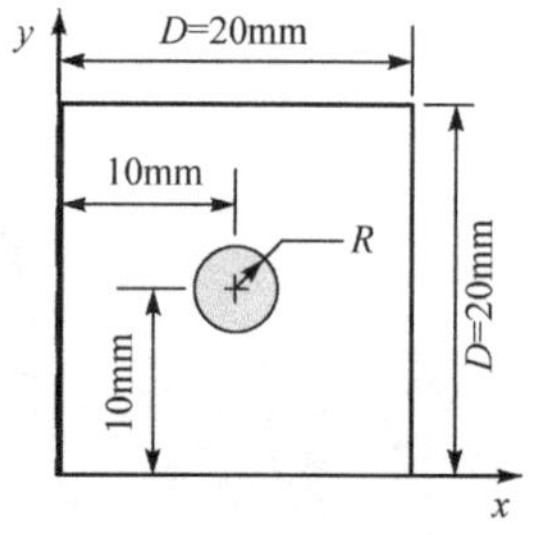

图 9-16　圆柱介质柱加载的方波导横截面结构

在不同的圆柱半径情况下，表 9-4 比较了非正交坐标 FDTD、阶梯近似 Laguerre- FDTD，非正交坐标的 Laguerre-FDTD 的计算结果。如果将非正交坐标 FDTD 法的计算结果作为标准，非正交坐标的 Laguerre-FDTD 法的计算效率高于非正交坐标 FDTD 法；同时，相同的网格数目划分的非正交坐标的 Laguerre-FDTD 法的计算精度高于阶梯近似 Laguerre-FDTD 法。

表 9-4　圆柱介质柱加载方波导的计算结果比较

R/D	方法	Δt/ps	网格尺寸	步进数目	CPU 时间/s	TE_{10}/GHz
0.06	非正交坐标 FDTD	0.066697	48×48	29986	89.8	7.454
	阶梯近似 Laguerre-FDTD	—		399	17.5	7.440
	非正交坐标 Laguerre-FDTD	—		399	18.0	7.452

续表

R/D		Δt/ps	网格尺寸	步进数目	CPU 时间/s	TE_{10}/GHz
0.09	非正交坐标 FDTD	0.16674	44×44	11995	28.5	7.410
	阶梯近似 Laguerre-FDTD	—		399	14.4	7.380
	非正交坐标 Laguerre-FDTD	—		399	14.7	7.400
0.12	非正交坐标 FDTD	0.12527	42×42	10795	24.8	7.352
	阶梯近似 Laguerre-FDTD	—		399	12.3	7.290
	非正交坐标 Laguerre-FDTD	—		399	12.7	7.346
0.15	非正交坐标 FDTD	0.2779	40×40	7197	15.1	7.226
	阶梯近似 Laguerre-FDTD	—		399	11.5	7.168
	非正交坐标 Laguerre-FDTD	—		399	12.0	7.238

9.2.5　色散介质中的 ADE-Laguerre-FDTD 法

采用时域算法模拟电磁波在色散媒质中的传播时，其色散特性对包含宽频带的瞬态电磁场有着重要的影响。本节讨论基于辅助差分方程技术的 Laguerre-FDTD 法的基本原理及其对广义色散媒质的模拟。

考虑无耗、色散媒质，麦克斯韦旋度方程为

$$\frac{\partial \boldsymbol{D}(\boldsymbol{r},t)}{\partial t}=\nabla\times\boldsymbol{H}(\boldsymbol{r},t)-\boldsymbol{J}(\boldsymbol{r},t) \tag{9.152}$$

$$\frac{\partial \boldsymbol{H}(\boldsymbol{r},t)}{\partial t}=-\frac{1}{\mu_0}\nabla\times\boldsymbol{E}(\boldsymbol{r},t) \tag{9.153}$$

色散媒质中的介电常数 ε 是频率的函数

$$\boldsymbol{D}(\omega)=\varepsilon_0\varepsilon_{\mathrm{r}}(\omega)\boldsymbol{E}(\omega) \tag{9.154}$$

式中，ω 为角频率。相对介电常数 $\varepsilon_{\mathrm{r}}(\omega)$可以写成以下的广义形式[31, 32]

$$\varepsilon_{\mathrm{r}}(\omega)=\varepsilon_\infty\left(1+\sum_{n=1}^{N}\frac{a_n}{b_n+\mathrm{j}\omega c_n-d_n\omega^2}\right) \tag{9.155}$$

式中，ε_∞为 $\omega\to\infty$时的相对介电常数，a_n、b_n、c_n和 d_n为已知常数。式(9.154)可写成

$$\boldsymbol{D}(\omega)=\varepsilon_0\varepsilon_\infty\boldsymbol{E}(\omega)+\varepsilon_0\varepsilon_\infty\sum_{n=1}^{N}\frac{a_n}{b_n+\mathrm{j}\omega c_n-d_n\omega^2}\boldsymbol{E}(\omega) \tag{9.156}$$

引入辅助差分变量 $\boldsymbol{S}$，令

$$\sum_{n=1}^{N}\boldsymbol{S}_n(\omega)=\sum_{n=1}^{N}\frac{a_n}{b_n+\mathrm{j}\omega c_n-d_n\omega^2}\boldsymbol{E}(\omega) \tag{9.157}$$

则

$$\boldsymbol{D}(\omega)=\varepsilon_0\varepsilon_\infty\boldsymbol{E}(\omega)+\varepsilon_0\varepsilon_\infty\sum_{n=1}^{N}\boldsymbol{S}_n(\omega) \tag{9.158}$$

将式(9.157)重写成

$$\sum_{n=1}^{N}\left(b_n+\mathrm{j}\omega c_n-d_n\omega^2\right)\boldsymbol{S}_n(\omega)=\sum_{n=1}^{N}a_n\boldsymbol{E}(\omega) \tag{9.159}$$

利用时域到频域的转换($\mathrm{j}\omega\to\partial/\partial t$)，式(9.158)和式(9.159)可以写成

$$\boldsymbol{D}(\boldsymbol{r},t)=\varepsilon_0\varepsilon_\infty\left(\boldsymbol{E}(\boldsymbol{r},t)+\sum_{n=1}^{N}\boldsymbol{S}_n(\boldsymbol{r},t)\right) \tag{9.160}$$

$$\sum_{n=1}^{N}\left(b_n+c_n\frac{\partial}{\partial t}+d_n\frac{\partial^2}{\partial t^2}\right)\boldsymbol{S}_n(\boldsymbol{r},t)=\sum_{n=1}^{N}a_n\boldsymbol{E}(\boldsymbol{r},t) \tag{9.161}$$

将式(9.160)代入到式(9.152)，得到

$$\frac{\partial\boldsymbol{E}(\boldsymbol{r},t)}{\partial t}+\sum_{n=1}^{N}\frac{\partial\boldsymbol{S}_n(\boldsymbol{r},t)}{\partial t}=\frac{1}{\varepsilon_0\varepsilon_\infty}\nabla\times\boldsymbol{H}(\boldsymbol{r},t)-\frac{1}{\varepsilon_0\varepsilon_\infty}\boldsymbol{J}(\boldsymbol{r},t) \tag{9.162}$$

用加权 Laguerre 正交多项式 $\varphi_p(st)$作为全域基函数，场分量和辅助差分变量可以展开为

$$\{\boldsymbol{E},\boldsymbol{H},\boldsymbol{S}(\boldsymbol{r},t)\}=\sum_{p=0}^{\infty}\{\boldsymbol{E}^p,\boldsymbol{H}^p,\boldsymbol{S}^p(\boldsymbol{r})\}\varphi_p(st) \tag{9.163}$$

式(9.163)代入到式(9.153)、式(9.161)和式(9.162)，对时间 t 的一阶和二阶偏微分的处理利用式(9.74)和式(9.100)，采用 Galerkin 方法分别在 3 个方程的两边同时乘以 $\varphi_q(st)$，并在区间 $t\in[0,\infty)$上对 t 进行积分，可以消去时间变量 t

$$\boldsymbol{E}^q(\boldsymbol{r})+\sum_{n=1}^{N}\boldsymbol{S}_n^q(\boldsymbol{r})=\frac{2}{s\varepsilon_0\varepsilon_\infty}\nabla\times\boldsymbol{H}^q(\boldsymbol{r})-\frac{2}{s\varepsilon_0\varepsilon_\infty}\boldsymbol{J}^q(\boldsymbol{r})-2\sum_{k=0,q>0}^{q-1}\boldsymbol{E}^k(\boldsymbol{r})-2\sum_{n=1}^{N}\sum_{k=0,q>0}^{q-1}\boldsymbol{S}_n^k(\boldsymbol{r}) \tag{9.164}$$

$$\sum_{n=1}^{N}\boldsymbol{S}_n^q(\boldsymbol{r})=\sum_{n=1}^{N}\frac{1}{b_n+0.5sc_n+0.25s^2d_n}\left(a_n\boldsymbol{E}^q(\boldsymbol{r})-c_ns\sum_{k=0,q>0}^{q-1}\boldsymbol{S}_n^k(\boldsymbol{r})-d_ns^2\sum_{k=0,q>0}^{q-1}(q-k)\boldsymbol{S}_n^k(\boldsymbol{r})\right) \tag{9.165}$$

$$\boldsymbol{H}^q(\boldsymbol{r})=-\frac{2}{s\mu_0}\nabla\times\boldsymbol{E}^q(\boldsymbol{r})-2\sum_{k=0,q>0}^{q-1}\boldsymbol{H}^k(\boldsymbol{r}) \tag{9.166}$$

式中，$\boldsymbol{J}^q(\boldsymbol{r})=\int_0^{T_f}\boldsymbol{J}(\boldsymbol{r},t)\varphi_q(st)\mathrm{d}(st)$。式(9.165)代入到式(9.164)，得到

$$\begin{aligned}&\left(1+\sum_{n=1}^{N}\frac{a_n}{b_n+0.5sc_n+0.25sd_n^2}\right)\boldsymbol{E}^q(\boldsymbol{r})\\&=\frac{2}{s\varepsilon_0\varepsilon_\infty}\nabla\times\boldsymbol{H}^q(\boldsymbol{r})-2\sum_{k=0,q>0}^{q-1}\boldsymbol{E}^k(\boldsymbol{r})-\frac{2}{s\varepsilon_0\varepsilon_\infty}\boldsymbol{J}^q(\boldsymbol{r})\\&\quad-\sum_{n=1}^{N}\left[\left(2-\frac{c_ns}{b_n+0.5sc_n+0.25s^2d_n}\right)\sum_{k=0,q>0}^{q-1}\boldsymbol{S}_n^k(\boldsymbol{r})\right]\\&\quad+\sum_{n=1}^{N}\left[\frac{d_ns^2}{b_n+0.5sc_n+0.25s^2d_n}\sum_{k=0,q>0}^{q-1}(q-k)\boldsymbol{S}_n^k(\boldsymbol{r})\right]\end{aligned} \tag{9.167}$$

通过式(9.165)求解辅助差分变量 $\boldsymbol{S}$ 后，电磁场的值就可由式(9.166)和式(9.167)组成的矩阵方程求解得到，整个过程按阶步进进行计算。

首先运用 ADE-Laguerre-FDTD 法计算一平面电磁波入射到等离子体的传输系数。电流激

励源采用如下的调制高斯脉冲

$$J_x(t) = \mathrm{e}^{-\left(\frac{t-T_c}{T_d}\right)^2} \sin\left[2\pi f_c (t - T_c)\right] \tag{9.168}$$

式中，$T_d = 1/(2f_c)$，$T_c = 3T_d$，$f_c = 10.5$ GHz。选择 $T_f = 2.2222$ ns，$s = 8.2208\times10^{10}$，按阶步进数 $N_L = 399$。平面波为 x 方向极化，并垂直入射到等离子体，如图 9-17 所示。

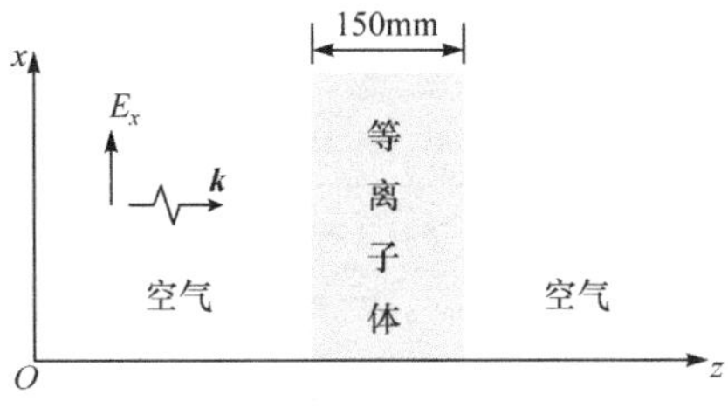

图 9-17　电磁波垂直入射到等离子体

由于 x 方向和 y 方向均为无限大，因此该问题采用一维 ADE-Laguerre-FDTD 法求解。已知等离子体的相当介电常数为

$$\varepsilon_r = 1 + \frac{\omega_p^2}{\mathrm{j}\omega v_c - \omega^2} \tag{9.169}$$

式中，$\omega_p = 1.7815\times10^{10}$ rad/s，$v_c = 2\times10^{10}$ rad/s。图 9-18 为 ADE-Laguerre-FDTD 法、ADE-FDTD 法和解析解[33]的传输系数计算结果，可以看出，三者吻合得很好。

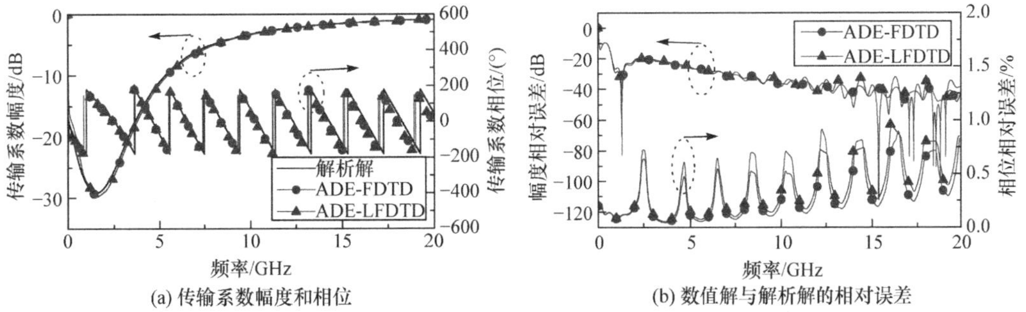

图 9-18　ADE-Laguerre-FDTD 法、ADE-FDTD 法和解析解的传输系数计算结果

第二个例子是计算图 9-19 所示的含两个色散介质圆柱的二维平行板传输线中的电磁波传输问题。介质圆柱曲边用网格的阶梯近似模拟，阶梯近似部分采用细网格划分，最小网格尺寸为 0.3×0.3mm^2，其余计算区域采用空间渐变网格划分。计算空间的截断边界采用 Mur 一阶吸收边界条件。

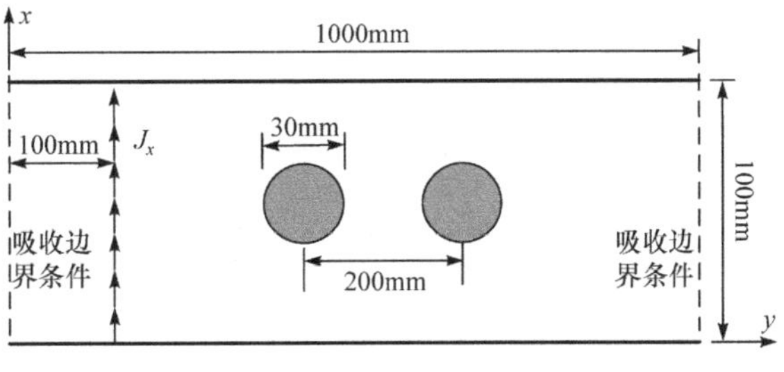

图 9-19　含色散介质圆柱的平行板传输线结构示意图

左侧的色散介质圆柱为 Debye 模型，其相对介电常数为

$$\varepsilon_r(\omega) = \varepsilon_\infty + \frac{\varepsilon_s - \varepsilon_\infty}{1 + \mathrm{j}\omega\tau} \tag{9.170}$$

式中，$\varepsilon_{\mathrm{s}}=4.301$，$\varepsilon_{\infty}=4.096$ 和 $\tau=2.294\times10^{-9}$。右侧的色散介质圆柱为 Lorentz 模型，其相对介电常数为

$$\varepsilon_{\mathrm{r}}(\omega)=\varepsilon_{\infty}+\left(\varepsilon_{\mathrm{s}}-\varepsilon_{\infty}\right)\frac{G_1\omega_1^2}{\omega_1^2+\mathrm{j}2\delta_1\omega-\omega^2} \tag{9.171}$$

式中，$\varepsilon_{\mathrm{s}}=3$，$\varepsilon_{\infty}=1.5$，$\omega_1=2\times10^9$ rad/s，$G_1=0.4$ 和 $\delta_1=0.1\omega_1$。激励源同样采用式(9.168)的调制高斯脉冲，其中 $f_{\mathrm{c}}=1$ GHz。选择 $T_{\mathrm{f}}=11.71$ ns，$s=1.1902\times10^{10}$，$N_{\mathrm{L}}=142$。对计算所得的时域电场进行 DFT 变换后，可以得到该传输线的 S 参数，如图 9-20 所示。可以看出，ADE-Laguerre-FDTD 法的计算所得的 S_{11} 和 S_{21} 与 ADE-FDTD 法的结果相当吻合。

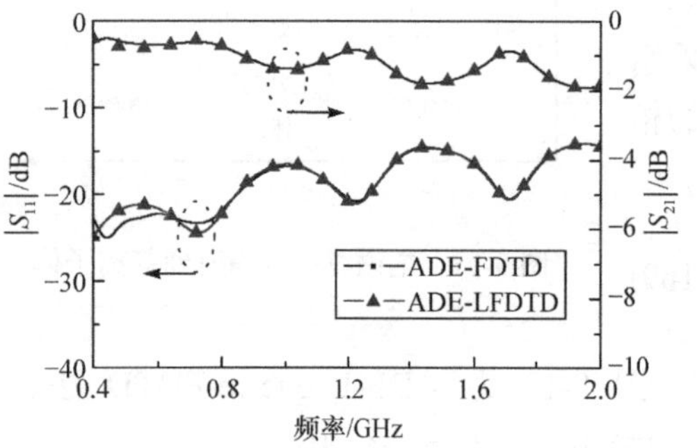

图 9-20　含色散介质圆柱的平行板传输线的 S 参数

表 9-5 比较了 ADE-Laguerre-FDTD 和 ADE-FDTD 法的计算参数和 CPU 时间。可以看出，ADE-Laguerre-FDTD 法计算效率高于 ADE-FDTD 法。本例的程序在 AMD Phenom 6 核 2.8GHz、8GB 内存的计算机上运行。

表 9-5　含色散介质圆柱的平行板传输线的算法比较

	Δt/ps	网格尺寸	步进数目	CPU 时间/s
ADE-FDTD	0.5	320×120	23420	710
ADE-Laguerre-FDTD	—	320×120	142	242

9.2.6　Laguerre-FDTD 法的色散分析和关键参数选取

Laguerre-FDTD 法的应用中，按阶步进数目 N 和时间比例因子 s 的大小对数值计算的精度、效率和稳定性有着重要的影响。一些学者对这两个参数的选取准则进行了研究，主要集中在用近似估算的方法或者数值优化的方法如何确定这两个关键参数[1, 34-37]。本节在对 Laguerre-FDTD 法进行色散分析的基础上，介绍确定按阶步进数目 N 和时间比例因子 s 的理论最佳值的方法。

考虑真空中传播的二维 TE_z 波，其麦克斯韦旋度方程的矩阵形式为

$$\frac{\partial}{\partial t}\begin{bmatrix}E_x\big|_{x,y,t}\\ E_y\big|_{x,y,t}\\ H_z\big|_{x,y,t}\end{bmatrix}=\begin{bmatrix}0 & 0 & \dfrac{1}{\varepsilon_0}\dfrac{\partial}{\partial y}\\ 0 & 0 & \dfrac{-1}{\varepsilon_0}\dfrac{\partial}{\partial x}\\ \dfrac{1}{\mu_0}\dfrac{\partial}{\partial y} & \dfrac{-1}{\mu_0}\dfrac{\partial}{\partial x} & 0\end{bmatrix}\begin{bmatrix}E_x\big|_{x,y,t}\\ E_y\big|_{x,y,t}\\ H_z\big|_{x,y,t}\end{bmatrix} \tag{9.172}$$

根据 9.2.1 节所介绍的，以加权 Laguerre 正交多项式对式(9.172)中的场量进行展开并施以 Galerkin 过程，可以得到

$$\begin{bmatrix} -\dfrac{1}{2} & 0 & \dfrac{1}{s\varepsilon_0}\dfrac{\partial}{\partial y} \\ 0 & -\dfrac{1}{2} & \dfrac{-1}{s\varepsilon_0}\dfrac{\partial}{\partial x} \\ \dfrac{1}{s\mu_0}\dfrac{\partial}{\partial y} & \dfrac{-1}{s\mu_0}\dfrac{\partial}{\partial x} & -\dfrac{1}{2} \end{bmatrix}\begin{bmatrix} E_x^p\big|_{x,y} \\ E_y^p\big|_{x,y} \\ H_z^p\big|_{x,y} \end{bmatrix} = \begin{bmatrix} \sum\limits_{k=0,p>0}^{p-1} E_x^k\big|_{x,y} \\ \sum\limits_{k=0,p>0}^{p-1} E_y^k\big|_{x,y} \\ \sum\limits_{k=0,p>0}^{p-1} H_z^k\big|_{x,y} \end{bmatrix} \tag{9.173}$$

式中，s 为时间比例因子；p 为 Laguerre 多项式的阶数。令单色平面波为

$$\begin{bmatrix} E_x^p\big|_{i,j} \\ E_y^p\big|_{i,j} \\ H_z^p\big|_{i,j} \end{bmatrix} = \begin{bmatrix} E_x^p \\ E_y^p \\ H_z^p \end{bmatrix} \mathrm{e}^{\mathrm{j}\left(ik_x\Delta x + jk_y\Delta y\right)} \tag{9.174}$$

式中，$k_x = k\cos\varphi$，$k_y = k\sin\varphi$ (k 为波数，φ 为波传播方向和 x 轴的夹角)。将式(9.174)代入到式(9.173)的空间离散形式中，可以得到

$$\boldsymbol{A}\boldsymbol{E}^p = \sum_{k=0,\,p>0}^{p-1} \boldsymbol{E}^k \tag{9.175}$$

式中，$\boldsymbol{A} = \begin{bmatrix} -\dfrac{1}{2} & 0 & \dfrac{1-\mathrm{e}^{-\mathrm{j}k_y\Delta y}}{s\varepsilon_0\Delta y} \\ 0 & -\dfrac{1}{2} & \dfrac{\mathrm{e}^{-\mathrm{j}k_x\Delta x}-1}{s\varepsilon_0\Delta x} \\ \dfrac{\mathrm{e}^{\mathrm{j}k_y\Delta y}-1}{s\mu_0\Delta y} & \dfrac{1-\mathrm{e}^{\mathrm{j}k_x\Delta x}}{s\mu_0\Delta x} & -\dfrac{1}{2} \end{bmatrix}$，$\boldsymbol{E}^p = \begin{bmatrix} E_x^p \\ E_y^p \\ H_z^p \end{bmatrix}$，$\boldsymbol{E}^k = \begin{bmatrix} E_x^k \\ E_y^k \\ H_z^k \end{bmatrix}$。

当 p=0, 1, …, N−1, N(N 是 Laguerre 多项式的最大阶数值)，式(9.175)可写成

$$\begin{bmatrix} \boldsymbol{A} & 0 & 0 & \cdots & 0 & 0 & 0 \\ -\boldsymbol{I} & \boldsymbol{A} & 0 & \cdots & 0 & 0 & 0 \\ -\boldsymbol{I} & -\boldsymbol{I} & \boldsymbol{A} & \cdots & 0 & 0 & 0 \\ \vdots & \vdots & & \ddots & \vdots & \vdots & \vdots \\ -\boldsymbol{I} & -\boldsymbol{I} & \cdots & & -\boldsymbol{I} & \boldsymbol{A} & 0 \\ -\boldsymbol{I} & -\boldsymbol{I} & \cdots & & -\boldsymbol{I} & -\boldsymbol{I} & -\boldsymbol{I} \end{bmatrix}\begin{bmatrix} \boldsymbol{E}^0 \\ \boldsymbol{E}^1 \\ \boldsymbol{E}^2 \\ \vdots \\ \boldsymbol{E}^{N-1} \\ \boldsymbol{E}^N \end{bmatrix} = 0 \tag{9.176}$$

式中，$\boldsymbol{I}$ 为 3×3 的单位矩阵。方程(9.176)有非零解的条件是其系数矩阵的行列式为零，即 $|\boldsymbol{A}|^{N+1} = 0$，可以得到

$$\frac{\sin^2\left(\dfrac{k_y\Delta y}{2}\right)}{\left(\dfrac{\Delta y}{2}\right)^2} + \frac{\sin^2\left(\dfrac{k_x\Delta x}{2}\right)}{\left(\dfrac{\Delta x}{2}\right)^2} = -\frac{s^2\varepsilon_0\mu_0}{4} \tag{9.177}$$

当式(9.177)中的 $\Delta x = \Delta y \to 0$ 时，可以得到时间比例因子 s 的理论值 s_0

$$s_0 = \left|\mathrm{Im}(s)\right| = \frac{2k}{\sqrt{\varepsilon_0 \mu_0}} = 4\pi f_0 \tag{9.178}$$

式中，f_0为工作频率。同时，从式(9.177)中可以看出，Laguerre-FDTD 法的色散不但和采样点密度有关，而且和时间比例因子大小有关。数值相速度误差 δ_r 可以写成

$$\begin{aligned}\delta_r &= \frac{\left|v_p - c\right|}{c} \\ &= \left|\frac{s}{s_0}\sqrt{\sin^2\varphi\frac{\sin^2(\pi\delta\sin\varphi)}{(\pi\delta\sin\varphi)^2} + \cos^2\varphi\frac{\sin^2(\pi\delta\cos\varphi)}{(\pi\delta\cos\varphi)^2}} - 1\right|\end{aligned} \tag{9.179}$$

式中，v_p是数值相速度；c 是真空中的光速；$\delta = \Delta x/\lambda_0 = \Delta y/\lambda_0$；$\lambda_0$是工作波长。

根据在区间 $\varphi\in[0°, 90°]$中给定的最大误差，图 9-21 给出了如何确定适当的 s 和 δ 的示意图。对图中内部区域内的任一点$\left(\delta,\left|s/s_0\right|\right)$，其相对误差 δ_r 小于 0.005；对外部区域的任一点$\left(\delta,\left|s/s_0\right|\right)$，其相对误差 δ_r 为 0.005～0.01。

从式(9.178)可知，工作频率 f_0(瞬态电磁场仿真中，f_0 选取为瞬态激励源对应的最高频率)决定时间比例因子 s 的值。根据文献[38]，s 和 Laguerre 多项式的最大零根的关系为

$$x_{\max}^{(N)} = s \cdot T_f \tag{9.180}$$

式中，$x_{\max}^{(N)}$ 是 Laguerre 多项式的最大零根；N 代表 Laguerre 多项式的最大阶数。

下面以一个一维的真空中的电磁波传播的仿真算例验证方法的有效性。最小方差误差(least-squares(L_2)error)的定义为[39]

$$L_2(t) = \sqrt{\frac{\sum_i\left(E_x(i,t) - E_{0x}(i,t)\right)^2}{i_{\max}}} \tag{9.181}$$

式中，$i_{\max}$ 为空间网格的最大数目；E_x 为沿 z 向传播的电场数值解；E_{0x} 为解析解。本例中的激励源采用式(9.168)所示的调制高斯脉冲，这里 $T_d = 1/(2f_c)$，$T_c = 3T_d$ 和 f_c = 10.5GHz。选取 T_f = 2ns，最高工作频率 $f_{\max} = 3f_c$。这样，由式(9.178)和式(9.180)，可以得到 $s = 3.9584\times10^{11}$ 和 N = 208。一维空间的离散采用均匀网格划分，总的仿真区间为 1000Δz ($i_{\max}$ = 1000)，其中 $\Delta z = 9.5238\times10^{-4}$m。

图 9-22 给出了不同 N 对应的 $L_2(t)$的仿真结果。可以看出，每一条 $L_2(t)$ 曲线在晚期都会发生波动现象。相比之下，理论解 N=208 对应的曲线波动产生的时间更晚、波动更小，即选取 N=208 对 Laguerre-FDTD 的计算精度和稳定性更有保障。

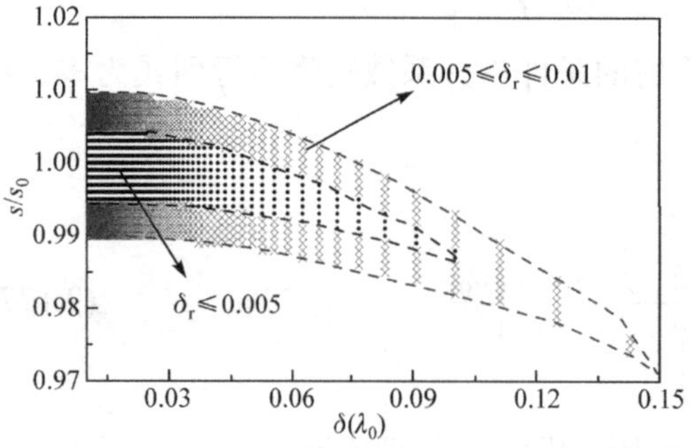

图 9-21 对给定的误差确定 s 和 δ 的区域

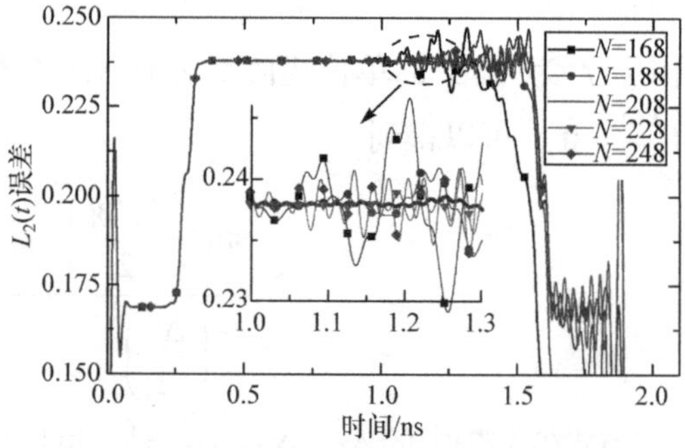

图 9-22 不同 N 对应的最小方差误差

9.2.7　区域分解 Laguerre-FDTD 法及在散射中的应用

2.2.5 节介绍了基于特征基函数的区域分解有限差分法的基本原理。本节讨论将该区域分解技术应用于 Laguerre-FDTD 方法，构建一种高效的区域分解 Laguerre-FDTD 方法。

将整个求解区域 D 分解为若干子域，如图 9-23 中所示的 D_1、D_2、D_3 和 D_4。子域之间的连接边界表示为 Γ_{1_2}、Γ_{1_4}、Γ_{2_3} 和 Γ_{3_4}。针对特定的电磁问题，不同的子域可以使用不同的网格划分，位于两个相邻子域的边界区域的网格与两个子域的耦合关系需要使用空间插值技术获得。这里，子区域边界面使用均匀网格与两个相邻子域互连。

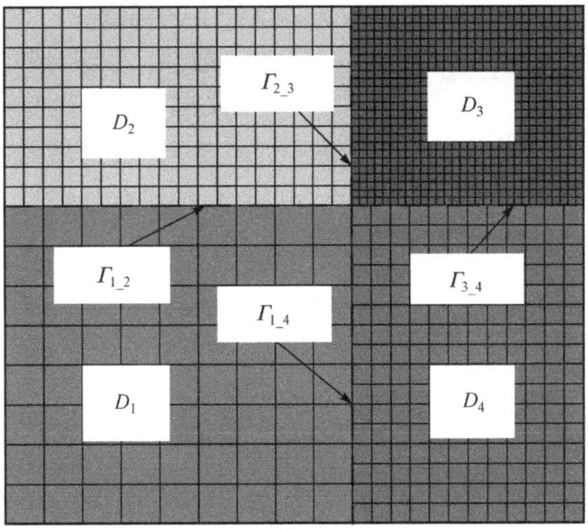

图 9-23　二维计算区域的四个子域划分

根据 Laguerre-FDTD 公式中未知量之间的关系式、边界条件上未知量之间的关系式，稀疏线性方程系统(9.97)可改写为如下形式

$$\begin{bmatrix} \boldsymbol{A}_{11} & 0 & 0 & 0 & \boldsymbol{A}_1 \\ 0 & \boldsymbol{A}_{22} & 0 & 0 & \boldsymbol{A}_2 \\ 0 & 0 & \boldsymbol{A}_{33} & 0 & \boldsymbol{A}_3 \\ 0 & 0 & 0 & \boldsymbol{A}_{44} & \boldsymbol{A}_4 \\ \boldsymbol{A}_1^{\mathrm{T}} & \boldsymbol{A}_2^{\mathrm{T}} & \boldsymbol{A}_3^{\mathrm{T}} & \boldsymbol{A}_4^{\mathrm{T}} & \boldsymbol{A}_\Gamma \end{bmatrix} \begin{bmatrix} \boldsymbol{x}_1 \\ \boldsymbol{x}_2 \\ \boldsymbol{x}_3 \\ \boldsymbol{x}_4 \\ \boldsymbol{x}_\Gamma \end{bmatrix} = \begin{bmatrix} \boldsymbol{f}_1 \\ \boldsymbol{f}_2 \\ \boldsymbol{f}_3 \\ \boldsymbol{f}_4 \\ \boldsymbol{f}_\Gamma \end{bmatrix} \tag{9.182}$$

式中，$\Gamma = \Gamma_{1\_2} \cup \Gamma_{1\_4} \cup \Gamma_{2\_3} \cup \Gamma_{3\_4}$。

由式(9.182)可知，通过引入区域分解技术实现了对原系数矩阵 $\boldsymbol{A}$ 的分块，分块后的子矩阵与区域分解得到的子区域对应。子矩阵 $\boldsymbol{A}_{11}$、$\boldsymbol{A}_{22}$、$\boldsymbol{A}_{33}$ 和 $\boldsymbol{A}_{44}$ 分别对应子区域 D_1、D_2、D_3 和 D_4 的内部未知量之间的耦合；$\boldsymbol{A}_1$、$\boldsymbol{A}_2$、$\boldsymbol{A}_3$ 和 $\boldsymbol{A}_4$ 分别对应子区域 D_1、D_2、D_3 和 D_4 的未知量与边界区域 Γ 的耦合；$\boldsymbol{A}_\Gamma$ 表示边界区域 Γ 的未知量之间的耦合。向量 $\boldsymbol{x}_1$、$\boldsymbol{x}_2$、$\boldsymbol{x}_3$ 和 $\boldsymbol{x}_4$ 为对应子区域 D_1、D_2、D_3 和 D_4 的未知量；向量 $\boldsymbol{x}_\Gamma$ 为边界区域未知量。对于二阶中心差分，任何两个子域之间没有直接互耦，因此，彼此相互独立。区域之间的互耦关系是由边界区域建立的。

在此，以子矩阵 $\boldsymbol{A}_\Gamma$ 为例描述分块后的子矩阵是如何填充的。如图 9-24 所示，假设电场 $E_z^q\big|_{i-1,j}$、$E_z^q\big|_{i,j}$ 和 $E_z^q\big|_{i+1,j}$ 位于边界区域 Γ_{1_2}，电场 $E_z^q\big|_{i,j-1}$ 和 $E_z^q\big|_{i,j+1}$ 分别位于子区域 D_1 和 D_2。

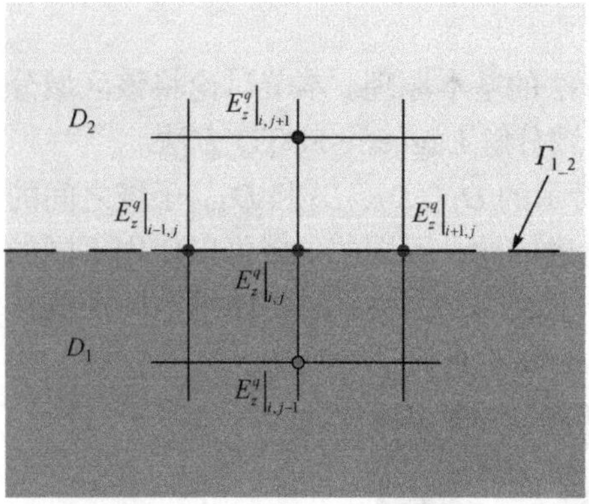

图 9-24　子区域 D_1 和 D_2 的边界区域 $\varGamma_{1\_2}$ 网格

在 TM$_z$ 模的 Laguerre-FDTD 格式中，电场 $E_z^q\big|_{i,j}$ 与邻近的四个网格点电场相关。子矩阵 $\boldsymbol{A}_\varGamma$ 中电场 $E_z^q\big|_{i,j}$ 对应的行的非零元素可通过填充位于边界区域上三个场量对应的系数得到。场量 $E_z^q\big|_{i,j-1}$ 和 $E_z^q\big|_{i,j+1}$ 的系数分别填充矩阵 $\boldsymbol{A}_1$ 和 $\boldsymbol{A}_2$ 相应的位置。按照这样的方式，子矩阵 $\boldsymbol{A}_\varGamma$ 中其他的非零元素得到填充，包括位于吸收边界条件上的场量。

不失一般性，假设计算区域 D 被分解为 N 个子区域。令 $n_i\ (i=1, 2,\cdots, N)$表示每一个子区域中未知量的数目，n_s 表示边界区域的未知量数目。这样，矩阵 $\boldsymbol{A}_{ii}$、$\boldsymbol{A}_i$ 和 $\boldsymbol{A}_\varGamma$ 的阶数分别为 $n_i \times n_i$ 、 $n_i \times n_s$ 和 $n_s \times n_s$ 。矩阵方程(9.182)的 Schur 补系统[40, 41]表示如下

$$\boldsymbol{C}\boldsymbol{x}_\varGamma = \boldsymbol{g} \tag{9.183}$$

式中

$$\boldsymbol{C} = \boldsymbol{A}_\varGamma - \sum_{i=1}^{N} \boldsymbol{A}_i^{\mathrm{T}} \boldsymbol{A}_{ii}^{-1} \boldsymbol{A}_i \tag{9.184}$$

$$\boldsymbol{g} = \boldsymbol{f}_\varGamma - \sum_{i=1}^{N} \boldsymbol{A}_i^{\mathrm{T}} \boldsymbol{A}_{ii}^{-1} \boldsymbol{f}_i \tag{9.185}$$

一旦 Schur 补系统(9.183)得到求解，矩阵方程(9.182)的求解便可通过求解子区域对应的矩阵方程完成

$$\boldsymbol{A}_{ii}\boldsymbol{x}_i = \boldsymbol{g}_i \tag{9.186}$$

式中

$$\boldsymbol{g}_i = \boldsymbol{f}_i - \boldsymbol{A}_i \boldsymbol{x}_\varGamma,\ i = 1, 2, \cdots, N \tag{9.187}$$

显然，子区域的各矩阵方程(9.186)相互独立，它们的求解可通过并行方式实现。区域分解 Laguerre-FDTD 法是一种天然的并行数值方法。

与传统 FDTD 方法类似，Laguerre-FDTD 法分析目标电磁散射特性同样建立在总场/散射场体系上。总场/散射场连接边界将计算区域划分为总场区域和散射场区域，入射波源在总场/散射场连接边界处加入，目标与入射波的电磁互作用发生在总场区，在截断边界(吸收边界)附近只有散射场。在此，给出二维 TM$_z$ 波 Laguerre-FDTD 总场/散射场公式。

图 9-25 给出了二维 TM$_z$ 波的总场/散射场分区示意图。这里，以总场/散射场连接边界的右边界 $i = I_a$ 为例，假设场分量 $E_z^q\big|_{I_a+1,j}$ 和 $H_y^q\big|_{I_a,j}$ 位于散射场区，其他场量位于总场区。根据文献[3]中的推导，总场/散射场的更新公式表示如下。

$$-\bar{C}_x^E\Big|_{i,j} C_x^H\Big|_{i-\frac{1}{2},j} E_z^q\Big|_{i-1,j}^T - \bar{C}_y^E\Big|_{i,j} C_y^H\Big|_{i,j-\frac{1}{2}} E_z^q\Big|_{i,j-1}^T$$

$$+\left[1+\bar{C}_x^E\Big|_{i,j}\left(C_x^H\Big|_{i+\frac{1}{2},j}+C_x^H\Big|_{i-\frac{1}{2},j}\right)+\bar{C}_y^E\Big|_{i,j}\left(C_y^H\Big|_{i,j+\frac{1}{2}}+C_y^H\Big|_{i,j-\frac{1}{2}}\right)\right]E_z^q\Big|_{i,j}^T$$

$$
\begin{aligned}
&-\bar{C}_y^E\Big|_{i,j} C_y^H\Big|_{i,j+\frac{1}{2}} E_z^q\Big|_{i,j+1}^T - \bar{C}_x^E\Big|_{i,j} C_x^H\Big|_{i+\frac{1}{2},j} E_z^q\Big|_{i+1,j}^S \\
&= \bar{C}_x^E\Big|_{i,j} C_x^H\Big|_{i+\frac{1}{2},j} E_z^q\Big|_{i+1,j}^{\text{inc}} - 2\sum_{k=0,q>0}^{q-1} E_z^k\Big|_{i,j}^T - 2\bar{C}_x^E\Big|_{i,j} \sum_{k=0,q>0}^{q-1}\left(H_y^k\Big|_{i+\frac{1}{2},j}^S - H_y^k\Big|_{i-\frac{1}{2},j}^T \right) \\
&\quad + 2\bar{C}_y^E\Big|_{i,j} \sum_{k=0,q>0}^{q-1}\left(H_x^k\Big|_{i,j+\frac{1}{2}}^T - H_x^k\Big|_{i,j-\frac{1}{2}}^T \right)
\end{aligned}
\tag{9.188}
$$

式中

$$
E_z^q\Big|_{i+1,j}^{\text{inc}} = \int_0^{T_{\text{f}}} E_z\Big|_{i+1,j}^{\text{inc}}(t)\varphi_q(st)\mathrm{d}(st) \tag{9.189}
$$

其中，T_{f}是时域积分上限。其余三个总场/散射场连接边界的场更新方程可类似得到。

第一个算例是计算一个二维方金属柱的散射特性。图 9-26 给出了方金属柱横截面和其仿真区域的区域分解示意图，整个仿真区域分解为 5 个子区域，散射体置于子区域 D_5。方金属柱尺寸为 $2\lambda \times 2\lambda$，整个计算区域大小为 $4\lambda \times 4\lambda$。空间区域使用均匀网格划分，x 和 y 方向网格尺寸 Δx 和 Δy 均为 $\lambda/40$。观察点 P_1 和 P_2 分别位于散射场区和总场区。使用 Mur 二阶吸收边界截断散射场区。

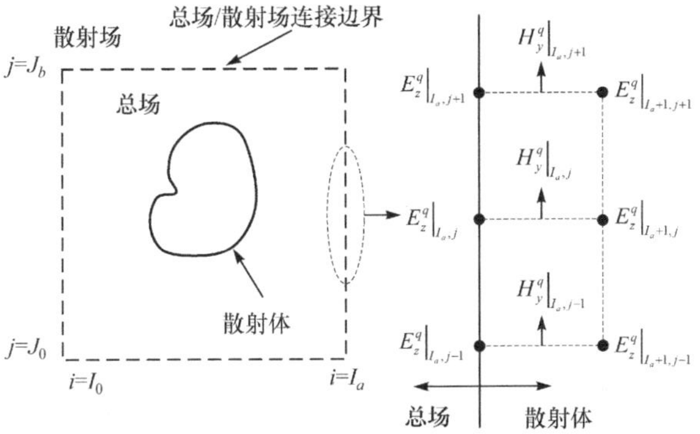

图 9-25　二维 TM_z 波总场区和散射场区的划分

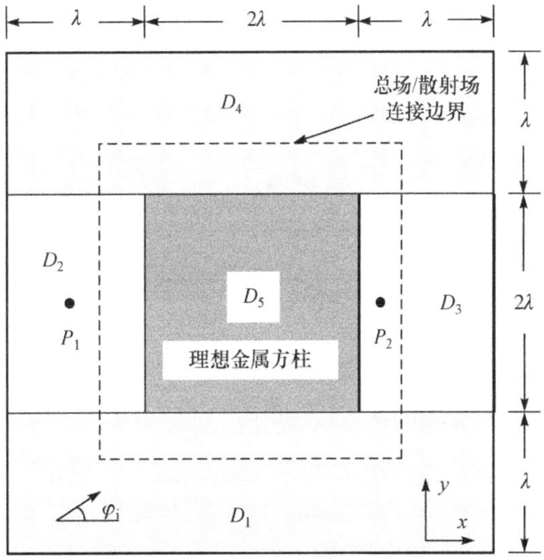

图 9-26　二维方金属柱仿真的 5 个子区域划分示意图

平面波入射角为 $\varphi_{\text{i}} = 0^{\circ}$，激励采用式(9.168)所示的调制高斯脉冲，这里 $T_{\text{d}} = 1/(2f_{\text{c}})$，$T_{\text{c}} = 3T_{\text{d}}$ 和 f_{c} = 1GHz。选取区域分解 Laguerre-FDTD 和传统 Laguerre-FDTD 法的步进阶数 N 为 150，时间比例因子 $s = 6.07\times10^{10}$。图 9-27 给出了区域分解 Laguerre-FDTD、Laguerre-FDTD 和 FDTD 法仿真得到的电场 E_z 在两个观察点的时域信号，图 9-28 给出了三种方法的金属方柱双站 RCS 的仿真结果。可以看出，三种方法仿真的总场区和散射场区给定空间观察点 E_z 的时域信号、双站 RCS 吻合得很好，验证了区域分解 Laguerre-FDTD 法的有效性。

第二个算例为如图 9-29 所示的带细小直缝的双导体薄板，计算其对电磁脉冲的响应。导体板的厚度和长度分别为 $b = 10\mu\text{m}$ 和 $a = 10\text{mm}$，直缝的宽度为 $d = 1\text{mm}$。仿真区域划分为 150×150 个矩形网格，在直缝附近使用渐变非均匀网格划分，最小网格尺寸为 5μm×0.5mm。观察点 P_1

和 P_1 分别位于散射场区和总场区，使用 Mur 二阶吸收边界条件对散射场区作数值截断。

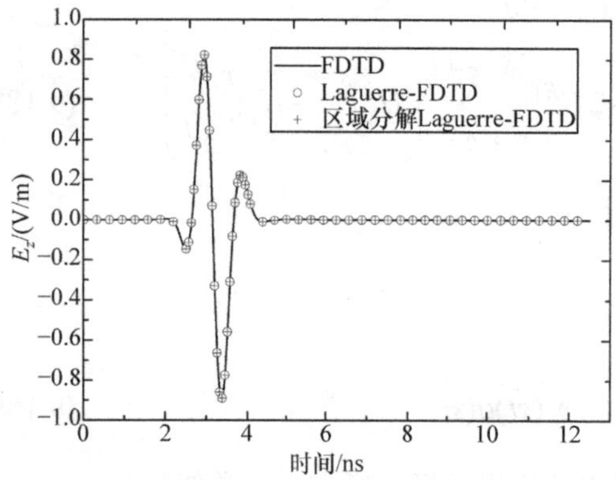

(a) 观察点 P_1

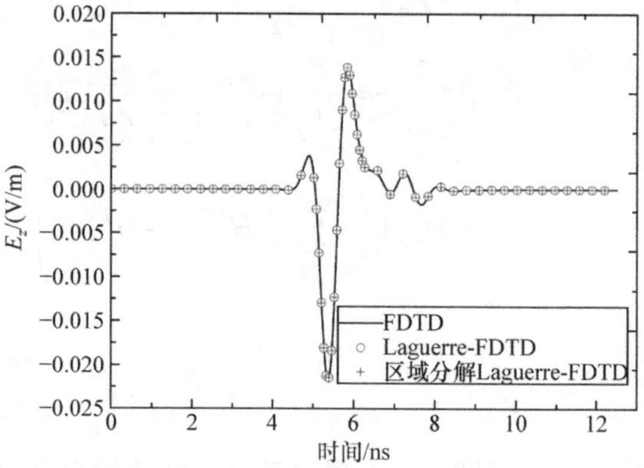

(b) 观察点 P_2

图 9-27　观察点电场 z 向分量的时域响应

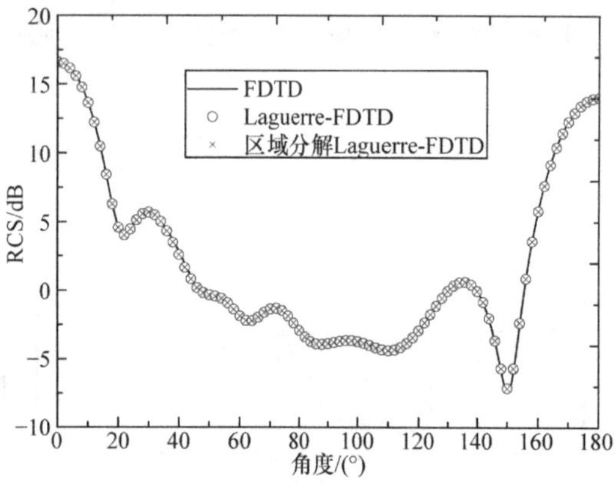

图 9-28　金属方柱双站 RCS

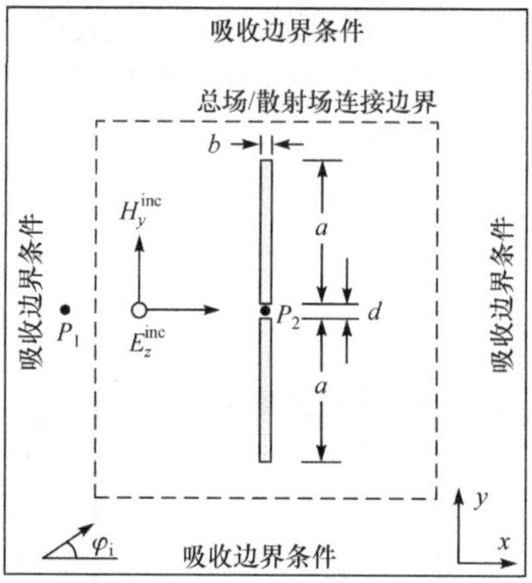

图 9-29　带直缝的导体薄板仿真示意图

空间的仿真区域分别划分为 5 个子区域和 9 个子区域，如图 9-30(a)和(b)所示。其中，L_{x1}

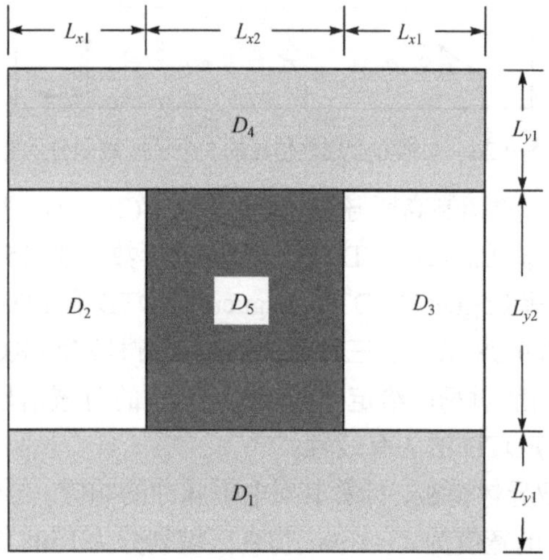

(a) 5个子区域

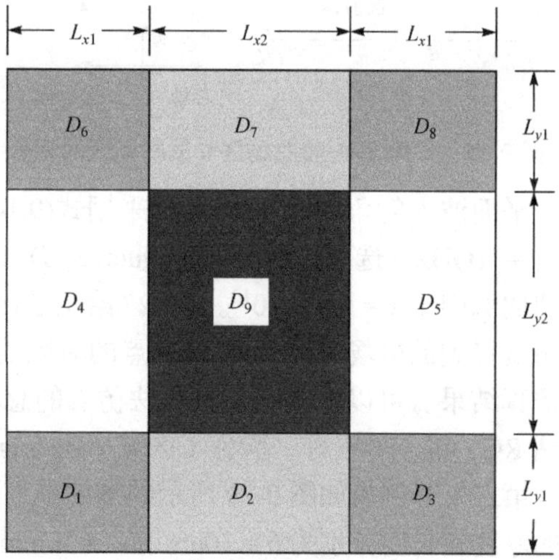

(b) 9个子区域

图 9-30　带直缝的导体薄板子区域划分

和 L_{x2} 的值分别为 18.5mm 和 29.9mm，L_{y1} 和 L_{y2} 的值分别为 18.5mm 和 38mm。

入射平面波 $\varphi_i = 0°$，激励形与式(9.168)相同，其中，f_c=15 GHz。图 9-31 给出了观察点 P_1 和 P_2 的 E_z 时域响应，图 9-32 给出了带直缝导体薄板的 TM_z 波双站 RCS。

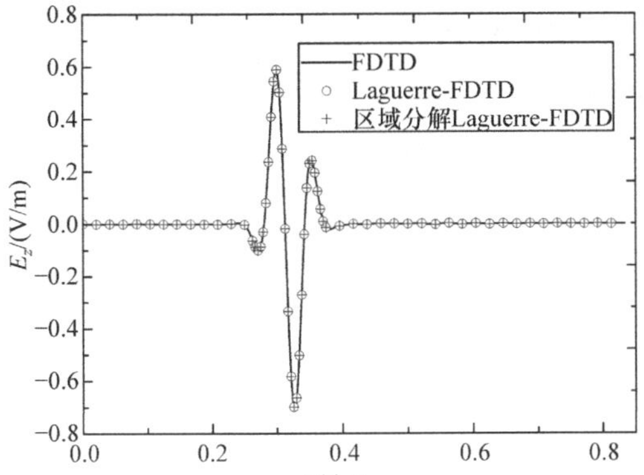

(a) 观察点 P_1

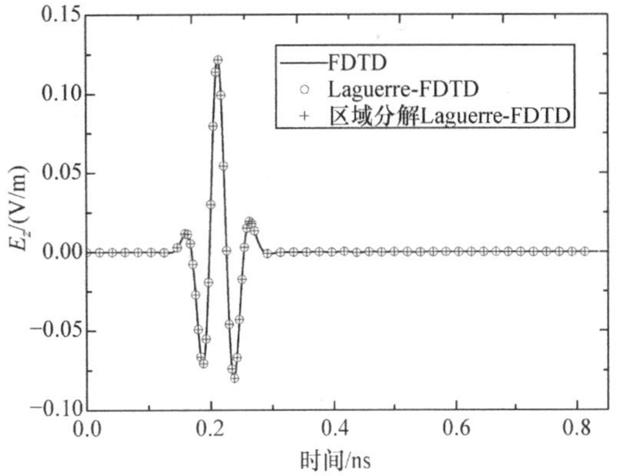

(b) 观察点 P_2

图 9-31　观察点电场 z 向分量的时域响应

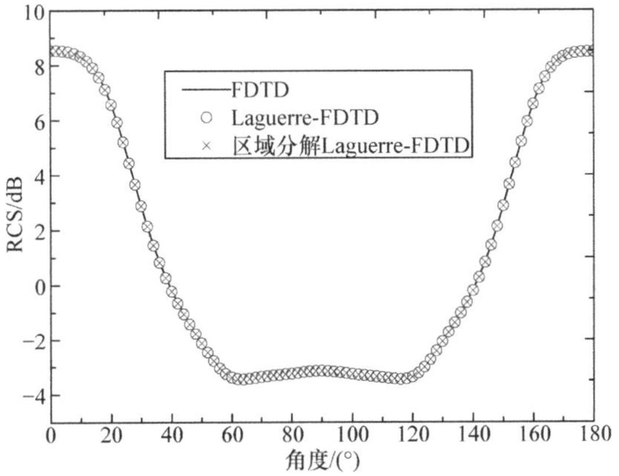

图 9-32　带直缝导体薄板的双站 RCS

由图 9-31 和图 9-32 可以看出，区域分解 Laguerre-FDTD 法、Laguerre-FDTD 法和 FDTD 法的仿真结果吻合得很好。表 9-6 给出了三种方法仿真的参数和计算花费。由于 Laguerre-FDTD 法所需的步进阶数远小于传统 FDTD 方法所需的时间步进数目，在保证相同计算精度条件下，前者仿真所需的 CPU 时间减少到后者的 20%。而且，区域分解 Laguerre-FDTD 法比 Laguerre-FDTD 法更高效。区域分解技术的 5 个子区域划分和 9 个子区域划分所需 CPU 时间分别减少到 Laguerre-FDTD 法的 70%和 50%左右。这里，本例区域分解得到的子线性方程组使用串行计算完成，计算程序在 AMD Athlon II 4 核 3.0GHz、4GB 内存的计算机上运行。

表 9-6　三种方法计算带直缝导体薄板的参数和计算花费比较

方法	Δt/ps	步进数目	CPU 时间/s	内存/MB
FDTD 法	0.0833	10000	202.1	0.9
Laguerre-FDTD 法	—	151	40.4	29.5
区域分解 Laguerre-FDTD 法(5 个子区域)	—	151	28.7	30.2
区域分解 Laguerre-FDTD 法(9 个子区域)	—	151	19.9	29.0

9.2.8 基于节点变量的区域分解 Laguerre-FDTD 方法

不同于基于棱边变量的子区域划分方式，基于节点变量的子区域划分产生的全局 Schur 补系统可由所有子区域的局部 Schur 补矩阵和子区域之间的耦合矩阵直接组成。

在二维 TE_z 波情况下，电场位于网格的棱边，磁场位于网格的中心。为了便于依据节点变量划分子区域，这里首先给出隐式磁场的 Laguerre-FDTD 公式。在均匀矩形网格中，用中心差分将微分方程离散成差分方程，再将电场表达式同时代入磁场表达式中，整理得到磁场的隐式求解方程，如下所示

$$
\begin{aligned}
&-\overline{C}_x^H\Big|_{i+\frac{1}{2},j+\frac{1}{2}}\overline{C}_x^E\Big|_{i,j+\frac{1}{2}}H_z^q\Big|_{i-\frac{1}{2},j+\frac{1}{2}}-\overline{C}_y^H\Big|_{i+\frac{1}{2},j+\frac{1}{2}}\overline{C}_y^E\Big|_{i+\frac{1}{2},j}H_z^q\Big|_{i+\frac{1}{2},j-\frac{1}{2}}\\
&+\left[1+\overline{C}_x^H\Big|_{i+\frac{1}{2},j+\frac{1}{2}}\left(\overline{C}_x^E\Big|_{i+1,j+\frac{1}{2}}+\overline{C}_x^E\Big|_{i,j+\frac{1}{2}}\right)+\overline{C}_y^H\Big|_{i+\frac{1}{2},j+\frac{1}{2}}\left(\overline{C}_y^E\Big|_{i+\frac{1}{2},j+1}+\overline{C}_y^E\Big|_{i+\frac{1}{2},j}\right)\right]H_z^q\Big|_{i+\frac{1}{2},j+\frac{1}{2}}\\
&-\overline{C}_x^H\Big|_{i+\frac{1}{2},j+\frac{1}{2}}\overline{C}_x^E\Big|_{i+1,j+\frac{1}{2}}H_z^q\Big|_{i+\frac{3}{2},j+\frac{1}{2}}-\overline{C}_y^H\Big|_{i+\frac{1}{2},j+\frac{1}{2}}\overline{C}_y^E\Big|_{i+\frac{1}{2},j+1}H_z^q\Big|_{i+\frac{1}{2},j+\frac{3}{2}}\\
&=\frac{2}{s\varepsilon}\overline{C}_x^H\Big|_{i+\frac{1}{2},j+\frac{1}{2}}\left(J_y^q\Big|_{i+1,j+\frac{1}{2}}-J_y^q\Big|_{i,j+\frac{1}{2}}\right)+2\overline{C}_x^H\Big|_{i+\frac{1}{2},j+\frac{1}{2}}\sum_{k=0}^{q-1}\left(E_y^k\Big|_{i+1,j+\frac{1}{2}}-E_y^k\Big|_{i,j+\frac{1}{2}}\right)-2\sum_{k=0}^{q-1}H_z^k\Big|_{i+\frac{1}{2},j+\frac{1}{2}}\\
&\quad-\frac{2}{s\varepsilon}\overline{C}_y^H\Big|_{i+\frac{1}{2},j+\frac{1}{2}}\left(J_x^q\Big|_{i+\frac{1}{2},j+1}-J_x^q\Big|_{i+\frac{1}{2},j}\right)-2\overline{C}_y^H\Big|_{i+\frac{1}{2},j+\frac{1}{2}}\sum_{k=0}^{q-1}\left(E_x^k\Big|_{i+\frac{1}{2},j+1}-E_x^k\Big|_{i+\frac{1}{2},j}\right)
\end{aligned}
\tag{9.190}
$$

式中，每个磁场与其周围的 4 个磁场相互耦合，构成一个每一行至多只含有 5 个非零元素的稀疏线性方程组。将式(9.190)写成如下的矩阵形式

$$
\boldsymbol{A}\boldsymbol{H}^q=\boldsymbol{b}^{q-1},\qquad q=0,1,2,\cdots \tag{9.191}
$$

式中，$\boldsymbol{A}$ 为系数矩阵；$\boldsymbol{H}^q$ 为待求的场分量；$\boldsymbol{b}^{q-1}$ 为低阶已知场分量的和。

基于节点变量的区域分解技术[42]，首先以均匀的正方形 Yee 网格离散整个计算区域，再将计算区域划分成 3 个子区域，如图 9-33(a)所示。

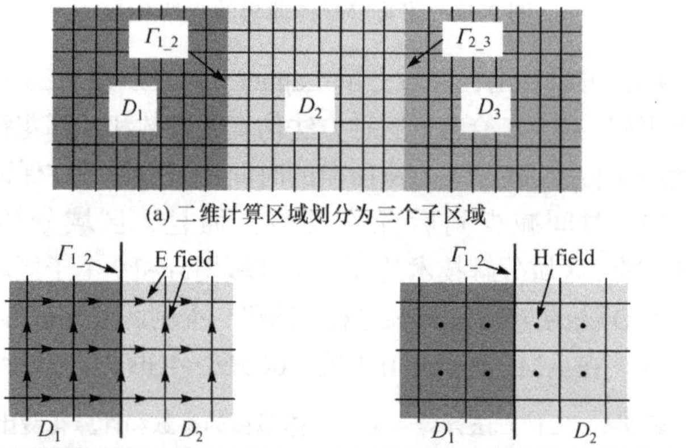

(a) 二维计算区域划分为三个子区域

(b) 基于棱边变量的子区域划分方式　(c) 基于棱边变量的子区域划分方式

图 9-33　区域分解示意图

划分子区域后，对矩阵系统的元素重新排序，依次排列所有完全属于子区域内部的矩阵元素，再将所有位于分界面上的矩阵元素放在最后面，即可得到基于节点变量划分子区域的 Schur 补系统。依据图 9-33(c)，方程(9.191)可以重新写成如下的矩阵形式

$$\begin{pmatrix} \boldsymbol{A}_1 & \boldsymbol{A}_{12} & \boldsymbol{A}_{13} \\ \boldsymbol{A}_{21} & \boldsymbol{A}_2 & \boldsymbol{A}_{23} \\ \boldsymbol{A}_{31} & \boldsymbol{A}_{32} & \boldsymbol{A}_3 \end{pmatrix} \begin{pmatrix} \boldsymbol{H}_{z1} \\ \boldsymbol{H}_{z2} \\ \boldsymbol{H}_{z3} \end{pmatrix} = \begin{pmatrix} \boldsymbol{b}_1 \\ \boldsymbol{b}_2 \\ \boldsymbol{b}_3 \end{pmatrix} \tag{9.192}$$

式中，对于任一子区域的待求未知量 $\boldsymbol{H}_{zi}$ $(i=1, 2, 3)$，都包含两部分：完全位于子区域 i 内部的未知量 $\boldsymbol{H}_{zi,\text{ interior}}$ 和位于子区域 i 分界面的未知量 $\boldsymbol{H}_{zi,\text{ interface}}$，因此待求未知量的形式为 $\boldsymbol{H}_{zi}=(\boldsymbol{H}_{zi,\text{ interior}}, \boldsymbol{H}_{zi,\text{ interface}})^{\mathrm{T}}$；相对应地，对于任一子区域的常数项 $\boldsymbol{b}_i$ 也包含两部分：对应于 $\boldsymbol{H}_{zi,\text{ interior}}$ 的常数项 $\boldsymbol{f}_i$ 和对应于 $\boldsymbol{H}_{zi,\text{ interface}}$ 的常数项 $\boldsymbol{g}_i$，因此其形式为 $\boldsymbol{b}_i=(\boldsymbol{f}_i, \boldsymbol{g}_i)^{\mathrm{T}}$。

任一 $\boldsymbol{A}_i$ 代表子区域 i 内部的相互耦合矩阵，其构成形式为

$$\boldsymbol{A}_i = \begin{pmatrix} \boldsymbol{B}_i & \boldsymbol{M}_i \\ \boldsymbol{F}_i & \boldsymbol{C}_i \end{pmatrix} \tag{9.193}$$

式中，子矩阵 $\boldsymbol{B}_i$ 代表子区域 i 中完全属于内部的场分量之间的耦合；$\boldsymbol{M}_i$ 代表子区域 i 中完全属于内部的场与位于分界面的场分量之间的耦合；$\boldsymbol{F}_i$ 代表子区域 i 中位于分界面的场分量与完全属于内部的场分量之间的耦合；$\boldsymbol{C}_i$ 代表子区域 i 中位于分界面的场分量之间的耦合。任一 $\boldsymbol{A}_{ij}$ $(j=1, 2, 3)$ 代表子区域 i 与子区域 j 之间的相互耦合矩阵，对于均匀网格中的中心差分格式，任意两个分别完全属于不同子区域内部的场分量之间必然没有直接的耦合关系，因此其构成形式为

$$\boldsymbol{A}_{ij} = \begin{pmatrix} \boldsymbol{0} & \boldsymbol{0} \\ \boldsymbol{0} & \boldsymbol{M}_{ij} \end{pmatrix} \tag{9.194}$$

式中，$\boldsymbol{M}_{ij}$ 代表子区域 i 与子区域 j 之间的耦合。只有当子区域 j 与子区域 i 有相互耦合关系时，$\boldsymbol{M}_{ij}$ 中才会有非零元素。

为组建 Schur 补系统并得到子区域分界面上的未知量，假设整个计算区域被划分成 N 个子区域。不失一般性，以子区域 i $(i=1, 2, \cdots, N)$ 为例，将子矩阵系统(9.192)展开，得到如下结果

$$\boldsymbol{A}_i \boldsymbol{H}_{zi} + \sum_{j=1, j\neq i}^{N} \boldsymbol{A}_{ij} \boldsymbol{H}_{zj} = \boldsymbol{b}_i \tag{9.195}$$

将子矩阵(9.193)和式(9.194)同时代入方程(9.195)并整理，得到

$$\begin{cases} \boldsymbol{B}_i \boldsymbol{H}_{zi,\text{interior}} + \boldsymbol{M}_i \boldsymbol{H}_{zi,\text{interface}} = \boldsymbol{f}_i \\ \boldsymbol{F}_i \boldsymbol{H}_{zi,\text{interior}} + \boldsymbol{C}_i \boldsymbol{H}_{zi,\text{interface}} + \displaystyle\sum_{j=1, j\neq i}^{N} \boldsymbol{M}_{ij} \boldsymbol{H}_{zj,\text{interface}} = \boldsymbol{g}_i \end{cases} \tag{9.196}$$

式中，$\mathbf{M}_{ij}\boldsymbol{H}_{zj,\text{ interface}}$ 项是子区域 j 中位于分界面上的场分量与子区域 i 内的所有场分量的耦合。在式(9.196)中消去子区域内部的场分量 $\boldsymbol{H}_{zj,\text{ interior}}$ 项，得到只包含位于分界面的场分量的方程

$$\boldsymbol{S}_i \boldsymbol{H}_{zi,\text{interface}} + \sum_{j=1, j\neq i}^{N} \boldsymbol{M}_{ij} \boldsymbol{H}_{zj,\text{interface}} = \boldsymbol{g}_i - \boldsymbol{F}_i \boldsymbol{B}_i^{-1} \boldsymbol{f}_i \tag{9.197}$$

式中

$$\boldsymbol{S}_i = \boldsymbol{C}_i - \boldsymbol{F}_i \boldsymbol{B}_i^{-1} \boldsymbol{M}_i \tag{9.198}$$

为子区域 i 的局部 Schur 补系统。

对于任意一个子区域 i，局部 Schur 补系统(9.197)会生成一个只包含位于分界面的场分量 $\boldsymbol{H}_{zj,\text{ interface}}$ $(j=1, 2, \cdots, N)$ 的方程组。因此，整个计算区域的全局 Schur 补系统可由局部 Schur 补系统与各个子区域之间的耦合子矩阵直接组成，如下所示

$$
\boldsymbol{S}=\begin{pmatrix} \boldsymbol{S}_1 & \boldsymbol{M}_{12} & \boldsymbol{M}_{13} & \cdots & \boldsymbol{M}_{1N} \\ \boldsymbol{M}_{21} & \boldsymbol{S}_2 & \boldsymbol{M}_{23} & \cdots & \boldsymbol{M}_{2N} \\ \boldsymbol{M}_{31} & \boldsymbol{M}_{32} & \boldsymbol{S}_3 & \cdots & \boldsymbol{M}_{3N} \\ \vdots & \vdots & \vdots & \ddots & \vdots \\ \boldsymbol{M}_{N1} & \boldsymbol{M}_{N2} & \boldsymbol{M}_{N3} & \cdots & \boldsymbol{S}_N \end{pmatrix} \tag{9.199}
$$

求解 Schur 补系统(9.197)和式(9.199)从而得到位于分界面的全部场分量之后，从方程组(9.196)中可以得到如下位于子区域内部场分量的局部矩阵系统

$$
\boldsymbol{B}_i \boldsymbol{H}_{zi,\text{interior}} = \boldsymbol{f}_i - \boldsymbol{M}_i \boldsymbol{H}_{zi,\text{interface}}, \quad i=1,2,\cdots,N \tag{9.200}
$$

各个子区域之间互不耦合，因此方程(9.200)可独立、并行求解。

这里用基于节点变量的区域分解 Laguerre-FDTD 仿真了一个二维电磁带隙结构，如图 9-34 所示，每个金属挡板的宽度为 2μm。整个计算区域以边长为 0.1μm 的正方形网格均匀离散，

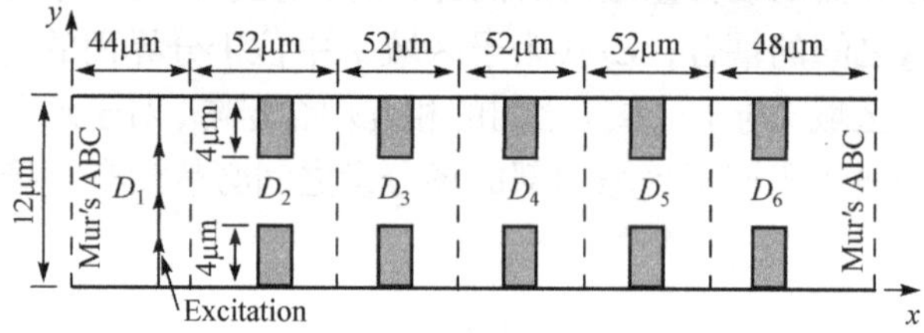

图 9-34　二维电磁带隙结构仿真示意图

并划分成 6 个子区域。边界条件的设定：左右为 Mur 一阶吸收边界，上下为 PEC 边界。激励源是高斯脉冲，计算的频段为 5～10THz。区域分解 Laguerre-FDTD 的时间尺度因子为 $s = 2.5133\times10^{14}$，最大步进阶数为 498 阶。

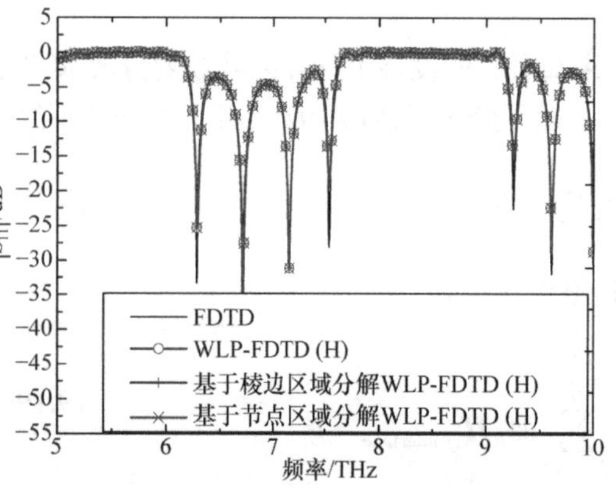

图 9-35　不同方法计算得到的 S_{11} 参数

图 9-35 给出了不同方法计算得到的 S_{11} 参数，本节所用方法的计算结果与传统磁场隐式的 Laguerre-FDTD、基于棱边变量的区域分解 Laguerre-FDTD 以及 FDTD 的结果都吻合得很好。表 9-7 比较了几种方法的计算时间和内存花费情况，表明基于节点变量的区域分解 Laguerre-FDTD 在保持高精度的同时减少了计算机资源的耗费。

表 9-7　四种方法计算电磁带隙结构的参数和计算花费比较

方法	Δt/fs	步进数目	CPU 时间/m	内存/MB
FDTD 法	0.167	50 000	80.95	14.06
Laguerre-FDTD 法	—	498	15.09	85.94
基于棱边区域分解 Laguerre －FDTD 法	—	498	12.30	83.21
基于节点区域分解 Laguerre －FDTD 法	—	498	12.21	79.42

参考文献

[1] Chung Y S, Sarkar T K, Jung B H, et al. An unconditionally stable scheme for the finite-difference time-domain method. IEEE Trans. Microw. Theory Tech., 2003, 51(3): 697-704

[2] Shao W, Wang B Z, Yu Z J. Space-domain finite-difference and time-domain moment method for electromagnetic simulation. IEEE Trans. Electromagn. Compat., 2006, 48(1): 10-18

[3] Ding P P, Wang G, Lin H, et al. Unconditionally stable FDTD formulation with UPML-ABC. IEEE Microw. Wirel. Compon. Lett., 2006, 16(4): 161-163

[4] Yi Y, Chen B, Chen H L, et al. TF/SF Boundary and PML–ABC for an Unconditionally Stable FDTD Method. IEEE Microw. Wirel. Compon. Lett., 2007, 17(2): 91-93

[5] Duan Y T, Chen B, Fang D G, et al. Efficient implementation for 3-D Laguerre-based finite-difference time-domain method. IEEE Trans. Microw. Theory Tech., 2011, 59(1): 56-64

[6] Chen Z, Luo S. Generalization of the finite-difference-based time-domain methods using the method of moments. IEEE Trans. Antennas Propag., 2006, 54(7): 2515-2524

[7] Chung Y S, Sarkar T K, Llorento-Romano S, et al. Finite element time domain method using Laguerre polynomials. Microwave Symposium Digest, IEEE MTT-S International, Philadelphia, 2006: 981-984

[8] Chung Y S, Sarkar T K, Jung B H, et al. Solution of time domain electric field Integralequation using the Laguerre polynomials. IEEE Trans. Antennas Propag., 2004, 52(9): 2319-2328

[9] Alighanbari A, Sarris C D. An unconditionally stable Laguerre-based S-MRTD time-domain scheme. IEEE Antennas Wirel. Propag. Lett., 2006, 5(1): 69-72

[10] Shao W, Wang B Z, Liu X F. Second-order absorbing boundary conditions for marching-on-in-order scheme. IEEE Microw. Wirel. Compon. Lett., 2006, 16(5): 308-310

[11] Shao W, Wang B Z, Wang X H, et al. Efficient compact 2-D time-domain method with weighted laguerre polynomials. IEEE Trans. Electromagn. Compat., 2006, 48(3): 442-448

[12] Shao W, Li J L. An efficient Laguerre-FDTD algorithm for exact parameter extraction of lossy transmission lines. App. Comput. Electromagn. Soc. J., 2012, 27(3): 223-228

[13] Shao W, Wang B Z, Li H. Modeling curved surfaces using locally conformal order-marching time-domain method. Int. J. Infrared Milli. Waves., 2007, 28(11): 1033-1038

[14] Shao W, Wang B Z. Order-marching time-domain method in cylindrical coordinate system for eigenvalue problems. J. Electromag. Wave Appl., 2007, 21(14): 2025-2031

[15] Shao W, Wang B Z, Huang T Z. A memory-reduced 2-D order-marching time-domain method for waveguide studies. J. Electromagn. Wave Appl., 2008, 22: 2523-2531

[16] He G Q, Shao W, Wang X H, et al. An efficient domain decomposition Laguerre-FDTD method for two-dimensional scattering problems. IEEE Trans. Antennas Propag. 2013, 61(5): 2639-2645

[17] Wei X K, Shao W, Shi S B, et al. An efficient 2-D WLP-FDTD method utilizing vertex-based domain decomposition scheme. IEEE Microw. Wirel. Compon. Lett., 2015, 25(12) : 769-771

[18] Chen W J, Shao W, Wang B Z. ADE-Laguerre-FDTD method for wave propagation in general dispersive materials. IEEE Microw. Wirel. Compon. Lett., 2013, 23(5): 228-230

[19] Chen W J, Shao W, Chen H, et al. Nearly PML for ADE-WLP-FDTD modeling in two-dimensional dispersive media. IEEE Microw. Wirel. Compon. Lett., 2014, 24(2): 75-77

[20] Chen W J, Shao W, Li J L, et al. A two-dimensional nonorthogonal WLP-FDTD method for eigenvalue problems. IEEE Microw. Wirel. Compon. Lett., 2013, 23(10): 515-517

[21] Chen W J, Shao W, Li J L, et al. Numerical dispersion analysis and key parameter selection in Laguerre-FDTD method. IEEE Microw. Wirel. Compon. Lett., 2013, 23(12): 629-631

[22] Wei X K, Shao W, Shi S B, et al. An optimized higher order PML in domain decomposition WLP-FDTD method for time reversal analysis. IEEE Trans. Antennas Propag., 2016, 64(10) : 4374-4383

[23] Wei X K, Shao W, Ou H, et al. An efficient higher-order PML in WLP-FDTD method for time reversed wave simulation. J. Comput. Phy., 2016, 321(9): 1206-1216

[24] Wei X K, Shao W, Ou H, et al. Efficient WLP-FDTD with complex frequency-shifted PML for super-resolution analysis. IEEE Antennas Wirel. Propag. Lett., 2017, 16: 1007-1010

[25] Zhang S J, Jin J M. Computation of special functions. New York: John Wiley & Sons, Inc, 1996

[26] Gradshteyn I S, Ryzhik I M. Table of Integrals, Series, and Products. New York: Academic, 1980

[27] Mur G. Absorbing boundary conditions for the finite-difference approximation of the time-domain electromagnetic field equations. IEEE Trans. Electromagn. Compat., 1981, 23(4): 377-382

[28] Alam M S, Koshiba M, Hirayama K, et al. Analysis of lossy planar transmission lines by using a vector finite element method. IEEE Trans. Microw. Theory Tech., 1995, 43(10): 2466-2471

[29] Stratton J A. Electromagnetic Theory. New York: McGraw-Hill, 1941

[30] Holland R. Finite-difference solution of Maxwell's equations in generalized nonorthogonal coordinates. IEEE Trans. Nucl. Sci., 1983, 30: 4589-4591

[31] Gandhi O P, Gao B Q, Chen J Y. A frequency-dependent finite-difference time-domain formulation for general dispersive media. IEEE Trans. Microw. Theory Tech., 1993, 41(4): 658-665

[32] Aksoy S. An alternative algorithm for both narrowband and wideband lorentzian dispersive materials modeling in the finite-difference time-domain method. IEEE Trans. Microw. Theory Tech., 2007, 55(4): 703-708

[33] Cerri G, Moglie F, Montesi R, et al. FDTD solution of the Maxwell–Boltzmann systemfor electromagnetic wave propagation in a plasma. IEEE Trans. Antennas Propag., 2008, 56(8): 2584-2588

[34] Srinivasan K, Yadav P, Engin E, et al. Choosing the right number of basis functions in multiscale transient simulation using Laguerre polynomials. Electr. Perform. Electron. Packag., 2007, 5: 291-294.

[35] Ha M, Srinivasan K, Swaminathan M. Transient chip-package cosimulation of multiscale structures using the Laguerre-FDTD scheme. IEEE Trans. Adv. Packag., 2009, 32(4): 816-830

[36] Ha M, Swaminathan M. Minimizing the number of basis functions in chip-package co-simulation using Laguerre-FDTD. Proc. IEEE Int. Symp. Electromagn. Compat., 2011, 2: 905-909

[37] Mei Z, Zhang Y, Zhao X, et al. Choice of the scaling factor in a marching-on-in-degree time domain technique based on the associated Laguerre functions. IEEE Trans. Antennas Propag., 2012, 60(9): 4463-4467

[38] Shen J. Stable and efficient spectral methods in unbounded domains using Laguerre functions. SIAM J. Numer. Anal., 2000, 38(4): 1113-1133

[39] Zygiridis T T, Tsiboukis T D. Low-dispersion algorithms based on the higher order (2, 4) FDTD method. IEEE Trans. Microw. Theory Tech., 2004, 52(4): 1321-1327

[40] Phillips T N. Preconditioned iterative methods for elliptic problems on decomposed domains. Int. J. Comp. Mathem., 1992, 44: 5-18

[41] Lu Y, Shen C Y. A domain decomposition finite-difference method for parallel numerical implementation of time-dependent Maxwell's equations. IEEE Trans. Antennas and Propagat., 1997, 45(3): 556-562

[42] Saad Y. Iterative Methods for Sparse Linear Systmes. 2nd ed. Philadelphia: Society for Industrial and Applied Mathematics, 2003

第 10 章 积 分 方 程

10.1 积分方程和格林函数

10.1.1 积分方程的推导

考虑空间一个有源区域，媒质各向同性且均匀，电场和磁场满足的频域麦克斯韦方程为

$$\nabla \times \boldsymbol{E} = -\mathrm{j}\omega\mu \boldsymbol{H} - \boldsymbol{M} \tag{10.1}$$

$$\nabla \times \boldsymbol{H} = \mathrm{j}\omega\varepsilon \boldsymbol{E} + \boldsymbol{J} \tag{10.2}$$

$$\nabla \cdot \boldsymbol{D} = q_{\mathrm{e}} \tag{10.3}$$

$$\nabla \cdot \boldsymbol{B} = q_{\mathrm{m}} \tag{10.4}$$

式中，$\boldsymbol{D} = \varepsilon \boldsymbol{E}$，$\boldsymbol{B} = \mu \boldsymbol{H}$；这里省略了时谐因子 $\mathrm{e}^{\mathrm{j}\omega t}$。

只考虑电流源和电荷的存在，式(10.1)两边分别取旋度，并代入式(10.2)，得

$$\nabla \times \nabla \times \boldsymbol{E} - \omega^2 \mu\varepsilon \boldsymbol{E} = -\mathrm{j}\omega\mu \boldsymbol{J} \tag{10.5}$$

利用矢量恒等式$\nabla \times \nabla \times \boldsymbol{A} = \nabla(\nabla \cdot \boldsymbol{A}) - \nabla^2 \boldsymbol{A}$，式(10.5)可写成

$$\nabla(\nabla \cdot \boldsymbol{E}) - \nabla^2 \boldsymbol{E} - k^2 \boldsymbol{E} = -\mathrm{j}\omega\mu \boldsymbol{J} \tag{10.6}$$

式中，波数$k = \omega\sqrt{\mu\varepsilon}$。

由式(10.3)，有$\nabla(\nabla \cdot \boldsymbol{E}) = \nabla q_e / \varepsilon$，代入式(10.6)得

$$\nabla^2 \boldsymbol{E} + k^2 \boldsymbol{E} = \mathrm{j}\omega\mu \boldsymbol{J} + \frac{\nabla q_{\mathrm{e}}}{\varepsilon} \tag{10.7}$$

再根据电流连续性定理

$$\nabla \cdot \boldsymbol{J} = -\mathrm{j}\omega q_{\mathrm{e}} \tag{10.8}$$

得到关于电场的矢量亥姆霍兹方程

$$\nabla^2 \boldsymbol{E} + k^2 \boldsymbol{E} = \mathrm{j}\omega\mu \boldsymbol{J} - \frac{\nabla(\nabla \cdot \boldsymbol{J})}{\mathrm{j}\omega\varepsilon} \tag{10.9}$$

当已知电流源 $\boldsymbol{J}$ 求解电场 $\boldsymbol{E}$ 时，不易直接求解方程(10.9)。但可以设想：① $\boldsymbol{J}$ 是点源的叠加；② 如果点源的解已知，原问题的解就是在一定空间范围内对点源的响应进行积分。引入格林(Green)函数 G，其满足标量亥姆霍兹方程

$$\nabla^2 G(\boldsymbol{r}, \boldsymbol{r}') + k^2 G(\boldsymbol{r}, \boldsymbol{r}') = -\delta(\boldsymbol{r}, \boldsymbol{r}') \tag{10.10}$$

式中，$\boldsymbol{r}$ 是场点坐标，$\boldsymbol{r}'$ 是源点坐标，δ 是 Dirac 函数。方程(10.10)表示$G(\boldsymbol{r}, \boldsymbol{r}')$是点源产生的场。如果$G(\boldsymbol{r}, \boldsymbol{r}')$已知，则可以得到的电场积分方程为

$$\boldsymbol{E}(\boldsymbol{r}) = -\mathrm{j}\omega\mu \int_V G(\boldsymbol{r}, \boldsymbol{r}') \left[\boldsymbol{J}(\boldsymbol{r}') + \frac{1}{k^2} \nabla' \nabla' \cdot \boldsymbol{J}(\boldsymbol{r}') \right] \mathrm{d}\boldsymbol{r}' \tag{10.11}$$

从关于磁场的矢量亥姆霍兹方程出发，也可求得磁场积分方程为

$$\boldsymbol{H}(\boldsymbol{r})=-\mathrm{j}\omega\varepsilon\int_V G(\boldsymbol{r},\boldsymbol{r}')\left[\boldsymbol{M}(\boldsymbol{r}')+\frac{1}{k^2}\nabla'\nabla'\cdot\boldsymbol{M}(\boldsymbol{r}')\right]\mathrm{d}\boldsymbol{r}' \tag{10.12}$$

从式(10.11)和式(10.12)可以看出，求解电场、磁场前，还需要确定格林函数$G(\boldsymbol{r},\boldsymbol{r}')$。

10.1.2 三维格林函数

三维球坐标系(r, φ, θ)下，点源产生的场为球对称，与坐标φ和θ无关，因此

$$\nabla^2 G=\frac{1}{r^2}\frac{\mathrm{d}}{\mathrm{d}r}\left(r^2\frac{\mathrm{d}G}{\mathrm{d}r}\right)=\frac{\mathrm{d}^2 G}{\mathrm{d}r^2}+\frac{2}{r}\frac{\mathrm{d}G}{\mathrm{d}r} \tag{10.13}$$

又因为

$$\frac{1}{r}\frac{\mathrm{d}^2(rG)}{\mathrm{d}r^2}=\frac{1}{r}\frac{\mathrm{d}}{\mathrm{d}r}\left(r\frac{\mathrm{d}G}{\mathrm{d}r}+G\right)=\frac{\mathrm{d}^2 G}{\mathrm{d}r^2}+\frac{2}{r}\frac{\mathrm{d}G}{\mathrm{d}r} \tag{10.14}$$

所以得到

$$\nabla^2 G=\frac{1}{r}\frac{\mathrm{d}^2(rG)}{\mathrm{d}r^2} \tag{10.15}$$

将式(10.15)代入到方程(10.10)的齐次形式中，得到

$$\frac{\mathrm{d}^2(rG)}{\mathrm{d}r^2}+k^2(rG)=0 \tag{10.16}$$

该齐次方程的通解可以表示为

$$G=A\frac{\mathrm{e}^{-\mathrm{j}kr}}{r}+B\frac{\mathrm{e}^{\mathrm{j}kr}}{r} \tag{10.17}$$

式中，$r=|\boldsymbol{r}-\boldsymbol{r}'|$。$\mathrm{e}^{\mathrm{j}kr}$项表示内向波，在此不符合设定的物理模型。因此，格林函数表示为

$$G=A\frac{\mathrm{e}^{-\mathrm{j}kr}}{r} \tag{10.18}$$

利用边界条件，可以确定格林函数的唯一解，即求得A。首先，当r趋于无穷大时，$G(\boldsymbol{r},\boldsymbol{r}')$趋于零，与点源产生场的物理模型相符；其次，当$r$趋于零时，$G(\boldsymbol{r},\boldsymbol{r}')$也要成立，下面根据该边界条件来确定$A$。作一个包围点源的小球面，其半径为$a$，如图10-1所示。将式(10.18)代入方程(10.10)，并且两边取体积分，得

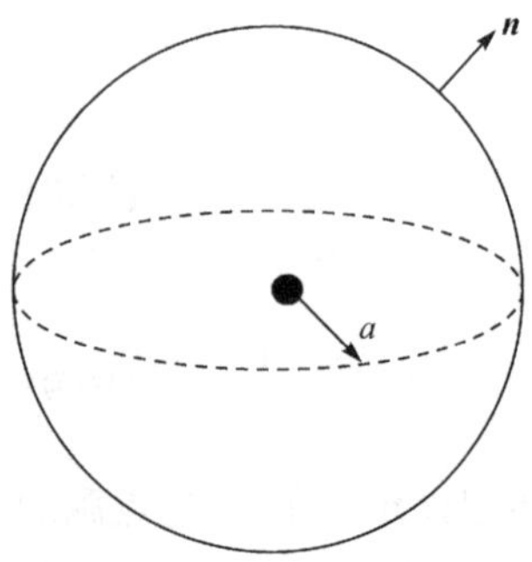

图 10-1 包围点源的小球

$$A\int_V\left[\nabla\cdot\nabla\left(\frac{\mathrm{e}^{-\mathrm{j}kr}}{r}\right)+k^2\frac{\mathrm{e}^{-\mathrm{j}kr}}{r}\right]\mathrm{d}V=\int_V\left[-\delta(\boldsymbol{r},\boldsymbol{r}')\right]\mathrm{d}V \tag{10.19}$$

对于式(10.19)左边积分符号里的第一项$\nabla\cdot\nabla\left(\frac{\mathrm{e}^{-\mathrm{j}kr}}{r}\right)$，可以利用散度定理$\left(\int_V\nabla\cdot\boldsymbol{A}\mathrm{d}V=\oint_S\boldsymbol{n}\cdot\boldsymbol{A}\mathrm{d}S\right)$进行化简，得到

$$\begin{aligned}\int_V\nabla\cdot\nabla\left(\frac{\mathrm{e}^{-\mathrm{j}kr}}{r}\right)\mathrm{d}V&=\oint_S\boldsymbol{n}\cdot\nabla\left(\frac{\mathrm{e}^{-\mathrm{j}kr}}{r}\right)\mathrm{d}S\\&=\oint_S\frac{\partial}{\partial r}\left(\frac{\mathrm{e}^{-\mathrm{j}kr}}{r}\right)\mathrm{d}S\\&=4\pi a^2\left[\frac{\partial}{\partial r}\left(\frac{\mathrm{e}^{-\mathrm{j}kr}}{r}\right)\right]_{r=a}\end{aligned} \tag{10.20}$$

当 $a \to 0$ 时，得

$$\begin{aligned}\lim_{a\to 0} 4\pi a^2\left[\frac{\partial}{\partial r}\left(\frac{\mathrm{e}^{-\mathrm{j}kr}}{r}\right)\right] &= \lim_{a\to 0} 4\pi a^2\left[\frac{-\mathrm{j}kr\mathrm{e}^{-\mathrm{j}kr}-\mathrm{e}^{-\mathrm{j}kr}}{r^2}\right]_{r=a} \\ &= \lim_{a\to 0}\left(-4\pi a-4\pi\right) \\ &= -4\pi\end{aligned} \tag{10.21}$$

对于式(10.19)左边积分符号里的第二项

$$\begin{aligned}k^2\int_V \frac{\mathrm{e}^{-\mathrm{j}kr}}{r}\mathrm{d}V &= k^2\int_0^a \frac{\mathrm{e}^{-\mathrm{j}kr}}{r}4\pi r^2\mathrm{d}r \\ &= 4\pi k^2\int_0^a r\mathrm{e}^{-\mathrm{j}kr}\mathrm{d}r\end{aligned} \tag{10.22}$$

查积分表，可以得到

$$\lim_{a\to 0}\int_0^a r\mathrm{e}^{-\mathrm{j}kr}\mathrm{d}r = \lim_{a\to 0}\frac{\mathrm{e}^{-\mathrm{j}kr}}{\left(-\mathrm{j}k\right)^2}\left(-\mathrm{j}kr-1\right)\Big|_0^a = 0 \tag{10.23}$$

对于式(10.19)右边，有

$$\int_V\left[-\delta\left(\boldsymbol{r},\boldsymbol{r}'\right)\right]\mathrm{d}V = -1 \tag{10.24}$$

因此，可确定 $A=\dfrac{1}{4\pi}$，于是得到三维格林函数的解为

$$G\left(\boldsymbol{r},\boldsymbol{r}'\right) = \frac{\mathrm{e}^{-\mathrm{j}k|\boldsymbol{r}-\boldsymbol{r}'|}}{4\pi|\boldsymbol{r}-\boldsymbol{r}'|} \tag{10.25}$$

10.1.3 二维格林函数

点源激励情况下，标量亥姆霍兹方程的二维形式为

$$\nabla^2 G\left(\boldsymbol{\rho},\boldsymbol{\rho}'\right)+k^2 G\left(\boldsymbol{\rho},\boldsymbol{\rho}'\right) = -\delta\left(\boldsymbol{\rho},\boldsymbol{\rho}'\right) \tag{10.26}$$

其通解可以写成

$$G\left(\boldsymbol{\rho},\boldsymbol{\rho}'\right) = BH_0^{(1)}\left(k|\boldsymbol{\rho}-\boldsymbol{\rho}'|\right)+AH_0^{(2)}\left(k|\boldsymbol{\rho}-\boldsymbol{\rho}'|\right) \tag{10.27}$$

式中，$H_0^{(1)}$ 是第一类的零阶 Hankel 函数；$H_0^{(2)}$ 是第二类的零阶 Hankel 函数。因为 $H_0^{(1)}$ 表示波向内传播，故舍去，则

$$G\left(\boldsymbol{\rho},\boldsymbol{\rho}'\right) = AH_0^{(2)}\left(k|\boldsymbol{\rho}-\boldsymbol{\rho}'|\right) \tag{10.28}$$

利用 Hankel 函数的小宗量近似($\rho=|\boldsymbol{\rho}-\boldsymbol{\rho}'|\to 0$)，有

$$H_0^{(2)}\left(k\rho\right)\approx 1-\mathrm{j}\frac{2}{\pi}\ln\left(\frac{\gamma k\rho}{2}\right) \tag{10.29}$$

处理方法与 10.1.2 节的类似，在位于原点、半径为 a 的圆上对方程(10.26)两边进行面积分，得到

$$A\int_S\left(\nabla\cdot\nabla+k^2\right)\left(1-\mathrm{j}\frac{2}{\pi}\ln\frac{\gamma k\rho}{2}\right)\mathrm{d}S = -1 \tag{10.30}$$

对于式(10.30)左边积分符号里的第一项$\nabla\cdot\nabla\left(1-\mathrm{j}\frac{2}{\pi}\ln\frac{\gamma k\rho}{2}\right)$，可以利用散度定理进行化简，得

$$\begin{aligned}\int_S\nabla\cdot\nabla\left(1-\mathrm{j}\frac{2}{\pi}\ln\frac{\gamma k\rho}{2}\right)\mathrm{d}S&=\oint_l\nabla\left(1-\mathrm{j}\frac{2}{\pi}\ln\frac{\gamma k\rho}{2}\right)\cdot\hat{\boldsymbol{\rho}}\mathrm{d}l\\&=\int_0^{2\pi}\frac{\partial}{\partial\rho}\left(1-\mathrm{j}\frac{2}{\pi}\ln\frac{\gamma k\rho}{2}\right)_{\rho=a}a\mathrm{d}\varphi\\&=-\mathrm{j}\frac{2}{\pi}\frac{\gamma k}{2}\frac{2}{\gamma k\rho}\bigg|_{\rho=a}a\cdot2\pi\\&=-4\mathrm{j}\end{aligned}\tag{10.31}$$

对于式(10.30)左边积分符号里的第二项$k^2\left(1-\mathrm{j}\frac{2}{\pi}\ln\frac{\gamma k\rho}{2}\right)$，有

$$A\int_S k^2\left(1-\mathrm{j}\frac{2}{\pi}\ln\frac{\gamma k\rho}{2}\right)\mathrm{d}S=Ak^2\int_0^a\left(1-\mathrm{j}\frac{2}{\pi}\ln\frac{\gamma k\rho}{2}\right)2\pi\rho\mathrm{d}\rho\tag{10.32}$$

当$a\to0$时，式(10.32)为零，故可确定$A=-\frac{\mathrm{j}}{4}$，于是得到二维格林函数的解为

$$G(\boldsymbol{\rho},\boldsymbol{\rho}')=-\frac{\mathrm{j}}{4}H_0^{(2)}\left(k|\boldsymbol{\rho}-\boldsymbol{\rho}'|\right)\tag{10.33}$$

习题 10-1 证明三维静态场的格林函数为$G(\boldsymbol{r},\boldsymbol{r}')=\frac{1}{4\pi|\boldsymbol{r}-\boldsymbol{r}'|}$。

10.2 磁矢量位和远场近似

10.2.1 磁矢量位

从两个电场和磁场相互耦合的一阶线性微分方程(10.1)和式(10.2)出发，可以推导出只含电场或磁场的亥姆霍兹方程，引入格林函数后，得到积分方程(10.11)和式(10.12)。由式(10.11)和式(10.12)可以看到，当作为激励源的电流$\boldsymbol{J}$或磁流$\boldsymbol{M}$已知，求解电场$\boldsymbol{E}$或磁场$\boldsymbol{H}$的运算复杂。为简化根据激励源求解场的运算过程，以下引入矢量位的概念。

在一个媒质为各向同性、无源空间，假设$\boldsymbol{H}$无散($\nabla\cdot\boldsymbol{H}=0$)，引入磁矢量位$\boldsymbol{A}$

$$\boldsymbol{H}=\frac{1}{\mu}\nabla\times\boldsymbol{A}\tag{10.34}$$

代入到方程(10.1)，有

$$\nabla\times\boldsymbol{E}=-\mathrm{j}\omega\nabla\times\boldsymbol{A}\tag{10.35}$$

即

$$\nabla\times\left(\boldsymbol{E}+\mathrm{j}\omega\boldsymbol{A}\right)=0\tag{10.36}$$

利用矢量恒等式$\nabla\times\left(-\nabla\phi_\mathrm{e}\right)=0$，其中，定义$\phi_\mathrm{e}$为电标量位，可以得到

$$\boldsymbol{E}=-\mathrm{j}\omega\boldsymbol{A}-\nabla\phi_\mathrm{e}\tag{10.37}$$

对式(10.34)两边取旋度，有

$$\begin{aligned}\mu\nabla\times\boldsymbol{H}&=\nabla\times\nabla\times\boldsymbol{A}\\&=\nabla(\nabla\cdot\boldsymbol{A})-\nabla^2\boldsymbol{A}\end{aligned}\tag{10.38}$$

代入式(10.2)到式(10.38)，得

$$\mathrm{j}\omega\mu\varepsilon\boldsymbol{E}+\mu\boldsymbol{J}=\nabla(\nabla\cdot\boldsymbol{A})-\nabla^2\boldsymbol{A}\tag{10.39}$$

再代入式(10.37)到式(10.39)，整理得

$$\nabla^2\boldsymbol{A}+k^2\boldsymbol{A}=-\mu\boldsymbol{J}+\nabla(\nabla\cdot\boldsymbol{A}+\mathrm{j}\omega\mu\varepsilon\phi_{\mathrm{e}})\tag{10.40}$$

唯一性定理指出：任一矢量场由其散度、旋度和边界条件唯一地确定。式(10.34)中定义了 $\boldsymbol{A}$ 的旋度，但其散度有待确定。一种方便的选择是消去式(10.40)等号右边的第二项，即定义如下的洛伦兹规范

$$\nabla\cdot\boldsymbol{A}=-\mathrm{j}\omega\mu\varepsilon\phi_{\mathrm{e}}\tag{10.41}$$

式(10.40)简化为

$$\nabla^2\boldsymbol{A}+k^2\boldsymbol{A}=-\mu\boldsymbol{J}\tag{10.42}$$

因此，三维情况下，由已知的 $\boldsymbol{J}$ 和 $G(\boldsymbol{r},\boldsymbol{r}')$ 可以求解 $\boldsymbol{A}$

$$\begin{aligned}\boldsymbol{A}(\boldsymbol{r})&=\mu\int_V G(\boldsymbol{r},\boldsymbol{r}')\boldsymbol{J}(\boldsymbol{r}')\mathrm{d}\boldsymbol{r}'\\&=\mu\int_V \boldsymbol{J}(\boldsymbol{r}')\frac{\mathrm{e}^{-\mathrm{j}k|\boldsymbol{r}-\boldsymbol{r}'|}}{4\pi|\boldsymbol{r}-\boldsymbol{r}'|}\mathrm{d}\boldsymbol{r}'\end{aligned}\tag{10.43}$$

二维情况下

$$\boldsymbol{A}(\boldsymbol{\rho})=-\mathrm{j}\frac{\mu}{4}\int_S \boldsymbol{J}(\boldsymbol{\rho}')H_0^{(2)}(k|\boldsymbol{\rho}-\boldsymbol{\rho}'|)\mathrm{d}\boldsymbol{\rho}'\tag{10.44}$$

进一步，可以根据式(10.37)和式(10.41)可求解电场 $\boldsymbol{E}$

$$\boldsymbol{E}=-\mathrm{j}\omega\boldsymbol{A}-\frac{\mathrm{j}}{\omega\mu\varepsilon}\nabla(\nabla\cdot\boldsymbol{A})\tag{10.45}$$

电矢量位的处理过程与磁矢量位的类似，这里就不再赘述。

习题 10-2　式(10.41)的“洛伦兹规范”是哪位学者提出来的？(阅读材料：Bladel J V. “Lorenz or Lorentz?” IEEE Antennas Propag. Mag., 1991, 33: 69)

10.2.2　远场表达式

通过引入磁矢量位 $\boldsymbol{A}$，在已知激励源的情况下，可以很方便地以积分方程的形式来计算 $\boldsymbol{A}$，三维和二维坐标系下分别如式(10.43)和式(10.44)所示。获得 $\boldsymbol{A}$ 后，由式(10.45)可计算电场 $\boldsymbol{E}$。下面讨论在远场的情况下，上述求解辐射电场 $\boldsymbol{E}$ 的过程可以进一步得到简化。

图 10-2 是三维坐标系下的远场辐射示意图，远场情况下，可视为 $kr>>1$，矢量 $\boldsymbol{r}$ 和 $\boldsymbol{r}-\boldsymbol{r}'$ 平行。

首先，考察式(10.43)中的 $|\boldsymbol{r}-\boldsymbol{r}'|$ 项，当其出现在指数项中表示相位时，为保证计算精度，取

$$|\boldsymbol{r}-\boldsymbol{r}'|=r-\hat{\boldsymbol{r}}\cdot\boldsymbol{r}'\tag{10.46}$$

当其出现在分母中表示幅度时，可以取

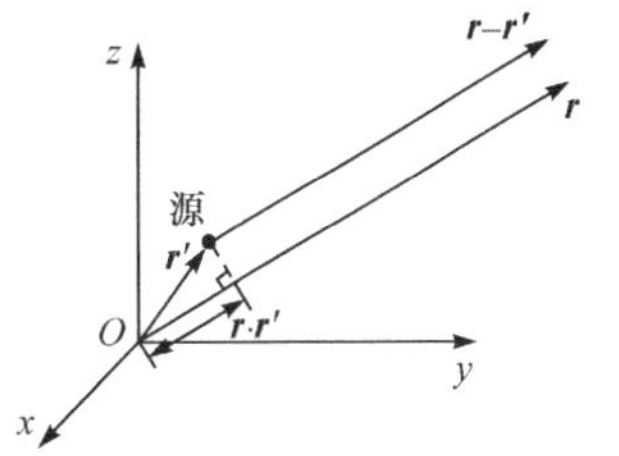

图 10-2　三维坐标系下的远场辐射图

$$|\boldsymbol{r}-\boldsymbol{r}'| \approx r \tag{10.47}$$

其次，式(10.45)中的 $\boldsymbol{A}$ 表示场的幅度随 $1/r$ 的减小而减小，而 $\nabla(\nabla\cdot\boldsymbol{A})$ 表示场的幅度随 $1/r$ 的高次方减小而减小。因此，对于远场，电场可以表示为

$$\boldsymbol{E}(\boldsymbol{r}) = -\mathrm{j}\omega\boldsymbol{A}(\boldsymbol{r}) \tag{10.48}$$

场的传播为径向 $\hat{\boldsymbol{r}}$ 的平面波，磁场为

$$\boldsymbol{H}(\boldsymbol{r}) = \frac{1}{\eta}\hat{\boldsymbol{r}}\times\boldsymbol{E}(\boldsymbol{r}) \tag{10.49}$$

式中，η 为空间的波阻抗。

三维坐标系下，由式(10.46)～式(10.48)可以得到远区电场

$$\boldsymbol{E}(\boldsymbol{r}) = -\frac{\mathrm{j}\omega\mu}{4\pi}\frac{\mathrm{e}^{-\mathrm{j}kr}}{r}\int_V \boldsymbol{J}(\boldsymbol{r}')\mathrm{e}^{\mathrm{j}k\hat{\boldsymbol{r}}\cdot\boldsymbol{r}'}\mathrm{d}\boldsymbol{r}' \tag{10.50}$$

类似地，二维坐标系下，由式(10.44)

$$\boldsymbol{E}(\boldsymbol{\rho}) = -\frac{\omega\mu}{4}\int_S \boldsymbol{J}(\boldsymbol{\rho}')H_0^{(2)}\left(k|\boldsymbol{\rho}-\boldsymbol{\rho}'|\right)\mathrm{d}\boldsymbol{\rho}' \tag{10.51}$$

利用 Hankel 函数的大宗量近似($\rho\to\infty$)

$$H_n^{(2)}(k\rho) \approx \sqrt{\frac{2\mathrm{j}}{\pi k\rho}}\mathrm{j}^n\mathrm{e}^{-\mathrm{j}k\rho} \tag{10.52}$$

和

$$|\boldsymbol{\rho}-\boldsymbol{\rho}'| = \rho - \hat{\boldsymbol{\rho}}\cdot\boldsymbol{\rho}' \quad (\text{相位项}) \tag{10.53}$$

$$|\boldsymbol{\rho}-\boldsymbol{\rho}'| \approx \rho \quad (\text{幅度项}) \tag{10.54}$$

可以得到

$$H_0^{(2)}(k\rho) \approx \sqrt{\frac{2\mathrm{j}}{\pi k\rho}}\mathrm{e}^{-\mathrm{j}k\rho}\mathrm{e}^{\mathrm{j}k\hat{\boldsymbol{\rho}}\cdot\boldsymbol{\rho}'} \tag{10.55}$$

于是，远区电场的表达式为

$$\boldsymbol{E}(\boldsymbol{\rho}) \approx \omega\mu\sqrt{\frac{\mathrm{j}}{8\pi k}}\frac{\mathrm{e}^{-\mathrm{j}k\rho}}{\sqrt{\rho}}\int_S \boldsymbol{J}(\boldsymbol{\rho}')\mathrm{e}^{\mathrm{j}k\hat{\boldsymbol{\rho}}\cdot\boldsymbol{\rho}'}\mathrm{d}\boldsymbol{\rho}' \tag{10.56}$$

最后，给出雷达散射截面的定义。三维情况下

$$\sigma_{3\mathrm{D}} = 4\pi r^2\frac{|\boldsymbol{E}^{\mathrm{s}}|^2}{|\boldsymbol{E}^{\mathrm{i}}|^2} \overset{\text{归一化}}{=} 4\pi r^2|\boldsymbol{E}^{\mathrm{s}}|^2 \tag{10.57}$$

二维情况下

$$\sigma_{2\mathrm{D}} = 2\pi r\frac{|\boldsymbol{E}^{\mathrm{s}}|^2}{|\boldsymbol{E}^{\mathrm{i}}|^2} \overset{\text{归一化}}{=} 2\pi r|\boldsymbol{E}^{\mathrm{s}}|^2 \tag{10.58}$$

式中，$\boldsymbol{E}^{\mathrm{s}}$ 是散射电场；$\boldsymbol{E}^{\mathrm{i}}$ 是入射电场。

习题 10-3　由式(10.34)和式(10.43)，推导近区辐射场的磁场和电场表达式。

10.3　表面积分方程

10.3.1　理想导体散射场的等效原理

在分析电磁场辐射、散射等问题时，等效原理十分有用，为场的求解提供了便利。等效原理指用一组等效源代替真实源，而在感兴趣区域得到与真实源相同的电磁场分布。

下面讨论理想导体散射场的等效原理。假设电流源 $\boldsymbol{J}_1$ 和磁流源 $\boldsymbol{M}_1$ 在空间激励的电磁场为 $\boldsymbol{E}^{\mathrm{i}}$ 和 $\boldsymbol{H}^{\mathrm{i}}$，照射到一理想导体组成的散射体上，产生散射场 $\boldsymbol{E}^{\mathrm{s}}$ 和 $\boldsymbol{H}^{\mathrm{s}}$，如图 10-3(a)所示，其中导体内无源且为零场区域。

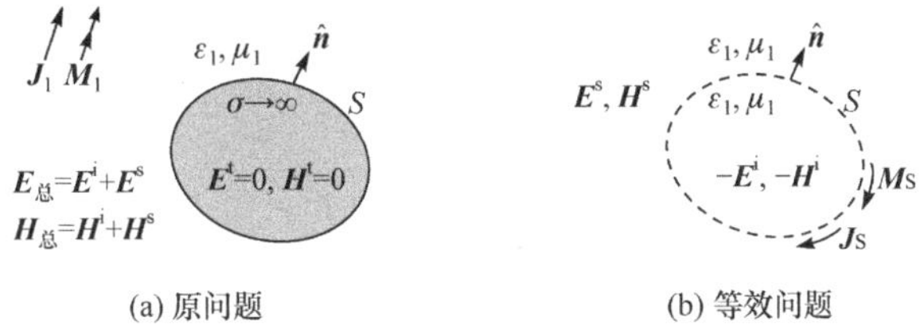

图 10-3　理想导体散射场的等效

为了实现得到散射场 $\boldsymbol{E}^{\mathrm{s}}$ 和 $\boldsymbol{H}^{\mathrm{s}}$ 的目标，可将散射体移除，并用等效表面电磁流替代。在导体边界上，总的切向电场必为零，即

$$-\hat{\boldsymbol{n}}\times\left(\boldsymbol{E}_{总}-\boldsymbol{E}^{\mathrm{t}}\right)=-\hat{\boldsymbol{n}}\times\left(\boldsymbol{E}^{\mathrm{i}}+\boldsymbol{E}^{\mathrm{s}}\right)=\boldsymbol{M}_{\mathrm{S}}=0 \tag{10.59}$$

在导体边界上，总的切向磁场必等于感应电流密度，即

$$\hat{\boldsymbol{n}}\times\left(\boldsymbol{H}_{总}-\boldsymbol{H}^{\mathrm{t}}\right)=\hat{\boldsymbol{n}}\times\left(\boldsymbol{H}^{\mathrm{i}}+\boldsymbol{H}^{\mathrm{s}}\right)=\boldsymbol{J}_{\mathrm{S}} \tag{10.60}$$

式(10.59)和式(10.60)就是理想导体散射体的等效模型，如图 10-3(b)所示。

需要指出的是，在式(10.60)中，感应电流 $\boldsymbol{J}_{\mathrm{s}}$ 不但取决于已知的入射场 $\boldsymbol{H}^{\mathrm{i}}$，还取决于未知的散射场 $\boldsymbol{H}^{\mathrm{s}}$。

10.3.2　理想导体的表面积分方程

对于辐射问题，当激励电流源 $\boldsymbol{J}$ 或磁流源 $\boldsymbol{M}$ 已知时，可由式(10.11)或式(10.12)直接计算辐射场；对于散射问题，散射体上的电流 $\boldsymbol{J}$ 或磁流 $\boldsymbol{M}$ 均未知，但散射过程可以看作二次辐射过程，由以下两个步骤求解。

(1) 已知外部的入射场 $\boldsymbol{E}^{\mathrm{i}}$ 或 $\boldsymbol{H}^{\mathrm{i}}$，求解积分方程获得散射体上的感应电流 $\boldsymbol{J}$ 或感应磁流 $\boldsymbol{M}$。

(2) 对感应电流 $\boldsymbol{J}$ 或感应磁流 $\boldsymbol{M}$ 进行积分，求解散射场 $\boldsymbol{E}^{\mathrm{s}}$ 和 $\boldsymbol{H}^{\mathrm{s}}$。

1. 电场积分方程

类似式(10.11)，由理想金属散射体上的感应表面电流计算散射场的表达式为

$$\boldsymbol{E}^{\mathrm{s}}(\boldsymbol{r})=-\mathrm{j}\omega\mu\int_S G(\boldsymbol{r},\boldsymbol{r}')\left[\boldsymbol{J}(\boldsymbol{r}')+\frac{1}{k^2}\nabla'\nabla'\cdot\boldsymbol{J}(\boldsymbol{r}')\right]\mathrm{d}\boldsymbol{r}' \tag{10.61}$$

为了获得表面电流 $\boldsymbol{J}$，必须将另一未知的量 $\boldsymbol{E}^{\mathrm{s}}$ 从式(10.61)中消去。这里，引入理想导体表面切向电场的边界条件

$$\hat{\boldsymbol{n}}(\boldsymbol{r})\times\boldsymbol{E}^{\mathrm{s}}(\boldsymbol{r})=-\hat{\boldsymbol{n}}(\boldsymbol{r})\times\boldsymbol{E}^{\mathrm{i}}(\boldsymbol{r}) \tag{10.62}$$

式中，$\hat{\boldsymbol{n}}$ 为表面外法线单位矢量。将式(10.61)代入式(10.62)，得

$$-\frac{\mathrm{j}}{\omega\mu}\hat{\boldsymbol{n}}(\boldsymbol{r})\times\boldsymbol{E}^{\mathrm{i}}(\boldsymbol{r})=\hat{\boldsymbol{n}}(\boldsymbol{r})\times\int_S G(\boldsymbol{r},\boldsymbol{r}')\left[\boldsymbol{J}(\boldsymbol{r}')+\frac{1}{k^2}\nabla'\nabla'\cdot\boldsymbol{J}(\boldsymbol{r}')\right]\mathrm{d}\boldsymbol{r}' \tag{10.63}$$

为理想导体表面的电场积分方程(electric field integral equation, EFIE)。EFIE 中，电流只在积分号里出现，是第一类 Fredholm 积分方程。因为在以上的推导过程中对散射体形状没有施加任何限制，所以 EFIE 可以应用于闭合导体、开放导体和薄导体的计算。

2. *磁场积分方程*

根据 10.2 节，易知散射磁场可由式(10.64)计算

$$\begin{aligned}\boldsymbol{H}^{\mathrm{s}}(\boldsymbol{r})&=\frac{1}{\mu}\nabla\times\boldsymbol{A}(\boldsymbol{r})\\&=\nabla\times\int_S G(\boldsymbol{r},\boldsymbol{r}')\boldsymbol{J}(\boldsymbol{r}')\mathrm{d}\boldsymbol{r}'\end{aligned} \tag{10.64}$$

已知切向磁场在金属导体上的边界条件

$$\hat{\boldsymbol{n}}(\boldsymbol{r})\times\left[\boldsymbol{H}^{\mathrm{i}}(\boldsymbol{r})+\boldsymbol{H}^{\mathrm{s}}(\boldsymbol{r})\right]=\boldsymbol{J}(\boldsymbol{r}) \tag{10.65}$$

式(10.65)代入式(10.64)，当 $\boldsymbol{r}$ 从外部靠近导体表面 S 时，有

$$\boldsymbol{J}(\boldsymbol{r})=\hat{\boldsymbol{n}}(\boldsymbol{r})\times\boldsymbol{H}^{\mathrm{i}}(\boldsymbol{r})+\lim_{\boldsymbol{r}\to S^+}\left[\hat{\boldsymbol{n}}(\boldsymbol{r})\times\nabla\times\int_S G(\boldsymbol{r},\boldsymbol{r}')\boldsymbol{J}(\boldsymbol{r}')\mathrm{d}\boldsymbol{r}'\right] \tag{10.66}$$

根据矢量恒等式

$$\nabla\times\left[G(\boldsymbol{r},\boldsymbol{r}')\boldsymbol{J}(\boldsymbol{r}')\right]=G(\boldsymbol{r},\boldsymbol{r}')\nabla\times\boldsymbol{J}(\boldsymbol{r}')-\boldsymbol{J}(\boldsymbol{r}')\times\nabla G(\boldsymbol{r},\boldsymbol{r}') \tag{10.67}$$

考察 $\nabla\times\boldsymbol{J}(\boldsymbol{r}')$ 项，因为旋度符号作用在场点上，而 $\boldsymbol{J}$ 是源点的函数，所以 $\nabla\times\boldsymbol{J}(\boldsymbol{r}')=0$。再利用

$$\nabla G(\boldsymbol{r},\boldsymbol{r}')=-\nabla' G(\boldsymbol{r},\boldsymbol{r}') \tag{10.68}$$

式(10.66)可以写为

$$\hat{\boldsymbol{n}}(\boldsymbol{r})\times\boldsymbol{H}^{\mathrm{i}}(\boldsymbol{r})=\boldsymbol{J}(\boldsymbol{r})-\lim_{\boldsymbol{r}\to S^+}\left[\hat{\boldsymbol{n}}(\boldsymbol{r})\times\int_S \boldsymbol{J}(\boldsymbol{r}')\times\nabla' G(\boldsymbol{r},\boldsymbol{r}')\mathrm{d}\boldsymbol{r}'\right] \tag{10.69}$$

为了计算式(10.69)中的积分，必须处理 $\boldsymbol{r}$ 接近 $\boldsymbol{r}'$ 的情形，即处理格林函数的奇异性。因此，把该积分分成两个部分

$$\hat{\boldsymbol{n}}(\boldsymbol{r})\times\left[\int_{S-\delta S}\boldsymbol{J}(\boldsymbol{r}')\times\nabla' G(\boldsymbol{r},\boldsymbol{r}')\mathrm{d}\boldsymbol{r}'+\int_{\delta S}\boldsymbol{J}(\boldsymbol{r}')\times\nabla' G(\boldsymbol{r},\boldsymbol{r}')\mathrm{d}\boldsymbol{r}'\right] \tag{10.70}$$

式中，δS 是表面 S 中靠近 $\boldsymbol{r}$ 的、半径为 a 的圆形小区域。

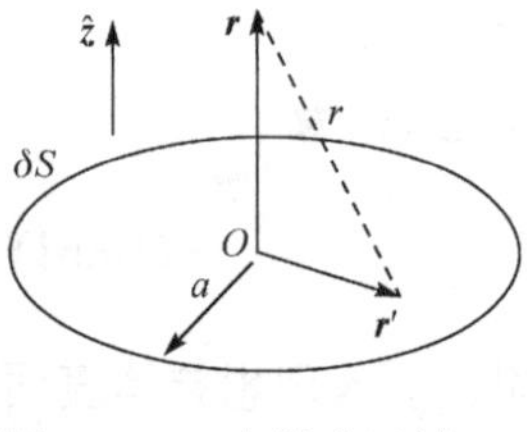

图 10-4　S 中的小区域 δS

将 δS 的中心作为一个圆柱坐标系的原点，如图 10-4 所示，有

$$r=|\boldsymbol{r}-\boldsymbol{r}'|=\sqrt{(\rho')^2+(z-z')^2} \tag{10.71}$$

故 δS 内的格林函数可以近似为

$$G(\boldsymbol{r},\boldsymbol{r}')=\frac{\mathrm{e}^{-\mathrm{j}k|\boldsymbol{r}-\boldsymbol{r}'|}}{4\pi|\boldsymbol{r}-\boldsymbol{r}'|}\approx\frac{1}{4\pi\sqrt{(\rho')^2+(z-z')^2}},\quad |\boldsymbol{r}-\boldsymbol{r}'|\ll 1 \tag{10.72}$$

利用圆柱坐标系下的梯度表达式

$$\nabla' = \frac{\partial}{\partial \rho'}\hat{\boldsymbol{\rho}} + \frac{1}{\rho'}\frac{\partial}{\partial \varphi'}\hat{\boldsymbol{\varphi}} + \frac{\partial}{\partial z'}\hat{\boldsymbol{z}} \tag{10.73}$$

和 δS 内 $\hat{\boldsymbol{n}}(\boldsymbol{r}) = \hat{\boldsymbol{z}}$，由 $\boldsymbol{J}(\boldsymbol{r}')$ 和 δS 处处相切，有

$$\hat{\boldsymbol{z}} \times \boldsymbol{J}(\boldsymbol{r}') \times \nabla' G(\boldsymbol{r},\boldsymbol{r}') = \boldsymbol{J}(\boldsymbol{r}')\left[\frac{\partial}{\partial z'}G(\boldsymbol{r},\boldsymbol{r}')\right] = \boldsymbol{J}(\boldsymbol{r}')\frac{z}{4\pi\left[(\rho')^2 + (z-z')^2\right]^{3/2}} \tag{10.74}$$

因为 δS 很小，所以设 $\boldsymbol{J}(\boldsymbol{r}')$ 不变，并近似等于 $\boldsymbol{J}(\boldsymbol{r})$，则

$$\begin{aligned}\hat{\boldsymbol{n}}(\boldsymbol{r}) \times \int_{\delta S} \boldsymbol{J}(\boldsymbol{r}') \times \nabla' G(\boldsymbol{r},\boldsymbol{r}')\mathrm{d}\boldsymbol{r}' &= \frac{\boldsymbol{J}(\boldsymbol{r})}{2}\int_0^a \frac{z\rho'}{\left[(\rho')^2 + z^2\right]^{3/2}}\mathrm{d}\rho' \\ &= \frac{\boldsymbol{J}(\boldsymbol{r})}{2}\left(\frac{z}{|z|} - \frac{z}{\sqrt{a^2+z^2}}\right)\end{aligned} \tag{10.75}$$

因此

$$\lim_{z\to 0^+}\frac{\boldsymbol{J}(\boldsymbol{r})}{2}\left(\frac{z}{|z|} - \frac{z}{\sqrt{a^2+z^2}}\right) = \frac{\boldsymbol{J}(\boldsymbol{r})}{2} \tag{10.76}$$

代入式(10.69)，可以得到理想导体表面的磁场积分方程(magnetic field integral equation，MFIE)

$$\hat{\boldsymbol{n}}(\boldsymbol{r}) \times \boldsymbol{H}^{\mathrm{i}}(\boldsymbol{r}) = \frac{\boldsymbol{J}(\boldsymbol{r})}{2} - \hat{\boldsymbol{n}}(\boldsymbol{r}) \times \int_{S-\delta S} \boldsymbol{J}(\boldsymbol{r}') \times \nabla' G(\boldsymbol{r},\boldsymbol{r}')\mathrm{d}\boldsymbol{r}' \tag{10.77}$$

式中，电流在积分符号内、外都出现，是第二类 Fredholm 积分方程。

当 δS 不为光滑面时，如圆锥顶点处、两平面相交处，有

$$\lim_{z\to 0^+}\frac{\boldsymbol{J}(\boldsymbol{r})}{2}\left(\frac{z}{|z|} - \frac{z}{\sqrt{a^2+z^2}}\right) = \frac{\varOmega_0}{4\pi}\boldsymbol{J}(\boldsymbol{r}) \tag{10.78}$$

式中，$\varOmega_0$ 是奇异点处展开的立体角。对于光滑表面，$\varOmega_0 = 2\pi$，于是式(10.77)还可写成

$$\hat{\boldsymbol{n}}(\boldsymbol{r}) \times \boldsymbol{H}^{\mathrm{i}}(\boldsymbol{r}) = \left[1 - \frac{\varOmega_0(\boldsymbol{r})}{4\pi}\right]\boldsymbol{J}(\boldsymbol{r}) - \hat{\boldsymbol{n}}(\boldsymbol{r}) \times \int_{S-\delta S} \boldsymbol{J}(\boldsymbol{r}') \times \nabla' G(\boldsymbol{r},\boldsymbol{r}')\mathrm{d}\boldsymbol{r}' \tag{10.79}$$

最后，简单讨论 EFIE 和 MFIE 的异同。从本质上讲，二者是等价的；MFIE 的积分核具有奇异性，其也只能应用于闭合导体的散射计算；MFIE 生成的矩阵条件数好，求解收敛快。

3. 混合积分方程

对任意的闭合导体表面，存在电场和磁场的谐振(本征)频率，即工作频率处在电场谐振频率附近，EFIE 失效；工作频率处在磁场谐振频率附近，MFIE 失效。可以用电磁场唯一性定理解释该种现象[1]。在无耗区域，电磁场不能由边界的切向电场或切向磁场唯一地确定(存在无数多的谐振解)，而 EFIE 和 MFIE 分别由边界切向电场和磁场确定，因此产生了内谐振问题。

解决内谐振问题可以采用混合积分方程(combined field integral equation, CFIE)[2]，即在理想导体表面同时施加切向电场和磁场的边界条件，表示为

$$\alpha \cdot \mathrm{EFIE} + \frac{\mathrm{j}}{k}(1-\alpha) \cdot \mathrm{MFIE} \tag{10.80}$$

式中，$0.2 \leqslant \alpha \leqslant 0.5$。使用 CFIE 可以避免电场和磁场的内谐振问题，同时 CFIE 的条件数小，求解收敛快；另外，CFIE 不需引入辅助的采样点，计算时不增加求解的未知数个数。

10.4 细导线的线积分方程

10.4.1 细线近似

如果导线的横截面半径远小于其长度(或波长)，该导线可视为细线。细线属于开放结构，故采用基于 EFIE 的矩量法进行求解。长度为 L、横截面半径为 a 的细线结构如图 10-5 所示，下面推导细线积分方程的一个常用的近似。

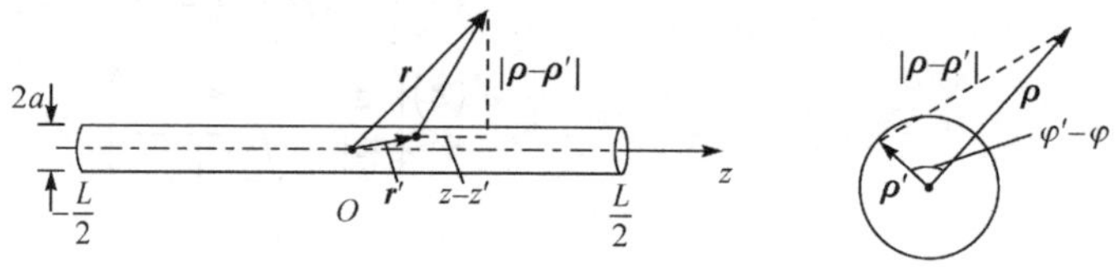

(a) 三维视图　　(b) 横截面视图

图 10-5　细线示意图

因为细线的半径 a 远远小于其长度 L，所以细线表面上的电流密度 $\boldsymbol{J}$ 分布与方位角 φ 无关，并且在导线的两端为零，表达式为

$$\boldsymbol{J}(\boldsymbol{r}) = \frac{I_z(z)}{2\pi a}\hat{z} \tag{10.81}$$

圆柱坐标系下，由 10.2 节，磁矢量位 $\boldsymbol{A}_z$ 可由表面积分得到

$$A_z(\rho,\varphi,z) = \mu\int_{-\frac{L}{2}}^{\frac{L}{2}}\int_0^{2\pi}\frac{I_z(z')}{2\pi}\frac{\mathrm{e}^{-\mathrm{j}kr}}{4\pi r}\mathrm{d}\varphi'\mathrm{d}z' \tag{10.82}$$

式中，$r = |\boldsymbol{r} - \boldsymbol{r}'| = \sqrt{(z-z')^2 + |\boldsymbol{\rho} - \boldsymbol{\rho}'|^2}$。由图 10-5(b)，$\rho' = a$，根据余弦定理

$$\begin{aligned}|\boldsymbol{\rho} - \boldsymbol{\rho}'|^2 &= \rho^2 + a^2 - 2\boldsymbol{\rho}\cdot\boldsymbol{\rho}' \\ &= \rho^2 + a^2 - 2\rho a\cos(\varphi' - \varphi)\end{aligned} \tag{10.83}$$

式(10.83)是 $(\varphi' - \varphi)$ 的函数，其结果关于轴对称，因此，可用 φ' 替代 $(\varphi' - \varphi)$，有

$$A_z(\rho,z) = \mu\int_{-\frac{L}{2}}^{\frac{L}{2}}\frac{I_z(z')}{2\pi}\int_0^{2\pi}\frac{\mathrm{e}^{-\mathrm{j}kr}}{4\pi r}\mathrm{d}\varphi'\mathrm{d}z' \tag{10.84}$$

式中，$r = \sqrt{(z-z')^2 + \rho^2 + a^2 - 2\rho a\cos\varphi'}$。式(10.84)中的 $\int_0^{2\pi}\frac{\mathrm{e}^{-\mathrm{j}kr}}{4\pi r}\mathrm{d}\varphi'$ 称为圆柱线核(cylindrical wire kernel)，因为 $a \ll L$，所以 r 可以近似为 $\sqrt{(z-z')^2 + \rho^2}$。这样，式(10.84)中的积分不再是 φ' 的函数，可写为

$$A_z(\rho,z) = \mu\int_{-\frac{L}{2}}^{\frac{L}{2}} I_z(z')\frac{\mathrm{e}^{-\mathrm{j}kr}}{4\pi r}\mathrm{d}z' \tag{10.85}$$

可以看到，相比式(10.84)，式(10.85)由面积分转化成了线积分。上述的处理过程称为细线近似(thin wire approximation)。

式(10.45)的标量场形式为

$$E_z^{\mathrm{s}} = -\mathrm{j}\omega A_z - \frac{\mathrm{j}}{\omega\mu\varepsilon}\frac{\partial^2}{\partial z^2}A_z \tag{10.86}$$

通过线表面的切向电场边界条件，得到关于入射场 E_z^{i} 的细线 EFIE

$$E_z^{\mathrm{i}} = \frac{\mathrm{j}}{\omega\mu\varepsilon}\left(\frac{\partial^2}{\partial z^2} + k^2\right)A_z \tag{10.87}$$

式中，$r=\sqrt{(z-z')^2+a^2}$ 。这表明，虽然电流只在线的表面流动，但由于导线很细，表面电流可等效为位于 z 轴上线电流的作用。

对于式(10.87)，当微分算子在积分符号外，可得到 Hallen 积分方程

$$E_z^{\mathrm{i}}(z) = \frac{\mathrm{j}}{\omega\varepsilon}\left(\frac{\partial^2}{\partial z^2} + k^2\right)\int_{-\frac{L}{2}}^{\frac{L}{2}} I_z(z')\frac{\mathrm{e}^{-\mathrm{j}kr}}{4\pi r}\mathrm{d}z' \tag{10.88}$$

当微分算子在积分符号内，可得到 Pocklington 积分方程

$$E_z^{\mathrm{i}}(z) = \frac{\mathrm{j}}{\omega\varepsilon}\int_{-\frac{L}{2}}^{\frac{L}{2}} I_z(z')\left(\frac{\partial^2}{\partial z^2} + k^2\right)\frac{\mathrm{e}^{-\mathrm{j}kr}}{4\pi r}\mathrm{d}z' \tag{10.89}$$

这两个著名方程是求解细线(细线天线)的基本方程。

10.4.2　细线天线的激励源

分析细线天线的辐射问题，通常要对输入阻抗、方向图和增益等参数进行计算。在矩量法的仿真中，希望建立天线的馈源模型，而不对馈线本身进行考虑。

1. Delta 缝隙激励源

对图 10-6 所示的线天线，激励电场施加在天线缝隙处

$$\boldsymbol{E}^{\mathrm{i}}(z) = \frac{V_0}{\Delta z}\hat{\boldsymbol{z}} \tag{10.90}$$

式中，V_0 为单位电压；Δz 为缝隙的宽度。在矩量法的仿真中，可令激励场只在一个分段区域中存在，而该区域之外的场为零。

Delta 缝隙激励源模型实施简单、计算方向图准确，但计算输入阻抗的精度稍差。

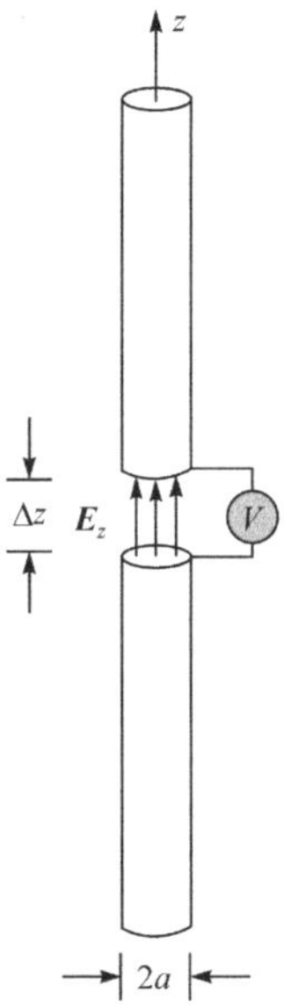

图 10-6　Delta 缝隙激励

2. 磁流环激励源

考虑一个同轴线馈电、无限大地平面上的单极子天线，如图 10-7(a)所示。同轴线中传播的是 TEM 波，假设口径面同样也是 TEM 波，大小为

$$\boldsymbol{E}(\rho) = \frac{1}{2\rho\ln(b/a)}\hat{\boldsymbol{\rho}} \tag{10.91}$$

由镜像原理，用磁流环替代地平面和口径面，如图 10-7(b)所示，得到等效磁流密度为

$$\begin{aligned}\boldsymbol{M}(\rho) &= -2\hat{\boldsymbol{n}}\times\boldsymbol{E}(\rho)\\ &= \frac{-1}{\rho\ln(b/a)}\hat{\boldsymbol{\varphi}},\quad a\leqslant\rho\leqslant b\end{aligned} \tag{10.92}$$

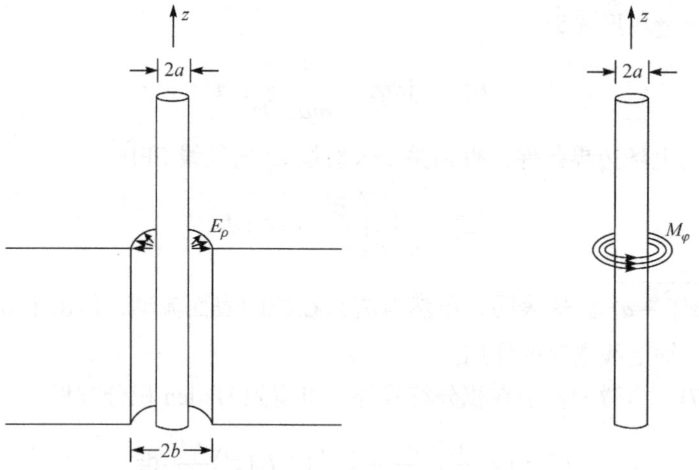

(a) 同轴馈电　　(b) 磁流环

图 10-7　磁流环激励

式(10.92)的磁流产生一个沿 z 向的电场。对于磁流环的中心($\rho=0$)，电场为[3]

$$E_z^{\mathrm{i}}(z)=\frac{1}{2\ln(b/a)}\left(\frac{\mathrm{e}^{-\mathrm{j}k\sqrt{z^2+a^2}}}{\sqrt{z^2+a^2}}-\frac{\mathrm{e}^{-\mathrm{j}k\sqrt{z^2+b^2}}}{\sqrt{z^2+b^2}}\right) \tag{10.93}$$

式(10.93)得到的 z 向电场可作为一个激励场源。此外，从单极子天线得到的磁流环激励源也可用于偶极子天线；偶极子天线的输入阻抗是单极子的两倍，并且辐射整个空间。

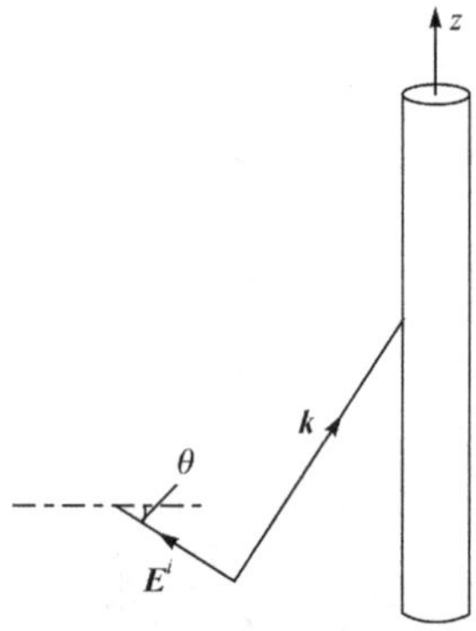

图 10-8　平面波激励

3. 平面波激励源

对细导线，入射电场 $\boldsymbol{E}^{\mathrm{i}}$ 的切向分量表示为

$$E_{\tan}(\boldsymbol{r})=\hat{\boldsymbol{t}}(\boldsymbol{r})\cdot\boldsymbol{E}^{\mathrm{i}}(\boldsymbol{r}) \tag{10.94}$$

式中，$\hat{\boldsymbol{t}}$ 是单位切向矢量。假设入射电场 $\boldsymbol{E}^i$ 的入射角度为 θ，如图 10-8 所示，幅度为归一化单位幅度，有

$$E_{\tan}(\boldsymbol{r})=\sin\theta\mathrm{e}^{\mathrm{j}\boldsymbol{k}\cdot\boldsymbol{z}}=\sin\theta\mathrm{e}^{\mathrm{j}kz\cos\theta} \tag{10.95}$$

可以知道，因为细导线上只有 z 分量的电流，而没有 φ 分量的电流，所以 φ 极化的入射波不会在天线上产生感应电流。

参考文献

[1] 盛新庆. 计算电磁学要论. 北京: 科学出版社, 2004

[2] Chew W C, Jin J M, Michielssen E, et al. Fast and Efficient Algorithms in Computational Electromagnetics. London: Artech House, 2001

[3] Gibson W C. The Method of Moments in Electromagnetics. Boca Raton: Taylor & Francis Group, 2008

第 11 章　矩量法应用

11.1　一维线天线的辐射

11.1.1　Hallen 积分方程的求解

Hallen 积分方程(10.88)可以写成

$$\left(\frac{\partial^2}{\partial z^2}+k^2\right)A_z(z)=-\mathrm{j}\omega\mu\varepsilon E_z^{\mathrm{i}}(z) \tag{11.1}$$

式(11.1)是一个非齐次的亥姆霍兹方程，其齐次方程

$$\left(\frac{\partial^2}{\partial z^2}+k^2\right)A_z(z)=0 \tag{11.2}$$

的通解为

$$A_z(z)=C_1\mathrm{e}^{\mathrm{j}kz}+C_2\mathrm{e}^{-\mathrm{j}kz} \tag{11.3}$$

为获得该齐次方程的一个特解，必需得到满足下列方程的格林函数 $F(z)$

$$\left(\frac{\partial^2}{\partial z^2}+k^2\right)F(z)=\delta(z) \tag{11.4}$$

一旦得到 $F(z)$，A_z 的解可以表示为

$$A_z(z)=C_1\mathrm{e}^{\mathrm{j}kz}+C_2\mathrm{e}^{-\mathrm{j}kz}-\mathrm{j}\omega\mu\varepsilon\int_{-\frac{L}{2}}^{\frac{L}{2}}F(z,z')E_z^{i}(z')\mathrm{d}z' \tag{11.5}$$

这样的求解方法称为格林函数法。为计算 $F(z)$，选取试探解

$$F(z)=C\sin(k|z|) \tag{11.6}$$

该试探解满足对格林函数的要求，即 $F(z)$在 $z=0$ 处连续，但其导数在 $z=0$ 处不连续[1]。对式(11.4)的两边从 $-\varepsilon$ 到 ε 进行积分($\varepsilon\to 0$)，有

$$k^2C\int_{-\varepsilon}^{\varepsilon}\sin(k|z|)\mathrm{d}z-\left[Ck\cos(-kz)\right]_{-\varepsilon}^{0}+\left[Ck\cos(kz)\right]_{0}^{\varepsilon}=1 \tag{11.7}$$

式(11.7)的左边第一项为零，整理得到

$$C=\frac{1}{2k} \tag{11.8}$$

因此，得到

$$F(z)=\frac{1}{2k}\sin(k|z|) \tag{11.9}$$

代入到式(11.7)，得到

$$A_z(z)=C_1\mathrm{e}^{\mathrm{j}kz}+C_2\mathrm{e}^{-\mathrm{j}kz}-\mathrm{j}\frac{\mu}{2\eta}\int_{-\frac{L}{2}}^{\frac{L}{2}}\sin(k|z-z'|)E_z^{i}(z')\mathrm{d}z' \tag{11.10}$$

由式(10.85)，得到

$$\int_{-\frac{L}{2}}^{\frac{L}{2}} I_z(z')\frac{\mathrm{e}^{-\mathrm{j}kr}}{4\pi r}\mathrm{d}z' = C_1\mathrm{e}^{\mathrm{j}kz} + C_2\mathrm{e}^{-\mathrm{j}kz} - \frac{\mathrm{j}}{2\eta}\int_{-\frac{L}{2}}^{\frac{L}{2}}\sin\left(k|z-z'|\right)E_z^i(z')\mathrm{d}z' \tag{11.11}$$

类似地，为计算 $F(z)$，还可选取另外的试探解，如

$$F(z) = C\mathrm{e}^{-\mathrm{j}k|z|} \tag{11.12}$$

可以得到

$$\int_{-\frac{L}{2}}^{\frac{L}{2}} I_z(z')\frac{\mathrm{e}^{-\mathrm{j}kr}}{4\pi r}\mathrm{d}z' = C_1\mathrm{e}^{\mathrm{j}kz} + C_2\mathrm{e}^{-\mathrm{j}kz} + \frac{1}{2\eta}\int_{-\frac{L}{2}}^{\frac{L}{2}}\mathrm{e}^{-\mathrm{j}k|z-z'|}E_z^i(z')\mathrm{d}z' \tag{11.13}$$

对应齐次方程通解的两项，还可以写成

$$C_1\mathrm{e}^{\mathrm{j}kz} + C_2\mathrm{e}^{-\mathrm{j}kz} = D_1\cos(kz) + D_2\sin(kz) \tag{11.14}$$

式中，D_1 和 D_2 均为复数。

下面讨论式(11.11)的矩量法求解。对式(11.11)的左边，用基函数 f_n 展开，有

$$\sum_{n=1}^{N} a_n\int_{f_n} f_n(z')\frac{\mathrm{e}^{-\mathrm{j}kr}}{4\pi r}\mathrm{d}z' \tag{11.15}$$

再对式(11.15)取权函数 f_m，可以得到阻抗矩阵元素

$$z_{mn} = \int_{f_m} f_m(z)\int_{f_n} f_n(z')\frac{\mathrm{e}^{-\mathrm{j}kr}}{4\pi r}\mathrm{d}z'\mathrm{d}z \tag{11.16}$$

对式(11.11)的右边，利用式(11.14)，有

$$D_1\cos(kz) + D_2\sin(kz) - \frac{\mathrm{j}}{2\eta}\int_{-\frac{L}{2}}^{\frac{L}{2}}\sin\left(k|z-z'|\right)E_z^{\mathrm{i}}(z')\mathrm{d}z' \tag{11.17}$$

这里考虑对称的线天线结构，可以将式(11.17)简化为

$$D_1\cos(kz) - \frac{\mathrm{j}}{2\eta}\int_{-\frac{L}{2}}^{\frac{L}{2}}\sin\left(k|z-z'|\right)E_z^{\mathrm{i}}(z')\mathrm{d}z' \tag{11.18}$$

再对式(11.18)取权函数 f_m，得

$$D_1\int_{f_m} f_m(z)\cos(kz)\mathrm{d}z - \frac{\mathrm{j}}{2\eta}\int_{f_m} f_m(z)\int_{-\frac{L}{2}}^{\frac{L}{2}}\sin\left(k|z-z'|\right)E_z^{\mathrm{i}}(z')\mathrm{d}z'\mathrm{d}z \tag{11.19}$$

将式(11.16)和式(11.18)一并写成矩阵形式，有

$$\boldsymbol{Za} = D_1\boldsymbol{s} + \boldsymbol{b} \tag{11.20}$$

即

$$\boldsymbol{a} = D_1\boldsymbol{Z}^{-1}\boldsymbol{s} + \boldsymbol{Z}^{-1}\boldsymbol{b} \tag{11.21}$$

为了求解未知的 $\boldsymbol{a}$，必须先确定待定常数 D_1。利用细线两端的边界条件：$I(-L/2) = I(L/2) = 0$，引入 $\boldsymbol{u}^{\mathrm{T}} = [1, 0, \cdots, 0, 1]$，则 $\boldsymbol{u}^{\mathrm{T}}\boldsymbol{a} = 0$。式(11.21)的两边同乘以 $\boldsymbol{u}^{\mathrm{T}}$，得

$$\boldsymbol{u}^{\mathrm{T}}\boldsymbol{a} = D_1\boldsymbol{u}^{\mathrm{T}}\boldsymbol{Z}^{-1}\boldsymbol{s} + \boldsymbol{u}^{\mathrm{T}}\boldsymbol{Z}^{-1}\boldsymbol{b} = 0 \tag{11.22}$$

即可得到待定常数 D_1

$$D_1 = -\frac{\boldsymbol{u}^{\mathrm{T}}\boldsymbol{Z}^{-1}\boldsymbol{b}}{\boldsymbol{u}^{\mathrm{T}}\boldsymbol{Z}^{-1}\boldsymbol{s}} \tag{11.23}$$

对一长为 L、横截面半径为 a 的对称振子天线，选取基函数为脉冲基函数、权函数为点匹配，将天线等距划分为 N 段(奇数)，每段长度为 $\Delta z=\dfrac{L}{N}$，对方程(11.20)的左边，有

$$z_{mn}=\int_{z_n-\frac{\Delta z}{2}}^{z_n+\frac{\Delta z}{2}}\frac{\mathrm{e}^{-\mathrm{j}kr}}{4\pi r}\mathrm{d}z' \tag{11.24}$$

式中，$r=\sqrt{(z_m-z')^2+a^2}$。对方程(11.20)的右边，有

$$s_m=\cos(kz_m) \tag{11.25}$$

$$\begin{aligned}b_m&=-\frac{\mathrm{j}}{2\eta}\int_{-\frac{L}{2}}^{\frac{L}{2}}\sin(k|z_m-z'|)E_z^{\mathrm{i}}(z')\mathrm{d}z'\\&=-\frac{\mathrm{j}}{2\eta}\sin(kz_m)\end{aligned} \tag{11.26}$$

这里，式(11.26)的推导利用了天线模型的 Delta 激励，即 $E_z^{\mathrm{i}}(z')=\delta(z')$。

11.1.2　Pocklington 方程的求解

Hallen 积分方程(10.88)可以写成

$$-\mathrm{j}\omega\varepsilon E_z^{\mathrm{i}}(z)=\int_{-\frac{L}{2}}^{\frac{L}{2}}I(z')\left(\frac{\partial^2}{\partial z^2}+k^2\right)\frac{\mathrm{e}^{-\mathrm{j}kr}}{4\pi r}\mathrm{d}z' \tag{11.27}$$

即得到 Pocklington 方程。如果基函数选取为 $f_n(z')$，权函数为 $f_m(z)$，则

$$z_{mn}=\int_{f_m}f_m(z)\int_{f_n}f_n(z')\left(\frac{\partial^2}{\partial z^2}+k^2\right)\frac{\mathrm{e}^{-\mathrm{j}kr}}{4\pi r}\mathrm{d}z'\mathrm{d}z \tag{11.28}$$

$$b_m=-\mathrm{j}\omega\varepsilon\int_{f_m}f_m(z)E_z^{\mathrm{i}}(z)\mathrm{d}z \tag{11.29}$$

1. 脉冲基函数和点匹配

选择脉冲基函数

$$f_n(z)=\begin{cases}1, & z_n-\dfrac{\Delta z}{2}\leqslant z\leqslant z_n+\dfrac{\Delta z}{2}\\0, & \text{其他}\end{cases} \tag{11.30}$$

和匹配点 z_m。代入到式(11.28)中，得

$$z_{mn}=\frac{k^2}{4\pi}\int_{z_n-\frac{\Delta z}{2}}^{z_n+\frac{\Delta z}{2}}\frac{\mathrm{e}^{-\mathrm{j}kr}}{r}\mathrm{d}z'+\frac{1}{4\pi}\left(\frac{\partial}{\partial z'}\frac{\mathrm{e}^{-\mathrm{j}kr}}{r}\right)_{z'=z_n-\frac{\Delta z}{2}}^{z'=z_n+\frac{\Delta z}{2}} \tag{11.31}$$

式中，$r=\sqrt{(z_m-z')^2+a^2}$。式(11.28)中的 $\dfrac{\partial}{\partial z}$ 已由 $\dfrac{\partial}{\partial z'}$ 替代，由

$$\frac{\partial}{\partial z'}\frac{\mathrm{e}^{-\mathrm{j}kr}}{r}=(z_m-z')\frac{1+\mathrm{j}kr}{r^3}\mathrm{e}^{-\mathrm{j}kr} \tag{11.32}$$

可以得到

$$z_{mn}=\frac{k^2}{4\pi}\int_{z_n-\frac{\Delta z}{2}}^{z_n+\frac{\Delta z}{2}}\frac{\mathrm{e}^{-\mathrm{j}kr}}{r}\mathrm{d}z'+\frac{1}{4\pi}\left[\left(z_m-z'\right)\frac{1+\mathrm{j}kr}{r^3}\mathrm{e}^{-\mathrm{j}kr}\right]_{z'=z_n-\frac{\Delta z}{2}}^{z'=z_n+\frac{\Delta z}{2}} \tag{11.33}$$

同时由式(11.29)，有

$$b_m=-\mathrm{j}\omega\varepsilon E_z^{\mathrm{i}}\left(z_m\right) \tag{11.34}$$

2. 全域基函数和点匹配

在线天线表面，场点和源点之间的距离为$r=\sqrt{\left(z-z'\right)^2+a^2}$，因此

$$\frac{\partial}{\partial z}\frac{\mathrm{e}^{-\mathrm{j}kr}}{4\pi r}=\frac{-\left(z-z'\right)\mathrm{e}^{-\mathrm{j}kr}}{4\pi r^3}\left(1+\mathrm{j}kr\right) \tag{11.35}$$

$$\frac{\partial^2}{\partial z^2}\frac{\mathrm{e}^{-\mathrm{j}kr}}{4\pi r}=\frac{\mathrm{e}^{-\mathrm{j}kr}}{4\pi r^5}\left[\left(1+\mathrm{j}kr\right)\left(2r^2-3a^2\right)-k^2r^2\left(z-z'\right)^2\right] \tag{11.36}$$

代入到 Pocklington 积分方程(10.89)，并利用$\left(z-z'\right)^2=r^2-a^2$，得

$$E_z^{i}\left(z\right)=\frac{\mathrm{j}}{4\pi\omega\varepsilon}\int_{-\frac{L}{2}}^{\frac{L}{2}}I_z\left(z'\right)F\left(z,z'\right)\mathrm{d}z' \tag{11.37}$$

式中，场点位于细导线表面，源点位于轴线上，并且

$$F\left(z,z'\right)=\frac{\mathrm{e}^{-\mathrm{j}kr}}{r^5}\left[\left(1+\mathrm{j}kr\right)\left(2r^2-3a^2\right)+k^2a^2r^2\right] \tag{11.38}$$

细线天线上的电流用全域基余弦函数展开，即

$$f_n\left(z'\right)=\cos\left[\left(2n-1\right)\frac{\pi z'}{L}\right] \tag{11.39}$$

权函数选择点匹配法，由式(11.28)得

$$z_{mn}=\frac{\mathrm{j}}{4\pi\omega\varepsilon}\int_{-\frac{L}{2}}^{\frac{L}{2}}F\left(z_m,z'\right)\cos\left[\left(2n-1\right)\frac{\pi z'}{L}\right]\mathrm{d}z' \tag{11.40}$$

由式(11.29)，得

$$b_m=E_z^{\mathrm{i}}\left(z_m\right) \tag{11.41}$$

3. 分域三角基函数和 Galerkin 法

选择下列分域三角基函数 T_n 作为基函数

$$T_n\left(z\right)=\begin{cases}\dfrac{z-z_{n-1}}{z_n-z_{n-1}}, & z_{n-1}\leqslant z\leqslant z_n\\ \dfrac{z_{n+1}-z}{z_{n+1}-z_n}, & z_n\leqslant z\leqslant z_{n+1}\\ 0, & \text{其他}\end{cases} \tag{11.42}$$

将式(11.37)中的电流用 T_n 展开，得

$$\sum_{n=1}^{N}a_n\int_{z_0}^{z_{N+1}}T_n\left(z'\right)F\left(z,z'\right)\mathrm{d}z'=-\mathrm{j}\frac{k}{\eta}E_z^{\mathrm{i}}\left(z\right) \tag{11.43}$$

权函数采用 Galerkin 法，令

$$f_m(z)=T_m(z) \tag{11.44}$$

由式(11.28)，可以得到

$$\begin{aligned} z_{mn} &= \int_{z_0}^{z_{N+1}} T_m(z)\left[\int_{z_{n-1}}^{z_n} T_{n+}(z')F(z,z')\mathrm{d}z' + \int_{z_n}^{z_{n+1}} T_{n-}(z')F(z,z')\mathrm{d}z'\right]\mathrm{d}z \\ &= \int_{z_{m-1}}^{z_m}\int_{z_{n-1}}^{z_n} T_{m+}(z)T_{n+}(z')F(z,z')\mathrm{d}z'\mathrm{d}z + \int_{z_{m-1}}^{z_m}\int_{z_n}^{z_{n+1}} T_{m+}(z)T_{n-}(z')F(z,z')\mathrm{d}z'\mathrm{d}z \\ &\quad + \int_{z_m}^{z_{m+1}}\int_{z_{n-1}}^{z_n} T_{m-}(z)T_{n+}(z')F(z,z')\mathrm{d}z'\mathrm{d}z + \int_{z_m}^{z_{m+1}}\int_{z_n}^{z_{n+1}} T_{m-}(z)T_{n-}(z')F(z,z')\mathrm{d}z'\mathrm{d}z \end{aligned} \tag{11.45}$$

由式(11.29)，可以得到

$$b_m = -\mathrm{j}\frac{k}{\eta}\left[\int_{z_{m-1}}^{z_m} T_{m+}(z)E_z^i(z)\mathrm{d}z + \int_{z_m}^{z_{m+1}} T_{m-}(z)E_z^i(z)\mathrm{d}z\right] \tag{11.46}$$

例 11-1　计算双臂振子天线的辐射，采用的矩量法模型为基于脉冲基函数和点匹配的 Hallen 积分方程和 Pocklington 积分方程。采用 Delta 缝隙电压激励，并且激励电压为单位幅度；采用奇数段网格划分；横截面半径为 $10^{-3}\lambda$。图 11-1 给出了不同网格划分时，半波长($\lambda/2$)双臂天线上的感应电流分布。可以看出，不同的网格划分对 Hallen 积分方程模型的影响较小，而在 Pocklington 积分方程模型中，只有在划分网格相当密集的情况下，精度才能够得到保障。

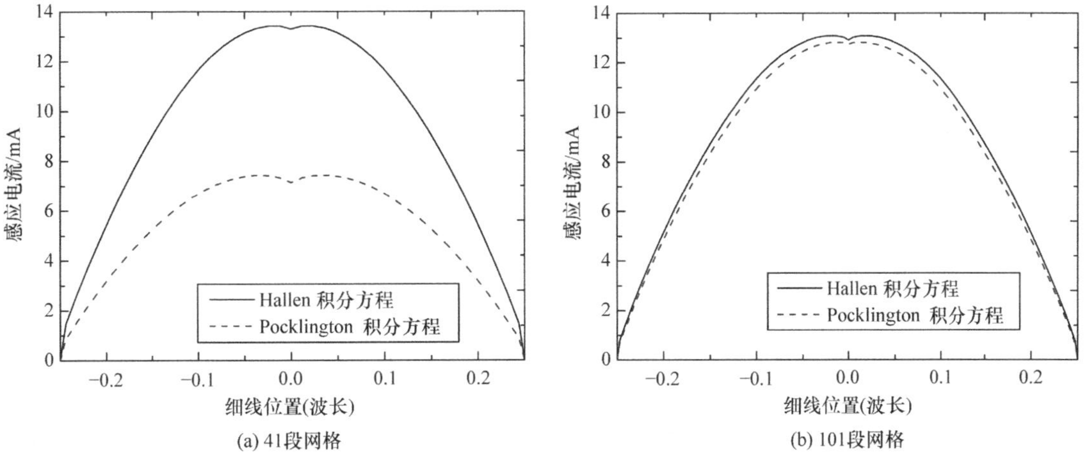

图 11-1　半波长双臂振子天线的感应电流

11.2　二维金属目标的散射

11.2.1　二维金属薄条带的散射

本节讨论 EFIE 计算二维条带的散射，其中入射电磁场为 TM 极化(垂直极化)。考虑一均匀的、TM 极化的平面波照射到一个薄的理想导体条带上，如图 11-2 所示。具有单位幅度的入射电场为

$$\begin{aligned} \boldsymbol{E}^{\mathrm{i}}(\boldsymbol{\rho}) &= \mathrm{e}^{\mathrm{j}k\hat{\rho}^i\cdot\boldsymbol{\rho}}\hat{\boldsymbol{z}} \\ &= \mathrm{e}^{\mathrm{j}k\left(x\cos\varphi^i + y\sin\varphi^i\right)}\hat{\boldsymbol{z}} \end{aligned} \tag{11.47}$$

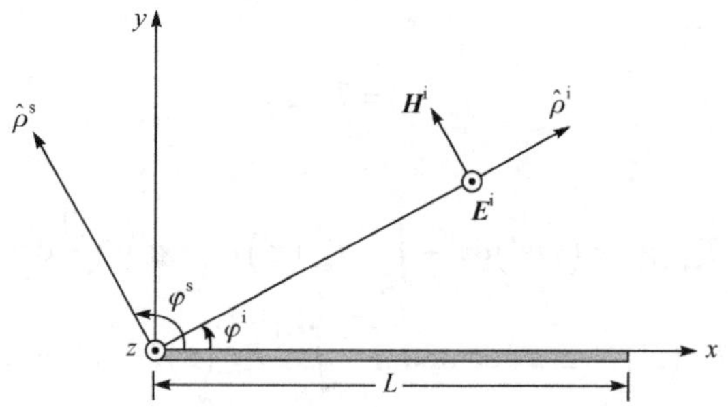

图 11-2　TM 极化波照射到二维条带上

对应的入射磁场为

$$
\begin{aligned}
\boldsymbol{H}^{\mathrm{i}}(\boldsymbol{\rho}) &= -\hat{\boldsymbol{\rho}}^{\mathrm{i}} \times \frac{\boldsymbol{E}^{\mathrm{i}}}{\eta} \\
&= \frac{1}{\eta}\left(-\sin\varphi^{\mathrm{i}}\hat{\boldsymbol{x}} + \cos\varphi^{\mathrm{i}}\hat{\boldsymbol{y}}\right)\mathrm{e}^{-\mathrm{j}k\left(x\cos\varphi^{\mathrm{i}} + y\sin\varphi^{\mathrm{i}}\right)}
\end{aligned}
\tag{11.48}
$$

式中，波阻抗$\eta = \sqrt{\mu/\varepsilon}$。因为入射电场$\boldsymbol{E}^{\mathrm{i}}$只有$z$向分量，所以表面感应电流密度$\boldsymbol{J}$也只有$z$向分量。条带非常薄，场量函数只沿$x$变化，由式(10.63)可得

$$
E_z^{\mathrm{i}}(x) = \mathrm{j}\omega\mu\int_0^L G(\boldsymbol{\rho},\boldsymbol{\rho}')\left[J_z(x') + \frac{1}{k^2}\nabla'\nabla'\cdot J_z(x')\hat{\boldsymbol{z}}\right]\mathrm{d}x' \tag{11.49}
$$

因为$\nabla'\cdot J_z(x')\hat{\boldsymbol{z}} = 0$，故

$$
E_z^{\mathrm{i}}(x) = \mathrm{j}\omega\mu\int_0^L G(\boldsymbol{\rho},\boldsymbol{\rho}')J_z(x')\mathrm{d}x' \tag{11.50}
$$

将二维格林函数的表达式$G(\boldsymbol{\rho},\boldsymbol{\rho}') = -\frac{\mathrm{j}}{4}H_0^{(2)}(k|x-x'|)$和式(11.47)代入式(11.50)，得

$$
\frac{4}{\omega\mu}\mathrm{e}^{\mathrm{j}kx\cos\varphi^{\mathrm{i}}} = \int_0^L J_z(x')H_0^{(2)}(k|x-x'|)\mathrm{d}x' \tag{11.51}
$$

这里，只考虑条带上的$\boldsymbol{E}^{\mathrm{i}}(\boldsymbol{\rho})$和$G(\boldsymbol{\rho},\boldsymbol{\rho}')$，因此$y=0$。

一旦利用矩量法求解出了J_z后，散射场可以写为

$$
E_z^{\mathrm{s}}(\boldsymbol{\rho}) = -\frac{\omega\mu}{4}\int_0^L J_z(x')H_0^{(2)}(k|x-x'|)\mathrm{d}x' \tag{11.52}
$$

利用大宗量近似($r\to\infty$)，由二维远场表达式(10.56)得

$$
E_z^{\mathrm{s}}(\boldsymbol{\rho}) = -\omega\mu\sqrt{\frac{\mathrm{j}}{8\pi k}}\frac{\mathrm{e}^{-\mathrm{j}k\rho}}{\sqrt{\rho}}\int_0^L J_z(x')\mathrm{e}^{\mathrm{j}kx'\cos\varphi^{\mathrm{s}}}\mathrm{d}x' \tag{11.53}
$$

1. 脉冲基函数和点匹配法

金属条带在x方向分为N段，每段$\Delta x = L/N$，基函数采用脉冲基函数、权函数采用点匹配法，由式(11.51)，有

$$
z_{mn} = \int_{x_n-\frac{\Delta x}{2}}^{x_n+\frac{\Delta x}{2}} H_0^{(2)}(k|x_m - x'|)\mathrm{d}x' \tag{11.54}
$$

$$
b_m = \frac{4}{\omega\mu}\mathrm{e}^{\mathrm{j}kx_m\cos\varphi^{\mathrm{i}}} \tag{11.55}
$$

式中，源点 x_n 和匹配点 x_m 都位于各分段的中点。

(1) 当 x_n 和 x_m 不重合时，式(11.54)中的积分可近似处理，有

$$z_{mn} = H_0^{(2)}\left(k\left|x_m - x_n\right|\right)\Delta x \tag{11.56}$$

(2) 当 x_n 和 x_m 重合时，利用 Hankel 函数的小宗量近似($r \to 0$)，有

$$H_0^{(2)}(kx) \approx 1 - \mathrm{j}\frac{2}{\pi}\ln\frac{\gamma kx}{2} \tag{11.57}$$

式中，$\gamma = 1.781$。因此，式(11.54)中的积分可以写成[2]

$$\begin{aligned} I &= \int_0^{\Delta x}\left(1 - \mathrm{j}\frac{2}{\pi}\ln\frac{\gamma k\left|x - x'\right|}{2}\right)\mathrm{d}x' \\ &= \Delta x - \mathrm{j}\frac{2}{\pi}\left[\Delta x\ln\left(\gamma k\frac{\Delta x - x}{2\mathrm{e}}\right) + x\ln\frac{x}{\Delta x - x}\right] \end{aligned} \tag{11.58}$$

将 $x = \Delta x/2$ 代入，可以得到

$$z_{mm} = \Delta x\left(1 - \mathrm{j}\frac{2}{\pi}\ln\frac{\gamma k\Delta x}{4\mathrm{e}}\right) \tag{11.59}$$

(3) 处理相邻的小段时，直接采用式(11.56)也会产生奇异性，对矩阵元素的精度有较大的影响。因此，对于 $|m - n| = 1$ 的情况，采用和计算 z_{mm} 相同的方法，有

$$z_{mn} = \Delta x - \mathrm{j}\frac{\Delta x}{\pi}\left(3\ln\frac{3\gamma k\Delta x}{4} - \ln\frac{\gamma k\Delta x}{4} - 2\right) \tag{11.60}$$

这样，所生成的阻抗矩阵是一个对称的 Toeplitz 矩阵。

例 11-2　如图 11-2 所示，金属薄条带宽度 $L = 3\lambda$，其上划分 300 个网格。矩量法基函数采用脉冲基函数、权函数采用点匹配法求解。图 11-3(a)中的实线是入射波垂直入射 ($\varphi^{\mathrm{i}} = 90°$) 时条带上的 EFIE 电流密度分布，图 11-3(b)是入射角度 $\varphi^{\mathrm{i}} \in [0°, 90°]$ 时的二维 RCS 解。

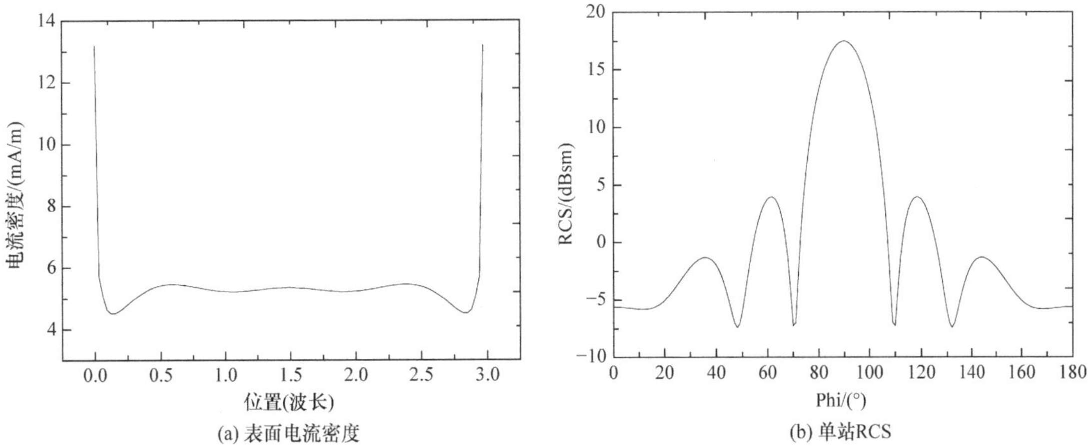

(a) 表面电流密度　　(b) 单站RCS

图 11-3　TM 极化入射波情况下二维条带的散射

2. 分域三角基函数和 Galerkin 法

由上面可以知道，感应电流在条带的两端不为零。因此可将条带分为 N–1 段，每一段长度 $\Delta x = L/(N-1)$，共有 N 个分域三角基函数，其中完整三角 N–2 个、半三角 2 个。

(1) 当源点和场点不重合且不相邻时($|m-n|>1$)，三角基函数记为f_n、权函数(Galerkin 法)记为f_m，阻抗矩阵元素可写为

$$z_{mn}=\int_{f_m} f_m(x)\int_{f_n} f_n(x')H_0^{(2)}\left(k|x-x'|\right)\mathrm{d}x'\mathrm{d}x \tag{11.61}$$

采用M点的高斯求积公式展开上式，有

$$z_{mn}=\sum_{p=1}^{M} w_m(x_p)f_m(x_p)\sum_{q=1}^{M} w_n(x_q)f_n(x_q)H_0^{(2)}\left(k|x_p-x_q|\right) \tag{11.62}$$

式中，p和q分别表示的场点和源点的位置；x_p和x_q是求积节点；w_m和w_n是求积系数。

(2) 当源点和场点重合或相邻时($|m-n|\leqslant 1$)，基函数的三角形完全重合或部分重合，Hankel 函数存在奇异性。利用小宗量近似，式(11.61)中的内层积分可以表示为

$$I=\int_0^{\Delta x} f_n(x')\left(1-\mathrm{j}\frac{2}{\pi}\ln\frac{\gamma k|x_p-x'|}{2}\right)\mathrm{d}x' \tag{11.63}$$

对三角形的上升部分“/”，有 $f_n(x')=\dfrac{x'}{\Delta x}$，可以推导得到[2]

$$I=\frac{\Delta x}{2}-\mathrm{j}\frac{2}{\pi}\left[\frac{x_p^2}{2\Delta x}\ln\frac{x_p}{\Delta x-x_p}+\frac{\Delta x}{2}\ln\frac{\gamma k(\Delta x-x_p)}{2}-\frac{x_p}{2}-\frac{\Delta x}{4}\right] \tag{11.64}$$

因为三角形的下降部分“\”相对于上升部分“/”对称，所以式(11.64)可以计算整个三角形“∧”。将存在奇异性的矩阵元素P写为

$$P=\Delta x\sum_{p=1}^{M} f_m(x_p)I(x_p) \tag{11.65}$$

(3) 激励部分可由数值积分直接得到

$$b_m=\frac{4}{\omega\mu}\int_{f_m} f_m(x)\mathrm{e}^{\mathrm{j}kx\cos\varphi^{\mathrm{i}}}\mathrm{d}x=\frac{4}{\omega\mu}\sum_{p=1}^{M} w_m(x_p)f_m(x_p)\mathrm{e}^{\mathrm{j}kx_p\cos\varphi^{\mathrm{i}}} \tag{11.66}$$

基于分域三角基函数和 Galerkin 法计算二维条带的散射的结果与例 11-2 类似，这里就不再给出。

11.2.2　二维金属柱体的散射

本节讨论 MFIE 计算二维金属柱体的散射，其中入射电磁场为 TM 极化。一均匀的、TM 极化的平面波照射到一个理想金属柱体上，如图 11-4 所示。

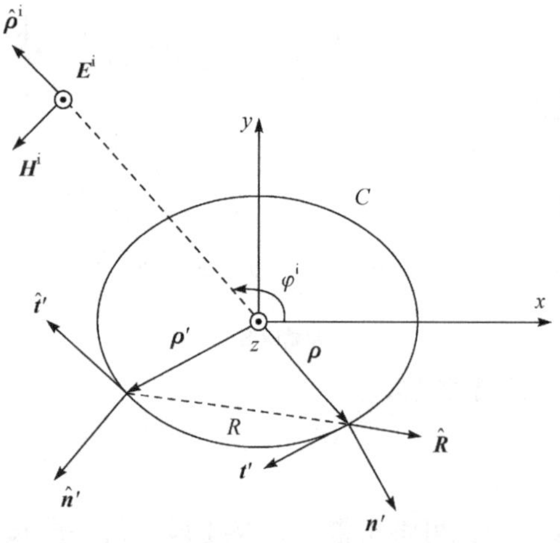

图 11-4　TM 极化波照射到二维金属柱体上

由式(10.77)，可将二维 MFIE 写成

$$\hat{\boldsymbol{n}}(\boldsymbol{\rho})\times\boldsymbol{H}^{\mathrm{i}}(\boldsymbol{\rho})=\frac{\boldsymbol{J}(\boldsymbol{\rho})}{2}-\frac{\mathrm{j}}{4}\hat{\boldsymbol{n}}(\boldsymbol{\rho})\times\int_{C'}\boldsymbol{J}(\boldsymbol{\rho}')\times\nabla H_0^{(2)}(k\rho)\mathrm{d}\boldsymbol{\rho}' \tag{11.67}$$

式(11.67)表明，入射磁场只在柱体表面的z方向产生感应电流，即对电流有贡献的那部分磁场必然

与 C 相切。进一步，式(11.67)可以写成

$$\hat{\boldsymbol{t}}(\boldsymbol{\rho})\cdot\boldsymbol{H}^{\mathrm{i}}(\boldsymbol{\rho})=\frac{J_z(\boldsymbol{\rho})}{2}-\frac{\mathrm{j}}{4}\hat{\boldsymbol{z}}\cdot\left[\hat{\boldsymbol{n}}(\boldsymbol{\rho})\times\int_{C'}J_z(\boldsymbol{\rho}')\hat{\boldsymbol{z}}\times\nabla H_0^{(2)}(k\rho)\mathrm{d}\boldsymbol{\rho}'\right] \tag{11.68}$$

式中，单位切向矢量 $\hat{\boldsymbol{t}}(\boldsymbol{\rho})=\hat{\boldsymbol{n}}(\boldsymbol{\rho})\times\hat{\boldsymbol{z}}$。利用矢量恒等式

$$\boldsymbol{A}\times\boldsymbol{B}\times\boldsymbol{C}=(\boldsymbol{A}\cdot\boldsymbol{C})\boldsymbol{B}-(\boldsymbol{A}\cdot\boldsymbol{B})\boldsymbol{C} \tag{11.69}$$

有

$$\begin{aligned}\hat{\boldsymbol{n}}(\boldsymbol{\rho})\times\hat{\boldsymbol{z}}\times\nabla H_0^{(2)}(k\rho)&=\left[\hat{\boldsymbol{n}}(\boldsymbol{\rho})\cdot\nabla H_0^{(2)}(k\rho)\right]\hat{\boldsymbol{z}}-\left[\hat{\boldsymbol{n}}(\boldsymbol{\rho})\cdot\hat{\boldsymbol{z}}\right]\nabla H_0^{(2)}(k\rho)\\&=\left[\hat{\boldsymbol{n}}(\boldsymbol{\rho})\cdot\nabla H_0^{(2)}(k\rho)\right]\hat{\boldsymbol{z}}\end{aligned} \tag{11.70}$$

代入到式(11.68)，得到

$$\hat{\boldsymbol{t}}(\boldsymbol{\rho})\cdot\boldsymbol{H}^{\mathrm{i}}(\boldsymbol{\rho})=\frac{J_z(\boldsymbol{\rho})}{2}-\frac{\mathrm{j}}{4}\int_{C'}J_z(\boldsymbol{\rho}')\left[\hat{\boldsymbol{n}}(\boldsymbol{\rho})\cdot\nabla H_0^{(2)}(k\rho)\right]\mathrm{d}\boldsymbol{\rho}' \tag{11.71}$$

因为

$$\nabla H_0^{(2)}(k\rho)=-kH_1^{(2)}(k\rho)\left(\frac{x-x'}{R}\hat{\boldsymbol{x}}+\frac{y-y'}{R}\hat{\boldsymbol{y}}\right) \tag{11.72}$$

所以 MFIE 可以写成

$$\hat{\boldsymbol{t}}(\boldsymbol{\rho})\cdot\boldsymbol{H}^{\mathrm{i}}(\boldsymbol{\rho})=\frac{J_z(\boldsymbol{\rho})}{2}+\frac{\mathrm{j}k}{4}\int_{C'}\left[\hat{\boldsymbol{n}}(\boldsymbol{\rho})\cdot\hat{\boldsymbol{R}}\right]J_z(\boldsymbol{\rho}')H_1^{(2)}(k\rho)\mathrm{d}\boldsymbol{\rho}' \tag{11.73}$$

式中，$\hat{\boldsymbol{R}}=\dfrac{x-x'}{R}\hat{\boldsymbol{x}}+\dfrac{y-y'}{R}\hat{\boldsymbol{y}}=\dfrac{\boldsymbol{\rho}-\boldsymbol{\rho}'}{|\boldsymbol{\rho}-\boldsymbol{\rho}'|}$。

一旦利用矩量法求解出了 J_z 后，利用大宗量近似($\rho\to\infty$)，可得到散射场

$$E_z^{\mathrm{s}}(\boldsymbol{\rho})=-\omega\mu\sqrt{\frac{\mathrm{j}}{8\pi k}}\frac{\mathrm{e}^{-\mathrm{j}k\rho}}{\sqrt{\rho}}\int_C J_z(\boldsymbol{\rho}')\mathrm{e}^{\mathrm{j}k\boldsymbol{\rho}'\cdot\boldsymbol{\rho}}\mathrm{d}\boldsymbol{\rho}' \tag{11.74}$$

由式(11.73)，令矩量法求解中的基函数为 f_n，权函数为 f_m，则阻抗矩阵元素为

$$\begin{aligned}z_{mn}&=\frac{1}{2}\int_{f_m\cup f_n}f_m(\boldsymbol{\rho})f_n(\boldsymbol{\rho})\mathrm{d}\boldsymbol{\rho}\\&\quad+\frac{\mathrm{j}k}{4}\int_{f_m}f_m(\boldsymbol{\rho})\int_{f_n}f_n(\boldsymbol{\rho})\left[\hat{\boldsymbol{n}}(\boldsymbol{\rho})\cdot\hat{\boldsymbol{R}}\right]H_1^{(2)}(k\rho)\mathrm{d}\boldsymbol{\rho}'\mathrm{d}\boldsymbol{\rho}\end{aligned} \tag{11.75}$$

激励向量元素为

$$b_m=\int_{f_m}f_m(\boldsymbol{\rho})\left[\hat{\boldsymbol{t}}(\boldsymbol{\rho})\cdot\boldsymbol{H}^{\mathrm{i}}(\boldsymbol{\rho})\right]\mathrm{d}\boldsymbol{\rho} \tag{11.76}$$

1. 分域脉冲基函数和点匹配

式(11.75)右边第一项对应自阻抗元素(场点和源点重合)，采用点匹配可以得到

$$z_{mn}=\frac{1}{2} \tag{11.77}$$

右边第二项对应互阻抗元素(场点和源点不重合)，积分采用重心近似，得到

$$z_{mn}=\left(\hat{\boldsymbol{n}}_m\cdot\hat{\boldsymbol{R}}_{mn}\right)\frac{\mathrm{j}k\Delta l}{4}H_1^{(2)}\left(k|\boldsymbol{\rho}_m-\boldsymbol{\rho}_n|\right) \tag{11.78}$$

式中，对于圆柱体，有

$$\hat{\boldsymbol{n}}_m \cdot \hat{\boldsymbol{R}}_{mn} = \frac{\boldsymbol{\rho}_m}{a} \cdot \frac{\boldsymbol{\rho}_m - \boldsymbol{\rho}_n}{\left|\boldsymbol{\rho}_m - \boldsymbol{\rho}_n\right|} \tag{11.79}$$

利用圆柱面上切向单位矢量

$$\hat{\boldsymbol{t}}(\boldsymbol{\rho}) = \sin\varphi \hat{\boldsymbol{x}} - \cos\varphi \hat{\boldsymbol{y}} \tag{11.80}$$

和式(11.48)，式(11.76)可以写成

$$b_m = -\frac{1}{\eta}\left(\sin\varphi_m \sin\varphi^{\mathrm{i}} + \cos\varphi_m \cos\varphi^{\mathrm{i}}\right)\mathrm{e}^{\mathrm{j}k\left(x_m \cos\varphi^{\mathrm{i}} + y_m \sin\varphi^{\mathrm{i}}\right)} \tag{11.81}$$

2. 分域三角基函数和 Galerkin 法

式(11.75)中的数值积分采用 M 点高斯积分进行求解，阻抗矩阵和激励向量元素可分别写成

$$\begin{aligned} z_{mn} = &\frac{1}{2}\sum_{p=1}^{M} w_m(\boldsymbol{\rho}) f_m(\boldsymbol{\rho}) f_n(\boldsymbol{\rho}) \\ &+ \frac{\mathrm{j}k}{4}\sum_{p=1}^{M} w_m(\boldsymbol{\rho}) f_m(\boldsymbol{\rho}) \sum_{q=1}^{M} w_n(\boldsymbol{\rho}) f_n(\boldsymbol{\rho}) \left(\hat{\boldsymbol{n}}_p \cdot \hat{\boldsymbol{R}}_{pq}\right) H_1^{(2)}\left(k\left|\boldsymbol{\rho}_p - \boldsymbol{\rho}_q\right|\right) \end{aligned} \tag{11.82}$$

$$b_m = -\frac{1}{\eta}\sum_{p=1}^{M} w_m(\boldsymbol{\rho}_p) f_m(\boldsymbol{\rho}_p)\left(\sin\varphi_p \sin\varphi^{\mathrm{i}} + \cos\varphi_p \cos\varphi^{\mathrm{i}}\right)\mathrm{e}^{\mathrm{j}k\left(x_p \cos\varphi^{\mathrm{i}} + y_q \sin\varphi^{\mathrm{i}}\right)} \tag{11.83}$$

例 11-3　考虑 TM 平面波以入射角 $\varphi^{\mathrm{i}} = 0°$ 照射到一理想导体圆柱上，圆柱半径为 $a = 2\lambda$，圆柱周长划分为 180 个均匀网格。基函数采用分域三角基函数、权函数采用 Galerkin 法，数值积分在每一分段中采用 6 点高斯积分进行计算，图 11-5 给出了 MFIE 的仿真结果。

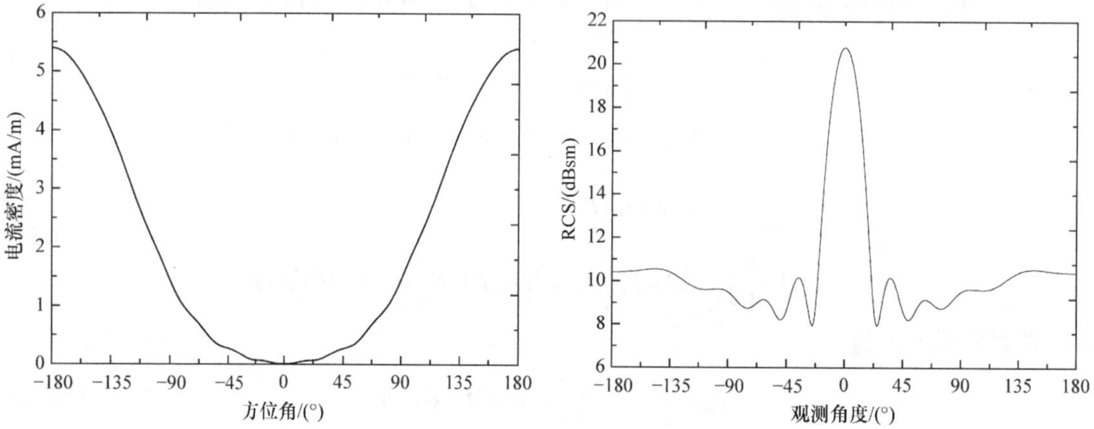

(a) 表面电流密度　　(b) 双站RCS

图 11-5　TM 极化入射波情况下二维圆柱的散射

11.3　三维金属目标的散射

本节利用基于 RWG 基函数的矩量法计算三维金属目标的散射。利用电场积分方程(10.63)，有

$$\hat{\boldsymbol{n}}(\boldsymbol{r})\times\left[\mathrm{j}\omega\mu\int_S \boldsymbol{J}_s(\boldsymbol{r}')G(\boldsymbol{r},\boldsymbol{r}')\mathrm{d}S'+\frac{\mathrm{j}}{\omega\varepsilon}\int_S\nabla'\cdot\boldsymbol{J}_s(\boldsymbol{r}')\nabla G(\boldsymbol{r},\boldsymbol{r}')\mathrm{d}S'\right]=\hat{\boldsymbol{n}}(\boldsymbol{r})\times\boldsymbol{E}^i(\boldsymbol{r}) \tag{11.84}$$

用 RWG 基函数对 $\boldsymbol{J}_s$ 进行展开，权函数采用 Galerkin 方法，得到的阻抗矩阵元素为

$$\begin{aligned}z_{mn}&=\int_{S_m}\boldsymbol{f}_m(\boldsymbol{r})\cdot\left[\mathrm{j}\omega\mu\int_{S_n}\boldsymbol{f}_n(\boldsymbol{r}')G(\boldsymbol{r},\boldsymbol{r}')\mathrm{d}S'+\frac{\mathrm{j}}{\omega\varepsilon}\int_{S_n}\nabla'\cdot\boldsymbol{f}_n(\boldsymbol{r}')\nabla G(\boldsymbol{r},\boldsymbol{r}')\mathrm{d}S'\right]\mathrm{d}S\\&=\mathrm{j}\omega\mu\int_{S_m}\boldsymbol{f}_m(\boldsymbol{r})\cdot\left[\int_{S_n}\boldsymbol{f}_n(\boldsymbol{r}')G(\boldsymbol{r},\boldsymbol{r}')\mathrm{d}S'\right]\mathrm{d}S+\frac{1}{\mathrm{j}\omega\varepsilon}\int_{S_m}\nabla\cdot\boldsymbol{f}_m(\boldsymbol{r})\left[\int_{S_n}\nabla'\cdot\boldsymbol{f}_n(\boldsymbol{r}')G(\boldsymbol{r},\boldsymbol{r}')\mathrm{d}S'\right]\mathrm{d}S\\&=\frac{\mathrm{j}\omega\mu}{4\pi}\int_{S_m}\boldsymbol{f}_m(\boldsymbol{r})\cdot\left[\int_{S_n}\boldsymbol{f}_n(\boldsymbol{r}')\frac{\mathrm{e}^{-\mathrm{j}kr}}{r}\mathrm{d}S'\right]\mathrm{d}S+\frac{1}{\mathrm{j}4\pi\omega\varepsilon}\int_{S_m}\nabla\cdot\boldsymbol{f}_m(\boldsymbol{r})\left[\int_{S_n}\nabla'\cdot\boldsymbol{f}_n(\boldsymbol{r}')\frac{\mathrm{e}^{-\mathrm{j}kr}}{r}\mathrm{d}S'\right]\mathrm{d}S\end{aligned} \tag{11.85}$$

式中，$S_m=T_m^+\cup T_m^-$，$S_n=T_n^+\cup T_n^-$（T 为 RWG 基函数定义的三角形）。当 $m=n$，即基函数和权函数都定义在同一个三角形面对上时，式(11.85)中 $G(\boldsymbol{r},\boldsymbol{r}')$ 的 $r=|\boldsymbol{r}-\boldsymbol{r}'|$ 作为分母，会导致奇异性的出现。一种处理方式是对奇异点的积分单独处理，这里采用另外一种处理方式规避奇异点的积分[3]，首先对三角形面对进行特殊的网格划分，即将原始的三角形等分成九个子三角形，如图 11-6 所示，其中 $\boldsymbol{r}_{n,c}{}^{\pm}$ 分别表示原始正负三角形的重心，$\boldsymbol{r}_{n,k}{}^{\pm}$（$k=1,2,\cdots,9$）表示子三角形的重心。

以式(11.85)中的第一项为例，考虑内外层积分都在正三角形上这种情况，将式(8.16)代入到式(11.85)之后，可以得到

$$\begin{aligned}\varGamma_+^+&=\frac{\mathrm{j}\omega\mu}{4\pi}\int_{T_m^+}\boldsymbol{f}_m(\boldsymbol{r})\cdot\left[\int_{T_n^+}\boldsymbol{f}_n(\boldsymbol{r}')\frac{\mathrm{e}^{-\mathrm{j}kr}}{r}\mathrm{d}S'\right]\mathrm{d}S\\&=\int_{T_m^+}\boldsymbol{h}_{\mathrm{out}}(\boldsymbol{r})\cdot\left[\int_{T_n^+}\boldsymbol{h}_{\mathrm{in}}(\boldsymbol{r},\boldsymbol{r}')\mathrm{d}S'\right]\mathrm{d}S\end{aligned} \tag{11.86}$$

式中，$\boldsymbol{h}_{\mathrm{out}}(\boldsymbol{r})=\dfrac{\mathrm{j}\omega\mu}{4\pi}\boldsymbol{f}_m(\boldsymbol{r})$ 和 $\boldsymbol{h}_{\mathrm{in}}(\boldsymbol{r},\boldsymbol{r}')=\boldsymbol{f}_n(\boldsymbol{r}')\dfrac{\mathrm{e}^{-\mathrm{j}kr}}{r}$。

假设被积函数在每个子三角形上为常数进行内层积分计算，在原始三角形上为常数进行外层积分计算，则式(11.86)可以写为

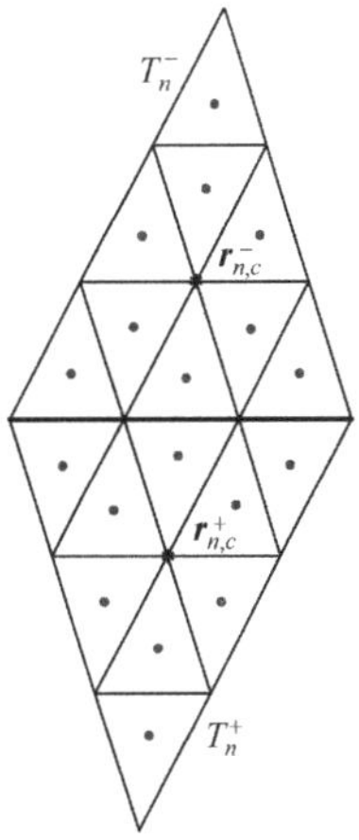

图 11-6　三角面对的子网格划分

$$\varGamma_+^+=A_m{}^+\boldsymbol{h}_{\mathrm{out}}(\boldsymbol{r}_{m,c}{}^+)\cdot\left[\frac{A_n^+}{9}\sum_{k=1}^{9}\boldsymbol{h}_{\mathrm{in}}(\boldsymbol{r}_{m,c}{}^+,\boldsymbol{r}_{n,k}{}^+)\right] \tag{11.87}$$

由于原始三角形的重心和子三角形的重心不重合，有效地避免了奇异性的产生。与单独处理奇异点的方法相比，该方法在精度上和处理时间上几乎相同，但是操作十分简便。

对于散射问题，根据式(11.84)的右端激励项，假设被积函数在原始三角形上为常数，激励向量的积分可表示为

$$\begin{aligned}b_m&=\int_{S_m}\boldsymbol{f}_m(\boldsymbol{r})\cdot\boldsymbol{E}^{\mathrm{i}}(\boldsymbol{r})\mathrm{d}S\\&=A_m{}^+\boldsymbol{f}_m(\boldsymbol{r}_{n,c}{}^+)\cdot\boldsymbol{E}^{\mathrm{i}}(\boldsymbol{r}_{n,c}{}^+)+A_m{}^-\boldsymbol{f}_m(\boldsymbol{r}_{n,c}{}^-)\cdot\boldsymbol{E}^{\mathrm{i}}(\boldsymbol{r}_{n,c}{}^-)\end{aligned} \tag{11.88}$$

在确定了矩阵元素和激励向量之后，就可以求解得到表面等效电流基函数的展开系数，从而得到表面等效电流 $\boldsymbol{J}_s$。

例 11-4　对一个带通孔的金属块进行散射计算，如图 11-7 所示，金属块的长度和宽度均为 $a=\lambda$，厚度为 $b=\lambda/6$，通孔的半径为 $c=\lambda/4$，其中 λ 为自由空间中的波长。

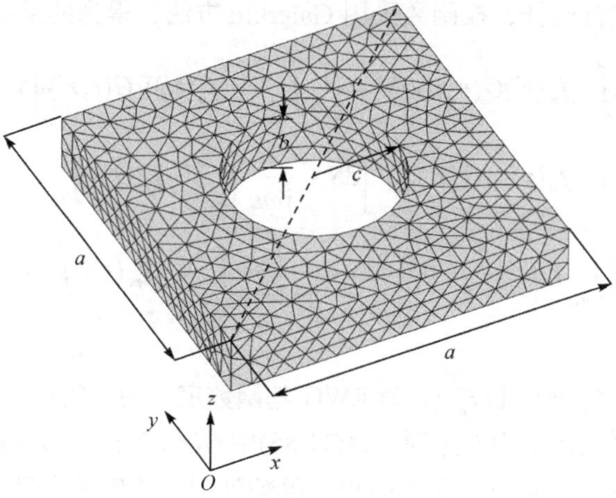

图 11-7　带通孔的金属块

当入射方向为 $\theta_{\mathrm{i}}=45°$、$\phi_{\mathrm{i}}=45°$ 的 θ 方向极化平面波照射该结构，在 $\phi_{\mathrm{s}}=0°$、$\theta_{\mathrm{s}}=0°$～360° 以及 $\theta_{\mathrm{s}}=90°$、$\phi_{\mathrm{s}}=0°$～360° 两种情况下分别计算得到 $\theta\theta$ 极化的双站 RCS，所得结果如图 11-8 所示。

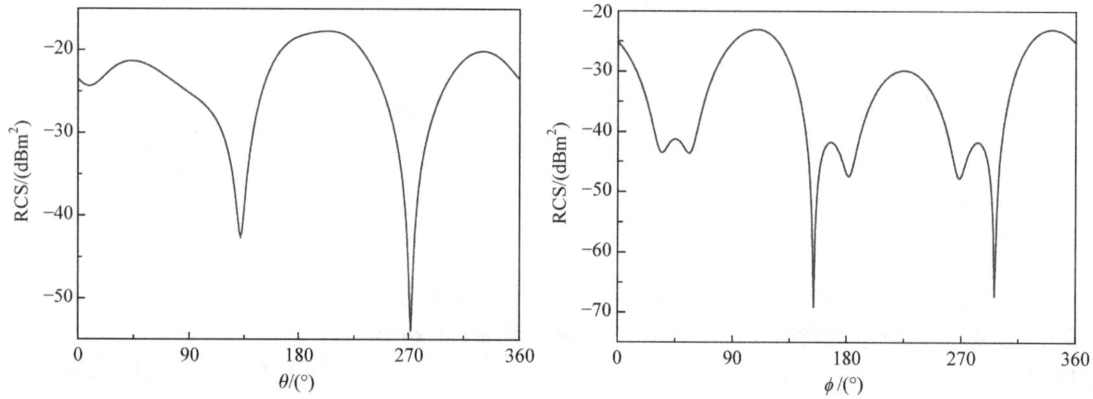

(a) $\phi_{\mathrm{s}}=0°$　　　　(b) $\theta_{\mathrm{s}}=90°$

图 11-8　带通孔的金属块的双站 RCS 结果

参 考 文 献

[1] Balanis C A. Advanced Engineering Electromagneitcs. New York: John Wiley and Sons, 1989

[2] Wilton D, Rao S, Glisson A, et al. Potential integrals for uniform and linear source distributions on polygonal and polyhedral domains. IEEE Trans. Antennas Propogat.,1984, 32(3): 276-281

[3] Makarov S N. Antenna and EM modeling with MATLAB. New York: John Wiley and Sons, 2002

第 12 章　子全域基函数法

12.1　子全域基函数法原理

子全域基函数法利用周期结构的物理特性，可以降低未知量的数目，提高矩量法仿真周期结构的效率[1]。

12.1.1　一维周期结构的子全域基函数法

当自由空间中的平面波照射到如图 12-1 所示的一维理想金属周期结构时，其各单元表面会产生感应电流，感应电流进而会产生散射场。由电场积分方程(10.63)，在各单元表面上的切向总电场可以写成

$$\left[\boldsymbol{E}^{i}\right]_{\tan}=\left[\frac{\mathrm{j}\omega\mu_0}{4\pi}\int_S \boldsymbol{J}(\boldsymbol{r}')\frac{\mathrm{e}^{-\mathrm{j}kr}}{r}\mathrm{d}S'+\frac{\mathrm{j}}{4\pi\varepsilon_0}\int_S \nabla_s\cdot\boldsymbol{J}(\boldsymbol{r}')\frac{\mathrm{e}^{-\mathrm{j}kr}}{r}\mathrm{d}S'\right]_{\tan} \tag{12.1}$$

式中，$r=|\boldsymbol{r}-\boldsymbol{r}'|$。

图 12-1　含有 N_c 个单元的一维有限周期结构

矩量法中，$\boldsymbol{J}$ 能展开为

$$\boldsymbol{J}(\boldsymbol{r})=\sum_{n=1}^{N_c}\sum_{m=1}^{M}a_{nm}\boldsymbol{f}_{nm}(\boldsymbol{r}) \tag{12.2}$$

式中，N_c 为周期结构中的单元数；M 为每个单元表面上的 RWG 内边数；$\boldsymbol{f}_{nm}(\boldsymbol{r})$ 为第 n 个单元上的第 m 个 RWG 基函数；α_{nm} 为相应的展开系数。可以看出应用传统矩量法进行分析，总的未知量数目为 MN_c。

假设 $\boldsymbol{f}_n(\boldsymbol{r})$ 是位于第 n 个单元上的感应电流的局部全域基函数，周期结构的感应电流 $\boldsymbol{J}$ 可表示为

$$\boldsymbol{J}(\boldsymbol{r})=\sum_{n=1}^{N_0}a_n\boldsymbol{f}_n(\boldsymbol{r}) \tag{12.3}$$

式中，a_n 为展开系数。从整个周期结构看，$\boldsymbol{f}_n(\boldsymbol{r})$ 为分域基函数；从单元看，$\boldsymbol{f}_n(\boldsymbol{r})$ 为全域基函数，所以称为子全域(sub-entire domain，SED)基函数。

由 Galerkin 法，式(12.1)用矩阵形式可表示为

$$\boldsymbol{Za}=\boldsymbol{V} \tag{12.4}$$

式中，$\boldsymbol{a}$ 是 $N_c\times 1$ 的展开系数向量，激励向量 $\boldsymbol{V}$ 可表示为

$$V_m = \int_{S_m} \boldsymbol{f}_m^*(\boldsymbol{r}) \cdot \boldsymbol{E}^i(\boldsymbol{r}) \mathrm{d}\boldsymbol{r} \tag{12.5}$$

式中，“*”表示复共轭。

$\boldsymbol{Z}$ 为阻抗矩阵，可表示为

$$\boldsymbol{Z}_{mn} = \mathrm{j}\omega\mu_0 \int_{S_m} \boldsymbol{f}_m^*(\boldsymbol{r})\mathrm{d}\boldsymbol{r} \cdot \int_{S_n} \frac{\mathrm{e}^{-\mathrm{j}kr}}{4\pi r} \boldsymbol{f}_n(\boldsymbol{r}')\mathrm{d}\boldsymbol{r}' + \frac{1}{\mathrm{j}\omega\varepsilon_0} \int_{S_m} \nabla_S \cdot \boldsymbol{f}_m^*(\boldsymbol{r})\mathrm{d}\boldsymbol{r} \int_{S_n} \frac{\mathrm{e}^{-\mathrm{j}kr}}{4\pi r} \nabla_S' \cdot \boldsymbol{f}_n(\boldsymbol{r}')\mathrm{d}\boldsymbol{r}' \tag{12.6}$$

可以看出，只要确定了子全域基函数，由式(12.3)～式(12.6)就可以求得展开系数了。

子全域基函数分为精确子全域基函数(accurate sub-entire domain, ASED)和简化子全域基函数(simplified sub-entire domain, SSED)，这里介绍前者。

为确定精确子全域基函数 $\boldsymbol{f}_n(\boldsymbol{r})$，需要考虑整个周期结构各单元间的互耦，然而计算复杂度过大。这里在确定 $\boldsymbol{f}_n(\boldsymbol{r})$ 时，只考虑该单元和其周围单元。由图 12-1 表示的单元位置来看，整个周期结构有三类单元，左边单元(left edge cell，LEC)、右边单元(right edge cell，REC)和内部单元(interior cell，IC)。LEC 和 REC 子全域基函数分别位于左边单元和右边单元上，IC 子全域基函数位于内部单元上。在确定 LEC 子全域基函数时，只需考虑左边单元和与相邻单元，如图 12-2(a)所示；在确定 IC 子全域基函数时，只需考虑内部和与其相邻的 2 个单元，如图 12-2(b)所示；在确定 REC 子全域基函数时，只需考虑右边单元和相邻单元，如图 12-2(c)所示；可以发现，只需要考虑有 3 个单元组成的小规模阵列问题，这三类子全域基函数就全包括了，如图 12-2(d)所示。

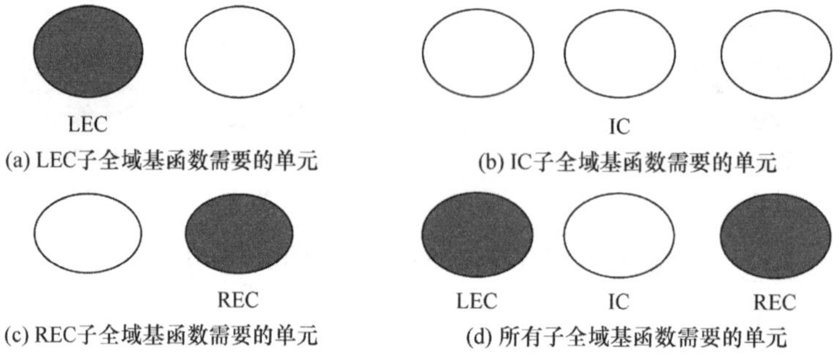

图 12-2　确定不同单元子全域基函数需要的单元

在确定精确子全域基函数时，需要分析含有 $3M$ 个未知量的问题。然后由式(12.4)求出展开系数，此时需要分析含有 N_c 个未知量的问题。可以看出，应用子全域基函数法后，原来有 MN_c 个未知量的问题变为两个各有 $3M$ 和 N_c 个未知量的问题。如果在确定子全域基函数时，不考虑其他单元的互耦，就是简化的子全域基函数。这样，在确定子全域基函数时仅需分析含有 M 个未知量的问题。

例 12-1　采用精确子全域基函数法计算一个 10×1 阵列的 RCS。单元为边长为 0.6λ 的正方形理想金属平板，其表面有 96 个 RWG 内边，内边总数为 960。图 12-3(a)和(b)分别绘出了单元间距为 0.3λ、正入射和斜入射(入射角为 75°)时的 RCS。可以看出，正入射时，精确子全域基函数法所得结果与传统矩量法的结果在大部分角度吻合较好，在 90°和 270°附近时，两者所得的结果有一定的误差。在斜入射时，ASED 法所得的结果与传统矩量法所得的结果吻合相当好。

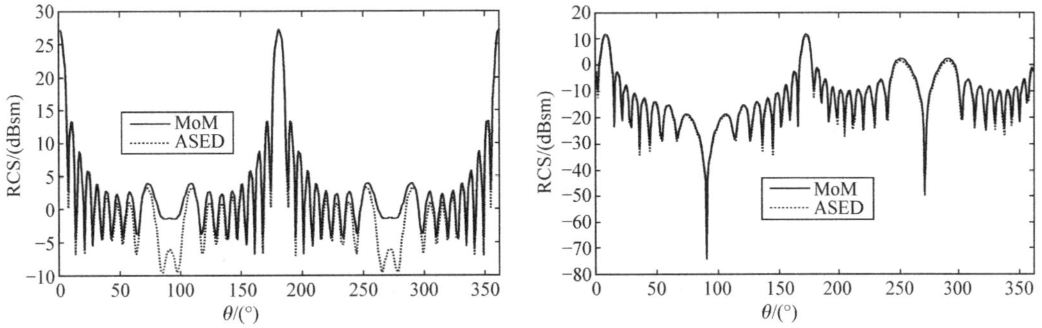

(a) 正入射情形(VV极化)　　(b) 斜入射情形(入射角$\theta=75°$，HH极化)

图 12-3　单元边长为 0.6λ、间距为 0.3λ 的正方形贴片组成的 10×1 阵列的 RCS

例 12-2　计算一个 10×1 阵列的 RCS，单元是理想金属的正方形开口环，如图 12-4 所示。每个单元上有 67 个 RWG 内边。图 12-5(a)和(b)分别绘出了单元间距为 0.5λ 时，正入射和斜入射(入射角为 75°)时的 RCS 曲线。可以看出，精确子全域基函数法与传统矩量法得到的结果吻合很好。

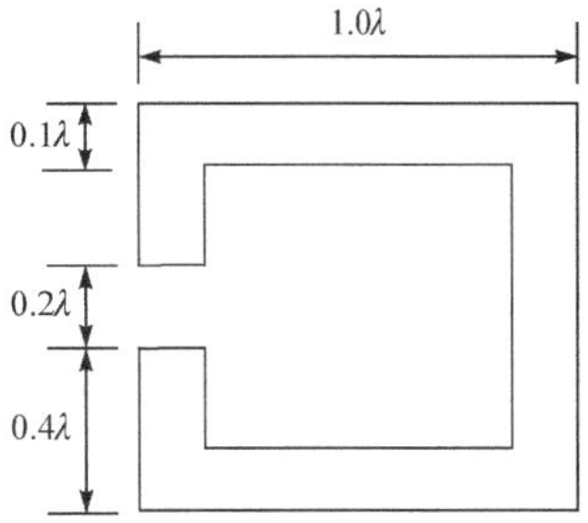

图 12-4　正方形开口环的结构尺寸

12.1.2　二维周期结构的子全域基函数法

用子全域基函数法分析二维周期结构，原理与步骤与一维的相同，也是需要两步：首先计算各单元上电流的子全域基函数，然后求出在整个周期结构中的单元上电流的展开系数。二维结构情形中的子全域基函数法也分为精确的和简化的子全域基函数法。这里讨论精确的子全域基函数法。

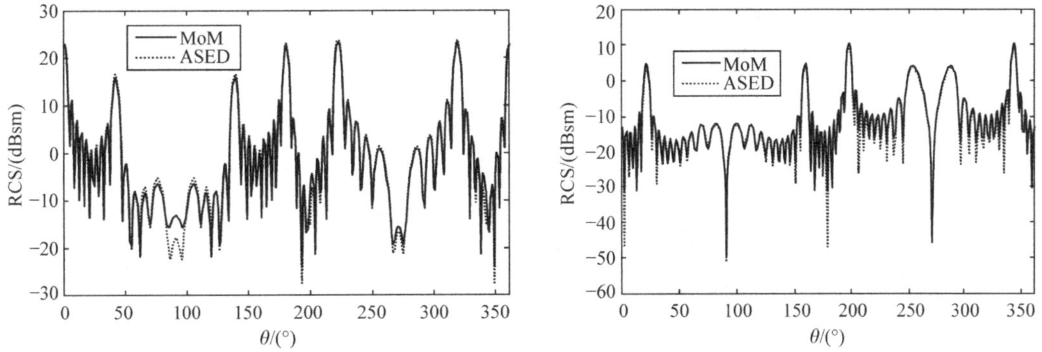

(a) 正入射情形(VV极化)　　(b) 斜入射情形(入射角$\theta=75°$，HH极化)

图 12-5　单元间距为 0.5λ 的正方形开口环组成的 10×1 阵列的 RCS

图 12-6(a)为典型的二维周期结构。根据各单元的位置关系，整个周期结构中的单元可分为九类，即四个角单元、四个边单元和一个内单元，如图 12-6(b)所示。角单元包括左上角单元(LUCC)、右上角单元(RUCC)、左下角单元(LLCC)和右下角单元(RLCC)；边单元包括上边单元(UEC)、下边单元(LoEC)、左边单元(LeEC)和右边单元(REC)。

精确子全域基函数分为三类：角子全域基函数、边子全域基函数和内子全域基函数。角子全域基函数位于左上角单元、右上角单元、左下角单元和右下角单元上；边子全域基函数位于上边单元、下边单元、左边单元和右边单元；内子全域基函数位于其余全部的单元。简化子全域基函数法与精确子全域基函数法的区别只是子全域基函数不同。对简化子全域基函数法来说，确定各单元上的子全域基函数时，只考虑其自身，因此只有各单元上的子全域基函数是相同的。

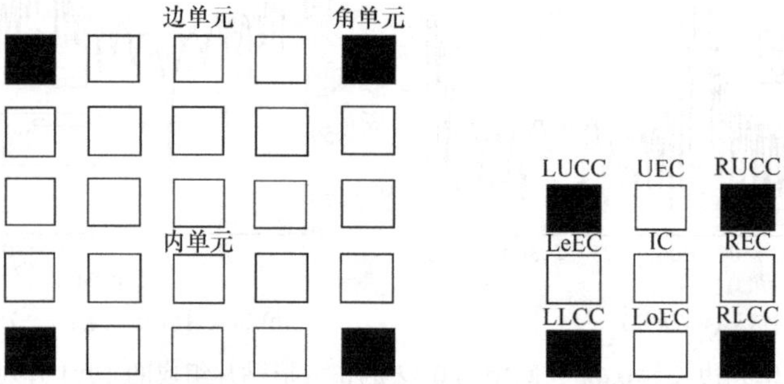

(a) 二维周期结构　　(b) 周期结构所有类型单元

图 12-6　二维周期结构及其单元类型

在计算电流的展开系数时，未知量的总数等于单元数。因而当单元数目很大时，未知量数目仍然很多，求解时间将会很长，内存需求也会很大。为了节约 CPU 时间和降低内存需求，一个好的办法是进一步降低未知量的数目。下面介绍扩展的精确子全域基函数法[2]，这里“扩展”的意思是将几个初始的单元合并为 1 个单元。这样，单元的数目就会降低，从而达到了降低未知量数目的目的。

图 12-7 是扩展单元示意图。一个扩展单元包括 4 个初始单元，扩展子全域基函数就是基于扩展单元(extended cell)而言的。扩展之后，整个结构中单元的数目降为初始的 1/4。与传统的子全域基函数法相同的是，整个周期结构仍是包含 9 类单元，即 4 个角单元、4 个边单元和 1 个内单元。对整个周期结构来说，总的感应电流可展开为

$$\boldsymbol{J}(\boldsymbol{r})=\sum_{n=1}^{N_0/4}a_n\boldsymbol{f}_n^{\text{ext}}(\boldsymbol{r}) \tag{12.7}$$

式中，N_0 为初始单元数；$\boldsymbol{f}_n^{\text{ext}}(\boldsymbol{r})$ 为整个周期结构的扩展精确子全域基函数，同时也是第 n 个扩展单元上的全域基函数。为确定各扩展单元上的子全域基函数只需要分析含有 9 个扩展单元的周期结构即可。

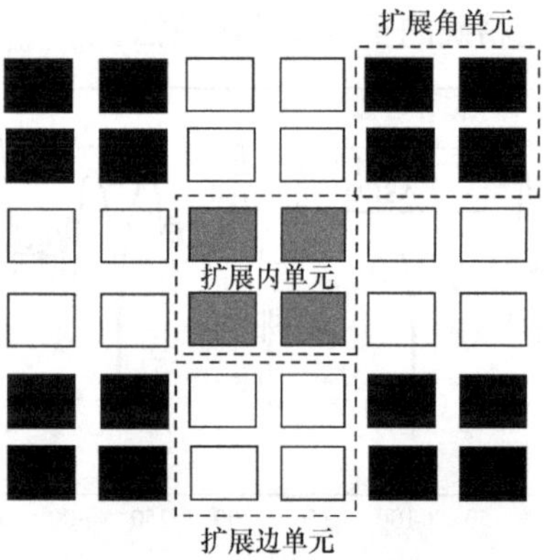

图 12-7　包含所有扩展子全域基函数的周期结构

确定了子全域基函数后，就需要求展开系数了。为区别起见，式(12.4)改写为

$$\boldsymbol{Z}^{\text{ext}}\boldsymbol{a}^{\text{ext}}=\boldsymbol{V}^{\text{ext}} \tag{12.8}$$

式中，$\boldsymbol{a}^{\text{ext}}$ 为 $\dfrac{N_0}{4}\times 1$ 的展开系数向量；$\boldsymbol{V}^{\text{ext}}$ 和 $\boldsymbol{Z}^{\text{ext}}$ 中的元素分别与式(12.5)和式(12.6)中的相似，除积分是在扩展单元上进行的。

例 12-3　计算一个 8×8 阵列的 RCS。单元为边长为 0.3λ 的理想金属正方形贴片，其表面有 21 个 RWG 内边，整个结构的内边总数为 1344。图 12-8(a)和(b)分别绘出了单元间距为 0.2λ，正入射和斜入射(入射角 $\theta=60°$)时的 RCS 曲线。可以看出，由扩展的精确子全域基函数法所得结果与传统矩量法、精确子全域基函数法所得结果吻合较好，但扩展的精确子全域基函数法的 CPU 时间仅为精确子全域基函数法的 1/3 左右。

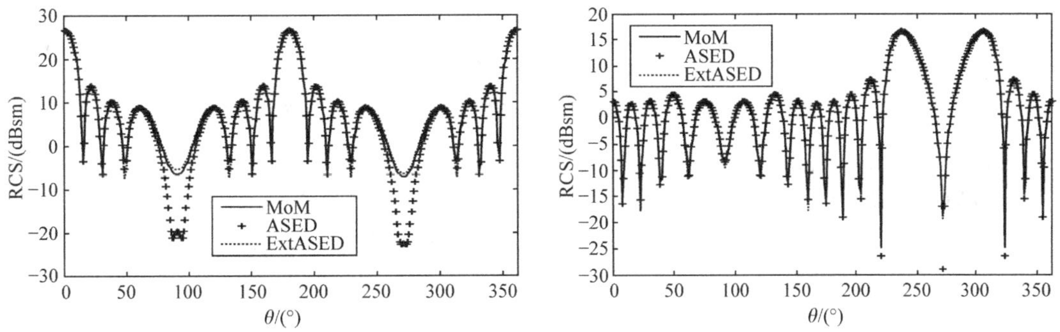

(a) 正入射情形　(b) 斜入射情形(入射角θ = 60°)

图 12-8　三种方法计算的由正方形贴片组成的 8×8 阵列的 RCS

需要说明的是，只是将 4 个初始的单元合并为扩展单元。如果精度得以保证的话，可将更多单元，如 K 个，组合为扩展单元。如果第一步和第二步中的矩阵方程都是用直接法求解，总的计算复杂度为

$$C_1 = (9KM)^3 + (N_0 / K)^3 \tag{12.9}$$

12.2　子全域基函数法中阻抗矩阵的快速填充计算

12.2.1　阻抗矩阵元素计算技术

应用矩量法分析电磁问题时，经常用到的 RWG 基函数具有很强的适用性。矩量法中阻抗矩阵元素计算采用的常用数值方法有高斯-勒让德积分法[3]、九小三角形积分法[4]和特征函数(characteristic function，CF)技术[5]等。这里介绍的特征函数技术是 Mittra 等于 2004 年提出的，它避免了费时的二重面积分。

当采用电场积分方程和 RWG 基函数分析电磁问题时，阻抗矩阵元素为

$$\begin{aligned} A_{mn} = &\mathrm{j}\omega\mu_0 \int_{S_m} \boldsymbol{f}_m(\boldsymbol{r})\mathrm{d}\boldsymbol{r} \cdot \int_{S_n} G(\boldsymbol{r},\boldsymbol{r}')\boldsymbol{f}_n(\boldsymbol{r}')\mathrm{d}\boldsymbol{r}' \\ &+ \frac{1}{\mathrm{j}\omega\varepsilon_0}\int_{S_m} \nabla_S \cdot \boldsymbol{f}_m(\boldsymbol{r})\mathrm{d}\boldsymbol{r}\int_{S_n} G(\boldsymbol{r},\boldsymbol{r}')\nabla'_S \cdot \boldsymbol{f}_n(\boldsymbol{r}')\mathrm{d}\boldsymbol{r}' \end{aligned} \tag{12.10}$$

式中，$\boldsymbol{f}_{n,m}(\boldsymbol{r})$ 为 RWG 基函数。

应用快速多极子法分析电磁问题时，当权函数和基函数很近时，阻抗矩阵元素必须采用直接法。特征函数技术在应用时可避免耗时的二重面积分。该技术将基函数与权函数对等效为偶极子模型，如图 12-9 所示。

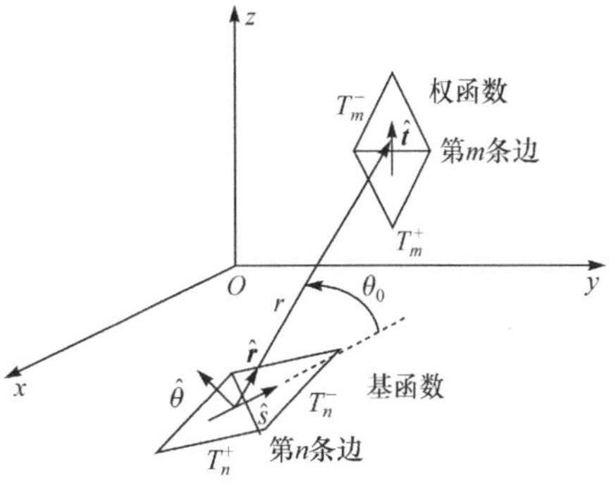

图 12-9　基函数与权函数对的几何结构与等效模型

阻抗矩阵元素 A_{mn} 用特征函数技术计算的公式为[5]

$$A_{mn} = (A_{mn}^{\theta}\hat{\boldsymbol{\theta}} + A_{mn}^{r}\hat{\boldsymbol{r}}) \cdot M_t\hat{\boldsymbol{t}} \tag{12.11}$$

$$A_{mn}^{r} = k^2 M_{\mathrm{s}} \frac{\eta}{2\pi}\cos\theta_0 \left[\frac{1}{(kr)^2} - \mathrm{j}\frac{1}{(kr)^3}\right]\mathrm{e}^{-\mathrm{j}kr} \tag{12.12}$$

$$A_{mn}^{\theta} = k^2 M_s \frac{\eta}{4\pi} \sin\theta_0 \left[\mathrm{j}\frac{1}{kr} + \frac{1}{(kr)^2} - \mathrm{j}\frac{1}{(kr)^3} \right] \mathrm{e}^{-\mathrm{j}kr} \tag{12.13}$$

式中，k 为波数；M_s 和 M_t 分别为基函数与权函数对等效偶极子矩量的幅度，等效偶极子的矩量：$M = l_n(r_n^{c-} - r_n^{c+})$；$l_n$ 为第 n 条内边的长度；$r_n^{c\mp}$ 为三角形的中心；r 为源等效电偶极子与权等效电偶极子中点的距离；η 为自由空间的波阻抗。

当式(12.10)中的 RWG 基函数被子全域基函数替代时，阻抗矩阵元素也可以由特征函数技术进行计算，其表达式为

$$z_{mn} = z_{mn}^1 + z_{mn}^2 \tag{12.14}$$

式中，z_{mn}^1 和 z_{mn}^2 分别为

$$z_{mn}^1 = \sum_{l=1}^{M}\sum_{p=1}^{M} k^2 I_{np} M_{s,np} \frac{\eta}{2\pi} \cos\theta_{0(ml,np)} \left[\frac{1}{(kr_{ml,np})^2} - \mathrm{j}\frac{1}{\left(kr_{ml,np}\right)^3} \right] \mathrm{e}^{-\mathrm{j}kr_{ml,np}} \hat{\boldsymbol{r}}_{ml,np} I_{ml} M_{t,ml} \cdot \hat{\boldsymbol{t}}_{ml} \tag{12.15}$$

$$z_{mn}^2 = \sum_{l=1}^{M}\sum_{p=1}^{M} k^2 I_{ml} M_{s,np} \frac{\eta}{4\pi} \sin\theta_{0(ml,np)} \left[\mathrm{j}\frac{1}{kr_{ml,np}} + \frac{1}{(kr_{ml,np})^2} - \mathrm{j}\frac{1}{(kr_{ml,np})^3} \right] \mathrm{e}^{-\mathrm{j}kr_{ml,np}} \hat{\boldsymbol{\theta}}_{ml,np} I_{ml} M_{t,ml} \cdot \hat{\boldsymbol{t}}_{ml} \tag{12.16}$$

当基函数对与权函数对的距离很小时，特征函数技术不能应用。文献[5]指出，当采用 RWG 基函数，离散内边的平均长度为 0.1λ 时，只要间距大于 0.15λ，特征函数技术就可以应用，这被称为距离门限准则(distance threshold criterion，DTC)。如果不满足，就必须采用直接法计算。由式(12.15)和式(12.16)可以看出阻抗元素 Z_{mn} 是 M^2 项的和，这些项中可满足距离门限准则的就可以应用特征函数技术进行计算。这样，Z_{mn} 中的全部或部分项可由式(12.15)和式(12.16)所替代。

12.2.2　一维周期结构中阻抗矩阵的快速填充计算

用精确子全域基函数分析一个包含有 N_c 个单元的一维周期结构，如图 12-10 所示。虽然在计算各单元的全域基函数时需考虑全部单元的互耦，但大部分单元的全域基函数是相同的，所以阻抗矩阵 $\boldsymbol{Z}$ 中的很多元素是相同的，只需要计算部分元素即可。

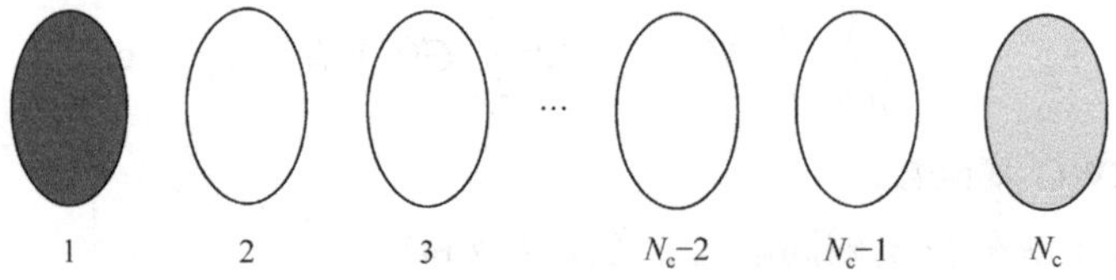

图 12-10　含 N_c 个单元一维周期结构

精确子全域基函数法中，所有的单元分为三类：左边单元、右边单元及内部单元，因此子全域基函数也分为三类。

当 $i > j$ 时，需要计算的元素分为两类：①当 $i=1$ 时，考虑左边单元与其他单元的耦合，需计算的元素个数为 N_c-1；②当 $1 < i < N_c$ 时，需计算的元素个数为 N_c-3。

当 $i < j$ 时，需要计算的元素分为两类：①当 $i = N_c$ 时，考虑右边单元与其他单元的耦合，需计算的元素个数为 N_c-1；②当 $2 < i < N_c$ 时，需计算的元素个数为 N_c-3。

当 $i = j$ 时，需要计算 3 个元素。

因此，一共需要计算的元素个数为

$$N_{\text{total}} = 2(N_c - 1) + 2(N_c - 3) + 3 = 4N_c - 5 \tag{12.17}$$

阻抗矩阵元素的计算复杂度由 $O(N_c^2)$ 降至 $O(N_c)$。

例 12-4　计算一个 20×1 直线阵的 RCS。阵列单元如图 12-11 所示，其上有 165 个 RWG 内边；单元间距为 0.2λ。图 12-12(a)和(b)分别给出 VV 极化下正入射和斜入射(入射角 $\theta = 45°$)时的 RCS 曲线。采用直接计算阻抗矩阵和特征函数技术两种方法分别进行计算，它们所得结果完全吻合，但直接计算阻抗矩阵所用时间为 62.53 秒，采用新技术后为 7.08 秒，约为前者的 11.3%。

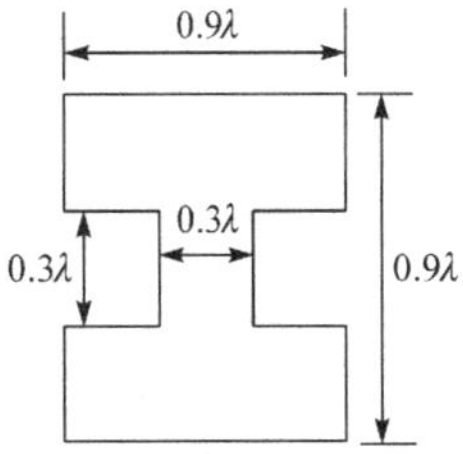

图 12-11　理想金属贴片结构尺寸

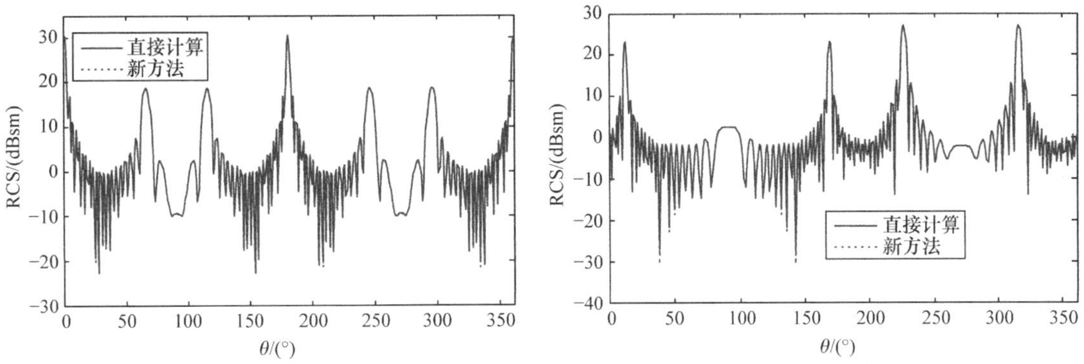

(a) 正入射情形　(b) 斜入射情形(入射角 $\theta = 45°$)

图 12-12　VV 极化下的 20×1 直线阵的 RCS

12.2.3　二维周期结构中阻抗矩阵的快速填充计算

下面介绍简化子全域基函数法在二维周期结构中的阻抗矩阵的快速填充。在简化子全域基函数法中，所有单元上的子全域基函数是相同的。权函数定义在(m, n)单元上、基函数定义在$(m+dm, n+dn)$单元上的阻抗矩阵元素可以用权函数定义在(1, 1)单元上、基函数定义在$(1+dm, 1+dn)$单元上的元素来表示，其中 dm 和 dn 为整数。根据 dm 和 dn 的符号，可将所有的基函数分为四类，因而阻抗矩阵元素也可分为四类，如图 12-13 所示。

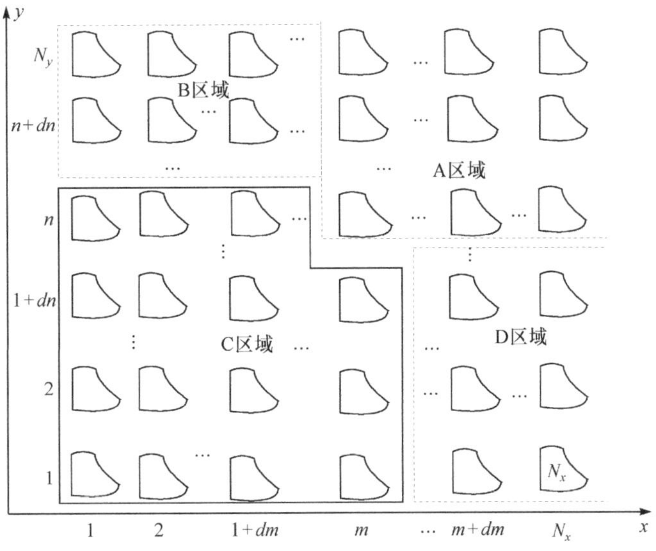

图 12-13　含 $N_c = N_xN_y$ 个单元的周期结构

当 $dm = dn = 0$ 时，只需计算 z_{11} 。当它们都大于零时，基函数位于 A 区域内，在计算了 Z_{1n} $(n=1,2,\cdots,N_c)$后，就可得到该类所有元素。

当 $dm<0$ 和 $dn>0$ 时，基函数位于 B 区域内，只要计算了 $Z_{N_c n}$(基函数位于区域 b 内，如图 12-14 所示)，就可得到该类所有元素。

当 dm 和 dn 均小于零时，基函数在 C 区域内，只要计算了 $Z_{N_c n}$ $(n=1,2,\cdots,N_c)$，也可得到该类所有元素。

当 $dm>0$ 和 $dn<0$ 时，基函数在 D 区域内，在计算了 Z_{uv} [u 是位于$(1,N_y)$上的单元，基函数位于区域 V 内，如图 12-15 所示]后，就可得到该类所有元素。

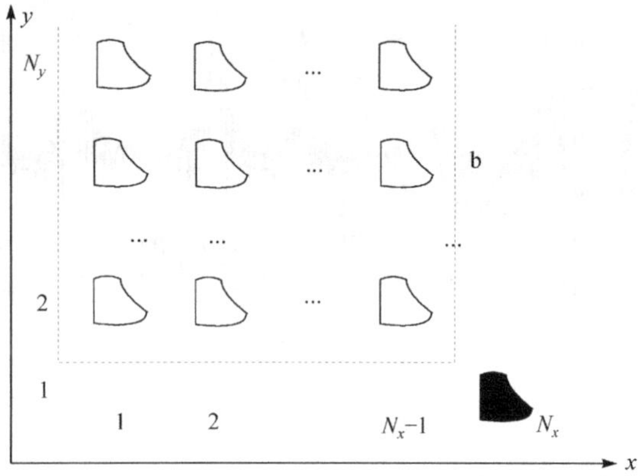

图 12-14　计算 B 类阻抗元素时所需的所有单元

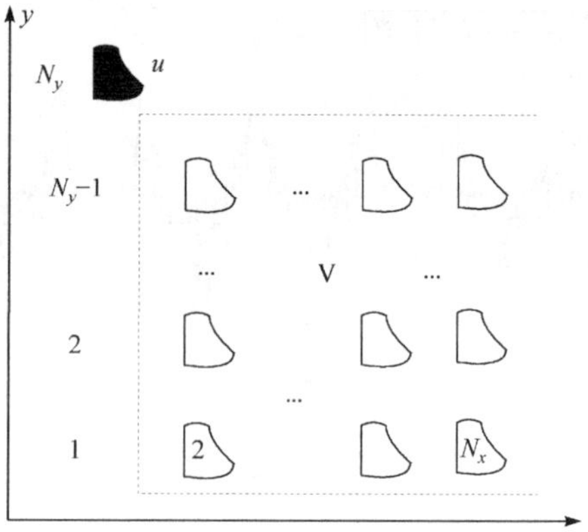

图 12-15　计算 D 类阻抗元素时所需的所有单元

一般来说，当所有元素都计算时，需要计算 N_c^2 个元素。利用特征函数技术，A 类需计算 N_c 个元素，B 和 D 类各需计算 $(N_x-1)(N_y-1)$ 个元素，C 类需计算 N_c-1 个元素，共计只需计算 $4N_c-2(N_x+N_y)+1$ 个元素。

例 12-5　计算一个 6×6 阵列的 RCS。单元是边长为 0.5λ 的理想金属正方形平板，其上有 65 个 RWG 内边，单元间距为 0.5λ 。图 12-16(a)和(b)分别给出 VV 极化下正入射和斜入射(入射角为 $\theta=30°$)情形的 RCS 曲线。可以看出，直接计算和特征函数快速技术所得结果吻合很好。直接计算时，阻抗矩阵的填充时间为 30.21 秒，而采用快速技术时则为 3.28 秒。

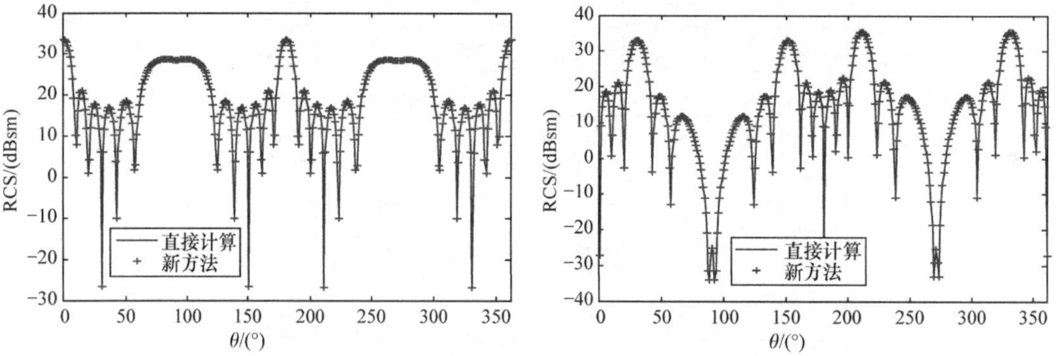

(a) 正入射情形　　(b) 斜入射情形(入射角$\theta=30°$)

图 12-16　两种方法计算的 6×6 平板阵列的 RCS

12.3　子全域基函数法的应用

12.3.1　混合有限周期结构

在前述的周期结构中，不论其维数如何，其共同点是单元的几何形状是完全相同的。下面分析单元的几何结构并不是完全相同的情形，该类结构称为混和周期结构。又由于实际应用中，单元的数目总是有限的，其被称为混和有限周期结构。

例 12-6　一个一维 20×1 阵列的单元有两种：理想金属正方形贴片(边长为 0.60λ)和理想金属矩形环(图 12-17)。其中，正方形贴片上有 96 个 RWG 内边，矩形环上有 40 个 RWG 内边。整个周期结构上两种单元各有 10 个，相错排列，如图 12-18 所示。在确定子全域基函数时，用了 3 个扩展单元。

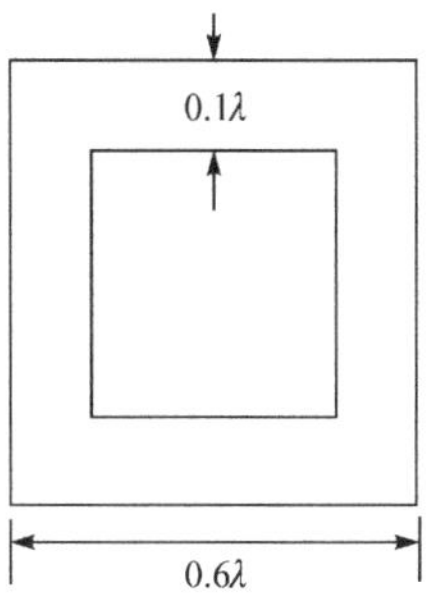

图 12-17　矩形环结构尺寸

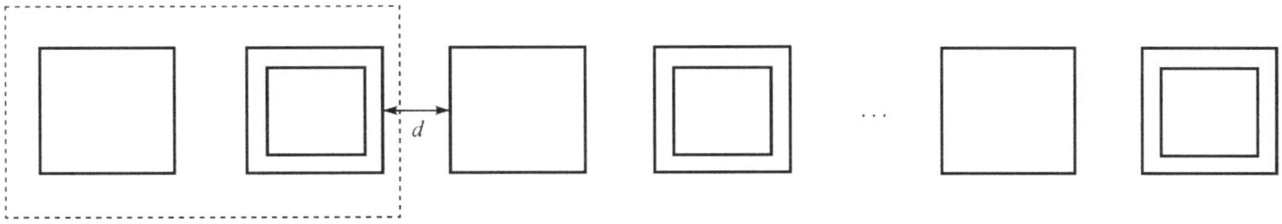

图 12-18　由正方形贴片和矩形环组成的一维周期结构

首先分析 VV 极化的平面波垂直入射下，单元间距 d 分别为 0.4λ 和 0.05λ 时的 RCS，结果如图 12-19 所示。可以看出单元在这两个间距时，子全域基函数法与传统矩量法的计算结果吻合很好。

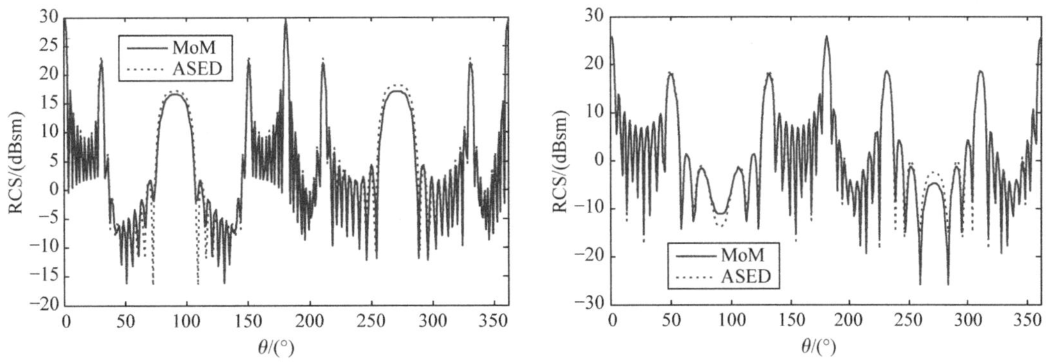

(a) 单元间距为0.4λ　　(b) 间距为0.05λ

图 12-19　两种方法算得的正入射时的 RCS

现在分析 HH 极化下入射波斜入射(入射角 $\theta = 85°$)时的情形，单元间距为 0.05λ，图 12-20 给出了两种算法的 RCS 计算结果。从图中可以看出，即使间距很小、入射角很大，两种算法的计算结果仍吻合很好。

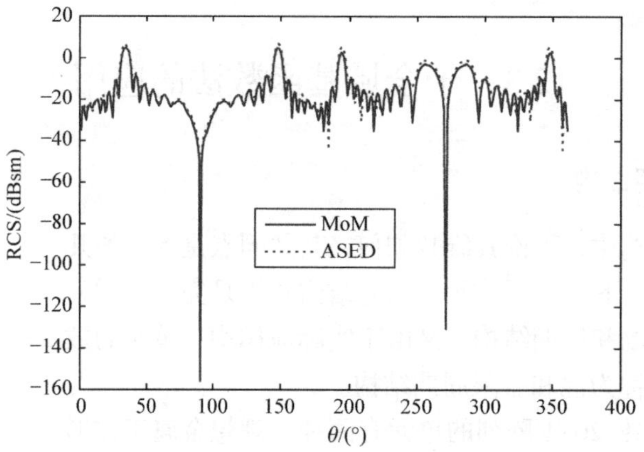

图 12-20 两种方法计算的斜入射(入射角 $\theta=85°$)时的 RCS

12.3.2 金属天线阵列分析

如 10.4.1 节所介绍的，线天线问题的矩量法计算的馈电模型通常采用 Delta 缝隙激励。天线的性能参数有输入阻抗、辐射方向图、增益和回波损耗等，这里只分析处于阵列中的单元的端口阻抗(terminal impedance)，其公式为

$$Z_{\text{ter}}=\frac{V}{I} \tag{12.18}$$

式中，V 为馈电电压；I 为馈电电流。

例 12-7 分析处于自由空间中的含 10 个天线单元的一维天线阵列，阵轴为 x 轴，单元间距为 0.1m。天线单元是蝶形偶极子，如图 12-21 所示。每个单元上有 167 个 RWG 内边，总的内边数为 1670。单元的张角为 90°，馈电点位于单元的中心，馈电电压为 1V，相位为零。天线工作的中心频率为 1.5GHz(对应波长为 0.2m)。图 12-22 和图 12-23 分别给出了左起第一个和第三个单元的端口阻抗。分别采用精确子全域基函数法和传统矩量法计算的结果吻合得较好。需要说明的是，在确定子全域基函数时，只用了 3 个单元。

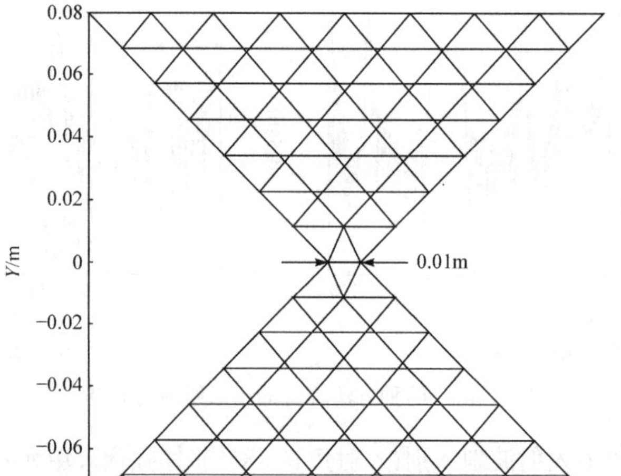

图 12-21 蝶形天线单元结构

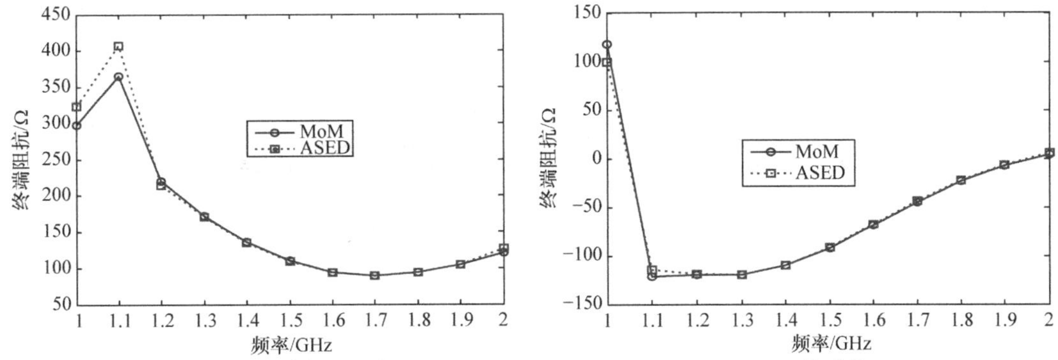

(a) 实部 (b) 虚部

图 12-22 左起第一个单元的端口阻抗

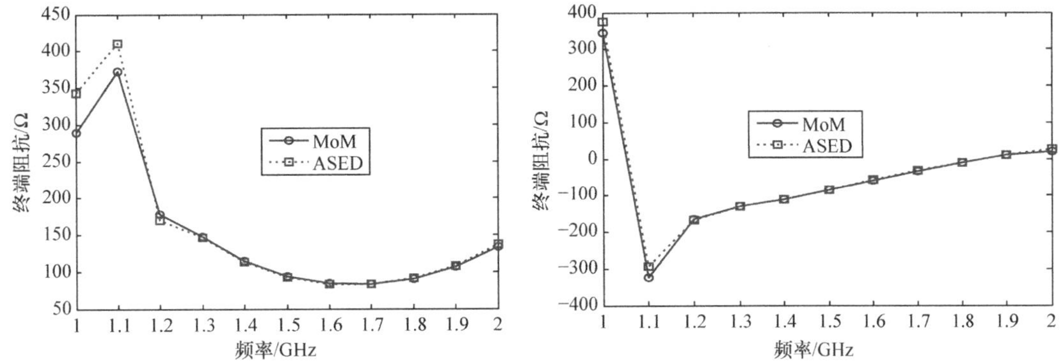

(a) 实部 (b) 虚部

图 12-23 左起第三个单元的端口阻抗

参 考 文 献

[1] Lu W B, Cui T J, Qian Z G, et al. Accurate analysis of large-scale periodic structures using an efficient sub-entire-domain basis function method. IEEE Trans. Antennas Propagat.,2004, 52(11): 3078-3085

[2] Du P, Wang B Z, Li H. An extended sub-entire domain basis function method for finite periodic structures. IEEE Antennas Propag. Lett.,2008, 7: 404-407

[3] Cowper G R. Gaussian quadrature formulas for triangles. Int. J. Numer. Methods Eng.,1973, 7: 405-408

[4] Makarov S N. Antenna and EM modeling with MATLAB. New York: John Wiley and Sons, Inc, 2002

[5] Yeo J, Köksoy S, Prakash V V S. et al. Efficient generation of method of moments matrices using the characteristic function method. IEEE Trans. Antennas Propagat.,2004, 52(12): 3405-3410

第 13 章　基于压缩感知理论的矩量法

由前面几章可知，矩量法主要用于求解以积分方程表示的电磁场问题

$$\int_{\Omega} G(\boldsymbol{r},\boldsymbol{r}') f(\boldsymbol{r}') \mathrm{d}\boldsymbol{r}' = g(\boldsymbol{r}) \tag{13.1}$$

式中，G 和 g 分别表示已知的格林函数和激励，f 是待求解的响应。通过选择适当的基函数 $\boldsymbol{f}=\{f_1, f_2, \cdots, f_N\}$ 和权函数 $\boldsymbol{w}=\{ w_1, w_2, \cdots, w_M \}$，矩量法可将式(13.1)可以转化成一个线性方程组，其矩阵表达式为

$$\boldsymbol{ZJ}=\boldsymbol{V} \tag{13.2}$$

式中，$\boldsymbol{J}$ 是待求系数向量，阻抗矩阵 $\boldsymbol{Z}$ 中的元素为

$$Z_{mn} = \int_{\Omega_m} w_m(\boldsymbol{r}) \int_{\Omega_n} G(\boldsymbol{r},\boldsymbol{r}') f_n(\boldsymbol{r}') \mathrm{d}\boldsymbol{r}' \mathrm{d}\boldsymbol{r} \tag{13.3}$$

和激励向量 $\boldsymbol{V}$ 中的元素为

$$V_m = \int_{\Omega_m} w_m(\boldsymbol{r}) g(\boldsymbol{r}) \mathrm{d}\boldsymbol{r} \tag{13.4}$$

如果 $\boldsymbol{Z}$ 非奇异，则有

$$\boldsymbol{J} = \boldsymbol{Z}^{-1}\boldsymbol{V} \tag{13.5}$$

实际工程问题中，对于结构复杂或电大尺寸的情况，在一定的精度要求下，未知数个数 N 通常会非常大。一方面，会导致填充 $\boldsymbol{Z}$ 和 $\boldsymbol{V}$ 中元素的计算量很大；另一方面，即使采用迭代法求解方程(13.2)，其计算复杂度也会高达 $O(N^2)$；此外，N 过大也可能导致 $\boldsymbol{Z}$ 的病态。

为了处理上述问题，学者提出了一些改进的矩量法，如快速多极子方法[1]、小波矩量法[2]和高阶矩量法[3]。快速多极子方法通过聚集、转移和分散等步骤，将方程(13.2)的迭代法求解复杂度下降为 $O(N^{3/2})$，甚至 $O(N\log N)$；小波矩量法利用多尺度小波基函数特有的消失矩、紧支撑和正则性等性质，实现了大尺寸、稠密的矩阵 $\boldsymbol{Z}$ 的稀疏化，减小了矩阵与向量相乘的复杂度，提高了计算效率；高阶矩量法用高阶基函数离散待求变量，能够有效地减少未知数个数，提高计算效率。上述的改进方法都要求基函数和权函数的数量相等($M=N$)，即满足基本的线性代数理论：求解 N 个未知数需要构造 N 个线性无关的方程。

对于方程(13.2)的求解，如果能够知道该电磁问题所包含的物理意义，那么就可以获得一些关于解的先验信息。即使这些信息可能是模糊而且不精确的，但它们有助于针对性地选择 $\boldsymbol{f}$ 和 $\boldsymbol{w}$，并高效地进行方程的求解。

事实上，求解 N 个未知数需要 N 个方程是充分而非必要条件，利用先验信息就有可能用少于 N 个的方程求解出 N 个未知数。就矩量法而言，这意味着权函数个数小于基函数个数(即 $M<N$)，从而可以直接减小 $\boldsymbol{Z}$ 和 $\boldsymbol{V}$ 的填充计算量。然而，此时得到的 $\boldsymbol{Z}$ 将是奇异的，方程的求解不能利用式(13.5)而必须采用最优化方法进行求解。于是，对给定的 $\boldsymbol{f}$ 和 $\boldsymbol{w}$，略去 $\boldsymbol{w}$ 中的哪些元素以构造可解的欠定方程，提出何种约束条件以保证最优解是物理真实解，采用何种最优化求解方法以保证高效求解等问题即成为关键。

本章介绍基于压缩感知(compressed sensing，CS)理论的矩量法。该方法能有效地减少权函数的数量，即获得 $M < N$。通过对 $\boldsymbol{J}$ 进行稀疏变换，不仅可以利用压缩感知的相关技术节约 $\boldsymbol{Z}$ 和 $\boldsymbol{V}$ 的填充计算量，而且可以大幅提高方程的求解效率和稳定性。

13.1　压缩感知理论

现实世界的模拟化和信号处理工具的数字化，从模拟信号源获取数字信息成为信号采样的必经之路。传统的信号获取和处理过程如图 13-1 所示。在传统采样过程中，为了避免信号失真，要求采样频率不得低于信号最高频率的 2 倍。然而对于数字图像、视频等的获取，依照香农(Shannon)定理会导致海量的采样数据，大大增加了存储和传输的代价。

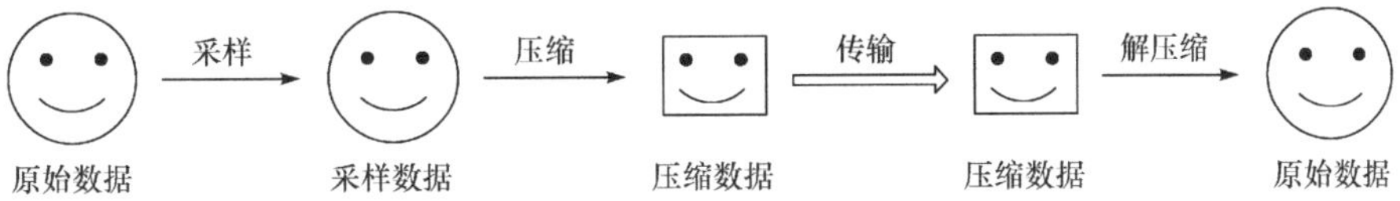

图 13-1　传统的信号获取和处理过程

近年来，一种崭新的压缩感知理论为数据采集技术带来了革命性的突破，得到了各国研究人员的广泛关注[4-7]。压缩感知采用非自适应线性投影来保持信号的原始结构，通过进行数值最优化来准确地重构原始信号，其信号处理的过程如图 13-2 所示。压缩感知以远低于奈奎斯特频率(Nyquist frequency)进行采样，在压缩成像系统、模拟、信息转换和生物传感等领域有着广阔的应用前景。

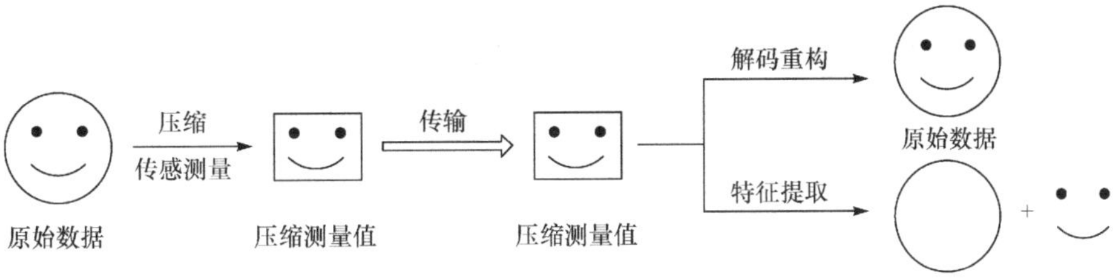

图 13-2　压缩感知的信号获取和处理过程

如果信号本身是可压缩的，那么是否可以直接获取压缩数据，而略去大量无用信息的采样？对这一问题，Candes 等在 2006 年从数学上证明了可以从部分傅里叶(Fourier)变换系数精确重构原始信号的方法，为压缩感知提供了理论基础[4]。Donoho 在相关研究基础上于 2006 年正式提出了压缩感知的概念，其核心思想是将压缩与采样合并进行，首先采集信号的非自适应线性投影(测量值)，然后根据相应的重构算法由测量值重构出原始信号[6]。压缩感知的优势在于信号的投影测量数据量远小于传统采样方法所获得的数据量，成功突破了香农采样定理的瓶颈，使得高分辨率信号的采集成为可能。

压缩感知理论主要包括以下三个方面。

(1) 信号的稀疏表示。将信号投影到正交变换基时，绝大部分变换系数的绝对值很小，所得到的变换向量是稀疏或近似稀疏的。这时，将其看作原始信号的一种简洁表达，这是压缩感知的先验条件，即信号必须在某种变换条件下可以稀疏表示。通常，变换基可以根据信号本身的特点灵活选取，常用的有离散余弦变换(discrete cosine transform，DCT)基、离散傅里叶变换(discrete Fourier transform，DFT)基、离散小波变换(discrete wavelet transform，DWT)基、

Curvelets 基、Gabor 基和冗余字典等。

(2) 编码测量。首先选择稳定的投影矩阵，为了保证信号的线性投影能够保持信号的原始结构，投影矩阵必须满足约束等距性(restricted isometry property，RIP)条件，然后通过原始信号与测量矩阵的乘积获得原始信号的线性投影测量。

(3) 信号重构。运用重构算法由测量值和投影矩阵重构出原始信号。该过程一般转换为求解一个最小 L_0 范数的优化问题，解的方法主要有最小 L_1 范数法、匹配追踪系列算法、最小全变分方法和迭代阈值算法等。

13.2　基于压缩感知理论的矩量法原理

13.2.1　权函数冗余性与解的稀疏性

压缩感知理论的核心环节是建立和求解有稀疏解的欠定方程。矩量法中引入 CS 理论，必然要求构造出欠定的并有稀疏解的矩量法方程。要使矩量法方程有稀疏解在理论上总可以做到，只需适当地选取基函数，这就要求在基函数彼此线性无关的情况下，f 有稀疏的展开形式。

一般情况下，矩量法中选取的权函数通常是彼此线性无关的，因此所建立的方程彼此独立而不能被化简和导出欠定方程。在矩量法方程中，未知数的数量由基函数的数量确定，而方程的数量则由权函数的数量确定。这意味着，要建立欠定的矩量法方程，需要令权函数的数量小于基函数的数量。

对于给定的 N 个权函数和 N 个基函数，如果只直接选取其中 $M\ (M<N)$ 个权函数，就可以在形式上建立起欠定方程。然而，用该欠定方程描述电磁学问题是不完整和不确定的。在数学上，表现为欠定方程有无穷多解，必须借助一定的约束条件才能从中筛选出物理真实解。换句话说，欠定方程中由于方程数量不完整而丢失的部分关于物理真实解的信息，将通过约束条件而得到补偿。

用压缩感知技术可以从构造的欠定方程中确定物理真实解，一方面，这表明原先选取的 N 个权函数是冗余的，而且可以被压缩为 M 个；另一方面，压缩感知技术是对欠定方程施加最小 0 范数从而解出最稀疏解，要保证此最稀疏解就是物理真实解，则必然要求待求解 f 在选取的 N 个基函数内的展开系数向量本身是稀疏的。在压缩感知理论框架下，如果选取的权函数具备冗余性而可以被压缩，则必然要求解具备稀疏性。需要指出的是，此处所说的权函数的冗余是针对稀疏解而言，如果解不稀疏，则权函数中不存在冗余。

此外，解的稀疏性也必然导出权函数的冗余性。只要由选定的 N 个基函数和 N 个权函数所建立的矩量法方程有稀疏解，则这 N 个权函数就一定存在冗余而可以被压缩。具体来说，假定 N 维方程的解 $\boldsymbol{J}$ 是 K- 稀疏($K<N$)，即 $\boldsymbol{J}$ 中仅有 K 个分量不为零。如果已知 K 个非零分量的具体位置，则由线性代数理论可知，只需 K 个权函数构造 K 个方程即可。如果 K 个非零分量的具体位置未知，按照通常的线性代数理论，必须要用到 N 个权函数建立 N 个方程。

压缩感知理论指出，此时只需 M 个权函数建立 $M\ (K<M<N)$ 个方程即可。$M>K$ 是为了对非零分量位置信息未知而进行的补偿，而 $M<N$ 即表明权函数数量被压缩。压缩感知理论在矩量法方程解的稀疏性与权函数的冗余性之间建立起了联系，可以根据解的稀疏程度定量地分析权函数的冗余程度，同时提供快速算法从欠定方程的无穷多解中筛选出物理真实

解。已知解稀疏意味着对解的先验，这需要理解待求问题背后的物理意义而获得相应的先验信息。这些先验信息可能是模糊不精确的，但借助其他技术手段仍可对其充分利用从而提高计算效率。

13.2.2　数学描述

若将由 N 个彼此线性无关的基函数和权函数阻所建立的矩量法方程中的阻抗矩阵 $\boldsymbol{Z}\in\Re^{N,N}$ 、激励向量 $\boldsymbol{V}\in\Re^{N}$ 和待求解 $\boldsymbol{J}\in\Re^{N}$ 分别视作观测矩阵、测量值和信号，则可从信号处理的视角将矩量法方程看作一个信号感知的过程。如果 $\boldsymbol{J}$ 是稀疏的，则可以引入压缩感知技术对方程进行压缩，并从欠定方程中将 $\boldsymbol{J}$ 解出。

如前面所述，可直接删除部分权函数建立欠定的矩量法方程，这等价于删除阻抗矩阵 $\boldsymbol{Z}$ 和激励向量 $\boldsymbol{V}$ 的部分行。建立的欠定方程在形式上可表示为

$$\boldsymbol{I}^{\text{CS}}\boldsymbol{Z}\boldsymbol{J}=\boldsymbol{I}^{\text{CS}}\boldsymbol{V} \tag{13.6}$$

式中，$\boldsymbol{I}^{\text{CS}}\in\Re^{M,N}$ ($M<N$)是通过随机地抽取 N 阶单位矩阵 $\boldsymbol{I}$ 中的 M 行而构成的。欠定方程(13.6)中，$\boldsymbol{I}^{\text{CS}}$ 作为感知矩阵。注意，$\boldsymbol{I}^{\text{CS}}\boldsymbol{Z}$ 项虽然在形式上表现为两个矩阵相乘，但实际上是对 $\boldsymbol{Z}$ 执行随机抽取操作，故而并不需要矩阵相乘，$\boldsymbol{I}^{\text{CS}}\boldsymbol{V}$ 也是如此。这意味着，仅需用到 $\boldsymbol{Z}$ 和 $\boldsymbol{V}$ 中的 M 行，从而可以节约 $\boldsymbol{Z}$ 和 $\boldsymbol{V}$ 的填充计算量。容易知道，如果选取其他任何类型的矩阵作为感知矩阵构造欠定方程，都必须用到 $\boldsymbol{Z}$ 和 $\boldsymbol{V}$ 中的全部元素，从而不能节约 $\boldsymbol{Z}$ 和 $\boldsymbol{V}$ 的填充计算量。

应用压缩感知技术解出方程(13.6)的最稀疏解，要保证此最稀疏解就是物理真实解，必然要求 $\boldsymbol{J}$ 本身稀疏。为了可以使用较为简单的基函数使得 $\boldsymbol{Z}$ 计算简便，同时又能够有稀疏解，可以采用离散变换方法。

假定选取一组基函数 $\{f_1,f_2,\cdots,f_N\}$ 和权函数 $\{w_1,w_2,\cdots,w_N\}$ 建立矩量法方程(13.2)，待求解 f 可表示为

$$f=\{f_1,f_2,\cdots,f_N\}\cdot\boldsymbol{J} \tag{13.7}$$

若权函数不变，但基函数选取为 $\{\bar{f}_1,\bar{f}_2,\cdots,\bar{f}_N\}$ ，可建立矩量法方程 $\bar{\boldsymbol{Z}}\bar{\boldsymbol{J}}=\boldsymbol{V}$ ，则 f 可表示为

$$f=\{\bar{f}_1,\bar{f}_2,\cdots,\bar{f}_N\}\cdot\boldsymbol{J} \tag{13.8}$$

显然，$\{f_1,f_2,\cdots,f_N\}$ 中的任一函数都被 $\{\bar{f}_1,\bar{f}_2,\cdots,\bar{f}_N\}$ 线性表示，写成矩阵形式，有

$$\{f_1,f_2,\cdots,f_N\}=\{\bar{f}_1,\bar{f}_2,\cdots,\bar{f}_N\}\boldsymbol{U} \tag{13.9}$$

式中，$\boldsymbol{U}\in\Re^{N,N}$ ，其作用是对基函数进行变换。式(13.7)和式(13.8)显然等价，有

$$f=\{f_1,f_2,\cdots,f_N\}\cdot\boldsymbol{J}=\{\bar{f}_1,\bar{f}_2,\cdots,\bar{f}_N\}\cdot\boldsymbol{U}\cdot\boldsymbol{J}=\{\bar{f}_1,\bar{f}_2,\cdots,\bar{f}_N\}\cdot\bar{\boldsymbol{J}} \tag{13.10}$$

式中

$$\bar{\boldsymbol{J}}=\boldsymbol{U}\boldsymbol{J} \tag{13.11}$$

同样地，根据阻抗矩阵的构造方式，有

$$\boldsymbol{Z}=\begin{bmatrix}\langle w_1,Lf_1\rangle & \cdots & \langle w_1,Lf_N\rangle\\ \cdots & \cdots & \cdots\\ \langle w_N,Lf_1\rangle & \cdots & \langle w_N,Lf_N\rangle\end{bmatrix}=\begin{bmatrix}\langle w_1,L\bar{f}_1\rangle & \cdots & \langle w_1,L\bar{f}_N\rangle\\ \cdots & \cdots & \cdots\\ \langle w_N,L\bar{f}_1\rangle & \cdots & \langle w_N,L\bar{f}_N\rangle\end{bmatrix}\boldsymbol{U}^{\text{T}}=\bar{\boldsymbol{Z}}\boldsymbol{U} \tag{13.12}$$

由此可看出，基函数的变换可以通过矩阵变换来实现。选取合适的基函数使矩量法方程有稀疏解，等价于选取合适的矩阵 $\boldsymbol{U}$ 使 $\bar{\boldsymbol{J}}$ 稀疏。

综上所述，用变换矩阵 $\boldsymbol{U}$ 对欠定方程(13.6)进行离散变换，有

$$\boldsymbol{I}^{\text{CS}}\bar{\boldsymbol{Z}}\bar{\boldsymbol{J}} = \boldsymbol{I}^{\text{CS}}\boldsymbol{V} \tag{13.13}$$

式中，$\bar{\boldsymbol{Z}} = \boldsymbol{Z}\boldsymbol{U}^{-1}$，$\boldsymbol{U}$ 需精心选择以保证 $\bar{\boldsymbol{J}}$ 尽可能稀疏。注意，$\boldsymbol{I}^{\text{CS}}\bar{\boldsymbol{Z}} = \left(\boldsymbol{I}^{\text{CS}}\boldsymbol{Z}\right)\boldsymbol{U}^{-1}$，同样只需要使用到 $\boldsymbol{Z}$ 中的 M 行，而无须计算 $\boldsymbol{Z}$ 中的所有元素。利用压缩感知技术从欠定方程(13.13)中解出稀疏解 $\bar{\boldsymbol{J}}$，再通过稀疏逆变换就可得到原始解 $\boldsymbol{J}$，即

$$\boldsymbol{J} = \boldsymbol{U}^{-1}\bar{\boldsymbol{J}} \tag{13.14}$$

注意，在整个运算过程中，仅需使用到稀疏变换矩阵 $\boldsymbol{U}$ 的逆矩阵 $\boldsymbol{U}^{-1}$，而无须用到 $\boldsymbol{U}$ 本身。

在压缩感知理论中，为保证精确重构，一般将感知矩阵 $\boldsymbol{\Theta}^{\text{CS}}$ 选作满足不同分布的随机矩阵以保证其压缩感知矩阵 $\boldsymbol{A}^{\text{CS}}$ 满足 RIP 性质。在欠定方程(13.13)中，是将单位矩阵 $\boldsymbol{I}$ 的一个子矩阵 $\boldsymbol{I}^{\text{CS}}$ 当作感知矩阵。只有当矩阵 $\boldsymbol{I}^{\text{CS}}\bar{\boldsymbol{Z}}$ 满足 RIP 性质时，用压缩感知技术解得的稀疏解才是物理真实解。$\boldsymbol{I}^{\text{CS}}\bar{\boldsymbol{Z}}$ 是否满足 RIP 性质取决于 $\boldsymbol{I}^{\text{CS}}$ 的构造(即抽取 $\bar{\boldsymbol{Z}}$ 中多少行以及哪些行)，又与 $\bar{\boldsymbol{J}}$ 的稀疏程度(即 $\boldsymbol{U}$ 的选取)有关。另外，仅给定 M 和 N 的值，并不能唯一地确定 $\boldsymbol{I}^{\text{CS}}$(可构造出多达 C_N^M 个不同的 $\boldsymbol{I}^{\text{CS}}$)，这些可能得到的 $\boldsymbol{I}^{\text{CS}}\bar{\boldsymbol{Z}}$ 显然不可能都满足 RIP 性质，故得到的重构解也不可能都是精确的物理真实解。换句话说，得到精确重构解是一个与压缩比 M/N 有关的概率问题[8]。

更为复杂的是，重构算法本身对精确重构的概率也有影响。一般来说，对于局部优化算法，如正交匹配追踪算法(orthogonal matching pursuit，OMP)[9]，计算精度要劣于如基追踪法(basis pursuit，BP)的全局优化算法，但鉴于其较小的计算复杂度，这里采用了 OMP 贪婪算法求解欠定方程。另一方面，要选取合适的稀疏变换矩阵 $\boldsymbol{U}$ 使得 $\bar{\boldsymbol{J}}$ 尽可能稀疏，意味着不能将 $\boldsymbol{J}$ 简单地看成一组数字的集合，而应深刻理解其背后的物理意义。在此基础上，可以应用一些已经得到深入研究的正交变换方法，例如，离散余弦变换、离散傅里叶变换、离散小波变换等。

13.2.3　物理解释

下面以简单的点匹配法为例，给出权函数数量可以减小的物理解释。

假定用脉冲基函数对待求响应 f 进行线性展开的系数向量 $\boldsymbol{J}$ 是 N 维 K-稀疏的，则在与 $\boldsymbol{J}$ 中零分量所对应的 $N-K$ 个脉冲基函数的定义域区间上，f 必然为零，如图 13-3 所示。

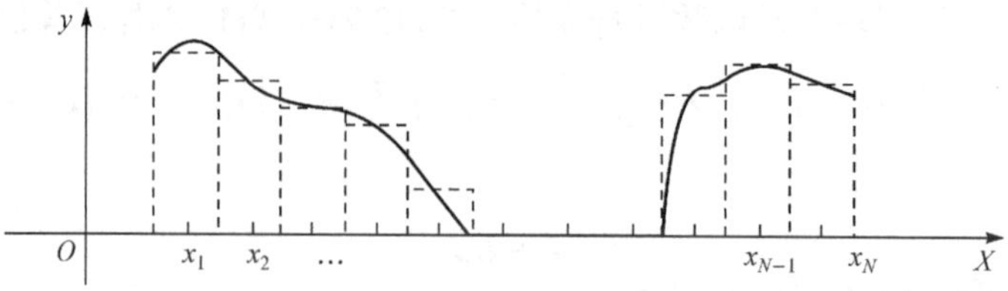

图 13-3　待求响应被脉冲基函数稀疏展开($x_1, x_2, \cdots, x_N$ 为匹配点)

点匹配法要求 f 的展开式在所有 N 个匹配点上的残差的加权和为零。若匹配点如图 13-3 所示而选择，由于 $\boldsymbol{J}$ 已经在 $N-K$ 个子域上为零，则在相应的 $N-K$ 个匹配点上的残差自动为零。也就是说，可以去掉这 $N-K$ 个匹配点，而只考虑其余的 K 个匹配点残差的加权和即

可。由于 $\boldsymbol{J}$ 中零分量的位置未知，即残差自动为零的匹配点的具体位置未知，故实际需要 M 个($K < M < N$)个匹配点，以弥补位置信息的缺失。

13.2.4 计算复杂度分析

在传统矩量法中，若计算域的离散数为 N，则矩量法方程中阻抗矩阵 $\boldsymbol{Z}$ 的计算复杂度为 $O\left(N^2\right)$。利用迭代法求解适定的矩量法方程，计算复杂度为 $O\left(pN^2\right)$，其中 p 为总的迭代次数。在压缩感知理论框下，如果解 $\boldsymbol{J}$ 本身是 K- 稀疏的，可建立欠定方程(13.6)，其系数矩阵 $\boldsymbol{I}^{\mathrm{CS}}\boldsymbol{Z}$ 是由 $\boldsymbol{Z}$ 中的 M 行构成的子矩阵，则矩阵填充的计算复杂度为 $O(MN)$。采用 OMP 算法优化求解欠定方程(13.6)的计算复杂度为 $O(KMN)$。若 $\boldsymbol{J}$ 高度稀疏，即 $K \ll N$ 时，有 $K \ll p$ 成立，则利用压缩感知技术可以将计算消耗降低为传统矩量法的 M/N。

通常情况下，矩量法方程的解并不是高度稀疏的甚至是完全不稀疏的。借助 13.2.2 节的离散变换，可用合适的矩阵 $\boldsymbol{U}$ 将欠定方程(13.6)变换为有稀疏解的欠定方程(13.13)。此时，仅需额外增加矩阵预处理 $\boldsymbol{I}^{\mathrm{CS}}\bar{\boldsymbol{Z}}$ 和数据后处理 $\boldsymbol{U}^{-1}\bar{\boldsymbol{J}}$ 的运算。$\boldsymbol{I}^{\mathrm{CS}}\bar{\boldsymbol{Z}}$(即 $\boldsymbol{I}^{\mathrm{CS}}\boldsymbol{Z}\boldsymbol{U}^{-1}$)的计算复杂度为 $O\left(MN^2\right)$，$\boldsymbol{U}^{-1}\bar{\boldsymbol{J}}$ 的计算复杂度为 $O(KN)$，其中 K 为 $\bar{\boldsymbol{J}}$ 的稀疏度。若 $\boldsymbol{U}$ 是如 DCT、DFT 或 DWT 等高度结构化的矩阵，则可以采用相应的快速算法加速此两项的计算。精心选取 $\boldsymbol{U}$ 使得 $\bar{\boldsymbol{J}}$ 高度稀疏化，即 $K \ll N$ 时，有 $M \ll N$ 成立，则增加的计算量将远小于方程求解所节约的计算量，故此方法在仍可在整体上大幅度地提高计算效率。

13.3 数 值 算 例

13.3.1 带电细导线的电荷密度分布

重新考虑 10.2.1 节中的一维理想金属带电细导线的电荷分布[10]问题。这里，导线长 $L = 1\mathrm{m}$，横截面半径 $a = 0.001\mathrm{m}$，导线电位 $\varphi_{\mathrm{e}} = 1\mathrm{V}$，则其电荷分布函数 q_{e} 满足方程

$$\varphi_{\mathrm{e}}(\boldsymbol{r}) = \int_0^L \frac{q_{\mathrm{e}}(x')}{4\pi\varepsilon|\boldsymbol{r}-\boldsymbol{r}'|}\mathrm{d}x' \tag{13.15}$$

式中，$|\boldsymbol{r}-\boldsymbol{r}'| = \sqrt{(x-x')^2+(y-y')^2}$。

将细线均匀划分 $N = 50$ 个网格，并选用脉冲基函数及点匹配法建立一维的实数矩量法方程。显然，方程的解向量 $\boldsymbol{J}$ 是 q_{e} 的一个自然采样序列。由电磁场理论可知，细线上应处处都有电荷分布，且由于细线的几何结构均匀，其上的电荷分布应无突变而比较平滑。这表明，$\boldsymbol{J}$ 完全不稀疏，但 $\boldsymbol{J}$ 中的数值分布应是缓变的，即 $\boldsymbol{J}$ 中仅含少量的空间频率成分，则选用 DCT 变换矩阵对 $\boldsymbol{J}$ 进行稀疏变换。DCT 变换矩阵 $\boldsymbol{U}_{\mathrm{DCT}}$ 定义为

$$\boldsymbol{U}_{\mathrm{DCT}} = \sqrt{\frac{2}{N}}\begin{bmatrix} \frac{1}{\sqrt{2}} & \cos\frac{\pi}{2N} & \cdots & \cos\frac{(N-1)\pi}{2N} \\ \frac{1}{\sqrt{2}} & \cos\frac{3\pi}{2N} & \cdots & \cos\frac{3(N-1)\pi}{2N} \\ \vdots & \vdots & & \vdots \\ \frac{1}{\sqrt{2}} & \cos\frac{(2N-1)\pi}{2N} & \cdots & \cos\frac{(2N-1)(N-1)\pi}{2N} \end{bmatrix} \tag{13.16}$$

式中，$\boldsymbol{U}_{\mathrm{DCT}}$ 是正交矩阵，即有 $\boldsymbol{U}_{\mathrm{DCT}}^{-1}=\boldsymbol{U}_{\mathrm{DCT}}^{\mathrm{T}}$。

将 $\boldsymbol{U}_{\mathrm{DCT}}^{\mathrm{T}}$ 代入方程(13.13)并给定压缩比 M/N，即可构造出相应的欠定方程。如前面所述，存在多种方案构造不同的欠定方程，用 OMP 方法得到的重构解(记为 $q_{\mathrm{e}}^{\mathrm{CS}}$)也并不唯一，这些重构解可能差异很大。当 $M/N=40\%$ 时，在图 13-4 中绘出了两个完全不同的重构解，并与经典矩量解(记为 $q_{\mathrm{e}}^{\mathrm{MoM}}$)进行了比较。这表明，是否能够得出精确的近似重构解是一个与压缩比 M/N 相关的概率问题。

根据压缩感知理论，当 $\boldsymbol{I}^{\mathrm{CS}}\bar{\boldsymbol{Z}}$ 满足 RIP 性质时，可得到精确的重构解。由于定量地分析一个矩阵是否满足 RIP 性质本身是一个 NP 问题，这里主要进行数值实验研究。显然不能穷举所有的可能，故针对不同 M/N 值分别进行 10000 次随机实验(10000 次的样本容量已可较好地反映整体的统计特性)。

实验中，随机地抽取 $\boldsymbol{Z}$ 中 M 行以及 $\boldsymbol{V}$ 中相应的 M 个分量构造欠定方程并求解，同时用相对均方根误差(relative root mean square error，RRMSE)对重构误差进行定量分析，RRMSE 定义为

$$\mathrm{RRMSE}=\frac{\left\|q_{\mathrm{e}}^{\mathrm{CS}}-q_{\mathrm{e}}^{\mathrm{MoM}}\right\|_2}{\left\|q_{\mathrm{e}}^{\mathrm{MoM}}\right\|_2}\tag{13.17}$$

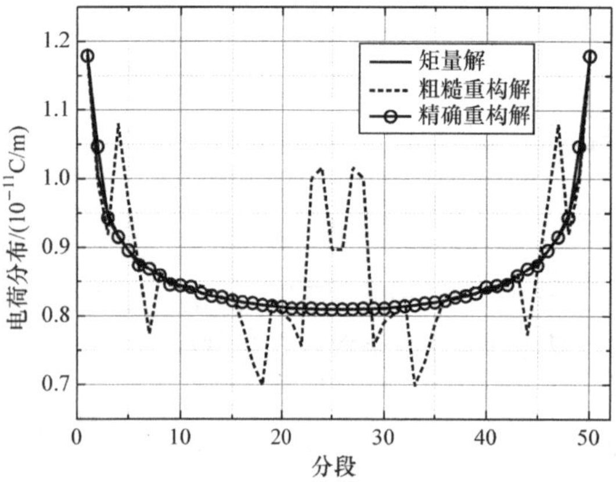

图 13-4　细线上的电荷密度分布

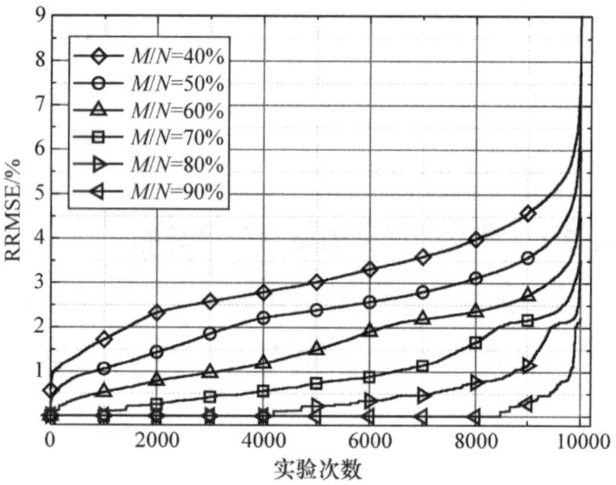

图 13-5　不同 M/N 值时的误差分布

图 13-5 绘出了不同数值实验次数的 RRMSE 值。可以看出，随着 M/N 的增大，已知信息增多，精确重构的概率随之迅速增加。例如，当 $M/N=70\%$，有超过 80%的概率可得到 RRMSE 小于 2%的精确重构解。但是随着 M/N 的增大，将导致欠定方程的规模增加，其构造和求解的计算复杂度也随之迅速增加。在实际应用中需适当地选择压缩比 M/N 以兼顾计算复杂度与重构精度。

为了验证新方法计算电大尺寸问题的效率，令杆长为 10m，增加 N 的取值，并固定 $M/N=4\%$，统计其计算耗时绘于图 13-6 中。由于每次随机实验的计算耗时都有所不同，图中的纵坐标是针对不同 N 值执行 10000 次随机实验的平均计算耗时与传统矩量法计算耗时的比值。从图 13-6 可以看出，应用基于压缩感知的矩量法后，方程填充的 CPU 时间可下降为传统矩量法的 M/N。随着电磁问题规模的增加，方程求解的 CPU 时间也逐渐趋于经典 MoM 的 M/N。整体的 CPU 时间消耗可比传统矩量法下降约一个数量级。

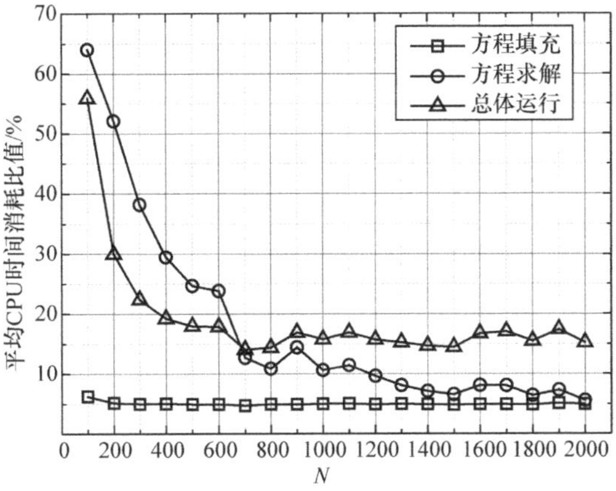

图 13-6　不同 N 值的 10000 次的平均计算耗时与传统矩量法的比较($M/N=4\%$)

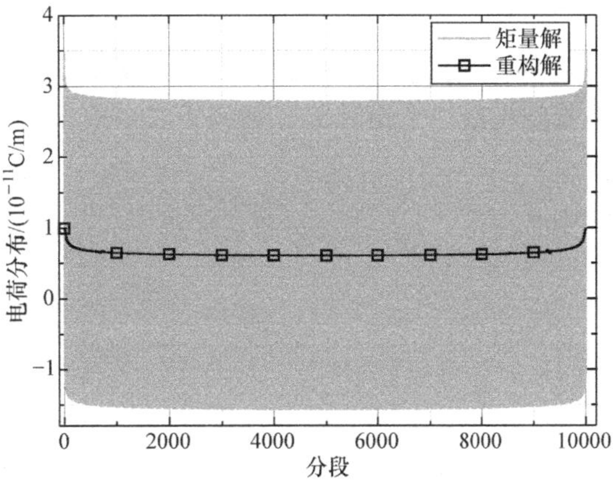

图 13-7　$N=10000$、$M/N=4\%$ 时的电荷密度分布比较

此外，由于采用 OMP 方法对解进行局部寻优，新方法还可以大大增强计算稳定性。当 $N=10000$，$M/N=4\%$ 时，传统矩量法方程系数矩阵 $\boldsymbol{Z}$ 的条件数高达 7.6×10^5，其计算结果将出现严重的振荡失真。而采用基于压缩感知的矩量法，仍可获得较好的重构解，如图 13-7 所示，且可节约计算资源消耗。

13.3.2　带电导体平板的电荷密度分布

在 13.3.1 节的计算过程中，非常重要的一步是根据细线上电荷分布的物理先验知识选择了 DCT 变换矩阵，从而使得待求解有稀疏的表达式。为进一步说明如何由物理先验构造合适的稀疏变换矩阵，重新考虑 8.2.3 节的二维带电导体平板算例，假定其边长尺寸为 $L=2\text{m}$，板上给定电位 $\varphi_\text{e}=1\text{V}$，则其面电荷密度 q_e 满足方程

$$\varphi_\text{e}(\boldsymbol{r})=\int_{-\frac{L}{2}}^{\frac{L}{2}}\int_{-\frac{L}{2}}^{\frac{L}{2}}\frac{q_\text{e}(x',y')}{4\pi\varepsilon|\boldsymbol{r}-\boldsymbol{r}'|}\text{d}x'\text{d}y' \tag{13.18}$$

将金属板均匀分割为 $N=K\times K$ 块，选用二维脉冲基函数和点匹配法，可建立起二维的实数矩量法方程。易知若 N 足够大，则金属板可看作由多根金属杆在 x 或 y 方向“粘”在一起而构成。由已知的细线上电荷密度分布(图 13-7)，可合理推断出金属板上的电荷密度分布 q_e 应有如图 13-8 所示形状，q_e 表现出准周期性。因此，若仍采用一维 DCT 变换进行稀疏变换，则必将引入更多的空间频率成分，从而降低变换后的稀疏程度。另外，类似对细线的分析，不难得知 q_e 应同时在 x 和 y 方向上变化平缓，这样采用二维 DCT 变换更为恰当。

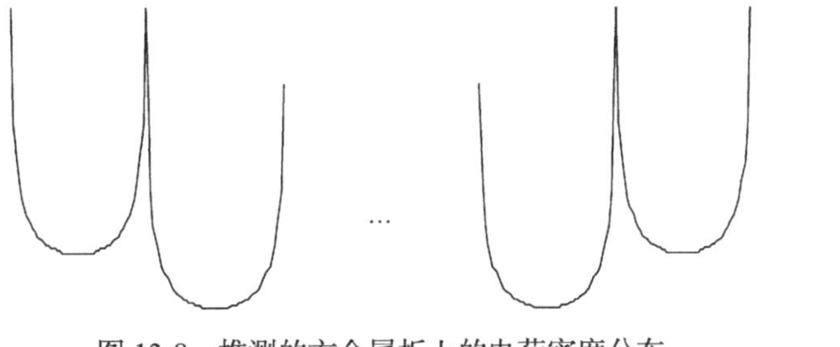

图 13-8　推测的方金属板上的电荷密度分布

K 维矩阵 $\boldsymbol{X}=\begin{bmatrix}\boldsymbol{X}_1 & \boldsymbol{X}_2 & \cdots & \boldsymbol{X}_K\end{bmatrix}$ 的二维 DCT 变换 $\tilde{\boldsymbol{X}}=\begin{bmatrix}\tilde{\boldsymbol{X}}_1 & \tilde{\boldsymbol{X}}_2 & \cdots & \tilde{\boldsymbol{X}}_K\end{bmatrix}$ 定义为

$$\tilde{\boldsymbol{X}} = \boldsymbol{U}_{\mathrm{DCT}} \boldsymbol{X} \boldsymbol{U}_{\mathrm{1D\text{-}DCT}}^{\mathrm{T}} \tag{13.19}$$

但是，由于要进行二维 DCT 变换的$\boldsymbol{J}$是向量而不是矩阵，式(13.19)并不能直接应用。实际上，是希望构造一个矩阵$\boldsymbol{\Gamma}$，使得下式成立。

$$\tilde{\boldsymbol{x}} = \boldsymbol{\Gamma x} \tag{13.20}$$

式中

$$\tilde{\boldsymbol{x}} = \begin{bmatrix} \tilde{\boldsymbol{X}}_1 \\ \tilde{\boldsymbol{X}}_2 \\ \vdots \\ \tilde{\boldsymbol{X}}_K \end{bmatrix}, \quad \boldsymbol{x} = \begin{bmatrix} \boldsymbol{X}_1 \\ \boldsymbol{X}_2 \\ \vdots \\ \boldsymbol{X}_K \end{bmatrix} \tag{13.21}$$

这可看作二维 DCT 变换的一维改写形式。由$\boldsymbol{x}$和$\boldsymbol{X}$以及$\tilde{\boldsymbol{x}}$和$\tilde{\boldsymbol{X}}$分量间的一一对应关系，有

$$x_m = X_{i,j}, \quad j = \left[\frac{m}{K}\right], \quad i = m - (j-1)K \tag{13.22}$$

$$\tilde{x}_n = \tilde{X}_{u,v}, \quad u = \left[\frac{n}{K}\right], \quad v = n - (u-1)K \tag{13.23}$$

式中，[ ]表示后向取整。如前面所分析的，在计算中仅需使用相应的逆变换矩阵，而二维 DCT 逆变换定义为

$$X_{m,n} = \frac{2}{N}\sum_{i=1}^{K}\sum_{j=1}^{K} c_i c_j \tilde{X}_{i,j} \cos\frac{(2m-1)(i-1)\pi}{2K}\cos\frac{(2n-1)(j-1)\pi}{2K} \tag{13.24}$$

式中，当$i, j=1$时，$c_i = c_j = \sqrt{1/2}$，否则，$c_i = c_j = 0$。则可构造$\boldsymbol{\Gamma}^{-1}$中的元素为

$$\Gamma_{m,n}^{-1} = \frac{2c_i c_j}{K}\cos\frac{(2i-1)(u-1)\pi}{2K}\cos\frac{(2j-1)(v-1)\pi}{2K} \tag{13.25}$$

式中，m、n、i、j、u、v之间的关系由式(13.22)和式(13.23)给出。

令$K=10$，此时$N=K^2=100$，将$\boldsymbol{\Gamma}^{-1}$代入方程(13.13)并给定压缩比M/N，可得到欠定方程。同样地，针对不同的M/N值分别做了 10000 次随机试验，并与使用$\boldsymbol{U}_{\mathrm{DCT}}$作为稀疏变换矩阵时的结果进行比较，如图 13-9 所示。可以看出，当稀疏变换矩阵为$\boldsymbol{\Gamma}$时，10000 次随机实验的平均 RRMSE 可下降约 1 个数量级。

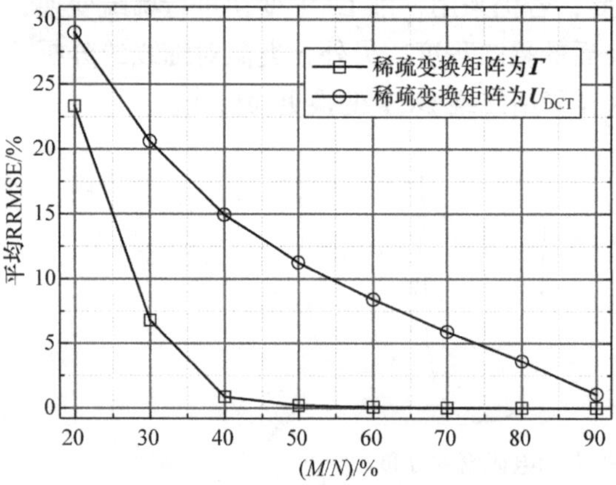

图 13-9　10000 次随机实验平均误差比较

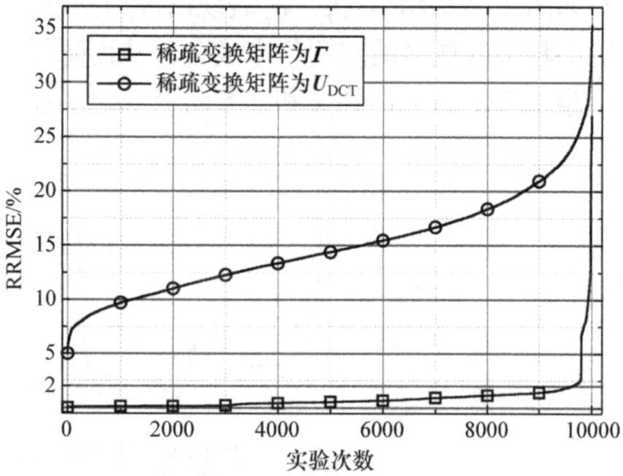

图 13-10　$M/N=40\%$ 时的误差分布

图 13-10 中给出了当$M/N=40\%$时，使用两种不同变换矩阵时的 RRMSE 具体分布。可以看出，稀疏变换矩阵为$\boldsymbol{\Gamma}$时，获得精度损失不超过 2%的重构解的概率超过 80%，而稀疏变换矩阵为$\boldsymbol{U}_{\mathrm{DCT}}$的重构值的相对误差要大得多。

13.3.3　Hallen 积分方程求解双臂振子天线

前面，讨论了静电场算例并验证了基于压缩感知理论的矩量法的优异性能。本节将通过研究 Hallen 积分方程来说明，如果选取的稀疏变换不能完全地契合解的数据结构，则新方法的计算性能将大幅下降。考虑一中心馈电电压为$V_0=1\mathrm{V}$、$L=\lambda/2$的偶极子天线(11.1 节)所满足的 Hallen 积分方程

$$\mathrm{j}30\int_{-L/2}^{+L/2}\frac{I(z')\mathrm{e}^{-\mathrm{j}kr}}{r}\mathrm{d}z'=C_1\cos kz+\frac{V_0}{2}\sin k|z|,\quad -L/2<z'<L/2 \tag{13.26}$$

式中，k为波数。

将天线均匀分割为$N=101$段，选用脉冲基函数与点匹配法后得到常规的矩量法方程，其解包含电流解部分和待定系数部分C_1。显然，这两部分数据的物理意义完全不同，分别内蕴着不同的数据结构类型。考虑到偶极子天线上电流分布的平滑缓变，稀疏变换矩阵仍可选用$\boldsymbol{U}_{\mathrm{DCT}}$。注意，因为仅是对电流解进行稀疏变换，根据$\boldsymbol{U}_{\mathrm{DCT}}$的性质可构造稀疏逆变换矩阵$\boldsymbol{U}^{-1}$为

$$\boldsymbol{U}^{-1}=\begin{bmatrix}\boldsymbol{U}_{\mathrm{DCT}}^{\mathrm{T}} & 0^{(N-1),1}\\ 0^{1,(N-1)} & 1\end{bmatrix} \tag{13.27}$$

数值实验发现，由于构造的稀疏变换仅针对电流解部分，并未契合待定系数解部分C_1的数据结构，从而导致得到精确重构解的概率对欠定方程的构造极为敏感。若$\boldsymbol{I}^{\mathrm{CS}}$中不含首尾两行，即如果未保留$\boldsymbol{Z}$中的首尾两行，则每次实验的 RRMSE 均超过 100%。若保留此两行，10000 次随机实验的 RRMSE 分布如图 13-11 所示(纵坐标取对数坐标以便于观察)。可以看出，相比前面的静电场算例，新方法虽然仍然可行，但计算性能下降明显。此例表明，如果待求解含有多种数据结构类型，构造的稀疏变换矩阵必须契合待求解中的所有数据结构类型。

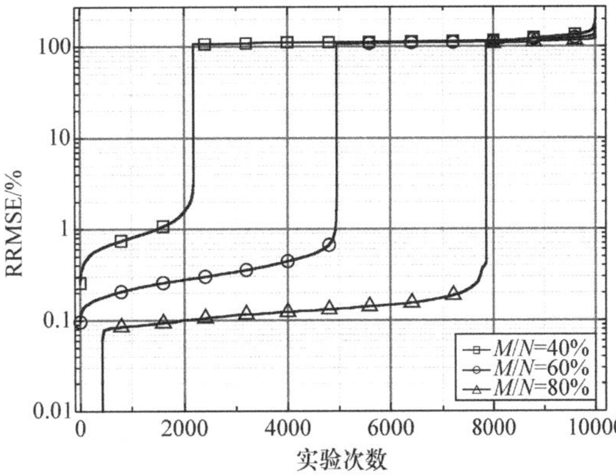

图 13-11　不同M/N值时的误差分布

13.3.4　二维金属圆柱散射

由散射场问题导出的矩量法方程[11]是复数方程，而原始的压缩感知理论主要针对实数域问题，需要研究新方法是否可以推广到复数域。这里考虑一个z轴向半径为 1m 的无限长理想金属圆柱，其被频率为 300MHz 的 TM 平面波$E_z^{\mathrm{i}}(\boldsymbol{r})$垂直照射。

圆柱体上的表面电流J_z满足 EFIE

$$\frac{k_0\eta}{4}\oint_C H_0^{(2)}\left(k_0|\boldsymbol{r}-\boldsymbol{r}'|\right)J_z(\boldsymbol{r}')\mathrm{d}\boldsymbol{l}'=E_z^{\mathrm{i}}(\boldsymbol{r}) \tag{13.28}$$

将圆柱横截面圆周的边界 C 均匀离散为 $N=180$ 份，选用脉冲基函数和点匹配法建立矩量法方程。根据电磁场理论可推断 J_z 缓变，故仍然采用变换矩阵 $\boldsymbol{U}_{\mathrm{DCT}}$ 进行稀疏变换。直接用复数形式的欠定方程(13.13)，并针对不同的 M/N 分别做 10000 次的随机数值实验，将实验结果的 RRMSE 绘于图 13-12 中。可以看出，当 $M/N=50\%$ 时，几乎一定可以得到精确的重构解。这表明对复数问题，直接应用复数形式的欠定方程是可行的。

事实上，复数形式的欠定方程(13.13)还可以被改写成等价的实数方程为

$$\begin{bmatrix} \mathrm{Re}\left(\boldsymbol{I}^{\mathrm{CS}}\bar{\boldsymbol{Z}}\right) & -\mathrm{Im}\left(\boldsymbol{I}^{\mathrm{CS}}\bar{\boldsymbol{Z}}\right) \\ \mathrm{Im}\left(\boldsymbol{I}^{\mathrm{CS}}\bar{\boldsymbol{Z}}\right) & \mathrm{Re}\left(\boldsymbol{I}^{\mathrm{CS}}\bar{\boldsymbol{Z}}\right) \end{bmatrix} \begin{bmatrix} \mathrm{Re}\left(\bar{\boldsymbol{J}}\right) \\ \mathrm{Im}\left(\bar{\boldsymbol{J}}\right) \end{bmatrix} = \begin{bmatrix} \mathrm{Re}\left(\boldsymbol{I}^{\mathrm{CS}}\boldsymbol{V}\right) \\ \mathrm{Im}\left(\boldsymbol{I}^{\mathrm{CS}}\boldsymbol{V}\right) \end{bmatrix} \tag{13.29}$$

式中，$\mathrm{Re}(\cdot)$ 和 $\mathrm{Im}(\cdot)$ 分别表示取实部和虚部。也就是说，对散射问题既可以直接用复数形式的欠定方程(13.13)，也可以用实数形式的欠定方程(13.29)进行求解。若采用实数形式的方程(13.29)，同样针对不同的 M/N 分别执行 10000 次随机实验。图 13-13 给出了两种方程形式的计算精度，图中的纵坐标是 10000 次随机实验的平均 RRMSE。可以看出，采用实数方程的计算精度要稍好于直接采用复数方程。

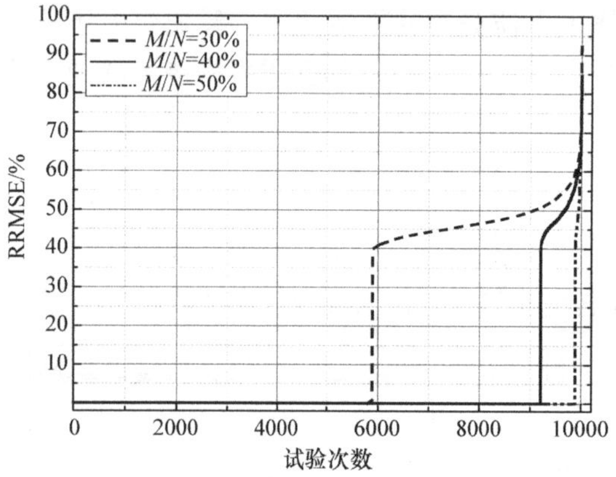

图 13-12 采用复数方程分别执行 10000 次随机实验的 RRMSE 分布

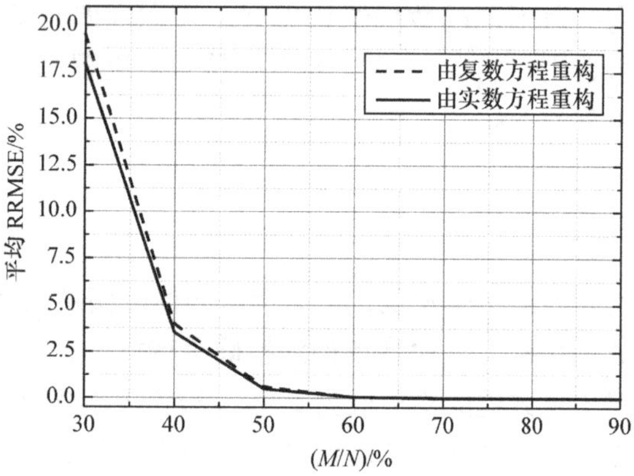

图 13-13 实数方程和复数方程重构结果的平均 RRMSE 比较

13.4 压缩感知矩量法方程的快速构造和求解

13.4.1 阻抗矩阵快速填充的基本思想

在建立矩量法方程的过程中，最重要的环节是对阻抗矩阵 $\boldsymbol{Z}$ 的填充。由第 8 章可知，$\boldsymbol{Z}$ 的填充计算量由其中单个元素 Z_{mn} 的计算复杂度和 $\boldsymbol{Z}$ 的规模 N^2 决定。

要简化 Z_{mn} 的计算，一般从两方面入手：一方面，采用较为简单的基函数和权函数。例如，采用脉冲基函数自然比采用其他类型的基函数更为简单，或者采用点匹配法可以减少一次积分。但是，采用简单的基函数往往又要求增加基函数的数量才能满足精度要求。此外，增加了基函数的数量，还可能导致 $\boldsymbol{Z}$ 的条件数恶化，增加线性方程组求解的难度。采用点匹配法虽可减少一次积分，但是其数值性能有所下降，不如采用伽略金法的收敛性好；另一方面，如果基函数与权函数已经给定，要使得 Z_{mn} 计算简单，可以对积分近似处理来简化积分运算。例如，将积分核降阶，将积分运算转化为求和运算等。这显然不是一种普适的方法，

换一种基函数或权函数，就需要发展新的简化方法。

要减小 N，即是要求用少量的基函数即可对待求解进行精确表示，需要采用与待求解密切相关的较为复杂的基函数。例如，将相应的目标面或目标体用高阶面或高阶体元素来模拟，并采用高阶基函数，这样可以降低未知数的数量，但这会导致复杂的多重积分的数值运算。

上述方法都要求根据 Z_{mn} 的积分表达式将 $\boldsymbol{Z}$ 中所有 N^2 个元素全部计算出来。容易知道，$\boldsymbol{Z}$ 中的元素都满足统一的积分表达式，它们彼此之间是高度相关的，只是积分域不同而已。基于此，有学者提出了基于插值技术的阻抗矩阵快速填充方法，根据有理插值理论建立阻抗矩阵元素关于频率参量的插值函数，从而可以由部分已知矩阵元素实现其余元素的快速计算。这种方法无须寻求新的基函数以改变 $\boldsymbol{Z}$ 的规模，也无须对积分运算进行简化处理。可以将其看作一种基于信号处理技术的数据后处理方法，容易与其他方法相结合，可以用于已存在的矩量法及改进方法的程序代码中，无须较大改动、易于实现、适用范围广。

这里，先分析实现 $\boldsymbol{Z}$ 的快速填充技术应该具有的特征。首先，需要的已知元素应该是比较少的，从而可以减少积分运算；其次，阻抗矩阵 $\boldsymbol{Z}$ 中元素彼此相关，具有明显的物理意义，其元素 Z_{mn} 本身描述了两个离散点之间的相互作用，那么该技术应可以从信号处理的角度很好地描述元素间的相关关系；最后，该技术会增加相应的操作，但要求运算不应太复杂，而且必须有足够的精度，否则得不偿失。

基于这些分析，压缩感知理论是一种很有潜力的备选方案。首先，稀疏性本质上就是对相关性的一种描述，虽然阻抗矩阵 $\boldsymbol{Z}$ 一般是稠密的，但可以通过离散变换使其稀疏；其次，压缩感知理论具有可以减小采样点的特性，本身是只要求少量的已知元素；最后，压缩感知理论提供的优化处理方法可以实现高效而准确的重构。

13.4.2　阻抗矩阵快速填充方法的数学描述

矩量法方程中的阻抗矩阵 $\boldsymbol{Z}$ 一般是稠密的，而压缩感知问题只能处理稀疏问题，故而必须首先对 $\boldsymbol{Z}$ 进行稀疏化处理。这需要精心选取基函数 $\boldsymbol{f}$ 与权函数 $\boldsymbol{w}$。

假定适当地选取了可以使得 Z_{mn} 计算较为简便的 $\boldsymbol{f}$ 与 $\boldsymbol{w}$(例如，脉冲基函数与点匹配法)，得到了阻抗矩阵 $\boldsymbol{Z}\in\Re^{N\times N}$。理论上来说，总可以找到变换矩阵 $\boldsymbol{U}\in\Re^{N\times N}$ 和 $\boldsymbol{U}'\in\Re^{N\times N}$ 对 $\boldsymbol{Z}$ 进行稀疏变换，即有

$$\boldsymbol{UZU}'=\bar{\boldsymbol{Z}} \tag{13.30}$$

式中，$\bar{\boldsymbol{Z}}\in\Re^{N\times N}$ 是稀疏矩阵。这实际是对 $\boldsymbol{Z}$ 执行了二维离散变换。这里采用已得到研究的一些正交变换，例如，DCT、DFT 和 DWT 等，它们提供了高度结构化的变换矩阵以及相应的快速算法，使得后面的分析更为简便。这种情况下，式(13.30)可表示为

$$\boldsymbol{UZU}^{\mathrm{T}}=\bar{\boldsymbol{Z}} \tag{13.31}$$

由 $\boldsymbol{U}$ 的正交性(即 $\boldsymbol{U}^{-1}=\boldsymbol{U}^{\mathrm{T}}$)，式(13.31)可以改写为

$$\boldsymbol{U}^{\mathrm{T}}\bar{\boldsymbol{Z}}=\boldsymbol{ZU}^{\mathrm{T}} \tag{13.32}$$

式(13.32)实际上可展开表示为如下 N 个线性方程

$$\begin{cases}\boldsymbol{U}^{\mathrm{T}}\bar{\boldsymbol{Z}}_1=\boldsymbol{ZU}_1^{\mathrm{T}}\\ \boldsymbol{U}^{\mathrm{T}}\bar{\boldsymbol{Z}}_2=\boldsymbol{ZU}_2^{\mathrm{T}}\\ \quad\vdots\\ \boldsymbol{U}^{T}\bar{\boldsymbol{Z}}_N=\boldsymbol{ZU}_N^{\mathrm{T}}\end{cases} \tag{13.33}$$

式中，$\bar{\boldsymbol{Z}}_i$ 和 $\boldsymbol{U}_i^{\mathrm{T}}$ 分别表示 $\bar{\boldsymbol{Z}}$ 和 $\boldsymbol{U}^{\mathrm{T}}$ 中的第 i 列。

如果 $\boldsymbol{U}$ 的选取使得 $\bar{\boldsymbol{Z}}$ 非常稀疏以至于其任一列向量 $\bar{\boldsymbol{Z}}_i$ 也是高度稀疏的，则式(13.33)中每一线性方程都有稀疏解，那么压缩感知理论在形式上可以被引入。具体来说，可以构造如下的 N 个欠定方程

$$\begin{cases}\left(\boldsymbol{U}^{\mathrm{T}}\right)^{\mathrm{CS}}\bar{\boldsymbol{Z}}_1=\left(\boldsymbol{Z}\boldsymbol{U}_1^{\mathrm{T}}\right)^{\mathrm{CS}}\\ \left(\boldsymbol{U}^{\mathrm{T}}\right)^{\mathrm{CS}}\bar{\boldsymbol{Z}}_2=\left(\boldsymbol{Z}\boldsymbol{U}_2^{\mathrm{T}}\right)^{\mathrm{CS}}\\ \qquad\vdots\\ \left(\boldsymbol{U}^{\mathrm{T}}\right)^{\mathrm{CS}}\bar{\boldsymbol{Z}}_N=\left(\boldsymbol{Z}\boldsymbol{U}_N^{\mathrm{T}}\right)^{\mathrm{CS}}\end{cases}\tag{13.34}$$

式中，$\left(\boldsymbol{U}^{\mathrm{T}}\right)^{\mathrm{CS}}\in\Re^{M_Z\times N}$ 和 $\left(\boldsymbol{Z}\boldsymbol{U}_i^{\mathrm{T}}\right)^{\mathrm{CS}}\in\Re^{M_Z}$ 分别是通过随机抽取矩阵 $\boldsymbol{U}^{\mathrm{T}}$ 中 M_Z ($M_Z << N$)行以及向量 $\boldsymbol{Z}\boldsymbol{U}_i^{\mathrm{T}}$ 中对应的 M_Z 个分量所构造的。根据矩阵乘法，显然有

$$\left(\boldsymbol{Z}\boldsymbol{U}_i^{\mathrm{T}}\right)^{\mathrm{CS}}=\boldsymbol{Z}^{\mathrm{CS}}\boldsymbol{U}_i^{\mathrm{T}}\tag{13.35}$$

式中，$\boldsymbol{Z}^{\mathrm{CS}}$ 是通过随机抽取 $\boldsymbol{Z}$ 中的 M_Z 行而构造的。将式(13.35)代入式(13.34)，即有

$$\begin{cases}\left(\boldsymbol{U}^{\mathrm{T}}\right)^{\mathrm{CS}}\bar{\boldsymbol{Z}}_1=\boldsymbol{Z}^{\mathrm{CS}}\boldsymbol{U}_1^{\mathrm{T}}\\ \left(\boldsymbol{U}^{\mathrm{T}}\right)^{\mathrm{CS}}\bar{\boldsymbol{Z}}_2=\boldsymbol{Z}^{\mathrm{CS}}\boldsymbol{U}_2^{\mathrm{T}}\\ \qquad\vdots\\ \left(\boldsymbol{U}^{\mathrm{T}}\right)^{\mathrm{CS}}\bar{\boldsymbol{Z}}_N=\boldsymbol{Z}^{\mathrm{CS}}\boldsymbol{U}_N^{\mathrm{T}}\end{cases}\tag{13.36}$$

如果上述构造的 N 个欠定方程满足压缩感知理论中的所有要求和约束，则可应用压缩感知技术对其进行求解。考虑到对精度要求较高，本章将采用 OMP 方法对 $\bar{\boldsymbol{Z}}_i$ ($i=1,2,\cdots,N$)分别进行重构，并记 $\bar{\boldsymbol{Z}}_i$ 的重构向量为 $\bar{\boldsymbol{Z}}_i^*$，即得到 $\bar{\boldsymbol{Z}}$ 的重构值为 $\bar{\boldsymbol{Z}}^*$，再经过逆变换得到 $\boldsymbol{Z}$ 的重构值为 $\boldsymbol{Z}^*$，即需要求解式(13.31)的逆问题

$$\boldsymbol{U}^{\mathrm{T}}\bar{\boldsymbol{Z}}^*\boldsymbol{U}=\boldsymbol{Z}^*\tag{13.37}$$

最终即可得到用压缩感知技术建立的矩量法方程

$$\boldsymbol{Z}^*\boldsymbol{J}=\boldsymbol{V}\tag{13.38}$$

显然，通过上述步骤建立的矩量法方程中，仅需根据 Z_{mn} 的积分表达式逐项计算 $\boldsymbol{Z}$ 中的 $M_Z N$ 项，其余的 $\left(N-M_Z\right)N$ 项是通过压缩感知技术中的 OMP 方法“推测”出来的。如果节约的 $\left(N-M_Z\right)N$ 项的积分计算量大于增加的 OMP 方法求解欠定方程的计算量，则总的计算量可降低。注意，在方程(13.36)中，实际是用单位矩阵的子矩阵 $\boldsymbol{I}^{\mathrm{CS}}\in\Re^{M_Z\times N}$ 作为感知矩阵。这里限定使用 $\boldsymbol{I}^{\mathrm{CS}}$ 作为感知矩阵，而不是按压缩感知理论所建议的随机矩阵作为感知矩阵，是为了节约 $\boldsymbol{Z}$ 的填充计算量。可以证明，一旦选取其他任何矩阵作为感知矩阵，都必须要根据要 Z_{mn} 的积分表达式逐项计算出 $\boldsymbol{Z}$ 的所有元素，才能建立起如式(13.36)的欠定方程。采用随机抽取的方式是为了尽可能地使得 $\left(\boldsymbol{U}^{\mathrm{T}}\right)^{\mathrm{CS}}$ 满足 RIP 性质以得到精确重构解。

13.4.3　压缩感知矩量法方程的快速求解

应用压缩感知技术快速建立矩量法方程(13.38)后，可以直接应用迭代法对其进行求解，也可以借鉴小波矩量法方程[2]，即

$$\bar{\boldsymbol{Z}}\bar{\boldsymbol{J}}=\bar{\boldsymbol{V}} \tag{13.39}$$

将方程(13.38)变换为

$$\boldsymbol{U}\boldsymbol{Z}^{*}\boldsymbol{U}^{\mathrm{T}}\cdot\boldsymbol{U}\boldsymbol{J}=\boldsymbol{U}\boldsymbol{V} \tag{13.40}$$

令

$$\bar{\boldsymbol{J}}=\boldsymbol{U}\boldsymbol{J}\ ,\quad \bar{\boldsymbol{V}}=\boldsymbol{U}\boldsymbol{V} \tag{13.41}$$

代入式(13.40)，同时注意到式(13.40)中的 $\boldsymbol{U}\boldsymbol{Z}^{*}\boldsymbol{U}^{\mathrm{T}}$ 是 $\bar{\boldsymbol{Z}}$ 的重构值 $\bar{\boldsymbol{Z}}^{*}$，则有

$$\bar{\boldsymbol{Z}}^{*}\bar{\boldsymbol{J}}=\bar{\boldsymbol{V}} \tag{13.42}$$

显然，式(13.37)是不必要的，即无须计算 $\bar{\boldsymbol{Z}}^{*}$ 的逆变换 $\boldsymbol{Z}^{*}$ 而可以直接应用 $\bar{\boldsymbol{Z}}^{*}$。类似地，式(13.41)中的 $\bar{\boldsymbol{J}}$ 在形式可看作对 $\boldsymbol{J}$ 的稀疏变换，即方程(13.42)至少在形式上表现为有稀疏解，则可以根据压缩感知理论构造欠定方程。

这里用第 13 章所介绍的随机抽取方式构造欠定方程为

$$\boldsymbol{I}^{\mathrm{CS}}\bar{\boldsymbol{Z}}^{*}\bar{\boldsymbol{J}}=\boldsymbol{I}^{\mathrm{CS}}\bar{\boldsymbol{V}} \tag{13.43}$$

即用从 N 阶单位矩阵 $\boldsymbol{I}$ 中随机抽取的 M_J ($M_J << N$)行所构成的矩阵 $\boldsymbol{I}^{\mathrm{CS}}$ 作为感知矩阵。如此构造欠定方程的好处是无须计算 $\bar{\boldsymbol{Z}}^{*}$ 中的 M_J 行，但由此得到的压缩感知矩阵 $\boldsymbol{I}^{\mathrm{CS}}\bar{\boldsymbol{Z}}^{*}$ 只保留了 $\bar{\boldsymbol{Z}}^{*}$ 中 $M_J N$ 项的信息，需要更大规模的欠定方程才能得到精确重构解，从而会增加方程求解的计算复杂度。考虑已用压缩感知理论对 $\bar{\boldsymbol{Z}}^{*}$ 进行了快速填充并得到了 $\bar{\boldsymbol{Z}}^{*}$ 中的所有元素，则感知矩阵可以任意选取。故而，这里采用随机矩阵 $\boldsymbol{R}^{\mathrm{CS}}\in\Re^{M_J\times N}$ 作为感知矩阵，则建立欠定方程为

$$\boldsymbol{R}^{\mathrm{CS}}\bar{\boldsymbol{Z}}^{*}\bar{\boldsymbol{J}}=\boldsymbol{R}^{\mathrm{CS}}\bar{\boldsymbol{V}} \tag{13.44}$$

此时，压缩感知矩阵 $\boldsymbol{R}^{\mathrm{CS}}\bar{\boldsymbol{Z}}^{*}$ 保留了 $\bar{\boldsymbol{Z}}^{*}$ 中所有元素的信息，则可用更小规模的欠定方程得到精确重构解。注意，按上述步骤操作，$\bar{\boldsymbol{Z}}^{*}$ 可以直接应用，则式(13.37)是不必要的。

类似地，若满足压缩感知理论中相应的约束和要求，则可应用压缩感知技术对方程(13.44)进行快速求解得到 $\bar{\boldsymbol{J}}$ 的重构值 $\bar{\boldsymbol{J}}^{*}$，再通过稀疏逆变换得到 $\boldsymbol{J}$ 的重构值 $\boldsymbol{J}^{*}$，即

$$\boldsymbol{J}^{*}=\boldsymbol{U}^{\mathrm{T}}\bar{\boldsymbol{J}}^{*} \tag{13.45}$$

考虑到重构值 $\bar{\boldsymbol{Z}}^{*}$ 中的重构误差，本章选用了计算精度更好的 OMP 重构方法。

在上述欠定方程构造过程中，是用同一个变换矩阵 $\boldsymbol{U}$ 对阻抗矩阵 $\boldsymbol{Z}$ 和待求解向量 $\boldsymbol{J}$ 进行稀疏变换。显然，只有当 $\boldsymbol{Z}$ 和 $\boldsymbol{J}$ 都有类似的数据结构时，才可以实现稀疏变换。一般情况下，应该针对 $\boldsymbol{Z}$ 和 $\boldsymbol{J}$ 各自的数据结构，分别使用不同的变换矩阵，即有

$$\boldsymbol{R}^{\mathrm{CS}}\bar{\boldsymbol{Z}}^{*}\boldsymbol{U}_{Z}\boldsymbol{U}_{J}^{\mathrm{T}}\bar{\boldsymbol{J}}^{*}=\boldsymbol{R}^{\mathrm{CS}}\bar{\boldsymbol{V}} \tag{13.46}$$

式中，$\boldsymbol{U}_{Z}$ 和 $\boldsymbol{U}_{J}$ 分别是对 $\boldsymbol{Z}$ 和 $\boldsymbol{J}$ 进行稀疏变换的变换矩阵。与方程(13.44)相比，方程(13.46)增加了 $\boldsymbol{U}_{Z}\boldsymbol{U}_{J}^{\mathrm{T}}$ 的计算开销。不难看出，当 $\boldsymbol{U}_{Z}=\boldsymbol{U}_{J}$ 时，方程(13.46)即是方程(13.44)。为了简便，本节仅考虑 $\boldsymbol{U}_{Z}=\boldsymbol{U}_{J}$ 这种情况。

上述方法本质上是应用基变换方法实现对阻抗矩阵 $\boldsymbol{Z}$ 和待求解向量 $\boldsymbol{J}$ 的稀疏变换。利用稀疏性这一先验信息，可以引入压缩感知理论构造欠定方程分别实现对 $\boldsymbol{Z}$ 的快速填充以及对 $\boldsymbol{J}$ 的快速求解。

13.4.4 计算复杂度分析

传统矩量法中，阻抗矩阵 $\boldsymbol{Z}\in\Re^{N\times N}$ 中的所有 N^2 个元素都必须根据 Z_{mn} 的表达式逐项地计

算。在新方法中，仅$M_Z N$个元素需要根据Z_{mn}表达式计算，其余的是利用压缩感知技术“推测”得到的。故其计算开销仅为传统矩量法的M_Z/N。但同时，需要增加构造和求解欠定方程的计算开销。由式(13.36)可知，欠定方程构造环节中最主要的计算开销是计算$\boldsymbol{I}^{\text{CS}}\boldsymbol{Z}\boldsymbol{U}^{\text{T}}$。根据矩阵乘法，其计算复杂度为$O\left(M_Z N^2\right)$。$\boldsymbol{I}^{\text{CS}}\boldsymbol{Z}\boldsymbol{U}^{\text{T}}$可改写为

$$\boldsymbol{I}^{\text{CS}}\boldsymbol{Z}\boldsymbol{U}^{\text{T}}=\left(\boldsymbol{U}\left(\boldsymbol{I}^{\text{CS}}\boldsymbol{Z}\right)^{\text{T}}\right)^{\text{T}} \tag{13.47}$$

如果$\boldsymbol{U}$是高度结构化的，则可以采用相应的快速算法进行加速计算。例如，$\boldsymbol{U}$是DFT矩阵，则式(13.47)中的$\boldsymbol{U}\left(\boldsymbol{I}^{\text{CS}}\boldsymbol{Z}\right)^{\text{T}}$项即是对$\left(\boldsymbol{I}^{\text{CS}}\boldsymbol{Z}\right)^{\text{T}}$执行一维的DFT，因而可以采用快速傅里叶变换，其计算复杂度可下降为$O\left(NM_Z\log M_Z\right)$。如果式(13.36)中第$i$个欠定方程的解$\bar{\boldsymbol{Z}}_i$的稀疏度为$S_{\bar{Z}_i}$，即$S_{\bar{Z}_i}=\left\|\bar{\boldsymbol{Z}}_i\right\|_0$，则应用OMP方法对欠定方程求解的计算复杂度为$O\left(S_{\bar{Z}_i}M_Z N^2\right)$，显然有式(13.48)成立

$$\sum_{i=1}^{N}S_{\bar{Z}_i}=S_{\bar{Z}} \tag{13.48}$$

式中，$S_{\bar{Z}}$为矩阵$\bar{\boldsymbol{Z}}$的稀疏度，即$S_{\bar{Z}}=\left\|\bar{\boldsymbol{Z}}\right\|_0$。则应用OMP方法求解式(13.36)中$N$个欠定方程总的计算复杂度为$O\left(S_{\bar{Z}}M_Z N^2\right)$。

根据上述分析可知，在矩阵填充环节，新方法如果要优于传统矩量法的逐项填充方式，需要满足两个条件：首先，Z_{mn}的积分表达式应有一定的复杂性，否则节约的计算开销不足以抵消因为欠定方程构造和求解而增加的计算开销；其次，变换矩阵$\boldsymbol{U}$应精心选择使得$\bar{\boldsymbol{Z}}$尽可能稀疏，从而使得$S_{\bar{Z}}$和M_Z足够小以避免增加过多的计算开销。

对由压缩感知技术所建立的欠定方程(13.44)，用OMP方法求解计算复杂度为$O\left(S_{\bar{J}}M_J N\right)$，其中$S_{\bar{J}}$为$\bar{\boldsymbol{J}}$的稀疏度，即$S_{\bar{J}}=\left\|\bar{\boldsymbol{J}}\right\|_0$。注意欠定方程(13.44)的建立会涉及$\boldsymbol{R}^{\text{CS}}\bar{\boldsymbol{Z}}^*$、$\boldsymbol{R}^{\text{CS}}\bar{\boldsymbol{V}}$和$\boldsymbol{U}^{\text{T}}\bar{\boldsymbol{J}}^*$这三项的计算开销，其计算复杂度分别为$O\left(M_J N^2\right)$、$O\left(M_J N\right)$和$O\left(N^2\right)$。同样地以$\boldsymbol{U}$是DFT矩阵为例，$\boldsymbol{U}^{\text{T}}\bar{\boldsymbol{J}}^*$的计算复杂度可以下降为$O\left(N\log N\right)$。综上分析可知，如果$\boldsymbol{U}$使得$\bar{\boldsymbol{J}}$足够稀疏，则有$S_{\bar{J}}\ll N$以及$M_J\ll N$成立，故而总的计算开销可以大为节约。

13.4.5 计算实例

本节仍以无限长金属圆柱散射问题为例[12]。选取脉冲基函数对圆柱圆周C均匀离散为$N=1024$段，并用点匹配法建立起经典的矩量法方程。显然，$\boldsymbol{Z}$是一个稠密的对称矩阵。如前面所述，需要精心选取适当的变换矩阵$\boldsymbol{U}$对$\boldsymbol{Z}$进行稀疏变换。这要求对$\boldsymbol{Z}$中的数据分布进行预判。已经知道，$\boldsymbol{Z}$中的元素Z_{mn}有典型的物理意义：Z_{mn}表示分段n上的单位电流在分段m的中心点上辐射场。故而可以合理推断，$\boldsymbol{Z}$中元素的峰值分布在对角线上，而其余项是缓变的。

事实上，新方法是利用压缩感知理论根据$\boldsymbol{Z}$中的M_Z行对其余的$N-M_Z$行进行精确“推测”，故可以通过研究这已知的M_Z行来更为精确地考察$\boldsymbol{Z}$中的数据分布。假定$\boldsymbol{Z}$中的第100行$\boldsymbol{Z}_{100}$是已知的，如图13-14所示，可以看出其确实是缓变的，即$\boldsymbol{Z}$中仅有少量的空间频率成分，则可以用DCT或DFT变换矩阵来对$\boldsymbol{Z}$进行稀疏变换。此外，由前面章节的分析可知，采用DCT或DFT变换矩阵还可以实现对解向量$\boldsymbol{J}$的稀疏变换。

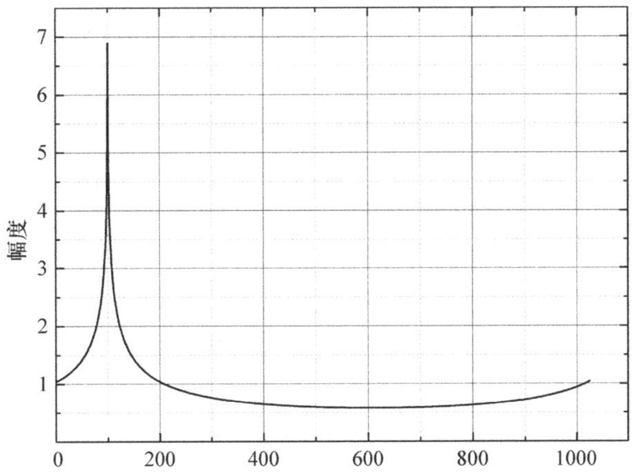

图 13-14　阻抗矩阵 $\boldsymbol{Z}$ 的第 100 行 $\boldsymbol{Z}_{100}$ 的幅度

1. DCT 稀疏变换

当 $\boldsymbol{U}$ 是 DCT 变换矩阵时，得到变换矩阵 $\bar{\boldsymbol{Z}}$ 的数据分布如图 13-15 所示。其中，$\bar{\boldsymbol{Z}}$ 中仅有 1686 项的幅度大于其最大幅度项的 10^{-3} 倍，验证了 DCT 变换可实现对 $\boldsymbol{Z}$ 的稀疏化。

将 DCT 变换矩阵代入式(13.36)，并取 $M_Z = 41$，即 $\mu_Z = M_Z/N = 4\%$，再用 OMP 方法求解，最终可得到 $\boldsymbol{Z}$ 的重构值 $\boldsymbol{Z}^*$。图 13-16 绘出了 $\boldsymbol{Z}^*$ 的第 100 行 $\boldsymbol{Z}_{100}^*$ 的幅度，并与 $\boldsymbol{Z}_{100}$ 进行了比较，两者吻合得非常好。注意，在矩阵快速填充环节所建立的欠定方程是将 $\boldsymbol{I}^{\mathrm{CS}}$ 作为感知矩阵，由于 $\boldsymbol{I}^{\mathrm{CS}}$ 的不确定性，故而 $\boldsymbol{Z}^*$ 的精度同样是不确定的。数值实验发现，$M_Z/N = 4\%$ 是一个比较好的选择，此时有较大概率得到较为精确的 $\boldsymbol{Z}^*$，而整个的矩阵填充时间仅有传统的逐项填充方法时间消耗的 1/4 左右。

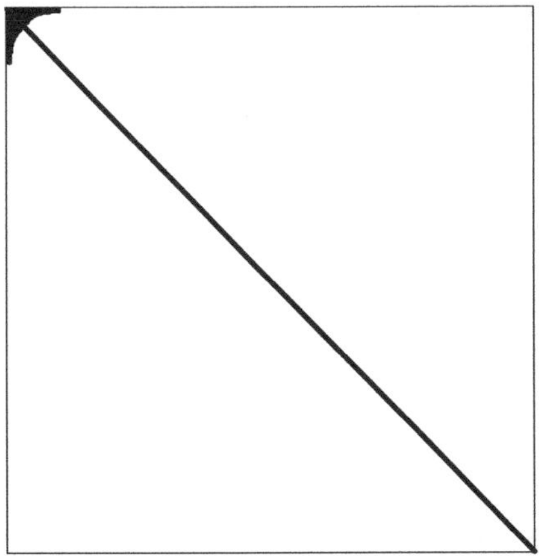

图 13-15　变换矩阵为 DCT 矩阵时，$\bar{\boldsymbol{Z}} \in \Re^{1024\times1024}$ 中的数据分布

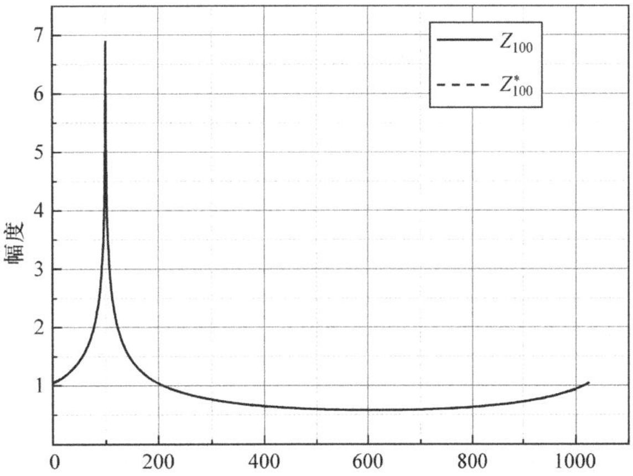

图 13-16　阻抗矩阵 $\boldsymbol{Z}$ 及其重构值 $\boldsymbol{Z}^*$ 的第 100 行 $\boldsymbol{Z}_{100}$ 和 $\boldsymbol{Z}_{100}^*$ 的幅度

通过前面分析可知，针对此问题至少可建立五种不同类型的方程求解，即 $\boldsymbol{ZJ} = \boldsymbol{V}$，$\boldsymbol{Z}^*\boldsymbol{J} = \boldsymbol{V}$，$\overline{\boldsymbol{ZJ}} = \bar{\boldsymbol{V}}$，$\bar{\boldsymbol{Z}}^*\bar{\boldsymbol{J}} = \bar{\boldsymbol{V}}$ 和 $\boldsymbol{R}^{\mathrm{CS}}\bar{\boldsymbol{Z}}^*\bar{\boldsymbol{J}} = \boldsymbol{R}^{\mathrm{CS}}\bar{\boldsymbol{V}}$。另外，这些方程又可用不同的方法进行求解，如直接法、迭代法[这里采用了(transpose free quasi-minimal residual, TFQMR)方法]和 OMP 方法。为了更为全面地考察新方法的性能，针对这些不同的方程以及不同的求解方法分别做了研究。在建立欠定方程 $\boldsymbol{R}^{\mathrm{CS}}\bar{\boldsymbol{Z}}^*\bar{\boldsymbol{J}} = \boldsymbol{R}^{\mathrm{CS}}\bar{\boldsymbol{V}}$ 时，令 $M_J = 21$，即 $\mu_J = M_J/N = 2\%$。为了比较，

表 13-1 给出了不同方法构造和求解不同方程的 CPU 时间消耗对比，其中方程求解时间包括了稀疏逆变换的时间消耗(如果需要的话)。

表 13-1 不同方法构造和求解方程的 CPU 时间 （$\mu_Z = 4\%$， $\mu_I = 2\%$）

方程类型	构造时间/s	求解时间/s		
		直接法	TFQMR	OMP
$\boldsymbol{ZJ}=\boldsymbol{V}$	10.33	0.16	0.053	87.53
$\boldsymbol{Z}^*\boldsymbol{J}=\boldsymbol{V}$	2.75	0.16	0.047	86.45
$\overline{\boldsymbol{Z}\boldsymbol{J}}=\overline{\boldsymbol{V}}$	10.46	0.16	0.047	0.049
$\overline{\boldsymbol{Z}}^*\overline{\boldsymbol{J}}=\overline{\boldsymbol{V}}$	2.56	0.13	0.048	0.052
$\boldsymbol{R}^{\mathrm{CS}}\overline{\boldsymbol{Z}}^*\overline{\boldsymbol{J}}=\boldsymbol{R}^{\mathrm{CS}}\overline{\boldsymbol{V}}$	2.64	—	—	0.0068

由表 13-1 中可以看出，利用压缩感知技术建立传统矩量法方程 $\boldsymbol{Z}^*\boldsymbol{J}=\boldsymbol{V}$ 的 CPU 时间仅有用常规逐项填充方法建立矩量法方程 $\boldsymbol{ZJ}=\boldsymbol{V}$ 的 25%左右。由于无须计算式(13.37)，建立方程 $\overline{\boldsymbol{Z}}^*\overline{\boldsymbol{J}}=\overline{\boldsymbol{V}}$ 的 CPU 时间为 2.56s，快于建立 $\boldsymbol{Z}^*\boldsymbol{J}=\boldsymbol{V}$ 的 2.75s。由于利用了系数矩阵的稀疏性，OMP 法求解适定方程 $\overline{\boldsymbol{Z}\boldsymbol{J}}=\overline{\boldsymbol{V}}$ 和 $\overline{\boldsymbol{Z}}^*\overline{\boldsymbol{J}}=\overline{\boldsymbol{V}}$ 与 TFQMR 求解的 CPU 时间大致相当，但远小于直接法求解。而如果采用 OMP 法求解欠定方程 $\boldsymbol{R}^{\mathrm{CS}}\overline{\boldsymbol{Z}}^*\overline{\boldsymbol{J}}=\boldsymbol{R}^{\mathrm{CS}}\overline{\boldsymbol{V}}$，其 CPU 时间仅有 0.0068s，远小于用 TFQMR 求解方程 $\overline{\boldsymbol{Z}}^*\overline{\boldsymbol{J}}=\overline{\boldsymbol{V}}$ 的 0.048s。这是因为 OMP 方法的计算复杂度不仅取决于方程的规模，还取决于解的稀疏程度。

现在考察算法的精度问题，以用直接法求解传统矩量法方程 $\boldsymbol{ZJ}=\boldsymbol{V}$ 的解为基准，表 13-2 中列出用不同方法求解上述不同类型方程的相对误差。可以看出，无论用何种方法求解何种类型的方程都可以获得精确的解。注意即使用直接法求解用压缩感知理论快速建立的方程 $\boldsymbol{Z}^*\boldsymbol{J}=\boldsymbol{V}$ 仍可得出非常精确的解(相对误差为 2.63×10^{-13})。这也验证了利用压缩感知理论快速填充的阻抗矩阵 $\boldsymbol{Z}^*$ 的精确性。

表 13-2 不同方法求解不同类型方程的相对误差分析 （$\mu_Z = 4\%$， $\mu_I = 2\%$）

方程类型	直接法	TFQMR	OMP
$\boldsymbol{ZJ}=\boldsymbol{V}$	—	1.29×10^{-6}	1.99×10^{-11}
$\boldsymbol{Z}^*\boldsymbol{J}=\boldsymbol{V}$	2.63×10^{-13}	1.29×10^{-6}	1.91×10^{-11}
$\overline{\boldsymbol{Z}\boldsymbol{J}}=\overline{\boldsymbol{V}}$	1.82×10^{-13}	1.29×10^{-6}	5.85×10^{-8}
$\overline{\boldsymbol{Z}}^*\overline{\boldsymbol{J}}=\overline{\boldsymbol{V}}$	1.97×10^{-13}	1.29×10^{-6}	5.85×10^{-8}
$\boldsymbol{R}^{\mathrm{CS}}\overline{\boldsymbol{Z}}^*\overline{\boldsymbol{J}}=\boldsymbol{R}^{\mathrm{CS}}\overline{\boldsymbol{V}}$	—	—	5.31×10^{-6}

下面分析算法在处理大规模问题时的性能。随着 N 值的增加，相应的计算结果列于表 13-3 中，其中的 CPU 时间包括了方程建立、求解以及数据后处理(稀疏逆变换等操作)等环节的总时间消耗。这里以 TFQMR 求解变换形式的矩量法方程 $\overline{\boldsymbol{Z}\boldsymbol{J}}=\overline{\boldsymbol{V}}$ 的计算结果为误差分析的基准，这是考虑到相比以直接法求解传统矩量法方程 $\boldsymbol{ZJ}=\boldsymbol{V}$，用 TFQMR 求解 $\overline{\boldsymbol{Z}\boldsymbol{J}}=\overline{\boldsymbol{V}}$ 更快并且精度已足够好。此外，考虑到 μ_Z 与 μ_J 对 CPU 时间有直接的重要影响，表 13-3 中在保证精度前提下取 μ_Z 与 μ_J 的最小值。图 13-17 绘出了方程求解的 CPU 时间，可以看出，随着 N 的增大，新方法的 CPU 时间增长要平缓得多。

表 13-3 不同 N 值时的计算时间和计算误差 (DCT 变换)

N	CPU 时间/s				RRMSE
	$\bar{Z}\bar{J}=\bar{V}$	μ_Z/%	μ_J/%	$R^{CS}\bar{Z}^{*}\bar{J}=R^{CS}\bar{V}$	
1024	10.55	1.5	2	0.97	7.68×10^{-7}
2048	42.49	0.8	1	2.37	1.43×10^{-6}
3072	97.58	0.6	1	4.22	1.28×10^{-6}
4096	172.28	0.4	1	6.07	1.27×10^{-6}
5120	271.08	0.4	1	8.52	1.27×10^{-6}
6144	388.01	0.3	1	11.80	2.05×10^{-5}
7168	531.85	0.25	1	14.45	1.35×10^{-6}
8192	689.54	0.25	1	20.85	1.27×10^{-6}

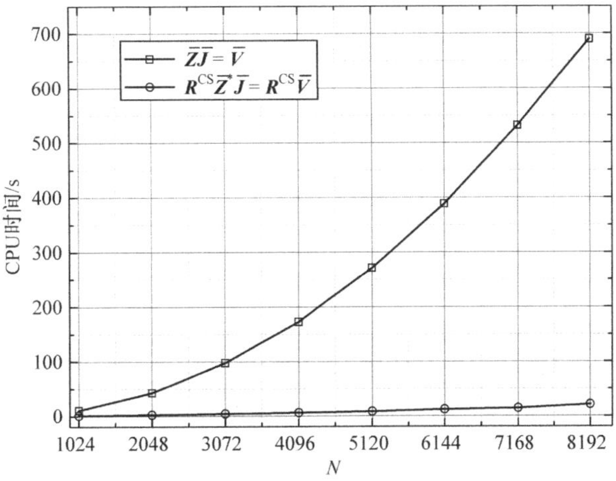

图 13-17 不同 N 值时方程建立与求解的总体 CPU 时间

2. DFT 稀疏变换

令 $\boldsymbol{U}$ 为 DFT 矩阵，则稀疏变换后的矩阵 $\bar{\boldsymbol{Z}}$ 中的数据分布如图 13-18 所示，其中仅有 1024 项的幅度大于最大幅度项的 10^{-3}。这表明，相比 DCT 稀疏变换，使用 DFT 稀疏变换后的 $\bar{\boldsymbol{Z}}$ 有更好的稀疏性。

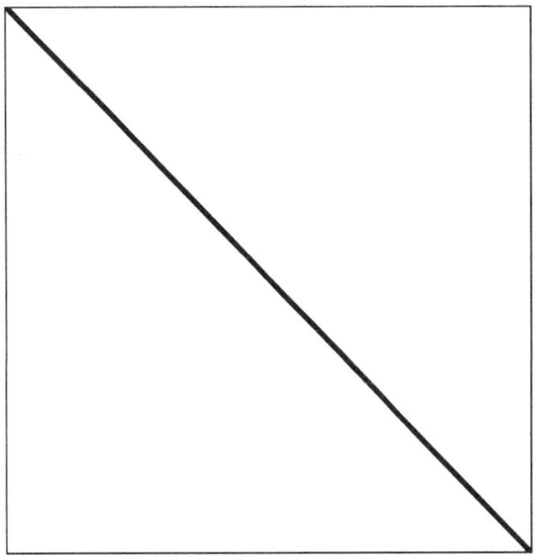

图 13-18 经 DFT 变换后的 $\bar{\boldsymbol{Z}}$ 中的数据分布

虽然获得了更好的稀疏性，但数值结果并不佳。由 DFT 变换性质可知，$\bar{\boldsymbol{Z}}$ 中具有较大幅度的分量集中于左上角，而 $\bar{\boldsymbol{Z}}$ 又过于稀疏，从而导致其右方的某些列中仅有非常少量并且幅度较小的项。因而，当 μ_Z 较小时，OMP 方法的重构误差有较大可能将 $\bar{\boldsymbol{Z}}$ 中某些列重构为零向量。考虑到 $\bar{\boldsymbol{Z}}$ 是复数矩阵，而 OMP 方法是同时对其实部和虚部进行重构。为了可以对 $\bar{\boldsymbol{Z}}$ 的实部和虚部分别进行重构，以降低将幅度较小的项重构为零的概率，将式(13.36)改写为如下实数形式：

$$\begin{bmatrix} \mathrm{Re}\left(\left(\boldsymbol{U}^{\mathrm{T}}\right)^{\mathrm{CS}}\right) & -\mathrm{Im}\left(\left(\boldsymbol{U}^{\mathrm{T}}\right)^{\mathrm{CS}}\right) \\ \mathrm{Im}\left(\left(\boldsymbol{U}^{\mathrm{T}}\right)^{\mathrm{CS}}\right) & \mathrm{Re}\left(\left(\boldsymbol{U}^{\mathrm{T}}\right)^{\mathrm{CS}}\right) \end{bmatrix} \begin{bmatrix} \mathrm{Re}\left(\bar{\boldsymbol{Z}}_i\right) \\ \mathrm{Im}\left(\bar{\boldsymbol{Z}}_i\right) \end{bmatrix} = \begin{bmatrix} \mathrm{Re}\left(\boldsymbol{Z}^{\mathrm{CS}}\boldsymbol{U}_i^{\mathrm{T}}\right) \\ \mathrm{Im}\left(\boldsymbol{Z}^{\mathrm{CS}}\boldsymbol{U}_i^{\mathrm{T}}\right) \end{bmatrix},\quad i=1,\cdots,N \tag{13.49}$$

可以预测，由于具有更好的稀疏性，相同情况下(即相同的μ_Z、μ_J和N)，使用 DFT 变换矩阵将比使用 DCT 变换矩阵消耗更少的 CPU 时间。表 13-4 列出不同N值时，相应的 CPU 时间消耗和误差。在相对误差中，仍然以$\overline{\boldsymbol{ZJ}}=\bar{\boldsymbol{V}}$的 TFQMR 方法的计算结果作为基准。

表 13-4　U为 DFT 矩阵，不同N值时的 CPU 时间和相对误差

N	μ_Z	μ_J	CPU 时间/s	相对误差
1024	1.5%	2%	0.33	0.0138
2048	0.8%	1%	1.33	0.0070
3072	0.6%	1%	2.90	0.0046
4096	0.4%	1%	4.48	0.0034
5120	0.4%	1%	7.97	0.0028
6144	0.3%	1%	10.20	0.0023
7168	0.25%	1%	13.24	0.0020
8192	0.25%	1%	19.57	0.0017

与表 13-3 比较可知，当μ_Z、μ_J和N完全相同时，使用 DFT 矩阵将消耗更少的 CPU 时间。注意到，随着N的增长，采用 DFT 变换矩阵的 CPU 时间消耗逐渐接近采用 DCT 变换矩阵的 CPU 时间消耗，而误差却更大。这看起采用 DFT 变换矩阵似乎并没有优势(虽然精度仍然较好)。事实上，当$\boldsymbol{U}$为 DFT 矩阵时，由于可获得更好的稀疏性，μ_Z和μ_J可以进一步减小，从而可相应地进一步降低 CPU 时间消耗。例如，当$N=8192$时，μ_Z和μ_J可分别取为 0.15%和 0.5%，此时方程建立、求解以及数据后处理的整体 CPU 时间消耗仅为 13.37s，相对误差为 0.0017。而表 13-3 中，当$N=8192$时，μ_Z和μ_J最小分别取为 0.25%和 1%，CPU 时间消耗为 20.85s。考虑到相对误差 0.0017 已足以满足工程需要，如图 13-19 所示，这种用精度换取速度的方案是值得的。

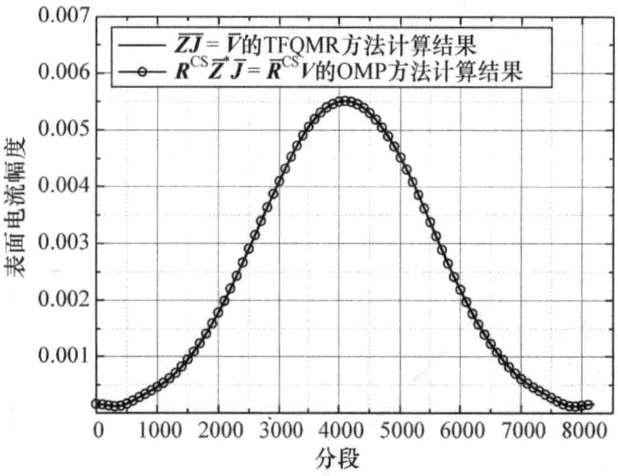

图 13-19　无限长金属圆柱的表面电流分布

参 考 文 献

[1] Coifman R, Rokhlin V, Wanzura S. The fast multipole method for the wave equation: A pedestrian prescription. IEEE Antennas Propag. Mag.,1993, 35(3): 7-12

[2] Steinberg B Z, Leviatan Y. On the use of wavelet expansions in the method of moments. IEEE Trans. Antennas Propaga.,1995, 41(5): 610-619

[3] Jrgensen E, Volakis J L, Meincke P, et al. Higher order hierarchical Legendre basis functions for electromagnetic modeling. IEEE Trans. Antennas Propaga.,2004, 52(11): 2985-2995

[4] Candes E, Romberg J, Tao T. Signal recovery from incomplete and inaccurate measurements. Comm. Pure Appl. Math.,2006, 59(8): 1207-1223

[5] Candes E, Tao T. Decoding by linear programming. IEEE Trans. Info. Theory.,2005, 51(12): 4203-4215

[6] Donoho D. Compressed sensing. IEEE Trans. Info. Theory.,2006, 52(4): 1289-1306

[7] Donoho D. For most large underdetermined systems of linear equations, the minimal L1 norm solution is also the sparsest solution. Comm. Pure Appl. Math.,2006, 59(8): 797-829

[8] Kutyniok G. Compressed sensing: Theory and applications. CoRR, 2011, 52(4): 1289-1306

[9] Pati Y C, Rezaiifar R, Krishnaprasad P S. Orthogonal matching pursuit: Recursive function approximation with applications to wavelet decomposition. Proceedings of the 27th Annual Asilomar Conference on Signals, Systems, and Computers, Pacific Grove, 1993: 40–44

[10] 王哲, 王秉中. 压缩感知理论在矩量法中的应用. 物理学报, 2013, 63(12):120202

[11] Wang Z, Wang B Z, Tan M T. Use of compressed sensing in analysis of electric field integral equation by the method of moments. IEEE Antennas and Propagation Society International Symposium Memphis, 2014: 2000-2001

[12] Wang Z, Wang B Z, Shao W. Efficient construction and solution of MoM matrix equation with compressed sensing technique. J. Electromagn. Wave Appl.,2015, 29(5): 683-692

[10] [illegible] 压缩感知 [illegible], 2013, 55(12): 120201.

第三篇

电磁建模中的人工神经网络

在一个电磁系统、微波电路或器件的优化设计过程中，该系统、电路或器件的模型将被大量重复地调用。这是因为目前所采用的优化方法大多数是基于迭代技术，其中的给定目标函数将被反复地在线计算，直到获得一个最佳解。因此，这些优化方法收敛所需的在线运行时间取决于所采用模型的计算时间。

以高频互连系统为例，其模型必须采用如传输线方程之类的分布参数模型，因为在高频段的集总参数元件模型不再准确。分布参数模型的参数包括互连结构单位长度的电阻、电感、电容和电导(RLCG)矩阵。这些参数在高频时是频率的函数，在利用传输线模型之前，必须根据互连体的物理结构确定出这些参数。这就是所谓互连结构的建模。有耗互连结构的建模可通过全波三维电磁仿真分析进行，它可以给出准确的结果，但却需要高强度的计算工作，不适合于大规模 CAD 优化过程中的在线使用。一些计算量稍小的近似模型又难以达到优化设计所需的精度。根据大量的离线全波仿真计算结果，采用曲线拟合或建立查询表所得的模型也有其固有的缺点。

本章将介绍用人工神经网络(artificial neural network，ANN)的基本原理以及如何利用其建立电磁场 CAD 模型。与传统的建模及仿真方式比较，神经网络模型计算时间短、占用内存少，是合理可行的、高效的模型。

第 14 章　人工神经网络模型

14.1　生物神经元

大脑是由多达 10^{11} 个不同种类的神经元(神经细胞)组成的。神经元的主要功能是传输信息。信息在一个神经元上是以电脉冲的形式传输的，这种电脉冲称为动作电位。一个神经元产生动作电位(电脉冲)的最大次数约等于 500 次/秒。有人认为，信息在神经系统中的编码速率也差不多是 500 个/秒。

典型的神经元由细胞体、树突和轴突所组成。图 14-1 是单个神经元示意图。由称为树突的神经纤维组成的树状网络连接到细胞核所在的细胞体，从细胞体延展出来的一根很长的纤维称为轴突。树突是神经元中接受信号输入的部分，轴突是把输出信号传送给下一级的部分。轴突和下一个神经元的树突直接接触，结合部称为突触。一个神经元的轴突与其他神经元之间可以有几千根突触。突触将一个神经元的动作电位传给其他神经元，也就是说，它是神经元之间信息传递的载体。突触是神经元之间建立功能性联系的一个很精细的结构，它由突触前膜、突触间隙和突触后膜组成。突触前膜是指能释放特定化学物质(即神经递质)的神经末梢膜，它在外来的刺激下会释放出神经递质，即动作电位。与前膜相对应的接受神经递质作用的神经细胞体膜称为突触后膜，它表面镶嵌着对特定递质敏感的受体蛋白。前后膜之间的空隙称为突触间隙。因此，一个神经元既是递质的受体也是递质的发生体。至于某个神经元的当前状态(兴奋还是抑制，程度如何)则取决于同它关联的诸神经元兴奋和抑制的合作抗衡效应。

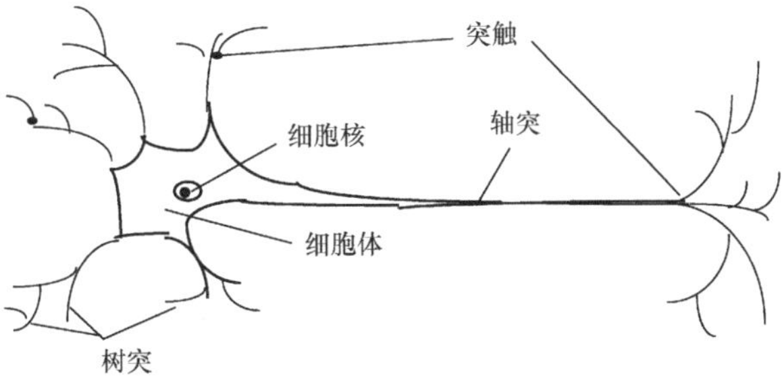

图 14-1　生物神经元示意图

信号从一个神经元向一个突触上的另一神经元传输是一个复杂的化学过程。当神经元兴奋时，这种兴奋被转换为普通脉冲串，在轴突中传递下去，到达轴突尖端的突触。突触在下一细胞的边缘领域按照所达到的脉冲频度而释放化学物质，其作用是提高或降低下一个细胞体内的电位。下一个细胞响应于这种化学物质的量，改变其兴奋程度。化学物质越多越激发兴奋的情况称为兴奋性结合。相反，化学物质越多兴奋越被抑制称为抑制性结合。细胞的兴奋程度可用称为 PSP(突触后电位)的细胞内部电位来说明。如果该电位达到了一个阈值，就会沿着轴突发出具有固定强度和周期的脉冲或动作电位。

尽管大脑学习和记忆的奥秘仍困惑着人们，但有关的认识正不断增加。从解剖学的观点来看，神经系统的可塑性只可能发生在突触部位。学习的形成看来是由于突触效率的增加。而长期记忆的基础可能与蛋白质的合成有关。人们已在海马、鼠类动物体上做过大量实验，结果表明：突触的可塑性是学习记忆的神经基础。

14.2 人工神经元模型

模仿生物神经元的信息处理功能，人们构造了人工神经元。人工神经元是一个信息处理单元，它是人工神经网络工作的基础，以下简称为神经元。

14.2.1 单端口输入神经元

图 14-2(a)给出了一个无偏置的单端口输入神经元模型，它包含下列两个基本元素。

(1) 一个突触称为连接链，其强度为w。通过该连接链将输入信号x加权乘以突触权w之后获得一个突触后输出$u=w*x$。在无偏置情况下，神经元的内部活化位$v=u$。通常，对于兴奋性突触，$w>0$；对于抑制性突触，$w<0$。

(2) 一个活化函数$F(v)$，它响应于内部活化位v给出神经元的最终输出

$$y=F(w*x) \tag{14.1}$$

图 14-2(b)给出了一个带偏置b的单端口输入神经元模型。通过一个加法器同突触后输出u合成，偏置项起到了调节活化函数净输入的作用。这时，神经元的有效内部活化位为

$$v=w*x+b \tag{14.2}$$

神经元的最终输出为

$$y=F(w*x+b) \tag{14.3}$$

显然，偏置也可以看作输入信号为 1、突触权为b的特殊输入链路。

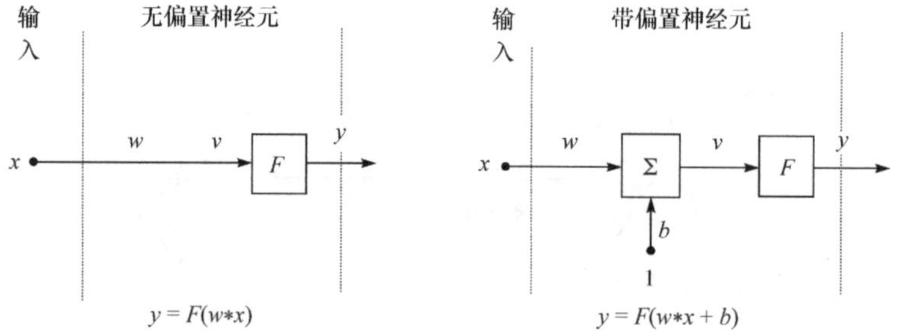

(a) 无偏置　(b) 带偏置

图 14-2　单端口输入神经元模型

值得一提的是，w和b是该神经元中的可调参数。人工神经网络的中心思想正是通过调节组成神经网络的各神经元的可调参数来实现期望的网络特性。在图 14-2 中，将对应于每一个神经元模型功能的 MATLAB 实现语句列在了图下方。在以后的图中，将继续列出相应的 MATLAB 实现语句。

14.2.2 活化函数

由$F(v)$表示的活化函数定义了神经元的输出，它是神经元内部活化位v的函数。常用的

活化函数有三种。

(1) 门限活化函数。这种活化函数的表达式为

$$F(v)=\begin{cases}1, & v\geqslant 0\\ 0, & v<0\end{cases} \tag{14.4}$$

在 MATLAB 中，门限活化函数名为 hardlim，图 14-3(a)给出了其函数图形，图 14-3(b)给出了具有偏置的单端口输入门限型 hardlim 神经元。由图可见，由于偏置的作用，当输入信号 x 超过 $-b/w$ 时，神经元输出信号 y 从 0 变为 1。

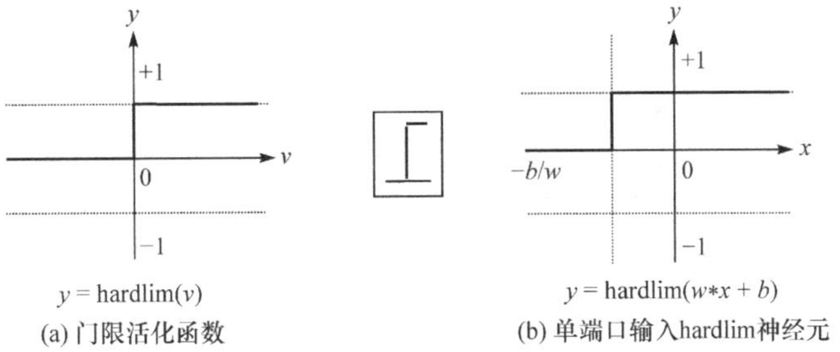

图 14-3　单端口输入门限型 hardlim 神经元

上述活化函数的值域为 0～1。有时需要活化函数的值域从−1 变化到+1，并且关于原点为奇对称的，因此可定义新的门限函数如下

$$F(v)=\begin{cases}1, & v>0\\ 0, & v=0\\ -1, & v<0\end{cases} \tag{14.5}$$

在 MATLAB 中，上述奇对称门限函数名为 hardlims，图 14-4(a)给出了其函数图形，图 14-4(b)给出了具有偏置的单端口输入门限型 hardlims 神经元。

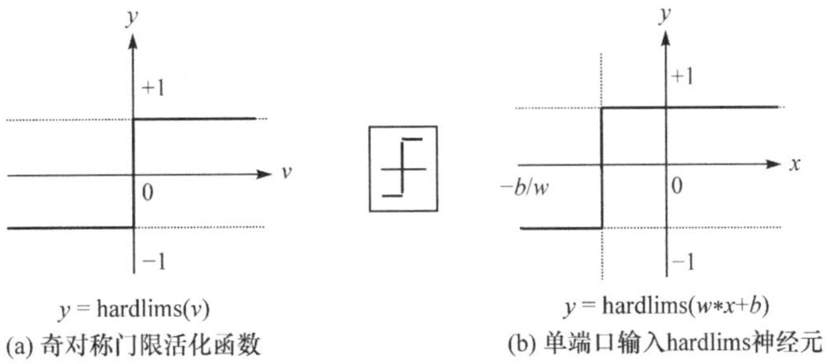

图 14-4　单端口输入门限型 hardlims 神经元

(2) 线性函数。这种活化函数的表达式为

$$F(v)=v \tag{14.6}$$

在 MATLAB 中，线性活化函数名为 purelin，图 14-5 给出了其函数图形和相应的具有偏置的单端口输入线性神经元。

(3) S 形函数。S 形函数是目前构造人工神经网络中最常用的活化函数。它是一个严格单增的光滑函数，并具有渐近特性。下面就是 S 形函数的一个例子

$$F(v)=\frac{1}{1+\mathrm{e}^{-av}} \tag{14.7}$$

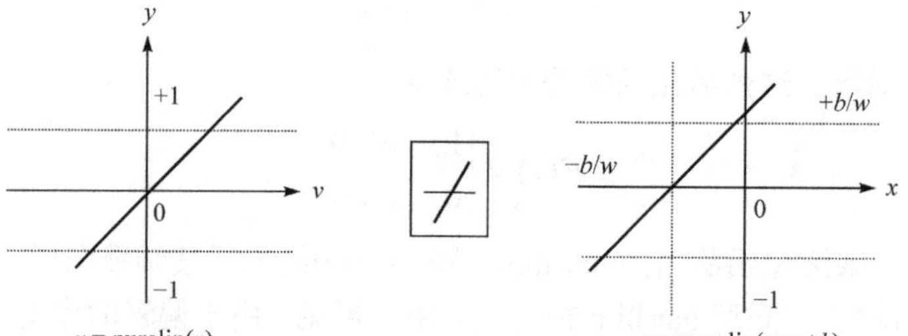

y = purelin(v)　　　y = purelin($w*x+b$)

(a) 线性活化函数　　　(b) 单端口输入purelin神经元

图 14-5　单端口输入线性 purelin 神经元

式中，a 是 S 形函数的斜率参数。通过改变此参数，可得到具有不同斜率的 S 形函数。在原点处斜率等于 $a/4$。在极限情况下，当斜率参数为无穷大时，S 形函数变成一个简单的门限函数。门限函数假定取值为 0 或 1，而 S 形函数的取值则是在 0～1 的范围内连续变化。此外，S 形函数是可微分的，而门限函数则是不可微的。

在 MATLAB 中，对应于式(14.7)的 S 形活化函数名为 logsig，并且其斜率参数 a 固定取为 1。图 14-6 给出了其函数图形和相应的具有偏置的单端口输入 S 形 logsig 神经元。

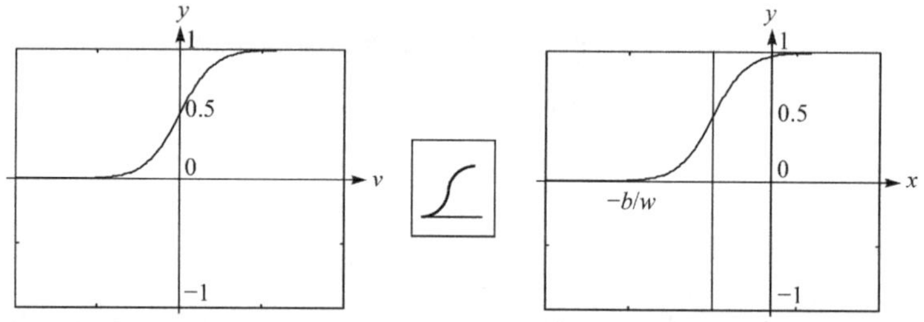

y = logsig(v)　　　y = logsig($w*x+b$)

(a) log-S形活化函数　　　(b) 单端口输入logsig神经元

图 14-6　单端口输入 S 形 logsig 神经元

方程(14.7)定义的 S 形活化函数的值域为 0～1。有时需要活化函数的值域从−1 变化到 1，并且是关于原点奇对称的，为此可采用下列双曲正切 S 形活化函数。

$$F(v) = \tanh(av) = \frac{e^{av} - e^{-av}}{e^{av} + e^{-av}} \tag{14.8}$$

在 MATLAB 中，对应于式(14.8)的 S 形活化函数名为 tansig，并且其斜率参数 a 固定取为 1。图 14-7 给出了其函数图形和相应的具有偏置的单端口输入 S 形 tansig 神经元。

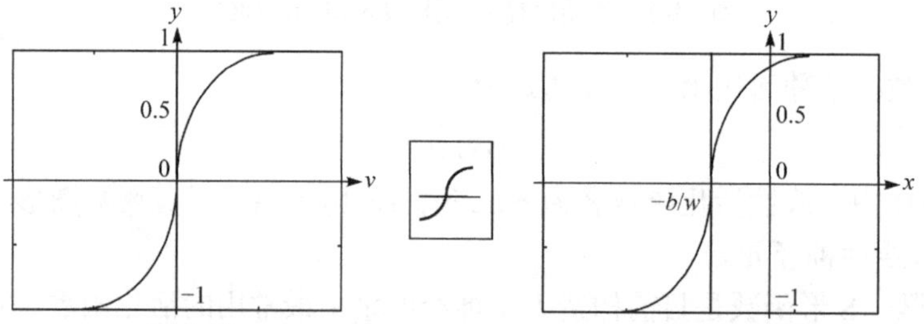

y = tansig(v)　　　y = tansig($w*x+b$)

(a) tan-S形活化函数　　　(b) 单端口输入tansig神经元

图 14-7　单端口输入 S 形 tansig 神经元

14.2.3　多端口输入神经元

图 14-8 给出了一个具有 R 个输入端口的神经元模型。其中，各输入信号 $x(1)$、$x(2)$、⋯、$x(R)$构成输入信号列矢量 $\boldsymbol{x}$，分别与各输入信号相连的突触权 $w(1,1)$、$w(1,2)$、⋯、$w(1,R)$构成突触权行矢量 $\boldsymbol{w}$：

$$\boldsymbol{x}=\begin{bmatrix} x(1) \\ x(2) \\ \vdots \\ x(R) \end{bmatrix},\quad \boldsymbol{w}=\begin{bmatrix} w(1,1) & w(1,2) & \cdots & w(1,R) \end{bmatrix} \tag{14.9}$$

突触权行矢量 $\boldsymbol{w}$ 和输入信号列矢量 $\boldsymbol{x}$ 的点积 $\boldsymbol{w}*\boldsymbol{x}$ 给出各输入信号的加权和。设神经元的偏置为 b，于是，该神经元的净内部活化位为

$$v=\boldsymbol{w}*\boldsymbol{x}+b \tag{14.10}$$

神经元的最终输出为

$$y=F(\boldsymbol{w}*\boldsymbol{x}+b) \tag{14.11}$$

图 14-8 所示的神经元模型可以简化成如图 14-9 的形式。其中，输入信号矢量 $\boldsymbol{x}$ 用一条纵向的实心条来代表。$\boldsymbol{x}$ 的维数在图中符号 $\boldsymbol{x}$ 下面标示为 $R\times1$，即 $\boldsymbol{x}$ 是具有 R 个输入元素的列矢量。这些输入信号通过长度为 R 的突触权行矢量 $\boldsymbol{w}$ 加权进入加法器。同以前一致，偏置被表示成一输入信号为 1、突触权为 b 的特殊链路。对于单个神经元，神经元的净内部活化位 $v=\boldsymbol{w}*\boldsymbol{x}+b$、神经元的输出 $y=F(v)$ 都是标量。

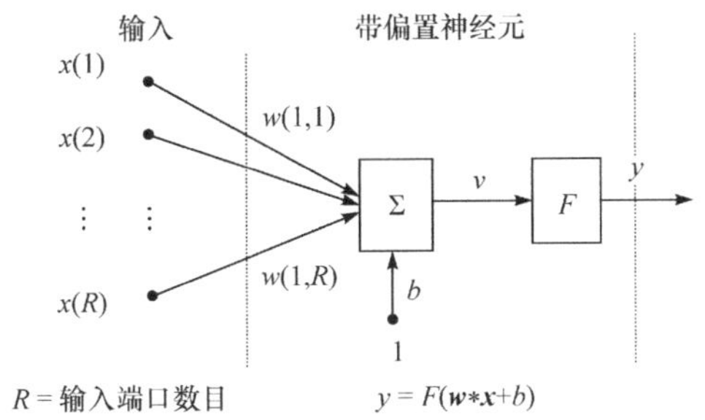

图 14-8　具有 R 个输入端口的神经元模型

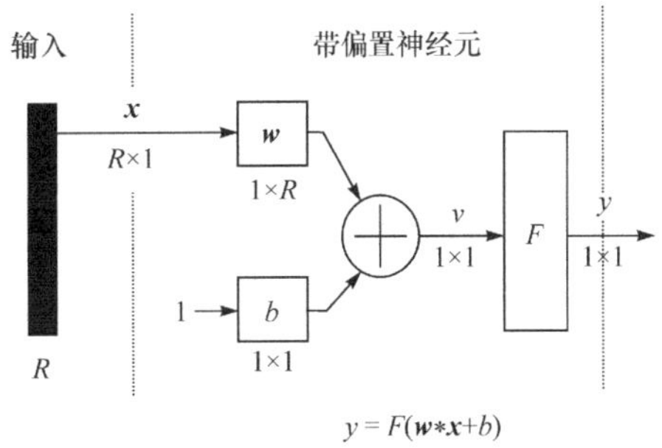

图 14-9　具有 R 个输入端口的神经元简化模型

14.3　多层感知器神经网络

若干个神经元按某种结构方式连接起来就构成一个神经网络。本节将介绍一种重要的神经网络——多层前传网络，它在面向 CAD 的电磁建模中经常使用。

在图 14-9 中，由两条虚线限定的部分定义为网络的一层，输入矢量 $\boldsymbol{x}$ 不属于该层也不被称为一层。作为一种特殊情况，图 14-9 中的一层只含有一个神经元。通常，一层中可以有若干个神经元，而一个神经网络则可能包含若干个按一定方式连接起来的层。分层神经网络是一种神经元按层进行组织连接的神经网络。

14.3.1　单层前传网络

最简单的情形是网络只有一层神经元，即输出层。输入矢量单向地指向这一层输出神经

元。换句话说，该神经网络是严格的前传网络。极限学习机(extreme learning machine，ELM)是一种典型的单层前传网络[1,2]。图 14-10 给出了具有 R 个输入信号端口及 S 个输出神经元的单层前传网络。

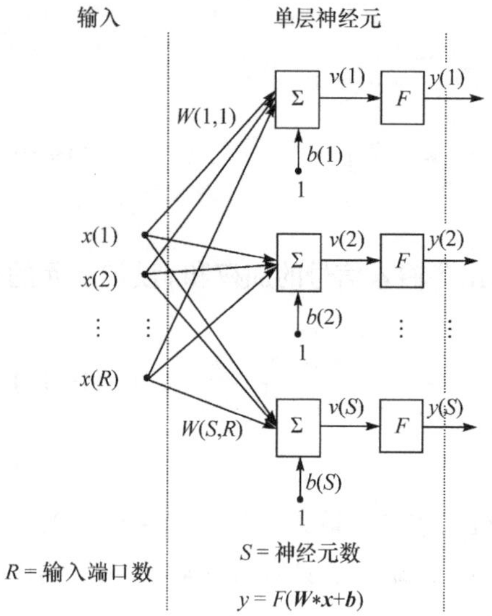

图 14-10　具有 R 个输入信号端口及 S 个输出神经元的单层前传网络

在这一单层前传网络中，输入矢量 $\boldsymbol{x}$ 的每一个分量都通过突触权矩阵 $\boldsymbol{W}$ 中的相应的连接链被引向每一个神经元的输入端。突触权矩阵 $\boldsymbol{W}$ 是大小为 $S\times R$ 的矩阵

$$\boldsymbol{W}=\begin{bmatrix} W(1,1) & W(1,2) & \cdots & W(1,R) \\ W(2,1) & W(2,2) & \cdots & W(2,R) \\ \vdots & \vdots & \ddots & \vdots \\ W(S,1) & W(S,2) & \cdots & W(S,R) \end{bmatrix} \tag{14.12}$$

式中，矩阵元素 $W(i,j)$ 的行指标 i 指明该突触权引向第 i 个神经元，列指标 j 指明引入该突触权的是第 j 个输入信号。例如，$W(1,2)$ 表明来自端口 2 的输入信号将被强度为 $W(1,2)$ 突触权加权相乘后唯一地送入神经元 1。

各神经元的偏置构成该层神经元的偏置列矢量 $\boldsymbol{b}$，各神经元的内部净活化位构成该层神经元的内部净活化位列矢量 $\boldsymbol{v}$，各神经元的输出构成该层神经元的输出列矢量 $\boldsymbol{y}$。

$$\boldsymbol{b}=\begin{bmatrix} b(1) \\ b(2) \\ \vdots \\ b(S) \end{bmatrix},\quad \boldsymbol{v}=\begin{bmatrix} v(1) \\ v(2) \\ \vdots \\ v(S) \end{bmatrix}=\boldsymbol{W}*\boldsymbol{x}+\boldsymbol{b} \tag{14.13}$$

$$\boldsymbol{y}=\begin{bmatrix} y(1) \\ y(2) \\ \vdots \\ y(S) \end{bmatrix}=F(\boldsymbol{W}*\boldsymbol{x}+\boldsymbol{b}) \tag{14.14}$$

这种单层前传网络将一输出矢量 $\boldsymbol{y}$ 与一输入矢量 $\boldsymbol{x}$ 相关联，而网络中的突触权矩阵 $\boldsymbol{W}$ 和偏置列矢量 $\boldsymbol{b}$ 则是存储网络特征信息的载体。值得指出的是，通常，输入矢量所含元素的个数不一定等于神经元的个数，即 $R\neq S$。而且，在同一神经元层中，各神经元的活化函数可以不同。这时，可以将该单层神经元看成由若干个具有不同活化函数的子单层神经元并联合成。

图 14-10 所示的单层前传网络也可以表示成图 14-11 中的简化形式。

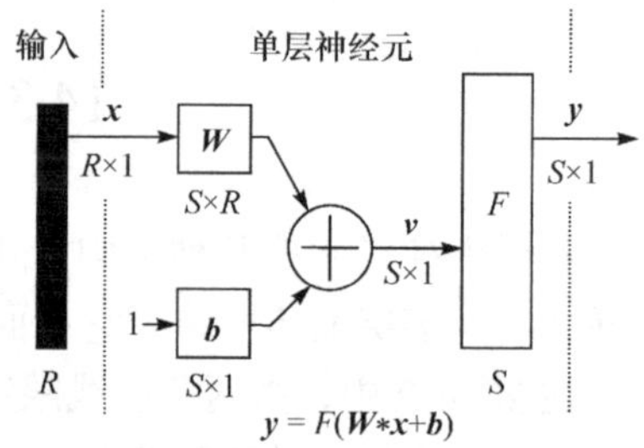

图 14-11　具有 R 个输入信号端口及 S 个输出神经元的单层前传网络的简化模型

14.3.2　多层前传网络

多层前传网络由若干单层前传网络级联构成，它与单层前传网络的区别在于它具有一层

或更多层隐蔽层，只有输出层和输入矢量是可见部分。隐蔽层中的神经元称为隐蔽元。隐蔽元的功能是插在外加输入端口和网络输出层之间产生调节作用。网络每一层中的神经元只用它上一层的输出信号作为其输入，输入信号矢量在网络中一层一层地向前传播，网络最终一层(输出层)神经元的输出信号矢量构成该网络对输入矢量的总体响应。这种多层前传神经网络通常称为多层感知器(MLP)。

通常，一个具有 R 个输入端口信号、S_1 个神经元在第一隐蔽层、S_2 个神经元在输出层的两层前传网络，可称它为一个 $R-S_1-S_2$ 型两层前传网络。图 14-12 给出了一个 $R-S_1-S_2$ 型两层前传网络的简化模型。如图 14-12 所示，在多层前传网络中，每一隐蔽层(本例中只有一层)的输出矢量正是下一层神经元的输入矢量。因此，第二层(输出层)神经元可以看作具有 $R=S_1$ 个输入元素、$S=S_2$ 个神经元和一个大小为 $S_1\times S_2$ 的突触权矩阵 $\boldsymbol{W}=\boldsymbol{W}_2$ 的单层前传神经网络，其输入为 $\boldsymbol{x}=\boldsymbol{y}_1$，输出为 $\boldsymbol{y}=\boldsymbol{y}_2$。

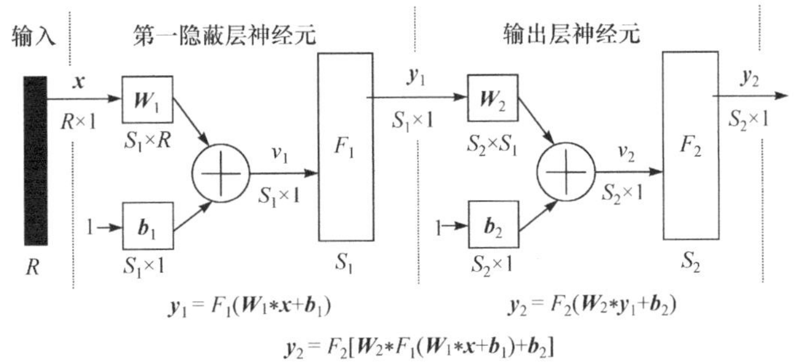

图 14-12　$R-S_1-S_2$ 型两层前传网络的简化模型

R 为输入信号端口数目；S_1 为第一层神经元数目；S_2 为输出层神经元数目

在 MATLAB 中，函数 simuff 可以模拟多层前传网络的输入/输出特性。给定输入信号列矢量 $\boldsymbol{x}$、网络各层的突触权矩阵 $\boldsymbol{W}$、偏置列矢量 $\boldsymbol{b}$ 以及活化函数类型，simuff 可模拟给出各层的输出矢量 $\boldsymbol{y}$。simuff 最多可模拟 3 层前传网络。下面是三条分别模拟单层、两层、三层前传网络的 MATLAB 语句。

单层：$\boldsymbol{y}=\mathrm{simuff}(\boldsymbol{x},\boldsymbol{w},\boldsymbol{b},'\mathrm{tansig}')$；

两层：$[\boldsymbol{y}_1,\boldsymbol{y}_2]=\mathrm{simuff}(\boldsymbol{x},\boldsymbol{W}_1,\boldsymbol{b}_1,'\mathrm{tansig}',\boldsymbol{W}_2,\boldsymbol{b}_2,'\mathrm{purelin}')$；

三层：$[\boldsymbol{y}_1,\boldsymbol{y}_2,\boldsymbol{y}_3]=\mathrm{simuff}(\boldsymbol{x},\boldsymbol{W}_1,\boldsymbol{b}_1,'\mathrm{tansig}',\boldsymbol{W}_2,\boldsymbol{b}_2,'\mathrm{logsig}',\boldsymbol{W}_3,\boldsymbol{b}_3,'\mathrm{purelin}')$。

通常只需要网络最后一层的输出结果，对三层前传网络，MATLAB 语句可写成

$$\boldsymbol{y}_3=\mathrm{simuff}(\boldsymbol{x},\boldsymbol{W}_1,\boldsymbol{b}_1,'\mathrm{tansig}',\boldsymbol{W}_2,\boldsymbol{b}_2,'\mathrm{logsig}',\boldsymbol{W}_3,\boldsymbol{b}_3,'\mathrm{purelin}')$$

14.4　多层感知器的映射能力

多层感知器的功能主要是由隐蔽神经元的非线性带来的。如果把多层感知器看作是从输入空间到输出空间的映射，则这个映射是高度非线性的，它建立在简单非线性函数复合的基础上，可以表达客观世界中的复杂现象。具体地说，令 p 表示多层感知器的输入信号端口数，q 表示网络输出层中的神经元数。网络的输入-输出关系定义了从 p 维欧基里得输入空间到 q 维欧基里得输出空间的一个映射，该映射是无限连续可微的。

从输入-输出映射的角度来评定多层感知器的能力，自然会问到下面的问题：如果要用一个多层感知器的输入-输出映射来逼近任意一个连续映射，最少需要多少层隐蔽层？这一节将回答这一问题。

通用逼近定理：令 $F(\cdot)$ 是一个非恒定的、有界的单增连续函数。I_p 表示 p 维单位超立方体 $[0,1]^p$ 。I_p 上的连续函数空间用 $C(I_p)$ 表示。于是，给定任一函数 $f\in C(I_p)$ 和 $\varepsilon>0$ ，存在整数 M 和实数 $W_1(i,j)$，$b_1(i)$，$W_2(1,i)(i=1,\cdots,M$ ，$j=1,\cdots,p)$，可以定义

$$\tilde{f}\left[x(1),\cdots,x(p)\right]=\sum_{i=1}^{M}W_2(1,i)F\left[\sum_{j=1}^{p}W_1(i,j)x(j)+b_1(i)\right] \tag{14.15}$$

来逼近函数 $f(\cdot)$ ；即对于所有的 $\{x(1),\cdots,x(p)\}\in I_p$ ，有

$$\left|\tilde{f}\left[x(1),\cdots,x(p)\right]-f\left[x(1),\cdots,x(p)\right]\right|<\varepsilon$$

这一定理可直接用于多层感知器。首先，在构成多层感知器的神经元模型中，描述非线性的 S 形活化函数是非恒定的、有界的单增连续函数。因此，它满足函数 $F(\cdot)$ 所需满足的条件。其次，方程(14.15)表示如下的一个 $p-M-1$ 型两层感知器的输出。

(1) 该网络有 p 个输入信号端口，输入列矢量 $\boldsymbol{x}$ 具有 p 个元素。

(2) 第一隐蔽层有 M 个神经元，具有大小为 $M\times p$ 的突触权矩阵 $\boldsymbol{W}_1$ 和长度为 M 的偏置列矢量 $\boldsymbol{b}_1$，其活化函数为 S 形活化函数。

(3) 该网络的输出层只有一个神经元，具有大小为 $1\times M$ 的突触权矩阵 $\boldsymbol{W}_2$ 和零偏置列矢量 $\boldsymbol{b}_2$，其活化函数为线性活化函数。

通用逼近定理是一个存在定理，它指出，仅用一层隐蔽层就足以使一个多层感知器获得对任一连续函数的一致性 ε 逼近，它提供了逼近(而不是准确表示)任一连续函数的数学依据。然而，就实现的难度而言，该定理并没有说单一隐蔽层是最佳的。

多层感知器是一种嵌套非线性系统，正如在图 14-12 中用 MATLAB 语句所表达的那样。这种嵌套非线性函数系统在经典逼近理论中是不常见的。实际上，它是一个通用逼近器，只要有足够多的隐蔽神经元，经学习所得的多层感知器能够以任何期望精度逼近任一连续多变量函数。

通用逼近定理只是一个存在定理，它并没有说明怎样去构造多层感知器以实现所需的逼近，这将是后面章节的内容。

14.5　多样本输入并行处理

通常，对于给定的多层前传网络，当呈现一个输入矢量 $\boldsymbol{x}$ 给网络后，就可以用 **simuff** 算出一个相应的输出矢量 $\boldsymbol{y}$。如果分 Q 次向网络呈现 Q 个输入矢量样本，就可以依次算出 Q 个输出矢量。这是一个串行计算过程。MATLAB 具有强大的矩阵运算功能，它能并行处理上述计算，可以同时向网络提供 Q 个输入矢量并同时算出 Q 个输出矢量。这种批量处理计算效率高也非常有用。例如，在第 15 章介绍的回传算法中，采用批量处理能够找到更真实的误差表面梯度方向。

在批量处理中，Q 个长度为 R 的输入矢量用输入矩阵 $\boldsymbol{X}$ 表示如下

$$
\boldsymbol{X}=\begin{bmatrix} X(1,1) & X(1,2) & \cdots & X(1,Q) \\ X(2,1) & X(2,2) & \cdots & X(2,Q) \\ \vdots & \vdots & \ddots & \vdots \\ X(R,1) & X(R,2) & \cdots & X(R,Q) \end{bmatrix} \tag{14.16}
$$

若被激励层有 S 个神经元，则相应的 Q 个长度为 S 的输出矢量用输出矩阵 $\boldsymbol{Y}$ 表示如下

$$
\boldsymbol{Y}=\begin{bmatrix} Y(1,1) & Y(1,2) & \cdots & Y(1,Q) \\ Y(2,1) & Y(2,2) & \cdots & Y(2,Q) \\ \vdots & \vdots & \ddots & \vdots \\ Y(S,1) & Y(S,2) & \cdots & Y(S,Q) \end{bmatrix} \tag{14.17}
$$

对于每一个输入列矢量 $\boldsymbol{X}(:,j)$，有相应的输出列矢量 $\boldsymbol{Y}(:,j)$。

图 14-13 给出了多样本输入批量处理的单层前传网络简化模型，该网络具有 R 个输入信号端口、Q 个输入样本、S 个输出神经元。

从图 14-13 中可见，MATLAB 语句中，活化函数的宗量不再是简单的求和。这是因为，在多样本批量处理中，加权输入信号矩阵 $\boldsymbol{W}*\boldsymbol{X}$ 是大小为 $S\times Q$ 的矩阵，偏置列矢量 $\boldsymbol{b}$ 是大小为 $S\times 1$ 的矩阵，不能直接相加。事实上，偏置列矢量 $\boldsymbol{b}$ 应加到构成 $\boldsymbol{W}*\boldsymbol{X}$ 的每一列矢量上。当采用图 14-13 中的 MATLAB 语句格式，MATLAB 会自动识别第二个宗量为偏置列矢量，完成正确的宗量相加运算。即在多样本输入批量处理中，只需用 $(\boldsymbol{W}*\boldsymbol{X},\boldsymbol{b})$ 取代 $(\boldsymbol{W}*\boldsymbol{X}+\boldsymbol{b})$ 作为活化函数的宗量表达式，而不改变程序语句的其他部分，非常方便。显然，单样本输入也可以作为多样本批量输入的一种特例按批量方式处理。

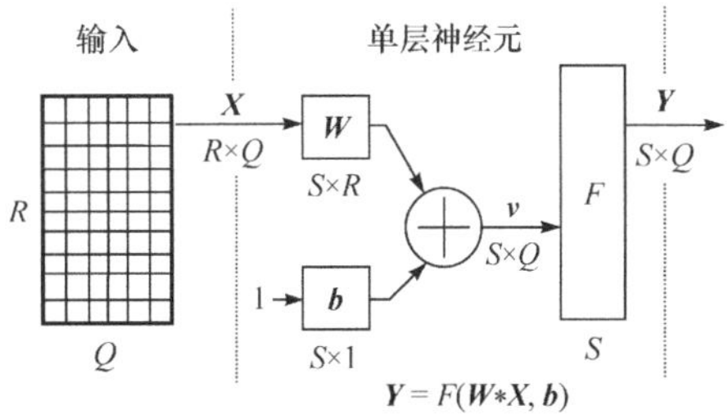

图 14-13　多样本输入批量处理单层前传网络的简化模型

参 考 文 献

[1] Huang G B, Zhu Q Y, Siew C K. Extreme learning machine: theory and applications. Neurocomputing, 2006, 70(1-3): 489-501

[2] Shi X, Wang J, Liu G, et al. Application of extreme learning machine and neural networks in total organic carbon content prediction in organic shale with wire line logs. J. Nat. Gas. Sci. Eng.,2016, 33: 687-702

第 15 章　用回传算法训练多层感知器

15.1　神经网络的学习能力

在神经网络的众多特性中，最重要的特性是神经网络具有向环境学习的能力，通过学习来改善自己的工作性能。这里所说的“环境”，具体地说，就是由输入/输出样本集合($\boldsymbol{X}/\boldsymbol{T}$)所描述的网络期望具有的外部特性。神经网络通过一个迭代过程向环境学习，在这个过程中不断地调节网络内部的突触权矩阵 $\boldsymbol{W}$ 和偏置列矢量 $\boldsymbol{b}$，使其实际输出值 $\boldsymbol{Y}$ 不断地接近目标值 $\boldsymbol{T}$，或者说使输出误差 $\boldsymbol{E}=\boldsymbol{T}-\boldsymbol{Y}$ 趋近于零。理想情况下，每经过一次学习迭代过程，该网络将具备更多有关其所处环境的知识。

学习过程的这一定义意味着下面一系列事件。

(1) 该神经网络被一个由输入/输出样本集合($\boldsymbol{X}/\boldsymbol{T}$)描述的环境所激励。

(2) 作为这一激励的结果，该神经网络的内部自由参数 $(\boldsymbol{W},\boldsymbol{b})$ 将作出适应性的变化。记第 n 次激励时对自由参数 $\left(\boldsymbol{W}^{(n)},\boldsymbol{b}^{(n)}\right)$ 施加一调节量 $\left(\mathrm{d}\boldsymbol{W}^{(n)},\mathrm{d}\boldsymbol{b}^{(n)}\right)$，则神经网络内部自由参数的新值为

$$\left(\boldsymbol{W}^{(n+1)},\boldsymbol{b}^{(n+1)}\right)=\left(\boldsymbol{W}^{(n)},\boldsymbol{b}^{(n)}\right)+\left(\mathrm{d}\boldsymbol{W}^{(n)},\mathrm{d}\boldsymbol{b}^{(n)}\right) \tag{15.1}$$

(3) 由于其内部自由参数 $(\boldsymbol{W},\boldsymbol{b})$ 发生了变化，该神经网络以一种新的方式对环境作出反应，即具有新的输入/输出特性。

学习的类型取决于网络自由参数变化产生的方式。根据神经网络与其所处环境的关系，即环境模型，存在不同的学习方式。根据计算 $\left(\mathrm{d}\boldsymbol{W}^{(n)},\mathrm{d}\boldsymbol{b}^{(n)}\right)$ 的方法不同，存在不同的学习算法。下面将只介绍受控学习方式和误差校正学习算法，这是用多层感知器进行 CAD 电磁建模中常用的学习方式和算法。

15.1.1　受控学习方式

受控学习方式的一个基本要素是有一个外部导师，如图 15-1 所示。这个导师知晓网络所处环境，而该环境由一组输入/输出样本集合($\boldsymbol{X}/\boldsymbol{T}$)来表征。然而，这一环境对所关注的神经网络来说则是未知的。现在，设导师和神经网络同时暴露给某一个取自于该环境的训练样本($\boldsymbol{x}/\boldsymbol{t}$)。该导师根据他所具有的知识，能够向神经网络提供相应于此训练输入矢量 $\boldsymbol{x}$ 的期望响应矢量 $\boldsymbol{t}$。事实上，这一期望响应代表该神经网络可达到的最佳表现。定义误差信号 $\boldsymbol{e}$ 为网络期望响应 $\boldsymbol{t}$ 与实际响应 $\boldsymbol{y}$ 之差，即

$$\boldsymbol{e}=\boldsymbol{t}-\boldsymbol{y} \tag{15.2}$$

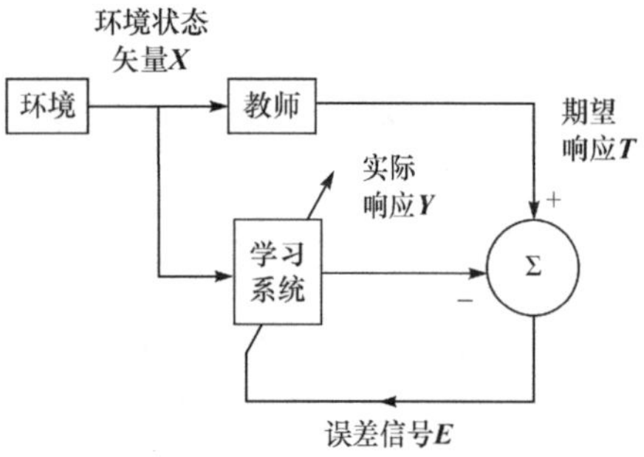

图 15-1　受控学习方式的方框图

在训练输入矢量 $\boldsymbol{x}$ 和误差信号 $\boldsymbol{e}$ 的共同影响下，网络内部自由参数 $(\boldsymbol{W},\boldsymbol{b})$ 将被调节。这种调节一步一

步地迭代执行，直到最终该神经网络能模仿导师，这种模仿在某种统计的意义上是最佳的。换句话说，导师所具有的网络环境知识被尽可能多地传递给了该神经网络。当达到这一条件后，就可以不需要导师，完全让神经网络自己处理所处的环境(即采用无导师方式)。

受控学习的最终目的是使基于误差信号 $\boldsymbol{e}$ 的一个价值函数 J 最小化，从而在某种统计意义下使神经网络实际响应 $\boldsymbol{y}$ 逼近该网络的期望目标响应 $\boldsymbol{t}$。实际上，一旦选定某种价值函数，受控学习就转化为一个优化问题，因而许多常用的工具都可采用。一种常用的价值函数是误差分量平方和函数

$$J=\frac{1}{2}\boldsymbol{e}^{\mathrm{T}}\boldsymbol{e}=\frac{1}{2}(\boldsymbol{t}-\boldsymbol{y})^{\mathrm{T}}(\boldsymbol{t}-\boldsymbol{y}) \tag{15.3}$$

式中，因子$1/2$是为以后对 J 进行最小化时计算方便而引入的，上标 T 表示将列矢量 $\boldsymbol{e}$ 转置为行矢量。J 是网络自由参数 $(\boldsymbol{W},\boldsymbol{b})$ 的函数。若以这些自由参数为坐标，这一函数表现为一个多维误差特性表面。真正的误差表面应对所有可能的输入/输出样本平均。在导师监控下，系统的任一给定操作都可用误差表面上的某一点来表示。如果系统要不断改进其性能，就要向导师学习，其工作点必须不断地向误差表面的一个最小点移动，这一最小点可能是一个局部最小点或全局最小点。只要给定一个使感兴趣的价值函数最小化的算法，给出足够的输入/输出样本和充足的训练时间，一个受控学习系统通常能满意地完成如函数逼近这类任务。

受控学习可以在线或离线方式进行。在离线学习方式下，采用分离的计算来设计受控学习系统。一旦期望特性得以实现，这一设计被固定下来，即最终神经网络以静态方式工作。与此相反，在在线学习中，学习过程就在系统自身内部进行，不需要独立的计算处理。换言之，学习是实时地进行，因此这种情况下的神经网络是动态的。自然，在线学习对受控学习的要求比离线学习要苛刻得多。

15.1.2　误差校正算法

利用系统具有的与系统当前状态相应的误差表面梯度信息，一个受控学习系统能够完成上述优化工作。误差表面上任一点的梯度是一矢量，它的负值指向最陡下降方向。用梯度下降法调节网络内部自由参数 $(\boldsymbol{W},\boldsymbol{b})$ 使 J 最小而实现对网络的优化。

按误差校正学习算法(有时称为 delta 法则)，对第 k 层神经元的网络内部自由参数 $(\boldsymbol{W}_k,\boldsymbol{b}_k)$ 的调节量 $(\Delta\boldsymbol{W}_k,\Delta\boldsymbol{b}_k)$ 由式(15.4)和式(15.5)给出

$$\Delta\boldsymbol{W}_k(i,j)=-lr\frac{\partial J}{\partial\boldsymbol{W}_k(i,j)} \tag{15.4}$$

$$\Delta\boldsymbol{b}_k(i)=-lr\frac{\partial J}{\partial\boldsymbol{b}_k(i)} \tag{15.5}$$

式中，lr 是确定学习速率的正常数。根据构成神经网络的处理单元类型，可区分出两种情形。

(1) 神经网络完全由线性处理单元组成，这时，误差表面正好是网络突触权的二次函数。即误差表面是具有一个唯一最小值的碗状表面。

(2) 神经网络由非线性处理单元构成，这时，误差表面有一个全局最小值(也许有多个全局最小值)，同时有多个局部最小值。

在两种情形下，误差校正学习算法都是从误差表面上的任意一点起始，一步一步地向全局最小点移动，起始点由赋给突触权的初值确定。在第一种情形，这一目标是可实现的。而

在第二种情形，这一目标并不总是可实现的，因为算法有可能陷入某一局部最小点，因而无法到达全局最小。

15.2　误差回传算法

将第 14 章所述多层感知器的映射能力与神经网络的学习能力相结合，可使多层感知器颇具计算威力。然而，也是这些特性，使得目前对这种网络的性能认识不充分。首先，分布式的非线性和高度的网络连通性使得多层感知器的理论分析非常困难。其次，隐蔽层的使用使得学习的中间过程难于观察。学习过程必须决定输入/输出样本集合中的哪些特征应该由隐蔽层来描述。这使得学习过程更加困难，因为必须在更大的潜在函数空间进行搜索，同时还必须在输入/输出样本的多种表达方式中做出选择。

误差回传算法的出现是神经网络研究与应用中的一个里程碑，因为它提供了一个训练多层感知器的高效率算法。利用误差回传算法，按受控学习方式训练，多层感知器已被成功地用来解决了许多问题。误差回传过程由遍历网络各层的两次传播组成。在前向传播中，一种输入矢量样本被施加在网络的输入传感节点上，其影响将一层一层地向前传播。最后，将产生一组输出作为网络的实际响应。在前传过程中，网络的突触权和偏置是固定不变的。反过来，在回传过程中，误差信号由期望(目标)响应减去实际响应得到，然后沿着与突触链相反的方向回传通过网络，因此被称为“误差回传”，所有的突触权和偏置都将根据误差校正算法被调节。通过调节突触权和偏置，可使网络的实际响应更接近期望响应。在文献中，误差回传算法也被称为回传(back propagation，BP)算法，而采用这种算法的学习过程称为回传学习。

15.2.1　delta 法则

回传学习的第一步是初始化多层感知器网络。

首先，需选择合理的网络结构。输入源节点数和输出层神经元数目由环境(输入/输出样本)自然确定。需选择的是隐蔽层数和隐蔽层中的神经元数目，神经网络特性对这些数目非常敏感。过少的隐蔽神经元将导致欠拟合，过多的隐蔽神经元将导致过度拟合，均不能实现神经网络的良好推广。即对于稍微不同于样本的输入矢量，训练获得的神经网络不能给出合理的输出矢量结果。如何选择合理的隐蔽层数和隐蔽层中的神经元数目，与其说是一门科学，不如说是一门艺术，因为这些数目的确定更多地来自于个人经验。

其次，需选好网络自由参数(即可调的突触权和偏置)的初始值，这对成功地进行网络训练有很大的帮助。在已知一些先验信息的情况下，最好利用这些信息来估计自由参数的值。但是，如果没有先验信息可得，如何初始化网络？通常的做法是：①将均匀分布在一个小值域内的随机数赋给网络的自由参数。②在保证网络正常工作的前提下，保持隐蔽神经元数目较低。

错误地选择权初始值可能导致过早饱和的现象。出现这种现象时，在学习过程中，有一段时间内平方误差和 J 几乎保持为常数。这种现象不能认定为到达了一个局部最小点，因为过了这段时间平方误差和又继续减小(更直观地讲，过早饱和现象对应于误差表面上的一个“鞍点”)。

在 MATLAB 中，多层感知器的初始化由名为 initff 的函数来完成，它可实现多达三层的多层感知器初始化。

例 15-1　一个单层感知器，具有 5 个 tansig 神经元，2 个输入源节点。如果知道两个输入列矢量的取值范围分别为[−10, +10]和[0, 5]，则网络自由参数的初始值由下列语句给出

$$[\boldsymbol{W}_1, \boldsymbol{b}_1] = \text{initff}([-10\ 10; 0\ \ 5], 5, '\text{tansig}')$$

如果已知网络的输入矢量矩阵 $\boldsymbol{X}$，且 $\boldsymbol{X}$ 的元素取值能覆盖上述输入矢量的取值范围，则网络自由参数的初始值也可以由下列语句给出

$$[\boldsymbol{W}_1, \boldsymbol{b}_1] = \text{initff}(\boldsymbol{X}, 5, '\text{tansig}')$$

显然，$\boldsymbol{X}$ 不能为单输入列矢量 $\boldsymbol{x}$，因为它无法覆盖一个值域范围。即 $\boldsymbol{X}$ 的每一行至少应包含两个元素——每一输入信号的最小和最大值。这是使用 **initff** 函数时应注意的问题。

例 15-2　一个两层感知器，隐蔽层有 8 个 tansig 神经元，输出层有 4 个 purelin 神经元，则网络自由参数的初始值由下列语句给出

$$[\boldsymbol{W}_1, \boldsymbol{b}_1, \boldsymbol{W}_2, \boldsymbol{b}_2] = \text{initff}(\boldsymbol{X}, 8, '\text{tansig}', 4, '\text{purelin}')$$

initff 还能自动地将输出神经元的数目设置与输出目标矢量矩阵 $\boldsymbol{T}$ 的行数相等，因此，网络自由参数的初始值也可以由下列语句给出

$$[\boldsymbol{W}_1, \boldsymbol{b}_1, \boldsymbol{W}_2, \boldsymbol{b}_2] = \text{initff}(\boldsymbol{X}, 8, '\text{tansig}', \boldsymbol{T}, '\text{purelin}')$$

下面介绍 delta 法则。设第 n 次迭代(即采用第 n 个训练样本)时，神经元 j 输出端的误差信号为

$$e_j(n) = t_j(n) - y_j(n) \tag{15.6}$$

神经元 j 是一输出节点。定义神经元 j 的平方误差值为 $\frac{1}{2}e_j^2(n)$。相应地，平方误差和可如下求得

$$J(n) = \frac{1}{2}\sum_{j\in C} \mathrm{e}_j^2(n) \tag{15.7}$$

式中，集合 C 包括网络输出层中的所有神经元，只有这些神经元是“可视的”，可以对它们算出误差信号。令 N 表示训练集合包含的样本(例子)总数，则平均平方误差为

$$J_{\text{av}} = \frac{1}{N}\sum_{n=1}^{N} J(n) \tag{15.8}$$

式中，$J(n)$ 和 J_{av} 都是网络全体自由参数(即突触权和偏置)的函数。对于一给定的训练集合，J_{av} 表示测评训练集合学习成就的价值函数。学习过程的目标是通过调节网络的自由参数使 J_{av} 最小。考虑一种简单的训练方法，即一个样本一个样本地训练更新突触权。对呈现给网络的每一个样本，根据计算所得的误差信息来调节突触权。因此，对训练集合中这些单独的权变化做算术平均可作为真实变化的一个估值，而真实变化本应通过对整个训练集合调节突触权使价值函数 J_{av} 最小来得到。

考虑图 15-2，神经元 j 由其左侧层神经元产生的输出矢量供给输入信号。因此，神经元 j 非线性部分输入端的净内部活化位为

$$v_j(n) = \sum_{i=0}^{p} w_{ji}(n) y_i(n) \tag{15.9}$$

式中，p 是施加于神经元 j 的总输入数(不包括偏置)。突触权 w_{j0} (对应于固定输入 $y_0 = 1$)等于施加于神经元 j 的偏置。因此，第 n 次迭代时神经元 j 输出端的功能信号为

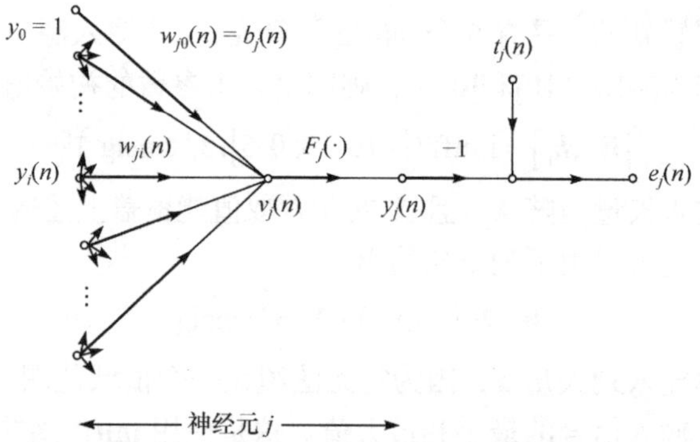

图 15-2　输出神经元 j 的信号流图细节

$$y_j(n) = F_j\left(v_j(n)\right) \tag{15.10}$$

按误差校正算法(15.4)，回传算法对突触权 $w_{ji}(n)$ 施加一个校正量 $\Delta w_{ji}(n)$，该校正量正比于梯度 $\partial J(n)/\partial w_{ji}(n)$。根据链式法则，可将此梯度表示为

$$\frac{\partial J(n)}{\partial w_{ji}(n)} = \frac{\partial J(n)}{\partial e_j(n)}\frac{\partial e_j(n)}{\partial y_j(n)}\frac{\partial y_j(n)}{\partial v_j(n)}\frac{\partial v_j(n)}{\partial w_{ji}(n)} \tag{15.11}$$

梯度 $\partial J(n)/\partial w_{ji}(n)$ 代表一个敏感因子，它在权空间确定突触权 w_{ji} 的搜索方向。

方程(15.7)两边对 $e_j(n)$ 求导，得

$$\frac{\partial J(n)}{\partial e_j(n)} = e_j(n) \tag{15.12}$$

首先，方程(15.6)两边对 $y_j(n)$ 求导，得

$$\frac{\partial e_j(n)}{\partial y_j(n)} = -1 \tag{15.13}$$

其次，方程(15.10)两边对 $v_j(n)$ 求导，得

$$\frac{\partial y_j(n)}{\partial v_j(n)} = F_j'\left(v_j(n)\right) \tag{15.14}$$

最后，方程(15.9)两边对 $w_{ji}(n)$ 求导，得

$$\frac{\partial v_j(n)}{\partial w_{ji}(n)} = y_i(n) \tag{15.15}$$

因此，将方程(15.12)～方程(15.15)代入方程(15.11)，得

$$\frac{\partial J(n)}{\partial w_{ji}(n)} = -e_j(n)F_j'\left(v_j(n)\right)y_j(n) \tag{15.16}$$

按 delta 法则，对 $w_{ji}(n)$ 的校正 $\Delta w_{ji}(n)$ 定义为

$$\Delta w_{ji}(n) = -lr\frac{\partial J(n)}{\partial w_{ji}(n)} \tag{15.17}$$

式中，lr 为学习速率参数，方程(15.17)中取负号代表在权空间中的梯度下降方向。因此，将方程(15.16)代入式(15.17)，得

$$\Delta w_{ji}(n) = lr\delta_j(n)y_i(n) \tag{15.18}$$

式中，局部梯度 $\delta_j(n)$ 定义为

$$\delta_j(n) = \frac{\partial J(n)}{\partial e_j(n)}\frac{\partial e_j(n)}{\partial y_j(n)}\frac{\partial y_j(n)}{\partial v_j(n)} = e_j(n)F_j'\left(v_j(n)\right) \tag{15.19}$$

局部梯度指明了突触权所需的变化强度。根据方程(15.19)，输出神经元 j 的局部梯度 $\delta_j(n)$ 等于相应的误差信号 $e_j(n)$ 与活化函数的导数 $F_j'\left(v_j(n)\right)$ 之积。

从方程(15.18)和方程(15.19)可知，突触权调节量 $\Delta w_{ji}(n)$ 计算中的一个关键因子是神经元 j 输出端的误差信号 $e_j(n)$。根据神经元 j 在网络中所处的位置不同，存在两种情况。在第一种情况下，神经元 j 是一个输出节点。这种情况容易处理，因为网络的每一个输出节点都被给定了一个相应的期望响应，据此可直接计算出相应的误差信号。在第二种情况下，神经元 j 是一个隐蔽节点。尽管隐蔽神经元不可直接接触，它们却对网络输出端的误差有相应的贡献。问题是要知道怎样根据其贡献大小对隐蔽神经元突触权进行奖惩调节。通过使误差信号回传通过网络，这一问题非常优美地得以解决。

下面依次考虑情况 1 和情况 2。

情况 1　神经元 j 是一个输出节点。

当神经元 j 位于网络的输出层，它将被给定一个相应的期望响应。因此，可用方程(15.6)算出与该神经元相应的误差信号 $e_j(n)$，如图 15-2 所示。一旦确定了 $e_j(n)$，利用方程(15.19)可以直接算出局部梯度 $\delta_j(n)$。其中，方程(15.19)中，计算局部梯度 $\delta_j(n)$ 所需的因子 $F_j'\left(v_j(n)\right)$ 只依赖于与神经元 j 相关的活化函数。并且，对具体的活化函数求导表明，它可以用神经元 j 的输出 $y_j(n) = F_j\left(v_j(n)\right)$ 唯一确定。例如，对 log-S 形活化函数

$$F_j'\left(v_j(n)\right) = y_j(n)\left[1 - y_j(n)\right] \tag{15.20}$$

对其他的 tansig、purelin 活化函数，也有类似的结论。

在 MATLAB 中，实现输出层局部梯度计算的语句如下。

(1) 对 purelin 神经元：deltalin(***y***, ***e***)，***y*** 为神经元层的输出矢量。若为多样本批量模式则为 deltalin(***Y***, ***E***)。

(2) 对 logsig 神经元：deltalog(***y***, ***e***)，若为多样本批量模式则为 deltalog(***Y***, ***E***)。

(3) 对 tansig 神经元：deltatan(***y***, ***e***)，若为多样本批量模式则为 deltalog(***Y***, ***E***)。

情况 2　神经元 j 是一个隐蔽节点。

当神经元 j 位于网络的一个隐蔽层，将不会对它给定一个相应的期望响应。因此，要求得隐蔽神经元的误差信号，只有通过递归的办法，从该隐蔽元直接连接的所有神经元的误差信号获得。回传算法的复杂之处就在这里。考虑图 15-3 所示情形，其中神经元 j 是一个隐蔽节点。根据方程(15.19)，重新定义隐蔽神经元 j 的局部梯度 $\delta_j(n)$ 如下

$$\delta_j(n) = \frac{\partial J(n)}{\partial y_j(n)}\frac{\partial y_j(n)}{\partial v_j(n)} = -\frac{\partial J(n)}{\partial y_j(n)}F_j'\left(v_j(n)\right) \tag{15.21}$$

神经元 j 是隐蔽的，其中利用了方程(15.14)得到第二个等式。为计算偏导数 $\partial J(n)/\partial y_j(n)$，可如下处理。从图 15-3 可见

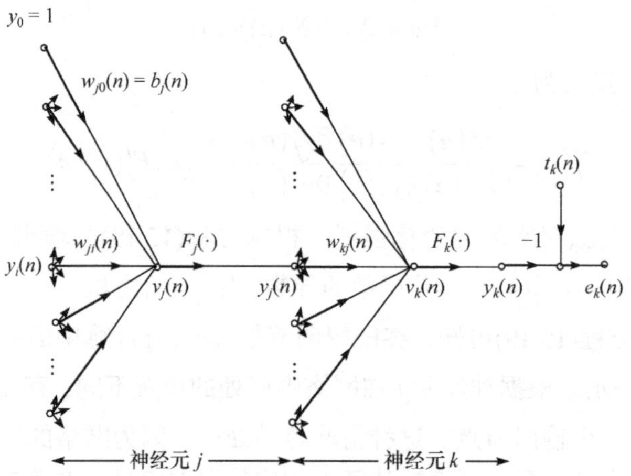

图 15-3　隐蔽神经元 j 与输出神经元 k 相连的信号流图细节

$$J(n)=\frac{1}{2}\sum_{k\in C}e_k^2(n) \tag{15.22}$$

神经元 k 是输出节点，该公式与式(15.7)相同，只是用下标 k 取代了下标 j。这样做是为了避免混淆，因为在第二种情况中，下标 j 被用来指代一个隐蔽神经元。

首先，方程(15.22)两边对功能信号 $y_j(n)$ 求导，得

$$\frac{\partial J(n)}{\partial y_j(n)}=\sum_k e_k(n)\frac{\partial e_k(n)}{\partial y_j(n)} \tag{15.23}$$

其次，对偏导数 $\partial e_k(n)/\partial y_j(n)$ 使用链式法则，重写方程(15.23)为如下等效形式

$$\frac{\partial J(n)}{\partial y_j(n)}=\sum_k e_k(n)\frac{\partial e_k(n)}{\partial v_k(n)}\frac{\partial v_k(n)}{\partial y_j(n)} \tag{15.24}$$

而从图 15-3 可知

$$e_k(n)=t_k(n)-y_k(n)=t_k(n)-F_k(v_k(n)) \tag{15.25}$$

神经元 k 是输出节点，因此

$$\frac{\partial e_k(n)}{\partial v_k(n)}=-F_k'(v_k(n)) \tag{15.26}$$

从图 15-3 可知，神经元 k 的净内部活化位为

$$v_k(n)=\sum_{j=0}^{q}w_{kj}(n)y_j(n) \tag{15.27}$$

式中，q 是施加于神经元 k 的总输入数(不包括偏置)。突触权 w_{k0} (对应于固定输入 $y_0=1$)等于施加于神经元 k 的偏置。方程(15.27)两边对 $y_j(n)$ 求导，得

$$\frac{\partial v_k(n)}{\partial y_j(n)}=w_{kj}(n) \tag{15.28}$$

因此，将方程(15.26)和方程(15.28)代入式(15.24)，可以得到所需的偏导数

$$\frac{\partial J(n)}{\partial y_j(n)}=-\sum_k e_k(n)F_k'(v_k(n))w_{kj}(n)=-\sum_k \delta_k(n)w_{kj}(n) \tag{15.29}$$

式中，在导出第二个等式时，采用了方程(15.19)给出的局部梯度$\delta_k(n)$的定义，其中的下标j用k来替换。

最后，将方程(15.29)代入式(15.21)，得到隐蔽神经元j的局部梯度$\delta_j(n)$，经整理如下所示

$$\delta_j(n)=F_j'\left(v_j(n)\right)\sum_k \delta_k(n)w_{kj}(n) \tag{15.30}$$

神经元j是隐蔽的。方程(15.30)中，计算局部梯度$\delta_j(n)$所需的因子$F_j'\left(v_j(n)\right)$只依赖于与神经元j相关的活化函数。并且，如前面所述，对具体的活化函数求导表明，它可以用神经元j的输出$y_j(n)=F_j\left(v_j(n)\right)$唯一确定。

方程(15.30)中，计算局部梯度$\delta_j(n)$所需的另一因子(即对k的求和)依赖于两组量。第一组量，$\delta_k(n)$，需要误差信号$e_k(n)$的信息，其中的k代表紧邻隐蔽神经元j的右侧层中与神经元j直接相连的所有神经元，如图 15-3 所示；第二组量，$w_{kj}(n)$，由与这些连接相关的突触权组成。

在 MATLAB 中，实现隐蔽层局部梯度计算的语句如下。

(1) 对 purelin 神经元：deltalin(***y,d,W***)，***y*** 为本神经元层的输出矢量，***d*** 和 ***W*** 分别为相邻的后一神经元层的局部梯度矢量和突触权矩阵。若为多样本批量模式则为 deltalin(***Y,D,W***)。

(2) 对 logsig 神经元：deltalog(***y,d,W***)，若为多样本批量模式则为 deltalog(***Y,D,W***)。

(3) 对 tansig 神经元：deltatan(***y,d,W***)，若多样本批量模式则为 deltalog(***Y,D,W***)。

现在可将上面按 delta 法则导出的结果总结如下。将神经元i连接到神经元j的突触权的校正量$\Delta w_{ji}(n)$为

$$\begin{pmatrix}\text{权校正量}\\ \Delta w_{ji}(n)\end{pmatrix}=\begin{pmatrix}\text{学习速率参数}\\ lr\end{pmatrix}\cdot\begin{pmatrix}\text{局部梯度}\\ \delta_j(n)\end{pmatrix}\cdot\begin{pmatrix}\text{神经元}j\text{ 的输入信号}\\ y_i(n)\end{pmatrix} \tag{15.31}$$

式中，局部梯度$\delta_j(n)$取决于神经元j是一个输出节点还是一个隐蔽节点：如果神经元j是一个输出节点，$\delta_j(n)$等于导数$F_j'\left(v_j(n)\right)$与误差信号$e_j(n)$之积，两者都与神经元j相关，参见方程(15.19)；如果神经元j是一个隐蔽节点，$\delta_j(n)$等于导数$F_j'\left(v_j(n)\right)$与$\delta_k(n)$的加权和之积，后者的求和是对下一隐蔽层或输出层中所有与神经元j相连的神经元进行，参见方程(15.30)。

以多输入/输出样本这种一般情况为例，设一次批量处理的样本数为Q。记$\boldsymbol{D}_k$为第k神经元层的局部梯度列矢量矩阵，$\boldsymbol{X}_k=\boldsymbol{Y}_{k-1}$为该神经元层的输入列矢量矩阵，将偏置当作输入为 1 的特殊突触权链，则上述输出层、隐蔽层自由参数的调节量可统一由式(15.32)和式(15.33)给出

$$\mathrm{d}\boldsymbol{W}_k=\frac{1}{Q}lr\cdot\boldsymbol{D}_k*\left(\boldsymbol{X}_k\right)^{\mathrm{T}} \tag{15.32}$$

$$\mathrm{d}\boldsymbol{b}_k=\frac{1}{Q}lr\cdot\boldsymbol{D}_k*\mathrm{ones}(Q,1) \tag{15.33}$$

在 MATLAB 中，式(15.32)和式(15.33)用下列函数 learnbp 实现

$$\left[\mathrm{d}\boldsymbol{W}_k,\mathrm{d}\boldsymbol{b}_k\right]=\mathrm{learnbp}\left(\boldsymbol{X}_k,\boldsymbol{D}_k,lr\right) \tag{15.34}$$

需要指出的是，用 learnbp 实现对网络自由参数的调节，每执行一次，每一个自由参数的调节量应该只有一个计算结果。对于单样本模式，这是自然的。对于多样本批量模式，对应

地有由 Q 个相应列矢量构成的 $\boldsymbol{X}_k$、$\boldsymbol{D}_k$，learnbp 在执行式(15.32)、式(15.33)运算时，实际上是取各个样本单独执行时所得结果的算术平均值。这样根据一组样本获得的平均值可以提供一个更准确的误差表面梯度矢量估值，减少寻优次数。同时，由 MATLAB 提供的矩阵并行处理功能，也使多样本批量处理比每一个样本依次串行处理效率更高。

回传算法分为两个过程进行。第一个过程称为前传过程，第二个过程称为回传过程。

在前传过程中，整个网络的突触权和偏置保持不变。计算的前传过程开始于向第一隐蔽层呈现输入样本矢量，一层接一层地向前计算出网络的功能信号，即各层的输出列矢量 $\boldsymbol{y}_1$，$\boldsymbol{y}_2$，…。最后，将该输出层的输出列矢量与网络的期望响应比较，前传过程将终止于在输出层计算出该层中每一个神经元的误差信号。

与此相反，回传过程起始于输出层，递归地对每一个神经元计算出其 δ (即局部梯度)，一层一层地将误差信号回传通过网络。根据方程(15.31)的 delta 法则，这一递归过程允许网络的突触权发生变化。首先，对输出层的神经元，根据式(15.19)，δ 简单地由该神经元的误差信号乘以其活化函数的一阶导数算出。因此，可采用方程(15.31)计算出所有向输出层馈电的突触链的权变化。其次，算出输出层神经元的 δ 之后，利用方程(15.30)计算倒数第二层中所有神经元的 δ，然后进一步算出所有向该层馈电的突触链的权变化。如此下去，可一层一层地将递归计算继续下去，实现误差信号的回传，最终将权变化传递给所有的突触链。

15.2.2 训练模式

在回传算法的实际应用中，学习是通过向多层感知器多次呈现一个事先给定的训练样本集合来实现的。在学习过程中，完整地呈现一次整个训练集合称为一个回合。学习过程按照一个回合接一个回合的方式往下做，直到网络的突触权及偏置达到稳定，对整个训练集合的平均平方误差和收敛到某一最小值。从一个回合到下一个回合，训练例子呈现的顺序最好随机地选取。这样，可使权空间中的搜索在学习期间随机化，从而避免在突触权矢量的进化中出现限定循环。

因此，对于一给定的训练样本集合，回传学习可以两种基本方式之一进行。

1. 样本模式

在回传学习的样本模式中，价值函数 J 取式(15.7)中的定义，权的刷新是在每一个训练样本呈现之后立即进行。这正是前面推导回传算法时所采用的模式。例如，考虑一个具有 N 个样本的训练回合，其呈现顺序为 $\left[\boldsymbol{x}(1),\boldsymbol{t}(1)\right]$，…，$\left[\boldsymbol{x}(N),\boldsymbol{t}(N)\right]$。当第一个样本 $\left[\boldsymbol{x}(1),\boldsymbol{t}(1)\right]$ 呈现给网络时，前面所述的前传及回传计算被执行，导致网络突触权及偏置发生一定的改变。然后，该回合中的第二个样本 $\left[\boldsymbol{x}(2),\boldsymbol{t}(2)\right]$ 被呈现，前传及回传计算被再次执行，导致网络突触权及阈值发生进一步的改变。继续这一过程直到该回合的最后一个样本 $\left[\boldsymbol{x}(N),\boldsymbol{t}(N)\right]$ 被处理。

2. 批量模式

在回传学习的批量模式中，价值函数 J 取式(15.8)中的定义，突触权刷新是在构成该回合的全体训练样本被呈现之后才进行。设学习速率参数为 lr，按 delta 法则，连接神经元 i 到神经元 j 的突触权 w_{ji} 的调节量为

$$\Delta w_{ji} = -lr\frac{\partial J_{\text{av}}}{\partial w_{ji}} = -\frac{lr}{N}\sum_{n=1}^{N} e_j(n)\frac{\partial e_j(n)}{\partial w_{ji}} \tag{15.35}$$

可按与前面相同的方式来计算偏导数 $\partial e_j(n)/\partial w_{ji}$。根据方程(15.35)，在批量模式中，只有当整个训练集合都呈现给网络以后才做出突触权调节 Δw_{ji}。

比较两种模式可知，每一个回合之后，按样本训练模式获得的总突触权改变量将不同于按批量模式得到的相应值 Δw_{ji}。

从在线操作的角度看，样本训练模式优于批量模式，因为对每一个突触链它所需的局部存储量小。此外，对于包含大量冗余数据的模式识别问题，样本训练模式比批量模式快若干个数量级。再有，若样本按随机的方式呈现给网络，按样本模式刷新突触权可使在权空间的搜索为随机的，从而使回传算法陷于局部最小点的可能性减小。但是，样本训练模式是一个串行计算过程，比较费时。

另外，采用批量模式可以提供一个更准确的梯度矢量估值，从而减少寻优次数。不过，由于内存占用大，每一回合的计算仍然非常费时。尤其是在样本集合庞大、内存不够的情况下，这种对全体样本集合定义价值函数的批量模式难以完成。

综合考虑两种模式的特点，MATLAB 采用了一种准批量模式。

(1) 将含有 N 个样本的原样本集合分为若干个子集，设子集中的样本数为 Q。

(2) 对子集中的每一个样本，按样本模式(15.7)定义价值函数 J。

(3) 利用 MATLAB 高效的矩阵处理能力，按批量模式一次并行处理 Q 个样本，取各样本自由参数调节量的算术平均值作为该子集训练完成后网络自由参数的调节量。

(4) 照此继续处理下一子集，直到所有子集处理完毕，从而完成一个回合的训练。

(5) 通过向网络提供新一轮(回合)的训练样本集合，进行迭代计算，直到网络自由参数达到稳定，对整个训练集合计算所得的平均平方误差 J_{av} 达到一最小值或一可接受的小值。从一个回合到另一回合，子集划分及子集呈现次序应当是随机的(搅乱的)。这种随机性对改善收敛速度非常重要。随着训练迭代次数的增加，学习速率参数通常要调节(一般是递减)。

这种准批量模式由于内存占用小、梯度矢量估值较准确、并行计算效率高、子集大小 Q 可根据机器情况灵活可调、子集划分及子集呈现次序可随机选取，兼有样本模式和批量模式的优点。

在 MATLAB 中，上述训练过程由函数 trainbp 来完成。在执行 trainbp 之前，首先根据训练样本集合 $\boldsymbol{X/T}$ 进行网络初始化，获得网络自由参数 $(\boldsymbol{W},\boldsymbol{b})$ 的初始值。然后，需要给定下列训练参数

$$\boldsymbol{tp} = [\text{disp\_freq max\_epoch err\_goal lr}]$$

式中 disp_freq 为在训练过程中显示中间结果的频率，即每隔 disp_freq 次训练显示一次训练结果；max_epoch 为最大训练次数；err_goal 为平方误差和目标值；lr 为学习速率参数。

最后，用函数 trainbp 进行网络训练，当平方误差和小于目标值 err_goal 或已进行了 max_epoch 次训练时，训练结束，返回新的自由参数 $(\boldsymbol{W},\boldsymbol{b})$、实际训练次数 epochs 和训练误差变化纪录 $\boldsymbol{tr}$。函数 trainbp 可进行多达三层的网络训练，对单层、双层、三层感知器，相应的 MATLAB 语句如下。

单层：$[\boldsymbol{W},\boldsymbol{b},\text{epochs},\boldsymbol{tr}] = \text{trainbp}(\boldsymbol{W},\boldsymbol{b},'\boldsymbol{F}',\boldsymbol{X},\boldsymbol{T},\boldsymbol{tp})$。

双层：$[\boldsymbol{W}_1,\boldsymbol{b}_1,\boldsymbol{W}_2,\boldsymbol{b}_2,\text{epochs},\boldsymbol{tr}] = \text{trainbp}(\boldsymbol{W}_1,\boldsymbol{b}_1,'\boldsymbol{F}_1',\boldsymbol{W}_2,\boldsymbol{b}_2,'\boldsymbol{F}_2',\boldsymbol{X},\boldsymbol{T},\boldsymbol{tp})$。

三层：$[\boldsymbol{W}_1,\boldsymbol{b}_1,\boldsymbol{W}_2,\boldsymbol{b}_2,\boldsymbol{W}_3,\boldsymbol{b}_3,\text{epochs},\boldsymbol{tr}] = \text{trainbp}(\boldsymbol{W}_1,\boldsymbol{b}_1,'\boldsymbol{F}_1',\boldsymbol{W}_2,\boldsymbol{b}_2,'\boldsymbol{F}_2',\boldsymbol{W}_3,\boldsymbol{b}_3,'\boldsymbol{F}_3',\boldsymbol{X},\boldsymbol{T},\boldsymbol{tp})$。

针对训练的是单层、双层还是三层感知器，函数 trainbp 实际上分别调用的是函数 tbp_1、

tbp_2 和 tbp_3。

15.2.3 回传算法的改进

前面介绍的回传算法基本形式在训练多层感知器时收敛速度极慢，实用中基本上不被采用。因此，改善回传算法使训练加速是实践中迫切需要解决的问题。另外，如何避免陷入局部极小，如何增强推广能力，也是进一步研究回传算法时需要考虑的。

1. 带矩量修正的广义 delta 法则

回传算法是对按最陡下降法计算时突触权空间轨迹的一种逼近。学习速率参数 lr 越小，两次迭代之间网络突触权的变化越小，突触权空间的轨迹也越光滑。然而，这种改善却是以降低学习速率为代价的。相反，如果为加速学习速率而使参数 lr 很大，由此而来的突触权巨大变化将可能导致网络变得不稳定(如振荡)。为增加学习速率同时避免不稳定的危险，一个简单的办法是通过引进矩量修正来修改式(15.18)的 delta 法则，如下所示

$$\Delta w_{ji}(n) = mc\ \Delta w_{ji}(n-1) + (1-mc)lr\delta_j(n)y_i(n) \tag{15.36}$$

式中，mc 为矩量常数，通常是一个正数。方程(15.36)称为广义 delta 法则，方程(15.18)是它的一个特例(即 $mc=0$)。

在广义 delta 法则中，网络自由参数的调节量不仅同局部梯度相关，也考虑误差表面刚才的变化趋势。当 $mc=0$ 时，网络自由参数的调节量完全基于局部梯度信息；当 $mc=1$，网络自由参数的调节量完全忽略局部梯度信息，等于上一次的调节量。mc 控制围绕 $\Delta w_{ji}(n)$ 的反馈环，如图 15-4 所示，图中的 z^{-1} 是单位延迟算子。

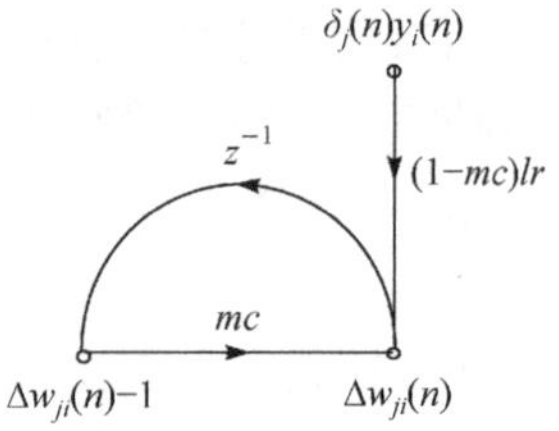

图 15-4 说明矩量常数 mc 之作用的信号流图

为了观察由矩量常数 mc 引起的样本呈现顺序对突触权的影响，将方程(15.36)写成以 t 为指标的时间级数。指标 t 从初始时刻 0 到当前时刻 n。方程(15.36)可以看成权校正量 $\Delta w_{ji}(n)$ 的一阶差分方程。因此，解此差分方程可得

$$\Delta w_{ji}(n) = (1-mc)lr\sum_{t=0}^{n}(mc)^{n-t}\delta_j(t)y_i(t) \tag{15.37}$$

它是一个长度为 $n+1$ 的时间级数。从方程(15.16)和方程(15.19)知道，积 $\delta_j(n)y_i(n)$ 等于 $\partial J(n)/\partial w_{ji}(n)$。因此，可重写式(15.37)为下列等效形式

$$\Delta w_{ji}(n) = -(1-mc)lr\sum_{t=0}^{n}(mc)^{n-t}\frac{\partial J(t)}{\partial w_{ji}(t)} \tag{15.38}$$

基于这一关系，可以得到以下几点。

(1) 当前调节量 $\Delta w_{ji}(n)$ 代表一个指数加权的时间级数之和。为保证级数收敛，矩量常数必须限定在 $0 \leqslant |mc| < 1$ 范围内，一般选为 0.95。当 $mc=0$ 时，回传算法按无矩量修正方式进行。注意，mc 可正可负，尽管实用中不太可能使用负的 mc。

(2) 当偏导数 $\partial J(t)/\partial w_{ji}(t)$ 在相继的迭代中同号(均为正或均为负)时，指数加权和 $\Delta w_{ji}(n)$ 的幅度将增加，因此，权 $w_{ji}(n)$ 的调节量会较大。所以，在回传算法中包含矩量项会在可靠的下山方向上加速下降。

(3) 当偏导数 $\partial J(t)/\partial w_{ji}(t)$ 在相继的迭代中反号时，指数加权和 $\Delta w_{ji}(n)$ 的幅度将减小，因此，权 $w_{ji}(n)$ 的调节量会较小。所以，在回传算法中包含矩量项会在有正负振荡的方向上加以稳定作用。

因此，在回传算法中包含矩量项体现了对权刷新的一个小小修正，它却对算法的学习行为带来巨大的好处。

误差表面除了全局最小点，还存在局部最小点(即孤立谷地)。因为回传算法从本质上讲是一种爬山技术，它存在被困于某一局部最小的风险，在那里，突触权的任何小改变都将导致价值函数增大。但是，在权空间的别处存在另一组突触权，价值函数在那里具有比在上述网络受困的局部最小点更小的值。显然，不希望学习过程终止于一个局部最小点，尤其是当它远离全局最小点时。

矩方法对每一个权加上惰性或矩，使之有可能沿着“平均”下山方向改变它所感受到的力，好处是可以防止学习过程终止于误差表面的一个局部最小点。从滤波器的角度来看，矩的作用就像一个低通滤波器，它使网络忽略误差表面上的一些局部细小特征，滑过一些局部最小点，而更关注误差表面大的走势。

在 MATLAB 中，带矩量修正的学习算法由函数 learnbpm 完成。在执行 learnbpm 之前，必须对自由参数调节量矩阵赋以零初值

$$\mathrm{d}\boldsymbol{W}=\mathrm{zeros}(\mathrm{size}(\boldsymbol{W}))$$

$$\mathrm{d}\boldsymbol{b}=\mathrm{zeros}(\mathrm{size}(\boldsymbol{b}))$$

然后，根据该神经元层的输入 $\boldsymbol{X}$、局部梯度 $\boldsymbol{D}$、学习速率参数 lr、和矩量常数 mc，按下列语句获得该神经元层自由参数的新调节量

$$[\mathrm{d}\boldsymbol{W},\mathrm{d}\boldsymbol{b}]=\mathrm{learnbpm}(\boldsymbol{X},\boldsymbol{D},lr,mc,\mathrm{d}\boldsymbol{W},\mathrm{d}\boldsymbol{b})$$

如果在学习过程中偏置固定不变，上句中的 d$\boldsymbol{b}$ 项可省略不写。

上述新调节量可用来刷新网络自由参数

$$[\boldsymbol{W},\boldsymbol{b}]=[\boldsymbol{W},\boldsymbol{b}]+[\mathrm{d}\boldsymbol{W},\mathrm{d}\boldsymbol{b}]$$

如果新的网络自由参数导致网络的平方误差和过大增加，应该放弃新的网络自由参数，在下一步训练中暂时将 mc 置零、采用上一次的旧网络自由参数继续训练。为此，需设置一个最大误差增长率作为判别准则，通常取为 1.04。

在 MATLAB 中，上述带矩量修正的训练过程由函数 trainbpm 完成，trainbpm 的调用与前面 trainbp 的调用相同。不同的是，训练参数 $\boldsymbol{tp}$ 包含的参数多了矩量参数 mc 和最大误差增长率参数 err_ratio，

$$\boldsymbol{tp}=[\text{disp\_freq max\_epoch err\_goal lr mc err\_ratio}]$$

函数 trainbpm 可进行多达三层的网络训练，对单层、双层、三层感知器，相应的 MATLAB 语句如下。

单层：$[\boldsymbol{W},\boldsymbol{b},\mathrm{epochs},\boldsymbol{tr}]=\mathrm{trainbpm}(\boldsymbol{W},\boldsymbol{b},'\boldsymbol{F}',\boldsymbol{X},\boldsymbol{T},\boldsymbol{tp})$。

双层：$[\boldsymbol{W}_1,\boldsymbol{b}_1,\boldsymbol{W}_2,\boldsymbol{b}_2,\mathrm{epochs},\boldsymbol{tr}]=\mathrm{trainbpm}(\boldsymbol{W}_1,\boldsymbol{b}_1,'\boldsymbol{F}_1',\boldsymbol{W}_2,\boldsymbol{b}_2,'\boldsymbol{F}_2',\boldsymbol{X},\boldsymbol{T},\boldsymbol{tp})$。

三层：$[\boldsymbol{W}_1,\boldsymbol{b}_1,\boldsymbol{W}_2,\boldsymbol{b}_2,\boldsymbol{W}_3,\boldsymbol{b}_3,\mathrm{epochs},\boldsymbol{tr}]=\mathrm{trainbpm}(\boldsymbol{W}_1,\boldsymbol{b}_1,'\boldsymbol{F}_1',\boldsymbol{W}_2,\boldsymbol{b}_2,'\boldsymbol{F}_2',\boldsymbol{W}_3,\boldsymbol{b}_3,'\boldsymbol{F}_3',\boldsymbol{X},\boldsymbol{T},\boldsymbol{tp})$。

针对训练的是单层、双层还是三层感知器，函数 trainbpm 实际上分别调用的是函数 tbpx_1、tbpx_2 和 tbpx_3。

2. 学习速率参数自适应算法“指南”

在推导回传算法时，假定学习速率参数为一常数，记为 lr 。然而，实际上它应为 lr_{ji} ，即是说，学习速率参数应当是与连接链相关的。确实可以对网络的不同部分取不同的学习速率参数。

首先，介绍 Jacobs 的四个提示，它们可以看作怎样通过学习速率参数自适应来加快回传学习收敛速度的“指南”。

提示 1　价值函数的每一个可调网络参数应该有单独的学习速率参数。

这里注意到，由于采用固定的学习速率参数可能不适合于误差表面的所有部分，回传算法可能会收敛很慢。换句话说，对一个突触权调节适合的学习速率参数并不一定对网络中其他突触权的调节适合。提示 1 认同这一点，建议对网络的每一个可调突触权(参数)都赋予不同的学习速率参数。

提示 2　从一次迭代到另一次迭代，每一个学习速率参数应容许发生变化。

通常，误差表面的行为沿某一维权的不同区域表现不同。为了适应这种变化，提示 2 指出，学习速率参数从一次迭代到另一次迭代需要变化。

提示 3　当价值函数对一突触权的导数在算法的连续几次迭代中保持同号时，应该增加该突触权的学习速率参数。

权空间的当前工作点可能位于误差表面上沿某一维权相对平坦的部分，这可能是价值函数对该突触权的导数(即误差表面的梯度)在算法的连续几次迭代中保持同号，因而指向相同方向的原因。提示 3 指出，在这种情况下，可通过适当增大学习速率参数来减少通过误差表面这一平坦部分所需的迭代次数。

提示 4　当价值函数对一突触权的导数在算法的连续几次迭代中交替变号时，应该减小该突触权的学习速率参数。

当权空间的当前工作点位于误差表面上沿某一维权峰谷交替的部分时，价值函数对该突触权的导数在相继的迭代中会变号。为防止权调节振荡，提示 4 指出，该突触权的学习速率参数应适当地减小。

值得一提的是，根据这些提示，对每一个突触权采用不同的、时变的学习速率参数，将从根本上修正回传算法。突触权的调节依赖于：①误差表面对权的偏导数；②权空间中当前工作点处沿各个权方向的误差表面曲率。

3. delta-delta 学习规则

为导出对回传算法的修正，可以按照与普通回传算法推导相似的过程进行。首先定义价值函数为误差平方和

$$E(n)=\frac{1}{2}\sum_{j}e_j^2(n)=\frac{1}{2}\sum_{j}\left[t_j(n)-y_j(n)\right]^2 \tag{15.39}$$

式中，$y_j(n)$ 是神经元 j 的输出；t_j 是该神经元的期望(目标)响应。尽管方程(15.39)中的 $E(n)$ 和方程(15.7)中的价值函数 $J(n)$ 在数学上相似，与新价值函数 $E(n)$ 相关的参数空间包含不同的学习速率参数。设 $lr_{ji}(n)$ 表示第 n 次迭代时赋予突触权 $w_{ji}(n)$ 的学习速率参数。对 $E(n)$ 使用链式法则，得到

$$\frac{\partial E(n)}{\partial lr_{ji}(n)}=\frac{\partial E(n)}{\partial y_j(n)}\frac{\partial y_j(n)}{\partial v_j(n)}\frac{\partial v_j(n)}{\partial lr_{ji}(n)} \tag{15.40}$$

为表示方便，重写方程(15.9)和方程(15.17)如下

$$v_j(n)=\sum_i w_{ji}(n)y_i(n) \tag{15.41}$$

$$w_{ji}(n)=w_{ji}(n-1)-lr_{ji}(n)\frac{\partial J(n-1)}{\partial w_{ji}(n-1)} \tag{15.42}$$

将方程(15.42)代入方程(15.41)，得到

$$v_j(n)=\sum_i y_i(n)\left[w_{ji}(n-1)-lr_{ji}(n)\frac{\partial J(n-1)}{\partial w_{ji}(n-1)}\right] \tag{15.43}$$

因此，方程(15.43)对 $lr_{ji}(n)$ 微分，并重写方程(15.14)，有

$$\frac{\partial v_j(n)}{\partial lr_{ji}(n)}=-y_i(n)\frac{\partial J(n-1)}{\partial w_{ji}(n-1)} \tag{15.44}$$

$$\frac{\partial y_j(n)}{\partial v_j(n)}=F_j'\left(v_j(n)\right) \tag{15.45}$$

下面计算偏导数 $\partial E(n)/\partial y_j(n)$。当神经元 j 位于网络的输出层时，期望响应 $t_j(n)$ 由外部提供。相应地，可求方程(15.39)对 $y_j(n)$ 的导数，得

$$\frac{\partial E(n)}{\partial y_j(n)}=-\left[t_j(n)-y_j(n)\right]=-e_j(n) \tag{15.46}$$

式中，$e_j(n)$ 是误差信号。因此，将方程(15.44)、方程(15.45)和方程(15.46)中的偏导数代入方程(15.40)中，整理得

$$\frac{\partial E(n)}{\partial lr_{ji}(n)}=-F_j'\left(v_j(n)\right)e_j(n)y_j(n)\left[-\frac{\partial J(n-1)}{\partial w_{ji}(n-1)}\right] \tag{15.47}$$

方程(15.47)右边的偏导数代表 $n-1$ 时刻描述误差表面的价值函数 $J(n-1)$ 对突触权 $w_{ji}(n-1)$ 的导数。

从方程(15.16)知道，因子 $-F_j'\left(v_j(n)\right)e_j(n)y_i(n)$ 等于偏导数 $\partial J(n)/\partial w_{ji}(n)$。在方程(15.47)中利用这一关系，重新简化 $\partial E(n)/lr_{ji}(n)$ 的定义如下

$$\frac{\partial E(n)}{\partial lr_{ji}(n)}=-\frac{\partial J(n)}{\partial w_{ji}(n)}\frac{\partial J(n-1)}{\partial w_{ji}(n-1)} \tag{15.48}$$

在假设神经元 j 位于网络的输出层的情况下，方程(15.48)定义了误差表面对学习速率参数的导数。实际上可以证明，对网络隐蔽层的神经元 j 这一公式仍然成立。即方程(15.48)对网络的所有神经元均成立。

下面推导学习速率参数刷新法则，它在学习速率参数空间的误差表面上按最陡下降法则运行，这里感兴趣的参数是学习速率参数。具体地说，定义 lr_{ji} 的调节量为

$$\Delta lr_{ji}(n+1)=-\gamma\frac{\partial E(n)}{\partial lr_{ji}(n)}=\gamma\frac{\partial J(n)}{\partial w_{ji}(n)}\frac{\partial J(n-1)}{\partial w_{ji}(n-1)} \tag{15.49}$$

式中，γ 是正常数，称为学习速率自适应过程的步长控制参数。

偏导数 $\partial J(n-1)/\partial w_{ji}(n-1)$ 和 $\partial J(n)/\partial w_{ji}(n)$ 分别表示在第 $n-1$ 次和第 n 次迭代时误差表面对连接神经元 i 到神经元 j 的突触权 w_{ji} 的导数。因此，可得出下列两点结论。

(1) 在两次连续的迭代中，若误差表面对突触权 w_{ji} 的导数保持同号，则调节量 $\Delta lr_{ji}(n+1)$ 为正。因此，自适应过程将增加突触权 w_{ji} 的学习速率。相应地，回传学习沿该方向的移动将加快。

(2) 在两次连续的迭代中，若误差表面对突触权 w_{ji} 的导数反号，则调节量 $\Delta lr_{ji}(n+1)$ 为负。因此，自适应过程将降低突触权 w_{ji} 的学习速率。相应地，回传学习沿该方向的移动将减慢。

这两点恰好分别与**提示 3**、**提示 4** 完全对应。

方程(15.49)所述的学习速率参数自适应过程被称为 delta-delta 学习规则。尽管这一学习规则满足上述提示，它有一些潜在的问题。在两次连续的迭代中，若误差表面对突触权 w_{ji} 的导数保持同号但幅值很小，则对学习速率参数的正调节量将非常小。与此相反，在两次连续的迭代中，若误差表面对突触权 w_{ji} 的导数异号但幅值很大，则对学习速率参数的负调节量将非常大。在这些环境下很难选取一个恰当的步进参数。delta-delta 学习规则的这一局限可通过进一步改进加以克服，如下所述。

4. delta-bar-delta 学习规则

令 $w_{ji}(n)$ 表示在第 n 次迭代时连接神经元 i 到神经元 j 的突触权，$lr_{ji}(n)$ 是与它相应的学习速率参数。学习速率参数刷新规则现在定义如下

$$\Delta lr_{ji}(n+1)=\begin{cases}\kappa, & S_{ji}(n-1)D_{ji}(n)>0\\ -\beta lr_{ji}(n), & S_{ji}(n-1)D_{ji}(n)<0\\ 0, & S_{ji}(n-1)D_{ji}(n)=0\end{cases} \tag{15.50}$$

式中，$D_{ji}(n)$ 和 $S_{ji}(n)$ 分别定义为

$$D_{ji}(n)=\frac{\partial J(n)}{\partial w_{ji}(n)} \tag{15.51}$$

$$S_{ji}(n)=(1-\xi)D_{ji}(n-1)+\xi S_{ji}(n-1) \tag{15.52}$$

式中，ξ 是正常数。$D_{ji}(n)$ 是当前误差表面对突触权 w_{ji} 的偏导数。第二个量 $S_{ji}(n)$ 表示误差表面对突触权 w_{ji} 的偏导数的当前值与过去值的指数加权求和，ξ 是底数，迭代数 n 是指数。方程(15.50)～方程(15.52)所述的学习速率参数自适应过程称为 delta-bar-delta 学习规则。如果令控制参数 κ 和 β 均为零，则学习速率参数为常数，就如标准的回传算法中那样。

从这些定义方程可得出下列结论。

(1) delta-bar-delta 学习规则的机理同 delta-delta 学习规则相似，都满足**提示 3** 和**提示 4**。例如，如果在第 n 次迭代时对突触权 w_{ji} 的偏导数 $D_{ji}(n)$ 与前一次第 $n-1$ 次迭代时的指数加权和 $S_{ji}(n-1)$ 同号，则该权的学习速率参数的增量为常数 κ。与此相反，如果 $D_{ji}(n)$ 与 $S_{ji}(n-1)$ 异号，则该权的学习速率参数的减少量为其当前值 $lr_{ji}(n)$ 的 β 倍。其他情况下，学习速率参数保持不变。

(2) 学习速率线性地增加或指数地减少。线性增加可以防止学习速率增长过快，指数下降可以使学习速率迅速下降同时保持为正。

严格地执行回传算法需要对每一个样本进行权计算和参数刷新。对于大型网络和相当大的训练样本集合，当 delta-bar-delta 学习速率参数自适应规则被加入回传算法中时，这种刷新将导致存储量和计算复杂性的剧增。具体地说，必须为下列参量提供新增的存储空间：①赋予网络每一个突触权的参数 $lr_{ji}(n)$ 和 $\Delta\, lr_{ji}(n)$；②相关的偏导数 $\partial J(n-1)/\partial w_{ji}(n-1)$。所有这些，使得实用中很难判断采用 delta-bar-delta 学习规则是否恰当。

5. MATLAB 中的学习参数自适应算法

为减少将学习速率参数自适应规则加入回传算法后引起存储量和计算复杂性的剧增，在 MATLAB 中：

(1) 对网络的所有自由参数，学习速率参数取同样的值 *lr*，学习参数自适应只对 *lr* 一个参数进行。

(2) 在每一次自由参数刷新之后，计算在新的突触权、偏置及当前学习速率参数条件下网络的平方误差和。如果新误差与老误差之比大于某一设定值(通常设为 1.04)，则放弃新值，回到刷新前的状态，同时，将学习速率参数减小(通常是乘以 0.7)，重新进行训练。如果新误差与老误差之比不超过设定值，保留新值，继续下一次训练。如果新误差小于老误差，增大学习速率参数(通常是乘以 1.05)，继续下一次训练。这种学习速率参数调节方式不是按梯度下降法进行的，不需要偏导数存储。

按这种方式增大学习速率参数，不会使网络训练中误差剧增。当较大的学习速率参数可以使学习趋于稳定时，学习速率参数被增大。当学习速率参数过大不能保证网络的平方误差和减小时，学习速率参数被减小直到使学习趋于稳定。因此，这一过程始终在实时地、自适应地寻求最佳学习速率参数。

在 MATLAB 中，完成上述学习速率参数自适应训练过程的是函数 trainbpa，其调用方式同 trainbp 相同，不同的是，训练参数 ***tp*** 包含的参数多了学习速率参数增长率 lr_inc、学习速率参数减小率 lr_dec 和最大误差增长率参数 err_ratio

$$\boldsymbol{tp} = [\text{disp\_freq max\_epoch err\_goal lr} \cdots \text{lr\_inc lr\_dec err\_ratio}]$$

函数 trainbpa 可进行多达三层的网络训练，对单层、双层、三层感知器。相应的 MATLAB 语句如下。

单层：$[\boldsymbol{W},\boldsymbol{b},\text{epochs},\boldsymbol{tr}] = \text{trainbpa}(\boldsymbol{W},\boldsymbol{b},'\boldsymbol{F}',\boldsymbol{X},\boldsymbol{T},\boldsymbol{tp})$。

双层：$[\boldsymbol{W}_1,\boldsymbol{b}_1,\boldsymbol{W}_2,\boldsymbol{b}_2,\text{epochs},\boldsymbol{tr}] = \text{trainbpa}(\boldsymbol{W}_1,\boldsymbol{b}_1,'\boldsymbol{F}_1',\boldsymbol{W}_2,\boldsymbol{b}_2,'\boldsymbol{F}_2',\boldsymbol{X},\boldsymbol{T},\boldsymbol{tp})$。

三层：$[\boldsymbol{W}_1,\boldsymbol{b}_1,\boldsymbol{W}_2,\boldsymbol{b}_2,\boldsymbol{W}_3,\boldsymbol{b}_3,\text{epochs},\boldsymbol{tr}] = \text{trainbpa}(\boldsymbol{W}_1,\boldsymbol{b}_1,'\boldsymbol{F}_1',\boldsymbol{W}_2,\boldsymbol{b}_2,'\boldsymbol{F}_2',\boldsymbol{W}_3,\boldsymbol{b}_3,'\boldsymbol{F}_3',\boldsymbol{X},\boldsymbol{T},\boldsymbol{tp})$。

针对训练的是单层、双层还是三层感知器，函数 **trainbpa** 实际上分别调用的是函数 tbpx_1、tbpx_2 和 tbpx_3。

此外，MATLAB 还提供了一个同时具有矩量修正及学习速率参数自适应的训练函数 trainbpx，其调用方式同 trainbpa 相同，不同的是，训练参数 ***tp*** 包含的参数多了一个矩量参数 *mc*

$$\boldsymbol{tp} = [\text{disp\_freq max\_epoch err\_goal lr} \cdots \text{lr\_inc lr\_dec mc err\_ratio}]$$

函数 trainbpx 可进行多达三层的网络训练，对单层、双层、三层感知器。相应的 MATLAB 语句如下。

单层：$\left[\boldsymbol{W},\boldsymbol{b},\text{epochs},\boldsymbol{tr}\right]=\text{trainbpx}\left(\boldsymbol{W},\boldsymbol{b},'\boldsymbol{F}',\boldsymbol{X},\boldsymbol{T},\boldsymbol{tp}\right)$。

双层：$\left[\boldsymbol{W}_1,\boldsymbol{b}_1,\boldsymbol{W}_2,\boldsymbol{b}_2,\text{epochs},\boldsymbol{tr}\right]=\text{trainbpx}\left(\boldsymbol{W}_1,\boldsymbol{b}_1,'\boldsymbol{F}_1',\boldsymbol{W}_2,\boldsymbol{b}_2,'\boldsymbol{F}_2',\boldsymbol{X},\boldsymbol{T},\boldsymbol{tp}\right)$。

三层：$\left[\boldsymbol{W}_1,\boldsymbol{b}_1,\boldsymbol{W}_2,\boldsymbol{b}_2,\boldsymbol{W}_3,\boldsymbol{b}_3,\text{epochs},\boldsymbol{tr}\right]=\text{trainbpx}\left(\boldsymbol{W}_1,\boldsymbol{b}_1,'\boldsymbol{F}_1',\boldsymbol{W}_2,\boldsymbol{b}_2,'\boldsymbol{F}_2',\boldsymbol{W}_3,\boldsymbol{b}_3,'\boldsymbol{F}_3',\boldsymbol{X},\boldsymbol{T},\boldsymbol{tp}\right)$。

针对训练的是单层、双层还是三层感知器，函数 trainbpx 实际上分别调用的是函数 tbpx_1、tbpx_2 和 tbpx_3。

15.3 极限学习机

基于误差回传算法的前馈型神经网络在很多领城也有着广阔的应用，因为它具有以下两点优势。

(1) 可直接从输入样本中学习复杂非线性映射。

(2) 可以处理传统的参数化技术无法处理的含大量参数的自然或人工问题的建模。

从数学观点来说，前馈型神经网络的学习方式通常分为在宽范围学习的紧凑输入集和学习数量有限的训练样本这两个方面。很多学者以神经网络宽范围学习的紧凑输入集作为研究方向。Hornik 证明了如果神经网络中活化函数满足连续、有界、非恒定的条件，那么神经网络可以通过紧凑的输入集实现对连续映射的逼近[1]。Leshno 改进了 Hornik 的研究，并证明了如果使用非多项式的活化函数，那么前馈型神经网络就可以逼近连续函数[2]。在现实应用中，神经网络都是用有限的训练集进行训练。在使用有限的训练样本进行神经网络训练的研究中，Huang 证明了具有 N 个隐含层节点和几乎全部的非线性活化函数的单隐含层前馈型神经网络可以准确地学习 N 种不同的情况[3]。

值得注意的是，在之前的研究理论中，输入层权重和隐含层阈值需要被校正。因此，在过去的几十年中，基于梯度下降算法的学习算法被广泛应用于前馈型神经网络。然而，不合适的迭代步长会导致该算法计算速度慢且容易陷入局部最优。为了获得更好的学习表现，研究人员不得不试验多种步长。后来，Huang 等于 2006 年提出并证明了只要隐含层中的活化函数是无限可微的，那么单层前馈型神经网络中的输入层的权重和隐含层的阈值可以被随机设定[4]。基于此概念，人们提出了极限学习机(extreme learning machine, ELM)，相比于传统的前馈型神经网络(如 BP 神经网络)，其将计算速度提高了数千倍。和传统的学习算法不同的是，这种将权重和阈值随机设定的学习算法不仅可以得到最小的训练误差，还可得到最小的权重的范数。根据 Bartlett 的理论，对于前馈型神经网络来说，越小的训练误差和权重范数可以带来神经网络越好的普适性。因此 ELM 也是一个普适性很强的神经网络。

15.3.1 具有隐含层节点随机分配的单层前馈型神经网络

对 N 个任意的样本 $(\boldsymbol{x}_i,\boldsymbol{t}_i)$，其中 $\boldsymbol{x}_i=\left[x_{i1},x_{i1},\cdots,x_{in}\right]^{\mathrm{T}}\in\mathbf{R}^n$ 为输入样本，$\boldsymbol{t}_i=\left[t_{i1},t_{i1},\cdots,t_{im}\right]^{\mathrm{T}}\in\mathbf{R}^m$ 为输出样本，则具有 $\tilde{N}$ 个隐含层节点和活化函数 $g(x)$ 的标准前馈型神经网络可以用数学模型表示为

$$\sum_{i=1}^{\tilde{N}}\beta_i g_i\left(\boldsymbol{x}_j\right)=\sum_{i=1}^{\tilde{N}}\beta_i g\left(\boldsymbol{w}_i\cdot\boldsymbol{x}_j+b_i\right)=\boldsymbol{o}_j,\quad j=1,\cdots,N \tag{15.53}$$

式中，$\boldsymbol{w}_i=\left[w_{i1},w_{i2},\cdots,w_{in}\right]^{\mathrm{T}}$ 是连接输入层节点和隐含层第 i 个节点的权重向量；$\boldsymbol{\beta}_i=$

$[\beta_{i1},\beta_{i2},\cdots,\beta_{im}]^{\mathrm{T}}$ 是连接输出层节点和隐含层第 i 个节点的权重向量；b_i 是隐含层第 i 个神经元的阈值。$\boldsymbol{w}_i\cdot\boldsymbol{x}_j$ 表示 $\boldsymbol{w}_i$ 和 $\boldsymbol{x}_j$ 的内积。具有 $\tilde{N}$ 个隐含层节点和活化函数 $g(x)$ 的标准前馈型神经网络需要以平均零误差(即 $\sum_{j=1}^{\tilde{N}}\|\boldsymbol{o}_j-\boldsymbol{t}_j\|=0$)逼近于 N 个样本，因此存在 $\boldsymbol{w}_i$、$\boldsymbol{\beta}_i$ 和 b_i 满足以下关系

$$\sum_{i=1}^{\tilde{N}}\boldsymbol{\beta}_i g(\boldsymbol{w}_i\cdot\boldsymbol{x}_j+b_i)=\boldsymbol{t}_j,\quad j=1,\cdots,N \tag{15.54}$$

上述方程可以简洁地写为

$$\boldsymbol{H\beta}=\boldsymbol{T} \tag{15.55}$$

式中

$$H(\boldsymbol{w}_1,\cdots,\boldsymbol{w}_{\tilde{N}},b_1,\cdots,b_{\tilde{N}},\boldsymbol{x}_1,\cdots,\boldsymbol{x}_N)=\begin{bmatrix} g(\boldsymbol{w}_1\cdot\boldsymbol{x}_1+b_1) & \cdots & g(\boldsymbol{w}_{\tilde{N}}\cdot\boldsymbol{x}_1+b_{\tilde{N}}) \\ \vdots & & \vdots \\ g(\boldsymbol{w}_1\cdot\boldsymbol{x}_N+b_1) & \cdots & g(\boldsymbol{w}_{\tilde{N}}\cdot\boldsymbol{x}_N+b_{\tilde{N}}) \end{bmatrix}_{N\times\tilde{N}} \tag{15.56}$$

$$\boldsymbol{\beta}=\begin{bmatrix}\boldsymbol{\beta}_1^{\mathrm{T}}\\ \vdots \\ \boldsymbol{\beta}_{\tilde{N}}^{\mathrm{T}}\end{bmatrix}_{\tilde{N}\times m} \tag{15.57}$$

$$\boldsymbol{T}=\begin{bmatrix}\boldsymbol{t}_1^{\mathrm{T}}\\ \vdots \\ \boldsymbol{t}_{\tilde{N}}^{\mathrm{T}}\end{bmatrix}_{\tilde{N}\times m} \tag{15.58}$$

根据文献[5]的命名，$\boldsymbol{H}$ 称为神经网络的隐含层输出矩阵。$\boldsymbol{H}$ 的第 i 列是第 i 个隐含层节点对输入 $\boldsymbol{x}_1,\boldsymbol{x}_2,\cdots,\boldsymbol{x}_N$ 的输出。

如果活化函数 g 是无限可微的，则可以证明构建ELM隐含层所需要的节点数满足 $\tilde{N}\leqslant N$。

定理 15-1　一个具有 N 个隐含层节点的标准单隐含层前馈型神经网络，其活化函数 g 在任意实数区间内的映射满足无限可微。根据连续概率分布将任意权重 $\boldsymbol{w}_i$ 和阈值 b_i 分别在 $\mathbf{R}^n$ 和 $\mathbf{R}$ 区间上随机取值，则对于 N 个任意的训练样本 $(\boldsymbol{x}_i,\boldsymbol{t}_i)$，$\boldsymbol{x}_i\in\mathbf{R}^n$、$\boldsymbol{t}_i\in\mathbf{R}^m$，隐含层的输出矩阵 $\boldsymbol{H}$ 是可逆的并且满足 $\|\boldsymbol{H\beta}-\boldsymbol{T}\|=0$。

证明　对于 $\boldsymbol{H}$ 的第 i 列，在欧几里得空间 $\mathbf{R}^N$ 中将其表示为向量 $\boldsymbol{c}(b_i)=[g_i(\boldsymbol{x}_1),\cdots,g_i(\boldsymbol{x}_N)]^{\mathrm{T}}=[g(\boldsymbol{w}_i\cdot\boldsymbol{x}_1+b_i),\cdots,g(\boldsymbol{w}_i\cdot\boldsymbol{x}_N+b_i)]^{\mathrm{T}}$，其中 $\boldsymbol{b}_i\in(a,b)$，(a,b) 为 $\mathbf{R}$ 中的任意区间。

按照 Tamura 和 Tateishi 的证明方法[6]和文献[7]中的定理 2.1，可证明向量 $\boldsymbol{c}$ 不属于任何维数小于 N 的子空间。

根据连续概率分布随机设定 $\boldsymbol{w}_i$ 的值，假设对于所有 $k\neq k'$，满足 $\boldsymbol{w}_i\cdot\boldsymbol{x}_k\neq\boldsymbol{w}_i\cdot\boldsymbol{x}_{k'}$。另假设向量 $\boldsymbol{c}$ 属于维度为 N–1 的子空间，那么就会存在一个与这个子空间正交的向量 $\boldsymbol{\alpha}$

$$(\boldsymbol{\alpha},\boldsymbol{c}(b_i)-\boldsymbol{c}(\boldsymbol{\alpha}))=\alpha_1\cdot g(b_i+d_1)+\alpha_2\cdot g(b_i+d_2)+\cdots+\alpha_N\cdot g(b_i+d_N)-z=0 \tag{15.59}$$

式中，$d_k=\boldsymbol{w}_i\cdot\boldsymbol{x}_k,k=1,\cdots,N$，$z=\boldsymbol{\alpha}\cdot\boldsymbol{c}(\boldsymbol{a}),\forall b_i\in(a,b)$。假设 $\boldsymbol{\alpha}_N\neq0$，方程(15.59)可进一步写为

$$g\left(b_i+d_N\right)=-\sum_{p=1}^{N-1}\gamma_p g\left(b_i+d_p\right)+z/\alpha_N \tag{15.60}$$

式中，$\gamma_p=\alpha_p/\alpha_N, p=1,\cdots,N-1$。因为$g(x)$在任何区间内是无限可微的，可以得出

$$g^{(l)}\left(b_i+d_N\right)=-\sum_{p=1}^{N-1}\gamma_p g^{(l)}\left(b_i+d_p\right), l=1,2,\cdots,N,N+1,\cdots \tag{15.61}$$

式中，$g^{(l)}$是g关于b_i第l个派生方程。然而，矛盾的是只有N–1个系数：$\gamma_1,\cdots,\gamma_{N-1}$需要对应于超过$N$–1个线性方程。因此，向量$\boldsymbol{c}$不属于任何维度小于$N$的子空间。

这样，从任意(a,b)区间是可以随机选择N个阈值$b_1,\cdots,b_N$对应于N个隐含层节点，使对应的向量$\boldsymbol{c}(b_1),\boldsymbol{c}(b_2),\cdots,\boldsymbol{c}(b_N)$遍布$\mathbf{R}^N$空间。也就是说，对于分别从$\mathbf{R}^n$和$\mathbf{R}$区间任意取值的权重向量$\boldsymbol{w}_i$和阈值$b_i$，根据任何连续概率分布，$\boldsymbol{H}$的列向量为满秩的。

通常使用的活化函数包括 Sigmoidal 函数、径向基函数、正弦函数、余弦函数、指数函数和其他非常规函数。

定理 15-2 设ε为一个任意小的正值及活化函数g在实数域中为无限可微的，那么存在$\tilde{N}\leqslant N$，则对于N个任意的训练样本$(\boldsymbol{x}_i,\boldsymbol{t}_i)$，$\boldsymbol{x}_i\in\mathbf{R}^n$、$\boldsymbol{t}_i\in\mathbf{R}^m$，以及分别从$\mathbf{R}^n$和$\mathbf{R}$区间任意取值的权重向量$\boldsymbol{w}_i$和阈值$b_i$，根据任意的连续概率分布，可得$\left\|\boldsymbol{H}_{N\times\tilde{N}}\boldsymbol{\beta}_{\tilde{N}\times m}-\boldsymbol{T}_{N\times m}\right\|<\varepsilon$。

证明 这个定理显然成立，根据定理 15-1，当$\tilde{N}=N$时，可得$\left\|\boldsymbol{H}_{N\times\tilde{N}}\boldsymbol{\beta}_{\tilde{N}\times m}-\boldsymbol{T}_{N\times m}\right\|<\varepsilon$。

15.3.2 前馈型神经网络最小范数的最小二乘解

从定理 15-1 和定理 15-2 的证明可以看到，和传统方法不同的是，只要活化函数无限可微，那么输入层的权重和隐含层的阈值可以随机取值，而且在开始学习时隐含层输出矩阵$\boldsymbol{H}$能保持不变。训练一个单层前馈型神经网络就是不断修正输入权重$\boldsymbol{w}_i$和阈值b_i也就是求方程$\boldsymbol{H\beta}=\boldsymbol{T}$最小二乘解

$$\left\|\boldsymbol{H}\left(\boldsymbol{w}_1,\cdots,\boldsymbol{w}_{\tilde{N}},b_1,\cdots,b_{\tilde{N}}\right)\hat{\boldsymbol{\beta}}-\boldsymbol{T}\right\|=\min_{\beta}\left\|\boldsymbol{H}\left(\boldsymbol{w}_1,\cdots,\boldsymbol{w}_{\tilde{N}},b_1,\cdots,b_{\tilde{N}}\right)\boldsymbol{\beta}-\boldsymbol{T}\right\| \tag{15.62}$$

若隐含层节点数$\tilde{N}$等于训练样本数N，即$\tilde{N}=N$，当输入权重$\boldsymbol{w}_i$和阈值b_i被随机设定时，则$\boldsymbol{H}$矩阵为可逆方阵，且单层前馈型神经网络能以零误差逼近于训练样本。

然而，大多数情况下，隐含层神经元的个数比训练样本的个数要小得多，$\tilde{N}\ll N$，$\boldsymbol{H}$是非方矩阵，且存在$\boldsymbol{w}_i$ $\boldsymbol{\beta}_i$和$b_i\left(i=1,\cdots,\tilde{N}\right)$使得$\boldsymbol{H\beta}=\boldsymbol{T}$成立。$\boldsymbol{H\beta}=\boldsymbol{T}$的最小二乘结果为

$$\hat{\boldsymbol{\beta}}=\boldsymbol{H}^{\dagger}\boldsymbol{T} \tag{15.63}$$

式中，$\boldsymbol{H}^{\dagger}$是$\boldsymbol{H}$矩阵的 Moore-Penrose 广义逆矩阵[8]。

这里介绍一种单层前馈型神经网络——极限学习机(ELM)，其计算简便，基本结构如图 15-5 所示。

设训练样本为$\aleph=\left\{(\boldsymbol{x}_i,\boldsymbol{t}_i)\middle|\boldsymbol{x}_i\in\mathbf{R}^n,\boldsymbol{t}_i\in\mathbf{R}^m,i=1,\cdots,N\right\}$，活化函数为$g(x)$，隐含层节点数为$\tilde{N}$，实施 ELM 的步骤如下所示。

步骤 1 随机设定输入权重$\boldsymbol{w}_i$和阈值$b_i, i=1,\cdots,\tilde{N}$。

步骤 2 计算隐含层输出矩阵$\boldsymbol{H}$。

步骤 3　计算输出权重 $\boldsymbol{\beta}$ 。

$$\boldsymbol{\beta}=\boldsymbol{H}^{\dagger}\boldsymbol{T}\ ,\quad \boldsymbol{T}=\left[\boldsymbol{t}_1,\cdots,\boldsymbol{t}_N\right]^{\mathrm{T}}$$

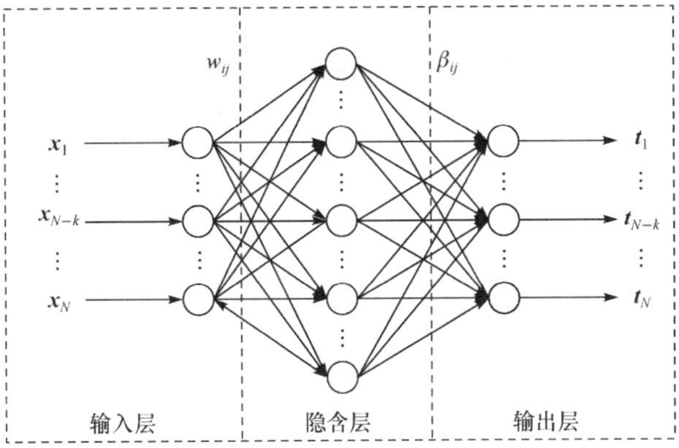

图 15-5　极限学习机的结构

15.3.3　前传算法的改进

1. Regularization-Term ELM(RELM)

为了更进一步提高 ELM 的表现，正则项(regularization term)被引入到了 ELM 模型中构成了具有正则项的 ELM(RELM)[9]，则 RELM 可以被定义为

$$\min_{\boldsymbol{\beta}}\left\{L_{\mathrm{RELM}}=\frac{1}{2}\|\boldsymbol{\beta}\|_2^2+\frac{C}{2}\sum_{i=1}^{N}\xi_i^2\right\}\tag{15.64}$$

$$\text{s.t.}\quad g(\boldsymbol{x}_i)\boldsymbol{\beta}+\xi_i=\boldsymbol{t}_i, i=1,\cdots,\tilde{N}\tag{15.65}$$

式中，C 是一个用户设定的参数，用于平衡训练误差和模型机构复杂度。ξ_i 是训练集 $\boldsymbol{x}_i$ 对应的训练误差。为消去式(15.64)中的 ξ_i ，将式(15.65)代入式(15.64)得

$$\hat{\boldsymbol{\beta}}=\left(\boldsymbol{H}^{\mathrm{T}}\boldsymbol{H}+\frac{\boldsymbol{I}}{C}\right)^{-1}\boldsymbol{H}^{\mathrm{T}}\boldsymbol{T}\tag{15.66}$$

式中，$\boldsymbol{I}$ 是单位矩阵。

基于 Karush-Kuhn-Tucker(KKT)理论[10]，训练 RELM 为解决下列优化问题：

$$L_{\text{D-RELM}}=\frac{1}{2}\|\boldsymbol{\beta}\|_2^2+\frac{C}{2}\sum_{i=1}^{N}\xi_i^2-\sum_{i=1}^{N}\alpha_i\left(g(\boldsymbol{x}_i)\boldsymbol{\beta}+\xi_i-\boldsymbol{t}_i\right)\tag{15.67}$$

式中，α_i 为对应于第 i 个训练集合的拉格朗日乘数。根据式(15.67)的 KKT 最优性条件可得

$$\frac{\partial L_{\text{D-RELM}}}{\partial\boldsymbol{\beta}}=0\rightarrow\hat{\boldsymbol{\beta}}=\sum_{i=1}^{N}g(\boldsymbol{x}_i)^{\mathrm{T}}\hat{\alpha}_i=\boldsymbol{H}^{\mathrm{T}}\hat{\boldsymbol{\alpha}}\tag{15.68}$$

$$\frac{\partial L_{\text{D-RELM}}}{\partial\xi_i}=0\rightarrow\xi_i=\frac{\hat{\alpha}_i}{C}\tag{15.69}$$

$$\frac{\partial L_{\text{D-RELM}}}{\partial\alpha_i}=0\rightarrow g(\boldsymbol{x}_i)\hat{\boldsymbol{\beta}}+\xi_i-\boldsymbol{t}_i=0\tag{15.70}$$

将式(15.68)、式(15.69)和式(15.70)三式整理，可得

$$\hat{\boldsymbol{\alpha}}=\left(\boldsymbol{H}\boldsymbol{H}^{\mathrm{T}}+\frac{\boldsymbol{I}}{C}\right)^{-1}\boldsymbol{T} \tag{15.71}$$

因此

$$\hat{\boldsymbol{\beta}}_{\text{dual}}=\boldsymbol{H}^{\mathrm{T}}\left(\boldsymbol{H}\boldsymbol{H}^{\mathrm{T}}+\frac{\boldsymbol{I}}{C}\right)^{-1}\boldsymbol{T} \tag{15.72}$$

当$N \geqslant L$时，其中L为隐含层神经元个数，则 RELM 模型可定义为

$$f_{\text{RELM}}(\boldsymbol{x})=g(\boldsymbol{x})\left(\boldsymbol{H}^{\mathrm{T}}\boldsymbol{H}+\frac{\boldsymbol{I}}{C}\right)^{-1}\boldsymbol{H}^{\mathrm{T}}\boldsymbol{T} \tag{15.73}$$

相反，如果$N<L$，则 RELM 可定义为

$$f_{\text{RELM}}(\boldsymbol{x})=g(\boldsymbol{x})\boldsymbol{H}^{\mathrm{T}}\left(\boldsymbol{H}\boldsymbol{H}^{\mathrm{T}}+\frac{\boldsymbol{I}}{C}\right)^{-1}\boldsymbol{T} \tag{15.74}$$

2. Bayesian ELM (BELM)

BELM 用贝叶斯推论方法决定输出权重。为了防止噪声数据的过拟合，每一个输出$\boldsymbol{t}_i$被认为包含有一个单独的噪声系数ε_i。这个噪声系数满足均值为零、方差为σ^2的高斯分布，即$\boldsymbol{t}_i=g(\boldsymbol{w};\boldsymbol{x}_i)\boldsymbol{\beta}+\varepsilon_i$，其中$p\left(\varepsilon_i\middle|\sigma^2\right)=N\left(0,\sigma^2\right)$。则概率模型为

$$p\left(\boldsymbol{t}_i\middle|\boldsymbol{H},\boldsymbol{\beta},\sigma^2\right)=N\left(\boldsymbol{t}_i\middle|g(\boldsymbol{w};\boldsymbol{x}_i)\boldsymbol{\beta},\sigma^2\right) \tag{15.75}$$

对于全部的训练样本，概率方程为

$$p\left(\boldsymbol{T}\middle|\boldsymbol{H},\boldsymbol{\beta},\sigma^2\right)=\prod_{i=1}^{N}p\left(\boldsymbol{t}_i\middle|\boldsymbol{H},\boldsymbol{\beta},\sigma^2\right)=\prod_{i=1}^{N}\frac{1}{\sqrt{2\pi\sigma^2}}\exp\left[-\frac{\left(\boldsymbol{t}_i-g(\boldsymbol{w};\boldsymbol{x}_i)\boldsymbol{\beta}\right)^2}{2\sigma^2}\right] \tag{15.76}$$

然后，为了惩罚过大的权重，一个优先分布如下所示

$$p(\boldsymbol{\beta}|\alpha)=N\left(\boldsymbol{\beta},\alpha^{-1}\boldsymbol{I}\right)=\left(\frac{\alpha}{2\pi}\right)^{\frac{L}{2}}\exp\left[-\frac{\alpha}{2}\boldsymbol{\beta}^{\mathrm{T}}\boldsymbol{\beta}\right] \tag{15.77}$$

式中，$\boldsymbol{I}$是单位矩阵；α是一个共享优先系数。因为优先分布和概率方程都满足高斯分布，因此以下也都为高斯分布，$p\left(\boldsymbol{\beta}\middle|\boldsymbol{T},\boldsymbol{H},\alpha,\sigma^2\right)=N(\boldsymbol{\beta}|\boldsymbol{m},\boldsymbol{S})$，其中平均值$\boldsymbol{m}$和方差$\boldsymbol{S}$被定义为

$$\boldsymbol{m}=\sigma^{-2}\cdot\boldsymbol{S}\cdot\boldsymbol{H}^{\mathrm{T}}\cdot\boldsymbol{T} \tag{15.78}$$

$$\boldsymbol{S}=\left(\alpha\boldsymbol{I}+\sigma^{-2}\cdot\boldsymbol{H}^{\mathrm{T}}\cdot\boldsymbol{H}\right)^{-1} \tag{15.79}$$

由于式(15.78)和式(15.79)中的参数α和σ^2为$p\left(\alpha,\sigma^2\middle|\boldsymbol{T},\boldsymbol{H}\right)\propto p\left(\boldsymbol{T}\middle|\boldsymbol{H},\alpha,\sigma^2\right)p(\alpha)p\left(\sigma^2\right)$，参数$\alpha$和$\sigma^2$的最优值可以用 type-II maximum likelihood(ML-II)或 evidence procedure 得到。这个过程包括由$\int p\left(\boldsymbol{T}\middle|\boldsymbol{H},\boldsymbol{\beta},\sigma^2\right)p(\boldsymbol{\beta}|\alpha)\mathrm{d}\boldsymbol{\beta}$推得的$p\left(\boldsymbol{T}\middle|\boldsymbol{H},\alpha,\sigma^2\right)$的最大概率边界。利用期望最大化或微分关于参数$\alpha$和$\sigma^2$对数化的边界概率函数(拟然函数)$\log p\left(\boldsymbol{T}\middle|\boldsymbol{H},\alpha,\sigma^2\right)$并将它们设为零，可得如下两个定点方程的优化条件

$$\alpha^{\text{new}}=\frac{L-\alpha\cdot\text{trace}[\boldsymbol{S}]}{\boldsymbol{m}^{\mathrm{T}}\boldsymbol{m}} \tag{15.80}$$

$$\sigma^{2\text{new}}=\frac{\sum_{i=1}^{N}\left(\boldsymbol{t}_i-g(\boldsymbol{w};\boldsymbol{x}_i)\boldsymbol{m}\right)^2}{N-L+\alpha\cdot\text{trace}[\boldsymbol{S}]} \tag{15.81}$$

通过初始化α和σ^2，$\boldsymbol{m}$和$\boldsymbol{S}$可以通过迭代式(15.78)～式(15.81)，直到收敛。$\boldsymbol{m}$的结果可以基于输入$\boldsymbol{x}_{\text{new}}$用于预测下一个输出$\boldsymbol{t}_{\text{new}}$，并满足下列分布

$$p\left(\boldsymbol{t}_{\text{new}}\left|g(\boldsymbol{w};\boldsymbol{x}_{\text{new}}),\boldsymbol{m},\alpha,\sigma^2\right.\right)=N\left(g(\boldsymbol{w};\boldsymbol{x}_{\text{new}})\boldsymbol{m},\sigma^2(\boldsymbol{x}_{\text{new}})\right) \tag{15.82}$$

式中

$$\sigma^2(\boldsymbol{x}_{\text{new}})=\sigma^2+g(\boldsymbol{w};\boldsymbol{x}_{\text{new}})^{\mathrm{T}}\cdot S\cdot g(\boldsymbol{w};\boldsymbol{x}_{\text{new}})^{\mathrm{T}} \tag{15.83}$$

和最基本的 ELM 不同的是，BELM 的正则条件中，α是高斯过程的一个结果。因此 BELM 不需要提前设定正则条件，并且相比于 ELM 有着更好的正则化表现。

3. 基于正交投影的 ELM

正交投影法被用于提升 ELM 的性能。如果$\boldsymbol{H}^{\mathrm{T}}\boldsymbol{H}$非奇异，则$\mathrm{H}^{\dagger}=\left(\boldsymbol{H}^{\mathrm{T}}\boldsymbol{H}\right)^{-1}\boldsymbol{H}^{\mathrm{T}}$；如果$\boldsymbol{H}\boldsymbol{H}^{\mathrm{T}}$非奇异，则$\boldsymbol{H}^{\dagger}=\boldsymbol{H}^{\mathrm{T}}\left(\boldsymbol{H}^{\mathrm{T}}\boldsymbol{H}\right)^{-1}$。根据岭回归理论，一个正值$1/\lambda$被加至$\boldsymbol{H}\boldsymbol{H}^{\mathrm{T}}$或$\boldsymbol{H}^{\mathrm{T}}\boldsymbol{H}$的对角线用于计算输出权重$\boldsymbol{\beta}$。这种方式会使 ELM 更加稳定且具有更好的收敛。在数据量较大时，可以得出$N\gg L$，因此，$\boldsymbol{H}^{\mathrm{T}}\boldsymbol{H}$的维数要小于$\boldsymbol{H}\boldsymbol{H}^{\mathrm{T}}$，可以得到

$$\boldsymbol{\beta}=\left(\frac{\boldsymbol{I}}{\lambda}+\boldsymbol{H}^{\mathrm{T}}\boldsymbol{H}\right)^{-1}\boldsymbol{H}^{\mathrm{T}}\boldsymbol{T} \tag{15.84}$$

相应的 ELM 输出方程为

$$f(\boldsymbol{x})=g(\boldsymbol{x})\boldsymbol{\beta}=g(\boldsymbol{x})\left(\frac{\boldsymbol{I}}{\lambda}+\boldsymbol{H}^{\mathrm{T}}\boldsymbol{H}\right)^{-1}\boldsymbol{H}^{\mathrm{T}}\boldsymbol{T} \tag{15.85}$$

15.4 将受控学习看作函数最优化问题

可将多层感知器的受控训练看作无约束的非线性函数最优化问题。这样一来，可以参考数值优化理论方面的文献，尤其是利用高阶信息的最优化技术，如共轭梯度法和牛顿法。这两种方法都利用价值函数$J_{\text{av}}(\boldsymbol{w})$的梯度矢量(一阶偏导)和 Hessian 矩阵(二阶偏导)来实现优化，只是方式不同。

15.4.1 共轭梯度法

在一阶梯度下降方法中，方向矢量简单地取为梯度矢量的负方向，沿此方向调节权矢量。因此，解沿“之”字形路径趋向最小点。共轭梯度法利用下降方向矢量与梯度矢量之间的一个复杂关系来克服这一问题。对任意一个有N个变量的二次型函数，共轭梯度法保证在N步之内到达最小点。对非二次型函数，例如，用来训练多层感知器的价值函数，共轭梯度法不是一个N步过程而是一个迭代过程，需要一个收敛判据。

令 $\boldsymbol{p}(n)$ 表示该算法第 n 次迭代时的方向矢量。于是，网络的权矢量按下列规则刷新

$$\boldsymbol{w}(n+1)=\boldsymbol{w}(n)+lr(n)\boldsymbol{p}(n) \tag{15.86}$$

式中，$lr(n)$ 是学习速率参数。令初始方向矢量 $\boldsymbol{p}(0)$ 等于梯度矢量 $\boldsymbol{g}(n)$ 在 $n=0$ 时刻的负值，即

$$\boldsymbol{p}(0)=-\boldsymbol{g}(0) \tag{15.87}$$

后续的每一个方向矢量用当前梯度矢量和前一梯度矢量的一个线性组合来计算，如下所示

$$\boldsymbol{p}(n+1)=-\boldsymbol{g}(n+1)+\beta(n)\boldsymbol{p}(n) \tag{15.88}$$

式中，$\beta(n)$ 是时变参数。有多种方法利用梯度矢量 $\boldsymbol{g}(n)$ 和 $\boldsymbol{g}(n+1)$ 来确定 $\beta(n)$，下面是两种方案。

(1) Fletcher-Reeves 公式

$$\beta(n)=\frac{\boldsymbol{g}^{\mathrm{T}}(n+1)\boldsymbol{g}(n+1)}{\boldsymbol{g}^{\mathrm{T}}(n)\boldsymbol{g}(n)} \tag{15.89}$$

(2) Polak-Ribiere 公式

$$\beta(n)=\frac{\boldsymbol{g}^{\mathrm{T}}(n+1)\left[\boldsymbol{g}(n+1)-\boldsymbol{g}(n)\right]}{\boldsymbol{g}^{\mathrm{T}}(n)\boldsymbol{g}(n)} \tag{15.90}$$

对一个二次型函数，上述两个确定 $\beta(n)$ 的方案退化为相同的形式。

刷新方程(15.86)中，学习速率参数 $lr(n)$ 的计算包含一个线性搜索过程，其目的是对于给定的 $\boldsymbol{w}(n)$ 和 $\boldsymbol{p}(n)$ 找到一个特殊的 lr 值使价值函数 $J_{\mathrm{av}}\left(\boldsymbol{w}(n)+lr\,\boldsymbol{p}(n)\right)$ 最小。即

$$lr(n)=\arg\min_{lr}\left\{J_{\mathrm{av}}\left(\boldsymbol{w}(n)+lr\,\boldsymbol{p}(n)\right)\right\} \tag{15.91}$$

此线性搜索的精度对共轭梯度法的执行情况影响很大。

研究表明，基于共轭梯度法的回传学习比标准回传算法所需的回合数少，但计算较复杂。

15.4.2 牛顿法

在共轭梯度法的推导中利用了 Hessian 矩阵，但在其算法中却完全避免了 Hessian 矩阵的计算与存储。与此相反，在牛顿法及其变形中，Hessian 矩阵表现出显著的作用。

利用泰勒级数展开，可将价值函数 $J_{\mathrm{av}}(\boldsymbol{w})$ 的增量 $\Delta J_{\mathrm{av}}(\boldsymbol{w})$ 近似地表示为 $\Delta\boldsymbol{w}$ 的二次函数，如下所示

$$\Delta J_{\mathrm{av}}(\boldsymbol{w})=J_{\mathrm{av}}(\boldsymbol{w}+\Delta\boldsymbol{w})-J_{\mathrm{av}}(\boldsymbol{w})\approx\boldsymbol{g}^{\mathrm{T}}\Delta\boldsymbol{w}+\frac{1}{2}\Delta\boldsymbol{w}^{\mathrm{T}}\boldsymbol{H}\Delta\boldsymbol{w} \tag{15.92}$$

式中，$\boldsymbol{g}$ 是梯度矢量

$$\boldsymbol{g}=\frac{\partial J_{\mathrm{av}}(\boldsymbol{w})}{\partial\boldsymbol{w}} \tag{15.93}$$

$\boldsymbol{H}$ 是 Hessian 矩阵

$$\boldsymbol{H}=\frac{\partial J_{\mathrm{av}}^{2}(\boldsymbol{w})}{\partial\boldsymbol{w}^{2}} \tag{15.94}$$

方程(15.92)对 $\Delta\boldsymbol{w}$ 微分，满足下列条件时增量 $\Delta J_{\mathrm{av}}(\boldsymbol{w})$ 最小

$$\boldsymbol{g}+\boldsymbol{H}\Delta\boldsymbol{w}=0 \tag{15.95}$$

由此得 $\Delta \boldsymbol{w}$ 的最佳值为

$$\Delta \boldsymbol{w} = -\boldsymbol{H}^{-1}\boldsymbol{g} \tag{15.96}$$

式中，$\boldsymbol{H}^{-1}$ 是 Hessian 矩阵的逆。因此，给定一个使价值函数 $J_{\text{av}}(\boldsymbol{w})$ 最小化的最佳解“先前估值” $\boldsymbol{w}_0$，解的“改善估值”为

$$\boldsymbol{w} = \boldsymbol{w}_0 + \Delta \boldsymbol{w} = \boldsymbol{w}_0 - \boldsymbol{H}^{-1}\boldsymbol{g} \tag{15.97}$$

方程(15.97)为牛顿法的基本公式。迭代使用该方程，将算得的 $\boldsymbol{w}$ 值作为“新的” $\boldsymbol{w}_0$ 供下一步迭代计算之用。

由于需要计算 Hessian 矩阵及其逆，计算成本高，用牛顿法来训练多层感知器有一定困难。更复杂的是，为使 Hessian 矩阵的逆可求，该矩阵必须是非奇异的。然而通常无法保证受控训练的多层感知器的 Hessian 矩阵总是非奇异的。此外，由于神经网络训练问题的内在病态特性，Hessian 矩阵的另一潜在问题是它几乎是非满秩的，这使得计算更加困难。

牛顿法直接计算 $\boldsymbol{H}$，并使用线性搜索法沿下降方向经过一定次数的迭代后确定最小值，为了得到矩阵 $\boldsymbol{H}$ 要经过大量计算。而拟牛顿法则不同，它通过观测 $J_{\text{av}}(\boldsymbol{w})$ 和 $\boldsymbol{g}$ 的行为建立曲率信息，经过适当的更新来建立 $\boldsymbol{H}$ 的近似值。

有很多 Hessian 矩阵的更新方法，一般来说，Broyden、Fletcher、Goldfarb 和 Shanno 等的 BFGS 公式被认为是解决一般问题最为有效的方法，公式如下

$$\boldsymbol{H}_{k+1} = \boldsymbol{H}_k + \frac{\boldsymbol{q}_k\boldsymbol{q}_k^{\mathrm{T}}}{\boldsymbol{q}_k^{\mathrm{T}}\boldsymbol{s}_k} \cdot \frac{\boldsymbol{H}_k^{\mathrm{T}}\boldsymbol{H}_k}{\boldsymbol{s}_k^{\mathrm{T}}\boldsymbol{H}_k\boldsymbol{s}_k} \tag{15.98}$$

式中

$$\boldsymbol{s}_k = \boldsymbol{w}_{k+1} - \boldsymbol{w}_k \tag{15.99}$$

$$\boldsymbol{q}_k = \boldsymbol{g}(\boldsymbol{w}_{k+1}) - \boldsymbol{g}(\boldsymbol{w}_k) \tag{15.100}$$

初值 $\boldsymbol{H}_0$ 可以是任意的对称正定矩阵，例如，可取单位矩阵。

为了避免对 Hessian 矩阵求逆，也可以推导一个直接对 $\boldsymbol{H}^{-1}$ 进行更新的方法，常用的方法是 Davidon、Fletcher 和 Powell 等的 DFP 公式，这里不再详述。

15.4.3 Levenberg-Marquardt 近似

误差矢量 $\boldsymbol{e}$ 的每一个分量相对于每一个可调突触权的一阶偏导数构成一矩阵，称为误差矢量 $\boldsymbol{e}$ 的 Jacobian 矩阵，记为 $\boldsymbol{J}$。于是，$\boldsymbol{g}$、$\boldsymbol{H}$ 可以用 $\boldsymbol{J}$、$\boldsymbol{e}$ 表示为

$$\boldsymbol{g} = \boldsymbol{J}^{\mathrm{T}}\boldsymbol{e} \tag{15.101}$$

$$\boldsymbol{H} = \boldsymbol{J}^{\mathrm{T}}\boldsymbol{J} + \boldsymbol{Q} \tag{15.102}$$

如果取

$$\boldsymbol{H} \approx \boldsymbol{G} = \boldsymbol{J}^{\mathrm{T}}\boldsymbol{J} \tag{15.103}$$

代入式(15.97)就得到新的迭代公式

$$\boldsymbol{w} = \boldsymbol{w}_0 + \Delta \boldsymbol{w} = \boldsymbol{w}_0 - \boldsymbol{G}^{-1}\boldsymbol{g} = \boldsymbol{w}_0 - \boldsymbol{J}^{\mathrm{T}}\boldsymbol{J}\boldsymbol{g} \tag{15.104}$$

式(15.104)为高斯-牛顿法的基本公式。

MATLAB 提供了一种名为 trainlm 的训练函数，它是高斯-牛顿法和梯度下降法的一种混合使用，称为 Levenberg-Marquardt 近似。该方法的刷新规则是

$$\Delta \boldsymbol{W}=-\left(\boldsymbol{J}^{\mathrm{T}}\boldsymbol{J}+\mu\boldsymbol{I}\right)^{-1}\boldsymbol{J}^{\mathrm{T}}\boldsymbol{e} \tag{15.105}$$

式中，μ是一个标量。如果μ很大，上述算法接近于梯度下降法；如果μ很小，上述算法接近于 Gauss-Newton 法。后一种算法收敛更快，但是，它在误差最小点附近准确性不好。因此，μ采取自适应可调方式。如果误差在变小，增大μ值；如果误差在变大，减小μ值。

trainlm 的训练参数如下。

tp = [disp_freq max_epoch err_goal min_rad… mu mu_inc mu_dec mu_max]

式中 min_rad 为最小误差梯度；mu 为μ的初值；mu_inc 为μ的增长率；mu_dec 为μ的减小率；mu_max 为μ的上限。

其调用方式同 trainbp 相同，不再列出。当下列条件之一满足时，训练结束：误差目标值达到；或最小误差梯度发生；或μ的上限达到；或已进行了最大次数训练。

数值实验表明，从 trainbp 到 trainbpx 再到 trainlm，训练的收敛速度单调剧增，不过，同时所需的存储量也单调增加。

15.5 网络推广

在回传学习中，通常从一训练集合开始尽可能多地向网络呈现训练样本，利用回传算法计算多层感知器的突触权，目的是使这样设计的神经网络可以被推广应用。对于从未用来产生或训练该网络的输入/输出样本(检测数据)，若网络的输入/输出关系是正确的(或几乎如此)，则说该网络推广良好。当然，这里假设检测数据与训练数据都产自同一群体。

学习过程(即神经网络的训练)可以看作一个“曲线拟合”问题。网络本身可以简单地看作一个输入/输出映射。这样一来，可以不把推广看作一种神秘的神经网络特性，而简单地当作一种效果很好的输入/输出数据的非线性插值。该网络能进行有效的插值，主要是因为多层感知器具有连续的活化函数，因而其输出函数也是连续的。

推广受 3 个因素影响：训练集合的大小和效率、网络的结构以及所研究问题的物理复杂性。显然，最后一个因素无法控制。对另两个因素，可从两个不同的角度来考察推广。

(1) 网络的结构固定(最好与所研究问题的物理复杂性相对应)，要做的是确定产生良好推广所需的训练集合的大小。

(2) 训练集合的大小固定，感兴趣的是为实现良好推广所需的最佳网络结构。

下面分别讨论这两种情况。

15.5.1 训练集合大小的确定

图 15-6 显示了在一个结构固定的网络中推广会怎样发生。图中曲线代表的非线性输入/输出映射是由网络计算得到的，而该网络是向图中标记的“训练数据”学习的结果。因此，曲线上标记有“推广”的点可以简单地看作由该网络完成的插值结果。

一个推广良好的神经网络将产生正确的输入/输出映射，即使当输入稍微偏离用于训练该网络的样本时也应如此，如图 15-6(a)所示。但是，若网络向过多的输入/输出样本特例学习(即过度训练)，网络可能会因为记住这些训练数据而减小向相似输入/输出样本推广的可能性。在这种情况下向多层感知器加载数据，通常会要求采用比实际需要还多的隐蔽神经元，使得问题空间中不希望的曲线被存储在网络的突触权和偏置中。对图 15-6(a)中所示的数据，图 15-6(b)

中的例子显示了由神经网络的“不良记忆”引起的、效果不好的推广。“记忆”实质上是一个“查询表”，“不良记忆”暗示由该神经网络算得的输入/输出映射是不“平滑”的。Poggio 和 Girosi 指出，输入/输出映射的平滑性与称为 Occam razor 的模型选择准则紧密相关，该准则的基本点是在缺乏任何先验知识的情况下应选取“最简单的”函数。就目前的讨论而言，“最简单的”函数指对给定的误差判据逼近该映射的最平滑函数，因为这样的选择通常要求最少的计算资源。因此，对于病态输入/输出关系，重要的是寻找一个平滑的非线性映射。

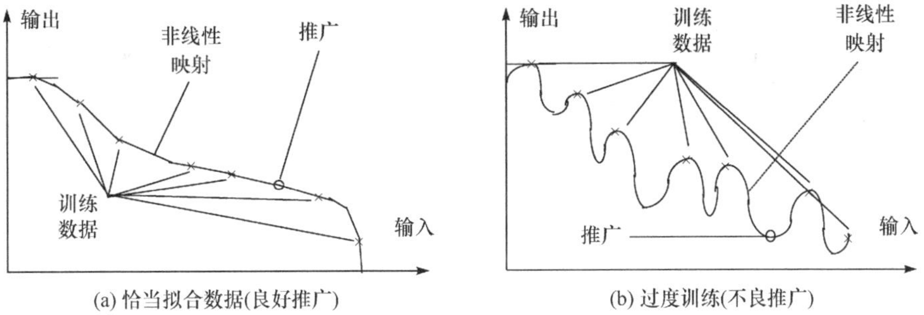

图 15-6　结构固定网络中的推广

实际上，训练集合大小的足够度问题是一个很复杂的理论课题，一直并继续在引起人们的巨大关注。在实用中，对于单隐蔽层的神经网络，为获得良好推广，我们通常要求下列条件被满足

$$N > \frac{N_W}{\varepsilon} \tag{15.106}$$

式中，N 是训练样本数；N_W 是网络总的突触链数；ε 是检测数据(相对于训练样本)的容许误差(fraction of errors permitted on test)。因此，对 10%的误差，训练样本数应近似为网络突触链数的 10 倍。

一种克服过度拟合的方法是采用 Bayesian 修正技术。通常，在训练前传神经网络时采用的价值函数是网络输出误差平方和的平均值

$$\text{mse} = \frac{1}{N_{\text{out}}}\sum_{i=1}^{N_{\text{out}}}(e_i)^2 \tag{15.107}$$

式中，N_{out} 是神经网络的输出个数。按 Bayesian 修正技术，可采用如下新的价值函数

$$\text{msereg} = \gamma \cdot \text{mse} + (1-\gamma) \cdot \text{msw} \tag{15.108}$$

式中，γ 是修正因子，$0 \leqslant \gamma \leqslant 1$

$$\text{msw} = \frac{1}{N_w}\sum_{i=1}^{N_w}(w_i)^2 \tag{15.109}$$

式中，N_w 是神经网络的可调突触权(含偏置)个数。采用这种价值函数后，训练得到的网络具有较小的突触权值和偏置，使得网络的响应趋于平滑，减小过度拟合的可能性。

15.5.2　网络结构的优化

当训练集合的大小固定，为实现良好的推广就需要最佳网络结构。多层感知器能够以任意精度逼近任意的连续非线性映射，但这一结论只在网络任意大的条件下才严格成立。因为不同的问题需要从网络得到不同的能力，所以必须选择适当大小的网络结构。如果网络太小，

它不能对问题形成一个好的模型；如果网络太大，网络可能实现无数个与训练数据相洽的解，但推广能力却很差。一个很实际的问题就是在保持良好工作性能的同时减小网络的尺寸。一个具有最小尺寸的神经网络向训练数据中的噪声学习的可能性较小，因而能更好地向新数据推广。可用下列两种方法之一来实现这一设计目标。

(1) 网络修剪。从一个大的多层感知器开始，它足以完成目前的工作，然后，按一定的方式和顺序削弱或去掉某些突触权。一般来说，多层感知器的连接权中存在着大量的冗余信息，删除一些连接权可以使网络解决问题的能力基本不变，这就是所谓修剪过程。当然，从网络结构优化出发，也可以修剪掉不重要的单元。修剪有两个好处：①当训练样本数不变时，适当减少连接权往往可以改善网络的推广能力；②修剪可以隔离出有关的参数，使学习容易得多。

(2) 网络生长。从一个小的多层感知器开始，小得来只要能完成目前的工作即可。只有当它不能达到新的设计要求时，再添加一个新神经元或一层新隐蔽层。Lee 在 1990 年给出了一种网络生长方式，在前传计算(函数功能级适应)和回传计算(自由参数级适应)之外，又引入一个称为结构级适应的第三级计算。在第三级计算中，通过改变网络中神经元的数目和神经元之间的结构关系来调适网络的结构。这里采用的准则是，当(收敛后)估计误差大于一期望值时，在网络中最需要的位置加入一个新神经元。需加新神经元的位置可通过监测网络的学习行为来确定。例如，如果经过一个长时间的参数适应(训练)，一神经元的输入突触权矢量仍在剧烈波动，这说明该神经元表达能力不足以学到分配给它的任务。这一网络生长方法看来计算量很大。

参考文献

[1] Hornik K. Approximation capabilities of multilayer feedforward networks. Neural Netw.,1991, 4: 251-257

[2] Leshno M, Lin V Y, Pinkus A, et al. Multilayer feedforward networks with a nonpolynomial activation function can approximate any function. Neural Netw.,1993, 6: 861-867

[3] Huang G B, Babri H A. Upper bounds on the number of hidden neurons in feedforward networks with arbitrary bounded nonlinear activation functions. IEEE Trans. Neural Netw.,1998, 9 (1): 224-229

[4] Huang G B, Zhu Q Y. Siew C K. Extreme learning machine: theory and applications. Neurocomput.,2006, 70(1-3): 489-501

[5] Huang G B. Learning capability and storage capacity of two hidden-layer feedforward networks. IEEE Trans. Neural Netw.,2003, 14 (2): 274-281

[6] Tamura S, Tateishi M. Capabilities of a four-layered feedforward neural network: Four layers versus three. IEEE Trans. Neural Netw.,1997, 8 (2): 251-255

[7] Serre D. Matrices: Theory and Applications. New York: Springer, 2002

[8] Rao C R, Mitra S K. Generalized Inverse of Matrices and its Applications. New York: Wiley, 1971

[9] Deng W, Zheng Q, Chen L. Regularized extreme learning machine. IEEE symposium on Computational Intelligence and Data Mining. Nashville, 2009: 389-395

[10] Boyd S, Vandenberghe L. Convex Optimization. Cambridge: Cambridge University Press, 2004

第 16 章　神经网络建模的试验设计

本章介绍基于试验设计方法来建立高速互连结构的神经网络模型。与传统的建模及仿真方式比较，神经网络模型计算时间短、占用内存少，是合理可行的、高效的高速互连结构模型。

从数学上看，一个电磁场问题的 CAD 模型就是一种映射关系 F

$$\boldsymbol{Y} = F(\boldsymbol{X}) \tag{16.1}$$

式中，$\boldsymbol{Y}$ 是目标函数矢量；$\boldsymbol{X}$ 是输入矢量。通常，$\boldsymbol{X}$ 和 $\boldsymbol{Y}$ 之间的函数关系是多参量的、高度非线性的，难以用简单函数直接给出。而神经网络模型却能有效、准确地描述这种映射关系，并且其计算方便、快速，非常适合于面向 CAD 优化过程的复杂系统电磁特性建模。

建模的第一步工作就是产生供训练和测试用的输入/输出数据样本。这种数据样本可以利用电磁仿真软件由计算机进行虚拟的数值试验获得，也可以通过真实的物理实验获取。由于神经网络的输入矢量 $\boldsymbol{X}$ 往往含有多个参数，$\boldsymbol{X}$ 和 $\boldsymbol{Y}$ 之间的函数关系又是高度非线性的，输入/输出数据样本的获取需要进行大量的多因素配合试验。

例如，某一电磁模型的输入矢量 $\boldsymbol{X}$ 含有 5 个因素，为了正确地反映该电磁模型的输入/输出特性，在进行取样试验时，每个输入因素至少要在其取值范围内取 5 种不同的值，即每个输入因素的取样层数为 5。如果对这一 5 因素/5 层样本获取问题进行全组合试验，需要进行 $5^5 = 3125$ 次试验。由于人力、物力、财力的限制，通常不可能逐个进行全面的试验。输入/输出数据样本获取中的突出矛盾如下。

(1) 理论上需要进行的试验次数与实际可行的试验次数之间的矛盾。

(2) 实际所做的少数试验与要全面反映该电磁模型的输入/输出特性之间的矛盾。

为了解决上述矛盾，必须合理地设计和安排试验。

试验设计是研究如何正确地安排试验的一门统计学科，它的一些基本方法是由著名的统计学家 Fisher 在 1935 年著的《试验设计》一书中提出来的。当时这些方法主要用于农业、生物和医学试验。在利用神经网络进行面向 CAD 的电磁建模中，将利用试验设计中的方法，通过尽可能少的试验次数(输入/输出数据样本数)，获取最多的网络特征信息，使得利用这些样本数据训练出的神经网络能全面反映该电磁模型的输入/输出特性。可以采用的方法主要有 3 类：正交试验设计、中心组合试验设计和随机组合试验设计[1,2]。

我们在神经网络面向 CAD 电磁建模方面开展的工作有同轴-波导转换器的神经网络模型[3]、多层带状线间互连结构的神经网络模型[4]、非对称带状线不连续性的人工神经网络模型[5]、带状线不连续性的神经网络模型[6,7]、带状线间隙不连续性的神经网络模型[8]、屏蔽共面波导间隙不连续性的神经网络模型[9]、共面波导垂直互连结构的人工神经网络模型[10]以及宽频移动天线的神经网络模型[11]等。

16.1 正交试验设计

16.1.1 全组合正交试验设计

首先考查一个 3 因素/3 取样层试验。用 A、B、C 分别表示 3 个因素，用 1、2、3 分别表示每一个因素的 3 个取样层，于是，全组合试验设计如表 16-1 所示，共包含 $3^3 = 27$ 次试验。

表 16-1　3 因素/3 取样层全组合试验设计表

试验号	因素			试验号	因素			试验号	因素		
	A	B	C		A	B	C		A	B	C
1	3	3	3	10	2	3	3	19	1	3	3
2	3	3	2	11	2	3	2	20	1	3	2
3	3	3	1	12	2	3	1	21	1	3	1
4	3	2	3	13	2	2	3	22	1	2	3
5	3	2	2	14	2	2	2	23	1	2	2
6	3	2	1	15	2	2	1	24	1	2	1
7	3	1	3	16	2	1	3	25	1	1	3
8	3	1	2	17	2	1	2	26	1	1	2
9	3	1	1	18	2	1	1	27	1	1	1

上述全组合试验可以用图 16-1 形象地表示。以 A、B、C 为相互垂直的 3 个坐标轴。对应于 A_1、A_2、A_3 的是左、中、右三个平面；对应于 B_1、B_2、B_3 的是前、中、后 3 个平面；对应于 C_1、C_2、C_3 的是下、中、上三个平面；共有 9 个平面。整个立方体内共有 27 条线；27 个交点。全组合试验设计的 27 次试验条件正好位于 27 个交点上。

考察表 16-1，可以发现它有两个特点。

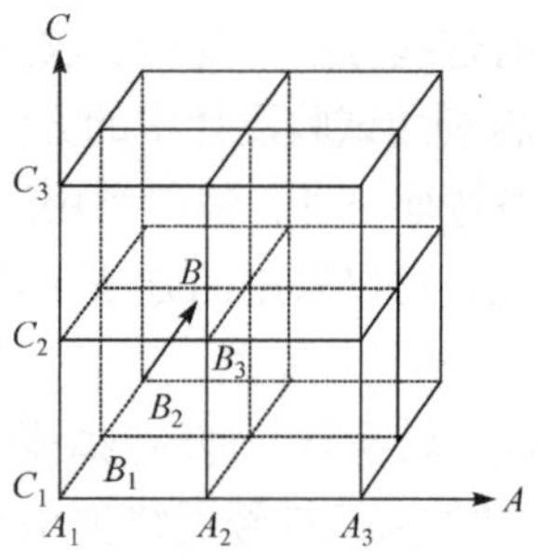

图 16-1　3 因素/3 取样层全组合试验设计

(1) 每一纵列中，不同的字码(取样层)出现的次数是相同的。

(2) 任意取两个纵列，其横向构成的有序数字对中，每种数字对出现的次数是相同的。

满足上述两个特点的试验设计称为正交试验设计。

全组合正交试验设计能提供最全面反映电磁模型输入/输出特性的样本数据。因此，在所需试验总数不多、条件允许的情况下，可以考虑采用全组合正交试验设计。下面看两个例子。

16.1.2 方螺旋电感的神经网络模型

图 16-2 是一个微波集成电路中常见的方螺旋电感。端口 1 和端口 2 的间距固定为 600μm，以便于芯片自动检测。端口 2 采用空中桥与电感结构的中心相连。

在方螺旋电感设计中，需要模拟的是该双端口网络的 S 参数。可供设计者调节的几何参数有线宽 w 、线间距 s 、电感外边长 l 和电感圈数 T。尽管其他一些参数的变化也影响方螺旋电感的 S 参数，但是，由于这些参数对设计者来说是不可调的，它们将不作为神经网络模型输入矢量中的可调参数。例如，微带基片厚度是一个重要的几何参数，然而对于一个给定的制造过程，它是固定的常数，不参加优化调节。

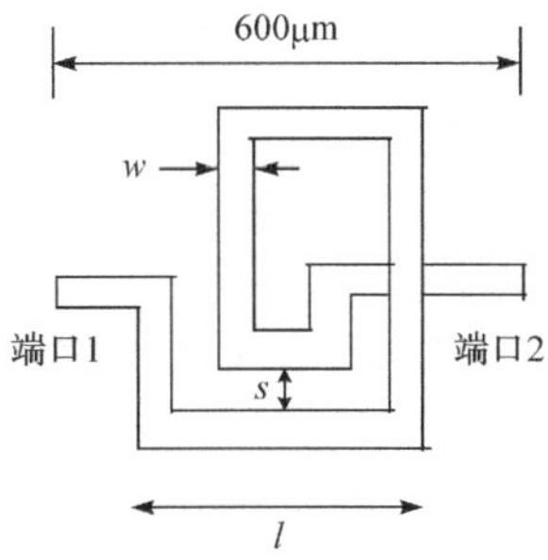

图 16-2　方螺旋电感示意图($T=1.5$)

这里采用只有单一隐蔽层的多层感知器来建立方螺旋电感的 CAD 模型，隐蔽层的神经元数目是可调的。因此，多层感知器神经网络模型的输入矢量选为

$$\boldsymbol{X}=(w,s,l,T,f) \tag{16.2}$$

式中，f 为工作频率。由于网络具有互易性，$S_{21}=S_{12}$。此外，由于网络几乎无耗，$|S_{11}|=|S_{22}|$。所以，神经网络模型的输出矢量可取为

$$\boldsymbol{Y}=(|S_{11}|,\angle S_{11},|S_{21}|,\angle S_{21},\angle S_{22}) \tag{16.3}$$

式中，$\angle S_{ij}$ 为 S_{ij} 的相角。

在多层感知器模型中，选取下列形式的 S 形非线性活化函数

$$\varphi(v)=\frac{2}{1+\mathrm{e}^{-av}}-1 \tag{16.4}$$

神经元的输出值为 -1 ～ $+1$。输出矢量 $\boldsymbol{Y}$ 的各元素取值按比例变换到 -1 ～ $+1$。

建模的第一步工作就是产生供训练和测试用的输入/输出数据样本。

在试验设计中，应去掉那些物理上不可实现的样本仿真。例如，根据图 16-2，一个 $T=1.5$ 、$w=20\mu\text{m}$、$s=25\mu\text{m}$ 的方螺旋电感，其 $l\geqslant 155\mu\text{m}$。同时，设计要求方螺旋电感的最小边长为 $155\mu\text{m}$。因此，在本例中，$l<155\mu\text{m}$ 的样本将被视为物理上不可实现的样本，被排除在试验设计之外。

根据微波集成电路使用中方螺旋电感各几何参数的可调范围，考虑到方螺旋电感的 S 参数一般来说是这些几何参数的非线性函数，因此，各个几何参数的取样点最少要 3 点。实际建模时，最初采用的是 4 层试验设计，即各个几何参数的取样点为 4 点。结果发现，方螺旋电感 S 参数的非线性并不是很强，恰当地选取 3 点足以刻画 S 参数随各个几何参数的变化情况。因此，为减少获取输入/输出数据样本的电磁仿真计算量，最终采用 3 层全组合试验设计，所选数据如表 16-2 所示。

表 16-2　训练神经网络模型的 3 层试验设计数据

几何参数	第 1 层	第 2 层	第 3 层
W/μm	10	15	20
s/μm	10	20	25
l/μm	200	300	350
T	1.5	2.5	3.5

对每一个工作频率 f，上述全组合试验设计需要 $3^4=81$ 个样本仿真，实际操作时根据微波集成电路设计知识去掉了个别不太可能出现的样本，使所需的样本仿真降低为 70 个。频率范围为 4～12GHz，每隔 1GHz 取样一次。因此，共有 $70\times9=630$ 个训练样本。隐蔽层神经元数目的初值取为 32。

本例中的输入/输出数据样本用 Sonnet 的 *em* 电磁仿真软件计算获得，包括训练样本和测试样本两组数据。如果需要更准确地刻画方螺旋电感的非线性响应，可以采用更高层(>3)的试验设计，代价是电磁仿真量增加。

图 16-3 给出了神经网络建模过程的流程图。

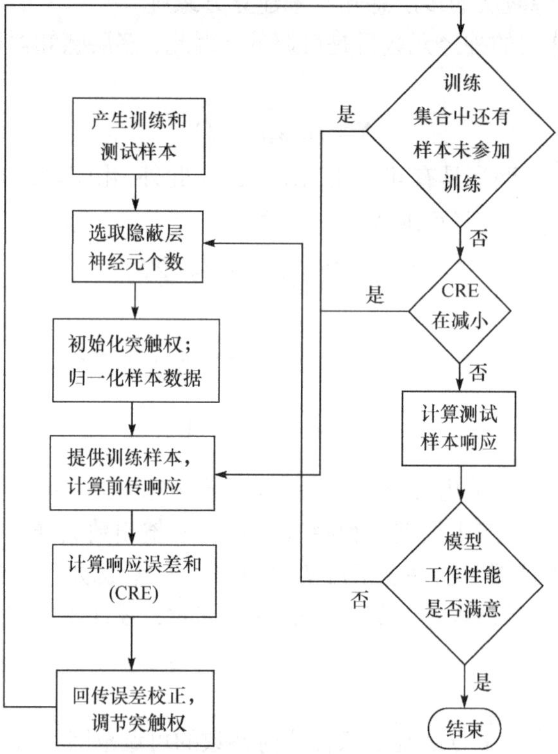

图 16-3　神经网络建模过程的流程图

完成训练后，所得的模型用测试样本进行检验。为定量评估模型的工作性能，对每一个输出，计算下列 Pearson 积矩相关系数

$$r=\frac{\sum(x_i-\overline{x})(y_i-\overline{y})}{\sqrt{\sum(x_i-\overline{x})^2\sum(y_i-\overline{y})^2}} \tag{16.5}$$

式中，x_i 是电磁仿真计算值；y_i 是神经网络模型计算值；$\overline{x}$ 是电磁仿真样本均值；$\overline{y}$ 是神经网络模型计算均值。相关系数越接近于 1，则说明神经网络模型计算值越接近电磁仿真样本值。测试结果显示，当测试样本参数位于试验设计范围之内时，其计算结果优于测试样本参数位于试验设计范围之外的情况。计算结果表明，在试验设计范围之内，神经网络模型工作性能良好，$r>0.98$。它作为电路 CAD 优化设计模型，与电磁仿真软件的准确度相当，而计算量极小。例如，对于一个 2.5 圈的方螺旋电感，若用电磁仿真软件计算，网格步长为 5μm，在 125-MHz HP9000/770 工作站上计算，每一个频率点所需的计算时间为 3 分钟。如果网格加

密，网格步长为 2μm，则每一个频率点所需的计算时间为 53 分钟。这显然不能用于 CAD 优化过程。与此相反，神经网络模型所需的计算时间几乎可以忽略不计。

16.1.3　微带协同馈电系统的神经网络模型

图 16-4 是一个微带协同馈电系统,它有对称的 5 个分支输出,分别向 5 个天线单元馈电。其设计目标是：通过调节每一个接头的几何尺寸，在 5 个输出口获得一个 Dolph-Chebyshev 天线阵方向图所需的输出电流分布。如图 16-4 所示,微带协同馈电系统被包埋在介质基片中，基片的相对介电常数为 2.33，厚度为 62mil。系统的工作频率为 8.5GHz。输入、输出以及连接各个接头相对的微带线都是 50Ω 传输线，其线宽为 80mil，波导波长为 935mil。

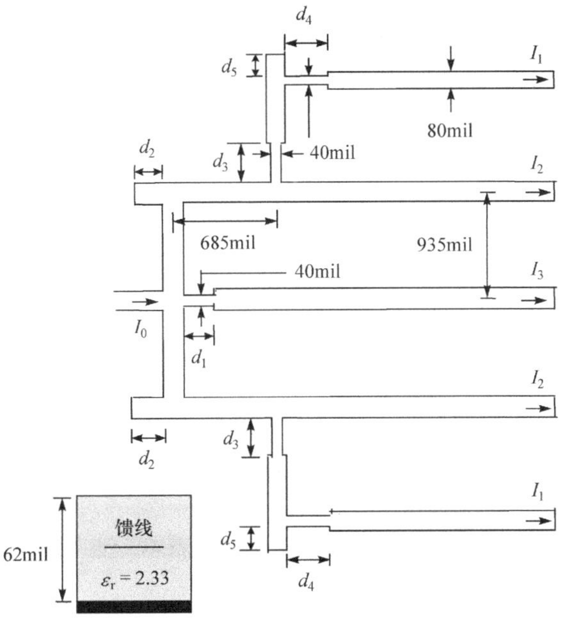

图 16-4　微带协同馈电系统

在设计微带协同馈电系统时，假设调节的 d_1、d_2、d_3、d_4 和 d_5 这 5 个长度参数可以达到设计目标。于是，神经网络模型的输入参数为

$$\boldsymbol{X} = (d_1, d_2, d_3, d_4, d_5) \tag{16.6}$$

根据天线阵理论，阵方向图由两个输出电流比值 I_1/I_3 和 I_2/I_3 确定。记 $\bar{I}_1 = I_1/I_3$，$\bar{I}_2 = I_2/I_3$，它们为复数。于是，神经网络模型的输出参数为

$$\boldsymbol{Y} = \left(\left|\bar{I}_1\right|, \angle\bar{I}_1, \left|\bar{I}_2\right|, \angle\bar{I}_2\right) \tag{16.7}$$

这里用只有单一隐蔽层的多层感知器建立反映映射关系 $\boldsymbol{Y} = F(\boldsymbol{X})$ 的 CAD 模型。在神经元中，选取下列形式的 S 形非线性活化函数

$$\varphi(v) = \frac{1}{1 + \mathrm{e}^{-av}} \tag{16.8}$$

神经元的输出值为 0～+1。输出矢量 $\boldsymbol{Y}$ 的各元素取值按比例变换到 0～+1。

建模的第一步工作是产生训练及测试样本。在本例中，在各个输入参数的可取值范围内进行不同的层数取样试验，样本总数分别取 432、1024、2400 三种情况。通过谱域积分方程

法进行电磁仿真，计算出各个接头的 S 参数随各接头中的 d_n 的变化情况。然后，利用微波网络理论，算出整个微带协同馈电系统中的 $\boldsymbol{Y}=\left(\left|\bar{I}_1\right|,\angle\bar{I}_1,\left|\bar{I}_2\right|,\angle\bar{I}_2\right)$ 随 $\boldsymbol{X}=\left(d_1,d_2,d_3,d_4,d_5\right)$ 的变化情况，由此获得训练及测试样本。然后，按照回传算法训练出所需的神经网络模型，具体细节不再赘述。

给定一组输入参数，利用训练获得的神经网络模型可以很快求得 $\bar{I}_1$ 和 $\bar{I}_2$，并进而算出天线的方向图。计算表明，随训练样本总数的增加，用神经网络模型计算得的方向图越来越接近全波电磁仿真的结果。

16.1.4 带状线间隙不连续性的神经网络模型

在多芯片组件(MCM)封装技术中，布线层是层叠的，相邻两层信号线的走向相互垂直并被上下两个接地板夹在中间。MCM 封装中常见的带状线截面如图 16-5 所示，两接地板间的两层信号线分别提供 Z 和 Y 向的互连线。两接地板间距为

$$b=3D+2T \tag{16.9}$$

式中，D 是介质厚度；T 是金属条带的厚度。由式(16.9)有

$$\frac{D}{b}=\frac{1}{3}\left(1-2\frac{T}{b}\right) \tag{16.10}$$

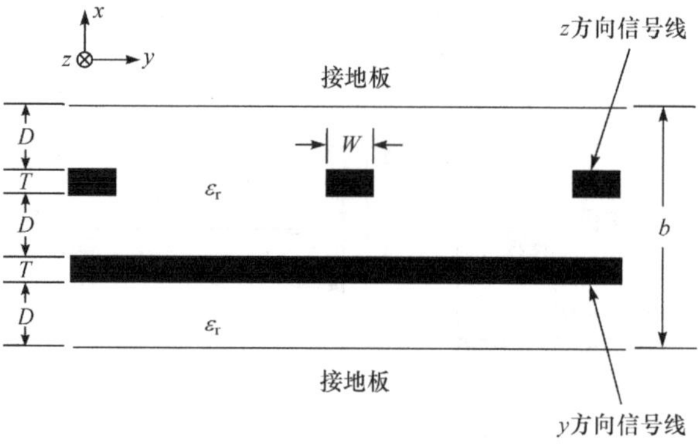

图 16-5 MCM 封装中常用的带状线截面

图 16-5 中的每一根条带与两接地板共同形成一个非对称的带状线，如图 16-6 所示。一个理想封装中的互连线特性阻抗 Z_0 应在 50Ω 左右。如果介质的相对介电常数为 3.5，表 16-3 给出了一组非对称带状线的典型尺寸，在这些尺寸下，带状线的特性阻抗为 46Ω。通常，MCM 封装中的接地板为网状地板，开孔将使特性阻抗略微增加，使得实际的特性阻抗升至所需的 50Ω 左右。

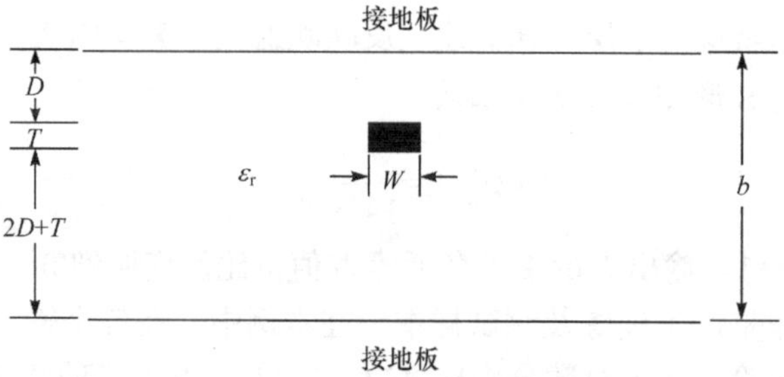

图 16-6 MCM 封装中的非对称的带状线

表 16-3　MCM 封装中非对称带状线的典型物理尺寸

接地板间距 b	$b = 3D+2T$		
介电常数 ε_r	3.5		
归一化条带厚度 T/b	0	1/8	1/5
归一化介质厚度 $\frac{D}{b}=\frac{1}{3}\left(1-2\frac{T}{b}\right)$	1/3	1/4	1/5
归一化条带宽度 $\frac{w}{b}$	8/15	5/16	1/5
特性阻抗 Z_0/Ω	46	46	46

对表 16-3 中的数据进行曲线拟合，可得归一化条带宽度

$$\frac{w}{b} \approx 0.535 - 1.675\frac{T}{b} \tag{16.11}$$

为保证 $Z_0 \approx 46\Omega$，w/b 应按式(16.11)取值。

如果因为电路设计和制作的需要而在条带上截去一小节，就会形成一个长度为 g 的间隙不连续性，如图 16-7 所示[8]。该间隙不连续性的电特性可用 S 参数矩阵描述

$$S = \begin{bmatrix} S_{11} & S_{12} \\ S_{21} & S_{22} \end{bmatrix} \tag{16.12}$$

由几何对称性可知，$S_{22} = S_{11}$，$S_{12} = S_{21}$。

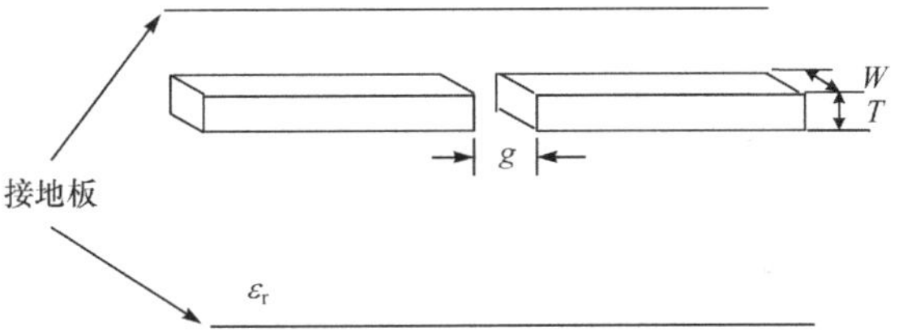

图 16-7　非对称带状线中的间隙不连续性

对图 16-7 中的间隙不连续性，若 $\varepsilon_r = 3.5$，并且物理尺寸满足关系式(16.9)～式(16.11)，则只有两个独立的几何参变量，即 $\overline{T} = T/b$ 和 $\overline{g} = g/b$。定义一个逼近器，它能较好地反映间隙的几何参变量 $\overline{T}$ 和 $\overline{g}$ 与随频率变化的 S 参数 S_{11} 和 S_{21} 之间的非线性关系。这种关系用数学式表达为

$$\boldsymbol{Y} = F(\boldsymbol{X}) \tag{16.13}$$

式中，$\boldsymbol{Y}$ 代表被模拟的输出参数矢量

$$\boldsymbol{Y} = \left(|S_{11}|, |S_{21}|, \angle S_{11}, \angle S_{21}\right) \tag{16.14}$$

$\boldsymbol{X}$ 是计算 $\boldsymbol{Y}$ 所需的三维输入参数

$$\boldsymbol{X} = \left(\overline{T}, \overline{g}, \overline{f}\right) \tag{16.15}$$

式中，$\overline{f} = b/\lambda$ 是归一化工作频率；λ 是工作波长。

因为($|S_{11}|, |S_{21}|$)和($\angle S_{11}, \angle S_{21}$)随 $\boldsymbol{X}$ 的变化趋势不太相同，最好将式(16.13)分解成下列两个逼近器

$$Y_{Mag} = \left(|S_{11}|, |S_{21}|\right) = F_{Mag}\left(\overline{T}, \overline{g}, \overline{f}\right) \tag{16.16}$$

$$Y_{Pha} = \left(\angle S_{11}, \angle S_{21}\right) = F_{Pha}\left(\overline{T}, \overline{g}, \overline{f}\right) \tag{16.17}$$

利用两个多层感知器来模拟上述两个逼近器 F_{Mag} 和 F_{Pha}，每一个多层感知器只有一层隐蔽层，如图 16-8 所示。

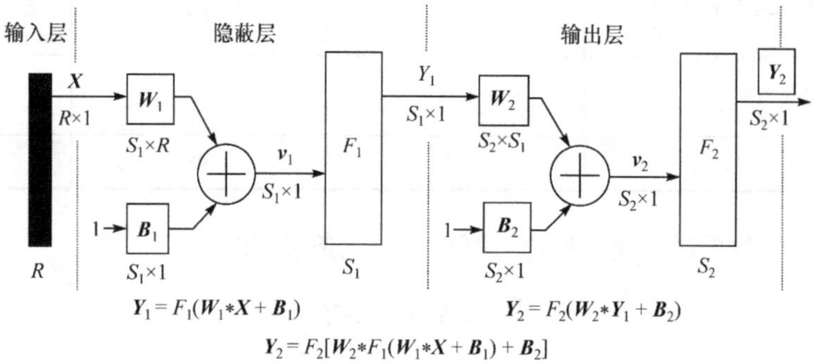

图 16-8 间隙的多层感知器模型

图 16-8 中，输入参数 $R = 3$ 对应于 $\left(\overline{T}, \overline{g}, \overline{f}\right)$，输出神经元数 $S_2 = 2$ 对应于 $\left(|S_{11}|, |S_{21}|\right)$ 或 $\left(\angle S_{11}, \angle S_{21}\right)$，$S_1$ 是隐蔽元数目。每一个隐蔽神经元具有一个双曲型的非线性活化函数

$$F_1(v) = \tanh(v) \tag{16.18}$$

输出神经元具有线性的活化函数

$$F_2(v) = v \tag{16.19}$$

输入-输出映射关系可以表示为

$$\boldsymbol{Y} = F_2\left[\boldsymbol{W}_2 \cdot F_1\left(\boldsymbol{W}_1 \cdot \boldsymbol{X} + \boldsymbol{B}_1\right) + \boldsymbol{B}_2\right] \tag{16.20}$$

式中，$\boldsymbol{W}_1$ 是输入层与隐蔽层之间的权矩阵；$\boldsymbol{W}_2$ 是隐蔽层和输出层之间的权矩阵；$\boldsymbol{B}_1$ 和 $\boldsymbol{B}_2$ 分别是隐蔽层和输出层的偏置矩阵。

下面以 F_{Mag} 为例讲述间隙多层感知器的训练过程，F_{Pha} 的建立过程非常相似，不做重复。采用全组合试验设计选择需进行 FDTD 仿真的间隙结构参数，各参数的取值范围及取样层数如表 16-4 所示。

表 16-4 间隙的参变量取值范围及取样值

输入参数	取样层中的值		
$\overline{T} = T/b$ (3-层取样)	0	0.125	0.2
$\overline{g} = g/b$ (4-层取样)	$\frac{1}{15}, \frac{3}{15}, \frac{5}{15}, \frac{8}{15}$	$\frac{1}{32}, \frac{7}{32}, \frac{12}{32}, \frac{17}{32}$	$\frac{1}{30}, \frac{5}{30}, \frac{10}{30}, \frac{16}{30}$
$\overline{f} = b/\lambda$ (5-层取样)	0, 0.05, 0.1,0.15, 0.2		

对于本例中的两个独立参变量，$\overline{T}$ (3-层取样)和 $\overline{g}$ (4-层取样)，全组合试验设计要求进行 $3 \times 4 = 12$ 次 FDTD 仿真。然后，利用傅里叶变换将 FDTD 仿真结果转换到频域，在归一化频带 0～0.2 内以 0.05 的步长进行取样。因此，总共有 $12 \times 5 = 60$ 个输入-输出样本数据用于训练间隙的神经网络模型。

隐蔽元的数目由数值实验确定，最佳值为 5。训练采用 MATLAB 提供的 Levenberg-Marquart 算法程序。训练出的神经网络用一组检测样本检验，检测样本也由 FDTD 仿真产生，其参数取值范围与训练样本一致，但取样点不同于训练样本。图 16-9 给出了比较结果。可以看出，训练所得的间隙多层感知器神经网络模型具有与 FDTD 仿真同样的计算精度，而其计算时间可忽略不计。在 CAD 中，模型的这种高效准确性非常有用。权矩阵和偏置矩阵($\boldsymbol{W}_1, \boldsymbol{b}_1, \boldsymbol{W}_2, \boldsymbol{b}_2$)可记录保存下来供 CAD 之用。

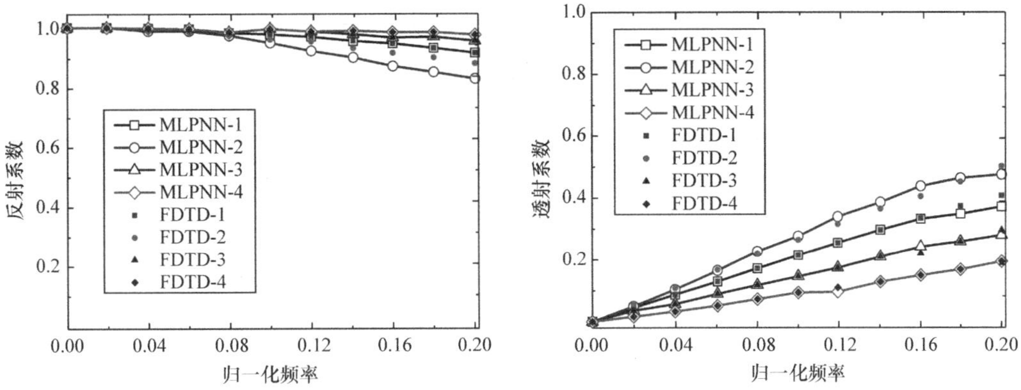

(a) 反射系数　　(b) 透射系数

图 16-9　由 FDTD 仿真和多层感知器模型计算的结果比较(样本-1：$\bar{T}=1/14$，$\bar{g}=1/7$，$\bar{w}=3/7$；样本-2：$\bar{T}=1/5$，$\bar{g}=1/10$，$\bar{w}=1/5$；样本-3：$\bar{T}=1/5$，$\bar{g}=1/5$，$\bar{w}=1/5$；样本-4：$\bar{T}=1/8$，$\bar{g}=5/16$，$\bar{w}=5/16$。$\varepsilon_r=3.5$，所有样本满足关系式(16.9)～式(16.11))

16.1.5　部分组合正交试验设计

全组合正交试验只是正交试验设计的一种形式，其最大的缺点是试验成本高、周期长。当试验条件不允许进行全组合正交试验时，可利用规格化的正交表，恰当地进行部分组合正交试验设计。规格化的正交表是数学家依据数理统计的观点，根据正交性原理，制作的科学的、标准化的试验设计表格。

每一个正交表用一个代号来表示。以 $L_9\left(3^4\right)$ 为例，它表示最多可安排 4 个因素、每一个因素进行 3 层取样、共作 9 次试验的正交表。$L_9\left(3^4\right)$ 正交表的具体内容如表 16-5 所示。显然，$L_9\left(3^4\right)$ 正交表满足前述正交试验设计的两个特性。

表 16-5　$L_9(3^4)$ 正交表

试验号	因素			
	1	2	3	4
1	1	1	3	2
2	2	1	1	1
3	3	1	2	3
4	1	2	2	1
5	2	2	3	3
6	3	2	1	2
7	1	3	1	3
8	2	3	2	2
9	3	3	3	1

例如，要安排 A、B、C 三个因素、每一因素取三个取样层的试验，选 $L_9\left(3^4\right)$ 正交表安排试验如表 16-6 所示。

表 16-6　3 因素/3 层试验设计

试验号	因素		
	A	B	C
1	1	1	3
2	2	1	1
3	3	1	2
4	1	2	2
5	2	2	3
6	3	2	1
7	1	3	1
8	2	3	2
9	3	3	3

这种按照正交表安排的正交试验设计具有均衡分散性。均衡分散性是指正交表安排的试验方案均衡地分散在全组合试验方案之中，因而具有代表性。

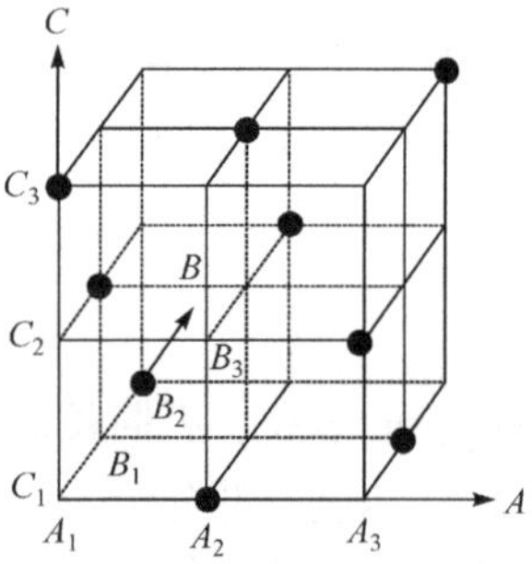

图 16-10　均衡分散的 9 次(3 因素/3 取样层)试验设计

该例中，全组合试验需要进行 27 次。如果条件只允许做 9 个试验，那么，在 27 个试验中挑选哪 9 个试验才有代表性呢？正交表的用途就是用来解决这一问题的。将表 16-6 中按 $L_9\left(3^4\right)$ 正交表设计的 3 因素/3 层试验用图 16-10 形象化地表示出来。从图 16-10 中可见，所设计的 9 个点在每个面上都有 3 个、在每条线上都有 1 个，即每个因素的每一取样层都有 3 个试验，层的搭配是均匀的。也就是说，正交表安排的试验方案均衡地分散在全组合试验方案之中。由于正交表的均衡分散性，9 个试验条件即便不是全面试验中的最好取样组合，也往往是相当好的取样组合，代表性很强。

在 $L_9\left(3^4\right)$ 正交表中，各个因素的取样层数相同，称为同层级正交表。还有一类正交表，其中各个因素的取样层数可以不同，称为混合层级正交表。例如，$L_{18}\left(6^1\times3^6\right)$ 正交表，它表示有一个因素可以安排 6 个取样层，其余纵列最多安排 6 个因素、每个因素有 3 个取样层，总共做 18 次试验。$L_{18}\left(6^1\times3^6\right)$ 正交表的具体内容如表 16-7 所示。

表 16-7　$L_{18}(6^1\times3^6)$ 正交表

试验号	因素						
	1	2	3	4	5	6	7
1	1	1	3	2	2	1	2
2	1	2	1	1	1	2	1
3	1	3	2	3	3	3	3
4	2	1	2	1	2	3	1
5	2	2	3	3	1	1	3
6	2	3	1	2	3	2	2

续表

试验号	因素						
	1	2	3	4	5	6	7
7	3	1	1	3	1	3	2
8	3	2	2	2	3	1	1
9	3	3	3	1	2	2	3
10	4	1	1	1	3	1	3
11	4	2	2	3	2	2	2
12	4	3	3	2	1	3	1
13	5	1	3	3	3	2	1
14	5	2	1	2	2	3	3
15	5	3	2	1	1	1	2
16	6	1	2	2	1	2	3
17	6	2	3	1	3	3	2
18	6	3	1	3	2	1	1

混合层级正交表也满足前述正交试验设计的两个特性和均衡分散性。混合层级正交表的优点是：既突出了重点，又照顾到一般。如果某些因素很重要或与输出参数之间的非线性关系很强，希望过细的取样，就应选用混合层级正交表。

我国科技工作者研究设计了一整套正交表，在应用中，采取“因素顺序上列、取样层对号入座”的方法，简单明了，制作科学。在神经网络模型中，输入/输出关系往往是非线性的，各个因素的取样层至少应有三层。常用的三层及三层以上的正交表有 $L_9\left(3^4\right)$、$L_{18}\left(6^1\times3^6\right)$、$L_{27}\left(3^{13}\right)$、$L_{16}\left(4^5\right)$、$L_{32}\left(4^9\right)$、$L_{25}\left(5^6\right)$。其中，$L_9\left(3^4\right)$正交表如表 16-5 所示，$L_{18}\left(6^1\times3^6\right)$正交表如表 16-7 所示。其余的正交表如表 16-8～表 16-10 所示。如果需要其他正交表，可以查阅有关的数理统计表手册。

表 16-8　$L_{27}(3^{13})$ 正交表

试验号	因素												
	1	2	3	4	5	6	7	8	9	10	11	12	13
1	1	1	3	2	1	2	2	3	1	2	1	3	3
2	2	1	1	1	1	1	3	3	2	1	1	2	1
3	3	1	2	3	1	3	1	3	3	3	1	1	2
4	1	2	2	1	1	2	2	2	3	1	3	1	1
5	2	2	3	3	1	1	3	2	1	3	3	3	2
6	3	2	1	2	1	3	1	2	2	2	3	2	3
7	1	3	1	3	1	2	2	1	2	3	2	2	2
8	2	3	2	2	1	1	3	1	3	2	2	1	3
9	3	3	3	1	1	3	1	1	1	1	2	3	1
10	1	1	1	1	2	3	3	1	3	2	3	3	2
11	2	1	2	3	2	2	1	1	1	1	3	2	3
12	3	1	3	2	2	1	2	1	2	3	3	1	1

续表

试验号	因素												
	1	2	3	4	5	6	7	8	9	10	11	12	13
13	1	2	3	3	2	3	3	3	2	1	2	1	2
14	2	2	1	2	2	3	1	3	3	3	2	3	3
15	3	2	2	1	2	1	2	3	1	2	2	2	1
16	1	3	2	2	2	3	3	2	1	3	1	2	3
17	2	3	3	1	2	2	1	2	2	2	1	1	1
18	3	3	1	3	2	1	2	2	3	1	1	3	2
19	1	1	2	3	3	1	1	2	2	2	2	3	1
20	2	1	3	2	3	3	2	2	3	1	2	2	2
21	3	1	1	1	3	2	3	2	1	3	2	1	3
22	1	2	1	2	3	1	1	1	1	1	1	1	2
23	2	2	2	1	3	3	2	1	2	3	1	3	3
24	3	2	3	3	3	2	3	1	3	2	1	2	1
25	1	3	3	1	3	1	1	3	3	3	3	2	3
26	2	3	1	3	3	3	2	3	1	2	3	1	1
27	3	3	2	2	3	2	3	3	2	1	3	3	2

表 16-9　$L_{32}(4^9)$ 正交表

试验号	因素									试验号	因素								
	1	2	3	4	5	6	7	8	9		1	2	3	4	5	6	7	8	9
1	1	1	1	1	1	1	1	1	1	17	1	1	4	1	4	2	3	2	3
2	1	2	2	2	2	2	2	2	2	18	1	2	3	2	3	1	4	1	4
3	1	3	3	3	3	3	3	3	3	19	1	3	2	3	2	4	1	4	1
4	1	4	4	4	4	4	4	4	4	20	1	4	1	4	1	3	2	3	2
5	2	1	1	2	2	3	3	4	4	21	2	1	4	2	3	4	1	3	2
6	2	2	2	1	1	4	4	3	3	22	2	2	3	1	4	3	2	4	1
7	2	3	3	4	4	1	1	2	2	23	2	3	2	4	1	2	3	1	4
8	2	4	4	3	3	2	2	1	1	24	2	4	1	3	2	1	4	2	3
9	3	1	2	3	4	1	2	3	4	25	3	1	3	3	1	2	4	4	2
10	3	2	1	4	3	2	1	4	3	26	3	2	4	4	2	1	3	3	1
11	3	3	4	1	2	3	4	1	2	27	3	3	1	1	3	4	2	2	4
12	3	4	3	2	1	4	3	2	1	28	3	4	2	2	4	3	1	1	3
13	4	1	2	4	3	3	4	2	1	29	4	1	3	4	2	4	2	1	3
14	4	2	1	3	4	4	3	1	2	30	4	2	4	3	1	3	1	2	4
15	4	3	4	2	1	1	2	4	3	31	4	3	1	2	4	2	4	3	1
16	4	4	3	1	2	2	1	3	4	32	4	4	2	1	3	1	3	4	2

表 16-10　$L_{16}(4^5)$ 正交表

试验号	因素					试验号	因素				
	1	2	3	4	5		1	2	3	4	5
1	1	2	3	2	3	9	1	1	4	3	2
2	3	4	1	2	2	10	3	3	2	3	3
3	2	4	3	3	4	11	2	3	4	2	1
4	4	2	1	3	1	12	4	1	2	2	4
5	1	3	1	4	4	13	1	4	2	1	1
6	3	1	3	4	1	14	3	2	4	1	4
7	2	1	1	1	3	15	2	2	2	4	2
8	4	3	3	1	2	16	4	4	4	4	3

由于正交表中的试验点均衡地分散在全组合试验之中，全面试验能分解成形式相同而条件组合不同的几张正交表。例如，在 $L_{27}\left(3^{13}\right)$ 正交表中只取前 3 列，每一横行构成一个试验条件。1～9 号试验为第一组；10～18 号试验为第二组；19～27 号试验为第三组。正交表的特点决定了它们都是均衡地分散在全组合试验中的。于是，$L_{27}\left(3^{13}\right)$ 正交表的前 4 列可以分解为三张完全不同的 $L_9\left(3^4\right)$ 正交表。在神经网络建模时，可先用第一组数据作训练样本，用第二组数据作检测。若结果不好，再将第一、二两组数据作训练样本，用第三组数据作检测。若结果仍然不好，才采用全组合试验训练神经网络模型。这样循序渐进，避免浪费。

正交表的灵活运用，可以适应样本产生试验过程中出现的各种复杂情况，大大开拓正交表的用武之地。

16.2　中心组合试验设计

16.2.1　中心组合试验设计

中心组合试验设计(central composite DoE)又称为 Box-Wilson 设计。考虑一个 3 因素的试验设计，设因素 A、B、C 的归一化取样层上下界分别为+和−，设计中心取样层为 0。中心组合试验设计如表 16-11 所示。它包含：① $n_F = 2^k$ 个($k = 3$)3 因素/2 层全组合试验；②$2k$ 个($k = 3$)轴上取样点试验 $(\pm\alpha, 0,0)$、$(0, \pm\alpha, 0)$、$(0, 0, \pm\alpha)$；③ n_0 个中心点试验 $(0,0,0)$。

表 16-11　3 因素中心组合试验设计

试验号	因素			试验号	因素			试验号	因素		
	A	B	C		A	B	C		A	B	C
1	−	−	−	4	−	+	+	7	+	+	−
2	−	−	+	5	+	−	−	8	+	+	+
3	−	+	−	6	+	−	+	9	0	0	0

续表

试验号	因素			试验号	因素			试验号	因素		
	A	B	C		A	B	C		A	B	C
10	0	0	0	14	0	0	0	18	0	$-\alpha$	0
11	0	0	0	15	α	0	0	19	0	0	α
12	0	0	0	16	$-\alpha$	0	0	20	0	0	$-\alpha$
13	0	0	0	17	0	α	0				

图 16-11、图 16-12 分别给出了 2 因素、3 因素中心组合试验设计的图形化表示。

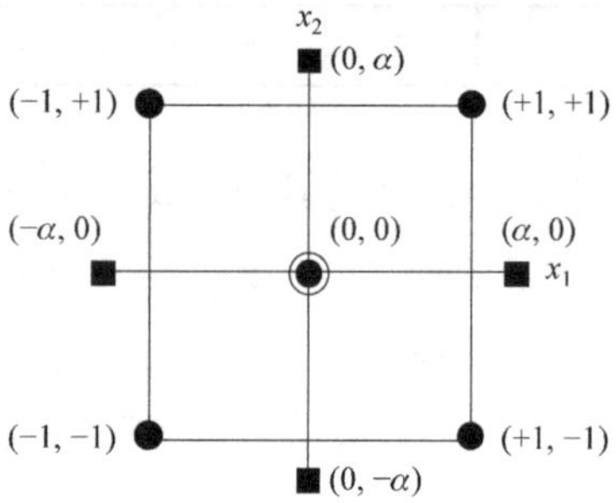

图 16-11　两因素中心组合试验设计

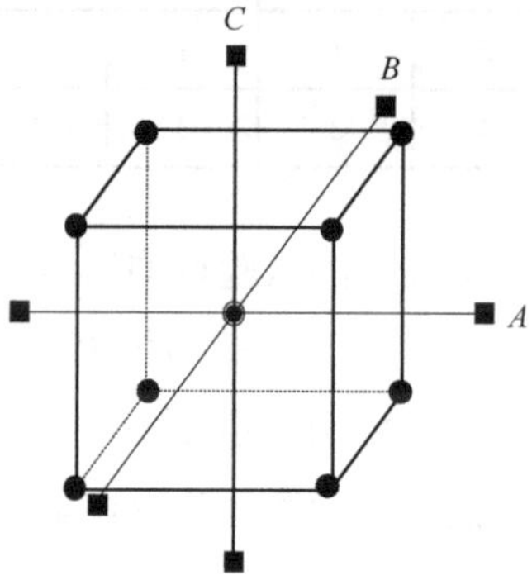

图 16-12　三因素中心组合试验设计

通过选取 α 为大于 1 的某个数，可以使中心组合试验设计呈现出相对于设计中心的旋转对称取样。对于 k 个因素的中心组合试验设计，通常取

$$\alpha=\left(n_F\right)^{1/4}\geqslant 1 \tag{16.21}$$

由于 $\alpha\geqslant 1$，各个因素的取样层上下界变为 $\pm\alpha$。上述 3 因素中心组合试验设计的各个因素的取样层实际为 $\pm\alpha$、± 1、0 共 5 层。当 $\alpha=1$ 时，取样层退化为 3 层，但这种情况下的试验设计不再具有旋转对称性。

为了使试验设计具有正交特性，中心点试验需重复多次。通常，取中心点试验次数

$$n_0=4\sqrt{n_F+1}-2k \tag{16.22}$$

可以得到具有正交性和旋转对称性的中心组合试验设计。

显然，上述中心组合试验设计比全组合试验次数要少，它提供了一个关于试验中心对称的基本试验框架。当取样层数太少，不足以全面地反映电磁模型的输入/输出特性时，可以很方便地在各取样层之间续添新的取样点，循序渐进，最终获得满意的结果。下面看一些实例。

16.2.2　单层间互连结构的神经网络模型

为了减小体积和重量、降低成本，在微波单片集成电路(MMIC)中普遍采用高密度的多层电路结构。层与层之间的电路大量采用层间互连体(Via)连接。随着电路复杂化的增加和工作频率的上升，为了获得准确的电路模拟结果，必须准确且有效地描述 Via 的电磁特性。目前采用的分析方法大致可分为准静态法和全波分析法两大类。准静态法只在低频时有效。全波分析法能得到准确解，但是，它所需的计算量太大，不能用于实际的交互式 CAD 过程。为了

建立准确、有效的 Via 电磁模型，这里采用只有单一隐蔽层的多层感知器神经网络模型。

例 16-1　带状线-带状线 Via。

图 16-13 所示是一个 50Ω 带状线-带状线 Via。带状线基片厚度为 $H = 20\text{mil}$，相对介电常数为 $\varepsilon_r = 2.94$，介质损耗正切为 $\tan\delta = 0.0012$。带状线特性阻抗 $Z_0 = 50\Omega$，带状线宽度为 $W_{\text{line}} = 13.675\text{mil}$，带状线金属导电率为 $\sigma_{\text{metal}} = 5.7\times10^7(\Omega\text{m})^{-1}$，金属带厚度为 $t_{\text{metal}} = 1.4\text{mil}$。可调节的设计参数有 Via 的直径 D_{via} 和接地板上的穿孔直径 D_{gnd}。其余参数皆固定不变。所需模拟的是该 Via 的 S 参数在 1～26GHz 频率范围内随 D_{via} 和 D_{gnd} 的变化情况。可调参数的范围如表 16-12 所示。S 参数的定义参考平面设在距 Via 中心 $W_{\text{line}}/2$ 处。

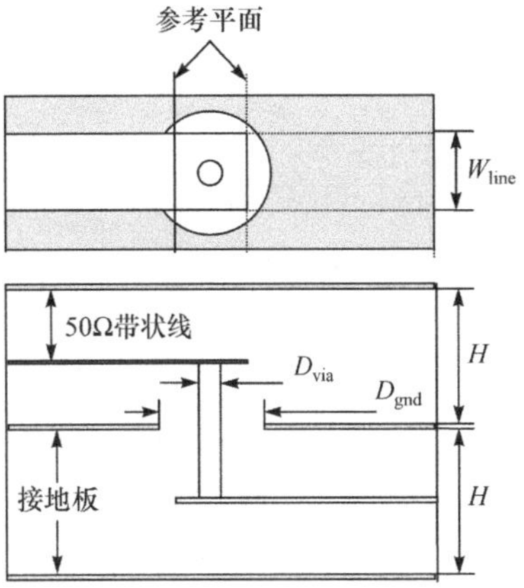

图 16-13　带状线-带状线 Via

表 16-12　带状线-带状线 Via 模型的输入参数可调范围

输入参数	最小值	最大值
f/GHz	1	26
$D_{\text{via}}/W_{\text{line}}$	0.365	0.8
$D_{\text{gnd}}/D_{\text{via}}$	1.25	6

记 $\bar{d}_{\text{via}} = D_{\text{via}}/W_{\text{line}}$，$\bar{d}_{\text{gnd}} = D_{\text{gnd}}/D_{\text{via}}$。于是，神经网络模型的输入矢量为

$$\boldsymbol{X} = \left(f, \bar{d}_{\text{via}}, \bar{d}_{\text{gnd}}\right) \tag{16.23}$$

输出矢量为

$$\boldsymbol{Y} = \left(|S_{11}|, \angle S_{11}, |S_{21}|, \angle S_{21}\right) \tag{16.24}$$

采用单隐蔽层 MLP，设隐蔽层共有 9 个神经元。

首先，用电磁仿真软件 HP-Momentum 在 1～26GHz 频率范围内每隔 5GHz 产生一组训练样本，共 6 组数据。在每一个取样频率处，首先采用前述标准的、较低阶的 2 因素中心组合试验设计来选择可调几何参数的取样值，然后添加部分试验点建立起高阶的试验设计，使得通过最少的试验次数(电磁仿真样本数)获取最大的网络特征信息量。

具体地说，对于 $\bar{d}_{\text{via}}$ 和 $\bar{d}_{\text{gnd}}$ 两个因素，每一个因素按中心组合试验设计中的 5 层取样，共有 9 个取样点作为基本试验点。在此基础上，又在上述 9 个试验点之间增添 8 个试验点作为实时检验样本，并最终添加为训练样本以便更好地模拟高阶非线性。总的训练样本数为 $(9+8)\times6 = 102$ 个。

用这 102 个训练样本训练出神经网络模型，然后用电磁仿真产生的另外 12 个检测样本检验。计算结果显示，通过回传算法训练出的神经网络模型具有同电磁仿真软件相同的准确程度，而计算时间却大大减少，可忽略不计。

例 16-2　微带线-微带线 Via。

图 16-14 所示是一个 50Ω 微带线-微带线 Via。微带线基片厚度为 $H = 25\text{mil}$，下层基片的相对介电常数为 $\varepsilon_{r1} = 10.2$，上层基片的相对介电常数为 $\varepsilon_{r2} = 2.2$，介质损耗正切为 $\tan\delta = 0.0012$。

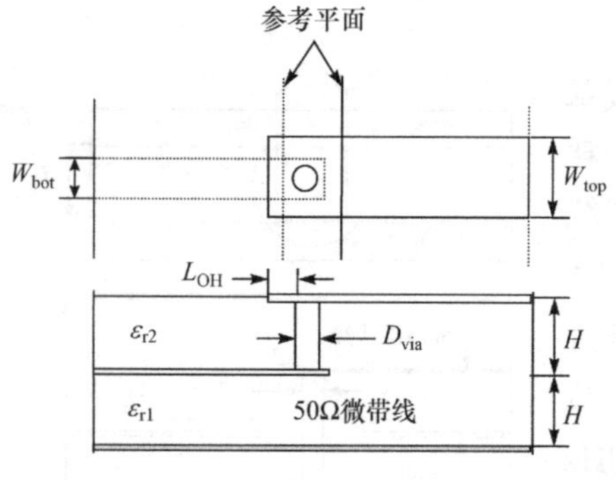

图 16-14　微带线-微带线 Via

微带线特性阻抗 $Z_0 = 50\Omega$，下层微带线的宽度为 $W_{bot} = 23\text{mil}$，上层微带线的宽度为 $W_{top} = 125\text{mil}$，微带线金属导电率为 $\sigma_{metal} = 5.7\times10^7(\Omega\text{m})^{-1}$，金属带厚度为 $t_{metal} = 1.4\text{mil}$。可调节的设计参数有 Via 的直径 D_{via} 和上层微带对下层微带的遮挡长度 L_{OH}。其余参数皆固定不变。所需模拟的是该 Via 的 S 参数在 2～12GHz 频率范围内随 D_{via} 和 L_{OH} 的变化情况。可调参数的可调范围如表 16-13 所示。对下层微带线，S 参数的定义参考平面设在距 Via 中心 $W_{bot}/2$ 处；对上层微带线，S 参数的定义参考平面设在距 Via 中心 $W_{top}/2$ 处。

记 $\bar{d}_{via} = D_{via} / W_{bot}$，于是，神经网络模型的输入矢量为

$$\boldsymbol{X} = \left(f, \bar{d}_{via}, L_{OH}\right) \tag{16.25}$$

输出矢量为

$$\boldsymbol{Y} = \left(|S_{11}|, \angle S_{11}, |S_{21}|, \angle S_{21}\right) \tag{16.26}$$

采用单隐蔽层 MLP，设隐蔽层共有 8 个神经元。

首先，用电磁仿真软件 HP-Momentum 在 2～12GHz 频率范围内每隔 2GHz 产生一组训练样本，共 6 组数据。在每一个取样频率处，首先采用前述标准的、较低阶的 2 因素中心组合试验设计来选择可调几何参数的取样值，然后添加部分试验点建立起高阶的试验设计，使得通过最少的试验次数(电磁仿真样本数)获取最大的网络特征信息量。

具体地说，对于 $\bar{d}_{via}$、L_{OH} 两个因素，每一个因素按中心组合试验设计中的 5 层取样，共有 9 个取样点作为基本试验点。在此基础上，又在上述 9 个试验点之间增添 8 个试验点作为实时检验样本，并最终添加为训练样本以便更好地模拟高阶非线性。总的训练样本数为 $(9+8)\times6 = 102$ 个。

用这 102 个训练样本训练出神经网络模型，然后用电磁仿真产生的另外 16 个检测样本检验。计算结果显示，通过回传算法训练出的神经网络模型具有同电磁仿真软件相同的准确程度，而计算时间却大大减少，可忽略不计。

表 16-13　微带线-微带线 Via 模型的输入参数可调范围

输入参数	最小值	最大值
f/GHz	2	12
D_{via}/W_{line}	0.2	0.9
L_{OH}/mil	1	15

例 16-3　单端口微带线接地 Via。

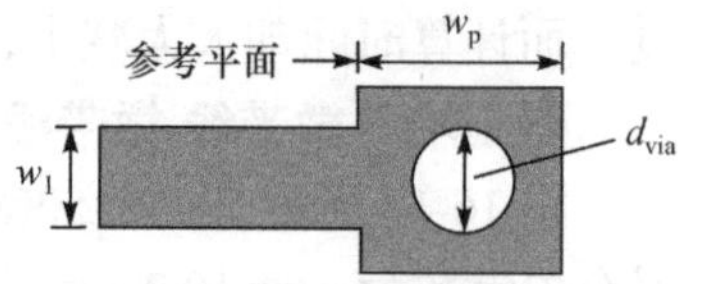

图 16-15　微带接地 Via

图 16-15 所示是一个单端口微带接地 Via。微带线基片厚度为 $h_{sub} = 4\text{mil}$，相对介电常数为 $\varepsilon_r = 12.9$，介质损耗正切为 $\tan\delta = 0.002$。微带线金属导电率为 $\sigma_{metal} = 4\times10^7(\Omega\text{m})^{-1}$，金属带厚度为 $t_{metal} = 0.1\text{mil}$。输入微带线的宽度为 w_1，Via 触垫

(正方形)的宽度为 w_p，Via 直径为 d_{via}。所需模拟的是该接地 Via 的 S_{11} 参数，在 5～55GHz 频率范围内随 Via 几何参数的变化情况，S_{11} 为复数。可调参数有 w_1、w_p 和 d_{via}，其可调范围如表 16-14 所示。

表 16-14　微带接地 Via 模型的输入参数可调范围

输入参数	最小值	最大值
f/GHz	5	55
w_1/h_{sub}	0.1	2.0
w_1/w_p	0.3	1.0
d_{via}/w_p	0.2	0.8

记 $\bar{w}_{1h}=w_1/h_{sub}$，$\bar{w}_{1p}=w_1/w_p$，$\bar{d}_{via}=d_{via}/w_p$。于是，神经网络模型的输入矢量为

$$\boldsymbol{X}=\left(f,\bar{w}_{1h},\bar{w}_{1p},\bar{d}_{via}\right) \tag{16.27}$$

输出矢量为

$$\boldsymbol{Y}=\left(|S_{11}|,\angle S_{11}\right) \tag{16.28}$$

采用单隐蔽层 MLP，隐蔽层共有 10 个神经元。

首先，用电磁仿真软件 HP-Momentum 在 5～55GHz 频率范围内每隔 10GHz 产生一组训练样本，共 6 组数据。在每一个取样频率处，首先采用上述标准的、较低阶的 3 因素中心组合试验设计来选择可调几何参数的取样值，然后添加部分试验点建立起高阶的试验设计，使得通过最少的试验次数(电磁仿真样本数)获取最大的网络特征信息量。

具体地说，对于 $\bar{w}_{1h}$、$\bar{w}_{1p}$ 和 $\bar{d}_{via}$ 三个因素，每一个因素按中心组合试验设计中的 5 层取样，共有 15 个取样点作为基本试验点。在此基础上，又在上述 15 个试验点之间增添 14 个试验点以便更好地模拟高阶非线性。总的训练样本数为 $(15+14)\times 6=174$ 个。

用这 174 个训练样本训练出神经网络模型，然后用电磁仿真产生的另外 16 个检测样本检验。计算结果显示，通过回传算法训练出的神经网络模型具有同电磁仿真软件相同的准确程度，而计算时间却大大减少，可忽略不计。

例 16-4　双端口微带线接地 Via。

图 16-16 所示是一个双端口微带接地 Via，它与例 16-3 的区别是对称地增加了一个端口 2，其余的结构、材料参数与例 16-3 相同。因此，其神经网络模型的输入矢量为

$$\boldsymbol{X}=\left(f,\bar{w}_{1h},\bar{w}_{1p},\bar{d}_{via}\right) \tag{16.29}$$

输出矢量为

$$\boldsymbol{Y}=\left(|S_{11}|,\angle S_{11},|S_{21}|,\angle S_{21}\right) \tag{16.30}$$

采用单隐蔽层 MLP，隐蔽层仍旧设有 10 个神经元。本例的训练过程乃至试验设计同例 16-3 完全相似，不再详细叙述。

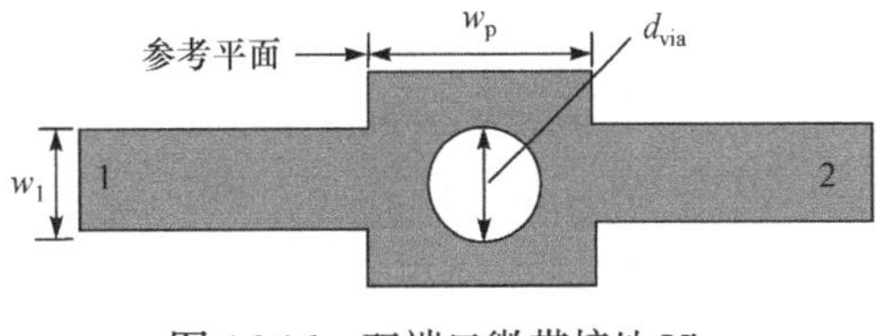

图 16-16　双端口微带接地 Via

16.2.3　带状线双层间互连结构的神经网络模型

多个层间互连结构共存于一个系统是 MCM 封装中常见的情形，上面讨论的是单个层间互连结构，本小节将讨论带状线双层间互连结构的神经网络模型[4]。

带状线双层间互连结构如图 16-17 所示，条带的厚度和宽度分别为 T 和 w，接地板之间的距离为 b，接地板的厚度为 T。层间互连体的半径为 r_0，中间接地板上的过孔半径为 R，两者共同构成一段同轴线。设介质的相对介电常数为 3.5，取 $R/r_0 \approx 5$ 以保证该段同轴线的特性阻抗为 50Ω 左右。

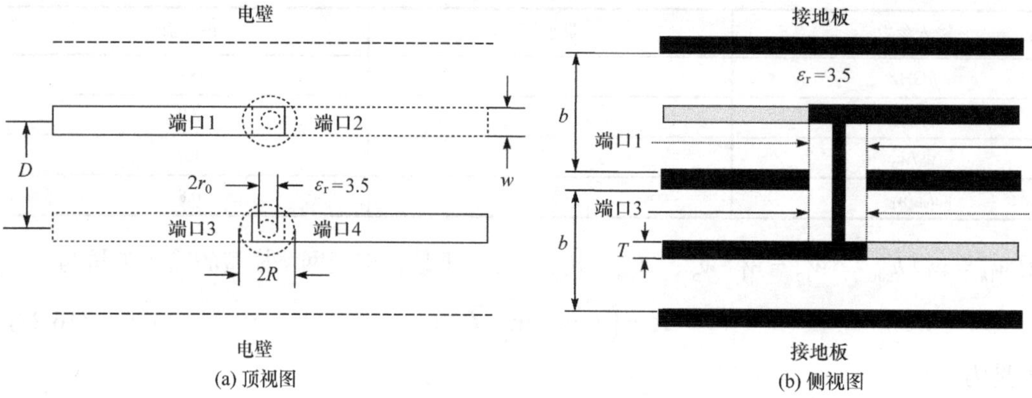

图 16-17　多层带状线电路中的双层间互连结构

双层间互连结构的电特性可用其 S 参数来表示

$$S=\begin{bmatrix} S_{11} & S_{21} & S_{31} & S_{41} \\ S_{21} & S_{11} & S_{41} & S_{31} \\ S_{31} & S_{41} & S_{11} & S_{21} \\ S_{41} & S_{31} & S_{21} & S_{11} \end{bmatrix} \tag{16.31}$$

式中已考虑了结构的几何对称性。

如果进一步固定 r_0，例如，取 $r_0 = 0.03\text{mm}$，则只有三个独立几何参变量，即 $\overline{w}=w/b$，$\overline{T}=T/b$ 和 $\overline{D}=r_0/D$。目标是定义一个逼近器，它能较好地反映双层间互连结构的几何参变量 $\overline{w}$、$\overline{T}$ 和 $\overline{D}$ 与随频率变化的 S_{11}、S_{21}、S_{31} 和 S_{41} 参数之间的非线性关系。这种关系用数学式表达为

$$\boldsymbol{Y}=F(\boldsymbol{X}) \tag{16.32}$$

式中，$\boldsymbol{Y}$ 代表被模拟的输出参数矢量

$$\boldsymbol{Y}=\left(|S_{11}|,|S_{21}|,|S_{31}|,|S_{41}|,\angle S_{11},\angle S_{21},\angle S_{31},\angle S_{41}\right) \tag{16.33}$$

$\boldsymbol{X}$ 是计算 $\boldsymbol{Y}$ 所需的输入参数矢量

$$\boldsymbol{X}=\left(\overline{w},\overline{T},\overline{D},\overline{f}\right) \tag{16.34}$$

式中，$\overline{f}=b/\lambda$ 是归一化工作频率，λ 是工作波长。

因为($|S_{11}|,|S_{21}|,|S_{31}|,|S_{41}|$)和($\angle S_{11},\angle S_{21},\angle S_{31},\angle S_{41}$)随 $\boldsymbol{X}$ 的变化趋势不太相同，最好将式(16.32)分解成下列两个逼近器

$$\boldsymbol{Y}_{\text{Mag}}=\left(|S_{11}|,|S_{21}|,|S_{31}|,|S_{41}|\right)=F_{\text{Mag}}\left(\overline{w},\overline{T},\overline{D},\overline{f}\right) \tag{16.35}$$

$$\boldsymbol{Y}_{\text{Pha}}=\left(\angle S_{11},\angle S_{21},\angle S_{31},\angle S_{41}\right)=F_{\text{Pha}}\left(\overline{w},\overline{T},\overline{D},\overline{f}\right) \tag{16.36}$$

利用两个多层感知器来模拟上述两个逼近器 F_{Mag} 和 F_{Pha}，每一个多层感知器只有一层隐蔽层，如图 16-8 所示。

本例中，图 16-8 中的输入参数 $R=4$ 对应于 $(\overline{w},\overline{T},\overline{D},\overline{f})$，输出神经元数 $S_2=4$ 对应于 $(|S_{11}|,|S_{21}|,|S_{31}|,|S_{41}|)$ 或 $(\angle S_{11},\angle S_{21},\angle S_{31},\angle S_{41})$，$S_1$ 是隐蔽元数目。每一个隐蔽神经元具有一个双曲型的非线性活化函数

$$F_1(v)=\tanh(v) \tag{16.37}$$

输出神经元具有线性的活化函数

$$F_2(v)=v \tag{16.38}$$

输入-输出映射关系可以表示为

$$\boldsymbol{Y}=F_2\left[\boldsymbol{W}_2\cdot F_1\left(\boldsymbol{W}_1\cdot\boldsymbol{X}+\boldsymbol{B}_1\right)+\boldsymbol{B}_2\right] \tag{16.39}$$

式中，$\boldsymbol{W}_1$ 是输入层与隐蔽层之间的权矩阵；$\boldsymbol{W}_2$ 是隐蔽层和输出层之间的权矩阵；$\boldsymbol{B}_1$ 和 $\boldsymbol{B}_2$ 分别是隐蔽层和输出层的偏置矩阵。

下面，以 F_{Mag} 为例讲述多层感知器的训练过程。输入参量的变化范围见表 16-15。

表 16-15　双层间互连结构的输入参变量取值范围

输入参数	最小值	最大值
$\overline{w}=w/b$	0.2	0.4
$\overline{T}=T/b$	1/15	1/5
$\overline{D}=r_0/D$	1/15	1/10
$\overline{f}=b/\lambda$	0	0.1

采用中心组合试验设计来确定需进行 FDTD 仿真的双层间互连结构的输入参变量的取样点。对三个输入因素 $(\overline{w},\overline{T},\overline{D})$，按中心组合试验设计需进行 15 种结构的 FDTD 仿真。然后，利用傅里叶变换将 FDTD 仿真结果转换到频域，在归一化频带 0～0.1 内以 0.005 的步长进行取样。因此，总共有 15×21 = 315 个输入-输出样本用于训练双层间互连结构的神经网络模型。

最佳隐蔽元数目由数值实验确定为 25。训练采用 Levenberg-Marquart 算法。训练出的神经网络用一组检测样本检验，检测样本也由 FDTD 仿真产生，其参数取值范围与训练样本一致，但取样点不同于训练样本。图 16-18～图 16-21 给出了比较结果。由图中结果可以看出训

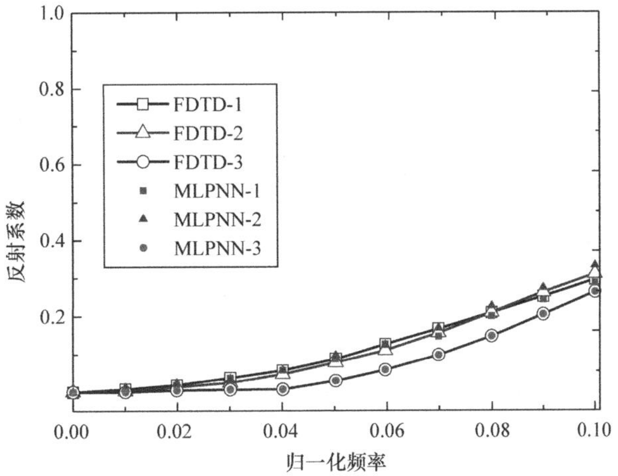

图 16-18　由 FDTD 仿真和多层感知器模型计算的 $|S_{11}|$ 值的比较，隐蔽元数为 25。

注：样本 1：$\overline{w}=1/3$，$\overline{T}=2/15$，$\overline{D}=1/11$；样本 2：$\overline{w}=4/15$，$\overline{T}=2/15$，$\overline{D}=1/12$；样本 3：$\overline{w}=1/5$，$\overline{T}=2/15$，$\overline{D}=1/13$

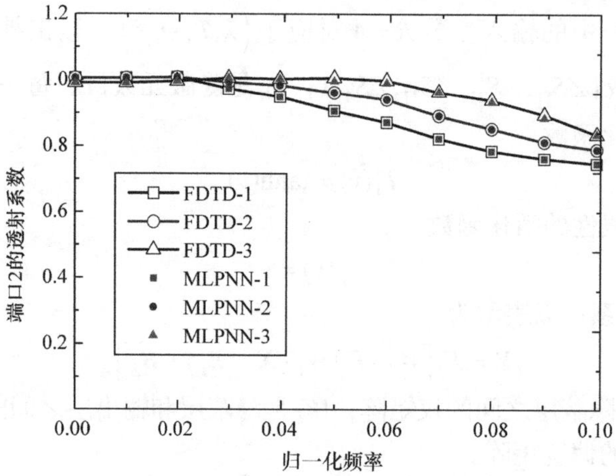

图 16-19　由 FDTD 仿真和多层感知器模型计算的 $|S_{21}|$ 值的比较，隐蔽元数为 25。

注：样本 1：$\bar{w}=1/3$，$\bar{T}=2/15$，$\bar{D}=1/11$；样本 2：$\bar{w}=4/15$，$\bar{T}=2/15$，$\bar{D}=1/12$；样本 3：$\bar{w}=1/5$，$\bar{T}=2/15$，$\bar{D}=1/13$

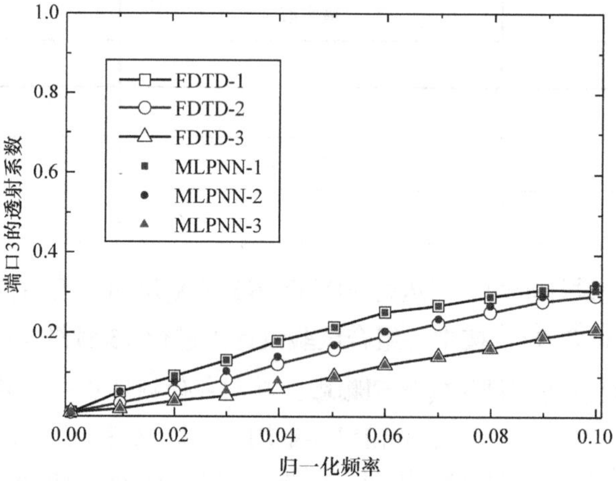

图 16-20　由 FDTD 仿真和多层感知器模型计算的 $|S_{31}|$ 值的比较，隐蔽元数为 25。

注：样本 1：$\bar{w}=1/3$，$\bar{T}=2/15$，$\bar{D}=1/11$；样本 2：$\bar{w}=4/15$，$\bar{T}=2/15$，$\bar{D}=1/12$；样本 3：$\bar{w}=1/5$，$\bar{T}=2/15$，$\bar{D}=1/13$

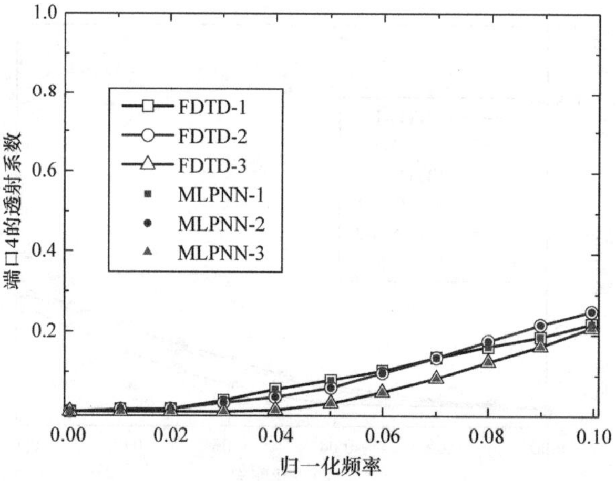

图 16-21　由 FDTD 仿真和多层感知器模型计算的 $|S_{41}|$ 值的比较，隐蔽元数为 25。

注：样本 1：$\bar{w}=1/3$，$\bar{T}=2/15$，$\bar{D}=1/11$；样本 2：$\bar{w}=4/15$，$\bar{T}=2/15$，$\bar{D}=1/12$；样本 3：$\bar{w}=1/5$，$\bar{T}=2/15$，$\bar{D}=1/13$

练所得的双层间互连结构的神经网络模型具有与 FDTD 仿真同样的计算精度，而其计算时间可忽略不计。在 CAD 中，模型的这种高效准确性非常有用。权矩阵和偏置矩阵($\boldsymbol{W}_1, \boldsymbol{b}_1, \boldsymbol{W}_2, \boldsymbol{b}_2$)可记录保存下来供 CAD 之用。

16.2.4　同轴-波导转换器的神经网络模型

宽带同轴-波导转换器是毫米波测量系统的一个重要部件，其 CAD 需要有快速、准确的电磁特性仿真模型。采用 FDTD 仿真可以准确地模拟其电磁特性，但是，所需的计算量太大，不能实现交互式的 CAD。这里介绍用多层感知器神经网络来实现宽带同轴-波导转换器的快速、准确 CAD 模型[3]。

转换器的结构如图 16-22 所示。同轴线从矩形波导的宽边中心插入，其内、外导体的直径分别为 d_1 和 d_2，$d_2/d_1 \approx 2.3$ 以保证空气同轴线的特性阻抗为 50Ω。由同轴线内导体构成的探针长度为 l_p，其中轴线到波导短路端的距离为 l_s。不失一般性，考虑一 Ka 波段宽带同轴-波导转换器，矩形波导的截面尺寸为 $a = 7.112$mm，$b = 3.556$mm。通过调节 d_1、l_s 和 l_p，可以改变同轴线端口的反射系数幅值$|\Gamma|$，实现最佳的转换器设计。

要建立反映如下输入/输出映射关系的多层感知器神经网络模型

$$\boldsymbol{Y} = F(\boldsymbol{X}) \tag{16.40}$$

式中，输出参数

$$\boldsymbol{Y} = |\Gamma| \tag{16.41}$$

输入矢量

$$\boldsymbol{X} = \left(\bar{d}_1, \bar{l}_s, \bar{l}_p, f\right) \tag{16.42}$$

式中，$\bar{d}_1 = d_1/a$ 是归一化探针直径；$\bar{l}_s = l_s/a$ 归一化探针位置；$\bar{l}_p = l_p/a$ 归一化探针长度；f 是工作频率。

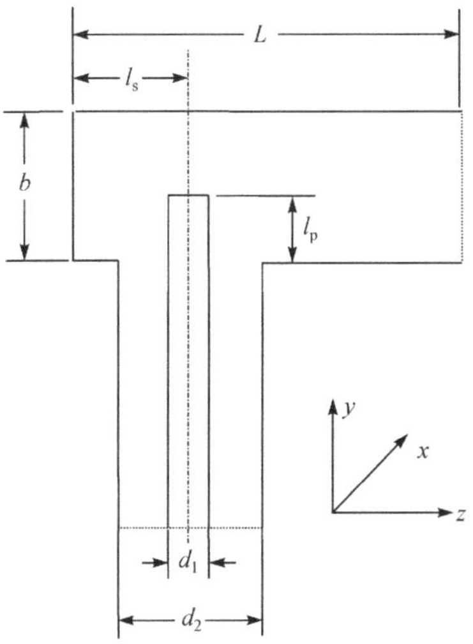

图 16-22　同轴-波导转换器

假设采用如图 16-8 所示的单一隐蔽层多层感知器。在本例中，图 16-8 中的输入参数 $R = 4$ 对应于$\left(\bar{d}_1, \bar{l}_s, \bar{l}_p, f\right)$，输出神经元数 $S_2 = 1$ 对应于$|\Gamma|$，S_1 是隐蔽元数目。每一个隐蔽神经元的活化函数为下列双曲正切函数

$$F_1(v) = \tanh(v) \tag{16.43}$$

输出神经元是一个线性神经元

$$F_2(v) = v \tag{16.44}$$

神经网络的输入/输出映射关系为

$$\boldsymbol{Y} = F_2\left[\boldsymbol{W}_2 \cdot F_1\left(\boldsymbol{W}_1 \cdot \boldsymbol{X} + \boldsymbol{B}_1\right) + \boldsymbol{B}_2\right] \tag{16.45}$$

式中，$\boldsymbol{W}_1$ 是输入层/隐蔽层之间的可调突触权参数矩阵；$\boldsymbol{W}_2$ 是隐蔽层/输出层之间的可调突触权参数矩阵；$\boldsymbol{B}_1$ 是隐蔽层的可调偏置参数矢量；$\boldsymbol{B}_2$ 是输出层的可调偏置参数矢量。

为了训练神经网络，这里采用 FDTD 仿真产生训练数据。输入参数的变化范围如表 16-16 所示。FDTD 仿真点的选取原则是以最少的仿真次数获取最多、最重要的输入/输出映射信

息。对于 $\bar{d}_1$、$\bar{l}_s$ 和 $\bar{l}_p$ 三个输入参数，先按照中心组合试验设计选取 15 个仿真点。为改善模型的准确性，又在这些点的中间增加 9 个仿真点。通过傅里叶变换将这些 FDTD 仿真结果变换到频域，在 26～40GHz 范围内每隔 1GHz 取样一次。因此，总共得到 $15\times24=360$ 个输入/输出关系训练样本数据。

表 16-16　同轴-波导转换器模型可调输入参数的变化范围

输入参数	最小值	最大值
$\bar{d}_1$	0.15	0.21
$\bar{l}_s$	0.22	0.34
$\bar{l}_p$	0.22	0.28
f(100GHz)	0.26	0.40

训练中需要考虑的另一个重要问题是模型的复杂程度，在本例中也就是隐蔽层的神经元数目。过少的神经元数目不足以描述复杂的输入/输出映射关系，过多的神经元数目将导致训练时间过长、网络模型的推广性能不好。通过数值实验发现，对于同轴-波导转换器的单一隐蔽层多层感知器模型，20 个隐蔽元是一个合适的选择。

本例利用 MATLAB 中的 Levenberg-Marquardt 算法来训练多层感知器。训练完毕后，用一组不同于训练样本的检测样本来检验模型的推广性能。图 16-23 给出了用多层感知器模型计算的结果与 FDTD 仿真结果的比较，结果较为满意。

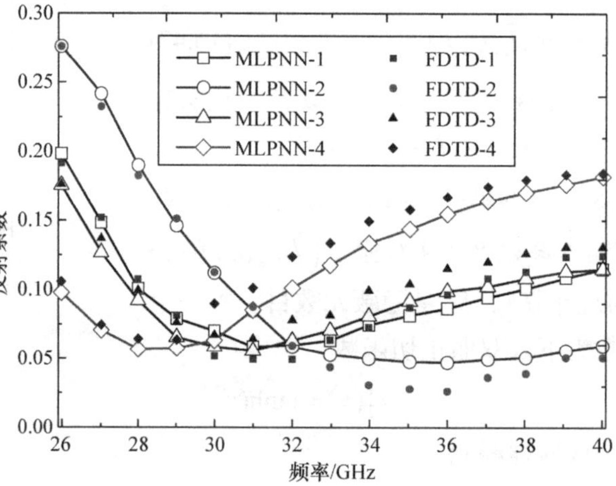

图 16-23　单隐蔽层多层感知器模型计算的结果与 FDTD 仿真结果的比较，隐蔽层中有 20 个神经元。

注：样本 1：$\bar{d}_1=3/17$，$\bar{l}_s=5/17$，$\bar{l}_p=4/17$；样本 2：$\bar{d}_1=3/17$，$\bar{l}_s=9/34$，$\bar{l}_p=4/17$；样本 3：$\bar{d}_1=3/17$，$\bar{l}_s=9/34$，$\bar{l}_p=9/34$；样本 4：$\bar{d}_1=3/17$，$\bar{l}_s=5/17$，$\bar{l}_p=9/34$

为了试验网络结构对模型性能的影响，另外选择了一种具有 2 层隐蔽层的多层感知器模型。数值实验表明，每一隐蔽层都有 5 个神经元的双隐蔽层模型能提供比上述单一隐蔽层模型更好的推广特性，如图 16-24 所示。检测样本与上面相同。

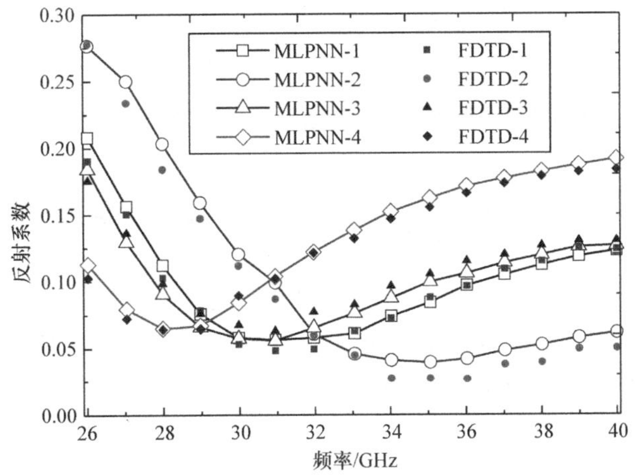

图 16-24　双隐蔽层多层感知器模型计算的结果与 FDTD 仿真结果的比较，每一隐蔽层有 5 个神经元。

注：样本 1：$\bar{d}_1 = 3/17$，$\bar{l}_s = 5/17$，$\bar{l}_p = 4/17$；样本 2：$\bar{d}_1 = 3/17$，$\bar{l}_s = 9/34$，$\bar{l}_p = 4/17$；样本 3：$\bar{d}_1 = 3/17$，$\bar{l}_s = 9/34$，$\bar{l}_p = 9/34$；样本 4：$\bar{d}_1 = 3/17$，$\bar{l}_s = 5/17$，$\bar{l}_p = 9/34$

16.3　随机组合试验设计

另一种常用的试验设计是随机组合试验设计，即在由各个因素取值上下界确定的取样空间中随机地产生一批试验取样点，通常数量较大。下面，以高速 VLSI 系统中的互连结构为例，介绍用这种试验设计方法建立相应的神经网络模型。

16.3.1　高速互连结构的神经网络模型

这里建立一个在线用于 CAD 优化迭代过程的模型，它能够实现一组输入参数到一组输出参数的映射，这组输入参数定义了 VLSI 系统中一个网络或一组互连结构的物理结构及工作特征，而输出参数则用来进行系统的信号整体特性分析。这一目标可用数学语言表示如下

$$\boldsymbol{Y} = F(\boldsymbol{X}) \tag{16.46}$$

式中，$\boldsymbol{Y}$ 是一个 n 维输出矢量，代表被模拟的参数，如网络的 RLCG 矩阵、负载处的信号时延、串扰电平、接地板反弹噪声电平等；$\boldsymbol{X}$ 是一个 m 维输入矢量，包含获得 $\boldsymbol{Y}$ 所需的所有变量和参数。输入集合中的典型参数有互连结构的物理尺寸、介质基片的特征参数、互连网络的拓扑结构、输入信号特征(如信号电平)、工作频率(或数字信号的上升时间)、互连结构的负载阻抗等，如图 16-25 所示。而在传统的建模技术中，输入矢量 $\boldsymbol{X}$ 通常并不对上述所有变量都用显式表达为参变数，尤其是那些描述网络拓扑结构的变量，它们被隐蔽地定义在电路的网络列表(netlist)中。

对于在 CAD 优化过程中在线使用的模型，联系 $\boldsymbol{Y}$ 和 $\boldsymbol{X}$ 的 F 应当简单易算、占用内存少。MLP 神经网络模型正是在这些方面表现出与传统方法不同的优势。

采用批量模式来训练神经网络，设训练集合有 Q 个样本，应使下列平均平方误差最小化

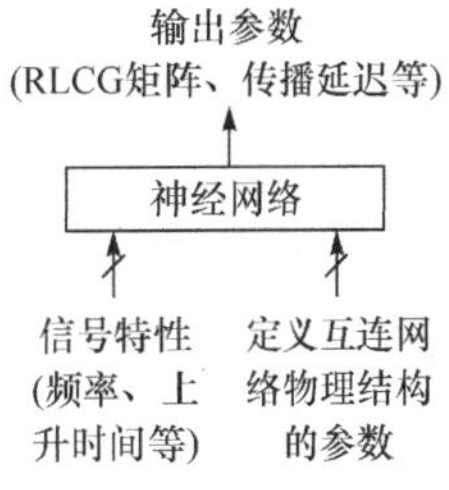

图 16-25　将建立的模型的一般结构

$$\varepsilon_{\rm av} = \frac{1}{2Q}\sum_{k=1}^{Q}\sum_{j=1}^{n}\left[d_j(k) - y_j(k)\right]^2 \tag{16.47}$$

式中，$d_j(k)$ 是用第 k 个样本训练时输出神经元 j 的期望输出；$y_j(k)$ 是神经网络模型的实际输出。

在优化过程中，采用广义 delta 法则来调节网络的突触权和偏置。选取所有突触权及偏值的初始值为–0.5～0.5 的随机数。学习速率参数 lr 一般为 0.1～0.5，当回传误差较大时 lr 取较小的值；当回传误差较小时 lr 取较大的值。矩常数一般取小于 1 的正数。

为了训练和检测神经网络，需要两组数据，即训练样本集合和检测样本集合。样本的输入参数在输入变量空间随机地选取，然后利用电磁仿真软件或电磁测量方法产生样本数据。训练集合中的样本个数取决于：①隐蔽层中的隐蔽元个数 p；②问题的维数，尤其是输入空间的维数；③输入/输出关系的复杂程度。

在训练过程中，如果发现误差收敛不充分，或者是检测误差远大于训练误差，说明训练集合不够大，应增加训练样本个数。在本节的三个例子中，训练集合及检测集合的大小主要取决于输入矢量空间的大小，而对输出空间的大小不太敏感。这是因为各输出元素作为输入矢量的函数尽管取值不同但形状相似。训练样本数据可利用准确的电磁仿真技术离线产生，也可以由实际测量获得。

检测集合可按相同的方式获得，它用来在模型训练中及训练后检测模型的准确性，只作检测之用。其大小应足以表示整个输入空间，其内容应不同于训练集合中的样本数据。

对训练或检测集合的第 k 个样本，均方误差定义为

$$\varepsilon_k = \left[\frac{1}{n}\sum_{j=1}^{n}\left(\frac{d_j(k) - y_j(k)}{\overline{y}_j}\right)^2\right]^{1/2} \tag{16.48}$$

式中，$\overline{y}_j$ 是在整个样本空间上第 j 个输出的绝对值的算术平均值

$$\overline{y}_j = \frac{1}{Q}\sum_{k=1}^{Q}\left|d_j(k)\right| \tag{16.49}$$

整个(检测/训练)集合的平均检测误差定义为

$$E_{\rm av} = \frac{1}{Q}\sum_{k=1}^{Q}\varepsilon_k \tag{16.50}$$

它不同于式(16.47)中定义的回传误差，回传误差只用于回传训练。

平均检测误差能很好地表明神经网络模型对映射关系 $\boldsymbol{Y} = F(\boldsymbol{X})$ 的学习逼近程度。在网络训练过程中，神经网络被周期性地用检测样本检测，以保证网络不至于被过度训练。当映射专注于反映训练集合中的某些特殊样本而忽略对整体映射特性的把握时，就会发生过度训练。过度训练发生时，尽管平均训练误差和回传误差继续减小，平均检测误差却开始增加。

神经网络模型一旦训练、检测完成，即可用作 CAD 模型，对任一给定的输入参数，准确、快速地算出所需的输出参数。

16.3.2 数值算例

例 16-5 平行三线互连结构。

图 16-26 是一个平行三线互连结构的横截面图。需要模拟的是随频率变化的 L 和 C 参数。

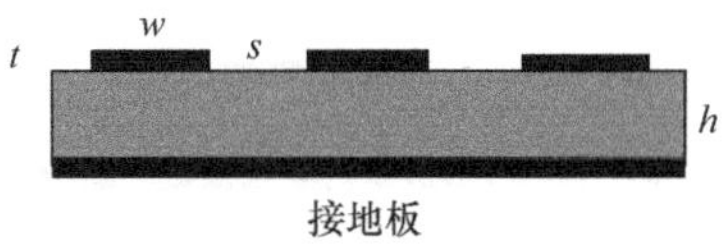

图 16-26 平行三线互连结构

在优化设计过程中，这些参数可能随导带厚度 t 和宽度 w 、导带间距 s 、介质厚度 h 及工作频率 f 的变动而变化。因此，输入矢量为

$$\boldsymbol{X}=(w, t, s, h, f) \tag{16.51}$$

各输入参数的取值范围如表 16-17 所示。L 和 C 矩阵中的元素共有 18 个。因为各导带的尺寸相同，结构具有对称性，可以只考虑 $L_{11}, L_{12}, L_{13}, C_{11}, C_{12}$ 和 C_{13} ，由它们足以构造出整个 L 和 C 矩阵。因此，输出矢量为

$$\boldsymbol{Y}=(L_{11}, L_{12}, L_{13}, C_{11}, C_{12}, C_{13}) \tag{16.52}$$

该结构的另外两个单位长度参数，R 和 G，可按相同的方式建模。

神经网络模型按表 16-18 所示的特征训练、检测。500 个样本数据按随机组合试验方式利用北方电信公司的 SALI 电磁仿真软件产生。训练在一个 Sun SPARCstation 10 上进行，直到检测误差下降到 0.017 左右。在训练过程中周期性地取样所得的检测误差的变化情况同训练误差相似，只是取值稍大一点。训练结束时的平均检测误差为 0.0179。

表 16-17 神经网络输入参数及其取值范围 (例 16-5)

参数	符号	最小值	最大值
导带宽度/mil	w	5	11
导带厚度/mil	t	0.7	2.8
导带间距/mil	s	1	16
介质厚度/mil	h	5	10
工作频率	f	1MHz	8GHz

表 16-18 神经网络模型的特征

特征	例 16-5	例 16-6	例 16-7
输入数(m)	5	6	5
原始模型的总输出数	18	8	128
神经网络中的输出节点数(n)	6	8	30
隐蔽层中的神经元数(p)	10	10	10
模型大小($p(m+1)+n(p+1)$)	126	158	390
训练集合的大小	500	500	500
检测集合的大小	500	500	500
样本产生技术	SALI	SALI	SALI
训练时间(小时)	6	7	7
平均训练误差	0.0162	0.0233	0.0348
平均检测误差	0.0174	0.0253	0.0351

如此得到的神经网络模型预测 L 和 C 参数的准确性可与电磁仿真软件相媲美。当从检测集合中随机取 100 个样本输入时，神经网络模型给出的结果同电磁仿真给出的结果吻合很好。

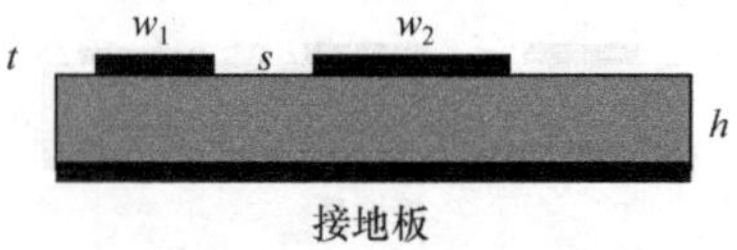

图 16-27　不对称双线互连结构

例 16-6　不对称双线互连结构。

图 16-27 给出了一个不对称双线互连结构的示意图，两根导带的宽度不同，因此输入矢量为

$$\boldsymbol{X}=(w_1,w_2,t,s,h,f) \tag{16.53}$$

各参数的取值范围仍如表 16-17 所示。

500 个样本数据按随机组合试验方式由电磁仿真软件离线产生。输出矢量有 8 个元素

$$\boldsymbol{Y}=(L_{11},L_{12},L_{21},L_{22},C_{11},C_{12},C_{21},C_{22}) \tag{16.54}$$

表 16-18 给出了所建神经网络模型的特征。神经网络模型的准确性可与电磁仿真软件相媲美。

例 16-7　8-比特数字总线结构。

图 16-28 是一个 8-比特数字总线结构。其中，8 根完全相同的互连线相互平行的区域是高串扰和高噪声区，因此，该区的设计对电路影响很大。所需建立的是这 8 根平行互连线的 L 和 C 矩阵的 CAD 模型。L 和 C 各有 64 个元素，考虑到结构的对称性，L 和 C 各自可以只用 17 个元素就构造得到。又因为 $L_{18},L_{17},L_{16},L_{28}$ 和 L_{27} 非常小，可以给它们各自指定一个很小的标识值。于是，L 矩阵可表示为

$$L=\begin{pmatrix} L_{11} & L_{12} & L_{13} & L_{14} & L_{15} & \bar{L}_{16} & \bar{L}_{17} & \bar{L}_{18} \\ L_{12} & L_{11} & L_{23} & L_{24} & L_{25} & L_{26} & \bar{L}_{27} & \bar{L}_{17} \\ L_{13} & L_{23} & L_{11} & L_{34} & L_{35} & L_{36} & L_{26} & \bar{L}_{16} \\ L_{14} & L_{24} & L_{34} & L_{11} & L_{45} & L_{35} & L_{25} & L_{15} \\ L_{15} & L_{25} & L_{35} & L_{45} & L_{11} & L_{34} & L_{24} & L_{14} \\ \bar{L}_{16} & L_{26} & L_{36} & L_{35} & L_{34} & L_{11} & L_{23} & L_{13} \\ \bar{L}_{17} & \bar{L}_{27} & L_{26} & L_{25} & L_{24} & L_{23} & L_{11} & L_{12} \\ \bar{L}_{18} & \bar{L}_{17} & \bar{L}_{16} & L_{15} & L_{14} & L_{13} & L_{12} & L_{11} \end{pmatrix} \tag{16.55}$$

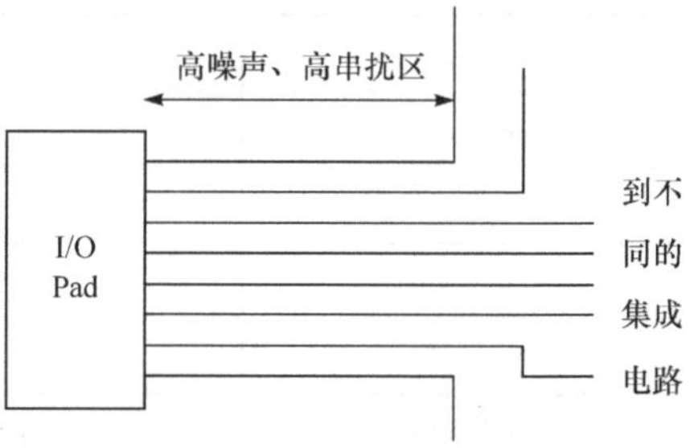

图 16-28　8-比特数字总线结构

其中，带上横线的元素取固定的标识值，不另行建模。C 矩阵同 L 矩阵相似，只是所有(17 个)参数都要参加建模。因此，网络的输出有 17 个 C 元素和 13 个 L 元素，共计 30 个参数。所建神经网络的主要特征如表 16-18 所示，它能准确地预测 L 和 C 参数。

在集成电路布局互连问题的优化设计中，有时需调用互连 CAD 模型达 20000 次，甚至更多次。对例 16-5～例 16-7 中的互连结构，表 16-19 给出了对 20000 个不同尺寸的互连结构计算 L 和 C 参数所需的时间。从表 16-19 中可见，神经网络模型所需的时间远远小于电磁仿真所需的时间。

表 16-19　神经网络模型和电磁仿真所需运行时间的比较　(例 16-5～例 16-7)

方法	对 20000 个结构的运行时间
电磁仿真	20～80 小时
神经网络模型	40～130 秒

从上述例子可见，神经网络模型克服了许多传统仿真技术的局限。最突出的优点是在线运算速度大幅度提高。其次，神经网络模型的内存需求不高，不会像查询表技术那样随输入或输出数的添加而按指数规律增加。在上述例子中，训练和检测集合中所需的样本数据个数比构造查询表所需的数据个数要少。有人建立过有 18 个输入参数的互连系统的神经网络模

型,按随机组合试验设计方式产生训练和检测神经网络模型用的样本,共 9000 个样本数据(各 4500 个)。若采用查询表技术，即使沿每一维方向均匀取样三点，也需要 3^{18} 个数据，远远多于神经网络建模所需的样本数据。

用神经网络模型也降低了运行内存。对复杂的电磁结构，基于有限元的电磁仿真软件需要大量的运行内存，有时甚至受机器的局限而不能运行。对于神经网络模型，则不存在这一问题，其所需的内存非常小。

参 考 文 献

[1] 上海市科学技术交流站. 正交试验设计法: 多因素的试验方法. 上海: 上海人民出版社, 1975

[2] 姜同川. 正交实验设计. 济南：山东科学技术出版社, 1985

[3] Wang B Z. Artificial neural network models for coaxial to waveguide adapters. In. J. Infrared Milli. Wave.,1999, 20(1): 125-136

[4] Wang B Z. Zou S. Artificial neural network models for the double-vias in multilayer stripline circuits. In. J. Infrared Milli. Wave.,1999, 20(7): 1377-1387

[5] 王秉中，洪劲松. 非对称带状线不连续性的人工神经网络模型. 电子科技大学学报, 1999, 28(4): 362-365

[6] Hong J, Wang B Z. Artificial neural network models for the bend discontinuities in stripline circuits. In. J. Infrared Milli. Wave.,1999, 20(8): 1563-1579

[7] Hong J, Wang B Z. Artificial neural network models for the crossover discontinuities in stripline circuits. In. J. Infrared Milli. Wave.,1999, 20(11): 1939-1956

[8] Wang B Z, Hong J. Artificial neural network models for the gap discontinuities in stripline circuits. In. J. Infrared Milli. Wave.,2000, 21(5): 677-688

[9] Zhong X, Wang B Z. Wang H. Artificial neural network model for the gap discontinuity in shielded coplanar waveguide. In. J. Infrared Milli. Wave.,2001, 22(8): 1267-1276

[10] 钟晓征，王秉中，王豪才. 共面波导垂直互连结构的人工神经网络模型. 微波学报, 2001, 17(4): 25-30

[11] Xiao S, Wang B Z, Zhong X, et al. Wideband mobile antenna design based on artificial neural netork models. J. RF Microw. C. E.,2003, 13(4): 316-320

第 17 章　知识人工神经网络模型

多层感知器模型属于“黑箱”模型，它在结构上没有体现所模拟对象的特殊性，所有的信息来自于训练样本。因此，为了保证模型的准确性，往往需要大量的训练样本。在电磁场工程中，训练样本来自于对处理对象的电磁仿真或实际测量，产生大量样本的成本是非常高的。有时，由于人力、物力、财力的限制，甚至无法产生所需样本。

为了使训练神经网络模型所需的试验次数进一步减少，可以在模型方面做出改进，建立知识人工神经网络模型。知识人工神经网络模型的基本思想是：如果已知某一电磁问题的简单近似模型，可以将此模型作为已有的先验知识引入神经网络模型之中，使得神经网络模型输入/输出关系的复杂性降低，例如，非线性度降低，从而使训练神经网络模型所需的试验次数减少。引入先知模型的另一个好处是，这样获得的模型具有一定程度的外推准确性。先知模型可以是解析方程式、经验模型或已经训练的神经网络模型。这些先知模型反映了被模拟对象的输入/输出参数映射关系，但是，在所需的输入参数工作范围内不够准确或不够全面，需配合神经网络模型获取高效准确的 CAD 模型。

根据先知模型引入的方式不同，知识人工神经网络模型可以分为外挂式和嵌入式两大类。在外挂式知识人工神经网络模型中，先知模型外挂在普通神经网络模型之外，两者呈串联或并联关系，普通人工神经网络内部神经元的基本特性不变。在嵌入式知识人工神经网络模型中，先验知识直接用来构造神经元的活化函数，使神经元本身就具备先验知识。我们在知识神经网络建模方面开展的工作包括：带状线不连续性的知识人工神经网络模型[1-3]、共面互连线频变电阻电感的稳健的知识神经网络模型[4]、微带 T 型互连结构的知识人工神经网络模型[5]。

17.1　外挂式知识人工神经网络模型

17.1.1　差值模型和 PKI 模型

所谓差值模型是指将先知近似模型的输出值与严格数值仿真获得的准确输出值之差作为神经网络的输出值，输入参数保持不变，如图 17-1 所示。差值模型做出的调整体现在神经网络的输出矢量上。训练完毕的知识人工神经网络模型包括两个并联部分：一部分是普通的神经网络，另一部分是先知近似模型，两者输出之和给出总的输出。

根据 Watson 和 Gupta 的研究工作[6, 7]，先验知识注入(PKI)模型做出的调整则体现在神经网络的输入矢量上，如图 17-2 所示。它将先知模型提供的近似输出作为神经网络模型输入矢量的一部分，与原来神经网络的输入参数一起构成新的神经网络输入矢量，而神经网络的输出矢量仍然用严格数值仿真获得的准确输出值。先知模型与神经网络模型呈串联关系。

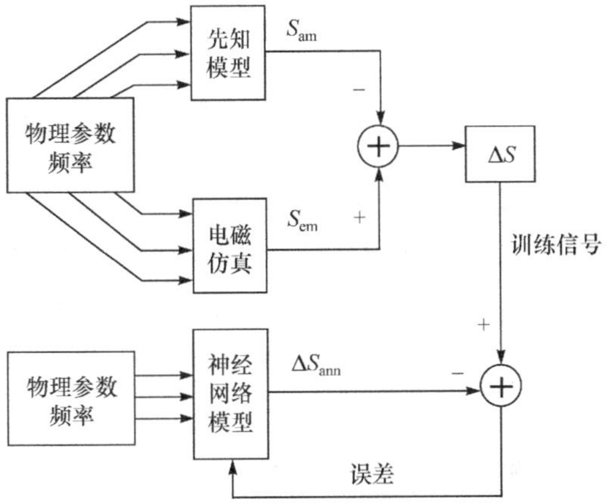

图 17-1　基于先知近似模型训练神经网络的差值模型

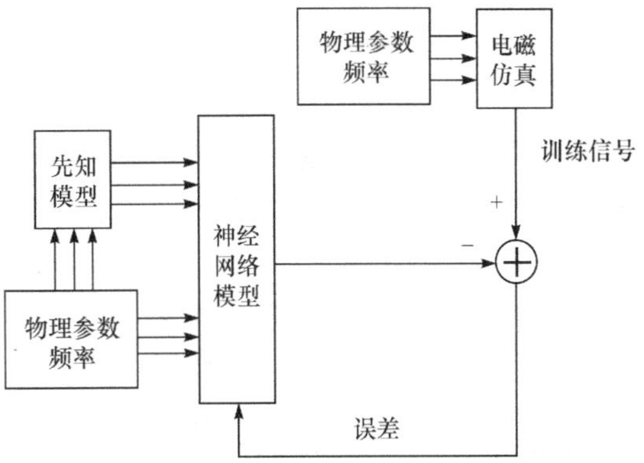

图 17-2　基于先知近似模型训练神经网络的PKI模型

下面，以 16.2.2 节例 16-4 所述双端口微带接地 Via 为例，用实例来说明基于先知近似模型训练神经网络达到的效果。在 PKI 模型中，采用电感模型作为接地 Via 的先知近似模型，它在小于 15GHz 的范围内准确性尚可。当频率更高时，由于触垫电感、触垫电容、不连续性、Via 过孔的辐射等效应逐渐显著，单电感模型的准确性变差。

表 17-1 给出了只采用 15 个基本中心组合试验点进行神经网络训练的结果，一组为标准模型训练结果，另一组为基于先知近似模型的差值模型训练结果，两种模型的隐蔽层所含的神经元均为 10 个。

表 17-1　差值模型与标准模型的比较(15 个训练样本)

误差		训练结果				检验结果			
		$\|S_{11}\|$	$\angle S_{11}/(°)$	$\|S_{21}\|$	$\angle S_{21}/(°)$	$\|S_{11}\|$	$\angle S_{11}/(°)$	$\|S_{21}\|$	$\angle S_{21}/(°)$
差值模型	平均绝对误差	0.0033	0.80	0.0045	0.74	0.0060	0.74	0.0049	0.86
	标准误差	0.0031	0.63	0.0041	0.62	0.0066	0.53	0.0039	0.87
标准模型	平均绝对误差	0.0124	1.25	0.0246	1.63	0.0182	1.34	0.0284	2.34
	标准误差	0.0114	1.15	0.0209	1.55	0.0213	1.11	0.0282	2.06

表 17-2 给出了采用 15 个基本中心组合试验点加 14 个内插附加试验点进行神经网络训练的结果，一组为标准模型训练结果，另一组为基于先知近似模型的差值模型训练结果，两种模型的隐蔽层均含有 10 个神经元。

表 17-2　差值模型与标准模型的比较(29 个训练样本)

误差		训练结果				检验结果			
		$\|S_{11}\|$	$\angle S_{11}/(°)$	$\|S_{21}\|$	$\angle S_{21}/(°)$	$\|S_{11}\|$	$\angle S_{11}/(°)$	$\|S_{21}\|$	$\angle S_{21}/(°)$
差值模型	平均绝对误差	0.0016	0.41	0.0026	0.46	0.0024	0.58	0.0031	0.64
	标准误差	0.0015	0.36	0.0029	0.41	0.0028	0.57	0.0033	0.78
标准模型	平均绝对误差	0.0036	0.41	0.0068	0.44	0.0042	0.43	0.0088	0.77
	标准误差	0.0033	0.40	0.0049	0.47	0.0038	0.35	0.0092	0.77

从表 17-1 和表 17-2 中可见：①在训练样本数相同的情况下，基于先知近似模型的差值模型训练结果优于标准模型训练结果；②通常，增加训练样本数可以减小训练误差；③在同样误差量级情况下，基于先知模型的差值模型所需的训练样本数远少于标准模型训练所需的训练样本数。

表 17-3 给出了只采用 15 个基本中心组合试验点进行神经网络训练的另外三组比较结果，第一组为标准模型训练结果，第二组为基于先知近似模型的差值模型训练结果，第三组为基于先知近似模型的 PKI 模型训练结果。三种模型的隐蔽层分别含有 13、12、11 个神经元，输出参数均为 4 个，输入参数分别为 4、4、8 个，其中，PKI 模型中多出的 4 个输入参数来自于先知近似模型的 4 个输出参数。

表 17-3　标准模型与差值模型及 PKI 模型的比较(15 个训练样本)

误差		训练结果				检验结果			
		$\|S_{11}\|$	$\angle S_{11}/(°)$	$\|S_{21}\|$	$\angle S_{21}/(°)$	$\|S_{11}\|$	$\angle S_{11}/(°)$	$\|S_{21}\|$	$\angle S_{21}/(°)$
标准模型 13 个隐蔽元	平均误差	0.0020	0.528	0.0065	0.620	0.0041	0.714	0.0101	1.061
	标准误差	0.0023	0.448	0.0059	0.544	0.0049	0.504	0.0089	0.929
差值模型 12 个隐蔽元	平均误差	0.0013	0.628	0.0036	0.731	0.0026	0.709	0.0047	0.983
	标准误差	0.0014	0.502	0.0035	0.526	0.0032	0.524	0.0038	0.839
PKI 模型 11 个隐蔽元	平均误差	0.0017	0.538	0.0032	0.662	0.0021	0.782	0.0038	1.087
	标准误差	0.0014	0.563	0.0026	0.742	0.0024	0.604	0.0026	0.946

从表 17-3 中结果可见，基于先验知识的模型训练结果优于标准模型训练结果。更进一步的数值实验表明：①采用 8 个隐蔽元的差值模型，只需 7 个训练样本就可以达到和表 17-3 中标准模型相同的误差量级；②采用 5 个隐蔽元的 PKI 模型，只需 7 个训练样本也可以达到和表 17-3 中标准模型相同的误差量级。换句话说，若在建模中引用了先知模型，只需较少的训练样本(电磁仿真)就可获得所要求的模型准确度。

17.1.2　输入参数空间映射模型

设先知近似模型的输入/输出矢量为$(\boldsymbol{X}',\boldsymbol{Y})$，欲建的快速、准确模型的输入/输出矢量为$(\boldsymbol{X},\boldsymbol{Y})$。图 17-3 所示为输入参数空间映射模型，它是一种外挂式知识人工神经网络模型，普通神经网络模型与先知模型呈串联关系。其中，普通神经网络的功能是实现所需输入参数空间 $\boldsymbol{X}$ 到先知模型输入参数空间 $\boldsymbol{X}'$ 的映射。通过这一映射，微调近似先知模型的输入点，保证总模型输入/输出映射关系$(\boldsymbol{X},\boldsymbol{Y})$的准确性。由于是微调，映射关系$(\boldsymbol{X},\boldsymbol{X}')$之间的非线性不是很强，神经网络的结构不会太复杂，训练也较容易完成。

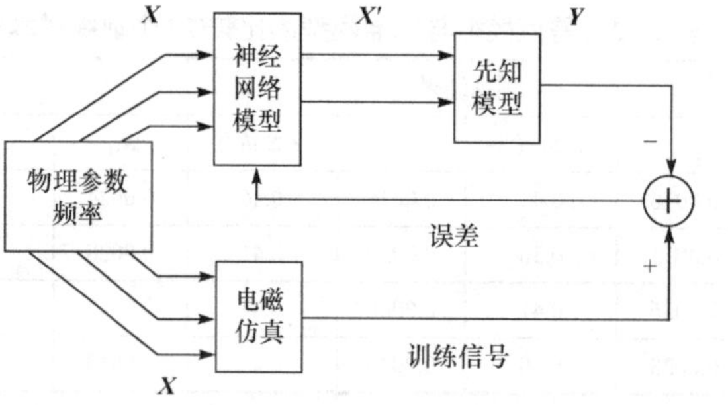

图 17-3　基于先知模型的输入参数空间映射模型的训练

通常，$\boldsymbol{X}'$是$\boldsymbol{X}$的一个子集，即$\boldsymbol{X}$是$\boldsymbol{X}'$的扩展。因此，最终建立的模型的适用范围较之先知模型有所扩展。有时，也可根据具体情况，将总模型及先知模型的输入矢量分为两部分

$$\boldsymbol{X}=\left(\boldsymbol{X}_1,\boldsymbol{X}_2\right) \tag{17.1}$$

$$\boldsymbol{X}'=\left(\boldsymbol{X}_1',\boldsymbol{X}_2'\right) \tag{17.2}$$

令

$$\boldsymbol{X}_2'=\boldsymbol{X}_2 \tag{17.3}$$

即将$\boldsymbol{X}_2'$所含的输入参数不经神经网络映射直接送入先知模型，只对余下的输入参数进行神经网络映射$\left(\boldsymbol{X}_1,\boldsymbol{X}_1'\right)$。这样，可进一步降低网络的复杂度，提高模型精度和计算效率。

17.1.3　主要元素项分析

在多数情况下，很难保证训练人工神经网络的样本输入参数互不相关，即输入矢量含有冗余信息。在训练过程中，如果有较多的相关性很强的输入参数，很可能产生奇异性矩阵，训练难以收敛到预期的目标值，最终得到的模型的推广性极差。因此，剔除输入参数中的冗余信息就显得十分必要，主要元素项分析(PCA)就是剔除冗余信息的一种有效方法。

在进行主元素分析中，假设输入矢量$\boldsymbol{x}$已被归一化处理，满足均值为 0($E[\boldsymbol{x}]=0$)和方差为 1($D[\boldsymbol{x}]=1$)。

设$\boldsymbol{T}$是一个正交变换，并由式(17.4)给定

$$\boldsymbol{T}^{\mathrm{T}}=\left[\boldsymbol{\varphi}_1,\boldsymbol{\varphi}_2,\cdots,\boldsymbol{\varphi}_N\right] \tag{17.4}$$

式中，$\boldsymbol{\varphi}_i$是N维矢量。为了方便起见，假定基矢量$\left\{\boldsymbol{\varphi}_m\right\}$都是实值的，且是归一化正交的，即

$$\boldsymbol{\varphi}_i^{\mathrm{T}}\boldsymbol{\varphi}_j=\begin{cases}1, & i=j\\ 0, & i\neq j\end{cases} \tag{17.5}$$

对于每个输入矢量$\boldsymbol{x}$，有

$$\boldsymbol{y}=\boldsymbol{T}\boldsymbol{x} \tag{17.6}$$

式中，$\boldsymbol{x}^{\mathrm{T}}=\left[x_1,x_2,\cdots,x_N\right]$；$\boldsymbol{y}^{\mathrm{T}}=\left[y_1,y_2,\cdots,y_N\right]$。

由式(17.4)和式(17.5)，立即有$\boldsymbol{T}^{\mathrm{T}}\boldsymbol{T}=\boldsymbol{I}$，因此

$$\boldsymbol{x}=\boldsymbol{T}^{\mathrm{T}}\boldsymbol{y}=\left[\boldsymbol{\varphi}_1\ \boldsymbol{\varphi}_2\ \cdots\boldsymbol{\varphi}_N\right]\boldsymbol{y} \tag{17.7}$$

于是，有

$$\boldsymbol{x}=y_1\boldsymbol{\varphi}_1+y_2\boldsymbol{\varphi}_2+\cdots+y_N\boldsymbol{\varphi}_N=\sum_{i=1}^{N}y_i\boldsymbol{\varphi}_i \tag{17.8}$$

要使变换域矢量$\boldsymbol{y}$的各个分量y_i是互不相关的，并且，仅保留$\boldsymbol{y}$矢量的一个子集$\left\{y_1,y_2,\cdots,y_M\right\}$，可以在最小均方误差的意义下估算出$\boldsymbol{x}$。为此，用预选常数$b_i$代替其余的$N\text{–}M$个分量，可得

$$\hat{\boldsymbol{x}}\left(M\right)=\sum_{i=1}^{M}y_i\boldsymbol{\varphi}_i+\sum_{i=M+1}^{N}b_i\boldsymbol{\varphi}_i \tag{17.9}$$

略去原来的$N\text{–}M$个分量所引起的误差可以表示为

$$\Delta\boldsymbol{x}=\boldsymbol{x}-\hat{\boldsymbol{x}}\left(M\right) \tag{17.10}$$

式中，$\Delta\boldsymbol{x}$是误差矢量，即

$$\Delta \boldsymbol{x} = \boldsymbol{x} - \sum_{i=1}^{M} y_i \boldsymbol{\varphi}_i - \sum_{i=M+1}^{N} b_i \boldsymbol{\varphi}_i = \sum_{i=M+1}^{N} (y_i - b_i) \boldsymbol{\varphi}_i \tag{17.11}$$

因此，均方误差为

$$\varepsilon(M) = E\left\{ \|\Delta \boldsymbol{x}\|^2 \right\} = E\left\{ (\Delta \boldsymbol{x})^{\mathrm{T}} (\Delta \boldsymbol{x}) \right\} \tag{17.12}$$

将式(17.11)代入式(17.12)，有

$$\varepsilon(M) = E\left\{ \sum_{i=M+1}^{N} \sum_{j=M+1}^{N} (y_i - b_i)(y_j - b_j) \boldsymbol{\varphi}_i^{\mathrm{T}} \boldsymbol{\varphi}_j \right\} \tag{17.13}$$

简化后有

$$\varepsilon(M) = \sum_{i=M+1}^{N} E\left\{ (y_i - b_i)^2 \right\} \tag{17.14}$$

下面寻求使$\varepsilon(M)$最小的b_i和$\boldsymbol{\varphi}_i$，用两步实现如下。

第 1 步　最佳的b_i可通过式(17.15)得到

$$\frac{\partial}{\partial b_i} E\left\{ (y_i - b_i)^2 \right\} = -2\left\{ E[y_i] - b_i \right\} = 0 \tag{17.15}$$

于是有

$$b_i = E[y_i] \tag{17.16}$$

现在，由式(17.5)和式(17.8)可得

$$y_i = \boldsymbol{\varphi}_i^{\mathrm{T}} \boldsymbol{x} \tag{17.17}$$

因此，有

$$b_i = \boldsymbol{\varphi}_i^{\mathrm{T}} E[\boldsymbol{x}] \overset{E[\boldsymbol{x}]=0}{=} 0 \tag{17.18}$$

于是，式(17.14)可写为

$$\varepsilon(M) = \sum_{i=M+1}^{N} E\left\{ y_i y_i^{\mathrm{T}} \right\} = \sum_{i=M+1}^{N} \boldsymbol{\varphi}_i^{\mathrm{T}} E\left\{ \boldsymbol{x}\boldsymbol{x}^{\mathrm{T}} \right\} \boldsymbol{\varphi}_i \tag{17.19}$$

因为$E[\boldsymbol{x}]=0$，所以

$$\boldsymbol{\Sigma}_x = E\left\{ \boldsymbol{x}\boldsymbol{x}^{\mathrm{T}} \right\} = E\left\{ (\boldsymbol{x} - \bar{\boldsymbol{x}})(\boldsymbol{x} - \bar{\boldsymbol{x}})^{\mathrm{T}} \right\} \tag{17.20}$$

是$\boldsymbol{x}$的协方差矩阵，于是有

$$\varepsilon(M) = \sum_{i=M+1}^{N} \boldsymbol{\varphi}_i^{\mathrm{T}} \boldsymbol{\Sigma}_x \boldsymbol{\varphi}_i \tag{17.21}$$

第 2 步　为了得到最佳的$\boldsymbol{\varphi}_i$，我们不仅要找出$\boldsymbol{\varphi}_i$使得$\varepsilon(M)$最小，同时还要满足关系式$\boldsymbol{\varphi}_i^{\mathrm{T}} \boldsymbol{\varphi}_i = 1$。采用拉格朗日乘数法，也就是找出$\boldsymbol{\varphi}_i$使得式(17.22)最小

$$\hat{\varepsilon}(M) = \varepsilon(M) - \sum_{i=M+1}^{N} \beta_i \left[\boldsymbol{\varphi}_i^{\mathrm{T}} \boldsymbol{\varphi}_i - 1 \right] = \sum_{i=M+1}^{N} \left\{ \boldsymbol{\varphi}_i^{\mathrm{T}} \boldsymbol{\Sigma}_x \boldsymbol{\varphi}_i - \beta_i \left[\boldsymbol{\varphi}_i^{\mathrm{T}} \boldsymbol{\varphi}_i - 1 \right] \right\} \tag{17.22}$$

式中，β_i表示拉格朗日乘数。

可以证明

$$\nabla_{\varphi_i}\left[\varphi_i^{\mathrm{T}}\Sigma_x\varphi_i\right]=2\Sigma_x\varphi_i \tag{17.23}$$

$$\nabla_{\varphi_i}\left[\varphi_i^{\mathrm{T}}\varphi_i\right]=2\varphi_i \tag{17.24}$$

因此，由式(17.22)有

$$\nabla_{\varphi_i}\left[\hat{\varepsilon}(M)\right]=2\Sigma_x\varphi_i-2\beta_i\varphi_i=0 \tag{17.25}$$

即

$$\Sigma_x\varphi_i=\beta_i\varphi_i \tag{17.26}$$

式(17.26)意味着 φ_i 是协方差矩阵 Σ_x 的本征矢量，而 β_i 是相应的第 i 个本征值。用 λ_i 表示 β_i，同时将式(17.26)代入式(17.21)，可得最小的均方误差如下

$$\varepsilon_{\min}(M)=\sum_{i=M+1}^{N}\lambda_i \tag{17.27}$$

综上所述，式(17.8)定义的展开式可以用协方差矩阵的本征矢量来表示，这样的展开式称为卡南-洛伊夫展式。式(17.6)中的 $\boldsymbol{T}$ 由 $\Sigma_{\boldsymbol{x}}$ 的本征矢量 φ_i 所组成。变换 $\boldsymbol{y}=\boldsymbol{Tx}$ 称为卡南-洛伊夫变换(KLT)。

这种最小化 $\varepsilon(M)$ 的过程一般称为主要元素项分析。根据以上分析，可得如下两个重要结论。

(1) 在选取均方误差准则下，KLT 是作为信号表示的最佳变换。

(2) 由于 $\boldsymbol{y}=\boldsymbol{Tx}$，变换域的协方差矩阵 Σ_y 可由式(17.28)给出

$$\Sigma_y=\boldsymbol{T}\Sigma_x\boldsymbol{T}^{-1}=\boldsymbol{T}\Sigma_x\boldsymbol{T}^{\mathrm{T}} \tag{17.28}$$

因为 $\boldsymbol{T}$ 由 Σ_x 的本征矢量所组成，于是有

$$\Sigma_y=\mathrm{diag}\left(\lambda_1,\ \lambda_2,\ \cdots,\lambda_N\right) \tag{17.29}$$

式中，$\lambda_i\left(i=1,2,\cdots,N\right)$ 是 Σ_x 的本征值。因为 Σ_y 是一对角线矩阵，所以变换矢量的各个分量 y_i 是互不相关的。

式(17.27)表明，在用 $\boldsymbol{y}$ 表示输入矢量 $\boldsymbol{x}$ 时，变换分量 y_i 对 $\boldsymbol{x}$ 的贡献大小，取决于其相应的本征值。如果删去了 y_k，那么均方误差就要增加 λ_k，λ_k 是相应的本征值。因此，应该选择具有 M 个最大本征值的 y_i 子集，而舍弃剩下的 y_i，后者可用常数 b_i 来代替，$i=M+1,\cdots,N$。对于已归一化处理的 $\boldsymbol{x}$，因为 $b_i=0$，可以把剩下的 y_i 都置作零。由于本征值 λ_i 相应于变换分量 y_i 的方差，因此，这种选择分量的方法又称为方差准则：保留具有 M 个最大方差的分量子集，而舍弃剩下的 $M\text{–}N$ 个分量。

17.1.4　稳健的知识人工神经网络模型

稳健的知识人工神经网络(RKBNN)模型结构如图 17-4 所示[4]。从图中可以很容易看出，这个模型的结构基本上可以划分成三个部分：普通人工神经网络模型、先验知识模型和主要元素项分析前处理器。如果只包含多层感知器和先知模型，那么该模型就退化成 17.1.1 节中的差值模型。前处理器加在普通人工神经网络模型输入前端，进行输入数据的主要元素项分析和卡南-洛伊夫变换，它的主要功能有 3 点：①通过 KLT，它对原始输入样本数据进行正交化，得到一组互不相关的输入参数(主元素)；②它将正交化的输入参数按方差的大小进行排

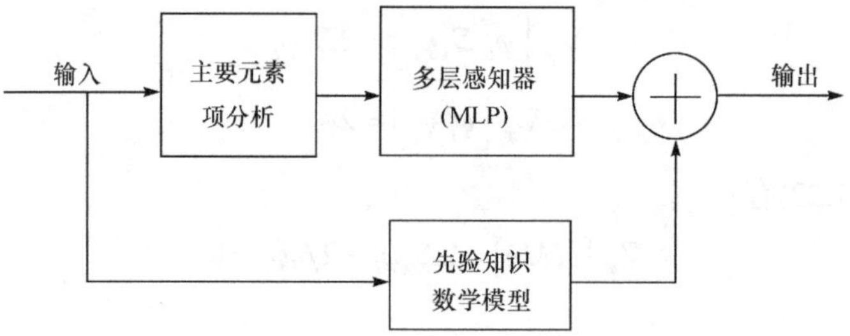

图 17-4　RKBNN 模型结构

序；③它将对应于最小方差的一些正交化输入参数剔除。通过主元素分析，剔除可能存在于原输入样本数据中的信息冗余性，可以消除网络训练过程中奇异矩阵的出现，将极大地改善网络训练的收敛性和稳定性，使得训练得到的知识人工神经网络模型具有良好的推广性。

图 17-5 所示是需要模拟的共面互连线的截面图，由两根信号线和一根地线组成。要建的 RKBNN 模型的输入矢量 $\boldsymbol{x}$ 有 5 个元素，w, t, s_1, s_2 和工作频率 f。输入参数的取值范围及取样层如表 17-4 所示。总共有 $625\times5=3125$ 个输入/输出样本，由部分元等效电路(PEEC)法数值计算给出。RKBNN 模型的输出矢量 $\boldsymbol{y}$ 有 6 个元素，它们是随频率变化的单位长度电阻参数 R_{11}, R_{12}, R_{22} 和电感参数 L_{11}, L_{12}, L_{22}。

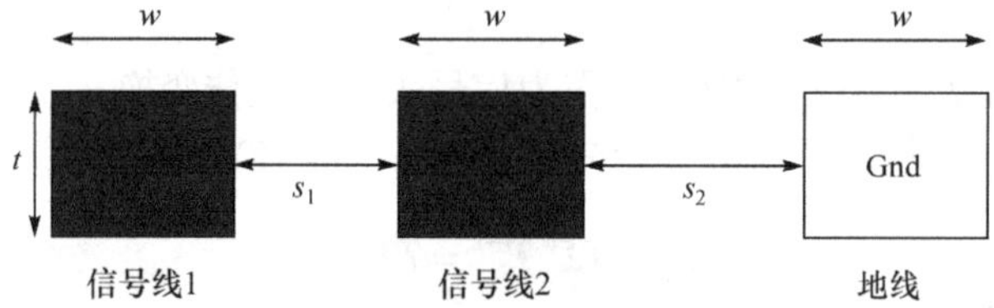

图 17-5　共面互连线的截面图

表 17-4　输入参数的取值范围及取样值

x	取值范围	取样层中的值
f/Hz	$10^6\sim10^{10}$	$10^6, 10^7, 10^8, 10^9, 10^{10}$
w/μm	0～12	1, 3, 5, 7, 9
t/μm	0～12	1, 3, 5, 7, 9
s_1/μm	0～12	1, 3, 5, 7, 9
s_2/μm	0～12	1, 3, 5, 7, 9

多层感知器由输入层、两个隐蔽层、输出层组成。每个隐蔽层包含 7 个 S 型神经元。输出层包含 6 个线性神经元。对于图 17-5 中的共面互连线，建议下列公式作为近似先知模型

$$R_{11}(w,t,f)=2\sqrt{\left(\frac{1}{\sigma wt}\right)^2+\left(\frac{\sqrt{\pi\mu_0 f}}{2\sqrt{\sigma}(w+t)}\right)^2}\tag{17.30}$$

$$R_{12}(w,t,f)=\sqrt{\left(\frac{1}{\sigma wt}\right)^2+\left(\frac{\sqrt{\pi\mu_0 f}}{2\sqrt{\sigma}(w+t)}\right)^2}\tag{17.31}$$

$$R_{22}(w,t,f)=2\sqrt{\left(\frac{1}{\sigma wt}\right)^2+\left(\frac{\sqrt{\pi\mu_0 f}}{2\sqrt{\sigma}(w+t)}\right)^2} \tag{17.32}$$

$$L_{11}(w,t,s_1,s_2)=\frac{\mu_0}{\pi}\left[\ln\left(\frac{s_1+s_2+2w}{w+t}\right)+1.5\right] \tag{17.33}$$

$$L_{12}(w,t,s_1,s_2)=\frac{\mu_0}{2\pi}\left[\ln\left(\frac{(s_1+s_2+2w)(s_2+w)}{(w+t)(s_1+w)}\right)+1.5\right] \tag{17.34}$$

$$L_{22}(w,t,s_1,s_2)=\frac{\mu_0}{\pi}\left[\ln\left(\frac{s_2+w}{w+t}\right)+1.5\right] \tag{17.35}$$

式中，σ 是导体的电导率。上述近似模型在低频时给出的结果尚可，但是，随着频率的增加，其结果与 PEEC 仿真结果之间的误差越来越大。该近似模型将按图 17-4 所示作为先知模型被引入 RKBNN 中，PEEC 仿真与近似模型结果之差将在归一化之后作为多层感知器的训练样本目标值。多层感知器的输入矢量 $\boldsymbol{x}'=\boldsymbol{T}\boldsymbol{x}$，$\boldsymbol{T}$ 为由主元素分析得到的 KLT 变换矩阵。

采用 Levenberg-Marquart 算法来训练多层感知器。在表 17-4 中的 625 个取样结构中，按每个参数 3 层取样共有 81 个结构被选作训练样本，其余的样本用作实时检验和模型检测。

作为比较，同时还建立了一个与 RKBNN 模型结构相似但不含主元素分析预处理器的差值模型。图 17-6 给出了两者模型的训练、实时检验、模型检测误差随训练进程的变化情况比较。由图可见，差值模型难以达到预期的训练目标值，因此，其模型推广性差(模型检测误差大)。相反，RKBNN 模型的训练过程稳定且高效，训练所得模型推广良好。

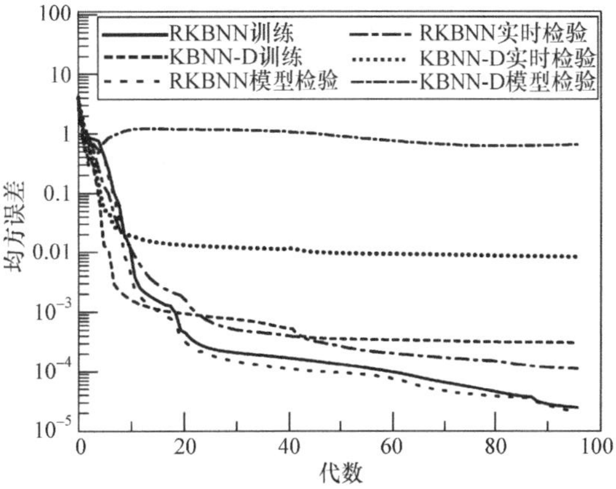

图 17-6　RKBNN 模型与差值的训练、实时检验、模型检测误差随训练进程的变化情况比较

17.2　嵌入式知识人工神经网络模型

17.2.1　知识人工神经元

在嵌入式知识人工神经网络模型中，先验知识直接用来构造神经元的活化函数，使神经元本身就具备先验知识。通常，这些知识为解析表达式，或为所要求解问题的近似解，或为与原问题有些相关的简单模型的解，或者是这些近似解的扩展。例如，如果要求解的是条带厚度为有限厚度的非对称带状线问题，其对应的简单问题可以是条带厚度为零的对称带状线问题。显然，相关简单问题的先知公式往往只在一个较为局限的输入参数空间近似成立，其输入矢量

$$\boldsymbol{x}^s=(x_1,x_2,\cdots,x_s),\ \ s\leqslant N \tag{17.36}$$

通常是原问题输入矢量 $\boldsymbol{x}$ 的子集。换句话说，原问题输入矢量 $\boldsymbol{x}$ 是 $\boldsymbol{x}^s$ 的扩展。我们记此扩展部分为

$$\boldsymbol{x}^e = \left(x_{s+1}, x_{s+2}, \cdots, x_N\right) \tag{17.37}$$

设简单问题的先验知识能表示为

$$z^s = F^s\left(\boldsymbol{w}^s, \boldsymbol{x}^s\right) \tag{17.38}$$

式中，z^s 是简单问题的输出；$\boldsymbol{w}^s$ 是与 $\boldsymbol{x}^s$ 相关的权矢量。这里不再区分与 $\boldsymbol{x}^s$ 相乘的系数和相加的偏置，统称为与 $\boldsymbol{x}^s$ 相关的权矢量。根据先验知识(17.38)，可以构造如下知识人工神经元

$$z(\boldsymbol{x}) = F^{\mathrm{KB}}\left(F^s\left(\boldsymbol{w}^s, \boldsymbol{x}^s\right), \boldsymbol{w}^e, \boldsymbol{x}^e\right) \tag{17.39}$$

式中，$\boldsymbol{w}^s$ 是连接 $\boldsymbol{x}^s$ 和知识人工神经元的权矢量；$\boldsymbol{w}^e$ 是连接 $\boldsymbol{x}^e$ 和知识人工神经元的权矢量。

根据简单模型(17.38)添加扩展参数 $\boldsymbol{x}^e$ 构成知识人工神经元[式(17.39)]的方式对最终的网络特性有一定影响。一种简单的方式是以加权和的形式将它们引入。也可以根据经验选择 $\boldsymbol{x}^e$ 和 z 之间的加权关系，例如，2 阶或高阶的加权多项式。

例如，两根耦合微带线的传输特性可以用单位长度的 RLCG 矩阵描述。设微带导体宽度为 x_1、厚度为 x_2，两导体间距为 x_3，微带介质厚度为 x_4、介电常数为 x_5 和工作频率为 x_6。对于耦合微带线两线间单位长度的互电感 l_{12}，有下列经验公式

$$l_{12} = \frac{\mu_r \mu_0}{4\pi} \ln\left[1 + \frac{\left(2x_4\right)^2}{\left(x_1 + x_3\right)^2}\right] \tag{17.40}$$

基于这一先知模型，可以如下构造知识神经元

$$z = F^{\mathrm{KB}} = \ln\left[1 + \mathrm{e}^{w_1} \frac{\left(x_4 - w_2\right)^2}{\left(x_1 + x_3 - w_3\right)^2}\right] + w_4 x_2 + w_5 x_5 + w_6 x_6 + w_7 \tag{17.41}$$

式中，将先知模型未包含的输入参数 x_2、x_5 和 x_6 以加权和的形式引入到知识人工神经元模型 $F^{\mathrm{KB}}(\boldsymbol{x}, \boldsymbol{w})$ 中，形成完备的输入/输出($\boldsymbol{x}/z$)映射关系。

17.2.2 知识人工神经元三层感知器

设要模拟的输入/输出映射具有 N 个输入参数 $\boldsymbol{x} = \left(x_1, x_2, \cdots, x_N\right)$ 和 M 个输出参数 $\boldsymbol{y} = \left(y_1, y_2, \cdots, y_M\right)$。将普通三层感知器隐蔽层中的隐蔽元换成具有先验知识的人工神经元，可构成知识人工神经元三层感知器模型，如图 17-7 所示。它由具有输入矢量 $\boldsymbol{x}$ 的输入层、具有 K 个知识人工神经元的隐蔽层以及具有 M 个线性人工神经元给出输出矢量 $\boldsymbol{y}$ 的输出层组成。

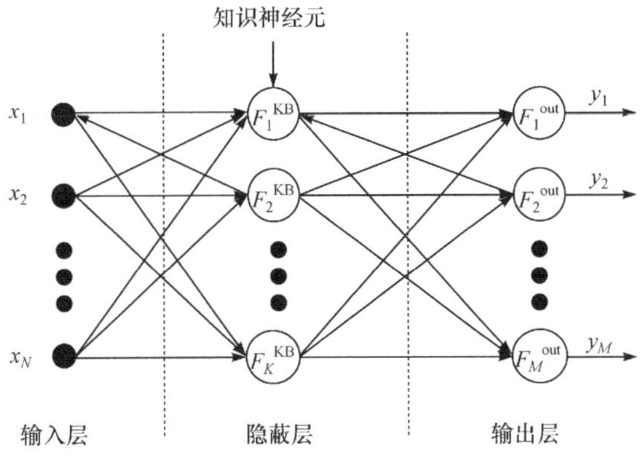

图 17-7　知识人工神经元三层感知器模型

假设每一个线性输出神经元的活化函数为

$$F^{\text{out}}(v)=v \tag{17.42}$$

每一个知识神经元的输出为 $z_i\left(i=1,2,\cdots,K\right)$。根据问题建模所需，可以在同一隐蔽层中采用不同形式的知识人工神经元函数 $F_i^{\text{KB}}(i=1,2,\cdots,K)$。知识神经元的个数 K 可通过数值实验确定。于是，知识人工神经元三层感知器的输出为

$$\boldsymbol{y}=\boldsymbol{W}^{\text{out}}\cdot\boldsymbol{z}+\boldsymbol{b}^{\text{out}} \tag{17.43}$$

式中，矢量 $\boldsymbol{z}=\left(z_1,z_2,\cdots,z_K\right)$； $\boldsymbol{b}^{\text{out}}$ 是输出层的偏置矢量； $\boldsymbol{W}^{\text{out}}$ 是连接基于知识的隐蔽层和输出层的加权矩阵。不失一般性，下面只讨论单输出参数的情况。这时，知识人工神经元三层感知器函数

$$y=F\left(\boldsymbol{x}\right)=\boldsymbol{w}^{\text{out}}\cdot\boldsymbol{z}\left(\boldsymbol{x}\right)+b^{\text{out}} \tag{17.44}$$

式中，b^{out} 是输出神经元的偏置数； $\boldsymbol{w}^{\text{out}}$ 是连接知识隐蔽层和输出神经元的加权矢量。由此组合而成的知识神经元三层感知器模型，能够在更大的输入参数空间更准确地模拟输入/输出映射关系。形成完备的输入/输出($\boldsymbol{x}/\boldsymbol{y}$)映射关系。

知识神经元三层感知器模型的训练可采用受控学习方式，价值函数可定义为

$$J_a=\frac{1}{2Q}\sum_{i=1}^{Q}\left[d(i)-y(i)\right]^2 \tag{17.45}$$

式中，$d(i)$和 $y(i)$分别是与第 i 个训练样本相对应的期望输出和神经网络的实际输出；Q 是训练样本数。可以将训练看作一个优化问题，根据已知的输入/输出训练样本，采用适当的优化方法得到模型中的各个加权参数值 $\boldsymbol{w}^{\text{out}}$ 、 $\boldsymbol{w}_i^{s}$ 、 $\boldsymbol{w}_i^{\text{e}}$ ($i=1,2,\cdots,K$)和偏置参数值 b^{out} 。

17.2.3　应用实例

下面，以高速数字集成电路(HSDIC)中的带状线间隙和弯头不连续性为例说明知识神经元三层感知器的特点和优势。

第一个例子是 16.1.4 节所述的带状线间隙不连续性。Oliner 曾给出零厚度、上下对称的带状线间隙不连续性 S 参数的解析解[8]，结果表明 $|S_{11}|$ 、 $|S_{21}|$ 、 $\angle S_{11}$ 和 $\angle S_{21}$ 随输入矢量 $\boldsymbol{x}$ 的变化形态各异，因此，分别对间隙不连续性的四个输出参数建立如下四个知识神经元三层感知器模型

$$y_{|S_{11}|}=|S_{11}|=F_{|S_{11}|}\left(\overline{T},\overline{g},\overline{f}\right) \tag{17.46}$$

$$y_{|S_{21}|}=|S_{21}|=F_{|S_{21}|}\left(\overline{T},\overline{g},\overline{f}\right) \tag{17.47}$$

$$y_{\angle S_{11}}=\angle S_{11}=F_{\angle S_{11}}\left(\overline{T},\overline{g},\overline{f}\right) \tag{17.48}$$

$$y_{\angle S_{21}}=\angle S_{21}=F_{\angle S_{21}}\left(\overline{T},\overline{g},\overline{f}\right) \tag{17.49}$$

Oliner 给出的间隙不连续性的等效π型电路参数为

$$\overline{B_1}\left(\overline{f},\overline{g}\right)=\frac{1+\overline{B_a}\operatorname{ctg}\left(\pi\overline{f}\overline{g}\right)}{\operatorname{ctg}\left(\pi\overline{f}\overline{g}\right)\overline{B_a}} \tag{17.50}$$

$$\overline{B_2}\left(\overline{f},\overline{g}\right)=\frac{1}{2}\left[\frac{1+\left(2\overline{B_b}+\overline{B_a}\right)\operatorname{ctg}\left(\pi\overline{f}\overline{g}\right)}{\operatorname{ctg}\left(\pi\overline{f}\overline{g}\right)-\left(2\overline{B_b}+\overline{B_a}\right)}-\overline{B_a}\right] \tag{17.51}$$

式中，$\overline{B_1}$ 和 $\overline{B_2}$ 分别是等效π型电路的归一化并联和串联电纳

$$\overline{B_a}=2\overline{f}\ln\left[\operatorname{ch}\left(\pi\overline{g}/2\right)\right] \tag{17.52}$$

$$\overline{B_b}=\overline{f}\ln\left[\operatorname{cth}\left(\pi\overline{g}/2\right)\right] \tag{17.53}$$

根据电路理论，由上述等效π型电路参数可导出间隙不连续性的 S 参数如下

$$S_{11}=S_{22}=\frac{1+\left(\overline{B_1}^2+2\overline{B_1}\overline{B_2}\right)}{\left[1-\left(\overline{B_1}^2+2\overline{B_1}\overline{B_2}\right)\right]+2\mathrm{j}\left(\overline{B_1}+\overline{B_2}\right)} \tag{17.54}$$

$$S_{12}=S_{21}=\frac{2\mathrm{j}\overline{B_2}}{\left[1-\left(\overline{B_1}^2+2\overline{B_1}\overline{B_2}\right)\right]+2\mathrm{j}\left(\overline{B_1}+\overline{B_2}\right)} \tag{17.55}$$

现在，可用这些先验知识构造不对称、有厚度的间隙不连续性的知识神经元三层感知器模型。首先，上述公式中的独立参变量 $\overline{f}$ 和 $\overline{g}$ 分别用线性加权项 $\left(w_{i1}\overline{f}+w_{i2}\right)$ 和 $\left(w_{i3}\overline{g}+w_{i4}\right)$ 替换。其次，由于间隙电容正比于条带厚度，第三个独立参变量 $\overline{T}$ 以 2 阶多项式 $\left(w_{i5}\overline{T}^2+w_{i6}\overline{T}+w_{i7}\right)$ 和 $\left(w_{i8}\overline{T}^2+w_{i9}\overline{T}+w_{i10}\right)$ 的形式引入分别乘于式(17.50)和式(17.51)右侧。于是得到扩展的等效π型电路参数先知公式如下

$$\overline{B_1}^{\mathrm{KB}}=\overline{B_1}\left[\left(w_{i1}\overline{f}+w_{i2}\right),\left(w_{i3}\overline{g}+w_{i4}\right)\right]\cdot\left(w_{i5}\overline{T}^2+w_{i6}\overline{T}+w_{i7}\right) \tag{17.56}$$

$$\overline{B_2}^{\mathrm{KB}}=\overline{B_2}\left[\left(w_{i1}\overline{f}+w_{i2}\right),\left(w_{i3}\overline{g}+w_{i4}\right)\right]\cdot\left(w_{i8}\overline{T}^2+w_{i9}\overline{T}+w_{i10}\right) \tag{17.57}$$

将 $\overline{B_1}^{\mathrm{KB}}$ 和 $\overline{B_2}^{\mathrm{KB}}$ 代入式(17.54)和式(17.55)，可得知识神经元函数 $F_i^{\mathrm{KB}}(i=1,2,\cdots,K)$ 。在四个知识神经元三层感知器中，$F_i^{\mathrm{KB}}(i=1,2,\cdots,K)$ 分别表示 $|S_{11}|$ 、$|S_{21}|$ 、$\angle S_{11}$ 和 $\angle S_{21}$ 的扩展先验知识，下标 i 表示知识层中的第 i 个知识神经元。

采用全组合试验设计选择需进行 FDTD 仿真的间隙结构参数，各参数的取值范围及取

样层数如表 17-5 所示。对于本例中的两个独立参变量，$\overline{T}$(3-层取样)和$\overline{g}$(3-层取样)，全组合试验设计要求进行 3×3=9 次 FDTD 仿真。然后，利用傅里叶变换将 FDTD 仿真结果转换到频域，在归一化频带 0～0.2 内均匀取样 30 个点。因此，总共有$9\times30=270$个输入-输出样本数据用于训练间隙的知识神经元三层感知器模型。为了比较，这组训练样本还同时用于训练建立一个普通的三层感知器。训练所用的优化方法为基于 Levenberg-Marquart 技术的最小二乘法，终止条件为$2QJ_a<10^{-4}$。

表 17-5　间隙及弯头的参变量取值范围及取样值

输入参数	取样层中的值		
$\overline{f}$	0～0.2 (30-层取样)		
$\overline{T}$ (3-level)	0	0.125	0.2
$\overline{g}$ (3-level)(间隙)	$\frac{1}{15},\frac{3}{15},\frac{8}{15}$	$\frac{1}{32},\frac{7}{32},\frac{17}{32}$	$\frac{1}{30},\frac{5}{30},\frac{16}{30}$
$\overline{l}_c$ (3-level)(弯头)	$\frac{1}{15},\frac{3}{15},\frac{8}{15}$	$\frac{1}{16},\frac{3}{16},\frac{5}{16}$	$\frac{1}{25},\frac{3}{25},\frac{6}{25}$

隐蔽层的大小由数值实验确定。数值实验表明，在保持同样精度的条件下，知识神经元三层感知器所需的隐蔽元数比普通三层感知器所需的隐蔽元数要少。同时，由于神经元数目减少和知识神经元已具有近似逼近真实解的特性，通常，知识神经元三层感知器所需的训练时间也相对较少，即学习速度较快。

训练出的知识神经元三层感知器和普通三层感知器用一组检测样本检验，检测样本也由 FDTD 仿真产生，其参数取值范围与训练样本一致，但取样点不同于训练样本。检验结果表明，知识神经元三层感知器具有比普通三层感知器好的映射性能。

超过输入参数$\overline{g}$训练取值范围 50%的输入参数被用于检测两种模型的外推特性。以 FDTD 仿真结果为期望值，两种模型的平均绝对外推误差 (AAEE)如表 17-6 所示。由表可见，知识神经元三层感知器的误差比普通三层感知器的误差要小，外推特性大为改善。

表 17-6　间隙的知识神经元三层感知器模型和普通三层感知器模型的外推特性比较

S参数	NNKBN		MLP	
	隐蔽元数	平均绝对误差	隐蔽元数	平均绝对误差
$\lvert S_{11}\rvert$	3	0.006	9	0.160
$\lvert S_{21}\rvert$	3	0.006	9	0.031
$\angle S_{11}$	5	0.004	9	0.030
$\angle S_{21}$	5	0.026	12	0.048

其次研究带状线弯头不连续性，如图 17-8 所示[1]。其中，斜切角的作用是抑制传输特性随频率的波动和失配。设弯头的其他结构及材料参数同上述间隙不连续性相同。于是，其神经元三层感知器模型同间隙不连续性相似，只是将间隙长度参数g置换为切角长度参数l_c

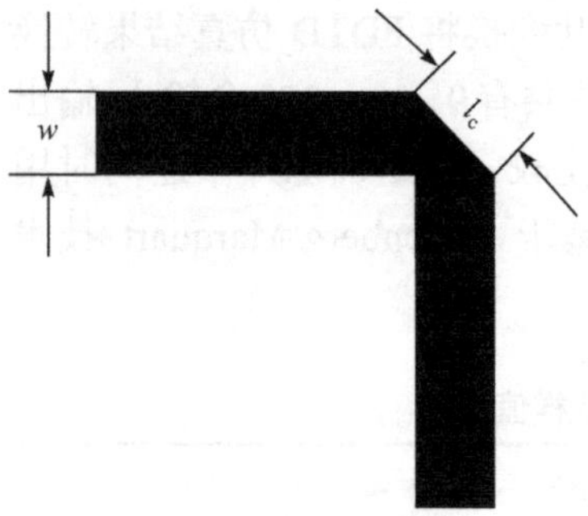

图 17-8 弯头的示意图

$$y_{|S_{11}|}=|S_{11}|=F_{|S_{11}|}\left(\overline{T},\overline{l_c},\overline{f}\right) \tag{17.58}$$

$$y_{|S_{21}|}=|S_{21}|=F_{|S_{21}|}\left(\overline{T},\overline{l_c},\overline{f}\right) \tag{17.59}$$

$$y_{\angle S_{11}}=\angle S_{11}=F_{\angle S_{11}}\left(\overline{T},\overline{l_c},\overline{f}\right) \tag{17.60}$$

$$y_{\angle S_{21}}=\angle S_{21}=F_{\angle S_{21}}\left(\overline{T},\overline{l_c},\overline{f}\right) \tag{17.61}$$

式中，$\overline{l_c}=l_c/b$。

Oliner 给出的无切角、上下对称带状线弯头不连续性的等效 T 型电路参数为

$$\overline{X_1}\left(\overline{f},\overline{T}\right)=\overline{f}\ \overline{w_{eq}}\left[1.756+4\left(\overline{f}\ \overline{w_{eq}}\right)^2\right] \tag{17.62}$$

$$\overline{X_2}\left(\overline{f},\overline{T}\right)=\overline{f}\ \overline{w_{eq}}\left[0.0725-0.159/\left(\overline{f}\ \overline{w_{eq}}\right)^2\right] \tag{17.63}$$

式中，$\overline{X_1}$ 和 $\overline{X_2}$ 分别是等效 T 型电路归一化串联和并联电抗。$\overline{w_{eq}}$ 是按式(17.64)定义的等效条带宽度

$$\overline{w_{eq}}=\begin{cases}\dfrac{K(k)}{K(k')}+\dfrac{\overline{T}}{\pi}\left[1-\ln\left(2\overline{T}\right)\right], & \overline{w}\leqslant 0.5\\ \overline{w}+\dfrac{2}{\pi}\ln 2+\dfrac{\overline{T}}{\pi}\left[1-\ln\left(2\overline{T}\right)\right], & \overline{w}>0.5\end{cases} \tag{17.64}$$

式中，$K(k)$是第一类完全椭圆积分

$$k=\tanh\left(\pi\overline{w}/2\right) \tag{17.65}$$

$$k'=\sqrt{1-k^2} \tag{17.66}$$

归一化条带宽度$\overline{w}=w/b$为非独立变量，设其满足关系式(16.11)。

根据电路理论，由上述等效 T 型电路参数可导出弯头不连续性的 S 参数如下

$$S_{11}=S_{22}=-\frac{1+\left(\overline{X_1}^2+2\overline{X_1}\,\overline{X_2}\right)}{1-\left(\overline{X_1}^2+2\overline{X_1}\,\overline{X_2}\right)+2\mathrm{j}\left(\overline{X_1}+\overline{X_2}\right)} \tag{17.67}$$

$$S_{12}=S_{21}=\frac{2\mathrm{j}\overline{X_2}}{1-\left(\overline{X_1}^2+2\overline{X_1}\,\overline{X_2}\right)+2\mathrm{j}\left(\overline{X_1}+\overline{X_2}\right)} \tag{17.68}$$

按照与间隙不连续性相似的处理过程，可得到下列扩展的等效 T 型等效电路参数

$$\overline{X_1}^{\mathrm{KB}}=\left(w_{i1}\overline{f}+w_{i2}\right)\overline{w_{eq}}^{\mathrm{KB}}\cdot\left\{1.756+\left[\left(w_{i1}\overline{f}+w_{i2}\right)\overline{w_{eq}}^{\mathrm{KB}}\right]^2\right\}\cdot\left(w_{i5}\overline{l_c}+w_{i6}\right) \tag{17.69}$$

$$\overline{X_2}^{\mathrm{KB}}=\left(w_{i1}\overline{f}+w_{i2}\right)\overline{w_{\mathrm{eq}}}^{\mathrm{KB}}\cdot\left\{0.0725-\frac{1}{\left[\left(w_{i1}\overline{f}+w_{i2}\right)\overline{w_{\mathrm{eq}}}^{\mathrm{KB}}\right]^2}\right\}\cdot\left(w_{i5}\overline{l_{\mathrm{c}}}+w_{i6}\right) \tag{17.70}$$

$$\overline{w_{\mathrm{eq}}}^{\mathrm{KB}}=\begin{cases}\dfrac{K(k)}{K(k')}+\dfrac{w_{i3}\overline{T}+w_{i4}}{\pi}\left\{1-\ln\left[2\left(w_{i3}\overline{T}+w_{i4}\right)\right]\right\}, & \overline{w}\leqslant 0.5\\ \left(w_{i7}\overline{w}+w_{i8}\right)+\dfrac{w_{i3}\overline{T}+w_{i4}}{\pi}\left\{1-\ln\left[2\left(w_{i3}\overline{T}+w_{i4}\right)\right]\right\}, & \overline{w}>0.5\end{cases} \tag{17.71}$$

将 $\overline{X_1}^{\mathrm{KB}}$ 和 $\overline{X_2}^{\mathrm{KB}}$ 代入式(17.67)和式(17.68)，可得四个知识神经元三层感知器的知识神经元函数 $F_i^{\mathrm{KB}}(i=1,2,\cdots,K)$。

知识神经元三层感知器的训练过程同前面间隙不连续性模型的过程相似。输入变量 $x\left(\overline{T},\overline{l_{\mathrm{c}}},\overline{f}\right)$ 的取值范围及取样点也列于表 17-5 中。为了比较，训练样本还同时用于训练建立一个普通的三层感知器。训练出的知识神经元三层感知器和普通三层感知器用一组检测样本检验，检测样本也由 FDTD 仿真产生，其参数取值范围与训练样本一致，但取样点不同于训练样本。检测结果表明，知识神经元三层感知器具有比普通三层感知器更好的映射性能。

其次，考查、对比两种模型的外推特性。为此，故意使式(16.11)不满足，即 $Z_0\neq 46\Omega$。数值实验表明，当式(16.11)不再近似满足时，普通三层感知器的输出结果误差很大。与此相反，即使当 Z_0 偏离 46Ω 达 50%时，由知识神经元三层感知器给出的结果仍然很准，如表 17-7 所示。知识神经元三层感知器的这种优良的外推特性来自于先验知识[式(17.62)和式(17.63)]的引入，无论是否满足式(16.11)，这些公式都是近似成立的。

表 17-7　当不满足式(16.11)时的知识神经元三层感知模型的外推特性

	相对误差			
	$Z_0=38\Omega$	$Z_0=46\Omega$	$Z_0=53\Omega$	$Z_0=70\Omega$
$\lvert S_{11}\rvert$	1.74%	0.89%	1.48%	1.95%
$\lvert S_{21}\rvert$	1.13%	0.80%	0.94%	2.05%
$\angle S_{11}$	0.81%	0.32%	0.73%	1.03%
$\angle S_{21}$	0.23%	0.11%	0.22%	0.32%

由上述两个例子可知，与普通三层感知器模型相比，知识神经元三层感知器模型仅需较少的隐蔽神经元、使用较少的训练样本就可获得较好的逼近精度，并且具有源于解析先验知识的较为可靠的外推准确性。

参 考 文 献

[1] Wang B Z, Zhao D, Hong J. Modeling stripline discontinuities by neural network with knowledge-based neurons. IEEE Trans. Adv. Packag: 2000, 23(4): 692-698

[2] 洪劲松，王秉中，钟晓征. 带状线电路中十字交越不连续性的具有知识神经元的神经网络模型. 微波学报, 2002, 18(2): 24-27

[3] Hong J, Wang B Z, Hu B J, et al. Neural network with knowledge-based neurons for the modeling of crossover discontinuities in stripline circuits. Microw. Opt. Tech. Lett. 2002, 34(2): 107-109

[4] 赵德双, 王秉中, 钟晓征. 共面互连线频变电阻电感的稳健的知识神经网络模型. 微波学报, 2002, 18(1): 64-66

[5] Hong J, Wang B Z. Robust knowledge-based neural network model for microstrip T-junction structure. Microw. Opti. Tech. Lett. 2004, 42(3): 257-260

[6] Waston P M, Gupta K C. EM-ANN models for microstrip vias and interconnects in dataset circuits. IEEE Trans. Microw. Theory Tech. 1996, 44(12): 411-421

[7] Waston P M, Gupta K C, Mahajan R L. Development of knowledge based artificial neural network models for microwave components. 1998 IEEE MTT-s International Microwave Symposium Digest, New York, 1998: 9-12

[8] Oliner A A. Equivalent circuits for discontinuities in balanced strip transmission lines. IEEE Trans. Microw. Theory Tech. 1995, 3(2): 134-143

第 18 章　基于传递函数的神经网络模型应用

人工神经网络在电磁场建模和优化中已经被证明为一种有效的方法[1-5]。在电磁场优化设计中，因为要反复调用电磁场仿真，所以优化成本非常高。例如，人工神经网络可以通过训练得到微波器件的几何参数和电磁场响应间的映射关系。得到该映射关系后，一旦输入几何参数(变量)，人工神经网络能快速得到这个微波器件的电磁场响应。同时，可以将解析表达式[6]，经验模型[7]或者等效电路[8, 9]作为先验知识，它们能够加快神经网络模型的建立、提高模型的学习和收敛能力[10]。有学者提出了一种结合神经网络和传递函数的方法，并应用于电磁场工程的参数化建模中[11, 12]。在这个方法中，传递函数被用于准确描述微波器件基于频率的电磁场响应。目前，在人工神经网络-传递函数模型中，传递函数主要分为包含有理数和无理数方程形式的双线性传递函数[13]和基于极点留数的传递函数[14]两类。

18.1　传 递 函 数

如图 18-1 所示，人工神经网络-传递函数模型包括了神经网络和传递函数两部分。$\boldsymbol{x}$ 表示神经网络的输入，即微波器件的几何参数，如微带结构的长(L)、宽(W)、微带线间的间距(S)和介质的厚度(h)。神经网络的输出为传递函数的参数，向量拟合(vector-fitting)方法被用于从电磁场仿真中提取相应的参数[15]。神经网络被用于训练学习 $\boldsymbol{x}$ 与传递函数参数之间的高维度非线性的映射关系。向量 $\boldsymbol{y}$ 表示传递函数的实部和虚部，向量 $\boldsymbol{d}$ 表示电磁场仿真的输出，如 S 参数的实部和虚部。学习的目标是神经网络能通过调整内部的权重使得 $\boldsymbol{y}$ 和训练数据 $\boldsymbol{d}$ 之间的误差最小化。

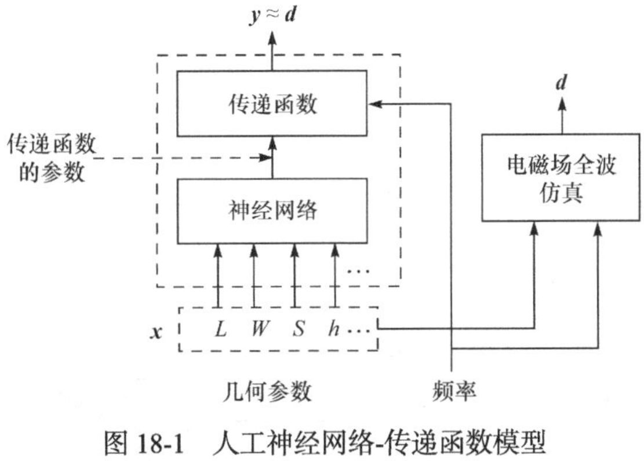

图 18-1　人工神经网络-传递函数模型

在频域上，包含有理数和无理数方程形式的双线性传递函数被用于人工神经网络模型中[13]

$$H(s)=\frac{\sum_{i=0}^{M}a_i s^i}{1+\sum_{i=1}^{N}b_i s^i} \tag{18.1}$$

式中，s 可以用两种方式表示

$$s=\begin{cases} \mathrm{j}\omega, & H(s)\text{的有理方程形式} \\ \dfrac{1-\mathrm{j}\omega}{1+\mathrm{j}\omega}=\mathrm{e}^{-\mathrm{j}\theta}, & H(s)\text{的无理方程形式} \end{cases} \tag{18.2}$$

式中，$\theta=2\arctan(\omega)$。在式(18.1)中，$\{a_0\ a_1\ a_2,\cdots,a_M;\ b_1\ b_2,\cdots,b_N\}$ 是实参数，b_0 为归一化参数。M 和 N 分别是分子和分母的阶数。为了降低传递函数的复杂度，通常使 M 和 N 在有理和无理的方程形式中分别满足 $M=N-1$ 和 $M=N$。

另外还有一种形式的传递函数，基于极点留数的传递函数[14]

$$H(s)=\sum_{i=1}^{N}\frac{r_i}{s-p_i} \tag{18.3}$$

式中，p_i 和 r_i 分别表示传递函数的极点和留数；N 表示传递函数的阶数。当几何参数变化时，极点留数也会随着变化。极点留数和几何参数的关系是未知的，因此人工神经网络被用于学习这种非线性映射关系。

18.2 ELM 的微波滤波器建模

ELM 对微波滤波器的建模过程就是计算式(15.54)中输入层与隐含层的权重 $\boldsymbol{w}$、隐含层和输出层的权重 $\boldsymbol{\beta}$ 以及隐含层的阈值 $\boldsymbol{b}$ 的过程。引入基于极点留数的传递函数(18.3)，ELM 对滤波器的建模过程如下。

(1) 从全波电磁仿真(如 HFSS)中采集训练和测试样本数据。

(2) 建立 ELM-传递函数模型。其中，传递函数表示滤波器的频率电磁响应，模型在训练过程中学习滤波器几何参数和传递函数系数之间的映射关系。

(3) 用采集的训练数据训练该模型，以得到 ELM 最优的权重和阈值。

(4) 用采集的测试数据对训练完成的模型进行测试。

例 18-1　耦合微带滤波器

一个耦合微带带通滤波器如图 18-2 所示，S_1 和 S_2 为微带线间距，D_1、D_2 和 D_3 为线末端对介质板边界的距离，W = 1mm 为线宽，P = 3.5mm 为线始端对介质板边界的距离，L = 30mm 为介质基板的长度。ELM 模型的输入包括 5 个几何参数：$\boldsymbol{x}=[S_1\ S_2\ D_1\ D_2\ D_3]^{\mathrm{T}}$，工作频带的初始范围为 0～4 GHz，输出为 S_{11} 的实部和虚部，即 $\boldsymbol{y}=[R_{S11}\ I_{S11}]^{\mathrm{T}}$。

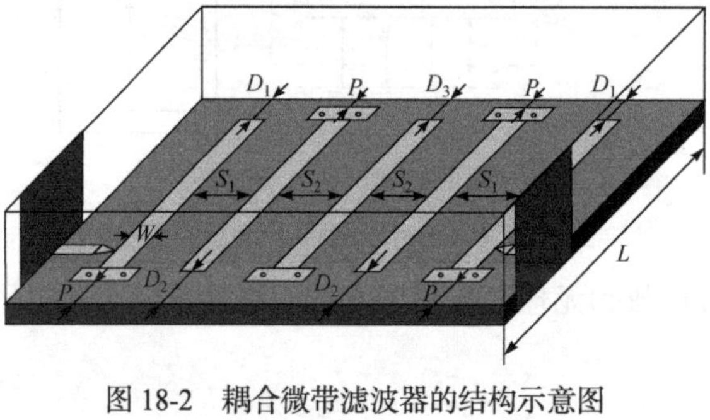

图 18-2　耦合微带滤波器的结构示意图

这里，对不同几何参数的样本，传递函数的最小阶数的取值区间为 8～12；采用 7 层的正交试验设计方法采集训练样本数据，需要 49 次电磁仿真；采用 5 层的正交试验设计方法采集测试样本数据，需要 25 次电磁仿真。训练和检测样本数据如表 18-1 所示。

表 18-1　耦合微带滤波器的 ELM 训练和测试样本数据

几何参数	训练样本数据(49 个样本)			测试样本数据(25 个样本)		
	最小值	最大值	步进	最小值	最大值	步进
S_1/mm	0.32	0.41	0.015	0.3275	0.3875	0.015
S_2/mm	0.39	0.48	0.015	0.3975	0.4575	0.015
D_1/mm	4	8.8	0.8	4.4	7.6	0.8
D_2/mm	4	8.8	0.8	4.4	7.6	0.8
D_3/mm	4	8.8	0.8	4.4	7.6	0.8

为了检验 ELM 模型的学习能力，这里与文献[16]所提出的人工神经网络-极点留数传递函数模型进行了对比。该模型需分别采用 9 层(81 次电磁仿真)和 7 层(49 次电磁仿真)的正交试验设计方法来采集训练和测试样本数据，如表 18-2 所示。

表 18-2　耦合微带滤波器的人工神经网络训练和测试样本数据

几何参数	训练样本数据(81 个样本)			测试样本数据(49 个样本)		
	最小值	最大值	步进	最小值	最大值	步进
S_1/mm	0.305	0.425	0.015	0.3125	0.4025	0.015
S_2/mm	0.375	0.495	0.015	0.3825	0.4725	0.015
D_1/mm	3.2	9.6	0.8	2.8	8.4	0.5
D_2/mm	3.2	9.6	0.8	2.8	8.4	0.5
D_3/mm	3.2	9.6	0.8	2.8	8.4	0.5

从表 18-3 可以看出，如果人工神经网络-传递函数模型采用 7 层(49 次电磁仿真)和 5 层(25 次电磁仿真)的正交试验设计方法来采集训练和测试样本数据，其训练和测试的误差偏大。这说明了，这里介绍的 ELM-传递函数模型达到同量级的精度所需的训练和测试样本更少，能够大大减少为取得样本数据所进行的电磁仿真次数，提高建模的效率，如表 18-4 所示。

表 18-3　耦合微带滤波器建模的训练和测试误差比较

方法	训练样本个数	测试样本个数	隐含层神经元个数	训练误差/%	测试误差/%
ELM	49	25	5	0.361	0.548
	81	49	5	0.327	0.539
人工神经网络	49	25	5	3.251	4.894
	81	49	5	0.694	0.949

表 18-4　耦合微带滤波器建模所耗时间比较

方法	训练过程/小时	测试过程/小时	总计/小时
人工神经网络	4.2(81 样本)	2.6(49 样本)	6.8
ELM	2.6(49 样本)	1.2(25 样本)	3.8

例 18-2 四模腔体滤波器[17, 18]

四模腔体滤波器的结构如图 18-3 所示，其中腔体的高度和直径分别为 d 和 a，两个扰动金属圆柱体的高度和直径分别为 h 和 b，圆柱体的间距为 S。这些结构参数作为 ELM 建模的输入参数，即 $\boldsymbol{x} = [a\ b\ S\ h\ d]^{\mathrm{T}}$。频率作为另一个输入参数，其取值范围为 1～5GHz。模型的输出参数为 S_{11} 参数的实部和虚部，即 $\boldsymbol{y} = [R_{S11}\ I_{S11}]^{\mathrm{T}}$。

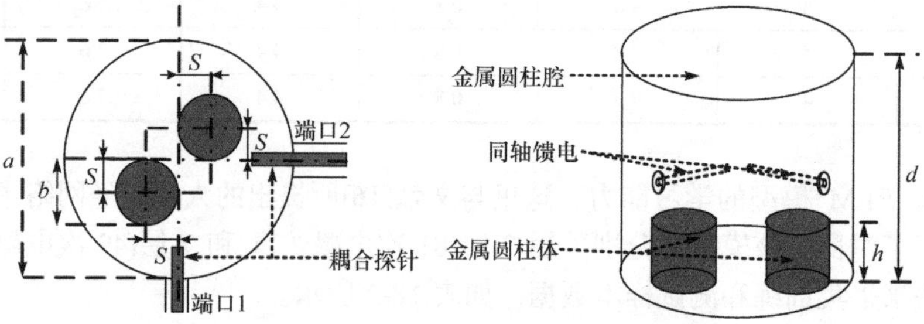

图 18-3 四模腔体滤波器的顶视和三维示意图

与例 18-1 类似，对不同几何参数的样本，传递函数的最小阶数的取值区间为 8～12；采用 7 层的正交试验设计方法来采集训练样本数据，需要 49 次电磁仿真；采用 5 层的正交试验设计方法来采集测试样本数据，需要 25 次电磁仿真。ELM 训练和检测样本数据如表 18-5 所示。同样地，文献[16]所提出的人工神经网络-极点留数传递函数模型也对该滤波器进行了建模。该模型需分别采用 9 层(81 次电磁仿真)和 7 层(49 次电磁仿真)的正交试验设计方法来采集训练和测试样本数据，如表 18-6 所示。

表 18-5 四模腔体滤波器的 ELM 训练和测试样本数据

几何参数	训练样本数据(49 个样本)			测试样本数据(25 个样本)		
	最小值	最大值	步进	最小值	最大值	步进
a/mm	44	56	2	45	53	2
b/mm	12	18	1	12.5	16.5	1
S/mm	2	8	1	2.5	6.5	1
h/mm	14	20	1	14.5	18.5	1
d/mm	44	56	2	45	53	2

表 18-6 四模腔体滤波器的人工神经网络训练和测试样本数据

几何参数	训练样本数据(81 个样本)			测试样本数据(49 个样本)		
	最小值	最大值	步进	最小值	最大值	步进
a/mm	42	58	2	43	55	2
b/mm	11	19	1	11.5	17.5	1
S/mm	0	8	1	0.5	6.5	1
h/mm	13	21	1	13.5	19.5	1
d/mm	42	58	2	43	55	2

从表 18-7 可以看出，如果人工神经网络-传递函数模型采用 7 层(49 次电磁仿真)和 5 层(25 次电磁仿真)的正交试验设计方法来采集训练和测试样本数据，其训练和测试误差偏大。这里介绍的 ELM-传递函数模型达到同量级的精度所需的训练和测试样本更少，因此能够大大减少为取得样本数据所进行的电磁仿真次数，提高建模的效率，如表 18-8 所示。

表 18-7　四模腔体滤波器建模的训练和测试误差比较

方法	训练样本个数	测试样本个数	隐含层神经元个数	训练误差/%	测试误差/%
ELM	49	25	5	0.385	0.587
	81	49	5	0.407	0.598
人工神经网络	49	25	5	2.904	4.862
	81	49	5	1.431	1.509

表 18-8　四模腔体滤波器建模所耗时间比较

方法	训练过程/小时	测试过程/小时	总计/小时
人工神经网络	4.0(81 样本)	2.45(49 样本)	6.45
ELM	2.45(49 样本)	1.25(25 样本)	3.7

图 18-4 给出了 ELM-传递函数模型、人工神经网络-传递函数模型和 HFSS 的两组测试样本的 S_{11} 参数计算结果，其中这两组样本对应的几何变量分别为 $\boldsymbol{x}_1 = [45.6\ 15.6\ 7.2\ 17.1\ 48.1]^T$ 和 $\boldsymbol{x}_2 = [52.3\ 11.8\ 6.3\ 19.4\ 45.8]^T$，它们处于 ELM-传递函数模型训练样本的取值范围内。从图 18-4 中可以看出，ELM-传递函数模型的计算结果能取得很好的精度。

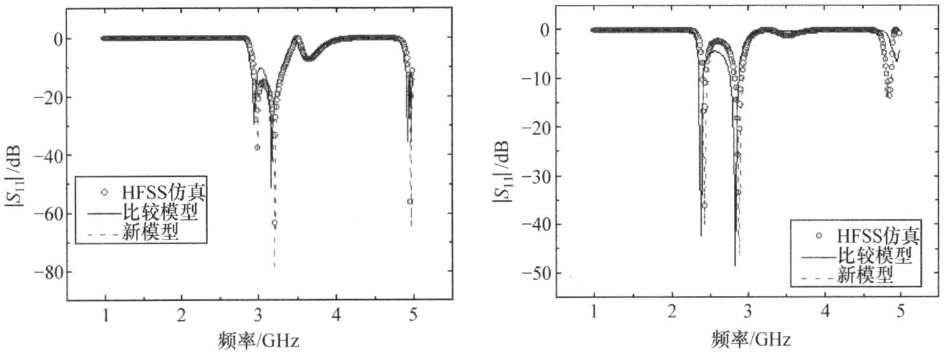

(a) 样本1　(b) 样本2

图 18-4　训练样本取值范围内的样本计算结果比较

图 18-5 为样本 $\boldsymbol{x}_1' = [40\ 10\ 0\ 12\ 40]^T$ 和 $\boldsymbol{x}_2' = [59\ 20\ 9\ 22\ 60]^T$ 的 S_{11} 参数计算结果，这两组样本处于 ELM-传递函数模型训练样本的取值范围外。从图 18-5 中可以看出，即使测试样本数据未出现在训练样本取值范围内，ELM-传递函数模型依然能取得很好的精度。

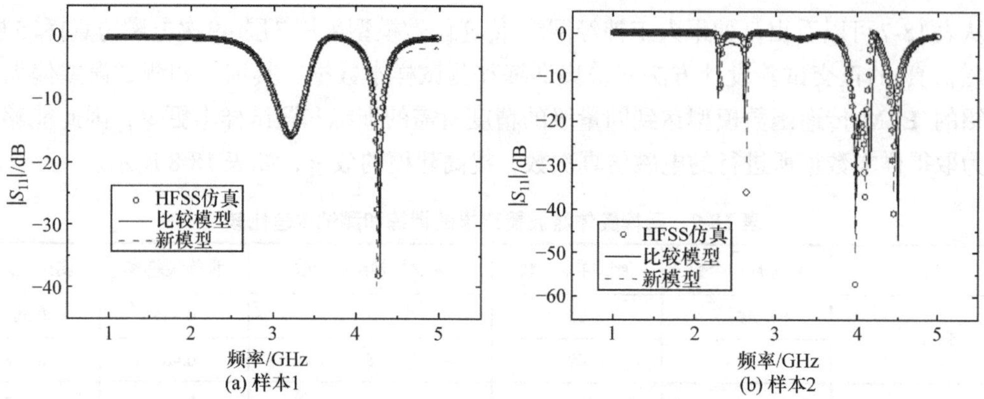

图 18-5　训练样本取值范围外的样本计算结果比较

一旦 ELM-传递函数模型训练成熟，该模型可以替代电磁仿真(如 HFSS)，用于微波器件的优化设计中。这里，基于遗传算法优化了两款四模腔体滤波器，优化目标分别为 ①通带范围：3.1～3.65GHz，$|S_{11}|\leqslant-20$dB；②通带范围：3.5～4.15GHz，$|S_{11}|\leqslant-20$dB。滤波器结构的初始几何参数选为 $\boldsymbol{x}$ = [50 15 4 17 50]^{T}，经过优化得到的两款滤波器最优几何参数分别为 $\boldsymbol{x}_{\mathrm{opt1}}$ = [50.0234 14.4081 7.4103 14.8103 44.9081]^{T}和 $\boldsymbol{x}_{\mathrm{opt2}}$ = [49.9802 13.9841 7.2004 14.7903 45.3094]^{T}，对应的 S_{11} 参数计算结果如图 18-6 所示。

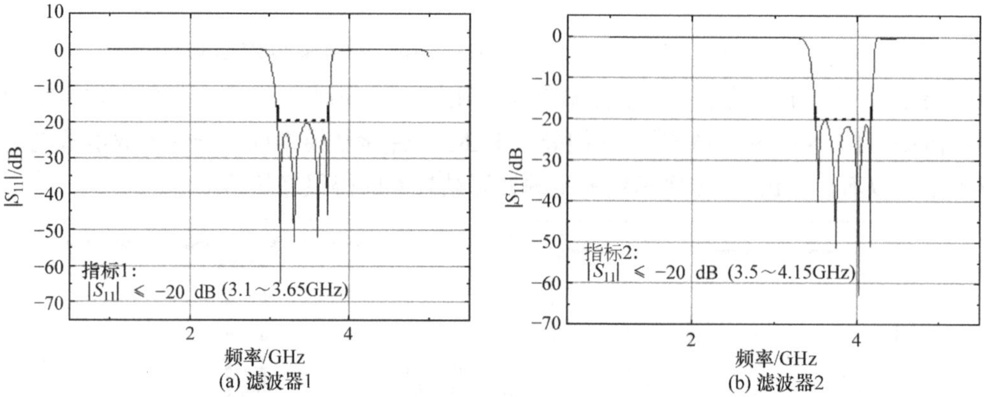

图 18-6　四模滤波器最优几何参数对应的 S_{11} 参数计算结果

从表 18-9 可以看出，遗传算法反复调用 ELM-传递函数模型进行优化，完成一次仅仅只需 30 秒就能得到最优结果。即使考虑模型训练所耗费的时间，相比遗传算法直接调用 HFSS 进行优化设计，基于 ELM-传递函数模型仍可以极大地提高优化效率。

表 18-9　四模腔体滤波器优化的耗时比较

滤波器	HFSS 电磁仿真	ELM 模型
滤波器 1	10 小时	30 秒
滤波器 2	11 小时	30 秒
总计	21 小时	3.7 小时(训练)+60 秒

18.3　基于数据挖掘技术的超宽带天线建模

18.3.1　数据挖掘技术

1. 相关性分析

一款复杂的天线往往涉及相当数量的结构参数，如果能够描述每个参数和天线电性能之间的关系，就能够一定程度上减少人工神经网络建模需要考虑的结构参数的个数，降低天线建模的难度。

Pearson 相关性系数可以描述两个实值向量间的线性相关性[19]。对于含阻带的超宽带天线的建模，$\boldsymbol{V}=\left[v_{m,n}\right]_{M\times N}$ 代表天线几何参数的矩阵，其中 M 为几何参数的个数，N 为总的样本数；$\boldsymbol{F\_L}=\left[f\_l_{m,n}\right]_{M\times N}$ 和 $\boldsymbol{F\_U}=\left[f\_u_{m,n}\right]_{M\times N}$ 分别为超宽带天线阻带的下限和上限。这样，v_m 和阻带下限的 Pearson 相关性系数可以表示为[19]

$$r_{v_m f\_l_m}=\frac{\sum_{n=1}^{N}\left(v_{m,n}-\bar{v}_m\right)\left(f\_l_{m,n}-\overline{f\_l}_m\right)}{\sqrt{\sum_{n=1}^{N}\left(v_{m,n}-\bar{v}_m\right)^2}\sqrt{\sum_{n=1}^{N}\left(f\_l_{m,n}-\overline{f\_l}_m\right)^2}} \tag{18.4}$$

类似地，v_m 和阻带上限的 Pearson 相关性系数可以表示为

$$r_{v_m f\_u_m}=\frac{\sum_{n=1}^{N}\left(v_{m,n}-\bar{v}_m\right)\left(f\_u_{m,n}-\overline{f\_u}_m\right)}{\sqrt{\sum_{n=1}^{N}\left(v_{m,n}-\bar{v}_m\right)^2}\sqrt{\sum_{n=1}^{N}\left(f\_u_{m,n}-\overline{f\_u}_m\right)^2}} \tag{18.5}$$

式中，$\bar{v}_m=\frac{\sum_{n=1}^{N}v_{m,n}}{N}$、$\overline{f\_l}_m=\frac{\sum_{n=1}^{N}f\_l_{m,n}}{N}$ 和 $\overline{f\_u}_m=\frac{\sum_{n=1}^{N}f\_u_{m,n}}{N}$。每个系数的变化范围为[−1,1]，正数表示正相关，负数表示负相关。$\left|r_{v_m f\_l_m}\right|>0.8$ 表示 v_m 和 f_l_m 强相关，$\left|r_{v_m f\_l_m}\right|<0.3$ 表示 v_m 和 f_l_m 弱相关，对 $r_{v_m f\_u_m}$ 亦然。

在确定了全部样本中每个几何参数和电磁频率响应的关系后，就可以构建用于神经网络训练的输入数据集。如果某一 Pearson 相关性系数的绝对值小于 0.3，就将其对应的几何参数设定为一常数，以减少整个建模过程涉及的几何变量数。相关性分析后，采用正交试验设计方法来处理神经网络的训练和测试数据，每一样本的天线几何参数向量为 $\boldsymbol{V}_{\text{corre}}=\left\{v_{\text{corre}}\right\}_{M'\times 1}$，其中 $M'\leqslant M$ 。传递函数采用基于极点留数的传递函数，形式同式(18.3)。

通过向量拟合技术可以获得神经网络的初始训练数据[20]，即得到对应于电磁频率响应的极点和留数系数。然而，不同的电磁响应导致不同的传递函数阶数，从而影响神经网络对几何参数和传递函数系数映射关系的学习。下面介绍解决这一问题的数据分类技术。

2. 数据分类

为减小神经网络训练初始样本数据间的内部干扰，根据传递函数的阶数将训练样本分为不同的种类 C_k ($k = 1, 2,\cdots, K$)，其中 K 为种类的总个数。具有相同传递函数阶数的样本被分入同一个种类，每个种类的阶数用 Q_k ($k = 1, 2,\cdots, K$)表示。每个种类包括输入的 $\boldsymbol{V}_{\text{corre}}$ 和相同阶数传递函数的极点和留数系数的输出。

令 $\boldsymbol{O}=\{O_1,\cdots,O_W\}$ 为电磁仿真得到的频率响应向量，其中 W 为频率采样点的个数，$\boldsymbol{O}'=\{O'_1,\cdots,O'_W\}$ 为极点留数传递函数的输出向量。这里的目标是：通过调整神经网络内部的权重和阈值，使 $\boldsymbol{O}$ 和 $\boldsymbol{O}'$ 间的误差最小。值得指出的是，一个种类 C_k 的样本数据只被用于训练一个神经网络模型 ANN_k。同时，这些训练样本也被用于训练一个支持向量机(support vector machine，SVM)模型[21, 22]，它决定在测试过程中用于分类的传递函数的阶数。令 $\boldsymbol{Q}'=\{Q'_1,\cdots,Q'_K\}$ 为支持向量机的输出向量，$\boldsymbol{Q}=\{Q_1,\cdots,Q_K\}$ 为传递函数的实际阶数。支持向量机的训练目标是：通过调整支持向量机内部的权重和阈值，使 $\boldsymbol{Q}$ 和 $\boldsymbol{Q}'$ 间的误差最小。

对于天线的建模，基于数据挖掘技术的人工神经网络流程如图 18-7 所示[23]。第一，由每个天线几何参数和电磁响应的关系计算 Pearson 相关性系数，进而确定 $\boldsymbol{V}_{\text{corre}}$。由 Hecht-Nelson 方法[24]，当输入层的端口数目为 n，隐含层的神经元个数为 $2n$+1(这里采用单隐含层的人工神经网络)，这样能缩小输入层和隐含层的维度，从而降低计算复杂度；第二，根据 $\boldsymbol{V}_{\text{corre}}$ 表征的几何变量，通过全波电磁仿真采集训练样本。通过向量拟合，获得对应全波仿真的传递函数的留点和级数系数。训练前，根据传递函数的阶数对训练样本进行适当的分类。同时，对支持向量机进行训练以用于测试过程样本的分类；第三，在测试过程中，样本被训练成熟的支持向量机分入适当的种类，再输入到训练好的 ANN_k 中获得传递函数的系数。

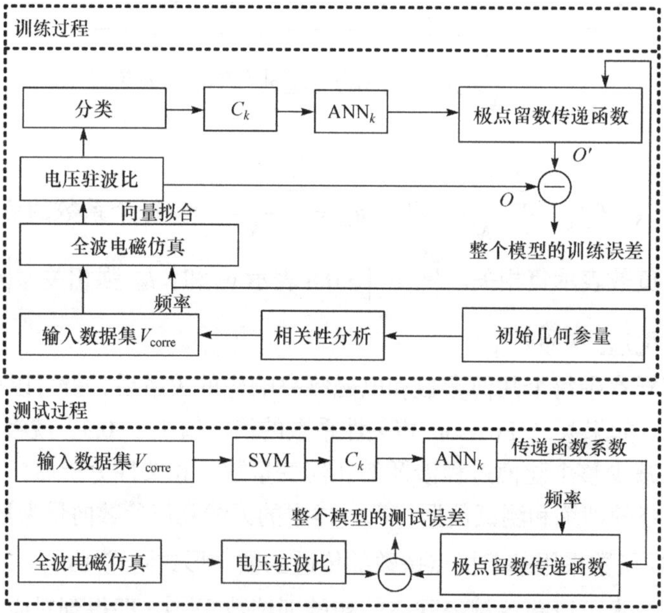

图 18-7　基于数据挖掘技术的人工神经网络流程图

18.3.2 单阻带超宽带天线的神经网络建模

本节介绍基于数据挖掘技术的人工神经网络对单阻带超宽带天线进行建模[25]。模型的输入为天线几何参数和工作频率，输出为电压驻波比(VSWR)，训练和测试数据由全波仿真软件 HFSS 计算得到。

图 18-8 所示的单阻带超宽带天线的结构参数为: L = 36mm、L_1 = 16mm、L_2 = 22.7mm、L_3 = 1.3mm、L_4 = 1.5mm、L_5 = 0.5mm、L_6 = 11.5mm、W = 24mm、W_1 = 6.5mm、W_2 = 10.25mm 和 W_3 = 3.5mm。贴片长度 L_A、宽度 W_A 以及位置 L_B 和 W_B 为变化参数。

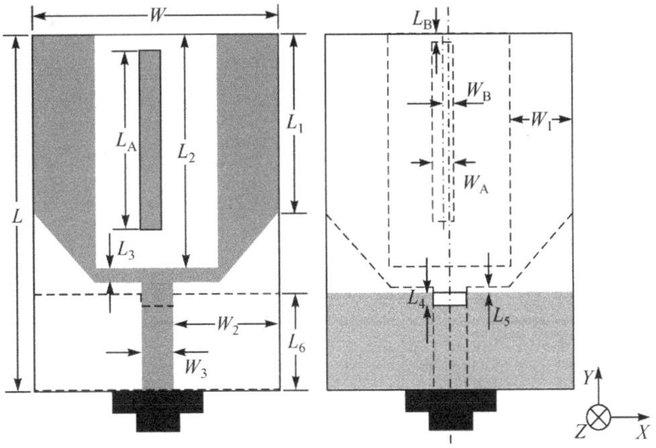

图 18-8　单阻带超宽带天线的结构(正面和背面)示意图

为分析一个几何参数和阻带频率响应的相关性，将其他的三个参数设定为常数，这里定义阻带位于 VSWR≥3 的频带范围内。图 18-9 为固定天线三个参数、改变一个参数时的超宽带天线电压驻波比曲线。由此可以计算得到 L_A、W_A、L_B 和 W_B 对阻带下限的 Pearson 相关性系数为 $r_{L_A f\_l} = -0.9468$ 、 $r_{W_A f\_l} = -0.1947$ 、 $r_{L_B f\_l} = 0.9616$ 和 $r_{W_B f\_l} = -0.0252$ ，对阻带上限的 Pearson 相关性系数为 $r_{L_A f\_u} = -0.9376$ 、 $r_{W_A f\_u} = -0.1754$ 、 $r_{L_B f\_u} = 0.9242$ 和 $r_{W_B f\_u} = -0.0364$ 。可以看出，几何参数 W_A 和 W_B 的相关性系数的绝对值小于 0.3，因此可以设置成常数 4 mm 和 0mm。这样，几何变量参数的个数减小为 2 个，即 $\boldsymbol{V}_{\text{corre}} = [L_A \; L_B]^T$。频率是另一个输入参数，其范围为 2～12 GHz。神经网络的输出为表示 VSWR 的 $\boldsymbol{O}'$ 。

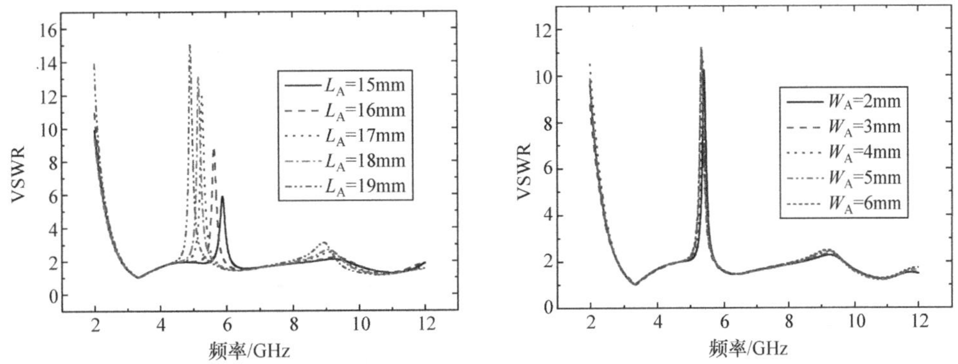

(a) L_A(W_A = 4mm、L_B = 0mm、W_B = 0mm)　(b) W_A(L_A = 17mm、L_B = 0mm、W_B = 0mm)

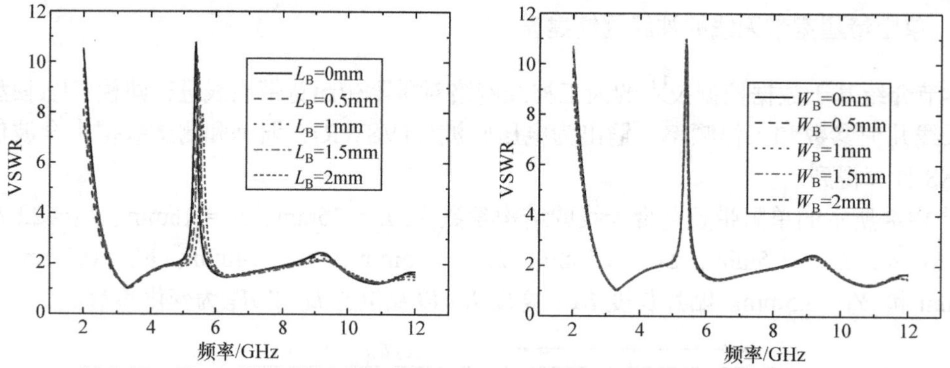

(c) L_B(L_A = 17mm、W_A = 4mm、W_B = 0mm)　　(d) W_B(L_A = 17mm、L_B = 0mm、W_A = 4mm)

图 18-9　几何参数的变化范围以及电压驻波比曲线

这里采用 7 层的正交试验设计方法采集训练样本数据(需要 49 次电磁仿真)，采用 5 层的正交试验设计方法采集测试样本数据(需要 25 次仿真)，如表 18-10 所示。采集训练样本和测试样本所需 CPU 时间分别为 1.63 小时和 0.83 小时。

表 18-10　单阻带超宽带天线的训练和测试样本数据

几何参数	训练样本数据(49 个样本)			测试样本数据(25 个样本)		
	最小值	最大值	步进	最小值	最大值	步进
L_A/mm	13.5	19.5	1	14	18	1
L_B/mm	0	3	0.5	0.25	2.25	0.5

以未结合数据挖掘技术的人工神经网络模型作为对比，同样采用 7 层的正交试验设计方法来采集训练样本数据，采用 5 层的正交试验设计方法来采集测试样本数据，如表 18-11 所示。从表 18-12 可以看出，采用 49 个训练样本和 25 个测试样本时，人工神经网络的训练误差为 10.461%、测试误差为 11.134%，达不到设计的精度要求；而结合数据挖掘技术的模型的训练误差仅为 0.582%、测试误差为 0.714%。增加训练样本个数至 81、测试样本个数至 49，传统人工神经网络的训练误差和测试误差能达到较好的水平。这说明，相比传统的人工神经网络模型，采用结合数据挖掘技术的模型能够减少电磁仿真的次数、节约建模时间。

表 18-11　未结合数据挖掘技术的训练和测试样本数据

几何参数	训练样本数据(49 个样本)			测试样本数据(25 个样本)		
	最小值	最大值	步进	最小值	最大值	步进
L_A/mm	13.5	19.5	1	14	18	1
L_B/mm	0	3	0.5	0.25	2.25	0.5
W_A/mm	2.75	5.75	0.5	3	5	0.5
W_B/mm	0	3	0.5	0.25	2.25	0.5

表 18-12　单阻带超宽带天线建模的训练和测试误差比较

方法	训练样本个数	测试样本个数	训练误差/%	测试误差/%
人工神经网络	49	25	10.461	11.134
	81	49	2.064	2.254
基于数据挖掘技术的人工神经网络	49	25	0.582	0.714
	81	49	0.487	0.594

18.4　多性能参数的天线建模

18.4.1　多输出参数的人工神经网络建模

由于人工神经网络-传递函数模型的局限性，输入几何变量参数后只能得到一个输出的性能参数。对于天线设计，往往需要同时考虑其工作频带、增益、方向图、极化等性能参数，因此，仅仅只有一个输出参数的人工神经网络-传递函数模型不适用于描述天线的整体性能。

为了解决这个问题，下面介绍一种具有新结构的人工神经网络模型，并用于对 Fabry-Perot 谐振天线进行建模。该模型包含三个并行的分支，它们独立地进行训练和测试，并分别输出天线的 S 参数、增益和辐射方向图的结果。为了使人工神经网络能够准确地将几何结构变量映射到传递函数系数上，即减小传递函数不同阶数带来的样本数据内部干扰的影响，在训练过程和测试过程中根据传递函数的阶数对输入样本进行分类。这里，在训练过程中根据几何结构变量和对应的传递函数，额外对支持向量机(SVM)[21, 22]进行训练，它能够在人工神经网络测试过程中对几何结构变量进行适当的分类。

实现多性能参数同时输出的人工神经网络模型的结构图如图 18-10 所示。

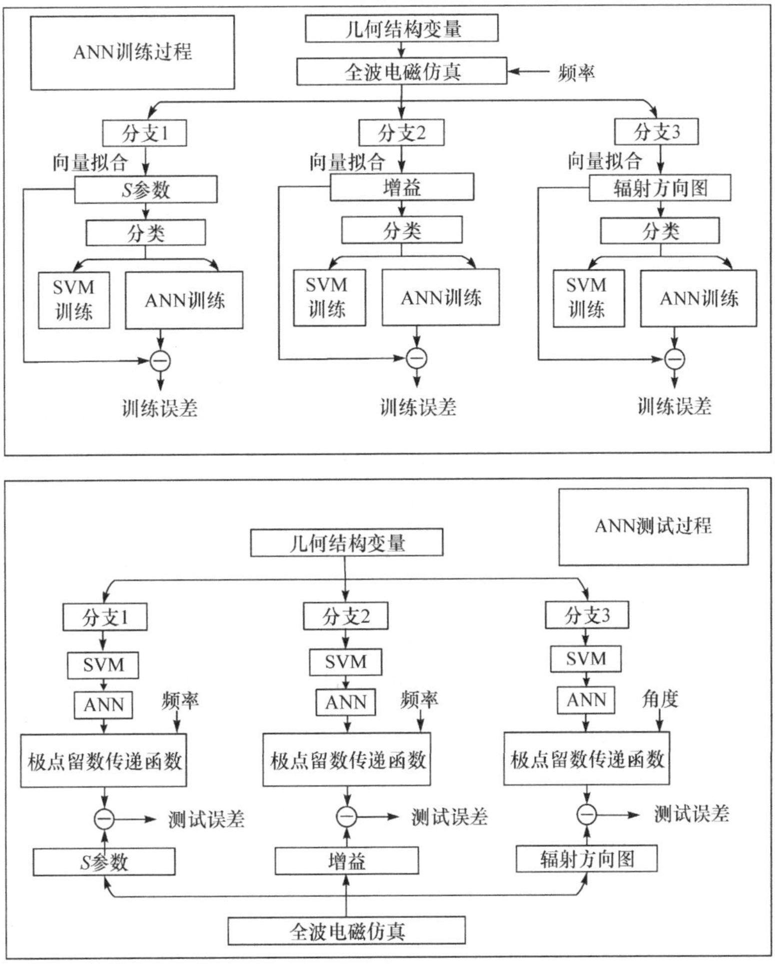

图 18-10　多性能参数输出的人工神经网络结构图

在训练过程中，首先利用向量拟合技术[20]从电磁响应中提取传递函数系数(极点和留数)，作为训练的输入数据；在每个表示某一天线性能指标的分支中，为减少初始训练数据间的干扰，这些数据根据传递函数的阶数被分类后送入人工神经网络和支持向量机中进行训练。每个分支中，人工神经网络训练是为了获得几何变量关系和传递函数系数间的映射关系，而支持向量机训练是为了得到几何变量关系和传递函数阶数间的关系。

在测试过程中，首先将几何结构变量输入到训练好的支持向量机中获得匹配好的分类，然后将分类后的几何结构变量输入到对应的分支中，最后得到传递函数的极点和留数系数供误差测试使用。

以建立 S 参数模型的分支 1 为例，其训练过程如图 18-11 所示。在存在多个不同的传递函数阶数的情况下，为准确映射几何结构变量和 S 参数的关系，分支 1 由多个人工神经网络模型构成。$\boldsymbol{x}$ 为几何结构变量向量，表示分支 1 的输入，而 S 参数的传递函数系数作为各个人工神经网络模型的输出，其中传递函数为基于极点留数的传递函数，如式(18.3)所示。

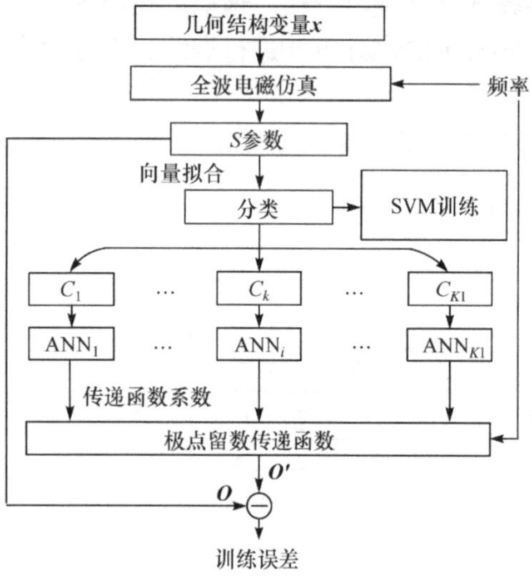

图 18-11　分支 1 的训练过程

神经网络训练的初始数据由向量拟合技术得到，即获得对应于一组给定 S 参数的传递函数的极点和留数。然而，不同的 S 参数曲线导致不同的传递函数阶数。基于这些无序的传递函数阶数，很难准确地训练出准确的神经网络模型。因此，根据传递函数阶数把初始样本数据归于不同的分类 $C_k(k=1, 2,\cdots, K1)$中，这里 $K1$ 是分支 1 中分类的总数目。具有相同传递函数阶数的样本被列入同一分类，各分类的阶数用 $Q_k(k=1, 2,\cdots, K1)$表示。

极点/留数和几何结构变量的非线性关系未知，需要利用人工神经网络的训练过程来获得该非线性关系。令 $\boldsymbol{O}=\{O_1,\cdots,O_W\}$ 为电磁仿真的输出向量，即 S 参数的实部和虚部，其中 W 为频谱上的采样点数目。令 $\boldsymbol{O}'=\{O_1',\cdots,O_W'\}$ 为基于极点留数的传递函数的输出向量。建模的目标是：对不同的输入 $\boldsymbol{x}$，通过调节神经网络内部的权重和阈值，使 $\boldsymbol{O}$ 和 $\boldsymbol{O}'$ 的误差最小。这里，每一个分类 C_k 只用于训练一个神经网络，记为 $\mathrm{ANN}_k, (k=1, 2,\cdots, K1)$。

同时，训练样本也用于训练支持向量机模型，其确定传递函数的阶数，以用于测试过程的分类，如图 18-12 所示。$\boldsymbol{x}$ 为支持向量机的输入。令 $\boldsymbol{Q}'=\{Q_1',\cdots,Q_{K1}'\}$ 为支持向量机的输出向量，$\boldsymbol{Q}=\{Q_1,\cdots,Q_{K1}\}$ 为传递函数的实际值。训练的目标就是要通过调节支持向量机内部的权重和阈值，使 $\boldsymbol{Q}'$ 和 $\boldsymbol{Q}$ 的误差最小。关于支持向量机理论更多的细节，可以参考文献[22]。

计算增益的分支 2 的结构类似于分支 1，分支 3 中传递函数的频率用角度来代替计算辐射方向图。

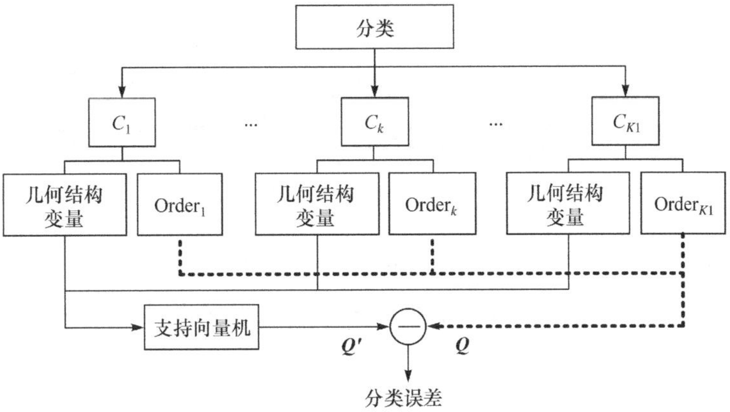

图 18-12　支持向量机的训练过程

18.4.2　Fabry-Perot 谐振天线的多性能参数建模

Fabry-Perot (FP)谐振天线是一类具有高方向性的天线。通常在一个具有地板的简单辐射体上加载电磁带隙(electromagnetic band gap，EBG)结构，即构成一款 FP 谐振天线。图 18-13 为一个 EBG 结构，其由一对互补的频率选择表面构成，方贴片印制在介质基板上表面，方环印制在基板下表面，介质基板的厚度和相对介电常数分别为 T 和 ε_r。单元的尺寸为 $l_b \times l_b = 8\text{mm}^2$，$l_p$ 和 l_a 分别为贴片和方环口径的边长。

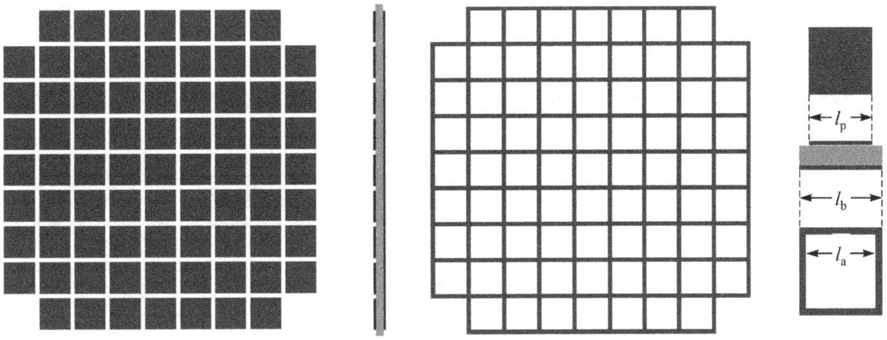

(a) 俯视图　(b) 侧视图　(c) 仰视图　(d) 单元

图 18-13　FP 谐振天线的 EBG 结构

FP 谐振天线的馈电结构如图 18-14 所示，寄生贴片设计在 Rogers RT/duroid 5880 介质基板($\varepsilon_r = 2.2$，损耗角正切$\delta = 0.0009$)上，贴片和地板用空气层隔离， 其与馈电线通过地板上的狭槽进行耦合。馈电天线的结构参数为: $w_p = 9.3$ mm、$w_1 = 1.2$ mm、$w_2 = 2.3$mm、$w_s = 2.3$mm、$L_1 = 9.5$ mm、$L_s = 8.2$ mm、$L_{stub} = 3$ mm、$h_{air} = 2.5$ mm 以及 $h_1 = h_2 = 0.787$ mm。

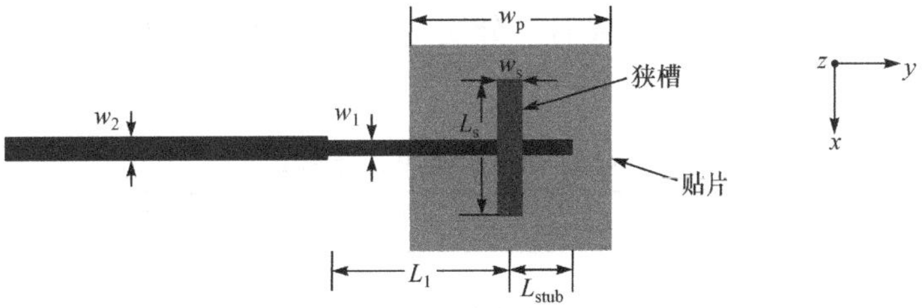

(a) 俯视图

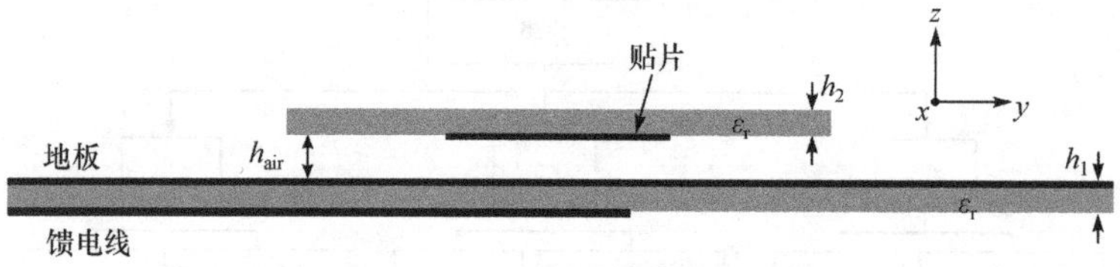

(b) 侧视图

图 18-14　馈电天线的结构图

图 18-15 为整个 FP 谐振天线的结构图，馈电贴片置于整个空气腔的中央，h_c为 EBG 结构和地板的间距(即腔体高度)。

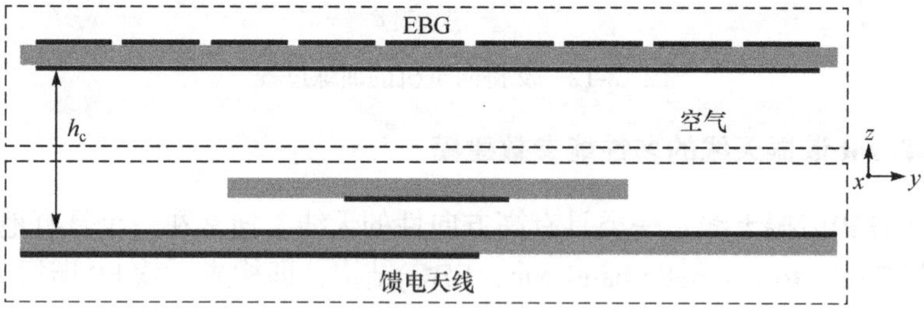

图 18-15　FP 谐振天线的结构图

三个在天线性能中起重要作用的结构参数 $\boldsymbol{x} = [l_p\ l_a\ h_c]^T$ 被设为整个人工神经网络的输入变量。从 8 层和 6 层正交试验设计方法分别得到的训练数据(64 个样本)和测试数据(36 个样本)如表 18-13 所示，其中，通过 HFSS 电磁仿真获取训练样本需要 21 个小时左右、获取测试样本需要 12 小时左右。由 Hecht-Nelson 方法确定隐含层的节点数[24]：当输入层的端口数目为 n，隐含层的神经元个数为 $2n+1$。

表 18-13　FP 谐振天线的训练和测试样本数据

几何参数	训练样本数据(64 个样本)			测试样本数据(36 个样本)		
	最小值	最大值	步进	最小值	最大值	步进
l_p/mm	5.4	6.45	0.15	5.475	6.225	0.15
l_a/mm	5	6.05	0.15	5.075	5.825	0.15
h_c/mm	14.25	16	0.25	14.375	15.625	0.25

***S* 参数**

分支 1 中，传递函数阶数的变化范围为[8, 12]，根据阶数的不同，训练样本被归于不同的分类以用于训练，如表 18-14 所示。同时，训练样本的几何结构变量和对应的传递函数阶数分别作为支持向量机的输入和输出，以用于其训练。训练完成后的支持向量机的分类精度达到 97.22%。神经网络建模过程完成后，分支 1 的平均训练误差为 0.424%、测试误差为 0.672%。

表 18-14　每一分类中的样本个数

分类	分类 1 (8 阶)	分类 2 (9 阶)	分类 3 (10 阶)	分类 4 (11 阶)	分类 5 (12 阶)
样本个数	10	12	14	17	11

增益

分支 2 中，对应给定辐射增益的传递函数的系数作为神经网络的输出。建模过程完成后，分支 2 的平均训练误差为 0.857%、测试误差为 0.971%。

方向图

分支 3 中，由给定的 10GHz 频点处的辐射方向图，神经网络映射出几何结构变量和传递函数系数间的关系。和前两个分支不同，角度作为一个额外的输入变量，其变化范围为[−2π, 2π]。建模过程完成后，分支 3 的平均训练误差为 2.448%、测试误差为 2.912%。因为基于角度的方向图曲线在整个考察区域里波动较大，所以其训练误差和测试误差大于分支 1 和分支 2 中基于频率的曲线。

图 18-16 给出了人工神经网络模型和 HFSS 的两组测试样本的 S_{11} 参数、增益和方向图的计算结果，其中这两组样本对应的几何变量分别为 $\boldsymbol{x}_1 = [5.62\ 5.44\ 14.63]^{\mathrm{T}}$ 和 $\boldsymbol{x}_2 = [5.87\ 5.51\ 15.36]^{\mathrm{T}}$，它们处于模型训练样本的取值范围内。从图 18-16 中可以看出，神经网络-传递函数模型的计算结果能取得很好的精度。

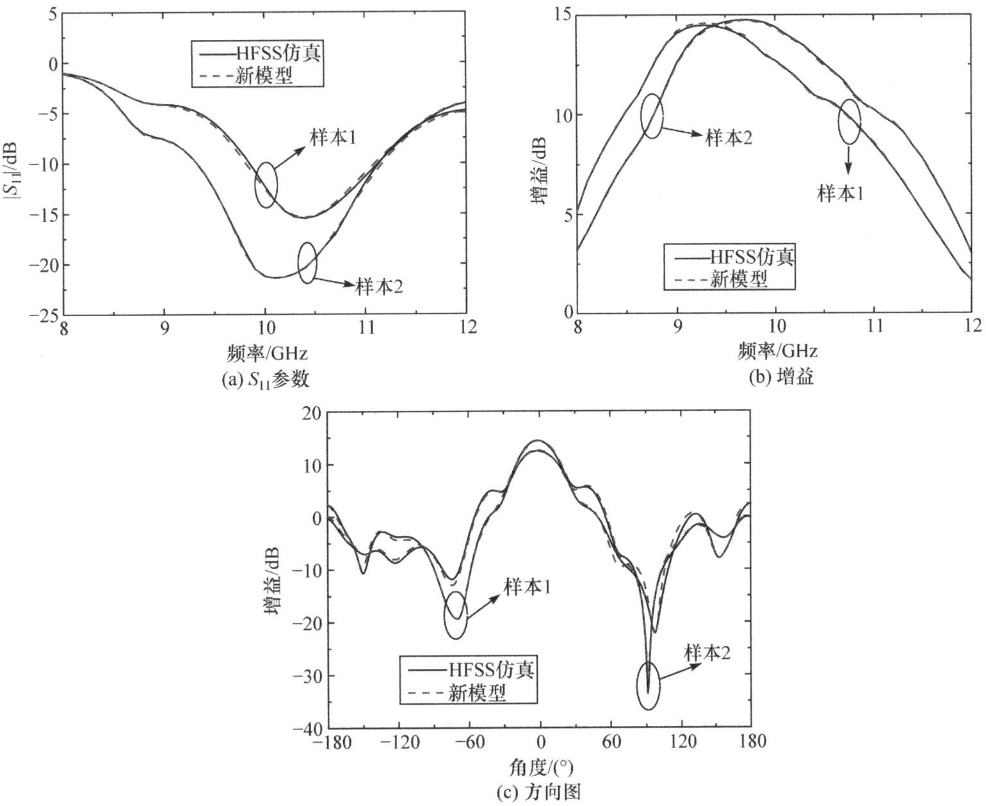

图 18-16　训练样本取值范围内的样本计算结果比较

图 18-17 为样本 $\boldsymbol{x}'_1 = [5.3\ 4.9\ 14.2]^{\mathrm{T}}$ 和 $\boldsymbol{x}'_2 = [6.5\ 4.9\ 16.1]^{\mathrm{T}}$ 的 S_{11} 参数、增益和方向图的计算结果，这两组样本处于模型训练样本的取值范围外。从图 18-17 中可以看出，即使测试样本数据未出现在训练样本取值范围内，神经网络模型依然能取得很好的精度。

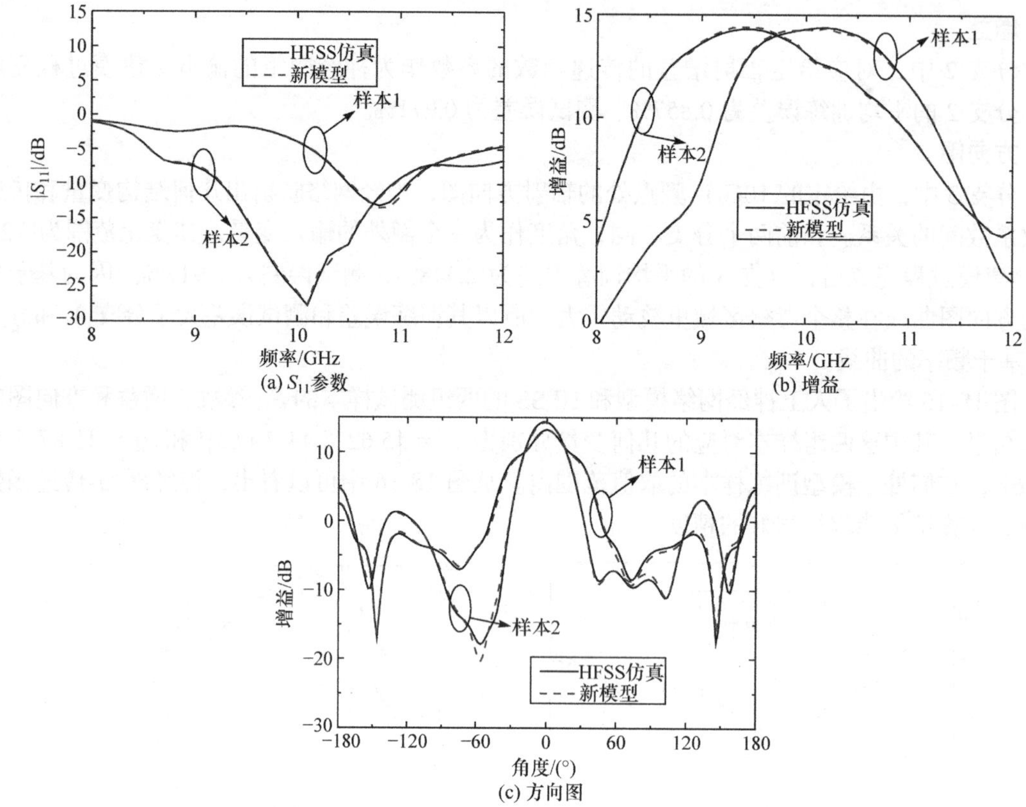

(a) S_{11}参数　　(b) 增益

(c) 方向图

图 18-17　训练样本取值范围外的样本计算结果比较

一旦多性能参数的人工神经网络模型训练成熟，该模型可以替代电磁仿真(如HFSS)，用于FP谐振天线的优化设计中。这里，基于非支配排序遗传算法II(NSGA-II)[26]优化了两款FP谐振天线，优化目标分别为：①工作频带 8.75～11.25GHz 且$|S_{11}|\leqslant -10$dB，相对 3dB 增益带宽 32%，主波束增益 $G_{\max}\geqslant 12.5$dB；②工作频带 10～11GHz 且$|S_{11}|\leqslant -10$dB，相对 3dB 增益带宽 21%，主波束增益 $G_{\max}\geqslant 14$dB。天线结构的初始几何参数选为 $\boldsymbol{x}=[15\ 5.5\ 6]^{\mathrm{T}}$，经过多目标优化得到的两款天线最优几何参数分别为 $\boldsymbol{x}_{\mathrm{opt1}}=[14.748\ 5.189\ 5.904]^{\mathrm{T}}$ 和 $\boldsymbol{x}_{\mathrm{opt2}}=[14.733\ 6.011\ 6.401]^{\mathrm{T}}$，对应的三个性能参数计算结果如图 18-18 所示[27]。

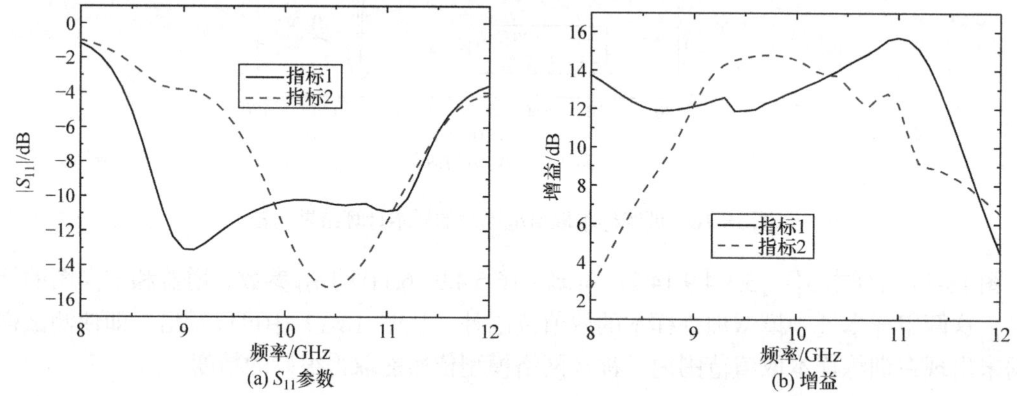

(a) S_{11}参数　　(b) 增益

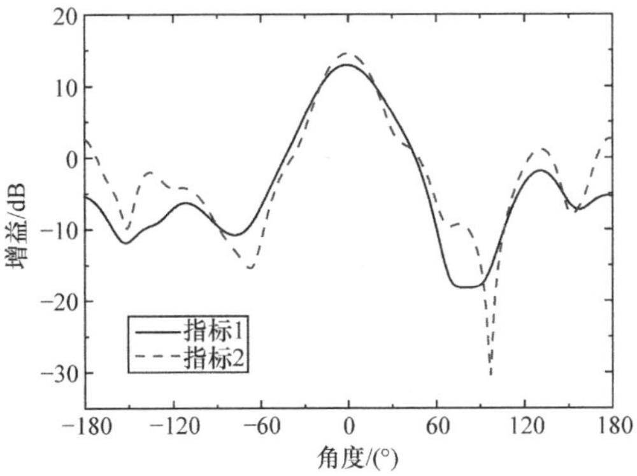

(c) 方向图

图 18-18 FP 谐振天线最优几何参数对应的三个参数计算结果

从表 18-15 可以看出，多目标遗传算法反复调用神经网络模型进行优化，完成一次仅仅只需 60 秒就能得到最优结果。即使考虑模型训练所耗费的时间，相比遗传算法直接调用 HFSS 进行优化设计，基于神经网络模型仍可以极大地提高优化效率。

表 18-15 FP 谐振天线优化的耗时比较

FP 谐振天线	HFSS 电磁仿真	ELM 模型
FP 谐振天线 1	45 小时	60 秒
FP 谐振天线 2	49 小时	60 秒
总计	94 小时	33.3 小时(训练)+120 秒

参考文献

[1] Rayas-Sanchez J E. EM-based optimization of microwave circuits using artificial neural networks: The state-of-the-art. IEEE Trans. Microw. Theory Tech.,2004, 52(1): 420-435

[2] Rizzoli V, Costanzo A, Masotti D, et al. Computer-aided optimization of nonlinear microwave circuits with the aid of electromagnetic simulation. IEEE Trans. Microw. Theory Tech.,2004, 52(1): 362-377

[3] Steer M B, Bandler J W, Snowden C M. Computer-aided design of RF and microwave circuits and systems. IEEE Trans. Microw. Theory Tech.,2002, 50(3): 996-1005

[4] Burrascano P, Fiori S, Mongiardo M. A review of artificial neural networks applications in microwave computer-aided design. Int. J. RF Microw. C. E.,1999, 9(3): 158-174

[5] Sadrossadat S A, Cao Y, Zhang Q J. Parametric modeling of microwave passive components using sensitivity-analysis-based adjoint neural-network technique. IEEE Trans. Microw. Theory Tech., 2013, 61(5): 1733-1747

[6] Devabhaktuni V K, Chattaraj B, Yagoub M C E, et al. Advanced microwave modeling framework exploiting automatic model generation, knowledge neural networks, and space mapping. IEEE Trans. Microw. Theory Tech.,2003, 51(7): 1822-1833

[7] Bandler J W, Ismail M A, Rayas-Sanchez J E, et al. Neuromodeling of microwave circuits exploiting space-mapping technology. IEEE Trans. Microw. Theory Tech., 1999, 47(12): 2417-2427

[8] Rayas-Sanchez J E, Gutierrez-Ayala V. EM-based Monte Carlo analysis and yield prediction of microwave circuits using linear-input neural-output space mapping. IEEE Trans. Microw. Theory Tech., 2006, 54(12): 4528-4537

[9] Cao Y, Wang G. A wideband and scalable model of spiral inductors using space-mapping neural network. IEEE Trans. Microw. Theory Tech., 2007, 55(12): 2473-2480

[10] Kabir H, Zhang L, Yu M, et al. Smart modeling of microwave device. IEEE Microw. Mag., 2010, 11(3): 105-118

[11] Ding X, Devabhaktuni V K, Chattaraj B, et al. Neural-network approaches to electromagnetic based modeling of passive components and their applications to high frequency and high-speed nonlinear circuit optimization. IEEE Trans. Microw. Theory Tech., 2004, 52(1): 436-449

[12] Gongal-Reddy V M R, Feng F, Zhang Q J. Parametric modeling of millimeter-wave passive components using combined neural networks and transfer functions. Proctedings of Global Symposium on Millimeter Waves (GSMM), Montreal, 2015: 1-3

[13] Cao Y, Wang G, Zhang Q J. A new training approach for parametric modeling of microwave passive components using combined neural networks and transfer functions. IEEE Trans. Microw. Theory Tech., 2009, 57(11): 2727-2742

[14] Guo Z, Gao J, Cao Y,et al. Passivity enforcement for passive component modeling subject to variations of geometrical parameters using neural networks. Tedings of IEEE MTT-S International Microwave Symposium Digest, Montreal, 2012: 1-3

[15] Gustavsen B, Semlyen A. Rational approximation of frequency domain responses by vector fitting. IEEE Trans. Power Del., 1999, 14(3): 1052-1061

[16] Feng F, Zhang C, Ma J, et al. Zhang. Parametric modeling of EM behavior of microwave components using combined neural networks and pole-residue-based transfer functions. IEEE Trans. Microw. Theory Tech., 2016, 64(1): 60-77

[17] Xiao L Y, Shao W, Liang T L, et al. Efficient extreme learning machine with transfer functions for filter design. in IEEE MTT-S International Microwave Symposium (IMS), Honolulu, 2017: 555-557

[18] Xiao L Y, Shao W, Shi S B, et al. Extreme learning machine with a modified flower pollination algorithm for filter design. Appl. Comput. Electromagn. Soc. J., 2018, 33(3): 279-284

[19] Rodgers J L, Nicewander W A. Thirteen ways to look at the correlation coefficient. Am. Stat., 1988, 42: 59-66

[20] Gustavsen B, Semlyen A. Rational approximation of frequency domain responses by vector fitting. IEEE Trans. Power Delivery, 1999, 14(3): 1052-1061

[21] Cortes C, Vapnik V. Support-vector networks. Mach. Learn., 1995, 20(3): 273-297

[22] Cristianini N, Shawe-Taylor J. An Introduction to Support Vector Machines: And Other Kernel-Based Learning Methods. Cambridge: Cambridge University Press, 2000

[23] Xiao L Y, Shao W, Liang T L, et al. Artificial neural network with data mining techniques for antenna design. 2017 IEEE International Symposium on Antennas and Propagation and USNC-URSI Radio Science Meeting, San Diego, 2017: 159-160

[24] Hecht-Nielsen S R. Kolmogorov's mapping neural network existence theorem. IEEE International Joint Conference on Neural Networks. New York, 1987: 11-14

[25] Xiao L Y, Shao W, Yao Z X, et al. Data mining techniques in artificial neural network for UWB antenna design. Radioengineer., 2018, 27(1): 70-78

[26] Deb K, Pratap A, Agarwal S, et al. A fast and elitist multiobjective genetic algorithm: NSGA-II. IEEE Trans. Evol. Comput., 2002, 6(2): 182-197

[27] Xiao L Y, Shao W, Jin F L, et al. Multi-parameter modeling with ANN for antenna design. IEEE Trans. Antennas Propag., 2018, 66(7): 3718-3723

第四篇

电磁设计中的优化方法

优化理论和方法是一个重要的数学分支，是科学研究和工程技术领域的重要工具，它所研究的问题是在众多的方案中确定什么样的方案最优以及怎样找到最优方案。最优化理论和方法可用于最优设计、最优规划、最优管理和最优控制等方面。

随着科学技术的快速发展，需要对复杂电磁系统进行优化设计，如雷达目标的隐身设计、阵列天线设计、电路系统设计、电子系统电磁兼容性设计等。对于这些由复杂结构和复杂媒质组成的电磁系统，获得解析形式的解基本是不可能的，因此，基于先进的优化理论和方法，对复杂电磁系统进行快速和准确的优化设计显得尤为重要。

本篇主要介绍基于粗糙模型与精确模型之间映射关系的空间映射(space mapping, SP)优化方法、基于群体智能进化计算的遗传算法(genetic algorithm, GA)和拓扑优化算法(topology method)。

第 19 章　空间映射优化方法

过去几十年间，计算机辅助设计(CAD)广泛应用于微波电路设计中。一方面，电路理论模型很早就广泛应用于微波电路设计与分析，该类模型简单、高效，但缺乏足够的准确性，并且只能限制在一定范围内应用。通常，商业电路仿真软件，如 Designer(Ansoft 公司)和ADS(Agilent 公司)，本身都内置一些常用结构的电路模型库，可完成一定精度下的电路优化和仿真。另一方面，电磁场模型具备高准确性，但十分耗费计算机内存和计算时间。传统的微波无源电路设计过程是：首先，如果电路仿真软件中有该元件模型，则对元件模型进行电路优化得到最优值(如长、宽、高等)；然后把这些最优化参量传递给物理模型作为参量初始值，进行电磁场仿真和优化。以上两个阶段工作是相互独立的，电磁场仿真器的优化工作通常非常耗时。

现代通信所传输的数据率与工作频率越来越高，整机的布线与装机密度也随之提高，与之相对应的微电子技术也先后发展了单片微波电路(monolithic microwave integrated circuit，MMIC)、多芯片组件(multi-chip module，MCM)和低温共烧陶瓷(low temperature co-fired ceramic，LTCC)技术等。它们的问世又进一步促进了微波组件和部件的模块化，其组装形式已经向三维立体发展。应用传统方法对多层电路进行设计面临着严重挑战，首先，缺少丰富的多层元件模型库，难以获得设计初值；其次，即使已获得靠近最优值的初值，如果仅用电磁仿真软件对多参量(假设参量数为 n)进行优化，对 n 通常较大的多层电路而言耗时是难以想象的(耗时与 2^n 成正比)，如果涉及产品统计分析和成品率分析则更是无法实现。

传统无源电路优化技术直接利用电磁仿真响应或其派生物，采用数学方法寻优使响应逼近要求[1-3]。该方法虽然准确但时间成本巨大，对于参数量大且复杂的问题几乎不能实现。因此，找到结合电路仿真快速性与电磁仿真准确性的新优化方法一直是电路优化的目标[4, 5]。空间映射方法正是适应这种要求而提出的，为解决复杂、高成本电磁场仿真优化问题带来了全新的思想[6]。

1994 年 Bandle 等提出初始空间映射优化方法，该方法假设精确模型和粗糙模型参量空间存在线性映射[7]，两空间数据点构成线性方程组，并通过最小二乘法计算。为了克服初始空间映射方法需要大量预先准备精确仿真响应样本的缺点，Bandle 提出了主动空间映射方法[8-11]。在该方法中，每次精确仿真不仅起验证作用，而且能参与迭代过程促进优化加速。近十年来，提出了一些改进和完善的空间映射方法，对促进该优化方法的发展具有深刻意义。为改善空间映射方法的稳健性、收敛性、解决非线性问题能力、解决多参量空间问题能力和节约时间成本等，先后出现了置信域主动空间映射方法[12, 13]、混合迭代主动空间映射方法[14]、基于替代模型空间映射方法[15]、神经网络空间映射方法[16, 17]、神经网络逆空间映射方法[18]，以及隐式空间映射方法等[19]。

19.1　空间映射优化基本思想

在对某个微波无源电路进行优化设计时，其电磁仿真模型称为精确模型(能够较准确、全面地反映电路实际特性)，其等效电路模型称为粗糙模型(只能近似、部分地反映电路实际特性)。空间映射优化通过构造空间映射(粗糙模型参量与精确模型参量之间的映射关系)获得合适的替代模型(校准后的粗糙模型)，替代模型仿真速度远快于精确模型，并且至少拥有粗糙模型准确性。这样，不断更新和优化以仿真快速的粗糙模型为基础的替代模型，把许多优化工作放到粗糙空间来完成，用最少的高成本精确模型仿真次数获得满意的优化结果[6]。

这里，假设与响应结果匹配的精确模型与粗糙模型的设计参量之间存在一定的映射关系，该映射关系可以是显式(映射关系可用数学方法表达出)、隐式(映射关系不能用数学方法表达出)、线性或非线性的，如图 19-1 所示。

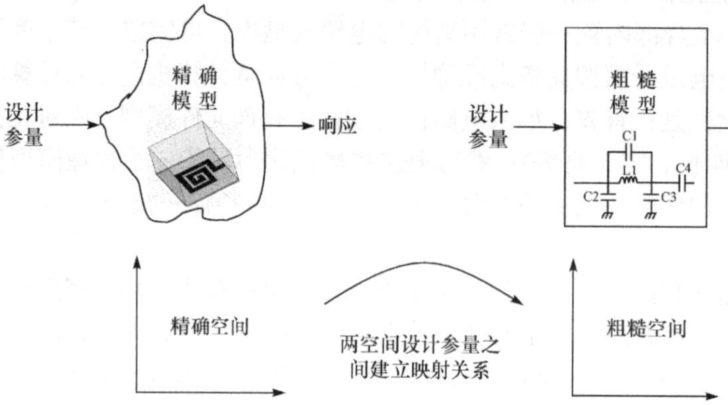

图 19-1　构建精确模型空间与粗糙模型空间的设计参量之间的映射关系

采用空间映射方法进行电路优化，首先获取粗糙模型的最优设计参量，然后通过一定的数学方法和处理步骤建立起两设计参量空间之间的映射关系，再利用粗糙模型的最优设计参量和所建映射关系的逆映射来预测精确模型的设计参量。如果精确模型预测设计参量进行仿真所得响应能够满足设计要求，所得精确模型预测设计参量为电路优化设计值，且所建映射关系能够准确反映两设计参量空间之间的关系。否则，对所建的两设计参量空间之间的映射关系进行不断更新、改善，同时不断获取精确模型新预测设计参量并进行验证，直到电路优化设计值满足设计要求，优化过程才最终收敛和成功。

假设某个微波电路优化问题可以表达为

$$\boldsymbol{x}_{\mathrm{f}}^{*}=\arg\min_{x_{\mathrm{f}}} U(\boldsymbol{R}_{\mathrm{f}}(\boldsymbol{x}_{\mathrm{f}})) \tag{19.1}$$

式中，$\boldsymbol{R}_{\mathrm{f}}\in\Re^{m\times 1}$，代表一个具有 m 个响应点的精确空间响应矢量(例如，具有 m 个频率点的 S_{11} 值)；$\boldsymbol{x}_{\mathrm{f}}\in\Re^{n\times 1}$，代表一个具有 n 个参量的精确模型设计参量矢量(例如，电磁仿真中的某段传输线的长、宽和厚度)；$\boldsymbol{U}$ 为目标函数；$\boldsymbol{x}_{\mathrm{f}}^{*}$ 是精确空间参量中的待定优化设计参量，假设具有唯一性。同理，粗糙空间中 $\boldsymbol{R}_{\mathrm{c}}$、$\boldsymbol{x}_{\mathrm{c}}$ 和 $\boldsymbol{x}_{\mathrm{c}}^{*}$ 可以相似地定义。

假设在精确模型和粗糙模型的设计参量空间之间存在一个映射 $\boldsymbol{P}$

$$\boldsymbol{x}_{\mathrm{c}}=\boldsymbol{P}(\boldsymbol{x}_{\mathrm{f}}) \tag{19.2}$$

使得两空间的响应匹配

$$\boldsymbol{R}_{\mathrm{c}}(\boldsymbol{P}(\boldsymbol{x}_{\mathrm{f}}))\approx\boldsymbol{R}_{\mathrm{f}}(\boldsymbol{x}_{\mathrm{f}}) \tag{19.3}$$

两空间映射关系如图 19-2 所示。

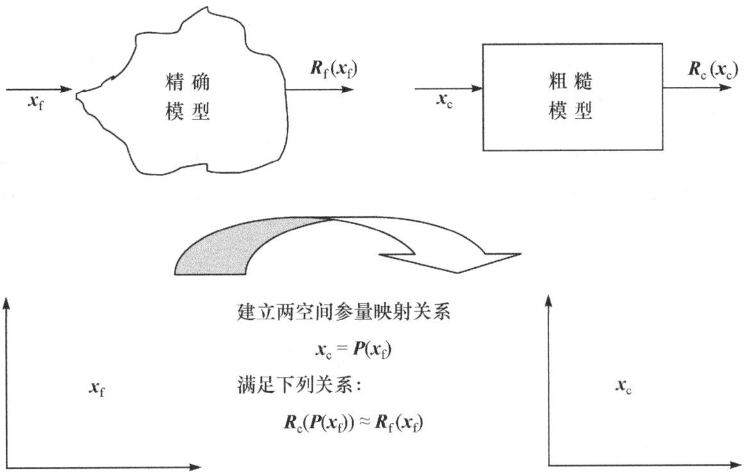

图 19-2　参量空间映射关系

把响应互相匹配的一对精确模型设计参量 $\boldsymbol{x}_f$ 和粗糙模型的设计参量 $\boldsymbol{x}_c$ 称为相关参量，即 $\boldsymbol{x}_f$ 为 $\boldsymbol{x}_c$ 的相关参量、$\boldsymbol{x}_c$ 为 $\boldsymbol{x}_f$ 的相关参量。要建立映射 $\boldsymbol{P}$，必须先要得到至少一对相关参量，通常是迫使粗糙空间响应逼近精确模型空间响应，得到精确模型设计参量所对应的相关粗糙模型设计参量，该过程为参量抽取，数学表达如下

$$\boldsymbol{x}_c = \arg \min_{x_c} \left\| \boldsymbol{R}_f(\boldsymbol{x}_f) - \boldsymbol{R}_c(\boldsymbol{x}_c) \right\| \tag{19.4}$$

参量抽取是空间映射方法的关键步骤，抽取过程的非唯一性可能引起算法失败，目前有多点参数抽取、统计参数抽取、惩罚参数抽取、包含频率映射的参数抽取、梯度参数抽取和应用仿真软件进行参数抽取等技术。例如，用仿真软件 ADS 与 HFSS 进行参数抽取，先把精确模型设计参量 $\boldsymbol{x}_f$ 放入 HFSS 中进行电磁仿真，然后把电磁仿真响应结果放入 ADS 中作为粗糙模型(等效电路模型)的优化目标，这样获得的相关粗糙模型的设计参量 $\boldsymbol{x}_c$ 就能与 $\boldsymbol{x}_f$ 的电磁仿真响应相匹配。由此可知，参量抽取过程的实质是避免了对精确模型进行直接优化，而是把许多优化工作转移到粗糙空间完成，精确空间仿真仅用来提供所需数据样本或验证算法是否收敛。

如果已经获取了粗糙模型的最优设计参量 $\boldsymbol{x}_c^*$，那么通过所建映射关系 $\boldsymbol{P}$ 的逆映射就可预测精确模型的设计参量 $\overline{\boldsymbol{x}_f}$

$$\overline{\boldsymbol{x}_f} = \boldsymbol{P}^{-1}(\boldsymbol{x}_c^*) \tag{19.5}$$

如果 $\overline{\boldsymbol{x}_f}$ 的精确空间响应 $\boldsymbol{R}_f\left(\overline{\boldsymbol{x}_f}\right)$ 满足设计要求，那么精确模型预测设计参量为最终电路优化设计值，即 $\boldsymbol{x}_f^* = \overline{\boldsymbol{x}_f}$，且所建映射关系 $\boldsymbol{P}$ 能够准确反映两设计参量空间之间的关系。上述优化结果等价于使残余矢量 $\boldsymbol{f} = \boldsymbol{f}(\boldsymbol{x}_f) = P(\boldsymbol{x}_f) - \boldsymbol{x}_c^*$ 逼近 0。

19.2　初始空间映射优化方法及应用

初始空间映射(original space mapping，OSM)方法是最早提出的空间映射算法。该算法假设待优化问题的两模型参量空间存在线性映射关系，首先构造响应结果匹配的两空间参量基点集，即粗糙空间基某个点集中的设计参量点都一一对应于精确空间基某个点集中的设计参量点，一定范围内它们的响应结果一致；然后用最小二乘算法拟合两空间设计参量之间的映射关系，利用已建立的映射关系由粗糙模型优化设计参量推导出精确模型新设计参量；最后检测精确模型新设计参量是否满足设计要求，如果满足则算法停止，否则该精确模型新设计参量添加进精确空间参量基点集，并同时更新对应粗糙空间参量基点集，再重新建立两空间设计参量之间的映射关系。重复上述过程，直到所得精确模型设计参量满足要求[6, 7]。

19.2.1　初始空间映射算法

初始空间映射算法的实现可以分为以下步骤。

(1) 设定响应误差最小许可值 ε，设定参量维数 n 的值，设定初始基点集数目 $num=2*n+1$； $j=0$。

(2) 获取粗糙模型最优设计值 $\boldsymbol{x}_{\mathrm{c}}^{*}$，使之达到设计要求 $\boldsymbol{R}^{*}$。

(3) 在精确空间设定具有 $m_j=num+j$ 个基点的基点集(即初始基点集 $m_0=num$)，其中第一个基点定为 $\boldsymbol{x}_{\mathrm{f}}^{(1)}=\boldsymbol{x}_{\mathrm{c}}^{*}$，其余 m_j-1 个基点为附加邻点。于是在第 j 次迭代中，精确空间基点集定义为 $\boldsymbol{S}_{\mathrm{f}}^{(j)}=\left\{\boldsymbol{x}_{\mathrm{f}}^{(1)},\boldsymbol{x}_{\mathrm{f}}^{(2)},\cdots,\boldsymbol{x}_{\mathrm{f}}^{(m_j)}\right\}$。如果 $j=0$，对初始基点集中 m_0 个点都进行精确空间仿真。

(4) 通过重复应用 $m_j=num+j$ 次单点参量抽取过程，得到对应于精确空间基点集的粗糙空间基点集 $\boldsymbol{S}_{\mathrm{c}}^{(j)}=\left\{\boldsymbol{x}_{\mathrm{c}}^{(1)},\boldsymbol{x}_{\mathrm{c}}^{(2)},\cdots,\boldsymbol{x}_{\mathrm{c}}^{(m_j)}\right\}$， $\boldsymbol{x}_{\mathrm{c}}^{(j)}=\arg\min\limits_{\boldsymbol{x}_{\mathrm{c}}}\left\|\boldsymbol{R}_{\mathrm{f}}(\boldsymbol{x}_{\mathrm{f}}^{(j)})-\boldsymbol{R}_{\mathrm{c}}(\boldsymbol{x}_{\mathrm{c}})\right\|$。其中参数抽取(parameter extraction, PE)误差

$$\varepsilon=\left\|\boldsymbol{R}_{\mathrm{f}}(\boldsymbol{x}_{\mathrm{f}}^{(j)})-\boldsymbol{R}_{\mathrm{c}}(\boldsymbol{x}_{\mathrm{c}}^{(j)})\right\|=\min_{\boldsymbol{x}_{\mathrm{c}}}\left\|\boldsymbol{R}_{\mathrm{f}}(\boldsymbol{x}_{\mathrm{f}}^{(j)})-\boldsymbol{R}_{\mathrm{c}}(\boldsymbol{x}_{\mathrm{c}})\right\| \tag{19.6}$$

(5) 通过曲线拟合方法建立当前两空间参量之间的映射关系 $\boldsymbol{P}^{(j)}$。处理过程如下。

假设粗糙空间基点集中的每个点都可表示为一些预先设定函数 $\xi_k(\boldsymbol{x}_{\mathrm{f}})$， $k=0,1,\cdots,N_\phi$ 的线性组合，即

$$\boldsymbol{x}_{\mathrm{c}}=\boldsymbol{P}^{(j)}(\boldsymbol{x}_{\mathrm{f}})=\boldsymbol{A}^{(j)}\xi(\boldsymbol{x}_{\mathrm{f}}) \tag{19.7}$$

式中， $\boldsymbol{A}^{(i)}\in\Re^{n\times(N_\phi+1)}$， $\xi(\boldsymbol{x}_{\mathrm{f}})$ 定义如下

$$\xi(x_{\mathrm{f}})=\begin{bmatrix}\xi_0(\boldsymbol{x}_{\mathrm{f}})\\ \xi_1(\boldsymbol{x}_{\mathrm{f}})\\ \vdots\\ \xi_{N_\phi}(\boldsymbol{x}_{\mathrm{f}})\end{bmatrix} \tag{19.8}$$

$\boldsymbol{A}^{(i)}$ 必须满足

$$\left[\boldsymbol{x}_{\mathrm{c}}^{(1)},\boldsymbol{x}_{\mathrm{c}}^{(2)},\cdots,\boldsymbol{x}_{\mathrm{c}}^{(m_j)}\right]=\boldsymbol{A}^{(i)}\left[\xi(\boldsymbol{x}_{\mathrm{f}}^{(1)}),\xi(\boldsymbol{x}_{\mathrm{f}}^{(2)}),\cdots,\xi(\boldsymbol{x}_{\mathrm{f}}^{(m_j)})\right] \tag{19.9}$$

还可假设两空间存在如下的线性映射关系

$$\boldsymbol{x}_{\mathrm{c}}=\boldsymbol{P}^{(j)}(\boldsymbol{x}_{\mathrm{f}})=\boldsymbol{B}^{(j)}\boldsymbol{x}_{\mathrm{f}}+\boldsymbol{c}^{(j)} \tag{19.10}$$

式中， $\boldsymbol{B}^{(j)}\in\Re^{n\times n}$ 和 $\boldsymbol{c}^{(j)}\in\Re^{n\times 1}$。设定 $\boldsymbol{A}^{(j)}=\begin{bmatrix}\boldsymbol{c}^{(j)} & \boldsymbol{B}^{(j)}\end{bmatrix}$， $\phi_k(\boldsymbol{x}_{\mathrm{f}})=\boldsymbol{x}_{\mathrm{f},k},k=1,2,\cdots,n$($k$ 代表点 $\boldsymbol{x}_{\mathrm{f}}$ 的第 k 个参量值)、 $\phi_0(\boldsymbol{x}_{\mathrm{f}})=1$ 和 $N_\phi=n$，那么式(19.9)和式(19.10)是等价的，式(19.10)可以改写如下

$$\left[\boldsymbol{x}_{\mathrm{c}}^{(1)},\boldsymbol{x}_{\mathrm{c}}^{(2)},\cdots,\boldsymbol{x}_{\mathrm{c}}^{(m_j)}\right]=\boldsymbol{A}^{(i)}\begin{bmatrix}1 & 1 & \cdots & 1\\ \boldsymbol{x}_{\mathrm{f}}^{(1)} & \boldsymbol{x}_{\mathrm{f}}^{(2)} & \cdots & \boldsymbol{x}_{\mathrm{f}}^{(m_j)}\end{bmatrix} \tag{19.11}$$

对式(19.11)应用最小二乘法求解 $\boldsymbol{A}^{(i)}$

$$\boldsymbol{A}^{(j)T}=(\boldsymbol{D}^{(j)T}\boldsymbol{D}^{(j)})^{-1}\boldsymbol{D}^{(j)T}\boldsymbol{X}^{(j)} \tag{19.12}$$

式中

$$\boldsymbol{D}=\begin{bmatrix}1 & 1 & \cdots & 1\\ \boldsymbol{x}_{\mathrm{f}}^{(1)} & \boldsymbol{x}_{\mathrm{f}}^{(2)} & \cdots & \boldsymbol{x}_{\mathrm{f}}^{(m_j)}\end{bmatrix}^{\mathrm{T}} \tag{19.13}$$

$$\boldsymbol{X}=\left[\boldsymbol{x}_{\mathrm{c}}^{(1)},\boldsymbol{x}_{\mathrm{c}}^{(2)},\cdots,\boldsymbol{x}_{\mathrm{c}}^{(m_j)}\right]^{\mathrm{T}} \tag{19.14}$$

如果粗糙空间和精确空间的基点集都已经获得，那么 $\boldsymbol{D}$、$\boldsymbol{X}$ 值就可知，利用式(19.12)可以求得 $\boldsymbol{A}^{(i)}$。

(6) 因此，利用当前逆映射，可以获得精确空间新的参量设计值 $\boldsymbol{x}_{f}^{(m_j+1)}$

$$\boldsymbol{x}_{\mathrm{f}}^{(m_j+1)}=\boldsymbol{P}^{(j)^{-1}}(\boldsymbol{x}_{\mathrm{c}}^{*})=\boldsymbol{B}^{(j)^{-1}}(\boldsymbol{x}_{\mathrm{c}}^{*}-\boldsymbol{c}^{(j)}) \tag{19.15}$$

(7) 对设计值 $\boldsymbol{x}_{\mathrm{f}}^{(m_j+1)}$ 进行精确空间仿真，得其响应 $\boldsymbol{R}_{\mathrm{f}}(\boldsymbol{x}_{\mathrm{f}}^{(m_j+1)})$。

(8) 如果满足式 $\left\|\boldsymbol{R}_{\mathrm{f}}(\boldsymbol{x}_{\mathrm{f}}^{(m_j+1)})-\boldsymbol{R}_{\mathrm{c}}(\boldsymbol{x}_{\mathrm{c}}^{*})\right\|\leqslant\varepsilon$，精确空间设计参量最优值 $\tilde{\boldsymbol{x}}_{\mathrm{f}}=\boldsymbol{x}_{\mathrm{f}}^{(m_j+1)}$，算法停止。否则，把新点 $\boldsymbol{x}_{\mathrm{f}}^{(m_j+1)}$ 加入精确空间基点集内，即 $\boldsymbol{S}_{\mathrm{f}}^{(j)}=\left\{\boldsymbol{x}_{\mathrm{f}}^{(1)},\boldsymbol{x}_{\mathrm{f}}^{(2)},\cdots,\boldsymbol{x}_{\mathrm{f}}^{(m_j)}\right\}\cup\left\{\boldsymbol{x}_{\mathrm{f}}^{(m_j+1)}\right\}$，赋值 $j=j+1$，并且转到步骤(4)。

初始空间映射算法的流程图如图 19-3 所示。

初始空间映射方法存在如下的局限性：使用最小二乘方法拟合映射关系，需要进行 m_0 个高成本精确模型仿真，计算量大；两空间模型参数如果存在严重失配(非线性)，线性映射无效；参数抽取过程的非唯一性，会导致错误的映射关系和算法失败。

19.2.2　初始空间映射算法优化 LTCC 等效集总参数(电容)

采用等效集总参数无源元件的电路的 Q 值比分布电路的要低，但它具有成本低、频带宽和可靠性高的优点。当这些无源元件采用内嵌形式后，更能显著减小整个电路的尺寸，因而特别适合于微波多芯片组件等小型化、高密度微波电路。LTCC 技术使得此类电路形式的实现十分方便，下面以 LTCC 电容的优化为例，说明初始空间映射方法的应用过程。

LTCC 多层微波电路中内嵌电容一般采用多层平行板电容结构，如图 19-4 所示。它的等效电路如图 19-5 所示。金属板之间可以直接使用基片所用陶瓷生坯作为填充介质，也可以采用丝网印刷的高介电常数的介质浆料作为填充介质，这里采用第一种方式。

如图 19-4 所示平行耦合电容的电容值计算经验公式如下，可作为设计初始值使用。

$$C=\frac{\varepsilon_0\varepsilon_{\mathrm{r}}A}{d} \tag{19.16}$$

式中，A 是金属板的面积；d 是上下金属板的间距。

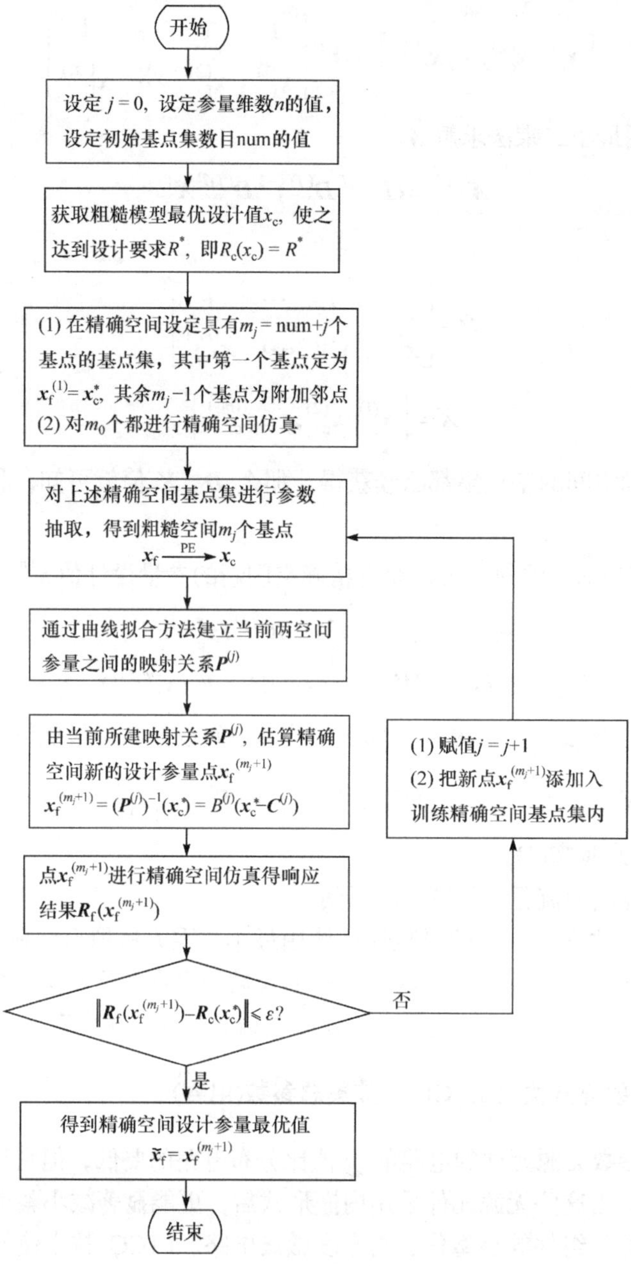

图 19-3　初始空间映射算法流程图

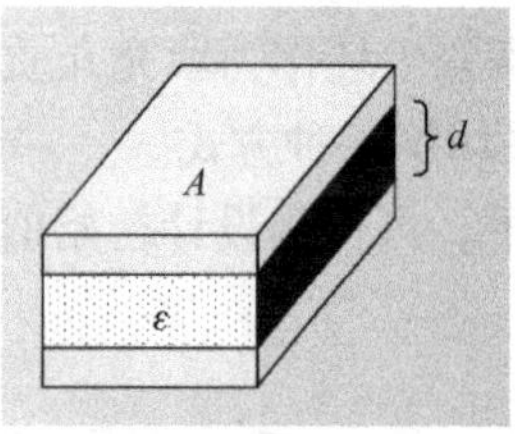

图 19-4　多层 LTCC 电容的三维结构图

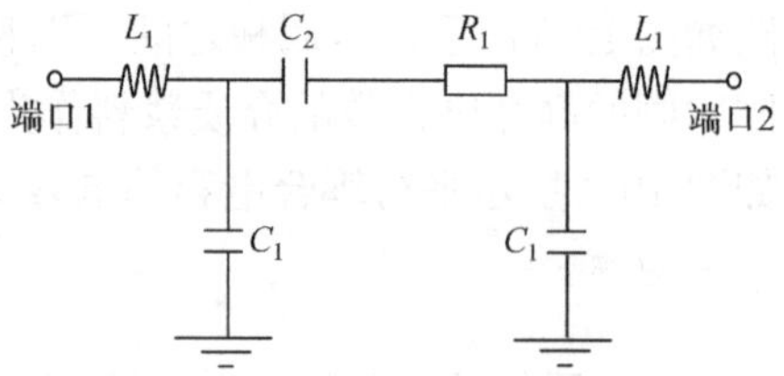

图 19-5　多层 LTCC 电容的等效电路

在电路仿真和电磁仿真软件中，进行单端口仿真，有效电容值 C_{eff} 的计算公式为

$$C_{\text{eff}} = \frac{1}{\omega \cdot \text{Im}(Z_{\text{in}})} \tag{19.17}$$

电容无载 Q 值的计算公式为

$$Q = \frac{\text{Im}(Z_{\text{in}})}{\text{Re}(Z_{\text{in}})} \tag{19.18}$$

式中，ω 为角频率；Z_{in} 为传输线(电路)的输入阻抗。

为了提高电容值，设计的电容采用多层交叉耦合结构如图 19-6 所示，此结构进行电磁场仿真为精确模型[20]。该电容的粗糙模型不采用集总元件等效电路，而采用 ADS 软件多层电路元件库中的分离模型，如一段微带线、过孔、焊盘和信号层之间的耦合传输线等构造。设置端口微带线的宽度为 0.3mm，过孔直径为 0.06mm。LTCC 电容的精确模型设计参量为 $\boldsymbol{x}_{\text{f}} = [W_1, W_2, S, L]^{\text{T}}$，对应粗糙模型设计参量为 $\boldsymbol{x}_{\text{c}} = [w_1, w_2, s, l]^{\text{T}}$，两空间参量物理意义相同且维数相同。

LTCC 电容的设计要求如下。

(1) 工作频率：2.95～3.05GHz。

(2) 有效电容值：(5.7±0.5)pF。

(3) 无载 Q 值：> 45。

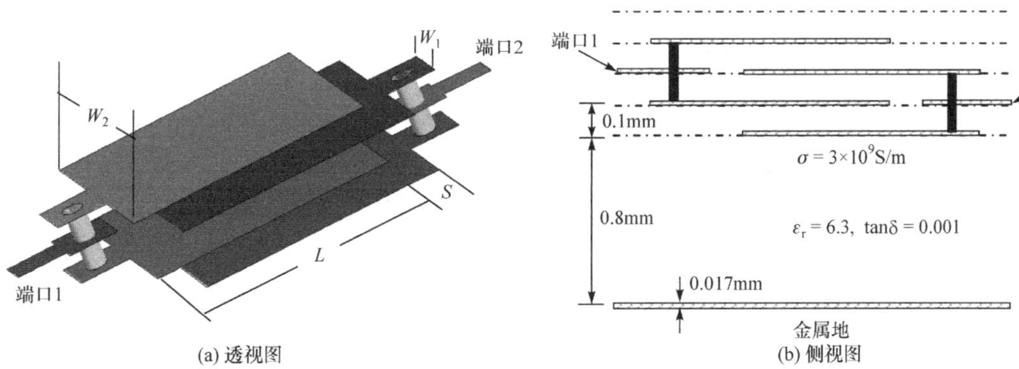

图 19-6　多层平行耦合电容的结构

利用初始空间映射算法及流程图，下面详细讨论初始空间映射算法应用于 LTCC 电容的优化过程。

(1) 响应频率范围：2.9～3.1GHz，0.05GHz 频率间隔设定一个频率抽样点，共 5 个频率点；设定 $\varepsilon = 0.2$、参量维数 $n = 4$、初始基点集数目 $\text{num} = 9$、$j = 0$。

(2) 根据设计要求，获取粗糙模型的最优设计值 $\boldsymbol{x}_{\text{c}}^*$。在 ADS 软件中进行电路仿真和优化，得 $\boldsymbol{x}_{\text{c}}^* = \left[w_1^*, w_2^*, s^*, l^*\right]^{\text{T}} = \left[0.35, 2.67, 0.6, 3.1\right]^{\text{T}}$，单位为 mm。

(3) $m_0 = j + \text{num} = 0 + 9 = 9$，精确空间基点集 $\boldsymbol{S}_{\text{f}}^{(0)} = [\boldsymbol{x}_{\text{f}}^{(1)}, \boldsymbol{x}_{\text{f}}^{(2)}, \cdots, \boldsymbol{x}_{\text{f}}^{(9)}]$，其中 $\boldsymbol{x}_{\text{f}}^{(1)} = \boldsymbol{x}_{\text{c}}^* = \left[0.35, 2.67, 0.6, 3.1\right]^{\text{T}}$，其他 8 个点为其附近随机邻域

$$\boldsymbol{x}_{\text{f}}^{(2)} = \left[0.25, 2.47, 0.6, 3.1\right]^{\text{T}}, \quad \boldsymbol{x}_{\text{f}}^{(3)} = \left[0.45, 2.67, 0.37, 3.1\right]^{\text{T}}$$

$$\boldsymbol{x}_{\mathrm{f}}^{(4)}=[0.45,\ 2.57,\ 0.46,\ 3.1]^{\mathrm{T}},\quad \boldsymbol{x}_{\mathrm{f}}^{(5)}=[0.35,\ 2.77,\ 0.6,\ 3.4]^{\mathrm{T}}$$

$$\boldsymbol{x}_{\mathrm{f}}^{(6)}=[0.35,\ 2.67,\ 0.5,\ 3.3]^{\mathrm{T}},\quad \boldsymbol{x}_{\mathrm{f}}^{(7)}=[0.35,\ 2.42,\ 0.7,\ 3.1]^{\mathrm{T}}$$

$$\boldsymbol{x}_{\mathrm{f}}^{(8)}=[0.35,\ 2.67,\ 0.47,\ 2.9]^{\mathrm{T}},\quad \boldsymbol{x}_{\mathrm{f}}^{(9)}=[0.63,\ 2.67,\ 0.6,\ 3.2]^{\mathrm{T}}$$

对这些点进行精确空间仿真，响应结果为 $\boldsymbol{R}_{\mathrm{f}}^{m_0}=[\boldsymbol{R}_{\mathrm{f}}^{(1)},\boldsymbol{R}_{\mathrm{f}}^{(2)},\cdots,\boldsymbol{R}_{\mathrm{f}}^{(9)}]$。

(4) 对上述精确空间基点集中每个点都分别进行参量抽取，得到粗糙空间基点集 $\boldsymbol{S}_{\mathrm{c}}^{(0)}=[\boldsymbol{x}_{\mathrm{c}}^{(1)},\boldsymbol{x}_{\mathrm{c}}^{(2)},\cdots,\boldsymbol{x}_{\mathrm{c}}^{(9)}]$，其中

$$\boldsymbol{x}_{\mathrm{c}}^{(1)}=[0.25,\ 2.56,\ 0.73,\ 2.87]^{\mathrm{T}},\ \boldsymbol{x}_{\mathrm{c}}^{(2)}=[0.17,\ 2.71,\ 0.69,\ 2.32]^{\mathrm{T}}$$

$$\boldsymbol{x}_{\mathrm{c}}^{(3)}=[0.33,\ 2.52,\ 0.58,\ 2.47]^{\mathrm{T}},\ \boldsymbol{x}_{\mathrm{c}}^{(4)}=[0.18,\ 2.31,\ 0.65,\ 2.14]^{\mathrm{T}}$$

$$\boldsymbol{x}_{\mathrm{c}}^{(5)}=[0.22,\ 2.38,\ 0.67,\ 1.85]^{\mathrm{T}},\ \boldsymbol{x}_{\mathrm{c}}^{(6)}=[0.24,\ 2.83,\ 0.63,\ 2.67]^{\mathrm{T}}$$

$$\boldsymbol{x}_{\mathrm{c}}^{(7)}=[0.28,\ 2.49,\ 0.94,\ 2.03]^{\mathrm{T}},\ \boldsymbol{x}_{\mathrm{c}}^{(8)}=[0.26,\ 2.75,\ 0.58,\ 2.37]^{\mathrm{T}}$$

$$\boldsymbol{x}_{\mathrm{c}}^{(9)}=[0.42,\ 2.77,\ 0.52,\ 2.48]^{\mathrm{T}},$$

在具体实现过程中，精确模型仿真响应结果嵌入 S2P 文件元件。其中，电路设计参量 $\boldsymbol{x}_{\mathrm{c}}=[w_1, w_2, s, l]^{\mathrm{T}}$ 被优化使得两模型空间响应达到匹配，其中的电路优化方法为随机优化方法。

(5) 通过曲线拟合的方法来建立当前两空间参量之间的映射关系 $\boldsymbol{P}^{(0)}$。根据前面分析得 $\boldsymbol{D}^{(0)}=\begin{bmatrix}1 & 1 & \cdots & 1\\ \boldsymbol{x}_{\mathrm{f}}^{(1)} & \boldsymbol{x}_{\mathrm{f}}^{(2)} & \cdots & \boldsymbol{x}_{\mathrm{f}}^{(9)}\end{bmatrix}^{\mathrm{T}}$ 和 $\boldsymbol{X}^{(0)}=\left[\boldsymbol{x}_{\mathrm{c}}^{(1)},\boldsymbol{x}_{\mathrm{c}}^{(2)},\cdots,\boldsymbol{x}_{\mathrm{c}}^{(9)}\right]^{\mathrm{T}}$，再应用式(19.12)得 $\boldsymbol{A}^{(0)}$

$$\boldsymbol{A}^{(0)}=((\boldsymbol{D}^{(0)\mathrm{T}}\boldsymbol{D}^{(0)})^{-1}\boldsymbol{D}^{(0)\mathrm{T}}\boldsymbol{X}^{(0)})^{\mathrm{T}}=\begin{bmatrix}0.308 & 1.3644 & 0.5426 & 0.1157\\ 0.065 & 0.1454 & 0.04 & 0.0334\\ 1.823 & 0.2099 & 0.5012 & -0.2642\end{bmatrix} \tag{19.19}$$

因此，得到 $\boldsymbol{B}^{(0)}=\begin{bmatrix}1.3644 & 0.5426 & 0.1157\\ 0.1454 & 0.04 & 0.0334\\ 0.2099 & 0.5012 & -0.2642\end{bmatrix}$ 和 $\boldsymbol{c}^{(0)}=[0.3083,\ \ 0.065,\ \ 1.823]^{\mathrm{T}}$。

(6) 利用当前逆映射，获得精确空间新的参量设计值 $\boldsymbol{x}_{\mathrm{f}}^{(10)}$

$$\boldsymbol{x}_{\mathrm{f}}^{(10)}=\boldsymbol{P}^{(0)^{-1}}(\boldsymbol{x}_{\mathrm{c}}^{*})=\boldsymbol{B}^{(0)^{-1}}(\boldsymbol{x}_{\mathrm{c}}^{*}-\boldsymbol{c}^{(0)})=[0.42,\ 2.29,\ 0.67,\ 2.32]^{\mathrm{T}} \tag{19.20}$$

(7) 对新设计值 $\boldsymbol{x}_{\mathrm{f}}^{(10)}$ 进行精确空间仿真，得其响应 $\boldsymbol{R}_{\mathrm{f}}(\boldsymbol{x}_{\mathrm{f}}^{(10)})$。

(8) 计算可知，$\boldsymbol{R}_{\mathrm{f}}(\boldsymbol{x}_{\mathrm{f}}^{(10)})$ 不满足式 $\left\|\boldsymbol{R}_{\mathrm{f}}(\boldsymbol{x}_{\mathrm{f}}^{(10)})-\boldsymbol{R}_{\mathrm{c}}(\boldsymbol{x}_{\mathrm{c}}^{*})\right\|\leqslant\varepsilon$，把新点 $\boldsymbol{x}_{\mathrm{f}}^{(10)}$ 添加入精确空间基点集内，即 $\boldsymbol{S}_{\mathrm{f}}^{(0)}=\left\{\boldsymbol{x}_{\mathrm{f}}^{(1)},\boldsymbol{x}_{\mathrm{f}}^{(2)},\cdots,\boldsymbol{x}_{\mathrm{f}}^{(9)}\right\}\cup\left\{\boldsymbol{x}_{\mathrm{f}}^{(10)}\right\}$，由赋值语句 $j=j+1=1$，可以得到 $\boldsymbol{S}_{\mathrm{f}}^{(1)}=\left\{\boldsymbol{x}_{\mathrm{f}}^{(1)},\boldsymbol{x}_{\mathrm{f}}^{(2)},\cdots,\boldsymbol{x}_{\mathrm{f}}^{(10)}\right\}$。

(9) 对点 $\boldsymbol{x}_{\mathrm{f}}^{(10)}$ 进行单点参量抽取，获取 $\boldsymbol{x}_{\mathrm{c}}^{(10)}=[0.37,\ 2.04,\ 0.85,\ 2.13]^{\mathrm{T}}$。把点 $\boldsymbol{x}_{\mathrm{c}}^{(10)}$ 添加入粗糙空间基点集内即 $\boldsymbol{S}_{\mathrm{c}}^{(1)}=\left\{\boldsymbol{x}_{\mathrm{c}}^{(1)},\boldsymbol{x}_{\mathrm{c}}^{(2)},\cdots,\boldsymbol{x}_{\mathrm{c}}^{(10)}\right\}$。

(10) 通过曲线拟合的方法来建立新的两空间参量之间的映射关系 $\boldsymbol{P}^{(1)}$。

(11) 重复上述迭代过程，当 $j=5$ 时，利用建立的当前逆映射 $\boldsymbol{P}^{(5)^{-1}}$，获得精确空间新的参量设计值 $\boldsymbol{x}_{\mathrm{f}}^{(14)}$

$$\boldsymbol{x}_{\mathrm{f}}^{(14)}=\boldsymbol{P}^{(5)^{-1}}(\boldsymbol{x}_{\mathrm{c}}^{*})=\boldsymbol{B}^{(5)^{-1}}(\boldsymbol{x}_{\mathrm{c}}^{*}-\boldsymbol{c}^{(5)})=[0.5,2.5,0.4,3.5]^{\mathrm{T}} \tag{19.21}$$

(12) 对新设计值 $\boldsymbol{x}_{\mathrm{f}}^{(14)}$ 进行精确空间仿真，得其响应 $\boldsymbol{R}_{\mathrm{f}}(\boldsymbol{x}_{\mathrm{f}}^{(14)})$。

(13) 计算可知，$\boldsymbol{R}_{\mathrm{f}}(\boldsymbol{x}_{\mathrm{f}}^{(14)})$ 已经满足式 $\left\|\boldsymbol{R}_{\mathrm{f}}(\boldsymbol{x}_{\mathrm{f}}^{(14)})-\boldsymbol{R}_{\mathrm{c}}(\boldsymbol{x}_{\mathrm{c}}^{*})\right\|\leqslant\varepsilon$，算法终止。获得精确空间优化设计值 $\tilde{\boldsymbol{x}}_{\mathrm{f}}=\boldsymbol{x}_{\mathrm{f}}^{(14)}=[0.5,2.5,0.4,3.5]^{\mathrm{T}}$。

图 19-7 给出了粗糙模型最优设计参量的粗糙空间响应 $\boldsymbol{R}_{\mathrm{c}}(\boldsymbol{x}_{\mathrm{c}}^{*})$ 与算法第 j 次迭代产生的精确模型预测参量的精确空间响应 $\boldsymbol{R}_{\mathrm{f}}(\boldsymbol{x}_{\mathrm{f}}^{(j+\mathrm{num})})$ 之间的比较，其中 $j=2$、3、4 和 5。由图 19-7 可知，算法在逐步收敛，最后产生的精确模型预测参量的精确空间响应满足设计要求，即得到最终的优化设计参量。

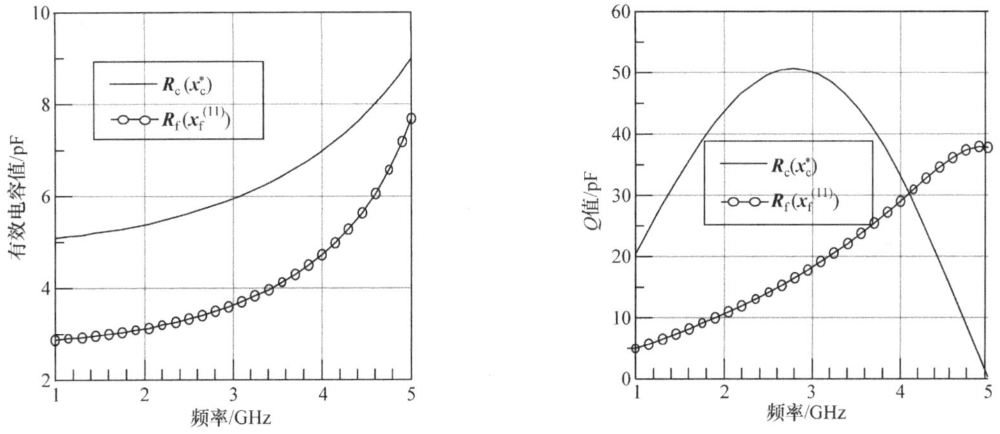

(a) $j=2$

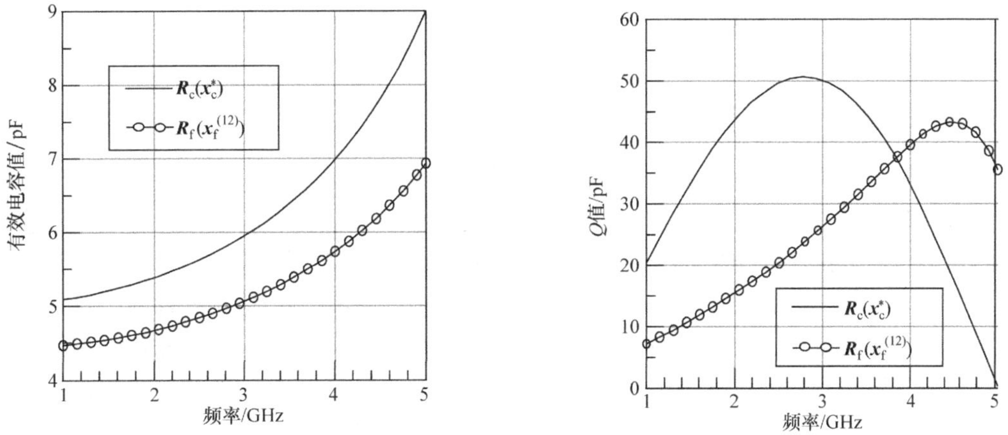

(b) $j=3$

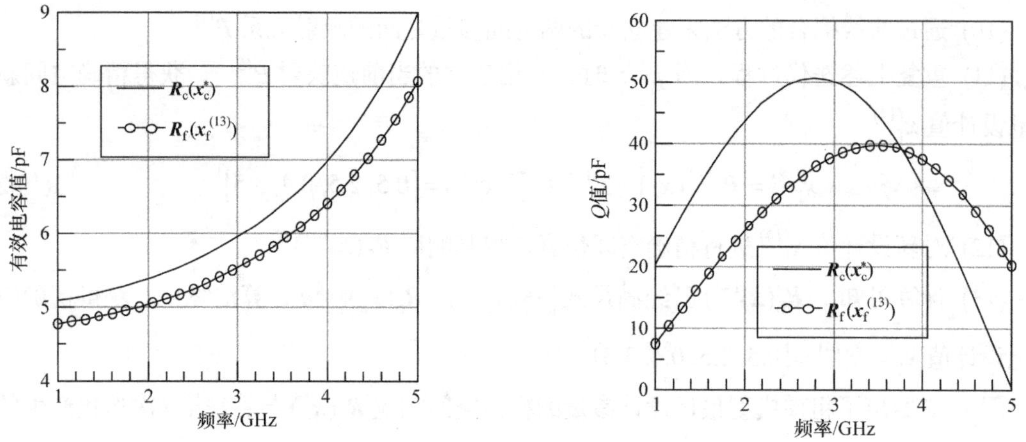

(c) $j = 4$

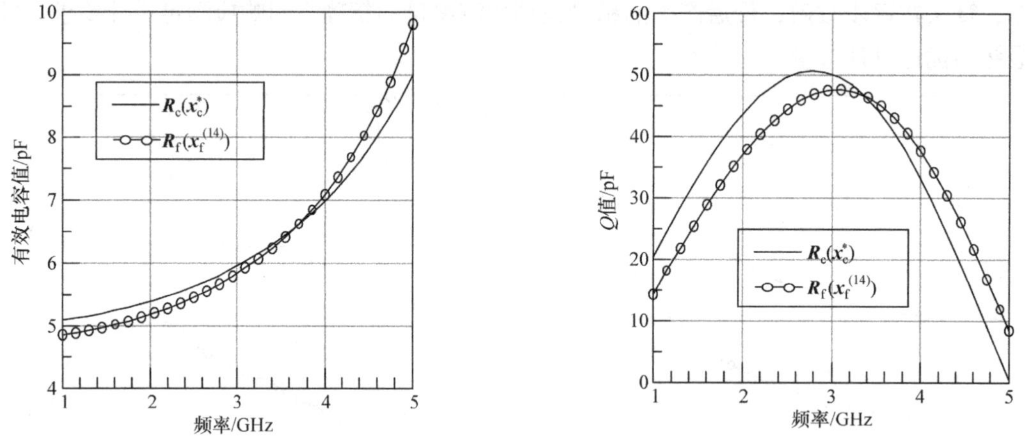

(d) $j = 5$

图 19-7　粗糙空间响应 $\boldsymbol{R}_c(\boldsymbol{x}_c^*)$ 与算法第 j 次迭代产生的精确空间响应 $\boldsymbol{R}_f(\boldsymbol{x}_f^{(j+\text{num})})$ 之间的比较，其中 num = 9

19.3　渐进空间映射优化方法及应用

19.3.1　渐进空间映射算法

初始空间映射算法必须先给定多个精确模型设计点并且全部进行精确空间仿真，这些仿真结果被用来在参数抽取中提供全阶条件样本，再建立两空间映射关系(映射关系被假设为线性的)。渐进空间映射算法(aggressive space mapping，ASM)改进了初始空间映射算法的上述不足之处，从第一次精确模型仿真开始到最后，每次的精确模型仿真都参与了参数的抽取和两空间映射关系的建立，并预测下一个改善的精确模型新设计参量，因此精确空间设计参量是自适应步进、逐渐逼近理想精确模型设计参量。该算法结合了古典 Broyden 公式的拟牛顿迭代法，能够解决非线性映射问题，不用预先假设两空间之间的映射关系[8]。

假设在精确模型和粗糙模型的设计参量空间之间存在映射 $\boldsymbol{P}$

$$\boldsymbol{x}_c = \boldsymbol{P}(\boldsymbol{x}_f) \tag{19.22}$$

使得两空间的响应匹配

$$R_c(P(x_f)) \approx R_f(x_f) \tag{19.23}$$

式(19.22)中的映射 $\boldsymbol{P}$ 的雅可比矩阵为

$$J_P(x_f) = \left(\frac{\partial \boldsymbol{P}^{\mathrm{T}}}{\partial \boldsymbol{x}_f}\right)^{\mathrm{T}} = \left(\frac{\partial \boldsymbol{x}_c^{\mathrm{T}}}{\partial \boldsymbol{x}_f}\right)^{\mathrm{T}} \tag{19.24}$$

可以利用矩阵 $\boldsymbol{B} \in \Re^{n\times n}$ 近似映射 $\boldsymbol{P}$ 的雅可比矩阵，即 $\boldsymbol{B} \approx \boldsymbol{J}_p(\boldsymbol{x}_f)$。从式(19.23)可知

$$J_f \approx J_c B \tag{19.25}$$

式中，$\boldsymbol{J}_f$ 和 $\boldsymbol{J}_c$ 分别为精确模型响应与粗糙模型响应对应设计参量的雅可比矩阵。从式(19.25)可以获得矩阵 $\boldsymbol{B}$ 的表达式

$$B = (J_c^{\mathrm{T}} J_c)^{-1} J_c^{\mathrm{T}} J_f \tag{19.26}$$

可知，$\boldsymbol{B}$ 就是联系粗糙空间设计参量微分位移随精确空间设计参量微分位移变化的矩阵。

假设在第 j 次迭代中，误差矢量估算为

$$f^{(j)} = f^{(j)}(x_f^{(j)}) = P^{(j)}(x_f^{(j)}) - x_c^* \tag{19.27}$$

式中，$\boldsymbol{P}^{(j)}(\boldsymbol{x}_f^{(j)})$ 可以通过参数抽取过程间接得到，即用 $\boldsymbol{x}_c^{(j)}$ 代替。通过式(19.28)获取精确模型空间的拟牛顿步长 $\boldsymbol{h}^{(j)}$

$$B^{(j)} h^{(j)} = -f^{(j)} \tag{19.28}$$

$\boldsymbol{B}^{(j)}$ 代入式(19.28)计算得下次迭代步长 $\boldsymbol{h}^{(j)}$，精确模型新的预测设计参量为

$$x_f^{(j+1)} = x_f^{(j)} + h^{(j)} \tag{19.29}$$

如果 $\left\|\boldsymbol{f}^{(j)}\right\|$ 足够小，则算法终止，得到 $\overline{\boldsymbol{x}_f} = \boldsymbol{P}^{-1}(\boldsymbol{x}_c^*)$ 的近似结果和映射矩阵 $\boldsymbol{B}$。否则，重复上述迭代过程直到算法收敛。

下面采用切奶酪问题描述渐进空间映射算法。

假设现有一块长方形奶酪，但存在部分缺损，该奶酪密度均匀且为 1，宽度和厚度固定不变为 1，现要通过切割它的长度使得该奶酪重量为 20，误差±1 可以接受。于是该优化问题的实际参量为长度 x，目标响应为重量 w。该奶酪的粗糙模型设定为规则的长方形，即不存在缺损部分，如图 19-8 所示的第一块奶酪，精确模型就是实际有缺损的长方形奶酪，如图 19-8 所示的第二块奶酪。

应用渐进空间映射方法求解奶酪所需切割长度的过程如下。

(1) 容易获得粗糙模型的优化值(切割长度)，即 $x_c^* = 20$。

(2) 假定精确模型的初始切割长度也为 20，即 $x_f^{(1)} = x_c^* = 20$，对该切割长度的精确模型进行称重，假设重量 $w = 16$。误差 $\varepsilon = 16 - 20 = -4 < -1$，此切割长度不符合要求。

(3) 现在求解重量也为 16 的粗糙模型切割长度，即与上述切割长度的精确模型重量相同，此步就是两空间参量抽取过程。容易获得该粗糙模型的切割长度为 16，即抽取获得的参量值 $x_c^{(1)} = 16$。

(4) 假设两空间为单位映射，即 $P^{-1}(x_c^* - x_c^{(1)}) = (x_c^* - x_c^{(1)})$。则精确模型新的切割长度预测为：$x_f^{(2)} = x_f^{(1)} + P^{-1}(x_c^* - x_c^{(1)}) = x_f^{(1)} + (x_c^* - x_c^{(1)}) = 20 + (20 - 16) = 24$，对该切割长度的精确模型进行称重，可知重量 $w = 20$，达到优化目标。

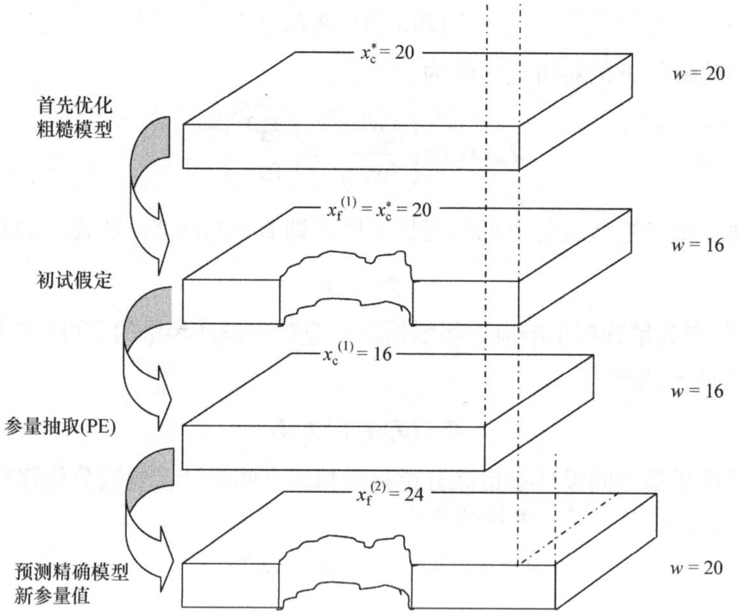

图 19-8　切奶酪问题描述

渐进空间映射算法流程图如图 19-9 所示，步骤如下。

(1) 获取粗糙模型最优设计值 x_c^*。

(2) 设定 $j=0$， $\boldsymbol{B}^0=\boldsymbol{I}$ 和 $\boldsymbol{x}_f^{(0)}=\boldsymbol{x}_c^*$。

(3) 对精确空间进行参量抽取，得到粗糙空间的参量，即 $\boldsymbol{x}_f^{(j)}\to\boldsymbol{x}_c^{(j)}$。并且估算当前 $\boldsymbol{P}^{(j)}(\boldsymbol{x}_f^{(j)})\approx\boldsymbol{x}_c^{(j)}$。

(4) 设定映射误差 $\boldsymbol{f}^{(j)}=\boldsymbol{P}^{(j)}(\boldsymbol{x}_f^{(j)})-\boldsymbol{x}_c^*$。判断当前是否满足 $\left\|\boldsymbol{f}^{(j)}\right\|\leqslant\varepsilon$？如果满足，达到设计要求，算法终止；如果不满足，进入下面步骤(5)。

(5) 计算式 $\boldsymbol{B}^{(j)}\boldsymbol{h}^{(j)}=-\boldsymbol{f}^{(j)}$，获取精确参量的增加步长 $\boldsymbol{h}^{(j)}$，并且根据情况可选择以下 4 种更新方式把 $\boldsymbol{B}^{(j)}$ 更新为 $\boldsymbol{B}^{(j+1)}$。

① 单位矩阵不更新：如果两空间的映射 $\boldsymbol{P}$ 只是位移关系，那么可用最速下降法，而不用 Broyden 公式法。

② 类似 Broyden 公式更新：设 $\boldsymbol{B}$ 的初值 $\boldsymbol{B}^0=\boldsymbol{I}$， $\boldsymbol{B}^{(j)}$ 可用 Broyden 秩 1 公式更新

$$\boldsymbol{B}^{(j+1)}=\boldsymbol{B}^{(j)}+\frac{\boldsymbol{f}^{(j+1)}-\boldsymbol{f}^{(j)}-\boldsymbol{B}^{(j)}\boldsymbol{h}^{(j)}}{\boldsymbol{h}^{(j)\mathrm{T}}\boldsymbol{h}^{(j)}}\boldsymbol{h}^{(j)\mathrm{T}} \tag{19.30}$$

可简化为

$$\boldsymbol{B}^{(j+1)}=\boldsymbol{B}^{(j)}+\frac{\boldsymbol{f}^{(j+1)}}{\boldsymbol{h}^{(j)\mathrm{T}}\boldsymbol{h}^{(j)}}\boldsymbol{h}^{(j)\mathrm{T}} \tag{19.31}$$

③ 雅可比公式更新：如果能获得相应点 $\boldsymbol{x}_c$ 和 $\boldsymbol{x}_f$ 的雅可比值 $\boldsymbol{J}_c$ 和 $\boldsymbol{J}_f$， $\boldsymbol{J}_c$ 必须具有满秩，且 $m\geqslant n$。应用式(19.32)进行最小均方求解，每次迭代时可获得 $\boldsymbol{B}$ 的更新值

$$\boldsymbol{B}=(\boldsymbol{J}_c^{\mathrm{T}}\boldsymbol{J}_c)^{-1}\boldsymbol{J}_c^{\mathrm{T}}\boldsymbol{J}_f \tag{19.32}$$

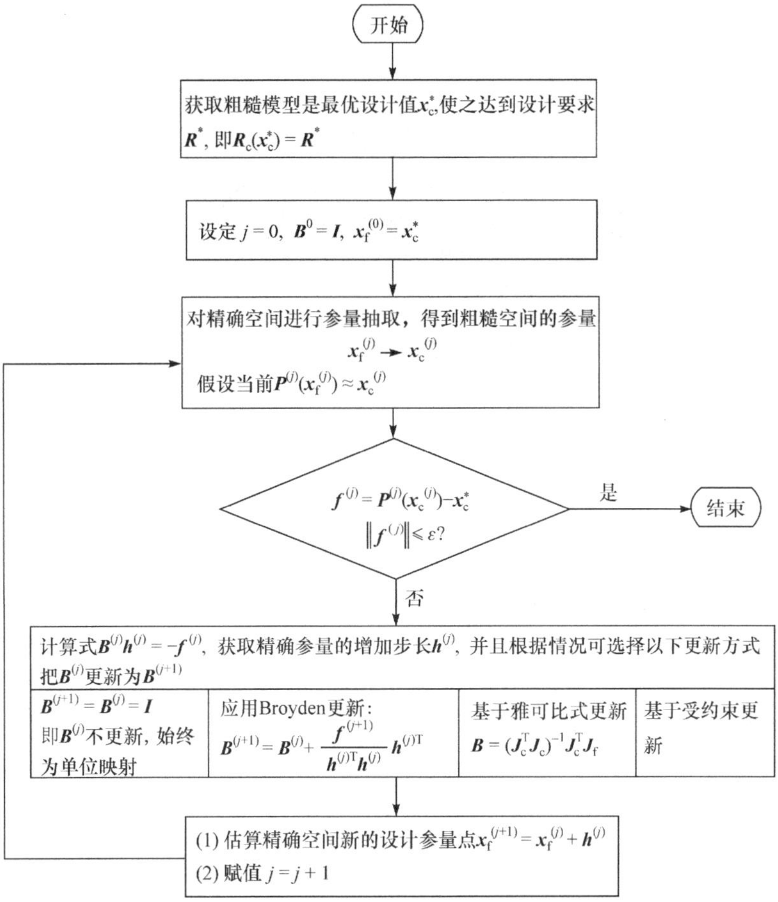

图 19-9　渐进空间映射算法的流程图

④ 有约束更新：如果精确模型和粗糙模型拥有相同的物理定义，可把 $\boldsymbol{B}$ 约束为单位矩阵附近，使 $\boldsymbol{B}$ 在 PE 过程中能更好处理。即

$$\boldsymbol{B} = \arg\min_{\boldsymbol{B}} \left\| \left[\boldsymbol{e}_1^{\mathrm{T}}, \cdots, \boldsymbol{e}_n^{\mathrm{T}} \eta \Delta \boldsymbol{b}_1^{\mathrm{T}}, \cdots, \eta \Delta \boldsymbol{b}_n^{\mathrm{T}} \right]^{\mathrm{T}} \right\|_2^2 \tag{19.33}$$

式中，η 为自定义权重，$\boldsymbol{e}_i$ 和 $\Delta \boldsymbol{b}_i$ 为 $\boldsymbol{E} = \boldsymbol{J}_{\mathrm{f}} - \boldsymbol{J}_{\mathrm{c}}\boldsymbol{B}$ 和 $\Delta \boldsymbol{B} = \boldsymbol{B} - \boldsymbol{I}$ 的列向量。因此，式(19.33)的求解结果为

$$\boldsymbol{B} = (\boldsymbol{J}_{\mathrm{c}}^{\mathrm{T}} \boldsymbol{J}_{\mathrm{c}} + \eta^2 \boldsymbol{I})^{-1} (\boldsymbol{J}_{\mathrm{c}}^{\mathrm{T}} \boldsymbol{J}_{\mathrm{f}} + \eta^2 \boldsymbol{I}) \tag{19.34}$$

(6) 预测精确空间新设计参量值 $\boldsymbol{x}_{\mathrm{f}}^{(j+1)} = \boldsymbol{x}_{\mathrm{f}}^{(j)} + \boldsymbol{h}^{(j)}$，赋值语句 $j = j + 1$；转到步骤(5)。

19.3.2　渐进空间映射方法优化 LTCC 中的过孔过渡结构

多层电路中，各种过渡和互连结构对电路整体性能的影响非常大，尤其是在高频应用场合。这里以微带线/带状线过渡结构为例，说明渐进空间映射算法的优化过程。

微带线/带状线的过孔过渡结构的精确模型(三维电磁场仿真模型)如图 19-10 所示，该结构的粗糙模型由 ADS 经验模型组合而成，两模型都设置为背靠背对称结构。实际 LTCC 电路中的各种过孔和通孔都是圆柱形，在精确模型中为减少电磁场仿真时间而设定为长方形。以微带线所在平面为参考面，第一层金属地与参考面之间有两层基片材料(垂直距离为 0.2mm，

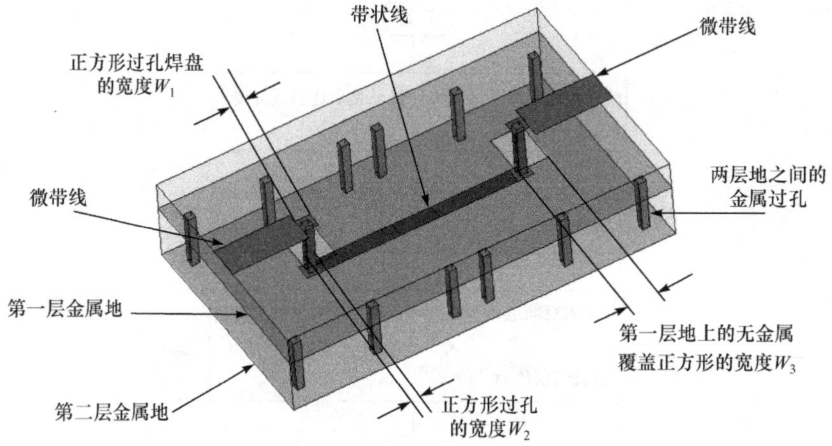

图 19-10　微带线/带状线的过孔过渡结构的精确模型

即微带线的基片厚度为 0.2mm)，第二层金属地与参考面之间有 6 层基片材料(垂直距离为 0.6mm，带状线在两层地之间，即两层地之间的垂直距离为 0.4mm)。微带线和带状线的特性阻抗都定为 50Ω，两段微带线长度为 1/4 波长，带状线长度为 1 个波长。计算得到两段微带线的宽度为 0.28mm，长度为 1.3mm；带状线宽度为 0.13mm，长度为 2.2mm。

过孔焊盘的宽度(直径)、过孔的宽度(直径)和第一层地上无金属覆盖面积的宽度(直径)是影响过渡结构性能的重要因素，定为优化过程中的设计参量。设该过渡结构的精确模型设计参量为 $\boldsymbol{x}_{\mathrm{f}}=[W_1, W_2, W_3]^{\mathrm{T}}$，粗糙模型设计参量为 $\boldsymbol{x}_{\mathrm{c}}=[w_1, w_2, w_3]^{\mathrm{T}}$。

该过渡结构的设计要求如下。

(1) 频率范围：27～28GHz。

(2) S_{21}：⩾−1dB。

(3) S_{11}：⩽−15dB。

根据渐进空间映射算法流程图，优化微带线/带状线过渡结构的过程如下。

(1) 响应频率范围：27～29GHz，0.1GHz 频率间隔设定一个频率抽样点，共 11 个频率点；设定 $\varepsilon=0.15$。

(2) 根据设计要求，获取粗糙模型的最优设计值 $\boldsymbol{x}_{\mathrm{c}}^{*}$。在 ADS 软件进行电路仿真和优化，得 $\boldsymbol{x}_{\mathrm{c}}^{*}=\left[w_1^{*}, w_2^{*}, w_3^{*}\right]^{\mathrm{T}}=[0.34,\ 0.11,\ 0.8]^{\mathrm{T}}$，单位为 mm。

(3) 设 $j=0$，$\boldsymbol{B}^{0}=\boldsymbol{I}$ 和 $\boldsymbol{x}_{\mathrm{f}}^{(0)}=\left[W_1^{(0)}, W_2^{(0)}, W_3^{(0)}\right]^{\mathrm{T}}=\boldsymbol{x}_{\mathrm{c}}^{*}=[0.34,\ 0.11,\ 0.8]^{\mathrm{T}}$。

(4) 对精确空间参量 $\boldsymbol{x}_{\mathrm{f}}^{(0)}$ 进行单点参量抽取，把精确空间仿真响应结果写入 S 参数文件中，对粗糙模型进行优化使之响应结果逼近精确空间响应结果，得到对应粗糙空间的设计参量 $\boldsymbol{x}_{\mathrm{c}}^{(0)}=\left[w_1^{(0)}, w_2^{(0)}, w_3^{(0)}\right]^{\mathrm{T}}=[0.45,\ 0.15,\ 0.57]^{\mathrm{T}}$。并且假设利用当前映射关系由精确模型参量获得的粗糙模型参量近似为参量抽取后获得的粗糙模型参量，即 $\boldsymbol{P}^{(0)}(\boldsymbol{x}_{\mathrm{f}}^{(0)})\approx\boldsymbol{x}_{\mathrm{c}}^{(0)}$。

(5) 得到当前映射关系误差 $\boldsymbol{f}^{(0)}=\boldsymbol{P}^{(0)}(\boldsymbol{x}_{\mathrm{f}}^{(0)})-\boldsymbol{x}_{\mathrm{c}}^{*}=[0.11,\ 0.04,\ -0.23]^{\mathrm{T}}$，判断其 L_2 范数是否满足误差标准 ε，计算可知不满足 $\left\|\boldsymbol{f}^{(0)}\right\|_2=0.258\leqslant\varepsilon$。通过计算 $\boldsymbol{B}^{(0)}\boldsymbol{h}^{(0)}=-\boldsymbol{f}^{(0)}$，来获取精确参量的增加步长 $\boldsymbol{h}^{(0)}=-\boldsymbol{I}^{-1}\boldsymbol{f}^{(0)}=[-0.11,\ -0.04,\ 0.23]^{\mathrm{T}}$。

(6) 估算精确空间新的设计参量点 $\boldsymbol{x}_{\mathrm{f}}^{(1)}=\boldsymbol{x}_{\mathrm{f}}^{(0)}+\boldsymbol{h}^{(0)}=[0.23,\ 0.08,\ 1.07]^{\mathrm{T}}$；并赋值 $j=j+1=1$。

(7) 对精确空间参量进行单点参量抽取。S 参数文件中写入的是精确空间 $\boldsymbol{x}_{\mathrm{f}}^{(1)}$ 仿真响应结果，对应粗糙空间的设计参量 $\boldsymbol{x}_{\mathrm{c}}^{(1)}=[0.25,\ 0.08,\ 1.12]^{\mathrm{T}}$。利用当前映射关系，假设由精确模型参量获得的粗糙模型参量近似为参量抽取后获得的粗糙模型参量，即 $\boldsymbol{P}^{(1)}(\boldsymbol{x}_{\mathrm{f}}^{(1)})\approx\boldsymbol{x}_{\mathrm{c}}^{(1)}$。

(8) 当前映射关系误差 $\boldsymbol{f}^{(1)}=\boldsymbol{P}^{(1)}(\boldsymbol{x}_{\mathrm{f}}^{(1)})-\boldsymbol{x}_{\mathrm{c}}^{*}=[-0.09,\ -0.03,\ 0.32]^{\mathrm{T}}$，计算可知不满足式 $\left\|\boldsymbol{f}^{(1)}\right\|_2=0.33\leqslant\varepsilon$。利用 Broyden 公式对 $\boldsymbol{B}$ 进行更新

$$\boldsymbol{B}^{(1)}=\boldsymbol{B}^{(0)}+\frac{\boldsymbol{f}^{(1)}}{\boldsymbol{h}^{(0)\mathrm{T}}\boldsymbol{h}^{(0)}}\boldsymbol{h}^{(0)\mathrm{T}}=\begin{bmatrix}1.1486 & 0.0541 & -0.3108\\ 0.0495 & 1.0180 & -0.1036\\ -0.5285 & -0.1922 & 2.1051\end{bmatrix}\tag{19.35}$$

(9) 计算 $\boldsymbol{B}^{(1)}\boldsymbol{h}^{(1)}=-\boldsymbol{f}^{(1)}$，获取精确参量的增加步长 $\boldsymbol{h}^{(1)}=-\boldsymbol{B}^{(1)^{-1}}\boldsymbol{f}^{(1)}=[0.04,0.013,\ -0.14]^{\mathrm{T}}$。

(10) 估算精确空间新的设计参量点 $\boldsymbol{x}_{\mathrm{f}}^{(2)}=\boldsymbol{x}_{\mathrm{f}}^{(1)}+\boldsymbol{h}^{(1)}=[0.27,\ 0.09,\ 0.93]^{\mathrm{T}}$；赋值 $j=j+1=2$。

(11) 重复步骤(7)～(10)，当 $j=14$ 时，精确空间设计参量点 $\boldsymbol{x}_{\mathrm{f}}^{(14)}=[0.22,\ 0.05,\ 0.55]^{\mathrm{T}}$，参量抽取得到粗糙空间参量 $\boldsymbol{x}_{\mathrm{c}}^{(14)}=[0.41,\ 0.14,\ 0.68]^{\mathrm{T}}$。利用当前映射关系，假设由精确模型参量获得的粗糙模型参量近似为参量抽取后获得的粗糙模型参量，即 $\boldsymbol{P}^{(14)}(\boldsymbol{x}_{\mathrm{f}}^{(14)})\approx\boldsymbol{x}_{\mathrm{c}}^{(14)}$。

(12) 当前映射关系误差 $\boldsymbol{f}^{(14)}=\boldsymbol{P}^{(14)}(\boldsymbol{x}_{\mathrm{f}}^{(14)})-\boldsymbol{x}_{\mathrm{c}}^{*}=[0.07,\ 0.03,\ -0.12]^{\mathrm{T}}$，计算可知满足式 $\left\|\boldsymbol{f}^{(14)}\right\|_2=0.14\leqslant\varepsilon$。最终，精确空间的最优设计参量为 $\tilde{\boldsymbol{x}}_{\mathrm{f}}=\boldsymbol{x}_{\mathrm{f}}^{(14)}=[0.22,\ 0.05,\ 0.55]^{\mathrm{T}}$。

图 19-11 给出了粗糙模型最优设计参量的粗糙空间响应 $\boldsymbol{R}_{\mathrm{c}}(\boldsymbol{x}_{\mathrm{c}}^{*})$ 与算法第 j 次迭代产生的精确模型预测参量的精确空间响应 $\boldsymbol{R}_{\mathrm{f}}(\boldsymbol{x}_{\mathrm{f}}^{(j)})$ 之间的比较，其中 $j=1$、6、10 和 14。由图 19-11 可知，算法在逐步收敛，最后产生的精确模型预测参量的精确空间响应满足设计要求。

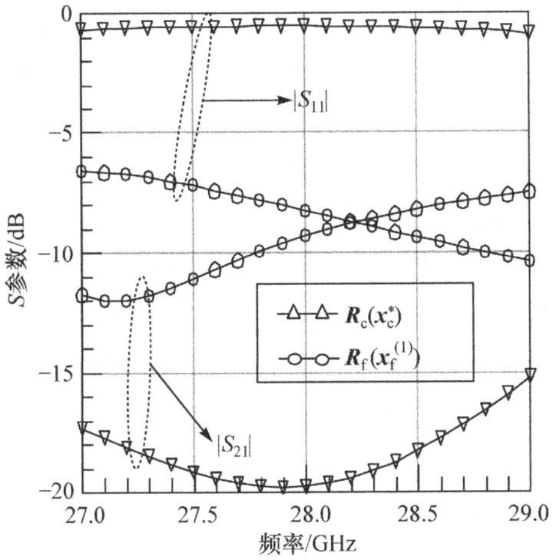

(a) $j=1$

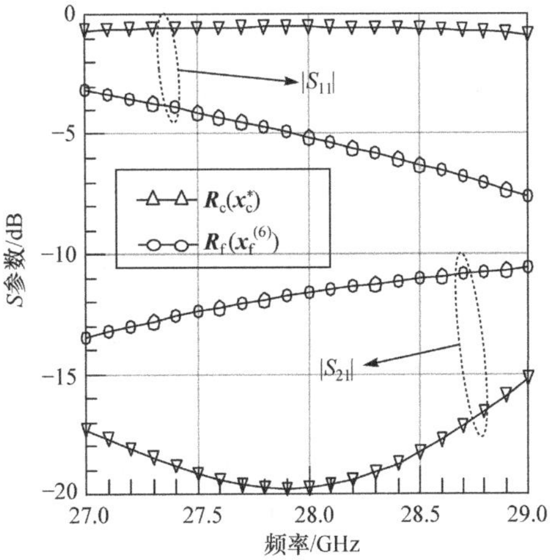

(b) $j=6$

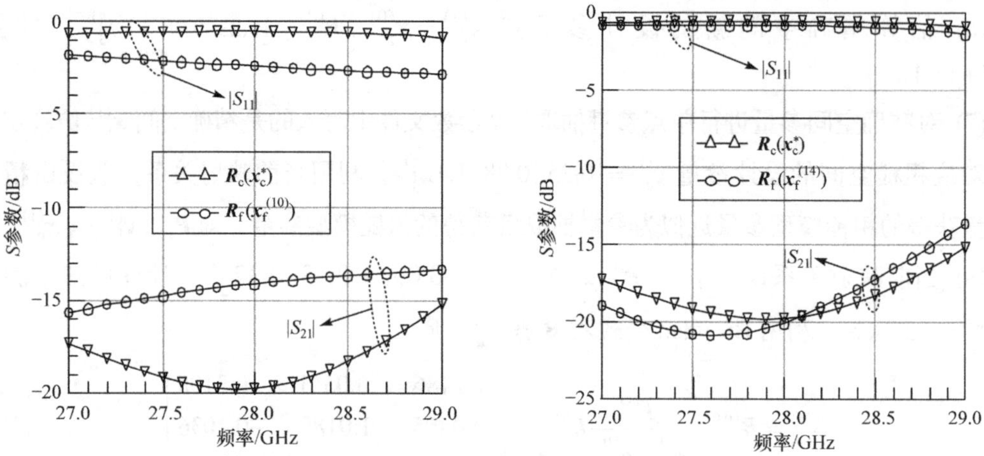

(c) $j = 10$　　(d) $j = 14$

图 19-11　粗糙空间响应 $\boldsymbol{R}_c(\boldsymbol{x}_c^*)$ 与算法第 j 次迭代产生的精确空间响应 $\boldsymbol{R}_f(\boldsymbol{x}_f^{(j)})$ 之间的比较

19.3.3　基于知识的渐进空间映射方法优化 LTCC 滤波器

19.3.1 节中，渐进空间映射方法假设了精确模型与粗糙模型的设计参量具有相同的物理意义且维数相同，即两模型非常相似、拥有良好的匹配性。例如，精确模型和粗糙模型都是电磁仿真模型，只是网格划分密度不同；或者精确模型为电磁仿真模型，粗糙模型为电路元件库中的分离模型(一段微带线、十字节或一段耦合线等构造)。此时可设定初始 $B^{(j)} = \boldsymbol{I}$，并直接应用 Broyden 更新公式。然而，当精确模型与粗糙模型差异程度较大，即匹配性很差时(如精确模型为电路仿真模型，粗糙模型为集总参数等效电路)，就无法直接运行 19.3.1 节中的算法步骤，需要对算法进行改造。假如精确模型的设计参量(长、宽和高等)与粗糙模型的设计参量(电感值、电容值和电阻值等)之间存在一定的先验知识，如电感值、电容值可根据某些结构的物理参量值应用经验公式或理论公式获取估算值，那么就可以用基于知识的渐进空间映射方法来优化这类精确模型与粗糙模型差异程度很大的问题[21]。

这里以下边带附近有一个传输零点的变形切比雪夫两级带通滤波器的优化为例，简单介绍基于知识的渐进空间映射方法的应用。基于控制传输零点的滤波器的设计方法[22]，上边带有一个传输零点的变形切比雪夫两级带通滤波器选定的集总元件拓扑(粗糙模型)如图 19-12 所示，其 LTCC 三维结构(精确模型)如图 19-13 所示。电容 C_r 由金属信号面和接地之间的平行耦合电容实现，电感 L_1、L_2、L_z 和 L_r 由细长的螺旋微带线实现，上述元件的电感值、电容值与物理尺寸之间的经验公式可以参考文献[23]。为了使LTCC滤波器的精确模型设计参量数目尽量少，平面耦合电容每层金属的宽度都指定为 W_{cap}=1.2mm，细线电感的宽度为都指定为 W_{ind}=0.1mm。当这些电感、电容的各种宽度已知，那么根据经验公式可以分别由它们的长度获得电感值和电容值。因此 LTCC 滤波器的精确模型设计参量为 $\boldsymbol{x}_f = [\mathrm{Len}_1, \mathrm{Len}_2, \mathrm{Len}_3, \mathrm{Len}_4, \mathrm{Len}_5]^{\mathrm{T}}$，对应粗糙模型设计参量为 $\boldsymbol{x}_c = [L_1, L_2, L_z, L_r, C_r]^{\mathrm{T}}$。LTCC 带通滤波器的设计要求如表 19-1 所示。

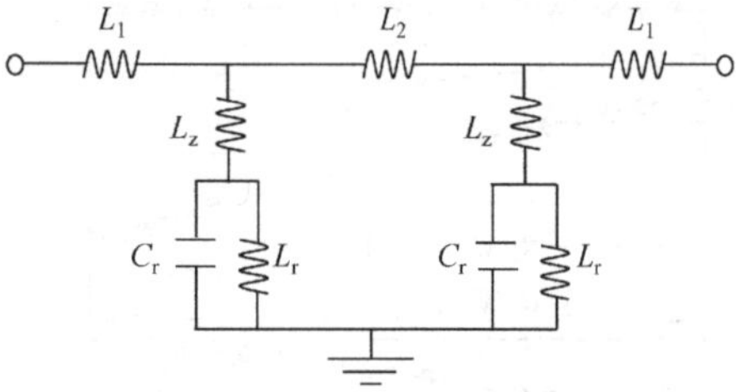

图 19-12　上边带一个传输零点的变形切比雪夫两级带通滤波器的拓扑结构及粗糙模型设计参量

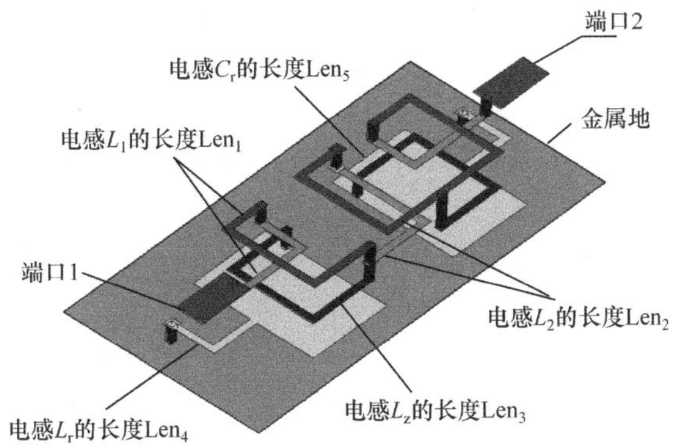

图 19-13　上边带一个传输零点的变形切比雪夫两级带通滤波器三维结构及精确模型设计参量

表 19-1　LTCC 带通滤波器的设计要求

频率范围	S_{21}	S_{11}
0～1 GHz	≤-20dB	≥-0.8dB
1.8～2.2 GHz	≤-12dB	≥-1.2dB
2.8～3.1 GHz	≥-0.8dB	≤-20dB
3.65～3.75 GHz	≤-45dB	≥-0.5dB
3.9～6 GHz	≤-25dB	≥-1.2dB

由于粗糙模型与精确模型的设计参量不同，它们不能直接传递给对方，所以无法直接应用渐进空间映射方法进行优化。这个问题可以用基于知识的渐进空间映射方法处理：第一个精确模型设计参量 $\boldsymbol{x}_f^{(0)}$ 通过经验公式由粗糙模型最优设计参量值 $\boldsymbol{x}_c^*$ 计算获得。滤波器等效电路设计值分别为 $L_1=2.17\text{nH}$、$L_2=3.94\text{nH}$、$L_z=0.83\text{nH}$、$L_r=0.71\text{nH}$ 和 $C_r=4.95\text{pF}$。其他优化过程及步骤与 19.3.2 节类似，这里不再赘述。优化过程中共进行了 26 次迭代，图 19-14 给出了粗糙模型最优设计参量的粗糙空间响应 $\boldsymbol{R}_c(\boldsymbol{x}_c^*)$ 与算法第 1、10、17 和 26 次迭代产生的精确模型预测参量的精确空间响应 $\boldsymbol{R}_f(\boldsymbol{x}_f^{(j)})$ 之间的比较[24]。

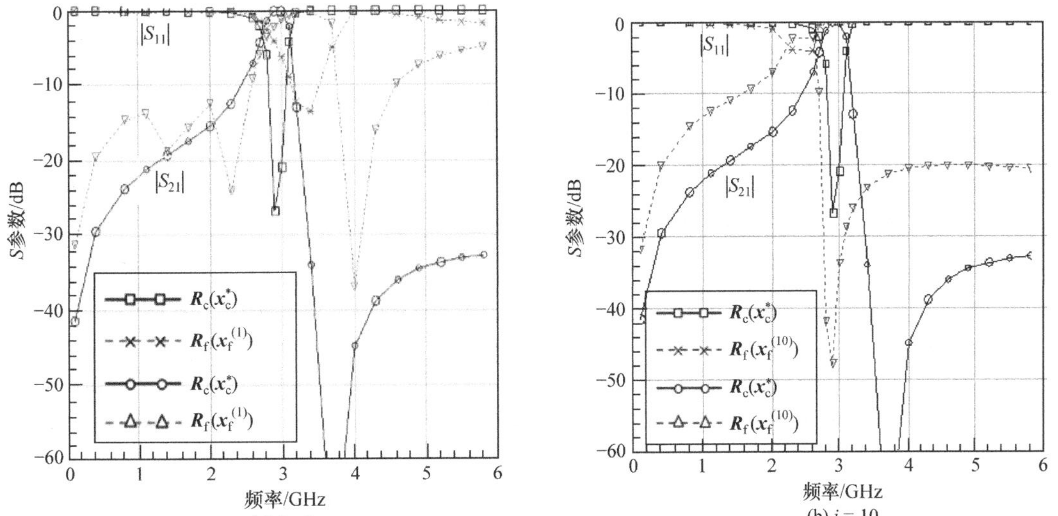

(a) $j=1$　　(b) $j=10$

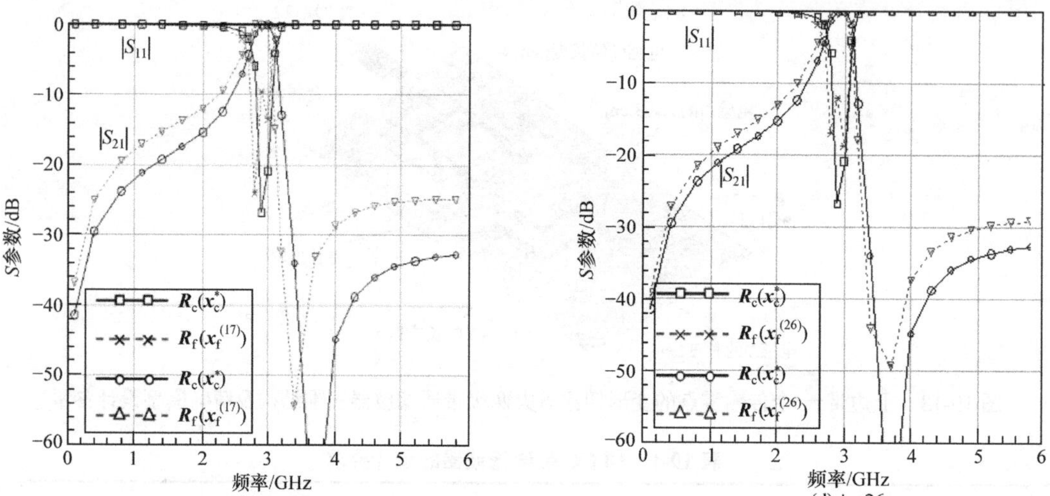

(c) $j = 17$ (d) $j = 26$

图 19-14 粗糙空间响应 $\boldsymbol{R}_c(\boldsymbol{x}_c^*)$ 与算法第 j 次迭代产生的精确空间响应 $\boldsymbol{R}_f(\boldsymbol{x}_f^{(j+\text{num}+1)})$ 的比较

由图 19-14 可知，算法逐步收敛，最后产生的精确模型预测参量的精确空间响应满足设计要求。该滤波器制作后所占平面面积为 2.5mm × 4mm，优化后电磁仿真响应和测试结果比较如图 19-15 所示，可见两结果吻合得很好。通带内插损<1.2dB，通带内回波损耗>16dB，在上边带附近产生了 1 个传输零点，使得上边带非常陡峭。

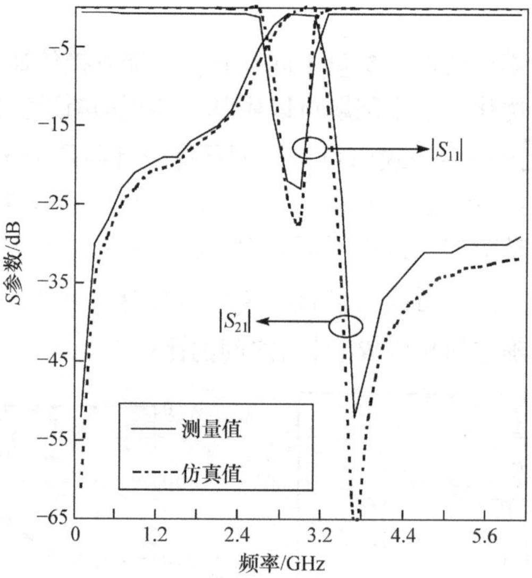

图 19-15 上边带一个传输零点的变形两级带通滤波器的仿真和测试结果

参 考 文 献

[1] Bandler J W, Chen S H, Daijavad S, et al. Efficient optimization with integrated gradient approximations. IEEE Trans. Microw. Theory Tech., 1988, 36(2): 444-455

[2] Bandler J W, Biernacki R M, Chen S H, et al. Yield-driven electromagnetic optimization via multilevel multidimensional models. IEEE Trans. Microw. Theory Tech., 1993, 41(12): 2269-2278

[3] Bandler J W, Chen S H, Biernacki R M, et al. Huber optimization of circuits: A robust approach. IEEE Trans. Microw. Theory Tech., 1993, 41(12): 2279-2287

[4] Bandler J W, Biernacki R M, Chen S H, et al. A CAD environment for performance and yield driven circuit design employing electromagnetic field simulators. Proceedings of IEEE International Symposium on Circuits and Systems, London, 1994: 145-148

[5] Mansour R R. An engineering perspective of microwave CAD design tools. Workshop Notes on Automated Circuit Optimization Using Electromagnetic Simulators, IEEE MTT-S International Microwave Symposium, Boston, 2000

[6] Bandler J W, Cheng Q S, Dakroury S A. Space mapping: The state of the art. IEEE Trans. Microw. Theory Tech., 2004, 52(1): 337-361

[7] Bandler J W, Biernacki R M, Chen S H, et al. Space mapping technique for electromagnetic optimization. IEEE Trans. Microw. Theory Tech., 1994, 42(12): 2536-2544

[8] Bandler J W, Biernacki R M, Chen S H, et al. Electromagnetic optimization exploiting aggressive space mapping. IEEE Trans. Microw. Theory Tech., 1995, 43(12): 2874-2882

[9] Bandler J W, Biernacki R M, Chen S H, et al. Space mapping optimization of waveguide filters using finite element and mode-matching electromagnetic simulators. Int. J. RF Microw. C E., 1999, 9: 54-70

[10] Bandler J W, Biernacki R M, Chen S H, et al. Design optimization of interdigital filters using aggressive space mapping and decomposition. IEEE Trans. Microw. Theory Tech., 1997, 45(5): 761-769

[11] Bakr M H, Bandler J W, Georgieva N. An aggressive approach to parameter extraction. IEEE Trans. Microw. Theory Tech., 1999, 47(12): 2428-2439

[12] Alexandrov N, Dennis J E, Lewis R M, et al. A trust region framework for managing the use of approximation models in optimization. Struct. Opt., 1998, 15: 16-23

[13] Bakr M H, Bandler J W, Biernacki R M, et al. A trust region aggressive space mapping algorithm for EM optimization. IEEE Trans. Microw. Theory Tech., 1998, 46(12): 2412-2425

[14] Bakr M H, Bandler J W, Georgieva N K, et al. A hybrid aggressive space- mapping algorithm for EM optimization. IEEE Trans. Microw. Theory Tech., 1999, 47(12): 2440-2449

[15] Bakr M H, Bandler J W, Madsen K, et al. Space mapping optimization of microwave circuits exploiting surrogate models. IEEE Trans. Microw. Theory Tech., 2000, 48(12): 2297-2306

[16] Bandler J W, Ismail M A, Rayas-Sánchez J E, et al. Neuromodeling of microwave circuits exploiting space mapping technology. IEEE Trans. Microw. Theory Tech., 1999, 47(12): 2417-2427

[17] Bakr M H, Bandler J W, Ismail M A, et al. Neural space-mapping optimization for EM-based design. IEEE Trans. Microw. Theory Tech., 2000, 48(12): 2307-2315

[18] Bandler J W, Ismail M A, Rayas-Sánchez J E, et al. Neural inverse space mapping (NISM) optimization for EM-based microwave design. Int. J. RF Microw. C E., 2003, 13: 136-147

[19] Bandler J W, Cheng Q S, Nikolova N K, et al. Implicit space mapping optimization exploiting preassigned parameters. IEEE Trans. Microw. Theory Tech., 2004, 52(1): 378-385

[20] 邓建华, 王秉中, 甘体国. 空间映射优化方法研究及其在低温共烧陶瓷设计中的应用. 电子科技大学学报, 2007, 36(1): 58-62

[21] Wu K L, Zhang R, Ehlert M, et al. An explicit knowledge-embedded space mapping technique and its application to optimization of LTCC RF passive circuits. IEEE Trans. Compon. Pack. T., 2003, 26(2): 399-406

[22] 邓建华. 2007. 空间映射方法研究及其在 LTCC 电路设计中的应用. 成都: 电子科技大学, 2007

[23] Wadell B C. Transmission Line Design Handbook. Boston: Artech House, 1991: 399-402

[24] Deng J, Wang B Z, Gan T. Compact LTCC bandpass filter design with controllable transmission zeros in the stopband. Microw. Opti. Tech. Lett., 2006, 48(10): 2261-2264

第20章　遗 传 算 法

近代科学技术发展的一个显著特点之一是生命科学与工程科学的相互交叉、相互渗透、相互促进。从20世纪40年代起，生物模拟就成了计算科学的一个组成部分。计算和生物学之间的类推极为一致，计算机和基因都记录、复制和传播信息。

在生物学领域，自从达尔文的生物进化理论得到人们的接受之后，生物学家对进化的机制产生了极大的兴趣，进化的某些特征已为人所知。

(1) 进化过程发生在作为生物体结构编码的染色体上，而不是发生在它们所编码的生物体上。染色体主要由 DNA(脱氧核糖核酸)和蛋白质组成，DNA 是其中最主要的遗传物质，而基因又是控制生物体性状的遗传物质的功能单位和结构单位，它存储着遗传信息。若干个基因链接组成染色体，染色体中基因的位置称作基因座(locus)，基因的取值称为等位基因(alleles)。基因和基因座决定了染色体的特征，也就决定了生物个体的性状。

(2) 自然选择把染色体以及由它们所译成的结构的表现联系在一起，那些适应性好的个体的染色体经常比差的个体的染色体有更多的繁殖机会。

(3) 繁殖过程是在进化发生的那一刻。通过基因复制(reproduction)、基因杂交(crossover，即基因分离、基因重组)和基因变异(mutation)可以使生物体子代的染色体不同于它们父代的染色体。通过结合两个父代染色体中的物质，重组过程可以在子代中产生有很大差异的染色体。

(4) 生物进化没有记忆。有关产生个体的信息包含在个体所携带的染色体集合以及染色体编码的结构之中，这些个体会很好地适应它们的环境。

大多数生物体是通过自然选择和有性繁殖这两种基本过程进行演化的。自然选择决定了群体中哪些个体能够存活；有性繁殖保证了后代基因中的混合和重组。比起那些仅含单个亲本的基因复制和依靠偶然的变异来改进的后代，这种由基因重组产生的后代进化要快得多。自然选择的原则是适应者生存，不适应者淘汰。

遗传算法(genetic algorithm, GA)由美国密歇根大学的 Holland 于20世纪60年代末到70年代初提出[1]，后经过各国学者的共同努力[2, 3]，遗传算法逐渐完善，并得到了广泛的关注，已成功地应用在了工业工程、人工智能、生物工程和自动控制等各个领域。

遗传算法启迪于自然界生物从低级、简单到高级、复杂的进化过程，借鉴达尔文的物竞天择、优胜劣汰、适者生存的自然选择和自然遗传机制，通过模拟生物自然进化过程搜索最优解，它本质上是一种求解问题的高度并行、随机、自适应全局搜索方法。隐含并行性和对全局信息的有效利用能力是遗传算法的两大显著特点，前者使遗传算法只需检测少量的结构就能反映搜索空间的大量区域，后者使遗传算法具有稳健性(robustness)。遗传算法尤其适宜于处理传统搜索方法解决不了的复杂和非线性问题。

20.1　基本的遗传算法

遗传算法是按“生成+检测”(generate-and-test)迭代过程进行搜索的算法。它的基本处理流程如图 20-1 所示。

由图 20-1 可见，遗传算法是一种群体型操作，该操作以群体中的所有个体为对象。选择复制(selection-and-reproduction)、杂交(crossover)、变异(mutation)是遗传算法的三个主要操作算子，它们构成了所谓的遗传操作(genetic operation)，使遗传算法具有了其他传统方法所没有的特性。遗传算法中包含了如下 5 个基本要素：参数编码、初始群体设定、适应度函数设计、遗传操作设计、控制参数设定(主要是指群体大小和使用遗传操作的概率等)。

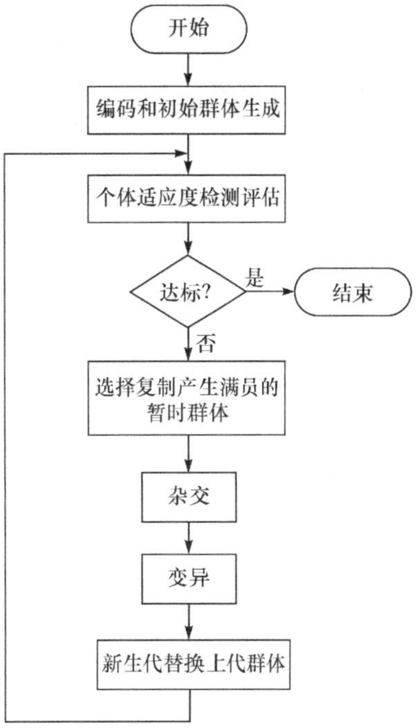

图 20-1　遗传算法的基本流程

20.1.1　基本遗传算法的描述

现在以一个简单的函数极值求解为例，来描述遗传算法的基本概念和处理过程。假定用遗传算法求函数 $f(x) = x^2$ 的最大值，$x \in [0,31]$。表 20-1 给出了用遗传算法求解此问题的计算过程和结果。下面对表 20-1 中的各个计算量作详细介绍。

表 20-1　遗传算法求 $f(x) = x^2$ 极值的计算流程及结果

串编号	初始群体 $G(0)$ (随机产生) (N=4)	x 值(无符号整数)	适应度 $f(x)=x^2$	选择概率 $P_s = \frac{f_i}{\sum f}$	选择次数期望值 $f_i/\bar{f}$	实际计数(来自赌轮)	杂交配对库(竖线表示杂交处)	配对随机选择	杂交位置随机选择	新一代群体 $G(1)$	x 值	适应度 $f(x)=x^2$
1	01101	13	169	0.14	0.58	1	0110|1	2	4	01100	12	144
2	11000	24	576	0.49	1.97	2	1100|0	1	4	11001	25	625
3	01000	8	64	0.06	0.22	0	11|000	4	2	11011	27	729
4	10011	19	361	0.31	1.23	1	10|011	3	2	10000	16	256
适应度总和 $\sum f$			1170	1.00	4.00	4.0						1754
平均适应度 $\bar{f}$			293	0.25	1.00	1.0						439
最大适应度			576	0.49	1.97	2.0						729

1. 编码

遗传算法不直接处理解空间 $S[0,31]$上的解数据 x，必须通过编码将它们表示成遗传空间的基因型串结构数据。在表 20-1 中，把自变量 x 编码为 5 位长的二进制无符号整数表示形式。例如，$x=13$ 可表示为 01101 的形式。

2. 初始群体生成

由于遗传算法的群体型操作需要，必须为遗传操作准备一个由解空间 S 上的若干初始解组成的初始群体。在表 20-1 中取群体规模为 $N=4$，然后在 S 上随机地选取 N 个个体 $x(i,0), i=1,\cdots,N$，这些个体组成初始群体 $G(0)=\{x(1,0),\cdots,x(N,0)\}$，如表 20-1 中第 1、2 列所示。初始群体又称作进化的初始代。

3. 适应度评估检测

遗传算法在搜索进化进程中一般不需要其他外部信息,仅用评估函数值来评估个体或解的优劣，并作为以后遗传操作的依据。评估函数值又称作适应度(fitness)。计算第 k 代群体 $G(k)$ 中每个个体 $x(i,k)$ 的适应度 $F\left(x(i,k)\right)$。这里根据 $f(x)=x^2$ 来评估群体中的各个体。显然,为了利用 $f(x)=x^2$ 这一评估函数，即适应度函数，要把基因型个体译码成表现型个体，即搜索空间中的解 x，如 11000 要译码为 24。

4. 选择策略(selection)

选择操作的目的是从当前群体中选出优良的个体，使它们有机会作为父本为下一代繁殖子孙。判断个体优良与否的准则就是各自的适应度。显然，这一操作是借鉴了达尔文适者生存的进化原则，即个体适应度越高，被选择的机会就越多。

实现选择操作的方式很多，这里采用和适应度值成比例的概率方法来进行选择。对每个个体 $x(i,k)$，计算其生存概率 P_{s}^k

$$P_{\mathrm{s}}^k=\frac{F\left(x(i,k)\right)}{\sum_{j=1}^{N}F\left(x(j,k)\right)} \tag{20.1}$$

然后设计一个随机选择策略，使得每个个体 $x(i,k)$ 被选择繁殖的概率为 P_{s}^k。具体地说，就是首先计算群体中所有个体适应度的总和 $\sum f$，再计算每个个体的适应度所占的比例 $f_i/\sum f$，并以此作为相应的选择概率 P_{s}。表 20-1 中给出了选择 4 个个体的概率，由此可计算出每个个体被选择的次数。

也可以按赌轮选择方式来决定各个个体的选择次数。把赌轮上的片分配给群体中的个体，使得每一片的大小与对应个体的适应值成比例。从群体中选择一个个体可视为旋转一次赌轮，当赌轮停止时，指针指向的片所对应的个体就是要选择的个体。转动赌轮 N 次(这里 $N=4$)就可以决定各自的选择份数。表 20-1 给出了相应的结果：个体 1 和个体 4 各复制 1 次，个体 2 复制 2 次，个体 3 不复制而被淘汰。这是期待的结果，即最优秀的个体(个体 2，适应度为 576)获得了最多的生存繁殖机会(2 次复制)，最差的个体(个体 3，适应度为 64)被淘汰。由此得到的 4 份复制个体被送到配对库(mating pool)以备繁殖。

从数学实现上看，赌轮选择的基本步骤如下。

(1) 将群体中所有个体的适应值相加求总和。

(2) 产生一个在 0 与总和之间的随机数 m。

(3) 从群体中编号为 1 的个体开始，将其适应值与后继个体的适应值相加，直到累加和等于或大于 m，最后加进去的个体就是所要选择的个体。

(4) 重复(2)和(3)，直到选出 N 个个体。

赌轮选择的结果是返回一个随机选择的个体。尽管选择过程是随机的，但每个个体被选择的机会却直接与其适应值成比例。那些没被选中的个体则从群体中淘汰出去。当然，由于选择的随机性，群体中适应值最差的个体有时也有可能被选中，这会影响到遗传算法的执行效果，但随着进化过程的进行，这种偶然性的影响会是微不足道的。

选择复制算子的作用是提高了群体的平均适应值，复制后的群体平均适应值为 $(169+2\times576+361)/4=421$，复制前的群体平均适应值为 293。选择复制使低适应值的个体趋向于被淘汰，而高适应值个体趋向于被复制，群体的平均适应值得以提高，但这是以损失群体的多样性为代价的。复制并没有产生新的个体，当然群体中最好个体的适应值不会改进。

5. 杂交操作

遗传杂交算子(有性重组)可以产生新的个体，从而检测搜索空间中的新点。简单的杂交(即一点杂交)可分两步进行：首先对配对库中的个体进行随机配对；其次，在配对个体中随机设定杂交点(表 20-1 配对库中的竖线表示杂交点)，配对个体彼此交换杂交点后的基因信息，产生两个新的子代个体，它们不同于父本，彼此也不相同，每个子代个体都包含两个父代个体的遗传物质。

由表 20-1 可见，配对库中的个体 2 与个体 1 配对，杂交点为 4，通过杂交得到两个新的个体

$$\begin{matrix} 0110|1 \\ 1100|0 \end{matrix} \xrightarrow{\text{杂交}} \begin{matrix} 01100 \\ 11001 \end{matrix}$$

同样，配对库中的个体 3 和个体 4 的配对杂交(杂交点为 2)得到另外两个新个体 11011 和 10000。这 4 个新个体形成了新的群体，即新一代。

仔细比较表 20-1 中的新旧群体，不难看出新群体中个体适应度的平均值和最大值都有了明显提高。在本例中，适应度函数就是函数 $f(x)=x^2$ 本身，所以函数值也变大了。由此可见，新群体中的个体(即解)确实是朝着期望的方向进化了。这里以单变量函数为例说明遗传算法的特性，对于由几十到几百个变量组成的函数，遗传算法照样能不依靠任何搜索空间的外部知识而仅用适应度函数来指导和优化搜索的方向。

6. 变异操作

变异算子也是遗传算法中经常用到的遗传算子，它以一个很小的概率 P_{m} 随机地改变染色体串上的某些位，对于二进制编码的个体来说，就是将相应的位从 1 变为 0 或由 0 变为 1。一般来说，变异概率 P_{m} 都取得很小。在本例中，取 $P_{\mathrm{m}}=0.001$，由于群体中共有 $20\times0.001=0.02$ 位可以变异，这意味着群体中没有一位可变异。

比起选择复制和杂交算子，变异算子是遗传算法中次要的算子，它在恢复群体中失去的

多样性方面具有潜在的作用。它是十分微妙的遗传操作，需要和杂交算子妥善配合使用，目的是挖掘群体中个体的多样性，克服有可能陷于局部优解的弊病。

通过上面的描述，可以了解简单遗传算法的几个特点：①采用赌轮选择方法；②随机配对；③采用一点杂交并生成两个子代个体；④群体内允许有相同个体存在。

在本例中，仅通过一代进化就使问题的解得到优化，如果按图 20-1 所示进行多次迭代处理，或者说群体继续不断地一代代进化下去，那么，最终一定能得到最优解或近似最优解。

20.1.2　应用遗传算法的准备工作

通过上面的简单例子，可以看到，在准备应用遗传算法求解问题时，要完成以下四个主要步骤。

(1) 确定表示方案。

(2) 确定适应值度量。

(3) 确定控制算法的参数和变量。

(4) 确定指定结果的方法和停止运行的准则。

一旦这些准备工作完成，就可以按下列步骤执行遗传算法。

(1) 随机产生一个由确定长度的特征串组成的初始群体。

(2) 对串群体迭代地执行下面的步骤①和②，直到满足停止准则。

① 计算群体中每个个体的适应值。

② 应用选择复制、杂交和变异算子产生下一代群体。

(3) 把在任一代中出现的最好的个体串指定为遗传算法的执行结果。这个结果可以表示问题的一个解。

本节对应用遗传算法的准备工作做进一步的阐述。

1. 确定表示方案(编码)

遗传算法不能直接处理问题空间的参数，必须把它们转换成遗传空间中由基因按一定结构组成的染色体。这一转换操作就称作编码，也称为问题的表示(representation)。在染色体串和问题的搜索空间中的点之间选择映射有时容易实现，有时又非常困难。选择一个便于遗传算法求解问题的表示方案经常需要对问题有深入的了解。

评估编码常采用以下三个规范。

(1) 完备性(completeness)：问题空间中的所有点(候选解)都能用 GA 空间中的点(染色体)表示。

(2) 健全性(soundness)：GA 空间中的染色体能对应所有问题空间中的候选解。

(3) 非冗余性(nonredundancy)：染色体与候选解一一对应。

一维染色体编码是最常用的编码方式，它是指搜索空间的参数转换到遗传空间后，其相应的基因呈一维排列构成染色体。如果是一个多参数优化问题，先把每个参数进行编码得到基因子串，再把这些基因子串联成一个完整的染色体。

编码的确定需要选择串长 l 和字母规模 k。一维染色体编码中最常用的符号是二值符号集 $\{0,1\}$，基于此符号集的个体呈二值码串。

例如，对前述的求函数 $f(x)=x^2\ \left(x\in[0,31]\right)$ 极值的单参数优化问题，用五位二进制码来表示一个可行解($x=13$)，可表示为 01101。

又如，某电路优化问题需调节 4 个电阻的值，电阻的取值范围为[0，700]Ω，按 100Ω 步进取值，于是，可用三位二进制码来表示这些电阻值。假设一个可行解是 $R_1 = 100\Omega$、$R_2 = 400\Omega$、$R_3 = 200\Omega$、$R_4 = 600\Omega$，则其基因子串编码分别为 001、100、010、110，该染色体的编码为

$$\text{chromosome} = \left[\underset{R_1}{001}\ \underset{R_2}{100}\ \underset{R_3}{010}\ \underset{R_4}{110}\right]$$

该表示方案包括规模 $k=2$ 的字母表、长度 $l=12$ 的染色体串以及 4 个电阻值与 12 位染色体串之间的映射。

对于 L 位长度的二进制编码，被编码的参数值 p 与其码串中各基因座的基因值 b_n 之间满足下列换算关系

$$p = \frac{p_{\max} - p_{\min}}{2^{L-1}} \sum_{n=0}^{L-1} 2^n b_n + p_{\min} \tag{20.2}$$

式中，$p_{\max}$、$p_{\min}$ 分别是参数 p 的上下界。

二进制编码方案的优点是它非常简单、通用，一般的遗传操作算子(如杂交和变异算子)都可以直接使用，而不必专门设计其他复杂的操作算子。其缺点如下。

(1) 可测量性不强，不直观。

(2) 精度不高：如果被编码的参数是实数型，若将它们用二进制数编码实际上是用离散值来尽量逼近参数本身，这就有可能导致某些实参数不能近似表达到一定精度，而导致优化失败。

(3) 编码时字符串不能太长或太短：太长将导致遗传算法的搜索解空间过大，算法需要花费很长时间才能得到最优解，而太短则使精度不高。

实数编码也是一种用得较多的编码形式，每个参数直接用一个实数(基因)表示，一组参数由这些实数基因串联构成一个一维染色体。

实数编码方案的优点是它非常直观，且不会出现精度不够的情况。在实数编码方案中，遗传操作在两组实数染色体上进行。显然，不能直接使用一般的遗传操作算子，而需要设计专门的遗传操作。

在实数编码方案中，杂交操作中的杂交点只能选在代表各个参数的实数基因之间，这是基因子串形式的杂交算子。

也可以设计具有数值特点的杂交算子，例如，可以定义为求两个向量的线性组合。如果个体 s_v^t 和个体 s_w^t 杂交，则产生的两个子代个体为 $s_v^{t+1} = a \cdot s_w^t + (1-a) \cdot s_v^t$ 和 $s_w^{t+1} = a \cdot s_v^t + (1-a) \cdot s_w^t$。$a$ 可以是一组 N 个[0,1]上的随机数，分别对应相乘于个体中的 N 个实数基因。a 也可以统一取为一个数。当参数 a 取常数时，这个算子就是一致杂交算子；当参数 a 随着代数 t 变化时，这个算子就是非一致杂交算子。这个算子既可以作用于整个染色体，也可以只作用于其中的若干实数基因。

在实数编码方案中，变异算子也可以分为一致变异算子和非一致变异算子两大类。

在一致变异算子作用下，如果个体为 $x_i^t = (v_1, \cdots, v_N)$，则每个分量 v_k 以完全相同的概率进行变异，一次变异后的结果为 $(v_1, \cdots, v_k', \cdots, v_N)$，$1 \leqslant k \leqslant N$，其中，$v\mathrm{n}_k$ 是第 k 个参数定义域中的一个随机值。在非一致变异算子作用下，v_k' 按下面随机方式决定

$$v_k' = \begin{cases} v_k + \Delta(t, U_{\mathrm{B}} - v_k), & \text{随机数为}0 \\ v_k - \Delta(t, v_k - L_{\mathrm{B}}), & \text{随机数为}1 \end{cases} \tag{20.3}$$

式中，L_{B} 和 U_{B} 分别为第 k 个参数定义域的左、右界，函数 $\Delta(t,y)$ 返回 $[0,y]$ 上的一个值并使这个值随着代数 t 的增大而接近于 0。这样选取的函数允许这个算子在算法的开始阶段(t 较小时)一致地搜索整个搜索空间，而在算法的后阶段局部搜索。$\Delta(t,y)$ 可以取为

$$\Delta(t,y) = y \cdot \left[1 - r^{(1-t/T)^b}\right] \tag{20.4}$$

式中，r 是 $[0,1]$ 上的随机数；T 是遗传算法中设置的最大代数；b 是决定非一致程度的参数。

在实数编码方案中，变异和杂交操作还可以采用内插或外推的方法进行，并且，在遗传操作中还可以考虑实际问题中存在的各参数之间的联动关系，这种联动关系的体现在二进制编码中难以实现。

此外，还有二维染色体编码、树结构编码、可变染色体长度编码等编码形式，分别用来处理不同的问题。

2. 确定适应值度量

适应值度量为群体中每个可能的确定长度特征串指定一个适应值，它经常是问题本身所具有的。适应值度量必须有能力计算搜索空间中每个确定长度特征串的适应值。

在具体应用中，适应度函数的设计要结合求解问题本身的要求而定，适应度函数设计将直接影响到遗传算法的性能。这里将介绍适应度函数设计的基本准则和要点，重点讨论适应度函数对遗传算法性能发挥的影响，给出相应的对策。

(1) 目标函数映射成适应度函数。在遗传算法中，适应值用来区分群体中个体(问题的解)的好坏，适应值越大的个体越好，反之，适应值越小的个体越差。遗传算法正是基于适应值对个体进行选择，以保证适应性好的个体有机会在下一代中产生更多的子个体。此外，像在赌轮选择中，还要求适应值必须是非负数。然而，在许多问题中，求解目标更自然地被表示成某个代价函数 $f(x)$ 的极小化，而不是某个利益函数 $g(x)$ 的极大化。即使问题被表示成极大化形式，仅仅这一点并不能确保利益函数 $g(x)$ 对所有的 x 都是非负的。因此，常常需要通过一次或多次变换把目标函数转化到适应度函数 $F(x)$。

代价极小化与利益极大化的对偶性是我们所熟知的。把一个最小值问题转化为最大值问题可以通过简单地变号来实现，但只有这个运算是不够的，因为这不能保证对所有的情形所得的结果都是非负值。在遗传算法应用中，经常要用到从目标函数到适应度函数的变换

$$F(x) = \begin{cases} C_{\max} - f(x), & f(x) < C_{\max} \\ 0, & \text{其他} \end{cases} \tag{20.5}$$

式中，参数 $C_{\max}$ 的选取有多种方法，可以取为输入参数或到目前为止所得到的 f 的最大值或在当前群体中或者最近 W 代中 f 的最大值。

当目标函数是利益函数时，可直接得到适应度函数。如果出现了负利益函数 $g(x)$ 值的情形，可以利用下面的变换来克服

$$F(x) = \begin{cases} g(x) + C_{\min}, & g(x) + C_{\min} > 0 \\ 0, & \text{其他} \end{cases} \tag{20.6}$$

式中，$C_{\min}$ 可取为输入参数或当前代中或者最近 W 代中 g 的最小值的绝对值。

(2) 适应度定标(scaling)。进行适应值比例变换的目的是在遗传算法的执行过程中，调节群体中成员的竞争水平，提高算法的性能。

应用遗传算法时，尤其用它来处理小规模群体时，常常会出现一些不利于优化的现象或结果。在遗传进化初期，通常会出现极少数个体相对于大多数个体而言适应度极好(适应度值极高)。若按比例选择策略，这些异常个体在群体中占据很大的比例，因竞争力太突出会控制选择复制过程，可能导致过早收敛，从而影响算法的全局优化性能，这是我们所不期望的。在遗传算法搜索的后期，虽然群体中个体的多样性尚存在，但往往会出现群体的平均适应度已接近最佳个体适应度的情况。在这种情况下，个体间竞争力减弱，最佳个体和其他大多数个体在选择过程中有几乎相等的被选择复制机会，从而使优化过程趋于无目标的随机漫游过程，减慢算法的收敛速度。

显然，对于过早收敛现象，应设法降低某些异常个体的竞争力，这可以通过缩小相应的适应度函数值来实现。对于随机漫游现象，应设法提高个体间的竞争力，这可以通过放大相应的适应度函数值来实现。这种对适应度的缩放调整称作适应度定标(scaling)。下面介绍几种常见的定标方式。

指数定标 设原适应度函数为 F，定标后的适应度函数为 u，指数定标满足下列关系

$$u(F)=\mathrm{e}^{-\beta F} \tag{20.7}$$

下面应用指数定标方法来处理两组典型的数据。

例 20-1 群体中有 6 个个体，其中一个个体的适应值非常大：

原适应值	200	8	7	6	5	4
定标适应值	2.718	1.041	1.036	1.030	1.025	1.020

($\beta=-0.005$)

例 20-2 群体中有 6 个个体，它们的适应值都比较接近：

原适应值	9	8	7	6	5	4
定标适应值	90	55	33	20	12	7

($\beta=-0.5$)

从上面的例子可见，指数定标既可以让非常好的串保持多的选择复制机会，同时又限制了其复制数目以免其很快控制整个群体；这种方法也提高了相近串间的竞争性。系数 β 的取值非常关键，它决定了选择的强制性，β 越小，选择强制就越趋向于那些具有高适应值的串。

线性定标 设原适应度函数为 F，定标适应度函数为 u，线性定标满足下列线性关系式

$$u(F)=aF+b \tag{20.8}$$

系数 a 和 b 可以有许多方法选择，但必须满足下面两个条件：第一，平均定标适应值等于原平均适应值，$u_{\text{avg}}=F_{\text{avg}}$；第二，最大的定标适应值是平均适应值的指定倍数，$u_{\max}=C\cdot F_{\text{avg}}$，其中，对不太大的群体($N$=50～100)，$C$ 一般在 1.2～2.0 范围内取值。这两个条件保证平均群体水平的个体和最好个体的期望复制数分别为 1 和 C。

在应用线性定标方法时，要格外注意防止出现负的定标适应值。在搜索过程初期，一般不会出现问题，因为此时群体中极少的非常好的个体按比例缩小，同时稍差的个体按比例增

大，如图 20-2(a)所示。在搜索过程的后期常会出现这样情形，群体中最差的几个个体远远低于群体平均适应值和最大适应值，并且，后两者相对接近在一起，这时，要想达到规定的比例就会使低适应值在定标变换后成为负值，如图 20-2(b)所示。解决这个问题的办法是，仍然保持原平均适应值和定标平均适应值相等，并且把原最小适应值 $F_{\min}$ 映射到定标适应值 $u_{\min}=0$。

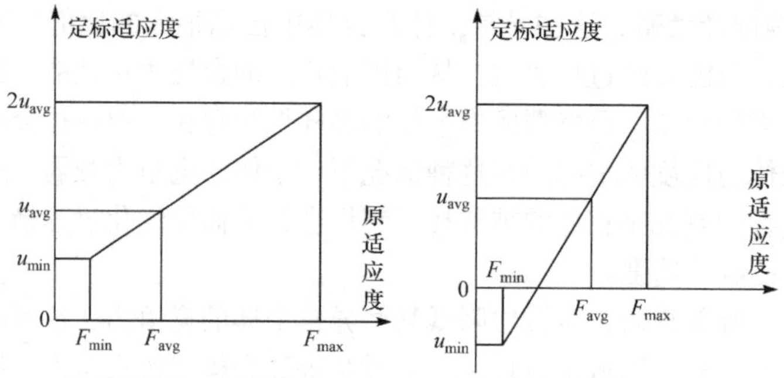

(a) 通常情况下的线性定标　　(b) 出现负适应值的线性定标

图 20-2　线性定标

σ 截断　为了使上述线性定标的适应度值不出现负值，σ 截断方法利用群体标准方差信息 σ 来对适应度进行预处理。设原适应度函数为 F，定标适应度函数为 u，定标满足下列关系式

$$u(F)=F-\left(\overline{F}-c\sigma\right) \tag{20.9}$$

式中，常数 c 要适当选择。

乘幂定标　设原适应度函数为 F，定标适应度函数为 u，乘幂定标满足下列关系式

$$u(F)=F^{\alpha} \tag{20.10}$$

幂指数 α 与求解问题有关，而且，在算法执行过程中可按需调整。

3. 确定控制算法的参数和变量

控制遗传算法的主要参数有群体规模 N 和算法执行的最大代数目 M，次要参数有选择复制概率 P_s、杂交概率 P_c 和变异概率 P_m 等参数。控制参数的不同选取会对遗传算法的性能产生很大的影响，要想使遗传算法执行性能最优，必须确定最优的参数设置。

(1) 群体规模 N 和代间隙 G。群体规模影响到遗传算法的最终性能和效率。当规模太小时，由于群体对大部分超平面只给出了不充分的样本量，所以得到的结果一般不佳。大的群体更有希望包含能代表超平面的代表，从而可以阻止过早收敛到局部最优解。然而，群体越大，每一代所需的计算量也就越多，这有可能导致一个无法接受的慢收敛。通常，N 取值在 30～100。

在遗传进化过程中，各代群体的规模如何维持？一般情况下都维持相同的规模，也可以不同。Jong 提出了描述群体相邻两代之间关系的参数 G，称为代间隙(generation gap)。通过 G 的引用，可形成重叠群体

$$G=\begin{cases}1, & \text{非重叠群体}\\ 0<G<1, & \text{重叠群体}\end{cases} \tag{20.11}$$

在重叠群体模式下，每次从群体中仅随机地挑选 $N \cdot G$ 个个体参与遗传操作，其余的 $N \cdot (1-G)$ 个个体直接被保留到下一代中。一般取 G 为 0.30～1.00。

(2) 选择复制概率 P_s。选择复制概率与选择策略密切相关，后面将专门讨论选择策略。

(3) 杂交概率 P_c。杂交概率控制杂交算子应用的频率，在每一代新的群体中，有 $P_c \cdot N$ 个个体实行杂交。较大的杂交概率可增强遗传算法开辟新的搜索区域的能力，但高性能的模式遭到破坏的可能性增大；若杂交概率太低，遗传算法搜索可能陷入迟钝状态。一般 P_c 取 0.25～1.00。

(4) 变异概率 P_m。变异在遗传算法中属于辅助性的搜索操作,它的主要目的是维持解群体的多样性。每次选择之后，新群体中每个串的每一位以变异概率 P_m 进行变异，从而每代大约发生 $P_m \cdot N \cdot L$ 次变异，其中 L 为串长。低水平的变异可以防止群体中重要基因的丢失以及任一给定位保持永远收敛到单一的值。高水平的变异将使遗传算法实质上趋于纯粹的随机搜索。通常取变异概率 P_m 为 0.001～0.01。

4. 确定指定结果的方法和停止运行的准则

严格地讲，遗传算法的迭代停止条件目前尚无定论。当适应度函数的最大值已知或者准最优解适应度的下限可以确定时,一般以发现满足最大值或准最优解作为遗传算法迭代停止条件。但是，在许多优化问题中，适应度最大值并不知道，其本身就是搜索的对象，因此适应度下限很难确定。所以，在许多应用事例中，若发现群体的进化已趋于稳定状态，换句话说，发现占群体一定比例的个体已完全是同一个体，则终止算法迭代。

当迭代已执行了预置的最大代数 M，也可终止算法迭代。

20.1.3 遗传操作

遗传算法的核心是遗传操作，包括三个基本遗传算子：选择(selection)、杂交(crossover)和变异(mutate)。这三个遗传算子有如下特点。

(1) 三个遗传算子都是在随机扰动情况下进行的，遗传操作进行的是高效有向的随机搜索。

(2) 遗传操作的效果和上述三个算子所取的操作概率、编码方法、群体规模、适应度函数设定密切相关。

(3) 三个基本遗传算子的操作策略随具体求解问题的不同而异。

下面将分别论述。

1. 选择策略

在群体中选择复制优胜个体、淘汰劣质个体的操作称为选择。选择算子有时又称为再生算子(reproduction operator)。选择的目的是把优化的个体(或解)直接复制遗传到下一代或通过配对杂交产生新的个体再遗传到下一代。选择操作是建立在群体中个体的适应度评估基础上的，目前常用的选择算子有下面几种。

(1) 适应度比例方法(fitness proportional model)。适应度比例方法是目前遗传算法中最基本也是最常用的选择方法。在该方法中，各个个体的选择复制概率和其适应度值成比例。根据选择复制的方式，它又可细分为随机性选择和确定性选择两种。随机性选择方式就是已在 20.1.1 节中予以介绍的赌轮选择，这里不予重复。在确定性选择中，对第 k 代群体中第 i 个个

体计算其生存概率 P_s^k，其期望复制数应为 $e_i = P_s^k \cdot N$。首先，分配给该个体复制数= e_i 值的整数部分(i=1, 2,⋯, N)，复制后放入暂时群体中。然后，按 e_i 值的小数部分对群体中的个体进行降序排列，从大到小选择复制个体，直到整个暂时群体(规模为 N)被填满。

(2) 最佳个体保存方法(elitist model)。该方法首先按适应度比例方法执行选择功能，然后将当代群体中适应度最高的个体直接复制到下一代中，即不送入暂时群体进行杂交。

采用此选择方法的优点是，进化过程中各代的最优解可不被杂交和变异所破坏，能保证遗传算法终止时得到的最后结果一定是历代出现过的最高适应度的个体。但是，这也隐含了一种危机，即局部最优个体的遗传基因会急速增加而使进化有可能陷于局部优解。也就是说，该方法的全局搜索能力差，它更适合单峰性质的搜索空间搜索。所以，此方法一般都与其他选择方法结合使用。

(3) 随机竞争方法(stochastic tournament model)。该方法十分简单，从群体中随机选择一定数目的个体(称为联赛规模，通常为 2)，其中适应度最高的个体保存到下一代。这一过程反复执行，直到保存到下一代的个体数达到预先设定的数目。

(4) 排序选择方法(rank-based model)。

上述几种选择机制虽各有特点，但核心内容基本相同，均直接以适应度为基础进行比例选择，个体被选择复制的次数与其适应度大小成正比。这种直接基于个体适应度函数值的选择机制在遗传算法优化过程中可能潜伏着以下两个问题：①当群体中出现个别或极少数适应度相当高的染色体时，这类选择机制可能导致个别或极少数染色体基因在群体中迅速遗传，引起解群体的不成熟收敛；②另一方面，当群体内的个体适应度彼此非常接近时，这类选择机制将趋于纯粹的随机选择，从而使优化过程陷于迟钝状态。这种情形在遗传算法优化的后期经常出现。

解决上述问题的一种途径是采用前面所述的适应度动态定标方案，另一种常用的方法便是排序选择机制。按选择方式是随机的还是确定式的可分为两类。

在随机排序选择方式中，根据适应度大小对群体中个体排序，然后把事先设计概率表按次序分配给个体，作为各自的选择概率。它是一种等级选择机制，选择概率与适应度无直接关系而仅与序号有关，排在前面的个体有较多的被选择机会。

这种方案的不足之处在于选择概率和序号的关系需事先确定，选择标准过于偏离个体的适应度。此外，它和适应度比例方法一样，都是一种基于概率的选择，所以仍有统计误差。

在确定式的排序选择方式中，根据适应度大小对群体中个体排序，然后根据设定的门限，保留门限以上的个体，抛弃门限以下的个体。例如，可按适应度高低顺序将门限设定为前 50%个个体被保留；也可以按适应度值大小将门限设定为大于某个值 $f_{\text{threshold}}$ 的个体保留。显然，这样一来，暂时群体库不满员。有两类方式填满暂时群体库：①直接将上述保留个体复制到暂时群体库，然后，再用这些个体作父本，随机或确定式地配对杂交产生新个体放入暂时群体库，直到填满暂时群体库；②保留的个体不被送入暂时群体库，只用作父本，不断重复地随机配对杂交产生新个体，直到填满暂时群体库。

2. 杂交策略

在自然界生物进化过程中，起核心作用的是生物遗传基因的重组(加上变异)。同样，遗传算法中起核心作用的是遗传操作的杂交算子。杂交是指把两个父本的部分基因结构加以替换而生成新个体的操作。通过杂交，遗传算法的搜索能力得以飞跃提高。

对于占主流地位的二值编码而言，各种杂交算子都包括两个基本内容：①从由选择操作形成的配对库(mating pool)中，对个体两两配对，按预先设定的杂交概率来决定每对是否需要进行杂交操作；②设定配对个体的杂交点(cross site)，并对这些点前后的配对个体的部分结构(或基因)进行相互交换。

就配对的方式来看，可分为随机配对和确定式配对。在确定式配对中，常见的方案有下面几种。

(1) 全局顺序配对，先按适应度高低排序，第1名和第2名配对，第3名和第4名配对，如此顺序配对下去。

(2) 分组顺序配对，先按适应度高低排序，从中间分段形成高低两组，高组的第 1 名和低组的第 1 名配对，高组的第 2 名和低组的第 2 名配对，如此顺序配对下去。

(3) 好坏搭配配对，先按适应度高低排序，第 1 名和第 N 名配对，第 2 名和第 N–1 名配对，如此按好坏搭配方式配对下去。

基本的杂交算子有下面几种。

(1) 一点杂交(one-point crossover)。一点杂交又称为简单杂交。具体操作是：在个体染色体中随机设定一个杂交点，实行杂交时，该点前或后的两个个体的部分结构进行互换，并生成两个新个体。11.1.1 节中的例子就是采用的一点杂交方案。

由于杂交点是随机设定的，当染色体长度为N时，可能有N–1 个杂交点设置，所以，一点杂交可能实现N–1 个不同的杂交结果。

(2) 二点杂交(two-point crossover)。二点杂交的操作与一点杂交类似，只是需随机设定两个杂交点。例如：

配对个体 A 10 | 110 | 11 → 1001011　新个体 A′

配对个体 B 00 | 010 | 00 → 0011000　新个体 B′

杂交点分别设定在第二基因座和第三基因座以及第五基因座和第六基因座之间。A、B 两个体在这两个杂交点之间的码串(基因)相互交换，生成两个新个体 A′和 B′。

对二点杂交而言，当染色体长度为N时，可能有(N–2)(N–3)种杂交点设置方案。

(3) 多点杂交(multi-point crossover)。多点杂交是前述两种杂交的推广，有时又被称为广义杂交(generalized crossover)。一般来说，多点杂交较少采用，因为它不能有效地保存重要的模式，影响遗传算法的性能。

(4) 其他杂交方案。针对各个问题的不同，还可以提出其他杂交方案。

3. 变异策略

变异算子的基本内容是对群体中个体串的某些基因座上的基因值作变动。就二值码串而言，变异操作就是把某些基因座上的基因值取反，即 1→0 或 0→1。

遗传算法导入变异的目的有两个：①使遗传算法具有局部的随机搜索能力。当遗传算法通过杂交算子已接近最优解邻域时，利用变异算子的局部随机搜索能力可以加速向最优解收敛。显然，这种情况下的变异概率应取较小值，否则，接近最优解的个体群会因变异而遭到破坏；②使遗传算法可维持群体多样性，以防止出现过早收敛现象，此时变异概率应取较大值。

遗传算法中，杂交算子因其全局搜索能力而作为主要算子，变异算子因其局部搜索能力而作为辅助算子。遗传算法通过杂交和变异这一对相互配合又相互竞争的操作而使其具备兼顾全局和局部的均衡搜索能力。所谓相互配合，是指当群体在进化中陷于搜索空间某个超平面而仅靠杂交不能摆脱时，通过变异操作可有助于这种摆脱。所谓相互竞争，是指当通过杂交已形成所期望的个体群时，变异操作有可能破坏这些个体群。因此，如何有效地配合使用杂交和变异操作，是目前遗传算法的一个重要研究内容。

下面给出一些常用的变异算子。

(1) 基本变异算子。对群体中的个体码串以变异概率 P_m 随机挑选一个或多个基因座，对这些基因座的基因值做变动。例如：

个体 A　1 0 1 1 0 1 1　→　1110011　变异后的个体 A′

　　　　　× ×　　　变异

　　　变异基因座

(2) 自适应变异算子(adaptive mutation operator)。该算子与基本变异算子的操作内容类似，唯一不同的是变异概率 P_m 不是固定不变的，而是随群体中个体的多样性程度自适应地调整。

习题 20-1　下面是一个用 MATLAB 语言编写的遗传算法程序，分析一下它采用的是什么样的选择复制策略、杂交策略和变异策略，其终止运算的准则是什么？如何指定最终结果？

```
% This is a simple genetic algorithm written in MATLAB

N = 8;          % number of bits in a chromosome
M = N;          % number of chromosomes
Last = 20;       % number of iterations
M2 = M/2;

% creates M random chromosomes having N bits
Chro = round(rand(M,N));    % Chro is an MxN matrix

for ib = 1:last

%%%%%%%%%%%%%%%%%%%%%%%%%%%%
%  Insert a subroutine that calculates the cost function. %
%  It should have the form                          %
%        cost = function(Chro)                     %
%  where cost is a Mx1 array                         %
%%%%%%%%%%%%%%%%%%%%%%%%%%%%

% ranks results and discards bottom 50%
[cost, ind] = sort(cost);        % sorts costs from best to worst
Chro = Chro(ind(1:M2),:);      % sorts Chro according to costs
                              % and discards bottom half of list

% mate
```

```
cross = ceil((N-1)*rand(M2,1));  % selects random cross over points
% pairs chromosomes and swaps binary digits to the right of the
% crossover points to form the offspring
for ic = 1:2:M2
  Chro(M2+ic,1:cross) = Chro(ic,1:cross);          % offspring#1
  Chro(M2+ic,cross+1:N) = Chro(ic+1,1:cross);
  Chro(M2+ic+1,1:cross) = Chro(ic+1,1:cross);      % offspring#2
  Chro(M2+ic+1,cross+1:N) = Chro(ic,cross+1:N);
end

% mutate
ix = ceil(M*rand);                 % random chromosome
iy = ceil(N*rand);                 % random bit in chromosome
Chro(ix,iy) = 1-Chro(ix,iy);        % mutate bit iy in chromosome ix

end  % for ib = 1:last
```

习题 20-2 用遗传算法求下列函数的最大值

$$f(x,y)=500-(x-15)^2-(y-15)^2, x\in[0,31], y\in[0,31]$$

习题 20-3 用遗传算法求下列函数的最大值

$$f(x,y)=\left|\frac{\sin\left[2(x-1)\right]}{2(x-1)}\right|\cdot\left|\frac{\sin\left[2(y-1)\right]}{2(y-1)}\right|, x\in[0,2], y\in[0,2]$$

20.2 遗传算法的特点及数学机理

20.2.1 遗传算法的特点

遗传算法的特点，可以从它和其他搜索方法的比较体现出来。

对于工程和科学中的许多实际问题，找到一个最优解的唯一可靠的方法是穷举法。该方法简单易行，即在参变量的整个搜索空间中，计算空间中每个点的目标函数，且每次计算一个点。显然，这种方法效率太低。在许多情况下由于参变量空间太大，以致在限定的时间内只可能搜索其中极小的一部分，这样就存在一个问题：怎样组织搜索，才可能有效地确定近似最优解？

解析方法是常用的搜索方法之一。它通常是通过求解使目标函数梯度为零的一组非线性方程来进行搜索的。一般而言，若目标函数连续可微，解的空间方程比较简单，解析法还是可以采用的。但是，若方程的变量有几十或几百个时，它就无能为力了。

爬山法也是常用的一种搜索方法，它和解析法一样都属于寻找局部最优解的方法。它从某一随机点出发，在选定的方向上进行微小的变动，若得到更优的解，则在这个方向上继续进行搜索，否则，就转到相反的方向。显然，这种方法对于具有单峰分布性质的解空间才能进行行之有效的搜索，得到最优解。然而，复杂的问题在搜索空间中会出现许多峰值点，随着参变量空间维数的增大，其拓扑结构也可能更加复杂，这时不用说寻找正确的峰值点，即使确定上山的方向也会变得越来越困难。

单纯形方法是一种局部直接搜索方法。它把目标函数值排序加以利用。这样一来，由多个端点形成的单路就可对应山的形状，然后进行爬山搜索。单纯形方法的基本操作是反射操作，且反复进行。这十分类似于遗传算法中的"杂交"操作。同时，单纯形方法中形成单路的点数相当于遗传算法中的群体大小。显然，单纯形方法和遗传算法在利用多点信息的全局处理上是有共同点的。

随机搜索方法比起上述方法有所改进，是一种常用的全局搜索方法，但是，它的搜索效率依然不高。一般来说，只有解在搜索空间中形成紧致分布时，它的搜索才有效。但这一条件在实际应用中难于满足。此外，必须把随机搜索(random search)方法和随机化技术(randomized technique)区分开来。遗传算法是一个利用随机化技术来指导对一个被编码的参数空间进行高效搜索的方法。而另一种搜索方法——模拟退火(simulated annealing)方法也是利用随机化处理技术来指导对于最小能量状态的搜索。因此，随机化搜索技术并不意味着是无方向搜索，这一点是与随机搜索有所不同的。

上述几种传统的搜索方法虽然稳健性不强，但这些方法在一定的条件下，尤其是将它们混合使用时也是有效的。不过，当面临更为复杂的问题时，必须采用像遗传算法这样更好的方法。

遗传算法具有十分顽强的稳健性，这是因为比起普通的优化搜索方法，它采用了许多独特的方法和技术，归纳起来有如下几个方面。

(1) 遗传算法的处理对象不是参数本身，而是对参数集进行某种编码。此编码操作，使得遗传算法可直接对结构对象进行操作。所谓结构对象泛指集合、序列、矩阵、树、图、链和表等各种一维或二维甚至三维结构形式的对象。这一特点使得遗传算法具有广泛的应用领域。例如：

① 通过对连接矩阵的操作，遗传算法可用来对神经网络的结构或参数加以优化；

② 通过对集合的操作，遗传算法可实现对规则集合或知识库的精炼而达到高质量的机器学习目的；

③ 通过对树结构的操作，用遗传算法可得到用于分类的最佳决策树；

④ 通过对任务序列的操作，遗传算法可用于任务规划，而通过操作序列的处理，遗传算法可自动构造顺序控制系统。

(2) 遗传算法不是单点搜索法，而是像撒网一样，在参变量空间进行搜索，同时对搜索空间中不同的区域进行采样计算和评估，从而构成一个不断进化的群体序列。更形象地说，遗传算法是并行地爬多个峰。这一特点使遗传算法具有较好的全局搜索性能，减少了陷于局部优解的风险。同时，这也使遗传算法本身十分易于并行化。

(3) 在标准的遗传算法中，基本上不用搜索空间的知识，无须导数或其他辅助信息，而仅用适应度函数值信息来评估个体，并在此基础上进行遗传操作。需要着重指出的是，遗传算法的适应度函数不仅不受连续可微的约束，而且其定义域可以任意设定。即使在所定义的适应度函数是不连续的、非规则的或有噪声的情况下，它也能以很大的概率找到整体最优解。遗传算法的这一特点使它的应用范围大大扩展。

(4) 遗传算法不是采用确定性规则，而是采用概率的变迁规则来指导它的搜索方向。遗传算法采用概率仅仅是作为一种工具来引导其搜索过程朝着搜索空间的更优化的解区域移动。因此，虽然看起来它是一种盲目搜索方法，但实际上有明确的搜索方向，比一般的随机搜索法收敛更快。

上述这些特色使得遗传算法使用简单，稳健性强，易于并行化处理，应用范围广。

20.2.2 遗传算法的数学机理

作为一种智能搜索算法，遗传算法的本质内涵是什么？换句话说，它的数学机理是什么？更具体地讲，遗传算法所依赖的基本遗传操作，即选择复制、杂交和变异算子何以能使遗传算法体现出其他算法所没有的稳健性、自适应性和全局优化性等特点？本节将试图回答这些问题。

遗传算法的操作过程非常简单，从一个 N 个串的初始群体出发，不断循环地执行选择复制、杂交和变异过程。在某一代中，N 个互不相同的串在选择复制、杂交和变异等遗传算子的作用下产生下一代 N 个新的互不相同的串。那么，在两代之间究竟保留了什么性质，破坏了什么性质，这无从得知，因为我们所看到的串都是相互独立的，互不联系的。引入模式概念后将看到，遗传算法中串的运算实质上是模式的运算。通过分析模式在遗传操作下的变化，就可以了解什么性质被延续，什么性质被丢弃，从而把握遗传算法的实质，这正是本节的模式定理将要揭示的内容。

不失一般性，考虑由二值字符集{0,1}编码的串(依据生物术语，有时称为染色体)。现在，增加一个通配符“*”，它既可以被当作“0”，也可以被当作“1”。这样，二值字符集{0,1}就扩展为三值字符集{0,1,*}，由此可以产生如 0110、0*11**、**01*0 等字符集。

定义 20-1　基于三值字符集{0,1,*}所产生的能描述具有某些结构相似性的0、1字符串集合的字符串称作模式。

以长度为 5 的串为例，模式*0001 描述了位置在 2、3、4、5 具有形式“0001”的所有字符串，即{00001,10001}；又如模式*1**0 描述了所有在位置2为“1”及位置5为“0”的字符串，即$\{01000,01010,01100,01110,11000,11010,11100,11110\}$；而模式 01010 描述了只有一个串的集合，即$\{01010\}$。由此可见，模式的概念提供了一种简洁的用于描述在某些位置上具有结构相似性的 0、1 字符串集合的方法。需要强调的是，“*”只是一个描述符，而并非遗传算法中实际的运算符号，它仅仅是为了描述方便而引入的符号而已。

一个串中隐含着多个不同的模式。确切地说，长度为 l 的串，隐含着 2^l 个不同的模式，而不同的模式所匹配的串(称作模式的样本)的个数是不同的。例如，模式 011*1*与模式 0*****相比，前者所匹配的串(样本)的个数比后者少，即前者的确定性高。

为了反映这种确定性的差异，这里引入模式阶的概念。

定义 20-2　模式 H 中确定位置的个数称作该模式的模式阶，记作 $O(H)$。

例如，模式 011*1*的阶数为 4，而模式 0*****的阶数为 1。显然，一个模式的阶数越高，其样本数就越少，因而确定性越高。

除了确定性，模式的另一特征是其跨度。为此引进定义长度的概念。

定义 20-3　模式 H 中第一个确定位置和最后一个确定位置之间的距离称为该模式的定义长度，记作 $\delta(H)$。

例如，模式 011*1*的定义长度为 4，而模式 0*****的定义长度为 0。

下面讨论模式在遗传算子操作下的变化。令 $A(t)$ 表示第 t 代串的群体，以 $A_j(j=1,2,\cdots,N)$ 表示该代中的第 j 个个体串。

1. 选择复制算子对模式的作用

假设在第 t 代，群体 $A(t)$ 中模式 H 所能匹配的样本数为 m，记作 $m(H,t)$。在选择复制中，一个串是根据其适应度进行复制的。更确切地说，一个串是以概率 $P_i = f_i \Big/ \sum_{j=1}^{N} f_i$ 进行选择的，其中 f_i 是个体 $A_i(t)$ 的适应度函数值。假设一代中群体大小(群体中个体的总数)为 N，且个体两两互不相同，则模式 H 在第 $t+1$ 代中的样本数 $m(H,t+1)$ 为

$$m(H,t+1) = \frac{m(H,t)\cdot N\cdot f(H)}{\sum_{j=1}^{N} f_i} \tag{20.12}$$

式中，$f(H)$ 是模式 H 所有样本的平均适应度。令群体平均适应度为 $\overline{f} = \sum_{j=1}^{N} f_j \Big/ N$，有

$$m(H,t+1) = \frac{m(H,t)\cdot f(H)}{\overline{f}} \tag{20.13}$$

可见，模式的增长(减少)，即样本数的增加(减少)，依赖于模式的平均适应度与群体平均适应度之比：那些平均适应度高于群体平均适应度的模式将在下一代中得以增长；而那些平均适应度低于群体平均适应度的模式将在下一代中减少。

假设模式 H 的平均适应度一直高于群体平均适应度，且高出部分为 $c\overline{f}$，c 为常数，则有

$$m(H,t+1) = m(H,t)\cdot\frac{\overline{f}+c\overline{f}}{\overline{f}} = m(H,t)\cdot(1+c) \tag{20.14}$$

假设从 $t=0$ 开始，c 保持为常数，则有

$$m(H,t) = m(H,0)\cdot(1+c)^t \tag{20.15}$$

可见，在选择复制算子作用下，平均适应度高于群体平均适应度的模式将呈指数增长；而平均适应度低于群体平均适应度的模式将呈指数减少。

2. 杂交算子对模式的作用

这里只考虑单点杂交的情况。不失一般性，考虑一个长度为 6 的串以及隐含其中的两个模式

$$\begin{aligned} A &= 0\,1\,0\,1\,1\,0 \\ H_1 &= *\,1\,*\,*\,*\,0 \\ H_2 &= *\,*\,*\,1\,1\,* \end{aligned}$$

假定 A 被选中进行杂交，而杂交点等概率产生，即杂交点落在 1、2、3、4、5 的概率相同。这里不妨假设杂交点为3，即杂交发生在位置3和位置4之间，并以分隔符“|”表示杂交位置，即有

$$A=010|110$$
$$H_1=*1*|**0$$
$$H_2=***|11*$$

在这种情况下，除非与A进行杂交的串(称为配偶)在确定位(如位置2和6)相同(这种可能性暂且不考虑)外，模式H_1将遭到破坏，因为位置2的“1”和位置6的“0”在杂交产生的子代个体中将被替代为不同的值。例如，A的配偶为$A_n=101001$，则产生的后代为$A_1=010001$，$A_2=101110$，都不是H_1的样本，即发生杂交后，模式H_1丢失了。而相同情况下，H_2却依然存在。因为，不论A的配偶为任何串，H_2中确定位4的“1”和确定位5的“1”都将一起传入子代。可能读者会问，若杂交点在位置4，H_2不也会遭到破坏吗？实际情况确实是这样的，但有一点可以看出，由于杂交点等概率产生，模式H_1遭破坏的概率(在位置2、3、4、5杂交都遭破坏)大大超过模式H_2(只在位置4杂交都遭破坏)，即H_2的“生命力”要强于H_1。

现在定量地讨论一下。注意到模式H_1的定义长度为4，那么杂交点在6–1=5个位置随机产生时，H_1遭破坏的概率为$P_d=\delta(H_1)/(l-1)=4/5$，换句话说，其生存概率为1/5。而模式$H_2$的定义长度为1，则$H_2$遭破坏的概率为$P_d=\delta(H_2)/(l-1)=1/5$，即生存概率为4/5。

更一般地讲，模式H只有当杂交点落在定义长度之外才能生存。在简单杂交(单点杂交)下的H的生存概率$P_s=1-\delta(H)/(l-1)$。而杂交本身也是以一定的概率P_c发生的，所以，模式H的生存概率为

$$P_s=1-\frac{P_c\cdot\delta(H)}{l-1} \tag{20.16}$$

现在考虑先前暂且忽略的可能性，即杂交发生在定义长度内，模式H不被破坏的可能性。在前面的例子中，若A的配偶在位置2、6上有一位与A相同，则H_1将被保留。考虑到这一点，式(20.16)给出的生存概率只是一个下界，即有

$$P_s\geqslant 1-\frac{P_c\cdot\delta(H)}{l-1} \tag{20.17}$$

式(20.17)描述了模式在杂交算子作用下的生存概率。现在考虑模式H在选择复制和杂交算子的共同作用下的变化。参照式(20.13)和式(20.17)，有

$$m(H,t+1)\geqslant m(H,t)\frac{f(H)}{\bar{f}}\left[1-P_c\frac{\delta(H)}{l-1}\right] \tag{20.18}$$

式(20.18)表明，在选择复制和杂交算子的共同作用下，模式的增长(减少)取决于两个因素：①模式的平均适应度是否高于群体平均适应度；②模式是否具有较短的定义长度。显然，那些平均适应度高于群体平均适应度、具有短定义长度的模式将呈指数级增长。

3. 变异算子对模式的作用

变异算子以概率P_m随机地改变一个位上的值，则该等位基因存活的概率为$(1-P_m)$。为了使得模式H能够存活下来，所有确定位(为“0”或为“1”的位)必须保持不变。由于每次变异都是独立统计的，因此，当模式H中$O(H)$个确定位都存活时，这个模式才存活，因而，在变异算子作用下，存活概率为$(1-P_m)^{O(H)}$。对于很小的值$P_m(P_m\ll 1)$，模式的存活概率可以近似地等于$1-O(H)\cdot P_m$。因此，在选择复制、杂交和变异算子作用下，一个特定模

式 H 在下一代中期望出现的次数可以近似地表示为

$$m(H,t+1) \geqslant m(H,t)\frac{f(H)}{\bar{f}}\left[1-P_{\mathrm{c}}\frac{\delta(H)}{l-1}-O(H)P_{\mathrm{m}}\right] \tag{20.19}$$

综上所述，可以得到遗传算法的一个非常重要的结论——模式定理。

模式定理　在选择复制、杂交和变异遗传算子作用下，具有低阶、短定义长度并且平均适应度高于群体平均适应度的模式的样本数在子代中将按指数级增长。

模式定理所描述的这一特性为什么有利于找到全局最优解呢？统计确定理论中的双角子机问题表明：要获得最优的可行解，则必须保证较优解的样本数呈指数级增长。而模式定理保证了较优的模式(遗传算法的较优解)的样本数呈指数级增长，从而给出了遗传算法的理论基础。

由于低阶、短定义长度、平均适应度高于群体平均适应度的模式在遗传算法中起着重要的作用，称为基因块。

基因块假设　低阶、短定义长度、平均适应度高于群体平均适应度的模式(基因块)在遗传算子作用下，相互结合，能产生更好的模式，最终生成全局最优解。

遗憾的是，上述假设并没有得到证明。不过，已有大量的实践证据支持这一假设，尽管这并不等于理论证明，但至少可以肯定，对多数经常碰到的问题，遗传算法都是适用的。

通过数学分析，Holland 和 Goldberg 发现遗传算法具有隐含并行性：尽管遗传算法只对 N 个串进行运算，它实际上隐含地处理了 $O(N^3)$ 个模式，从而每代只执行与群体规模成比例的计算量，就可以同时收到并行地对大约 $O(N^3)$ 个模式进行处理的目的，并且无须额外的存储。

通过数学证明还可以得到下列定理：如果在代的演化过程中，遗传算法保留最好的解，并且算法以杂交和变异作为随机化算子，则对于一个全局优化问题，随着演化代数趋于无穷，遗传算法将以概率 1 找到全局最优解。

20.3　遗传算法在电磁优化中的应用

在电磁场工程中，许多电磁优化问题的目标函数往往是高度非线性的、多极值的、不可微分的和多参数的。同时，这些目标函数的计算成本往往很高。在这些复杂电磁问题的优化设计中，高效的优化算法对于实现高性价比的设计具有举足轻重的作用。遗传算法由于具有以上所述的种种优点，已被用于复杂电磁问题的优化设计之中，取得了较为满意的设计效果。这里结合部分实例介绍遗传算法在电磁优化问题中的应用。

20.3.1　天线及天线阵的优化设计

1. 线天线的优化设计

例 20-3　带折合段的加载单极天线。

图 20-3 所示是一个带折合段的加载单极天线，天线位于无限大接地板上，由同轴线从接地板下方馈电。天线由 4 段长度分别为 Z_1 、 Z_2 、 Z_3 、 Z_4 的垂直导线和 4 段长度分别为 X_1 、 X_1 、 X_2 、 X_2 的水平导线串联组成。该天线的工作频率为 1.6GHz。初步的分析和实

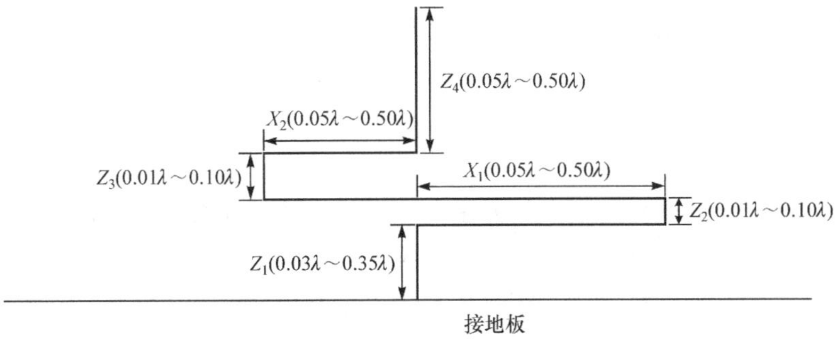

图 20-3　带折合段的加载单极天线

验表明，当插入的折合单元距地面高度为 0.1λ 左右、单极天线高度为 0.35λ 左右时，折合单元所在平面的 E_θ 方向图接近于半球形覆盖。这里，将用遗传算法来优化上述天线结构，使其在整个半球空间具有均匀的功率方向图分布。

首先，指定各段导线长度的可调节范围，尽可能使最佳长度落在该范围之内。但是，这一可调范围不可太大，否则，将因计算量过大而无法完成。图 20-3 给出了各段导线长度的可调范围。应用遗传算法的第一步就是对这些长度参数进行编码，每一个长度用一个 5 位的二进制串来表示，因此，每根导线有 32 种可取的长度值。这样的编码可以达到 $0.014\lambda \sim 0.003\lambda$ 的分辨率。也可以根据结果的好坏和计算量的大小，调节编码的位数和分辨率。

由于一共有 6 个可调参数，由此构成的染色体为 30 位的二进制串，这意味着共有 2^{30} 个可选结构。选取遗传算法的初始群体规模为 150 个样本。每一个体的总场辐射方向图用 NEC2 软件进行计算，将该方向图与期望的均匀半球分布方向图进行比较，用均方误差作为代价函数，依此对各个体的性能进行排序。为了减少计算量，在定义代价函数时，只对单一频率 $f = 1.6\text{GHz}$，在 $\varphi = 0°$、45°、90°三个 θ-平面取样计算均方误差。

根据排序结果，抛弃后 50%个体，保留前 75 个个体。保留的 75 个个体一方面被复制各一份直接作为新一代个体的一部分，同时被送入杂交库供杂交操作。利用赌轮选择方法，从杂交库中随机地选出两个个体作为父本，再随机地确定出杂交点，杂交产生一个新一代的个体，该个体在杂交点之前的基因来自于第一个父本、在杂交点之后的基因由第二个父本提供。这一杂交过程一直进行下去，直到新一代群体的规模回复到初始的 150 个个体，其中有 75 个新个体为杂交产生。对这 75 个新个体，再按 0.0% ~ 0.9% 的比例进行变异操作。

对新一代群体重复上述评估排序、选择复制、杂交、变异操作，直到它收敛于一个最优解。表 20-2 给出了用遗传算法得到的最佳尺寸。

表 20-2　带折合段的加载单极天线的最佳尺寸

参数	取值/m	取值/λ
Z_1	0.0056	0.0299
X_1	0.0856	0.4565
Z_2	0.0024	0.0128
X_2	0.0284	0.1515
Z_3	0.0079	0.0421
Z_4	0.0236	0.1259

对上述由遗传算法优化得到的天线，用 NEC2 软件进行细致的分析，计算天线的辐射方向图 E_θ 、E_φ 和 E_{total}。结果表明：①在 1.6GHz 处，总场方向图在整个半球空间的最大值和最小值之差不大于 1.25dB，可见，总场方向图几乎是均匀分布的。②在 1.4～1.8GHz 频带上，功率增益的最大变化不超过 6dB。

根据上述优化设计结果实际制作的天线，其测试结果与分析结果吻合很好。

值得一提的是，最终获得的天线不具备对称性，却获得了期望的在半球空间的均匀分布功率方向图，颇有些出乎意料，这是按解析分析思路不可能达到的结果。在本例中，对称型天线的性能不如非对称型天线。遗传算法数值实验还表明，如果以对称型天线作为初始群体开始优化，将导致解收敛到一些局部最优解。

此外，由于遗传算法固有的随机性，任意两次遗传算法优化得到的最终结构不可能完全相同，然而，它们在形状和性能上通常极为相似。这是毫不奇怪的，因为有 10 亿(2^{30})种可能的结构，其中必然有许多虽不一致却极为相似的设计存在。

例 20-4　用于 GPS/铱星系统的圆极化弯钩天线。

全球定位系统(GPS)的工作频率有两个，一个是 1575.4MHz，另一个是 1227.6MHz，信号采用圆极化方式传输。低轨道全球移动卫星通信系统，铱星系统，也采用圆极化方式传输信号，其工作频带为 1610～1626.5MHz。两个系统都要求移动站接收天线具有半球型的均匀分布方向性。

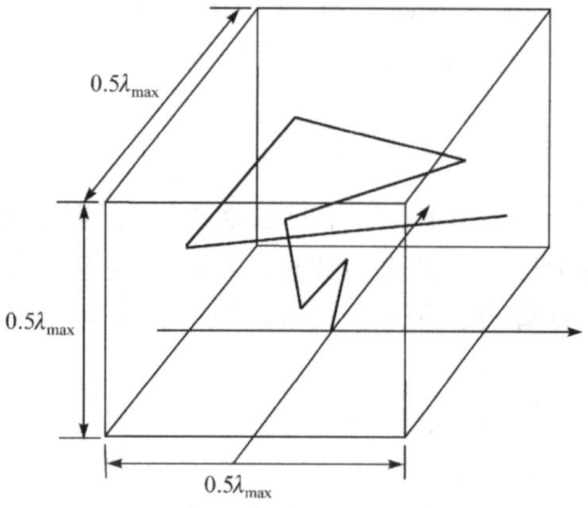

图 20-4　用于 GPS/铱星系统的圆极化弯钩天线

为了使移动站天线(如车载天线)能够同时接收来自 GPS/铱星两个系统的信号，天线的工作频带应该为 1225～1630MHz，采用圆极化工作方式，在相对于水平面大于 5°的准半球空间具有均匀的辐射方向图。图 20-4 所示为一个弯钩天线，它由 7 段直导线串联而成，整个天线被限定在边长为 $0.5\lambda_{max}$ 的立方体空间内。通过遗传算法，调节 7 个连接点的坐标，可以得到满足设计要求的最佳弯钩天线结构。

在优化过程中，代价函数取为

$$\text{Score} = \sum_{f=1228,1575,1618\text{GHz}} \left\{ \sum_{\text{all}\theta,\varphi} \left[\text{Gain}(\theta,\varphi) - \text{Avg} \cdot \text{Gain} \right]^2 + C \right\} \tag{20.20}$$

式中，半球空间辐射方向图在 θ 方向和 φ 方向的取样步长均为 5°，C 的取值取决于天线在 3 个频率点的电压驻波比 VSWR，由于期望 VSWR 小于 3，故取

$$C = \begin{cases} 0.1, & \text{VSWR} < 3.0 \\ 1.0, & \text{VSWR} \geqslant 3.0 \end{cases} \tag{20.21}$$

各个体的辐射方向图取样值、平均值以及电压驻波比数据均由 NEC2 软件计算获得。

在遗传操作中，采用实数编码方式，对每一代群体，先根据适应度值对个体进行排序，保留性能最好的 30%个体，将它们先直接复制各一份作为下一代群体的一部分。再用这 30%个体进行杂交操作，随机地抽出两个个体作为父本，杂交产生一个新生代个体。如此进行下去，直到新一代群体的规模回复到初始群体的规模。

最终获得的最佳弯钩天线(crooked wire antenna)形状怪异，实现简单，性能却达到了预期的效果。在 1228MHz，1575MHz 和 1618MHz 三个频率点上，在相对于水平面大于 5°的准上半球空间各个方向上对圆极化波的响应变化幅度小于 4dB，这是用解析方法难以达到的，充分体现了遗传算法配合电磁分析软件(NEC2)在进行线天线综合设计方面的优势。根据上述最佳结构制作出的天线，测试结果与计算结果吻合很好。

需要指出的是，最佳结构的 VSWR 值接近于 5，大于期望值 3，这一问题可以通过一个匹配网络很容易地解决。

例 20-5　集总参数电路加载的宽带单极天线。

图 20-5 所示为一集总参数电路加载的宽带单极天线，天线总高度为 1.75m，直径为 1cm，工作频带为 30～450MHz。为了实现所要求的宽频带工作，通常在天线的不同高度插入集总参数的 RLC 并联谐振电路。在天线底部接有一个匹配网络，其电路结构如图 20-6 所示。目标是使该天线在全频带内的电压驻波比小于 3.5，在水平面的系统增益大于−5dB(目标值为 0dB)。

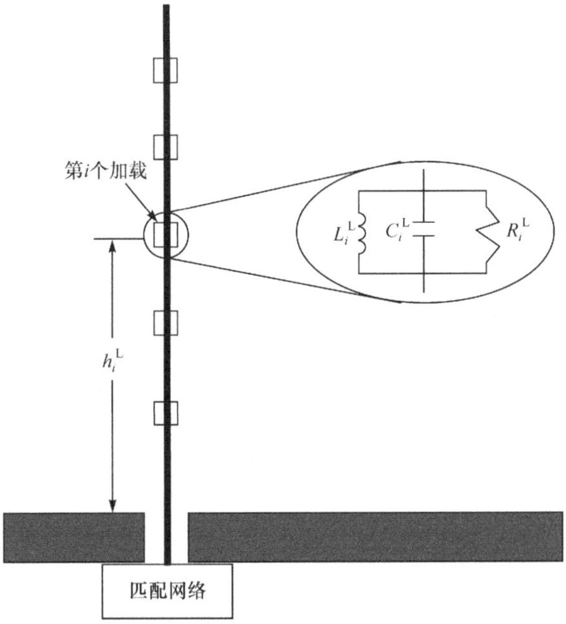

图 20-5　集总参数电路加载的宽带单极天线

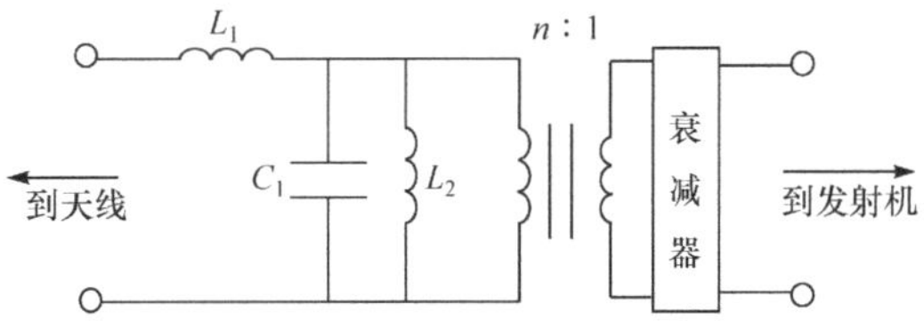

图 20-6　加载天线的匹配网络结构

在传统的设计中，RLC 并联谐振电路的谐振频率通常选取使其下端的天线长度为 1/4 波长（对应于该谐振频率），并期望其上端的天线电流为零。然而，实际的结果是在谐振电路的上端电流并不为零，需要优化调节许多参数才能达到设计指标要求。

这里，利用遗传算法对 RLC 并联谐振电路的插入位置、RLC 的取值、匹配网络的元件参数进行调节，得到满足设计要求的最佳加载天线系统。其中，匹配网络中变压器的变压比以及衰减器的衰减量不参加优化调节，而是在取设定值的情况下，通过优化调节其他参数达到除 VSWR 而外的其他设计指标要求，再调节衰减器的衰减量使 VSWR 小于 3.5。

设天线插入了 $M=5$ 个并联 RLC 电路，各个元件的可调范围为 $0<R_i^{\mathrm{L}}<1500\Omega$ 、

$0 < C_i^{\rm L} < 200{\rm pF}$、$0 < L_i^{\rm L} < 3\mu{\rm H}$，$i = 1,\cdots,5$。对于匹配网络，设电容的可调范围为 $0 < C_1^{\rm M} <$ 50pF，电感的可调范围为 $0 < L_{1,2}^{\rm M} < 2\mu{\rm H}$。在应用遗传算法时，所有的元件值都采用7位二进制编码。天线的电磁特性利用矩量法计算获得。在计算中，线天线被分成 32 等份，因此，RLC 电路的插入位置由 5 位二进制码来表示。于是，遗传算法中每一个染色体的长度为 $7_{\rm bits} \times \{(3\times 5)_{\text{RLC elements}}+3_{\text{match elements}}\}+5_{\rm bits}\times 5_{\text{RLC locations}} = 151_{\rm bits}$。

数值实验表明，目标函数的选取是影响设计性能的重要因素。这里，目标函数选择由三项组成

$$F = F_{\rm g} + F_{\rm el} + F_{\rm s} \tag{20.22}$$

式中，第一项定义为

$$F_{\rm g} = \sum_{i=1}^{N^f}\left[G^{\rm s}(f_i,\theta_0) - G_0^{\rm s}\right]^{\alpha} \tag{20.23}$$

式中，$G^{\rm s}(f,\theta)$ 是系统在频率 f 和仰角 θ 状态下的增益，$G_0^{\rm s} = 0{\rm dB}$ 是期望增益值，$\alpha = 3$，$\theta_0 = 90^0$，$f_i(i = 1,\cdots,N^f)$ 密集地覆盖整个设计频带。本项的作用是使水平面的增益最大化。

数值实验表明，如果仅采用式(20.23)，将把天线设计引向一个局部最佳值。例如，除非频带内的取样点非常密集，仅采用式(20.23)优化的天线设计将在取样点之间有很大的窄带增益衰落。同时，最终的增益常常对各元件值的小变化很敏感。采用了式(20.22)中的后两项之后，可以克服这些缺陷。

式(20.22)中第二项的引入是为了减小系统增益对仰角的敏感度，其表达式为

$$F_{\rm el} = \sum_{l=1}^{N^\theta}\sum_{i=1}^{N^f}\left[G^{\rm s}(f_i,\theta_l) - G_l^{\rm s}\right]^{\alpha} \tag{20.24}$$

式中，θ_l 和 $G_l^{\rm s}\left(l = 1,\cdots,N^\theta\right)$ 分别是 θ 方向的取样点和相应的期望增益值。这里，取 $N^\theta = 2$，$\theta_l = \theta_0 - l\cdot 5^0$，$G_l = G_0 - l\cdot 2{\rm dB}$。

式(20.22)中第三项的表达式为

$$F_{\rm s} = \sum_{i=1}^{N^f-1}\left|G^{\rm a}(f_{i+1},\theta_0) - G^{\rm a}(f_i,\theta_0)\right|^{\beta} \tag{20.25}$$

式中，$\beta = 2$，$G^{\rm a}(f,\theta)$ 代表天线的功率增益。本项的目的是确保增益随频率平滑变化，从而也间接地使阻抗曲线具有平滑性，使阻抗匹配网络实现变得更容易。

基于目标函数(20.22)，利用遗传算法优化获得的最佳加载位置和加载元件值如表 20-3 所示，匹配网络的最佳元件值为 L_1 = 78.6nH，C_1 = 1.3pF，L_2 = 1.1 μH。变压器的变压比设定为 2.1:1，无须再加衰减器。

表 20-3　加载单极天线的最佳加载位置和加载元件值

加载单元	#1	#2	#3	#4	#5
位置高度/cm	38.3	87.5	109.4	131.25	153.1
电阻/ Ω	1500	1500	1500	750	175.8
电感/ μH	0.21	1.90	1.52	1.41	0.02
电容/pF	1.6	101.6	51.6	1.6	7.8

2. 微带天线的优化设计

例 20-6 微带天线谐振频率的优化设计。

图 20-7 是一个矩形微带天线，它的可调参数有介质基片厚度 H，基片介电常数 ε_r，微带贴片长度 L，微带贴片的宽度 $W=L$，各参数的可调范围如图中所示。设计的目标参数是天线的主模谐振频率 f_0，设其期望值为 $f_0=15\text{GHz}$。

为了完成这一优化设计任务，可以先利用多层感知器神经网络模型建立 f_0 与(L, H, ε_r)之间的映射关系，输入参数为(L, H, ε_r)，输出参数为 f_0，唯一的隐蔽层有 5 个神经元，利用 FDTD 法产生 64 个训练样本。

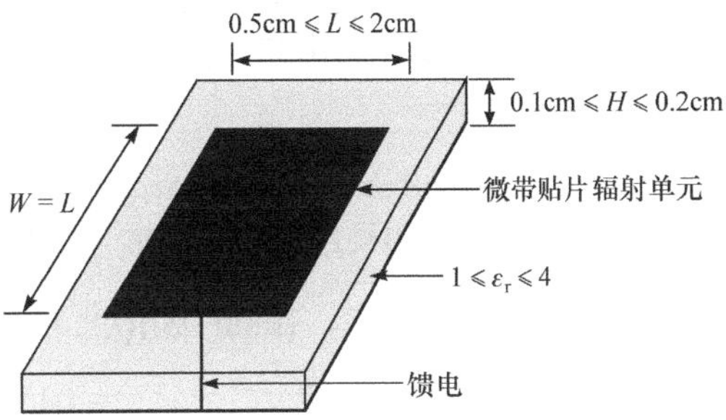

图 20-7 矩形微带天线

其次，利用遗传算法对获得的神经网络模型进行优化，使 f_0 达到期望值。设初始群体规模为 20 个染色体，遗传进化的最大代数为 100，每个参数采用 16 位二进制编码，于是，每一个染色体的长度为$16\times3=48$位。实际执行时，只需 40 代遗传进化就达到了期望目标值 $f_0=15\text{GHz}$，获得的最佳参数分别为 $\varepsilon_r=1$，$H=1.759\text{mm}$，$L=W=8.416\text{mm}$。

例 20-7 宽频带微带天线的优化设计。

图 20-7 所示矩形微带天线的工作中心频率为 f_0，通常工作带宽很窄，为了展宽工作频带，必须对天线结构进行改造。这里介绍一个例子，它利用遗传算法和矩量法对微带贴片形状进行优化，实现工作频带展宽。

在微带天线的矩量法分析中，微带贴片被分成$M\times N$个小单元，电场积分方程被转化为矩阵方程

$$\boldsymbol{ZI}=\boldsymbol{V} \tag{20.26}$$

式中，$\boldsymbol{V}$表示激励电压源矢量；$\boldsymbol{I}$表示待求的贴片电流矢量；$\boldsymbol{Z}$称为广义阻抗矩阵，$\boldsymbol{Z}$矩阵的元素刻画了各个小单元之间的电特性关系。一旦 $\boldsymbol{Z}$ 矩阵知道后，解方程(20.26)就可得到贴片电流，进而求得天线的电特性参数。

利用遗传算法优化时，遗传操作直接调控微带贴片各划分单元的存在与否。染色体采用(0，1)二值编码，其长度等于微带贴片的划分单元数，染色体各基因位分别与微带贴片的各单元一一对应。某位基因值为 1，表示相应的金属贴片单元存在；若某位基因为 0，则表示相应的单元被去掉。

在用遗传算法进行优化设计时要大量调用矩量法分析，矩量法的很大一部分计算工作又是计算 $\boldsymbol{Z}$ 矩阵元素值，因此，如果按常规过程处理，计算量将很大。

这里，利用直接 $\boldsymbol{Z}$ 矩阵操作(direct $\boldsymbol{Z}$-matrix manipulation，DMM)方法，只需一次完整的 $\boldsymbol{Z}$ 矩阵元素计算，可以大大减少计算量。在 DMM 中，首先对包含微带贴片全部单元的原始结构计算其 $\boldsymbol{Z}$ 矩阵，该矩阵被称为“母”$\boldsymbol{Z}$ 矩阵。在开始遗传算法优化后，经过遗传操作某些金属单元被去掉，所得新结构是原始结构的一个子集，因此新结构的 $\boldsymbol{Z}$ 矩阵可以简单地从“母”$\boldsymbol{Z}$ 矩阵去掉相应的行和列而得到，不再重复进行 $\boldsymbol{Z}$ 矩阵元素计算。

设微带天线的原始贴片为 $0.48\text{cm}\times0.48\text{cm}$，介质厚度为 0.048cm，馈电点与贴片一角点的相对位置为 $0.24\text{cm}\times0.12\text{cm}$，馈源用一段垂直馈线及位于馈线与接地板之间的电压源模

拟，天线阻抗与50Ω同轴线匹配，从馈电口反射系数 S_{11} 随频率的变化情况，可以得知该天线的 2:1VSWR 工作带宽接近 6%。

将原始贴片划分为 $7\times 6=42$ 个小单元，先利用 MoM 计算出原始结构的"母"$\boldsymbol{Z}$ 矩阵，求出贴片电流和馈线电流、天线辐射特性、馈电口反射系数 S_{11}。然后，利用 GA/MoM/DDM 优化贴片结构，染色体长度为 42，与贴片的 42 个划分单元相对应。初始群体规模取为 100，最大遗传代数取为 100。选择策略采用最佳个体保存方法结合赌轮选择，杂交概率取为 0.7，变异概率取为 0.02。优化的目标是使 S_{11} 在{2.7GHz, 3.0GHz, 3.3GHz}三个频率点的最大幅度值最小化，即

$$\{\max[|S_{11}(f_i)|, f_i=2.7, 3.0, 3.3\text{GHz}]\}\rightarrow \min \tag{20.27}$$

因为 $0\leqslant |S_{11}|\leqslant 1$，如果用分贝(dB)表示，则有 $|S_{11}|\leqslant 0$ (dB)，式(20.27)变为

$$\{\min[-|S_{11}(f_i)|, f_i=2.7, 3.0, 3.3\text{GHz}]\}\rightarrow \max \tag{20.28}$$

于是，可选择适应度函数为

$$fitness=\min[-|S_{11}(f_i)|, f_i=2.7, 3.0, 3.3\text{GHz}] \tag{20.29}$$

经过GA/MoM/DDM优化，2:1VSWR带宽达到20%，最佳微带贴片结构如图20-8所示，结构是非对称的。

3. 天线阵的优化设计。

例 20-8 对称分布非均匀直线阵的副瓣电平优化设计。

图 20-9 是一个对称分布非均匀直线阵，共有 $2N_{\text{el}}$ 个辐射单元，每一个的方向图都是 $\sin\varphi$。第一个单元与阵中心的距离为 $d_1/2$，第 m 个单元与第 $m-1$ 个单元的距离为 d_m，第 m 个单元与阵中心的距离为 $\left(\sum_{i=1}^{m} d_i\right)-d_1/2$。该天线阵的远场辐射方向图为

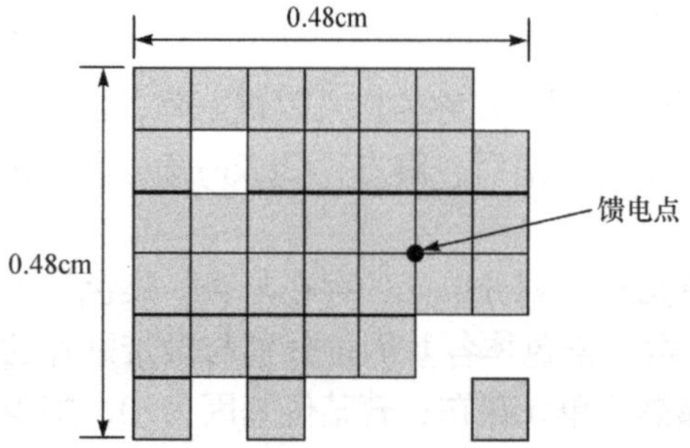

图 20-8 宽频带微带天线的最佳贴片结构

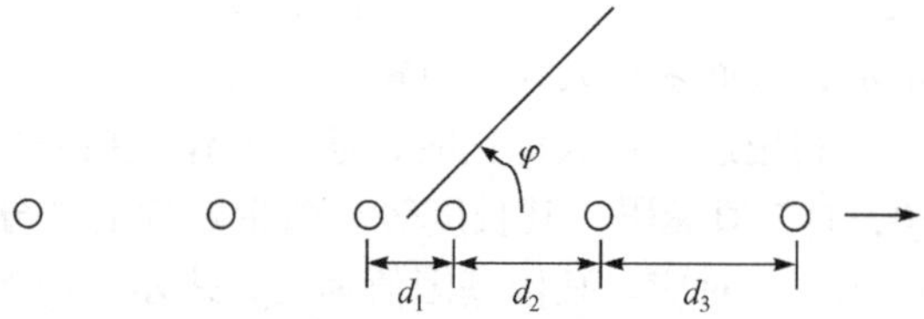

图 20-9 对称分布非均匀直线阵

$$AF(\varphi)=2\sin\varphi\sum_{n=1}^{N_{\text{el}}}\cos\left[k\left(\sum_{m=1}^{n} d_m-\frac{d_1}{2}\right)\cos\varphi\right] \tag{20.30}$$

其目标是利用遗传算法优化调节参数 $d_m\ (m=1,\cdots,N_{\text{el}})$，使得最大副瓣电平相对于主瓣电平最小化。

设 $N_{\text{el}}=24$，相邻单元之间的距离可调范围为

$$d_0\leqslant d_m\leqslant 2\Delta,\ m=1,\cdots,N_{\text{el}} \tag{20.31}$$

式中，$d_0=\lambda/4$，$\Delta=\lambda/2$。如果采用三位二进制编码，d_m 可表示为

$$d_m = d_0 + \sum_{n=1}^{3} b_n \frac{\Delta}{2^{n-1}} \tag{20.32}$$

式中，b_n 是第 n 位二进制码值。于是，遗传算法中每一个染色体的长度为 3bits × 24 = 72bits，共有 2^{72} 种可能的组合。如果不进行优化，固定 $d_m = \lambda/2(m = 1,\cdots,24)$，则最大副瓣电平比主瓣电平低 13dB。采用遗传算法优化调节各相邻单元的间距后，最大副瓣电平比主瓣电平低 27dB，比均匀阵优化了 14dB，各相邻单元的间距分别为

$$\begin{aligned} d_m = &0.25,0.25,0.25,0.375,0.25,0.375,0.375,0.25,0.375,0.25,0.5,0.25 \\ &0.5,0.375,0.375,0.375,0.5,0.5,0.625,0.5,0.75,1.0,0.75,0.875\lambda \end{aligned}$$

数值实验表明，增加编码位数并不能使优化结果有明显的改善。可以采取的进一步做法是将 d_0 也作为一个三位编码参数纳入优化调节之中。

同样的问题，如果采用 MATLAB 优化工具箱中的准牛顿法进行优化，所得的最大副瓣电平比主瓣电平低 21dB，结果比遗传算法要差 6dB。

天线阵的优化设计目标除了可选最大副瓣电平，也可由实际需要选择特定方向的零点深度、波瓣宽度、增益、特殊扫描角等指标作为目标函数。天线阵的可调参数除了可选单元间距，也可以选择对各个单元的加权因子(包括幅度和相位)进行调节。

20.3.2　平面型带状结构的优化设计

例 20-9　稀疏化带状栅的优化设计。

图 20-10 是一个有限宽度的导体带状栅，假设导体宽度均为 w，沿 z 方向为无限长，相邻导体中心距为 d，共有 $2M$ 根导带。

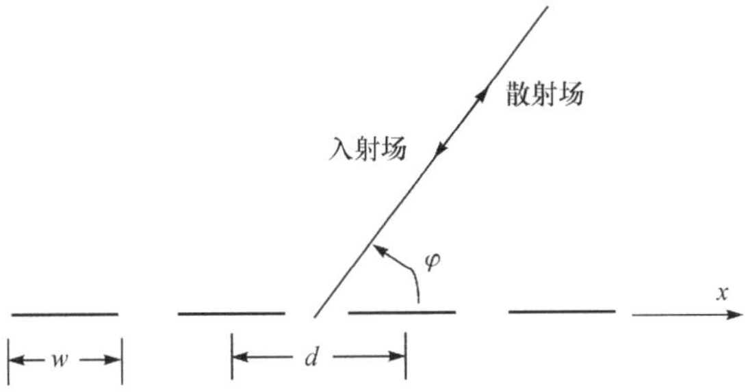

图 20-10　有限宽度的导体带状栅

设入射平面波的电场极化方向沿 z 方向，磁场振幅归一化为 1，对于对称分布的 $2M$ 根导带，其表面感应电流 $J_z(x')$ 满足下列积分方程

$$\mathrm{e}^{\mathrm{j}kx\cos} = \frac{k}{4}\sum_{m=1}^{2M}\int_{x_m w/2}^{x_m+w/2} J_z(x) H_0^{(2)}\left(k\left|x-x'\right|\right)\mathrm{d}x \tag{20.33}$$

式中，$k = 2\pi/\lambda$；λ 为工作波长；x_m 是第 m 根条带中心到原点的距离；$H_0^2(*)$ 是零阶第二类汉克尔函数。利用点匹配技术，每一个条带上的电流用 5 个脉冲基函数展开，由 MoM 可以求得导带上的电流分布 $J_z(x')$。带状栅的后向雷达散射截面 RCS 由式(20.34)给出

$$\sigma\ (\phi) = \frac{k}{4}\left|\int_{\text{grid}} J_z(x)\,\mathrm{e}^{\mathrm{j}kx\cos\phi}\mathrm{d}x\right|^2 \tag{20.34}$$

在本设计中，导带宽度和间距保持为常数，可调节的是各个导带个体是否出现在该带状栅中，优化的目标是使 RCS 的最大副瓣电平相对于主瓣电平最小化。

设优化过程中带状栅保持结构对称性，可调导带数为 M。采用遗传算法进行优化时，显然，最佳的染色体编码方式是二进制编码，染色体长度为 M，各基因位与各导带一一对应。某基因位取值为“1”，表示相应的导带保留；若基因位取值为“0”，则表示从带状栅中去掉相应的导带。经过优化，原来均匀分布的带状栅中去掉了部分条带，形成了满足目标特性的稀疏带状栅，如图 20-11 所示。

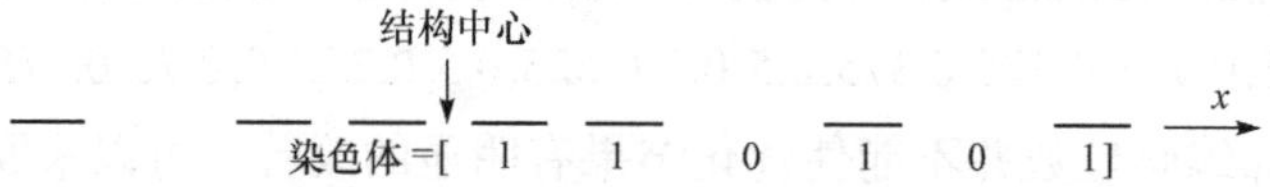

图 20-11　稀疏带状栅及对应的染色体编码

设导带宽度为 $w = 0.037\lambda$，相邻导带间距 $d = 0.1\lambda$，条带总数 $2M = 40$，可以求得均匀分布带状栅的 RCS 最大副瓣电平比主瓣电平小 13.3dB。如果采取穷举法进行搜索优化，需要对 2^{20} 种个体进行评估计算。采用遗传算法优化，取遗传操作的初始群体规模为 80，经过 8 代遗传进化，获得最佳染色体编码为[11011011010111100001]。其中，第一位编码对应于带状栅中心右侧第一个条带，最后一位编码对应于带状栅中心右侧最右边一个条带。该稀疏带状栅共有 24 个条带，其 RCS 最大副瓣电平比主瓣电平小 17.1dB，优化了约 4dB。同时，由于去掉了 40%的导体带，RCS 的峰值也有所下降。用遗传算法优化进行的评估计算没有超过 $80 \times 8 = 640$ 个染色体，计算量远远小于穷举法。

例 20-10　带状电阻栅加载导体带的优化设计。

图 20-12 是带状电阻栅加载导体带，其中，位于中心的理想导体带宽为 $2a = 6\lambda$，它的两侧对称地加载有 $2N$ 条带状电阻，各带状电阻的宽度为 $d_i(i = 1,\cdots,N)$、电阻为 $\eta_i(i = 1,\cdots,N)$。没有带状电阻栅加载时，纯导体带的 RCS 最大副瓣电平比主瓣电平低 13dB。设计的目标是通过带状电阻栅加载，调节各个 d_i、η_i 值，使 RCS 最大副瓣电平相对于主瓣电平最小。

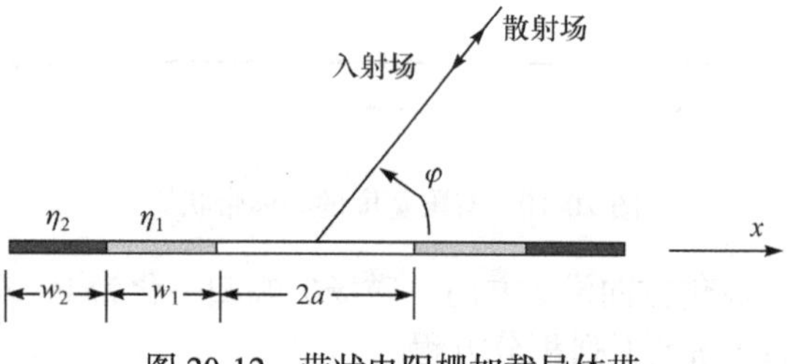

图 20-12　带状电阻栅加载导体带

设入射电场平行于导体带边缘，由物理光学近似可以求得后向 RCS 为

$$\sigma(\varphi) = \frac{k}{4}\left|4as \cdot \mathrm{Sa}(2kau\varphi) + \sum_{n=1}^{N}\left(\frac{2d_n s}{0.5 + \eta_n s}\right)\mathrm{Sa}(kd_n u)\cos\left[2k\left(a + \sum_{i=1}^{n-1} d_i + \frac{d_n}{2}\right)u\right]\right|^2 \quad (20.35)$$

式中，$s = \sin\varphi$，$u = \cos\varphi$，$\mathrm{Sa}(x) = \dfrac{\sin x}{x}$。

设 $N = 8$，参数 d_i 和 η_i 都采用 5 位二进制编码，于是

$$d_i = \sum_{m=1}^{5} b_{d_i,m} \frac{W}{2^{m-1}} \tag{20.36}$$

$$\eta_i = \sum_{m=1}^{5} b_{\eta_i,m} \frac{R}{2^{m-1}} \tag{20.37}$$

式中，W、R 分别是最大量化位级的单位电阻带宽度和单位电阻值，这里，取 $W=1$，$R=5$。

经过遗传算法优化，得到最佳结构参数为

$$\eta_i = 0.16,\ 0.31,\ 0.78,\ 1.41,\ 1.88,\ 3.13,\ 4.53,\ 4.22$$

$$d_i = 1.31,\ 1.56,\ 1.94,\ 0.88,\ 0.81,\ 0.69,\ 1.00,\ 0.63\lambda$$

带状电阻栅加载导体带的 RCS 最大副瓣电平比主瓣电平低 34dB。

例 20-11　多层周期性导体带状栅的优化设计。

图 20-13 是一个多层周期性导体带状栅，周期性的导体带状栅嵌在级联的多层介质之间。描述该多层周期性导体带状栅的参数如下。

(1) 总的介质层数 N_{L}。

(2) 介质材料特性参数，如 ε_{r}、μ_{r}，包括它们随频率的变化。

(3) 每一层介质的最大容许厚度 $t_{\max}$。

(4) 加载金属栅的层数 N_{metal} 和界面位置 $L_i\left(i \leqslant N_L+1\right)$(即为了最小化计算成本，需限定金属化界面的数量)。

(5) 一个周期单元的长度 Δ_x。

(6) 一个单元长度所能容纳的最多条带数 N_{s}。

(7) 条带的宽度 w，假设 N_{s} 个条带等宽度且等间距排列，则相邻条带中心间距 $\delta_x = \Delta_x / N_{\mathrm{s}}$。

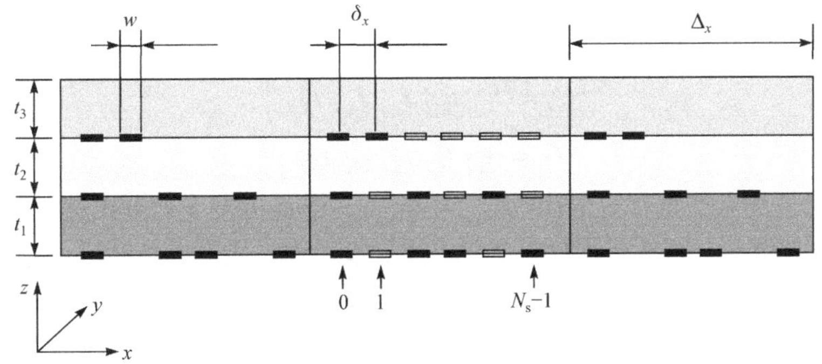

图 20-13　多层周期性导体带状栅(图中，实心条带为保留的条带，空心条带为去掉的条带，每一个单元内，$N_{\mathrm{s}}=6$，第一界面含 4 个条带，第二、三界面都仅含 3 个条带)

假设一个无 z 方向电场分量的任意平面波入射到该多层周期性导体带状栅，经过与该结构的相互作用，一部分电磁波被反射，一部分电磁波将透过多层栅。在给定上述多层栅的结构参数后，利用谱域矩量法技术，可以计算获得多层栅的反射系数和透射系数随频率的变化曲线。

这里利用遗传算法，优化调节多层栅的部分参数，达到预期的反射系数、透射系数频响特性。

下面，具体看一个例子。假设如下。

(1) 可供选用的材料只有 8 个种类，其相对介电常数分别为 $\varepsilon_r = 1, 2, \cdots, 8$，相对磁导率都为 1。

(2) 多层栅有 5 层介质，各层介质的厚度 t_i 及材料种类可调。

(3) 单元长度 $\Delta_x = 1.5\text{cm}$，全包含时的条带个数 $N_s = 16$，条带宽度 $w = 15\mu\text{m}$，这些参数固定不可调。

(4) 各个条带是否存在于多层栅之中属于可调状态。

于是，可采用混合编码的方式对可调参数进行编码，染色体的前段采用二进制编码，后段采用实数编码。二进制编码用于表达各个条带是否存在，“1”表示与该基因座相应的条带存在于多层栅中，“0”表示与该基因座相应的条带不存在于多层栅中。二进制编码还用于表达每一层介质的种类，可取 8 种离散值。每一层介质的厚度采用实数编码，以利于以较少的计算代价实现对该参数的准确描述。

通过对可调参数的调节，使下列目标函数最小化

$$F_{\text{obj}} = \sum_{m=1}^{N^f} \left[T_{\text{des}}(f_{\text{m}}) - T_{\text{act}}(f_{\text{m}}) \right]^2 \tag{20.38}$$

式中，$T_{\text{des}}(f)$、$T_{\text{act}}(f)$分别是期望的和实际的透射系数值。这里，期望设计的是一个对正入射波具有两个带通夹一个带阻特性的多层栅，通带频带为 15～15.3GHz，17～17.3GHz；阻带频带为 16～16.3GHz。

式(20.38)中 N^f 为设计频带范围内的频响检测点数，取为 50，检测点在设计频带范围内均匀分布。

选取初始群体规模数为 300，采用规模为 2 的随机竞争选择策略，杂交率取为 0.8，变异率取为 0.005。在进行遗传操作时，二进制编码段和实数编码段各自按照自己的方式进行进化。例如，设随机配对的两个个体的实数编码段用(G_j, G_i)记，染色体的实数段共有 N_{real} 个基因，本例中 $N_{\text{real}} = 5$ 代表 5 个可调的实数编码介质厚度。因此

$$G_j = \{ t_{1,j}\ t_{2,j}\ t_{3,j}\ t_{4,j}\ t_{5,j} \} \tag{20.39}$$

$$G_i = \{ t_{1,i}\ t_{2,i}\ t_{3,i}\ t_{4,i}\ t_{5,i} \} \tag{20.40}$$

假设随机选取的杂交点在 $k_{\text{cross}} (1 \leqslant k_{\text{cross}} \leqslant N_{\text{real}})$，于是可按下列方式进行杂交。

(1) 对位于杂交点上的基因，对两个父本按加权平均方式产生新基因

$$t_{k_{\text{cross}},j}^C = \beta t_{k_{\text{cross}},j} + (1-\beta) t_{k_{\text{cross}},i} \tag{20.41}$$

$$t_{k_{\text{cross}},i}^C = (1-\beta) t_{k_{\text{cross}},j} + \beta t_{k_{\text{cross}},i} \tag{20.42}$$

式中，β 是[0,1]中的随机数。

(2) 对杂交点后的基因，交换两个父本的基因产生新基因。这样一来，就得到了下面两个子代基因

$$G_j = \left\{ t_{1,j} \cdots t_{k_{\text{cross}},j}^C t_{k_{\text{cross}}+1,i} \cdots t_{5,i} \right\} \tag{20.43}$$

$$G_i = \left\{ t_{1,i} \cdots t_{k_{\text{cross}},i}^C t_{k_{\text{cross}}+1,j} \cdots t_{5,j} \right\} \tag{20.44}$$

对实数编码段的变异操作也按实数编码方式分别处理。

通过 20 代遗传进化，最终得到了满足设计要求的最佳多层栅结构，如表 20-4 所示。该多层栅在 15～15.3GHz 和 17～17.3GHz 两个通带内的功率传输系数为 0dB；在 16～16.3GHz

阻带内的传输系数低于−20dB。

除了上述应用实例，遗传算法还用于许多其他电磁问题的优化设计，例如，介质栅滤波器、波导接头、宽带多层微波吸收体、MMIC 无源器件、VHF/UHF 线天线[4]和相控阵天线[5, 6]等，这里不再一一叙述。

表 20-4　满足设计要求的最佳多层栅结构

介质层			金属层	
层	ε_r	t/cm	界面	包含的条带
1	7	0.10	2 3 4	1,2,3,5,9,13,14 1,2,4,5,6,7,10 1,6,9,11,13,14
2	4	0.76		
3	8	0.19		
4	6	0.12		
5	4	1.03		

20.4　改进的遗传算法及其应用

20.4.1　自适应量子遗传算法

1. 自适应遗传算法

基本遗传算法的控制参数事先确定且在遗传进化过程中保持不变，容易出现早熟或局部收敛现象。自适应(self adaptive，SA)遗传算法能够使杂交概率 P_c 和变异概率 P_m 随群体的适应度的改变而自动变化[7]。当种群内个体的适应度趋于一致或者趋于局部最优时，使 P_c 和 P_m 增加，以跳出局部最优；而当种群内个体的适应度比较分散时，使 P_c 和 P_m 减小，以利于优良个体的生存。同时，对于适应度高于群体平均适应度值的个体，选择较小的 P_c 和 P_m，使该优良解得以保护；而对于低于平均适应度值的个体，选择较大的 P_c 和 P_m，增加新个体产生的速度。

为了减小出现局部最优，在每次遗传操作中将所有个体按适应度值大小排序并分为两组：高适应度值的个体分为一组，剩下的为另一组。分别从两组中各随机选择一个个体进行杂交操作，可以让最优个体和最差个体有较大的杂交概率，使整个种群的适应度值向最优解靠近，防止了局部最优的出现。

为了使优良的个体在前期也有大的机会参加杂交运算，提高种群的多样性，自适应遗传算法可以将进化过程分为两部分：前期和后期。在前期，执行固定参数的遗传操作，设置 $P_c = k_c$ 和 $P_m = k_m$；在后期，执行自适应遗传操作，设置杂交概率为

$$P_c = \begin{cases} k_c, & f_c \leqslant f_{avg} \\ k_c' \dfrac{f_{max} - f_c}{f_{max} - f_{avg}}, & f_c > f_{avg} \end{cases} \tag{20.45}$$

式中，f_{max} 为种群内个体的最大适应度值；f_{avg} 为种群中个体的平均适应度值；f_c 为执行杂交操作的两个个体间较大的适应度值。设置变异概率为

$$P_{\mathrm{m}}=\begin{cases}k_{\mathrm{m}}, & f_{\mathrm{m}}\leqslant f_{\mathrm{avg}}\\ k'_{\mathrm{m}}\dfrac{f_{\max}-f_{\mathrm{m}}}{f_{\max}-f_{\mathrm{avg}}}, & f_{\mathrm{m}}>f_{\mathrm{avg}}\end{cases}\tag{20.46}$$

式中，f_{m} 为执行变异操作个体的适应度值。

2. 量子遗传算法

量子(quantum)遗传算法建立在量子的态矢量表示的基础之上，将量子比特的几率幅表示应用于染色体的编码，使得一个染色体可以表达多个态的叠加，并利用量子逻辑门实现染色体的更新操作，从而实现高效的目标优化求解[8]。

量子比特与经典位不同在于它可以同时处在两个量子态的叠加态中，如

$$|\varphi>=\alpha\,|\,0>\beta\,|\,1>\tag{20.47}$$

式中，(α,β)是两个复常数，满足$|\alpha|^2+|\beta|^2=1$。$|\,0>$和$|\,1>$分别表示自旋向下和自旋向上态。因此，一个量子比特可同时包含态$|\,0>$和$|\,1>$的信息。

在量子遗传算法中，采用量子比特存储和表达一个基因。该基因可以为“0”态或“1”态，或者它们的任意叠加态，使得量子遗传算法比经典遗传算法拥有更好的多样化特性。采用量子比特编码也可以获得较好的收敛性，随着$|\alpha|^2$或$|\beta|^2$趋于0或1，量子比特编码的染色体将收敛到一个单一态。

根据量子遗传算法的计算特点，通常选择量子旋转门作为演化操作的执行机构，其操作为

$$\boldsymbol{U}(\theta_i)=\begin{bmatrix}\cos(\theta_i) & -\sin(\theta_i)\\ \sin(\theta_i) & \cos(\theta_i)\end{bmatrix}\tag{20.48}$$

更新过程如下

$$\begin{bmatrix}\alpha'_i\\ \beta'_i\end{bmatrix}=\boldsymbol{U}(\theta_i)\begin{bmatrix}\alpha_i\\ \beta_i\end{bmatrix}=\begin{bmatrix}\cos(\theta_i) & -\sin(\theta_i)\\ \sin(\theta_i) & \cos(\theta_i)\end{bmatrix}\begin{bmatrix}\alpha_i\\ \beta_i\end{bmatrix}\tag{20.49}$$

式中，$(\alpha_i,\beta_i)^{\mathrm{T}}$ 和 $(\alpha'_i,\beta'_i)^{\mathrm{T}}$ 代表染色体第 i 个量子比特旋转门更新前后的概率幅；θ_i 为旋转角，它的大小和符号事先确定。

由式(20.49)可以得到

$$\begin{cases}\alpha'_i=\alpha_i\cos(\theta_i)-\beta_i\sin(\theta_i)\\ \beta'_i=\alpha_i\sin(\theta_i)+\beta_i\cos(\theta_i)\end{cases}\tag{20.50}$$

可以看出，变换之后$|\alpha'_i|^2+|\beta'_i|^2$的值仍为 1。

表 20-5 是一种通用的、与求解问题无关的旋转门调整策略。

表 20-5　旋转角选择策略

x_i	best_i	$f_x>f_{\mathrm{best}}$	$\Delta\theta_i$	$s(\alpha_i,\beta_i)$			
				$\alpha_i\beta_i>0$	$\alpha_i\beta_i<0$	$\alpha_i=0$	$\beta_i=0$
0	0	false	0	0	0	0	0
0	0	true	0	0	0	0	0
0	1	false	0.01π	+1	−1	0	±1

续表

x_i	best_i	$f_x > f_{\text{best}}$	$\Delta\theta_i$	$s(\alpha_i, \beta_i)$			
				$\alpha_i\beta_i > 0$	$\alpha_i\beta_i < 0$	$\alpha_i = 0$	$\beta_i = 0$
0	1	true	0.01π	−1	+1	±1	0
1	0	false	0.01π	−1	+1	±1	0
1	0	true	0.01π	+1	−1	0	±1
1	1	false	0	0	0	0	0
1	1	true	0	0	0	0	0

式中，x_i为当前染色体的第 i 位，best_i为当前的最优染色体的第 i 位，$f(x)$为适应度函数，$s(\alpha_i, \beta_i)$为旋转角方向，$\Delta\theta_i$为旋转角度大小。该调整测量是将个体当前的测量值的适应度$f(x)$与该种群当前最优个体的适应度值$f(\text{best}_i)$进行比较，如果$f(x) > f(\text{best}_i)$，则调整个体中相应的位量子比特，使得几率幅对(α_i, β_i)向着有利于 x_i 出现的方向演化；反之，如果$f(x) < f(\text{best}_i)$，则调整个体中相应的位量子比特，使得概率幅对(α_i, β_i)向着有利于 best 出现的方向演化。

3. 优化性能测试[9]

这里选用多峰函数——Shubert 函数来测试自适应量子遗传算法的优化性能。Shubert 函数的表达式为

$$f(x_1,x_2) = \sum_{i=1}^{5}\{i\cos[(i+1)x_1 + i]\}\sum_{i=1}^{5}\{i\cos[(i+1)x_2 + i]\},\ -10 \leqslant x_1,x_2 \leqslant 10 \tag{20.51}$$

杂交概率(式(20.45))和变异概率(式(20.46))可写成

$$P_c = \begin{cases} k_{\text{cmax}}, & f_c \leqslant f_{\text{avg}} \\ k_{\text{cmax}} \times e^{-(1-0.618)} \times \dfrac{f_{\max} - f_c}{f_{\max} - f_{\text{avg}}}, & f_c > f_{\text{avg}} \end{cases} \tag{20.52}$$

和

$$P_m = \begin{cases} k_{\text{mmax}}, & f_m \leqslant f_{\text{avg}} \\ k_{\text{mmax}} \times e^{-0.618} \times \dfrac{f_{\max} - f_m}{f_{\max} - f_{\text{avg}}}, & f_m > f_{\text{avg}} \end{cases} \tag{20.53}$$

式中，k_{cmax} 和 k_{mmax} 为经验值，在不同的问题中取值不同。采用传统遗传算法、自适应遗传算法和自适应量子遗传算法求解 Shubert 函数最小值的相关参数如表 20-6 所示(其中 $k_{\text{cmax}} = 0.9$、$k_{\text{mmax}} = 0.02$)。

表 20-6　三种优化算法求解 Shubert 函数最小值的相关参数

算法	初始化参数					CPU 时间 /s
	种群大小	变量位数	迭代代数	P_c	P_m	
GA	40	25	100	0.7	0.02	1.36
SA-GA	40	25	100	式(20.52)	式(20.53)	1.67
SA-QGA	40	25	100	式(20.52)	式(20.53)	1.65

图 20-14 给出了传统遗传算法、自适应遗传算法和自适应量子遗传算法求解一次 Shubert 函数最小值的收敛情况，即三种算法每一代适应度的平均值和最小值。

因为遗传算法是鲁棒性的随机算法，所以有必要对同一问题进行多次优化取其平均值，以验证算法的有效性。这里，运行同一优化程序 50 次，每一代所有个体的 50 次平均值如图 20-15 所示。

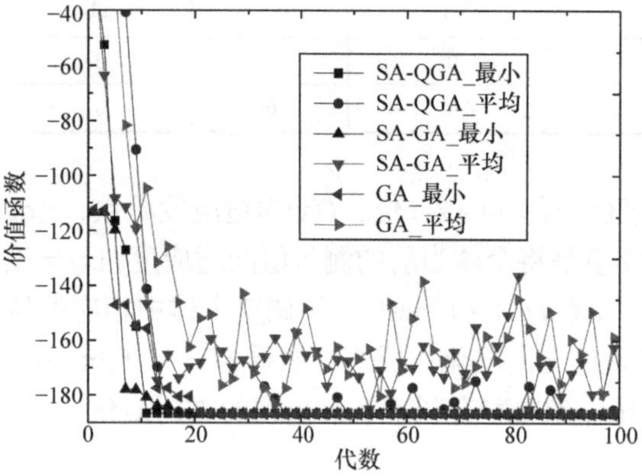

图 20-14　三种算法的收敛情况

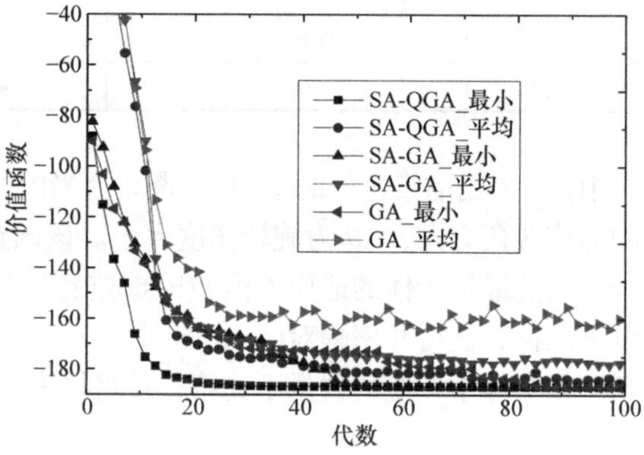

图 20-15　三种算法的 50 次计算平均值的收敛情况

从图 20-15 中可以看出，相比传统遗传算法和自适应遗传算法，自适应量子遗传算法的整个种群的收敛性更快。

4. 电磁器件优化算例[9]

图 20-16 为一个基于二维平行板的介质槽可调滤波器。通过优化槽的宽度 a、深度 b 和槽间距 d，可以达到所设计的阻带要求。

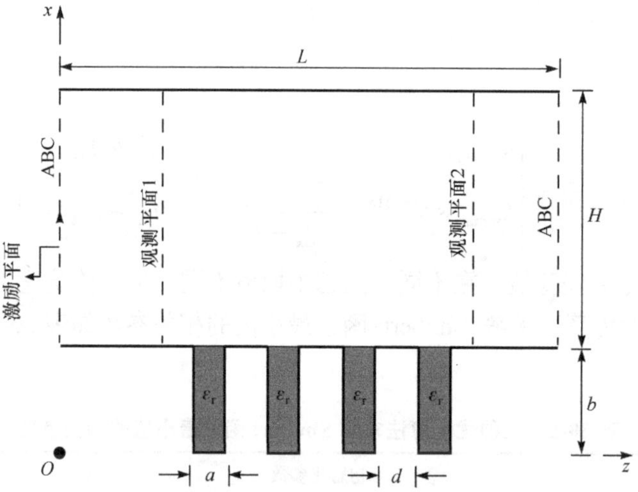

图 20-16　二维可调滤波器仿真优化模型($L = 336$mm，$H = 7.2$mm，$\varepsilon_r = 11.8$)

仿真采用二维 FDTD 计算，激励源为以下的高斯脉冲

$$E_x(t) = \mathrm{e}^{\frac{-(t-t_0)^2}{T^2}} \tag{20.54}$$

式中，$T = 4.167\times10^{-11}$s，$t_0 = 3T$。记录 FDTD 仿真所得到的时域电场信息，频域信息(如 S_{11} 和 S_{21})可以通过离散傅里叶变换得到。这里，优化目标为：阻带频率在 $Freq_L = 2.496$GHz 和 $Freq_H$=5.496GHz 之间。

采用传统遗传算法、自适应遗传算法和自适应量子遗传算法优化该二维可调滤波器的相关参数如表 20-7 所示(其中 $k_{cmax} = 0.9$、$k_{mmax} = 0.02$)。

表 20-7　三种优化算法优化二维可调滤波器的相关参数

算法	初始化参数					CPU 时间/s
	种群大小	变量位数	迭代代数	P_c	P_m	
GA	40	20	40	0.7	0.02	24520
SA-GA	40	20	40	式(20.52)	式(20.53)	24627
SA-QGA	40	20	40	式(20.52)	式(20.53)	24622

适应度函数设置为

$$\text{cost} = 0.5\times\left|f_H - Freq_H\right| + 0.5\times\left|f_L - Freq_L\right| \tag{20.55}$$

式中，f_L 和 f_H 为每代 FDTD 仿真得到的阻带低频点和高频点的值。

图 20-17 为传统遗传算法、自适应遗传算法和自适应量子遗传算法优化得到的每一代适应度的平均值和最小值的比较。从图 20-17 中可以看出，虽然传统遗传算法和自适应遗传算法均能够得到较好性能的优化性能，但自适应量子遗传算法得到的适应度平均值波动更小(即收敛更快)、最小值更优。

自适应量子遗传算法最终优化得到的二维可调滤波器参数变量为：a = 9.0mm、b = 6.4mm 和 d = 2.6mm，对应的 f_L = 2.5120GHz 和 f_H = 5.4880GHz，S 参数如图 20-18 所示。

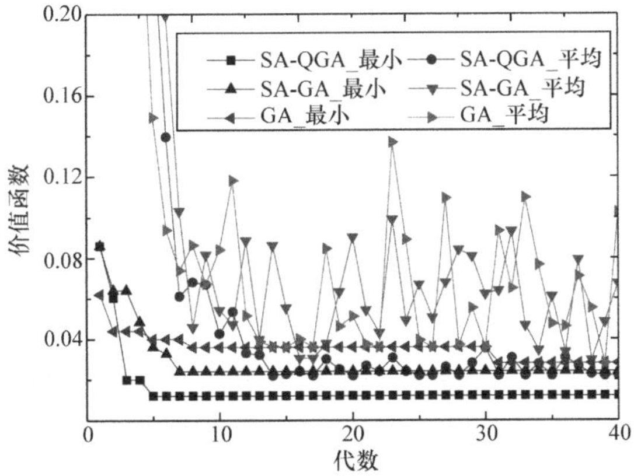

图 20-17　三种算法优化滤波器的收敛情况

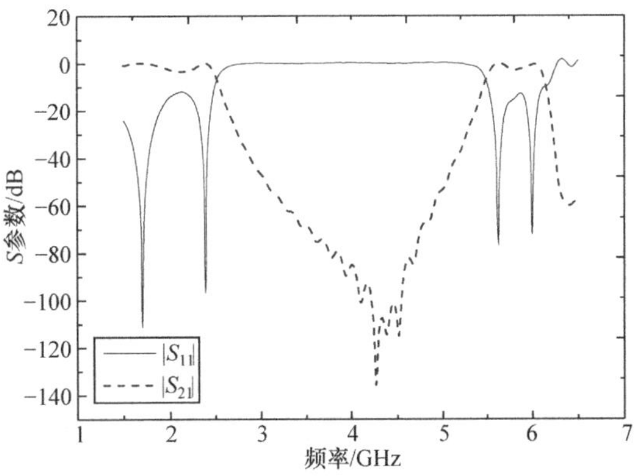

图 20-18　最终滤波器优化结构所对应的 S 参数

20.4.2　自适应多目标遗传算法

1. 多目标优化算法

多目标优化问题可以描述如下

$$\min\left[f_1(\boldsymbol{x}), f_2(\boldsymbol{x}), \cdots, f_n(\boldsymbol{x})\right]$$
$$\text{s.t.}\begin{cases}\boldsymbol{b}_\mathrm{L} \leqslant \boldsymbol{x} \leqslant \boldsymbol{b}_\mathrm{U} \\ \boldsymbol{Ax} \leqslant \boldsymbol{B}\end{cases} \tag{20.56}$$

式中，$f_i(\boldsymbol{x})$为优化的目标函数；$\boldsymbol{x}$为待优化的变量；$\boldsymbol{b}_\mathrm{L}$和$\boldsymbol{b}_\mathrm{U}$分别为变量$\boldsymbol{x}$的下限和上限约束；$\boldsymbol{Ax} = \boldsymbol{B}$ 为变量 $\boldsymbol{x}$ 的线性约束。多目标优化问题中，目标函数f_i之间通常是相互矛盾的，也就是说，某一个目标函数的提高需要以其他目标函数的降低作为代价，得到的解称为 Pareto 最优解(Pareto optima)。

目前，带精英策略的非支配排序遗传算法(nondominated sorting genetic algorithm II，NSGA-II)是应用最为广泛、最为成功的一种多目标遗传算法[10]。其中的几个相关定义如下。

支配(dominate)　多目标优化问题中，如果个体p至少有一个目标比个体q的好，而且个体 p 的其他所有目标都不比个体 q 的差，则称个体 p 支配个体 q。

序值(rank)和前端(front)　如果p支配q，那么p的序值比q的低；如果p和q互不支配，那么 p 和 q 有相同的序值。序值为 1 的个体属于第一前端，序值为 2 的个体属于第二前端，以此类推。显然，在当前的种群中，第一前端是完全不受支配的，第二前端受第一前端中个体的支配。这样，通过排序可以将种群中所有的个体分到不同的前端上。

拥挤距离(crowding distance)　拥挤距离用来计算某前端中的某个个体与该前端中其他个体之间的距离，用以表征个体间的拥挤程度。显然，拥挤距离的值越大，个体间就越不拥挤，种群的多样性就越好。这里，处于同一前端的个体之间计算拥挤距离才有意义。

2. 自适应 NSGA-II 算法及性能测试

为提高 NSGA-II 算法的优化性能，文献[11]提出了一种 NSGA-II 的自适应算法。算法的杂交概率 P_c 和变异概率 P_m定义为

$$P_\mathrm{c} = \frac{(M+1)K_1}{1+\mathrm{e}^{\sigma_1}+\mathrm{e}^{\sigma_2}+\cdots+\mathrm{e}^{\sigma_m}+\cdots+\mathrm{e}^{\sigma_M}} \tag{20.57}$$

$$P_\mathrm{m} = K_2 \times \sin\left(\frac{\pi}{2}\times\frac{1}{\mathrm{e}^{\sigma_1+\sigma_2+\cdots+\sigma_m+\cdots+\sigma_M}}\right) \tag{20.58}$$

式中，$\sigma_m = (\sum_{i=1}^{N_p}(f_{i,m} - f_{\mathrm{ave},m})^2)/N_p$，$m = 1, 2, \cdots, M$；$f_{i,m}$是第 i 个个体针对第 m 个目标的目标函数值；$f_{\mathrm{ave},m}$是所有个体针对第 m 个目标的平均目标函数值；K_1 和 K_2 是 0 和 1 之间的正数。

通过式(20.57)和式(20.58)可以看到，两个自适应算子都是基于种群中所有个体的所有目标函数值来衡量种群整体的多样性。当种群中个体的多样性减少或者优化算法陷入局部最优时，杂交算子 P_c 和变异算子 P_m 会相应地变大；当种群中个体的多样性相对较好时，为了保护好的基因，杂交算子 P_c 和变异算子 P_m 会相应地变小。杂交算子 P_c 和变异算子 P_m 会根据种群中所有个体的总体情况自适应地调整数值，从而确保算法在整个优化过程中保持高效性。自适应 NSGA-II 算法的流程图如图 20-19 所示。

表 20-8 给出了 8 个常用的具有不同特性的基准测试函数，对自适应 NSGA-II 算法的优化效果进行测试，这些测试函数都是最小值优化问题。表 20-8 中也分别给出了每个测试函数的变量个数、搜索边界、Pareto 最优解以及 Pareto 最优前沿面的特点等。图 20-20 分别画出了它们的 Pareto 最优前沿形状。

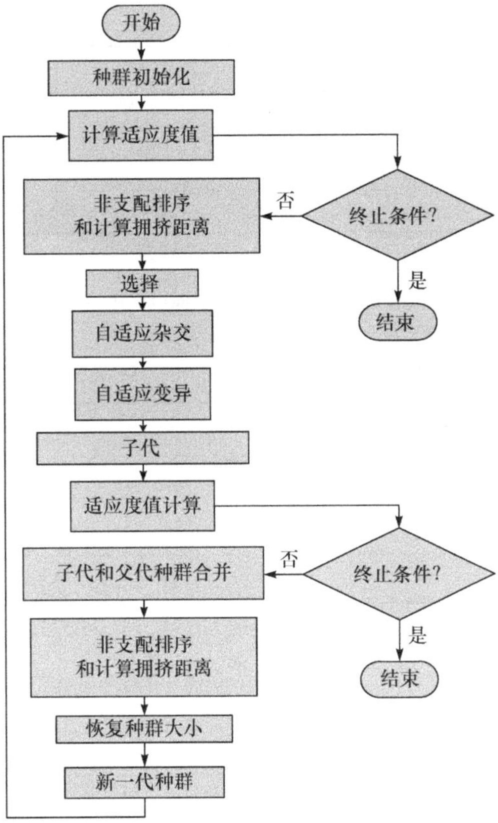

图 20-19　自适应 NSGA-Ⅱ算法的流程图

表 20-8　基准测试函数

问题	N	变量边界	目标函数	最优解	性质
SCH	10	[−5, 5]	$f_1=\frac{1}{40}\sum_{i=1}^{10}x_i$ $f_2=\frac{1}{40}\sum_{i=1}^{10}(x_i-2)^2$	$x_1\in[0,2]$ $x_i=x_1$ $i=2,\cdots,N$	凸
FON	3	[−4, 4]	$f_1=1-\exp\left(-\sum_{i=1}^{3}\left(x_i-\frac{1}{\sqrt{3}}\right)^2\right)$ $f_2=1-\exp\left(-\sum_{i=1}^{3}\left(x_i+\frac{1}{\sqrt{3}}\right)^2\right)$	$x_1=x_2=x_3$ $\in[-1/\sqrt{3},1/\sqrt{3}]$	非凸
DEB	2	$x_1\in[0.1,1]$ $x_2\in[0,1]$	$f_1=x_1$ $f_2=g(x_2)/x_1$ $g(x_2)=2-\exp\left[-\left(\frac{x_2-0.2}{0.004}\right)^2\right]$ $-0.8\times\exp\left[-\left(\frac{x_2-0.6}{0.4}\right)^2\right]$	$x_1\in[0.1,1]$ $x_2=0.2$	凸
ZDT1	30	[0,1]	$f_1=x_1$ $f_2=g(x)[1-\sqrt{x_1/g(x)}]$ $g(x)=1+9\left(\sum_{i=2}^{N}x_i\right)/(N-1)$	$x_1\in[0,1]$ $x_i=0$ $i=2,\cdots,N$	凸

续表

问题	N	变量边界	目标函数	最优解	性质
ZDT2	30	[0,1]	$f_1 = x_1$ $f_2 = g(x)[1-(x_1/g(x))^2]$ $g(x) = 1+9\left(\sum_{i=2}^{N} x_i\right)/(N-1)$	$x_1 \in [0, 1]$ $x_i = 0$ $i = 2, \cdots, N$	非凸
ZDT3	30	[0,1]	$f_1 = x_1$ $f_2 = g(x)[1-\sqrt{x_1/g(x)} - \frac{x_1}{g(x)}\sin(10\pi x_1)]$ $g(x) = 1+9\left(\sum_{i=2}^{N} x_i\right)/(N-1)$	$x_1 \in [0, 1]$ $x_i = 0$ $i = 2, \cdots, N$	凸 非连续
ZDT6	10	[0,1]	$f_1 = 1-\exp(-4x_1)\sin^6(6\pi x_1)$ $f_2 = g(x)[1-(f_1/g(x))^2]$ $g(x) = 1+9\left[\left(\sum_{i=2}^{N} x_i\right)/(N-1)\right]^{0.25}$	$x_1 \in [0, 1]$ $x_i = 0$ $i = 2, \cdots, N$	非凸 非均匀分布
UF1	10	$x_1 \in [0,1]$ $x_i \in [-1, 1]$ $i = 2, \cdots, N$	$f_1 = x_1 + \frac{2}{\lvert J_1 \rvert}\sum_{i\in J_1}\left[x_i - \sin\left(6\pi x_1 + \frac{i\pi}{N}\right)\right]^2$ $f_2 = 1-\sqrt{x_1} + \frac{2}{\lvert J_2 \rvert}\sum_{i\in J_2}\left[x_i - \sin\left(6\pi x_1 + \frac{i\pi}{N}\right)\right]^2$ $J_1 = \{i \mid i \text{ is odd and } 2 \leqslant i \leqslant N\}$ $J_2 = \{i \mid i \text{ is even and } 2 \leqslant i \leqslant N\}$	$x_1 \in [0, 1]$ $x_i = \sin\left(6\pi x_1 + \frac{i\pi}{N}\right)$ $i = 2, \cdots, N$	凸

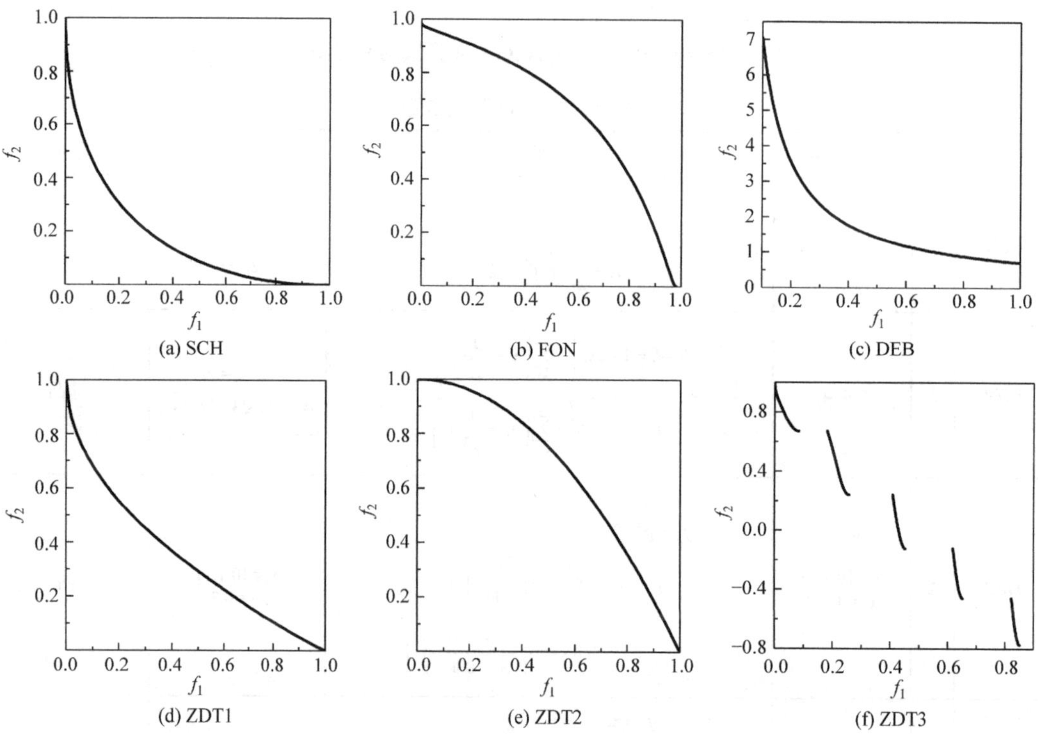

(a) SCH　(b) FON　(c) DEB

(d) ZDT1　(e) ZDT2　(f) ZDT3

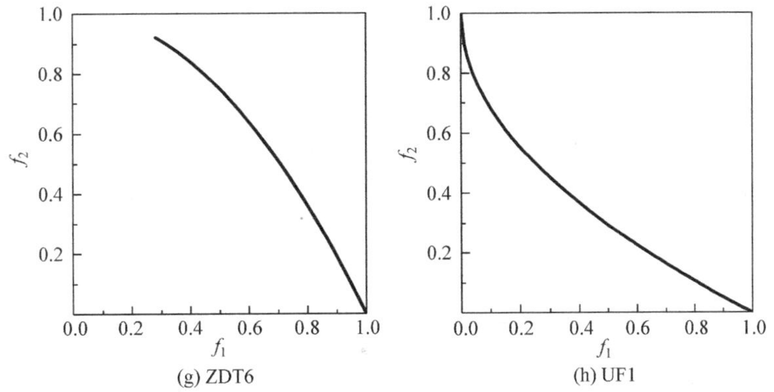

图 20-20　测试函数理想的 Pareto 最优前沿

多目标智能优化算法的性能度量(performance metrics)一般需要考虑两个指标：求得的 Pareto 最优前沿解收敛到理想 Pareto 最优前沿的程度和求得的 Pareto 最优前沿中解的分布性。因此，这里选择了两个比较常用的度量标准：收敛性度量(convergence metric)和分布性度量(spacing metric)，作为优化算法优化效率的衡量标准。

(1) 收敛性度量。在理想情况下，多目标智能优化算法的求解过程，是一个不断逼近理想的 Pareto 最优前沿，最终达到理想的 Pareto 最优前沿的过程。但是，在实际优化过程中，多目标智能优化算法很难达到理想的 Pareto 最优前沿，因此，就需要评估其逼近理想的 Pareto 最优前沿的程度。收敛性度量 c 作为这一度量标准，其定义如下

$$c = \frac{\sum_{i=1}^{A} d_i}{A} \tag{20.59}$$

式中，A 是通过多目标智能优化算法得到的 Pareto 最优前沿解的个数；d_i 是优化得到的第 i 个解与理想 Pareto 最优前沿的欧几里得距离。

(2) 分布性度量。在多目标优化中，不仅希望得到更逼近理想 Pareto 最优前沿的解，同时也希望得到的解在理想 Pareto 最优前沿附近能够呈均匀分布。这样经过一次多目标智能优化算法的优化，就能够得到偏向于各个优化目标的多样性解，在实际应用中，更方便于根据实际需要进行后续挑选。因此，这里采用了分布性度量 s 来评估解的分布性，其定义如下

$$s = \sqrt{\frac{1}{A-1}\sum_{i=1}^{A-1}(p_i - \bar{p})} \tag{20.60}$$

式中，A 是通过多目标智能优化算法得到的 Pareto 最优前沿解的个数；p_i 是优化得到的两个连续的 Pareto 最优解之间的欧几里得距离；$\bar{p}$ 是所有的 p_i 的平均值。

为验证自适应 NSGA-Ⅱ算法的高效性，将其与常规的 NSGA-Ⅱ算法和多目标粒子群算法(multi-objective particle swarm optimization，MOPSO)分别对上述 8 个基准测试函数的优化效果进行对比。优化前，设定三种优化算法的种群大小都为 N_{p} = 50，最大迭代次数为 50。在常规的 NSGA-Ⅱ算法中，设定杂交概率 $P_{\mathrm{c}} = 1/N$，变异概率 $P_{\mathrm{m}} = 1/N$，其中 N 表示每个测试函数中的优化变量数目。由于选定的 8 个测试函数具有不同的优化变量数目，故在 NSGA-Ⅱ算法中对于不同的测试函数，杂交和变异概率也是不同的。优化变量数目越多，杂交和变异

概率越小。在 MOPSO 中，变异概率取 0.5，自适应网格数目取 15。在自适应 NSGA-II 算法中，取 $K_1 = 1$、$K_2 = 0.3$。对于每个测试函数，使用三种优化算法分别运行了 100 次，然后分别统计 100 次计算所得收敛性度量 c 和分布性度量 s 的最好值、均值和标准差，数据如表 20-9 和表 20-10 所示。比较三种优化算法的表现，为了便于观察，得到的最好数值以黑体的形式在表格中标记出来。

表 20-9　收敛性度量的最好值、均值和标准差

问题	NSGA-Ⅱ			自适应 NSGA-Ⅱ			MOPSO		
	最好值	均值	标准差	最好值	均值	标准差	最好值	均值	标准差
SCH	0.0179	0.0358	1.20×10^{-4}	0.0138	0.0255	4.71×10^{-5}	0.0165	0.0433	4.05×10^{-4}
FON	0.0057	0.0084	2.12×10^{-6}	0.0045	0.0090	3.44×10^{-6}	0.0004	0.0023	1.89×10^{-6}
DEB	0.0002	0.5359	1.73×10^{-1}	0.0002	0.3956	5.09×10^{-2}	0.0033	0.5152	4.33×10^{-2}
ZDT1	0.0675	0.1589	1.40×10^{-3}	0.0193	0.0729	6.94×10^{-4}	2.0785	2.7478	5.67×10^{-2}
ZDT2	0.0824	0.1982	2.13×10^{-3}	0.0093	0.0871	2.09×10^{-3}	2.0680	2.7822	7.10×10^{-2}
ZDT3	0.0215	0.1042	2.30×10^{-3}	0.0073	0.0561	7.54×10^{-4}	1.4321	2.0050	4.64×10^{-2}
ZDT6	0.0000	0.0008	2.84×10^{-5}	0.0000	0.0004	2.70×10^{-6}	4.5575	5.9191	1.47×10^{-1}
UF1	0.0129	0.0313	9.50×10^{-5}	0.0134	0.0285	5.88×10^{-5}	0.0505	0.0933	4.30×10^{-4}

表 20-10　分布性度量的最好值、均值和标准差

问题	NSGA-Ⅱ			自适应 NSGA-Ⅱ			MOPSO		
	最好值	均值	标准差	最好值	均值	标准差	最好值	均值	标准差
SCH	0.0089	0.0177	3.23×10^{-5}	0.0087	0.0170	4.11×10^{-5}	0.0064	0.0171	2.76×10^{-5}
FON	0.0147	0.0197	5.34×10^{-6}	0.0133	0.0192	5.53×10^{-6}	0.0146	0.0206	6.11×10^{-6}
DEB	0.1242	0.2625	6.86×10^{-2}	0.1848	0.4502	1.86×10^{-2}	0.1015	0.5718	7.50×10^{-2}
ZDT1	0.0488	0.0841	4.19×10^{-4}	0.0254	0.0472	9.63×10^{-5}	0.0632	0.2183	8.70×10^{-3}
ZDT2	0.0474	0.1690	4.70×10^{-3}	0.0297	0.0860	9.47×10^{-4}	0.0213	0.0930	3.50×10^{-3}
ZDT3	0.0732	0.1421	8.54×10^{-4}	0.0431	0.0792	3.99×10^{-4}	0.0429	0.0819	1.20×10^{-3}
ZDT6	0.0383	0.0740	1.40×10^{-3}	0.0346	0.0683	3.50×10^{-4}	0.0021	0.1039	5.80×10^{-3}
UF1	0.0401	0.0723	1.46×10^{-4}	0.0378	0.0584	9.13×10^{-5}	0.0228	0.0471	1.82×10^{-4}

从表 20-9 中可以看出，对于 8 个测试函数，自适应 NSGA-Ⅱ比常规 NSGA-Ⅱ在收敛性上有了明显的进步。在三种优化算法中，除了测试 FON 问题时 MOPSO 表现最好，其他 7 个测试函数都是自适应 NSGA-Ⅱ的表现最好。证明了引入自适应杂交和变异算子可以使 self-adaptive NSGA-Ⅱ能够更好地逼近理想的 Pareto 最优前沿。

从表 20-10 中可以看出，对于 DEB 测试问题，常规 NSGA-Ⅱ求得的解的分布性最好；而对于 UF1 测试问题，MOPSO 求得的解的分布性最好。除此之外，其他的 6 个测试函数，都是自适应 NSGA-Ⅱ效果最好，引入自适应杂交和变异算子对算法的优化性能提高的作用明显。

3. 天线优化算例[11]

在实际的天线设计中，往往不仅需要考虑天线的带宽，还会考虑天线的增益、轴比等因素。但是，往往改善一个目标会造成另一个目标的恶化，这样就不得不在各个目标之间争取平衡。一般单目标智能优化算法都是采用加权和的方式把多目标优化问题转化成单目标问题进行求解，这样进行一次优化求解只能得到一种权值情况下的天线设计参数。而多目标智能优化算法经过一次优化，能够得到一系列满足条件的、无法比较优劣的天线设计参数，这样能够更全面地考虑各个设计目标的要求，也可以为后续的设计提供充分的选择。

这里优化一款方向图可重构像素天线，其具体结构如图 20-21 所示。其中天线辐射体是由一矩形微带环包围的 4×4 像素贴片阵列构成，彼此之间使用开关(深色部分)连接，开关尺寸为 $0.4\times0.8\text{mm}^2$，基板相对介电常数为 $\varepsilon_r = 6.0$，采用 50Ω 的微带线馈电，尺寸参数 L = 40.0mm、W = 30.0mm、L_1 = 22.4mm、W_1 = 16.0mm、L_2 = 3.6mm、W_2 = 2.0mm、W_f= 2.4mm 和 h = 1.5mm。此天线结构中，贴片之间存在 40 个开关，通过改变开关的通断状态，可以使天线实现方向图可重构性能。

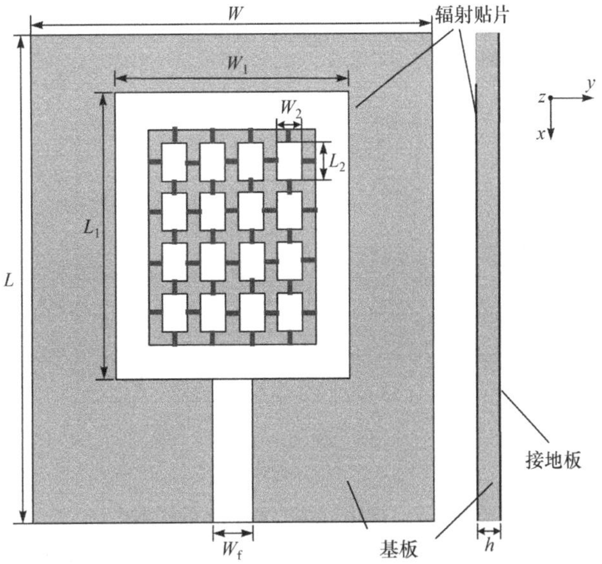

图 20-21　方向图可重构像素天线结构图

在天线的工作频率为 f_0 = 6.5 GHz 时，针对三个偏转方向 θ = –45°, 0°和+ 45°(ϕ = 0°)，对开关的通断状态进行优化。优化过程中包括增益和带宽两个优化目标。对于带宽，设定当 S_{11} <–10 dB 时为满足带宽要求。增益和带宽两个适应度函数分别设定为

$$obf_{\text{Gain}}(f_0,\theta,\phi) = -\text{Gain} \tag{20.61}$$

$$obf_{\text{BW}}(f_0,S_{11}) = -(f_{\text{H}} - f_{\text{L}}) \tag{20.62}$$

式中，θ 和 ϕ 为设定需要优化的方向图偏转角度；Gain 为天线的增益，单位为 dB；f_H 和 f_L 分别为满足带宽要求(S_{11} < –10 dB)的上限频率和下限频率。因为自适应 NSGA-II 算法中默认地将目标函数值越小的个体视为更优个体，所以适应度函数设定时在式(20.61)和式(20.62)的右端加上负号。

在自适应 NSGA-Ⅱ算法中使用二进制编码方式，染色体上的一个基因代表一个开关，这样就需要一个具有 40 位基因的染色体。设定当基因为“1”时，代表相应的开关闭合；当基因

为“0”时，代表相应的开关断开。开关的排序规则，以图 20-21 所示结构为参考，遵循先行开关后列开关的原则，其中行排列顺序从下到上，每行中从左到右；列排列从左到右，每列中从下到上。在 HFSS 中仿真时使用理想的开关模型，即当开关闭合时，使用理想导体代替，当开关断开时，则去掉理想导体。自适应NSGA-II算法的种群大小设置为 $N_p = 10$，最大迭代次数为 40，两个系数 $K_1 = 1$、$K_2 = 0.3$。

通过自适应 NSGA-II 算法对 $\theta = -45°, 0°, +45°$三个方向优化得到的 Pareto 最优前沿如图 20-22 所示。

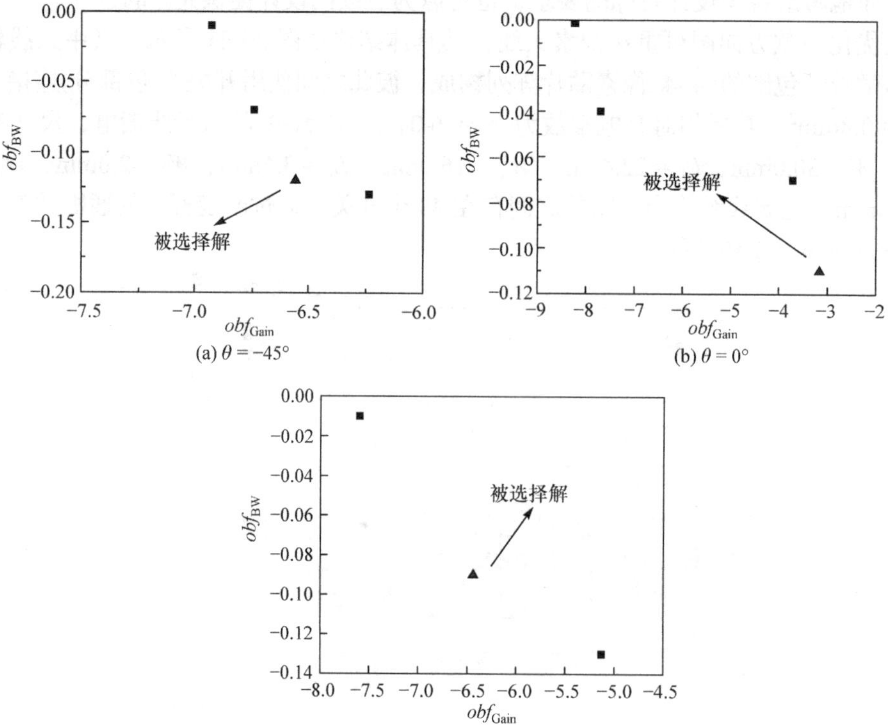

(a) $\theta = -45°$　　(b) $\theta = 0°$

(c) $\theta = +45°$

图 20-22　优化得到的 Pareto 最优前沿

从图 20-22 可以看到，由于设定的种群规模较小，所以每个状态下得到的 Pareto 最优前沿解个数也较少；且由于天线结构、开关状态以及优化算法搜索的随机性等影响，故每个目标方向上得到的 Pareto 最优前沿解个数也不尽相同。综合考虑天线各个扫描方向上的带宽和增益情况，最后在每个 Pareto 最优前沿面中分别选定一个解作为最终解，被选定的三个解的开关状态在表 20-11 中给出。表中同时给出了使用微遗传算法将多目标问题采用加权和的方法变换为单目标优化问题的最优解[12]。

表 20-11　三个目标方向选定的解的开关状态

	目标方向	开关状态
自适应 NSGA-II	$\theta = -45°$	1100101100000000111110111001000111101111
	$\theta = 0°$	1011100011000000111101000001000101001100
	$\theta = +45°$	0001101001010000111010000110001101100000
微遗传算法[12]	$\theta = -45°$	0000100101100000100110100010110100101010
	$\theta = 0°$	0000010100000000100111001111111111111100
	$\theta = +45°$	1111000010010000111101000011010000110100

图20-23给出了两种优化算法在$\theta=-45°, 0°, +45°$三个目标方向上，优化得到的开关状态下的天线 S_{11} 参数。从图 20-23 中可以看出，自适应 NSGA-II 优化得到的天线 S_{11} 参数比微遗传算法优化更满足初始设定的工作频率 6.5 GHz。

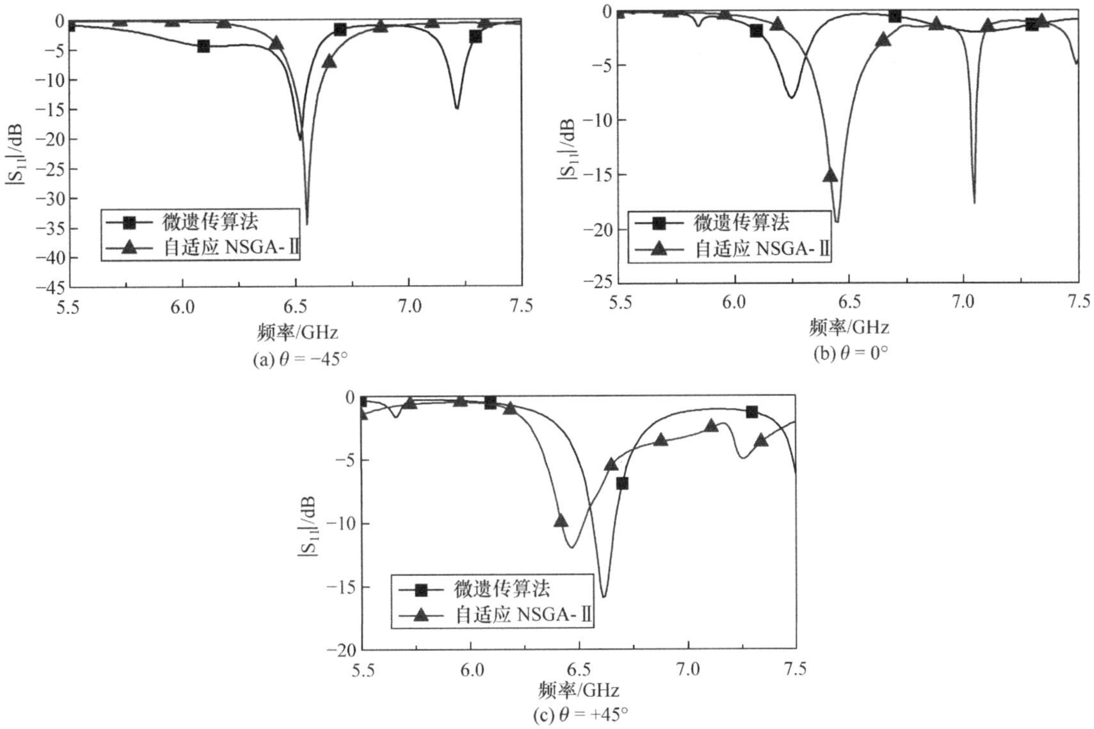

图 20-23 两种优化算法在三个目标方向上得到的天线 S_{11} 曲线

图 20-24 显示了自适应NSGA-II算法在三个目标方向上得到的天线S_{11}参数，其中灰色阴影部分代表满足 $S_{11}<-10$ dB 要求的频带范围。从图 20-24 中可以看到，三个目标方向的公共带宽为 6.49～6.51 GHz，约为 20MHz。

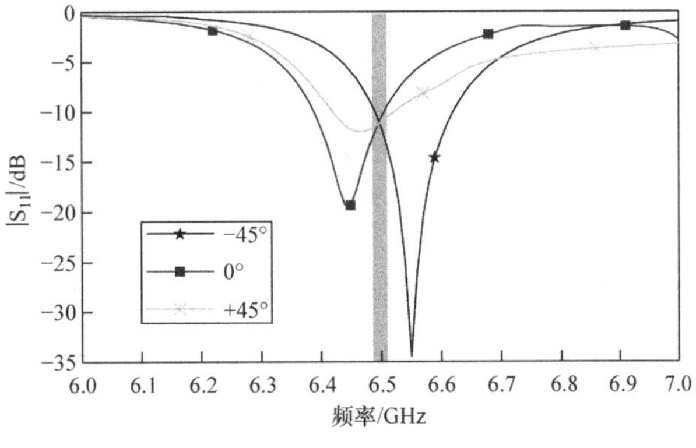

图 20-24 自适应 NSGA-II 算法在三个方向的 S_{11} 曲线

图 20-25 分别给出了通过自适应 NSGA-II 算法和微遗传算法在三个目标方向上得到的天线辐射方向图。

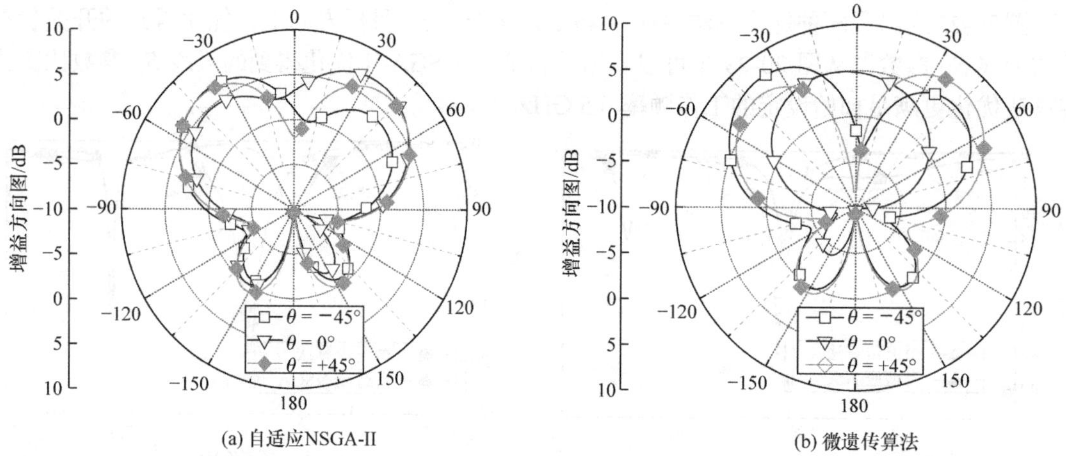

图 20-25　三个目标方向上得到的天线辐射方向图

综合考虑图 20-24 和图 20-25，可以看出，使用微遗传算法进行优化时，由于采用了加权和的方式将多目标优化问题转换成单目标优化问题进行求解，出现了在设定工作频率处 S_{11} 参数不理想的情况。因此在对这种具有多目标优化问题的可重构像素天线进行优化时，多目标智能优化算法具有明显的优势。

20.4.3　跳变基因多目标遗传算法

1. 跳变基因原理

跳变基因(jumping gene，JG)又称为转位基因(transposition gene)，指的是基因在同一染色体上能移动到其他位置甚至移动到其他的染色体上。该现象首先由诺贝尔奖获得者 Mcclintock 于 20 世纪 50 年代在玉米染色体研究中发现[13, 14]。把跳变基因引入到遗传算法的选择、杂交和变异操作中，能够显著提高生成下一代个体的染色体的质量[15]。

遗传算法中，完成基因跳变的转位子(transposon)通常包括：剪切-粘贴(cut-and-paste)转位子和复制-粘贴(copy-and-paste)转位子。在遗传算法中有效地实现跳变基因时需注意以下几点。

(1) 转位子应由染色体中一段连续的基因组成。每个染色体中的转位子可以不止一个，每个转位子的长度可以不止一位比特(二进制编码)或一个整数(整数编码)。同时，转位子的位置可以任意指定，其包含的基因可以自由地移动到该染色体其他位置甚至移动到种群中的其他染色体上。

(2) 同一个染色体内的剪切-粘贴转位操作如图 20-26 所示，染色体中待转位的元素被剪切下来并移动到其他的位置。复制-粘贴转位操作如图 20-27 所示，待转位的元素被复制下来并粘贴到新的位置。

(3) 如前所述，整个遗传算法的实施是基于随机性操作，如选择操作和杂交操作的进行不是按事前指定的参数进行的。因此，类似于选择操作和杂交操作，跳变基因遗传算法中的转位操作(转位子位数、插入位置等)也设置为基于随机性操作。此外，每一次转位操作中，选择实施剪切-粘贴转位操作还是复制-粘贴转位操作是随机确定的；选择在同一个染色体中还是不同染色体中进行转位操作也是随机确定的。

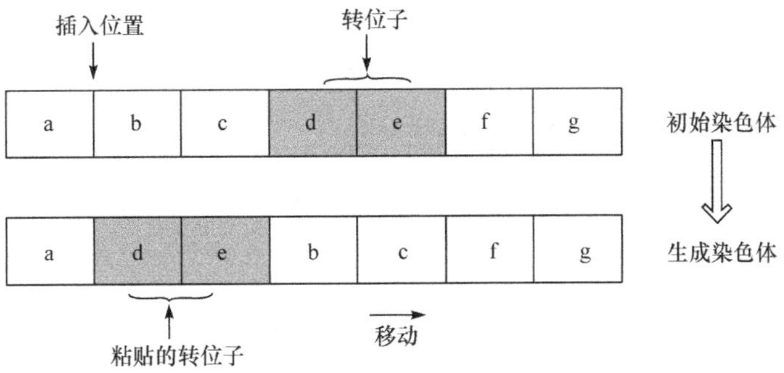

图 20-26 剪切-粘贴转位操作

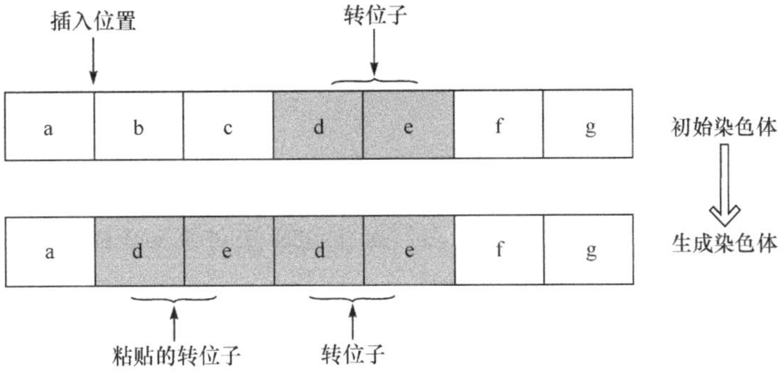

图 20-27 复制-粘贴转位操作

文献[15]提出了一种结合跳变基因的多目标 NSGA-II 算法，并验证了其增强的寻优能力。算法中，转位操作可以设置在杂交操作之前或杂交操作和变异操作之间或变异操作之后，但一般而言，把转位操作设置在杂交操作之前能够得到更好的优化性能。图 20-28 给出了转位操作的流程图，其中当生成的随机数(0-1)小于给定的跳变率(0.005～0.1)时，实施剪切-粘贴转位操作或复制-粘贴转位操作。

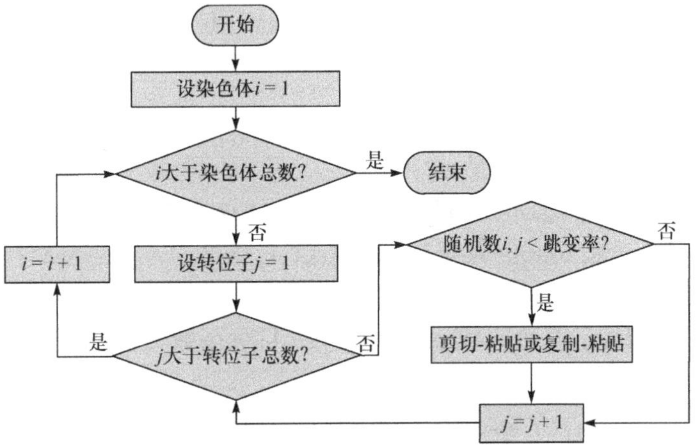

图 20-28 转位操作的流程图

2. 天线优化算例[16]

图 20-29 是一个由三梯形金属贴片构成的超宽带(ultra-wide band，UWB)单极天线。介质基板的厚度 $t = 0.76\text{mm}$，相对介电常数 $\varepsilon_r = 2.94$；天线由宽度 $w_1 = 2$ mm 的微带线馈电，其特性阻抗为 50 Ω；金属地板位于基板的背面，形状为矩形。

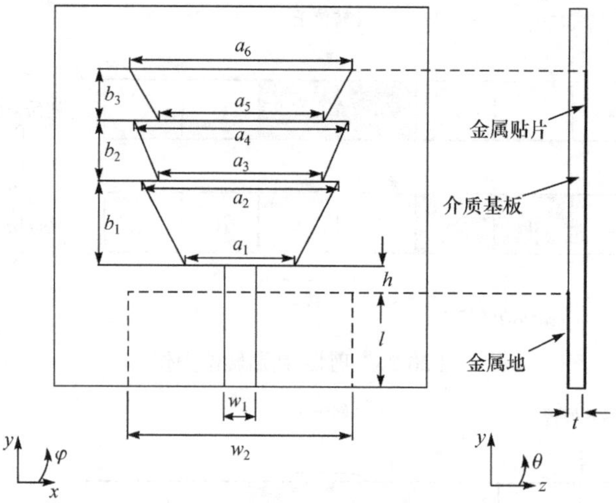

图 20-29　基于矩形地板的三梯形单极天线

这里，采用基于跳变基因的 NSGA-II 多目标优化算法对该 UWB 天线进行设计。天线的工作频段为 3.1-10.6GHz，设计指标如下所示。

(1) 电压驻波比(voltage standing wave ratio，VSWR)。整个天线工作频段，最大的 VSWR 不超过 1.8，目标函数为

$$\min F_1 = \max\left[\mathrm{VSWR}(f_m)\right] \tag{20.63}$$

式中，$f_m = \{3, 3.1, 3.35, 3.6, 3.85, 4.1, \cdots, 10.6\}$，共 32 个采样频点。

(2) 天线尺寸。目标函数为天线边界尺寸的最小化

$$\min F_2 = \mathrm{width} \times \mathrm{length} \tag{20.64}$$

式中，width 和 length 为天线贴片和地板的最大尺寸。

(3) 方向图的全向性。在 E 面(yOz 面)和 H 面(xOz 面)上，对任意的俯仰角 θ，目标函数为辐射电场的变化最小

$$\min F_3 = \frac{1}{2M(N-1)} \sum_{\varphi\in[0,2\pi]} \sum_{j=1}^{M} \sum_{k=1}^{N-1} \left| E(f_j, \theta_{k+1}, \varphi) - E(f_j, \theta_k, \varphi) \right| \tag{20.65}$$

式中，$E(f, \theta, \varphi)$表示频点 f、方向(θ, φ)上的辐射电场；f_j $(j=1, 2, \cdots, M)$为整个工作频段中的 M 个采样频点，$f_j = \{3.1, 6, 9, 10.6\}$，共 4 个采样频点；$\theta_k$ $(k=1, 2, \cdots, N)$为 N 个采样俯仰角，$\theta_k = \{0°, \pm5°, \pm10°, \cdots, \pm180°\}$。

(4) 方向图的均匀性。整个天线工作频段中，目标函数为任意频点上的辐射电场变化最小

$$\min F_4 = \frac{1}{2M(N-1)} \sum_{j=1}^{M-1} \left| \sum_{\varphi\in[0,2\pi]} \sum_{k=1}^{N} E(f_{j+1}, \theta_k, \varphi) - \sum_{\varphi\in[0,2\pi]} \sum_{k=1}^{N} E(f_j, \theta_k, \varphi) \right| \tag{20.66}$$

(5) 增益的一致性。整个天线工作频段中，目标函数为天线的方向性增益的波动最小

$$\min F_5 = \max\left[\mathrm{Gain}(f_j)\right] - \min\left[\mathrm{Gain}(f_j)\right] \tag{20.67}$$

式中，$\mathrm{Gain}(f_j)$表示频点 f_j 处的方向性增益，$f_j = \{3.1, 6, 9, 10.6\}$。

如果将矩形金属地板的上端倒成半径为 r 的圆角，如图 20-30 所示，可以进一步改善该 UWB 天线的辐射方向图和减小天线的尺寸。这样，共有 13 个待优化的天线几何结构参数，列于表 20-12 中。

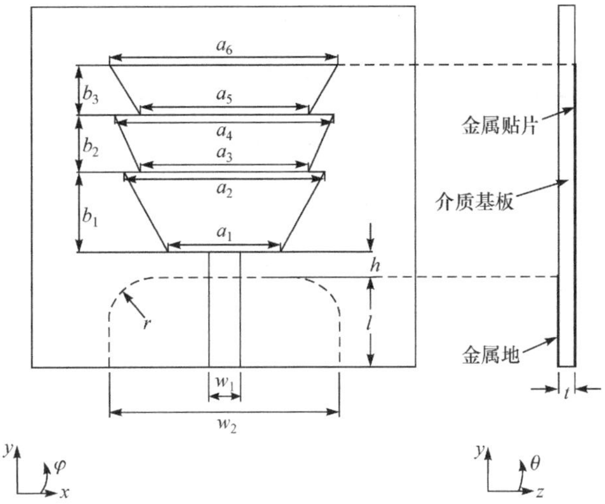

图 20-30 基于倒圆角矩形地板的三梯形单极天线

表 20-12 待优化参数及范围

参数	a_1～a_6	b_1～b_3	w_2	h	l	r
范围/mm	5.0~35.0	2.0~15.0	20.0~40.0	0.2~1.5	6.0~20.0	4.0~12.0

本算例中，跳变基因 NSGA-II 算法对上面的待优化参数采用实数编码，即每个染色体由实数进行编码，每个基因为一个 0～1 的实数。天线第 i 个待优化参数的数值 x_i 可以表示为

$$x_i = (x_{i,\max} - x_{i,\min}) \times a_i + x_{i,\min} \tag{20.68}$$

式中，a_i 为该染色体第 i 个基因的数值，$[x_{i,\min}, x_{i,\max}]$ 为 x_i 的取值范围，这里优化的天线几何尺寸分辨率为 0.1mm。优化算法的相关参数如下：种群大小为 50、迭代最大代数为 100、杂交概率为 0.8、变异概率为 0.06 以及跳变率为 0.1。天线的仿真采用 IE3D 软件进行模拟计算，整个优化仿真的流程图如图 20-31 所示。

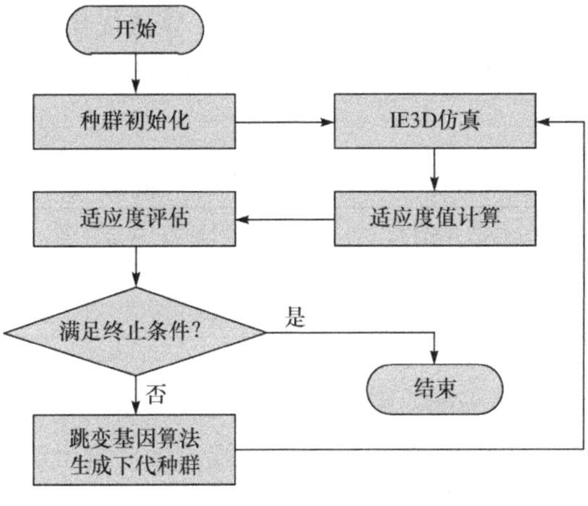

图 20-31 UWB 天线的优化仿真流程图

表 20-13 列出了分别基于矩形地板和基于倒圆角矩形地板的 UWB 三梯形单极天线的 8 组非支配解。从表中可以看出，这些组的解都能很好地满足天线的设计要求；对于基于倒圆角矩形地板天线的解，其目标 F_2 和 F_4 的值显著小于基于矩形地板天线的解，说明该类型的 UWB 单极天线具有更小的尺寸和更好的方向图均匀性。

表 20-13　UWB 三梯形单极天线的非支配解

		基于矩形地板天线				基于倒圆角矩形地板天线			
		A	B	C	D	E	F	G	H
天线参数/mm	w_2	37.7	37.7	34.5	35.4	31.2	30.1	31.2	30.1
	l	20.0	20	11.7	20	14.5	17.0	14.8	14.8
	h	0.5	0.5	0.5	0.7	0.8	0.5	0.4	0.5
	a_1	11.2	11.2	11.2	11.2	11.3	9.8	11.3	9.8
	a_2	22.0	22.0	21.7	22.0	19.5	33.7	19.5	19.5
	a_3	19.8	19.8	21.7	19.8	26.1	26.1	29.3	26.1
	a_4	24.3	19.8	22.0	17.4	32.9	32.9	30.5	32.9
	a_5	22.0	22.0	19.8	19.8	26.8	27.7	27.7	26.1
	a_6	12.1	19.8	24.3	12.1	17.5	17.5	27.9	17.5
	b_1	5.3	5.3	4.4	5.3	5.0	5.8	5.0	5.8
	b_2	7.3	3.8	3.8	5.9	8.3	8.3	5.9	8.3
	b_3	9.2	9.2	14.4	9.2	8.7	12.8	8.7	12.8
	r	—	—	—	—	11.4	9.6	11.4	4.2
目标	F_1	1.73	1.43	1.71	1.80	1.75	1.31	1.79	1.74
	F_2/mm^2	1595	1463	1201	1455	1227	1496	1086	1388
	F_3/(V/m)	0.60	0.79	1.18	0.81	0.59	0.94	0.73	0.83
	F_4/(V/m)	56897	77231	119909	100143	51933	95274	68644	84876
	F_5/(dBi)	1.24	1.61	1.99	0.67	1.52	1.76	1.53	0.11

表 20-14 给出了一次完整仿真优化所需的计算时间。从表中可以看出，绝大部分的 CPU 时间都耗费在 IE3D 的仿真上，因此，提高 IE3D 的仿真效率或减少对 IE3D 的调用可以有效地减少整个 CPU 时间耗费；这里的跳变基因 NSGA-II 算法优化只进行了 27 代即可获得满足设计要求的结果。本算例的全部计算是在 Dell Optiplex GX280 (Pentium IV 3.2 GHz 的 CPU 和 1GB 的内存)上进行的。

表 20-14　UWB 天线的仿真优化时间

每个个体的IE3D仿真时间/s	每一代 50 个体的 IE3D 仿真时间/s	每一代跳变基因 NSGA-II 优化时间/s	每一代总的时间/s	代数	全部仿真优化时间/h
205.386	10269.325	0.00688	10269.332	27	77.02

以表 20-13 中列出的天线 E 为例，图 20-32～图 20-34 分别给出了该天线仿真和测试的电压驻波比、增益和 H 面、E 面的辐射方向图的曲线，可以看出这个基于倒圆角矩形地板的 UWB 三梯形单极天线(地板尺寸：50 mm × 50 mm)很好地达到了设计的要求。

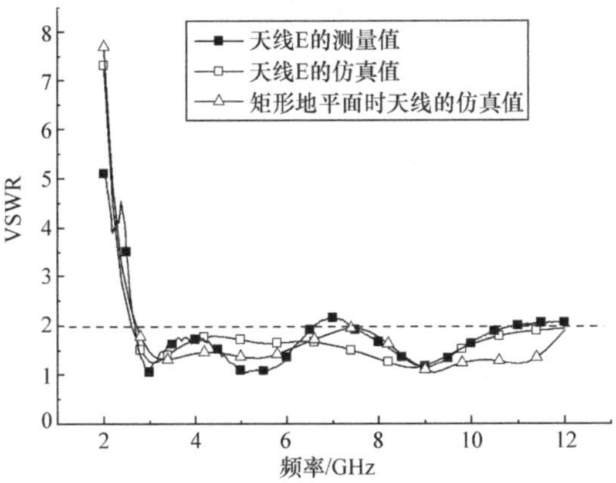

图 20-32　天线的电压驻波比

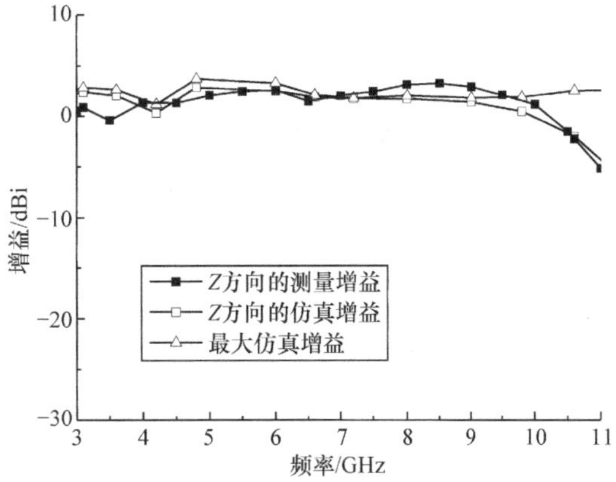

图 20-33　天线的增益

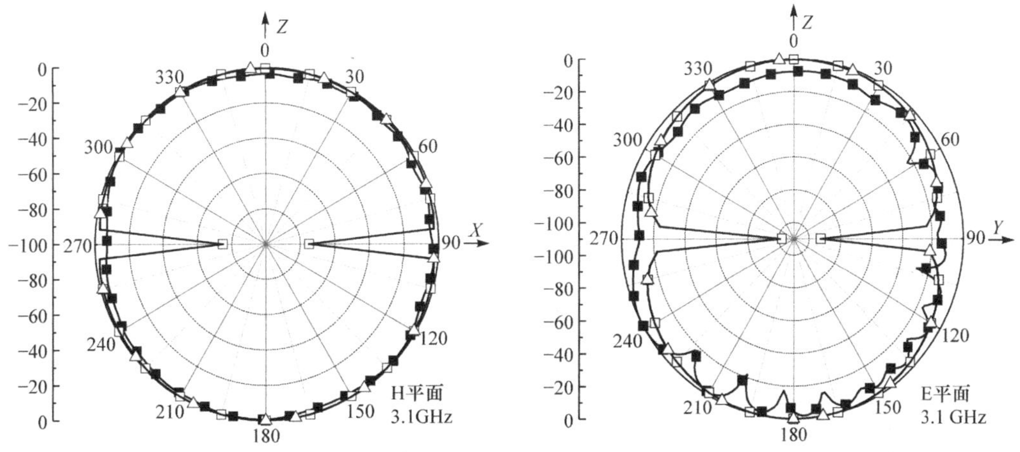

(a) 3.1GHz

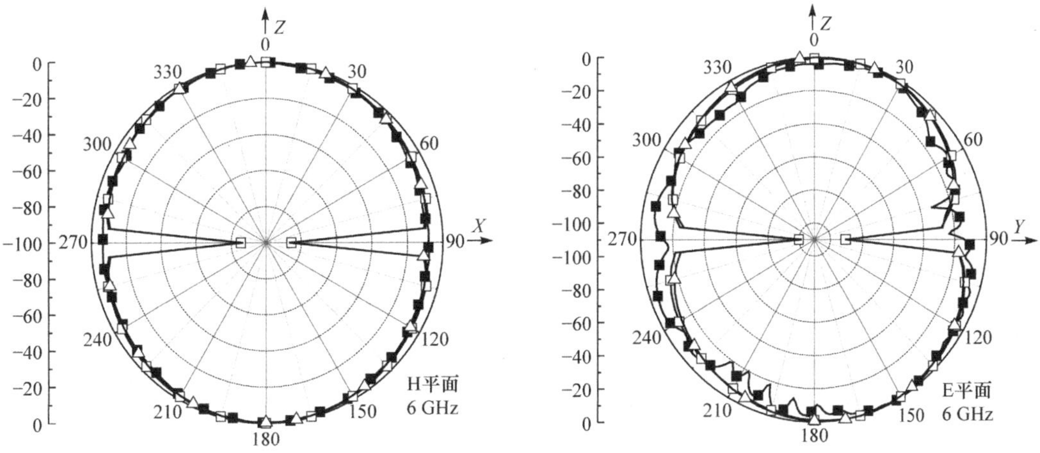

(b) 6GHz

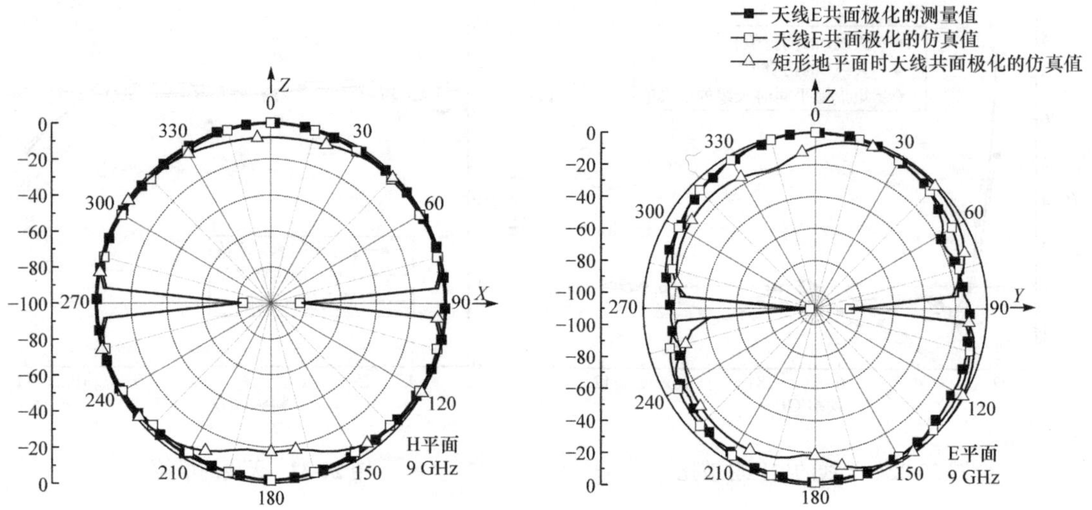

(c) 9GHz

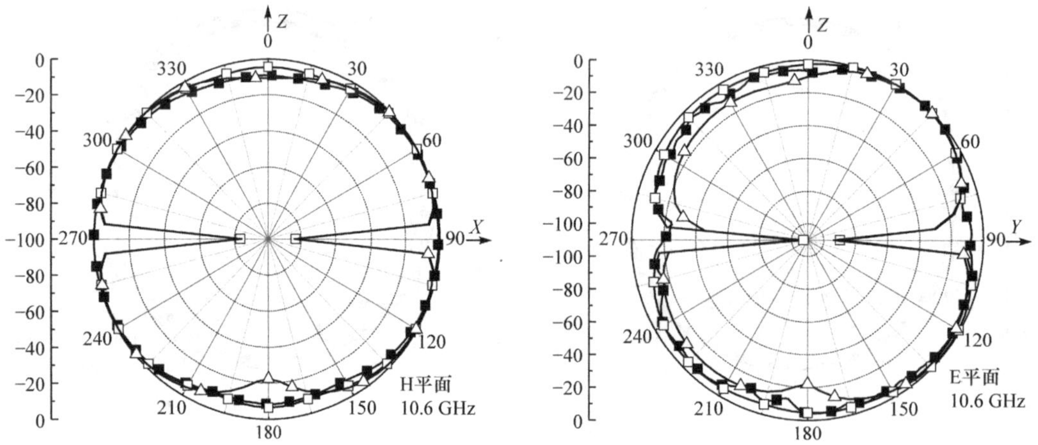

(d) 10.6GHz

图 20-34　不同频率点的天线方向图(H 面和 E 面)

参 考 文 献

[1] Holland J H. Adaptation in Natural and Artificial Systems. Ann Arbor: University of Michigan Press, 1975
[2] de Jong K A. An Analysis of the Behavior of a Class of Genetic Adaptive Systems. Doctoral dissertation, Ann Arbor: University of Michigan, 1975
[3] Goldberg D E. 1989. Genetic Algorithm in Search, Optimization and Machine Learning. Upper Saddle River: Addison-Wesley
[4] Ding X, Wang B Z, Zheng G, et al. Design and realization a GA-optimized VHF/UHF antenna with 'on-body' matching network. IEEE Antennas Wirel. Propag. Lett., 2010, 9(1): 303-306
[5] Ding X, Wang B Z, He G Q. Research on a millimeter-wave phased array with wide-angle scanning performance, IEEE Trans. Antennas Propag., 2013, 61(10): 5319-5324
[6] Ding X, Cheng Y F, Shao W, et al. A wide-angle scanning phased array with microstrip patch mode reconfiguration technique. IEEE Trans. Antennas Propag., 2017, 65(9): 4548-4555
[7] Srinivas M, Patnaik L M. Adaptive probabilities of crossover and mutation in genetic algorithms. IEEE Trans. Syst. Man Cy., 1994, 24(4): 656-667

[8] Narayanank A, Moore M. Quantum-inspired genetic algorithms. 1996 Proceeding of IEEE International Conference on Evolutionary Computation, Nagoya, 1996: 61-66

[9] Wei X K, Shao W, Zhang C, et al. An improved self-adaptive genetic algorithm with quantum scheme for electromagnetic optimization. IET Microw. Antennas Propag., 2014, 8(12): 965–972

[10] Deb K, Pratap A. A fast and elitist multiobjective genetic algorithm: NSGA-II. IEEE Trans. Evol. Comput., 2002, 6(2): 182-197

[11] Li Y L, Shao W, Wang J T, et al. An improved NSGA-II and its application for reconfigurable pixel antenna design. Radioengineer. 2014, 23(2): 733-738

[12] 肖绍球，王秉中. 基于微遗传算法的微带可重构天线设计. 电子科技大学学报, 2004, 33(2): 137- 141

[13] B Mcclintock. The origin and behavior of mutable loci in maize. Proc. Nat. Acad. Sci., 1950, 36: 344-355

[14] B. Mcclintock. Chromosome organization and genic expression. Cold Spring Harb. Sym., 1951, 16: 13-47

[15] Chan T M, Man K F, Kwong S, et al. A jumping gene paradigm for evolutionary multiobjective optimization. IEEE Trans. Evol. Comput., 2008, 12(2): 143-159

[16] Yang X S, Ng K T, Yeung S H, et al. Jumping genes multiobjective optimization scheme for planar monopole ultrawideband antenna. IEEE Trans. Antennas Propagat., 2008, 56(12): 3659-3666

第 21 章　拓扑优化算法

随着现代通信技术的发展，电子系统、电路和器件需要达到的指标越来越高，它们的设计也面临更大的挑战。以天线为例，人们必须根据不同的天线指标，选择不同的天线结构和形式，并借助电磁仿真进行天线的优化设计。在传统的天线优化过程中，首先根据天线理论和工程经验给出初始结构，然后选择重要的尺寸参数进行建模，最后通过优化得到满足性能要求的参数组合。在这方面，遗传算法和粒子群算法等群体智能优化算法应用广泛，它们对于每一次仿真仅利用其目标函数值的信息，通过一定程度的随机性算法来搜索最优解。由于天线的全波仿真是一个典型的计算密集型任务，而智能优化算法由于其随机性，必须对具有较大的群体规模进行计算才能具有较好的优化性能，这些特点导致其在天线优化中效率低下，难以实现复杂、电大尺寸天线的优化。

梯度优化算法不但利用每次仿真的目标函数值，还可以利用其局部的梯度信息[1]。这样，梯度优化算法确定的优化方向可以取代盲目的随机性，高效率的串行迭代优化取代了低效的群体演化，这些优势使其成为天线优化等计算密集型设计中颇具潜力的一个选择。然而，相比具有较好全局性的群体智能优化算法，梯度优化算法是局部优化算法。对于非凸问题，梯度优化算法一般很难收敛到全局最优解，其优化结果与初始值的选择强烈相关。提高设计自由度可以一定程度上弥补其局部性的缺点，因为当设计自由度很大时，满足设计要求的解大量存在，尽管只能得到局部最优解，但往往能够满足设计要求。

仅是关键结构的参数化难以引入大规模设计变量，而目前在固体力学、流体力学等领域应用广泛的拓扑优化算法能很好地引入大规模变量。拓扑优化算法是对结构各部分的联通性和形状进行优化，由于需要具备表达优化区域内任意拓扑的能力，必然需要规模巨大的优化自由度。

常用的拓扑优化算法有材料分布(scalar isotropic material with penalization , SIMP)法[2]和水平集(level set)法[3]等。这两种算法有各自的局限：材料分布法由于采用固定网格，优化区域剖分为大量的简单多边形(或多面体)，优化结果是部分简单多边形的组合，导致结果模型具有阶梯形或锯齿形的边界，甚至还会出现边界顶点对接的连通与不连通的临界状态，这种粗糙模型不但会导致仿真结果的不可靠，而且会增加加工的难度；而水平集法由于必须由形状的连续变化来改变拓扑，导致其拓扑改变能力较弱，极大限制了优化的效果。

仅考虑天线的输入阻抗匹配，拓扑优化方法应用于天线设计的有：应用材料分布法优化宽带介质谐振天线[4]、材料分布法优化天线介质基片以展宽工作带宽[5]、应用材料分布法优化设计宽带单极子天线[6]以及应用水平集法对偶极子天线的优化[7]。

本章主要介绍一种结合材料分布法和水平集法的混合拓扑优化方法，该混合方法用拓扑变化能力强的材料分布法优化得到贴片天线的粗糙拓扑，再应用水平集法进一步优化，得到边界平滑、适合加工的最终天线结构。此外，基于天线远场的敏感度分析，实现了对天线的方向图的直接优化。

21.1　混合拓扑优化算法

贴片天线优化是一个典型的“0-1”二元优化问题，任意天线都可以在贴片层通过部分填充金属、部分填充空气来建模得到。

材料分布法利用属性可以连续变化的材料填充优化区域，每一个网格的材料属性对应一个优化变量，利用梯度优化算法对这一大规模连续变量问题进行优化，由于问题定义中引入了对中间状态变量的惩罚，导致优化趋向二元结构收敛，这样就可以实现二元优化[2]。

水平集法通过高维函数的等值轮廓进行建模，利用形状导数更新高维函数，实现轮廓朝目标函数减小的方向变化。由于水平集法是隐式建模，并没有对模型的拓扑做出限制，可以在优化区域内表示出任意拓扑，所以也具有一定的拓扑优化能力[3]。

拓扑优化所需要的目标函数梯度信息通常由伴随变量敏感度分析(adjoin variable sensitivity analysis)方法来获得[8]。伴随变量敏感度分析的计算量随优化目标个数增加而增加，但与优化变量个数基本无关，是一种可以计算大规模变量梯度信息的高效算法。

21.1.1　敏感度分析

应用梯度优化算法的拓扑优化需要计算目标函数的梯度，即进行敏感度分析。伴随敏感度分析方法通过引入伴随状态变量，构造一个与原状态方程相似的伴随方程，需要求解原状态方程和伴随方程两个方程，目标函数的梯度可以用原状态变量和伴随状态变量计算得出[8]。如果采用数值差分方法，每一个变量的梯度计算至少需要进行一次额外的仿真，而伴随敏感度分析的仿真次数与变量个数无关，仅与目标函数个数有关。一般大规模变量的拓扑优化中，变量个数远远多于优化目标个数，伴随敏感度分析可以节省大量的仿真时间。

1. 一般目标函数的敏感度分析

对于电磁场频域仿真算法，例如，有限元方法，基于矢量波动方程和边界条件可以得到如下的线性方程组

$$\boldsymbol{K}(\boldsymbol{p})\cdot\boldsymbol{b}=\boldsymbol{R} \tag{21.1}$$

式中，$\boldsymbol{K}\in\mathbb{C}^{M\times M}$ 是系统矩阵；$\boldsymbol{p}\in\mathbb{R}^{N\times 1}$ 是设计参数向量；$\boldsymbol{b}\in\mathbb{C}^{M\times 1}$ 是状态变量向量，$\boldsymbol{R}\in\mathbb{C}^{M\times 1}$ 是激励向量。

通过整理[9]，目标函数的敏感度可以表示为

$$\frac{\partial f}{\partial p}=-\boldsymbol{b}^{\mathrm{T}}\cdot\frac{\partial \boldsymbol{K}}{\partial p}\cdot\boldsymbol{\lambda} \tag{21.2}$$

式中，$\boldsymbol{\lambda}\in\mathbb{C}^{M\times 1}$ 是伴随状态变量向量，它满足以下的伴随线性方程

$$\boldsymbol{K}^{\mathrm{T}}\cdot\boldsymbol{\lambda}=\boldsymbol{V}=\frac{\partial f}{\partial \boldsymbol{b}_{\mathrm{r}}}-\mathrm{j}\frac{\partial f}{\partial \boldsymbol{b}_{\mathrm{i}}} \tag{21.3}$$

这里的 $\boldsymbol{b}_{\mathrm{r}}$ 和 $\boldsymbol{b}_{\mathrm{i}}$ 分别是 $\boldsymbol{b}$ 的实部和虚部。

为了得到方程(21.2)中目标函数的导数，原始方程(21.1)和伴随方程(21.3)需要首先得到求解。这里，$\partial\boldsymbol{K}/\partial\boldsymbol{p}$ 项的计算见稍后的介绍。敏感度分析所需计算资源远小于两次完整的电磁仿真。因为方程(21.1)和方程(21.3)中的矩阵 $\boldsymbol{K}$ 是一样的，且 $\boldsymbol{K}$ 一般是对称矩阵，有限元法

仿真中的网格划分、积分运算以及矩阵填充都只需要运行一次。而且，当原始方程和伴随方程用直接法求解时，矩阵$\boldsymbol{K}$的分解只需要进行一次；或当他们用迭代法求解时，矩阵$\boldsymbol{K}$的预处理能够共享。当考虑自伴随目标函数时，如 S_{11} 参数或单站雷达散射截面，伴随方程(21.3)中的向量$\boldsymbol{V}$和原始方程(21.1)中的向量$\boldsymbol{R}$成比例。这样，伴随状态变量$\boldsymbol{\lambda}$可以根据原始未知向量 $\boldsymbol{b}$ 按比例导出。对于自伴随目标，除了原模型的仿真计算，敏感度分析几乎没有引入额外的计算开销。

2. 辐射功率密度的敏感度分析

远区辐射场的功率密度通常作为天线优化的目标函数，表示为

$$f_{\text{total}}=\frac{1}{Z_0}\boldsymbol{E}_{\text{f}}\cdot\boldsymbol{E}_{\text{f}}^{*} \tag{21.4}$$

式中，$\boldsymbol{E}_{\text{f}}\in\mathbb{C}^{3\times1}$是远区电场；$(.)^{*}$指的是复共轭操作。根据等效原理和 Huygens 原理[10]，$\boldsymbol{E}_{\text{f}}$可以表示为

$$\boldsymbol{E}_{\text{f}}=\int_{S_{\text{t}}}\hat{\boldsymbol{n}}\times(\nabla\times\boldsymbol{E})G\text{d}s-\text{j}k_0\hat{\boldsymbol{r}}\times\int_{S_{\text{t}}}\hat{\boldsymbol{n}}\times\boldsymbol{E}G\text{d}s \tag{21.5}$$

式中，S_{t}是仿真区域的截断表面；G是自由空间的Green函数；$\hat{\boldsymbol{n}}\in\mathbb{R}^{3\times1}$是截断边界的单位法向量；$k_0$是自由空间波数；$\hat{\boldsymbol{r}}\in\mathbb{R}^{3\times1}$是观测点的单位向量。由于远区场是 TEM 波，所以式(21.5)中第一个积分项的径向分量应该被舍弃。如果 f_{total} 作为目标函数，根据方程(21.3)，伴随方程中的向量$\boldsymbol{V}_{\text{total}}\in\mathbb{C}^{M\times1}$的第 i 个元素可以表示为

$$\boldsymbol{V}_{\text{total},i}=2(\boldsymbol{E}_{\text{f}})^{*}\cdot(\int_{S_{\text{t}}}\hat{\boldsymbol{n}}\times(\nabla\times\boldsymbol{N}_i)G\text{d}s-\text{j}k_0\hat{\boldsymbol{r}}\times\int_{S_{\text{t}}}\hat{\boldsymbol{n}}\times\boldsymbol{N}_iG\text{d}s)\equiv2\boldsymbol{E}_{\text{f}}^{*}\cdot D_{S_{\text{t}}}(\boldsymbol{N}_i) \tag{21.6}$$

式中，$\boldsymbol{N}_i$是$\boldsymbol{b}$中第 i 个未知量 b_i所对应的一组矢量基函数；$D_{S_{\text{t}}}$是新定义在S_{t}上的积分算子。

如果考虑天线的极化特性，某一极化的功率密度也可作为目标函数。$\hat{\boldsymbol{v}}$方向的线极化波的功率密度为

$$f_{\text{lin}}=\frac{1}{Z_0}\left\|\boldsymbol{E}_{\text{f}}\cdot\hat{\boldsymbol{v}}\right\|^2 \tag{21.7}$$

最大化 f_{lin} 可以获得$\hat{\boldsymbol{v}}$方向的线极化波。根据方程(21.3)和方程(21.5)，伴随方程中向量$\boldsymbol{V}_{\text{lin}}\in\mathbb{C}^{M\times1}$的第 i 个元素为

$$\boldsymbol{V}_{\text{lin},i}=\frac{2}{Z_0}(\boldsymbol{E}_{\text{f}}\cdot\hat{\boldsymbol{v}})^{*}\left[D_{S_{\text{t}}}(\boldsymbol{N}_i)\cdot\hat{\boldsymbol{v}}\right] \tag{21.8}$$

圆极化波的功率密度为

$$f_{\text{circ}}=\frac{1}{2Z_0}\left\|\boldsymbol{E}_{\text{f}}\cdot\hat{\theta}\pm\boldsymbol{E}_{\text{f}}\cdot\hat{\phi}\text{e}^{\frac{\text{j}\pi}{2}}\right\|^2 \tag{21.9}$$

式中，$\hat{\theta}\in\mathbb{R}^{3\times1}$和$\hat{\phi}\in\mathbb{R}^{3\times1}\theta$分别是极化角和方位角$\phi$增大方向的单位矢量；符号+和−分别对应左旋和右旋的圆极化波。最大化 f_{circ} 可以获得圆极化波。根据方程(21.3)和方程(21.5)，伴随方程中激励向量$\boldsymbol{V}_{\text{circ}}\in\mathbb{C}^{M\times1}$的第 i 个元素为

$$V_{\text{circ},i} = \frac{1}{Z_0}\left(\boldsymbol{E}_{\text{f}} \cdot \hat{\boldsymbol{\theta}} \pm \boldsymbol{E}_{\text{f}} \cdot \hat{\phi} e^{\frac{j\pi}{2}}\right)^* \left[D_{S_t}(\boldsymbol{N}_i) \cdot \hat{\boldsymbol{\theta}} \pm D_{S_t}(\boldsymbol{N}_i) \cdot \hat{\phi} e^{\frac{j\pi}{2}}\right] \tag{21.10}$$

推导出伴随方程中向量的表达式后，上述目标函数的敏感度能够由方程(21.1)、方程(21.2)和方程(21.3)所示的分析过程获得。

3. 多目标的敏感度分析

天线的优化往往是多目标优化问题，例如，一个多目标函数可以定义为

$$f_{\text{comp}} = -\sum_{i=1}^{n_{\text{co}}} f_{\text{co},i} + \sum_{i=1}^{n_{\text{cx}}} f_{\text{cx},i} + \sum_{i=1}^{n_{\text{total}}} f_{\text{total},i} \tag{21.11}$$

式中，f_{co} 是 n_{co} 个采样方向上的共面极化子目标；f_{cx} 是 n_{cx} 个采样方向上的交叉极化子目标；f_{total} 是 n_{total} 个采样方向上式(21.6)表示的子目标。f_{co} 和 f_{cx} 取决于天线的极化特性。通过对多目标函数(21.11)的最小化，可以同时实现尽可能增大共面极化增益、减小交叉极化增益以及减小相应采样方向的总增益的优化目的。根据方程(21.3)，伴随矩阵的右端向量可以容易推导得到

$$\boldsymbol{V}_{\text{comp}} = -\sum_{i=1}^{n_{\text{co}}} \boldsymbol{V}_{\text{co},i} + \sum_{i=1}^{n_{\text{cx}}} \boldsymbol{V}_{\text{cx},i} + \sum_{i=1}^{n_{\text{total}}} \boldsymbol{V}_{\text{total},i} \tag{21.12}$$

式中，$\boldsymbol{V}_{\text{co},i}$，$\boldsymbol{V}_{\text{cx},i}$，$\boldsymbol{V}_{\text{total},i}$ 分别表示共面极化、交叉极化和总辐射对应的伴随向量。

从以上公式可以看到，即使多目标函数(21.11)涉及了天线的各种辐射性能(方向图和极化)，但敏感度分析只需要求解原始矩阵和伴随矩阵这两个线性系统。

4. 系统矩阵的导数($\partial\boldsymbol{K}/\partial\boldsymbol{p}$)

在应用敏感度表达式(21.2)前，必须推导得到系统矩阵 $\boldsymbol{K}$ 关于设计参数 $\boldsymbol{p}$ 的导数。设计参数 $\boldsymbol{p}$ 在材料分布法和水平集法中的含义不一样：在水平集法中，设计变量为边界上一点的位置，参考文献[11]给出了 $\partial\boldsymbol{K}/\partial\boldsymbol{p}$ 的推导过程；在应用材料分布法对微带结构进行拓扑优化时，设计参数 $\boldsymbol{p}$ 指的是覆盖于基板表面的、虚拟的有耗材料的密度，其在 0 和 1 直接连续变化。只有在两种极端情况下，虚拟材料有物理的等效物，即空气和金属。

密度变量 $\boldsymbol{p}$ 通过式(21.13)映射为电导率

$$\boldsymbol{\sigma} = e^{x_{\min} + \ddot{p}(\boldsymbol{p})(x_{\max} - x_{\min})},\ \ p \in [0,1] \tag{21.13}$$

式中，$x_{\min}$ 和 $x_{\max}$ 分别设定为−10 和 20；$\ddot{\boldsymbol{p}}$ 为 $\boldsymbol{p}$ 的函数，后面将详细介绍。

对平面天线的优化问题，设计区域可以表示为有耗的薄平板[6]或者无限薄的阻抗表面[12]。这里采用后者，因为这对于微带结构的仿真是准确而高效的。离散化后，每一个三角网格被赋予一个密度变量 p_e。在优化过程的最后，密度(或电导率)的分布收敛到一个二进制的函数，其中两种极端状态对应金属和空气。

有限元法中，系统矩阵 $\boldsymbol{K}$ 可以分解为

$$\boldsymbol{K} = \boldsymbol{K}' + \boldsymbol{K}^{\text{ibc}} \tag{21.14}$$

式中，$\boldsymbol{K}^{\text{ibc}} \in \mathbb{C}^{M\times M}$ 是来自于阻抗边界条件的贡献；$\boldsymbol{K}' \in \mathbb{C}^{M\times M}$ 是来自于其他因素的整合。在 $\boldsymbol{K}^{\text{ibc}}$ 中，只有来自于阻抗边界贡献的元素不为零。$\boldsymbol{K}^{\text{ibc}}$ 中第 i 行和第 j 列的元素为

$$\boldsymbol{K}_{i,j}^{\text{ibc}} = \sum_{e\in E_{ij}} \sqrt{jk_0\sigma_e Z_0} \int_e (\boldsymbol{n}\times\boldsymbol{N}_i)\cdot(\boldsymbol{n}\times\boldsymbol{N}_j)\mathrm{d}s \tag{21.15}$$

式中，k_0为自由空间波数；N_i和N_j分别是第i个和第j个未知系数所对应的两个基函数集合；σ_e是三角形e的电导率；E_{ij}是N_i和N_j定义共享区域中的三角形的集合。$\boldsymbol{K}$对三角形e电导率的导数可以推导为

$$\frac{\mathrm{d}\boldsymbol{K}_{i,j}}{\mathrm{d}\sigma_e}=\frac{\mathrm{d}\boldsymbol{K}_{i,j}^{\mathrm{ibc}}}{\mathrm{d}\sigma_e}=\frac{1}{2}\sqrt{\frac{\mathrm{j}k_0Z_0}{\sigma_e}}\int_e\left(\boldsymbol{n}\times\boldsymbol{N}_i\right)\cdot\left(\boldsymbol{n}\times\boldsymbol{N}_j\right)\mathrm{d}s \tag{21.16}$$

结合式(21.13)、式(21.16)和$\ddot{\boldsymbol{p}}(\boldsymbol{p})$的显式表达式，系统矩阵$\boldsymbol{K}$对设计变量的导数$\partial\boldsymbol{K}/\partial\boldsymbol{p}$可以从链式法则推导出。

21.1.2 混合拓扑优化方法

因为没有设计区域中几何结构的约束，拓扑优化方法能够挖掘出设计区域内全部几何建模的潜力。材料分布法和水平集法是拓扑优化的两种主要方法。

在材料分布法中，设计区域首先被离散成大量的网格单元，然后优化每个网格单元的材料状态。由于每个单元的状态独立地变化，因此在优化过程中容易实现拓扑结构的变化。另外，水平集法只对结构的边界变化进行优化，故它的拓扑挖掘能力有限。而且，水平集法优化的每一步迭代中建模的网格本身会发生变化，而材料分布法的网格保持固定。这样，水平集法能够生成比材料分布法更光滑的边界和更好的局部最优解。

基于此，这里采用一种混合的拓扑优化方法，先用材料分布法优化出一个初始的粗糙结构，然后应用水平集法对此初始结构进行进一步优化[13-17]。进一步采用水平集法的优点有以下几种。

第一，粗糙边界的光滑化有利于建模和加工。当精度不是关键问题时，虽然加工一个带曲折边界的二维结构问题不大，但加工一个材料分布法生成的、带粗糙边界的三维结构十分困难。

第二，因为拓扑操作主要在材料分布法阶段实施，所以在材料分布法阶段使用更大的网格，而在接下来的边界优化阶段改善边界。使用少的优化变量和网格单元，仿真速度就可以得到显著提高，进而使拓扑优化变得容易。

第三，可以提高优化性能和降低形状敏感度。如果存在一个最优边界，其一般不可能正好和材料分布法中固定网格的边界线吻合。于是，被优化结构的性能受益于有效的边界优化过程。此外，水平集优化阶段总是探寻低敏感度的结构，因此优化出的结构通常对加工误差不敏感。这实际上降低了仿真结果和测试结果的差异，降低了加工的次品率。

总的来讲，混合算法能够生成具有光滑边界的结构，易于建模和加工。材料分布法阶段只需处理少量的变量和网格单元，利于提高仿真速度。最后，优化得到的结构具有低的形状敏感度，利于大规模生产。混合算法的主要步骤如图 21-1 所示。其中，$\boldsymbol{p}$、$\dot{\boldsymbol{p}}$和$\ddot{\boldsymbol{p}}$分别是优化变量、中间变量和物理变量，N_1和N_2分别是物理材料法阶段和水平集法阶段的最大迭代步数。

1. 材料分布法阶段

在材料分布法阶段，优化问题的数学表达形式为

$$\begin{cases}\min\limits_{p} & f\left(\boldsymbol{p}\right)\\ \text{s.t.} & \boldsymbol{K}\left(\boldsymbol{p}\right)\cdot\boldsymbol{b}=\boldsymbol{R}\\ & p_i\in[0,1], i=1,\cdots,N\end{cases} \tag{21.17}$$

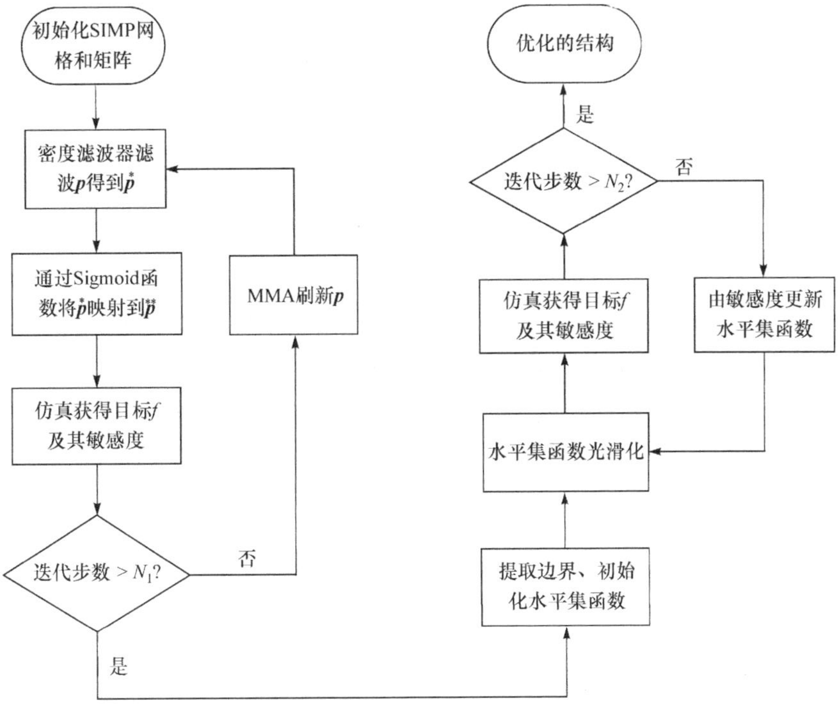

图 21-1　混合拓扑算法的优化过程

式中，$\boldsymbol{p} \in \mathbb{R}^{N\times 1}$ 是设计参数向量。在计算得到目标函数的梯度后，该连续的优化问题能够通过一些大规模的、基于梯度运算的优化算法求解，如移动渐近线方法(method of moving asymptotes，MMA)[18]。

因为拓扑优化问题通常是非凸问题，所以基于梯度的算法在局部极小值点收敛很快。为了防止过早收敛，可以采用一些延拓方案[19, 20]。这里，介绍一种有映射功能的密度滤波器来防止过早收敛。

设计区域用三角形进行离散，每个三角形平面被矢量 $\boldsymbol{p}$ 中一个变量赋值，$\boldsymbol{p}$ 被记为优化变量，其直接被梯度优化算法所处理。

首先，优化变量 $\boldsymbol{p}$ 由密度滤波器进行滤波，得到一个中间变量 $\dot{\boldsymbol{p}}$

$$\dot{p}_e = \frac{1}{\sum_{i\in N_e} H_{ei}} \sum_{i\in N_e} H_{ei} p_i \tag{21.18}$$

式中，N_e 是三角形单元 e 的邻近单元的集合，其与单元 e 的中心-中心间距 $\Delta(e,i)$ 小于滤波器半径 $r_{\min}$，H_{ei} 为一加权因子[21]

$$H_{ei} = \max(0, r_{\min} - \Delta(e,i)) \tag{21.19}$$

对应于三角形单元 e 的中间变量 $\dot{\boldsymbol{p}}_e$ 由单元 e 及其周围单元的优化变量决定。滤波器半径 $r_{\min}$ 在每 15 次迭代后下降，如图 21-2 所示，这样可以防止产生棋盘形图案和过早收敛[19, 20]。通常，密度滤波器的半径不会下降到零，否则会产生不需要的棋盘形图案。相反，如果密度滤波器的半径在整个优化过程中不变，最后优化结构的边界会模糊不清。

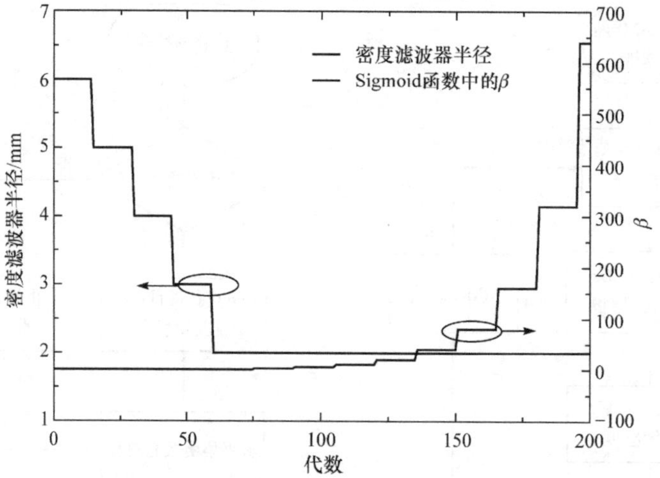

图 21-2　优化过程中密度滤波器半径和 Sigmoid 映射滤波器控制因子值

为了完全消除边界的模糊，采用 Sigmoid 滤波器对中间变量 $\dot{\boldsymbol{p}}$ 进行映射，得到最终的物理变量 $\ddot{\boldsymbol{p}}$ 。Sigmoid 函数的表达式为

$$\ddot{\boldsymbol{p}} = 1/[1+\mathrm{e}^{-\beta(\dot{p}-0.5)}] \tag{21.20}$$

式中，β 为一比例常数, 其对 Sigmoid 函数的影响如图 21-3 所示。物理变量 $\ddot{\boldsymbol{p}}$ 通过式(21.13)被映射到电导率上。从图21-2可以看出，增大比例常数 β ，物理变量 $\ddot{\boldsymbol{p}}$ 的中间值会被逐渐消除。所有的优化变量 $\boldsymbol{p}$ 、中间变量 $\dot{\boldsymbol{p}}$ 和物理变量 $\ddot{\boldsymbol{p}}$ 的取值范围为[0, 1]。

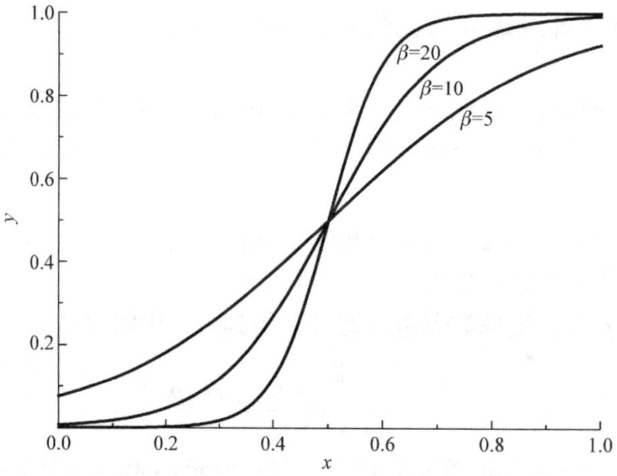

图 21-3　Sigmoid 函数

实施以上的延拓方案后，，需要推导 $\partial f/\partial \boldsymbol{p}$ 的表达式，偏微分 $\partial f/\partial \ddot{\boldsymbol{p}}$ 能够由敏感度分析过程所获得，即式(21.1)～式(21.3)。如果 $\partial f/\partial \ddot{\boldsymbol{p}}$ 已知，用于优化的 $\partial f/\partial \boldsymbol{p}$ 可以由以下得到

$$\frac{\partial f}{\partial \dot{p}_e} = \frac{\partial f}{\partial \ddot{p}_e}\frac{\partial \ddot{p}_e}{\partial \dot{p}_e} = \frac{\partial f}{\partial \ddot{p}_e}\beta \mathrm{e}^{-\beta(\dot{p}_e-0.5)} \Big/ \left[1+\mathrm{e}^{-\beta(\dot{p}_e-0.5)}\right]^2 \tag{21.21}$$

和

$$\frac{\partial f}{\partial p_j} = \sum\nolimits_{i\in N_j} \frac{1}{\sum\nolimits_{i\in N_e} H_{ei}} H_{je}\frac{\partial f}{\partial \dot{p}_e} \tag{21.22}$$

由以上可以看出，这里介绍的材料分布法相比已有文献介绍的有显著的不同。文献[14]中，材料分布法被用来优化一款多层微带耦合器，其中的密度滤波器类似于一个低通滤波器。Heaviside 映射滤波器的映射曲线和这里使用的 Sigmoid 滤波器的类似，但未实施以防止过早收敛的延拓方案。文献[9]中，材料分布法优化了一个超宽带单极子天线和一个多频带微带天线，其中的延拓方案由减小密度滤波器的半径实现，而不是采用映射滤波器来实现。

2. 水平集法阶段

水平集法中，结构的边界由高维标量函数鬼ϕ的零水平集轮廓来表示[3]。设计区域被分成如下 3 个区域

$$\begin{cases}\phi(x)<0, x\in\Omega\\ \phi(x)=0, x\in\partial\Omega\\ \phi(x)>0, x\in\bar{\Omega}\end{cases} \tag{21.23}$$

式中，$\boldsymbol{x}$ 为二维或三维坐标中一个点的坐标；Ω 为水平集函数建模的结构；$\partial\Omega$ 和 $\bar{\Omega}$ 分别为边界和模型 Ω 的互补区域。结构的移动，可以用 Hamilton-Jacobi 方程描述[3]

$$\frac{\partial\phi}{\partial t}-v_n|\nabla\phi|=0 \tag{21.24}$$

式中，v_n 是边界沿法向移动的速度，设为目标函数形状导数的法向分量。这意味着目标函数对形状的改变越敏感，边界在这一点的移动就越快。本质上，这是一种最速下降方法[1]。式(21.24)中的 t 表示时间，在离散的形式里它对应于迭代步数。水平集法具有隐式建模的优点，建模的复杂度与拓扑的复杂度无关，这是结构优化问题中建模技术一个期望有的特征。

与使用材料导数的材料分布法不同，水平集法使用定义在结构边界的形状导数[3]。根据文献[11]，可以求得目标函数的离散形状导数。因为只在边界上一些离散的点上求解得到形状导数，所以需要扩展到整个设计区域，从而能够用式(21.24)更新水平集函数。因此，利用下列形状保持外推方程[3]

$$\frac{\partial v_n}{\partial t}+S(\phi)\hat{\boldsymbol{n}}\cdot\nabla v_n=0 \tag{21.25}$$

式中，v_n是水平集法向方向的场速；$S(.)$是符号函数；$\hat{\boldsymbol{n}}$ 是 v_n 的单位法向矢量；t 是离散形式的迭代数。零阶水平集的已知速度是式(21.25)的边界条件。应用该方程扩展得到的速度场，可以使水平集函数多次迭代后仍然保持为符号距离函数，这对水平集法的稳定性是很有益的。

每次迭代后，一个高斯滤波器使水平集函数光滑化，进而改善边界的光滑度。此外，当水平集函数相对符号距离函数严重畸变时，它需要根据要求重新进行初始化[3]。

在水平集法阶段，结构随着边界的连续移动而改变；而在材料分布法阶段，密度变量在每个单元独立被优化。这就解释了为什么显著的拓扑改变更可能发生在材料分布法阶段而不是水平集法阶段。

21.2 天线的拓扑优化

21.2.1 窄带定向微带天线

这里采用有限元法对窄带定向微带天线进行仿真模拟，天线的仿真模型包含天线本身和周围的空气，截断边界为一阶的 Sommerfeld 辐射边界条件[22]。电场矢量由二阶基函数展开。多层预条件和广义极小残差法(generalized minimal residual method，GMRES)用来求解线性方程组。材料分布法阶段采用基于梯度算法的 MMA 作为优化求解器。

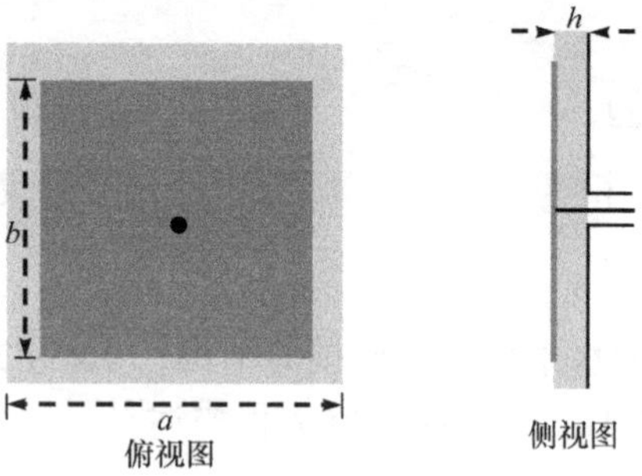

图 21-4 天线的结构尺寸(a = 70mm, b = 60mm, h = 3mm)

在 5.8GHz 优化两款定向天线，一款是辐射在垂射方向的线极化天线，记为天线 A，另一款是最大增益在 $\theta = 45°$ 的右旋圆极化天线，记为天线 B。两款天线的原型如图 21-4 所示，贴片为覆铜正方形，基板的相对介电常数为 $\varepsilon_{\mathrm{r}} = 2.2$、损耗角正切为 $\tan\delta = 0.0009$。贴片由其中心的同轴线进行背面馈电[14]。

对这样的结构，两款天线的优化目标均设为良好阻抗匹配、高极化纯度、最高增益以及期望的波束指向。因此，两款天线的复合目标函数定义为

$$\min f_{\text{Ant-A}} = -\log\left(\boldsymbol{E}_{\mathrm{f},0} \cdot \boldsymbol{E}_{\mathrm{f},0}^{*} - \sum_{i=0}^{10} \left\|\boldsymbol{E}_{\mathrm{f},i} \cdot \hat{\boldsymbol{y}}\right\|^{2}\right) \tag{21.26}$$

$$\min f_{\text{Ant-B}} = -\log\left(\boldsymbol{E}_{\mathrm{f},0} \cdot \boldsymbol{E}_{\mathrm{f},0}^{*} - \sum_{i=0}^{10} \left\|\boldsymbol{E}_{\mathrm{f},i} \cdot \hat{\boldsymbol{\theta}}_{i} - \boldsymbol{E}_{\mathrm{f},i} \cdot \hat{\boldsymbol{\phi}}_{i} \mathrm{e}^{\frac{\mathrm{j}\pi}{2}}\right\|^{2}\right) \tag{21.27}$$

式中，$\hat{\boldsymbol{y}}$ 是交叉极化方向的单位矢量；$\boldsymbol{E}_{\mathrm{f},0}$ 是从所期望波束方向上的采样， 其他所有的 $\boldsymbol{E}_{\mathrm{f},i}$ $(i=1,2,\cdots,10)$ 是相同的远场球面上偏离期望 30° 方向圆环上的等间隔采样电场。

这些目标函数是式(21.11)复合目标函数的特殊形式，除了其中的对数函数。根据链式法则，如果 f_{comp} 的伴随激励矢量为 $\boldsymbol{V}_{\text{comp}}$，那么 $-\log\left(f_{\text{comp}}\right)$ 的伴随激励向量为 $-\{1/(\boldsymbol{V}_{\text{comp}}\ln 10)\}$。

在材料分布法优化阶段，设计区域由阻抗边界建模，离散为 5566 个三角形，而整个仿真区域离散成多于 34000 个四面体单元。该模型的仿真和敏感度分析由编写的有限元法求解器运行，一次迭代大约耗时 4 分钟。在水平集法阶段，一个典型的模型离散包含 29000 个四面体。一步迭代的所有计算，包括仿真、敏感度分析和利用第三方软件重新网格划分，大概需要 4.5 分钟。

在最初的 200 步材料分布法的迭代中，目标函数开始下降很快，随后下降逐渐变慢，如图 21-5 所示。可以在两条曲线观察到一些突变点，大概间隔 15 个迭代步，这些突变点是由于这两个连续阶段中优化变量的不准确传递而产生的。理想情况下，前述延拓方案中物理变

量 $\ddot{p}$ 的最终值应该被用于接下来延拓阶段的物理变量的初始值。然而，为实现的简便性以及避免复杂的反滤波操作，通常用优化变量 $\boldsymbol{p}$ 的值来替代。这样就导致了每 15 步迭代后，电导率分布突然变化，而使得性能突然恶化。但是，由于两条曲线的整体趋势没有受到影响，这样的近似操作带来的影响并不显著。

图 21-6 给出了一些迭代步上天线 A 的电导率分布。可以看出，随着延拓过程的进行，中间过程中的有耗虚拟材料不断减少。

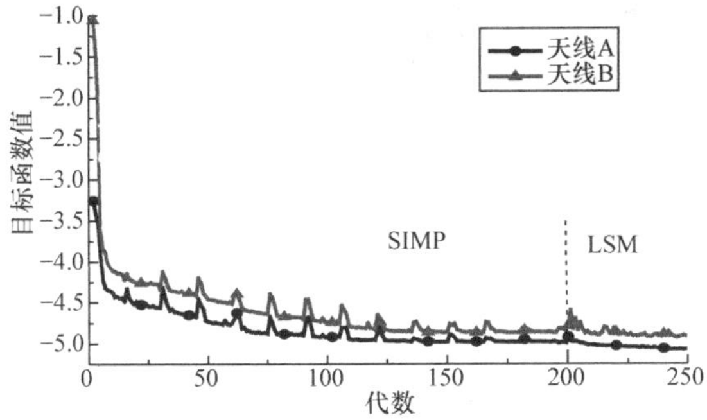

图 21-5　优化过程

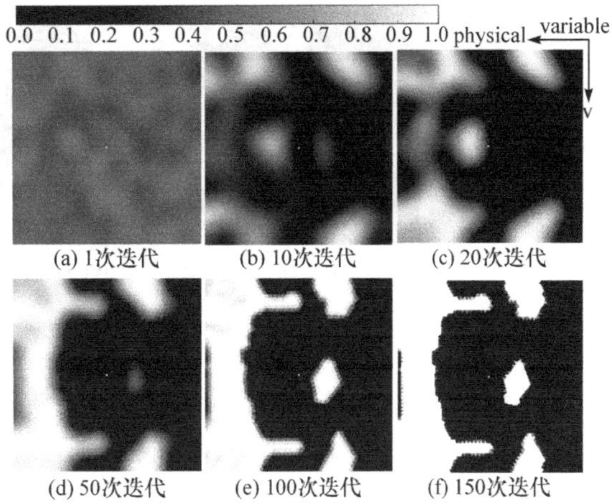

图 21-6　材料分布法迭代步线极化天线 A 贴片的采样

在材料分布法阶段的最后，最终结构的边界被提取出构造符号距离函数[3]。这个函数用来初始化接下来另外 50 步迭代的水平集法过程。最终对天线 A 建模的水平集函数如图 21-7 所示。

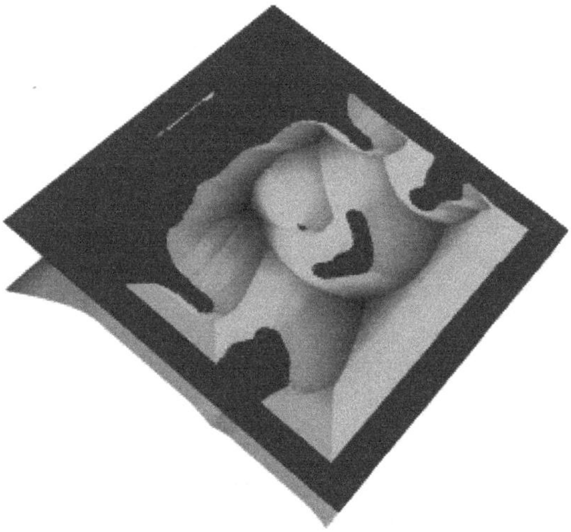

图 21-7　建模天线 A 的贴片的最终水平集函数

两款天线在两个阶段最终的贴片形状如图 21-8 所示。从图中可以看出，材料分布法阶段生成的结构有锐利的边角，而水平集法生成的结构在保持拓扑结构不变的情况下，边界变得十分光滑。

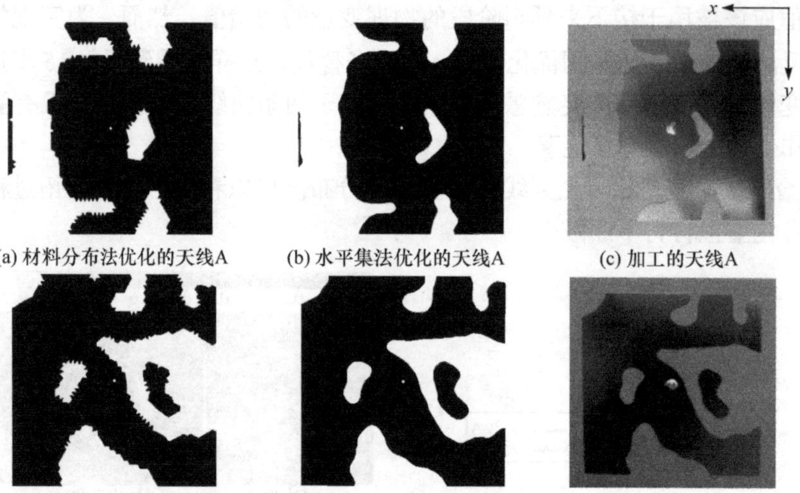

(a) 材料分布法优化的天线A　(b) 水平集法优化的天线A　(c) 加工的天线A

(d) 材料分布法优化的天线B　(e) 水平集法优化的天线B　(f) 加工的天线B

图 21-8　线极化天线 A 和圆极化天线 B

从水平集法阶段的目标函数的迭代曲线中(图 21-5)可以看出，对于窄带天线的优化，水平集法优化并不能显著地改善天线的性能。就如前面讨论的，水平集法生成的结构除了具有光滑边界，主要特点是具有低的形状敏感度，这从测试结果和仿真结果吻合很好可以得到验证。

从数值实验中可以看到，在大约 200 迭代步数后，几乎所有的电导率收敛到二进制状态，目标函数的值也不再改变。基于此，材料分布法最大迭代步数设为 200。另外，在大约 50 迭代步数后，形状敏感度变得十分低，这意味着已达到局部最小值点，因此水平集法的最大迭代步数可以设置为 50。

图 21-9～图 21-11 比较了天线的仿真结果和测试结果。天线 A 和天线 B 在 5.8GHz 时的 S_{11} 分别为−22dB 和−24dB，因为天线在一个频点进行优化，两款天线的带宽都不宽，分别为 4.5%和 11%。

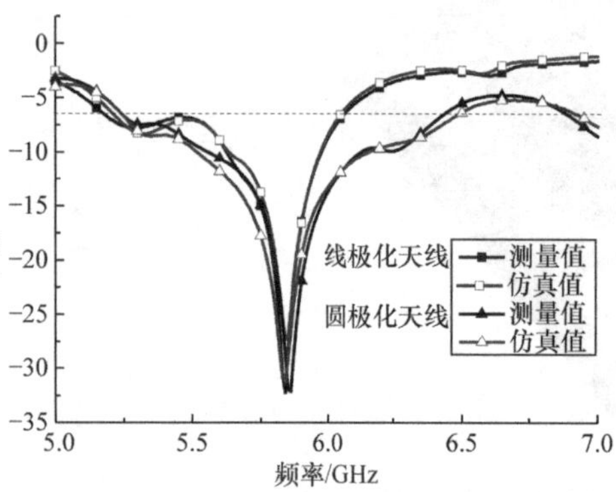

图 21-9　两款天线的 S 参数

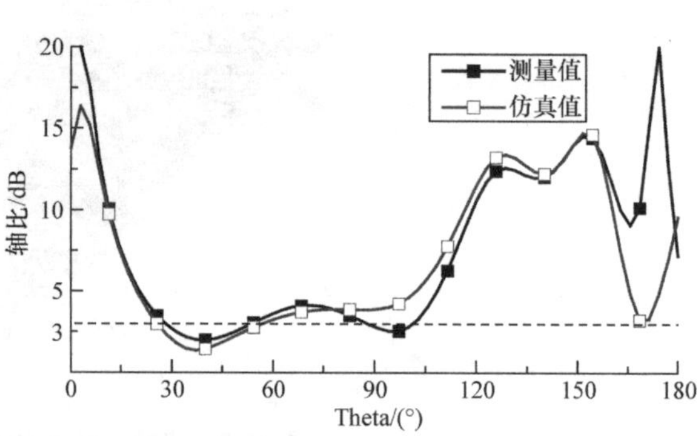

图 21-10　天线 B 在 $\phi=0°$ 平面的轴比

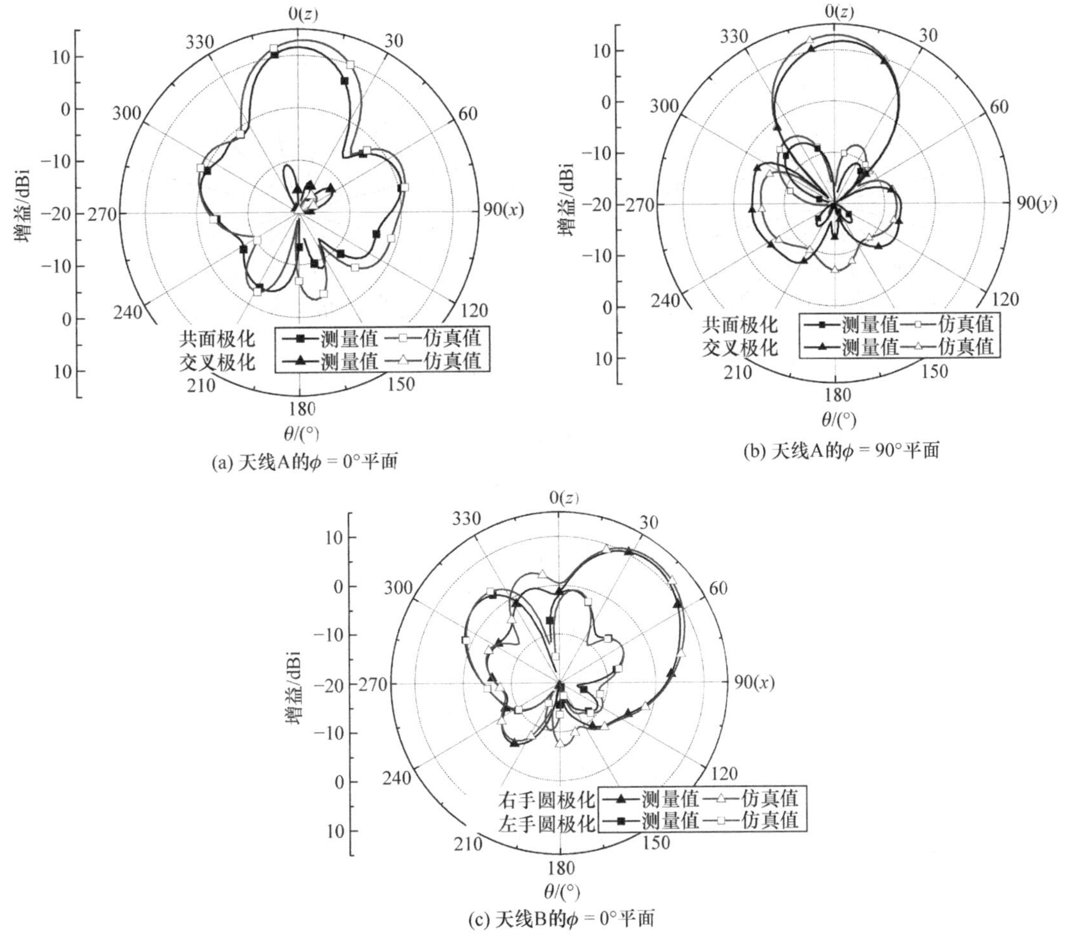

(a) 天线A的$\phi = 0°$平面　(b) 天线A的$\phi = 90°$平面

(c) 天线B的$\phi = 0°$平面

图 21-11　天线增益

测试和仿真的天线 B 轴比曲线图如图 21-10 所示，在$\phi = 0°$平面，测试的圆极化天线的 3dB 轴比波束宽度为 25°。如果考虑 5dB 的轴比波束宽度，波束宽度达到 88°。从图 21-11 中可以看到，测试的增益结果和仿真结果吻合很好。根据测试结果，天线 A 的最大增益 11.6dBi 在期望的边射方向，天线 B 的最大增益 11.2dBi 在$\theta = 40°$方向。天线 B 的最大增益期望的是在$\theta = 45°$方向，仅仅相差 0.4dBi。对于天线 A 和天线 B，测试的交叉极化水平在期望的波束方向分别为−30dBi 和−19dBi。

这两个天线算例证明了敏感度分析的正确性和混合拓扑优化方法的有效性。此外，因为测试结果和仿真结果吻合很好，所以可以说明优化的天线对小的加工误差不敏感，适用于工程应用。归功于辐射特性的敏感度分析和传输模型的选取，这里的交叉极化水平优于文献[6]和[23]。

21.2.2　可重构像素微带天线

利用介绍的混合拓扑优化方法，对一款可重构像素天线进行了优化，使其四个工作模式具有不同的波束方向和极化特性[24]。希望的四个工作模式在$\phi = 0°$平面的辐射方向分别为$\theta = 0°$(模式 A)、$\theta = 15°$(模式 B)、$\theta = 30°$(模式 C)和$\theta = 45°$(模式 D)，其中模式 A 和 D 为圆极化、模式 B 和 C 为线极化。这里，各模式像素贴片之间的 MEMS 开关由小贴片代替。需要指出的是，虽然这里只优化了四个模式，但由于天线在 x 和 y 方向的对称性，另九个模式可以容易地获得。

该像素天线印制在一尺寸为 75 mm×75 mm×3 mm 的介质基片($\varepsilon_r = 2.2$、$\tan\delta = 0.0009$)上，由11行和11列的像素贴片组成，像素贴片的尺寸为5 mm×5 mm。每一对相邻像素贴片由尺寸为 1 mm×2 mm 的金属贴片(当作开关)相连，像素贴片和开关贴片的总数分别为 121 和 220。天线由一同轴线进行背馈，天线背面除了馈电结构都由金属覆盖。

目标函数定义为辐射的共面极化最大化、交叉极化最小化和副瓣最小化，表示为

$$f = -\int_{\theta<10^\circ} f_{co}\mathrm{d}S + \int_{\theta<30^\circ} f_{cx}\mathrm{d}S + \int_{\theta>50^\circ} f_{total}\mathrm{d}S \tag{21.28}$$

式中，f_{co}、f_{cx} 和 f_{total} 分别是共面极化、交叉极化和总辐射的功率密度[14]，θ 是球坐标中的角度，其旋转以保证 $\theta = 0^\circ$ 为期望的天线波束方向。这三个积分都定义在同一个远场球面。

待优化的四个模式都工作在 5.8GHz。移动渐近线方法用来计算这些具有 220 个变量的优化问题，其中最大迭代数设置为 80。仿真模型包括 41500 个四面体，电磁仿真和敏感度分析都由自主编写的程序完成。每一代的优化耗时 165 秒，全部优化过程的完成大概耗时 220 分钟。相比于文献[25]中的算例(对 44 个待优化变量，整个优化过程需要 50000 多次电磁仿真)，这里每个模式的优化对于 220 个变量只需要 80 次仿真和 80 次敏感度分析。因为原始方程和伴随方程的系数矩阵是相同的，所以敏感度分析的计算复杂度大大降低[14]。

优化得到的四个模式的天线结构如图 21-12 所示。

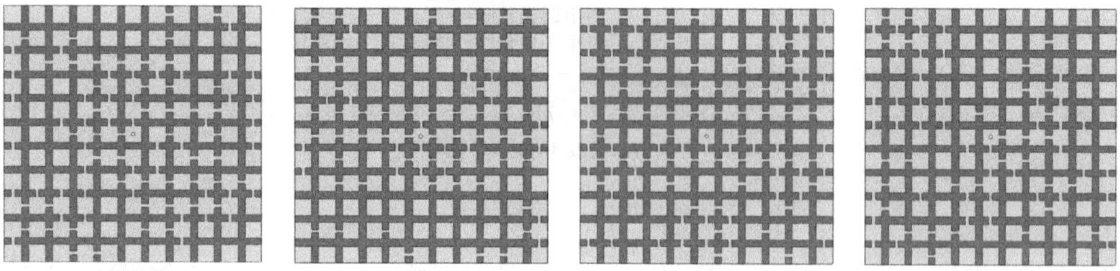

(a) 模式A (b) 模式B (c) 模式C (d) 模式D

图 21-12 优化得到的像素天线的四个模式

四个模式的归一化共面极化的仿真结果如图 21-13 所示，表 21-1 比较这四个模式的一些性能参数。可以看到，5.8GHz 的 S_{11} 都小于−10dB，天线增益随着波束扫描到大角度而略有下降。模式 C 和模式 D 的波束方向相比期望的角度有微小的偏差(分别为 3°和 5°)。如果需要得到更精确的波束方向，可以调整目标函数以加上更严格的约束。在最大增益方向仿真得到的交叉极化都小于−20dB，这在实际工程应用已能够满足要求。

表 21-1 四个模式的性能参数

性能参数	模式 A	模式 B	模式 C	模式 D
$\lvert S_{11}\rvert$/dB @5.8GHz	−13.7	−11.0	−17.3	−11.9
增益/dBi	12.0	12.4	10.6	10.9
期望的波束方向	0°	15°	30°	45°
仿真的波束方向	0°	15°	33°	40°

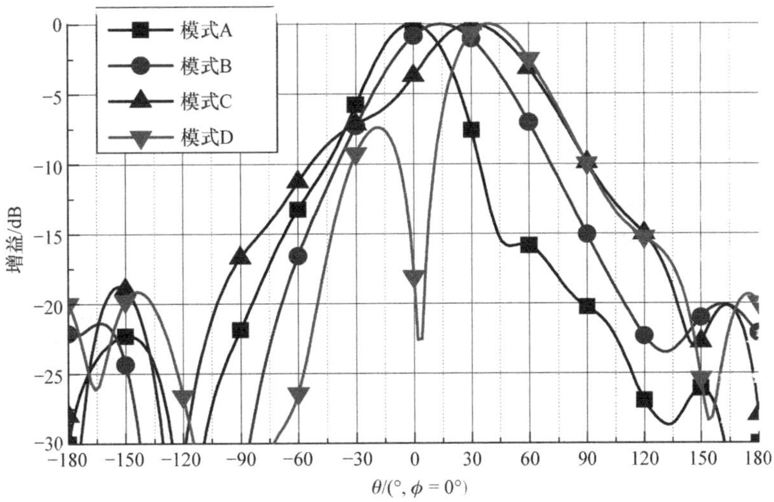

图 21-13　四个模式的归一化共面极化增益

为了验证算法的有效性，这里加工测试了两个天线(模式 A 和模式 C)，如图 21-14 所示。图 21-15 给出了测试结果和仿真结果的比较，可以看出测试结果和仿真结果吻合得较好。

(a) 俯视图

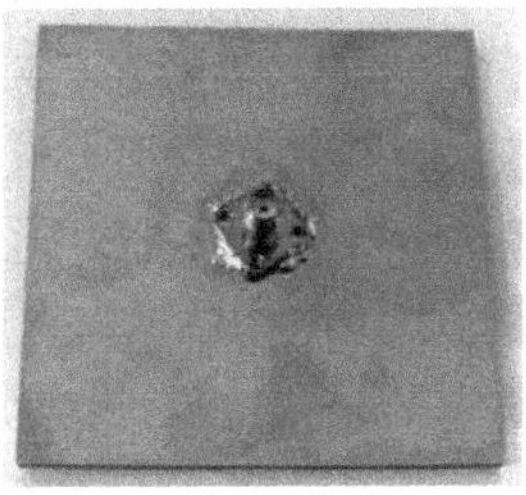

(b) 仰视图

图 21-14　模式 A 和模式 C 的天线结构

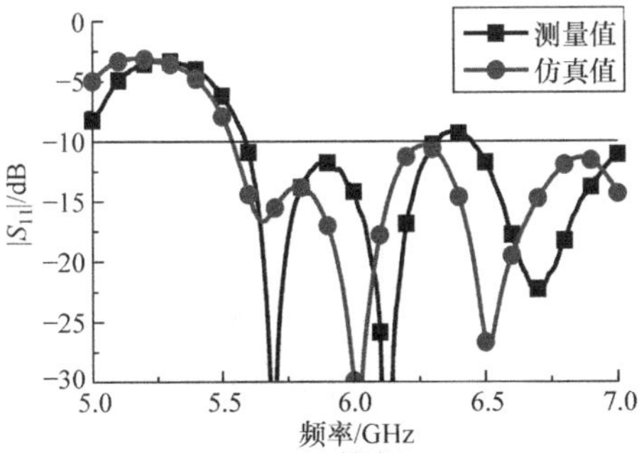

(a) 模式A

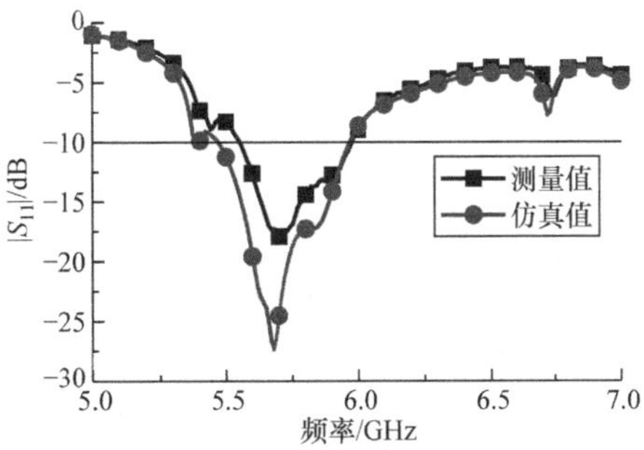

(b) 模式C

图 21-15　测试和仿真的 S_{11}

图 21-16 是天线两种模式的辐射性能。可以看出，测试结果和仿真结果吻合得很好，验证了优化的有效性和仿真的正确性。模式 A 和模式 C 的最大共面极化增益测试值比仿真值低 1dB 左右，这可能是由介质基板和 SMA 接头的损耗引起的。同时，相比仿真值，模式 C 的交叉极化测试值在期望的波束方向($\theta = 30°$)恶化，但仍然小于−20dB。

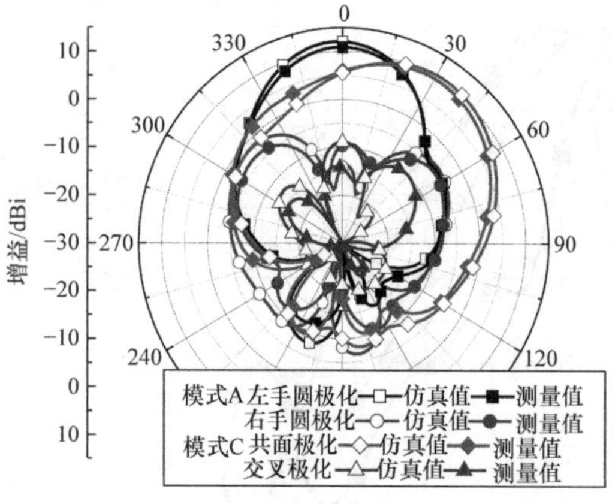

(a) 增益

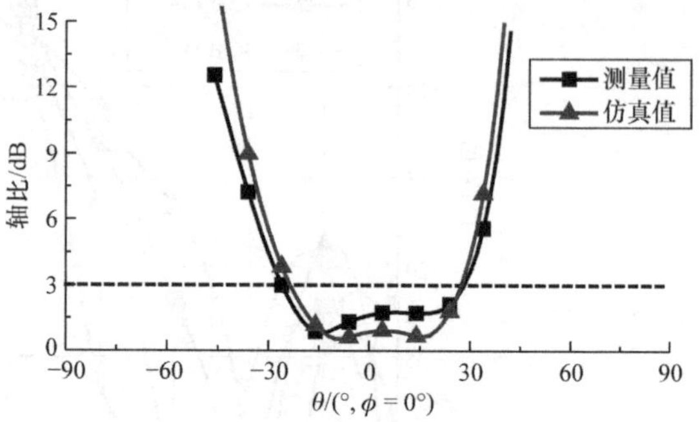

(b) 模式A的轴比

图 21-16　模式 A 和模式 C 的辐射特性

21.2.3　离散旋转对称天线

锥波束天线具有复杂的旋转对称方向图，在室内无线通信及室外卫星无线通信中具有很多应用。为了获得旋转对称的锥形波束，本书采用了文献[26]中的天线形式，该天线为八等分离散旋转对称形式，如图 21-17 所示。馈电为中心同轴背馈形式，金属贴片优化范围为上表面圆形区域。同时，还设置 4 组准金属过孔，通过梯度优化算法确定贴片优化区和哪些准金属过孔进行金属化。由于天线具有离散旋转对称的结构形式，所以可以仅仿真优化其 1/8 结构，这样使网格数量减小为完整模型的 1/8，仿真所用的有限元矩阵大小减小到 1/64，计算量大幅度减小，因此可以大大加快仿真速度[17]。

利用文献[17]给出的缩减模型优化了两个锥波束天线，其中一个为水平线极化天线 A，另一个为圆极化天线 B。优化变量的设置如图 21-18 所示，金属贴片优化区域为一个稍小于介质的扇形区域，被剖分为三角形网格单元，每个单元被赋予一个取值范围为[0,1]的变量，此类变量共有 1105 个；所有的准过孔被分为 4 组，每一组被赋予一个类似的变量；所以，优化变量总数为 1109 个。贴片优化区的变量处理方法与 21.2.1 节相同，即先用材料分布法优化，

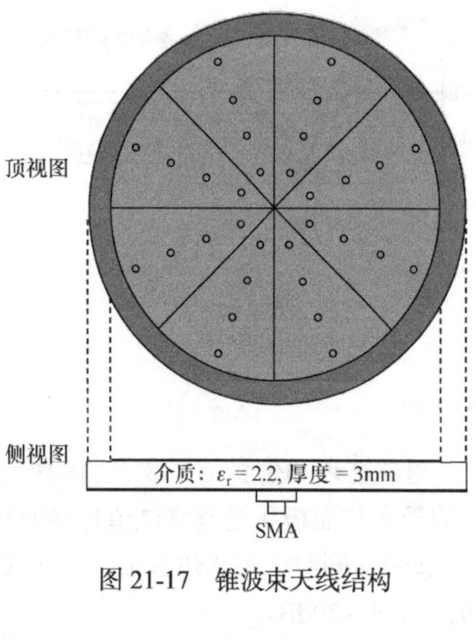

图 21-17　锥波束天线结构

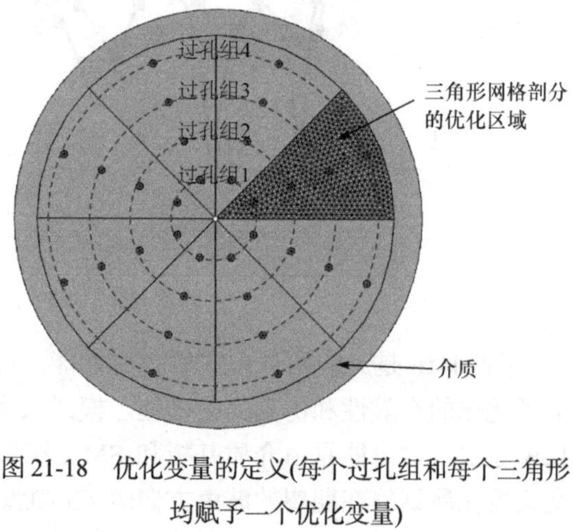

图 21-18　优化变量的定义(每个过孔组和每个三角形均赋予一个优化变量)

再用水平集法进一步优化。而过孔变量仅在第一阶段即材料分布法阶段进行优化，在水平集法阶段过孔状态是锁定的，不再参与优化。所采用的优化函数为

$$f = -w_{\text{co}} \sum_{i=1}^{n_{\text{co}}} f_{\text{co},i} + w_{\text{cross}} \sum_{i=1}^{n_{\text{cross}}} f_{\text{cross},i} + w_{\text{total}} f_{\text{total},0} \tag{21.29}$$

式中，f_{co}和f_{cross}分别为主极化和交叉极化场功率密度；$f_{\text{total},0}$为天线垂直方向的总场功率密度；n_{co}和n_{cross}分别为f_{co}和f_{cross}的角度采样数量；w_{co}、w_{cx}和 w_{total}分别为子目标函数加权系数。这里w_{co}和 w_{total}保持不变，始终取值为 1；在优化线极化天线时，w_{cx}取值为 1 保持不变；在用材料分布法优化圆极化天线时，w_{cx}在前一半迭代过程中取值为 1，在后一半迭代过程中增加到 5。之所以这样处理，是因为在优化线极化天线时，w_{cx}无须变化就可得到很好的极化纯度；而当优化圆极化天线时，若 w_{cx}保持不变，优化得到的天线主极化和交叉极化比太小，仅有约 10 dB；而当采用这种变权重处理方法后，得到的天线主极化和交叉极化比可以提高大约 10 dB，达到约 20dB。

两个被优化的天线均工作于 5.8 GHz，期望的波束形状为锥形旋转对称，最大增益角度为$\theta = 30^\circ$方向。f_{co}和f_{cross}的角度采样点为$\theta = 30^\circ$的纬线圆周上均匀分布的 16 个角度，角度采样点的个数须是扇区数的整数倍，这样才能使敏感度分析中伴随系统的激励向量也具有与结构一致的对称性，从而才能利用与有限元仿真方法类似的加速方法求解方程[17]，得到相同的加速比。包含单个扇区的仿真模型被剖分为约 6200 个四面体，材料分布法迭代一次耗时约 40 秒，该阶段总共迭代了 180 次；在水平集法优化阶段，单个扇区的模型包含约 8000 个四面体，进行了 50 次迭代。两阶段优化的总用时约为 190 分钟，采用的计算机配置为主频 4.2 GHz 的 Intel Core i7-7700K CPU 和 32 GB 内存。

图 21-19 绘出了两个天线优化时目标函数值的变化曲线，可见，在对线极化天线 A 的优化过程中，由于加权系数保持不变，目标函数曲线基本是单调下降的。而在对圆极化天线 B 优化时，在第 91 次迭代处，由于交叉极化子目标权重增大，并且重启了材料分布法，即以第 90 次迭代的结果为输入，恢复滤波最初的半径和 Sigmoid 映射函数系数取值，导致该处目标函数发生跳变，但最终目标函数值降低到与线极化天线算例接近的水平，说明采用该方法是有效的。

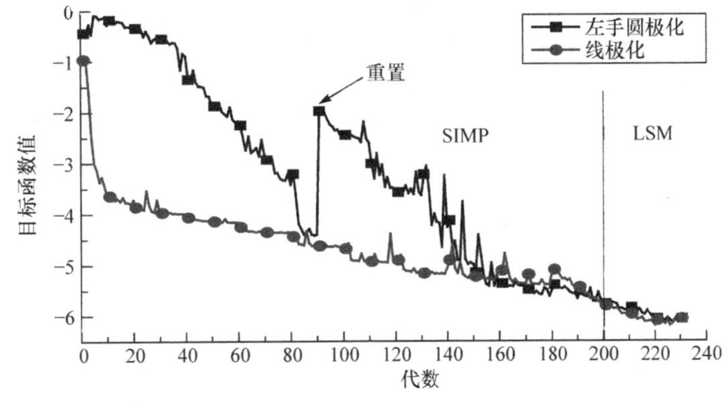

图 21-19　两个天线的优化进程

图 21-20 中给出了线极化天线在材料分布法优化过程中几个变量分布状态，可以看到经历了天线轮廓由模糊到清晰、中间状态变量由多到少的过程。图 21-21 和图 21-22 分别显示了两个天线的优化结果，可以明显看出材料分布法的优化结果边界粗糙、水平集法的优化结果边界光滑的特点。最终优化结果中，线极化天线 A 保留了中间两组金属过孔，圆极化天线 B 仅保留了最外侧一组金属过孔。

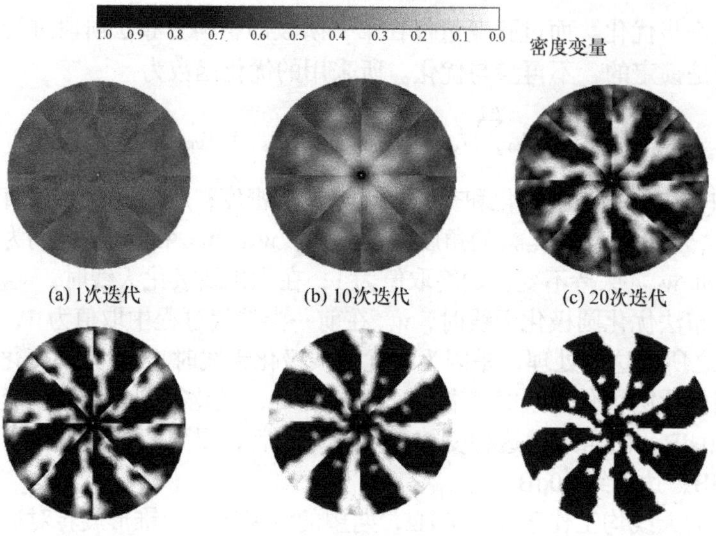

(a) 1次迭代　(b) 10次迭代　(c) 20次迭代

(d) 50次迭代　(e) 100次迭代　(f) 150次迭代

图 21-20　线极化天线 A 材料分布法优化过程

(a) 材料分布法结果　(b) 水平集法结果　(c) 加工图

图 21-21　线极化天线 A 的优化结果

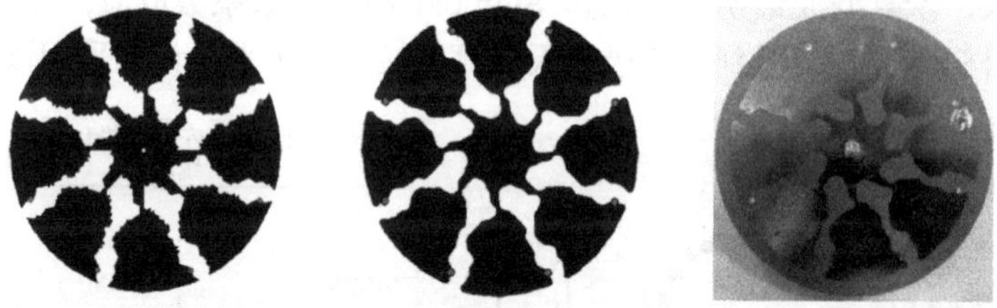

(a) 材料分布法结果　(b) 水平集法结果　(c) 加工图

图 21-22　圆极化天线 B 的优化结果

图 21-23 给出了两个天线的 S 参数仿真与测试结果，从图中可见，两天线的 S 参数曲线仿真与测试数据吻合都较好。线极化和圆极化天线在优化频率 5.8 GHz 的 S_{11} 分别为−21 dB 和−20 dB，−10 dB 频带范围分别为 5.55～6.1 GHz 和 5.55～6.0 GHz。

图 21-24 为两天线仿真与测试方向图，可见二者均为理想的旋转对称锥形波束，且仿真与测试结果吻合较好，尤其是主极化增益曲线。在 $\theta = 30^\circ$ 方向，两天线的交叉极化比都约为 20dB，达到了较好的极化纯度。图 21-25 为圆极化天线 B 在 $\varphi = 0^\circ$ 面轴比的仿真与测试数据，根据测试结果，该天线 3-dB 轴比覆盖范围为 $\theta = 10^\circ$ 到 $\theta = 50^\circ$。

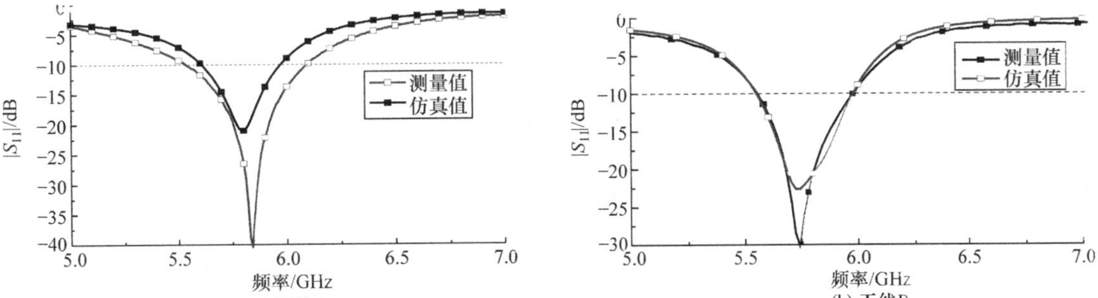

(a) 天线A　　(b) 天线B

图 21-23　仿真和测试 S_{11} 对比图

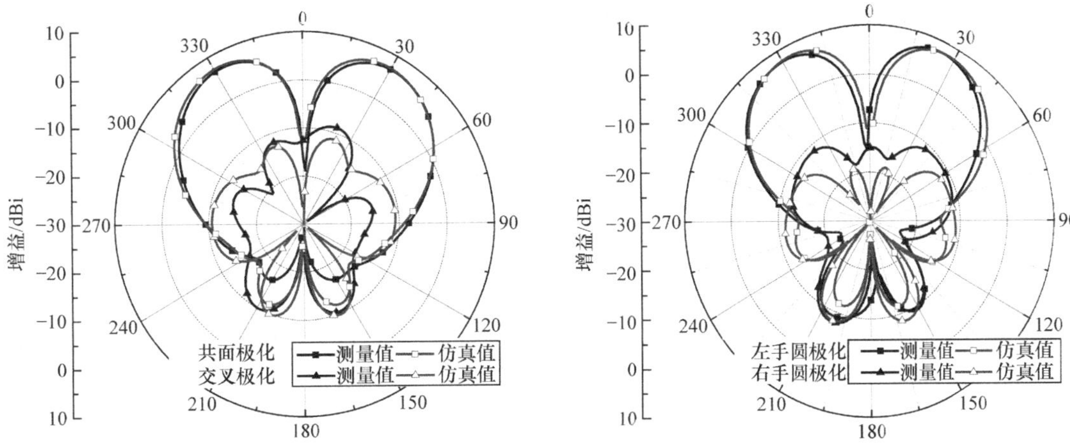

(a) 天线A　　(b) 天线B

图 21-24　天线 $\varphi = 0°$ 面增益仿真和测试结果

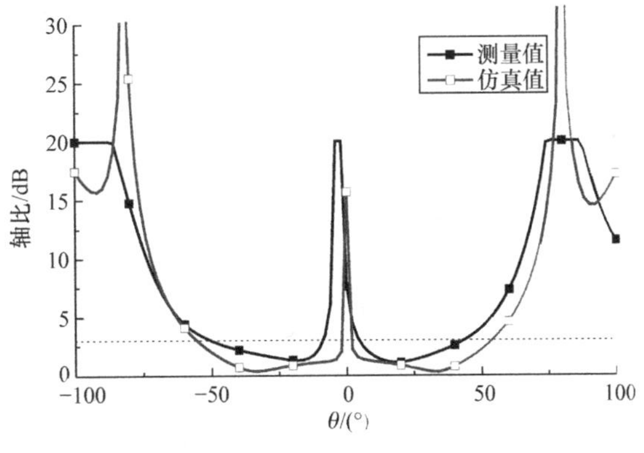

图 21-25　圆极化天线 B 在 $\varphi = 0°$ 面轴比仿真和测试结果

参 考 文 献

[1] Rao S S. Engineering Optimization: Theory and Practice. New Jersey: John Wiley & Sons, 2009

[2] Bendsøe M P, Sigmund O. Topology optimization: Theory, methods and applications. Handbook Global Optim., 2013, 34(88):179-203

[3] Osher S, Fedkiw R. Level Set Methods and Dynamic Implicit Surfaces. Berlin: Springer Science & Business Media, 2006

[4] Nomura T, Sato K, Taguchi K, et al. Structural topology optimization for the design of broadband dielectric resonator antennas using the finite difference time domain technique. Int. J. Numer. Meth. Eng., 2007, 71(11): 1261-1296

[5] Kiziltas G, Psychoudakis D, Volakis J L, et al. Topology design optimization of dielectric substrates for bandwidth improvement of a patch antenna. IEEE Trans. Antennas Propagat., 2003, 51(10): 2732-2743

[6] Hassan E, Wadbro E, Berggren M. Topology optimization of metallic antennas. IEEE Trans. Antennas Propagat., 2014, 62(5): 2488-2500

[7] Zhou S W, Li W, Li Q. Level-set based topology optimization for electromagnetic dipole antenna design. J. Comput. Phy., 2010, 229(19): 6915-6930

[8] Choi K K, Kim N H. Structural Sensitivity Analysis and Optimization 1: Linear Systems. Berlin: Springer Science & Business Media,2006

[9] Igarashi H, Watanabe K. Complex adjoint variable method for finite-element analysis of eddy current problems. IEEE Trans. Magn., 2010, 46(8): 2739-2742

[10] Balanis C A. Antenna Theory: Analysis and Design. 3rd ed. New Jersey: John Wiley & Sons, 2005

[11] Akel H, Webb J P. Design sensitivities for scattering-matrix calculation with tetrahedral edge elements. IEEE Trans. Magn., 2000, 36(4): 1043-1046

[12] Liu S, Wang Q, Gao R. A topology optimization method for design of small GPR antennas. Struct. Multidiscip. Optim., 2014, 50(6): 1165-1174

[13] Wang J, Yang X S. A hybrid topology optimization method based on sensitivity analysis. IEEE MTT-S International Microwave Symposium (IMS), San Francisco, 2016

[14] Wang J, Yang X S, Ding X, et al. Radiation characteristics optimization by a hybrid topological method. IEEE Trans. Antennas Propagat., 2017, 65(6): 2843-2854

[15] 王建, 杨雪松, 王秉中. 混合拓扑优化算法优化锥形波束天线. 2017 年全国微波毫米波会议论文集, 上海, 2017: 1178-1181

[16] 朱舜辉, 王建, 杨雪松. 基于拓扑优化的双极化微带天线设计. 2017 年全国微波毫米波会议论文集, 上海, 2017: 420-422

[17] Wang J, Yang X S, Ding X, et al. Topology optimization of conical-beam antennas exploiting rotational symmetry. IEEE Trans. Antennas Propagat., 2018, 66(5): 2254-2261

[18] Svanberg K. A class of globally convergent optimization methods based on conservative convex separable approximations. SIAM Journal Optim., 2002, 12(2): 555-573

[19] Andreassen E, Clausen A, Schevenels M, et al. Efficient topology optimization in MATLAB using 88 lines of code. Struct. Multidiscip. Optim., 2010, 43(1): 1-16

[20] Sigmund O, Petersson J. Numerical instabilities in topology optimization: A survey on procedures dealing with checkerboards, mesh-dependencies and local minima. Struct. Optim., 1998, 16(1): 68-75

[21] Li D, Zhu J, Nikolova N K, et al. Electromagnetic optimisation using sensitivity analysis in the frequency domain. IET Microw. Antennas & Propag., 2007, 1(4): 852-859

[22] Jin J M. The Finite Element Method in Electromagnetics. 3rd ed. New Jersey: Wiley-IEEE Press, 2014.

[23] Hassan E, Wadbro E, Berggren M. Patch and ground plane design of microstrip antennas by material distribution topology optimization. Progress Electromagn. Res. B, 2014, 59: 89-102

[24] Wang J, Yang X S, Wang B Z. 2018. Efficient gradient-based optimization of pixel antenna with large-scale connections. IET Microwaves, Antennas and Propagation, 12(3): 385-389

[25] Shen S, Sun Y, Song S, et al. Successive boolean optimization of planar pixel antennas. IEEE Trans. Antennas Propag., 2017, 65(2): 920-925

[26] Lin W, Wong H. Circularly polarized conical-beam antenna with wide bandwidth and low profile. IEEE Trans. Antennas Propag., 2014, 62(12): 5974-5982